计算机
科学技术
大辞典

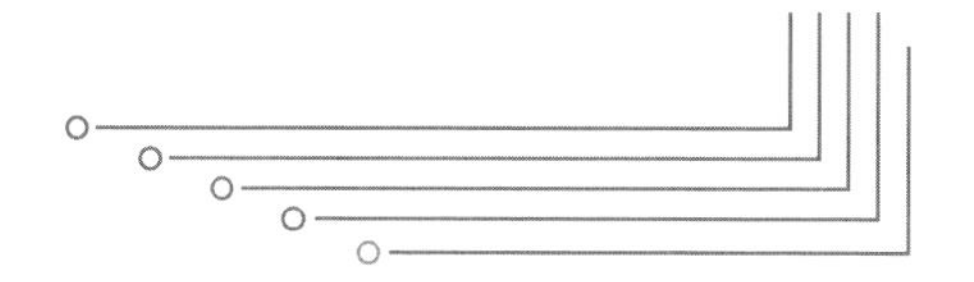

JISUANJI KEXUEJISHU
DACIDIAN

盛焕烨　主编

上海辞书出版社

计算机科学技术大辞典编辑委员会

主　编： 盛焕烨

副主编： 张丽清

编　委：（按姓氏首字笔画为序）

马范援　孙德文　张丽清　姚天昉　翁惠玉　盛焕烨

撰稿人：（按姓氏首字笔画为序）

马范援　王　东　王　赓　牛　力　卢宏涛　伍　军　孙诗豪　孙德文
严骏驰　杨旭波　杨　明　李　芳　李国强　李　颉　何广强　沈备军
张　民　张伟楠　张丽清　张晓东　陈玉泉　金　石　金贤敏　姚天昉
翁惠玉　盛焕烨　盛　斌　董笑菊　蒋　力　傅育熙

前　　言

随着人类社会逐步迎来以数字化与智能化为标志的第四次工业革命，计算机科学技术及相关的信息技术已经深入渗透到社会各行各业，从科学研究到工农业生产制造，从交通运输到商业服务，从公务流程到家庭娱乐，从终身教育到智慧医疗，从多媒体传播到社会交际，从气象预报到金融运行，从城市治理到国防建设等等，计算技术等几乎无处不在。特别是随着因特网、大数据和人工智能技术的不断发展，社交网络和物联网已经渗透到每个人的衣食住行与工作中。从学生到老人，各种不同的社会人群每天总会接触到与计算机科学技术有关的名词、术语、概念、装置、设备、系统和操作，手机及其他数字设备已成为人们必不可少的伴侣。计算机科学技术已经深刻地影响到社会发展的轨迹，改变着人们生活方式，具有不可估量的历史意义。为推动计算机科学技术普及，满足广大读者学习及获得计算机科学技术基本知识的需要，使读者能及时寻找到相关术语、概念、设备和操作等的准确解释，了解不同时期计算机科学技术的演化，促进计算机科学技术的科学研究和产业进一步发展，《计算机科学技术大辞典》应运而生。

为方便学习，保持内容逻辑的连贯性，《计算机科学技术大辞典》按学科分为概论、计算机数学基础、理论计算机科学、硬件系统、系统软件、程序设计、软件工程、计算机网络、多媒体技术、人机交互技术、网络安全、数据科学技术、人工智能、量子信息与计算、数字化应用场景等 15 个部分，并以此编排。全书收词 4 600余条。覆盖面广，内容详实，解释深入浅出。既包括了经典的计算机科学技术词条，又有反映学科最新进展的内容。便于非专业人士了解本专业，能从入门开始，比较系统地学习；也可供不同子领域专业人士查询使用。适合高中以上学生、中学教师、计算机科学技术领域相关技术人员和计算机爱好者。

本辞典每一词目后都附有英文译名，体现了计算机科学技术学科的全球性。附录列出了本领域国际上重要学术会议名称和国内核心学术期刊，为科技人员发表论文和国际交流提供方便。还附有词目的中、英文索引。

本辞典从策划、筹备到编写历时三年多，邀请了二十多位专家学者参加撰写和审阅。毋庸讳言，在此期间计算机科学技术又有了新的进展，又有不少新的内容和专业术语出现，撰稿时虽力求内容完备准确，但编写工作疏漏难免，还望读者和同行不吝指教。期待本辞典能不断跟上本学科的发展，随着社会前进的步伐，常改常新。

计算机科学技术大辞典编委会

二〇二〇年十月

目　　录

凡　　例

一、本辞典选收计算机科学技术学科的名词术语4 600余条。包括概论、计算机数学基础、理论计算机科学、硬件系统、系统软件、程序设计、软件工程、计算机网络、多媒体技术、人机交互技术、网络安全、数据科学技术、人工智能、量子信息与计算、数字化应用场景等15个部分基本的、重要的词汇。各专业的进一步分类,详分类词目表。

二、本辞典词目定名,以中国计算机界常用的或习用的为正名。正名列为正条,简称或别称的收参见条。参见条一般不作诠释,只注明参见某条。

三、一词多义的用❶❷❸……分项叙述。

四、本辞典所选录的人物专条,主要是在计算机相关学科中作出重要贡献的历史人物。在世人物不选录。

五、对几个分支学科都要收录的极个别交叉条目,按词目的主要方面,由一个分支学科选收,其他学科只收词目,并注明"释文见××页";同一词目在不同学科有不同含义的,则在各学科中分别给出各自的释义。

六、本辞典所收名词术语,除参见条和纯外文字母组成的词目外,一律附对应的英译。单词采用美国拼法。

七、本辞典收有"计算机学界国际会议"和"计算机国内核心期刊"2种附录,供参考。

八、本辞典正文按学科、专业分类编排。前面刊有"分类词目表"。书末附有"词目英汉对照索引""词目音序索引"。词目的分类,主要从查阅方便考虑,如有不当或错误之处,敬请指正。

九、本辞典所收资料一般截至2020年8月,之后发生的情况,只在时间和技术允许的条件下酌量增补或修改。

分类词目表

概　　论

总　　论

计算机分类

人　物

组织机构

计算机数学基础

离散数学

计算数学

组合学

博弈论

理论计算机科学

可计算理论

计算复杂性

算　　法

形式语言与自动机

形式化方法

并发理论

硬件系统

总　　论

芯　　片

组成原理

体系结构

存储器

输入输出系统

系统软件

操作系统

编译系统

程序设计

程序设计语言

数据结构

算　法

软件工程

软件需求与软件设计

软件测试

软件维护

软件配置管理

软件工程管理与软件过程

软件工程模型与方法

软件质量

计算机网络

网络基本原理

传输介质

网络标准和协议

网络设备和工程

网络应用

多媒体技术

多媒体文字

多媒体语音

多媒体图形

多媒体图像

多媒体视频

人机交互技术

人机交互接口与界面

虚拟现实与增强现实

可视化

脑机交互

网络安全

总　　论

密码科学与技术

网络攻防

访问控制

安全管理

区块链

数据科学技术

数据库技术

数据仓库技术

大数据技术

数据挖掘技术

云计算技术

知识图谱技术

人工智能

通有智能

问题求解

机器视觉

知识工程

机器学习

深度学习

数字图像处理

智能机器人

自然语言处理

量子信息与计算

数字化应用场景

传统计算机应用

新兴数字化应用

概　论

总　论

电子计算机(electronic computer)　简称“计算机”,俗称“电脑”。用数字电子技术根据一系列指令指示自动、高速地进行大量运算的电子设备。理论上从智能移动设备(如智能手机)到超级计算机都可以完成同样的作业。按运算对象(数字或模拟信号),分数字计算机、模拟计算机和混合计算机三种。通常所称的电子计算机指数字计算机。在数值计算、数据采集和处理以及自动控制等方面应用广泛。现代计算机从传统意义上包含至少一个处理单元(通常是中央处理器)、某种形式的存储器以及外围设备。处理组件执行算术和逻辑运算,控制单元可以响应存储的信息改变操作的顺序。外围设备包括输入设备(键盘、鼠标、操纵杆等)、输出设备(显示器屏幕、打印机等)以及执行两种功能的输入/输出设备(如触摸屏)。外围设备允许从外部来源检索信息,并使操作结果得以保存和检索。世界上第一台现代意义的通用电子数字计算机是1946年美国宾夕法尼亚大学制作的埃尼阿克(ENIAC)。广泛用于各种工业和消费设备的控制系统。包括简单的特定用途设备(如微波炉和遥控器)、工业设备(如工业机器人和计算机辅助设计),以及通用设备(如个人计算机和智能手机之类的移动设备)等。

计算机系统(computer system)　由一台或多台计算机和相关软件组成的,按人的要求接收和存储信息,自动进行数据处理和计算,并输出结果的信息处理系统。由硬件子系统和软件子系统组成。前者是借助电、磁、光、机械等原理构成的各种物理部件的有机组合,是系统赖以工作的实体。后者是各种运行程序和相应的文档,用于指挥全系统按指定的要求进行工作,可分为系统软件、支援软件和应用软件三层。广泛用于科学计算、事务处理和过程控制,日益深入社会各个领域。

计算机系列(computer series)　简称“系列机”。功能不同,但可配套使用的大、中、小等档次的系列计算机。设计时须考虑其在结构上的一致性及程序上的兼容性。在“系列”中,较低档计算机上能运行的程序,可移到较高档的计算机上运行。反之,在软件控制下,低档机也可执行高档机的部分程序。具有5个特点:(1) 各型号之间必须是程序兼容或向上兼容,即有些程序在高档机型上能够运行,在低档机型上则不能运行,而在低档机型上能运行的程序在高档机型上也能够运行。(2) 各型号之间具有统一的系统结构方案。在机器的工作方式、数和指令格式、指令系统、中断系统、外围设备的控制和使用方式以及人-机交互的操作方式等方面采用统一的方案。(3) 一个系列中各型号在性能和价格上存在着一种规则的排列。两个以上的机型才能组成系列。(4) 在系列内部除统一的系统结构以外,在物理设计上制定和采用多方面标准化的规定,便于设计、生产和维护,节约研制投资。(5) 由一个公司或几个公司联合或是一个设计集团,按预定计划设计出的系列机才能称为一个系列。形成系列机明确概念的是1964年美国IBM公司公布的第三代计算机产品IBM-360。

阿塔纳索夫-贝瑞计算机(Atanasoff-Berry Computer; ABC)　美国艾奥瓦州立大学的阿塔纳索夫(John Vincent Atanasoff, 1903—1995)及其研究生贝瑞(Clifford Berry, 1918—1963)在1937—1941年间开发的世界上第一台电子计算机。一台机器能够解含有29个未知数的线性方程组。是电子与电器的结合,电路系统中装有300个真空管执行数字计算与逻辑运算。机器上装有两个记忆鼓,使用电容器进行数值存储,以电量表示数值。数据输入采用打孔读卡,采用二进位制。设计中已经包含了现代计算机中四个最重要的基本概念——电子元件、二进位制、存储器和逻辑运算。

程序存储(storage program) 将根据特定问题编写的程序输入到计算机,存储在内存储器中(存储程序),运行时,控制器按地址顺序取出存放在内存储器中的指令(按地址顺序访问指令),然后分析指令,执行指令的功能,遇到转移指令时,则转移到转移地址,再按地址顺序访问指令(程序控制),直至程序结束执行。1945 年,由美国科学家冯·诺依曼提出,是现代计算机的理论基础。现代计算机发展到第四代,仍遵循这个原理。

计算机世代(computer generation) 计算机发展各个阶段的划分。第一代从 20 世纪 40 年代中期到 50 年代末期,使用电子管元件,程序系统使用机器语言,后期出现汇编语言。第二代从 50 年代末期至 60 年代中期,使用晶体管,程序系统用高级语言,宏汇编程序,并具有管理程序和监督程序。第三代从 60 年代中期开始,使用中小规模集成电路,软件已系统化,使用了操作系统,有多种高级语言和多道程序设计等。第四代从 70 年代开始,使用大规模或超大规模集成电路,出现了微处理机和计算机多机系统。第五代从 80 年代初开始研制,除使用超大规模集成电路外,还具有智能和逻辑推理功能,与前四代相比,设计思想和结构截然不同。随后计算机性能快速提高,分代的概念已模糊、淡化。

第一代计算机(first generation of computer) 采用电子管作基础元件的电子计算机。输入输出设备主要是用穿孔卡片,用户使用不方便;系统软件原始,用户必须掌握类似于二进制机器语言进行编程的方法。以埃尼阿克计算机为代表。主要特点是:采用电子管作基础元件;使用汞延迟线作存储设备,后逐渐过渡到用磁芯存储器。

第二代计算机(second generation of computer) 采用晶体管制造的电子计算机。软件使用面向过程的程序设计语言,如 FORTRAN、ALGOL 等。特点:(1) 采用晶体管,尺寸小,质量轻,寿命长,效率高,发热少,功耗低。(2) 高级语言,仍然是"面向机器"的语言,成为机器语言向更高级语言进化的桥梁。1958 年,美国 IBM 公司制成第一台全部使用晶体管的计算机 RCA501 型。晶体管逻辑元件,及快速磁芯存储器,计算机速度从每秒几千次提高到几十万次,主存储器的存储量,从几千字节提高到 10 万字节以上。1964 年,中国制成第一台全晶体管电子计算机 441－B 型,开启了中国的信息时代。

第三代计算机(third generation of computer) 采用集成电路的计算机。以中小规模集成电路(每片上集成 1 000 个逻辑门以内)SSI(Small-Scale Integration)、MSI(Medium-Scale Integration)来构成计算机的主要功能部件;主存储器采用半导体存储器,大量采用磁芯做内存储器,容量扩大到几十万字节。采用磁盘、磁带等作外存储器;体积缩小,功耗降低,运算速度提高到每秒几十万次至几百万次基本运算。计算机语言进入了"面向人类"的语言阶段。在软件方面,出现了操作系统,程序设计语言出现"高级语言",允许用英文写解题的计算程序,程序中所使用的运算符号和运算式类似日常用的数学式。高级语言容易学习,通用性强,书写出的程序较短,便于推广和交流,是一种理想的程序设计语言。

第四代计算机(generation of fourth computer) 采用大规模和超大规模集成电路为主要电子器件的计算机。重要标志是以大规模、超大规模集成电路为基础发展起来的微处理器和微型计算机的出现。

第五代计算机(fifth generation of computer) 信息采集、存储、处理、通信同人工智能结合在一起的智能计算机系统。能进行数值计算或处理一般的信息,主要能面向知识处理,具有形式化推理、联想、学习和解释的能力,能够帮助人们进行判断、决策、开拓未知领域和获得新的知识。人-机之间可以直接通过自然语言(声音、文字)或图形图像交换信息。

信息系统(information system) 亦称"资讯系统"。从技术层面而言是为了支持组织决策和控制而收集(或获取)、处理、存储、分配信息的一组相互关系的组件。除支持决策、协作和控制,也可帮助用户分析解决问题,使复杂性可视化,以及创造新的产品。通常特指依赖于计算技术的信息系统。是以计算机软件、硬件、存储和通信等技术为核心的人机系统。

计算机科学(computer science; CS) 通过对信息采集、存储及处理过程的研究,着重对计算理论、软件、计算机体系结构及特殊应用(如人工智能)等方面进行探索性和理论性研究的学科。主要特征是在理论上抽象并进行创新。涵盖从算法的理论研究和计算的极限,到如何通过硬件和软件实现计算系统。包括 4 个主要领域:计算理论、算法与数据结构、编程方法与编程语言、计算机组成与架构。多不涉及计算机本身的研究，专注计算科学研究。

计算机工程（computer engineering） 以电机工程学和计算机科学的部分交叉领域为内容的工程学。主要任务是设计及实现计算机系统（包括硬件系统和软件系统）。在关注计算机系统本身工作的同时，致力于多个计算机组成更大规模系统的工作。分分布式系统、通信和无线网络、软件代码、密码学和信息安全、编译器和操作系统等专业领域。

计算机技术（computer technology） 将计算机科学的成果应用于工程实践所派生的技术性和经验性成果的总和。具有明显的综合特性，与电子工程、应用物理、机械工程、现代通信技术和数学等紧密结合，主要包括：(1) 系统结构技术，包括计算机系统技术、计算机器件技术、计算机部件技术和计算机组装技术等。使计算机系统获得良好的解题效率和合理的性能价格比。(2) 系统管理技术，由操作系统实现管理自动化。(3) 系统维护技术，实现自动维护和诊断的技术。(4) 系统应用技术，程序设计自动化和软件工程技术是与应用有普遍关系的两个方面。

软件（software） 亦称"程序系统""软设备"。管理计算机系统资源，提高计算机使用效率，扩大计算机功能，提供开发工具的程序的总称。是程序以及开发、使用和维护程序所需的相关文档资料的完整集合。可归纳为程序和文档两部分，包括：(1) 为解决各种特定问题而编制的应用程序；(2) 为各种应用程序运行提供支持的系统程序；(3) 有关应用程序的设计和开发过程的文档资料；(4) 面向最终用户的有关使用和维护应用程序的文档资料。可划分为编程语言、系统软件、应用软件和介于系统软件与应用软件者之间的中间件。

硬件（hardware） 亦称"硬设备"。整个计算机系统的物理装置。即由电气、机械及其他器件所组成的所有部件和实体的统称。包括计算机部件（如运算器、控制器、存储器、电源等）及其外部设备（如所有输入输出设备、外存储器、各种转换器、显示器以及其他专用设备）。是计算机系统的"实体"，为计算机应用提供了物质基础。

固件（firmware） 具有软件功能的硬件。是一种把软件固化在硬件之中的器件。一般可由用户通过特定的刷新程序进行升级。具有非易失性、不可改变性。兼有软件和硬件的优点，在计算机中应用广泛。如在微型计算机中，把高级语言的编译程序固化在只读存储器中，则该只读存储器就具有编译程序的功能，从而提高计算机的处理速度和效率。随大规模集成电路的发展而发展，可大大提高运算速度。可重复写入的可编程可擦除只读存储器的出现，让固件中的软件得以修改和升级。广泛应用于遥控器、计算器、计算机键盘、硬盘，以及工业机器人等电子产品中。

帕斯卡加法器（Pascal adder） 由法国数学家帕斯卡（Blaise Pascal）于 1642 年发明的利用齿轮技术的计算工具。是人类历史上第一台机械式计算工具。其原理对后来的计算工具产生持久的影响。由齿轮组成，以发条为动力，通过转动齿轮来实现加减运算，用连杆实现进位。帕斯卡从加法器的成功中得出结论：人的某些思维过程与机械过程没有差别，因此可以设想用机械来模拟人的思维活动。

莱布尼茨四则运算器（Leibniz arithmometer） 由德国哲学家、数学家莱布尼茨（G. W. Leibniz）于 1673 年研制的能进行四则运算的机械式计算器。在进行乘法运算时采用进位-加，即步进的方法，后来演化为二进制，被现代计算机采用。

巴贝奇差分机模型（model of Babbage difference machine） 由英国科学家巴贝奇（Charles Babbage）于 1822 年设计制造的差分机模型。已描绘出有关程序控制方式计算机的雏形，能提高乘法速度和改进对数表等数字表的精确度。但限于当时的技术条件而未能实现。有 3 个寄存器，每个寄存器有 6 个部分，每个部分有一个字轮。可编制平方表和一些其他的表格，还能计算多项式的加法，运算的精确度达 6 位小数。为现代计算机设计思想的发展奠定了基础。1991 年，为纪念巴贝奇诞辰 200 周年，伦敦科学博物馆制作了完整差分机，包含 4 000 多个零件，质量 2.5 吨。

图灵机（Turing machine） 亦称"确定型图灵机"。由英国数学家图灵于 1936 年提出的一种将人的计算行为抽象掉的数学逻辑机。是现代通用计算机的数学模型，可看作等价于任何有限逻辑数学过程的终极强大逻辑机器。基本设计思想是用机器来模拟人们用纸笔进行数学运算的过程，并看作下列两种简单的动作：在纸上写上或擦除某个符号；把注意力从纸的一个位置移动到另一个位置；而在每个阶段，人要决定下一步的动作，依赖于：(1) 此人当前所关注的纸上某个位置的符号;(2) 此人当前思维的状态。图灵机计算的函数是可计算的,所有可计算的函数都是图灵机可计算的。

埃尼阿克计算机(Electronic Numerical Integrator And Computer; ENIAC) 世界上第一台通用计算机。是继阿塔纳索夫-贝瑞计算机之后的第二台电子计算机。能重新编程,解决各种计算问题。于1946年2月14日在美国宾夕法尼亚大学诞生。承担开发任务的"莫尔"小组由埃克特、莫克利、朱传榘、戈尔斯坦、博克斯五位科学家和工程师组成。长30.48米,宽6米,高2.4米,占地面积约170平方米,30个操作台,质量30吨,功率150千瓦,耗资48万美元。包含17 468个真空管(电子管),7 200个晶体二极管,70 000个电阻器,10 000个电容器,1 500个继电器,6 000多个开关,计算速度为每秒5 000次加法或400次乘法。是使用继电器运转的机电式计算机的1 000倍,手工计算的20万倍。

冯·诺伊曼计算机体系结构(von Neumann computer architecture) 由美国科学家冯·诺伊曼提出的计算机设计理论。是现代计算机的基础。特点是:(1) 计算机要执行的指令和要处理的数据都采用二进制表示;(2) 要执行的指令和要处理的数据按顺序编成程序存储到计算机内部让它自动执行(称"存储程序控制原理"),现代计算机的硬件结构由运算单元、控制单元、存储单元、输入设备和输出设备组成;与存储程序控制相关的核心部件是中央处理器和存储器。

103型机(Computer Model 103) 中国第一台大型通用电子计算机。1958年8月研制成功。定名为DJS-2型计算机。由北京有线电厂生产。平均算速1万次/秒,接近当时英国、日本计算机的指标。打下了中国自主开发计算机的基础。培养出从研究设计、生产制造、系统调试到技术保证的配套队伍。

DJS-050机(Computer Model DJS-050) 中国最早研制生产的8位微型计算机。1977年4月研制成功。由清华大学、安徽无线电厂和电子部6所联合设计、研制。清华大学负责15种40片整套中小规模集成电路的研制。其他单位负责外设与整机研制。字长8位,基本指令76条,直接寻址范围64K字节,最短指令执行时间2微秒。与同时代Intel公司的8080系列微型计算机完全兼容。

计算器(calculator) 小型的手持或桌面的数学计算设备。通常仅能完成算术运算和少量逻辑操作并显示结果,使用的是固化的处理程序,只能完成特定的计算任务;一般不能修改其程序。不能自动地实现这些操作过程,必须由人工操作完成。操作模式方便快捷,广泛应用于工程、学习、商业等日常生活中,方便了人们对于数字的整合运算。

制表机(tabulating machine) 早期计算机输入信息的设备。通常储存信息的是一种很薄的纸片,面积为190毫米×84毫米。可以储存80列数据。首次使用穿孔卡技术的数据处理机器,由美国统计专家霍列瑞斯博士(H. Hollerith)发明,称为霍列瑞斯机。

计算机分类

电子模拟计算机(electronic analog computer) 简称"模拟计算机"。所处理的数据由连续量来表示,并进行处理和运算的解算装置。通常所处理的连续变量为连续变化的直流电压、电流或电荷。各种运算部件主要由运算放大器、精密电阻、电容和特殊的开关元器件组成。具有连续性、并行性和实时性的特点,操作简便,适用于连续系统的实时仿真。但受元器件精度限制,整机的运算精度远低于电子数字计算机。在现代的电子模拟计算机中引入各种逻辑电路和存储电路可增强电子模拟计算机的仿真功能。

电子数字计算机(electronic digital computer) 简称"数字计算机"。所处理的数据由离散量来表示,并进行处理和运算的解算装置。采用二进制编码方式表示数值、字符、指令和其他控制信息。各种运算部件主要由对应的逻辑电路(基本逻辑门电路及其组合部件)和存储电路组成。精度高,数据存储量大,有很强的逻辑判断能力。包括硬件和软件两部分。前者是组成计算机的电子器件及其电路、部件和外围设备等的统称;后者是使计算机能够自动运作以完成信息处理任务的计算机程序、程序所使用的数据以及有关的文档资料的集合。

通用计算机(general purpose computer) 兼顾科学计算、事务处理和过程控制三方面应用的计算机。具有精确、快速的计算和判断能力,存储容量大,计算精度高,运算速度快,易用性能好,有丰富的高性能软件及智能化的人-机接口、能联网通信。可用于计算、管理、控制、对抗、决策、推理等领域。

专用计算机(special purpose computer)　专为解决某一特定问题而设计制造的电子计算机。一般拥有固定的存储程序。如控制轧钢过程的轧钢控制计算机、防伪税的税控计算机以及计算导弹弹道的计算机等,要求对解决特定问题的速度快、可靠性高,而由于解决问题的面比较单一,结构简单、价格便宜。

超级计算机(super computer)　亦称“巨型计算机”。由数百成千甚至更多的处理器(机)组成的、能计算普通计算机和服务器不能完成的大资料量与高速运算和大型复杂课题的计算机。是强有力的模拟仿真和计算工具。20 世纪 90 年代后到 21 世纪初,主要互联基于精简指令集的张量处理器(譬如 PowerPC、PA - RISC 或 DEC Alpha)来进行并行计算。运算速度大都已可达到每秒亿亿次级。常用于需要大量运算的工作,如密码分析、天体物理模拟、核物理研究、汽车设计模拟、航空航天飞行器设计、国民经济的预测和决策、中长期天气预报等方面,对国家安全,经济和社会发展具有举足轻重的意义,中国的超级计算机有“天河”系列、“银河”系列以及神威·太湖之光超级计算机等。

大型计算机(large-scale computer)　一类高性能、大容量通用计算机。代表该时期计算机技术的综合水平。其处理机系统可以是单处理机、多处理机或多个子系统的复合体。一般采用两级高速缓冲存储器、流水线技术和多执行部件以提高性能。由高速缓冲存储器、主存储器、磁盘存储器和海量存储器组构成多层次的存储器系统。由通道和外围设备组成输入输出系统。通道一般有字节多路通道、选择通道、成组多路通道等。在民用领域,可用于大型商用事务处理系统、区域和全球中长期天气预报、云图处理和气象信息处理系统、大面积物探信息和资料处理系统,以及大型工程设计和模拟系统等;在军事领域,可用于区域性或全球性的战略防御体系、大型预警系统、航天测控系统等。一般指从 IBM System/360 开始的一系列计算机及与其兼容或同等级的计算机。

中型计算机(medium-scale computer; midrange computer)　介于大型计算机和小型计算机之间的一类计算机。主要为高端网络服务器和其他类型的服务器,能够处理许多业务应用的大规模处理。与大型主机系统相比,价格低、操作少、维护成本低。已成为流行的强大网络服务器,以协助管理大型互联网网站,公司内部网、外部网和其他网络。包括用于工业过程控制和制造工厂的服务器,并在计算机辅助制造中发挥重要作用。还可采用强大的计算机辅助设计技术工作站以及其他计算和图形密集型应用程序。也被用作前端服务器,以协助大型机进行电信处理和网络管理。

小型计算机(minicomputer)　相对于大中型计算机而言,软件、硬件系统规模比较小,但价格低、可靠性高、操作灵活方便,便于维护和使用的计算机系统。是 20 世纪 60—70 年代初所指的字长短、内存容量小、速度较慢和价格较低的计算机。随着大规模集成电路的发展,各种微型计算机陆续问世,已日趋消失。

微型计算机(microcomputer)　简称“微型机”“微机”。使用微处理器作为中央处理器,配以主存储器和输入输出接口电路以及相应的辅助电路而构成的计算机。是体积小、灵活性大、价格便宜、使用方便的计算机。大多数只提供单用户服务,但也有可同时提供多个用户使用的微机。由微型计算机配以相应的外围设备(如打印机)及其他专用电路、电源、面板、机架以及足够的软件就构成微型计算机系统。

个人计算机(personal computer; PC)　亦称“PC 机”。适合个人或家庭使用的,最终用户直接操控的计算机的统称。体积小,质量轻,对环境条件要求不高,维护方便,价格便宜,便于搬动。包括桌面计算机(即台式计算机)、笔记本计算机、平板计算机和超极本等。分为两大机型与两大系统,在系统上分别是:(1) IBM 公司集成制定的 IBM PC/AT 系统标准,采用 x86 开放式架构,一般所说的 PC 意指 IBM PC 兼容机,此架构中的中央处理器采用英特尔公司或超微半导体公司等厂商所生产的中央处理器。而桌面型计算机采用开放式硬件架构。英特尔公司所推出的微处理器以及微软所推出的操作系统形成微特尔(Wintel)架构全面取代了 IBM 公司在个人计算机主导的地位。(2) 苹果公司所开发的麦金塔(Macintosh)系统。

PC 机　即“个人计算机”。

单片计算机(single chip computer)　全称“单片微

型计算机”。亦称“单片机”。把构成一个微型计算机的一些功能部件集成在一块集成电路芯片上的微型计算机。功能部件包括微处理器、随机存储器、只读存储器(早期,有的单片机中不含只读存储器)、输入输出接口电路、定时器/计数器等,还有将模数转换器和数模转换器集成在内。具有体积小、功耗低、存储量小,输入输出接口简单等特点,在智能化仪器仪表以及控制领域内应用极广。由于体积小,可放在仪表内部,但存储量小,输入输出接口简单,功能较低。由于在控制领域应用广泛,亦称“微控制器”。软件开发以往使用汇编语言,如今越来越多地使用C语言,部分集成开发环境支持C++。单片机的软件测试需要使用单片机开发器或模拟器。2000年后已经有很多单片机自带了ISP(在线编程设计)或支持IAP(彻底地改变了传统的开发模式),使开发单片机系统时不会损坏芯片的引脚,加速了产品的上市并降低了研发成本,缩短了从设计、制造到现场调试的时间,简化生产流程,大大提高工作效率。

微控制器(micro controller; MCU) 见“单片计算机”。

单板计算机(single board computer) 亦称“单板机”。将微处理器、随机存储器、只读存储器,以及一些输入输出接口电路,加上相应的外围设备和监控程序固件等安装在一块印刷电路板上所构成的计算机系统。广泛应用于生产过程的实时控制及教学实验。

便携式计算机(portable computer) 一种体积小、质量轻,用充电式电池组供电,能随身携带的微型计算机。可分为:(1)膝上型计算机;(2)笔记本计算机,体积和质量都小于膝上型计算机,大小相当于笔记本;(3)掌上型计算机,具有薄型显示器和非标准键盘,可放入衣袋内,常用于特定目的;(4)平板机;(5)智能手机。

平板计算机(tablet personal computer; tablet PC) 亦称“平板电脑”。小型、无须翻盖、无键盘、功能完整的方便携带的个人计算机。构成组件与笔记本计算机基本相同,以触摸屏作为基本的输入设备。移动性和便携性比笔记本计算机更胜一筹。是比尔·盖茨在2000年11月Comdex Fall 2000大展上提出的,定义为“基于Windows操作系统,集成纸笔体验的全能PC”,支持来自英特尔、AMD和ARM的芯片架构。集移动商务、移动通信和移动娱乐为一体,具有手写识别和无线网络通信功能。2010年1月27日苹果公司发布的iPad按本义而言不是“Tablet PC”(平板电脑),但通常人们很自然地把iPad归为“平板电脑”一族。

笔记本计算机(notebook-computer) 俗称“笔记本电脑”。小型、可携带的外形与笔记本相似的个人计算机。体积小,质量轻,平面尺寸与A4纸尺寸相当,厚度约3厘米。打开顶盖,露出操作键盘,在顶盖内部装有平板式显示器,基本配置包括中央处理器、存储器、光盘驱动器、硬磁盘驱动器、显示器、键盘和电源等。和普通微型计算机在功能上无大差别,但集成度更高,功耗更低,体积更小,质量更轻。发展方向是更加微型化和轻型化。一般分商务型、时尚型、多媒体应用和特殊用途四类。

可穿戴计算机(wearable computer) 可穿戴于身上外出进行活动的微型电子计算机。由轻巧的设备构成,如利用类似手表的小机械电子零件,并制成像头戴式显示屏,使计算机更具便携性,可以增强人的能力和感知。是人机合一的产物。广义上包括个人数字助理、MP3和智能手机等。广泛应用在危险事件的处理中,如救火现场、远程会诊和飞机紧急维修现场等。

个人数字助理(personal digital assistant; PDA) 亦称“掌上计算机”。主要提供记事、通信录、名片交换及行程安排的数字工具。是辅助个人工作的手持设备。集中了计算、电话、传真和网络等多种功能。不仅可用来管理个人信息(如通信录、计划等),更可上网浏览、收发Email、发传真,还可作智能手机使用,这些功能都可通过无线方式实现。可分为:(1)工业级PDA,包括条形码扫描器、RFID读写器等。特点是坚固、耐用,可用在很多环境比较恶劣的地方,同时针对工业使用特点做了很多的优化;(2)消费类PDA,主要指智能手机,掌上计算机、平板计算机等。

PDA 即“个人数字助理”。

电子记事本(Electronic) 介于电子词典和个人数字助理之间的电子产品。外形与个人数字助理无明显区别,但在软硬件上扩大了内存的存储量,有更高集成度的芯片组、更快主频的处理器、采用手写输入技术等。有宽大的触摸式手写屏幕,使文字的输入速度和对图形等的显示效果有了很大改观。拥有电子词典的全部功能,增加了通信录、便签、记事提醒等功能,大多还具备可与支持红外的手机通信直接发送短信息、短信群发红外数据交换等功能。但操作系统多是封闭式的,通常不支持软件下载后安装,只能使用厂商提供的或厂商公开的功能,无法按自己的意愿装卸系统里的应用程序。

超极本(ultrabook) 亦称“超轻薄笔记本”。极致轻薄的笔记本计算机。是笔记本计算机的一种延伸和创新,与之前的笔记本计算机相比:(1)启用22纳米低功耗中央处理器,电池续航时间12小时;(2)休眠后快速启动,启动时间小于10秒,样机启动时间仅为4秒;(3)具有手机的AOAC(always online always connected)功能,休眠时与Wi-Fi/3G断开;(4)触摸屏和全新界面;(5)超薄,加上各种ID设计,根据屏幕尺寸不同,厚度至少低于20毫米;(6)采用22纳米工艺的第三代酷睿处理器(Ivy Bridge处理器),显卡性能进一步提升,多媒体处理和高能效方面也得到提升;(7)安全性强,支持防盗和身份识别技术;(8)部分超极本还可变形成平板电脑,实现“iPad+PC”二合一的需求。

电子词典(electronic dictionary) 具有游戏、计算、记事能力的最简单的个人数字助理。提供中英文互译、电话号码存储、英语单词朗读等功能。所有的程序都固化在存储器上,存储能力有限,功能也较单一且不具有扩充性。但针对性较强,提供所需功能的同时,有体积小,操作简单等特点。一些新型的电子词典也提供通信的功能。通过附加的连接套件,可以与电脑以及同类产品之间交换数据。

公告板系统(bulletin board system; BBS) 亦称“电子公告板系统”。在计算机网络中,为用户提供一个寄存邮件、读取通告、参与讨论和交流信息环境的电子信息服务系统。是纯文字形式的。每个用户都可在上面发布信息或提出看法。硬件通常是微型计算机,也可是工作站或小型计算机,并带有较大容量的硬磁盘。一般通过调制解调器与电话线相连接。软件通常是特殊编制的,除通信功能外,还可进行用户管理等。日常运转事务由系统操作员负责。公告板可以是公用的或专用的。其会员是公众或经过资格审查的会员。随着互联网的普及与基于HTTP协议而发展出来的多媒体网页盛行,讨论环境多半已非传统的纯文字式接口,字义已相同或近似于“论坛(Forum)”,并被Web式讨论环境所取代。

BBS 即“公告板系统”。

智能手机(smartphone) 安装了相应开放式操作系统的手机。是综合性个人手持终端设备。可由用户自行安装和卸载软件、游戏、导航等第三方服务商提供的程序,并可通过移动通信网络实现无线网络接入。使用范围遍布全世界。除具手机的通话功能外,还具备个人数字助理的功能,结合3G、4G、5G通信网络,集通话、短信、网络接入、影视娱乐为一体。

工业控制计算机(process-computer) 亦称“过程计算机”。用于实现工业生产过程控制和管理的计算机系统。是自动化技术中最重要的设备。系统主要由主机、过程接口和人机接口等部分组成。有三种系统结构类型:集中型计算机直接控制系统;分散型计算机控制系统;模块化和标准化分散控制系统。在工业控制方面,计算机最早用于模拟控制系统中起监控作用。对过程变量进行周期扫描,向操作人员显示全过程的信息,并通过计算为模拟量调节器设置给定值。用于工业控制对象的实时控制和工厂、企业的信息管理,能完成如下功能:(1)巡回检测和数据处理;(2)顺序控制和数值控制;(3)操作指导;(4)直接数字控制;(5)监督控制;(6)工厂管理或调度。与通用计算机相比有:实时响应性、配备完善的过程接口子系统、比较完善的实时控制软件、极高的可靠性。

多媒体一体机(multimedia peripheral) 全称“交互式多媒体触摸一体机”。集计算机技术、红外触控技术、智能化办公教学软件、多媒体网络通信技术和高清平板显示技术等多项技术,整合投影机、计算机、电视、幕布和交互式电子白板等为一体的交互式设备。以其图文并茂、简单易用等优点在教学中得到广泛应用,可增强教学互动性,使教学更简洁、高效。

一体机(all-in-one PC; AIO) 把微处理器、主板、硬盘、喇叭、视讯镜头及显示器整合为一体的台式计算机。早先有苹果公司于20世纪80年代开发的原始麦金塔计算机以及90年代出现的iMac。相较于传统个人计算机,具有体积小、美观,较容易配合室内摆设的优点。相较于笔记本计算机,性能较优异,保持一定程度的便携性。但因将个人计算机各部分硬件整合在一起,机器升级困难。

多功能一体机(multifunction peripheral) 亦称

"影印一体机",即集传真、扫描、打印和复印等功能为一体的机器。打印技术是其基础功能,无论是复印功能还是接收传真功能的实现都需要打印功能的支持。对于实际的产品,只要具有其中的两种功能即可。常见的产品类型有两种:一种涵盖打印、扫描、复印三种功能;另一种则涵盖打印、复印、扫描、传真四种功能。

数字电视一体机(digital television peripheral) 将数字接收、解码与显示融为一体,不再需要机顶盒的电视机。多用于在电视信号数字化完成及模拟频道关闭后。内置数字电视高频头,可直接接收和解码数字电视节目源。集成度高,可实现全程数字化,是较为理想的收视方式。由于实现全内置,避免杂乱接线,具有节省空间、使用方便等优点。

嵌入式计算机(embedded computer) 作为一个信息处理部件嵌入到应用系统中的计算机。多为单片计算机和单板计算机。一个应用系统可嵌入一台或多台。一般不单独运行,不暴露在现场操作人员的面前。特征为:(1) 体积、质量和外形尺寸等参数符合应用系统的需要;(2) 可靠性要求高,一般不进行日常检修,有的还能运行于恶劣环境;(3) 能自我检测,有的还有容错功能;(4) 有很强的实时性约束;(5) 需对通用计算机作适当的剪裁来满足不同应用系统的特定要求;(6) 软件常被固化。

嵌入式系统(embedded system) 一种嵌入机械或电气系统内部、具有专一功能和实时计算性能的专用计算机系统。系统以应用为中心,以计算机技术为基础,软硬件可剪裁,对功能、可靠性、成本、体积和功耗有严格要求,针对某个特定的应用,如网络、通信、音频、视频与工业控制等应用系统,具有软件代码小、自动化程度高、响应速度快等特点,特别适合于要求实时和多任务的体系。一般由嵌入式微处理器、外围硬件设备、嵌入式操作系统以及用户的应用程序 4 个部分组成。应用领域几乎包括生活中的所有电器设备,如个人数字助理、移动计算设备、电视机顶盒、智能手机、数字电视、多媒体、汽车、微波炉、数码相机、家庭自动化系统、电梯、空调、安全系统、自动售货机、蜂窝式电话、消费电子设备、工业自动化仪表与医疗仪器等。关键特性是处理特定的任务,可对其进行优化,以降低产品的体积和成本,提升可靠性和性能。

服务器(server) 专指某些能通过网络对外提供服务的高性能计算机。一般为客户端计算机提供各种高性能服务,主要表现在高速度运算能力、长时间可靠运行和强大的外部数据吞吐能力等。在稳定性、可靠性、安全性、可扩展性、可管理性等方面有更高的要求,其中央处理器、芯片组、内存、磁盘系统和系统总线等硬件都是针对具体的网络应用特别制定的。是网络的节点,存储和处理网络上 80% 的数据和信息,在网络中起到举足轻重的作用。按服务对象规模从小到大依次为:工作组级、部门级和企业级。主要有网络服务器(DNS、DHCP)、数据库服务器、打印服务器、终端服务器、磁盘服务器、邮件服务器、文件服务器等。

虚拟专用服务器(virtual private server; VPS) 将一个服务器分区成多个虚拟独立专享服务器的技术。每个使用该技术的虚拟独立服务器拥有各自独立的公网 IP 地址、操作系统、硬盘空间、内存空间、中央处理器资源、独立执行程序和独立系统配置等,还可进行安装程序、重启服务器等操作,与操控一台独立服务器完全相同。

服务端(server) 安装在提供服务一方的程序。与"客户端"相对。是一种针对性程序。通常只具备认证与传输功能,无运算能力。运行服务端的电子计算机称"服务器"。

客户机(client) 网络用户的计算机。是客户机/服务器结构的客户端。装有为用户服务的客户端应用软件,例如浏览器、电子邮件客户端等。用户在客户机通过这些应用软件访问网络上的服务器或其他网络资源。

客户端(client) 亦称"用户端"。安装在接受服务一方的程序。与"服务端"相对。是为客户提供本地服务的程序。除了一些只在本地运行的应用程序之外,通常安装在普通的用户机上,需与服务端互相配合运行。较常用的客户端包括了如万维网使用的网页浏览器,收寄电子邮件时的电子邮件客户端,以及实时通信的客户端软件等。在客户端和服务端,需要建立特定的通信连接,以保证应用程序的正常运行。

工作站(workstation) 一种高端的通用微型计算机。拥有高分辨率的大屏、多屏显示器及大容量的内存储器和外存储器,有直观的便于人机交换信息的用户接口,拥有较强的信息处理功能和高性能的图形、图像处理功能以及联网功能。常见的有计算机辅助设计工作站(或称“工程工作站”),办公自动化工作站,图像处理工作站等。广泛用于工程设计、动画制作、平面图像处理、科学研究、GIS 地理信息系统、软件开发、金融管理、信息服务以及模拟仿真等领域。

图形工作站(graphic workstation)　从事图形、静态图像、动态图像与视频工作的高档专用计算机的总称。要求具有:稳定性、安全性和运行连续性。从软硬件平台来看,可分为:基于 Unix/RISC 的传统 Unix 工作站和基于 Windows/Intel 架构的新型 NT 工作站。广泛应用于专业平面设计、建筑/装潢设计、CAD/CAM/CAE、视频编辑、影视动画、视频监控/检测、虚拟现实以及军事仿真等领域。

无盘工作站(diskless workstation)　无软盘、无硬盘、无光驱,通过连入局域网工作的计算机。其使用的操作系统和应用软件被全部放在服务器上,系统管理员只需在服务器上完成相应的管理和维护工作,如软件的升级和安装只需要配置一次后,则整个网络中的所有计算机就都可以使用新软件。具有节省费用、系统的安全性高、易管理性和易维护性等优点。

冗余技术(redundant technique)　在正常系统运行所需的基础上加上一定数量的信息、时间或后备硬件、后备软件的方法。是容错计算机中容错技术的基础。冗余可分为下列几种:(1) 硬件冗余,以检测或屏蔽故障为目的而添加一定硬件设备;(2) 软件冗余,为检测或屏蔽软件中的错误而添加一些在正常运行时不需要的软件;(3) 信息冗余,在实现正常功能所需的信息以外,再附加一些信息的方法,如纠错码;(4) 时间冗余,使用附加一定的时间来完成系统的功能,主要用于故障检测或故障屏蔽。最常用的硬件冗余是硬件的重复。

容错计算机(fault-tolerance computer)　在硬件发生故障或软件产生错误时仍能继续运行并完成既定任务的计算机。主要设计目标是提高计算机的可靠性、可用性和可信性。有两类方法:(1) 排错技术,通过使用可靠性高的元器件,严格的老化筛选等方法达到尽量减少发生故障的可能性;(2) 容错技术,主要是运用冗余技术来抵消由于故障而引起的影响。自 20 世纪 80 年代,第一代容错技术进入商用领域后,在硬件和软件的容错理论、测试算法以及诊断技术等方面得到不断发展和深入研究。应用于工业生产、医疗、航空、航天、交通以及军事、公安和金融等机要部门对计算机的可靠性要求很高的场合。

推理机(inference engine)　专家系统中实现基于知识推理的部件。是基于知识的推理在计算机中的实现。包括推理和控制两个方面,是知识系统中不可缺少的重要组成部分。主要由执行器、调度器和一致性协调器等组成。执行器应用知识库中的知识和黑板记录的信息,执行调度器选定的动作。调度器依据控制策略(用知识和算法描述)和黑板记录的信息从议程中选择一个动作供系统下一步执行。一致性协调器的主要作用是得到新数据或新假设时,对已得到的相关结果进行似然修正,以保证结果的前后一致性。

逻辑推理机(logical inference)　可自动进行推理的计算机。输入是所要求证明的推理目标、有关的变量以及前提和假设;输出是关于推理目标的证明结论、有关的解释以及上述变量的值。程序员用 PROLOG 程序设计语言编写逻辑程序。必须是完善的,不能出错,也必须给出全部正确推理结果。体系结构可以用沃伦抽象机(WAM)语义模型表示。应用其模型的指令集的五类基本指令,可编写相应的程序来描述逻辑推理机的体系结构;并可采用编译、解释以及硬件组成等方法实现实际的逻辑推理机。逻辑推理机的研究成果有美国的 PLM 机(1985 年)以及具有并行化体系结构的 Multi-PSI 机(1987 年)和 PIM 机(1986 年)等。

向量计算机(vector computer)　面向向量型并行计算,以流水线结构为主的并行处理计算机。除有标量处理功能外还具有功能齐全的向量运算指令系统。主要采用先行控制和重叠操作技术、运算流水线、交叉访问的并行存储器等并行处理结构,对提高运算速度有重要作用。向量运算适合流水线计算机的结构特点。与流水线结构相结合,能在很大程度上克服通常流水线计算机中指令处理量太大、存储访问不均匀、相关等待严重和流水不畅等缺点,并可充分发挥并行处理结构的潜力,显著提高运算速度。适用于线性规划、傅里叶变换、滤波计算以及矩阵、线性代数、偏微分方程和积分等数学问题的求解,主要用于气象研究与天气预报、航空航天飞行器设计、原子能与核反应研究、地球物理研究、地震分析、大型工程设计,以及社会和经济现象大规模模拟等领域的大型计算问题。

加固计算机(ruggedized computer) 亦称"抗恶劣环境计算机"。为适应各种恶劣环境,在计算机设计时,对影响计算机性能的各种因素,如系统结构、电气特性和机械物理结构等,采取相应保证措施的计算机。具有强的环境适应性、高可靠性和高可维性;较强的实时处理能力;系列化、标准化和模块化;应用的关键是专用软件的开发。

归约机(reduction machine) 一种面向函数式程序设计语言的非传统计算机(非冯·诺依曼结构的计算机)。是一种以需求驱动方式进行操作的计算机。传统的冯·诺依曼结构计算机所用的命令式程序设计语言(例如 FORTRAN, PASCAL 等)难以编写、验证和重用程序,不适合并行处理。函数式程序设计语言是面向人和问题的语言,有利于保证程序各部分的并行执行。解决了传统结构计算机因函数式语言结构不适应而引起的性能差、运行效率低等弊端。更适合于编写高度并行系统结构的并行处理程序。常见的有:(1)串归约机,信息以字符串存储,可不经翻译直接执行,如美国北卡罗来纳州立大学的细胞树机等。(2)图归约机,以图为处理对象,如 ALICE 系统、GRIP 系统和 Flagship 系统等。

支持向量机(support vector machine; SVM) 亦称"支持向量网络"。一种基于统计学习理论的模式识别方法。"支持向量"指在间隔区边缘的训练样本点。"机"是一个算法,在机器学习领域,可看作是一个机器。在解决小样本、非线性及高维模式识别中表现出许多特有的优势,并能够推广到函数拟合等其他机器学习问题中。成功应用于生物信息学、文本和手写识别、地球物理反演、石油测井、天气预报等许多领域。

神经计算机(neural computer) 亦称"神经处理器"。一种在生物神经元数学模型的基础上构造人工神经网络(ANN)以实现计算和信息处理的非传统计算机。组成原理和工作方式与传统计算机完全不同。是模拟人类基于符号化概念的抽象思维的信息处理功能,是在神经网络微观结构这一层次上模拟其对刺激-反应的自适应调整来进行信息处理。主要有三种实现技术:(1)软件仿真,在通用计算机上实现某种学习算法来建立并训练一个"软"神经网络;(2)硬件仿真,用专用并行处理器器件组成专用协处理器进行硬件仿真,能显著加速"软"神经网络的学习速度,缩短其训练时间;(3)用线性集成电路器件直接将电子神经元模拟线路组成的人工神经网络制作成集成电路的神经处理器芯片。涉及自动控制、模式识别和人工智能等应用方面,包括文字识别、语音识别、目标辨识、自然语言理解、专家系统(如金融市场预测和观测数据回归分析等)及过程控制等。可取得用传统计算机难以达到同样效果的成果。

绿色计算机(green computer) 为满足环境保护的要求,避免或减少电磁辐射、噪声、化学等污染,保护操作人员的健康,节省能源和原材料消耗,且有助于淘汰报废后可回收利用而设计、生产的计算机。节能,低污染,低辐射,易回收。实现的方法:(1)采用节能电源管理技术,在计算机不处于真正工作状态时,自动关闭磁盘机、打印机和显示器等部件的电源,处于休眠状态。显示器的休眠状态也有利于操作人员眼睛的休整。(2)电源电压从 5 伏降低到3.3伏甚至更低。(3)采取屏蔽措施,减少高频的电磁辐射。(4)优化键盘设计,避免操作方式单调性,适应人体舒适的需求。显示器的频率可调节以减少显示时的闪烁。(5)生产工艺过程,选用无害的化学材料等。

光计算机(optical computer) 主要利用光技术和光器件实现的计算机。同电子技术相比:(1)传输速度快;(2)互连数大,互连密度高;(3)非物理触点互连,大大提高可靠性和互连密度,且互连空间可重复使用;(4)遵循独立传输原理,上亿道光信息汇聚在一起,按各自的目的地,独立、无干扰地传递信息;(5)光的载波空间带宽可达 100 THz(电信号带宽最多为 100 GHz),且信息传输无失真;(6)功耗低,光信号衰减小。通常采用光电混合的方法研制。用硅和砷化镓集成技术实现传统的数字电路,用光器件实现芯片、部件等的互连。

量子计算机(quantum computer) 遵循量子力学规律进行高速数学和逻辑运算、存储及处理量子信息的计算机。是一种全新的基于量子理论的物理装置。其概念源于对可逆计算机的研究。应用的是量子比特,可同时处在多个状态,而不像传统计算机那样只能处于 0 或 1 的二进制状态。计算过程由量子算法决定,不同的算法有不同的变换。计算过程可由传统计算机控制。量子并行是其特点。对串行计算及迭代运算,则并无优势。适合作传统的通用电子计算机的高速协处理器或外围专用处理机,或专门为实现某种量子算法或模拟某种量子系统的专用计算机。量子计算因和传统计算方式迥然不同，对于某些问题，可达到传统计算机不能达到的解题速度。

生物计算机（biocomputer）　基于生物芯片制成的计算机。是仿生学在计算机领域中的应用。因某些有机物中的蛋白质分子，具有类似“开”与“关”的功能，故可通过遗传工程技术，仿制这种蛋白质分子，用于存储数据，完成计算。运算速度快，抗干扰能力强，有巨大的存储能力，能量消耗小，有类似生物体的自动修复和调节能力等。但存在信息提取困难等技术难题。

仿真技术（simulating technology）　一门以控制论、系统论、相似原理和信息技术为基础的多学科综合性技术。采用仿真工具，利用系统模型对实际的，或设想的系统进行动态试验。例如，汽车或飞机的驾驶训练模拟器。仿真工具包括仿真硬件和仿真软件。前者除计算机外还包括一些专用的物理仿真器，如运动仿真器、目标仿真器、负载仿真器、环境仿真器等。后者包括为仿真服务的仿真程序、仿真程序包、仿真语言和以数据库为核心的仿真软件系统。广泛用于航空、航天、机械、化工、汽车和国防等领域。

计算机仿真（computer simulation）　应用电子计算机对系统的结构、功能和行为以及参与系统控制的人的思维过程和行为进行动态性比较逼真的模仿。是一种采用定量方法的描述性技术。通过建立某一过程或某一系统的模式，来描述该过程或系统，然后用一系列有目的、有条件的计算机仿真实验来刻画系统的特征，得出数量指标，为决策者提供有关该过程或系统的定量分析结果，作为决策的理论依据。

仿真计算机（simulating-computer）　适用于系统仿真的计算机。20 世纪 50 年代的仿真机大部分是以电子模拟计算机为主机实现的，精度较差。70 年代初，出现数字模拟混合仿真机，70 年代末开始，以数字机为主的各种专用和通用仿真机得到普及和推广。80 年代高性能工作站、巨型机、小巨机、软件技术和人工智能技术取得进展，在综合集成数字仿真和模拟仿真的优势基础上，设计出在更高层次上的数字模拟混合仿真机。

实时仿真系统（real-time simulating system）　一种全新的基于模型的工程设计应用平台。包括半实物仿真系统软件与实时仿真机。研发工程师可在实时仿真系统的系统平台上实现工程项目的设计、实时仿真、快速原型、集成测试与硬件在回路测试的整套解决方案。

数据流计算机（datagram computer）　以“数据驱动”方式启动指令执行的计算机。“数据驱动”是指程序中任一条指令只要其所需的操作数已经全部齐备，且有可使用的计算资源就可立即启动执行（称“点火”）。指令的运算结果又可作为下一条指令的操作数来驱动该指令的点火执行。在计算机模型中不存在共享数据，指令的执行是异步并发地进行的，操作结果不产生副作用，也不改变机器状态，从而具有纯函数的特点。通常与函数语言有密切的关系。

分子计算机（molecular computer）　由生物分子组成的计算机。具备能在生化环境下，甚至在生物有机体内运行，并能以其他分子形式与外部环境交换。运行是吸收分子晶体上以电荷形式存在的信息，并以更有效的方式进行组织排列。运算过程是蛋白质分子与周围物理化学介质的相互作用过程。转换开关为酶，而程序则在酶合成系统本身和蛋白质的结构中极其明显地表示出来。在医疗诊治、遗传追踪和仿生工程中发挥无可替代的作用。体积小，耗电少，运算快，信息存储量大。分子芯片体积比现在的芯片大大减小，效率大大提高，完成一项运算仅需 10 皮秒，比人的思维速度快 100 万倍。1 立方米的 DNA 溶液可存储 1 万亿亿的二进制数据。消耗的能量只有电子计算机的十亿分之一。由于分子芯片的原材料是蛋白质分子，故分子计算机既有自我修复的功能，又可直接与分子活体相联。

光子计算机（photonic computer）　一种由光信号进行数字运算、逻辑操作、信息存贮和处理的新型计算机。基本组成部件是集成光路，需有激光器、透镜和核镜。具有超高速的运算速度，超大规模的信息存储容量。能量消耗小，散发热量低。

纳米计算机（nano computer）　用纳米技术研发的高性能计算机。纳米管元件尺寸在几到几十纳米范围，质地坚固，有极强的导电性，能代替硅芯片制造计算机。把传感器、电动机和各种处理器都放在一个硅芯片上而构成一个系统。应用纳米技术研制的计算机内存芯片，体积只有数百个原子大小，相当于人的头发丝直径的千分之一。几乎不需要耗费能源，且性能比电子计算机强大许多倍。

人 物

徐献瑜（Xu Xianyu，1910—2010） 中国数学家。中国计算数学的主要奠基人之一。浙江湖州人。是中国第一个计算数学学科和中国第一个国家级计算中心的创建者之一，也是中国第一个“数学软件库”的研制和建立的主持人。1928年就读于东吴大学，1931年转入燕京大学。1932年毕业，1934年获得燕京大学物理学硕士学位。1936年入读美国圣路易斯华盛顿大学。1938年获华盛顿大学博士学位。1939年回国，入燕京大学和辅仁大学任教，任燕京大学数学系主任。1952年，加入中国民主同盟。1952—1954年，任北京大学校工会临时主席。1955年，领导创建中国第一个计算数学研究机构（时称“计算数学教研室”），并任主任。1956年，参与筹建中国科学院计算所（即今“中国科学院计算技术研究所”）。1956年访问苏联，编写了中国第一个计算机程序。1977年参与北京大学和中国科学院关于稀土化学的研究。与中国稀土化学家徐光宪合作，研究“串级萃取理论”的精确计算问题和数学建模问题，并成功用计算机模拟出稀土元素逆流萃取的动态平衡过程。1985年主持建成中国第一个计算数学软件库（STYR）项目。1990年任中国数学软件协会名誉会长。为中国计算数学和计算机软件学科建设和人才培养作出卓越贡献。

支秉彝（Zhi Bingyi，1911—1993） 中国电信工程与测量仪器专家、中文信息处理开拓者之一。祖籍江苏镇江，生于江苏泰州。1931年在浙江大学电机系学习，1934年留学德国，就读于德累斯顿工业大学电机系。1937年转入莱比锡大学物理学院，1944年获该院自然科学博士。其间在德国蓝点无线电厂任工程师，兼任莱比锡大学和马堡大学汉语讲师，1946年回国。历任中央工业试验所电子室主任兼浙江大学、同济大学教授，航务学院教授，上海电表厂副总工程师兼中心试验室主任，上海仪器仪表研究所总工程师、所长、名誉所长。中国中文信息研究会副理事长，上海仪器仪表学会理事长等职。中国科学院学部委员（院士）。在锰铜电阻元件老化处理、电表关键元件质量攻关、仪表数字化、汉字编码方法等方面获多项创见性成果。20世纪60年代中期开始研究汉字信息字模，并试制出见字识码，俗称“支秉彝码”。该编码在20世纪80年代初期的电子计算机系统（如华达中文系统）都有提供。

胡世华（Hu Shihua，1912—1998） 中国数理逻辑研究的奠基人、理论计算机科学的开拓者。浙江吴兴人，生于上海。1929年考入南开大学，1932年转入北京大学哲学系就读。1935年北京大学哲学系毕业，次年赴欧洲留学。先后在奥地利维也纳大学、德国敏斯特威廉大学等校学习数理逻辑与数学，并获敏斯特威廉大学博士学位。1941年回国，任教于中山大学数学天文系、中央大学哲学系、北京大学哲学系。1949年加入中国民主同盟。1950年任中国科学院数学研究所数理逻辑研究室主任。1954年加入中国共产党。1958年提议创办中国科学技术大学应用数学系工程逻辑专业，并兼任工程逻辑教研室主任。1963年起任中国科学院计算技术研究所第九研究室主任。1979年起兼任北京计算机学院院长、名誉院长。1985年后任职于中国科学院软件研究所。中国科学院院士。1956年，以图灵破译德军密码的案例，阐述数理逻辑对计算机产生的重要作用，成为中国第一位强调理论计算机科学研究的学者。对中国数理逻辑、计算机科学、科学哲学和数学史等学科作出独特贡献。与陆钟万合作编写的《数理逻辑基础》（上、下册），获国家教委高等学校优秀教材二等奖。

罗沛霖（Luo Peilin，1913—2011） 中国电子学与信息学专家。天津人。1935年交通大学毕业。1952年获美国加利福尼亚理工学院哲学博士学位。中国科学院院士、中国工程院院士。曾任中国科学院技术科学部常务委员，计算机学科组组长，电子学科组副组长。信息产业部高级工程师。西安电子科技大学电子信息工程专业主要创始人。多次主持制定中国电子科学技术发展规划和指引推动新技术发展。主持建成中国首座大型电子元件厂。指导中国第一部超远程雷达和第一代系列计算机启动研制工作。1973—1975年期间，具体组织和指导了中国最早的通用计算机系列（100系列和200系列计算机）的研制工作。在推广计算机的应用和培养软件人员方面起了开拓性的作用。获2000年中国工程科学技术奖及电气电子工程师学会建会百年纪念奖。电气电子工程师学会终身会员。

慈云桂（Ci Yungui，1917—1990） 中国电子计算

机专家、教育家。中国计算机科学与技术的开拓者之一。安徽安庆人。1943年湖南大学机电系毕业，后在昆明西南联大的清华大学无线电研究所攻读研究生。1946年8月，在清华大学物理系从事无线电实验室的创建工作。1954年调至中国人民解放军哈尔滨军事工程学院电子系，历任计算机系主任，长沙国防科学技术大学副校长、电子计算机研究所所长，国防科工委科技委常委等职。中国计算机学会副理事长和名誉理事，中国科学院学部委员（院士）。1956年加入中国共产党。1966年起致力于计算机的研究和教学工作，主持研制成功441B－Ⅰ、Ⅱ型晶体管通用计算机。主持研制出数十种型号的大、中、小型计算机，1983年12月，主持研制成功中国首台亿次级巨型计算机系统“银河－Ⅰ”，1984年荣获中央军委科技成果特等奖。为中国计算机从电子管、晶体管、集成电路到大规模集成电路的研制开发作出重要贡献。被中央军委授予二等功。著有《雷达原理》《概率论信息论基础》等。是电气电子工程师学会（IEEE）高级会员，《中国科学》《科学通报》《电子学报》和《计算机学报》编委。

吴几康（Wu Jikang, 1918—2002） 原名吴畿康。中国计算机专家。安徽歙县人。1943年四川同济大学机电系毕业，后在无线电系执教。1949年在丹麦工业大学进修，1951年在哥本哈根担任无线电厂开发工程师。1953年回国。先后担任中国科学院数学研究所、原子能研究所计算机小组副研究员。1956年任中国科学院计算技术研究所筹备委员会委员，和华罗庚、夏培肃、张效祥等人一起筹建中国科学院计算技术研究所。中国计算机学会副理事长，中国系统工程学会常务理事。中国科学院计算技术研究所学术委员会主任，1979年任中国科学院计算技术研究所副所长。浙江大学计算机系学术委员会主任等职。1972年任陕西微电子学研究所副所长，先后兼任过西安交通大学、同济大学和华侨大学教授。中国大型通用数字电子计算机104机的主要研究人员之一；1964年，负责的119机研制成功，是当时国内运算速度最快的电子管计算机。组织和参加国内最早的小、中、大规模集成电路微型计算机的设计工作。参与领导每秒千万次向量计算机的研制。对创建和发展中国计算机研究事业作出重要贡献。

张效祥（Zhang Xiaoxiang, 1918—2015） 中国计算机专家。浙江海宁人。1943年毕业于武汉大学电机系。中国科学院院士。1956年任中国科学院计算技术研究所筹备委员会委员，和华罗庚、夏培肃、吴几康等人一起筹建中国科学院计算技术研究所。20世纪50年代末，曾领导中国第一台大型通用电子计算机的仿制，并在此后的35年中主持中国的从电子管、晶体管到大规模集成电路各代大型计算机的研制，为中国计算机事业的创建、开拓和发展起了重要作用。70年代中期，领导和直接参与并率先在中国开展多处理器并行计算机系统国家项目的探索与研制工作。1985年完成中国第一台亿次巨型并行计算机系统。获2010年首届中国计算机学会终身成就奖。

朱传榘（Jeffrey Chuan Chu，1919—2011） 美籍华裔科学家。生于天津。1939年赴美留学。1946年在美国宾夕法尼亚大学与5名美国人共同发明了世界上第一台计算机（ENIAC），被称为“计算机先驱”。获得电气电子工程师协会（IEEE）颁发的“计算机先驱奖”（IEEE Computer Pioneer Award）。在计算机原型产生之前，成功提出计算机逻辑结构的数个设计版本，提高了计算机的“通用”逻辑运算能力，也是参与整个计算机原型设计的人物之一。曾任美国斯坦福研究院（SRI）董事兼总裁办公室高级顾问、哥伦比亚国际公司主席、霍尼韦尔信息系统公司（Honeywell Information Systems）副总裁、王安电脑公司高级副总裁、阿尔贡（Argonne）国家实验室高级科学家等职。曾任中国国务院发展研究中心高级研究员、中国工程学会高级教授、上海交通大学校委会委员、名誉教授以及南开大学、山东大学等校名誉教授。

王安（Wang An, 1920—1990） 美籍华裔企业家、计算机科学家和发明家。祖籍江苏昆山，生于上海。1940年交通大学电机系毕业。1948年获哈佛大学应用物理博士学位。同年加入霍华德·艾肯（Howard Aiken）的哈佛计算机实验室，参与马克4型计算机研制。发明磁芯记忆体（即“磁芯存储器”），大大提高了计算机的储存能力。1951年，在美国波士顿南区创办“王安实验室”（Wang Laboratories）。1955年更名“王安电脑有限公司”。1964年，推出最新的用晶体管制造的台式计算机。1972年，公司研制成功半导体的文字处理机，两年后，又推出该机的第二代产品，成为当时美国办公室中必备的设备。1976 年,推出电子文字处理机。1978 年,成为当时世界上最大的文字处理机生产商。1982 年公司跻身美国计算机企业十强。在生产对数计算机、小型商用、文字处理机以及其他办公自动化设备上,都走在时代的前列。在磁芯存储等领域的发明专利共有 40 多项,为近代计算机技术的发展作出重大贡献。1984 年获美国电子协会“电子及信息技术最高荣誉成就奖”。1986 年获美国总统自由奖章,1988 年列入美国发明家名人堂。

萨师煊(Sa Shixuan, 1922—2010) 中国计算机科学家。中国数据库学科奠基人。福建闽侯人,1945 年厦门大学数理系毕业。先后任福州英华中学教师、广州中山大学数学系讲师。1950 年起任中国人民大学数学教研室讲师、主任,工业经济系数学教研室讲师、主任,经济信息管理系首任主任、名誉主任。曾任中国计算机学会常务理事、数据库专业委员会名誉主任委员、中国系统工程学会理事、中国中文信息学会理事和教育专业委员会主任。中国人民政治协商会议北京市第六、七届委员、常委。1983 年加入中国共产党。1985 年获北京市劳动模范称号。积极倡导文科数学课程的教学改革,设计了经济及管理各专业的数学课程,将线性代数、运筹学、概率论与数理统计等数学分支引入相关课程体系。20 世纪 80 年代初,受教育部委托,负责制订文科数学基础教材的编写大纲。创建中国人民大学经济信息管理系。率先在国内开展数据库技术的教学与研究工作。与王珊合著《数据库系统概论》。是中国大陆第一部系统阐明数据库原理、技术和理论的教材。获国家级优秀教材奖。1987 年创办中国人民大学数据工程与知识工程研究所。2008 年在研究所的基础上建成了数据工程与知识工程教育部重点实验室。为中国数据库学科的人才培养和技术发展作出了开创性贡献。

夏培肃(Xia Peisu, 1923—2014) 中国女计算机科学家。重庆江津人。1941 年考入中央大学工学院电机系。1945—1947 年在交通大学电信研究所读研究生。1947 年赴英国留学,1950 年获爱丁堡大学博士学位。回国后任中国科学院计算技术研究所研究员。中国科学院院士。1952 年加入华罗庚教授组织领导的中国第一个计算机研究工作小组,是中国最早从事电子计算机科研的人员之一。编写中国第一本电子计算机原理书,为中国计算机科技界培养了大批人才。1960 年设计试制成功中国第一台通用电子数字计算机——107 机。1964 年开始在高速计算机的研究和设计方面做出系统的创造性成果。1968 年,提出最大时间差流水线原理,可以大大提高流水线计算机的时钟频率,20 世纪 70 年代末期,主持研制高速阵列处理机 150 - AP 并获成功。强调自主创新在科研工作中的重要性,坚持做中国自己的计算机。从 20 世纪 90 年代开始,多次以书面形式建议中国应开展高性能处理器芯片的设计,建议国家大力支持通用中央处理器芯片及其产业的发展,以免在高性能计算技术领域受制于人。创办《计算机学报》,创办国际性期刊《Journal of Computer Science and Technology》(计算机科学技术学报),并任第一任主编。获 2010 年首届中国计算机学会终身成就奖。

徐家福(Xu Jiafu, 1924—2018) 中国计算机软件学先驱、中国计算机科学奠基人之一。江苏南京人。1948 年中央大学毕业,1957—1959 年在苏联莫斯科大学进修,1981 年起任南京大学计算机系教授、博士生导师,培养出中国第一位计算机软件学博士。历任南京大学计算机软件研究所所长,计算机软件新技术国家重点实验室主任、名誉主任,教育部计算机软件教材编审委员会主任,国务院学位委员会计算机学科评议组召集人,中国计算机学会副理事长及软件专业委员会主任,清华大学、吉林大学兼职教授等职。主要研究高级语言、新型程序设计与软件自动化。代表性成果有:(1)研制出中国第一个 ALGOL 系统、系统程序设计语言 XCY、多种规约语言;(2)参加制定 ALGOL、COBOL 国家标准;(3)率先在中国研制出数据驱动计算机模型 FPMND;研制出兼顾函数式和逻辑式风格的核心语言 KLND 及相应的并行推理系统;(4)完成 8 个软件自动化系统,如基于自行设计规约语言 GSPEC 的 NDAUTO 系统,基于 FGSPEC 的算法设计自动化系统 NDADAS 和自学习软件自动化系统 NDSAIL 等。先后获中国国家教委一等奖 4 次,电子部一等奖 3 次,出版著作 6 部,发表论文 150 余篇。为中国计算机事业的创建、开拓和发展作出卓越贡献,2011 年获中国计算机学会终身成就奖。

孙钟秀(Sun Zhongxiu, 1936—2013) 中国计算机科学家。中国计算机软件学的先驱。原籍浙江余杭,生于江苏南京。1957 年南京大学数学系毕业。

1965年赴英国曼彻斯特ICL公司进修。曾任南京大学副教授、教授、计算机科学系主任、技术科学院院长,江苏省科技协会主席。1974年后,主持研制中国国产系列计算机DJS200系列中的DJS200/XTI的操作系统。中国科学院院士。主持研制多个分布式系统软件。主要著作:《操作系统教程》《分布式计算机系统》《操作系统原理》《计算机程序设计(360系统)》,和谢立合著《分布式数据处理》。

王选(Wang Xuan, 1937—2006) 中国计算机科学家、计算机文字信息处理专家、计算机汉字激光照排技术创始人。江苏无锡人。1958年毕业于北京大学数学力学系。历任北京大学教授、计算机研究所所长,北大方正控股有限公司董事局主席。中国科学院院士、中国工程院院士。曾任全国政协副主席,九三学社中央副主席,中国科学技术协会副主席,第九届全国人大常委会委员、全国人大教科文卫委员会副主任委员等职。1961年开始从事软硬件相结合的研究,以探讨软件对未来计算机体系结构的影响,认为只有同时掌握硬件设计和程序与应用,才能产生创新。致力于文字、图形、图像的计算机处理研究。1975年开始主持中国计算机汉字激光照排系统与电子出版系统并获得成功。1992年研制成功世界首套中文彩色照排系统。领导研制成功的汉字激光照排系统为新闻出版业普及推广中文计算机排版作出巨大贡献。获2001年国家最高科学技术奖和陈嘉庚科学奖。

顾冠群(Gu Guanqun, 1940—2007) 中国计算机网络技术和网络工程专家。江苏常州人。1956年入南京航空学院学习,次年转入南京工学院(今东南大学)自动控制系计算技术专业学习。1962年8月毕业后留校任教。中国工程院院士。主要从事计算机系统、计算机网络、开放式网络技术和网络工程、计算机集成制造系统(CIMS)的研究与开发工作。1987年起任国家"863"高技术计划自动化领域CIMS主题第一、二、四届专家组成员和第三届自动化领域专家委员,兼任网络专题责任专家。1993年研究高性能计算机网络协议,成为国际XTP(快捷传输协议)论坛成员。1994年9月任江苏省CIMS推广应用试点专家组组长。1997年至2006年任东南大学校长。兼任国家重点基础研究发展规划"973"专家顾问组成员、国家信息化专家咨询委员会委员、中国互联网协会副理事长。作为中方首席专家主持中国—欧共体合作项目"江苏省计算机应用网络",并积极参加筹建中国科研网和中国教育科研网。获国家级科技进步奖4项,部省级科技进步一、二等奖12项,1998年又获国家科技进步二等奖。曾获"国家级有突出贡献中青年专家""全国高校先进工作者""全国教育系统劳动模范""人民教师奖章""宝钢优秀教师特等奖"、国家863计划"突出贡献先进个人"。

布尔(George Boole, 1815—1864) 英格兰数学家和哲学家。数理逻辑学先驱。生于英格兰林肯郡。爱尔兰科克市皇后学院(今科克大学)数学教授。一生从事数理逻辑研究,对计算机理论基础——符号逻辑作出诸多贡献。1848年发表《The Mathematical Analysis of Logic》(逻辑的数学分析),对符号逻辑作出第一次贡献。1854年出版《The Laws of Thought》(思维规律的研究)。由于其在符号逻辑运算中的特殊贡献,很多计算机语言中将逻辑运算称为布尔运算,将其结果称为布尔值。1857年当选为伦敦皇家学会会员,不久荣获该会的皇家奖章。其他著作有《微分方程》(1859年)等。

霍尔瑞斯(Herman Hollerith, 1860—1929) 美籍德裔统计学家。信息处理之父。生于美国纽约布法罗市。1890年获哥伦比亚大学博士学位。1882年任马萨诸塞理工学院机械工程学教授,在此完成了其第一个打孔卡实验。并在此发明出计算机的前身打孔卡片制表机。借鉴雅各织布机的穿孔卡原理,用穿孔卡片存储数据,采用机电技术取代纯机械装置,制造了第一台可以自动进行四则运算、累计存档、制作报表的制表机,1896年成立制表机器公司TMC公司(Tabulating Machine Company)。为穿孔卡片机配备了自动送卡器,1911年,TMC与另两家公司合并,成立了CTR公司。1924年,CTR公司改名为国际商业机器公司(International Business Machines Corporation),即"IBM公司"。

冯·诺伊曼(John von Neumann, 1903—1957) 美国数学家。现代电子计算机创始人之一。原籍匈牙利,后移居美国。历任普林斯顿大学、普林斯顿高等研究所教授,美国原子能委员会委员。美国全国科学院院士。早期以算子理论、量子理论、集合论等方面的研究闻名。第二次世界大战期间参与第一颗原子弹的研制。1945年起陆续为研制电子数字计算机提供基础结构性的方案,一直沿用至今。1944年与德国经济学家莫根施特恩(Oskar Morgenstern,1902—1977)合著《博弈论与经济行为》,是博弈论学科的奠基性著作。另著《量子力学的数学基础》《计算机与人脑》《连续几何》等。一生担任过许多科学职位,主要荣誉:1937 年获美国数学会博歇奖;1947 年获美国数学会吉布斯(Gibbs)讲师席位,并得到功勋奖章(总统奖);1951—1953 年任美国数学会主席;1956 年获爱因斯坦纪念奖及费米奖。发表论文约 150 篇。其中有 60 篇纯数学论文,60 篇应用数学论文以及 20 篇物理学论文。最后的未完成手稿以书名《The Computer and the Brain》(计算机与人脑)发布。有《冯·诺伊曼文集》存世。

楚泽(Konrad Zuse,1910—1995) 计算机发明人之一。生于德国维尔梅斯多夫,原是土木建筑工程师。是把程序控制思想付诸实施的第一人。1938 年,完成一台可编程数字计算机 Z-1。第一次采用二进制数,在薄钢板组装的存储器中,用一个在细孔中移动的针,指明数字“0”或“1”。采用 35 毫米电影胶片作“穿孔带”输入程序,数据则由一个数字键盘敲入,计算结果用小电灯泡显示。1938 年组装第二台电磁式计算机 Z-2。1941 年第三台电磁式计算机 Z-3 完成,使用了 2 600 个继电器,用穿孔纸带输入,实现了二进制数程序控制。最早提出“程序设计”的概念。1949 年 Z-4 计算机安装在瑞士苏黎世技术学院,并且稳定地运行到 1958 年。

图灵(Alan Mathison Turing, 1912—1954) 英国计算机科学家、数学家、逻辑学家、密码分析学家和理论生物学家。1931 年剑桥大学国王学院毕业,因有关中心极限定理的论文当选为国王学院研究员。1938 年获普林斯顿大学博士学位。提出超计算的概念。用图灵机加预言机,让研究图灵机无法解的问题变得可能。二次世界大战期间,曾在“政府密码学校”(GC&CS,今政府通信总部)从事密码破译工作。对人工智能的发展有诸多贡献。提出的图灵机模型为现代计算机的逻辑工作方式奠定了基础。在对人工智能的研究中,提出图灵测试的实验,尝试定出一个决定机器是否有感觉的标准。被视为计算机科学与人工智能之父。

汉明(Richard Wesley Hamming, 1915—1998) 美国数学家和信息学专家。1937 年芝加哥大学毕业,1939 年获内布拉斯加大学硕士学位,1942 年获伊利诺伊大学香槟分校博士学位,1944 年到洛斯阿拉莫斯国家实验室,参与第一颗原子弹的研制。1945 年参加曼哈顿计划,负责编写电脑程序,计算物理学家所提供方程的解。1946 年转入贝尔实验室,1947 年发明“纠错码”,亦称“汉明码”。因此获 1968 年第三届图灵奖。国际计算机协会(ACM)的创立人之一,曾任主席。主要贡献在计算机科学和电信。电气电子工程师学会院士。获 1979 年 Emanuel R. Piore 奖,1981 年宾夕法尼亚大学 Harold Pender 奖,1988 年理查·卫斯里·汉明奖。

艾伦(Paul Allen, 1953—2018) 美国企业家。1971 年入华盛顿州立大学,两年后退学,并说服当时正在哈佛读二年级的比尔·盖茨(Bill Gates),共同创业。1975 年,成立微软公司,为个人电脑编写商用软件。与 IBM 公司合作,开发 DOS 操作系统,由此拉开了个人计算机时代序幕。1983 年因病离开微软公司。一年后,重获健康开始投资行动。成立 Asymetrix 软件公司、Sum Total System 公司和 Vulcan 投资公司,涉足 ESPN、梦工厂、外星生物研究所、人脑科学院、NBA 球队、房地产、博物馆,及私人航天计划等行业。

乔布斯(Steve Jobs, 1955—2011) 美国企业家、发明家。20 世纪 70 年代末与苹果公司另一创始人斯蒂夫·沃兹尼亚克(Stephen Wozniak)及首任投资者迈克·马库拉协同其他人设计、开发及销售 Apple II 系列。曾任公司董事长及首席执行官。1985 年,离开苹果公司并成立 NeXT 公司(计算机平台开发公司,专门从事高等教育及商业市场)。1986 年,收购卢卡斯影业的计算机绘图部门,成立皮克斯(Pixar)公司任董事长及行政总裁。1996 年,回苹果公司。2000 年起成为首席执行官,带领苹果公司进入 iPod、iPhone、iPad 时代。被认为是计算机业界与娱乐业界的标志性人物。先后领导和推出了麦金塔计算机(Macintosh)、iMac、iPod、iPhone、iPad 等电子产品,深刻地改变了现代通信、娱乐、生活方式。

组 织 机 构

国际计算机协会(Association for Computing Machinery; ACM) 计算机科技教育领域的国际性组织。致力于提高信息技术在科学、艺术等各行各业的应用水平，为会员提供信息、思想和发现的交流平台。成立于1947年，在130多个国家和地区拥有超过10万名会员，大部分是专业人员、发明家、研究员、教育家、工程师和管理人员。会员的最高荣誉是会士。是全世界计算机领域影响力最大的专业学术组织。通过支持全球700个以上的专业和学生组织，为专业人士提供多种服务，如搜集信息、准备讲座、组织研讨会和竞赛等。《Communications of the ACM》是其主要成员刊物，刊载广泛感兴趣的文章，并对每月不同的热点问题展开讨论。设有8个主要奖项，最高奖项为图灵奖，颁发给计算机领域作出杰出贡献的人士。

国际标准化组织（International Organization for Standardization；ISO） 制定全世界工商业国际标准的标准建立机构。ISO源于希腊语"ISOS"，即"EQUAL"——平等（"同一"）之意。非其英语名称的缩写。主要功能是为人们制订国际标准达成一致意见提供一种机制。成立于1947年，包括162个会员单位，参加者包括各会员单位的标准制定机构和主要公司。宗旨是在世界上促进标准化及其相关活动的发展，以便于商品和服务的国际交换，在智力、科学、技术和经济领域开展合作。负责绝大部分领域的标准化活动。最高权力机构是每年一次的"全体大会"，日常办事机构是中央秘书处，设在瑞士日内瓦。中国是正式成员，代表中国的组织为中国国家标准化管理委员会。国际标准以数字表示，例如，ISO 11180: 1993的11180是标准号，1993是发布年份。

国际电信联盟（International Telecommunication Union；ITU） 主管信息通信技术事务的联合国专门机构。成立于1934年。成员包括193个成员和700多个部门成员及部门准成员。前身为《国际电报公约》（国际电报联盟1865年签订）以及《国际无线电公约》（1906年由德、英、法、美和日本等27个国家在德国柏林签订）。1932年，70多个国家的代表在西班牙马德里开会，决定把两个公约合并为《国际电信公约》并改现名。1947年，成为联合国的一个专门机构，总部从瑞士伯尔尼迁到日内瓦。宗旨：（1）保持和发展国际合作，促进各种电信业务的研发和合理使用；（2）促使电信设施的更新和最有效的利用，提高电信服务的效率，增加利用率和尽可能达到大众化、普遍化；（3）协调各国工作，达到共同目的，可分为电信标准化、无线电通信规范和电信发展3个部分，每个部分的常设职能部门是"局"，包括电信标准局、无线通信局和电信发展局。2015年6月24日，公布5G技术标准化的时间表，5G技术的正式名称为IMT－2020，5G标准在2020年制定完成。

国际电信联盟电信标准局（ITU Telecommunication Standardization Sector；ITU－T） 国际电信联盟管理下的专门制定远程通信相关国际标准的组织。成立于1993年。前身是国际电报电话咨询委员会（CCITT）。制定的国际标准通常被称为建议。各种建议书的分类由一个首字母来代表，称为系列，每个系列的建议书除了分类字母以外还有一个系列号，例如"V.90"。由于ITU－T是ITU的一部分，ITU是联合国下属的组织，由该组织提出的国际标准比其他的组织提出的类似技术规范更正式。与以前的运作相比，现行标准制定过程可以对快速发展的技术作出更快速的反应，从提出最初的标准草案的提案到批准最终的标准（建议书）之间的时间最短可以短到几个月或更短。发布的协议不是开放的，除草案和研究阶段的文本外，一般不提供免费下载。

国际电工委员会（International Electrotechnical Commission；IEC） 主要负责有关电气工程和电子工程领域中国际标准化工作的国际标准化组织。成立于1906年。有超过130个国家和地区参加国际电工委员会，其中67个是成员，另外69个则以非正式成员的身份加入其分支机构。总部最初位于英国伦敦，1948年迁到瑞士日内瓦。

电气电子工程师学会（Institute of Electrical and Electronics Engineers；IEEE） 国际性电气与电子工程师学会。是世界上最大的专业技术组织之一。成立于1963年。由无线电工程师学会（Institute of Radio Engineers — IRE，成立于1912年）和美国电气工程师学会（American Institute of Electrical Engineers — AIEE，成立于1884年）合并而成。拥有来自175个国家和地区的42万会员。总部位于美国纽约，在全球150多个国家和地区拥有分会，并有35个专业学会及2个联合会。在工业界所定义的标准有着极大的影响。定位是科学和教育，并直接面向电气电子工程、通信、计算机工程、计算机科学理论和原理研究的组织，以及相关工程分支的艺术和科学。承担着多个科学期刊和会议组织者的角色。也是一个广泛的工业标准开发者,主要领域包括电力、能源、生物技术和保健、信息技术、信息安全、通信、消费电子、运输、航天技术和纳米技术。积极发展和参与教育领域,如在高等院校推行电子工程课程的学校授权体制。制定了全世界电子、电气和计算机科学领域30%的文献,还制定了超过900个现行工业标准。每年发起或者合作举办超过300次国际技术会议。与计算机学会、国际计算机学会等国际学术组织有密切的联系或合作。

国际计算机图形协会(International Computer Graphics Standards Association; ICGSA) 全球历史最悠久和最大的计算机图形媒体教育和科研机构。前身是国际计算机图形图像媒体协会。总部位于加拿大温哥华。致力于制定计算机图形技术国际标准的教育、科研和应用。主要的标准包括CG动漫、计算机平面和计算机建筑等多个领域。截至2008年ICGSA已经拥有100多个国家和地区的超过23 000名专业会员,来自企业、学术机构和政府组织。

中国计算机学会(China Computer Federation; CCF) 中国计算机及相关领域的学术团体。成立于1962年。全国一级学会,独立社团法人,中国科学技术协会成员。宗旨是为本领域专业人士的学术和职业发展提供服务;推动学术进步和技术成果的应用;进行学术评价,引领学术方向;对在学术和技术方面有突出成就的个人和单位给予认可和表彰。业务范围包括:召开学术会议、优秀成果及人物评奖、学术刊物出版、科学普及、工程教育认证和计算机术语审定等。下设12个工作委员会,有分布在不同计算机学术领域的专业委员会36个,30个地方会员活动中心。学会编辑出版的刊物有《中国计算机学会通讯》(月刊),与其他单位合作编辑出版的会刊有16种。学会与电气电子工程师学会、计算机学会、国际计算机学会等国际学术组织有密切的联系或合作。有影响的系列活动有中国计算机大会、王选奖、海外杰出贡献奖、优秀博士学位论文奖、青年计算机科技论坛(YOCSEF)、全国信息学奥林匹克(NOI)等。会士是中国计算机学会授予学会会员的最高学术荣誉,以表彰在计算机领域有卓越成就或对学会有突出贡献的会员。

中国软件行业协会(China Software Industry Association; CSIA) 中华人民共和国软件产业的同业协会。成立于1984年。由从事软件研究开发、出版、销售、培训,以及从事信息化系统研究开发,开展信息服务,为软件产业提供咨询、市场调研、投融资服务和其他中介服务等的企事业单位与个人自愿结合组成。是唯一代表中国软件产业界并具有全国性一级社团法人资格的行业组织。

国家互联网应急中心(National Internet Emergency Center; CNCERT; CNCERT/CC) 全称"国家计算机网络应急技术处理协调中心"。是中央网络安全和信息化委员会办公室领导下的国家级网络安全应急机构。成立于2002年。主要职责是:按照"积极预防、及时发现、快速响应、力保恢复"的方针,开展互联网网络安全事件的预防、发现、预警和协调处置等工作,维护国家公共互联网安全,保障基础信息网络和重要信息系统的安全运行,开展以互联网金融为代表的"互联网+"融合产业的相关安全监测工作。

中国科学院软件研究所(Institute of Software, Chinese Academy of Sciences; ISCAS) 中国科学院下设的研究机构。是以计算机科学理论和应用研究为基础、以计算机软件研究开发和高新技术的产业建设为主导的综合性基地型研究所。创建于1985年。以计算机科学、计算机软件、计算机应用技术、信息安全为重点学科领域。下设计算机科学国家重点实验室和基础软件国家工程研究中心等研究部门。主办的学术刊物有《软件学报》《中文信息学报》和《计算机系统应用》。

中国科学院计算技术研究所(Institute of Computing Technology, Chinese Academy of Sciences; ICT) 中国第一个专门从事计算机科学技术综合性研究的学术机构。创建于1956年。主要研究方向和领域有信息处理、信息检索、网络安全、大数据处理、体系结构研究、智能技术研究、生物信息计算、虚拟现实技术等。建有计算机系统研究部、网络研究部、智能信息处理研究部3个研究部,下设16个研究机构,有国家重点实验室1个,国家研究中心2个,中国科学院重点实验室2个,15个分所与分部。主持出版学术刊物:(1)《计算机研究与发展》(中国科学院计算技术研究所和中国计算机学会联合主办的学术性期刊);(2)《计算机学报》(中国计算机领域代表性学术刊物,其宗旨是报道代表计算机科学技术领域前沿水平的科研成果);(3)《Journal of Computer Science and Technology》(中国科学院计算技术研究所与中国计算机学会联合主办的英文学术期刊)。主要科研成果:(1) 1958 年,成功研制中国第一台通用数字电子计算机 103 计算机;(2) 1965 年,成功研制中国第一台 109 乙大型通用晶体管计算机;(3) 1971 年,成功研制 111 型通用计算机,是中国第一批集成电路计算机;(4) 2002 年 9 月,发布龙芯 1 号通用 CPU 芯片等。截至 2017 年底,获得国家、院、市、部级科技奖励 225 项。曾陆续分离出中国科学院微电子研究所、计算中心、软件研究所和计算机网络信息中心等多个研究机构,以及联想、曙光、龙芯、寒武纪等高技术企业。

中国科学院微电子研究所(Institute of Microelectronics of the Chinese Academy of Sciences) 中国科学院下设的研究机构。前身是成立于 1958 年的 109 厂。1986 年中国科学院半导体研究所微电子学研究部分并入,成立中国科学院微电子中心。2003 年改现名。研究领域覆盖微电子工艺、器件和集成电路设计。中国科学院大学微电子学院依托于此。所属 11 个研究室组成了两个重点实验室,分别是系统芯片(SoC)设计重点实验室和微电子器件与集成技术重点实验室。

中国国家超级计算中心(Supercomputing Center of Chinese Academy of Sciences) 由中国兴建、部署有千万亿次高效能计算机的超级计算中心。是隶属于中国科学院计算机网络信息中心的支撑服务单位。主要从事并行计算的研究、实现及应用服务,为用户提供尽可能强的高性能计算能力和技术支持。2006 年中华人民共和国国务院颁布的《国家中长期科学和技术发展规划纲要(2006—2020)》明确提出要掌握千万亿次高效能计算机研制的关键技术,并将"高效能计算机及网格服务环境"列为"十一五"期间 863 计划重大课题。同年 6 月,天津滨海新区与国防科技大学签署合作协议,确定在天津经济技术开发区共建国家超级计算天津中心,研制千万亿次超级计算机,建设大规模集成电路设计中心和基础软件工程中心及产业化基地。截至 2019 年 5 月底,中国共建成或正在建设 7 座超算中心,分别为天津中心、长沙中心、济南中心、广州中心、深圳中心、无锡中心、郑州中心。中国自主研制的首台全部采用国产处理器构建的"神威·太湖之光"超级计算机,其峰值计算速度达每秒 12.54 亿亿次,持续计算速度每秒 9.3 亿亿次,性能功耗比为每瓦 60.51 亿次。通过自主研发高性能处理器和全部软件,真正实现了软硬件系统的完全自主可控,取得了突破性进展。

IBM 公司(International Business Machines Corporation; IBM) 全称"国际商业机器公司"。美国跨国科技及咨询公司。1924 年由美籍爱尔兰裔人托马斯·沃森(Thomas J. Watson)创建。总部位于纽约州阿蒙克市。生产并销售计算机硬件及软件。创立的个人计算机标准,至今仍在沿用和发展。并为系统架构和网络托管提供咨询服务。在全球拥有十余个研究实验室和大量的软硬件开发基地,开发出许多计算机技术。在材料、化学、物理等科学领域也有很高的成就,并以此为基础,发明很多产品。包括硬盘、自动柜员机、通用产品代码、SQL、关系数据库管理系统、DRAM。20 世纪 40 年代末期将机械式计算机改为真空管与电子式计算机。在 1957 年成立香港分公司。60 年代初期开发 360 系列大型机,采用最新的集成电路技术,奠定在大型机称霸的地位。

微软公司(Microsoft Corporation) 美国跨国计算机科技公司。1975 年由比尔·盖茨(Bill Gates)和保罗·艾伦创建。总部原位于华盛顿州雷德蒙德,后迁到华盛顿州贝尔维尤。以研发、制造、授权和提供广泛的计算机软件服务为主。最为著名和畅销的产品为 Microsoft Windows 操作系统和 Microsoft Office 办公软件。后创建 MSN 网站,开辟计算机硬件市场,推出了 Xbox 游戏机、Zune 和 MSN TV 家庭娱乐设备。1995 年 5 月,比尔·盖茨提出"互联网备忘录"。同年,开始重新定义其产品,扩大并进入计算机网络产品线和万维网,发布 Windows 95,该系统具有多任务功能,新的开始菜单,和与 32 位兼容的用户界面,并提供 Win32 API;捆绑在线服务 MSN 和 IE;与 NBC 合资创建 MSNBC,拓展有线电视新闻业务。发布的 Windows CE 1.0,是一个设计为低内存设备(如 PDA)提供简单操作的操作系统。2015 年推出 Windows 10、Office 2016。

甲骨文公司(Oracle Corporation; Oracle) 全称"甲骨文股份有限公司"("甲骨文软件系统有限公司"),全球性的大型企业软件公司。1977 年,在美国加利福尼亚州圣克拉拉成立,初名"软件开发实验室"(Software Development Laboratories — SDL)。1978 年,开发出第一版关系数据库系统(Oracle)。

以汇编语言写成。1979年,更名“关系式软件公司”(Relational Software, Inc. — RSI),推出RSI的数据库;1982年,推出甲骨文系统,更名为“甲骨文系统公司”(Oracle Systems Corporation)。总部迁美国加利福尼亚州红木城的红木岸(Redwood Shores)。成继微软公司后全球第二大软件公司。Oracle的技术主要从事大型数据库的管理、维护和开发。广泛服务于各行各业,包括电信、电力、金融、政府等。

Oracle 即“甲骨文公司”。

谷歌公司(Google; Google LLC) 美国Alphabet Inc.的子公司。1998年9月4日由拉里·佩奇和谢尔盖·布林共同创建,总部称“Googleplex”,位于加利福尼亚州圣克拉拉县芒廷维尤。业务范围包括互联网搜索、云计算、广告技术等,同时开发并提供基于互联网的产品与服务,涉及移动设备的安卓(Android)操作系统以及谷歌ChromeOS操作系统的开发。Google搜索是最普及的一项产品,是多个国家使用率最高的互联网搜索引擎。除最基本的文字搜索功能,Google搜索还提供至少22种特殊功能,如同义词、天气预报、时区、股价、地图、地震数据、电影放映时间、机场、体育赛事比分、单位换算、货币换算、数字运算、包裹追踪、地区代码等。也为搜索页面提供语言翻译功能。2011年,先后推出语音搜索和图片搜索。2015年8月,宣布进行资产重组后,被划归新成立的Alphabet公司。

摩托罗拉公司(Motorola Inc.) 美国电信设备制造公司。1928年,约瑟夫·加尔文(Joseph Galvin)和保罗·加尔文(Paul Galvin)创建加尔文制造公司(Galvin Manufacturing Corporation)。1947年,更现名。总部位于美国伊利诺伊州绍姆堡。业务包括设计和销售无线网络设备,如蜂窝传输基站和信号放大器。其家庭和广播网络产品包括机顶盒、数字图像录像机,以及网络设备,主要用于影像广播、计算机、电话和高清电视。主要业务包括无线语音和宽带系统,用于构建专用网络,以及公共安全通信系统,如Astro和Dimetra。1973年展示了DynaTAC移动电话系统的设计原型。嗣后,公司的个人通信部门推出各类手机。现已出售相关业务。早期主要生产经营品牌名为Victrola的收音机,而后生产汽车唱机。2011年1月,拆分成两家独立的公司——摩托罗拉移动及摩托罗拉解决方案。前者是负责消费者产品线,包括手机业务和电缆调制解调器、机顶盒数字有线电视和卫星电视服务;后者则负责企业的产品线。是全球最大的数字机顶盒制造商。Motorola源自表示“汽车”的英文单词motor与原来品牌名的词尾rola拼接而得。

苹果公司(Apple Inc.) 美国跨国高科技公司。原称“苹果计算机公司”(Apple Computer, Inc.)。1976年4月由史蒂夫·乔布斯、斯蒂夫·沃兹尼亚克(Stephen Wozniak)、罗·韦恩(Ron Wayne)创建。总部位于加利福尼亚州库比蒂诺。核心业务为开发和销售个人计算机等电子科技产品。第一个产品被命名Apple Ⅰ。是以电视机作显示器的计算机。主机的ROM包括了引导代码,同时也设计了一个用于装载和储存程序的卡式磁带接口,以1 200位每秒的速度运行。20世纪70年代设计出更先进的Apple Ⅱ,助长了个人电脑革命,其后的Macintosh接力于80年代持续发展。于1977年1月正式称为“苹果计算机公司”,并于2007年1月改现名。业务重点转向消费电子领域。致力于设计、开发和销售消费电子、计算机软件、在线服务和个人计算机。主要硬件产品是Mac电脑系列、iPod媒体播放器、iPhone智能手机和iPad平板电脑;在线服务包括iCloud、iTunes Store和App Store;消费软件包括macOS和iOS操作系统、iTunes多媒体浏览器、Safari网络浏览器,还有iLife和iWork软件套装。

英特尔公司(Intel Corporation) 世界上最大的半导体公司。是第一家推出x86架构处理器的公司。1968年由罗伯特·诺伊斯(Robert Noyce)、高登·摩尔(Gordon Moore)、安迪·葛洛夫(Andy Grove),以“集成电子”(Integrated Electronics)之名共同创建。总部位于美国加利福尼亚州圣克拉拉。早期开发SRAM与DRAM的存储器芯片,20世纪90年代,成为PC微处理器的供应领导者。将高端芯片设计能力与领导业界的制造能力结合在一起。也开发主板芯片组、网卡、闪存、绘图芯片、嵌入式处理器,和通信与运算相关的产品等。

超微半导体公司(Advanced Micro Devices, Inc.; AMD) 专注于微处理器及相关技术设计的跨国公司。专门为计算机、通信和消费电子行业的设计和制造提供各种微处理器、闪存和低功率处理器的解决方案。创建于1969年。总部位于美国加利福尼亚州森尼韦尔市。最初,拥有晶圆厂制造设计的芯片,自2009年将晶圆厂拆分为GlobalFoundries(格罗方德)后,成为无厂半导体公司。仅负责硬件集成电路设计及产品销售业务。主要产品是中央处理器、图形处理器、主板芯片组以及计算机存储器。是除英特尔外最大的 x86 架构微处理器供应商,收购冶天科技后,成为除英伟达以外仅有的独立图形处理器供应商。是一家同时拥有中央处理器和图形处理器技术的半导体公司。主要设计及研究所位于美国和加拿大,主要生产设施位于德国,在新加坡、马来西亚和中国等地设有测试中心。

微星科技(Micro-Star International Co., Ltd.; MSI) 中国台湾地区电子零组件制造商。1986 年创建。总部位于台北市。早期以主板、显卡为主要产品。1995 年,开始发展多元化经营。在中国大陆和美国、德国、英国、法国、俄罗斯等主要市场先后成立区域子公司及办事处。2003 年,开始生产笔记本计算机。2007 年发布可超频笔记本计算机。2008 年发布全球第一台 10 英寸上网本。2012 年,发布电竞笔记本计算机。2014 年,发布全球第一台配备机械式背光键盘的电竞笔记本计算机,在高端电竞笔记本计算机市场拥有约 20%的市场占有率。

戴尔公司(Dell Inc.) 美国研发、贩售及提供计算机及相关产品及服务的企业。1984 年由迈克尔·戴尔(Michael Dell)创立。总部位于得克萨斯州朗德罗克。初名 PC's Limited, 2003 年改现名。以生产、设计、销售家用以及办公计算机而闻名,同时也涉足高端计算机市场,生产与销售服务器、数据储存设备或网络设备等。其他产品还包括软件、打印机及智能手机等计算机周边产品。采用直接向客户销售产品的商业模式,能够以更低廉的价格为客户提供各种产品,且保证送货上门。采用先有订单,后按客户要求组装计算机模式。1985 年,公司生产了第一部拥有自己独特设计的计算机"Turbo PC"。

得州仪器公司(Texas Instruments; TI) 美国开发、制造、销售半导体和计算器技术、设备的跨国公司。位于得克萨斯州达拉斯。1930 年尤金·迈克尔德莫特(Eugene McDermott)等创建地球物理业务公司(Geophysical Service Incorporated — GSI)。二次世界大战期间,为美国军用信号公司和美国海军制造电子设备。战后,继续电子产品的生产。1951 年改现名。主要从事数字信号处理与模拟电路方面的研究、制造和销售。在 25 个国家有制造、设计和销售机构。于 20 世纪 50 年代初开始研究晶体管,同时制造了世界上第一个商用硅晶体管。1954 年,研发制造了第一台晶体管收音机。1958 年,开发出集成电路。是世界第三大半导体制造商。也是第二大移动电话芯片供应商和第一大数字信号处理器(DSP)和模拟半导体组件的制造商。产品还包括计算器、微控制器以及多核处理器。

东芝公司(Toshiba Corporation) 日本八大旗舰电机制造商之一。1939 年由东京电器与芝浦制作所正式合并而成。20 世纪 70 年代后将收购的公司与核心产业分开成立子公司。包括:东芝 EMI(1960 年)、东芝电子设备(1974 年)、东芝化学(1974 年)、东芝照明科技(1989 年)、东芝美国信息系统(1989 年)以及东芝搬运设备(1999 年)等。20 世纪 80 年代以来,从一个以家用电器、重型电机为主体的企业,转变为包括通信、电子在内的综合电子电器企业。进入 90 年代,在数字技术、移动通信技术和网络技术等领域取得较快发展,成功转变为 IT 行业的企业。在许多产品上都是日本首家制造商,例如,雷达(1942 年)、晶体管电视与微波炉(1959 年)、彩色视频电话(1971 年)、日文字处理器(1978 年)、笔记本电脑(1986 年,亦为世界首家)、DVD(1995 年)、HD DVD(2005 年)。

高通公司(Qualcomm) 美国无线电通信技术、设备研发、制造公司。总部位于加利福尼亚州圣地亚哥。是全球二十大半导体厂商之一。1985 年由圣地亚哥加利福尼亚州大学教授厄文·马克·雅克布(Irwin Mark Jacobs)和安德鲁·维特比(Andrew Viterbi)共同创建。第一个产品和服务包括广泛应用于长途货运的 OmniTRACS 卫星定位和传讯服务和专门研究集成电路的无线电数字通信技术。在 CDMA 技术的基础上开发了一个数字蜂窝移动通信技术,包括 IS－95 标准、IS－2000 和 1x－EVDO 标准。曾开发和销售 CDMA 手机和 CDMA 基站设备。客户及合作伙伴包括全世界知名的手机、平板电脑、路由器和系统制造厂商,也涵盖全球领先的无线运营商。

宏碁公司(Acer Incorporated; Acer) 跨国科技公司。总部位于中国台湾新北市。成立于 1976 年,主要从事智能手机、平板计算机、个人计算机、显示产品、电竞产品和虚拟现实设备以及服务器的研发、设计、制造、销售与服务,也结合物联网积极发展云端技术与解决方案,是一个整合软件、硬件与服务的企业。创立时,使用“Multitech”品牌。1987 年,重新设计新的品牌,改为“AceR”,2001 年正式改为“acer”,并采用青绿色字体。曾是世界第四大计算机制造商。

惠普公司(Hewlett-Packard Company; HP) 全称“惠利特-普克德公司”。跨国信息科技公司。总部位于美国加利福尼亚州帕罗奥图。由威廉·惠利特(William Redington Hewlett)及大卫·普克德(David Packard)于 1939 年创办。主要研发、生产和销售笔记本计算机、一体机、台式机、平板计算机、智能手机、移动网络、扫描仪、打印与耗材、投影机、数字产品、计算机周边、智能电视和服务产品。1999 年,将医疗、量测仪器等不属于信息技术的事业分割至安捷伦科技;2014 年 10 月将公司拆分为两个独立上市公司,个人计算机与打印机事业改名为 HP Inc.;企业服务业务部门,包括服务器、存储、网上设备及顾问等企业导向的产品及服务,则独立为 HPE(Hewlett Packard Enterprise)。

霍尼韦尔国际公司(Honeywell International) 以电子消费品生产、工程技术服务和航空航天系统为主的跨国性公司。1906 年由马克·C.霍尼韦尔(Mark C. Honeywell)创建,总部位于美国明尼苏达州明尼亚波利斯。二次世界大战期间通过生产航空产品进入防务工业。1999 年与联合信号公司(AlliedSignal, Inc.)合并,总部迁至新泽西州莫里斯敦。公司业务包括航空电子系统、航空引擎系统、降落控制系统、航空安防事业等航空航天领域;工业控制系统、住宅与大楼自动化控制系统、自动化设备与资产管理、运输与动力系统、调节器等工程技术服务;高效能聚合材料、电子材料、特殊化学品、运输与动力、化学染料、石油天然气等材料工程。

西部数据公司(Western Digital Corp; WDC) 全球主要的硬盘厂商。成立于 1970 年。总部位于美国加利福尼亚州。在世界多地设有分公司或办事处。1988 年开始设计和生产硬盘,为全球用户提供存储器产品。提供广泛的技术和系列产品,包括面向数据中心环境的存储系统、存储平台和数据中心硬盘;在移动终端与计算环境中提供应用于工业与 IOT、智能手机等的嵌入式移动闪存卡,以及应用于计算、企业、游戏、NAS 和监控设备的内置硬盘。

希捷科技(Seagate Technology) 全球主要的硬盘、磁盘和读写磁头制造商之一。1979 年在美国加利福尼亚州成立,在开曼群岛注册。主要产品包括桌面硬盘、企业用硬盘、笔记本电脑硬盘和微型硬盘,1980 年推出第一个硬盘产品容量是 5 MB;1992 年 11 月,推出首款转数达 7 200 转/分的硬盘;1999 年 11 月,推出划时代的 7 200 转/分桌面 Barracuda ATA 硬盘;2003 年,推出 Momentus 系列 2.5 英寸(笔记本)驱动器。其硬盘检测工具名为“SeaTools”,有在线版、桌面用户版和企业版。工具可以显示硬盘健康状况,并告知问题之所在。

华硕计算机公司(ASUSTeK Computer Inc.; ASUS) 简称“华硕计算机”“华硕”。跨国硬件及电子组件公司。总部位于中国台湾台北市。“华硕”来自期望成为“华人之硕”;“ASUS”来自希腊神话“天马”(Pegasus)。1989 年成立,初名弘硕计算机。1994 年改现名。全球第一大主板生产商、第三大显卡生产商。也是全球领先的 3C 解决方案提供商之一。产品线完整覆盖笔记本计算机、主板、显卡、显示器、服务器、光存储、多媒体产品、有线/无线网络通信产品、LCD、掌上计算机、智能手机等全线 3C 产品。

三星电子(Samsung Electronics) 三星集团旗下最大的子公司。是韩国最大的消费电子产品及电子组件制造商,亦是全球最大的信息技术公司。1969 年由李秉喆于韩国水原市创办。主要经营半导体、移动通信、数字视频、电信系统、IT 解决方案及数字应用。除生产手机、电视、显示屏、半导体及电池等,亦涉足金融、造船、免税店、主题公园以及生物制药等领域。2009 年已经超越惠普成为全球营收最大电子企业,同时也是全球第二大芯片厂,规模仅次于英特尔。

思科系统公司(Cisco Systems, Inc.) 主要用于计算机网络系统的设备和软件生产商。1984 年由斯坦福大学计算机系计算机中心主任列昂纳德·波萨克(Leonard Bosack)和商学院计算机中心主任桑德拉·勒纳(Sandy Lerner)创建。二人设计了称为“多协议路由器”的联网设备,用于斯坦福校园网上(SUNet),将校园内不兼容的计算机局域网集成在一起,形成一个统一的网络。此联网设备被认为是联网时代真正到来的标志。主要产品与业务包括宽带有线产品、网络管理、光纤平台、路由器、交换机、网络安全产品与 VPN 设备、网络存储产品、协作终端、视频会议系统、IP 通信系统、无线产品、超融合基础架构、全数字化网络架构等，致力于为制造、医疗、教育、交通、政府等广泛的行业与部门提供网络与全数字化解决方案，实现安全互联。

台湾积体电路制造公司（Taiwan Semiconductor Manufacturing Company, Limited; TSMC） 简称“台积电”。全球最大的晶圆代工半导体制造厂。总部位于中国台湾省新竹科学工业园区。创建于1986年，由当时台湾省的工业技术研究院院长张忠谋同荷兰飞利浦电子公司签约合资联合筹办。半导体技术主要来自20世纪70年代中期出资1 000万美元的RCA技术移转计划。开创了晶圆代工模式，公司不设计自己的产品，只为半导体设计公司制造产品。2017年，市值超Intel成全球第一半导体企业。

华为公司（HUAWEI TECHNOLOGIES CO., LTD.） 中国生产销售通信设备的民营通信科技公司。成立于1987年。总部位于广东深圳。业务范围涉及电信网络、企业网络、消费者和云计算。电信网络产品主要包括通信网络中的交换网络、传输网络、无线及有线固定接入网络和数据通信网络及无线终端产品。成立之初是一家生产用户交换机的香港公司的销售代理。1990年开始自主研发面向酒店与小企业的PBX技术并进行商用。1994年推出C&C08数字程控交换机。1995年成立知识产权部、北京研发中心。1996年推出综合业务接入网和光网络SDH设备，成立上海研发中心。2013年形成三大板块业务，包括通信网络设备（运营商）、企业网和消费电子。在全球9个国家建立5G创新研究中心，承建全球186个400G核心路由器商用网络，为全球客户建设480多个数据中心，其中160多个云数据中心。自2012年起，成为全球第一大电信设备制造商。是全球5G技术的重要参与者，自2009年开始加强5G技术的研究与创新。同时，也是IMT－2020（5G）推进组的核心成员，并积极参与中国IMT－2020（5G）推进组的测试工作。2014年2月，在2014年世界移动通信大会上，与欧盟及产业界各方共同推动5G公私合作联盟（5GPPP Association）正式成立。2016年11月，国际无线标准化机构3GPP第87次会议在美国拉斯维加斯召开讨论5G标准，短码方案采用华为极化码。

联想集团（LENOVO GROUP） 中国跨国科技公司。成立于1984年。由中国科学院计算技术研究所投资创办。初称“中国科学院计算所新技术发展公司”。1989年更现名。总部位于中国北京。全球行政及运营中心在美国北卡罗来纳州罗利市三角研究园。主要生产台式计算机、服务器、笔记本计算机、打印机、掌上计算机、主板、手机、一体机以及其他移动互联、数码、电脑周边等类产品。1988年，联想式汉卡获中国国家科技进步奖一等奖。2006年，联想深腾6800超级计算机获得2005年度国家科技进步二等奖。2013年，计算机销售量升居世界第一，成为全球最大的PC生产厂商。2014年1月，收购IBM公司低端服务器业务。2014年1月，收购摩托罗拉手机业务。2014年4月，成立PC业务集团、移动业务集团、企业级业务集团、云服务业务集团。已成为一家在信息产业内多元化发展的大型企业集团。

中兴通讯（ZTE） 全称“中兴通讯股份有限公司”。中国跨国科技公司。成立于1985年，初名中兴半导体有限公司。总部位于广东深圳。1986年成立深圳研究所，开始自主研发。1990年自主研发第一台数据数字用户交换机ZX500。1995年启动国际化战略，公司运营三大业务：运营商网络、终端和电信。主要产品包括：2G/3G/4G/5G无线基站与核心网、IMS、固网接入与承载、光网络、芯片、高端路由器、智能交换机、政企网、大数据、云计算、数据中心、手机及家庭终端、智慧城市、ICT业务，以及航空、铁路与城市轨道交通信号传输设备。核心产品是无线通信、电信交换、接入、光传输和数据电信设备、移动电话和电信软件。还提供增值服务产品，如点播和流媒体视频。

北大方正集团（Founder Group） 中国信息产业的大型投资控股集团。成立于1986年。由北京大学投资创办。两院院士王选是集团技术决策者和奠基人。集团拥有并创造了对中国IT、医疗医药产业发展至关重要的核心技术，吸引多家国际资本注入。业务领域涵盖IT、医疗医药、房地产、金融、大宗商品贸易等产业，拥有北大方正信产集团、北大医疗集团、北大资源集团、方正金融、方正物产集团的投资控股公司。是中国信息产业前三强的大型控股集团。

清华同方（Tsinghua Tongfang Co., Ltd.） 全称“清华同方股份有限公司”。由清华大学控股的高科技公司。成立于1997年。拥有电子信息产品、智慧城市、互联网服务、公共安全、节能环保、医疗健康等主干产业集群，以及与产业配套的具全球化生产和研发能力的科技园区。以自主核心技术为基础，充分结合资本运作能力，创立了四大产业：(1) 信息产业中，致力于应用信息系统、计算机系统和数字电视系统领域的技术创新与产品开发，为电子政务、数字家园、数字城市、数字教育、数字传媒等行业提供全面解决方案和成套设备；(2) 能源与环境产业中，在人工环境、能源环境、建筑环境和水环境等业务领域，以烟气脱硫、垃圾焚烧、水处理、空气调节等核心技术为基础，专业从事能源利用与环境污染控制工程、人工环境工程，并在大中型空调设备方面具有显著优势；(3) 应用核电子技术产业中，重点是电子加速器、辐射成像、自动控制、数字图像处理技术为核心的系列产品；(4) 生物医药与精细化工产业中，生产新型成药、药品中间体、原料药品等多种产品，已成为一家新兴的生物医药高科技企业。

小米集团(Xiaomi Corporation)　专注于智能硬件、智能家居以及软件开发的企业。成立于 2010 年。总部位于中国北京。主要产品：(1) 2010 年，发布基于安卓系统深度定制的第三方固件 MIUI，集合了小米游戏、小米应用商店、小米云服务、小米金融、小米钱包等系统应用及服务。(2) 2011 年推出了其第一款硬件产品——小米手机，通过旗下生态链品牌 MIJIA(米家)，产品线从智能手机及耳机、移动电源等手机外围产品和音箱、手环等相关移动智能硬件，扩展到智能电视、机顶盒、路由器、空气净化器、电饭煲等家居消费产品。(3) 2012 年，进入电子书阅读领域。(4) 2013 年发布第一代小米电视和网络电视机顶盒小米盒子。(5) 2014 年发布小米平板。(6) 2016 年进入笔记本电脑市场，并陆续发布小米笔记本 Air、小米笔记本 Pro 等多款产品。

阿里巴巴网络技术有限公司(Alibaba Network Technology Co. Ltd)　简称"阿里巴巴集团"。主要提供电子商务在线交易平台的公司。成立于 1999 年。集团的子公司包括阿里巴巴 B2B、淘宝网、天猫、一淘网、阿里云计算、支付宝、蚂蚁金服等。旗下的淘宝网和天猫是全球最大网上零售商。集团经营多项业务，包括 B2B 贸易、网上零售、购物搜索引擎、第三方支付和云计算服务。

搜狐(SOHU)　互联网中文门户网站。成立于 1995 年。初名"爱特信信息技术有限公司"，其中一部分内容是分类搜索，称"搜乎"。1997 年改为"搜狐"，1998 年 2 月正式更名搜狐公司。1998 年正式推出搜狐网，内容包括新闻、娱乐、体育、时尚文化等。开发的产品有搜狗拼音输入法、搜狗五笔输入法、搜狗音乐盒、搜狗浏览器、搜狐彩电、独立的搜索引擎搜狗和网游门户畅游。中国四大门户网站之一。

腾讯(Tencent)　全称"腾讯控股有限公司"。中国 IT 企业。成立于 1998 年。初名"深圳市腾讯计算机系统有限公司"。当时公司业务是拓展无线网络寻呼系统，为寻呼台建立网上寻呼系统，针对企业或单位的软件开发工程。后发展成中国最大的互联网综合服务提供商之一，也是中国服务用户最多的互联网企业之一。多元化的服务包括：社交和通信服务 QQ 及微信(WeChat)、社交网络平台 QQ 空间、QQ 游戏平台、门户网站腾讯网、腾讯新闻客户端和网络视频服务腾讯视频等。其中 QQ 和微信在中国网民中有极大影响。中国四大门户网站之一。

网易(NetEase；NTES)　中国互联网技术公司。成立于 1997 年。初期的主要业务是出售邮件系统软件的授权，1998 年推出 163.com 为域名的免费 Web 邮件服务。后推出门户网站服务。2006 年进入中文搜索引擎的市场，推出名为有道的搜索服务。提供网络游戏、门户网站、移动新闻客户端、移动财经客户端、电子邮件、电子商务、搜索引擎、博客、相册、社交平台、互联网教育等服务。为中国四大门户网站之一。

新浪网(SINA)　以全球华人为服务对象的新闻门户网站。成立于 1998 年。主要提供网络媒体及娱乐服务。为全球用户提供中文资讯、网络空间以及交流手段。设在中国大陆的各家网站提供了 30 多个在线内容频道，及时全面地报道涵盖了国内外突发新闻、体坛赛事、娱乐时尚、财经及 IT 产业资讯等内容，还提供新浪博客、新浪微博、邮箱等服务。为中国四大门户网站之一。

优酷网(Youku)　中国的视频分享网站。隶属于合一信息技术(北京)有限公司。成立于 2006 年。支持 PC、电视、移动三大终端，兼具版权、合制、自制、自频道、直播、VR 等多种内容形态。内容体系由剧集、综艺、电影、动漫四大头部内容矩阵和资讯、纪实、文化财经、时尚生活、音乐、体育、游戏、自频道八大垂直内容群构成，拥有国内最大内容库。

百度公司(Baidu)　主要经营搜索引擎服务的互联网公司。是全球最大的中文搜索引擎、最大的中文网站。成立于2000年。初名“百度在线网络技术(北京)有限公司”,简称“百度在线”。致力于为用户提供“简单,可依赖”的互联网搜索产品及服务,包括:以网络搜索为主的功能性搜索,以贴吧为主的社区搜索,针对各区域、行业所需的垂直搜索,Mp3搜索,以及门户频道、IM等,全面覆盖了中文网络世界所有的搜索需求,除网页搜索外,还提供音乐、图片、视频、地图等多样化的搜索服务。2000年,上市主体百度公司(Baidu.com, Inc.)在英属开曼群岛注册,后其全资子公司——百度控股有限公司(Baidu Holdings Limited)在英属维尔京群岛注册;之前的百度在线成为百度控股有限公司的全资子公司。

绿盟科技(NSFOCUS information technology Co., Ltd)　中国信息安全企业。成立于2000年,总部设在北京。专注于网络安全、应用安全与Web安全领域,致力于为客户提供专业安全服务。已形成安全咨询服务、可管理安全服务,以及云安全服务3个部分的专业服务体系。

启明星辰公司(Beijing venustech Inc)　中国信息安全企业。成立于1996年,总部设在北京。是网络安全产品、可信安全管理平台、专业安全服务与解决方案的综合提供商。帮助客户建立安全保障体系,提供入侵检测与防御、漏洞扫描、统一威胁管理、安全合规性审计等服务。

北京奇虎科技有限公司(Qihoo 360 Technology Co. Ltd)　中国信息安全企业。成立于2005年,总部设在北京。专注于互联网安全软件与互联网安全服务领域。主要产品为360安全卫士,以杀木马、防盗号、全免费、保护上网安全为方针。此外还有360安全浏览器、360杀毒等产品。

趋势科技(Trend Micro)　信息安全企业。成立于1988年,总部位于日本东京和美国硅谷。专注于网络安全软件及服务领域,有从桌面防毒到网络服务器和网关防毒的系列产品。以云端为主要发展方向,并开发主动式云端截毒技术。

赛门铁克(Symantec)　美国信息安全企业。成立于1982年,总部设在加利福尼亚州库比蒂诺。向全球的企业及服务供应商提供病毒防护、防火墙、风险管理、入侵检测、互联网内容及电子邮件过滤、远程管理技术及安全服务等。有诺顿防病毒软件等产品。

迈克菲(McAfee)　美国信息安全企业。成立于1987年,总部设在加利福尼亚州圣克拉拉。致力于最佳计算机安全解决方案的创建,以防止网络入侵并保护计算机系统免受下一代混合攻击和威胁。可为全球范围内的系统和网络提供安全保护,保护家庭用户和各种规模的企业免受恶意软件和新出现的网络威胁的侵害。有迈克菲防病毒软件等产品。

卡巴斯基(Kaspersky)　俄罗斯信息安全企业。成立于1997年,总部设在莫斯科。为个人用户、企业网络提供反病毒、防黑客和反垃圾邮件产品。旗舰产品卡巴斯基安全软件主要针对家庭及个人用户,可保护用户计算机免遭各类恶意软件和基于网络威胁的侵害。

计算机数学基础

离 散 数 学

离散数学(discrete mathematics) 研究离散变量(例如:{0, 1}、自然数集等)的结构及相互关系的数学分支。包括数理逻辑、集合论、数论、抽象代数、组合学、图论、可计算理论、形式语言与自动机理论等。是计算机科学与技术的基本数学工具,在可计算性与计算复杂性理论、算法与数据结构、程序设计语言、数值与符号计算、操作系统、软件工程与方法学、数据库与信息检索系统、人工智能与机器人、计算机网络、计算机图形学以及人机通信等各领域都有广泛应用。

数理逻辑(mathematical logic) 亦称"符号逻辑"。用数学方法研究推理逻辑规律的数学分支。采用数学符号化的方法,给出推理规则来建立推理体系,讨论其一致性(可靠性)、完备性(完全性)和独立性。包括经典逻辑(命题逻辑、谓词逻辑)、模型论、集合论、递归论和证明论等。德国数学家莱布尼茨(Gottfried Wilhelm Leibniz, 1646—1716)把数学引入形式逻辑,提出了数理逻辑的两大指导思想——理性演算和普遍语言。1847 年,英国数学家布尔发表《逻辑的数学分析》,建立布尔代数,实现命题演算。1879 年,德国逻辑学家、数学家弗雷格(Gottlob Frege, 1848—1925)出版了《概念文字:一种模仿算术语言构造的纯思维的形式语言》,建立了第一个谓词演算系统。1910 年,英国哲学家、逻辑学家罗素(Bertrand Russell, 1872—1970)与英国数学家、哲学家怀特海(Alfred North Whitehead, 1861—1947)合作撰写的《数学原理》,总结和发展前人成果,建立了完备的逻辑演算系统,奠定了数理逻辑的基础。1929 年,美籍奥地利数学家、逻辑学家和哲学家哥德尔(Kurt Gödel, 1906—1978)证明了一阶谓词演算的完全性,1931 年哥德尔不完全性定理的提出以及递归函数可计算性的引入,导致了1936 年现代电子计算机的理想数学模型图灵机的出现。20 世纪 40 年代开始,各种非经典逻辑演算及模型论、集合论、递归论和证明论得到突飞猛进的发展。

符号逻辑(symbolic logic) 即"数理逻辑"。

命题逻辑(propositional logic) 以命题为基本逻辑形式的逻辑学的基础组成部分。考察由简单命题和命题联结词构成的复合命题的形式结构,研究命题之间和命题形式之间的推理关系。显著特征是:在考察推理的逻辑结构和形式时,只分析到简单命题和联结词为止,不再深入分析简单命题包含的非命题成分。古希腊的斯多葛学派对命题逻辑作过较深入研究。19 世纪末,德国逻辑学家、数学家弗雷格(Gottlob Frege, 1848—1925)建立了公理化的经典命题逻辑系统,20 世纪 30 年代,德国数学家根岑(Gerhard Gentzen, 1909—1945)构建了经典命题逻辑的自然推理系统。非经典的命题逻辑公理系统和自然推理系统也不断取得新进展。其深入研究推动了计算机科学、现代语言学、语言哲学和逻辑哲学的研究和发展。

谓词逻辑(predicate logic) 逻辑学的基础组成部分之一。把简单命题分解成个体、谓词、函词、量词和摹状词,并研究命题的形式结构和命题间的推理关系。比命题逻辑的研究更精细和深入,能够显示命题逻辑所不能包容的一大类有效的推理形式和逻辑规律。如亚里士多德的三段论体系。19 世纪末,德国逻辑学家、数学家弗雷格(Gottlob Frege, 1848—1925)建立了公理化的经典谓词逻辑系统。包含狭义谓词逻辑(亦称"一阶谓词逻辑"或"一阶逻辑")和广义谓词逻辑(亦称"高阶谓词逻辑"或"高阶逻辑")。其成果推动了计算机科学、现代语言学、分析哲学和逻辑哲学的研究和发展。

一阶逻辑(first order logic) 亦称"一阶谓词逻辑""狭义谓词逻辑"。只允许将量词用于个体变元的谓词逻辑。

高阶逻辑(higher order logic)　亦称“广义谓词逻辑”“高阶谓词逻辑”。一种在一阶逻辑的基础上引入高阶谓词和允许量词作用于谓词变量的逻辑。具有比一阶逻辑更强的表达能力。高阶谓词指可以将其他谓词作为参数的一类谓词。

命题(proposition)　能判断真假的陈述句。疑问句、祈使句、感叹句都不是命题。

真值(truth value)　作为命题的陈述句所表达的两种判断结果：真(T)或假(F)。集合{T, F}称为真值集合。

联结词(connective)　亦称“命题联结词”“真值联结词”。由已有命题构造出新命题所用的词语。常用的有否定词、合取词、析取词、蕴涵词和等价词五种。

真值表(truth table)　命题逻辑中用于定义联结词并确定公式真、假值的图表。可借以确定任何一个命题逻辑公式的真、假值。

否定词(negation)　一种一元联结词。用符号“¬”表示。其真值表如下：

P	$\neg P$
F	T
T	F

合取词(conjunction)　一种二元联结词。用符号“∧”表示。其真值表如下：

P	Q	$P\wedge Q$
F	F	F
F	T	F
T	F	F
T	T	T

析取词(disjunction)　一种二元联结词。用符号“∨”表示。其真值表如下：

P	Q	$P\vee Q$
F	F	F
F	T	T
T	F	T
T	T	T

蕴涵词(implication)　一种二元联结词。用符号“→”表示。其真值表如下：

P	Q	$P\to Q$
F	F	T
F	T	T
T	F	F
T	T	T

等价词(equivalence)　一种二元联结词。用符号“↔”表示。其真值表如下：

P	Q	$P\leftrightarrow Q$
F	F	T
F	T	F
T	F	F
T	T	T

异或词(exclusive or)　一种二元联结词。用符号“$\bar{\vee}$”表示。

$$P\ \bar{\vee}\ Q=\neg(P\leftrightarrow Q)$$

其真值表如下：

P	Q	$P\ \bar{\vee}\ Q$
F	F	F
F	T	T
T	F	T
T	T	F

与非词(nand)　一种二元联结词。用符号“↑”表示。

$$P\uparrow Q=\neg(P\wedge Q)$$

其真值表如下：

P	Q	$P\uparrow Q$
F	F	T
F	T	T
T	F	T
T	T	F

或非词(nor)　一种二元联结词。用符号“↓”表示。

$$P\downarrow Q=\neg(P\vee Q)$$

其真值表如下：

P	Q	$P\downarrow Q$
F	F	T
F	T	F
T	F	F
T	T	F

合式公式(well formed formula)　亦称"命题公式"。简称"公式"。由联结词和命题变元组成的公式。严格定义如下：(1) 命题变元是合式公式；(2) 如果 α 是合式公式，则($\neg\alpha$)也是合式公式；(3) 如果 α、β 是合式公式，则($\alpha\wedge\beta$)、($\alpha\vee\beta$)、($\alpha\rightarrow\beta$)、($\alpha\leftrightarrow\beta$)也是合式公式；(4) 只有有限次地应用(1)(2)(3)形成的符号串才是合式公式。

重言式(tautology)　亦称"永真公式"。任一解释下其真值都为真的公式。是逻辑学中的一个重要概念。表现经典命题逻辑里的规律。如 $p\vee\neg p$ 和 $(p\vee q)\leftrightarrow(q\vee p)$ 均为重言式。一个公式是否为重言式，可以运用真值表等方法予以判定。

永真公式(identically true formula)　即"重言式"。

矛盾式(contradictory formula)　亦称"永假公式""不可满足公式"。任一解释下其真值都为假的公式。如 $p\wedge\neg p$。

永假公式(falsehood formula)　即"矛盾式"。

可满足公式(satisfiable formula)　存在某个解释，在该解释下其真值为真的公式。如 $p\wedge q$。

对偶式(dual proposition)　在仅出现¬、∨、∧这三个联结词的公式中将∨和∧互换后得到的公式。

文字(literal)　命题变元或命题变元的否定。

简单析取式(simple disjunctive formula)　由有限个文字利用析取构成的公式。

简单合取式(simple conjunctive formula)　由有限个文字利用合取构成的公式。

析取范式(disjunctive normal form)　由有限个简单合取式利用析取构成的公式。由有限个简单析取式利用合取构成的公式称"合取范式"。任意一个命题公式都存在与之等值的合取范式和析取范式。

合取范式(conjunctive normal form)　见"析取范式"。

主析取范式(principal disjunctive normal form)由有限个极小项组成的析取范式。在简单合取式中，若每个命题变元和其否定不同时存在，而两者之一必出现且只出现一次，且排列顺序与变元的顺序一致，这样的简单合取式称"极小项"。

主合取范式(principal conjunctive normal form)由有限个极大项组成的合取范式。在简单析取式中，若每个命题变元和其否定不同时存在，而两者之一必出现且只出现一次，且排列顺序与变元的顺序一致，这样的简单析取式称"极大项"。

谓词(predicate)　以个体和命题为定义域、以命题为值域的映射。

函词(function)　以个体和命题为定义域、以个体为值域的映射。

量词(quantifier)　表示数量的逻辑词。最常用的有表示全体的全称量词"任何一个 x, …"，以符号"$\forall x$"表示；表示部分的存在量词"至少有一个 x, …"，以"$\exists x$"表示。

全称量词(universal quantifier)　见"量词"。

存在量词(existential quantifier)　见"量词"。

约束变元(bound variable)　在一个公式中约束出现的变元。设 α 为一谓词演算公式，$Qx\beta$(其中 Q 或为∀或为∃，β 为公式)为 α 的子公式，则该 $Qx\beta$ 中变元 x 的一切出现都叫作 x 在 α 中的约束出现，α 中 x 的除约束出现外的一切出现都叫作 x 在 α 中的自由出现。如果变元 x 在 α 中有自由出现，则称 x 是 α 的自由变元，如果 x 在 α 中有约束出现，则称 x 是 α 的约束变元。

自由变元(free variable)　见"约束变元"。

前束范式(prenex normal form)　公式中的所有量词都位于该公式的最左边，且这些量词的辖域均延伸到整个公式末尾的谓词演算公式。

集合论(set theory)　亦称"集论"。研究集合的结构、运算及性质，特别是研究无穷集合和超穷数的数学分支。与数理逻辑一起共同构成现代数学的基础。由德国数学家康托尔(Georg Cantor, 1845—1918)在1870年后创立。随着布拉利-福蒂悖论、康托尔悖论，特别是罗素悖论的发现，表明集合论是不协调的，触发了第三次数学危机。为解决危机，罗素建立了分支类型论，是唯一一个能够证明其相容性的集合论系统。公理集合论由德国数学家策梅洛(Ernst Zermelo, 1871—1953)首先建立，后经德国数学家弗兰克尔(Abraham Adolf Fraenkel, 1891—1965)，挪威数学家斯科伦(Thoralf Skolem, 1887—

1963)，美国数学家、计算机科学家、物理学家冯·诺伊曼等人加以改进，构成 ZFC 公理系统。1925 年冯·诺伊曼开创了另一套公理系统，后经伯奈斯(Paul Isaak Bernays, 1888—1977)及哥德尔(Kurt Gödel, 1906—1978)的改进形成了 NBG 公理系统。这两个系统的无矛盾性尚未得到证明。集合论在几何、代数、分析、概率论、数理逻辑及程序语言等各个数学分支中都有着广泛应用。

集合(set)　一组确定的、在直觉或思维上认为存在某种共性的对象的整体。在公理化集合论中，集合由一组公理来定义。

子集(subset)　对于两个集合 A 和 B，如果集合 A 的每个元素都是集合 B 的元素，则称集合 A 为集合 B 的子集，记作 $A \subseteq B$ 或 $B \supseteq A$，读作"A 包含于 B"或"B 包含 A"。任何一个集合都是它本身的子集。如果 A 是 B 的子集，并且 B 中至少有一个元素不属于 A，则称集合 A 为集合 B 的真子集，记作 $A \subset B$ 或 $B \supset A$。

空集(empty set)　不含任何元素的集合。记作 ϕ。对于任意集合 S，都有 $\phi \subseteq S$，即空集是任一集合的子集。

幂集(power set)　由一个集合 A 的所有子集组成的集合。记作 $P(A)$，即 $P(A)=\{B \mid B \subseteq A\}$。

外延公理(extension axiom)　若两个集合的元素完全相同，则这两个集合相等。即：$\forall x \forall y(\forall z(z \in x \leftrightarrow z \in y) \rightarrow x = y)$。

有穷集(finite set)　如果存在 $n \in N$，使 $A \sim n$ (N 为自然数集，$\sim$ 为等势，即两集合间可以建立双射函数)，则称 A 为有穷集。

无穷集(infinite set)　如果不存在 $n \in N$，使 $A \sim n$，则称 A 为无穷集。

序偶(ordered pairs)　亦称"有序对""有序二元组"。由两个元素按给定次序组成的序列。记作 $\langle x, y \rangle$。在集合论中可定义为 $\{\{x\}, \{x, y\}\}$。

有序 *n* 元组(ordered *n*-tuple)　由 n 个元素按给定次序组成的序列。记作 $\langle x_1, \cdots, x_n \rangle$。可递归定义为：当 $n=2$ 时，有序 2 元组为有序对 $\langle x_1, x_2 \rangle$；当 $n>2$ 时，$\langle x_1, \cdots, x_n \rangle = \langle \langle x_1, \cdots, x_{n-1} \rangle, x_n \rangle$。

笛卡儿积(Cartesian product)　集合的一种运算。集合 A 中所有元素与集合 B 中所有元素组成的有序对的集合。即：$A \times B = \{\langle x, y \rangle \mid (x \in A) \wedge (y \in B)\}$。

二元关系(binary relation)　简称"关系"。全体元素皆为二元有序对的集合。

关系(relation)　即"二元关系"。

自反关系(reflexive relation)　设 R 为集合 X 上的二元关系，若满足 $(\forall x)(x \in X \rightarrow \langle x, x \rangle \in R)$，则称 R 为 X 上的自反的二元关系。

对称关系(symmetric relation)　设 R 为集合 X 上的二元关系，若满足 $\forall x \forall y((x \in X \wedge y \in X \wedge \langle x, y \rangle \in R) \rightarrow \langle y, x \rangle \in R)$，则称 R 为 X 上的对称的二元关系。

传递关系(transitive relation)　设 R 为集合 X 上的二元关系，若满足 $\forall x \forall y \forall z((x \in X \wedge y \in X \wedge z \in X \wedge \langle x, y \rangle \in R \wedge \langle y, z \rangle \in R) \rightarrow \langle x, z \rangle \in R)$，则称 R 为 X 上的传递的二元关系。

闭包(closure)　设 R, R' 是非空集合 A 上的二元关系，如果：(1) R' 是 A 上自反(对称、传递)的二元关系；(2) $R \subseteq R'$；(3) 对 A 上任何自反(对称、传递)的二元关系 R''，如果 $R \subseteq R'' \rightarrow R' \subseteq R''$；则称 R' 是 R 的自反(对称、传递)闭包，记作 $r(R)$ ($s(R)$、$t(R)$)。

自反闭包(reflexive closure)　见"闭包"。

对称闭包(symmetric closure)　见"闭包"。

传递闭包(transitive closure)　见"闭包"。

划分(partition)　如果非空集合 X 有一个子集族 A，满足 A 中元素非空，两两不相交，且它们的并集是集合 X，则称此子集族 A 是集合 X 的一个划分。

覆盖(overlay)　如果非空集合 X 有一个子集族 A，满足 A 中元素非空，且它们的并集是集合 X，则称此子集族 A 是集合 X 的一个覆盖。

等价关系(equivalence relation)　满足自反性、对称性、传递性的二元关系。

等价类(equivalence class)　设 R 是非空集合 X 上的等价关系，对任意的 $x \in X$，令 $[x]_R = \{y \mid y \in X \wedge xRy\}$，则称 $[x]_R$ 为 x 关于 R 的等价类。

偏序关系(partial order relation)　满足自反性、反对称性、传递性的二元关系。

全序(totally ordered set)　亦称"线性序"。域中的任意两个元素都可比的偏序。

良序(well-ordered set)　如果一个偏序集域中的任何非空子集都有最小元，则称这个偏序是良序。如自然数集上的小于关系。

函数(function)　设 X 和 Y 是两个任意的集合，对从 X 到 Y 的一个关系 f，若满足对于任意的 $x \in X$，

都存在唯一的 $y \in Y$ 使得 $\langle x, y\rangle \in f$，则称关系 f 为从 X 到 Y 的函数，并记作 $f: X \to Y$。(1) 若 $\mathrm{ran}(f) = Y$（即对任意 $y \in Y$，都存在 $x \in X$，满足 $f(x) = y$），则称 f 是满射。(2) 若对任意的 $x_1, x_2 \in X$，$x_1 \neq x_2$ 都有 $f(x_1) \neq f(x_2)$，则称 f 是单射。(3) 若 f 既是满射又是单射，则称 f 是双射。

单射函数(one-to-one function)　见"函数"。

满射函数(onto function)　见"函数"。

双射函数(bijection)　见"函数"。

序数(ordinal number)　集合论基本概念之一。若只要 $x \in \alpha$ 且 $y \in x$ 就有 $y \in \alpha$，则称 α 是传递集或 $\in$ 可传的。如果 α 是传递集且 $\in$ 是 α 上的良序，则称 α 是序数。

基数(cardinal number)　集合论基本概念之一。基数为序数，它不与任何比它小的序数等势。即 $\forall \beta(\beta < \alpha \to \neg(\beta \sim \alpha))$，其中 α, β 为序数。

可数集(countable set)　亦称"可列集"。与自然数集等势的集合。

连续统假设(continuum hypothesis)　19 世纪 70 年代，康托尔提出的在自然数集基数和实数集基数之间没有别的基数的假设。通常称实数集(直线上点的集合)为连续统，它的基数记作 $\aleph$，自然数集的基数记作 $\aleph_0$。1900 年，希尔伯特(David Hibert, 1862—1943)在国际数学家大会上提出的 23 个未解决的数学问题中，第一个就是连续统假设。1938 年，美籍奥地利数理逻辑学家哥德尔(Kurt Gödel, 1906—1978)证明连续统假设与 ZFC 公理系统的无矛盾性。因而，连续统假设不能用 ZFC 公理系统加以证明。

广义连续统假设(generalized continuum hypothesis)　若一个无穷集 A 的基数在另一个无穷集 B 与其幂集 $P(B)$ 之间，则 A 的基数必定与 B 或其幂集 $P(B)$ 相同。1963 年，美国数学家科恩(Paul Joseph Cohen, 1934—2007)证明广义连续统假设独立于 ZFC 公理系统。

抽象代数(abstract algebra)　亦称"近世代数"。研究各种抽象的公理化代数系统的数学学科。包含群、环、域理论、格论、布尔代数等分支，并与数学其他分支结合产生了代数几何、代数数论、代数拓扑、拓扑群等新的数学学科。创始人法国数学家伽罗瓦(Évariste Galois, 1811—1832)，在 1832 年运用群的概念彻底解决了用根式求解代数方程的可能性问题。英国数学家凯利(Arthur Cayley, 1821—1895)、挪威数学家李(Sophus Lie, 1842—1899)、英国的冯·戴克(von Dyck, 1856—1934)对群论的发展作出了贡献。1910 年德国数学家施泰尼茨(Ernst Steinitz, 1871—1928)发表《域的代数理论》、韦德伯恩(Joseph Henry Maclagen Wedderburn, 1882—1948)在《论超复数》一文中研究了环，环和理想的系统理论由诺特(Emmy Noether, 1882—1935)给出。1930 年范德瓦尔登写成《近世代数学》。抽象代数已经成为当代大部分数学的通用语言，也是现代计算机信息安全和密码学的理论基础。

代数系统(algebra system)　由一个非空集合和该集合上的一个或多个代数运算组成的系统。

群(group)　抽象代数学的重要概念之一。设"·"是集合 G 的一个二元运算(常称为乘法)，称 $(G, \cdot)$ 为一个群，如果满足：(1) $\forall a, b, c \in G$，$(a \cdot b) \cdot c = a \cdot (b \cdot c)$，即乘法满足结合律；(2) $\exists e \in G$，使得 $\forall a \in G$，$e \cdot a = a \cdot e = a$，即存在单位元；(3) $\forall a \in G$，$\exists b \in G$，使得 $a \cdot b = b \cdot a = e$，即每个元素均有逆元素。

子群(subgroup)　设 H 是群 G 的非空子集，如果 H 对于 G 的运算仍然构成群，则称 H 是 G 的子群，记作 $H \leqslant G$。

阿贝尔群(Abel group)　亦称"交换群"。群 G 的二元运算·满足交换律的群。即 $\forall a, b \in G$，$a \cdot b = b \cdot a$。

循环群(cyclic group)　若群 G 中存在一个元素 a，使得 G 中的任意元素 g，都可以表示成 a 的幂的形式，即 $G = \{a^k \mid k \in Z\}$，则称 G 是循环群，记作 $\langle a\rangle$。a 称为 G 的生成元。

置换群(permutation group)　有穷集上的一一变换构成的群。有穷集上的一一变换称为置换。

对称群(symmetric group)　n 元集合上全体置换构成的置换群称为 n 次对称群。常记为 S_n。

陪集(coset)　设 G 是一个群，H 是 G 的子群，定义一个二元关系 R：$a\,R\,b$，当且仅当 $ab^{-1} \in H$，R 是 G 中的一个等价的二元关系，由等价关系 R 可以唯一确定 G 的一个划分，其划分块就是子群 H 的陪集。

正规子群(normal subgroup)　亦称"不变子群"。设 H 是 G 的一个子群，如果对任意的 $a \in G$，都有 $aH = Ha$，则称 H 是 G 的一个正规子群。

商群(quotient group)　设 H 是 G 的一个正规子

群,H 在 G 中的所有陪集构成的集合关于陪集乘法构成群,称为 G 关于 H 的商群。记作 G/H。

同态(homomorphism) 一个代数系统到另一个同类型的代数系统内保持代数运算(如加法、乘法等)的映射。如设 G_1, G_2是群,f: $G_1 \to G_2$, 若 $\forall a$, $b \in G_1$, 都有 $f(ab)=f(a)f(b)$, 则称 f 是 G_1到 G_2的同态映射,简称"同态"。如果 f 为双射,则称 f 为"同构"。

同构(isomorphism) 见"同态"。

环(ring) 抽象代数学的重要概念之一。给定一个代数系统$(R, +, \cdot)$, 如果:(1) $(R, +)$ 是交换群;(2) $(R, \cdot)$ 是半群(代数系统$(R, \cdot)$中 $\cdot$ 满足结合律);(3) $\cdot$ 运算对 $+$ 运算有左右分配律,即 $\forall a, b, c \in R$, $a \cdot (b+c) = a \cdot b + a \cdot c$, $(b+c) \cdot a = b \cdot a + c \cdot a$, 则称代数系统$(R, +, \cdot)$是一个环。

交换环(communitive ring) 亦称"可换环"。设$(R, +, \cdot)$ 是环,若$(R, \cdot)$ 是交换半群,称 R 是交换环。若$(R, \cdot)$ 中有单位元,称 R 是含幺环。若$(R, \cdot)$ 是交换环,且没有零因子,称 R 是一个整环。若$(R, \cdot)$ 中至少有两个元素,用 R^* 表示 R 中一切非零元的集合,如果$(R^*, \cdot)$ 是群, 则称 R 是一个除环。

零因子(zero divisor) 设 a, b 是环 R 中的两个非零元素,若 $a \cdot b = 0$, 则称 a 是 R 的一个左零因子,b 是 R 的一个右零因子,若 a 既是左零因子又是右零因子,则称 a 为 R 的一个零因子。

整环(integral domain) 见"交换环"。

域(field) 抽象代数学的重要概念之一。若一个除环 R 是可交换的,就称它是一个域。记作 F。

格(lattice) 设$\langle A, \leqslant \rangle$是一个偏序集,如果 A 中任意两个元素都有最小上界和最大下界,则称$\langle A, \leqslant \rangle$为格。

模格(modular lattice) 设$\langle A, \leqslant \rangle$是一个格,由它诱导的代数系统为$\langle A, \vee, \wedge \rangle$,如果对于任意的 $a, b, c \in A$,当$b \leqslant a$时,有$a \wedge (b \vee c) = b \vee (a \wedge c)$, 则称$\langle A, \leqslant \rangle$是模格。

分配格(distributive lattice) 设$\langle A, \vee, \wedge \rangle$是由格$\langle A, \leqslant \rangle$所诱导的代数系统,如果对任意的 $a, b, c \in A$, 满足 $a \wedge (b \vee c) = (a \wedge b) \vee (a \wedge c)$ (交运算对于并运算可分配), $a \vee (b \wedge c) = (a \vee b) \wedge (a \vee c)$ (并运算对于交运算可分配),则称$\langle A, \leqslant \rangle$是分配格。

有补格(complemented lattice) 存在全上界和全下界,且每个元素都存在补元的格。设$\langle A, \leqslant \rangle$是一个格,如果存在元素 $a, b \in A$, 对于任意的 $x \in A$, 若都有 $a \leqslant x$, 则称 a 为格$\langle A, \leqslant \rangle$的全下界,记为0;若都有 $x \leqslant b$, 则称 b 为格$\langle A, \leqslant \rangle$的全上界,记为1。存在全上界和全下界的格称为有界格。设$\langle A, \leqslant \rangle$是一个有界格,对于 $a \in A$, 如果存在 $b \in A$, 使得 $a \vee b = 1$ 和 $a \wedge b = 0$, 则称元素 b 是元素 a 的补元。

布尔格(Boolean lattice) 亦称"布尔代数"。有补分配格。

布尔代数(Boolean algebra) 即"布尔格"。

图论(graph theory) 以图为研究对象的一个数学分支。图是由若干给定的点及连接点的边所构成的,用点代表事物,用边表示相应两个事物间具有某种关系。按研究的内容和方法不同,分为组合图论、代数图论、拓扑图论、随机图论、结构图论、极值图论等分支。由瑞士数学家欧拉(Leonhard Euler, 1707—1783)提出,1736 年他解决了哥尼斯堡七桥问题。1852 年英国的格斯里(Francis Guthrie)提出的四色猜想和 1859 年英国数学家哈密尔顿(William Rowan Hamilton, 1805—1865)提出的哈密尔顿回路问题驱动了图论的发展。进入 20 世纪,随着计算机的广泛应用,图论在解决计算机科学、运筹学、网络理论、信息论、概率论、控制论、数值分析等问题方面显示出越来越大的效果。

计 算 数 学

线性代数方程组数值解法(numerical method for solving system of linear algebra equations) 数值计算方法中的一个重要内容。许多现代工程技术中的一些问题,最终常直接或间接地归结为求解一个线性代数方程组。可分为:(1) 直接法,在不考虑舍入误差的前提下,可经有限次运算得到方程组的精确解。常用的有高斯消去法、三角分解法等。受计算时间、存储空间等限制,适用于求解中小规模线性代数方程组。(2) 迭代法,是求解大规模稀疏线性代数方程组的重要方法,又可分为分裂迭代法和克雷洛夫子空间法。常用的分裂迭代法包括雅可比迭代法、高斯-赛德尔迭代法、逐次超松弛迭代法等。

常用的克雷洛夫子空间法包括共轭梯度法、极小残量法、广义极小残量法等。

数值逼近(numerical approximation) 用某类计算简单的函数近似表示一个给定的较复杂函数,使其误差尽可能小的方法。可分两类:插值逼近和函数的最佳逼近。插值法要求在一类简单函数中,寻找通过若干插值点的近似函数。隋代天文学家刘焯(544—608)在其所著《皇极历》中已使用等距插值法。常用方法有多项式插值、分片多项式插值、样条函数插值等。在数值积分、曲线曲面拟合、微分方程数值求解方面有广泛应用。最佳函数逼近是指在某个简单函数类中,寻找与原函数在某种范数意义下距离最小的近似函数,如最佳平方逼近、最佳一致逼近等。数值逼近是计算数学和科学与工程计算中诸多数值方法的理论基础和方法依据。

数值插值(numerical interpolation) 一种常用的数值计算方法。在一类简单函数中寻找某一函数,使其在若干相应节点上的函数值等于给定的函数值,并以此简单函数作为给定函数的近似函数。常用函数类包括代数多项式、三角多项式、样条函数。常用的多项式插值方法包括拉格朗日插值、牛顿插值、埃尔米特插值等。除多项式插值外,三角多项式插值、样条函数插值也有重要应用。

样条函数(spline function) 用于数值逼近的一类具有一定光滑性的分段或分片多项式函数。1946年,数学家舍恩贝格(I. J. Schoenberg)系统地建立了其理论基础。样条函数既保持了多项式便于计算、适当的连续性和光滑性等优点,又克服了多项式整体性过强的缺点。常用函数包括三次样条、B样条等。在计算机辅助几何设计、计算机图形学、图像处理及有限元等领域有重要应用。

有限元方法(finite element method) 求解偏微分方程边值或初边值问题的最重要数值方法之一。具体构造描述如下:首先导出偏微分方程定解问题的变分形式,它是定义在某个容许函数空间上的变分方程;对求解区域进行网格剖分,基于该网格剖分形成由分片多项式组成的有限维近似容许函数空间。即将原变分形式限制在该近似容许函数空间所确定的变分形式所导出之方法。在实际计算时,通过对有限元数值解用形状基函数表示,转而求解相应系数向量应满足的线性或非线性方程组。应用范围已从工程结构分析扩展到几乎所有科学技术领域。

后验误差估计(a posteriori error estimate) 给定一个求解数学模型的数值算法,能够控制数值解和模型精确解之间的误差,且仅依赖于数学模型的给定信息和数值解的量。是自适应有限元方法的一个重要理论基础,该估计可以通过有限元解和微分方程已知信息,给出有限元解与精确解在一定度量下的误差界。常用方法包括:残差型后验误差估计方法、平均型后验误差估计方法和多水平后验误差估计方法等。

快速傅里叶变换(fast Fourier transform) 计算离散傅里叶变换和其逆变换的方法。通常对 N 个数据进行离散傅里叶变换的计算量是 $O(N^2)$。快速傅里叶变换通过将一系列函数值分解成不同频率上的函数值的组合,进而将该变换对应的满矩阵分解成一系列稀疏矩阵的乘积,使得最后的计算量降低到 $O(N\log N)$。

谱方法(spectral method) 一种利用快速傅里叶变换求解偏微分方程的计算方法。将微分方程的解近似分解成正交基函数(如三角函数)的线性组合,将微分方程的求解变成对展开系数满足的方程的求解问题。在方程的解充分光滑的条件下,该方法能达到谱精度(或指数精度),其精度高于离散网格大小的任何正整数次幂。

ENO插值(essentially non-oscillatory interpolation) 对间断函数,只从其光滑部分而不是跨过间断点选取插值点进行多项式插值的方法。该思想最早由哈尔滕(Ami Harten)、欧歇尔(Stan Osher)等人提出。任意选择第一个插值点,新加的插值点来自左边或右边,通过比较两个差商,选择较小的(对应于函数相对光滑的部分)方向进行插值。可基本消除数据振荡现象。从低阶到高阶的ENO插值通过牛顿多项式插值实现。在空气动力学激波计算、图像处理等领域有广泛应用。

水平集方法(level set method) 处理移动界面的一种计算方法。将界面嵌入到一个高维函数(水平集函数)的水平集上,将界面演化问题化为对水平集函数所满足的偏微分方程(通常是哈密顿-雅可比方程)的求解问题。相对于界面演化的拉格朗日方程,对含有拓扑变化的问题(如界面的断裂、合并等)较为有效。在材料科学、多相流、图像处理、反问题等领域应用广泛。

单纯形法(simplex method) 求解线性规划问题

的重要方法。一个基础定理是如果线性规划的可行解存在,则一定存在一个基本可行解是最优解。如果基本可行解不存在,则问题无解。求解过程一般分两阶段:首先寻求问题的一个初始基本可行解;然后从这个基本可行解出发,通过判别或得到问题的最优基本可行解,或构成使目标函数改进的另一个基本可行解。总之就是在迭代过程中对线性规划问题的基本可行解进行优化,使得每一步迭代得到的基本可行解都达到更优。

非线性代数方程组数值解法(numerical method for solving system of nonlinear algebraic equations) 数值计算方法中的一个重要内容。包括牛顿法、拟牛顿法等,通常能找到方程组的一个解;如果实数解的个数有限,平方和方法以及半正定松弛法等通常能找到方程组的全部实数解。

稀疏逼近(sparse approximation) 亦称"稀疏表示"。信号或者图像可以在一个表示基系统下用很少的系数来表示。寻找线性系统的稀疏逼近解在信号处理、图像处理、机器学习、医学成像等领域有广泛应用。

压缩感知(compressed sensing; compressive sensing) 亦称"压缩传感""压缩采样"。一种信号处理方法。通过求解优化问题得到欠定线性系统的解,从低于奈奎斯特定律的采样来重建具有稀疏性的信号和图像,使得信号的存储与处理更加高效。在无线通信、移动终端相机、全息识别、医学图像处理、生物传感等领域有广泛应用。

有限等距性质(restricted isometry property; RIP) 在压缩感知中,用于刻画采样矩阵的近似正交性,用于证明稀疏信号的可恢复性理论框架的条件。计算矩阵的等距长度通常是 NP 难问题,且很难逼近。但是很多随机矩阵已被证明满足该性质。特别地,以指数概率下,随机高斯、伯努利和部分傅里叶矩阵满足该条件,可用接近于稀疏水平线性的采样率下重构原稀疏信号。

正交匹配追踪算法(orthogonal matching pursuit; OMP) 一种贪婪的压缩感知稀疏信号恢复算法。主要思想是在每步迭代中选择感知矩阵的最佳拟合列,然后在选取的所有列张成的子空间中选取达到最小平方误差的值。

基追踪算法(basis pursuit) 求解满足线性系统约束的最小一范数的优化问题的算法。通常应用在寻找满足欠定系统的最稀疏节。压缩感知理论证明在一些条件下零范数和一范数的最小化在某种条件下是等价的。比正交匹配算法所需的采样率更低。

激活函数(activation function) 人工神经网络中神经元将输入映射到输出的函数。一般是非线性的而且不是多项式,如 S 型函数、双曲正切函数、线性整流函数等。

损失函数(loss function) 一种衡量预测值和真实值差异的函数。在回归问题中常用的是均方差,在分类问题中常用的是交叉熵。

梯度下降法(gradient descent) 一种寻找目标函数极小值点的迭代方法。变量的更新是沿着目标函数关于变量的负梯度方向。每步更新的步长由一个超参量学习率决定。在机器学习中,其目标函数通常是衡量全部训练数据准确性的损失函数。

随机梯度下降法(stochastic gradient descent) 将梯度下降法中的梯度换成一个带有随机噪声的梯度的迭代方法。噪声添加的方式一般是把由全部训练集计算得到的损失函数替换成由部分随机选择的训练样本计算得到的损失函数。

抽样(sampling) 从服从特定概率分布的总体里选取独立或近似独立个体的统计方法的总称。这些个体被称为"样本"。

蒙特卡罗方法(Monte Carlo method) 基于概率和统计理论的一类计算模拟方法。通常来说,是用服从特定概率分布 μ 的独立同分布样本对应的经验分布来近似 μ,从而近似计算一些统计量。该方法的收敛性由大数定律保证,误差估计由中心极限定理给出。主要优点是克服了维数灾难。在统计推断、分子模拟、机器学习等领域有广泛应用。

马尔可夫链蒙特卡罗法(Markov chain Monte Carlo method) 基于马尔可夫链理论的一类抽样方法。构造一个各态历经的马尔可夫链,使得特定概率分布 μ 是其不变测度;当该马尔可夫链分布稳定后,其不同时刻的状态可以近似作为从概率分布 μ 抽取的样本。最常用的方法为米特罗波利斯-黑斯廷斯算法,另外一些常见算法包括哈密顿蒙特卡罗法、郎之万蒙特卡罗法等。

牛顿法(Newton method) 求解非线性方程组的最基本方法。是很多有效的迭代方法的基础。基本思想是利用函数的线性展开,每次迭代用线性方程组近似原非线性方程组,从而得到下一个近似解。

在二维平面的几何意义就是过当前迭代点做切线，该切线与横坐标轴的交点作为平面曲线零点新的近似解。收敛快，在适当条件下有二阶收敛速度。特别地，对分量为仿射函数的方程组，只需一次迭代就可得到解。具有仿射不变性。

拟牛顿法(quasi-Newton methods)　无约束优化的重要方法之一。克服了牛顿法需要计算目标函数的海色矩阵等缺点，把海色矩阵简化为矩阵递推关系式，不仅简化了计算过程，还能在一定条件下超线性收敛。

信赖域方法(trust region method)　求解非线性优化问题的一类基本方法。基本思想是从给定的初始解出发，每次迭代在一个区域内试图找到一个好的点。该区域称为信赖域，通常是以当前迭代点为中心的一个小邻域。然后在这个邻域内求解一个子问题，得到试探步。接着用某一评价函数来决定该试探步是否可以被接受。如果试探步较好，则信赖域半径不变或扩大；否则将缩小。该方法稳定，且在适当条件下超线性收敛。

斯坦变分梯度下降(Stein variation gradient descent)　基于无参变分推断的抽样方法。其初始化是随机的，中间过程不是随机的。通过优化当前概率分布与目标概率分布相对熵的变化率，定出适当的随时间变化的速度场，由此将一个随机的初始分布演化到一个和目标概率分布接近的分布。对有限粒子系统，该演化过程由一组相互作用粒子的常微分方程描述。

最优传输理论(optimal transport theory)　研究资源最佳配置的理论。由法国数学家蒙日(G. Monge)首先提出。苏联数学家康托洛维奇(L. Kantorovich)提出基于概率测度的改进版本，使最优传输问题解的存在性、唯一性得以解决，而且在某些条件下，该最优解对应于蒙日问题的最优解。设资源的初始分布为μ，目标分布为ν，将单位质量的资源从位置x挪到位置y的代价是$c(x, y)$，康托洛维奇优化问题如下：

$$\min_{\gamma\in\Pi(\mu,\nu)}\int c(x, y)\gamma(\mathrm{d}x, \mathrm{d}y),$$

这里，$\Pi(\mu, \nu)$是所有x, y边缘分布分别为μ和ν的联合分布的集合，里面的每个联合分布可以理解为资源分配的一种方式，因此称为“输运方案”。

瓦瑟斯坦距离(Wasserstein distance)　基于最优传输理论的、衡量两个概率测度远近的度量。令$p\geqslant 1$，设μ和ν是度量空间(X, d)上两个具有p阶矩的概率测度，则它们之间的距离定义为$W_p^p(\mu, \nu)=\min_{\gamma\in\Pi(\mu,\nu)}\int d^p(x, y)\gamma(\mathrm{d}x, \mathrm{d}y)$，即该距离的$p$次方为$c(x, y)=d^p(x, y)$时最优传输代价。当$X$为欧氏空间的一个区域且$d$取为欧氏度量时，当$p=2$时，该距离的流体力学解释为概率测度组成的空间赋予了一个黎曼度量，很多偏微分方程(如热传导方程)可视为该黎曼度量下的梯度流方程。在图像处理、机器学习等领域有重要应用。

代理模型(surrogate model)　在大规模工程与科学计算中，计算量较小、容易求解，计算精度与原问题的高精度模型相近的分析模型。如响应曲面模型、元模型等。通常采用数据驱动的方式建立，常用方法如多项式响应曲面、克里金插值、径向基函数、支持向量机、人工神经网络等。只有单一变量时，可以归结为曲线拟合。当原高精度模型计算量过大，或输出噪声较多，或不能提供梯度信息时，用来代替原模型。对于灵敏性分析、可靠性分析、设计优化等实际问题具有重要意义。

贝叶斯积分(Bayesian quadrature)　最早的概率数值方法之一。利用高斯过程作为被积函数的代理模型，通过高斯变量的线性性质可以得到积分数值的高斯后验分布。后验分布的均值可以作为积分值的近似，后验均方差可以作为收敛的指标。该方法可以得到比蒙特卡罗方法更快的收敛速度，其与凸优化方法、拟蒙特卡罗方法之间的密切联系，可以帮助设计具有更好收敛性质的积分方法。已推广用于计算积分的比值、似然函数、边际量等。

贝叶斯优化(Bayesian optimization)　一种多维全局优化方法。适用于目标函数本身计算量很大的情形，如具有大数据集的深度神经网络超参数优化问题等。不需要计算梯度，不需要目标函数具有凸性或线性等性质。具有三个主要部分：代理模型(如高斯过程)来近似目标函数；某种统计推断方法(如高斯过程回归)来迭代更新代理模型；收益函数用于选取样本点，以通过统计推断得到目标函数更好的后验分布。

因果推断(causal inference)　研究如何从数据中推测事物和事物之间因果关系的方法。在计算机科学、统计学、经济学、心理学、生物医学和流行病学等各个领域都有应用和研究。将数据分析中关心的变量设为 Y,数据分析的目标是研究另一个在时间上发生于 Y 之前的变量 A 对于 Y 是否存在因果关系。在现实世界中收集到的数据是 (A, Y)。

潜在变量(potential outcomes) 不能被直接精确观测,需要通过数学模型中的其他变量加以推断的变量。

反事实度量(counter-factual reasoning) 以一种与事实相反的假设为出发点来估算某个真实现象发生时可能引起的影响的推断方法。

混杂因素(confounders) 在进行因果推断时,与研究对象和其影响因素均有直接或间接因果关系,但并非中间变量的因素。若其在研究数据中分布不均,会对研究结果产生歪曲。

识别(identification) 在因果推断中,指根据一系列需要的假设,将潜在变量或反事实变量写成可以由现实世界中观测到的数据定义的参数的过程。所需要的假设包括观测数据具有一致性,并且没有未测量的混杂因子。

因果图模型(causal graphical model) 研究事物与事物之间的因果关系,由端点、边和边的方向组成的图。包括:有向无环图和链图等。

有向无环图(directed acyclic graph) 从图中任意顶点出发无法经过若干条边并遵循边的方向回到该点的有向图。图上每个有向边定义了该边的两个端点之间可能存在的直接因果关系。

链图(chain graph) 允许存在无向的边,从图中任意顶点出发无法经过若干条边并遵循边的方向回到该点的有向图。无向边可以用来描述当某两个端点表示的变量间存在未测到的混杂因子或因果关系之间的顺序并不明确的情况。

组 合 学

组合学(combinatorics) 亦称“组合数学”。研究满足各种附加条件的离散结构的存在、计数、设计、分析和优化等问题的学科。研究内容包括存在性问题、计数问题、优化问题。研究方向包括计数组合学、组合设计和构形、图论、极值组合、代数组合和概率组合等,其中内容最多并且与计算机科学联系最紧密的部分是图论。

排列(permutation) 元素取自集 S 的一个有序 k 元组$(x_1, x_2, \cdots, x_k)$。分为可重复排列和不可重复排列两类。前者中的元素 $x_1, \cdots, x_k$ 可能有些彼此相同,其有两种常见的等价描述:字母取自集 S 的一个长为 k 的字简称为 S 上的一个 k 元字;或从集 $\{1, 2, \cdots, k\}$ 到集 S 的一个映射 φ,其中 $\varphi(i) = x_i$ $(i = 1, \cdots, k)$,亦可记为 $\varphi = \begin{pmatrix} 1 & 2 & \cdots & k \\ x_1 & x_2 & \cdots & x_k \end{pmatrix}$。$n$ 元集上 k 元字的个数是 n^k。后者取自集 S 的 k 个元素各不相同。特别地,n 个不同元素取自含有 n 个元素的集 S 组成的有序 n 元组$(x_1, x_2, \cdots, x_n)$称为 S 上的一个 n 元的全排列。n 元集上字母不重复的 k 元字的个数等于 $n(n-1)\cdot\cdots\cdot(n-k+1)$,字母不重复的全排列的个数等于 $n! = n(n-1)\cdot\cdots\cdot 1$。

组合(combination) 元素取自集 S 的一个无序 k 元组$(x_1, x_2, \cdots, x_k)$。组合个数有两个最基本的公式:一个 n 元集的 k 元子集(即 n 元集的 k 元不重复组合)的个数记为$\binom{n}{k}$,则 $\binom{n}{k} = \frac{n!}{k!\,(n-k)!}$。一个 n 元集上的 k 元重集(即 n 元集的 k 元可重复组合)的个数记为$\left(\binom{n}{k}\right)$,则 $\left(\binom{n}{k}\right) = \binom{n+k-1}{k} = \binom{n+k-1}{n-1}$。

二项式系数(binomial coefficients) n 元集中 k 元子集的个数。显式表达式为 $\binom{n}{k} = \frac{n!}{k!\,(n-k)!}$。具有对称性 $\binom{n}{k} = \binom{n}{n-k}$;递推关系 $\binom{n}{k} = \binom{n-1}{k} + \binom{n-1}{k-1}$;和单峰性 $\binom{n}{0} < \binom{n}{1} < \cdots < \binom{n}{\lfloor \frac{n}{2} \rfloor} = \binom{n}{\lceil \frac{n}{2} \rceil} > \cdots > \binom{n}{n}$,这里$\lfloor a \rfloor$($\lceil a \rceil$)表示小于等于(大于等于)实数 a 的最大(最小)整数。在计算机科学算法分析中起核心作用。

正整数分拆(partition of positive integer number) 把正整数 n 表示成 k 个正整数之和的表示法。$n = n_1 + \cdots + n_k$ 称为 n 的一个 k 部分拆,每个被加数 n_i 称为此分拆的一个分部,n 的 k 部分拆的个数记为

$p(n, k)$，n 的所有分拆的个数 $p(n) = \sum_{k=1}^{n} p(n, k)$ 称为 n 的分拆数。分拆不计各分部的次序，即 n 的每个 k 部分拆可以唯一表示成规范形式 $n = n_1 + \cdots + n_k$，其中 $n_1 \geqslant n_2 \cdots \geqslant n_k \geqslant 1$。$p(n, k)$的计数满足递推关系式 $p(n, k) = (n-1, k-1) + p(n-k, k)$ 和渐近公式 $p(n) \sim \frac{1}{4n\sqrt{3}} \exp\left(\pi\sqrt{\frac{2n}{3}}\right)$。关于分拆数列的生成函数为 $p(x) = \sum_{n=0}^{\infty} p(n)x^n = \prod_{i=1}^{\infty} \frac{1}{1-x^i}$。

第一类斯特林数(Stirling numbers of the first kind) 对正整数 n, k, n 元对称群 S_n 中恰含有 k 个轮换(即恰可写成 k 个不交轮换的乘积)的置换个数记为 $c(n, k)$(不动点也看成一个轮换)，则数 $s(n, k) = (-1)^{n+k}c(n, k)$ 称为第一类斯特林数。规定 $s(0, 0) = c(0, 0) = 1$, $s(n, 0) = c(n, 0) = 0$，当 $n < k$ 时，$s(n, k) = c(n, k) = 0$。其满足递推关系式：$c(n, k) = c(n-1, k-1) + (n-1)c(n-1, k)$，$s(n, k) = s(n-1, k-1) - (n-1)s(n-1, k)$；并满足函数方程：$\sum_{k=1}^{n} c(n, k)x^k = x(x+1)\cdot\cdots\cdot(x+n-1)$，$\sum_{k=1}^{n} s(n, k)x^k = x(x-1)\cdot\cdots\cdot(x-n+1)$。

集合分拆(partition of a set) 把集 A 写成 k 个非空不交子集的并的表示法。即存在 k 个非空子集 $A_1, \cdots, A_k$ 两两不交且 $A = A_1 \cup A_2 \cup \cdots \cup A_k$，称为 A 的一个 k 部分拆。

第二类斯特林数(Stirling numbers of the second kind) 一个 n 元集的所有 k 部分拆的个数。记为 $S(n, k)$。规定 $S(0, 0) = 1$，当 $1 \leqslant n < k$ 时，$S(n, 0) = S(0, n) = 0$。其有显示表达式 $S(n, k) = \frac{1}{k!}\sum_{i=0}^{k}(-1)^i\binom{k}{i}(k-i)^n$ 和递推关系 $S(n, k) = S(n-1, k-1) + kS(n-1, k)$。$\{S(n, k)\}_{n=1}^{\infty}$ 满足函数方程 $\sum_{k=1}^{n} S(n, k)x(x-1)\cdot\cdots\cdot(x-k+1)$。第一类和第二类斯特林数有如下重要关系式：$\sum_{k=1}^{n} s(i, k)S(k, j) = \begin{cases}1, & i=j;\\ 0, & i \neq j;\end{cases}$ $\sum_{k=1}^{n} S(i, k)s(k, j) = \begin{cases}1, & i=j;\\ 0, & i \neq j。\end{cases}$

卡塔兰数(Catalan number) 序列 $\{C_n\}_{n\geqslant 0} = 1, 1, 2, 5, 14, 42, 132, \cdots$ 其中第 n 个数为 $C_n = \frac{1}{n+1}\binom{2n}{n}$ 的数。其数列递推关系式为 $C_n = C_0C_{n-1} + C_1C_{n-2} + \cdots + C_{n-1}C_0$，生成函数 $\sum_{n=0}^{\infty} C_nx^n = \frac{1-\sqrt{1-4x}}{2x}$。已发现 190 余种可用卡塔兰数计数的事物。例如：对凸 $n+2$ 边形用它的 $n-1$ 条内部不交叉的对角线分成 n 个小三角形区域的方法个数为卡塔兰数。平面上从格点 (0, 0) 到 $(2n, 0)$ 满足每一步从一个格点移动到右上方或右下方最近的格点，并且不能到达 x 轴下方的所有格路的个数为卡塔兰数。

生成函数(generating function) 亦称“母函数”。可用来整体表示数列 $\{a_n\}_{n\geqslant 0}$ 的幂级数 $A(x) = \sum_{n\geqslant 0} a_nx^n$。通常有普通型生成函数、指数型生成函数和狄利克雷型生成函数三种，其中普通型应用比较多。如：卡塔兰数 $\{C_n\}$ 的普通型生成函数为 $C(x) = \sum_{n\geqslant 0}\frac{1}{n+1}\binom{2n}{n}x^n$。可原则上确定原数列规律，并得到原数列许多重要性质。广泛应用于编程与算法设计、分析，对程序效率与速度有很大改进。

指数型生成函数(exponential generating function) 用来整体表示数列 $\{a_n\}_{n\geqslant 0}$ 的幂级数 $A(x) = \sum_{n\geqslant 0}\frac{a_n}{n!}x^n$。例如：斐波那契数列 $\{f_n\}_{n=0}^{\infty}$ 满足 $f_{n+2} = f_{n+1} + f_n$ 的初始条件为 $f_0 = 0$, $f_1 = 1$ 的指数型生成函数为 $f(x) = \sum_{n=0}^{\infty}\frac{f_n}{n!}x^n$。由 $f''(x) = f'(x) + f(x)$，求出 $f(x) = \frac{e^{\frac{1+\sqrt{5}}{2}x} - e^{\frac{1-\sqrt{5}}{2}x}}{\sqrt{5}}$，从而得到 $f_n = \frac{\left(\frac{1+\sqrt{5}}{2}\right)^n - \left(\frac{1-\sqrt{5}}{2}\right)^n}{\sqrt{5}}$。

狄利克雷型生成函数(Dirichlet generating function) 用来整体表示数列 $\{a_n\}_{n\geqslant 0}$ 的级数 $A(s) = \sum_{n\geqslant 1}\frac{a_n}{n^s}$。例如：数列 $\{1\}_{n\geqslant 1}$ 的狄利克雷型生成函数是 $\sum_{n=1}^{\infty}\frac{1}{n^s}$，也叫黎曼-$\zeta$ 函数。$\mu(n)$ 是定义在正整数上的函数，定义为

$$\mu(n)=\begin{cases}0, & n\text{ 有大于 1 的平方数因子},\\ 1, & n=1,\\ (-1)^r, & n\text{ 是 }r\text{ 个不同素数之积。}\end{cases}$$

$\mu(n)$通常称为牟比乌斯函数,其狄利克雷型生成函数是$\mu(s)=\sum_{n=1}^{\infty}\frac{\mu(n)}{n^s}=\prod_p(1-p^{-s})$,其中$p$为素数。

递推关系(recurrence relation) 有正整数r以及一个$r+1$元函数F,使得对所有$n\geqslant r$有关系$a_n=F(a_{n-1}, a_{n-2}, \cdots, a_{n-r}; n)$。若已知数列开始的$r$项$a_0, a_1, \cdots, a_{r-1}$,通过上式可以逐项确定整个数列。这样的有限阶递推关系称为r阶递归关系,非有限阶的递归关系称为无限阶的。例如:第一类斯特林数$s(n, k)$的递推关系为$s(n, k)=s(n-1, k-1)-(n-1)s(n-1, k)$, $(n, k\geqslant 1)$;第二类斯特林数$S(n, k)$的递推关系为$S(n, k)=s(n-1, k-1)+kS(n-1, k)$, $(n, k\geqslant 1)$。

容斥原理(including-excluding principle) 亦称"筛法"。一种计数方法。基本思想是:先不考虑重叠情况,把包含于某内容中的所有对象的数目先计算出来,再把重复计算的数目排斥出去,使得计算结果既无遗漏又无重复。

牟比乌斯函数(Möbius function) 定义在正整数上、其定义为如下形式的函数

$$\mu(n)=\begin{cases}0, & n\text{ 有大于 1 的平方数因子},\\ 1, & n=1,\\ (-1)^r, & n\text{ 是 }r\text{ 个不同素数之积。}\end{cases}$$

是积性函数,即对于任意两个互素的正整数m和n,有$\mu(mn)=\mu(m)\mu(n)$。满足$\sum_{d|n}\mu(d)=\begin{cases}0, & n>1,\\ 1, & n=1。\end{cases}$

牟比乌斯反演公式(Möbius inversion formula) 一种序列反演公式。经典公式在 19 世纪由牟比乌斯(August Ferdinand Möbius)引入到数学理论中,可解决许多组合计数问题。公式叙述如下:设$f(n)$和$g(n)$是定义在正整数上的函数,则$f(n)=\sum_{d|n}g(d)$当且仅当$g(n)=\sum_{d|n}\mu\left(\frac{n}{d}\right)f(d)$,其中和式是对$n$的所有正整数因子$d$求和。

波利亚计数定理(Pólya theorem) 组合学中最重要的定理之一。美籍匈牙利数学家波利亚(George Pólya, 1887—1985)在 1937 年将生成函数的思想、群论的观点及适当赋权的方法结合起来,建立的关于计数的一个定理。内容如下:设A是n元集和C是m元集。记G为集A上的一个置换群,C^A为所有由集A到集C全体映射的集合,$\mathcal{F}$为群G作用在C^A上的轨道的集合,则轨道个数为$|\mathcal{F}|=\frac{1}{|G|}\sum_{g\in G}m^{l_1(g)+\cdots+l_n(g)}$,其中,$l_i(g)$为$g$中轮换分解中$i$-轮换的个数。

抽屉原理(drawer theory) 亦称"鸽笼原理"。组合学中的一个基本原理。表述为:如果将$n+1$个对象放进到n个抽屉中,则至少存在一个抽屉包含两个或多个对象。例如:13 个人中至少有 2 个人生日在同一个月。

拉姆赛定理(Ramsey theorem) 抽屉原理的一个重要推广。最简单理解为:至少有六个人参加的任一集会上,与会者中有三个人或者以前互相认识,或者以前彼此都不认识。用图论的语言表述为:把K_6的每一边任意地染成红色或蓝色后,在K_6中或者含有各边都是红色的K_3,或者含有各边都是蓝色的K_3(其中K_n是具有n个顶点且其中任一对顶点都有边相连的图)。问题一般化的表示为:对给定的整数$p, q\geqslant 2$,当n多大时才能保证把K_n的每一边任意染成红色或蓝色后,在K_n中有全是红边的K_p或有全是蓝边的K_q?如果存在,则最小的n必由p, q确定,记为$R(p, q)$,称拉姆赛数。目前已知 9 个$R(p, q)$的精确值,为$R(3, 3)=6$, $R(3, 4)=9$, $R(3, 5)=14$, $R(3, 6)=18$, $R(3, 7)=23$, $R(3, 8)=28$, $R(3, 9)=36$, $R(4, 4)=18$, $R(4, 5)=25$。

关联矩阵(incident matrix) 刻画两类对象之间关系的一种矩阵。在组合设计中,二元组$S=(X, \mathcal{B})$是一个关联结构,其中集合X中的元素称为点,用v表示X中的元素个数;$\mathcal{B}$是由X的子集组成的集族,其中元素称为区组或线($\mathcal{B}$中元素不一定两两不同),用b表示$\mathcal{B}$中元素个数。对于$x\in X$, $B\in\mathcal{B}$,若$x\in B$,也称点x在区组或者线B上。一个关联结构可以用一个$|X|\times|\mathcal{B}|$矩阵N来表示,矩阵每一行对应X中的点,每一列对应$\mathcal{B}$中的区组,N中第x行第B列元素$N(x, B)=\begin{cases}1, & x\in B,\\ 0, & \text{其他。}\end{cases}$ N称为此关联结构的关联矩阵。

t 设计(t-design) 点和区组之间的一类特殊的关联结构。设 v, k, t 和 λ 为整数,满足 $v \geqslant k \geqslant t \geqslant 0$ 和 $\lambda \geqslant 1$,一个 v 个点上的区组大小为 k,指数为 λ 的 t 设计是关联结构 $\mathcal{D}=(X, \mathcal{B})$,且满足:$|X|=v$;对所有 $B \in \mathcal{B}$,有 $|B|=k$;对于任意 t 个点,恰有 λ 个区组包含这 t 个点。这个 t 设计也称为一个 $t-(v, k, \lambda)$设计,记为 $S_\lambda(t, k, v)$。一个施泰纳系是 $\lambda=1$ 时的 t 设计,记为 $S(t, k, v)$。当 $k=t$(这时点集 X 的所有 $k=t$ 子集都作为区组)或 $k=v$(这时每个区组都包含了所有的点)时,t 设计总是存在的,这样的设计称为平凡的。

平衡不完全区组设计(balanced incomplete block design; BIBD) 组合设计的一种。即 $2-(v, k, \lambda)$设计,简记为(v, k, λ)设计。常被用于统计分析中的实验设计。有如下判别定理:设 N 为关联结构 $S=(X, \mathcal{B})$ 的关联矩阵,$|X|=v$,$|\mathcal{B}|=b$。则 S 为(v, k, λ)设计当且仅当 $N^T j_v = k j_b$, $NN^T=(r-\lambda)I+\lambda J$,其中,$j_v$, j_b 分别为 v 维和 b 维全 1 列向量;I, J 分别为 v 阶单位矩阵和全 1 矩阵。

阿达马矩阵(Hadamard matrix) 元素为±1 且满足 $HH^T=nI_n$ 的 n 阶矩阵 H。其中 $n=1$, 2 或 n 是 4 的倍数。任一$(4n-1, 2n-1, n-1)$设计都称为阿达马设计。存在 $4t$ 阶阿达马矩阵的充分必要条件是存在阿达马设计。一个著名的猜想是:对于任一正整数 t,一定存在 $4t$ 阶阿达马矩阵。已证明当 $n<668$ 时,阿达马矩阵存在。

正交拉丁方(mutually orthogonal Latin square) 一类特殊的 $n\times n$ 阵列。设 X 是一个 n 元集。X 上的 n 阶拉丁方为一个 $n\times n$ 阵列(或矩阵)L,使得 L 的每行每列都是 X 中元素的一个全排列。X 为 L 的符号集,X 中的元素称为符号。n 阶群的乘法表就是一个 n 阶拉丁方。设 L 是一个 n 阶拉丁方。记 L 的(i, j)位置元素为 $L(i, j)$。设 L_1 和 L_2 分别是 n 元集 X 和 Y 上的 n 阶拉丁方,如果对任意 $x \in X$ 和 $y \in Y$,存在唯一一对 (i, j), $1 \leqslant i, j \leqslant n$,使得 $L_1(i, j)=x$ 且 $L_2(i, j)=y$,则 L_1 和 L_2 称为正交的。

差集(difference set) 一类组合构形。设 G 为一个 v 阶阿贝尔群,D 是 G 的一个 k 元子集,若 G 中每个非零元素都在由 D 中元素的差组成的多重集 M 中出现 λ 次,则称 D 为 G 上的一个(v, k, λ)差集。

概率组合学(probability combinatorics) 用概率方法证明组合学中结论的一门学科。概率方法是研究离散数学的一个强有力的工具和方法。主要研究内容包括两个方面:(1) 关于某些随机组合对象的研究,如:随机图和随机矩阵。虽然绝大多数是由组合问题引起的,代数结论本质上是概率论的结果,例如:随机地取一个图,其中包含哈密尔顿圈的概率是多少?(2) 思想上应用:为了证明满足某种性质的组合结构的存在性,可以构建一个合适的概率空间,说明其所对应的事件发生的概率大于零。证明这一点常比给出一个具体的例子容易。例如:证明拉姆赛数 $R(p, p)$ 的下界,尚无有效的构造方法达到这个下界。

匹配(matching) 图论名词。设 G 是一个图,$E(G)$为其边的集合,$M \subseteq E(G)$ 满足:对 $\forall e_i$, $e_j \in M$, e_i 与 e_j 在 G 中不相邻,则称 M 是 G 的一个匹配。对匹配 M 中每条边 $e=uv$,其两端点 u 和 v 称为被匹配 M 所匹配,u 和 v 都称为 M 饱和顶点。

覆盖(cover) 图论名词。分点覆盖和边覆盖两类。设 $K \subseteq V(G)$,若 G 的每一条边至少有一个端点属于 K,则称 K 为图 G 的一个点覆盖。若 $\forall u \in K$, $K-\{U\}$ 不再是 G 的覆盖,则称 K 为图 G 的一个极小覆盖。G 的含顶点数最少的覆盖称为最小覆盖,它含顶点的个数称为 G 的覆盖数。设 $F \subseteq E(G)$,若 G 的每个顶点都与 F 中至少一条边关联,则称 F 为图 G 的一个边覆盖。若边覆盖 F 的任何真子集都不是 G 的边覆盖,则称 F 为图 G 的一个极小边覆盖。G 的含边数最少的边覆盖称为最小边覆盖,它含边的数目称为 G 的边覆盖数。

顶点染色(vertex coloring) 简称"k 染色"。k 种颜色 1, 2, …, k 对非空无环图 G 的顶点集 $V(G)$ 中元素的一种分配。若任意相邻两个点所染颜色不同,称正常 k 染色。用映射的观点,G 的正常 k 染色是映射 C: $V(G) \to \{1, 2, \cdots, k\}$,使得对每个 $i \in \{1, 2, \cdots, k\}$, $C^{-1}(i)$ 是独立集或空集。若存在 G 的一种正常 k 染色,则称 G 是 k 可染色的。

色数(chromatic number) 对图 G 进行正常顶点染色所需颜色的最小种数。记为 $\chi(G)=\min\{k \mid G$ 是 k 可染色的$\}$。若 $\chi(G)=k$,则称图 G 为 k 色图。

边染色(edge coloring) k 种颜色 1, 2, …, k 对非空无环图 G 的边集 $E(G)$ 中元素的一种分配。若任意相邻两条边所染颜色不同,称为正常 k 边染色。用映射的观点,G 的正常 k 边染色是映射 $\mathcal{D}$: $E(G) \to \{1, 2, \cdots, k\}$,使得对每个 $i \in \{1, 2, \cdots,$

$k\}$，$D^{-1}(i)$ 是匹配或空集。若存在 G 的一种正常 k 边染色，则称 G 是 k 边可染色的。

边色数(edge chromatic number) 对无环图 G 进行正常边染色所需颜色的最小种数。记为 $\chi'(G)=\min\{k \mid G$是k边可染色的$\}$。若 $\chi'(G)=k$，则称图 G 是 k 边色的。

矩阵树定理(matrix tree theorem) 给出任一的连通无环图的支撑树个数的计算公式的定理。设 G 是 $n>1$ 顶点为 $\{v_1, \cdots, v_n\}$ 的无环图。设 $L(G)=(l_{ij})$ 是 G 的拉普拉斯阵，其中 l_{ii}是顶点 v_i 的度，满足 $l_{ij}=\begin{cases}-1, & v_i \text{ 与 } v_j \text{ 相邻}, \\ 0, & \text{其他},\end{cases}$ 则 G 的支撑树的个数等于在 G 的拉普拉斯阵 $L(G)$ 中划去第 i 行及第 j 列后得到的 $n-1$ 阶阵的行列式的绝对值。

托兰定理(Turán theorem) 图论的经典结果之一。由匈牙利数学家托兰(Pál Turán)在 1941 年首次描述并证明。被公认为极值图理论的起源。叙述如下：设正整数 $r \leqslant n$，G 是不包含 $r+1$ 点团的 n 顶点图，则 $|E(G)| \leqslant |E(T_{n,r})|$，且等式成立当且仅当 $G \cong T_{n,r}$。式中，$T_{n,r}$是 n 顶点几乎均匀的完全 r 部图，即其 r 个分部集的点数之间至多相差 1 的 n 阶完全 r 部图。

博　弈　论

博弈论(game theory) 亦称“对策论”。运筹学的一个分支。主要研究有利害冲突的各方在竞争性的活动中是否存在自己取胜的最优策略，以及如何找出策略等问题。1912 年德国数学家策梅罗(Ernst Friedrich Zermelo，1871—1953)首先使用数学方法研究象棋对策问题，1928 年冯・诺伊曼证明了有关两人零和矩阵对策的主要结果，奠定了博弈论的理论基础。在经济、军事等方面均有广泛应用。

博弈(game) 博弈论中研究问题的统称。对多个理性决策者之间的策略性交互进行建模，其中每一方分别以最大化自己的效用为目标而采取完全理性的决策。

策略(strategy) 在一次博弈中，一个决策者对当前决策行为的选择方式。分为纯策略与混合策略两类。通常决策结果不仅取决于自己的行为，也受其他决策者的行为影响。

策略组合(strategy profile) 在一次博弈中，一个包含所有决策者策略的多元组。在一个策略组合中，对于每个决策者，包含且仅包含一个策略。

纯策略(pure strategy) 博弈论中的一种基本策略类型。在博弈中，在每个给定信息下，决策者都只能选择一种特定策略。是混合策略的特例。收益可以用效用表示。

混合策略(mixed strategy) 博弈论中的一种基本策略类型。在每个给定信息下，决策者都只能以某种概率选择不同策略。是纯策略在空间上的概率分布。收益只能以效用期望表示。

最佳应对策略(best response strategy) 在博弈论中，将其他决策者的策略视为给定的情况下，对某个决策者产生最有利结果的策略。是纳什均衡的核心，在纳什均衡下，博弈各方中每个决策者选择的策略都是对其他决策者策略的最佳应对策略。

纳什均衡(Nash equilibrium) 博弈论中的概念。由数学家、经济学家纳什(John Forbes Nash，Jr.)提出，故名。用于解决非合作博弈，涉及两个或多个参与者。假设每个决策者都知道其他决策者的均衡策略，每个决策者选择自己的最优策略。在其他决策者的策略不改变的情况下，没有决策者有积极性改变他们自己的策略。

相关均衡(correlated equilibrium) 博弈论中的概念。每个决策者根据他们对同一公共信号的观察值来选择行动，由此达到的均衡。由数学家奥曼(Robert Aumann)于 1974 年首次提出。

帕累托最优(Pareto optimality) 亦称“帕累托效率”。一种资源分配的理想状态。由意大利经济学家帕累托(Vilfredo Pareto)提出而得名。在该状态下不存在一种新的资源分配方式，使得在没有人境况变得更坏的情况下至少一个人境况变得更好。

囚徒困境(prisoners' dilemma) 博弈论中非零和博弈的最具代表性的例子。两个被捕的囚徒之间的一种特殊博弈，即使在合作对双方都有利时，保持合作也是困难的。反映出在一个群体中，个体分别做出理性选择却可能导致群体层面的非理性。现实中的价格竞争、环境保护等场景会出现类似情况。

正则形式博弈(normal-form game) 使用矩阵来描述博弈的方式。矩阵展示每个参与者所有显然的和可能的策略，以及对应收益。每个参与者只进行一次决策，最终收益由矩阵中相应位置的收益决定。

扩展形式博弈（extensive-form game） 通过树形结构来描述博弈的方式。博弈从唯一一个初始节点开始，通过参与者决定的路线到达终端节点。每个非终端节点属于某一个参与者，并由其行动决定接下来的节点。到达终端节点时，每个参与者获得对应收益并结束博弈。

子博弈完美均衡（sub-game perfect equilibrium） 亦称“子博弈精炼纳什均衡”。动态博弈中使用的纳什均衡的改进。其中原博弈的策略组合是每个子博弈的纳什均衡。

随机博弈（stochastic game） 一系列不同的博弈阶段组成，带有状态转移的动态博弈形式。由夏普利（Lloyd Shapley）于20世纪50年代初期提出。在博弈中每一阶段的起始，博弈处于某种特定状态。每个参与者选择某种行动，然后获得取决于当前状态和所选择行动的收益。之后，博弈发展到下一阶段，处于一个新的随机状态，其分布取决于先前状态和各位参与者选择的行动。在新状态中重复上述过程，博弈继续进行有限个或无限个阶段。

序贯均衡（sequential equilibrium） 满足序贯理性及一致性的一个推测分布和一个策略组合组成的二元组。推测分布为一个决策者在每个信息集合上对其他决策者的推测。序贯理性指每个决策者在每个行动点上都将重新优化自己的选择，并且把将来也会重新优化的选择也纳入当前的优化选择中。

完全信息博弈（perfect-information game） 每个决策者在做任何决策时，被完整告知了所有之前发生的事件，包含其初始状态的情况。

非完全信息博弈（imperfect-information game） 每个决策者在做决策时，没有本次博弈的完整状态信息的情况。如手牌不可见的扑克游戏或者拥有战争迷雾的对战游戏。

贝叶斯博弈（Bayesian game） 某一方决策者对于他方决策者的信息如收益函数，拥有非完全信息，但对他方决策者可能的收益函数有着推测的概率分布。因为使用贝叶斯法则进行概率分析而得名。

联盟博弈（coalitional game） 亦称“合作博弈”。一些决策者以结成联盟的方式进行博弈。这种博弈会变成不同集团之间的对抗。在联盟博弈中，决策者未必会做出合作行为，会有一个外力用不同的方式惩罚非合作者。

夏普利值（Shapley value） 联盟博弈中的解的概念。由夏普利（Lloyd Shapley）于1953年提出。对于某个联盟博弈游戏，假设若干决策者要共同获取一个固定的总利益，而不同决策者的贡献或损坏收益程度不同，夏普利值给出一个唯一的决策者间的分布，用来衡量每名决策者的“权力”大小。

理论计算机科学

可计算理论

可判定问题(decidable problem) 其语言是递归语言的问题。对于很多问题,需要给出“是”或“否”的判定。如果用某个有穷字母表上的字符串对这类问题进行编码,就可以将此类问题转化成判定一个语言是否是递归语言的问题。若一个问题的语言不是递归的,则称此问题是“不可判定问题”。若一些不可判定的问题存在图灵机可以识别的语言,则它们是可识别的。

不可判定问题(undecidable problems) 见“可判定问题”。

可计算问题(computable problem) 亦称“图灵可计算问题”。在计算机科学中,可以用具有有穷描述的过程完成计算的问题。如果一个问题不能用具有有穷描述的过程完成计算,则称“不可计算问题”。

不可计算问题(incomputable problem) 见“可计算问题”。

P-NP 问题(P-NP problem) P 问题是否完全等同于 NP 问题的论题。已知所有 P 问题都是 NP 问题。但是尚无法确定所有 NP 问题都是 P 问题,即 P=NP 成立吗? 是理论计算机科学悬而未决的问题。

普雷斯伯格算术(Presburger arithmetic) 带有加法运算的自然数的一阶理论。由波兰数学家普雷斯伯格(Mojzesz Presburger, 1904—1943)于 1929 年提出。只包含加法运算和等式。被证明是可判定的、完备的和一致的。

线性算术理论(linear arithmetic) 一种算术理论。其原子表达式只能写出如下形式:

$$a_1 x_1 + \cdots + a_n x_n \bowtie b$$

其中,$\bowtie$只能为 $=$, $\neq$, $<$, $>$, $\leqslant$, $\geqslant$ 中的某一个,a_i $(1 \leqslant i \leqslant n)$ 和 b 表示常数, $x_i(1 \leqslant i \leqslant n)$ 表示变量。原子表达式可以通过逻辑联结子 $\wedge$, $\vee$, $\neg$, $\rightarrow$ 等组合成更复杂的公式。表达式中的变量可以用量词 $\exists$ 和 $\forall$ 修饰。

线性实数算术(linear real arithmetic) 一种所有原子表达式中变量类型为实数的算术理论。

线性整数算术(linear integer arithmetic) 一种所有原子表达式中变量类型为整数的算术理论。

布尔可满足问题(Boolean satisfiability problem; SAT) 亦称“命题可满足问题”。判定是否存在满足给定的布尔公式的解释问题。即通过对公式中的布尔变量赋值为真或假使得整个布尔公式的值为真。是第一个已知的 NP 完全问题,由库克(Stephen A. Cook)在 1971 年证明,相关定理称“库克-列文定理”。在计算复杂性理论中,通常将该问题归约到某个复杂性未知的问题以证明后者是 NP 难的。在形式化验证领域,常用于硬件系统的正确性验证。求解该问题的工具称为可满足性求解器,大部分是基于 DPLL 算法实现的。

SAT(satisfiability problem) 即“布尔可满足问题”。

戴维斯-帕特南算法(Davis-Putnam algorithm) 用于判断一阶逻辑公式是否永真的算法。1960 年由两位美国计算机科学家戴维斯(Martin Davis, 1928—)和帕特南(Hilary Whitehall Putnam, 1926—2016)共同提出。算法基于命题逻辑中的归结推理规则,由于不存在一个通用算法可以判定一阶逻辑公式是否永真,该算法只在公式是永真的情况下才能终止。

DPLL 算法(Davis-Putnam-Logemann-Loveland algorithm; DPLL) 用于判定谓词逻辑公式中合取范式是否是可满足的算法。1962 年,三位美国计算机科学家戴维斯(Martin Davis, 1928—)、洛格曼(George Logemann, 1938—2012)和拉弗兰德(Donald W. Loveland, 1934—)通过扩展戴维斯-

帕特南算法，利用回溯搜索机制高效地求解布尔可满足问题。任意给定一个命题逻辑公式，算法都会终止并且返回“满足”或“不满足”的结果，因此是完备并且可靠的。

斯科伦范式（Skolem normal form） 一种一阶逻辑公式的范式。若一个一阶逻辑公式为前束范式且只含有全称量词，即为斯科伦范式。由于不含存在量词，常被作为自动定理证明中公式的标准形式。

斯科伦范化（Skolemization） 在不改变公式可满足性的前提下将一阶公式转化为斯科伦范式的方法。得到的斯科伦范式并不一定与原始公式完全等价，但一定可满足性等价。常被作为自动定理证明器的第一个步骤。

可达性问题（reachability problem） 判定（可能是无限状态）系统的某个状态是否可以通过给定的一组允许的规则或变换的计算从系统的给定初始状态到达的问题。是很多描述计算机系统的计算模型如佩特里网、重写系统、自动机等的核心问题。常用于程序分析与系统验证等。

判定过程（decision procedure） 对于一个给定的判定问题，能够终止并且正确地输出“是”或“否”结果的算法。代表性算法有不同的 SAT/SMT 问题的求解算法。常用于解决自动化的推理与验证、定理证明、编译器优化等问题。

丘奇-图灵论题（Church-Turing thesis） 一个关于可计算性问题的论断。该论断认为任何物理可实现的计算都可由图灵机以及与图灵机等价的一系列模型所刻画。经典的模型包括：λ 演算、无限寄存器机、递归可枚举函数等。是可计算科学的奠基性问题。揭示了可计算性本质上是一个自然科学的概念，而非人类头脑中的智慧。

可计算性（computability） 理论计算机科学的一个重要分支。研究在不同的计算模型下哪些算法问题能够被有效解决。从丘奇-图灵论题中可以得知，存在一系列计算模型，它们之间可以解决的问题集合是相同的，共同刻画了世界上所有可计算的问题。

λ 演算（lambda calculus） 计算机程序语言的数学模型。由数学家丘奇（Alonzo Church，1903—1995）在 20 世纪 30 年代首次提出。后来成为函数式语言的逻辑模型。包括了一条变量替换规则和一条将函数抽象化的规则。可以证明 λ 演算和图灵机等价，它们共同刻画了可计算的函数。

图灵机 释文见 3 页。

无限寄存器机（unlimited register machine; URM） 现代通用计算机的机器模型。计算能力上等价于图灵机，比图灵机更加易于理解。1963 年由谢皮德森和斯特吉斯提出。拥有一定数量的用于存储自然数的寄存器，并利用相应的程序来操作这些寄存器。其程序由一个有限长度的基本指令序列构成，基本指令包括寄存器清零、后继、复制和跳转指令。当程序运行时，一个特殊的指针指向当前的指令。

图灵可计算函数（Turing-computable function） 亦称“可计算函数”。可以被图灵机计算的自然数上的有限偏函数。可计算理论的基本研究对象。根据丘奇-图灵论题，很多计算模型定义的可计算函数都是等价的，如图灵机、λ 演算、无限寄存器机、递归函数等。

判定问题（decision problem） 可以表示为一个答案是“是”或“否”的问题。是可计算理论与计算复杂性理论的基本研究对象。问题可以描述为自然数的一个子集，要求对于任何属于这个子集的输入，问题的答案是“是”，并且所有不属于这个子集的输入，问题的答案是“否”。在可计算理论中，关注一个给定的判定问题是否存在算法来对其进行正确回答；在计算复杂性理论中，关注一个给定的判定问题是否存在“高效”的算法来对其进行正确回答。

停机问题（halting problem） 判断任意一个程序是否能在有限的时间内结束运行的问题。是逻辑数学中可计算性理论的一个基本问题。该问题等价于如下的判定问题：是否存在一个程序，对于任意输入的程序，能够判断该程序会在有限时间内结束或者死循环。图灵在 1936 年用对角线方法证明了停机问题是不可判定的。

优化问题（optimization problem） 从所有可行解中查找目标函数为最优的解的问题。如背包问题和线性规划问题。根据变量是连续的或离散的，可分为两类：连续最优化问题与组合最优化问题。

初等函数（elementary function） 由常函数、幂函数、指数函数、对数函数、三角函数和反三角函数经过有限次的有理运算（加、减、乘、除、有限次乘方、有限次开方）及有限次函数复合所产生、并且在定义域上能用一个方程式表示的函数。

单调函数（monotone function） 在数学中，定义域和值域都为有序集合并且保持序的函数。如，假

设 f 是在两个带有偏序 $\leqslant$ 的集合 P 和 Q 之间的函数。函数 f 是单调的，如果只要 $x \leqslant y$，则 $f(x) \leqslant f(y)$。这些函数最先出现在微积分中，后来推广到序结构等更加抽象的结构中。

偏递归函数(partial recursive function) 数理逻辑和计算机科学中的一类自然数到自然数的偏函数。是递归函数，因此是图灵机可计算的。并非在所有自然数输入上都有定义。

递归函数(recursive function) 数理逻辑和计算机科学中的一类自然数到自然数的函数。在可计算理论中已经证明它是图灵可计算函数。递归函数包含原始递归函数。递归函数的归纳定义是在原始递归函数定义的基础上增加了一种构造方式。不是所有递归函数都是原始递归函数，如阿克曼函数。

阿克曼函数(Ackermann function) 非原始递归函数。1928 年由阿克曼(Wilhelm Ackermann，1896—1962)提出。它需要两个自然数作为输入值，输出一个自然数。其输出值增长速度比所有的原始递归函数都快。其定义如下：若 $m=0$, $A(m, n)=n+1$；若 $m>0$ 且 $n=0$, $A(m, n)=A(m-1, 1)$；若 $m>0$ 且 $n>0$, $A(m, n)=A(m-1, A(m, n-1))$。

不可判定函数(undecidable function) 亦称“不可计算函数”。所有不能被图灵机计算的自然数到自然数的函数。是可计算理论中的一类函数。依据丘奇-图灵论题，可计算函数是使用给出无限数量的时间和存储空间的机器计算设备来计算的函数，该论题等价于有算法的任何函数都是可计算的。

通用函数(universal function) 一个可以计算任何其他可计算函数的可计算函数。可计算理论的基石之一。是通用图灵机的一个抽象表示。由哈特利·罗杰斯在 1967 年提出。

图灵度(Turing degree) 亦称“不可解度”。度量一个自然数集合在算法上不可解程度的指标。是可计算理论中根本性的概念。在可计算理论里，自然数集合通常被看作一个判定问题，图灵度给出了解决与此集合相关的判定问题的困难程度。如果两集合有同一图灵度，则称两集合为图灵等价。图灵等价是一个等价关系，其等价类称作不可解度。图灵可计算关系是不可解度集上的偏序。所有可计算函数构成的集合为该偏序集的极小元。

递归集(recursive set) 可以构造一个算法，使之能在有限时间内终止并判定一个给定元素是否属于该集合的自然数的子集。是可计算理论中的概念。

递归可枚举集(recursively enumerable set) 存在一个算法，满足当某个元素位于这个集合中时，能够在有限时间内给出正确的判定结果；当元素不在这个集合中时，算法可能会永远运行下去，但不会给出错误答案的自然数的子集。是可计算理论中的概念。

简单集(simple set) 递归可枚举的，且补集是无限集，同时其补集的所有无限子集都非递归可枚举的集合。是可计算理论中的概念。

计算复杂性

复杂性类(complexity class) 一些复杂度相同的问题的集合。假设问题的输入长度为 n，一般有如下的定义形式：可以被一个抽象机器通过使用 $O(f(n))$ 多的资源来解决的问题的集合。常见的有多项式时间问题(P)、非确定性多项式时间问题(NP)、多项式空间问题(PSPACE)、指数时间问题(EXPTIME)等。

完备性(completeness) 计算复杂性理论的重要概念。一个计算问题对于一个复杂性类是完备的，是指该问题满足以下两个条件：它是该复杂性类内的一个问题；在一个给定的归约方式之下，该复杂性类内的任一问题都可以被归约到该问题。通常假设归约过程不会比问题本身要难。因此直观上看，一个完备问题是该复杂性类里最难的问题。

多项式时间问题(polynomial time problem) 亦称“P 问题”。可以通过确定性图灵机在多项式时间内被解决的问题。一般认为是可以“高效解决”的问题，如图的遍历问题、最短路径问题、强连通部件问题、匹配问题。

P 问题(problem in class of P) 即“多项式时间问题”。

非确定性多项式时间问题(non-deterministic polynomial time problem) 亦称“NP 问题”。可以通过非确定性图灵机在多项式时间内被解决的问题。也可以定义为可以通过确定性图灵机在多项式时间内验证答案是否正确的问题。著名的 NP 问题包括可满足性问题、旅行商问题和集合覆盖问题等。由定义可得 P 问题是 NP 问题的子集。但 P 问题是否等于 NP 问题仍是逻辑领域、理论计算机科学领域的重大难题之一。

NP 问题(problem in class of NP)　即“非确定性多项式时间问题”。

余 NP 问题(co-NP problem)　补问题是 NP 问题的问题。如,由于可满足性问题是一个 NP 问题,永真公式是一个余 NP 问题。由于 P 问题对补运算封闭,P 问题是余 NP 问题的子集。

NP 中间问题(NP intermediate problem)　既不是 P 问题又不是 NP 完全问题的 NP 问题。由其组成的复杂性类称为 NPI。与 NPI 相关的一个直观的结论是 Ladner 定理：P=NP 当且仅当 NPI 为空。

NP 完全问题(NP completeness problem)　所有的 NP 问题都可以通过多项式时间归约(亦称“Karp 归约”)到的某个 NP 问题。如可满足性问题、背包问题、旅行商问题等。

多项式空间完备(PSPACE completeness)　对一个多项式空间问题,所有其他多项式空间问题都可以通过多项式时间归约到该问题的性质。一个问题是多项式空间问题,是指它可以通过确定性图灵机在多项式规模的空间资源被解决。量化布尔公式问题是多项式空间完备的。

指数时间完备(EXPTIME completeness)　对一个指数时间问题,所有其他指数时间问题都可以通过“多项式时间多对一归约”归约到该问题的性质。一个问题是指数时间问题,是指它可以通过确定性图灵机在指数规模的时间内被解决。

#P 完备(#P-completeness)　对于一个属于#P 的函数,所有其他#P 函数都可以通过图灵归约或多项式时间归约到该函数的性质。#P 问题可以视为 NP 问题的计数版本。一个函数 $f(x)$ 是#P 的,当且仅当存在一个多项式时间确定性图灵机,使得对于任何输入 x,$f(x)$ 的值正好是该图灵机在输入 x 上“接收路径”的个数。#SAT 问题是#P 完备的,即给定一个布尔公式,要求返回使这个公式满足的赋值的数量。

NL 完备(NL completeness)　对一个 NL 问题,所有其他 NL 问题都可以通过对数空间被归约到该问题的性质。一个问题是 NL 的,是指它可以通过非确定性图灵机使用对数规模的空间资源被解决。

布尔电路(Boolean circuit)　一种计算模型。一个形式语言可以被一族布尔电路判定,其中每个电路对应不同的输入长度。布尔电路可以用逻辑门来定义,如与门、或门和非门。每个门对应接受固定位数的输入并返回一个位数结果的布尔函数。

布尔公式(Boolean formula)　由原子命题符号以及逻辑联结词构成的一个命题逻辑的公式。不同的布尔公式可能会描述相同的布尔函数。

有效可枚举性(effective denumerability)　可计算理论中的重要概念。一个集合是有效可枚举的,是指一个抽象机器可以生成这个集合的一个元素列表,从而使得集合里的任一元素最终都能在列表中出现。

哥德尔数(Gödel number)　亦称“哥德尔编码”。对某些形式语言中的每个符号和公式指派的唯一的自然数的函数,而这个自然数即称为哥德尔数。本质上是将形式语言的信息转化为自然数。作为一种证明手段,哥德尔数在逻辑和理论计算机科学领域被广泛使用。在哥德尔不完备定理中,哥德尔数把对形式系统的论断转化为对自然数的论断,然后再将对自然数的论断在形式系统中表示。

可归约性(reducibility)　存在将一个问题 A 转换到另一个问题 B 的方法,使得问题 B 的解决方法可以被用于解决问题 A。归约的复杂性通常要求不高于问题 B 的复杂性。

下界(lower bound)　亦称“复杂度下界”。解决某问题需要用到的最少时间或者空间资源。一般而言,证明下界比证明上界要困难,因为它要求考虑所有可能的算法。对于一个问题 L 和一个复杂度类 C,如果 L 是 C 难的,那么可以认为 L 的下界是 C。

谕示(oracle)　一种用于研究判定问题的抽象机器。一个谕示图灵机可以视为一个附带黑盒子的图灵机,黑盒子即为谕示。可以在一步之内返回特定问题的答案,这些问题可以是任意复杂度类内的问题,包括不可判定问题。

皮亚诺算术(Peano arithmetic)　根据皮亚诺公理建立起来的一阶算术系统。可定义自然数,并包含等号、加法和乘法运算。

替换(substitution)　数理逻辑和程序语言中表达式的一个语法转换。将一个替换应用到一个表达式,是指将这个表达式中特定的变量或符号的所有自由出现替换为另一表达式。通过替换得到的表达式称为原表达式的一个替换实例。

中国剩余定理(Chinese remainder theorem)　亦称“孙子定理”。数论中的一个关于一元线性同余方程组的定理。给出了一元线性同余方程组有解的准则以及求解方法。在哥德尔不完备定理中,被用于构造 beta 函数和证明 beta 定理。

博斯特对应问题(Post correspondence problem) 一个不可判定的问题。要求判定一个包含至少两个字符的字母表上的任意两个长度相同的字符串表是否匹配。

皮亚诺公理(Peano's axiom) 意大利数学家皮亚诺(Giuseppe Peano)在 19 世纪提出的关于自然数的五条公理。包括:(1) 0 是自然数;(2) 每个自然数 n 都有一个后继数,且后继数也是自然数;(3) 两个自然数相等当且仅当它们各自的后继数相等;(4) 0 不是任何自然数的后继数;(5) 任何关于自然数的命题,如果它对 0 是对的,且如果假设它对 n 为真时,可以证明它对 n 的后继数也真,那么命题对所有自然数都真(即数学归纳法)。

哥德尔不完备定理(Gödel incompleteness theorem) 数理逻辑中的重要定理。可表述为两个结论:(1) 对于任何蕴含皮亚诺算术公理的公理系统,可以在其中构造既不能被证明又不能被证否的真命题,如选择公理和连续统假设都是集合论中标准模型内的不确定命题。(2) 蕴含皮亚诺算术公理的公理系统不能证明它本身的一致性。

算　　法

递归 释文见 151 页。

平摊分析(amortized analysis) 常用于分析使用动态数据结构的算法的一种方法。通常通过计算数据结构所有操作在最坏情况下所可能发生的时间并加以平均,得到操作的平均耗费时间。一般包括:聚合方法、记账方法、冲能方法和势能方法。常见的动态数据结构包括不相交子集、斐波那契堆等。

竞争分析(competitive analysis) 用于在线算法的性能分析的一种方法。将一个在线算法的性能与最佳离线算法的性能进行比较,如果两种算法性能之间的比率是有界的,那么这个在线算法就是竞争的。要求算法在"难"输入和"简单"输入上都能很好地执行,其中"难"和"简单"由该输入在最佳离线算法上的表现来确定。

概率分析(probability analysis) 用于分析随机算法的一种方法。随机算法的输出是一个概率分布,可以通过分析一些事件的概率来进行比较,如终止性、平均开销等。

不相交集合(disjoint set) 亦称"并查集""联合-查找数据结构"。用于处理一些不交集的合并及查询问题的一种树型的数据结构。由一个联合-查找算法定义了两个用于此数据结构的操作:Find,确定元素属于哪一个子集,可以用来确定两个元素是否属于同一子集;Union,将两个子集合并成同一个集合。

优先队列 释文见 159 页。

卡米克尔数(Carmichael number) 不能通过费马测试的合数。对于一个合数 n,如果对于所有正整数 b,b 和 n 互素,都有同余式 $b \wedge n \equiv b \pmod{n}$ 成立,则合数 n 为卡米克尔数。

马尔可夫不等式(Markov inequality) 概率论中,随机变量的函数大于等于某正数的概率的上界。将概率关联到数学期望,给出了随机变量的累积分布函数一个宽泛但有用的界。表示为,对于任意的 $a \geqslant 0$,有:

$$P\{X \geqslant a\} \leqslant \frac{E(X)}{a}。$$

切比雪夫不等式(Chebychev's inequality) 概率论中,随机变量几乎所有值都会接近平均值的事实。对任意分布的数据皆适用,表示为,对于任意 $b > 0$,有:

$$P(|X - E(X)| \geqslant b) \leqslant \frac{\mathrm{Var}(X)}{b^2}。$$

切诺夫界(Chernoff bound) 概率论中,给出了独立随机变量的和的累计分布函数的指数下降趋势。相比马尔可夫不等式和切比雪夫不等式,要求变量间相互独立,但给出了更好的界。可表示为,假设有 n 个独立随机变量,满足泊松分布,X 为它们的和,μ 为它们的期望,则对于任何 $\delta > 0$,有:

$$Pr(X > (1+\delta)\mu) < \left(\frac{e^{\delta}}{(1+\delta)^{1+\delta}}\right)^{\mu}。$$

动态规划(dynamic programming) 一种找出问题最优解的算法设计方法。适用于最优解所包含的子问题的解也是最优的情况。与分治法有些类似,整个问题可以分解成若干个规模较小的同类子问题,用子问题的解构成整个问题的解。但适合于用动态规划求解的问题,其子问题往往不是互相独立的。如果通过递归调用得到子问题的解,会引起大量的重复计算。动态规划按从小到大的次序计算子问题的解,直到达到指定的规模。每次得到的小规模问题的解都被保存在一个表中。求解大规模问题解需要用到小规模问题解时,不再通过递归调用,而只需从表中直接获取,从而避免了重复计算。

线性规划(linear programming) 目标函数和约束条件皆为线性的最优化问题。是最优化问题中的一个重要领域。很多最优化问题算法都可以分解为线性规划子问题,然后逐一求解。网络流、多商品流量等问题非常重要。在企业规划、工农业生产管理等领域有广泛应用。

近似算法(approximation algorithm) 对于优化问题求近似解的算法。是计算机算法研究中的一个重要方向。一般来说,期望近似求解可以比精确求解使用更少的时间或空间资源。在 NP≠P 的假设下,对于 NP 难的优化问题,不存在多项式时间的精确求解算法,转为关注是否可以在多项式时间内,尽可能近似地得到优化问题的解。算法得到的解和最优解的比例,称为该算法的近似比,是衡量近似算法优劣的重要指标。

随机算法(randomized algorithm) 至少有一处使用随机数做决策的算法。如在快速排序中,一个重要步骤是选择标准元素,如果标准元素是随机选择的,则快速排序就成为一个随机算法。其时间复杂度一般用期望的运行时间来表示。

并行算法(concurrent algorithm) 将一个问题划分成若干份,并让多个处理器同时执行的算法。其设计中最常用的方法是 PCAM 方法,包含划分、通信、组合、映射四阶段。划分阶段是将一个问题分解成若干份;通信阶段要分析执行过程中所要交换的数据和任务的协调情况;组合阶段要求将较小的问题组合到一起以提高性能和减少任务开销;映射阶段将任务分配到每一个处理器上。不仅要考虑问题本身,还要考虑所使用的并行模型、网络连接等。是一门正在发展中的学科。

加密算法(cryptographic algorithm) 改变原有的信息数据,使未授权用户无法获取信息内容的算法。按密钥是否相同分为对称加密和非对称加密两类。前者是信息加密和解密时使用同样的密钥。后者亦称“公开密钥加密”,是加密和解密时使用不同的密钥,广泛用于信息传输中。

计算几何 释文见 234 页。

组合算法(combinatorial algorithm) 计算对象是离散的、有限的数学结构的组合学问题的算法。包括算法设计和算法分析两个方面。前者已经总结出若干带有普遍意义的方法和技术,包括动态规划、回溯法、分枝限界法、分治法、贪心法等,需要高度的技巧和灵感。后者分析算法的优劣,主要讨论算法的时间复杂性和空间复杂性,理论基础是组合分析,包括计数和枚举。

离线算法(offline algorithm) 与“在线算法”相对。在执行算法前需要知道问题的所有输入数据,在解决一个问题后就要立即输出结果的算法。如,选择排序。

在线算法(online algorithm) 与“离线算法”相对。不要求所有输入数据在算法开始时即完备,可对逐步输入的数据加以处理并在输入完最后一项数据后输出运算结果的算法。

优化算法(optimization algorithm) 寻求问题可行解里最优解的算法。根据目标函数及约束条件的不同有多个分支,如线性规划、凸优化等。包括牛顿法、内点法、梯度下降法等。

流算法(streaming algorithm) 针对数据流的算法。数据通过一个流的形式提供,数据的大小往往是无限的,或者远超能存储的内容,需要在只能同时记录有限信息的情况下完成对整个流的处理。

图算法(graph algorithm) 可应用于无向图、有向图和网络等的算法。如深度优先搜索、广度优先搜索、寻找最短路径的算法等。可应用于多种场合,将原始问题(如优化管道、路由表、快递服务、通信网站)转换成图后运用这些算法来求解。

分布式算法(distributed algorithm) 为分散式计算而设计,在一群相互连结的处理器所构成的计算机硬件平台上,以并行方式执行的算法。是并行算法下的子类别。因为同时运行在不同处理器上,对算法其他部分运行情况所知有限,使这类算法的设计和分析较为困难。

高斯消去(Gaussian elimination) 矩阵计算的一个经典算法。可用于求解线性方程组、矩阵的秩,以及可逆方阵的逆矩阵。原理是通过初等行变换将增广矩阵转换为行阶梯阵，然后回代求出方程的解。

匹配问题（matching problem）　图论的一个经典问题。图的一个匹配是指此图边的一个子集，该子集中任意两条边都没有公共顶点。也即，每个顶点至多连出一条边，每条边与一对顶点相匹配。一个图的所有匹配中，所含边数最多的匹配称为这个图的最大匹配。求解最大匹配问题的著名算法称"带花树算法"。

最短路径问题（shortest path problem）　图论的一个经典问题。找出图中两个顶点间的最短路径。可分成两个子问题。单源最短路径问题是找出从某一顶点出发到图中所有其他顶点的最短路径，主要算法有迪杰斯特拉算法；图中每一对顶点之间的最短路径问题，主要算法有弗洛伊德算法。

最大流最小割问题（max-flow min-cut problem）　图论的一个经典问题。该问题针对的有向图的每条边都有一个值为正的容量，表示该边最多允许多大的流。图中有唯一的源点和唯一的汇点。最大流问题是：找到从源点到汇点的最大流，使每条边的流量不超过它的容量；最小割问题是：找到图中容量最小的一个分割方式。最大流和最小割问题是对偶问题。经典算法是福特-佛科森算法。

欧拉路径问题（Euler path problem）　图论的一个经典问题。判断图是否存在一条路径能够遍历所有的边而没有重复。一个图有欧拉路径的充要条件是该图中度数为奇数的顶点的数目等于 0 或 2。主要有两种算法：深度优先搜索以及佛罗莱算法。

整数规划问题（integer programming problem）　一个经典的 NP 完全问题。整数规划是指要求问题中的全部变量的解为整数的线性规划。0－1 规划是变量仅取值为 0 或 1 的特殊的整数规划。任何一个整数规划都可以归约至一个 0－1 规划。

背包问题（knapsack problem）　图论的一个经典的 NP 完全问题。给定一组物品，每一件物品有价值和重量，给定一个有容量的背包，要求在不超过背包容量的前提下，装入物品有最大价值。在近似算法中有完全多项式时间近似方案的算法。

哈密尔顿问题（Hamilton problem）　图论的一个经典的 NP 完全问题。求一个无向图是否存在一条路径，使该路径经过所有顶点且只经过一次。找一条哈密尔顿路的近似比为常数的近似算法也是 NP 难的。

独立集问题（independent set problem）　图论的一个经典的 NP 完全问题。求一个无向图的最大顶点子集，该子集中的顶点两两之间不存在边。如果一个无向图存在一个独立集，该图的所有顶点的集合减去独立集，是该图的一个顶点覆盖；同时，独立集也是这个图补图的一个团。

团问题（clique problem）　图论的一个经典的 NP 完全问题。求一个无向图的最大顶点子集，该子集中的顶点两两之间都有边，也即求该图的一个最大完全子图。如果一个无向图存在一个团，该团是这个图补图的一个独立集。

顶点覆盖问题（vertex cover problem）　图论的一个经典的 NP 完全问题。求一个无向图的最小顶点子集，使得图中的每一条边至少有一个顶点在该集合中。如果一个无向图存在一个顶点覆盖，该图的所有顶点的集合减去顶点覆盖是该图的一个独立集。

图着色（graph coloring）　图论的一个经典的 NP 完全问题。给定一个无向图，为每个顶点着上不同的颜色，使得每条边的两个顶点颜色不相同。问该图是否可以用 K 种颜色着色。其优化问题版本是希望获得最小的 K 值。

图同构问题（graph isomorphism problem）　图论的一个经典的 NP 中间问题。求两个图之间是否具有完全等价关系，使得它们的顶点与边有一一对应关系。该问题的计算复杂度是一个公开问题。最快的解决方案是 Babai 算法。

集合覆盖问题（set cover problem）　图论的一个经典的 NP 完全问题。也是组合优化中一个典型问题。给定一个集合 A 和它的一组子集，求最小代价的若干子集，它们的并集为 A。最小代价通常指子集的个数。近似算法是求解的有效途径，最著名的是 Chvátal 算法。

最大割问题（max-cut problem）　图论的一个经典的 NP 难组合优化问题。对给定的有向加权图求取一个分割，使横跨两个割集的所有边上的权值之和最大。如果图本身满足一些条件，该问题存在多项式时间算法。当图没有正边时，可以将图中所有边都变号（乘上 -1），将其转化成最小割问题，使用卡格尔算法求解；当图是平面图时，可将其转化成旅行商问题求解。

子集和问题（subset sum problem）　一个经典的

NP 完全问题。给一个整数集合和一个整数 N,问是否存在某个非空子集,使得子集中的数字和为 N。是背包问题的一个特例,也是整数规划的一个子问题。

旅行商问题(traveling salesman problem)　一个经典的 NP 完全问题。给定一系列城市和每对城市之间的距离,求解访问且仅访问每座城市一次并回到起始城市的最短回路。不存在近似算法,如果它有某个近似比的近似算法,则 P=NP。

线性化(linearization)　亦称"拓扑化"。将一个有向无环图的顶点按一定的序列排序,使得所有边都是由排名较小的顶点指向排名较大的顶点。是有向无环图重要的解决方案,也是动态规划的基础。可以通过图的广度优先搜索得到有向无环图的线性化序列。

中位数(median)　统计学名词。一个数值集合中将数值集合划分为相等的上下两部分的元素。对于有限数集,可以把所有观察值高低排序后找出正中间的一个作为中位数。在随机算法中,有线性时间的算法来求得有限数集的中位数。

模运算(modular arithmetic)　在整数的算术系统中,运算过程中数字超过规定范围后会退回到较小数值的运算方式。模算数可以在导入整数的同余关系后,以数学的方式处理,同余关系和整数的加法、减法及乘法相容。

单向函数(one-way function)　对于每一个输入,函数值都容易计算(多项式时间),但是给出一个随机输入的函数值,算出原始输入却比较困难(无法使用某个确定性图灵机在多项式时间内计算)的单射函数。其是否存在是计算机科学中的一个公开问题。其存在性蕴含 P 不等于 NP。

伪多项式时间算法(pseudo-polynomial time algorithm)　一个时间复杂度表示为输入数值的多项式,运行时间为输入长度的指数的数值算法。如果一个 NP 完全问题有伪多项式时间的解法,则称该问题为弱 NP 完全问题,如:背包问题、切分问题等。

伪随机数生成(pseudorandom number generation)　亦称"确定性随机数生成"。用来生成接近于绝对随机数序列的数字序列的算法。一般而言,伪随机数生成会依赖于一个初始值,称为种子,来生成对应的伪随机数序列。只要种子确定,伪随机数生成的随机数就是完全确定的,因此其生成的随机数序列并非真正随机。伪随机数生成在众多应用中都发挥着重要作用,如蒙特卡罗模拟、密码应用等。

素数测试(primality testing)　检验一个给定的整数是否为素数的算法。素数判断算法可分为确定性算法及随机算法两类。前者可给出确定的结果但通常较慢,包括埃拉托斯特尼筛法、卢卡斯-莱默检验法和 AKS 素性测试,其中 AKS 测试是多项式时间算法。后者包括费马小定理、米勒-拉宾测试和欧拉-雅科比测试。

一致化(unification)　自动推理的重要算法。自动推理系统必须能够判断两个表达式何时相同,也即这两个表达式何时匹配。该算法可以得出一个最小替换,使一个表达式变换为另一个表达式。

形式语言与自动机

字母表(alphabet)　形式语言中的一个非空有穷集合。通常用 Σ 表示。其中的元素称为该字母表的一个字母,亦称"符号"或"字符"。字母具有两个特点:一是整体性,即不可分性;二是可辨认性,即可区分性,字母表中的字符两两不同。

语句(sentence)　亦称"字""字符串"。程序语言中符合语法的、具有一定功能的字符序列。如果两个语句 x, y 对应位置上的字符都对应相等,这两个语句称为相等的,记作 $x=y$。设 x, y 是字母表 Σ 上的语句,即 $x, y \in \Sigma^*$, Σ^* 是 Σ 的克林闭包。a 是字母表 Σ 中的字符,即 $a \in \Sigma$, 语句 xay 中的 a 叫作 a 在该语句中的一个出现。语句中字符出现的总个数叫作"字符串长度",记作 $|x|$。长度为 0 的语句,称为"空语句"或"空字符串",记作 ε。

字(word)　即"语句"。

字符串(string)　即"语句"。

字符串长度(string length)　见"语句"。

空语句(ε-sentence)　见"语句"。

并置(concatenation)　亦称"连接"。同一个字母表中的一个语句直接接另一个语句,形成一个新语句的过程。

连接　即"并置"。

前缀(prefix)　x, y, z 是字母表 Σ 上的语句,且字符串 x 和字符串 yz 相等,即 $x=yz$, 则称 y 是 x 的

前缀。如果 $z \neq \varepsilon$，则称 y 是 x 的真前缀。

真前缀(proper prefix)　见“前缀”。

公共前缀(common prefix)　在一个字母表中，如果一个语句同时是几个语句的前缀，则称这个语句是它们的公共前缀。公共前缀中字符串长度最长的，称为这些语句的最大公共前缀。

最大公共前缀(longest common prefix)　见“公共前缀”。

后缀(suffix)　x, y, z 是字母表 Σ 上的语句，且 x 是 y 和 z 的并置，即 $x = yz$，则称 z 是 x 的后缀。如果 $y \neq \varepsilon$，则称 z 是 x 的真后缀。

真后缀(proper suffix)　见“后缀”。

公共后缀(common suffix)　在一个字母表中，如果一个语句同时是几个语句的后缀，则称这个语句是它们的公共后缀。公共后缀中字符串长度最长的，称为这些语句的最大公共后缀。

最大公共后缀(longest common suffix)　见“公共后缀”。

子串(substring)　x, y, z, w 是字母表 Σ 上的语句，且字符串 w 和字符串 xyz 相等，即 $w = xyz$，则称 y 是 w 的子串。

公共子串(common substring)　在一个字母表中，如果一个语句是几个语句的子串，则称这个语句是它们的公共子串。公共子串中字符串长度最长的，称为这些语句的最大公共子串。

最大公共子串(longest common substring)　见“公共子串”。

语言(language)　一个字母表中满足特定条件的语句的集合。其中的每个元素，称为这个语言的一个语句。

终结符(terminal symbol)　在一个语言的语句中出现，仅仅表示其自身的符号。

非终结符(nonterminal)　亦称“语法变量”。在形成一个语言的语句过程中逐渐被替换掉，而不出现在最终语句中的一些符号。

开始符(start symbol)　一个语言文法由其开始，用产生式逐步地对其中的非终结符进行替换，直到最终得到不含非终结符的句子为止的具有特殊意义的符号。

陷阱状态(trap state)　有穷状态自动机一旦进入就无法离开的状态。

产生式(production)　定义语言文法的一种规则。一般形式是 $\alpha \to \beta$，其中 α, β 为由文法的非终结符和终结符组成的串，且可为空。说明箭头左边的字符串能用箭头右边的字符串来替换。语言的所有文法规则构成一个产生式集合，使用这些规则，可产生出所有由终结符构成的字符串，这种字符串称为该语言的语句。

空产生式(null production)　亦称“ε-产生式”。形如 $A \to \varepsilon$ 的产生式(其中 A 为非终结符，ε 为空字符串)。对于文法 G 中的任意非终结符 A，如果 $A \Rightarrow^{+} \varepsilon$，则称 A 为可空变量。

ε-产生式(ε-production)　即“空产生式”。

单一产生式(unit production)　形如 $A \to B$ 的产生式(其中 A, B 为非终结符)。

可空变量(nullable variable)　见“空产生式”。

文法(grammar)　从形式上对语言结构进行的定义与描述。未涉及语义问题。文法 G 可以抽象成四元组的形式：$G = (V_N, V_T, P, S)$，其中 V_N 表示非终结符集，V_T 表示终结符集，P 表示产生式集，S 表示开始符号。文法 G 描述的语言用 $L(G)$ 表示，$L(G) = \{w \mid w \in V_T^* \text{ 且 } S \Rightarrow^{+} w\}$：符号串 w 从开始符号推导出来，称为该语言的语句，仅由终结符号组成，$L(G)$ 由所有 w 这样的句子构成。符号约定：大写字母 $A \sim Z$ 表示非终结符；字母表前面的小写符号 a, b, c 表示单个终结符号；字母表后面的小写字母 u, v, w, x, y, z 以及 α, β, γ 等符号表示 $(V_T \cup V_N)$ 上的符号串。

0 型文法(type 0 grammar)　亦称“无限制文法”“短语结构文法”。产生式形如 $\alpha \to \beta$，α 中至少含一个非终结符的文法。对应的语言叫作“0 型语言”“短语结构语言”“递归可枚举集”。

短语结构文法(phrase structure grammar; PSG)　即“0 型文法”。

1 型文法(type 1 grammar)　亦称“上下文有关文法”。产生式形如 $\alpha \to \beta$，并满足 $|\alpha| \leq |\beta|$，α, β 表示 $(V_T \cup V_N)$ 上的符号串的文法。对于产生式 $\alpha_1 A \alpha_2 \to \alpha_1 \beta \alpha_2$，用 β 替换 A 时，只能在上下文为 α_1 和 α_2 时才能进行。对应的语言叫作“1 型语言”“上下文有关语言”。

上下文有关文法(context sensitive grammar; CSG)　即“1 型文法”。

2 型文法(type 2 grammar)　亦称“上下文无关文法”。产生式形如 $A \to \beta$，其中 A 为单个非终结符，β

表示($V_T \cup V_N$)上的符号串的文法。对于产生式 $A \to \beta$,当用 β 替换 A 时,与 A 的上下文环境无关。对应的语言叫作“2 型语言”“上下文无关语言”。

上下文无关文法(context free grammar; CFG) 即“2 型文法”。

3 型文法(type 3 grammar) 亦称“正则文法”。每个产生式形为 $A \to wB$ 或 $A \to w$,其中 w 是非空终结符串的文法。是左线性文法和右线性文法的统称。其产生的语言也称“正则集”。对应的语言叫作“3 型语言”“正则语言”“正规语言”。

正则文法(regular grammar) 即“3 型文法”。

线性文法(linear grammar) 产生式有如下形式:$A \to w$ 或 $A \to wBx(A,\ B \in V_N,\ w,\ x \in V_T^{+})$ 的文法。对应的语言叫作“线性语言”。

左线性文法(left linear grammar) 产生式有如下形式:$A \to Ba$ 或 $A \to a(A,\ B \in V_N,\ a \in V_T^{+})$ 的文法。对应的语言叫作“左线性语言”。

右线性文法(right linear grammar) 产生式有如下形式:$A \to aB$ 或 $A \to a(A,\ B \in V_N,\ a \in V_T^{+})$ 的文法。对应的语言叫作“右线性语言”。

自嵌套文法(self-embedding grammar) 产生式中存在形如:$A \Rightarrow^{+} \alpha A \beta$ 的派生,即非终结符 A 经过至少一次转移,生成的字符串中含有 A 自身的文法。其中 α 和 β 是由终结符和非终结符联结而成的非空字符串。

文法等价(grammar equivalence) 产生语言相等的两个文法,称为是等价的。

通用图灵机(universal Turing machine) 对任意其他图灵机的行为进行编码,并模拟其运算的特殊图灵机。其存在是将图灵机作为现代计算机的形式模型的根本原因。

双向无穷带图灵机(Turing machine with two-way infinite tape) 输入带是双向无穷的图灵机。与基本图灵机等价。

多带图灵机(multi-tape Turing machine) 具有多条双向无穷带的图灵机。与基本图灵机等价。

***k* 带图灵机**(k-tape Turing machine) 具有 k 条双向无穷带的图灵机。与基本图灵机等价。

离线图灵机(offline Turing machine) 一种多带图灵机。其中一条输入带是只读带,通常用两个特殊符号来限定有限长的输入串存放区域,只读带上的读指针只能在两个特殊符号之间来回移动。与基本图灵机等价。

在线图灵机(online Turing machine) 一种多带图灵机。其中一条输入带是只读带,通常用两个特殊符号来限定有限长的输入串存放区域,只读带上的读指针只能在两个特殊符号之间从左向右移动。与基本图灵机等价。

多维图灵机(multi-dimensional Turing machine) 读写头可以沿着多个维度移动的图灵机。与基本图灵机等价。

***k* 维图灵机**(k-dimensional Turing machine) 读写头可以沿着 k 维移动的图灵机。它的带由 k 维阵列组成,而且在所有的 $2k$ 个方向上都是无穷的,其读写头可以向着 $2k$ 个方向中的任一个移动。与基本图灵机等价。

多头图灵机(multi-head Turing machine) 在一条带上有多个读写头,并受有穷控制器统一控制的图灵机。图灵机根据当前的状态和多个读写头当前读到的字符,确定要执行的移动。在图灵机的每个动作中,各个读写头所写的字符和所移动的方向都可以是相互独立的。

不确定图灵机(non-deterministic Turing machine) 在一个图灵机的转移函数中,当在某状态读到某带符号时,可以有多种转移格局的图灵机。

枚举器图灵机(Turing machine as enumerator) 机器启动后,每产生相应语言的一个句子,就在其后打印一个分隔符“#”,如果这个语言有无穷多个句子,则它是永不停机的图灵机。

有穷状态自动机(finite automaton; FA) 一种语言识别系统。能识别正则语言。具有以下特征:(1) 系统具有有穷个状态,代表不同意义,其中有一个开始状态,有一些终止状态(接受状态)。(2) 系统在当前状态下,读写指针从输入字符串读入一个字符,转到新状态,同时读写指针指向输入串的下一个字符。当前状态和新状态可以是同一个状态,也可以是不同状态。(3) 当系统处理完输入字符串,到达终止状态,则系统接受或识别该字符串。其形式化定义如下:有穷状态自动机 M 是一个五元组:$M = (Q,\ \Sigma,\ \delta,\ q_0,\ F)$,其中,状态集 Q 是 M 所有状态的非空有穷集合,q_0 是 M 的初始状态,F 是 M 的终止状态集合;Σ 是输入字母表;δ 是状态转移函数。如果 $\delta(q,\ a) = p$,其中 p、q 是状态集 Q 中的两个状态,a 是输入字母表 Σ 中的字符,那么表示有穷状态

自动机 M 在状态 q 读入字符 a,将状态变成 p,并将读指针向右移动指向输入字符串的下一个字符。当 M 处理完输入字符串时,到达终止状态集 F 中的某个状态,就称 M 接受当前处理的字符串。终止状态也称“接受状态”。

确定有穷状态自动机(deterministic finite automaton; DFA) 在进行字符识别时,对于状态集中的任何一个状态和输入字母表中的任何一个字符,状态转移函数都有一个确定的状态值的有穷状态自动机。

不确定有穷状态自动机(non-deterministic finite automaton; NFA) 在进行字符识别时,对于状态集中的任何一个状态和输入字母表中的任何一个字符,状态转移函数对应一个状态值或多个状态值的有穷状态自动机。

带空移动不确定有穷状态自动机(non-deterministic finite automaton with ε-moves; ε-NFA) 在某状态不读入任何字符,做一个空移动(或 ε 移动),并将状态变为状态集中任一状态的不确定有穷状态自动机。

确定双向有穷状态自动机(two-way deterministic finite automaton; 2DFA) 进行字符识别时,系统在读指针读入一个字符并转到新状态后,读指针存在沿字符串向左移动、向右移动或保持原位不动三种状态的有穷状态自动机。

不确定双向有穷状态自动机(two-way non-deterministic finite automaton; NFA) 进行字符识别时,系统在读入一个字符后选择性地变成状态集中的任一状态,同时读指针存在沿字符串向左移动,向右移动或保持原位不动三种状态的有穷状态自动机。

摩尔机(Moore machine) 一种带输出的有穷状态自动机。形式化定义为一个六元组: $M=(Q, \Sigma, \Delta, \delta, \lambda, q_0)$,其中,状态集 Q 是 M 所有状态的非空有穷集合,q_0 是 M 的初始状态;Σ 是输入字母表,Δ 是输出字母表,δ 是状态转移函数;λ 是输出函数,将状态集 Q 中的状态映射为输出字母表 Δ 中的字母,即 $\lambda: Q \rightarrow \Delta$,对状态集 Q 中的任意状态 q, $\lambda(q)=a$ 表示 M 在状态 q 时输出 a。与米利机等价。

米利机(Mealy machine) 一种带输出的有穷状态自动机。形式化定义为一个六元组: $M=(Q, \Sigma, \Delta, \delta, \lambda, q_0)$,其中,状态集 Q 是 M 所有状态的非空有穷集合,q_0 是 M 的初始状态;Σ 是输入字母表,Δ 是输出字母表,δ 是状态转移函数;λ 是输出函数,根据 M 当前的状态和输入,输出相应的字符,即 $\lambda: Q\times\Sigma \rightarrow \Delta$,对集合 $Q\times\Sigma$ 中的任意序对 (q, a), $\lambda(q, a)=d$ 表示 M 在状态 q 读入字符 a 时输出 d。与摩尔机等价。

线性有界自动机(linear bounded automaton; LBA) 一种非确定的图灵机。满足如下两个条件:(1) 输入字母表包含两个特殊符号,分别作为输入符号串的左右端标志;(2) 读写指针只能在上述两个特殊符号间移动,且不能在两个端点符号上面打印另外一个符号。

下推自动机(pushdown automaton; PDA) 可以识别上下文无关语言的图灵机模型。含有 3 个基本结构: 存放输入符号串的输入带、存放文法符号的栈、有穷状态控制器。模型在有穷状态控制器的控制下,根据控制器当前状态、栈顶符号以及输入符号作出相应动作。有时,不需要考虑输入符号。

确定下推自动机(deterministic PDA; DPDA) 在每一个状态和一个栈顶符号下的动作都是唯一的下推自动机。

计数机(counter machine) 有一条只读输入带及若干个用于计数的单向无穷带的离线图灵机。有 n 条用于计数的带的计数机称为 n 计数机。用于计数的带上仅有两种字符,一种是栈底符号 Z,也可以看作计数带的首符号,仅出现在用于计数的带的最左端;另一种是空白符 B,一条带上所计的数就是从 Z 开始到读指针当前位置所含的空白符 B 的个数。

多栈机(multi-stack machine) 一种非确定多带图灵机。有一条只读的输入带,带上的读指针不能左移。有一条存储带,带上可以写一些规定的符号,读指针可以向左或向右移动: 当读指针向左移动时,当前指向的带方格中必须写入空白字符 B;一般情况下,当读指针向右移动时,当前指向的带方格中将写入非空白字符,特殊情况下也可以写入空白字符。

双栈机(double stack machine) 具有一条只读的输入带和两条存储带,存储带上的读指针左移时只能写入空白符号 B 的确定图灵机。

随机存取机(random access machine; RAM) 与基本图灵机具有相同能力的理论模型。含有无穷多个存储单元,按照 0, 1, 2, ……进行编号,每个存储单元可以存放一个任意的整数。含有有穷个能够保存任意整数的算术寄存器,这些整数可以被译码成通常的各类计算机指令。如果选择一个适当的指令集合,可以用来模拟现有的任何计算机。

模型等价(model equivalence) 多种模型能识别相同的语言类的情况。

上下文无关语言的泵引理(pumping lemma for context free language) 形式语言与自动机理论中判定一个语言不是上下文无关语言的重要工具。对于任意的上下文无关语言 L,存在一个正整数 N,对于 L 中的任意字符串 z,当 z 的长度不小于正整数 N 时,存在 5 个字符串 u, v, w, x, y,使得 z 可以表示为这 5 个字符串的连接,同时满足如下条件:(1) 字符串 vwx 的长度不大于 N;(2) 字符串 vx 的长度不小于 1;(3) 字符串 uv^iwx^iy 在语言 L 中。

奥格登引理(Ogden's lemma) 上下无关语言的泵引理的扩展。对于任意的上下文无关语言 L,存在一个正整数 N,对于 L 中的任意字符串 z,当 z 中至少含有 N 个某指定字符 a 时,存在 5 个字符串 u, v, w, x, y,使得 z 可以表示为这 5 个字符串的连接,同时满足如下条件:(1) 字符串 vwx 中指定字符 a 的个数不大于 N;(2) 字符串 vx 中指定字符 a 的个数不小于 1;(3) 字符串 uv^iwx^iy 在语言 L 中。

CYK 算法(CYK algorithm) 亦称"CKY 句法分析""CYK 句法分析"。判定一个给定字符串是否为一个给定文法所产生的语言的语句。科克(John Cocke)、扬格(Daniel H. Younger)和嵩忠雄在 20 世纪 60 年代分别独立给出算法。该算法时间复杂度为 $O(|z|^3)$,其中 $|z|$ 表示字符串 z 的长度。算法思想是:设给定的文法为上下文有关文法 CNF $G = (V_N, V_T, P, S)$,其中 V_N 表示非终结符集,V_T 表示终结符集,P 表示形如 $\alpha_1 A\alpha_2 \to \alpha_1\beta\alpha_2$ 的产生式集合,S 表示开始符号。对于任给的字符串 x,如果 x 的第 k 个字符 a 可以由非终结符 B 派生出,并且 x 的第 k+1 个字符 b 可以由 C 派生出,即 $B \to a \in P$, $C \to b \in P$,则当 $A \to BC \in P$ 时,ab 可以由 A 派生出来。一般地,如果 $x_{i,k}$ 是 x 的第 i 个字符开始的长度为 k 的字串,$x_{i+k,j}$ 是 x 的第 i+k 个字符开始的长度为 j 的子串,并且 $B \Rightarrow^+ x_{i,k}$, $C \Rightarrow^+ x_{i+k,j}$,则如果 $A \to BC \in P$,那么 $A \Rightarrow^+ x_{i,k}x_{i+k,j}$。按照 x 的子串记法,$x_{i,k}x_{i+k,j}$ 可以记为 $x_{i,k+j}$,显然,$x = x_{1,|x|}$。

不可达状态(inaccessible state) 有穷状态自动机从开始状态出发,不可能到达的状态。相应地,在该有穷状态自动机对应的状态转移图中,不存在从初始状态对应的节点到达该状态对应的节点的路。

状态转移图(state transition diagram) 用于描述系统的状态,以及导致系统状态改变的事件,从而描述系统行为的有向图。系统的状态是有穷个。

句型(sentential form) 在文法的派生过程中,从开始符起,每一步由非终结符和终结符组成的字符串。

左句型(left sentential form) 见"最左派生"。

右句型(right sentential form) 见"最右派生"。

规范句型(normal sentential form) 见"最右派生"。

派生(derivation) 亦称"推导"。根据某文法的产生式,从该文法的一个句型推演出另一个句型的过程。

推导 即"派生"。

最左派生(leftmost derivation) 在派生过程中,每一步都是对当前句型的最左非终结符进行替换的派生。每一步所得到的句型叫作"左句型",相应的归约叫作"最右归约"。

最右派生(rightmost derivation) 亦称"规范派生"。在派生过程中,每一步都是对当前句型的最右非终结符进行替换的派生。每一步所得到的句型叫作"右句型""规范句型",相应的归约叫作"最左归约""规范归约"。

规范派生(normal derivation) 即"最右派生"。

最左归约(leftmost reduction) 见"最右派生"。

最右归约(rightmost reduction) 见"最左派生"。

规范归约(normal reduction) 见"最右派生"。

递归派生(recursive derivation) 如果文法 G 中,存在形如 $A \Rightarrow^n \alpha A\beta$ 的派生,其中 A 是非终结符,α, β 是定义在终结符和非终结符并集上的字符串,则称该派生是关于非终结符 A 的递归派生。当 $n = 1$ 时,即 A 直接派生为 $\alpha A\beta$,则称该派生是关于非终结符 A 的直接递归派生。当 $n \geqslant 2$ 时,即 A 经过多步派生为 $\alpha A\beta$,则称该派生是关于非终结符 A 的间接递归派生。当 α 是空字符串时,相应地,称直接递归派生和间接递归派生分别为直接左递归派生和间接左递归派生;当 β 是空字符串时,相应地,称直接递归派生和间接递归派生分别为直接右递归派生和间接右递归派生。

直接递归派生(directly recursive derivation) 见"递归派生"。

直接左递归派生(directly left-recursive derivation) 见“递归派生”(52页)。

直接右递归派生(directly right-recursive derivation) 见“递归派生”(52页)。

间接递归派生(indirectly recursive derivation) 见“递归派生”(52页)。

间接左递归派生(indirectly left-recursive derivation) 见“递归派生”(52页)。

间接右递归派生(indirectly right-recursive derivation) 见“递归派生”(52页)。

派生树(derivation tree) 亦称“生成树”“分析树”“语法树”。针对上下文无关文法满足如下特定条件的有序树：(1) 树的每个节点有一个标记X,可以是终结符、非终结符或符号ε;(2) 树根的标记是开始符号S;(3) 如果X是一个非叶子节点的标记,则X是非终结符;(4) 如果一个节点v标记为符号ε,则v是该树的叶子,并且v是其父节点的唯一儿子;(5) 如果一个非叶子节点v标记为A,而v的儿子从左到右依次为$v_1, v_2, \cdots, v_n$,并分别标记为$X_1, X_2, \cdots, X_n$,则$A \to X_1X_2\cdots X_n$是产生式集P中的一个产生式。

分析树(parse tree) 即“派生树”。

语法树(syntax tree) 即“派生树”。

文法二义性(grammar ambiguity) 对于上下文无关文法,在其描述的语言中存在某个至少有两棵不同的派生树的字符串的情况。

语言固有二义性(inherent ambiguity) 语言不存在非二义性文法的情况。

正则表达式(regular expression; RE) 用字母表中的字符和一些基本运算来表示正则文法和有穷状态自动机所表示的语言的式子。其形式定义如下：设Σ是一个字母表,(1) 空集Φ是字母表Σ上的正则表达式,表示语言Φ;(2) 空字符串ε是字母表Σ上的正则表达式,表示语言$\{\varepsilon\}$;(3) 对于字母表Σ的每一个字符a,即$a \in \Sigma$, a是字母表Σ上的正则表达式,表示语言$\{a\}$;(4) 如果r和s分别是字母表Σ上表示语言R和S的正则表达式,则r与s的“和”$(r+s)$是字母表Σ上的正则表达式,表示语言$(R \cup S)$;r与s的“乘积”(rs)是字母表Σ上的正则表达式,表示语言RS;r的克林闭包(r^*)是字母表Σ上的正则表达式,表示语言R^*;(5) 只有满足上述(1)(2)(3)(4)的表达式才是字母表Σ上的正则表达式。正则表达式与有穷状态自动机等价,表示的语言是正则语言。

归约(reduction) 把解决一个问题归结到解决另一个问题的方式。设文法$G=(V_N, V_T, P, S)$,其中V_N表示非终结符集,V_T表示终结符集,P表示产生式集,S表示开始符号。如果$\alpha \to \beta$是产生式集P中的产生式,即$\alpha \to \beta \in P$, γ, δ是定义在终结符和非终结符并集上的字符串,即$\gamma, \delta \in (V_N \cup V_T)^*$,则称$\gamma\beta\delta$在$G$中直接归约成$\gamma\alpha\delta$,或者称$\beta$直接归约为$\alpha$。

封闭性(closure property) 任意的、属于某一语言类的语言在某一特定运算下所得的结果仍然是该类语言的性质。

有效封闭性(valid closure property) 给定一个语言类的若干个语言的描述,如果存在一个算法,可以构造出这些语言在给定运算下所获得的运算结果的相应形式的语言描述,则称此语言类对相应的运算具有有效封闭性。

格雷巴赫范式(Greibach normal form; GNF) 亦称“格雷巴赫文法”。产生式具有形式$A \to a\beta$,其中A为单个非终结符,a是终结符,β表示V_N上的符号串(可以为空字符串ε)的上下文无关文法。

递归可枚举语言(recursively enumerable language) 存在一个算法来枚举其成员的图灵机接受的语言。设图灵机M接受的语言$L(M)$中的元素x满足如下条件：x是字母表Σ上的字符串,M把x作为输入字符串,从初始状态q_0出发,最终在输入字符串x的引导下,根据转移函数,到达某个终止状态。

递归语言(recursive language) 能使得对每一个输入字符串都停机的图灵机接受的语言。是递归可枚举语言的子类。

完全递归函数(total recursive function) 设k元函数$f(n_1, n_2, \cdots, n_k)$是图灵机M可计算的函数。如果对于任意的$n_1, n_2, \cdots, n_k$,函数f都有定义,计算函数f的图灵机M总能给出确定的输出,则称f是完全递归函数。

泵引理(pumping lemma) 形式语言理论中通常用于反证某种语言不是正则语言或上下文无关语言的引理。给定类的任何语言中任意足够长的字符串可以被分解成一组片段,其中某些片段可以任意重复出现,生成此语言中更长的字符串。如：正则语言的泵引理和上下文无关语言的泵引理。奥格登引理是另一种更强的上下文无关语言的泵引理。

抽象机(abstract machine) 亦称"抽象计算机"。自动机理论中用于描述计算机软硬件系统和计算的理论模型。通常由输入、输出和一组可允许的操作组成。每个操作可根据一个输入及当前状态转移至下一个状态,并产生一次输出。常用于可计算性算法复杂度分析的思考实验。图灵机是抽象机的代表之一。

自动机(automata) 为刻画计算过程和研究形式语言而抽象出的动态数学模型。基本组成元素包括状态集、符号集、状态转移函数、初始状态和终止状态集等。从初始状态开始,根据符号集中输入的字符和状态转移函数,移动到下一个状态。当输入字符串结束时如果处于某个终止状态,则表示自动机接受该字符串,反之,则表示不接受。自动机能接受的所有字符串构成能被其识别的语言。多用于研究计算机的体系结构、逻辑操作、程序设计、计算复杂性以及各种形式语言。

布奇自动机(Büchi automata) 可以接受无限长度字符串作为输入的有限状态自动机的扩展。由瑞士科学家布奇(Julius Richard Büchi, 1924—1984)于1962年提出。对于一个布奇自动机,如果存在一条路径使得在这条路径上至少有一个终止状态可以被无限次访问,那么该自动机可识别一个无限长度的字符串。被布奇自动机识别的语言称"ω正则语言",是包含有无限长度字符串的正则语言的扩展。在模型检测中常用于线性时序逻辑公式的验证与分析。

计数自动机(counter automaton) 亦称"计数机"。带有额外计数功能的非确定性有限状态自动机。每个计数器可记忆一个非负整数。在该整数上允许的操作有加1、减1以及测试是否为0三种。根据计数器的多少又分为一计数器自动机、二计数器自动机和多计数器自动机。一计数器自动机的表达能力等价于仅带有两个符号的下推自动机。二计数器自动机的表达能力与图灵机等价。

抽象状态机(abstract state machine) 状态可以由任意代数结构表示的状态机。由美国计算机科学家古列维奇(Yuri Gurevich, 1940—)于20世纪80年代中期提出。代数结构指一个非空的集合以及一组定义在该集合上的操作。其核心思想为状态即代数,状态的迁移仅作用于状态中的一部分信息。常用于对计算机软硬件系统的形式化建模与分析。

有限状态机(finite state machine; FSM) 亦称"有限状态自动机""状态机"。一种用于刻画计算的数学模型。由一个有限状态集、初始状态及状态之间的迁移组成。可根据当前状态以及对应的外部输入移动到下一状态。可分为确定性与非确定性两种,且两者之间可以相互转换。由于有限状态限制了模型的存储能力,其计算能力弱于图灵机模型。可用于有限状态系统的建模与分析。

标签迁移系统(labeled transition system; LTS) 描述分布式系统的数学模型。基于边被标签标记的有向图,其中节点是系统的状态,边是变迁关系,每一个变迁都由一个动作所标记,描述了该动作发生时系统的状态变迁。

向量加法系统(vector addition system) 由有限个整数向量组成,其格局是自然数向量的集合,每一步的迁移是对当前格局作用一个整数向量而到达另外一个格局的系统。与佩特里网等价,用于描述分布式系统。

时间自动机(timed automata) 用有限的实数值时钟集扩展的有限自动机。用于实时系统的形式化建模。时钟值以相同的速度增加,沿着自动机的转换,可以将时钟值与整数进行比较,形成可以启用或禁用转换的保护,并以此来约束自动机的可能行为。时钟可以被重置。

概率自动机(probabilistic automata) 一种有限自动机的扩展。包括给定变迁到变迁函数的概率,将其转换为变迁矩阵。是马尔可夫链的泛化表示。能被其识别的语言称为随机语言,包括正则语言作为子集。

混成自动机(hybrid automata) 精确描述数字计算过程与模拟物理过程交互的系统的数学模型。由有限组连续变量组成的有限状态机,其值由一组常微分方程描述。这种离散和连续行为的组合规范使包含数字和模拟组件的动态系统能够建模和分析。常用于混成系统如信息物理融合系统的建模与验证分析。

形式化方法

定理证明(theorem proving) 使用已知证明系统

根据既有的推理规则通过计算机辅助证明给定的定理成立或不成立的方法。包括交互式定理证明和自动定理证明两类。

交互式定理证明(interactive theorem proving) 通过人机交互共同完成的定理证明。证明过程中,用户负责告诉机器证明策略的使用,机器根据证明策略计算出结果返回给用户,用户再根据返回结果决定下一步的证明策略,重复以上步骤直至完成证明。

自动定理证明(automated theorem proving) 亦称"自动演绎"。通过计算机程序自动完成的定理证明。其实现的前提是问题在某个逻辑体系中是可判定的。例如,谓词逻辑公式有效性是可判定的,因此谓词逻辑中的定理可以被自动证明。一阶逻辑公式的有效性是不可判定的,则不是所有的一阶逻辑公式都可以被自动证明是否成立。

证明辅助工具(proof assistant) 亦称"交互式定理证明器"。一种通过人机交互辅助形式化地证明给定命题的软件工具。通常包含某种交互式证明编辑器或界面,指导用户给出对应的证明策略,运用预设的推导规则计算出结果并返回给用户。

自动证明器(automated theorem prover) 能够自动完成定理证明的软件工具。多利用 SAT/SMT 约束求解技术判定对应公式的否定式是否是可满足的。如果可满足,则返回的解可作为证明中定理的反例。如果不可满足,则证明定理是成立的。

模型检测(model checking) 亦称"性质检测"。一种自动地穷尽式检验给定系统的形式化模型是否满足某些性质的技术。通过显式状态搜索或隐式不动点计算来验证有穷状态并发系统的模态/命题性质。该技术特点是全自动的,并且当系统性质不被满足时可返回反例。在工业界得到广泛应用,已用于计算机硬件、通信协议、控制系统、安全认证协议等方面的分析与验证中。

高阶模型检测(higher-order model checking) 亦称"高阶递归体系模型检查问题"。判定高阶递归体系生成的树是否满足给定的模态 μ 演算公式的技术。模型表达能力最强,扩展出有限模型检查和下推模型检查。辅以谓词抽象和反例引导抽象精化等技术,常用于高阶函数式程序语言的正确性验证。

概率模型检测(probabilistic model checking) 一种用于分析带有概率行为的系统的模型检测技术。通常将系统建模为马尔可夫决策过程,将系统的性质定义为概率时序逻辑公式,通过一定算法判定公式是否在对应的模型中成立,从而达到验证目的。

统计模型检测(statistical model checking) 一种结合仿真技术与统计方法的随机系统的形式化量化验证技术。用于定量地检验系统满足某个性质的概率以及判定其概率是否高于或低于某个预设的阈值。核心思想为通过对系统仿真、监控并将结果用于统计分析以判定系统满足某个性质的概率。可有效避免传统模型检测中的状态爆炸问题。

有界模型检测(bounded model checking) 一种判定系统是否在给定的步数内满足某个性质的模型检测技术。判定问题可转换为 SAT/SMT 约束求解问题,借助高效的 SAT/SMT 求解器验证分析,能有效避免传统的基于状态的模型检测方法的状态爆炸问题。

运行时验证(run-time verification) 一种通过抽取正在运行的系统的信息验证系统某特定性质是否被系统满足的方法。广义上包含任何通过监视系统的实时系统分析的方法。狭义上指按照系统需求合成监视器并将其植入系统以实时验证系统行为是否满足特定的性质。常用于安全与可靠性监视、调试、测试、验证、检验、取样、错误保护以及行为修正等。

静态代码分析(static code analysis) 一种在不实际执行程序的前提下实现程序源代码或目标代码分析的技术。通常借助于自动化的工具并辅以人工分析。主流分析技术包括形式化方法与数据驱动的分析方法。

状态爆炸问题(state explosion problem) 模型检测技术中由于系统状态空间过大导致算法无法在合理时间内终止的问题。常出现于基于状态的模型检测算法中。避免方法主要包括有界模型检测与符号模型检测,通过将系统状态和状态迁移进行编码转换为 SAT/SMT 约束,借助高效的约束求解技术实现性质验证。根据验证性质对系统的状态空间进行抽象也是有效避免方法之一。

反例(counter example) 模型检测中一种能证明正被检测的性质不成立的示例。形式化定义为一条从系统初始状态经过有限步执行到达某一状态的系统路径,在该路径上正在检测的系统性质没有被满足。可用于发现被检测系统中的错误。

反例制导抽象精化方法(counter-example guided

abstraction refinement; CEGAR) 一种通过反例实现模型逐步精化的模型检测技术。核心思想是通过验证一个粗糙模型得到一个疑似反例,如果反例为真,验证终止。反之,根据反例对原始模型进行精化,再次验证精化模型,并重复上述步骤。

CEGAR 即"反例制导抽象精化方法"。

B方法(B method) 一种基于形式化建模语言B的软件全周期开发方法。由法国科学家阿布瑞尔(Jean-Raymond Abrial, 1938—)于20世纪80年代提出。拥有成熟商用的建模、设计、证明以及代码生成配套工具。在欧洲被用于一些安全攸关系统,如巴黎地铁14号线和1号线自动驾驶系统、阿里安5号运载火箭软件系统的开发。

维也纳开发方法(Vienna development method; VDM) 一种基于形式化方法的计算机系统设计与开发方法。于20世纪70年代提出。由一系列验证与分析工具及形式化描述语言VDM-SL组成。其扩展语言VDM++可用于描述面向对象的系统及并发系统。支持VDM的工具包括验证分析和测试工具,及从VDM模型到代码自动生成工具等。曾用于安全攸关系统、编译器和并行系统的设计与开发。

VDM 即"维也纳开发方法"。

形式模型(formal model) 利用数学语言对计算机软硬件系统的抽象描述。通常由某种形式语言表示。具有严格的数学含义,可以通过相应的推导规则借助于计算机软件自动或半自动化地分析对应系统的性质和属性。

克里普克结构(Kripke structure) 状态转移图的一个变种。由美国哲学家克里普克(Saul Aaron Kripke, 1940—)首先提出。用于在模型检测中表示一个系统的行为。本身是一个图,节点表示系统可达的状态,边表示状态的迁移。有一个标号函数将节点与节点所具有的性质的集合映射起来。可用于解释定义时序逻辑的语义。

马尔可夫链(Markov chain) 亦称"离散时间马尔可夫链"。一种用于描述带有概率的事件序列。事件的概率只取决于前一事件的结果。因俄国数学家马尔可夫(Andrey Markov, 1856—1922)得名。本质为状态空间中从一个状态到另一个状态的转换的随机过程。该过程要求具备"无记忆"的性质:下一状态的概率分布只能由当前状态决定,与时间序列中它前面的事件均无关。这种特定类型的"无记忆性"称作马尔可夫性质。

角色模型(actor model) 一种用于描述并发运算的、由一个或多个角色组成的数学模型。角色是定义并发运算的基本单元,可以接收消息并作出决策、创建更多角色、发送更多消息、决定要如何回答后续消息。角色内部或之间进行并行计算,角色可以动态创建,角色地址包含在消息中,交互只有通过直接的异步消息通信,不限制消息到达的顺序。

形式建模(formal modeling) 将计算机软硬件系统或算法转换成形式模型的过程。多是一种从非精确到精确的过程。一般根据建模者的理解和相关需求文档利用某种具体的形式语言对系统加以抽象与刻画。也可借助计算机软件(如UML建模工具)实现。

形式规范(formal specification) 一种对计算机软硬件系统的结构和行为的数学描述。描述有固定而且严格的语法和语义,可以在不实现系统的前提下通过严格有效的推理工具根据系统的形式规范分析系统行为,验证系统的主要性质。衡量形式规范好坏的标准有:内部一致性、完备性、无歧义性、可满足性、最小性等。

代数规范(algebraic specification) 亦称"函数式规范"。一种基于数学函数的形式规范。利用一组数学函数描述系统的结构和行为,抽象地定义数据的类型以及在这些类型上的数学运算。函数可分两类。一类称为构造函数,用于表示数据元素和通过简单的数据元素构造复杂的数据元素。另一种称为运算函数,用于表示数据的操作。函数通过等式的形式定义相应操作的计算属性。可用于验证系统的性质,以及验证系统的实现与设计的相符性。

模型规范(model-based specification) 一种基于模型的形式规范描述方法。其核心思想是通过已有的数学概念,如集合和函数等描述系统的结构和状态。通过集合之间的关系描述状态的迁移,即系统的行为。代表性的规范包括VDM和Z。规范主要基于带类型的集合理论。可用于验证待设计和开放的系统是否满足已有的需求和性质。

规范语言(specification language) 一类用于描述形式规范的语言。多具有严格的语法和语义,基于某种数学理论,如集合论等。大多数规范语言是不可执行的,只用来刻画系统是什么,而不关心系统如何实现。可被相应的推理和验证工具读取,用于验证分析某个具体的形式规范是否满足给定的性质。性质通常由不变式或某种时序逻辑刻画的时序逻辑公式表示。

Z 规范(Z specification) 一种用于计算机系统建模的形式规范语言。用于模型驱动的程序与系统设计与开发。由法国科学家阿布瑞尔(Jean-Raymond Abrial, 1938—)于 1977 年首次提出,将其作为"终极语言"而命名为"Z"。其底层数学基础包括集合论、λ 演算和一阶命题逻辑。规范中所有表达式都具有类型,从而可以避免朴素集合论中的悖论。2002 年国际标准化组织发布第一版 Z 规范标准。

系统规范(system specification) 利用形式语言对计算机软硬件系统的一种形式化描述。通常从静态和动态层面对系统进行描述。前者包括系统的结果和状态,后者包括系统的行为。按系统状态空间,分有限状态系统和无限状态系统;按系统特性,分离散系统、连续系统、实时系统以及混成系统等。不同的系统规范底层的数学模型也不同。

形式语义(formal semantics) 用形式化方法、数学方法严格定义出的程序语言的意义。描述了计算机执行一段程序的过程。按所用数学工具和研究重点,分操作语义、代数语义、指称语义、公理语义四种。是软件工程学的基础理论之一。

操作语义(operational semantics) 一种供计算机实现操作步骤的程序语言语义。通过对程序的执行效果进行逻辑定义实现程序的正确性、安全性和可靠性证明。包括结构化操作语义和自然语义。前者描述计算的每一个步骤在计算机系统中是如何实现的,后者以分而治之的方式定义一个程序块的最终结果是如何通过其每个子块的结果实现的。

代数语义(algebraic semantics) 一种基于抽象代数的公理语义。通过定义不同类型的对象以及在这些对象上的操作刻画数据和程序语言的构成,利用代数公理描述对象和相关操作的性质,从而形式化地描述程序语言的语义和进行推理。

指称语义(denotational semantics) 一种将程序语言的语义形式地用相应的数学对象来表示的形式语义。语法对象的集合称为语法域,已知语义对象的集合和在这些对象上的操作的集合称为语义域;用一个语义解释函数,以语义域中的对象和这些对象上的操作来注释语法域中语法对象的语义。没有求值过程和执行过程的细节,主要刻画数据加工的结果。

公理语义(axiomic semantics) 一种用公理化的方法描述程序对数据的加工的形式语义。亦可理解为用逻辑断言方法来描述程序运行结果的性质。语言的公理描述是该语言的一个理论,与某一对象集合有关的一个理论是一组规则,用来表示关于那些对象的陈述,并判断这样的陈述是真是假。一个重要的实例是霍尔逻辑。

结构化操作语义(structural operational semantics; SOS) 亦称"小步语义"。按每个步骤定义程序行为的操作语义。程序运行过程中,程序短语不断地被替换成所计算的值,这种状态转换可用相应的公理和推导规则来表述。广泛应用于程序分析和形式化验证领域。

SOS 即"结构化操作语义"。

小步语义(small-step semantics) 即"结构化操作语义"。

自然语义(natural semantics) 亦称"大步语义"。一种在函数层面或更概括的关系层面上定义程序行为的操作语义。相较小步语义隐藏了更多执行细节,推理规则更少。基于分治法描述程序的最终结果可通过每个子块的结果得到。

大步语义(big-step semantics) 即"自然语义"。

关系语义(relational semantics) 亦称"克里普克语义""框架语义"。一种定义非经典逻辑系统(模态逻辑、直觉主义逻辑等)的形式语义。基本思想是用可能世界、赋值函数、可通关系来说明命题的必然性和可能性。是模态逻辑的语义学中解释功能较强、影响较大的一种语义学。

程序统一理论(unified theory of programming; UTP) 一种用于统一指称语义、操作语义和代数语义的理论框架。由图灵奖获得者、英国计算机科学家霍尔(Tony Hoare, 1934—)与中国科学家何积丰于 1998 年创立。用于研究程序语言的各类语义流派之间的连接理论,以确保不同语义模型之间的一致性,并研究它们之间的转换方法。可用于程序语言和计算机系统的形式化描述、设计以及实现。

霍尔逻辑(Hoare logic) 一种具有一套严格的逻辑规则、用于计算机程序正确性验证的形式化系统。由英国计算机科学家霍尔(Tony Hoare, 1934—)于 1969 年提出。其核心为霍尔三元组 $\{P\}C\{Q\}$。

分离逻辑(separation logic) 霍尔逻辑的一种扩

展。通过提供表达显式分离的逻辑连接词以及相应的推导规则,消除了共享的可能,能够以自然方式描述计算过程中内存的属性和相关操作,简化了对带有指针的程序的验证。支持局部推理,可以将推理的注意力集中到所要证明程序片段的覆盖区,再通过相关的推导规则扩展到全局状态。可用于并发程序和资源管理的验证。

高阶逻辑　释文见 27 页。

重写逻辑(rewriting logic)　一种基于重写的计算方式实现推理的逻辑系统。把目标对象抽象为代数结构,通过等式定义结构的属性,通过重写规则定义目标对象的行为。可用于定义程序语言以及其他逻辑系统甚至其自身,因此又称"元逻辑"。基于该逻辑的代表性形式语言为 Maude。Maude 也是一个高效的重写工具,支持 Maude 规范的执行和验证。

线性时序逻辑(linear temporal logic; LTL)　亦称"命题时序逻辑"。一种用于描述时间相关的模态时序逻辑。常用于描述计算机程序和系统的时序性质。线性时序逻辑公式由原子命题、逻辑算子和时序模态算子组成。逻辑算子指命题逻辑中的逻辑算子,如取反、析取、蕴含等。时序模态算子包括"下一步""直到""全局""最终""释放""弱直到"以及"强释放"等。线性时序逻辑公式可转化为布奇自动机或其他形式模型,结合系统的形式模型,验证性质是否被系统满足。

LTL　即"线性时序逻辑"。

计算树逻辑(computation tree logic; CTL)　一种离散、分支时间的命题时态逻辑。将时间建模为一个树状结构,除了时态算子外增加了两个路径量词 A 和 E,其中 A 表示所有未来路径,E 表示至少存在某条路径。可用于表示计算机软硬件系统的安全性和活性等性质,并通过模型检测技术借助对应的验证工具完全自动化的验证。由美国计算机学家克拉克(Edmund M. Clarke, 1945—　)和艾默生(E. Allen Emerson, 1954—　)于 1981 年共同提出。

CTL　即"计算树逻辑"。

交替时序逻辑(alternating-time temporal logic; ATL)　一种分支时间的时态逻辑。在计算树逻辑的基础上通过引入参数化路径量词$\ll\gg$用于描述多智能体系统和多玩家视频游戏的时序性质。路径量词$\ll\gg$的参数为智能体的集合,如 $\ll a_1, \cdots, a_n \gg \psi$ 表示智能体 $a_1, \cdots, a_n$ 满足某时序性质 ψ。用于开放系统(需要与环境交互的系统)的模型检测分析。

ATL　即"交替时序逻辑"。

概率计算树逻辑(probabilistic computation tree logic)　计算树逻辑的扩展。引入概率量词用于描述性质被满足的概率。其公式的语义可通过离线马尔可夫链定义。常被概率模型检测工具用作系统性质的形式化描述语言。

度量时序逻辑(metric temporal logic)　一种时序算子带有时间约束的线性时序逻辑。其可满足性判定问题的复杂性是指数空间完备的,且在无限时间空间上是不可判定的。主要用于实时系统性质的描述与验证。

霍尔三元组(Hoare triple)　一个由两个断言 P 与 Q 和一个命令 C 组成的形如 $\{P\}C\{Q\}$ 的三元组。P 与 Q 均为谓词逻辑公式。P 称为前置条件,Q 称为后置条件。三元组表示当前置条件满足时,执行命令 C 后的结果将满足后置条件。是霍尔逻辑的核心组成。用于霍尔逻辑中推理规则的定义。

霍恩子句(Horn clause)　带有最多一个肯定文字的子句。是一种类似于规则的特殊逻辑公式,以美国逻辑学家霍恩(Alfred Horn, 1918—2001)的姓氏命名。命题霍恩子句的可满足性问题是 P 完备的。一阶霍恩子句的可满足性问题是不可判定的。一个有且只有一个肯定文字的子句亦称"确定性子句"或"严格霍恩子句"。一个不包含否定文字的确定性子句称"单元子句"。不包含肯定文字的霍恩子句称"目标子句"。用于逻辑编程、形式语言描述,以及模型理论。

时段演算(duration calculus)　一种用于嵌入式实时软件系统设计的演算系统。由中国科学家周巢尘提出。用于对混合系统的实时需求进行刻画和精化,能定义计算系统的实时行为和语义,计算关于系统需求的满足概率。

μ 演算(μ-calculus)　亦称"模态 μ 演算"。一种包含最小不动点算子 μ 和最大不动点算子 ν 的命题模态逻辑的扩展。用于描述与验证标签迁移系统的性质。用于描述系统性质的计算树逻辑与线性时序逻辑都可以在 μ 演算中表示。其逻辑公式的可满足性问题的复杂度为指数时间完备的。

抽象数据类型(abstract data type)　一种描述具有相同行为的特定类别的数据类型的数学模型。模型由该类型包含的所有可能的值、所有可能的操作以及操作相关的行为组成。常用于算法、数据结构和软件系统的设计与分析。

性质规范(property specification) 形式语言对计算机软硬件系统的性质或属性的一种形式化描述。性质往往来自系统需求,通过一定的抽象利用适当的逻辑语言定义为一个逻辑公式。常用于描述系统性质的逻辑包括线性时序逻辑、计算树逻辑等。

安全性(safety property) 分布式系统或算法能够保证永远不会出现“坏”的结果的性质。是一类重要的系统性质。从模型角度看,指所有可达的状态中不包括任何错误状态或死锁状态。

活性(liveness property) 分布式系统或算法能够保证“好”的结果一定会发生的性质。是一类重要的系统性质。从模型角度看,指某个“好”的状态最终都能达到。

公平性(fairness property) 分布式系统中每个进程都可以公平地被调度执行。从计算理论上讲,指如果系统可无限次地到达某个状态,则必须访问从该状态出发的所有可能的路径。分强公平和弱公平两类。前者指如果一个进程可以无限被执行,那么它始终要在可以被执行时得到执行。后者指一个一直可被执行的进程必须要被无限次执行。公平性往往是验证活性的假设条件。

演绎推理(deductive reasoning; deductive inference) 亦称“演绎逻辑”。一种由一般到特殊的推理方法。是一种确定性推理。推论前提与结论之间的联系是必然的。包括三段论、假言推理和选言推理等。首先要正确掌握作为指导思想或依据的一般原理、原则;其次要全面了解所要研究的课题、问题的实际情况和特殊性;然后才能推导出一般原理用于特定事物的结论。常用于逻辑和数学证明中。是传统人工智能推理方法之一。

偏序归约(partial order reduction) 一种借助并发执行的状态迁移的可交换性(顺序无关性)缩小模型检测或调度算法中搜索的状态空间大小的技术。缩小的状态图表示的行为是完整状态图表示的行为的一个子集。判定其正确性的标准是证明子集中未包含的行为不会产生缩小的状态图中以外的系统状态。可有效避免模型检测中的状态爆炸问题。常用于异步系统的模型检测。

归约系统(reduction system) 亦称“抽象归约系统”。一种描述重写系统的数学模型。由一个集合和该集合上的一个二元关系“→”组成。该二元关系又称“归约关系”“重写关系”或“归约”。

可满足模理论(satisfiability modulo theory; SMT) 基于特定理论的一阶逻辑公式的可满足性判定问题。是布尔可满足问题的扩展。特定理论通常包括计算机科学中常用的实数理论、整数理论、线性或非线性算术,以及多种数据结构如列表、数组、位向量等理论。公式的定义常遵守 SMT 标准库。针对不同的理论组合,有不同的约束求解器。代表性工具有 Z3、CVC4、Yices 等。常用于程序语言分析与验证,基于符号执行的软件测试,以及软硬件系统的分析与验证。

抽象解释(abstract interpretation) 一种程序语义抽象近似理论。以计算机程序的语义为研究对象,提供一个统一的理论框架来对程序语义进行抽象和推理。利用定义在有序集合上单调函数对程序语义近似抽象使得抽象后的程序依然保持原有性质,从而在对程序不完全计算的前提下实现程序的分析与验证。

抽象域(abstract domain) 抽象解释框架下为发现所关注的性质而选择的特定的抽象语义。是具体域的抽象对应,由域表示和域操作构成:前者是用来刻画一个特定类别的、计算机可表示的对象(域元素)集合的一种表示方法;后者是一系列用来操纵域元素的操作集合。

伽罗瓦连接(Galois connection) 两个偏序集之间的特殊对应。对于两个偏序集$(A, \leqslant)$和$(B, \leqslant)$与两个单调函数$F: A \to B$和$G: B \to A$,对于所有的A中的元素a和B中的b,满足$F(a) \leqslant b$当且仅当$a \leqslant G(b)$。F称为G的下共轭,G称为F的上共轭。应用于抽象解释领域。

符号执行(symbolic execution) 使用符号值代替具体值模拟程序执行的一种程序分析技术。可以通过分析程序得到让特定代码区域执行的输入,在达到目标代码时,分析器可以得到相应的路径约束,然后通过约束求解器得到可以触发目标代码的具体值。主要分为静态符号执行和动态符号执行。广泛应用于测试用例的自动生成、代码安全性的检测等领域。

二叉决策图(binary decision diagram; BDD) 一种用于表示布尔函数的、带有根节点的有向无环图。图包含判定节点和终结节点。终结节点分为 0-终结和1-终结两类。每个判定节点被标注为某个布尔变量并带有两个子节点，分别称“低节点”和“高节点”。从判定节点到其低节点（或高节点）的边表示对应的布尔变量赋值为0（或1）。如果图中从根节点到终结节点的所有路径上布尔变量的出现顺序是相同的，则称“有序的”。在抽象层面，是集合或关系的压缩表示，使集合或关系上的运算都可直接作用于其上。广泛用于集成电路合成与形式化验证。

有序二叉决策图（ordered binary decision diagram） 亦称“描述布尔函数的规范型”。引入了变量序和简化约束的二叉决策图。任何一条从根节点到终结节点的路径上，布尔变量出现的顺序保持一致，且表述更为简洁。通过选择合适的布尔变量序，可以避免布尔函数的可满足性问题所导致的组合状态爆炸问题。是布尔函数表述和操作的最有效的技术之一。应用于硬件电路的验证、符号优化与调度、符号模型检验及可满足性问题等领域。

Z3 可以高效求解多种逻辑下的SMT公式的可满足性问题的开源求解器。由微软公司开发，其输入文件格式遵循SMT标准，提供了C、C++、Python等常用编程语言应用程序接口。常用作特定领域验证工具的后端计算分析工具。

Coq 一种交互式定理证明器。允许用户输入包含数学断言的表达式，机械化地检查这些断言的证明，通过内置的自动化定理证明策略和不同的决策过程帮助构造形式化的证明，从形式化描述的构造性证明中提取已验证的程序。常用于数学定理的辅助证明，操作系统、编译器等基础软件的形式化验证。

SPIN 一种基于状态空间搜索的模型检测工具。待验证的系统里有自带的Promela建模语言进行形式化描述，系统性质描述为线性时序逻辑公式。常用于并发软件模型、异步分布式系统或算法的形式化验证。

NuSMV 一种基于二叉决策图方法的符号模型检测工具。同时支持描述为计算树逻辑公式与线性时序逻辑公式的性质的验证。旨在实现工业级软硬件系统设计的形式化验证，并可用作其他验证工具的后端验证引擎。

UPPAAL 一种基于时间自动机的实时系统建模、有效检查与性质验证的集成工具环境。实时系统通过多种扩展的数据类型，包括有限整数、数组等，被形式化描述为时间自动机网络，用于自动验证与分析。

类型系统（type system） 一种用于定义如何将程序语言中基本构成元素如数值、表达式、函数等归类为不同类型，如何对类型进行操作，以及类型间如何相互作用的规则的集合。集合中的每条规则用于定义程序语言中基本构成元素的类型。主要用于程序语言设计、验证与分析。可在编译阶段较早发现程序中的错误，提高程序运行时的性能。

类型理论（type theory） 一种以类型为研究对象的形式化模型。模型中任何项都有一个类型，任何操作都只能作用于特定类型的项。在编程语言理论中用于形式化研究编程语言的类型语言，为程序语言提供设计分析和研究类型系统的形式基础。代表性模型包括类型λ演算等。

会话类型（session type） 亦称“协议类型”。一种用于对基于结构化通信的编程进行建模的类型规则。实质是将数据类型的概念扩展到通信系统。将通信协议描述为一种类型，这些类型可以静态（在编译时）或动态（在运行时）地被检查。通常用于检查程序是否符合通信协议。

并发理论

佩特里网（Petri net） 亦称“Petri网”。一种描述系统元素的异步并发操作的工作模型。由德国数学家佩特里（Carl Adam Petri, 1926—2010）于1962年首次提出。从过程角度出发为复杂系统的描述与分析设计提供的一种有效建模工具。能自然地描述因果、并发、冲突、同步、资源争用等系统特性，并带有执行控制机制，同时还具备形式化步骤及数学图论为基础的理论严密性。具有图形表达的直观性和便于编程实现等特点。是工作流及作业流建模的主要工具。

Petri网 即“佩特里网”。

进程代数（process algebra; process calculus） 亦称“进程演算”。一种基于代数的分布式或并行系统数学模型。用抽象的方法描述进程或者独立的运算体之间的相互作用，如交互、通信和同步。将代数定律作用于进程，通过推理分析证明进程的等价或互模拟关系。

通信顺序进程(communicating sequential process; CSP) 一种描述并发系统的形式化建模语言。是进程代数理论中的主要成员。由英国计算机学家霍尔(Tony Hoare, 1934—)于1978年首次提出。包含两类原语:事件与原子进程。事件表示通信或交互。原子进程包含STOP或SKIP两种类型。语言中包含多种代数算子,如前缀、确定选择、非确定选择、交互等。用于计算机系统、网络协议等的形式化建模与验证分析。

CSP 即"通信顺序进程"。

通信系统演算(calculus of communicating systems; CCS) 用于描述并发系统的进程演算。其将通信作为基本概念,将刻画交互的复合算子和刻画限制交互能力的局部化算子作为表达系统交互的基本语法构造子。由英国计算机学家米尔纳(Robin Milner)于1980年提出。

π演算(π-calculus) 用以解决通信系统演算只能表达静态通信结构的问题的通信系统演算的扩展。1992年被首次提出。可以将通道名作为数据通过其他通道传递,并以此方式表达进程迁移。其通过传递通道名的方式,可以刻画某种动态通信结构。

互模拟等价(bisimulation equivalence) 状态迁移系统间的二元关系。刻画两个系统互相模拟的情况。如果两个系统是互模拟等价的,那么它们的每个动作都能互相匹配,观测者无法通过改变环境或以任意方式交互区分它们。

迹等价(trace equivalence) 两个标号迁移系统的迹集合是相等的情况。一个标号迁移系统的迹集合是该系统能够进行的迁移串所相对应的标号串的集合。

测试等价(testing equivalence) 两个系统不能被任意观测者测试区分的情况。分可以等价和必须等价两种类型。一个进程"可以"通过一个测试指存在一个成功的结果;"必须"通过一个测试指所有结果都是成功的。两个进程是可以等价的(必须等价的)指任意测试无法用"可以"通过("必须"通过)来区分。

概率进程演算(probalistic process algebra) 在迁移中增加概率因素的进程演算。由于增加了概率因素,其演化的不确定性既有非确定选择又有概率选择,使系统变得复杂。可用以刻画概率系统,并研究其性质。

发散(divergence) 一个系统无论如何迁移都存在可行的下一步迁移的情况。与之相对的是中止。

中止(convergence) 见"发散"。

硬 件 系 统

总　　论

数据通信(data communication)　通信技术和计算机技术相结合而产生的一种新的通信方式。通过传输信道将数据终端与计算机连接起来,不同地点的数据终端实现软、硬件和信息资源的共享。按传输媒体,分有线数据通信与无线数据通信。传输手段有电缆通信、光纤通信、微波中继通信、移动通信和卫星通信等。

光纤通信(fiber-optic communication)　利用光与光纤传递信息的方式。属有线通信的一种。光经过调制后可携带信息,利用激光能在光纤中长距离传输的特性进行。具有通信容量大、保密性好、可靠性高、通信距离远、覆盖面积大、不受地域限制及抗干扰性强的特点。20 世纪 80 年代起成为最主要的有线通信方式。光纤多半埋在地下,连接不同的建筑物。传递的多半是来自计算机、电话系统或有线电视系统数字信号。有时利用一条光纤就可同时传递上述的所有信号。与传统的铜线相比,信号衰减与遭受干扰的情形都改善很多,长距离以及大量传输的使用场合优势更为明显。传输步骤是:(1) 发射器产生光信号,将需发送的信息在发送端输入到发送机中,信息叠加或调制到作为信息信号载体的载波上,然后将已调制的载波通过传输媒质发送到远处的接收端;(2) 光纤传递信号,同时必须确保光信号在光纤中不会衰减或严重变形;(3) 接收器接收光信号,解调出原来的信息,并且转换成电信号。

输入输出(input/output; I/O)　计算机通过外围设备同外部世界通信或交换数据的过程。是信息处理系统(例如计算机)与外部世界(可能是人或另一信息处理系统)之间的通信。输入是系统接收信号或数据,输出则是从其发送信号或数据。外围设备和外围设备接口以及相应的软件组成输入输出系统,实现输入输出功能。

终端(terminal)　在数据通信中的一种输入输出设备。能发送和接收链路上的信息。按设计和功能,分智能终端(内部具有处理功能的终端)和哑终端(无处理功能的终端)。支持与计算机进行会话或处理的称“交互终端”或“联机终端”。通常连有键盘、显示装置,有时连有打印机。交换的信息通常是数据信息,故也称“数据终端”。

哑终端(dumb terminal)　无处理功能的计算机终端。具体的含义根据不同的语境(场合)而变化。包括了所有形式的含键盘和显示屏的计算机通信设备。如个人计算机、无盘工作站、网络计算机、瘦客户端和 X 终端等。有时候也指任何类型的采用 RS－232 串行通信方式连接的计算机终端。

图形终端(graphic terminal)　不仅显示文字,还可显示向量(矢量)图形和位图的终端。计算机向终端输出绘图指令,终端则通过键盘或者定位设备向计算机输送用户输入。

销售点终端(point of sale terminal)　亦称“POS 机”。广泛应用在零售业、餐饮业、旅馆等行业的电子系统。是特约商户和受理网点中的多功能终端。与计算机联网,实现电子资金自动转账,支持消费、预授权、余额查询和转账等功能。安全、快捷、可靠。主要分消费终端和转账终端两种。系统除了计算机软件外通常要具备下列的硬件设备:收银机、计算机主机、激光扫描仪、打印机、客户显示器,不同的零售业者为了管理的方便也会个别采用许多不同的设备。

图形用户界面(graphical user interface; GUI)　亦称“图形用户接口”“图形化接口”。采用图形方式显示的计算机操作用户界面。可使用户在视觉上更易于接受,学习成本大幅下降,也让计算机的大众化得以实现。计算机画面上显示窗口、图标、按钮等图形,表示可实现不同目的,用户通过鼠标等指针设备进行选择、点按。

多路复用(multiplexing) 亦称“多工”。在无歧义的情况下,也常称“复用”。表示在一个信道上传输多路信号或数据流的过程和技术。因为能够将多个低速信道整合到一个高速信道进行传输,从而有效地利用了高速信道。通过使用多路复用,通信运营商可以避免维护多条线路,从而有效地节约运营成本。工作过程为: 首先,各个低速信道的信号通过多路复用器(MUX,多工器)组合成一路可以在高速信道传输的信号。在这个信号通过高速信道到达接收端之后,再由分路器(DEMUX,解多工器)将高速信道传输的信号转换成多个低速信道的信号,并且转发给对应的低速信道。在实际的通信工程应用里,多路复用器和分路器通常作为一个设备被一起生产和安装,进行数据的发送或接受。

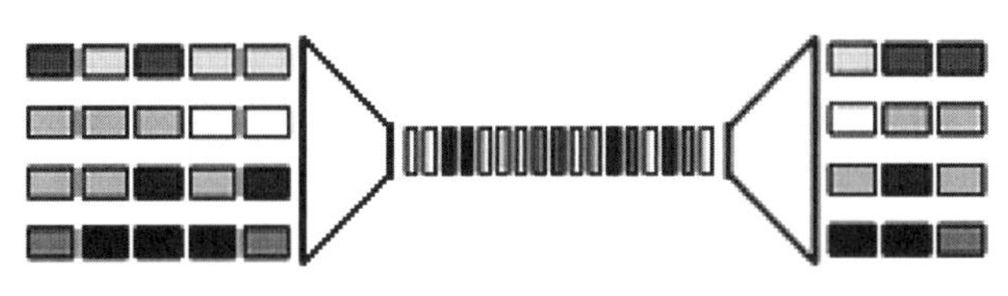

多路复用抽象模型

时分双工(time-division duplexing; TDD) 利用时间分隔多任务来分隔发送及接收信号的技术。利用一个半双工的传输来模拟全双工的传输过程。在非对称网络(上传及下载带宽不平衡的网络)有明显的优点,可根据上传及下载的数据量,动态调整对应的带宽,如果上传数据量大,会提高上传的带宽,若数据量减少时再将带宽降低。在缓慢移动的系统中,上传及下载的无线电路径大致相同,类似波束成形的技术可以运用在时分双工的系统中。时分双工系统有: (1) UMTS/WCDMA TDD 模式(室内使用);(2) TD-SCDMA 和 TD-LTE 移动网络空中接口;(3) 数字增强无线电话系统(DECT);(4) IEEE 802.16 WiMAX;(5) 使用载波侦听多路访问技术的半双工数据包网络,例如以太网或使用集线器的以太网、无线局域网及蓝牙等,虽不像 TDMA 使用固定的框架宽度,不过均可视为时分双工的系统;(6) 通用串行总线(USB);(7) 铱卫星系统;(8) 短波通信(PACTOR)。

频分双工(frequency-division duplexing; FDD) 利用频率分隔多任务来分隔发送及接收信号的技术。上传及下载的区块之间用“频率偏移”的方式分隔。上传及下载的数据量相近时,比时分双工更有效率。在无线电收发规划上较简单且较有效率,发送及接收使用不同的频带,设备不会接收到自己传出的数据,发送及接收的数据也不会互相影响。常用于: (1) 非对称数字用户线及超高速数字用户回路;(2) 大部分的手机系统,包括 UMTS/WCDMA FDD 模式;(3) FDD-LTE 移动网络空中接口。

半双工传输(half-duplex transfer) 允许两台设备之间的双向数据传输,但不能同时进行的技术。同一时间只允许一设备发送数据,若另一设备要发送数据,需等原来发送数据的设备发送完成后再处理。常用实例如无线电对讲机。对讲机发送及接收使用相同的频率,不允许同时进行。一方讲完后,需设法告知另一方讲话结束(如讲完后加上“OVER”),另一方才可开始讲话。

全双工传输(full-duplex transfer) 允许两台设备间同时进行双向数据传输的技术。延迟小,速度快。常用实例如普通电话、移动电话。在讲话的同时也可听到对方的声音。

单工通信(simplex) 亦称“单工传输”。消息只能单方向传输的工作方式。通信信道是单向信道,发送端和接收端的身份是固定的,发送端只能发送信息,不能接收信息;接收端只能接收信息,不能发送信息,属于点到点的通信。按收发频率,分同频通信和异频通信。

延迟(lag) 计算机的运作不能和其他正常进行的计算机保持同步的现象。如在在线游戏中,玩家操作游戏中的角色后,游戏的客户端画面无法正常显示或较其他用户出现滞后现象。常见原因为: (1) 网络延迟: 带宽已达满载状态。常见于多人共享的网络环境;(2) 游戏服务器延迟: 服务器满载,导致服务器无法立即处理客户端发送过来的消息;(3) 有人在使用“加速器”或“BOT”等游戏外挂,导致服务器无法即时把暴增的数据包送往同一张地图内的所有客户端。在通信、计算机网络领域中,也指“传播延迟”,意指信号从发信方传播到收信方时,该传播过程的时间总长。

并行接口(parallel interface; LPT) 亦称“平行接口”。计算机上数据以并行方式传递的接口。至少应该有两条连接线用于传递数据。与只使用一根线传递数据(不包括用于接地、控制等的连接线)的串行端口相比,在相同的数据传送速率下,可更快地传输数据。在 21 世纪前,在需要较大传输速率的地方

(如打印机等)得到广泛使用。但高速时,并口上导线之间数据同步困难,逐渐被 USB 等改进的串口代替。

并行通信(parallel communication) 多位数据同时通过并行线进行传送的通信方式。数据传送速度高,但线路长度受到限制,因长度增加,干扰就会增加,数据也就容易出错。

串行通信(serial communication) 在远程通信和计算机科学中,在计算机总线或其他数据信道上,每次传输一个位(比特)数据,并连续进行以上单次过程的通信方式。在串行端口上通过一次同时传输若干位数据的方式进行通信。用于长距离通信以及大多数计算机网络。较并行通信更易提高通信时钟频率。在短程距离应用中优势有:(1) 无须考虑不同信道的时钟脉冲相位差;(2) 串行连接所需的物理介质,如电缆和光纤,少于并行通信,从而减少占用空间的体积;(3) 串扰的问题可以得到大幅度缓解。

串行端口(serial port) 简称"串口",亦称"串行通信接口""串行通信接口"(通常指"COM 接口")。进行串行传输的扩展接口。一次只能传输 1 位数据。即数据一位一位地顺序传送,特点是通信线路简单,只要一对传输线就可以实现双向通信(可以直接利用电话线作为传输线),从而大大降低成本,可以用于连接外置调制解调器、绘图仪或串行打印机。也可以控制台连接的方式连接网络设备,如路由器和交换机,主要用来进行配置。特别适用于远距离通信,但传送速度较慢。消费性电子设备上已经由 USB 取代串行接口;但在非消费性用途,如网络设备等,串行接口仍是主要的传输控制方式。

通信协议(communication protocol) 双方实体完成通信或服务所必须遵循的规则和约定。定义了数据单元使用的格式,信息单元应该包含的信息与含义,连接方式,信息发送和接收的时序,从而确保网络中数据正确且顺利地传送。在计算机通信中,用于实现计算机与网络连接之间的标准。

串行接口协议(serial interface protocol) 串行通信时双方实体完成通信或服务所必须遵循的规则和约定。串行接口按电气标准及协议,分 RS－232－C、RS－422、RS485、USB 等。RS－232－C、RS－422 与 RS－485 标准只对接口的电气特性做出规定,不涉及接插件、电缆或协议。USB 接口标准,主要用于高速数据传输领域。

美国电子工业协会 RS－232－C 标准(EIA－RS－232－C standard) 亦称"串行标准接口"。全称"数据终端设备(DTE)和数据通信设备(DCE)之间串行二进制数据交换接口技术标准"。美国电子工业协会(EIA)联合贝尔系统、调制解调器厂家及计算机终端生产厂家共同发布的标准。是常用的一种串行通信接口。传统的 RS－232－C 接口标准有 22 根线,采用标准 25 芯 D 型插头座。自 IBM PC/AT 开始使用简化的 9 芯 D 型插座。25 芯插头座已很少采用。计算机一般有两个串行接口(COM1、COM2),9 针 D 形接口通常位于计算机后面。手机数据线或物流接收器一度采用 COM 接口与计算机相连。

美国电子工业协会 RS－485 标准(EIA－RS－485 standard) 美国通信工业协会(TIA)及电子工业协会(EIA)联合发布的标准。于 1983 年在 RS－422 基础上制定。增加了多点、双向通信能力,即允许多个发送器连接到同一条总线上,同时增加了发送器的驱动能力和冲突保护特性,扩展了总线共模范围,后更名为"TIA/EIA－485－A 标准",应用指南仍继续用 RS－485 来称呼。隶属于 OSI 模型物理层,电气特性规定为 2 线、半双工、平衡传输线多点通信的标准。实现此标准的数字通信网可在有电子噪声的环境下进行长距离有效率的通信。在线性多点总线的配置下,可在一个网络上有多个接收器。适用于工业环境。

美国电子工业协会 RS－422 标准(EIA－RS－422 standard) 美国电子工业协会(EIA)发布的标准。是规定采用 4 线、全双工、差分传输、多点通信的数据传输协议。采用平衡传输采用单向/非可逆,有使能端或没有使能端的传输线。不允许出现多个发送端而只能有多个接收端。硬件构成上 RS－422(EIA－422)相当于两组 RS－485(EIA－485),即两个半双工的 RS－485(EIA－485)构成一个全双工的 RS－422(EIA－422)。为改进 RS－232 通信距离短、速率低的缺点,定义了一种平衡通信接口,将传输速率提高到 10 兆位/秒,传输距离延长到 1 200 米(速率低于 100 千位/秒时),并允许在一条平衡总线上连接最多 10 个接收器。

RJ－45 接口(RJ－45 interface) 以太网最为常用的接口。由 IEC(60)603－7 标准化,使用由国际性的接插件标准定义的 8 个位置(8 针)的模块化插孔或者插头。应用范围广,可用于：终端;调制解调器;打印机;网络设备(路由器、交换机等);旧式串行接口鼠标;旧式摇杆;GPS 接收机(NMEA 0183 标准为 4 800 比特/秒);旧式 GSM 移动电话;卫星电话、低速卫星调制解调器及其他卫星传输设备等;微控制器、EPROM 等可编程写入器;条码扫描仪或其他销售点终端设备;LED 或 LCD 文字显示器;自制电器设备、工业电机设备;旧式数字相机;量测仪器,例如数字式多功能电表,示波器等。也可用于消费性电子产品更新固件。

同步数字体系(synchronous digital hierarchy; SDH) 亦称"同步数字系列"。根据国际电信联盟远程通信标准化组(ITU－T)的建议定义的一个技术体制。不同速度的数字信号的传输提供相应等级的信息结构,包括复用方法和映射方法,以及相关的同步方法组成。是除美、加以外世界各地的标准。主要应用光纤作为传输介质,也可用微波作介质。在 20 世纪 90 年代之前多应用于公共交换电话网传输语音电信业务。20 世纪 90 年代后随着数据通信对数据传输的要求越来越高,通过扩展不同的协议来增强面向多业务的应用。

异步传输模式(asynchronous transfer mode; ATM) 亦称"信元中继"。一种数据交换技术。是宽带 ISDN(B－ISDN)技术的典范。在发送数据时,先将数字数据切割成多个固定长度的数据包,之后利用光纤或 DS1/DS3 发送。到达目的地后,再重新组合。采用电路交换的方式,以信元为单位。每个信元长 53 字节。其中报头占 5 字节。能够比较理想地实现各种 QoS,既能够支持有连接的业务,又能支持无连接的业务。可同时将声音、影像及数据集成在一起。针对各种信息类型,提供最佳的传输环境。

通用异步收发传输器(universal asynchronous receiver/transmitter; UART) 一种异步收发传输器。是计算机硬件的一部分。将数据通过串行通信和并行通信间作传输转换。通常用在与其他通信接口(如 EIA－RS－232)的连接上。具体实物表现为独立的模组化芯片,或是微处理器中的内部周边装置。作为连接外部设备的接口,是异步串行通信口的总称。包括 RS232、RS449、RS423、RS422 和 RS485 等接口标准规范和总线标准规范,规定通信口的电气特性、传输速率、连接特性和接口的机械特性等内容。属于通信网络中的物理层的概念,通信协议是属于通信网络中的数据链路层的概念。最初的 IBM 个人计算机外部接口配置为 RS232,成为实际上的默认标准。现在个人计算机的异步串行通信口均为 RS232。追加同步方式的序列信号变换电路的产品,称为"通用同步异步收发传输器(USART)"。

数据终端设备(data terminal equipment; DTE) ❶外部网络接口设备(如调制解调器)的统称。❷用作数据源或数据接收器,或既用作数据源又用作数据接收器的一种数据站。依照通信协议,提供数据通信控制功能。一般由计算机输出设备和数据通信设备组成。通常还包括小型计算机或微型计算机。

数据通信设备(data communication equipment; DCE) 在一个典型的完整的串行通信系统中,一个使传输信号符合线路要求或者满足数据终端设备要求的信号匹配器。是提供数据终端设备与通信线路之间通信的建立、维持和终止连接等功能的设备。同时进行信号变换与编码。如调制解调器。

中断(interruption) 中央处理器在运行程序时,由于某一事件的出现,要求中央处理器暂时中止(挂起)正在运行的程序,转而调用一个引起中央处理器暂时中止运行的内、外部事件的服务程序(处理程序),待该服务程序处理完毕后再返回到被中止的原程序的过程。引起中断的事件可以源于多种不同的内部或外部事件。分别称"内部中断"和"外部中断"。能够向中央处理器发出中断请求的中断来源称"中断源"。分为硬件中断和软件中断。前者指由硬件信号触发所引起的中断事件,按事件种类的性质和紧迫性,分不可屏蔽中断和可屏蔽中断,一般用于处理外部硬件事件。后者指由执行某些指令引发的中断处理过程,常用于处理异常(如被零除、计算溢出等)和实现系统调用,操作系统的系统调用会通过软件中断指令,将程序的运行状态转变为内核态,从而执行所需特权操作。处理器可有多个中断源,中断可根据事件的紧迫性和重要性,设置不同的中断级别,高优先级的中断事件,可打断正在执行的低优先级的中断处理程序。处理器的最高级别中断,专供操作系统使用,用以掌控处理器的所有资源。

外部中断(external interruption) 亦称"硬件中断"。由外部事件引起的中断。

内部中断(internal interruption) 由于软件引起的

中断。常见的有:(1) 系统调用;(2) 陷阱指令、特权指令和程序调试指令;(3) 程序运行出错;(4) 程序运行中遇到异常操作,例如,虚拟存储器访问时的页面错、分段操作时的段越界、溢出以及被零除。通常(1)和(2)称为"指令异常",(3)和(4)称为"内部异常"。与程序的运行直接有关,有的发生在程序中相关指令处,如上述内部中断源中的(1)和(2),有的发生在程序执行过程中的异常操作,如上述内部中断源中的(3)和(4)。

中断屏蔽(interrupt mask) 处理器能拒绝响应中断请求信号,不允许打断处理器所执行主程序的设计。通常是由内部的中断触发器(或中断允许触发器)控制。根据处理器内部受理中断请求的情况,中断可分为可屏蔽中断与不可屏蔽中断两种。凡是处理器内部能够"屏蔽"的中断,称"可屏蔽中断";否则称"不可屏蔽中断"。

中断向量表 即"中断矢量表"(127 页)。

直接存储器访问(direct memory access; DMA) 一种不需要中央处理器干预也不需要软件介入的高速数据传送方式。是计算机科学中的一种内存访问技术。中央处理器只启动而不干预这一传送过程,除在数据传输开始和结束时稍做处理,在传输过程中可进行其他工作。在大部分时间里,中央处理器和输入输出都处于并行操作。整个传送过程只由硬件完成而不需软件介入,数据传送速率可达到很高值。允许某些计算机内部的硬件子系统(计算机外设),可独立地直接读写系统内存,而不需中央处理器介入处理。在同等程度的处理器负担下,是一种快速的数据传送方式。多用于硬件系统,如硬盘控制器、绘图显卡、网卡和声卡。

程序控制传送方式(program control transmission) 以中央处理器为中心,数据传送的控制来自中央处理器,通过预先编制的输入或输出程序(传送指令和输入输出指令)实现数据传送的方式。数据传送速率较低,传送路径要经过中央处理器内部寄存器,同时数据的输入输出的响应也较慢。有无条件传送、查询传送和中断传送三种方式。

总线(bus) 在计算机系统中,一种在多于两个模块(设备和子系统)间传送信息的公共通路。为在各模块(设备和子系统)之间实现信息共享和交换,由传输信息的物理介质以及一套管理信息传输的通用规则(协议)所构成。对应用最广的微型计算机系统而言,按规模、用途、在系统中的层次及其应用场合,分:(1) 片总线,亦称"芯片总线"。处理器芯片引出的信号线,是用处理器芯片构成一个部件(如中央处理器插件)或是一个很小的系统时,构成部件(或小系统)的各元、器件之间信息传输的通路,是"元件级总线"。(2) 系统总线,亦称"内总线"或"板级总线"。微型计算机系统内部的扩展总线,用于构成微型计算机系统各插件(板卡)之间信息传输的通路,是模块级总线。(3) 通信总线,亦称"外总线"。微机系统之间,或微机系统与其他系统(仪器、仪表、控制装置)之间信息传输的通路,是系统级总线,往往借用电子工业其他领域已有的总线标准。

系统总线(system bus) 亦称"内总线"或"板级总线"。微型计算机系统内部扩展的总线。一个单独的计算机总线,是连接计算机系统的主要组件——构成微型计算机系统各插件(板卡)之间信息传输的通路,是模块级总线。其信号线大致可分五类:(1) 数据传输信号线,包括地址线、数据线以及读/写控制线等;(2) 中断信号线,包括中断请求线、中断认可线等;(3) 总线仲裁信号线,包括总线请求线、总线许可线和总线忙线等;(4) 其他信号线,包括系统时钟、复位、电源和地线等;(5) 备用线,用于扩充功能或特殊用途。可以大大简化硬件的设计过程,简化系统结构,使系统易于扩充,简化系统的软件设计过程,减轻软件的设计和调试工作负担,缩短软、硬件的研制周期,降低系统的成本。

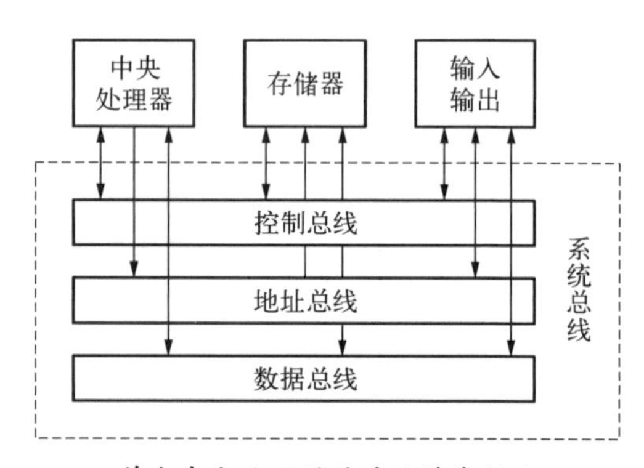

单个中央处理器的系统总线例子

地址总线(address bus) 一种计算机总线。是中央处理器或有直接存储器存取能力的单元,用来沟通这些单元要访问(读/写)计算机内存组件/输入输出设备的物理地址信息的通路。通常是单向总线,由中央处理器输出,16 位微处理器有 20 条或 24 条地址总线,32 位微处理器一般有 32 条或 36 条地址总线。用于指令操作的不同时期，选择要操作的器件和系统，既用于存储器的操作，又用于输入输出操作。在任一给定时传送如下信息：(1) 处理器须执行的下一条指令地址；(2) 处理器进行计算所需的操作数的存储地址；(3) 准备接收处理器计算结果的单元地址；(4) 准备将数据发送给处理器的某台输入设备的地址；(5) 准备从处理器接收一个数据的某台输出设备的地址；(6) 在存储器的两个存储区之间，存储器与外设之间，或者两个外设之间传输数据时的有关地址；地址译码时，地址线的分配情况由系统的实际安排情况和电路板上的组织方式决定。

控制总线(control bus)　一种计算机总线。搭载着中央处理器发出的命令和装置所回应的状态信号。不同型号的微处理器有不同数目的控制总线，且其方向和用途也不一样，但多与系统的同步功能有关。一般微处理器所共有的是：(1) 读出线和写入线；(2) 中断请求线和中断响应线；(3) 同步(选通或时钟)信号线；(4) 保持、等待就绪(准备好)线。控制总线用来传送保证计算机同步和协调的定时信号和控制信号，从而保证正确地通过数据总线传送各项信息。

数据总线(data bus)　一种计算机总线。是双向总线，16 位微处理器有 16 条，32 位微处理器通常有 32 条。用来传送各类数据，作用是把信息送入中央处理器或从中央处理器送出，要求严格的时序控制电路和转接电路(如锁存器、三态器件和各种门电路)加以配合和协调。可传送的数据类型为：数值数据、指令码、地址信息、设备码、控制字和状态字等。

总线竞争(bus contention)　总线上的多个设备同时尝试在总线上放置信息时对总线资源的争用。大多数总线架构要求其设备遵循精心设计的仲裁协议，以使竞争的可能性可以忽略不计。但当总线上的设备有逻辑错误、制造缺陷或超出其设计速率运行时，仲裁可能会故障，从而导致竞争。在具有可编程内存映射的系统上控制映射的寄存器被写入非法值后，也可能发生竞争。竞争可能导致错误的操作，并且在异常情况下会损坏硬件——如总线接线的熔断。有时可通过缓冲内存映射设备的输出应对。倘无标准的解决方案来应对内存设备(如 EEPROM 和 SRAM)之间的数据总线争用。大多数小型计算机系统为避免系统总线上的争用，使用一个称为“总线仲裁器”的设备控制哪个设备在当前可以驱动总线。大多数网络被设计为容忍网络上偶尔的总线争用。CAN 总线、ALOHAnet、以太网等在正常运作中偶尔会遇到总线争用，但会使用一些协议加以规避(例如避免碰撞的多路访问、具有碰撞检测的载波侦听多路访问、自动重发请求)。

总线标准(bus standard)　国际上公布或推荐的互连各个模块的标准。是把各种不同的模块组成计算机系统(或计算机应用系统)时必须遵守的规范。为计算机系统(或计算机应用系统)中各个模块的互连提供一个标准界面，该界面对界面两侧的模块而言都是透明的，界面的任一方只需根据总线标准的要求来实现接口的功能，而不必考虑另一方的接口方式。按总线标准设计的接口是通用接口。采用总线标准可以为计算机接口的软/硬件设计提供方便。对硬件设计而言，由于总线标准的引入，使各个模块的接口芯片的设计相对独立。同时也给接口软件的模块化设计带来了方便。

前端总线(front side bus; FSB)　一种计算机总线。是中央处理器数据总线的专门术语。负责中央处理器和北桥芯片间的数据传递。与系统总线的区别在于，速度指的是中央处理器和北桥芯片间总线的速度。而系统总线的速度是创建在数字脉冲信号振荡速度基础之上的。因以前与系统总线速率相同，常混用，后发现速度需高于系统总线，即采用四倍数据倍率或类似技术实现，其原理类似图形加速端口(AGP)的 2×或 4×，使前端总线频率成为系统总线的 2 倍、4 倍甚至更高，从此两者不再混用。

后端总线(back side bus; BSB)　一种计算机总线。是带有二级(L2)和三级(L3)缓存的计算机中，负责中央处理器和外部缓存(经常为第二级缓存)之间的数据传递的数据通道。传输速率总是高于前端总线。用于处理缓存数据时实际上是以中央处理器时钟速度运行。在 20 世纪 90 年代中期，是保持数据移动的重要路径。英特尔公司的 Pentium II 和 Pentium Pro 都使用芯片外缓存，与保存在传统内存中的数据相比，这类缓存将经常使用的数据靠近(在访问数据所需的距离和时间上)主处理单元保存。连线将中央处理器连接到第二级(L2)缓存资源并以中央处理器时钟速度在中央处理器与 L2 缓存之间交换数据。超微半导体公司此后也开始采用同样的策略。

A20 总线(A20 bus) 一种计算机总线。是 x86 体系的扩充电子线路之一。专门用来转换地址总线第 21 位。激活 A20 总线是保护模式在引导阶段的步骤之一,通常在引导程序将控制权交给内核之前完成。

IDE/ATA 总线(integrated drive electronics / advanced technology attachment bus) 一种计算机总线。IDE(集成驱动电子设备)是一种计算机系统接口,也是一种磁盘驱动器技术,主要用于硬盘和 CD-ROM,本意为“把控制器与盘体集成在一起的硬盘”。把盘体与控制器集成在一起,减少了硬盘接口的电缆数目与长度,数据传输的可靠性得到了增强,硬盘制造起来更容易,方便用户安装硬盘,只需用一根电缆与主板或适配器连起来即可。ATA(高技术配置)是一个控制器技术,是一个花费低而性能适中的接口,主要是针对台式机而设计的。高版本的,称“ATA-2”和“ATA-3”,与之匹配的磁盘驱动器称“增强的 IDE(EIDE)”。当前主要接口为 SATA 接口。SATA(Serial ATA)于 2002 年推出后,原有的 ATA 改名为 PATA(Parallel ATA),并于 2013 年后被 SATA 完全取代。

ATA over Ethernet(Advanced Technology Attachment over Ethernet; AoE) 由 Brantley Coile 所提出的一种网络通信协议。可在以太网路上访问硬盘接口技术标准的存储装置(多指硬盘),能以平价且标准的技术来实现一个存储局域网络环境。不依赖以太网路中网络层以上的协议,包括 IP、UDP、TCP 等,故不能在局域网络上进行路由、绕径,仅作为存储局域网络之用,与 iSCSI 相同,皆强调自身是远比光纤渠道低廉的存储局域网络布建方案,且比 iSCSI 更简单、更低廉。

串行 ATA(serial ATA; serial advanced technology attachment) 一种计算机总线。负责主板和大容量存储设备(如硬盘及光盘驱动器)之间的数据传输。主要用于个人计算机。与串列 SCSI(Serial Attached SCSI)的排线兼容,硬盘可接上 SAS 接口,2000 年 11 月由“Serial ATA Working Group”团体所制定,取代旧式 PATA(Parallel ATA 或旧称 IDE)硬盘的接口,因采用串行方式传输数据而得名。在数据传输方面,速度比以往更加快捷,并支持热插拔。另因使用嵌入式时脉信号,具备更强的纠错能力,能对传输指令(不仅是数据)进行检查,如发现错误可自动纠正,提高数据传输的可靠性。使用较细的排线,有利机箱内部的空气流通,增加了整个平台的稳定性。

IEEE 1394 接口(IEEE 1394 interface; FireWire) 亦称“火线接口”。由苹果公司领导的开发联盟开发的一种高速传送接口。“火线”一词为苹果计算机登记之商标,而其他制造商在运用这项科技时,会采用不同的名称。理论上可将 64 台设备串接在同一网络上。传输速度有 100 兆位/秒、200 兆位/秒、400 兆位/秒、800 兆位/秒、1.6 吉位/秒和 3.2 吉位/秒的规格。索尼的产品称此接口为 i.Link;得州仪器则称之为 Lynx。使用设备有:(1) 外接式设备,外接硬盘、外接式光盘驱动器、磁光盘机、读卡器;(2) 数字影音播放器;(3) 飞机;(4) 航天飞机;(5) 数字摄影机。

PS/2 接口(PS/2 interface) 一种 PC 兼容型计算机系统上的接口。可用来连接键盘及鼠标。其命名来自 1987 年 IBM 所推出的个人电脑的名称——PS/2 系列。PS/2 鼠标接口通常用来取代旧式的序列鼠标接口(DB-9 RS-232);而 PS/2 键盘接口则用来取代为 IBM PC/AT 所设计的大型 5-pin DIN 接口。PS/2 的键盘及鼠标接口在电气特性上十分类似,主要差别在于键盘接口需要实现双向的沟通。在早期如果对调键盘和鼠标的插槽,大部分的台式机主板将不能识别出键盘及鼠标。现已互识。已被通用串行总线取代。

IEEE 488 总线(IEEE 488 bus) 一种计算机总线。是用于短程通信的规范。主要用于各种测量仪器与计算机系统连接的并行接口标准总线。是惠普公司在 20 世纪 70 年代初为程序可控的台式仪器间的互连而研制,称为 HP-IB(HP Interface Bus),1975 年被美国国家标准学会(ANSI)采用,正式命名为 IEEE 488。1976 年国际电工委员会又将其命名为 IEC 仪器接口,有些国家称其为通用接口总线(GP-IB; General Purpose Interface Bus)。规定:(1) 交换的信息必须是数字量;(2) 一条总线上连接的仪器数不超过 15 个;(3) 传输线的总长度不超过 20 米;(4) 任何一条信号线上的传输速率不超过 1 兆位/秒。由具有 TTL 电平的 16 条信号线组成,采用 24 芯的连接器。

外围部件互连局部总线(peripheral component interconnection local bus) 简称“PCI 总线”。一种

计算机总线。是连接计算机主板和外部设备的标准。是英特尔公司1991年提出的总线概念。属第二代总线技术。主要特点是：(1) 高性能，实现33兆赫和66兆赫的同步总线操作，传输速率从132兆位/秒升级到528兆位/秒；(2) 良好的兼容性，支持所有不同结构的处理器，具有相对长的生命周期；(3) 支持即插即用；(4) 多主设备能力；(5) 适度地保证数据的完整性；(6) 优良的软件兼容性；(7) 定义了5伏和3.3伏两种信号环境；(8) 相对的低成本。

PCI－E总线(peripheral component interconnect express) 为适应对总线高带宽的要求，由英特尔公司主导制订的比外围部件互连局部总线(PCI总线)速度更高的高性能串行I/O总线。属第三代总线技术。采用串行通信模式以及同OSI网络模型相类似的分层结构，其具体的信号是两对低电压、分离驱动的电脉冲，一对负责传送，一对负责接收，低针数接口，采用点对点技术，能为每一个设备分配独享通道，不需要在设备间共享资源。每个设备最多可以通过64条连接线和其他设备建立连接，每个连接占用的带宽可在1条、2条、4条、8条、16条或32条连接线之间定义，以实现更高的集合速度，依照内部独立数据传输通道的数量。可以被配置成×1、×2、×4、×8、×16、×32。PCI－Express的最高规格为×32。在×1规格下的数据传输带宽为312.5兆位/秒，在×32规格下为10吉位/秒。PCI－Express×1和PCI－Express×16已成为其主流规格。

PCI－X总线(PCI－X bus) 传统PCI总线的升级版。有更高的带宽。1998年由IBM、惠普，以及康柏等公司制定，采用64位总线宽度，以及133兆赫的带宽来发送数据，有更多的接脚，所有连接设备会共享所有可用的带宽，但两者的协议相当类似。还支持讯息信号主动中断机制，将中断向量编号送至指定的存储器，接着再触发中断。

基本输入输出系统(basic input output system; BIOS) 一组固化在计算机主板的只读存储器芯片上的程序。存放着计算机最重要的基本输入输出的程序、系统设置信息、开机后自检程序和系统自启动程序。在通电引导阶段运行硬件初始化，以及为操作系统和程序提供运行时服务的固件。最早随着CP/M操作系统的推出在1975年出现。预安装在个人计算机的主板上，是个人计算机启动时加载的第一个软件。主要功能是为计算机提供最底层、最直接的硬件设置和控制。主板上的基本输入输出系统芯片是主板上贴有标签的芯片，通常是一块32针的印有“基本输入输出系统”字样的双列直插式集成电路。现在多存储于闪存芯片上，以方便更新。

小型计算机系统接口(small computer system interface; SCSI) 一种用于计算机及其周边设备之间(硬盘、软驱、光驱、打印机、扫描仪等)系统级接口的独立处理器标准。定义命令、通信协议以及实体的电气特性(即开放系统互联的占据物理层、链接层、套接层、应用层)，最大部分的应用是在存储设备上(如硬盘、磁带机)和光学设备(如CD、DVD)。

串行SCSI(serial attached SCSI; SAS) 由ANSI INCITS T10技术委员会开发的新的存储接口标准。是由并行SCSI物理存储接口演化而来。与并行方式相比，串行方式能提供更快速的通信传输速率以及更简易的配置。此外SAS支持与串行ATA设备兼容，且两者可以使用相类似的电缆。SATA的硬盘可接在SAS的控制器使用，但SAS硬盘却不能接在SATA的控制器使用。SAS是点对点连接，并允许多个端口集中于单个控制器上，可以创建在主板上，也可以另外添加。该技术创建在强大的并行SCSI通信技术基础上。SAS是采用SATA兼容的电缆线采取点对点连接方式，从而在计算机系统中不需要创建菊花链方式便可简单地实现线缆安装。第一代SAS为数组中的每个驱动器提供3.0吉位/秒的传输速率；第二代SAS为数组中的每个驱动器提供6.0吉位/秒的传输速率；第三代SAS为数组中的每个驱动器提供12.0吉位/秒的传输速率。

通用串行总线(universal serial bus; USB) 亦称“USB接口”。计算机上应用较广泛的接口规范。由英特尔、微软、康柏、IBM、NEC、北方电信等几家大厂商发起的新型外设接口标准。是计算机主板上的一种四针接口，其中中间两个针传输数据，两边两个针给外设供电。速度快，连接简单，不需要外接电源，传输速度12兆位/秒，USB 2.0为480兆位/秒，USB 3.0为5吉位/秒，USB 4.0为40吉位/秒；电缆最大长度5米，包括：2条信号线，2条电源线，可提供5伏电源，还分屏蔽

通用串行总线

和非屏蔽两种，屏蔽电缆传输速度可达 12 兆位/秒，价格较贵，非屏蔽电缆速度为 1.5 兆位/秒，价格便宜；通过串联方式最多可串接 127 个设备；支持热插拔。部分 USB Type－A、Micro－B 以及 USB Type－C 不再分正反。

USB 接口 即“通用串行总线”。

即插即用(plug and play; PnP) 只要将扩展卡插入微型计算机的扩展槽中，微型计算机系统就能自动进行扩展卡的配置工作，保证系统资源空间的合理分配，避免发生系统资源占用的冲突的功能。在开机后由系统自动进行，无须操作人员的干预。涉及计算机系统的 4 个主要部分，即基于 ROM 的 BIOS、操作系统、硬件和应用软件。主要取决于微型计算机的系统总线结构，EISA 和 PCI 总线本身就采用了即插即用技术，但在扩展 EISA 卡时，还要程序进行系统的配置工作；PCI 则可为用户提供真正的即插即用功能。

热插拔(hot swapping; hot plugging) 亦称“带电插拔”。可在计算机运作时插上或拔除硬件的功能。配合适当的软件，便可在不用关闭电源的情况下插入或拔除支持热插拔的周边设备，不会导致主机或周边设备烧毁，并且系统能够即时侦测及使用新的设备。相比即插即用对软硬件的要求还包含了电源、信号与接地线的接触顺序。

信息设备(information appliance; IA) 所有能够处理信息、信号、绘图、图像、动画、录像及声音的器材与设备。于 20 世纪 80 年代中期出现，初时是一种配合电子屏幕及简单存储设备的电子打字机，称“文字处理机”。具有存储及与其他文字处理机交换档案的功能。常见的有移动电话、智能卡、个人数码助理等。数字相机、手提电话、电视解码器及 LCD 电视并不属于信息设备的范围，除非这些器材具有与其他信息设备沟通的能力。

芯　　片

集成电路(integrated circuit; IC) 一种微型电子器件或部件。采用一定的工艺，把一个电路中所需的晶体管、电阻、电容和电感等元件制作在一小块或几小块半导体晶片或介质的基片上，封装在一个管壳内，成为具有所需电路功能的微型结构。使整个电路的体积大大缩小，引出线和焊接点的数目也大为减少，具有微小型化、低功耗和高可靠性和高稳定性的优点。第一个集成电路雏形是由得州仪器工程师杰克・基尔比(Jack Kilby)于 1958 年完成。包括一个双极性晶体管，三个电阻和一个电容器。按制造工艺，分半导体集成电路、薄膜集成电路、厚膜集成电路和混合集成电路等；按性能和用途，分数字集成电路、线性集成电路和微波集成电路等；按集成度，分小规模、中规模、大规模及超大规模集成电路。在电子计算机、通信设备、导弹、雷达、人造卫星和各种遥控、遥测设备中有非常重要的应用，也普及到工农业领域和日常生活领域。

数字集成电路(digital integrated circuit) 由一组逻辑门组成，主要进行数字信号处理的集成电路。信号以“1”和“0”两个数字表示电路的两种状态，如“通”和“断”或高电位和低电位等。基本类型有组合逻辑电路和时序逻辑电路两种。常见的集成组合逻辑电路有门电路、全加器、译码器、编码器、多路转接器等；常见的集成时序逻辑电路有触发器、计数器、寄存器等。其研究方法是逻辑分析和逻辑设计，所需要的工具是逻辑代数。优点是：(1) 稳定性好，不易受噪声的干扰；(2) 可靠性高，只需分辨出信号的有与无，电路的组件参数，允许有较大的变化(漂移)范围；(3) 可以利用某种介质，如磁带、磁盘、光盘等进行长时期的存储；(4) 便于计算机处理。可以和模拟电路互相连接。电路设计大部分是通过使用硬件描述语言在电子设计自动化软件的辅助下自动完成设计、逻辑综合、布局、布线以及版图生成。特点是直观、准确，易于实现系列化，适合大量生产。

模拟集成电路(analog integrated circuit) 用来处理模拟信号的集成电路。是除数字集成电路以外的线性放大集成电路和非线性集成电路(如振荡电路、混频电路、检波电路、稳压电路等)的统称。有运算放大器、模拟乘法器、锁相环、电源管理芯片等。主要构成部分有放大器、滤波器、反馈电路、基准源电路、开关电容电路等。通常是通过有经验的设计师进行手动的电路调试、模拟而得到。

混合集成电路(hybrid integrated circuit; HIC) 集合了模拟与数字电路的集成电路。通常包含整个系统芯片。即一个芯片在大的组合中一般能够实行某些系统全部功能或子功能，如移动电话的射频子系统，DVD 播放机中读取资料路径和激光读取头悬臂控制逻辑。经常被设计为特定用途,但也可能是多用途的标准元件。而且其设计需要非常高度的专业和细心的使用计算机辅助设计工具。芯片完成后的自动化测试也比一般集成电路复杂。

专用集成电路(application specific integrated circuit; ASIC) 为特定用户或特定电子系统制作的集成电路。数字集成电路的通用性和大批量生产,使电子产品成本大幅度下降,推进了计算机、通信和电子产品的普及,也产生了通用与专用的矛盾,以及系统设计与电路制作脱节的问题。可实现整机系统的优化设计,性能优越,保密性强。电路的特点是面向特定用户的需求,品种多、批量少,设计和生产周期短,是作为集成电路技术与特定用户的整机或系统技术紧密结合的产物,与通用集成电路相比具有体积小、质量轻、功耗低、可靠性提高、性能提高、保密性增强、成本降低等优点。

摩尔定律(Moore's law) 揭示信息技术进步速度的一个经验法则。由英特尔公司创始人之一摩尔(Gordon Moore)提出,故名。内容为:当价格不变时,集成电路上可容纳的元器件的数目,约每隔18个月便会增加一倍,性能也将提升一倍。自提出以来,其揭示的这种趋势已持续了相当长时间,个人计算机、互联网、智能移动设备等技术改善和创新都是例证。但至21世纪20年代,已出现失效的趋势。

逻辑门电路(gate circuit) 简称"门电路"。实现基本和常用逻辑运算的电子电路。所谓"门"就是一些实现基本逻辑关系的电路,如"与"门、"或"门、"非"门、"或非"门和"与非"门。按器件,分晶体管-晶体管逻辑(TTL)门电路和互补型金属氧化物半导体(CMOS)门电路。前者工作速度高,驱动能力强,但功耗大,逻辑度低;后者功耗极低,成本低,电源电压范围宽,逻辑度高,抗干扰能力强,输入阻抗高,扇出能力强。用电阻、电容、二极管、三极管等分立元件构成分立元件门。也可将门电路的所有器件及连接导线制作在同一块半导体基片上,构成集成逻辑门电路。

芯片(chip) 亦称"微电路""微芯片"。集成电路的载体。由晶圆(硅晶圆片)切割而成。

电路(circuit; electrical circuit) 亦称"电子回路""电子线路""电气回路"。由电气设备和元器件,按一定方式连接起来,为电荷流通提供路径的总体。由电源、电阻、电容、电感、二极管、晶体管、集成电路和电键等构成闭合回路的网络。遵循基本电路定律:(1) 基尔霍夫电流定律,流入一个节点的电流总和,等于流出节点的电流总和;(2) 基尔霍夫电压定律,环路电压的总和为零;(3) 欧姆定律,线性组件(如电阻)两端的电压,等于组件的阻值和流过组件的电流的乘积。仅适用于线性电路的两条定理是:(1) 诺顿定理,任何由独立源,线性受控源与线性组件构成的两端网络,总可以等效为一个理想电流源与一个电阻的并联网络;(2) 戴维宁定理,任何由独立源,线性受控源与线性组件构成的两端网络,总可以等效为一个理想电压源与一个电阻的串联网络。

无源器件(passive device) 在无须外加电源的条件下,即可显示其特性的电子元件。主要包括电阻器、电容器、电感器、转换器、渐变器、匹配网络、谐振器、滤波器、混频器、开关等。一般用于信号的传输。

有源器件(active devices) 需外加电源后才能实现其特定功能的电子元件。主要包括电子管、晶体管、集成电路等。一般用于信号的放大、转换等。

与门(AND gate) 数字电路中实现逻辑"与"运算的门电路。有多个输入和一个输出。若输入均为高电平(1),则输出为高电平(1);若输入中至少有一个是低电平(0),则输出为低电平(0)。与门的功能是得到两个二进制数的最小值。

或门(OR gate) 数字电路中实现逻辑"或"运算的门电路。有多个输入和一个输出。若输入均为低电平(0),则输出为低电平(0);若输入中至少有一个是高电平(1),则输出为高电平(1)。或门的功能是得到两个二进制数的最大值。

非门(NOT gate) 亦称"反相器",数字电路中实现"非"运算的门电路。有一个输入和一个输出。若输入为低电平(0),则输出为高电平(1);若输入为高电平(1),则输出为低电平(0)。即输出和输入总是相反的。

与非门(NAND gate) 实现逻辑"与非"的门电路。是数字电路中的一种基本逻辑电路,是"与"门和"非"门的叠加。有多个输入和一个输出。先进行"与"运算,再进行"非"运算。若输入均为高电平(1),则输出为低电平(0);若输入中至少有一个为低电平(0),则输出为高电平(1)。与非门是一种通用的逻辑门,因为任何布尔函数都能用与非门实现。

或非门(NOR gate) 实现逻辑"或非"的门电路。

是数字电路中的一种基本逻辑电路，是“或”门和“非”门的叠加。有多个输入和一个输出。先进行“或”运算，再进行“非”运算。若输入均为低电平(0)，则输出为高电平(1)；若输入中至少有一个高电平(1)，则输出为低电平(0)。或非是一种具有函数完备性的运算，其他任何逻辑函数都能用或非门实现。

异或门(Exclusive-OR gate; XOR gate; EOR gate; ExOR gate)　是数字逻辑中实现逻辑“异或”的门电路。功能为，若两个输入的电平相异，则输出为高电平(1)；若两个输入的电平相同，则输出为低电平(0)。这一函数能实现模为2的加法，异或门可以实现计算机中的二进制加法。半加器是由异或门和与门组成的。

片上系统(system on a chip; SoC)　亦称“系统芯片”。将计算机或其他电子系统集成到单一芯片的集成电路。可处理数字信号、模拟信号、混合信号甚至更高频率的信号。常应用在嵌入式系统中。集成规模很大，一般达到几百万门到几千万门。典型的片上系统具有以下部分：(1) 至少一个微控制器或微处理器、数字信号处理器，为了更好地执行更复杂的任务，一些系统芯片采用了多个处理器核心；(2) 存储器则可以是只读存储器、随机存取存储器、EEPROM和闪存中的一种或多种；(3) 用于提供时间脉冲信号的振荡器和锁相环电路；(4) 由计数器和计时器、电源电路组成的外部设备；(5) 不同标准的连线接口，如通用串行总线、火线、以太网、通用异步收发和序列周边接口等；(6) 用于在数字信号和模拟信号之间转换的模数转换器和数模转换器；(7) 电压调整电路以及稳压器。

三态门(tristate gate)　亦称“三态输出门”“三态逻辑”。具有高电平、低电平和高阻抗三种输出状态的门电路。主要有晶体管-晶体管逻辑(TTL)三态门电路和互补型金属氧化物半导体(CMOS)三态门电路，两者都是在普通门电路的基础上提供一个允许输出端而构成的。用于在低电平时允许输出，而在非允许时保持高阻态。在各型号的逻辑集成电路发挥着重要的作用，常内置在各种集成电路中。

加法器(adder)　用于执行加法运算的数字电路部件。是产生数的和的装置。是构成电子计算机核心微处理器中算术逻辑单元的基础。常用作计算机算术逻辑部件，执行逻辑操作、移位与指令调用。可用来表示各种数值，如BCD码、加三码。也是其他一些硬件，如二进制数的乘法器的重要组成部分。

减法器(subtracter)　一种能完成两个一位二进制数相求得“差”及“借位”的逻辑电路。有两个输入端和两个输出端。两个输入端为被减数、减数，两个输出端为差数及向高位的借位数。

半加器(half adder)　只考虑被加数和加数，不考虑低位向本位进位值的加法器。在多位二进制数进行加法运算时，最低位的加法就可采用半加器电路。对2个1位的二进制数 X_i 与 Y_i 的加法运算，其输出为和数 S_i 与向高位的进位值 C_i，和数 S_i 同被加数 X_i、加数 Y_i 的关系可用一个异或门表示，而向高位的进位值 C_i 同 X_i、Y_i 的关系可用一个与门表示。

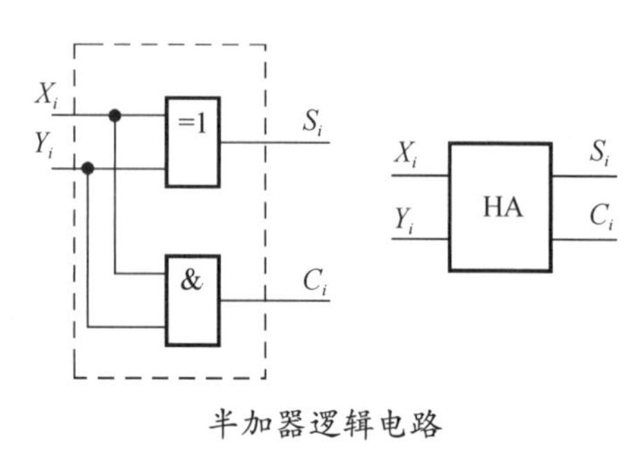

半加器逻辑电路

全加器(full adder)　考虑低位向本位的进位值的加法器。在多位二进制数进行加法运算时，除最低位外，其余各位都必须采用全加器电路。对2个1位的二进制数 X_i 与 Y_i，低位向本位的进位 C_{i-1} 的加法运算，其输出为和数 S_i 与向高位的进位值 C_i。

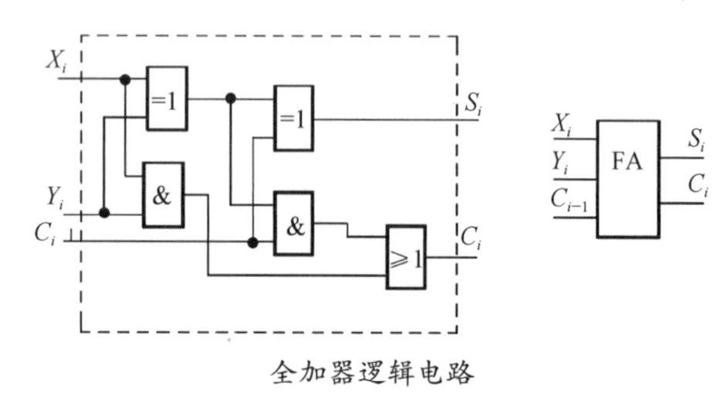

全加器逻辑电路

全减器(full subtracter)　两个二进制的数进行减法运算时使用的一种运算单元。最简单的是采用本位结果和借位来显示，二进制中是借一当二，可使用两个输出变量的高低电平变化来实现减法运算。

乘法器(multiplier)　执行乘法运算的逻辑电路。可将两个二进制数相乘。是由更基本的加法器组成的。常用作计算机算术逻辑部件。以二进制进行运算。可使用一系列计算机算数技术来实现数字乘法器。大多数的技术涉及了对部分积的计算（其过程和使用竖式手工计算多位十进制数乘法十分类似），然后将这些部分积相加起来。这一过程与进行多位十进制数乘法的过程类似，但根据二进制的情况进行了修改。

除法器（divider）　执行除法运算的逻辑电路。给定两个整数 *N*（分子）和 *D*（分母），计算它们的商和（或）余数。其中某些算法可以通过人工手动计算，而另一些则需要依赖数字电路的设计或软件。除法算法主要分为两类：慢除法和快除法。慢除法在每次迭代的过程中给出结果（商）的一位数字。慢除法包括复原法、非复原法和 SRT 除法等。快除法从商的一个近似估计开始，并且在每次迭代过程中产生有效位数为最终商的两倍多的中间值。

电荷耦合器件（charge coupled device；CCD）　利用半导体表面少数载流子的注入、传输和收集等物理过程完成电路功能的集成器件。1969 年由美国贝尔实验室威拉德·博伊尔（Willard Sterling Boyle）和乔治·史密斯（George Elwood Smith）所发明。器件内集成有许多排列整齐的电容，能感应光线，并将影像转变成数字信号。经由外部电路的控制，每个小电容能将其所带的电荷转给它相邻的电容。能沿着一片半导体的表面传递电荷，以便用来作为记忆器件设备，具有结构简单、集成度高、功耗小、功能多等优点。能延迟、存储、转移数字和模拟信号。在计算机、摄像机、模拟信号处理和图像处理等方面有广泛应用。

互补型金属氧化物半导体（complementary metal-oxide-semiconductor；CMOS）　在硅质晶圆模板上制出具有 NMOS（N-type MOSFET）和 PMOS（P-type MOSFET）基本元件的半导体。由于 NMOS 与 PMOS 在物理特性上为互补，故名。具有只有在晶体管需要切换启动与关闭时才需消耗能量的优点，节省电力且发热量少。可用来制作计算机电器的静态随机存取内存、微控制器、微处理器与其他数字逻辑电路系统。还可用于光学仪器上，如互补型金属氧化物半导体图像传感装置，常见于一些高级数码相机中。

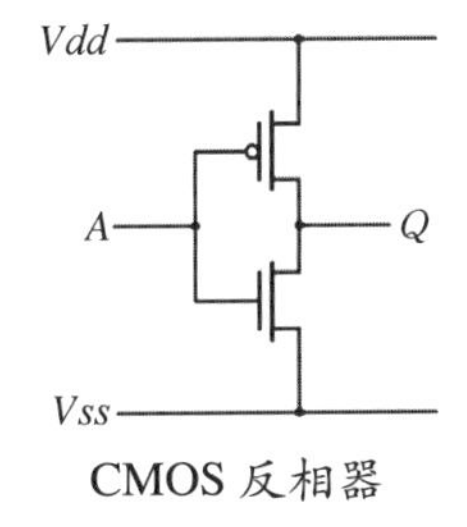

CMOS 反相器

集电极开路（open collector；OC）　亦称"集电极开路门""OC 门"。一种集成电路的输出装置。只是一个 NPN 型三极管，并不输出某一特定电压值或电流值。根据三极管基极所接的集成电路来决定（三极管发射极接地），通过三极管集电极，使其开路而输出。输出设备若为场效应晶体管，则称"漏极开路"（open drain，称"OD 门"），工作原理相仿。能让逻辑门输出端直接并联使用。两个 OC 门的并联，可实现逻辑与的关系，称"线与"，但在输出端口应加一个上拉电阻与电源相连。这种配置的特性是，输出侧上拉电阻连接的电压不一定需要使用与输入侧集成电路同样的电源，可用更低或更高的电压来代替。电路有时用于连接不同工作电位、或用于外部电路需要更高电压的场合。多个 OC 输出允许连接到同一条线上。通常用于连接多个器件的总线，前提是该总线的逻辑是同一时刻仅有单个设备输出（负逻辑的）有效信号。

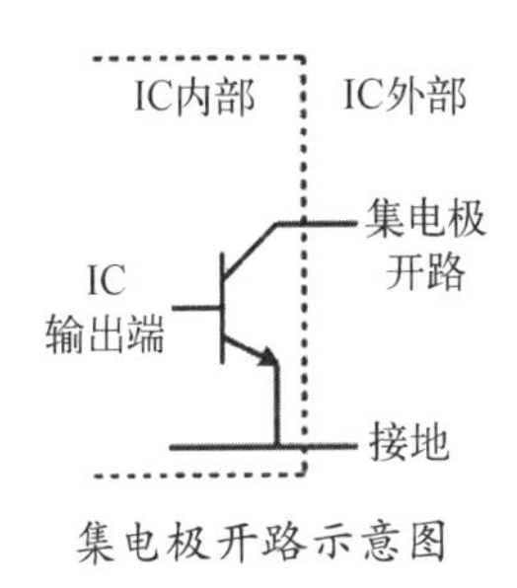

集电极开路示意图

可编程逻辑器件（programmable logic device；PLD）　逻辑功能可按用户要求对器件编程来确定的一种通用集成电路器件。是可通过编程配置实现某种特定数字逻辑功能的半定制数字逻辑器件。基于可重写的存储器技术，如要改变设计，只需要简单地对器件进行重新编程即可。设计人员可利用价格低廉的软件工具快速开发、仿真和测试其设计。可快速将设计编程到器件中，并立即在实际运行的电路中对设计进行测试。在设计阶段中用户可根据需要修改电路，直到对设计工作感到满意为止。具有研制开发周期短、现场灵活性好的特点。有两种主要类型：现场可编程门阵列（FPGA）和复杂可编程逻辑器件（Complex PLD — CPLD）。一颗复杂可编程逻辑器件内包含了数颗逻辑区块，各逻辑区块间的互接连线也可进行程序性的规划、刻录，复杂可编程逻辑器件运用这种多合一的集成做法，使其一颗就能实现数千个逻辑门，甚至数十万个逻辑门才能构成的电路。

可编程逻辑阵列（programmable logic array；PLA）　一种通用的多输入端和多输出端的可以实现组合逻辑电路的可编程逻辑器件。能实现任何"与或"逻辑表达式的逻辑功能。根据逻辑原理任何一个逻辑表达式都可化成"与或"逻辑表达式，可用于实现任何逻辑表达式的逻辑功能。分为两类：（1）掩膜式可编程逻辑阵列;(2) 现场可编程逻辑阵列。

可编程逻辑控制器(programmable logic controller; PLC) 一种专为在工业环境下应用而设计的数字运算操作的电子装置。用户可根据自己的要求,通过编程配置实现某种特定数字逻辑功能的半定制逻辑器件。具有包括逻辑控制、时序控制、模拟控制、多机通信等许多功能。采用可编制程序的存储器,用来在其内部存储执行逻辑运算、顺序运算、计时、计数和算术运算操作等面向用户的指令,并能通过数字式或模拟式的输入和输出,控制各种类型的机械或生产过程。与有关的外围设备都应该按易于与工业控制系统形成一个整体,易于扩展其功能的原则而设计。优点是:(1) 研制开发周期短、现场灵活性好;(2) 使用方便,编程简单;(3) 功能强,性能价格比高;(4) 硬件配套齐全,用户使用方便,适应性强;(5) 可靠性高,抗干扰能力强;(6) 系统的设计、安装、调试工作量少;(7) 维修工作量小,维修方便。广泛应用于钢铁、石油、化工、电力、建材、机械制造、汽车、轻纺、交通运输、环保及文化娱乐等各个行业。已有包括逻辑控制、时序控制、模拟控制、多机通信等功能。

现场可编程门阵列(field programmable gate array; FPGA) 在可编程逻辑阵列、通用阵列逻辑器件、复杂可编程逻辑器件等可编程逻辑器件的基础上发展的产物。作为专用集成电路领域中的一种半定制电路而出现,既解决全定制电路的不足,又克服原有可编程逻辑器件门电路数有限的缺点。由存放在片内随机存取存储器中的程序来设置其工作状态,工作时需要对片内的随机存取存储器进行编程。用户可根据不同的配置模式,采用不同的编程方式。主要特点:(1) 设计专用集成电路,用户不需要投片生产,就能得到合用的芯片;(2) 可做其他全定制或半定制专用电路的中试样片;(3) 内部有丰富的触发器和I/O引脚;(4) 是专用电路中设计周期最短、开发费用最低、风险最小的器件之一;(5) 采用高速互补型金属氧化物半导体工艺,功耗低,可以与互补型金属氧化物半导体、晶体管-晶体管逻辑电路兼容。其芯片是小批量系统提高系统集成度、可靠性的最佳选择之一。

通用阵列逻辑(generic array logic; GAL) Lattice半导体公司于20世纪80年代中期推出的,以可编程逻辑阵列为基础所强化修改成的一种可编程逻辑器件。特点是可重复编程(能多次烧录、多次清除芯片内的程序),输出引脚的功能和极性均可编程。具有可编程组合逻辑或者时序逻辑功能。

硬连线逻辑(hardwired logic) 亦称"硬连线控制器""组合逻辑控制器"。对指令中的操作码进行译码,并产生相应的时序控制信号的部件。由指令部件、地址部件、时序部件、操作控制部件和中断控制部件等组成。操作控制部件用来产生各种操作控制命令,根据指令要求和指令流程,按照一定顺序发出各种控制命令。操作控制部件的输入信号有:指令译码器的输出信号、时序信号和运算结果标志状态信号等。

时序逻辑电路(timing logic circuit) 电路任何时刻的稳态输出不仅取决于当前输入值,还与前一时刻输入形成的状态有关的数字逻辑电路。除含有组合电路外,还必须含有存储信息的有记忆能力的电路,如触发器、寄存器、计数器等。分异步时序逻辑电路和同步时序逻辑电路两类。系统操作与时间因素有关,按时间顺序逐个进行。输入电平表示数据和信息,输入脉冲作定时信号(即"时钟脉冲")。可建构出两种形式的有限状态机:(1) 摩尔型有限状态机,输出只与内部的状态有关(因内部的状态只会在时脉触发边缘的时候改变,输出的值只会在时脉边缘有改变);(2) 米利型有限状态机,输出不仅与当前内部状态有关,也与当前的输入有关系。时序逻辑因此被用来建构某些形式的计算机的内存,延迟与存储单元,以及有限状态自动机。大部分现实的计算机电路都是组合逻辑跟时序逻辑混用。功能描述方法为:逻辑表达式;输出方程组;驱动(激励)方程组;状态(次态)方程组。

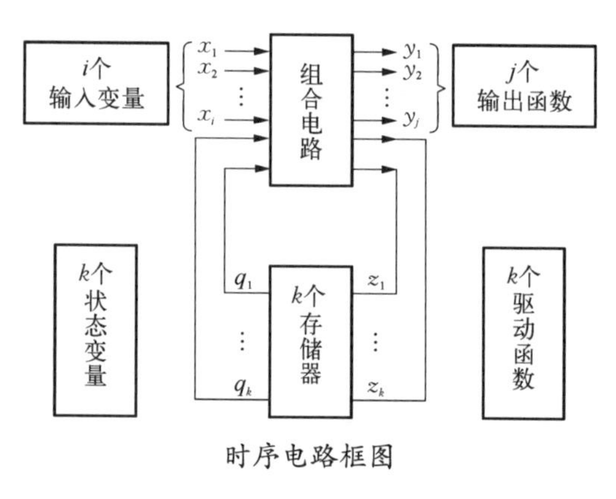

时序电路框图

同步时序逻辑电路(synchronous sequential logical circuit) 所有存储元件都在时钟脉冲的统一控制

下，用触发器作为存储元件的时序逻辑电路。有一个“时钟”信号，所有的内部内存（内部状态）只会在时钟的边沿时候改变。在时序逻辑中最基本的储存元件是触发器。最主要的优点是简单。每一个电路里的运算必须要在时钟的两个脉冲之间固定的间隔内完成，称为一个“时钟周期”。只有在满足该条件下（不考虑其他某些细节），电路才能保证是可靠的。同步逻辑的主要的缺点：时钟信号必须要分布到电路上的每一个触发器。而时钟通常都是高频率的信号，这会导致功率的消耗，产生热量。即使每个触发器不在工作状态，也会消耗少量的能量，会导致废热产生。最大的可能时钟频率是由电路中最慢的逻辑路径决定，称“关键路径”。每个逻辑的运算，从最简单的到最复杂的，都要在每一个时脉的周期中完成。描述的方法有功能表、特性表、特性方程、状态图、状态表、激励表和时间图。

异步时序逻辑电路（asynchronous sequential logical circuit）　电路中没有统一时钟，使用不带时钟的触发器和延迟元件作为存储元件的时序逻辑电路。是循序逻辑的普遍本质，但由于其弹性关系，设计难度最大。最基本的存储元件是锁存器。锁存器可在任何时间改变它的状态，依照其他的锁存器信号的变动，他们新的状态就会被产生出来。异步电路的复杂度随着逻辑门的增加而快速增加，大部分仅使用在小的应用中。计算机辅助设计工具的发展可简化这些工作，允许更复杂的设计。

组合逻辑（combinatory logic）　一种任一时刻的稳态输出，仅与该时刻的输入变量的取值有关，而与该时刻以前的输入变量取值无关的逻辑电路。其输出只会跟当前的输入成一种函数关系。从电路结构分析，组合电路由各种逻辑门组成，网络中无记忆元件，也无反馈线。计算机电路都是组合逻辑和时序逻辑的混用电路。以算术运算逻辑单元为例，尽管算术运算逻辑单元是由循序逻辑的程序装置所控制，而数学的运算则是由组合逻辑制产生的。计算

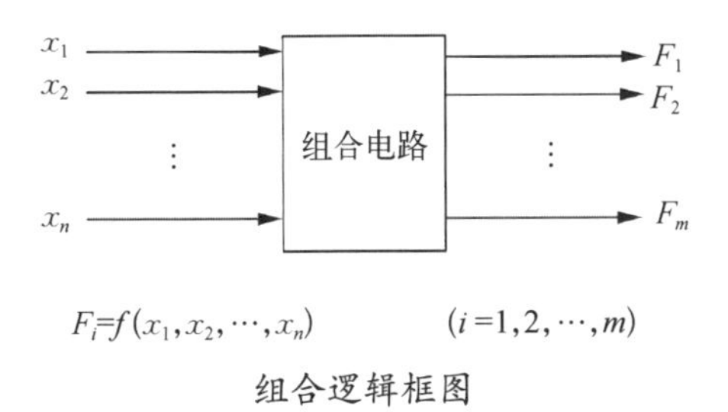

组合逻辑框图

机中用到的其他电路，如数据选择器、数据分配器、编码器和译码器也用来构成组合逻辑电路。

触发器（flip flop; trigger）　亦称“正反器”。一种具有两种稳态的用于储存的逻辑组件。可记录二进制数字信号“1”和“0”。该电路可以通过一个或多个施加在控制输入端的信号来改变自身的状态，并会有1个或2个输出。是构成时序逻辑电路以及各种复杂数字系统的基本逻辑单元。是在计算机、通信和许多其他类型的系统中使用的数字电子系统的基本组成部件。线路图由逻辑门组合而成，结构均由复位锁存器派生而来（广义的触发器包括锁存器）。可处理输入、输出信号和时脉之间的相互影响。

单稳触发电路（monostable trigger circuit）　一种具有稳态和暂态两种工作状态的基本脉冲单元电路。无外加信号触发时，电路处于稳态。在外加信号触发下，电路从稳态翻转到暂态，且经过一段时间后，电路又会自动返回到稳态。暂态时间的长短取决于电路本身的参数，而与触发信号作用时间的长短无关。

双稳触发电路（bistable trigger circuit）　一种具有记忆功能的逻辑单元电路。能储存一位二进制码。有两个稳定的工作状态，在外加信号触发下电路可从一种稳定的工作状态转换到另一种稳定的工作状态。两个稳定状态为0态和1态，电路能根据输入信号将触发置成0态或1态。

锁存器（latch）　亦称“闩锁”。异步时序逻辑电路系统中用来储存信息的一种电子电路。一个锁存器可储存1比特的信息，是一种对脉冲电平敏感的存储单元电路，可在特定输入脉冲电平作用下改变状态。“锁存”即把信号暂存以维持某种电平状态。是利用电平控制数据的输入，包括不带使能控制的锁存器和带使能控制的锁存器。最主要的作用是缓存，其次是完成高速的控制器与慢速的外设之间的不同步问题，第三是解决驱动的问题，最后是解决一个I/O口既能输出也能输入的问题。在某些运算器电路中有时采用锁存器作为数据暂存器。只有在有锁存信号时输入的状态被保存到输出，直到下一个锁存信号。通常只有0和1两个值。典型的逻辑电路是D触发器。由若干个钟控D触发器构成的一次能存储多位二进制代码的时序逻辑电路，称“锁存器件”。

计数器(counter)　能记录事件发生次数的器件和逻辑元件。是存储(有时还有显示)特定事件或过程发生次数的装置,如计算机中的寄存器或存储器的某一指定部分。在数字系统中,主要是对脉冲的个数进行计数,以实现测量、计数和控制的功能,同时兼有分频功能。由基本的计数单元和一些控制门组成,计数单元则由一系列具有存储信息功能的触发器构成。计数器电路通常由多个触发器级联连接而成。是有"时钟"输入线和多输出线的时序逻辑电路。输出线的值代表在二进制或 BCD 计数系统的数。每个施加到时钟输入的脉冲都会使计数器增加或是减少。有多种类型的计数器:异步(纹波)计数器,改变状态位用作后续状态触发器的时钟;同步计数器,所有状态位都在单一时钟的控制下;十进制计数器,每级经过 10 个状态;递增/递减计数器,借由输入信号的控制,可让计数器递增或是递减;环形计数器,由移位寄存器组成,但有额外连接成环状的反馈电路;约翰逊计数器以及扭环形计数器、级联计数器等。

桶式移位器(barrel shifter)　一种可在一个时脉周期内,将数据字进行特定比特数移位的数字电路。可用一串的数据选择器实现,某一个数据选择器的输出是其他数据选择器的输入,其关系则视要位移的比特数而定。以一个四比特的桶式移位器为例,一开始的输入是 A、B、C 和 D,可由输入 ABCD 得到 DABC、CDAB 或 BCDA,所有比特的信息都会留下来,只是位置以循环组合的方式改变。有许多不同的应用,是微处理器中的一个重要成分。常用的场合是用硬件实现浮点数运算时,若要进行浮点的加法或减法,两个数字的有效位数需要对齐,即将较小的数字往右移,增加其幂次,直到两个数字的幂次相等为止,实际做法是将二数的幂次相减,再利用桶式

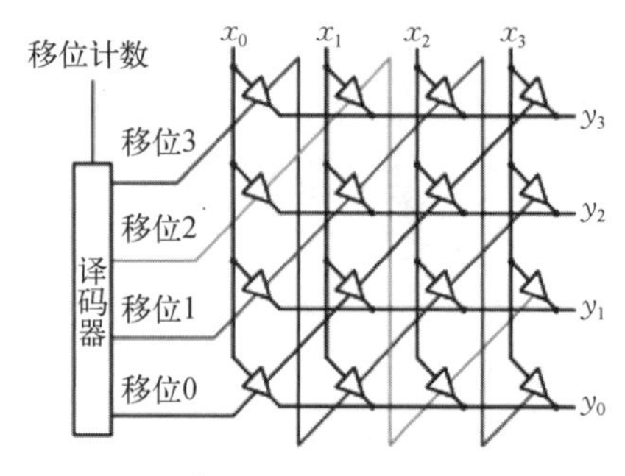

四比特桶式移位器的线路图
其中 x 表示输入比特,y 表示输出比特。

移位器右位移较小的数字,位移比特数即为二数的幂次的差。若不用桶式移位器,而是一般较简单的移位器,位移 n 比特需要 n 个时脉周期。

数字信号处理器(digital signal processor; DSP)　一种专用于(通常为实时的)数字信号处理的微处理器。特点是:(1) 分开的程序存储器和数据存储器(哈佛结构);(2) 用于单指令流多数据流作业的特殊指令集;(3) 可进行并发处理,但不支持多任务;(4) 用于宿主环境时可作为直接存储器访问设备运作;(5) 从模数转换器获得数据,最终输出的是由数模转换器转换为模拟信号的数据。1979 年贝尔实验室发表了第一款单芯片数字信号处理器,即 Mac 4型微处理器。继而于 1980 年的电气电子工程师学会国际固态电路会议上出现了第一批独立、完整的数字信号处理器。大多使用的是定点算法,使用定点算法牺牲不需要的精度,却能大大提高速度。浮点数字信号处理器则常用在科学计算和某些需要高精度的应用中。

数据选择器(data selector)　亦称"多路调制器""多路选择器"。根据给定的输入地址代码,从多路传输的数据(模拟或数字输入信号)中选择一路数据输出的组合逻辑电路。有 m 个数据输入端、n 个地址输入端和一个输出端。通过地址选择将 m 个并行输入中的某一数据传输出去。主要用于增加一定量的时间和带宽内的可通过网络发送的数据量。大型的数据选择器可由较小的数据选择器级联来实现。如一个 8 选 1 数据选择器可以由两个 4 选 1 数据选择器组成。

编码器(encoder)　将信号(如比特流)或数据进行编制、转换为可用以通信、传输和存储的信号形式的设备。把角位移或直线位移转换成电信号,前者称"码盘",后者称"码尺"。按读出方式,分接触式和非接触式两种;按工作原理,分增量式和绝对式两类。增量式编码器是将位移转换成周期性的电信号,再把这个电信号转变成计数脉冲,用脉冲的个数表示位移的大小。绝对式编码器的每一个位置对应一个确定的数字码,因此它的示值只与测量的起始和终止位置有关,而与测量的中间过程无关。

译码器(decoder)　亦称"解码器"。将已编码的信息恢复为原来信息表示法的装置。能将已编码的输入转换成已编码的输出,在此输入和输出的编码不同。在数字电路中指能将二进制数码或二-十进

制数码变换为十进制数字显示或操作电平的组合逻辑电路，它有 n 个输入端和 m 个输出端。种类很多，常用的有二-十进制编码的七段译码器和二进制译码器。

滤波器(filter)　用于去除信号中不想要的成分或者增强所需成分的电子装置。容许通过某一频率范围的电信号，而阻止或滤去此频率范围以外的电信号。对所通过的频率范围(即通带)的电信号呈现低于预定值的衰减；对所阻止的频率范围(即阻带)的电信号呈现显著的衰减。划分通带与阻带的频率称滤波器的“截止频率”。有容感滤波器、阻容滤波器、晶体滤波器、陶瓷滤波器、声表面滤波器和机械滤波器等。按通过的频率范围，分低通滤波器、高通滤波器、带通滤波器和带阻滤波器等。

衰减器(attenuator)　一种在指定的频率范围内，传输损耗(即衰减)为预定值的四端网络。以衰减的分贝数及其特性阻抗的欧姆数来标明。有固定和可调两种。常用于减低电信号强度(指电压、电流或功率)至设定值。一般采用电位器、电阻网络、同轴线或吸收电场能量的膜片作衰减器。常用于各种电信设备和电子仪器中。

分配器(allotter)　在自动装置中按一定次序接通各个工作通路的一种器件。如步进式分配器。分有触点和无触点两类。广泛应用于自动控制系统中。

时钟脉冲发生器(clock-pulse generator)　亦称“无稳态多谐振荡器”“方波发生器”“自激多谐振荡器”。在工业中，可利用其产生的一系列脉冲信号驱动各种集成数字器件。信号的频率由电路内部的电阻、电容和电感值决定。通过连接分频器电路，可获得更低频率的信号。分频器产生信号的频率为其输入信号频率的整约数，时钟脉冲经过分频器后，将输出频率更低的脉冲序列。为准确地同步不同事件，有些系统需要输入不同频率的时钟脉冲。

芯片封装(chip package)　亦称“集成电路封装”，简称“封装”。半导体器件制造的最后阶段。之后将进行集成电路性能测试。器件的核心晶粒被封装在一个支撑物之内，可防止物理损坏(如碰撞和划伤)以及化学腐蚀，并提供对外连接的引脚，便于将芯片安装在电路系统中。通常需要考虑引脚的配置、电学性能、散热和芯片物理尺寸方面的问题。有单列直插封装、双列直插封装、薄小型封装、塑料方形扁平封装、塑料扁平组件封装、插针网格阵列、锯齿形直插封装、球栅阵列封装、平面网格阵列封装、塑料电极芯片载体、表面装贴元器件、无引脚芯片载体、多芯片模组等多种典型封装形式。

双列直插封装(dual-in-line package; DIP)　亦称“DIP 封装”“DIP 包装”。一种集成电路的封装形式。集成电路的外形为长方形，在其两侧则有两排平行的金属引脚，称“排针”。元件可焊接在印刷电路板电镀的贯穿孔中，或是插入在插座上。包装的元件一般会简称为 DIPn，其中 n 是引脚的个数，如十四针的集成电路即称为 DIP14。

插针网格阵列封装(pin grid array; PGA)　亦称“针脚栅格阵列”。一种集成电路封装形式。常见于微处理器的封装。一般是将集成电路包装在瓷片内，瓷片的底面是排列成方阵形的插针，这些插针就可以插入或焊接到电路板上对应的插座中，非常适合于需要频繁插拔的应用场合。一般插针的间隔为 2.54 毫米。对于同样管脚的芯片，通常比过去常见的双列直插封装需用面积更小。早期的奔腾芯片采用此封装，后来的 PIII、PIV 芯片采用基于此技术发展来的反转芯片 PGA(FC－PGA)封装。

球栅阵列封装(ball grid array; BGA)　应用在集成电路上的一种表面黏着封装形式。常用来永久固定如微处理器之类的装置。能提供比其他如双列直插封装或四侧引脚扁平封装容纳更多的接脚，整个装置的底部表面可全作为接脚使用，比起周围限定的封装类型还能具有更短的平均导线长度，以具备更佳的高速效能。焊接控制要求高，且通常是由自动化程序的工厂设备来完成。不适用于插槽固定方式。是从插针网格阵列改良而来。

零插拔力插座(zero insertion force; ZIF)　一种只需很小力就能插拔的集成电路插座或电子连接器。通常附有一支杠杆或滑杆让用户只要将之推开或拉开，插座内的弹簧式接点就会被分开，其时只要非常小的力就能把集成电路插下去(一般而言芯片自身的重力即可)。然后当杠杆或者滑杆回到原位后，接点便会被重新闭合并抓紧芯片的针脚。不需要工具辅助，也降低因插拔导致针脚弯曲甚至断裂的问题。因有杠杆设计，会比其他普通插座贵，也需要更大的面积放置杠杆，一般只有需要经常插拔时才会应用。

平面网格阵列封装(land grid array; LGA)　一种集成电路的表面封装形式。针脚位于插座上而非集成电路上。芯片能被连接到印刷电路板上或直接焊接至电路板上。与传统针脚在集成电路上的封装方式相比,可减少针脚损坏的问题并可增加脚位。

英特尔架构“Tick－Tock 模式”(Tick－Tock) 亦称“嘀嗒模式”或“钟摆模式”。英特尔的芯片技术发展的战略模式。主要是提升工艺、变小晶体管、革新微架构。Tick-Tock 就是时钟的“嘀嗒”的意思,一个嘀嗒代表一秒,在英特尔的处理器发展战略上,每一个嘀嗒代表着 2 年一次的工艺制程进步。每个 Tick-Tock 中的“Tick”,代表着工艺的提升、晶体管变小,并在此基础上增强原有的微架构;而“Tock”,则指在维持相同工艺的前提下,进行微架构的革新。如此在制程工艺和核心架构的两条道路上交替进行提升,既可避免同时革新可能带来的失败风险,又能持续发展降低研发周期,可对市场造成持续的刺激,并最终提升产品的竞争力。

真值表 释文见 27 页。

卡诺图(Karnaugh map) 真值表的变形。可将有 n 个变量的逻辑函数的 2^n 个最小项组织在给定的长方形表格中,同时为相邻最小项(相邻与项)运用邻接律化简提供了直观的图形工具。如果需要处理的逻辑函数的自变量较多(有五个或更多的时候,此时有些项就很难圈了),那么卡诺图的行列数将迅速增加,使图形更加复杂;卡诺图的图形化表示方法不适合直接用于算法的设计,计算机辅助工程工具一般不会使用卡诺图来进行逻辑函数的优化。由贝尔实验室的电信工程师,莫里斯 · 卡诺(Maurice Karnaugh)于 1953 年发明。

赛扬(Celeron) 英特尔公司中央处理器的一个注册商标。是英特尔旗下的“经济型”产品。与奔腾或酷睿处理器使用的核心相同,但比高端处理器处理能力低。

安腾 2(Itanium 2) 安腾的后一代中央处理器。采用与安腾相同的 IA－64 架构的微处理器。由惠普公司与英特尔公司共同研发,并在 2002 年 7 月发布。架构基于 VLIW 以及 EPIC(Explicitly Parallel Instruction Computing)。在理论上,由于平行处理架构,性能约为 CISC 与 RISC 在同样工作频率的 8 倍。被大量用在需要计算的超级计算机上,以及大型公司的数据库系统。推出时,市场定位改成企业服务器而不是整个高性能运算的范围。内部代号为 McKinley。使用 180 纳米制程,解决了很多前一代性能不彰的问题。

奔腾 4(Pentium 4; P4) 英特尔公司生产的第七代 x86 微处理器。是继 1995 年出品的第六代 P6 架构奔腾 Pro 之后第一款重新设计过的处理器。这一架构称为 NetBurst(此前的奔腾 II、奔腾 III 及相应各版本的 Celeron 仍旧属于 P6 架构)。首款产品工程代号为: Willamette,拥有 1.4 GHz 左右的核心时钟,并使用 Socket 423 脚位架构,于 2000 年 11 月发布。有着 400 MHz 的前端总线,并可提升到 533 MHz、800 MHz,是一个 100 MHz 时钟频率的四倍数据速率前端总线,数据传输速率为 4×100 MHz。通过牺牲每个周期的性能以实现非常高的时钟速度和 SSE 性能。

酷睿(Core) 奔腾 M 架构的最后一代产品。是英特尔公司在 2006 年 1 月发布的处理器。芯片产品代号为 Yonah(来自希伯来语)。是英特尔的第一款 32 位双核移动低功耗处理器、第一款 65 纳米制程的移动处理器。是其后继产品——64 位微处理器架构(商标名为酷睿 2)中央处理器的先驱。包括两个分支: Duo (双核)与 Solo (即 Duo 处理器,但其中的一个核被停用,用来替代 Pentium M 品牌的单核移动处理器)。

奔腾 Pro(Pentium Pro) 英特尔公司的处理器。开创英特尔的 P6 处理器架构。1995 年 11 月以 Socket 8 接口推出。是英特尔后期数款中央处理器架构的基础。一直沿用为奔腾 4 出现之前的所有英特尔主流中央处理器的设计。其后英特尔酷睿多核结构也是根据 P6 架构为单核原型的设计。以陶瓷或有机塑胶封装,首先采用双晶粒封装与内置全速二级缓存,将运算核心与缓冲器两颗芯片一同装入中央处理器中,有 64 条数据线,可一次传输 64 位的数据;支持多处理器的架构。未包含 MMX 指令集,影响其在图形计算方面的性能。

酷睿 i7(Core i7) 以 Nehalem 微架构为基础,取代英特尔酷睿 2 系列的处理器。英特尔公司于 2008 年 11 月推出。在 64 位模式下可启动宏融合模式,可合并某些 x86 指令成单一指令,加快计算周期。

酷睿 i9(Core i9) 英特尔酷睿 i7 的派生高端处理器。于 2017 年 5 月发布。集成北桥的部分功能,如存储器控制器、PCI－Express 控制器等。有六个核心并支持超线程技术。L1 缓存为 6×64 千位,

L2 缓存为 6×256 千位,L3 缓存六个核心共享 12 兆位。与之搭配的仍为英特尔 X58 芯片组,2018 年 3 月,下放到移动平台,隶属于英特尔第 8 世代酷睿 i 系列处理器,同时酷睿 i9 成为移动平台唯一不锁倍频的处理器。

酷睿 i3(Core i3)　英特尔公司的首款双中央处理器产品。于 2010 年年初推出。首代酷睿 i3 建基于 Westmere 微架构。与酷睿 i7 支持三通道存储器不同,只会集成双通道 DDR3 存储器控制器。集成一些北桥的功能,将集成 PCI - Express 控制器。处理器核心方面,首代产品的代号是 Clarkdale,采用 32 纳米制程。有两个核心,支持超线程技术。多采用双核与超线程设计,但从第 8 代的英特尔酷睿开始,所有型号的桌面版酷睿 i3 均为四核四线程设计。

酷睿 i5(Core i5)　英特尔酷睿 i7 的派生低级处理器。于 2009 年 9 月发布。基于 Intel Nehalem 微架构。与酷睿 i7 支持三通道存储器不同,只会集成双通道 DDR3 存储器控制器,集成一些北桥的功能,将集成 PCI - Express 控制器。处理器核心方面,第一代酷睿 i5 代号 Lynnfield,采用 45 纳米制程的酷睿 i5 有四核心,不支持超线程技术,总共仅提供四个线程。以后的桌上版酷睿 i5 均多采用四核心四线程设计。

至强(Xeon)　英特尔公司的一个中央处理器品牌。主要供服务器及工作站使用,亦有超级计算机采用。与奔腾系列一样,经过几代处理器架构的变迁后,名字仍保留。采用 x86 架构和/或 x86 - 64 架构,和 Itanium 不同。至强跟酷睿一样分为三个系列。另有加速卡至强 Phi。只有部分至强 E3 提供内置绘图核心,其余均没有 iGPU。

微指令(microcode)　亦称"微码"。在复杂指令集计算结构下,运行一些功能复杂的指令时,所分解的一系列相对简单的指令。最早在 1947 年开始出现。作用是将机器指令与相关的电路实现分离,从而可以更自由地设计与修改机器指令,而不用考虑到实际的电路架构。可在降低电路复杂度的同时,建构出复杂的多步骤机器指令。撰写微指令一般称"微程序设计(microprogramming)",而特定架构下的处理器实做中微指令有时会称"微程序(microprogram)",指的是用软件技术来实现硬件设计的一种技术。通常由中央处理器工程师在设计阶段编写,并存储在只读存储器或可编程逻辑阵列中。然后有些机器会将微指令存储在静态随机存取存储器或是闪存中。通常对普通程序员甚至是汇编语言程序员来说是不可见的,也无法修改。只设计成在特定的电路架构下运行,成为特定处理器设计的一部分。

复杂指令集计算(complex instruction set computing; CISC)　一种微处理器指令集架构。每个指令可执行若干低级操作,诸如从存储器读取、存储和计算操作,全部集于单一指令之中。指令数目多而复杂,每条指令字长并不相等,计算机必须加以判读,并为此付出性能的代价。在精简指令集处理器出现前,许多计算机体系结构尝试跨越语义鸿沟,设计出提供"高端"指令支持高级编程语言的指令集,如程序调用和返回,循环指令如"若非零则减量和分支"和复杂寻址模式以允许数据结构和数组访问以结合至单一指令。

精简指令集计算(reduced instruction set computing; RISC)　亦称"精简指令集"。计算机中央处理器的一种设计模式。设计思路类似流水线工厂,对指令数目和寻址方式都做了精简,使其实现更容易,指令并行执进程度更好,编译器的效率更高。名称来自 1980 年大卫・帕特森在伯克利加利福尼亚大学主持的 Berkeley RISC 计划。但在他之前,已有人提出类似的设计理念。早期的特点是指令数目少,每条指令都采用标准字长、执行时间短、中央处理器的实现细节对于机器级程序是可见的。现在的指令数已达到数百条,运行周期也不再固定。但设计的根本原则(针对流水线化的处理器优化)没有改变,而且还在遵循这种原则的基础上发展出一个并发化变种 VLIW(包括英特尔 EPIC),就是将简短而长度统一的精简指令组合出超长指令,每次运行一条超长指令,等于并发运行多条短指令。

组　成　原　理

中央处理器(central processing unit; CPU)　用于控制和执行计算机基本指令系统的处理器。由运算器、控制器、内部寄存器组和处理器总线等部分组成。基本功能为:(1) 指令控制,控制程序的运行;(2) 操作控制,控制指令的操作步骤;(3) 时间控制,对操作控制信号的定时;(4) 数据处理,对数据进行算术运算和逻辑运算;(5) 中断处理和异常处理。随着超大规模集成电路的发展,组成越来越复杂,功能越来越强,但最基本部分仍为运算器和控制器。

运算器(arithmetic unit)　计算机的数据处理核心部件。主要组成:(1) 算术逻辑运算单元,主要完成对二进制数据的定点算术运算(加、减、乘、除)、逻辑运算(与、或、非、异或)以及移位操作等。(2) 浮点运算单元,负责浮点运算和高精度整数运算。有些还具有向量运算的功能,另外一些则有专门的向量处理单元。(3) 通用寄存器组(包括累加器),是一组读写速度最快的存储器,用来保存参加运算的操作数和中间结果。(4) 专用寄存器,如状态寄存器,由中央处理器自己控制,表示中央处理器的工作状态。(5) 连接各部件的数据通路。

控制器(control unit)　产生指令执行过程中所需操作控制信号的部件。是中央处理器的主要组成部分。根据不同指令的要求向计算机的各部件提供指令运行时所需要的操作控制信号,以控制指令的执行步骤和数据流动的方向,使指令按规定的执行步骤运行。按生成操作控制信号的方法,有硬连线控制器和微程序控制器两种。

微程序控制器(microprogrammed control unit)　通过执行由若干条比机器指令低一层次的指令(称"微指令")所组成的微程序而实现机器指令所必需的各种基本操作的控制器。是一种存储逻辑型的控制器。在采用微程序控制器的计算机中,将一条机器指令所需要的操作控制信号以一个个控制字的形式存放在控制存储器中,每一个控制字称一条微指令,以二进制代码形式表示,每一个二进制位代表一个控制信号。若某位为1表示该控制信号有效,为0表示该控制信号无效。每一条机器指令相对应的一段用微指令编写的微指令序列称"微程序"。在机器运行时,从控制存储器中逐条读取所要运行指令的微程序中的微指令,从而产生各种操作控制信号以实现该机器指令的功能。

存储器(memory)　具有一定的记忆能力,可用来存储信息(如程序、数据等)的计算机部件。按用途,分主存储器(亦称"内存储器")、辅助存储器(亦称"外存储器")等;按断电后存储数据是否消失,分易失性存储器和非易失性存储器;按读写功能,分只读存储器和随机存储器;按所用材料,分半导体存储器、磁表面存储器等。

计算机外设(computer external equipment)　全称"计算机外围设备"。计算机系统中对数据和信息起着传输、转送和存储作用的输入、输出设备和外存储器的统称。是计算机系统中的重要组成部分。可分为三部分:(1) 人机交互设备,如打印机,显示器,绘图仪和语言合成器等;(2) 计算机信息的存储设备,如磁盘,光盘,磁带等;(3) 机-机通信设备,如两台计算机之间可利用电话线进行通信,它们可以通过调制解调器完成。

输出设备(output device)　将计算机输出信息的表现形式转换成外界能接受的形式的设备。是人与计算机信息交互的主要装置之一。把各种计算结果的数据或信息以数字、字符、图像、声音等形式表示出来。常见的有显示器、打印机、绘图仪、影像输出系统、语音输出系统和磁记录设备等。可将计算机的输出信息转换后,打印在纸上或记录在磁盘、磁带、纸带和卡片上,也可转换成模拟信号直接传送给有关控制设备。

输入设备(input device)　向计算机输入数据和信息的设备。用于把原始数据和处理数据的程序输入计算机中。是人和计算机系统信息交互的主要装置之一。计算机能接收不同形式的数据,既可是数值型的数据,也可是各种非数值型的数据。图形、图像、声音等都可通过不同类型的输入设备输入计算机中,进行存储、处理和输出。常见的有键盘、鼠标、手写输入板、光笔、摄像头、扫描仪和光学标记阅读机、游戏杆以及语音输入装置等。

64位中央处理器(64bit CPU)　指内部的通用寄存器的宽度为64位,支持整数的64位宽度的算术与逻辑运算的中央处理器。20世纪60年代,64位架构已存在于当时的超级计算机,20世纪90年代,出现以精简指令集计算机为基础的64位工作站和服务器。2003年x86-64和64位PowerPC处理器架构引入到个人计算机领域的主流。优点是可进行更大范围的整数运算,支持更大的内存。应用于需要处理大量数据的应用程序,如数码视频、科学计算和早期的大型数据库等领域。只在64位的应用下才显示其高性能。

微处理器(microprocessor)　亦称"微处理机"。具有中央处理器功能的大规模集成电路器件。微计算机的核心部分。由运算器(或称"算术逻辑部件")、控制器(包括控制操作的电路以及用于定时的时钟发生器等)和寄存器组成。通常集成在一块或几块芯片上,其规模有 4 位、8 位、16 位、32 位、64 位字长。有时也指以微程序控制的计算机。

多处理机(multiprocessor) 具有多个处理机的计算机,将两个或更多独立处理器封装在不同集成电路中的独立处理器形成的计算机系统。能够大大提高计算机的处理速度。有两种:(1) 共享存储器结构。多个处理单元通过网络(内部连接)共享集中的主存储器,主存储器由多个并行的存储体组成,而每个控制单元都有自己的控制单元(这是与并行处理机的不同点)。系统资源易管理、利用,程序员易编程;但是处理机数目少,不易扩充。(2) 分布式存储多处理机。每个处理机都有自己的控制器、自己的存储单元,控制单元及存储器等构成多个较为独立的部分,各个部分通过网络(内部连接)协调工作。任务传输以及任务分配算法复杂,通常要设计专有算法。互连方式有:总线方式、交叉开关、多端口存储器方式、开关枢纽方式等。特点:(1) 结构灵活。(2) 程序并行,属于操作级的并行,性能比指令级的并行高。(3) 进程同步,指令、任务、作业级别的并行处理,不需要同步控制(而并行处理机则要同步)。(4) 多处理机工作时,要根据任务的多少来调用资源,因此,所需要的资源变化复杂。

多核处理器(multi core CPU) 亦称“多核微处理器”。将两个或更多独立处理器(简称“核心”)封装在一个单一集成电路中。当只有两个核心的处理器时,称“双核处理器”。这些核心可分别独立地运行程序指令,利用并行计算的能力加快程序的运行速度。真正意义上的多核是“原生多核”,最早由超微半导体公司提出,每个核心之间都是完全独立的,都拥有自己的前端总线,不会造成冲突,即使在高负载状况下,每个核心都能保证自己的性能不受太大的影响。原生多核的计算能力强,但是需要先进的工艺,每扩展一个核心都需要很多的研发时间。“多核心”通常是对于中央处理器而言,但有时也指数字信号处理器和系统芯片。

辅助处理器(coprocessor) 亦称“协处理器”。一种协助中央处理器完成其无法执行或执行效率、效果低下的处理工作而开发和应用的处理器。早期中央处理器无法执行的工作有很多,如设备间的信号传输、接入设备的管理等;而执行效率、效果低下的有图形处理、声频处理等。为此,诞生了各种辅助处理器,用来完成某种专用或特殊功能,用以扩展主处理器的指令系统以弥补它在数值计算能力方面(包括速度和精度)的不足。通常由专用部件(如向量部件)组成,有局部存储器,但不能独立操作,只能以协同方式与主机一起工作。与主机执行同一指令流,由后者完成对指令执行顺序的调度。如 2006 年,ClearSpeed 公司联合超微半导体公司,推出的数学协处理器卡。现在的计算机中,整数运算器与浮点运算器已经集成在一起,故浮点处理器已不是辅助处理器。而内建于中央处理器中的协处理器,同样不是辅助处理器,除非它是独立存在。

前端处理器(front-end processor; FEP) 亦称“通信控制机”。为大型主干计算机承担数据通信的控制功能的专用计算机。置于主计算机与外部设备之间的小型计算机或微型计算机。主要功能是减轻主干计算机的负担,使其能更好地从事其他信息处理任务。代替主机完成对外设控制或对数据通信进行监控与服务,从而可使主机专司高速运算。也可对通信报文进行存储、汇编和格式转换,对传输数据进行检错和纠错等控制。

媒体处理器(media processor) 面向多媒体数据处理、针对音频、视频动态图像、静态图像以及二维和三维图形实时处理的嵌入式可编程微处理器。具体应用包括各种高清晰数字视频设备、数字电视、DVD 播放机、数字照相机、数字摄像机、机顶盒、视频会议系统、MPEG 编码和解码系统、游戏机和个人多媒体计算机显示卡等。由于多媒体数据处理中以动态视频图像处理的计算量最大,大多数媒体处理器以实时图像压缩和解压缩为优化对象。有三类媒体处理器在不同层面上相对独立地得到发展:(1) 基于通用微处理器的多媒体个人计算机平台,将随着处理器主频的提高和体系结构的改进而得到提高和发展;(2) 专用的媒体处理器将随着高清晰度电视和新的数字电视存储标准的成熟,而继续为家电产品提供成熟低价的媒体处理方案;(3) 可编程媒体处理器将为在多媒体算法,以及数字电视和数字音乐算法提供高性能和方便的实现平台。

阵列处理机(array processor) 亦称“并行处理机”。通过重复设置大量相同的处理单元,按一定方式互连成阵列,在单一控制部件控制下,对各自所分配的不同数据并行执行同一组指令规定的操作的计算机。是美国宝来公司和伊利诺伊大学合作研制生产的机器,是最早(1972 年)问世的单指令多数据计算机。实质上是一个异构型多处理机系统,由专门针对数组运算的处理单元阵列组成的实现单元阵列的控制及标量处理以及系统输入输出及操作系统管理的处理机。适用于矩阵运算。

图形处理器(graphics processing unit; GPU) 亦称"显示核心""视觉处理器""显示芯片"。一种专门在个人计算机、工作站、游戏机和一些移动设备(如平板计算机、智能手机等)上完成图像运算工作的微处理器。是显卡的处理器。所采用的核心技术有硬件坐标转换和光源、立体环境材质贴图和顶点混合、纹理压缩和凹凸映射贴图、双重纹理四像素256位渲染引擎等。是英伟达公司(NVIDIA)在1999年8月发表NVIDIA GeForce 256绘图处理芯片时首先提出的概念。与中央处理器类似,但专为执行复杂的数学计算,尤其是几何计算而设计。这些计算是图形渲染所必需的。集成的晶体管数甚至超过了普通的中央处理器。一般拥有2D或3D图形加速功能。

网络处理器(network processor; network processing unit; NPU) 一种专门应用于网络应用数据包的处理器。是一种可完成复杂算法的、成本低廉的可编程处理器。适合于代替硬接线与小型计算机连接,也可代替主计算机或前端处理机来实现某些功能。其功能往往由专用芯片提供,故亦称"网络芯片"。特定应用于通信领域的各种任务,如包处理、协议分析、路由查找、声音/数据的汇聚、防火墙、QoS等。

标量处理器(scalar processor) 一种简单的计算机处理器类型。在同一时间内只处理一条数据(整数或浮点数)。是一种单指令流单数据流处理器。通常分为三类:(1) 复杂指令集计算机(代表为英特尔Pentium, Xeon);(2) 精简指令集计算机(代表为IBM Power, HP PA - RISC, Compaq Alpha, SUN Ultra-SPARC, SGI MIPS);(3) 显式并行指令计算机(代表为英特尔IA - 64)。复杂指令集计算为程序员提供了丰富的指令集(200条以上),对编译器的设计要求不高,可用较简单的编译器系统去生成复杂指令集计算执行程序。但复杂的指令系统存在芯片设计复杂、功能部件少,耗电量大等缺点。精简指令集计算芯片中通常集成了较多的功能部件,利用强大的编译系统使多个功能部件并行执行,并采用流水线、指令乱序等设计使中央处理器的性能得以充分发挥。精简指令集计算芯片是高性能计算机的主流芯片。与精简指令集计算芯片相似,显式并行指令计算芯片结构的设计目标也是指令的并行化,以获得最优的性能。但是与精简指令集计算芯片不同,显式并行指令计算芯片由编译器去决定如何将指令并行化,以何种方式、何种顺序执行指令,然后交给硬件去执行。

向量处理器(vector processor; VP) 亦称"数组处理器"。一种实现了直接操作一维数组(向量)指令集的中央处理器。与一次只能处理一个数据的标量处理器正相反。可在特定工作环境中极大地提升性能,尤其是在数值模拟或者相似领域。最早出现于20世纪70年代早期,并在70年代到90年代期间成为超级计算机设计的主导方向,尤其是多个克雷(Cray)平台。由于90年代末标量处理器设计性能提升,而价格快速下降,基于向量处理器的超级计算机逐渐让出了主导地位。

平行向量处理机(parallel vector processor) 系统中的中央处理器是专门定制的向量处理器。系统还提供共享存储器以及与向量处理器相连的高速交叉开关。

累加器(accumulator) 在中央处理器中用来存储计算所产生的中间结果的一种寄存器。与运算器中的算术逻辑单元之间有直接通路。算术逻辑单元在进行多次运算(加法、乘法、移位等)的过程中,用于存放中间结果,中间结果的存入和取出比到内存中的存取要快得多,从而可提高中央处理器的速度。

寄存器(register) 有限存储容量的高速存储部件。可用来暂存指令、数据和地址。在中央处理器的控制部件中,包含的寄存器有累加器、指令寄存器和程序计数器等。在中央处理器的算术及逻辑部件中,包括通用寄存器、专用寄存器和控制寄存器。是集成电路中非常重要的一种存储单元,通常由触发器组成。在集成电路设计中,可分为电路内部使用的寄存器和充当内外部接口的寄存器两类。内部寄存器不能被外部电路或软件访问,只是为内部电路的实现存储功能或满足电路的时序要求。而接口寄存器可同时被内部电路和外部电路或软件访问。作为软硬件的接口,为广泛的通用编程用户所熟知。拥有非常高的读写速度,数据传送非常快。

寄存器堆(register file) 中央处理器中多个寄存器组成的阵列。通常由快速的静态随机读写存储器实现。具有专门的读端口与写端口,可多路并发访问不同的寄存器。中央处理器的指令集架构总是定义了一批寄存器,用于在内存与中央处理器运算部件之间暂存数据。在更为简化的中央处理器,这些架构寄存器一一对应于中央处理器内的物理存在的寄存器。在更为复杂的中央处理器,使用寄存器重命名技术,使得执行期间哪个架构寄存器对应于哪个寄存器堆的物理存储条目是动态改变的。是指令集架构的一部分,程序可访问。这与透明的中央处理器高速缓存不同。如 MIPS R8000 的整数单元,有一个寄存器堆的实现,有 32 个条目,字长 64 位,具有 9 个读端口及 4 个写端口。

通用寄存器(general register)　既可用于传送和暂存数据,又可参与算术逻辑运算,并保存运算结果的寄存器。还各自具有一些特殊功能。汇编语言程序员必须熟悉每个寄存器的一般用途和特殊用途,才能在程序中做到正确、合理的使用。

指令寄存器(instruction register; IR)　用于存放程序指令的寄存器。计算机的运行就是执行程序的过程。程序是指令的有序集合,执行程序就是按序执行一条条指令的过程。而程序存放在主存储器中,执行指令首先必须从主存储器中取出指令。也就是从主存中读指令。而指令在主存中存放的地址由一个专用寄存器——程序计数器提供。程序计数器存放下一条要取出的指令在主存中的地址,控制器每从主存中取出一个指令字节,程序计数器会自动加 1,以保证程序的顺序执行,若遇到程序转移指令,则在执行该指令时,会把转移的目标地址送程序计数器,以使程序计数器指向下一条要执行的指令地址。

程序计数器(program counter; PC)　处理器中用于指示计算机在其程序序列中位置的寄存器。在英特尔 x86 和 Itanium 微处理器中称“指令指针”,有时称“指令地址寄存器”。是指令序列器的一部分。在大部分的处理器中,指令指针都是在提取程序指令后就被立即增加;而跳转指令的目的地址,是由跳转指令的操作数加上跳转指令之后下一个指令的地址(比特或字节,视计算机形态而定)来获得目的地址。

移位寄存器(shift register)　一种在若干相同时间脉冲下工作的以触发器级联为基础的器件。每个触发器的输出接在触发器链的下一级触发器的“数据”输入端,使电路在每个时间脉冲内依次向左或右移动一个比特,在输出端进行输出。既有一维的,也有多维的,即输入、输出的数据本身就是一些列位。实现多维移位寄存器的方法是将几个具有相同位数的移位寄存器并联。输入、输出都可是并行或串行的。经常被配置成串入并出或并入串出的形式,以实现并行数据和串行数据的转换。也有输入、输出同时为串行或并行的情况。还有双向的,即允许数据来回传输,输入端同时可作输出端,输出端同时也可作输入端。如果把串行输入端和并行输出端的最后一位连接起来,还可构成循环移位寄存器,用来实现循环计数功能。

哈佛架构(Harvard architecture)　一种处理机系统结构。采用充分分离的代码地址总线数据地址总线,通过允许系统在读取指令的同时读写数据而增加系统的吞吐率。优化了存储器的管理,并因指令代码的访问具有顺序的特征而使数据读写具有随机性。

通道(channel)　亦称“数据通道”。信息进出机器的通路。是机器与外围设备(如磁盘、磁带、行式打印机)、其他计算机系统、通信系统等相连接的桥梁。通过执行机器指令和通道命令来完成传输信息,实现对外部环境的管理任务,可调节高速的主机与低速的外围设备的速度差异。机器设有多个通道与外设通信,以实现多任务处理和分时共享。通道数量越多越好,通道传输率和配置通道数量是衡量机器性能的重要技术指标之一。

数据通道(data channel)　即“通道”。

网状通道(fiber channel; FC)　一种高速网络互联技术(通常的运行速率有 2 吉位/秒、4 吉位/秒、8 吉位/秒和 16 吉位/秒)。主要用于连接计算机存储设备。是企业级存储区域网络中的一种常见连接类型。网状通道协议是一种类似于 TCP 的传输协议,大多用于在光纤通道上传输 SCSI 命令。

主机(host)　负责处理核心程序任务的机器。仅包括整套系统机器的核心部分,不包括辅助的机器。(1) 在计算机硬件中,指机箱,即计算机除去输入输出设备以外的主要机体部分。也是用于放置主板及其他主要部件的控制箱体。通常包括中央处理器、内存、硬盘、光驱、电源,以及其他输入输出控制器和接口。(2) 在计算机网络中,指服务器,其他接入的计算机为客户端。

体 系 结 构

计算机体系结构(computer architecture) 亦称"计算机系统结构"。程序员所看到的计算机系统属性。即概念性结构与功能特性,包括设计思想与体系结构。主要指机器语言级机器的系统结构。按照计算机系统的多级层次结构,不同级程序员所看到的计算机具有不同的属性。解决计算机系统在总体上、功能上需要解决的问题。低级机器的属性对于高层机器程序员基本是透明的。1964 年由安达尔(G.M.Amdahl)提出。

微架构(micro architecture) 亦称"微体系结构"。计算机结构中微处理器的体系结构。在计算机工程中,一种给定指令集可以在不同的微架构中执行。实施中可能因不同的设计目的和技术提升而有所不同。计算机架构是微架构和指令集设计的结合。一般包括:运算器、控制器、寄存器。

费林分类法(Flynn's taxonomy) 亦称"弗林分类法"。根据指令流、数据流的多倍性特征对计算机系统的分类方法。是一种高效能计算机的分类方式。1972 年,由美国计算机科学家费林(Michael J. Flynn)提出。指令流:机器执行的指令序列;数据流:由指令流调用的数据序列,包括输入数据和中间结果;多倍性:在系统性能瓶颈部件上同时处于同一执行阶段的指令或数据的最大可能个数。把计算机系统分为四类:(1) 单指令流单数据流,即传统的顺序执行的单处理器计算机;(2) 单指令流多数据流,如并行处理机;(3) 多指令流单数据流;(4) 多指令流多数据流,如大多数的多处理机和多计算机系统。

单指令流单数据流(single-instruction stream single-data stream; SISD) 传统的顺序执行的单处理器计算机。每个指令部件每次仅译码一条指令,且在执行时仅为操作部件提供一份数据。符合冯·诺伊曼结构。是费林分类法 4 种计算机处理架构类别的一种。在这个分类系统中,分类根据是指令流和数据流的数量,以此划分计算机处理架构的类别。根据费林的观点,当指令、数据处理流水化(管线化)时,单指令流单数据流也可以拥有并行计算的特点。流水化的指令读取执行在当代的单指令流单数据流处理机种上很常见。

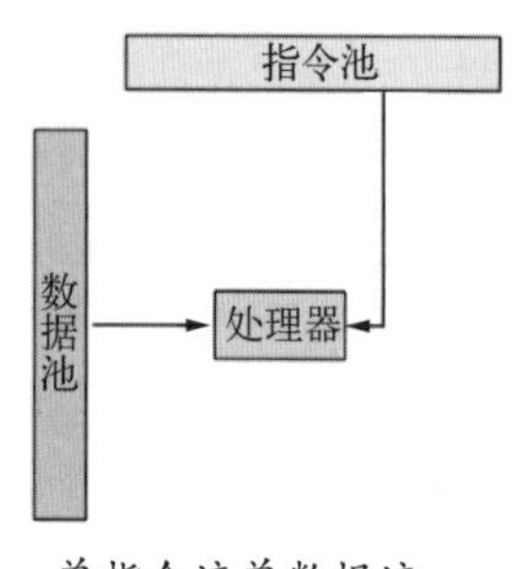

单指令流单数据流

多指令流单数据流(multiple-instruction stream single-data stream; MISD) 具有 n 个处理单元,按 n 条不同指令的要求对同一数据流及其中间结果进行不同处理的技术。是并行计算机的一种结构。一个处理单元的输出又作为另一个处理单元的输入。在流水线结构中,一条指令的执行过程被分为多个步骤,并且交给不同的硬件处理单元,以加快指令的执行速度。

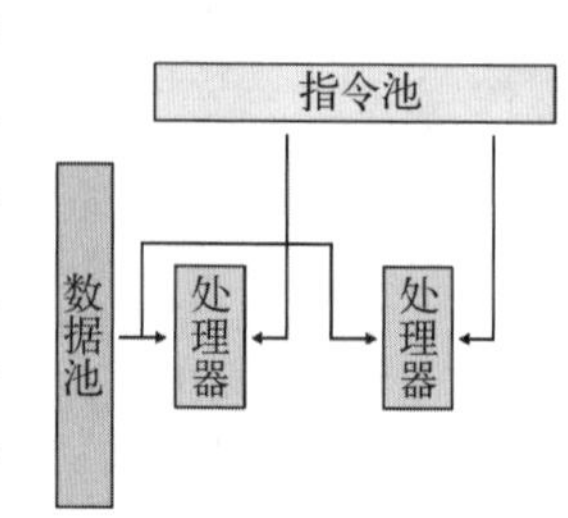

多指令流单数据流

单指令流多数据流(single-instruction stream multiple-data stream; SIMD) 一种采用一个控制器来控制多个处理器,同时对一组数据(亦称"数据向量")中的每一个分别执行相同的操作从而实现空间上的并行性的技术。在微处理器中,是一个控制器控制多个平行的处理微元,如英特尔公司的 MMX 或 SSE,以及超微半导体公司的 3D Now! 指令集。运算能力远超传统中央处理器。OpenCL 和 CUDA 分别是广泛使用的开源和专利通用图形处理器运算语言。

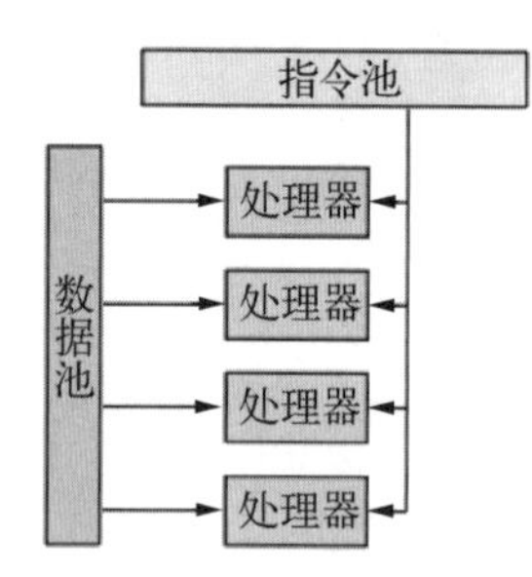

单指令流多数据流

多指令流多数据流(multiple-instruction stream multiple-data stream; MIMD) 使用多个控制器来异步地控制多个处理器,从而实现空间上的并行性

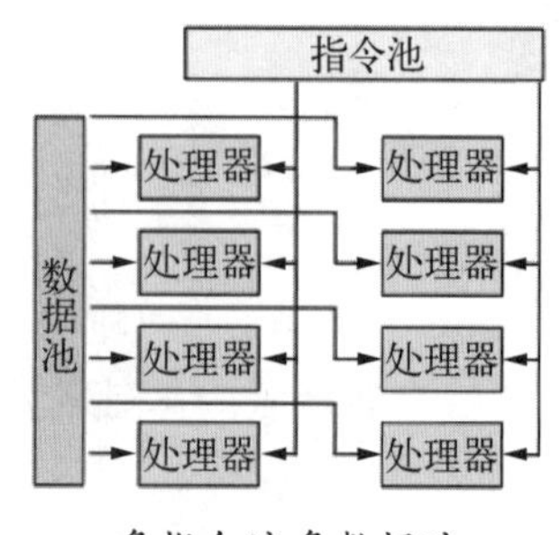

多指令流多数据流

的技术。如大多数的多处理机和多计算机系统。

冯式分类法(Feng's taxonomy) 1972 年冯泽云提出用最大并行度来对计算机体系结构进行分类的方法。所谓最大并行度 P_m 是指计算机系统在单位时间内能够处理的最大的二进制位数。设每一个时钟周期 Δt_i 内能处理的二进制位数为 P_i,则 T 个时钟周期内平均并行度为 $P_a = (\sum P_i)/T$(其中 i 为 1, 2, …, T)。平均并行度取决于系统的运行程度,与应用程序无关,所以,系统在周期 T 内的平均利用率为 $\mu = P_a/P_m = (\sum P_i)/(T \times P_m)$。用最大并行度对计算机体系结构进行分类时,用平面直角坐标系中的一点表示一个计算机系统,横坐标表示字宽(n 位),即在一个字中同时处理的二进制位数;纵坐标表示位片宽度(m 位),即在一个位片中能同时处理的字数,则最大并行度 $P_m = n \times m$。如下所示。

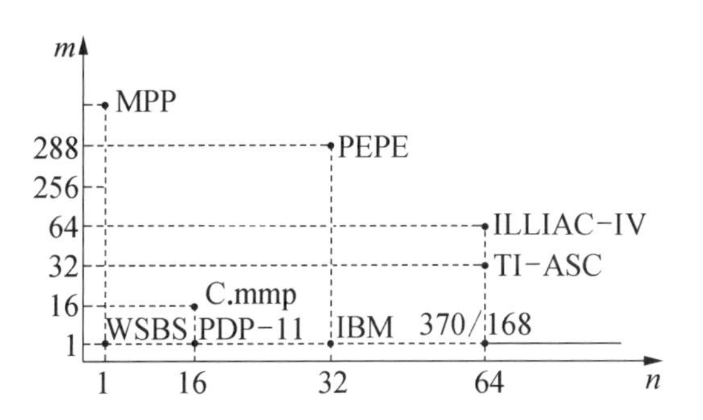

由此得出四种不同的计算机结构:(1) 字串行、位串行(简称 WSBS)。其中 $n = 1$, $m = 1$。(2) 字并行、位串行(简称 WPBS)。其中 $n = 1$, $m > 1$。(3) 字串行、位并行(简称 WSBP)。其中 $n > 1$, $m = 1$。(4) 字并行、位并行(简称 WPBP)。其中 $n > 1$, $m > 1$。

虚拟机(virtual machine; VM) 计算机系统的仿真器。是指一种特殊的软件,可模拟具有完整硬件系统功能的、运行在一个完全隔离环境中的完整计算机系统,能提供物理计算机的功能。用于在计算机平台和终端用户之间创建一种环境,使终端用户基于这个软件所创建的环境来操作其他软件。

虚拟化技术(virtualized technology) 将事物从一种形态模拟成另一种形态的技术。最常见的是操作系统中内存的虚拟化,实际运行时用户需要的内存空间可能远远大于物理机器的内存大小,利用内存的虚拟化技术,用户可将一部分硬盘虚拟化为内存,而这对用户是透明的。又如,可利用虚拟专用网技术(VPN)在公共网络中虚拟化一条安全、稳定的“隧道”,用户感觉像是使用私有网络一样。

虚拟机技术(virtual machine technology) 由 IBM 公司于 20 世纪六七十年代提出,被定义为硬件设备的软件模拟实现的技术。通常的使用模式是分时共享昂贵的大型机。核心是虚拟机监视器,是一层位于操作系统和计算机硬件之间的代码,用来将硬件平台分割成多个虚拟机。虚拟机监视器运行在特权模式,主要作用是隔离并管理上层运行的多个虚拟机,仲裁它们对底层硬件的访问,并为每个客户操作系统虚拟一套独立于实际硬件的虚拟硬件环境(包括处理器、内存、输入/输出设备)。虚拟机监视器采用某种调度算法在各个虚拟机之间共享中央处理器,如采用时间片轮转调度算法。

多处理机系统(multiprocessor system) 广义上指使用多台计算机协同工作来完成所要求的任务的计算机系统。狭义上指利用系统内的多个中央处理器并行执行用户多个程序,以提高系统的吞吐量或用来进行冗余操作以提高系统的可靠性。多个处理机(器)在物理位置上处于同一机壳中,有一个单一的系统物理地址空间和每一个处理机均可访问系统内的所有存储器。有主从式、独立监督式和浮动监督式三种类型。

主从式多处理机系统(master-slave multiprocessor system) 由一台主处理机记录、控制其他从处理机的状态,并分配任务给从处理机的处理机系统。操作系统在主处理机上运行,从处理机的请求通过陷入传送给主处理机,然后主处理机回答并执行相应的服务操作。特点:(1) 操作系统程序在一台处理机上运行。如果从处理机需要主处理机提供服务,则向主处理机发出请求,主处理机接受请求并提供服务。(2) 由于只有一个处理机访问执行表,所以不存在管理表格存取冲突和访问阻塞问题。(3) 当主处理机故障时很容易引起整个系统的崩溃。如果主处理机不是固定设计的,管理员可从其他处理机中选一个作为新主处理机并重新启动系统。(4) 任务分配不当容易使部分从处理机闲置而导致系统效率下降。(5) 用于工作负载不是太重或由功能相差很大的处理机组成的非对称系统。(6) 系统由一个主处理机加上若干从处理机组成,硬件和软件结构相对简单,但灵活性差。

独立监督式多处理机系统(separate supervisor

multiprocessor system) 每一个处理机均有各自的管理程序(核心)的多处理机系统。特点:(1) 每个处理机将按自身的需要及分配给它的任务的需要来执行各种管理功能,即有独立性;(2) 由于有好几个处理机在执行管理程序,因此管理程序的代码必须是可重入的,或者为每个处理机装入专用的管理程序副本;(3) 因为每个处理机都有其专用的管理程序,故访问公用表格的冲突较少,阻塞情况自然也就较少,系统的效率就高。但冲突仲裁机构仍然是需要的;(4) 每个处理机相对独立,因此一台处理机出现故障不会引起整个系统崩溃,但要想补救故障造成的损害或重新执行故障机未完成的工作非常困难;(5) 每个处理机都有专用的输入/输出设备和文件等;(6) 这类操作系统适合于松耦合多处理机体系,因为每个处理机均有一个局部存储器用来存放管理程序副本,存储冗余太多,利用率不高;(7) 操作系统要实现处理机负载平衡更困难。

浮动监督式多处理机系统(floating supervisor multiprocessor system) 每次只有一台处理机作为执行全面管理功能的"主处理机",但根据需要,"主处理机"是可浮动的,即可从一台切换到另一台处理机的处理机系统。是最复杂、最有效、最灵活的一种多处理机系统。适用于紧耦合多处理机体系。特点:(1) 每次只有一台处理机作为执行全面管理功能的"主处理机",但容许数台处理机同时执行同一个管理服务子程序,多数管理程序代码必须是可重入的;(2) 因"主处理机"是可浮动的,即使出现故障,系统也能从一台切换到另一台处理机,继续运行下去;(3) 一些非专门的操作(如输入/输出中断)可送给那些在特定时段内最不忙的处理机去执行,使系统的负载达到较好的平衡;(4) 服务请求冲突可通过优先权办法解决,对共享资源的访问冲突用互斥方法解决;(5) 系统内的处理机采用处理机集合概念进行管理,其中每一台处理机都可用于控制任一台输入/输出设备和访问任一存储块。这种管理方式对处理机是透明的,并且有很高的可靠性和相当大的灵活性。

多处理器计算机(multiprocessor computer) 一种具有多个处理器的计算机。是一个紧耦合的计算机系统。拥有超过一个以上的处理单元,共享同一个主内存与周边装置,能够让多个程式同时执行,能够提供多元处理的能力。多处理器结构有两个目的:(1) 提高可靠性,以适应某些要求长期不间断工作的高可用性应用(或称关键任务应用);(2) 提高计算机的处理能力。这在 20 世纪六七十年代是主要目的,当时,中央处理器电子线路复杂,当一个或几个处理器失效时,系统仍能继续工作(能力则可能下降),现时所谓的"容错计算机"常基于此原理。进入 90 年代,随着高追求的主要目的,多处理器结构已成为各档计算机流行的设计方法,高档个人计算机采用2~4个处理器,大型机可使用多达数十个处理器,巨型计算机则可能采用上百甚至成千上万个处理器。

对称式多处理机(symmetric multiprocessor; SMP) 亦称"均衡多处理""对称性多重处理"。一种多处理器的计算机硬件架构。在此架构下,每个处理器的地位都是平等的,对资源的使用权限相同。为现代多数的多处理器系统所采用,也被称为"对称多处理系统"。系统中,拥有超过一个以上的处理器,这些处理器都连接到同一个共享的主存上,并由单一操作系统控制。在多核心处理器的例子中,对称多处理架构,将每一个核心都当成是独立的处理器。

多微计算机系统(multiple microcomputer system) 以同种或异类的微处理器作为中央处理器,各自具有独立内存和输入/输出空间的多个微处理机的计算机系统。属于多指令流多数据流体系结构,能并行执行多个程序或一个程序的不同部分。松耦合系统的多微计算机间通过通道或通信介质相连,可共享一定的硬件资源,通道或通信介质有传统的小型计算机系统接口、以太网网络、1553B 指令响应总线,新一代的存储区域网络等,各机基本上独立执行自己的任务,也可进行远程过程调用,机间一般只交互数据。而紧耦合系统的物理连接通过标准总线或高速开关相连,并具有共享内存,机间不仅交互数据而且实现任务和作业并行操作。

分布式存储多处理机(distributed storage multiprocessor) 每个处理机都有自己的控制器、自己的存储单元,控制单元及存储器等构成多个较为独立的部分,各个部分通过网络(内部连接)协调工作的集合。特点是结构灵活、易扩充,但任务传输以及任务分配算法复杂,通常要设计专有算法。

共享存储器(shared memory) ❶ 多任务环境下,两个以上的程序进行读操作的存储器。使用共享存储器的程序遵循一组规则,禁止两个程序同时修改相同地址内容。❷ 并行处理机计算机系统交换信息所处理的一个内容区域，系统中每个处理器都可以有自己的存储器。

存储器系统（memory system） 可以共享公共存储器的紧耦合用户网络。系统通过共享总线，多端存储器系统或纵横开关网络访问公共存储器，系统通常也共享操作系统执行程序。多个处理单元通过网络（内部连接）共享集中的主存储器，主存储器由多个并行的存储体组成。

超标量结构（superscalar architecture） 在一颗处理器内核中实行了指令级并行的一类并行运算的中央处理器架构。能在相同的中央处理器主频下实现更高的中央处理器吞吐率。处理器的内核中一般有多个执行单元（或称“功能单元”），如算术逻辑单元、位移单元、乘法器等。未实现超标量结构时，中央处理器在每个时钟周期仅执行单条指令，仅有一个执行单元在工作，其他执行单元空闲。超标量结构的中央处理器在一个时钟周期可同时分派多条指令在不同的执行单元中被执行，这就实现了指令级的并行。

超标量计算机（superscalar computer） 有两条或多条可同时操作的流水线的标量计算机。每隔一定时间发多条指令，其数量与流水线条数相匹配。如某超标量计算机有 4 条流水线，每隔时间 t 同时发出 4 条指令，在 4 条流水线中执行。

流水线（pipeline） 亦称“管线”。将计算机指令处理过程拆分为多个步骤，并通过多个硬件处理单元并行执行来加快指令执行速度的工艺路线。是现代计算机处理器中必不可少的部分。具体执行过程类似工厂中的流水线，故名。

流水线技术（pipelined technology） 一种将指令分解为多步，并让不同指令的各步操作重叠，从而实现几条指令并行处理，以加速程序运行过程的技术。指令的每步有各自独立的电路来处理，每完成一步，就进到下一步，而前一步则处理后续指令。采用流水线技术后，并没有加速单条指令的执行，每条指令的操作步骤一个也不能少，只是多条指令的不同操作步骤同时执行，从总体上看加快了指令流速度，缩短了程序执行时间。为进一步满足普通流水线设计所不能适应的更高时钟频率的要求，高档位处理器中的流水线的深度在逐代增多。当流水线深度在5~6级以上时，通常称“超流水线结构”。流水线级数越多，每级所花的时间越短，时钟周期就可以设计得越短，指令速度越快，指令平均执行时间也就越短。要求各功能段能互相独立地工作，即增加硬件，相应地也加大控制的复杂性。如没有互相独立的操作部件，很可能会发生各种冲突。如要能预取指令，就需增加指令的硬件电路，并把取来的指令存放到指令队列缓冲器中，使微处理器能同时进行取指令和分析、执行指令的操作。

流水线处理机（pipelined processor） 采用流水线技术的处理器。将指令的执行过程分解为若干段，每段进行一部分处理。一条指令顺序流过所有段即执行完毕获得结果。当本条指令在本段已被处理完毕而进入下段时，下条指令即可流入本段。在整个流水线上可同时处理若干条指令。若各段的执行时间均为一个时钟节拍，则在正常情况下每拍可以输出一个结果，即完成一条指令。从而可加快处理机的速度。程序中相邻指令的相关性会影响流水线处理机效率的发挥。例如，条件转移指令在上条指令执行完以前，有时不能确定后继指令；又如本条指令需要用上条指令的结果作为操作数等，都将中断流水线而使效率下降。

流水线运算（pipeline operation） 一种对提高处理机的运算速度经济有效的技术。只需要增加少量硬件就能够把处理机的运算速度提高几倍，是许多处理机中普遍采用的一种并行处理技术。按照处理级别，属于操作部件级。运算器中的操作部件，如浮点加法器、浮点乘法器等可以采用流水线。

超级流水线技术（superpipeline technology） 微处理器芯片中采用的一种预处理技术。把微处理器的两个或多个执行段（如取指、译码、执行、写回）分成两个或多个流水线段从而提高整个微处理器的处理性能。

超级流水线计算机（superpipelined computer） 一种机器周期很短的流水线计算机。每个周期只发出一条指令，且每个周期很短，小于任何一个功能部件的延迟时间。

超流水线超标量计算机（superpipelined superscalar computer） 既具有超流水线结构，又具有超标量结构的计算机。机器周期小于任何一个功能部件的延迟时间。每一周期，机器发出 m 条指令，分别进入 m 条流水线去执行。

静态流水线（static pipeline） 在同一段时间内，

各个功能段只能按照一种固定的方式连接,实现一种固定的功能的多功能流水线。只有当按照这种连接方式工作的所有任务都流出流水线之后,多功能流水线才能重新进行连接,以实现其他功能。

动态流水线(dynamic pipeline) 在同一段时间内,各段可以按照不同的方式连接,同时执行多种功能的多功能流水线。同时实现多种连接发生是有条件的,即流水线中的各个功能部件之间不能发生冲突。

流水线性能指标(pipeline performance index) 衡量一种流水运算线处理方式的性能高低的指标。主要由流水线吞吐率、流水线效率和流水线加速比三个参数来决定。

流水线吞吐率(throughput of pipeline) 计算机中的流水线在特定的时间内可以处理的任务或输出数据的结果的数量。可进一步分为最大吞吐率和实际吞吐率。主要和流水段的处理时间、缓存寄存器的延迟时间有关,流水段的处理时间越长,缓存寄存器的延迟时间越大,这条流水线的吞吐量就越小。

流水线效率(pipeline efficiency) 流水线中,各个部件的利用率。流水线在开始工作时存在建立时间;在结束时存在排空时间,各个部件不可能一直在工作,总有某个部件在某一个时间处于闲置状态。用处于工作状态的部件个数与总部件个数的比值来说明这条流水线的工作效率。

流水线加速比(speedup of pipeline) 某一流水线如果采用串行模式之后所用的时间 T_0 和采用流水线模式后所用时间 T 的比值。数值越大,说明这条流水线的工作安排方式越好。

并行性(parallelism) 计算机系统具有可以同时进行运算或操作的特性。在同一时间完成两种或两种以上工作。包括同时性与并发性两种含义。前者指两个或两个以上事件在同一时刻发生。后者指两个或两个以上事件在同一时间间隔发生,使多个程序同一时刻可在不同中央处理器上同时执行。通常分4个级别:(1) 作业级或程序级;(2) 任务级或程序级;(3) 指令之间级;(4) 指令内部级。前两级为粗粒级,亦称“过程级”;后两级为细粒级,亦称“指令级”。并行处理技术中所使用的算法主要遵循三种策略:(1) 分而治之法,把多个任务分解到多个处理器或多个计算机中,然后再按照一定的拓扑结构来进行求解;(2) 重新排序法,分别采用静态或动态的指令调度方式;(3) 显式/隐式并行性结合,显式指的是并行语言通过编译形成并行程序,隐式指的是串行语言通过编译形成并行程序,显式/隐式并行性结合的关键就在于并行编译,而并行编译涉及语句、程序段、进程以及各级程序的并行性。计算机中提高并行性的措施多种多样,可归纳为如下三条途径:(1) 时间重叠,相邻处理过程在时间上错开,轮流重叠使用同一套硬件的各部分;(2) 资源重复,重复设置硬件资源提高可靠性和性能;(3) 资源共享,让多个用户按照一定的时间顺序轮流使用同一套资源,提高资源利用率。

并发性(concurrency) 一个或多个物理中央处理器在若干道程序之间的多路复用。即对有限物理资源强制行使多用户共享以提高效率。实现的关键之一是如何对系统内的多个活动(进程)进行切换。

并行处理(parallel processing) 计算机系统中能同时执行两个或多个处理的一种计算方法。可同时工作于同一程序的不同方面。主要目的是节省大型、复杂问题的解决时间。需对程序进行并行化处理,将工作各部分分配到不同处理进程(线程)中。由于存在相互关联的问题,不能自动实现。主要是以算法为核心,并行语言为描述,软硬件作为实现工具的相互联系而又相互制约的一种结构技术。并行计算机具有代表性的应用领域有:天气预报建模、超大规模集成电路的计算机辅助设计、大型数据库管理、人工智能、犯罪控制和国防战略研究等。

并行计算(parallel computing) 亦称“平行计算”。将一个计算任务分摊到多个处理器上并同时运行的计算方法。分时间上的并行和空间上的并行。前者指流水线技术,后者指用多个处理器并发执行计算。并行计算科学主要研究的是空间上的并行问题。从程序和算法设计人员的角度来看,又可分为数据并行和任务并行。前者主要是将一个大任务化解成相同的各个子任务,比后者要容易处理。并行计算机是靠网络将各个处理机或处理器连接起来的,有静态和动态两种连接方式。

显式并行指令计算(explicitly parallel instruction computing; EPIC) 为高效地并行处理而设计,能够同时处理多个指令或程序的计算。是一种指令集架构。可增加每个处理器时钟周期内完成的有效工作数量,极大地提高应用性能。关键技术有:(1) 利用指令层次并行性和长指令字技术使并行性变得清晰明显;(2) 用分支推断取代分支预测以缩短时间;(3) 进行风险装载,由编译器分析程序,提前把数据从内存装入中央处理器,以免出现等待情况。由惠普公司和英特尔公司联合开发的64位微处理器,是IA-64架构的基础(IA代表Intel Architecture,即英特尔架构),允许处理器根据编译器的调度并行执行指令而不用增加硬件复杂性,该架构由超长指令字架构发展而来,并做了大量改进。英特尔的安腾(Itanium)系统处理器采用了这种架构。

并行处理系统(parallel computer system) 全称"并行处理计算机系统"。同时执行多个任务或多条指令或同时对多个数据项进行处理的计算机系统。主要指以下两种类型的计算机:(1) 能同时执行多条指令或同时处理多个数据项的单处理器计算机;(2) 多处理机系统。结构特点主要表现在:(1) 在单处理机内广泛采用各种并行措施;(2) 发展成各种不同耦合度的多处理机系统。主要目的是提高系统的处理能力。有些类型的并行处理计算机系统(如多处理机系统),还可提高系统的可靠性。由于器件的发展,已具有较好的性能价格比。按结构,分流水线方式、多功能部件方式、阵列方式、多处理机方式和数据流方式等。

多功能部件(multifunctional unit) 处理机中具有多个功能的部件。各功能部件可并行地处理数据,使得处理机可并行执行几条指令,以提高处理速度。如有的计算机具有浮点加、定点加、浮点乘、浮点除、逻辑操作、移位等多个对不同数据进行处理的功能部件。一些流水线向量机也含有多个功能部件。各功能部件在程序执行中的需求不平衡,不可能全部处于忙碌状态。其执行的指令的相关性也影响机器的效率,如本条指令所需的功能部件尚在执行其他指令;又如本条指令所需操作数恰为尚未执行完毕的指令的结果等。

互连网络(interconnection network) 在直接耦合多处理机系统中,实现处理机与存储器、处理机与处理机之间互相连接以交换信息的硬件网络拓扑结构。互连有三种主要形式。(1) 总线结构,是多处理机系统中最简单的网络结构。实际的多处理机系统的互连网络,往往是在总线结构的基础上发展起来的。(2) 交叉开关结构,由纵横开关阵列组成,将横向的处理机与纵向的存储器模块连接起来。(3) 多端口存储器结构,把交叉开关结构中的各交叉点上的开关移到相应存储器的接口内部,形成多端口存储器结构。

大规模并行处理机(massively parallel processor; MPP) 由成百个同类型处理器组合而成的一种高速并行处理机。可实现极高的运算速度,一般采用松耦合体系结构,即各处理机以使用自己的局部内存为主,处理器之间进行同步通信,结构突破了传统程序设计时只看到一个统一的存储空间的方式,用户必须看到并行处理器的分布内存,要引进数据的分配布局。运算过程中,考虑数据在节点之间的传送,并使之保持正确的同步关系。规模可伸缩性比较好,对数据量大而任务分割性好的题目有很大优势,但处理机间同步通信的开销大。

复杂指令集计算机(complex instruction set computer; CISC) 在中央处理器中运行复杂指令集的计算机。控制简单。处理器中运行的各条程序指令以及每条指令中的各个操作均按顺序串行执行,其大量的复杂指令、可变的指令长度、多种的寻址方式,使执行工作效率较差、处理数据速度较慢。基于这种指令架构的微处理器系统非常普及。参见"复杂指令集计算"(79页)。

精简指令集计算机(reduced instruction set computer; RISC) 在中央处理器中运行精简指令集的计算机。处理器中运行的指令集简单,指令位数较短,内部还有快速处理指令的电路,使得指令的译码与数据的处理较快,执行效率高,只要求硬件执行很有限且最常用的那部分指令,大部分复杂的操作则使用成熟的编译技术,由简单指令合成,提高了处理速度且降低了功耗。绝大部分UNIX工作站和服务器均为精简指令系统计算机。参见"精简指令集计算"(79页)。

分布式计算(distributed computing) 亦称"分散式运算"。把一个需要非常巨大的计算能力才能解决的问题分成许多小的部分,然后把这些部分分配给许多计算机进行处理,最后把这些计算结果综合起来得到最终的结果。即两个或多个软件互相共享信息,这些软件既可以在同一台计算机上运行,也可在通过网络连接起来的多台计算机上运行。优点是:(1) 稀有资源可以共享;(2) 通过分布式计算可以在多台计算机上平衡计算负载;(3) 可把程序放在最适合运行它的计算机上。通过分布式系统实现。

分布式系统(distributed system) 通过网络相互连接传递消息与通信的一组计算机后并协调它们的行为而形成的系统。组件之间彼此进行交互以实现一个共同的目标。把需要进行大量计算的工程数据分割成小块,由多台计算机分别计算,再上传运算结果后,将结果统一合并得出结果。如有所不同的面向服务的架构、大型多人在线游戏、对等网络应用。

分布式处理(distributed processing) 将不同地点的,或具有不同功能的,拥有不同数据的多台计算机通过通信网络连接起来,在控制系统的统一管理控制下,协调地完成大规模信息处理任务的计算机系统。由多个自主的、相互连接的信息处理系统,在一高级操作系统协调下共同完成同一任务。

分布式控制(distributed control) 多台计算机分别控制不同的对象或设备,各自构成子系统,各子系统间有通信或网络互连关系。从整个系统来说,在功能上、逻辑上、物理上以及地理位置上都是分散的。特点是各子系统间有密切的联系与信息交换,系统对其总体目标和任务可进行综合协调与分配。同集中式控制相比,被称为第三代过程控制系统,在工业控制领域中,与集中式控制系统一样,得到十分广泛的应用。

分布式计算环境(distributed computing environment) 在具有多地址空间的多计算机系统上进行计算和信息处理的软件环境。是为包括各种分布式存储的并行计算机系统提供的计算环境。主要特征是多个用户进程在多个通过网络互联的计算机节点上运行,每一进程有自己的地址空间,进程之间通过消息传递模式进行通信。为分布计算提供各种服务和工具,以实现资源共享、并行计算和高可用性。

分布式计算机(distributed computer) 一种采用分布式计算结构,把计算功能分散到主机和外围处理机中去的计算机系统。增加了外围处理机,让主机专门从事计算量大的数值计算,而由外围处理机来承担系统控制操作,以达到计算功能分散的目的。除了可加快运算速度之外,还简化了主机的逻辑结构和操作系统。

分布式网络存储系统(distributed network memory system) 采用可扩展的系统结构,将数据分散地存储于多台独立的机器设备上的系统。利用多台存储服务器分担存储负荷,位置服务器用来定位存储信息,解决了传统集中式存储系统中单存储服务器的瓶颈问题,还提高了系统的可靠性、可用性和扩展性。

网格计算(grid computing) 分布式计算的一种。利用互联网把分散在不同地理位置的计算机组织成一台虚拟的超级计算机,其中每一台参与计算的计算机就是一个"节点",而整个系统是由成千上万个"节点"组成的一张"网格"。适用于复杂科学计算,优势是数据处理能力超强,能充分利用网上的闲置处理能力。

集群式计算(cluster computing) 亦称"机群计算系统"。将高档微型计算机或工作站,通过系统级网络或局域网连接起来,在通用产品或免费的操作系统与工具系统的支持下实现的高性能计算。也可用于高性能服务器,是一种高性能、低成本的计算形式。硬件基础是高性能中央处理器和高速互联网络的普及。采用现成的与通用的或已商品化的软件和硬件,研制周期短,还可采用最新的软硬件技术以提高集群式计算系统的性能。

先行控制(advanced control; look ahead control) 一种将缓冲技术和预处理技术相结合,对指令流和数据流进行预处理和缓冲,以尽量使指令分析器和指令执行部件独立地工作,并始终处于忙碌状态的技术。可很好地解决指令分析器和主内存之间速度不匹配的问题,解决对于控制相关、指令相关、通用寄存器相关和变址相关等问题。

高性能计算(high-performance computing; HPC) 使用高性能的计算机或通过各种网络互联技术将多个计算机系统连接在一起,进行并行数值计算和数据处理的大规模运算。不仅追求计算的高速度,更追求高性能的综合指标。其发展使以往只能在昂贵的大型计算机系统才能解决的大型计算问题,可以用商用服务器产品和相应的软件实现。已成为解决大型问题计算机系统的发展方向。

计算机系统性能评价(computer system performance evaluation) 采用测量、模拟、分析等方法和工具,研究计算机系统的生产率、利用率和响应特性等系统性能,以便选择或设计具有较高性价比的计算机系统的活动。通常是与成本分析综合进行的,借以获得各种系统性能和性价比的定量值,从而指导新型计算机系统,以及计算机应用系统的设计和改进。包括选择计算机类型、型号和确定系统配置等。从20世纪60年代中期起,逐渐成为计算机科学技术的一个分支学科。

计算机性能评价(computer performance evaluation) 为某种目的,选用一定的度量项目,通过实测或通过建立模型对计算机的性能进行测试,并对测试结果做出评价的活动。可分为测量法和模型法两类。前者通过一定的测量设备或测量程序,测得实际运行的计算机系统的性能指标或有关参数,然后对它们进行统计分析以求出相应的性能指标,是最直接的性能评价方法,适用于已经存在并运行的系统,比较费时。后者先对要评价的计算机系统建立一个适当的模型,然后求出模型的性能指标,以便对系统进行评价,此法既可用于已有的系统,也可用于尚未存在的系统,可比较方便地应用于设计和改进,工作量一般比测量法要小。两种方法是相互联系的,在模型中使用的一些参数,往往来源于对实际系统的测量结果。

计算机系统可靠性(computer system reliability) 在规定的条件下和规定的时间间隔内,计算机系统能正确运行的概率。规定的条件包括环境、使用、维修等条件和操作技术。规定的时间是指可靠性是对一定的时间间隔而言。计算机系统可靠性通常用平均故障间隔时间(MTBF),即系统能正确运行时间的平均值来表征。

存　储　器

计算机存储器(computer memory) 计算机系统中用来存储信息(程序和数据)的电子部件和设备。其中数据以二进制方式存储,存储器的每一个存储单元称"记忆单元"。可分为内部存储器(简称"内存"或"主存")和外部存储器(简称"外存"或"辅存"),内存是中央处理器能直接寻址的存储空间,利用半导体、磁性介质等技术制成。访问速率快,是计算机中的主要部件。内存的性能会直接影响计算机的运行速度。用户平常使用的程序,如 Windows 操作系统、打字软件、游戏软件等,一般都是安装在硬盘等外存上,但仅此无法实现其功能,必须把它们调入内存中运行,才能真正实现其功能。通常把要永久保存的、大量的数据和程序存储在外存上,而把一些临时的或少量的数据和程序放在内存上。

层次存储系统(hierarchical memory system) 根据容量和工作速度把存储系统分成若干个层次,将速度较慢、价格容量比较低的存储器件实现较低层次的大容量存储,而用少量的速度较快、容量较小、价格容量比较高的存储器件实现较高层次存储,由此构成一个多层次的存储系统,达到既可用较低的成本实现大容量存储,又使存储系统具有较高的平均访问速度的目的。图示为层次结构的及性能比较。

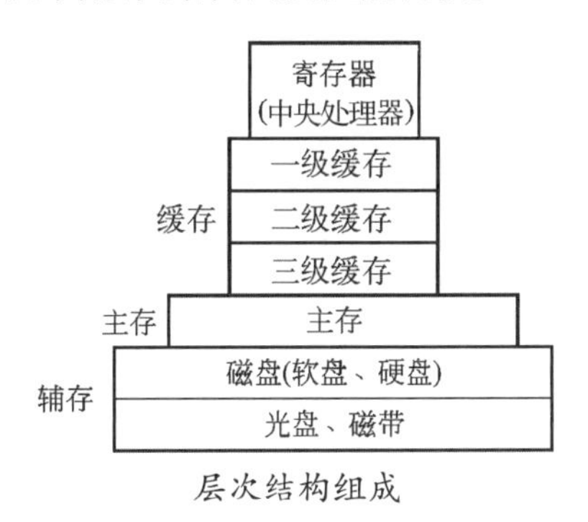

层次结构组成

性能比较

存储设备(memory device) 用于储存信息的设备或部件。通常是将信息数字化后再利用电、磁或光学等媒体加以存储。常见的有:(1) 利用电能方式存储信息的设备,半导体存储器,包括随机存取存储器、只读存储器等;(2) 利用磁能方式存储信息的设备,如硬盘、软盘、磁带、磁芯存储器、磁泡存储器;(3) 利用光学方式存储信息的设备,如 CD 或 DVD;(4) 利用磁光方式存储信息的设备,如磁光盘;(5) 利用其他实体物如纸卡、纸带等存储信息的设备,如打孔卡、打孔带等。具体驱动设备为:磁鼓存储器,磁带机,软磁盘,硬磁盘,固态硬盘,光盘机等。

计算机内存(computer memory) 简称"内存",亦称"主存储器"(简称"主存")。可被计算机的中央处理器直接访问而不需要通过输入输出设备的存储器。一般用来存储运算时的数据。由半导体器件制成。特点是访问速度快。有随机存储器和只读存储器。前者是非永久性存储器,在断电的时候,将失去所存储的内容。后者是非易失性存储器,其造价的昂贵,不适合用来存储大量的数据。只读存储器在写入前也必须完全擦除原来的内容。内存包括中央处理器缓存,以及特殊的处理器寄存器,这些都能直接被处理器访问。

主存(main memory) 即"计算机内存"。

磁盘缓存(disk buffer; disk cache) 将下载的数据先保存于系统为软件分配的内存空间中(称"内存池"),当保存到内存池中的数据达到一定程度时,便会将数据保存到磁盘中。是为了减少中央处理器通过输入输出读取磁盘驱动器的次数,提升磁盘输入输出的效率,用一块内存储器来存储访问较频繁的磁盘内容。可以减少实际的磁盘操作,有效地保护磁盘免于重复的读写操作而导致损坏。

内存池(memory pool) 亦称"固定大小区块规划"。一种内存分配方式。是在真正使用内存之前,先申请分配一定数量的、大小相等(一般情况下)的内存块留作备用的内存块。当对象需要内存时,直接从该内存块中取一块内存,对象撤销后,归还给内存池,优点是:(1) 使内存分配效率得到提升,也消除了内存碎片现象。(2) 使分配的内存空间上连续,减少了缓存开销,并且不存在内存泄漏的问题。通常习惯直接使用 new、malloc 等 API 申请分配内存,缺点是由于所申请内存块的大小不定,当频繁使用时会造成大量的内存碎片,进而降低性能。

存储媒体(storage medium) 亦称"存储介质"。存储二进制信息的物理载体。具有记录两种相反物理状态的能力,存储器的存取速度就取决于这两种物理状态的改变速度。主要有半导体器件、磁性材料和光学材料。(1) 用半导体器件做成的存储器称"半导体存储器"。从制造工艺的角度又分为双极型和 MOS 型等。(2) 用磁性材料做成的存储器称"磁表面存储器",如磁盘存储器和磁带存储器。(3) 用光学材料做成的存储器称"光表面存储器",如光盘存储器。

虚拟存储器(virtual memory) 计算机层次化存储系统的主存-辅存层次中一个容量极大的存储器的逻辑模型。是计算机系统内存管理的一种技术。不是实际的物理存储器。以透明的方式给计算机用户提供一个比实际主存空间大得多的程序地址空间,这时程序的逻辑地址称"虚拟地址"(亦称"虚地址"),由编译程序生成。中央处理器工作在虚拟地址模式下能理解这些虚拟地址,并将虚拟地址转换为物理地址。虚拟存储器的内容保存在磁盘、磁带和光盘等辅助存储器上,以此来扩大主存容量,其大小受辅助存储器容量限制。解决了存储系统的存储容量与存取速度的矛盾,是管理存储设备的有效方法。具有大容量、编程方便的特点。物理结构基础是主存和辅存,由附加硬件装置以及操作系统的存储管理软件组成一种存储体系。使计算机系统具有辅存的容量和成本,接近主存的速度。按存储映像算法划分虚拟存储器有三种存储管理方式:页式管理、段式管理和段页式管理。

页式虚拟存储器(paging virtual memory) 将存储空间按页分配的存储管理方式。地址映像结构将虚页号转换成主存的实际页号。任一时刻,每个虚拟地址都对应一个实际地址,该实际地址可能在主存中,也可能在辅存中,虚拟存储器采用页表和页基址表来实现地址映像和存储管理。

页表(page table) 操作系统为程序建立记录了程序及其数据按页存储的有关信息的一张表。是虚拟页号(逻辑页号、程序页号)与实页号(物理页号)的映象表。包括每个表的主存页号,表示该页是否已装入主存的装入位以及访问方式(只读、只执行和只写)。虚拟地址在访问进程中是唯一的,而物理地址在硬件(比如内存)中是唯一的。虚拟页号一般对应于该页在页表中的行号。页的长度固定,不需要在页表中记录。在页式虚拟存储器中一个页表对应一个运行的程序,每个页表驻留在主存中,各页表在主存中的起始地址由页基址表指示。页基址表是中央处理器中的一个专门寄存器组,表中每一行代表一个运行的程序的页表信息——页表起始地址(页表基址)和页表长度。从页基址表中查出页表的起始地址,用虚页号从页表中查找实页号,同时判断该页是否已装入主存。若已装入,则从页表中取出实页号,与页内地址一起构成物理地址,结构如下。

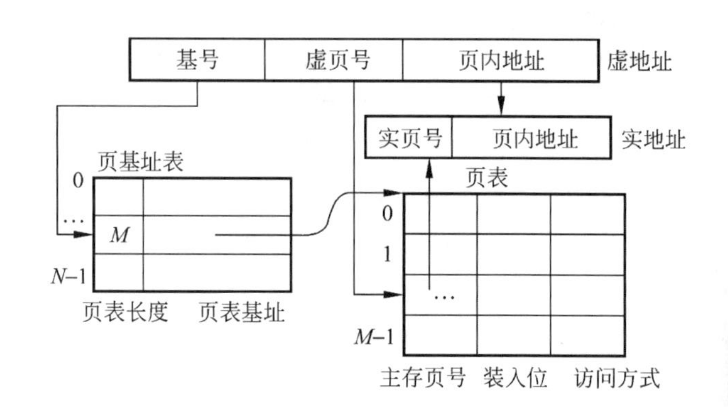

页缺失(page fault) 亦称“硬错误”“硬中断”“分页错误”“寻页缺失”“缺页中断”“页故障”。软件试图访问已映射在虚拟地址空间中,但当前并未被加载在物理内存中的一个分页时,由中央处理器的内存管理单元所发出的中断。

段式虚拟存储器(segmented virtual memory) 将主存按段分配存储管理方式的虚拟存储器。是一种模块化的存储管理方式。操作系统为每一个运行的用户程序分配一个或几个段,段长可以任意设定。每个运行的程序只能访问分配给该程序的段所对应的主存空间,每个程序都以段内地址访问存储器,即每个程序都按各自的虚拟地址访存。段式虚拟存储器中虚地址(逻辑地址)结构如下:

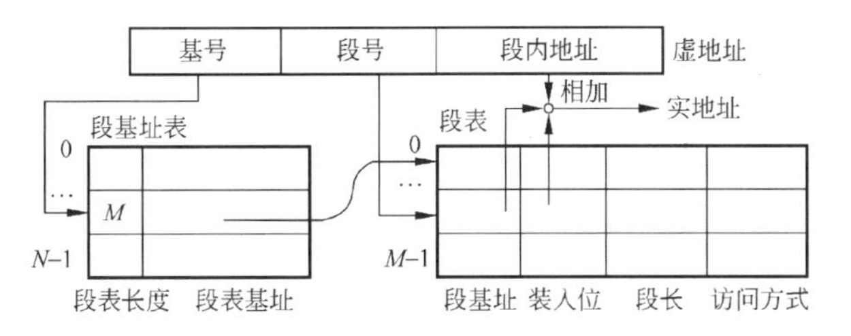

其中,基号是一个段标识符,用以标识不同程序中的地址被映像到不同的段中。采用段表和段基址表来实现地址映像。在虚拟存储器中允许一个段映像到主存中的任何位置。段表用来指明各段在主存中的位置,驻留在主存中,可由虚拟地址找到。段表包括段基址、装入位和段长以及访问方式。段号是查找段表项的序号;段基址用来指示该段在主存中的起始位置;装入位用以表示该段是否已装入主存;段长为该段的长度,用于检查访问地址是否越界。访问方式包含只读、可写或只执行,以提供段的访问方式的保护。其优点是用户地址空间分离。段表占用存储空间少,管理简单。但整个段必须一起调入或调出,使段长不能大于主存容量,而建立虚存的目的是希望程序的地址空间大于主存容量。

段表长度(segment table length) 段表中段的个数。在分段式存储管理系统中,每个进程或程序都有一个或多个逻辑段,为使程序或进程能正常运行,亦即能从物理内存中找出每个逻辑段所对应的位置,在系统中为每个进程建立一张段映射表,简称“段表”。段表长度是指段表中段的个数,一般与作业的地址空间被划分的段数量有关。

段页式虚拟存储器(paged segmentation virtual memory) 将存储空间按逻辑模块分段,每段又分成若干页的虚拟存储器。是段式管理和页式管理的结合。访存通过一个段表和若干个页表进行。段长必须是页长的整数倍,段的起点必须是某一页的起点。在段页式虚拟存储器中的虚拟地址结构如下:

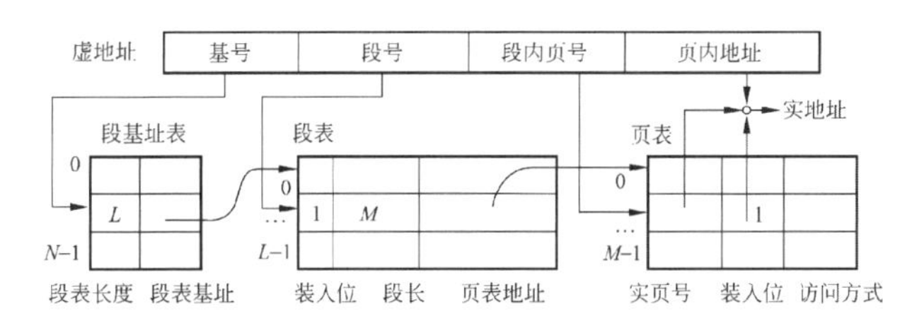

段页式虚拟存储器采用段基址表、段表、页表进行地址映像如图所示。地址变换时需查段表和页表。每个运行程序通过一个段表和相应的一组页表建立虚拟地址与物理地址的映像关系。段表:每一项对应一个段——装入位、该段页表行数、页表地址;页表:每一项对应一个页——装入位、主存实页号、访问方式。地址映像过程:首先,由基号查找段基址表,查出段表基址;其次,由段号查找段表,查出该段页表起始地址;然后,由页号查找页表,查出实页号——该页在内存中的起始地址且判断该段是否已装入主存,若已装入,从页表中取出“实页号”与“页内地址”拼接构成被访问数据的物理地址。

内存泄漏(memory leak) 由于疏忽或错误导致在释放该段内存之前就失去了对该段内存的控制,从而造成内存浪费的现象。并非指内存在物理上的消失。通常情况下只能由获得程序源代码的程序员才能分析出来。所带来的后果可能是不严重的,有时甚至能够被常规的手段检测出来。但在以下情况,会导致较严重的后果:(1) 程序运行后置之不理,并且随时间的流逝消耗越来越多的内存(比如服务器上的后台任务,尤其是嵌入式系统中的后台任务,这些任务可能被运行后很多年内都置之不理);(2) 新的内存被频繁地分配,如当显示计算机游戏或动画视频画面时;(3) 程序能够请求未被释放的内存(比如共享内存),甚至是在程序终止的时候;(4) 泄漏在操作系统内部发生;(5) 泄漏在系统关键驱动中发生;(6) 内存非常有限,比如在嵌入式系统或便携设备中。

易失性存储器(volatile memory) 当电源供应中断后,所存储的数据便会消失的存储器。主要类型有动态随机访问内存和静态随机存取存储器两种。一般中央处理器和图像处理器的缓存即由其构成。

非易失性存储器(non-volatile memory) 即使电源供应中断,内存所存储的数据也不会消失,重新供电后,就能够读取内存中数据的存储器。主要类型:(1) 只读内存、可编程只读内存、可擦除可规划式只读内存、电子抹除式可复写只读内存;(2) 闪存;(3) 磁盘;(4) 磁带。按存储器内的数据是否能在使用计算机时随时改写,分只读存储器和闪存存储器两类。

内存条(memory module) 一种小型板卡形式的存储器。安装容易,便于用户进行更换,也便于增加或扩充内存容量。容量有多种不同的选择性,用户可根据容量要求进行选择。选择时,要注意存储器芯片的类型、工作速度以及引脚的类型。

计算机外存(external memory) 亦称"辅存"。除计算机内存及中央处理器缓存以外的存储器,一般断电后仍然能保存数据。常见的有硬盘、软盘、光盘、磁带和U盘等。存储容量大,但存取速度较低,主要用来弥补内存储器容量的不足。

辅存(auxiliary memory) 即"计算机外存"。

堆栈(stack) 一种具有特定结构,用以保存数据(或地址)的存储器或存储区。数据项的存入与取出遵循先进先出和后进先出的规则。如程序顺序执行和子程序调用、中断服务等过程均要涉及正常执行顺序的转出与返回等问题,可按先进入程序先执行和后转出者先返回的原则进行嵌套,可用堆栈进行处理。语言编译系统等也常用到堆栈。

存储芯片(memory chip) 嵌入软件以实现多功能和高性能,以及对多种协议、多种硬件和不同应用支持的芯片。是嵌入式系统芯片的概念在存储行业的具体应用。主要集中于企业级存储系统的应用,为访问性能、存储协议、管理平台、存储介质,以及多种应用提供高质量的支持。

半导体存储器(semiconductor memory) 以半导体电路作为存储介质的存储器。存储速度快,存储密度高,与逻辑电路接口容易。主要用作高速缓冲存储器、主存储器、只读存储器、堆栈存储器等。按制造工艺,分双极晶体管存储器和MOS晶体管存储器。按功能,分随机存取存储器和只读存储器,前者包括动态随机存取存储器和静态随机存取存储器。主要技术指标有:(1) 存储容量,即存储单元个数×每单元位数;(2) 存取时间,从启动读(写)操作到操作完成的时间;(3) 存取周期,两次独立的存储器操作所需间隔的最小时间;(4) 平均故障间隔时间(可靠性);(5) 功耗,动态功耗、静态功耗。

金属氧化物半导体存储器(metal-oxide-semiconductor memory; MOS memory) 以金属氧化物半导体作存储介质的存储器。因早期场效晶体管的栅极是由一层金属覆盖在一层绝缘体材料(如二氧化硅)上所形成,故名。工作时透过电场将沟道反转,形成通路,作为简单的开关。现金属氧化物半导体场效应管元件多已采用多晶硅作为其栅极的材料,但原名仍被用在现在的元件与工艺名称中。另有采用互补金属氧化物半导体(CMOS)存储质的存储器,称"CMOS存储器"。

闪速存储器(flash memory) 亦称"快擦型存储器",简称"闪存"。一种长寿命的非易失性存储器。既可整块芯片电擦除,又可部分电擦除。在存储信息的过程中无机械运动,运行非常稳定,是一种抗震性较强的存储设备。允许在操作中被多次擦或写的存储器。特点是耗电低、容量大、体积小、可靠性高、写入速度快、可热插拔,以及无须外接电源。可在计算机与其他数字产品间交换传输数据。分为NOR与NAND两型,最常见的封装方式是TSOP48和BGA。广泛应用于便携式计算机、个人数字助理和数码相机中。

闪存 即"闪速存储器"。

固态存储器(solid-state memory) 指多媒体存储卡、安全数字卡、非易失性存储卡、固态硬盘、U盘等存储器件。用于计算机存储,易于拆卸。广泛用于便携式设备和各种层级中的设备。

寄存器内存(unregistered memory) 亦称"缓冲器内存"。一种在动态随机存储器模块与系统内存控制器之间有寄存器的内存模块。可减少内存控制器上的电气负载,使用多个内存模块的单个系统将会更加稳定。传统内存通常称"无缓冲内存"或"非寄存器内存"。

随机存取存储器(random access memory; RAM) 一种根据需要可随时写入数据或读出其中已存有的数据的可读写存储器。读写速度快,读写数据时所费时间与数据存储位置无关("随机存取"),断电后数据即不再保留,是一种易失性存储器,主要用于存储短时间使用的程序。通常作为操作系统或其他正在运行中的程序的临时数据存储介质。按存储信息,分静态随机存储器和动态随机存储器。对环境的静电荷非常敏感。静电会干扰存储器内电容器的电荷,引致数据流失,甚至烧坏电路。故在触碰随机存取存储器前,应先用手触摸金属接地以释放静电。

静态随机存储器(static random access memory; SRAM) 随机存取存储器的一种。只要保持通电,里面储存的数据就可以恒常保持。但当电力供应中断时,储存的数据还是会消失。由存储矩阵、地址译码器和读/写控制电路组成,容量的扩展有两个方面:位数的扩展用芯片的并联,字数的扩展可用外加译码器控制芯片的片选输入端。每一比特的数据储存在由 4 个场效应管构成两个交叉耦合的反相器中。另外两个场效应管是储存基本单元到用于读写的位线的控制开关。基本单元有三种状态:电路处于空闲,读取与写入。读取或写入模式必须分别具有可读与写入稳定。一般每个单元由 6 个晶体管组成,也有由 8 个晶体管构成的。特点是速度快,但单元占用资源比动态随机存储器多。

动态随机存储器(dynamic random access memory; DRAM) 随机存取存储器的一种。需要周期性刷新才可稳定保持所存数据。依赖芯片内电极间的极间电容器存储数据。电容器充满电后代表 1(二进制),未充电的代表 0,电容器或多或少有漏电的情形,若不作特别处理——刷新,数据会渐渐随时间流失。刷新是指定时间间隔读取电容器的状态,然后按原来的状态重新为电容器充电,弥补流失的电荷。对于 DRAM 来说,周期性的充电是一个不可避免的要素。由于这种需要定时刷新的特性,因此被称为"动态"存储器。优点是读取和写入速度快,存取延迟小,无机械运作。是计算机主存储器的首选。缺点是对环境的静电荷非常敏感。静电会干扰存储器内电容器的电荷,导致数据流失,甚至烧坏电路。因此触碰随机存取存储器前,应先用手触摸金属接地以释放静电。结构简单——每一个比特的数据都只需一个电容跟一个晶体管来处理,拥有非常高的密度,单位体积的容量较高因此成本较低。但访问速度较慢,耗电量较大。

只读存储器(read-only memory; ROM) 所存内容在工作过程中只能读出,不能随意写入和改写的存储器。数据一般在装机前写入。电源断开后,信息仍然保持。半导体只读存储器分掩模式、可编程和可擦除三种,具有速度快,可靠性高,能大规模集成和成本低等优点。在电子或计算机系统中,通常用以存储不需经常变更的程序或数据,广泛应用于微程序设计、代码转换和存储表格等方面。

可编程只读存储器(programmable read-only memory; PROM) 用户可用专用的编程器将数据写入,但只能写入一次,一旦写入后也无法修改。在出厂时,存储的内容全为 1,用户可根据需要将其中的某些单元写入数据 0(也有在出厂时数据全为 0,则用户可将其中的部分单元写入 1),以实现对其"编程"的目的。典型产品是"双极性熔丝结构",其内部有行列式的熔丝,可依用户(厂商)的需要,利用电流将其烧断,以写入所需的数据及程序,熔丝一经烧断便无法再恢复,亦即数据无法再更改。最早是在 1956 年由美国发明,由美国空军用作提升空军用计算机以及 Atlas E/F 波段导弹的灵活性和保安性。

可擦可编程只读存储器(erasable programmable read-only memory; erasable PROM; EPROM) 一种可用电或光来擦除其所存全部信息后再写入新的程序和数据(信息)的半导体只读存储器件。擦写过程:可利用高电压将数据编程写入,但擦除其需将线路曝光于紫外线下一段时间,数据始可被清空,再供重复使用。在封装外壳上会预留一个石英玻璃所制的透明窗以便进行紫外线曝光。写入程序后通常会用贴纸遮盖透明窗,以防日久不慎曝光过量影响数据。

一次编程只读存储器(one time programmable read-only memory; OTPROM) 内部所用的芯片与写入原理同可擦可编程只读存储器,但为节省成本,封装上不设置透明窗的存储器。编程写入后不能再抹除改写。

电擦除可编程只读存储器(electrically-erasable programmable read-only memory; EEPROM; E^2PROM) 一种失电后数据不丢失的存储芯片。可在计算机上或专用设备上擦除已有信息,重新写入。通过高于普通电压的作用来擦除和重写。通常是用个人计算机中的电压来擦除和重写,以便计算机在使用的时候频繁地反复编程。常用在接口卡中,用来存放硬件设置数据。也可用于防止软件非法复制的"硬件锁"上。有四种工作模式:读取模式、写入模式、擦除模式、校验模式。读取时,芯片只需要低电压(一般+5 V)供电。编程写入时,芯片通过高电压(一般+25 V,亦有使用 12 V 或 5 V),并通过可编程脉冲(一般 50 毫秒)写入数据。擦除时,只需使用高电压,不需要紫外线,便可以擦除指定地址的内容。为保证写入正确,在每写入一块数据后,都需要进行类似于读取的校验步骤,若错误就重新写入。后期产品通常已不再需要使用额外的高电压,且写入时间也已有缩短。在线操作便利。被广泛用于需要经常擦除的基本输入输出系统芯片以及闪存芯片,并逐步替代部分有断电保留需要的随机存取存储器芯片,甚至取代部分的硬盘功能(见固态硬盘)。与高速随机存取存储器同为最常用且发展最快的存储技术。

缓冲存储器(buffer storage) 位于两个不同工作速度的部件之间、起缓冲作用的存储器。如高速缓冲存储器、先进先出缓冲器等。

访存局部性规律(law of access locality) 程序和数据的存放都符合一定访存的局部性规律。对大量典型程序运行情况的分析结果表明,程序对其存储空间的访问并不是均匀分布的,在一个较短的时间间隔内,程序对存储空间的90%的访问局限在存储空间的10%的区域中,而其余的10%的访问则分布在存储空间的其余90%区域中。按冯·诺依曼原理,指令地址的分布一般是连续的,再加上循环程序需要重复执行多次,故下一次执行的指令和上一次执行的指令在存储空间的位置是相邻的或相近的。而对程序中所使用的数据而言,经常使用数组和变量的数据结构,它们在内存中的分布也相对集中。

高速缓冲存储器(cache memory; cache) 由高速的静态随机存取存储器芯片组成的小容量临时存储器。为提高中央处理器访问主存的速度,在不大幅度增加成本的前提下,在主存(动态随机存取存储器)与中央处理器之间插入一个速度快、容量较小的静态随机存取存储器,用于存储近阶段中央处理器访问最频繁的指令和操作数据,起到缓冲作用。现代微处理器芯片中都集成有高速缓冲存储器,如奔腾4处理器芯片中就集成了20 kb的一级缓存和256 kb的二级缓存。中央处理器可通过"主存控制逻辑"实现同主存之间的数据交换;通过"缓存控制逻辑"实现中央处理器与缓存,缓存与主存,中央处理器与主存之间的数据传送。对缓存在中央处理器芯片外的情况,实现两者之间控制的是一个称为"主存/缓存控制器"的逻辑电路,也即芯片组中"北桥"的一个组成部分,对缓存集成在中央处理器内部的情况,由中央处理器提供对缓存的控制逻辑。中央处理器对主存和缓存的读写是以字(存储字)为单位,主存同缓存之间的数据传送是以数据块(简称块)为单位,一个块由若干定长的字组成。

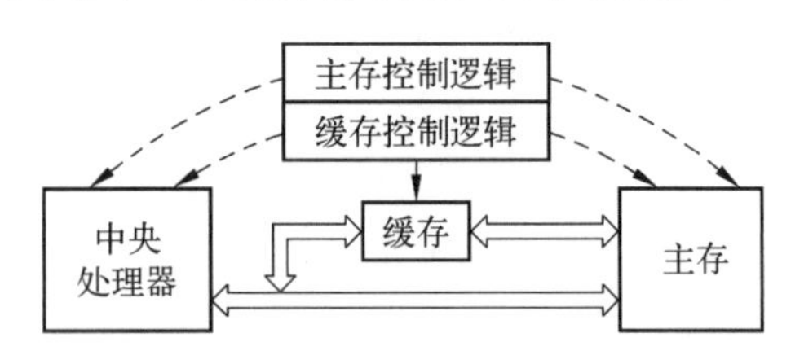

地址映像(address mapping) 亦称"地址映射"。缓存地址同主存地址之间存在的逻辑关系。在含有缓存的存储系统中,中央处理器访问存储器时,指令中给出的是主存地址,而访问缓存必须知道被访问字的缓存地址。使用指令中给出的主存地址能正确地在缓存中访问到对应的存储字。用以解决缓存是否被命中,并确定被访问的数据字在缓存中的存储位置。有三种地址映像方法:直接映像、全相联映像、组相联映像。

直接映像(direct mapping) 一个主存块只能映像到缓存中某一个特定块地址的映像方式。一般是将主存块地址对缓存的块数取模即可得到缓存中的块地址。相当于将主存的地址空间按缓存的空间大小分区,每个区内可按缓存块号编号,这样主存地址结构如下:

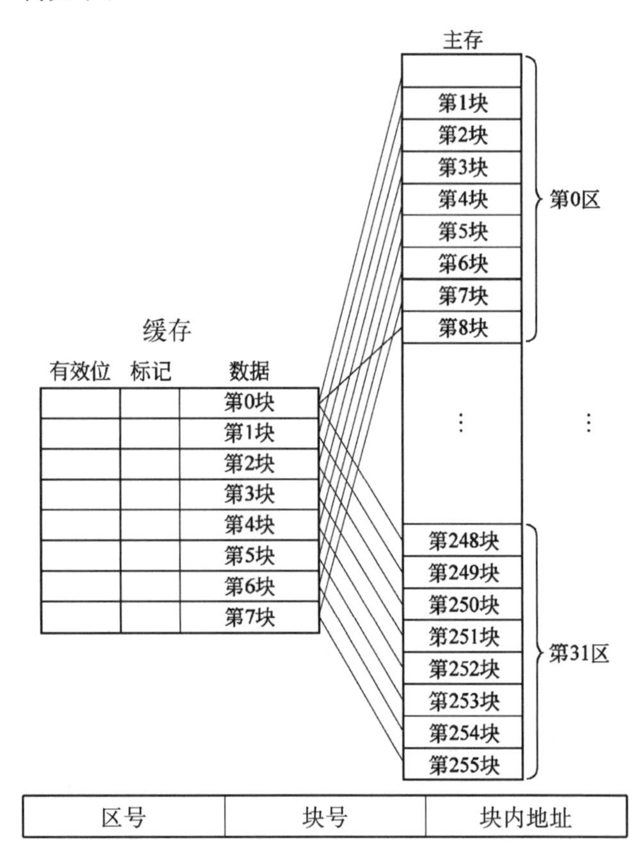

区号	块号	块内地址

地址变换速度快，不涉及替换策略，实现的硬件简单，成本低。但每一主存块只能调入缓存中某一指定的区域，块冲突的概率高，缓存的效率低，适合于大容量缓存的场合。

全相联映像(fully-associative mapping) 主存中每一个块都可映像到缓存中的任何块中的地址映像方式。主存和缓存的地址结构如下：

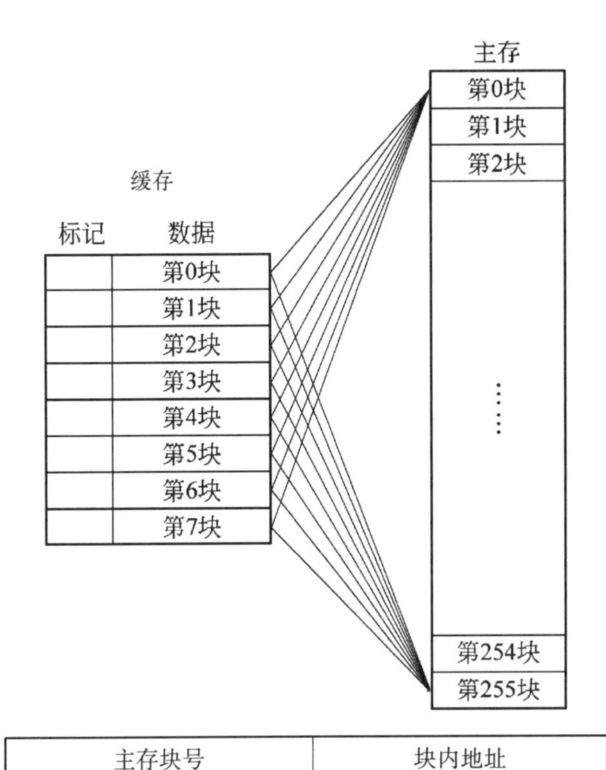

在缓存中各块全部装满时才会出现块冲突，可灵活进行块的分配，块冲突概率低，缓存的利用率高，但标记检查速度慢，控制复杂，比较电路较难实现，且要用硬件来实现替换算法，适用于容量较小的缓存中，使参与比较的标记较少、比较电路相应简单、检索速度也不会太长。

组相联映像(set-associative mapping) 介于直接映像和全相联映像之间的映像方式。缓存-主存关系如图所示。主存空间按缓存容量分为若干区(m区)，每个区分为若干个组(p组)，每个组含有若干块(n块，称"n路组相联")。主存共$m \times n \times p$块，缓存为$n \times p$块。组内是全相联映像，组间是直接映像，组的容量为1块时即为直接映像，组的容量为缓存块容量时(只有1组)即为全相联映像。组相联映像中主存地址结构为：

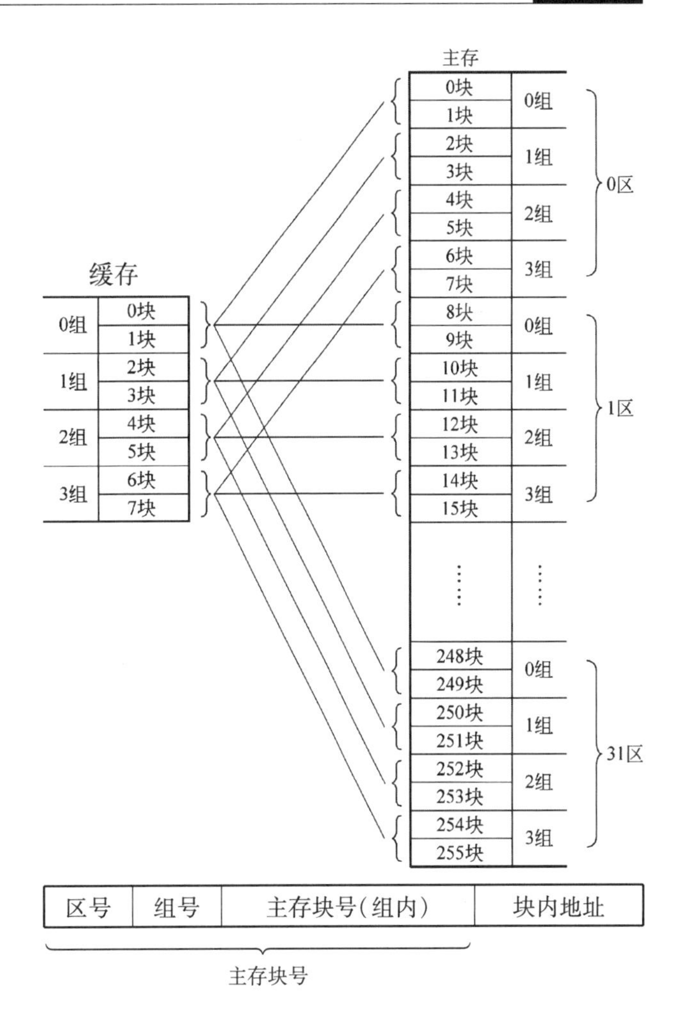

高速缓存一致性(cache coherence) 亦称"缓存连贯性""缓存同调"。保证保留在高速缓存中的共享资源保持数据一致性的机制。在一个系统中，当许多不同的设备共享一个共同存储器资源，如高速缓存中的数据不一致，就会产生问题。这个问题在有数个中央处理器的多处理机系统中特别容易出现。可分为三个层级：(1) 在进行每个写入运算时都立刻采取措施保证数据一致性；(2) 每个独立的运算，假如它造成数据值的改变，所有进程都可以看到一致的改变结果；(3) 在每次运算之后，不同的进程可能会看到不同的值(即没有一致性的行为)。

MSI 协议(MSI protocol) 一个在多处理器系统中运行的基本的缓存一致性协议。与其他缓存一致性协议一样，协议名称中"M、S、I"三个字母表明高速缓存行可能的状态。M 为 Modified(已修改)，块在缓存中已被修改，缓存中的数据与后备存储器(例如内存)中的数据不一致。具有"M"状态的块的缓存在该块被替换时需要将其中的内容写回后备存储；S 为 Shared(共享)，块未被修改，并在至少一个处理器的缓存中以只读状态存在。高速缓存可以将其替换而不将其中的数据写回后备存储;I 为 Invalid (无效),该块不存在于当前缓存中,或者因为总线请求而被标记为无效。如果要将某个块存储在该缓存中,则必须首先从内存或另一个高速缓存中获取该块。这些一致性状态通过高速缓存和后备存储之间的通信进行维护。当缓存中的某个块被读或写时,或者当缓存通过总线接收到其他缓存发出的读写信号时,它需要据此来做出动作并调整自己的状态。

磁表面存储器(magnetic surface storage; magnetic surface memory) 在金属铝或塑料表面涂上薄层磁性材料作为载磁体来存储信息的存储设备。如磁带存储器、磁盘存储器。采用磁头(用软磁材料做铁芯、绕有读写线圈的电磁铁)来形成和判别磁层中的不同磁化状态。优点是:(1) 存储容量大,价格低;(2) 记录介质可重复使用;(3) 记录信息可以长期保存而不丢失,甚至可以脱机存档;(4) 非破坏性读出,读出时不需要再生信息。但存取速度较慢,机械结构复杂,对工作环境要求较高。在计算机系统中作大容量辅助存储器使用,用以存放系统软件、大型文件、数据库等大量程序与数据信息。

磁带(magnetic tape) 一种非易失性存储介质。由带有可磁化覆料的塑料带状物组成(通常封装为卷起)。是循序存取的装置,尤为适合传统的存储和备份以及顺序读写大量资料的使用场景。类型多种多样,可储存的内容也多种多样。如储存视讯的录像带,储存音讯的录音带(包括盘式录音带、卡式录音带、数位音频磁带、数位线性磁带、8 音轨卡匣等)。在 20 世纪 80 年代早期计算机时代曾被广泛应用,但速度较慢,且体积较大,后主要用作商业备份等用途。

磁带存储器(magnetic tape storage) 以磁带为存储介质,由磁带机及其控制器组成的存储设备。属于磁表面存储器。是计算机外围设备之一。用某些磁性材料薄薄地涂在金属铝或塑料表面作载磁体来存储信息。是计算机的一种辅助存储器。磁带机由磁带传动机构和磁头等组成,能驱动磁带相对磁头运动,用磁头进行电磁转换,在磁带上顺序地记录或读出数据。磁带控制器是中央处理器在磁带机上存取数据用的控制电路装置。是计算机在磁带上存取数据用的控制电路设备,可控制磁带机执行写、读、进退文件等操作。以顺序方式存取数据。一个磁带控制器可连接多台磁带机。存储数据的磁带可脱机保存和互换读出,具有存储容量大、价格低廉、携带方便等特点。

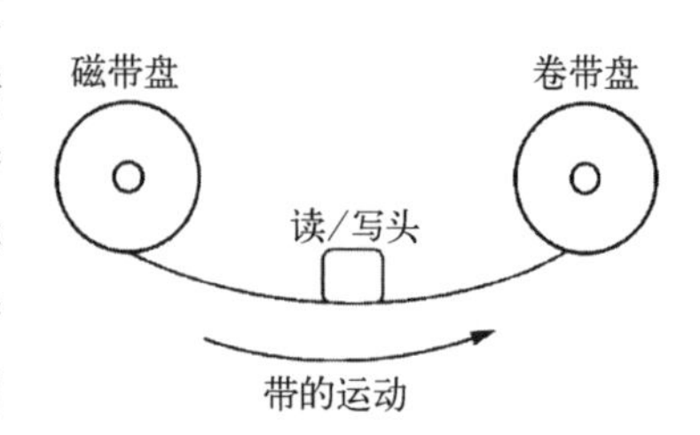

磁鼓存储器(magnetic drum storage; drum memory) 一种依靠磁介质的数据存储设备。为 20 世纪 50 年代和 60 年代计算机所用存储器的早期形式,由陶舍克(Gustav Tauschek)于 1932 年在奥地利发明。用铝鼓筒表面涂覆的磁性材料来存储数据。鼓筒旋转速度很高,存取速度快。但一个大圆柱体只有表面一层用于存储,利用率不高,磁鼓为这套机制的主要工作储存单元,通过穿孔纸带或者打孔卡加载、取出数据。后被磁芯存储器等其他技术取代。

磁盘机(magnetic disk memory; magnetic disk unit) 大容量存储器中使用最普遍的一种存储设备。磁盘存储系统的性能有:(1) 记录密度,又称“存储密度”,一般用磁道密度和位密度来表示。前者是指沿磁盘半径方向、单位长度内磁道的条数,其单位是道/英寸。后者是指沿磁道方向、单位长度内包含的字节的数量,单位是字节/英寸。(2) 存储容量,指能够存储的有用信息的总量,单位是字节。(3) 寻址时间,指磁头从启动位置到达所要求的读/写位置所经历的全部时间,包括寻道时间和平均等待时间两部分。前者指磁头找到目的磁道所需的时间,由磁盘的性能决定,由磁盘生产厂家给出;后者指所需要读/写的扇区旋转到磁头的下方所用的平均时间。一般取磁盘转一周所用时间的一半。(4) 数据传输速率,指磁头找到地址后,每秒读出或写入的字节数。

磁芯(magnetic core) 早期用于计算机的一种存储器。由多只铁磁材料做成的小圆环组成,这些磁环被穿在金属导线上组成磁芯板,将这些磁芯进行磁化以代表二进制数,负极性代表“0”,正极性代表“1”,以此来存储二进制信息。由华裔科学家王安于 1948 年发明。在第二代计算机(晶体管计算机)中用作主存储器(内存),1958 年制成的第一台全部使用晶体管的计算机 RCA501 型中,采用快速磁芯存储器,主存储器的存储量,从几千字节提高到 10 万字节以上。在20世纪60年代后期推出的早期第三代计算机(集成电路计算机)IBM 360系列计算机中,还是采用快速磁芯存储器,直至20世纪70年代IBM 370系列计算机的部分机型采用半导体存储器后,遂完成其历史使命。

海量存储器(mass memory)　一种超大容量的辅助存储器。为存储空间探索的高分辨图像照片、人口调查数据等海量信息的需要而研制。有海量磁鼓存储器、海量磁盘存储器(磁盘阵列)、海量磁带存储器(磁带库)、光碟库等。

海量磁带存储器(mass magnetic tape storage; mass magnetic tape memory)　一种超大容量的磁带存储系统。基本单元是磁带盒,通过机械结构选取所需的磁带盒进行读写。是海量存储器中容量最大的一种。每位存储成本仅相当于磁盘的十分之一。兼有磁盘与磁带的优点,可作海量的联机数据库。磁带盒的磁带宽51毫米,长19.6米,存储容量为50兆字节,数量从几百个到几千个,最多可达9 440个,整个系统共可存储472 000兆字节。IBM公司用IBM3333/3330磁盘子系统组成的虚拟磁盘存储器称为IBM3850型海量外存系统,兼有磁盘与磁带的优点,可作为海量的联机数据库。

海量磁鼓存储器(mass magnetic drum storage; mass magnetic drum memory)　速度最快的海量存储器。具有快速响应的特点。如10^7字节容量的磁鼓;平均存取时间为2.3毫秒;10^8字节容量的磁鼓;平均存取时间为17毫秒;10^9字节容量的磁鼓,平均存取时间为92毫秒。

海量磁盘存储器(mass magnetic disc storage; mass magnetic disk memory)　存取时间和存储容量介于海量磁鼓和海量磁带存储器之间的存储系统。多片可换式磁盘存储器由于盘组可以更换,具有很大的脱机容量。

软磁盘(floppy disk; FD)　简称"软盘"。个人计算机中最早使用的可移动存储介质。通过软盘驱动器完成读写。软盘驱动器能接收可移动式软盘,最常用的是容量为1.44兆字节的3.5英寸软盘。是早期个人计算机一个不可缺少的存储部件,用来传递和备份一些比较小的文件,必要时,可用来启动计算机。随着U盘和光盘刻录的发展、网络应用的普及,已逐渐淘汰。

软盘驱动器(floppy disk drive; FDD)　简称"软驱"。读取3.5英寸或5.25英寸软盘的设备。已逐渐淘汰,稀见。分内置和外置两种。内置使用专用的软盘驱动器接口,外置一般用于笔记本计算机,使用USB接口。

硬盘(hard disk drive; HDD)　计算机上使用坚硬的旋转盘片为基础的非易失性存储设备。在平整的磁性表面存储和检索数字数据,数据的读写,采用随机存取的方式,可以任意顺序读取数据。信息通过离磁性表面很近的磁头,由电磁流来改变极性方式写到磁盘上,也可以通过相反的方式读取,如读头经过记录数据的上方时磁场导致线圈中电气信号的改变。包括一至数片高速转动的磁盘以及放在执行器悬臂上的磁头。早期的存储介质是可替换的,第一块硬盘是IBM公司的System 305,产于1956年,用于RAMAC随机计算及控制存取方式存储数据。由50个直径为24英寸表面涂有磁浆的盘片组成,容量仅为5 MB。现采用的是固定的存储介质,碟片与磁头被封装在机身里(只有一个过滤的气孔,用来平衡工作时产生的热量导致的气压差)。20世纪60年代初成为通用计算机中主要的辅助存储器,随着技术的进步,已成为服务器及个人计算机的主要组件。按数据接口,分ATA(IDE)和SATA以及SCSI和SAS。接口速度不是实际数据传输的速度,当前非基于闪存技术的硬盘数据实际传输速度一般不会超过300 MB/s。

硬盘驱动器(hard disk drive; HDD)　计算机中控制硬盘寻址以及存取数据的装置。是一种主要的计算机存储设备。由一个或者多个铝制或者玻璃制的碟片组成。这些碟片外覆有铁磁性材料。绝大多数硬盘都是固定硬盘,被永久性地密封固定在硬盘驱动器中。尽管硬盘驱动器和硬盘(hard disk)是两个概念,但是由于两者通常被封装在一起,所以无论是硬盘还是硬盘驱动器通常都是指二者结合在一起所形成的设备。

移动硬盘(mobile hard disk)　以硬盘为存储介质,强调便携性的存储产品。可以较高速度进行数据传输,便于计算机之间交换大容量数据。是一种性价比较高的移动存储产品。原是用于笔记本电脑的专用小型硬盘,由于其轻便、易于携带的特色,也用于不同计算机之间传送文件。另外普通的计算机硬盘通过硬盘盒或其他转换接口设备,也能做到移动硬盘的效果。通常采用USB接口与计算机连接。

微型硬盘（micro drive） 一种体积大小如一元硬币的超小型硬盘。初期主要是由 IBM 公司开发，目的是用来对抗市面上主流的闪存产品。自 2003 年起微型硬盘的技术与专利由日立公司拥有，并由该公司自行制造产品销售。相对于同时期的闪存产品，优势是容量价格比高，读写速率高，可在大部分新型的数字设备（主要是数字相机）上使用。除了做成存储卡的版本外，微型硬盘也可以内置方式设备在一些有大容量存储需求的电子设备上，例如个人数码助理、随身音乐播放器、笔记本计算机或甚至功能比较强大的移动电话上。但设计有缺点，相较于单纯的闪存，在运作过程中较为耗电、容易发热、使用寿限较短，且对于振动或撞击较没抵抗力。

固态硬盘（solid state disk; solid state drive; SSD） 亦称"电子硬盘""固态电子盘"。用固态电子存储芯片阵列制成的高性能信息存储设备。由控制单元和固态存储单元——主要以闪存作为永久性存储器芯片组成。采用 SATA - Ⅲ、PCIex8 或者 mSATA、M.2、ZIF、IDE、U.2、CF、CFast 等接口。无机械动作，无噪声，可靠性高，速度快，工作温度范围很宽（-40~85℃）。大部分被制作成与传统硬盘相同的外壳尺寸，例如常见的 1.8 英寸、2.5 英寸或 3.5 英寸规格，并采用了相互兼容的接口；可在有限空间（如超极本等）中置放固态硬盘。随着生产成本的下降，将多个大容量闪存模块集成在一起，制成以闪存为存储介质已成趋势。广泛应用于军事、车载、工控、视频监控、网络监控、网络终端、电力、医疗、航空和导航设备等领域。

SCSI 硬盘（small computer system interface hard disk） 采用小型计算机系统接口（SCSI）的硬盘。使用 50 针接口，外观和普通硬盘接口相似。接口速度快，支持热插拔，稳定性好，缓存容量大，中央处理器占用率低，扩展性远优于 IDE（ATA）硬盘。主要用于服务器。

独立冗余磁盘阵列（redundant array of independent disks; RAID） 原称"廉价磁盘冗余阵列"，简称"磁盘阵列"。具有冗余能力的磁盘阵列。由很多价格较便宜的磁盘，通过 RAID 控制器（分硬件和软件）组合成一个虚拟的单台大容量的硬盘。冗余磁盘容量用于存储奇偶校验信息，保证磁盘万一损坏时能恢复数据。优点是提高传输速率和提供容错功能。性能达到甚至超过一个价格昂贵、容量巨大的硬盘。根据选择的版本不同，比单颗硬盘有以下优点：增强数据集成度，增强容错功能，增加处理量或容量。常被用在服务器计算机上，并且常使用完全相同的硬盘作为组合。由于硬盘价格的不断下降与功能更加有效地与主板集成，也成为普通用户的一个选择，特别是需要大容量存储空间的工作，如：视频与音频制作。

光存储器（optical memory） 由光盘驱动器和光盘片组成的存储设备。是计算机应用中重要的存储器件。最常见光盘的单面存储量为 680 兆字节左右，成本低，用激光读取存储在媒质中的数据，凹面表示 1，凸面表示 0。因为需要机械电气部件，所以光存储器单元比起半导体存储器的读写速度慢，体积大，价格高，存储容量大。常用的有：光盘、光盘只读存储器、可刻录光盘、可重写光盘、数字多功能影音光盘、可刻录数字多功能影音光盘、可重写数字多功能影音光盘。

光盘（optical disc; CD） 亦称"光碟"。用激光的记录和读出方式保存信息的一种介质。1965 年由美国人发明。大约在 20 世纪 90 年代中期开始普及，具有存放大量数据的特性，1 片 12 厘米的 CD - R 约可存放 1 小时的 MPEG1 的影片，或 74 分钟的音乐，或 680 兆字节的数据。以高分子材料作基片，镀金属膜并覆保护膜，采用激光记录和读出信息。用强激光束在盘面上写入数字化的信息，形成凹槽。读出时以弱激光束扫描凹槽，根据反射强弱来反映信息。按性能和用途，分只读型光盘、可记录光盘和数字多功能影音盘 3 类。

CD 即"光盘"。

影音光盘（video compact disc; VCD） 亦称"影音压缩光盘""视频压缩光盘"。一种采用 MPEG - 1 压缩编码存储视频信息、MPEG - 1 layer 2 压缩编码存储音频信息的光盘。可在个人计算机和 VCD 播放器以及大部分 DVD 播放机中播放，但大部分蓝光光盘播放机已不支持。标准由索尼、飞利浦、JVC、松下电器等电器生产厂商联合于 1993 年制定，属于数字光盘的白皮书标准。

影音光盘

VCD 即"影音光盘"。

数字多功能影音光盘(digital versatile disc; DVD) 原指数字视频光盘(digital video disc),后定位更改,于1995年规格正式确立时,重新定义为数字多用途光盘(digital versatile disc)。是一种光盘存储媒体。通常用来存储标清(标准解析度)的视频文件、高清音质的音频文件与大容量数据。与普通光盘或蓝光光盘的外观极为相似,直径有80毫米、120毫米规格等。由20世纪90年代早期的两种高容量光盘标准:多媒体光盘(MMCD)和超高密度光盘(super high density disc),合并而成,并于1995年推出。开始设计为多用途光盘。共有五种子规格:(1) DVD-ROM,用作存储计算机数据;(2) DVD-Video,用作存储影像;(3) DVD-Audio,用作存储音乐;(4) DVD-R,只可写入一次刻录碟片;(5) DVD-RAM,可重复写入刻录碟片。结构不同,但除了DVD-RAM外,基层结构相同。DVD-Video或DVD-Audio都只是DVD-ROM的应用特例,将DVD-Video或DVD-Audio放入计算机的DVD驱动器中都可看到里面的数据以文件的方式存储着(但未必能播放)。

DVD 即"数字多功能影音光盘"。

激光视盘(laser disc; LD) 20世纪80—90年代中流行的影像存储媒体。主要用作存储电影,后被VCD或DVD完全代替。尺码和30厘米(12英寸)黑胶唱片相若,表面和音乐光盘相似。以激光读取预先刻录在碟片上的信号,并转换成影像信号供电视机播放。较同期流行的家用录影系统录像带颇为昂贵。提供的影像质量接近广播电视。非接触式读取,没有录像带使用多次会造成影像变差的问题。在基础采取了与CD/DVD/BD相似的物理存储结构,但其影音格式是模拟信号,采用脉冲宽度调变直接将模拟影音频号(复合视频的影像及频率调变的音频)转换成可以存储于光盘的(0与1)格式。在日本和中国台湾、中国香港曾非常流行,主要用于卡拉OK影碟生产,其次是用作一般电影的影碟。不会像DVD有马赛克、色彩带或者其他因数字量化及有损压缩带来的问题,画质优于DVD, 2009年随着LD播放机的停产,逐渐消逝。

LD 即"激光视盘"。

磁盘压缩(disk compression) 一种可以增加硬盘存储信息量的软件技术。与需要用户指定要压缩文件的文件压缩工具不同,磁盘压缩工具自动完成压缩与解压,用户无须意识到其存在。在需要存储信息时压缩数据,而在读取信息时解压缩。压缩工具覆盖操作系统的标准流程,在安装磁盘压缩软件后可继续正常工作。是在短期内获取更多磁盘存储空间的有效且经济的手段。一个设计良好的磁盘压缩软件平均可将可用空间翻倍,而对速度的影响可以忽略不计。随着硬盘性价比的日趋提高,20世纪90年代后期渐被淘汰。

光盘库(optical disc library) 一种带有自动换盘机构(机械手)的光盘网络共享设备。由放置光盘的光盘架、自动换盘机构(机械手)和驱动器三部分组成。通常配置有1~12台驱动器,可容纳50~600片光盘。用户访问光盘库时,自动换盘机构首先将已放在CD-ROM驱动器中的光盘取出并放置到盘架上的指定位置,然后再从盘架中取出用户所需的光盘,将其送入CD-ROM驱动器中。由于单张光盘的存储容量大大增加,相较于如磁盘阵列、磁带库等常见的存储设备而言,价格性能优势明显。作为一种存储设备已被运用于如银行的票据影像存储、保险机构的资料存储等领域,以及其他所有的大容量近线资料存储的各种场合。

光盘驱动器(optical disc drive) 亦称"光碟机""光驱"。计算机、电子游戏机用来读写光盘内容的设备。有不同的马达分别负责旋转光盘、驱动激光头读取数据,以及驱动光盘插入、退出设备。分只读光盘驱动器、可读写光盘驱动器和电子游戏机专用驱动器三类。

只读型光盘(compact disc read-only memory; compact disc ROM; CD-ROM) 信息由生产厂家预先写入,用户只能读出、不能写入的光盘。用于存放数字化的文字、声音、图像、图形、动画以及视频影像。可提供550~680兆字节的存储空间。按盘片中记录格式和功能的不同,分激光唱盘、激光视盘、交互式光盘、视频光盘和照相光盘等。广泛应用于电子出版业中。在计算机领域中主要用于文献数据库以及其他数据库的检索,也可用于计算机辅助教学。用于多媒体计算机中,可获得较高质量的图像和高保真度的音乐效果。

交互式光盘(compact disc-interactive; CD-I) 可以实现声音、图像交互功能的光盘。用户通过计算机等的使用,实现人机、人碟的交互功能。采用的"绿皮书"标准是飞利浦公司与索尼公司于1987年提出的，并增加了交互表达音频、视频、文字、数据的格式以及多媒体的其他技术规格。

照相光盘（photo compact disk；photo CD） 用于存放照片图像的光盘。存放的照片图像可在电视机或计算机显示器上显示。是在CD－ROM/XA基础上由柯达公司提出的光盘格式标准，一张光盘上最多能存放100多张彩色照片，存放方便，且永不褪色。

快闪存储卡（flash memory card） 亦称“闪卡”。一种固态的数据存储部件。一般使用闪速存储器芯片作为存储介质。多为卡片或者方块状。能提供可重复读写，无须外部电源的存储形式。常见的有PC卡（PCMCIA卡）、压缩闪存卡（CF卡）、安全数码卡（SD卡）。主要用于数码相机、个人数字助理、笔记本计算机、音乐播放机、掌上游戏机和其他电子设备。

压缩闪存卡（compact flash card） 亦称“CF卡”。一种用于便携式电子设备的非易失性和固态数据存储设备。1994年首次由SanDisk公司生产并制定相关规范。采用压缩闪存协会的标准，内部设置集成驱动电子控制器，具备即插即用功能，通过一个简单的适配器可将卡插入PCMCIA Ⅱ插槽中。早期的容量为160 MB，数据传输率为4 MB/s，到2018年，容量规格从最小的8 MB到最大可达256 GB。不使用电池或其他电源以保持信息。比磁盘驱动器更稳固，耗电量仅相当于磁盘驱动器的5%，却仍然具有较快的传输速率。可适应极端的温度变化，工业标准可在-45~85℃的范围内工作。

安全数字卡（secure digital memory card；SD） 亦称“SD卡”。一种基于半导体快闪存储器加入加密技术的存储设备。通过加密功能，保证数据资料的安全保密。其技术是基于MultiMedia卡格式。有较高的数据传输速度，而且不断更新标准。大多在侧面设有写保护控制，以避免一些数据意外地写入，而少部分甚至支持数字版权管理的技术。大小为32毫米×24毫米×2.1毫米，但官方标准亦有记载“薄版”为1.4毫米厚度。SD3.0的最大容量可高达2 TB。广泛应用于数字相机、数字摄录机、个人数字助理、手提电话、多媒体播放器、掌上型游戏机。

PC卡（personal computer memory card international；PCMCIA） 亦称“PCMCIA卡”（PCMCIA为PC机内存卡国际联合会的缩写）。笔记本计算机内广泛使用的存储媒体。安装在笔记本计算机内的PCMCIA插槽上。该插槽可用来插入传真卡/网卡/存储卡/声卡等，为68针，优势是可带电插拔，配合适当软件后可实现即插即用。除笔记本计算机外，也可用于个人数字助理、数字相机、数字电视、机顶盒等。

多媒体存储卡（multimedia card；MMC） 一种小型固态存储卡。轻巧易用，携带方便，可靠性高，存储容量大，达10^9字节量级。对于只读应用，采用ROM或闪存技术；对于读写兼有的应用，则采用闪存技术。2000年由美国闪迪公司和德国西门子公司共同开发。广泛用于移动电话，数码相机，数码摄录机，MP3等多种数码产品上。

汉卡（chinese character card） 亦称“中文卡”。一种使计算机具有或者提高汉字处理能力的扩展卡。将汉字的字模数据、汉字编码输入方法的码表及其驱动程序固化在只读存储器中。插在机器的扩展槽上，可节省存放汉字的内外存空间，早期的计算机运行速度缓慢，存储空间有限，对汉字的处理能力十分有限。将汉字输入法、汉字字库存储于固化芯片中的汉卡可有效提高计算机的中文处理能力。随着计算机硬件的飞速发展，逐渐被软件所取代。

嵌入式多媒体卡（embedded multimedia card；eMMC） 一种主要用于印刷电路板的嵌入式非易失性存储器系统。由MMC协会（MultiMedia Card Association — MMCA，1998年1月十四家公司联合成立）所订立。该架构标准将MMC组件（闪存加控制器）放入一个小的球栅数组封装（BGA）中。有100，153，169个触点之分，并都基于8位并行接口。与MMC的其他版本有明显的不同，用户不可随意移动，而是永久性的电路板附件。2016年前生产的手机和平板计算机多使用这种形式的主存储器。2015年2月发布的5.1版本（JESD84－B51），速度可媲美SATA接口标准的固态硬盘（400 MB/s）。

智能卡（smart card；IC card） 亦称“智慧卡”“聪明卡”“集成电路卡”及“IC卡”。外形与信用卡一样，粘贴或嵌有集成电路芯片的一种便携式卡片塑料。包含了微处理器、输入/输出接口及存储器，提供数据的运算、访问控制及存储功能，卡片的大小、接点定义由ISO规范统一，主要规范在ISO 7810中。常见的有电话IC卡、身份IC卡，以及一些交通票证和存储卡。

声卡（sound card） 多媒体电脑中用来处理声音

的接口卡。可把来自话筒、收音机、录音机、激光唱机等设备的语音、音乐等声音变成数字信号后给计算机处理,并以文件形式保存,还可把数字信号还原成为真实的声音输出。尾部的接口从机箱后侧伸出,上面有连接麦克风、音箱、游戏杆的乐器数字接口。后大多内建计算机主板中,仅高阶、音响级与专业用途仍保留。

读卡器(card-reader) 用于在计算机中将多媒体卡作为移动存储设备进行读写的接口设备。商用版本的可读取保安智能卡。通常用 USB 连接,可访问多种格式的存储卡,如 CompactFlash 和 Secure Digital。配合存储卡可当成 U 盘来使用。亦集成于一些打印机中,供用户打印。有些只可访问一种存储卡,有些是多合一。一些存储卡已集成了读卡器的功能,用户只需将其插进 USB 插口,便可访问存储卡内的数据。

U 盘(USB flash disk; UFD) 亦称“闪存盘”“优盘”“随身碟”。采用闪速存储器制成的辅助存储器。体积小,质量轻,便于携带,使用安全可靠,功能齐全,可热插拔,无外接电源,价格便宜,存储容量大。是常用的移动存储设备之一。广泛应用在台式机和便携机中。

优盘 即“U 盘”。

闪存盘 即“U 盘”。

随身碟 即“U 盘”。

全息存储器(holographic memory) 全称“全息照相存储器”。利用激光将计算机数据以三维方式进行存储的一种技术。可使现有尺寸的驱动器拥有 10^{12}字节量级的数据容量。即可存储上百部电影或者上百万本书籍。

激光唱盘(compact disc-digital audio; CD - DA) 传统的 CD 唱片。单面灌录,直径为 12 厘米,最多可记录 74 分钟的立体声数字音频信号。采用“红皮书”标准,该标准定义了 CD - DA 的尺寸、物理特性、编码、错误校正等。符合该标准的光盘都有“Digital Audio”字样。标准中规定的物理结构目前已成为所有 CD - ROM 的标准。由飞利浦公司和索尼公司于 1982 年制定的,1987 年国际电工委员会在“红皮书”标准的基础上建立了国际标准“IEC 908”。主要用于存储歌曲和音乐制品。

视频光盘(compact disc with video; CD - V) 集立体声音频信号和彩色图像于一体的光盘。是在 1980 年代后期至 1990 年代初期流通市面的影音媒体。音轨和影像信息分别放在同一张光盘上。单面灌录,在 7.4 厘米直径圈内,录有 20 分钟与 CD 同样的数字音频信号;在直径 7.8 厘米以外录有 5 分钟 NTSC 制式的彩色电视模拟图像信号和数字音频伴音信号。其音频部分,可在普通 CD 唱机上播放;而 5 分钟的 NTSC 制式视频部分,必须用一台能兼容 CD、CD - V 和 LD 的影碟机才能播放。所采用的标准为“蓝皮书”,这一标准规定存储在盘上的声音信号是数字信号,而电视图像信号仍是模拟信号。工作原理同 CD。

自我监测、分析及报告技术(self-monitoring analysis and reporting technology; S.M.A.R.T.) 一种自动的硬盘状态检测与预警系统和规范。通过在硬盘硬件内的检测指令对硬盘的硬件如磁头、盘片、马达、电路的运行情况进行监控、记录并与厂商所设定的预设安全值进行比较,若监控情况将或已超出安全值,就可通过主机的监控硬件或软件自动向用户作出警告并进行轻微的自动修复,以保障硬盘数据的安全。除一些出厂时间极早的硬盘外,现大部分硬盘均配备该项技术。起源于 1992 年 IBM 公司 AS/400 计算机的 IBM9337 硬盘阵列中的 IBM 0662 SCSI2 代硬盘驱动器,后被命名为 predictive failure analysis (故障预警分析技术),是通过在固件中测量几个重要的硬盘安全参数来评估它们的情况。从物理硬盘发送到监控软件的结果中被限定两种结果:“硬盘安全”和“硬盘不久后会发生故障”。后由个人计算机制造商 Compaq 和硬盘制造商 Seagate、Quantum 和 Conner 提出了名为 IntelliSafe 的类似技术,后正式命名 S.M.A.R.T.技术,被标准化并推广至 ATA - 3 行业标准中。技术所需数据被存放在硬盘物理盘面最前面的磁道中,包括加解密程序、自监控程序、自修复程序等,主机的监控软件可以通过“SMART RETURN STATUS”的命令读取 S.M.A.R.T.信息,且这些信息不允许被用户直接修改。

输入输出内存管理单元(input-output memory management unit; IOMMU) 一种内存管理单元(MMU),将具有直接存储器访问能力(DMA)的输入/输出总线连接至主内存。如传统的 MMU(将中央处理器可见的虚拟地址转换为物理地址)一样,将设备可见的虚拟地址映射到物理地址。部分单元还提供内存保护功能,防止故障或恶意的设备。

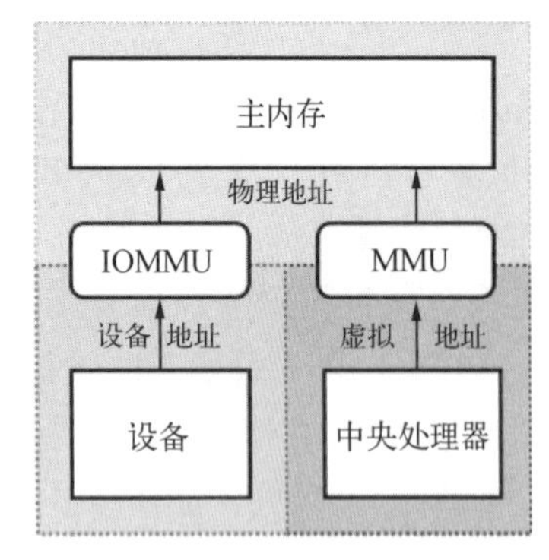

输入输出内存管理单元(IOMMU)与内存管理单元(MMU)的比较

逻辑地址(logical address) 在计算机体系结构中指应用程序角度看到的内存单元、存储单元、网络主机的地址。不同于物理地址,通过地址翻译器或映射函数可转化为物理地址。在计算机内存体系结构中,内存管理器件把中央处理器的内存读取的地址转译为内存总线使用的物理地址。

显存(display memory) 全称"显示存储器",亦称"帧缓存"。用来存储显示芯片处理过或者即将读取的渲染数据。同计算机的内存一样,是用来存储图形数据的硬件。在显示器上显示出的画面由像素点构成的,而每个像素点都以4~64位的数据来控制它的亮度和色彩,构成一帧的图形画面。为了保持画面流畅,要输出和要处理的多幅帧的像素数据必须通过显存来保存,达到缓冲效果,再交由显示芯片和中央处理器调配,最后把运算结果转化为图形输出到显示器上。

输入输出系统

鼠标器(mouse) 简称"鼠标"。常用的计算机输入设备。因形似老鼠而得名。是一种手持式屏幕坐标定位设备。可对当前屏幕上的游标进行定位,并通过按键和滚轮装置对游标所经过位置的屏幕元素进行操作。按移动感应技术,分机械鼠标、光电机械鼠标、光电鼠标、激光鼠标和蓝光鼠标等。1968年美国科学家道格拉斯·恩格尔巴特(Douglas Englebart)在加利福尼亚斯坦福大学制作了第一只机械鼠标。用来代替键盘繁琐的指令,使计算机的操作更加简便。工作原理是由底部的小球带动枢轴转动,带动变阻器改变阻值来产生位移信号,并将信号传至主机。1980年代初,出现了第一代的光电鼠标,具有比机械鼠标更高的精确度。但必须工作在特殊的印有细微格栅的光电鼠标垫上。1983年,罗技科技公司推出光电机械式鼠标,成为事实上的行业标准。1999年,安捷伦公司发布IntelliEye光电引擎,出现不需要专用鼠标垫的光电鼠标,光电鼠标开始普及。

光电鼠标(photo electric mouse) 亦称"光学鼠标"。通过发光二极管和光电二极管来检测鼠标对于一个表面的相对运动。最早的光电鼠标需要使用预先印制在鼠标垫表面上的细微格栅才能检测到鼠标的运动,现光电鼠标能在不透明的表面上工作,检测到鼠标的运动。使用电池供电的无线光电鼠标通过间歇性闪烁光学组件以节省电力,只有检测到运动时,发光二极管才会稳定地亮起。鼠标的光电传感器灵敏度使用DPI(dots per inch,每英寸点数)或CPI(counts per inch,每英寸测量数)量度,测量频率使用FPS(flashes per second,每秒刷新次数)量度。

蓝光鼠标(blue-ray mouse) 采用蓝光发光二极管、蓝光感应器以及镜头作最主要零件组成的鼠标。利用蓝色的发光二极管配合特殊镜头来捕捉位移,可在透明玻璃、白色瓷砖、黑色瓷砖、长毛地毯、桃木纹桌面和花岗石板等一系列材料表面上使用。蓝光鼠标以无线鼠标为主,普通有线蓝光鼠标已经在低端市场普及。

激光鼠标(laser mouse) 使用红外线的激光二极管,而不是发光二极管来为传感器提供光源的鼠标。分为有线鼠标和无线鼠标。利用激光是相干光,几乎是单一波长,即使经过长距离的传播依然能保持其强度和波形的特性制得。1998年,Sun Microsystems公司为Sun SPARC工作站提供了一种激光鼠标。能显著增加拍摄图像的分辨率,有出色的表面跟踪功能,但若正对着眼睛易引发健康风险。

键盘(keyboard) 通过按键向计算机输入数字、字母、特定字符和命令的计算机基本的输入设备。把按下不同键的机械动作转换成计算机能识别的编码。由一定数量的开关——按键按一定规律排列而成的,如图所示。常用键盘有83、84、101和103~107个键组成,以104键的键盘为例,104个键可分为4个键区——功能键区、主键盘区、光标控制键区和数字键区,按键区名各司其职。主键区设置同现代打字机的规范键盘,即"QWERTY"键盘。按按键接触方式,分机械式、电容式和薄膜式。在计算机中常用前两种：(1) 机械式键盘，按键后，触点接触通电而产生按键信号；(2) 电容式键盘，利用键运动时极板间电容容量的变化产生按键信号。每一个按键在计算机中都有唯一代码。当按下某个键时，键盘接口将该键的二进制代码送入计算机主机中，并将按键字符显示在显示器上。键盘接口有 AT 接口、PS/2 接口和 USB 接口。

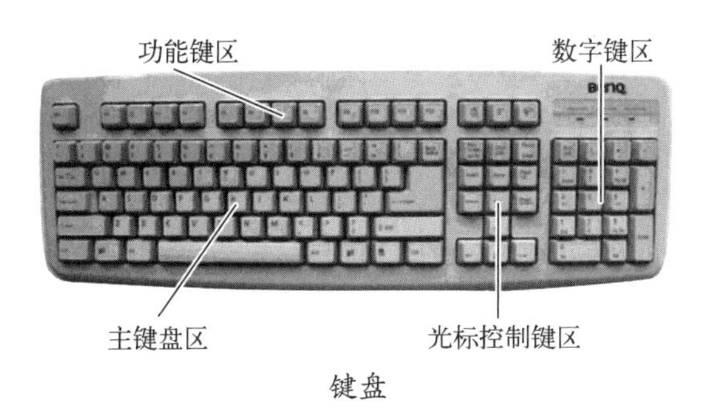

键盘

打印机(printer)　计算机的硬拷贝输出设备。可将计算机内存储的数据按照文字或图形方式输出到纸张、透明胶片或其他平面介质上。1885 年由美国人约翰·沃特(John Vaught)和戴夫·唐纳德(Dave Donald)合作发明。主要指标有：打印分辨率、打印速度和噪声。有各种分类方式：(1) 按工作原理和性能，分针式打印机、喷墨打印机和激光打印机等；(2) 按打印元件对纸是否有击打动作，分击打式打印机与非击打式打印机；(3) 按打印字符结构，分全形字打印机和点阵字符打印机；(4) 按一行字在纸上形成的方式，分串式打印机与行式打印机；(5) 按所采用的技术，分柱形、球形、喷墨式、热敏式、激光式、静电式、磁式、发光二极管式等打印机。正在向轻、薄、短、小、低功耗、高速度和智能化方向发展。现多使用 USB 接口与主机相连。

激光打印机(laser printer)　基于电子照相技术和激光技术发展的非击打式打印机。关键部件是激光扫描系统和电子照相系统，以及字符发生器和电子控制电路。第一款激光打印机是美国施乐公司于 1971 年研制，第一款商业产品是由 IBM 公司于 1976 年推出的 IBM 3800 型激光打印机。基本工作过程是：激光扫描系统产生激光束，由计算机送来二进制图文点阵信息，经接口电路送到字符发生器，产生相应的二进制脉冲信号；电子照相系统中的感光鼓(和硒鼓)经过初始化、感光和显影，将待打印的文稿和图像在感光鼓上完成显影，并将文稿和图像转移到打印纸上。具有分辨率高，打印速度快与色彩丰富等特点。是一种高速度、低噪声、高质量的打印机。是"页式输出设备"，用每分钟输出的页数来衡量打印速度。高速的在 100 页/分以上，中速为 30~60 页/分，主要用于大型计算机系统。低速为 10~20 页/分，甚至 10 页/分以下，主要用于办公自动化系统和文字编辑系统。

喷墨打印机(ink jet printer)　采用喷墨技术的非击打式打印机。用喷墨头代替针式打印机的打印头，用各种色彩的墨水混合印制，先产生小墨滴，再利用喷墨头把细小的墨滴导引至设定的位置上(把数量众多的微小墨滴直接、精确地喷射在要打印的媒介上形成印点)，墨滴越小，打印的图片就越清晰。有连续式和随机式两种，以采用随机式喷墨技术为多，系统中墨水只在打印需要时才喷射，所以亦称"按需式"。体积小，操作简单方便，打印噪声低，字符点的分辨率高，印字质量高且清晰。可灵活方便地改变字符尺寸和字体。印刷采用普通纸，还可直接在某些产品上印字。字符和图形形成过程中无机械磨损，印字能耗小。打印速度可达 500 字符/秒。使用专用纸张时可打出和照片相媲美的图片。可不仅局限于三种颜色的墨水，已有六色甚至七色墨盒的喷墨打印机，颜色范围早已超出了传统 CMYK 的局限，也超过了四色印刷的效果，印刷效果已媲美传统冲洗的相片，甚至还有防水特性的墨水上市。

击打式打印机(impact printer)　依靠强力的冲击把墨转印在媒介上的打印机。类似于打字机，只能打印纯文本。菊瓣字轮式打印机是一种特殊的击打式打印机，它的铅字模围绕着一个轮子的边缘。高尔夫球打印机和菊瓣字轮式打印机很相似，只是字模不仅是圆环状分布，而是分布于一球形的表面上方，可以容纳更多的字模图案。

非击打式打印机(non-impact printer)　用各种物理或化学的方法印刷字符的打印机。有静电感应、电灼、热敏效应、激光扫描和喷墨等类型。流行的是激光打印机和喷墨式打印机，都是以点阵的形式组成字符和各种图形。

点阵打印机(dot matrix printer)　亦称"针式打印机"。利用打印钢针按字符的点阵打印出字符。每一个字符可由 m 行 n 列的点阵组成。一般字符由 7×8 点阵组成，汉字由 24×24 点阵组成。点阵式打印机常用打印头的针数来命名，如 9 针打印机、24 针打印机等。是依靠一组像素或点的矩阵组合而成更大的影像,同击打式打印机的原理,用一组小针来产生精确的点,较击打式打印机先进,不但可打印文本,还可以打印图形,但打印文本的质量通常要低于采用单独字模的击打式打印机。在喷墨打印机普及后,依然在一些低成本低要求的设备中使用,能打印以无碳复写纸组成的多页文档(例如销售发票或信用卡收据)。正在被迅速取代,即使是在收银机、刷卡机,已逐渐改用无须色带耗材的感热纸取代复写纸。

行式打印机(line printer) 一次可以打印一整行文字的打印机。是一种专业的击打式打印机。分两种:(1)鼓式打印机,即圆柱上的每个环都装有所有要打印的字符,原理类似盖日期的数字图章,可以一次打印一行。(2)链式打印机,亦称"火车打印机",是把各种字符放在可上下滑动的链子上,需要那个字符就把它滑动到要打印的行上。在打印时都是击锤击打纸的背面,同时字模和色带垫在上方,打完一行纸张向上走再打下一行,击锤击打的是纸而不是字模,和一般击打式打印机把字模往纸上击打不同。打印速度快,最快可达到 2 200 行/分(西文)或 900 行/分(中文)。在短时间内可以完成较大的打印任务。广泛用于金融,电信等行业用于报表、日志等文档的打印。

热敏式打印机(thermal printer) 使用热敏纸作记录介质的非击打式打印机。打印头上安装有半导体加热元件,被选中打点的针借电路闭合而发热,与热敏纸接触即产生墨点。就可打印出需要的图案,原理与热敏式传真机类似。字形由点阵组成。无噪声,机械结构简单,成本低,设备较小;但须用特殊纸张(热敏纸),且印字质量不高。广泛用于 POS 终端系统、银行系统、医疗仪器等领域。

静电打印机(electrostatic printer) 基于静电成像原理的非击打式打印机。将高电压直接加到电介质材料以获得静电潜像,静电潜像吸附显像剂后再经过热定影过程完成印字。打印速度极高,约每分钟 300~18 000 行,但需要特殊的静电印刷纸,显影和定影过程复杂。

发光二极管打印机(LED printer) 采用一组发光二极管来实现扫描感光成像的页式打印机。感光成像采用密集的阵列为光发射器,将数据信息的电信号转化为光信号,再发射到感光鼓上成像。打印原理与激光打印机基本相同,都是电子照相打印方式,有充电、曝光、显影、打印四个主要阶段。只是曝光部分为发光二极管。成像过程比激光成像过程要简单,打印质量同激光方式,且有超过激光的倾向,打印速度可达 120 页/分;真实分辨率可达 1 200 点/英寸。

电传打字机(teleprinter; teletypewriter; tele-type; TTY) 简称"电传机"。一种远距离信息传送设备。是在传真机普遍使用以前的通信设备,原理近似电报。在电报交换网络中,用打字的方式直接拍发和自动收录电文。以点对点的形式,通过两条接线来传输或接收文字资料(信息),通常由键盘、收发报器和印字机构等组成。既有电话的快速性,又有打字机的准确性,当电文中有数据时,优势明显。除具备高效性和精确性之外,还比电报和电话更为便宜。有机械式和电子式两类,后者使用维修方便,对振动、倾斜的承受能力较强,工作可靠性高。基本已被传真机或互联网所取代。

全息打印机(holographic printer) 全息图像的打印设备。可根据一个三维模型或视频序列输出全彩色的数字全息图像。使用红色、绿色和蓝色的激光在全息胶片上刻印出一系列全息像素。全息像素包含从它的位置可观察到的整个图像的信息。每个全息像素的信息是根据产生的计算机图像计算得出的。全息胶片的介质是曝光后可能还需要冲洗的薄膜。这层薄膜将被压在一个硬塑背板上。由于每个全息像素都需要使用三种颜色单独印刷,打印一张数字全息图像可能需要若干小时。每个全息像素的大小大约是 1 平方毫米。

3D 打印(3D printing) 亦称"增材制造""积层制造"。任何打印三维物体的过程。主要是一个不断添加的过程,在计算机控制下层叠原材料。打印的内容可来源于三维模型或其他电子数据,其打印出的三维物体可拥有任何形状和几何特征。出现于 20 世纪 90 年代中期。采用光固化和纸层叠等技术。与普通打印工作原理基本相同,打印机内装有液体或粉末等"打印材料",与计算机连接,设计过程是:先通过计算机建模软件建模,再将建成的三维模型"分区"成逐层的截面,即切片,指导打印机逐层控制把"打印材料"一层层叠加起来,最终把计算机上的蓝图变成实物。常用材料有尼龙玻璃纤维、耐用性尼龙材料、石膏材料、铝材料、钛合金、不锈钢、镀银、镀金、橡胶类材料。应用于航空航天、建筑、汽车、国防、牙科等领域。3D 打印机属工业机器人的一种。

计算机显示标准(computer display standard) 表征计算机显示方式的组合。通常包括显示分辨率(由屏幕横向和纵向像素数目来定义)、颜色比特数和屏幕刷新频率(单位赫兹)等,定义了详细的显示功能和软件控制接口。个人计算机显示标准主要有:单色显示适配器(MDA)、彩色图形适配器(CGA)、增强图形适配器(EGA)、视频图形适配器(VGA)、多色图形适配器(MCGA)、超级视频图形适配器(Super VGA 或 SVGA)、扩展图形阵列(Extended Graphics Array 或 XGA)、高级扩展图形阵列(Super XGA 或 SXGA)、UXGA 超级扩展图形阵列(Ultra XGA 或 UXGA)、宽屏扩展图形阵列(WXGA)、宽屏扩展图形阵列+(WXGA+)、宽屏超级扩展图形阵列(WUXGA)、超高级宽屏超级扩展图形阵列(SSWUXGA)。早期,大多数计算机显示器的宽高比是4∶3,也有一些是5∶4。之后16∶10、16∶9的宽屏显示器相继成为主流,21∶9等新的显示方式也已产生。

单色显示适配器(monochrome display adapter; MDA) IBM公司在1981年用于IBM-PC的一种显示界面卡。具有80×25的文字分辨率,最高支持720×350的文字分辨率。这种文字模式的分辨率一直到现今仍是个人电脑的标准,不具备绘图的能力,后被彩色界面卡所淘汰。

视频图形适配器(video graphics adapter; VGA) 亦称"视频图形阵列"。IBM公司于1987年提出的一个使用模拟信号的计算机显示标准。有几种不同分辨率。最常见的是640×480(每像素4字节,16种颜色可选)。还有320×200(每像素8字节,256种颜色可选)和720×400的文本模式;现已过时。但仍是最多制造商所共同支持的一个标准,个人计算机在加载自己的独特驱动程序之前,都必须支持VGA的标准。例如,微软Windows系列产品的引导画面仍然使用VGA显示模式。

超级视频图形适配器(super video graphics adapter; SVGA) 亦称"超级视频图形阵列"。视频图形适配器标准的扩展版。1989年由视频电子标准协会(Video Electronics Standards Association)制定。用来指称分辨率时,通常就表示800×600的分辨率。色彩深度为4字节,即一个像素将可为16种索引色彩中的任何一种。这个条件后来又被提高至1 024×768和8字节(即256色),嗣后,对分辨率和载色度的要求仍不断提升。

彩色图形适配器(color graphics adapter; CGA) 亦称"彩色图形阵列"。IBM个人计算机上的第一个计算机彩色显示标准。是IBM公司于1981年上市的第一个彩色图形卡。标准IBM CGA图形卡具有16千字节显示内存。提供多种图形和文字显示模式,以及可达640×200的显示分辨率,最高16色的显示能力(通常不能显示在最大分辨率下)。通常显示能力是在320×200分辨率下同时显示最多4种颜色,但也有很多其他的方法模拟显示更多种颜色。提供两种标准文字显示模式:40×25×16色和80×25×16色;以及两种常用的图形显示模式:320×200×4色和640×200×2色。后被IBM于1984年推出的增强图形适配器(EGA)取代。

多色图形适配器(multi-color graphics adapter; MCGA) 亦称"多色图形阵列"。计算机显示标准之一。1987年在某些PS/2型号上出现,比视频图形适配器成本低。有可在262 144色调色板中选256种颜色的彩色模式,或640×480的单色模式。

增强图形适配器(enhanced graphics adapter; EGA) 计算机显示标准定义。显示性能(颜色和解析度)介于CGA和VGA之间。IBM公司在1984年为PC-AT机引入的技术。可在高达640×350的分辨率下达到16色。包含一个16千字节的只读存储器来扩展BIOS以便实现附加的显示功能,一个Motorola MC6845视频地址生成器。允许用户在64个调色板颜色(每个像素红、绿、蓝各2位)中选择要显示的颜色。

监视器(monitor) 闭路监控系统的显示终端。是除了摄像头外监控系统中不可或缺的一环,是监控系统的标准输出,能观看前端送过来的图像。按用途,分安防监视器、监控监视器、广电监视器、工业监视器和计算机监视器等。采用液晶监视器,屏幕尺寸取决于应用要求和应用环境,与电视机、显示器的区别在于从性能上主要体现为图像清晰度更高、色彩还原度更高、整机稳定度更高。主要应用在金融、珠宝店、医院、地铁、火车站、飞机场、展览会所、商业写字楼以及休闲娱乐场所等,负责安防方面的工作。

行频(line frequency; horizontal scanning frequency) 全称"行扫描频率"。电子枪每秒钟在屏幕上从左到右扫描的次数(亦称屏幕的水平扫描频率)。以赫(兹)为单位。值越大显示器可提供的分辨率越高,稳定性越好。计算公式：行频 = 垂直分辨率×（1.04~1.08）×刷新率。在电视系统中，指扫描系统每秒钟在水平方向来回扫描的次数。中国广播电视标准规定，行频为 15.625 千赫，即电子束在一秒钟内扫描 15 625 次。

帧频（frame frequency; frame rate） 每秒钟放映或显示的帧或图像的数量。是指每秒播放多少帧动画，最多每秒 120 帧。在计算机视频中，指 AVI 和 QuickTime 格式电影的播放速率，直接关系到它的播放是否顺畅。每秒钟播放越多的帧数，观看视频播放就越顺畅。过低的帧频会导致播放时断时续。在电视中，指每秒钟传送电视图像的帧数。在隔行扫描中，因一帧图像分两场来扫描，故为场频的一半。即场频为 50 赫，帧频为 25 赫，一秒钟内可得到 25 帧图像。主要用于电影、电视或视频的同步音频和图像中。

隔行扫描（interleave; interlaced scanning） 一种在扫描式显示设备上表示运动图像的方法。逐行扫描的对称。每一帧被分割为奇偶两场图像交替显示，是一种在不消耗额外带宽的情况下将视频显示的感知帧速率加倍的技术。隔行扫描信号包含在两个不同时间捕获的视频帧的两个场。这增强了观看者的运动感知，并通过利用屏幕上的显形物质在图像消退前能保持一段时间的特性以及人眼具有平均或调和亮度上的微小差异能力，减少了闪烁。让每秒可显示更多的帧，每帧显示更多图像，使带宽减少，提供完整的垂直细节，具有逐行扫描所需的相同带宽，但具有两倍的感知帧速率和刷新率。与非隔行扫描的镜头（帧速率等于场速率）相比，有效地使时间分辨率加倍。

逐行扫描（noninterlaced scanning; progressive scanning） 一种在显示设备上表示运动图像的方法。隔行扫描的对称。是一种对位图图像进行编码的方法，通过扫描或显示每行或每行像素，在电子显示屏上"绘制"视频图像。将每帧的所有像素同时显示。常用在计算机显示器上。优点是减少画面闪烁。通常的显示器的扫描方法都是从左到右从上到下，每秒钟扫描固定的帧数（称为帧频，例如 60 帧每秒）。

显示器（display） 一种将一定的电子信号通过特定的传输设备显示到屏幕上供人观看的显示工具。在计算机系统中，是将主机输出的信息经一系列处理后转换为光信号，以文字、图形形式显示出来的输出设备。按制造材料，分阴极射线管显示器（CRT）、等离子显示器（PDP）、液晶显示器（LCD）等。按颜色，分单色（黑白）显示器和彩色显示器。重要指标是分辨率，分高中低三种，用屏幕上每行的像素数与每帧（每个屏幕画面）行数的乘积表示，乘积越大，像素点越小，数量越多，分辨率越高，图形就越清晰美观。

显示器适配器（monitor adapter） 亦称"显示器控制器"。显示器与主机的接口部件。以硬件插卡的形式插在主机板上，后也有集成在主板上的。显示器的分辨率不仅决定于阴极射线管本身，也与显示器适配器的逻辑电路有关。常用的适配器有：（1）彩色图形适配器，亦称 CGA 卡，适用于低分辨率的彩色和单色显示器；（2）增强图形适配器，亦称 EGA 卡，适用于中分辨率的彩色图形显示器；（3）视频图形适配器，亦称 VGA 卡，适用于高分辨率的彩色图形显示器；（4）中文显示器适配器，中国在开发汉字系统过程中，研制了一些支持汉字的显示器适配器，如 GW－104 卡、CEGA 卡、CVGA 卡等，解决汉字的快速显示问题。

数字视频接口（digital visual interface; DVI） 一种用于传输未经压缩的数字化影像的视频接口标准。由"数字显示工作小组"（Digital Display Working Group）制订。可发送未压缩的数字视频数据到显示设备。部分兼容于 HDMI 标准。外形见图。广泛应用于 LCD、数字投影机等显示设备上。

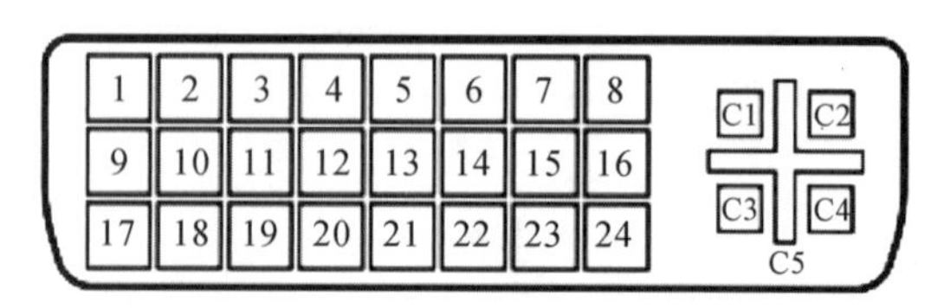

从正面看 DVI 母座接口

VGA 端子（video graphics array connector） 亦称"RGB 端子""D-sub 15""mini D15"。一种 3 排 15 针的 DE－15 视频连接器。如图示，通常在计算机的显示卡、显示器及其他设备，用作发送模拟信号。1987 年开始使用。1999 年开始被 DVI 接口替代。

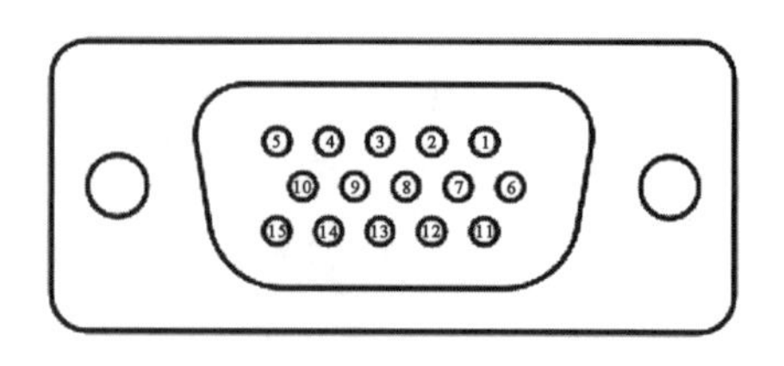

VGA 端子

通常,第9针无连线;但对于新款支持DDC1的连线来说,会用到第9针,故较旧型的显示器会不能正常运作。

阴极射线管(cathode ray tube; CRT) 亦称"显像管""布劳恩管""克鲁克斯管"。一种用于显示系统的物理器件。由英国人威廉·克鲁克斯(William Crookes)首创,可发出射线。德国人卡尔·费迪南德·布劳恩(Karl Ferdinand Braun)在阴极射线管上涂布荧光物质。利用阴极电子枪发射电子,在阳极高压的作用下,射向荧光屏,使荧光粉发光,同时电子束在偏转磁场的作用下,作上下左右的移动来达到扫描的目的。早期仅能显示光线的强弱,展现黑白画面。而彩色的具有红色、绿色和蓝色三支电子枪,三支电子枪同时发射电子轰击涂布在荧光屏上的磷化物来显示颜色。由于笨重、耗电且较占空间,不适合用于便携设备,而且使用材料多,生产成本较高。曾广泛应用于示波器、电视机和显示器上。进入21世纪渐被轻巧、省电且省空间的液晶显示器(LCD)取代。

阴极射线管显示器(CRT display) 一种使用阴极射线管的显示器。是实现最早、应用最为广泛的一种显示技术。主要由电子枪、偏转线圈、荫罩、荧光粉层和玻璃外壳组成。具有技术成熟、图像色彩丰富、还原性好、全彩色、高清晰度、较低成本和丰富的几何失真调整能力等优点,主要应用于电视机、计算机显示器、工业监视器、投影仪等终端显示设备。

真空荧光显示器(vacuum fluorescent display) 一种三极电子管式的真空显示器件。是一种和阴极射线管相似的显示设备。主要器件是一个带有栅极的电子管。将阴极、栅极和阳极封装在真空管壳内制得。阴极发射的电子经栅极和阳极所加的正电压而加速射向阳极,撞击到阳极上并激励涂覆于阳极上的荧光粉而发出可见光。通过调节栅极的电压可以改变真空荧光管的亮度,大量的真空荧光管排列起来就可组成真空荧光显示器,每个荧光管显示一个像素。广泛用于DVD、微波炉等家用电器的显示板以及汽车的仪表板上。也用作音/视频产品的显示器。

点阵显示屏(dot matrix display screen) 由可亮可暗的许多小单元(灯或其他结构,只要在色彩上有所区别即可)排成阵列(一般为矩形,其他形状也有,但并不常见)来显示文字或图形内容的显示装置。可用来显示机器运行状态、时钟、铁路发车指示等许多无须高分辨率的简单信息。由称为点阵控制器的电路控制。按照所需的显示内容打开或关闭阵列里的单元,使得文字或图形可以显示出来。

电致变色(electrochromic) 材料的光学属性(反射率、透过率、吸收率等)在外加电场的作用下发生稳定、可逆的颜色变化的现象。在外观上表现为颜色和透明度的可逆变化。具有电致变色性能的材料称"电致变色材料",用电致变色材料做成的器件称"电致变色器件"。聚苯胺是一种很好的电致变色材料,电致变色材料被用于控制允许穿透窗户(智能窗)的光和热的总量,也在汽车工业中应用于根据各种不同的照明条件下自动调整后视镜的深浅。紫罗碱和二氧化钛一起被用于小型数字显示器的制造。有希望取代液晶显示器,因为紫罗碱(通常为深蓝)与明亮的钛白色有高对比度,因此提供了显示器的高可视性。

电致变色显示器(electrochromic display) 用电致变色材料制作的显示器件。电致变色材料具有双稳态的性能,用其制作的显示器件不需要背光灯,且显示静态图像后,只要显示内容不变化,就不会耗电,达到节能的目的。与其他显示器相比具有无视角盲区、对比度高、制造成本低、工作温度范围宽、驱动电压低、色彩丰富等优点。在仪表显示、户外广告、静态显示等领域具有很大的应用前景。

电致发光(electroluminescence; EL) 电流或强电场通过材料时,材料发出光线的光学和电学现象。将合适的发光材料(如砷化镓)夹在两层导体间,当电流流过时,材料层便会发出可见光(在消费品生产中有时称"冷光")。1907年,英国马可尼公司亨利·约瑟夫·朗德(Henry Joseph Round)在研究碳化硅时发现。电致发光物料有:掺杂了铜和银的硫化锌、蓝色钻石(含硼)、砷化镓等。

电致发光显示器(electroluminescent display; ELD) 利用电致发光现象实现显示技术的显示器件。将合适的发光材料(如砷化镓)夹在两层导体间;当电流流过时,材料层便会发出可见光。不同的原子具有不同能级的电子;通过改变材料的组成,可发出不同颜色的光。基本构造如下:两层平坦互相垂直的不透明电极板,中间夹着发光材料,这样每一个交点便是电流接通点,该处的发光材料便可发光,成为一个像素;顶层透明,使光能穿透。20世纪60年代,开始在商业上使用。

平板显示器(flat panel display)　亦称“平板荧幕”。显示屏对角线的长度与整机厚度之比大于4∶1的显示器件。包括液晶显示器、等离子体显示器、电致发光显示器、真空荧光显示器、平板型阴极射线管和发光二极管显示器等。优点是:(1) 薄型轻巧,整机可做成便携式;(2) 无X射线辐射,无闪烁抖动,不产生静电;(3) 电压低,功耗小,可用电池供电。广泛用于军事、民用领域。

液晶(liquid crystal; LC)　全称“液态晶体”。是相态的一种。在某一温度范围可实现液晶相,获得液体的易流动性,并保留着部分晶态物质分子的各向异性有序排列,形成一种兼有晶体和液体的部分性质的中间态,在较低温度为正常结晶之物质。其组成物质是一种有机化合物,即以碳为中心所构成的化合物。同时具有两种物质的液晶,是以分子间力量组合的,具有特殊的光学性质,又对电磁场敏感,具有特殊的理化与光电特性,极有实用价值。可分为:(1) 热致液晶——指由单一化合物或由少数化合物的均匀混合物形成的液晶。通常在一定温度范围内才显现液晶相的物质。(2) 溶致液晶——包含溶剂化合物在内的两种或多种化合物形成的液晶。1877 年,德国物理学家奥托·雷曼(Otto Lehmann),1888 年奥地利布拉格德国大学的植物生理学家弗里德里希·莱尼泽(Friedrich Reinitzer)先后发现,并进行深入研究,称这种物质是软晶体,后改称“晶态流体”,并深信偏振光性质为该物质特有。20 世纪中叶开始广泛应用在轻薄型的显示技术上。

液晶显示器(liquid-crystal display; LCD)　采用液晶材料制作的平面薄型显示设备。由一定数量的彩色或黑白像素组成,放置于光源或其反面前方。以电流刺激液晶分子产生点、线、面配合背部灯管构成画面。通过对液晶电场的控制可以实现光线的明暗变化,从而达到信息显示的目的。功耗低,适用于使用电池的电子设备。采用复用的方法,在复用模式下,一端的电极分组连接在一起,每一组电极连接到一个电源,另一端的电极也分组连接,每一组连接到电源另一端,分组设计保证每个像素由一个独立的电源控制,电子设备或者驱动电子设备的软件通过控制电源的开/关序列,从而控制像素的显示。指标包括:显示大小、反应时间(同步速率)、阵列类型(主动和被动)、视角、所支持的颜色、亮度和对比度、分辨率和屏幕高宽比,以及输入接口(例如视觉接口和视频显示阵列)。显示面板配置额外的光源系统,称“背光模组”,其中,背光板是由荧光物质组成,可以发射光线,提供均匀的背光源。

发光二极管(light emitting diode; LED)　透过三价与五价元素所组成的复合光源。是一种能发光的半导体电子元件。1961 年,美国得州仪器公司的比亚德(Robert Biard)与皮特曼(Gary Pittman)首次发现了砷化镓及其他半导体合金的红外放射作用。1962 年,通用电气公司的尼克·何伦亚克(Nick Holonyak)开发出第一种可实际应用的可见光发光二极管。早期只能够发出低光度的红光,现发出的光已遍及可见光、红外线及紫外线,光度亦提高到相当高的程度。初期用于指示灯及显示板等;随着白光发光二极管的出现,逐渐被普遍用作照明用途。优点:(1) 能量转换效率高,即较省电。(2) 反应时间短,可达到很高的闪烁频率。(3) 使用寿命长,且不因连续闪烁而影响其寿命;在安全的操作环境下可达到 10 万小时,即便是在 50℃以上,使用寿命还有约 4 万小时。(4) 耐振动等机械冲击,由于是固态元件,没有灯丝、玻璃罩等,相对荧光灯、白炽灯等能承受更大振动。(5) 体积小,其本身体积可造得非常细小(小于 2 毫米)。缺点:(1) 效率受高温影响而急剧下降,浪费电力,产生更多热量,令温度进一步上升,形成恶性循环。也缩短寿命,因此需要良好散热。(2) 驱动电压较低,一般家用电压为 100~240 伏,需要加装变压器。(3) 光度并非与电流成线性关系,光度调节略为复杂。(4) 因装有铝制散热器,光扩散圆顶,E27 螺口的基座,内置市电变压器,成本高,售价高。

发光二极管显示器(light emitting diode display; LED display)　通过控制半导体发光二极管的显示方式,以显示文字、图形、图像、动画视频、录像信号等各种信息的显示器件。由大量分立封装的发光二极管构成,红、绿、蓝三种颜色的发光二极管形成一组方形的模组,在协调驱动下形成全彩画素。集微电子技术、信息处理技术于一体,色彩鲜艳,亮度高,清晰度高,工作电压低,功耗小,动态范围广,使用寿命长,耐冲击和工作稳定可靠。可用作电视机的背光源和计算机的显示器,也可用作户外交通指示或公共交通的显示牌。广泛应用于大型广场、商业广告、体育场馆、信息传播、新闻发布、证券行情发布等,可满足不同环境的需要。

发光二极管显示板(LED panel) 一种通过控制半导体发光二极管的显示方式,显示文字、图形、图像、动画、行情、视频、录像信号等各种信息的显示屏幕。大部分户外及一部分室内显示屏由多颗分立封装的发光二极管所构成,红、绿、蓝三种颜色的发光二极管形成一组方形的模组,在协调驱动下形成全彩画素,分辨率由画素间中心点距离决定。属于工业级设备的发光二极管显示板,其亮度能达到10 000 坎/米^2 以上,可做到完全防水、防盐雾、防尘,适合户外环境使用。发光二极管的寿命可达10万小时,寿命远高于普通常见的显示设备。广泛应用于资讯发布、户外媒体、体育场馆、室内大型显示解决方案。在户外的交通指示或公共交通的显示牌中也很常见。

等离子显示器(plasma display panel) 采用等离子平面屏幕技术的显示设备。是利用气体放电原理实现的发光型显示技术。具有阴极射线管的优点,但制造在很薄的结构上。成像原理是在显示屏上排列上千个密封的小低压气体室,通过电流激发使其发出肉眼看不见的紫外光,然后紫外光碰击后面玻璃上的红、绿、蓝三色荧光体发出肉眼能看到的可见光,以此成像。特点是:(1) 亮度及对比度高;(2) 纯平面图像无扭曲;(3) 超薄设计、超宽视角;(4) 具有齐全的输入接口;(5) 环保无辐射。

伸缩像素显示器(telescopic pixel display; TDP) 介于液晶显示器和数字微镜设备之间的一种新型显示器。兼具两种显示器的优点。设计原理基于光学望远镜。"伸缩"是指每个像素都是一个由主镜和次镜组成的微型望远镜,主镜和次镜可通过施加特定电压而变形。当像素为关闭时,主镜和次镜为平行,两者都阻止了光的通过,使其反射背光,像素看起来为暗。当像素为开启时,主镜变形为抛物线形状,将光聚焦到次镜上。在从次镜反射后,光透过薄膜中的孔传播并且像素出现明度。伸缩像素阵列的性能测试表明,对未来的显示器具有实质性前景。背光透射率经测量为36%,而模拟测试表明设计改进后可以达到56%。像素响应时间为0.625毫秒——快于LCD的2~10毫秒。足够进行顺序颜色处理,通过对每个像素显示红色、蓝色和绿色的快速脉冲来显示颜色,简化工艺和设备设计。具有潜在的低成本以及相对容易制造和控制。缺点是对比度低。使用非准直光进行的实验测量显示出非常低的对比度,仅有20∶1。

数字微镜器件(digital micromirror device; DMD) 利用旋转反射镜实现光开合的器件。是光开关的一种。开闭时间稍长,为微秒量级。作用过程简单,光从光纤中出来,射向反射镜片,打开的时候,光可经过对称光路进入到另一端光纤;关闭的时候,即反射镜产生一个小的偏转,光经过反射后,无法进入对称的另一端,即达到了光开关关闭的效果。

显卡(video card; display card; graphics card; video adapter) 用于将计算机系统所需要的显示信息进行转换驱动显示器,并向显示器提供逐行或隔行扫描信号,控制显示器的正确显示,连接显示器和个人计算机主板的组件。实现个人计算机"人机对话"的最基本组成部分之一。插在主板上的扩展槽里(一般是PCI－E插槽,此前还有AGP、PCI、ISA等插槽),主要负责把主机向显示器发出的显示信号转化为一般电信号,使显示器能理解个人计算机的意图。通常由总线接口、印刷电路板、显示芯片、显示存储器(显存)、RAMDAC、VGA BIOS、VGA功能插针、D－sub插座及其他外围组件构成。其中显示芯片(视觉处理器)是主要处理单元。早期产品仅起到信号转换作用;现一般都带有3D画面运算和图形加速功能,称"图形加速卡"或"3D加速卡"。有集成显卡、独立显卡和核芯显卡三种。个人计算机上最早是IBM公司在1981年推出的5150个人计算机上所搭载的MDA和CGA两款2D加速卡。现大多还具有VGA、DVI显示器接口或者HDMI接口及S－Video端子和Display Port接口。

集成显卡(integrated graphics) 将显示芯片、显存及其相关电路都集成在主板上融为一体的显卡。显示芯片有单独的,但大部分都集成在主板的北桥芯片中。功耗低,发热量小,但性能相对略低,且固化在主板或中央处理器上,本身无法更换,如果必须换,就只能换主板。

独立显卡(discrete graphics) 将显示芯片、显存及其相关电路单独做在一块电路板上的显卡。自成一体而作为一块独立的板卡存在,需占用主板的扩展插槽(ISA、PCI、AGP或PCI－E)。单独安装有显存,一般不占用系统内存,在技术上也较集成显卡先进得多,但系统功耗有所加大,发热量也较大。同时

(特别是对笔记本电脑)占用更多空间。

核芯显卡(high definition graphics) 一种高清晰度显卡。将图形核心与处理核心整合在同一块基板上构成的完整的处理器。是英特尔公司产品新一代图形处理核心。把集成显卡中的“处理器+南桥+北桥(图形核心+内存控制+显示输出)”三芯片解决方案精简为“处理器(处理核心+图形核心+内存控制)+主板芯片(显示输出)”的双芯片模式。有效降低了核心组件的整体功耗,更利于延长笔记本计算机的续航时间。

光笔(light pen; laser pen) 对光敏感,外形像钢笔的一种计算机输入设备。与显示器配合使用,多用电缆与主机相连,可在屏幕上进行绘图等操作。依靠计算机内的光笔程序向计算机输入显示屏幕上的字符或光标位置信息。用途为:(1) 完成作图、改图、使图形旋转、移位放大等多种功能;(2) 进行“菜单”选择,构成人机交互接口;(3) 辅助编辑程序,实现编辑功能。结构简单,价格低廉,响应速度快,操作简便。在图形系统中将人的干预、显示器和计算机三者有机结合起来,构成人机通信系统。常用于交互式计算机图形系统中。

无线激光笔(wireless laser pen) 亦称“电子教鞭”。专为计算机及多媒体投影机设计的一种电子产品。由一个射频遥控器与一个无线接收器组成。使用时只需要将接收器插入计算机主机的 USB 接口,无须安装驱动即可正常工作。除具备传统激光教鞭的映射功能外,还可通过按动激光笔上的上、下翻页按钮,以无线方式直接遥控计算机或多媒体投影设备,实现幻灯片的自由翻页和随意演示。携带方便,使用简便。广泛用于学校、科研院所、政府机构、企业、培训中心、医院等。

光学划记符号辨识(optical mark recognition; OMR) 一种资料的获取方式。通过把光束(通常是红色的)打在扫描器上的文件或条码的记号来辨识一些简单的符号。利用有记号(或条码的黑色)的部分比没有记号(或条码的白色部分)反射较少的光的原理制得。使用光学划记符号辨识进行判别的卡片称“机读卡”。与光学字符辨识的最大区别是不需要辨识引擎,需要高对比和特定形状的划记才容易被读取。最常见的应用是考试使用 HB 或 2B 铅笔填写的格子式多项选择题答题卡的读卡器。也可用于彩券选号投注与问卷调查,另外一个最常见的用途是处理计算机生成的影像,如条码。

光学字符识别(optical character recognition; OCR) 对文本资料的图像文件进行分析识别处理,获取文字及版面信息的过程。是一种能够将文字自动识别录入计算机中的技术。基于图像处理和模式识别技术,使用电子设备(如扫描仪)检查纸上打印的字符,通过检测暗、亮的模式确定其形状,然后将形状翻译成计算机文字。需与图像输入设备(主要是扫描仪)相配合。主要由图像处理模块、版面划分模块、文字识别模块和文字编辑模块组成。1929 年由德国科学家陶舍克(Tausheck)最先提出,并申请了专利。后美国科学家汉德尔(Handel)也提出了利用技术对文字进行识别的想法。中国最早的商业应用是由南开大学开发的,并在美国市场投入商业使用。

触摸屏(touch screen) 亦称“触控荧屏”。用户可直接用手指通过触摸计算机的屏幕而输入相关信息的一种输入设备。有四种类型:红外线式、电阻式、电容式和表面声波式。具有坚固耐用、反应速度快、节省空间以及易于交流等优点。是一套透明的绝对坐标系统,使用时检测触摸并定位。广泛用于公共信息的查询(如银行、电力、电信和税务等部门的业务查询;城市街头的信息查询)以及应用于办公、工业控制、军事指挥、电子游戏、点歌点菜和多媒体教学等。

红外线式触摸屏(infrared touch screen) 触摸屏的一种。在显示器的前面安装一个电路板外框,电路板在屏幕四边排布红外发射管和红外接收管——对应形成横竖交叉的红外线矩阵。用户在触摸屏幕时,手指就会挡住经过该位置的横竖两条红外线,因而可以判断出触摸点在屏幕的位置。任何触摸物体都可改变触点上的红外线而实现触摸屏操作。不受电流、电压和静电干扰,适宜用于某些恶劣的环境条件。价格低廉、安装方便、不需要卡或其他控制器,可在各档次的计算机上应用。由于没有电容充放电过程,响应速度比电容式快,但分辨率较低。

电阻式触摸屏(resistive touch screen) 触摸屏的一种。电阻屏最外层一般使用软屏,通过按压使内触点上下相连。内层装有 N 型氧化物半导体——氧化铟锡,也称氧化铟,透光率为 80%,上下各一层,中间隔开。用指尖或任何物体按压外层,使表面膜内凹变形,让内两层氧化铟锡相碰导电从而定位到按压点的坐标来实现操控。按屏的引出线数,分 4 线、5 线及多线。不受灰尘、温度、湿度的影响,成本相对价廉。但外层屏膜很容易刮花，不能使用尖锐的物体点触屏面。一般不能多点触控，只能支持单点。在电阻屏上要将一幅图片放大，就只能多次点击“+”。

电容式触摸屏(capacitive touch screen)　触摸屏的一种。构造主要是在玻璃屏幕上镀一层透明的薄膜导体层，再在导体层外加上一块保护玻璃，双玻璃设计能彻底保护导体层及感应器。在玻璃表面贴上一层透明的特殊金属导电物质。当手指触摸在金属层上时，触点的电容就会发生变化，使得与之相连的振荡器频率发生变化，通过测量频率变化可以确定触摸位置获得信息。由于电容随温度、湿度或接地情况的不同而变化，故稳定性较差，往往会产生漂移现象。随着智能手机、平板计算机的兴起，电容式触摸屏得到较大发展，触控超极本和触控笔记本比比皆是。普通电阻式触摸屏只能进行单一点的触控，而电容式触摸屏支持多点触摸的人机交互方式，可用双手同时接触屏幕进行操作，如图片放大等。

表面声波式触摸屏(surface acoustic wave touch screen)　触摸屏的一种。角上装有超声波换能器。能发送一种高频声波跨越屏幕表面，当手指触及屏幕时，触点上的声波即被阻止，由此确定坐标位置。不受温度、湿度等环境因素影响，分辨率高，具有防刮性，寿命长，透光率高，能保持清晰透亮的图像质量。最适合公共场所使用。但尘埃、水及污垢会严重影响其性能，需要经常维护，保持屏面的光洁。

数码绘图板(graphics tablet; digitizer)　亦称“数位板”“电绘板”“手写板”。一种使用电磁技术的计算机外部输入装置。以专用电磁笔在数码板表面的工作区上书写。电磁笔可发出特定频率的电磁信号，板内具有微控制器及二维的天线阵列。通常使用USB接口与计算机连接。电磁笔分有压感和无压感两种，用前者书写时在板上可感应力度，从而产生粗细不同的笔画。作为一种硬件输入工具，结合Painter、Photoshop、墨客M－Brush等绘图软件，可创作出油画、水彩画、素描等风格的作品。通常为美术创作者所使用。广泛用于美术绘画和银行签名等专业领域。

绘图仪(plotter)　亦称“绘图机”。一种能按照用户要求自动绘制图形的设备。在计算机指令的控制下通过控制接口将计算机语言转换成绘图机的控制信号，绘出图形。由驱动电机、控制电路、插补器、绘图台、笔架、机械传动等部分组成。除必要的硬设备之外，还必须配备丰富的绘图软件，才能实现自动绘图。按结构和工作原理，分滚筒式绘图机和平台式绘图机两类。在多笔头的绘图仪中可选择不同颜色和不同粗细的线条绘图，使计算机的信息以图形的形式输出。主要绘制各种管理图表和统计图、大地测量图、建筑设计图、电路布线图、各种机械图与计算机辅助设计图等。现代的绘图仪已具有智能化的功能，自带微处理器，可使用绘图命令，具有直线和字符演算处理以及自检测等功能，还可选配多种与计算机连接的标准接口。

滚筒式绘图仪(drum plotter)　绘图仪的一种。绘图纸卷覆在滚筒上，滚筒的两边装有链轮，图纸的两侧有链孔。当 x 方向步进电机通过传动机构驱动滚筒转动时，链轮就带动图纸转动(顺时针或逆时针)，实现 x 方向运动。y 方向的运动，是由 y 方向步进电机驱动笔架直线移动来实现的。结构紧凑、占地面积小、图幅面大，在 x 方向上可以连续绘制几十米长的图形，但需要两侧制有链孔的专用图纸。

平台式绘图仪(flat plotter)　绘图仪的一种。绘图平台上装有横梁，横梁上装有笔架，绘图纸固定在平台上。工作时，x 方向步进电机驱动横梁连同笔架作 x 方向运动，y 方向步进电机驱动笔架沿横梁导轨作 y 方向运动。图纸在平台上的固定方法有真空吸附、静电吸附和磁条压紧三种。绘图精度较高，对图纸没有特殊要求。

立体绘图仪(stereo plotter)　一种使用立体影像绘制地形图等高线的绘图设备。用于摄影测量中模拟摄影过程中立体像片的空间方位、姿态和相互关系。早期是一种复杂的光学机械设备，价格昂贵，后与计算机相结合，降低了价格，客观上推动了摄影测量学的发展。

录音笔(recording pen)　亦称“数字录音笔”。一种外形与笔相似的录音设备。录音时采集模拟信号，将信号通过模数转换器转为数字信号后压缩，最后存储。转换后的数字信号即使经过多次复制，仍能保持原状不变。以内置的闪存系统来存储音档。闪存系统在断电之前保存的内容并不会随着断电而消失，而且可以反复的删除与存储。有些也可从外部插入存储卡等存储设备。除了最基本的录音功能之外，也发展出各种不同的其他功能，如可播放音乐及调频收音机、摄像机、电话录音、激光笔、编辑音频等功能。录音时有三种模式可选择，分别是短时间录音、长时间录音及高质量录音，短时间录音的音质优良、压缩率低，但有录音时间的限制；长时间录音可支持较长时间的录音，但压缩率高，音质略有下降；高质量录音则是压缩率低，音质最佳。为了便于操作和提升录音质量，现其外形并非单一的笔形。特点是：(1) 通过数字存储的方式记录音频；(2) 具有声控、录音功能，能自动感应声音，无声时处于待机状态，有声时启动录音，避免存储空间和电能的浪费；(3) 拥有如激光笔功能，以及播放、复读、移动存储等附加功能；(4) 具有编辑功能，便于管理文件。

数码笔(digital pen) 采用超声追踪定位技术的一种输入设备。由笔芯、微型摄像头、微处理器、电池、存储器、蓝牙、USB 收发器等部分组成。可在计算机屏幕或纸上书写和绘图，并在介质和计算机上同时留下真迹。还可脱离计算机使用，把书写内容储存在数码笔内。书写的真迹可即时或事后识别为电脑文字。书写时，无须切换即可方便地操控计算机。广泛应用于手写输入、身份认证、电子签名、文档圈注、屏幕触写、电子笔录、绘图设计和图文即时通信。

激光笔(laser pointer) 亦称“激光指示器”“指星笔”。将半导体激光模组(二极管)设计、加工制成的便携、手易持握的发射可见激光的笔形发射器。用来投映一个光点或光柱指向物体，可用于教育、业务演示和可视化示范。常见的有红光(650~660 纳米，635 纳米)、绿光(515~520 纳米，532 纳米)、蓝光(445~450 纳米)、蓝紫光(405 纳米)等，绿光激光笔可用于天文爱好者，称“指星笔”；红光激光笔可用于几乎任何室内或低光的情况。激光会伤害到眼睛，可能引致的眼疾包括白内障、视网膜脱落及黄斑点水肿等，任何情况下都不应该让激光直射眼睛。

扫描笔(scan pen) 亦称“微型扫描仪”。通过扫描技术，直接将图像、表格或文字等扫描到笔里存储或直接传送到计算机，进行存储阅读或编辑修改等操作的电子办公器件。与台式扫描仪相比，具有体积小、携带方便的优点，便于移动办公。主要用于扫描办公文件，文字、身份证，名片或大型工程图等；能更好地满足现场扫描的需求，应用于多个部门和领域。

扫描仪(scanner) 通过专用的扫描程序将各种图片、图纸、文字照片、印刷文件或手写文件扫描、分析并转化成数字影像的设备。通常分手持式、台式和滚筒式三种。按扫描图像的类别，分黑白扫描仪和彩色扫描仪等。台式扫描机通常装有一块玻璃面，在玻璃下面设有光源，一般是氙或冷光光管照耀着玻璃面，另有一个可单方向移动的电荷耦合器感光单元。用户把需要扫描的影像朝下放在玻璃上，光管会亮起，感光单元及光源则会一起移动，把整个需要扫描面积扫描一次。一些型号的扫描机设有自动文件扫描功能，用户可把一叠文件放进纸匣，每页纸将被自动吸进扫描仪内并进行扫描。而滚筒式扫描仪则采用光电倍增管作为影像感应器。产生的文件常用图像处理软件进行编辑及后期加工处理。

笔输入技术(pen input technique) 操作者用书写笔在图形输入板上进行书写或操作，计算机通过一套软件对图形板的输入进行加工、识别，从而接收信息的技术。是笔记本计算机及掌上计算机广泛采用的输入方式。

条形码(bar code；barcode) 简称“条码”。将宽度不等的多个黑条和空白，按照一定的编码规则排列，用以表达一组信息的图形标识符。常见的是由黑条(简称“条”)和白条(简称“空”)排成的平行线图案。用以标示物品的生产国、制造厂商、商品名称、生产日期、图书分类号、邮件起止地点、类别、日期等信息。对每一种物品，其条形码是唯一的，通过数据库中的条形码与物品信息的对应关系，可用于识别物品。通用商品条形码一般由前缀部分、制造厂商代码、商品代码和校验码组成。前缀码是用来标识国家或地区的代码，赋码权在国际物品编码协会，如 690~695 代表中国大陆。第一代是“一维条形码”称“线性条形码”，由各种宽度的黑白线条组成。后又发展出第二代，称矩阵码、二维条形码或二维码，是一种以黑白的几何体二维矩阵呈现数字信息的图形，类似于线性(一维)条形码，但可以表示更多数据。广泛应用于商品流通、图书管理、邮政管理、金融等领域。

条码扫描器(bar code scanner) 亦称“条码阅读器”。用于读取条码信息的设备。利用光学原理，把条码内容解码后，通过数据线或无线的方式传输到计算机或识别设备上。利用自身光源照射条形码，再利用光电转换器接受反射的光线，将反射光线的明暗转换成数字信号。有三种：(1) 光笔。最原始的扫描方式，需要手动移动光笔，并且光笔笔尖部分需要与条形码直接接触。(2) CCD。以 CCD 作为光电转换器,LED 作为发光光源的扫描器。在一定范围内,可实现自动扫描。且可阅读各种材料、不平表面上的条码,成本也较低廉。但与激光式相比,扫描距离较短。(3) 激光。以激光作为发光源的扫描器。又分线型、全角度等几种。线型的多用于手持式扫描器,范围远,准确性高。全角度的多为卧式,自动化程度高,在各种方向上都可以自动读取条码。1967 年美国辛辛那提的一家 Kroger 超市首先使用条形码扫描器。广泛用于超市、物流、图书馆等领域。

条形码打印机(bar code printer) 用来打印可粘贴到其他物体上的条形码标签的打印机。有两种不同的打印机技术:(1) 直接热敏打印机。打印头通过加热使特殊打印纸发生化学变化转变成黑色;(2) 热转换打印机。通过熔化色带上的蜡或者树脂从而打印到标签上。通常用于打印货物包装箱上的标签或者是零售商品的通用产品编码。

穿孔卡片(perforated card) 用孔洞位置或其组合表示信息,通过穿孔或轧口方式记录和存储信息的矩形卡片。是早期计算机输入信息的设备。通常可储存 80 列数据。是一种很薄的纸片,尺寸为 190 毫米×84 毫米。是手工检索和机械化情报检索系统的重要工具。按处理手段,分手工穿孔卡片和机器穿孔卡片。还可按穿孔部位、孔洞形状、编码方法等特征来分类。应用于产品、材料、情报资料的管理和索引编排等方面。有较大局限性,如信息存储量小,代码容量有限,检索操作速度较慢以及卡片易损坏等。1801 年,法国人约瑟夫·玛丽·雅卡尔(Joseph Marie Jacquard)发明了打孔卡用在控制织布机织出的图案。首次使用穿孔卡技术的数据处理机器,发明人是美国统计专家霍列瑞斯博士(H. Hollerith)。1886 年设计了这种在纸板上打孔的技术,帮助解决了统计问题。后被磁性信息载体所取代。

80 列、矩形孔的标准的 IBM 打孔卡片,已经打孔表示了字符集。此类型用于存储数据

刷卡机(electronic data capture; EDC) 读取卡片信息的设备。早期是指读取磁条卡中信息的设备。磁条卡读取需要刷过卡槽才能将卡片中的信息读出。芯片卡出现后,则包括非接触式的。可用于门禁领域。最常见的是信用卡的读卡设备。通常具有通信的能力。读取的卡片有三大类:(1) 早期的磁卡;安全性最低,里面仅存有一段资料,任何人只要有设备都可以将资料抄出、重写一张卡片出来。(2) 芯片卡,有接触式和非接触式之分。也存在安全性问题,如使用信用卡,银行确认卡片上的资料无误就会授予交易认证码。(3) 防伪芯片卡,卡片不仅是具有账号的资料,本身具有运算能力,无论是收单行、刷卡机或卡片本身在某项检核上发现有问题,都可让交易中止。

磁条(magnetic stripe) 指在信用卡、金融卡等卡片或存折、登机证上用于存储信息的条形磁性材料。需要与磁头作物理接触,滑过磁头进行信息的读写。

穿孔纸带(perforated tape; piecing tape) 亦称"指令带"。是早期向计算机中输入信息的载体。利用打孔技术在纸带上打上一系列有规律的孔点,以适应机器的读取和操作,加快工作速度,提升工作效率。比穿孔卡进步,后为更先进的磁带所替代。亦是数控装置常用的控制介质。必须用规定的代码,以规定的格式排列,以代表规定的信息。工作过程是:将程序和数据转换为二进制数码,打孔为 1,无孔为 0,经过光电扫描输入计算机,数控装置读入这些信息后,对它进行处理,用来指挥完成一定的机械运动。如:数控机床多采用八单位穿孔纸带,穿孔纸带的每行可穿九个孔,其中一个小孔称为"中导孔"或"同步孔",用来产生读带的同步控制信号,其余八个孔称为"信息孔",用来记录数字、字母或符号等信息。

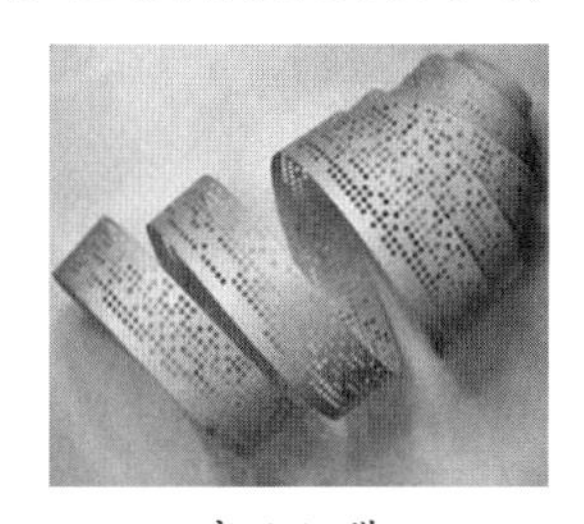

穿孔纸带

摄像头(webcam) 闭路电视的主要部件之一。具有视频摄影/传播和静态图像捕捉等基本功能的摄影器件。工作过程是借由镜头采集图像后,由摄像头内的感光组件电路及控制组件对图像进行处理并转换成计算机所能识别的数字信号,然后借由并行端口、USB 连接,输入到计算机后由软件再进行图像还原。有些则支持以太网或 Wi-Fi,内置有处理器

及网页服务器,接上网络后可连线查看画面。有两种:(1) 直接连接计算机可用于视频通话的消费型摄像头,(2) 保全监控专用的网络监控摄影机。最古老的摄像头,是圣弗朗西斯科大学 1994 年推出的 FogCam。1996 年,AXIS Communications 发表第一个利用互联网架构作为信号传输基础的摄像头(IP Camera)。常用于视频监控、视频会议、视频通话、游戏控制设备等。

跟踪球(trackball) 在智能交通、运动跟踪等领域中,用来获取高速运动人或物体的清晰图像,如行驶车辆(特别是夜间)的车型、颜色、车牌、行驶速度等运动场上瞬息万变的活动画面的设备。采用 PID 控制器,并以步进电机为基本控制。是用以操纵显示屏上光标移动的设备。包含用手自由推动的球和两个对应于 x 方向及 y 方向的轴角编码器。球转动时送出相应的 x 方向与 y 方向的编码,控制屏幕上的光标随球的移动方向移动。

控制杆(joystick; control bar) 向其控制的设备传递角度或方向信号的输入设备。由基座和固定在上面作为枢轴的主控制杆组成,是飞机、起重机、挖土机等机械的控制设备。也指电子游戏机上使用的模拟控制杆,用来操纵电子游戏。通常有一个或多个按钮,按钮的状态以及杆的位置可被计算机识别。

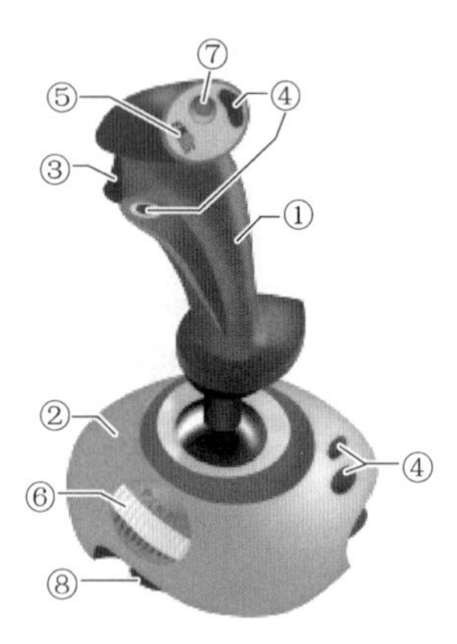

控制杆部件

1. 主要控制杆 2. 基座
3. 触发器 4. 附加按钮
5. 自动开火开关 6. 节流阀
7. 帽子开关(观察点) 8. 吸盘

互动电子白板(interactive electronic whiteboard) 一种通过计算机周边接口来连接投影机和计算机的输入输出装置。是通常由台式计算机、触摸式白板、投影仪、音响、话筒等电子设备组成。可显示投影器投影的影像。在本质上为绝对坐标的计算机输入装置,如同一部大尺寸的数码绘图板,可将用户于白板表面所书写的笔迹的坐标值及点选状态持续地传送到计算机,并通过计算机所连接的投影机,把计算机屏幕的画面再投射回到白板上。计算机及白板间的连线,可以是有线的(如 USB 插线,串行口)或无线的(如蓝牙)。也可使白板充当计算机的人性化输入装置。采用感触技术追踪笔迹在板面的动向,所选的感触技术可是电阻式、电磁式、红外线光学式、激光式、超声波式及视像镜头(光学)式。

数模转换器(digital to analog converter; DAC) 一种将数字信号转换为电压或电流等模拟信号的电子电路。由恒压源(或恒流源)、模拟开关、数字代码所控制的电阻网络等组成。速率、精度和分辨率在很大程度上取决于电子模拟开关的理想程度。已有各种具有多功能的中大规模集成电路单片转换器。在很多数字系统中(如计算机),信号以数字形式存储和传输,可将这样的信号转换为模拟信号,从而使得它们能够被外界(人或其他非数字系统)识别。广泛应用于 CD 播放器、数字音频播放器以及个人计算机的声卡等设备中。在音乐播放器中将数字形式存储的音频信号转换为模拟信号的声音输出。有的电视机的显像也有类似的过程。在信号处理中应用广泛。

模数转换器(analog to digital converter; ADC) 一种用于将模拟形式的连续信号转换为数字形式离散信号的电子电路。转换过程包括取样、保持、量化和编码四个步骤,其中量化和编码由模数转换器完成。随着集成技术的发展,中大规模模数转换器集成电路的精度、速度都在逐步提高。数字信号输出可能会使用不同的编码结构。通常会使用二进制补数(也称“补码”)表示,也有使用格雷码(一种循环码)。模数转换器分辨率指对于允许范围内的模拟信号,它能输出离散数字信号值的个数。这些信号值通常用二进制数来存储,分辨率经常用比特作为单位,且这些离散值的个数是 2 的幂指数。如一个具有 8 位分辨率的模数转换器可将模拟信号编码成 256 个不同的离散值(因 $2^8 = 256$),从 0 到 255(即无符号整数)或从 −128 到 127(即带符号整数),至于使用哪一种,则取决于具体的应用。广泛用于军事、航天、医疗等领域。

光端机(optical transceiver) 光信号传输的终端设备。是延长数据传输的光纤通信设备。主要通过信号调制、光电转化等技术,利用光传输特性来达到远程传输的目的。一般成对使用,分为光发射机和光接收机,光发射机完成电/光转换,并把光信号发射出去用于光纤传输;光接收机主要是把从光纤接收的光信号再还原为电信号,完成光/电转换。光端机作用就是用于远程传输数据。

视频光端机(video optical transceiver) 把一到多

路的模拟视频信号通过各种编码转换成光信号并通过光纤介质来传输的设备。把信号调制到光上,通过光纤进行视频传输。视频信号转换成光信号的过程中会通过模数转换和数模转换两种技术,故又分模拟光端机和数字光端机。

采样保持电路(sample and hold circuit)　简称 S/H。用于模数转换系统中的一种电路。作用是采集模拟输入电压在某一时刻的瞬时值,并在模数转换器进行转换期间保持输出电压不变,以供模数转换。有采样和保持两种工作状态。一个采样保持电路由输入、输出端口,切换开关以及保持电容等几部分组成;采样部分有一个模拟开关,一个保持电容和一个单位增益为 1 的同相电路构成。在采样状态下,开关接通,尽可能快地跟踪模拟输入信号的电平变化,直到保持信号的到来;在保持状态下,开关断开,跟踪过程停止,一直保持在开关断开前输入信号的瞬时值。

桌面出版(desk-top publishing; DTP)　在个人计算机上运用版面设计技巧来创建文档,以供印刷、出版的过程。首先由美国 Aldus 公司(后被 Adobe 公司收购)总裁保罗·布莱内德(Paul Brainerd)在 1986 年发售其页面排版软件 Aldus PageMaker 时提出。桌面出版软件可形成版面,并生成在印刷质量上可与传统排版和印刷相媲美的文本和图像。该技术使个人、企业和其他组织可以自行出版各种各样的印刷品。

人体学接口设备(human interface device; HID)　亦称“人类接口设备”“人体学输入设备”。一类与人类直接交互的计算机设备。通常提供一种人类可用的输入方法,以及可能将输出信息传递给人类。一般指 USB - HID (USB human interface device class)标准。该术语由微软公司的弗兰德(Mike Van Flandern)提出,提议 USB 委员会创建一个“人体学输入设备”类工作组。该工作组后更名为“人体学接口设备”类工作组。所提出的标准支持双向通信。

HID 标准(HID standard)　为革新个人计算机输入设备和简化安装此类设备的流程,在所有人类学接口设备类工作组定义的设备驱动程序提供可包含任意数量数据类型和格式的自我描述包。计算机上的单个人类学接口设备驱动程序就可以解析数据和实现数据输入输出与应用程序功能的动态关联。使人类接口设备的类型、功能更加丰富、多样化。

汉字输入法(Chinese character input)　亦称“中文汉字输入法”。为将汉字输入计算机或手机等电子设备而采用的编码方法。是中文信息处理的重要技术。从汉字的逻辑构造上看,汉字并不能像英文字母那样被分成少量的元素单位,不能进行以文字构造为基本单位的分类归放、处理等。汉字虽可分成不同的部首、偏旁等文字基本构件,但被分成的基本构件数量过多且基本构件在组成汉字时的位置、方位、朝向都将决定汉字的构成。这限制了中文汉字直接以汉字本身的构造进行快速录入。从 20 世纪 80 年代起经历单字输入、词语输入、整句输入三阶段。编码有音码、形码、音形码、形音码、无理码等几类。常用的有拼音输入法、五笔字型输入法、二笔输入法、郑码输入法等。手机系统一般内置汉字输入法。

汉字输入输出设备(Chinese character input-output device)　中文文字处理机中的键盘、字盘、汉字识别和语音识别设备以及印字机、显示器、语音合成设备等的总称。

汉字激光照排系统(Chinese character laser scanning phototypesetting system)　将汉字通过计算机分解为点阵,然后控制激光在感光底片上扫描,用曝光点的点阵组成文字和图像的系统。核心是字形信息压缩和快速复原技术。由中国科学家王选等主持研制开发成功的“华光”激光照排系统使汉字告别了传统的铅字排版,对实现印刷领域的现代化具有重大意义。

不间断电源(uninterruptible power supply; UPS)　一种含有储能装置,以逆变器为主要组成部分的恒压恒频电源。在电网异常(如停电、欠压、干扰或浪涌)的情况下能不间断地为电器负载设备提供后备交流电源,维持电器正常运作的设备。当市电输入正常时,将市电稳压后供应给负载使用,同时向机内电池充电;当市电中断时,立即将机内电池的电能,通过逆变转换的方法向负载继续供电。可对计算机系统在电压过大和过低时提供保护,在突然停电之后,能继续工作一段时间,以使用户能紧急存盘,不致因停电而影响工作,防止计算机数据丢失,电话通信网络中断或仪器失去控制。

高清电视(high definition television; HDTV)　一种电视业务下的产品。原国际电信联盟(ITU - R)给出的定义是:“应是一个透明系统,一个正常视力的观众处在距该系统显示屏高度的三倍距离上所看到的图像品质，应该得到犹如观看原始景物或表演时所得到的印象。"其水平和垂直清晰度是常规电视的两倍左右，并配有多路环绕声。传送的电视信号能达到的分辨率高于传统电视信号（NTSC、SECAM、PAL）所允许的范围。通过数字信号发送。

闭路电视（closed-circuit television; CCTV） 在特定的区域进行视频传输，并仅在固定回路设备里播放的电视系统。如录像机、大楼内的监视器等。大楼的监视系统亦称"闭路监视系统"。与广播电视不同，尽管也是点对点进行连接，但信号非公开传输。全球第一部闭路电视于1942年在德国开始使用，用于观察V-2火箭的发射。广义上的"闭路电视"在中国通常指"监控系统"，通常用于需要监测的领域，如银行、机场、军事基地、校园和便利商店等。

交互式网络电视（interactive personality television; IPTV） 基于宽带网通过机顶盒接入宽带网络实现的数字电视。集互联网、多媒体、通信等技术于一体，向家庭用户提供包括数字电视在内的多种交互式服务的技术。用户在家中可有三种方式使用这一服务：（1）计算机；（2）网络机顶盒+普通电视机；（3）移动终端（如手机、iPad等）。利用计算机或机顶盒+电视机完成接收视频点播节目、视频广播及上网等功能。采用高效的视频压缩技术，使视频流传输带宽在800千字节/秒时可有接近DVD的收视效果（通常DVD的视频流传输带宽需要3兆字节/秒），对开展视频类业务如互联网上视频直播、远距离真视频点播、节目源制作等，有很强的优势。采用广播、组播、单播等发布方式，灵活地实现了数字电视、时移电视、互动电视、节目预约、实时快进及计费管理、节目编排等多种功能。还可开展基于互联网的其他内容业务，如网络游戏、电子邮件、电子理财等。

数字视频转换盒（set-top box; STB） 亦称"机顶盒""机上盒"。一个连接电视机与外部信号源的设备。可将压缩的数字信号转换成模拟电视信号，并在电视机上显示出来。信号可来自有线电缆、卫星天线、宽带网络以及地面广播。接收的内容除模拟电视可以提供的图像、声音之外，更在于能够接收数字内容，使用户能在现有电视机上观看数字电视节目，并可通过网络进行交互式数字化娱乐、教育和商业化活动。功用包括：（1）接收广播方式的模拟电视和数字电视节目；（2）高速访问互联网，收发e-mail；（3）视频点播和音乐点播功能；（4）电话、可视电话、会议电视；（5）连接消费电子产品的功能；（6）电子购物；（7）电子游戏等。

无线电射频识别标签（radio frequency identification; RFID） 简称"电子标签""RFID标签"。一种非接触式的自动识别技术。通过射频信号来识别目标对象并获取相关数据，识别工作无须人工干预，作为条形码的无线版本，具有条形码所不具备的防水、防磁、耐高温、使用寿命长、读取距离大、标签上数据可加密、存储数据容量更大、存储信息更改自如等优点。编码方式、存储及读写方式与传统标签（如条码）或手工标签不同。技术特点是：可识别单个的非常具体的物体，而不像条形码那样只能识别一类物体；可同时对多个物体进行识读，而条形码只能一个一个地读；存储的信息量大；采用无线电射频，可透过外部材料读取数据，而条形码必须靠激光或红外在材料介质的表面读取信息。组成部分：（1）标签。由耦合元件及芯片组成，每个标签具有唯一的电子编码，高容量电子标签有用户可写入的存储空间，附着在物体上标识目标对象。（2）阅读器。手持或固定式读取（有时还可以写入）标签信息的设备。（3）天线。在标签和阅读器间传递射频信号。基本工作原理是标签进入阅读器发出的磁场后，接收解读器发出的射频信号，凭借感应电流所获得的能量发送出存储在芯片中的产品信息（无源标签或被动标签），或者主动发送某一频率的信号（有源标签或主动标签）；解读器读取信息并解码后，送至系统的信息处理中心进行有关数据处理。

模拟器（emulator） 亦译"仿真器"。主要通过硬件或软件使得一台计算机系统（称"主机"）在行为上类似于另一台计算机系统（称"客户机"）的程序。一般允许在主系统上运行给客户系统设计的软件或者外设。模拟是指在一台电子设备或一个计算机程序能够模拟另外一台设备或程序。如很多制造商生产的打印机模拟惠普LaserJet打印机，使得大量设计给惠普打印机的软件也能在这些品牌的打印机上使用；在个人计算机上运行虚拟机可执行其他操作系统，或者模拟电视游戏和街机、虚拟光驱和一些基于FPGA的硬件模拟器。

光标阅读机（optical mark reader; OMR） 用光学扫描的方法来识别按一定格式印刷或书写的标记，并将其转换为计算机能接受的电信号的设备。是一种快速、准确的信息输入设备。特点是：（1）阅读准确(对涂点的识别有极高的精确度,误码率小于千万分之一);(2) 阅读速度快(每秒可处理一千多个信息点,处理速度以 A4 幅面计,每小时五千张)。已成为计算机外设中的常见设备。可快速、准确地采集各种信息,迅速准确地建立信息档案,全面实现各种信息统计与分析等工作的计算机管理,从而实现信息管理自动化、网络化、科学化、规范化。

计算机输出缩微片(computer output microfilm; COM) 将计算机输出的二进制编码数据转换成人可读缩微影像,记录在感光胶片上的技术。其含义现已延伸到缩微拍摄装置、缩微化、缩微平片、缩微品等。已成为一种与计算机输出缩微品化有关的技术总称。通常用来替代计算机的传统打印机。每秒钟可输出 12 万字符,可更有效地发挥计算机高速处理功能。COM 媒体的信息密度为磁带、磁盘的 25~100 倍,为打印机纸拷贝的 500 倍,能显著地克服上述打印机的缺点。

虚拟终端机(terminal emulator) 在个人计算机上虚拟的一个终端以及为此目的而写的软件。目的是让个人计算机及其用户能够与大型计算机连接,而不必使用专门的终端。通过软件还可扩展大型计算机的标准终端的功能,不但可将个人计算机上的数据传递给大型计算机,而且还可将大型计算机的数据传递给个人计算机,并在个人计算机上继续加工。一般大型计算机的终端是字母式的输入和输出接口,故至少需要一个能够模拟这样的字母式(比如 ASCII)输入和输出接口的能力。

用户界面(user interface; UI) 亦称“使用者界面”。系统和用户之间进行交互和信息交换的介质。实现信息的内部形式与人类可以接受的形式之间的转换。是介于用户与硬件而设计彼此之间交互沟通的相关软件,目的在于使得用户能够方便有效率地去操作硬件以达成双向的交互,完成所希望借助硬件完成的工作。

用户界面设计(user interface design) 亦称“用户界面工程”。在用户体验和交互的指导下对计算机、电器、机器、移动通信设备、软件或应用以及网站进行的相关设计。目标是使得用户在完成自己的任务时与被设计对象之间的交流尽可能地简单和高效。能够让用户在完成任务时不必因为设计本身花费不必要的精力。通过图形设计可以提高界面的可用性。设计过程必须在技术功能与视觉元素(如心智模型)间找到平衡才能使系统可用、好用并适应用户的需求。运用于计算机系统、汽车、广告牌等多个领域。

全息术(holography) 亦称“全息摄影”“全息投影”“全息 3D”。一种记录被摄物体反射(或透射)光波中全部信息(振幅、相位)的照相技术。物体反射或者透射的光线可通过记录胶片完全重建,仿佛物体就在那里一样。通过不同的方位和角度观察照片,可看到被拍摄物体的不同角度,记录得到的像可使人产生立体视觉。1947 年,英国匈牙利裔物理学家丹尼斯·盖伯(Dennis Gabor)发明。

激光全息存储技术(laser holographic memory) 一种利用激光全息摄影原理将图文等信息记录在感光介质上的大容量信息存储技术。传统的存储方式将每一个比特都记为记录介质表面磁或光的变化,而全息存储中将信息记录在介质的体积内,而且利用不同角度的光线可在同样的区域内记录多个信息图像。磁存储和光存储每次都只能读写一个比特的信息,而全息存储可并行地读写数百万比特,这样可使信号的传输速率大大超过当前光存储的速度。全息存储是一种一次写入多次读写的存储技术,在写入数据时,存储介质发生了不可逆的变化。可重写的全息存储技术可通过晶体的光致折变效应来实现。有可能取代磁存储和光学存储技术,成为下一代的高容量数据存储技术。

全息处理器(holographic processing unit; HPU) 可与中央处理器与图形处理器共同运作的一块协处理器芯片。由微软公司在 2015 年发布。集成于微软 HoloLens 之中,使 HoloLens 能在现实中叠加显示虚拟的全息物品(增强现实)。提供给诸如 HoloLens 一类的设备来确定当前用户的视觉范围,绘制周围环境以及处理身体姿势和语音命令。能够实时处理传感器等产生的 10^{12} 量级的数据。

乐器数字接口(musical instrument digital interface; MIDI) 20 世纪 80 年代初为解决电声乐器之间的通信问题而提出的一个工业标准的电子通信协定。为电子乐器等演奏设备定义各种音符或弹奏码,容许电子乐器、计算机、手机或其他的舞台演出设备彼此连接、调整和同步,以实时交换演奏数据。传输的不是声音信号,而是音符、控制参数等指令。实际是一个作曲、配器、电子模拟的演奏系统。

电子音乐合成器(synthesizer) 用来代替乐队进行演奏和进行自动化编曲的电子设备。通过人为地调制各种波的参数来合成音色、锯齿波、方型波、滤波器、截止频率，用来产生并修改正弦波形并叠加，然后通过声音产生器和扬声器发出特定声音。拥有大量真实的采样音色可供演奏使用，拥有自己的音序器可录制编辑音乐，成为集音源、音序器、MIDI 键盘于一身的设备。用合成器制作声音的方法很多，可把若干个正弦波振荡器连在一起，改变各自的频率、振幅，就可产生不同音色。也可采用压控方法，对频率、振幅、波形、时值、包络线等进行调制。或采用调频方法、波形记忆方法、脉冲数码调制方法等。或把以上各种方法混合使用。和 MIDI 控制器的不同在于后者是不需要控制软件的，而前者是需要控制软件的。

数字化仪（digitizer） 能将各种图像（胶片或相片）和图形（包括各种地图）的连续模拟量转换为离散数字量的装置。是专业应用领域中一种用途非常广泛的图形输入设备。能根据坐标值，准确地输入计算机，并能通过屏幕显示。由电磁感应板、游标和相应的电子电路组成。当用户在电磁感应板上移动游标到指定位置，并将十字叉的交点对准数字化的点位时，按动按钮，数字化仪则将此时对应的命令符号和该点的位置坐标值排列成有序的一组信息，然后通过接口（多用串行接口）传送到主计算机。类似于一块超大面积的手写板，用户可通过专门的电磁感应压感笔或光笔在上面写或者画图形，并传输给计算机系统。高精度的数字化仪适用于地质、测绘和规划等部门；普通的数字化仪适用于工程、机械和服装设计等领域。

系 统 软 件

操 作 系 统

操作系统(operating system)　管理系统资源,控制程序执行,改善人机交互,为其他软件提供支持的系统软件。是最靠近计算机硬件的一层系统软件。经历了状态机操作系统(1940 年以前)、单一操作员单一控制端操作系统(20 世纪 40 年代)、批处理操作系统(50 年代)、多道批处理操作系统(60 年代)、分时操作系统(70 年代)、实时操作系统、以网络和分布式为特征的操作系统(1980 年以后)的渐进发展历程。基本功能包括:组织计算机工作流程;管理计算机软硬件资源;保证计算机资源的公平竞争和使用;防止对计算机资源的非法侵占和使用;改善人机交互等。具体处理如管理与配置内存、决定系统资源供需的优先次序、控制输入与输出设备、操作网络与管理文件系统等基本事务。为用户提供一个与系统交互的操作界面,有些集成了图形用户界面,有些仅使用命令行界面,而将图形用户界面视为一种非必要的应用程序。按应用特点和技术特点,分主机操作系统(如 OS/390)、服务器操作系统(如 UNIX、Windows Server、Linux)、多中央处理器计算机操作系统(如 Novell Netware)、个人计算机操作系统(如 Windows、Mac OS)、实时操作系统(如 VxWorks)、嵌入式操作系统(如安卓、iOS)等。

UNIX 操作系统(UNIX operating system)　一种支持多种处理器架构的多用户多任务分时操作系统。最初由美国电话电报公司贝尔实验室于 1969 年开发,设计目标是为克服此前面向批处理作业的操作系统响应太慢的问题。结构上分为内核和壳两部分,内核包括处理机和进程管理、存储管理、设备管理和文件系统。内核程序简洁精干,只需占用很小的空间从而常驻内存,以保证系统高效运行。文件系统采用树形结构,把文件、目录和设备统一处理,结构简练。壳包括系统的用户界面、系统实用程序以及应用程序,向用户提供完备的软件开发环境。UNIX 系统的绝大部分程序采用 C 语言编写,移植性好。经若干分支的开放性持续发展和标准化,UNIX 系统具有很强的可伸缩性和互操作性,网络通信能力强,在笔记本计算机和巨型机上均可运行,因其安全可靠、高效强大等特点,在服务器领域得到广泛应用。直到 GNU/Linux 流行前,UNIX 系统都是科学计算、大型机、超级计算机等所使用的主流操作系统,现仍应用于一些对稳定性要求极高的数据中心。

DOS 操作系统(disk operating system)　一类单用户单任务微型计算机操作系统。由美国微软公司和国际商业机器公司开发,最早于 1981 年发布。运行于使用 Intel x86 或其兼容中央处理器的计算机上。主要功能有命令处理、文件管理和设备管理,还有系统管理和内存管理等功能。使用命令行界面,运行程序的方法是在命令行中键入程序的名称。系统包含一些公用系统程序,也提供了一些不是以程序方式存在的命令(通常被称为内部命令)。包括 MS - DOS、PC DOS、FreeDOS 等,其中最著名的是 MS - DOS。

Windows 操作系统(Windows operating system)　亦称"视窗操作系统"。由微软公司研制开发的图形化工作界面操作系统。可在个人计算机、移动设备、服务器和嵌入式系统等不同类型的平台上运行,在个人计算机中的应用最为普遍。微软于 1985 年推出第一个版本 Windows 1.0,作为 MS - DOS 的图形操作系统外壳,1990 年发布的 Windows 3.0 开始获得商业成功。1995 年发布的 Windows 95 得到广泛应用。此后陆续推出 Windows 98、Windows 2000、Windows NT、Windows XP、Windows vista、Windows 7、Windows 8、Windows 10 等版本,以及为特殊设备设计的版本,如为嵌入式设备设计的 Windows Embedded Compact、为手持设备设计的 Windows 10 Mobile 等。

Linux 操作系统(Linux operating system)　一种基于 UNIX 的多用户、多任务、支持多线程和多处理器的操作系统。继承了 UNIX 的特性,网络功能强,还具有自由和开放源码、性能稳定等特点。最初内核由芬兰赫尔辛基大学在读本科生托瓦兹(Linus Benedict Torvalds, 1969—　)于 1991 年发布,是类似 UNIX 但无须支付版权费用的自由软件。1994 年发布 Linux 1.0 版本。2019 年发布 Linux 内核 5.x 版本。Linux 操作系统通常被打包成供个人计算机和服务器使用的 Linux 发行版,包含 Linux 内核和支撑内核的实用程序和库,通常还带有大量可以满足各类需求的应用程序。主流的 Linux 发行版包括 Debian(及其派生版本 Ubuntu、Linux Mint)、Fedora(及其相关版本 Red Hat Enterprise Linux、CentOS)和 openSUSE 等。

安卓操作系统(Android operating system)　一种基于 Linux 内核的开放源代码移动操作系统。由谷歌公司及其发起成立的开放手持设备联盟(Open Handset Alliance)领导与开发,主要用于触摸屏移动设备如智能手机和平板电脑以及其他便携式设备。最初由鲁宾(Andy Rubin, 1963—　)进行研发,后被谷歌公司收购,于 2008 年推出安卓 1.0 系统。自 2017 年成为全球网络流量和应用设备数量最多的操作系统,2019 年发布安卓 10 版本。安卓操作系统针对手机制造商和网络服务供应商及终端电池驱动的移动应用,去除了 Linux 中的本地 X Window 系统等,适配了面向手持终端显示界面的易操作易配置框架;在软件结构上采用不过分依赖 Linux 内核的硬件抽象层,易于对众多移动应用的硬件设备功能组件进行支持;强化了用以提升电池使用效率的电源管理功能,着力延长手持设备电池的续航时间。支持 32 位及 64 位的 ARM、x86、x86－64 处理器,其开发框架利于设备制造商快速配置开发形成产品。

Mac 操作系统(Mac operating system; Mac OS)　一种运行于苹果公司 Mac 系列计算机上的操作系统。是首个在商用领域成功应用的图形化用户界面操作系统(1984 年)。最底层以 UNIX 为基础,核心代码称 Darwin,实行部分开放源代码。采用的图形化用户界面极大简化了计算机的使用过程,并在后续的系列版本中持续注重用户体验。全屏幕窗口是其最重要的功能之一,以用户感兴趣的当前任务为中心,并不断寻找可供完善、优化和提速的地方,以简单易用和稳定可靠著称。Mac 操作系统经历多个版本的发展,2020 年发布 Mac OS 11.0。

iOS 操作系统(iPhone operating system)　苹果公司为其移动设备所开发的专用移动操作系统。为其公司的许多移动设备提供操作界面,支持设备包括 iPhone、iPod touch、iPad(2019 年 9 月之后,iPad 专由 iPadOS 进行支持)等。于 2007 年推出第一版。用户界面利用多点触控进行直接操作,界面操控元素包括滑动条、开关及按钮,跟随操作界面的控制包括滑动、点击、扭捏及反向扭捏等,内置加速度传感器,能被某些应用程序使用,感知设备摇动或以三维方式旋转等动作,提供众多辅助功能,为用户提供便捷的交互使用与应用体验。2020 年,苹果公司发布 iOS 14。

麒麟操作系统(Kylin operating system)　通常指银河麒麟操作系统和中标麒麟操作系统。银河麒麟最初是由中国国防科技大学、中软公司、联想公司、浪潮集团和民族恒星公司合作研制的商业闭源操作系统,是中国 863 计划重大攻关科研项目,于 2001 年推出第一个版本,主要基于 FreeBSD(一种类 UNIX 操作系统)改写。主要应用于政府机构及服务器,其社区版亦提供桌面版本和服务器版本供个人用户下载使用。3.0 版之后,基于 Linux 研发。2010 年,银河麒麟与另一国产操作系统——民用的“中标 Linux”操作系统合并,共同以“中标麒麟”的品牌统一出现在市场上,开发军民两用的操作系统。后天津麒麟信息技术有限公司获得授权,继续开发和维护银河麒麟。2020 年,中标麒麟和银河麒麟两个操作系统的企业进行整合,成立麒麟软件有限公司。银河麒麟的最新版为 2020 年发布的银河麒麟操作系统 V10,中标麒麟最新版为 7.0。

分时操作系统(time-sharing operating system)　在一台计算机上采用时间片轮转的时分复用共享计算机硬件资源的方式,同一时间段内在逻辑上并发地为多个用户程序提供运行服务的一种操作系统。允许多个用户同时与一台计算机通过终端相连,同时进行与计算机的交互并运行任务程序,使个人和组织可以在没有自己的私有计算机的情况下共享使用计算机,从而极大降低了计算机使用成本,并促进了计算机的交互式使用方式和新的交互式应用程序的开发。UNIX、Linux 操作系统,以及 Windows 2000 及其之后的 Windows 多任务操作系统,都属分时操作系统。

分布式操作系统(distributed operating system)　一种运行在若干物理上相互独立、但通过网络相连的计算机上,实现对多台计算机的资源管理、任务分配、并行运行的管理和控制的操作系统。处理由多个中央处理器提供服务的作业。每个单独的计算节点具有全局操作系统的特定系统功能,包括两个不同的服务:(1)一个普遍存在的最小内核或微内核,直接控制该节点的硬件;(2)协调节点个体和全局协作活动的系统管理组件,抽象微内核函数并支持用户应用程序。微内核和管理组件协同工作,支持系统将多个资源和处理功能集成为一个高效、稳定的系统,为用户透明地提供一个单一的计算系统。

网络操作系统(network operating system)　一种面向计算机网络的操作系统。允许网络中的多台计算机访问共享的软件和硬件资源,允许共享数据、用户、组、安全、应用和其他网络功能。通常分为服务器和客户机两部分,客户机提出请求,服务器提供资源服务。通用操作系统一般都包含了网络操作系统的功能。

实时操作系统(real-time operating system)　当外部事件或数据产生时,能够及时接受并在指定或确定的时间限制内完成应用任务及其输入/输出的操作系统。有硬实时和软实时之分,前者要求在规定的时间内必须完成操作,后者则只要按照任务的优先级,尽可能快地完成操作即可。与一般操作系统相比,有不同的调度算法,追求最小的中断延时和线程切换延时,通常有事件驱动型和时间触发型两种。前者指当一个高优先级的任务需要执行时,系统会自动切换到这个任务(称"抢占式任务调度")。后者指每个任务在各自设定好的时间间隔内重复、轮流调度。主流的实时操作系统有VxWorks、RTLinux、QNX、LynxOS等。

安全操作系统(secure operating system)　具有身份识别、访问控制、程序防御、特权机制、数据加密、事件审核等安全机制,通过特定级别安全认证的操作系统。主要特征包括:最小特权原则,即每个特权用户只拥有能进行自身工作的权力;自主访问控制和强制访问控制;具有安全审计能力;具有安全域隔离能力。可抵制各种伪装成应用软件的病毒、木马程序、网络入侵和人为非法操作等。从广义上讲,具有较强抗安全攻击能力的操作系统可以认定为安全操作系统。

嵌入式操作系统(embedded operating system)　用于嵌入式系统的操作系统。通常包括与硬件相关的底层驱动软件、系统内核、设备驱动接口、通信协议、图形界面、标准化浏览器等,负责嵌入式系统的全部软硬件资源的分配、任务调度,控制、协调并发活动。能够通过装卸某些模块达到系统所要求的功能。特点是:系统内核小,专用性强,系统精简,高实时性,多任务支持,需要专用开发工具和环境。常用的有:嵌入式实时操作系统μC/OS-Ⅱ、嵌入式Linux、Windows Embedded、VxWorks等,以及应用在智能手机和平板电脑的安卓、iOS等。

移动操作系统(mobile operating system)　用于手机、平板电脑、智能手表或其他移动设备的操作系统。通常不包括笔记本计算机、上网本等使用的操作系统。将个人计算机操作系统的功能与其他可移动或手持使用的功能结合在一起,包括基于SIM卡的移动电话通信功能、Wi-Fi无线通信功能、蓝牙通信功能、GPS定位功能、加速度和陀螺仪等传感器功能等。曾有Palm OS、Symbian、BlackBerry OS、Windows Mobile、Windows Phone等,当前主流为安卓操作系统和iOS操作系统。

云操作系统(cloud operating system)　用于云计算的操作系统。是构架于服务器、存储、网络等基础硬件资源和单机操作系统、中间件、数据库等基础软件之上的,管理海量的基础硬件、软件资源的云平台综合管理系统。通常由大规模基础软硬件管理、虚拟计算管理、分布式文件系统、业务/资源调度管理、安全管理控制等模块组成。主要功能包括:将一个数据中心的硬件资源在逻辑上整合成一台服务器;为云应用软件提供统一、标准的接口,以及便于应用的云端引擎;管理海量的计算任务以及资源调配。是实现云计算的关键。能够根据应用软件的需求,调度多台计算机的运算资源进行分布计算,再将计算结果汇聚整合后返回给应用软件。还能根据数据的特征,将不同特征的数据分别存储在不同的存储设备中,并对它们进行统一管理。

物联网操作系统(IoT operating system)　用于物联网应用的操作系统。是物联网运行的基础,针对物联网的三类基本要素"物""联"和"网"提供通用统一的表示抽象和应用接口抽象,包括对物的表示、物的全球统一名称空间(物的编址、寻址和发现)、物的服务资源的提供和发现、物及其资源的管理认证和安全、物接入互联网的统一接口抽象、基于互联网的物间事务同步机制与调度管理策略等。其本质是一类将多种智力水平的多智能体作为服务对象的分布式操作系统,在互联网之上,其更注重对问题求解任务的事务级别的同步与调度。对模仿人类社会的围绕事务的物节点自组织机制的支持,是物联网操作系统的一项基本职能。已有不少宣称为物联网操作系统的小规模系统,有本质为针对计算能力有限且强调互联的轻量级嵌入式操作系统,也有针对广域设备互联的云数据服务平台。

作业(job) 用户提交给计算机操作系统请求执行的一个独立任务。由用户程序、数据及其所需的控制命令等组成,一般以文件的形式提交。随着网络及多媒体交互技术的发展,作业的提交和控制方式变得多样。

进程(process) 具有一定独立功能的程序在计算机上的一次动态执行过程。是为了在处理器上实现多道程序设计而出现的概念。需要使用处理器、内存、外设等一定的计算资源。是操作系统进行资源分配和调度的基本单位。具有动态性、独立性、并发性和结构化等特征。分系统进程和用户进程。

线程(thread) 进程中一个单一顺序的控制流。一个进程中可以有多个线程,每个线程执行不同的任务,这些线程可以并发执行,从而提高进程的执行效率和速度。线程是操作系统能够进行运算调度的最小单位,是进程中的实际运作单位。

多任务处理(multitasking) 计算机在一段时间内同时执行多个程序的能力。是许多操作系统的基本特性,可以有效提升计算机硬件资源利用率,并改善用户体验。技术方法一般是在处理器上交替运行各个任务程序片段,即运行第一个程序的一段代码,保存工作环境,再运行第二个程序的一段代码,保存工作环境,以此步骤,直至所有任务程序都被执行。然后恢复第一个程序的工作环境,执行第一个程序的下一段代码,如此循环,使得所有任务程序均可在一段时间内获得执行机会。采用多种时间片调度策略和算法。在计算机技术发展早期,多任务称“多道程序”,当一个程序出现相对较慢而耗时的外部输入输出操作时,就会调度运行下一个程序,从而提高相对高速的处理器的利用率。

并发系统(concurrent system) 至少有两个以上的程序在同时运行,而它们之间存在着潜在的资源争用或交互的系统。多任务处理技术之后的操作系统,包括分时操作系统等,允许和支持多个作业程序在宏观上的同时执行,均为并发系统,提高了系统的资源利用率和用户满意度。

多进程(multiprocess) 多个进程可在操作系统调度下,分别运行在多个处理器或核上,或分时并发运行在一个处理器或核上的技术方法。可充分利用处理器资源,提高程序执行的效率。

多线程(multithread) 一个进程中的多个线程在操作系统调度下,并发地协调运行的技术方法。可充分、高效利用多核或多处理器资源,从而提高进程的执行效率和速度。

多用户(multiuser) 操作系统允许多个用户以多种方式同时共享使用计算机的技术方法。在技术上,操作系统将每个用户的进程与其他用户进程隔离,从本地终端或远程终端以不同身份登录的多个用户,分别独立地使用计算机系统资源。本质上,操作系统采用分时或并发的方式,宏观上并发地运行每个用户的作业程序,从而充分有效地利用计算机系统的硬件计算能力。系统能够支持的并发用户的数量,除取决于计算机系统物理硬件的处理能力外,还取决于用户作业的应用任务程序特性。

命令行接口(command line interface; CLI) 亦称“字符用户界面”。用户以连续的字符文本行,即命令行的形式与计算机进行交互的方式。处理接口的程序称“命令行解释器”,大多数操作系统在壳中实现命令行接口,用于交互式地访问操作系统功能或服务。一般普通用户已很少使用命令行接口,而是采用图形用户界面或菜单驱动的交互方式。但许多软件开发人员、系统管理员和高级用户仍然采用命令行接口来更有效地执行任务、配置机器,或者访问图形界面无法访问的程序和程序特性。操作系统也在不断改善、增强其命令行接口的操作命令的功能和数量。

图形化接口 即“图形用户界面”(62 页)。

任务调度(task scheduling) 操作系统根据任务的特点区分轻重缓急进行调度的过程。直接影响实时操作系统的实时性能。调度策略分抢占式任务调度和非抢占式任务调度。前者指只要有一个优先级更高的任务就绪,就可以中断当前优先级较低的任务的执行。后者亦称“协作式任务调度”,指下一个任务被调度的前提一般是当前任务主动释放了资源。通常会有多种调度策略混合应用在操作系统中,兼顾实时性、公平性与整体性能。

进程状态(process state) 在多任务操作系统中,进程从被创建直至执行完成的整个生存周期中所处的一系列状态。基于操作系统多任务进程调度的需要和进程自身的任务运行特点,进程在进入内存运行期间,具有三种基本状态:(1) 执行态,指进程拥有处理器正在执行程序指令的状态。(2) 阻塞态,指进程因执行某些操作(如慢速外设的读写)而导致的无法继续执行只好挂起等待的状态。(3) 就绪态,指进程已具备了除获得处理器使用权以外其他所有运行条件的状态。进程状态会因自身的运行情况和操作系统的分时调度需要而变换:执行态的进程若因执行阻塞操作而导致进程无法继续执行,就进入阻塞态;阻塞态的进程若去除了导致阻塞的制约因素,就可进入就绪态;就绪态的进程在获得处理器使用权后,即可进入执行态;而执行态的进程在时间片用完被操作系统调度另一就绪态进程进行替换时,就重新转换为就绪态,插入就绪队列等待下一次执行。进程的三种基本状态,在操作系统的具体实现中,还会进一步细分。

进程调度(process scheduling) 多个并发的进程互相争用处理器资源时,操作系统按一定策略所进行的运行调度。操作系统出于公平和效率的目的,兼顾优先权原则、短进程优先原则、时间片轮转原则等,根据各进程对资源的诉求情况,分别使其处于就绪态、执行态、阻塞态三种基本状态,以高效利用处理器资源为目的,调度各进程轮番分时使用处理器。调度策略和算法直接影响进程调度性能,调度性能是操作系统设计的一个重要指标。

脚本(script) 使用特定的描述性语言,依据一定的格式编写的可执行文件。通常以文本方式保存,由应用程序临时调用并执行。操作系统的壳,作为一种为用户提供操作界面的命令解析器,接受由脚本语言编写的程序,为用户提供比简单命令更复杂灵活和更自动化的控制和交互方法。

批处理(batch processing) 计算机系统成批自动处理作业的方式。为提高操作者通过命令行指令控制计算机的效率,将需要运行的一系列命令序列等,通过脚本语言形成清单,成批提交给操作系统,由系统自动地批量处理和运行。处理过程中无须用户干预。在 DOS 和 Windows 系统中,由系统内嵌的解释器(通常是 COMMAND.COM 或者 CMD.EXE)解释运行。在 UNIX 和 Linux 系统中,则采用 Shell 脚本表述。

分时处理(time-sharing processing) 多个用户程序按时间段(时间片)共享计算机资源的一种处理方式。计算机把运行时间分为多个时间段,将这些时间段平均分配或按某种兼顾优先级的方式分配给用户指定的任务,轮流为每一个任务运行一定的时间,如此循环,直至完成所有任务。通过在多个用户程序间进行快速地分时切换,使其共享计算机资源,极大降低了计算资源的成本。主要特点有:(1) 同时性,若干个用户同时使用;(2) 独立性,用户彼此独立,互不干扰;(3) 及时性,用户的请求能及时得到响应;(4) 交互性,实现人机对话,以交互方式工作。

实时处理(real-time processing) 计算机对事件必须在规定的时间内做出响应的处理方式。是对数据或信息进行的一种快速而及时的处理方式,对处理所需时间具有严格要求,处理结果可能立即用于响应或控制相应的对象或过程。根据应用需求及其特性,有硬实时和软实时两类。前者指应用任务必须在规定的时间期限内完成处理,否则被控系统会导致严重后果,如航空航天器自动控制、导弹防卫控制等的数据处理。后者指在规定时间内若得不到及时响应所产生的后果是可以承受的,如视频点播数据处理系统、部分工业流水装配线控制等。

内核(kernel) 操作系统的内部核心。是基于硬件的第一层软件扩充,提供操作系统最基本的功能,并提供严格的对计算机资源的使用安全保护机制。是操作系统中最靠近硬件且享有最高特权的一层,通常包括一些与硬件紧密相关的工作模块,如中断处理程序、设备驱动程序等;基本的、公共的、运行频率较高的程序模块,如时钟管理、进程调度等;系统关键性的数据结构等。负责管理系统的进程、内存、设备驱动程序、文件和网络系统等,决定着操作系统的性能和稳定性,是操作系统工作的基础。在设计上分为宏内核与微内核两大架构。

微内核(microkernel) 仅包含所有应用所必需的资源控制与通信功能的内核。相比于常规的宏内核,微内核将核心功能以外的功能作为系统服务程序在内核外实现,如微内核仅包含线程管理、地址空间和进程间通信控制等,而将所有其他服务,包括设备驱动程序等，均放在用户模式下运行，从而使操作系统的内核为最小。微内核概念于20世纪70年代出现。优点是使操作系统易于理解、实现、维护和移植，系统服务剪裁与配置较为灵活，利于适应不同应用的要求，但内核外的系统服务效率将会下降，内核内的功能的灵活性受到限制。在设计具微内核结构的操作系统时，其重要的考虑因素是性能与灵活性之间的权衡以及易维护性与系统开销之间的权衡。为使在宏内核操作系统上运行的应用程序也能在微内核操作系统上继续使用，通常在微内核操作系统与应用程序之间提供一个针对宏内核操作系统的仿真接口，将应用程序的系统调用转换成对微内核操作系统的调用。

内核态（kernel mode） 亦称“特权态”。与“用户态”相对。操作系统内核程序所处的运行模式。运行在该模式的代码，可以无限制地对系统存储、外部设备进行访问，例如，可以访问操作系统的内核数据结构，如进程表等。由于内核态的程序可以访问计算机的所有资源，处于该模式的程序的可靠性和安全性就非常重要。一般仅在迫不得已的情况下，才让程序运行于内核态。

用户态（user mode） 亦称“非特权态”。与“内核态”相对。操作系统中用户程序所处的运行模式。运行在该模式的代码，能够访问的资源受限，不能进行某些操作，例如不能写入其他进程的存储空间，不能写入系统配置文件、结束其他用户的进程、重启系统等，以防止给操作系统带来安全隐患。

抢占调度（preemptive scheduling） 一种在操作系统中实现多任务处理的方式。现行进程在运行过程中，如果有重要或紧迫的就绪进程到达，则现行进程将被迫放弃处理器资源，系统将处理器立刻分配给新到达的进程。即高优先级进程可抢占低优先级进程的资源。与之相对的进程调度方式称“非抢占调度”，亦称“协作式调度”，指下一个进程被调度的前提是当前进程主动放弃资源。

非抢占调度（non-preemptive scheduling） 见“抢占调度”。

系统调用（system call） 用户程序向操作系统内核请求更高权限运行服务的功能调用接口。是操作系统提供给应用程序的一种接口，即操作系统提供的应用程序界面。用户程序通过系统调用获得操作系统的服务。系统调用运行于内核态。按照功能一般可分为六类：进程控制类、文件管理类、设备管理类、内存管理类、信息维护类和通信类。

进程控制类系统调用（process control system call） 操作系统中主要用于进程控制的一类系统调用。主要包括：创建和终止进程的系统调用、获得和设置进程属性的系统调用、等待事件触发的系统调用等。如Linux中创建一个新进程fork、中止进程exit、运行可执行文件execve等系统调用。

文件管理类系统调用（file manipulation system call） 操作系统中用于文件管理的一类系统调用。主要包括：创建和删除文件的系统调用，打开和关闭文件的系统调用，读和写文件的系统调用，建立目录、移动文件的读和写指针及改变文件属性的系统调用等。使用最频繁的是读文件和写文件两个系统调用。

设备管理类系统调用（device manipulation system call） 操作系统中用于设备管理的一类系统调用。操作系统控制的多种资源可看作设备，如磁盘、打印机、U盘等真实设备，以及文件、网络数据设备等抽象或虚拟的设备。操作系统采用便于用户程序访问的方式管理各类设备，在用户请求并获得设备后，就能像对待文件一样，对设备进行读、写等操作，使系统调用不但用于文件还可用于设备。设备管理类系统调用在用户调用界面上可以让设备和文件看起来很相似，但其系统调用的内在程序是不同的。

内存管理类系统调用（memory management system call） 操作系统中用于内存管理的一类系统调用。包括内存的分配与释放、内存页面的加锁与解锁、映射虚拟内存页、设置内存映像保护等系统调用。

信息维护类系统调用（information maintenance system call） 操作系统中用于系统信息维护的一类系统调用。包括获取系统当前时间和日期、当前用户数、操作系统版本、内存或磁盘的可用量等系统调用，以及用于程序调试的调试跟踪类系统调用，例如跟踪、程序指令单步执行支持、进程运行时间等系统调用。

通信类系统调用（communication system call） 操作系统中用于进程间通信的一类系统调用。包括对信号、消息、管道、信号量、共享内存等通信方式的建立和控制的系统调用，以及对网络通信的配置、建立、撤销、数据链接的映射控制类系统调用。

陷入（trap） 当异常或者中断发生时，处理器根据该事件性质，将控制权转移到操作系统中某一个固定策略处理地址的机制。操作系统中，系统调用会通过陷入指令，将程序运行状态切换到内核模式，操作系统执行一些内核模式下的相应操作，然后将结果和控制权返回给原始进程。在某些情况下，特指一个异常或中断，作用是启动一个上下文切换，切换到某监视程序或调试器。

壳（shell） 覆盖在操作系统服务上面的一个用户界面程序（命令解析程序）。通常采用命令行接口方式或图形化接口方式。其有别于用户程序通过系统调用来获得操作系统各种服务的方式。对于不编写程序的用户，或对于需要与操作系统进行交互的用户，可以此与操作系统进行交互。存在于每个操作系统中，以便用户与操作系统进行交互。用户在这个界面输入命令，操作系统执行这些命令，并返回命令执行结果。UNIX 和 Linux 的壳采用文本命令行界面形式，Windows 的壳大多采用图形界面形式，但其 Powershell 是一个文本命令壳。壳的具体功能包括：显示提示符；接收用户命令并执行；实现输入输出；启动后台进程；进行工作控制；提供伪终端服务。一般还提供和支持直观的脚本编写语言，为用户提供实现比简单命令更复杂灵活和更自动化的控制和交互方法。

作业管理（job management） 操作系统对作业从提交到完成期间的组织、管理和调度的工作过程。包括作业调度和作业控制。作业调度是按照一定调度策略，从作业队列中选择作业进入内存运行的工作，完成作业从收容状态到执行状态、从执行状态直至完成状态的转变，具体包括：按预定算法，从收容状态的作业队列中选择作业投入运行；记录进入系统的作业情况，并为每个作业建立作业控制块；为选中作业分配所需资源，建立用户进程；做好作业运行结束后的善后工作。通常采用周转时间、响应时间、吞吐率和处理器利用率等指标评估其性能，常用的调度算法有先来先服务、最短作业执行时间优先、按优先级、分类调度等。作业控制指用户使用操作系统提供的手段和设施来组织和控制用户作业的运行，对作业上机操作的全过程进行干预，有两类：(1) 脱机作业控制，是对批处理作业的控制方式。用户使用作业控制语言的语句，把要求计算机系统执行的工作写成作业说明，连同程序、数据一起提交给计算机，作业执行过程中，用户不再对作业进行干预，故名。(2) 联机作业控制，亦称“交互型处理”。允许多个联机用户通过终端共享一台计算机系统，用户在联机终端上使用系统提供的终端操作命令，逐条输入，逐条执行，机器及时将执行情况和运行结果反馈给用户；用户也可通过键入命令文件方式，以及选单方式，与机器系统进行交互控制。随着多媒体智能技术的发展，也可利用语音等便捷方式进行联机作业控制。

中断 释文见 65 页。

中断处理程序（interruption handler） 亦称“中断服务程序”。发生中断事件时，处理器暂停当前正在运行的程序，自动转入执行用以处理该中断事件的服务程序。执行完毕后，处理器自动返回原被中断的程序，继续运行。

异常（exception） 在程序运行过程中发生的导致程序无法继续执行的事件。通常是由当前程序执行某些指令所导致的，如内存缺页、非法指令、地址越界、算术溢出、被零除等。和中断类似，均需要处理器在当前正常程序执行外，采用另外相应的服务程序进行特别处理。

异常处理程序（exception handler） 正在运行的程序发生异常时，处理器在当前程序正常执行流程外，针对该异常事件处理所采用的相应的服务程序。执行完成后，除不可恢复的错误，正常情况下，应返回原发生异常的程序中，并根据异常原因，返回当前指令或下一条指令继续向下执行，如内存访问的缺页异常，在缺页异常处理完成后，会去重新执行触发异常的当前指令（正常情况是不再缺页）。

中断矢量表（interruption vector table; IVT） 亦称“中断向量表”。处理器一系列中断处理程序的入口地址表。用以对应每一种中断的处理程序入口，每一个表项记录一个中断处理程序的入口地址。当中断产生时，由硬件负责产生一个中断标记，由处理器根据中断标记获得相应中断的中断矢量号，然后根据中断矢量号查找中断矢量表，以获得相应的中断处理程序入口地址，进一步执行对应的中断处理程序。

处理器管理（processor manager） 负责管理、调度和分派计算机系统的处理器资源，并控制程序执行的机制。以提高处理器的利用效率和保障尽量公平的多用户任务并发执行为目的。采用进程、线程、超线程等技术方法，以及多种处理器调度算法。操作系统利用处理器最高级别的中断事件,迅速获得处理器控制权,控制各进程的运行状态,从系统管理者的角度,基于相应的管理策略和调度算法,调度相应的进程、线程获得处理器进行程序的运行。其过程涉及多种数据结构和多种类型的调度策略和算法。按管理调度的粒度,分为:作业级或用户接口级的高级调度、决定作业进程进入内存的中级调度、决定作业进程占用处理器的低级调度。评价指标包括:资源利用率、相应时间、周转时间、吞吐率、公平性等。

进程管理(process manager) 对操作系统进程进行管理的机制。是操作系统的基本任务。操作系统必须有效控制进程的执行,给进程分配资源,准许进程之间共享和交换信息,保护每个进程在运行期间免受其他进程干扰,控制进程的互斥、同步和通信。根据进程运行所需资源条件的满足程度,操作系统会调度进程处于就绪态、执行态、阻塞态等状态,进程调度算法包括先来先服务、时间片轮转、按优先级等多种算法及其相结合的混合算法。进程管理的过程兼顾处理器利用率和各进程获得资源与调度运行的公平性等。

线程管理(thread manager) 对操作系统线程进行管理的机制。是操作系统的重要组成部分。操作系统通过线程包或库提供一整套关于线程管理的原语,实现对多线程的管理和运行支持,基本的线程管理和控制包括:孵化、阻塞(或封锁)、活化(或恢复)、撤销等。线程实现方式包括:内核级实现、用户级实现和混合实现等。对线程池中的多个线程有相应多种管理和调度策略与算法,并发多线程管理技术的优点是:易于实现多个事务间的通信;能够获得更低的管理开销;输入输出密集型应用能够获得更好的性能;能够更好地利用多核处理器,加快程序的执行和事务处理。

僵尸进程(zombie process) 已完成任务,但未及时被父进程回收、仍占用资源的子进程。其运行实体已经消失,但是仍然在内核的进程表中占据一条记录(一般是进程表中的一个进程控制块),会导致资源浪费。

孤儿进程(orphan process) 父进程已退出的一个或多个还在运行的子进程。将被内核进程所收养,并由内核进程完成它们运行完成后的资源回收工作。与僵尸进程不同的是,孤儿进程不会导致资源浪费。

同步(synchronization) 合作的并发进程或线程需要按某些事件的先后次序或某些条件规则执行的技术方法。目的是不管进程或线程如何穿插,其运行结果都是正确的、确定的,其正确性和效率等都有迹可循。对进程或线程中事件进行同步,就是对它们之间的穿插进行控制,包括多种协调信号与控制机制。

互斥(mutual exclusion) 一个共享资源同一时刻只能排他性地被一个进程或线程使用,多个进程或线程不能同时获得该共享资源的机制。一旦某进程或线程获得该共享资源,其他进程或线程只能等待获得资源者释放该共享资源后,才有机会申请到该共享资源。操作系统有互斥量(互斥锁)、管程等共享资源互斥机制。

锁(lock) 一种在执行多线程时用于强行限制资源访问的同步机制。是在并发控制中用于保证互斥的一种方法。在并发多线程的事件同步控制中,多个线程争相执行同一段代码或访问同一资源的现象称"竞争",这个可能造成竞争的共享代码段或资源,称"临界区"。获得锁的线程,能够对临界区上锁,不让其他线程使用,只有它才能访问和操作临界区。在该线程完成操作并解锁后,等待线程才能获得锁,经加锁限制其他线程后,对临界区进行操作。每个线程在访问对应临界区前都需获取锁的信息,再根据信息决定是否可以访问。若能访问对应信息,锁的状态会改变为锁定,此时其他线程无法访问该区,当对临界区的操作结束后,会恢复锁的状态,允许其他线程对临界区的访问。

死锁(deadlock) 两个或两个以上的线程在执行过程中,由于竞争资源或者由于彼此通信而处于永远等待状态的一种阻塞现象。会造成资源浪费,系统无法正常工作,严重时会使系统崩溃。同时满足以下四个条件时产生死锁:(1) 禁止抢占,指系统资源不能被强制从一个线程中退出;(2) 持有和等待,指一个线程可以在等待时持有系统资源;(3) 互斥,指资源只能同时分配给一个线程,无法多个线程共享;(4) 循环等待,指一系列线程互相持有其他线程所需要的资源。预防死锁必须至少破坏这四个条件中的一项。在理论上,死锁总是可能产生的,所以操作系统尝试监视所有线程,使其避免死锁。

活锁(livelock) 线程彼此释放资源却又同时占

用对方释放的资源的情况持续发生,使得每个线程都无法获得足够的所需资源而无法实质性地前进的现象。处于活锁的实体不断地改变资源占用状态,没有被阻塞。活锁有可能自行解开。解决活锁的一种简单方法是调整重试机制,在重试策略中引入一些随机性或约定重试机制以避免再次冲突。

忙则等待(busy waiting) 亦称"繁忙等待"。进程反复检查某个条件是否满足,直至条件满足,才进行后续工作的机制。检查时进程虽然繁忙但无法前进。是一种简单的同步方法,可能导致处理器的有效工作时间浪费,在操作系统中,有其他使处理器利用率更高效的事件同步方法,如睡眠-唤醒模式等。

管道(pipe) 操作系统中广泛使用的一种进程间传统通信机制。将标准输入输出链接起来,其中一个进程的输出被直接作为下一个进程的输入。此概念首先在 UNIX 命令行中采用,因其与物理上的管道相似而得名。传统意义上的管道,即匿名管道,类似于文件,可以使用文件读写的方式进行访问,但其不是文件,是伪文件,实际为内核缓冲区,通过文件系统看不到匿名管道。具有血缘关系的进程之间,可使用匿名管道进行数据传递。另有一类记名管道,或称"命名管道",是一个有名字的通信管道,其名称由计算机名和管道名组成,可以从文件系统中看到记名管道,用于两个不相关进程间的通信。

信号(signal) 进程间的一种异步通信机制。用来提醒或通知进程一个事件的发生。在操作系统里就是一个内核对象,或一个内核数据结构,发送方将该数据结构的内容填好,并指明接收进程后,发出特定的软件中断。操作系统接收到特定的中断请求后,查找接收进程,并进行通知。如果接收进程定义了信号的处理函数,则执行该函数,否则执行默认的处理函数。如 Windows 操作系统中键盘 Alt - F4 组合键,会发送导致当前进程终止的信号。

互斥量(mutex) 亦称"互斥锁"。一个可以处于解锁和加锁两个状态之一的变量。用于保证多个线程对同一共享资源的互斥访问。适用于管理代码临界区域或共享资源只能同时被一个线程进行操作的情况。如果不需要信号量的计数能力,互斥量有时可以作为信号量的一种简化实现方法。

信号量(semaphore) 一种适用于控制一个仅支持有限个用户的共享资源,而不需要使用忙则等待方法的有限资源管控同步机制。本质是一个计数器,其取值为当前累积的信号数量,用于保持在 0 至指定最大值之间的一个计数值。当线程完成一次对该信号量对象的等待时,该计数值减 1;当线程完成一次对该信号量对象的释放时,计数值加 1。当计数值为 0,意味着资源被占用尽,新的申请该资源的线程将挂起在该信号量对象的等待队列上;当该信号量的计数值大于 0,意味着有资源被释放,等待在该信号量的等待队列上的线程会被唤醒,从而获得资源进行工作。避免了忙则等待方法对处理器资源的浪费,是一种功能强大的同步原语和通信原语。

进程间通信(interprocess communication; IPC) 进程之间的交互,即至少两个进程间传送数据或信息的技术和方法。主要技术方法有:共享文件、共享内存、消息队列、信号、管道、套接字、信号量等。

管程(monitor) 一种便于采用高级语言通过书写程序表述对进程或线程间共享临界资源的互斥访问的同步机制。是一个程序语言级别的构造,显式地将共享互斥资源明确声明为一个需要同步保护的程序体,即将需要进行互斥保护的变量、数据结构、子程序代码等,置于该高级语言所确定的管程语法框体内,由编译器在生成低级代码时,将所需要的同步原语添加上,使得两个进程或线程不能同时活跃于同一个管程内。在管程内,使用两种同步机制:锁用来互斥,条件变量用来控制执行的顺序。多种高级语言,如 Java,支持管程机制。

条件变量(condition variable) 管程中用于控制线程执行顺序的同步机制。是需要资源的线程在其上等待满足条件的变量,另外的释放资源的线程可以通过发送信号将在条件变量上等待的线程唤醒,使其得到申请资源从而继续执行的机会。条件变量像信号量,但不能对其进行增和减的操作,只有等待和唤醒操作。

套接字(socket) 一种进程间通信机制。是一种应用程序接口,用于支持不同层面、不同应用、跨网络的进程间通信。由于每个主机系统都有各自命名进程的方法,并且常常是不兼容的。因此,在相互通信的计算机中引入了一种起介质作用的、全网一致的标准名字空间,用于进程间通信数据的对接套接。在计算机网络的套接字接口中,以 IP 地址及端口号组成套接字地址。远程的套接字地址与本地的套接字地址完成连线后,加上使用的协议,形成套接字对,双方就可彼此交换数据。

地址空间(address space)　计算机程序所能访问到的各类资源对应的地址构成的空间。包括物理存储器地址空间、虚拟存储器地址空间、外设输入输出与控制端口地址空间等。

地址映射　即“地址映像”(96 页)。

内碎片(internal fragment)　在页式内存分配机制中,分配给进程的最后一个页面中未有效使用的浪费空间。是进程内部的碎片空间。平均而言,最后一个页面有半个页面属于浪费,页面越大,内碎片就越大,浪费也就越多。

外碎片(external fragment)　将进程调入内存准备执行的计算机内存分配过程中,散布在进程之间的闲置内存空间。只要将虚拟内存与物理内存都分成大小一样的部分,称“页”,然后按页进行内存分配,就可以克服外碎片的问题。

页面替换(page replacement)　在页式内存分配与地址映射过程中,需调入新的程序页面但当前物理内存已满时,挑选某个已经使用过的尚在物理内存中的页面进行替换的过程。有随机替换、先进先出、最近最少使用等多种替换算法。一般过程为,当发现所要访问的页面不在内存中,则产生缺页中断。如果内存中没有空闲页面,则操作系统按替换算法选择一个页面将其移出内存,并调入新的欲访问的页面进行物理内存空间替换。

虚拟存储器　释文见 92 页。

共享存储器　释文见 86 页。

存储管理(memory management)　操作系统对计算机内存资源进行分配和使用的技术。有两个目标:(1) 地址保护,即一个程序不能访问另一个程序的地址空间;(2) 地址独立,即程序发出的地址应与物理内存地址无关。虚拟存储器就是一种存储管理。

内存分配(memory allocation)　分配或者回收内存空间的方法。有静态内存分配和动态内存分配两种。前者按事先规定的大小一次性分配,后者则根据程序执行过程按需分配。

页式内存管理(page memory management)　一种按页面分配、组织和管理内存空间的内存管理机制。在实现和管理技术上将虚拟内存空间和物理内存空间都划分为大小相同的页面,如 4 KB、8 KB 或 16 KB 等,并以页面作为内存空间的最小分配单位,一个程序的一个页面可以存放在任意一个物理页面里。在该模式下,内存分配不会产生外碎片,空间增长也容易解决,能够很好解决程序比内存大的问题,进程地址空间以页为单位,也很容易得到保护。缺点是地址映射转换用的页表需要额外的内存空间,空间太大时需要采用多级页表机制,从而影响系统性能。系统硬件通过快表(一种高速缓存,内容是部分或全部页表)来加速页表的查找与地址变换。操作系统在将程序装入内存页面时,有静态内存页面分配和动态内存页面分配两种方式。前者一次性为需要运行的程序进程分配足够装入整个程序空间的内存页面,若空闲页面空间不足,只能等待;后者只需装入急待运行的程序页面即可,按需动态分配,若无空闲页面,就将内存中不再使用或暂时不用的内存页面替换掉,有随机替换、先进先出、最近最少使用等多种页面替换算法,并需尽量避免内存抖动。

页表　释文见 92 页。

多级页表(multi-level page table)　当页表项很多以致所占内存空间太大时,采用分页存储管理方法的页表。将页表分为一个个页面,不需要的页面放在磁盘上,内存里仅存放当下需要的页面。在多级页表结构下,页表根据存放的内容分为:顶级页表、一级页表、二级页表、三级页表等。顶级页表里存放一级页表的信息,一级页表里存放二级页表的信息,以此类推,最后一级页表存放虚拟页面到物理页面的映射。一个程序在运行时其顶级页表常驻内存,而次级页表则按需决定是否存放在物理内存中,从而有效减少页表对内存的占用量。

反向页表(inverted page table)　存放从物理页面到虚拟页面的地址映射的页表。可在不增加页表级数的情况下降低页表所占空间。由于物理内存比虚拟内存小很多,反向页表的尺寸将大为减少,从而节省存储空间。但由于处理器发出的地址是虚拟地址,造成反向页表查找困难,需要通过哈希表方法来解决,该方法可能需要进行多次内存访问,哈希表的尺寸也会随着程序使用的虚拟页面数的增加而增加。

段式内存管理(segment memory management)　一种按程序的逻辑段结构方式进行内存分配、组织和管理的内存管理机制。目的是扩大程序的数据结构空间,并解决多种数据结构逻辑空间的自由增长问题,从而可以编写出几乎没有尺寸限制的程序。

将一个程序按照逻辑段结构单元分成多个程序段，每个段占用一个独立完整的虚拟地址空间，不会发生空间增长时碰撞到另一个段的问题。使一个程序可以使用多个虚拟逻辑空间。该模式下，一个虚拟地址由段号和段内偏移两部分构成，虚实地址变换通过段表完成。

段表（segment table） 段式内存管理中，存放虚拟段号到该段所在内存基址的映射表。段表项包含段号、段基址、段长度及必要的状态描述符等。如果一个段不在内存，则该段号对应的基址将不存在。由于一个程序的段的数量很少，通常为 3~5 段，段表的尺寸非常小。硬件上常设计有段基址寄存器用于支持段式寻址。虚拟段号亦可隐含在指令操作码中。

段页式内存管理（segment page memory management） 一种结合段式内存管理和页式内存管理各自优点的内存管理机制。将程序分为多个逻辑段，在每个段里面又进行分页，即将分段和分页组合起来使用。如果将每个段看作一个单独的程序，则逻辑分段就相当于同时加载多个程序。每个段对应一个完整的虚拟地址空间，每个程序对应多个页表。虚实地址变换通过段表和页表完成。硬件通过快表（一种高速缓存，内容是部分或全部页表）用于绕过段表和页表的查找从而加速虚实地址的变换速度。

伙伴系统（buddy system） Linux 内核中采用的一种尽可能形成一组空间尽可能大的连续内存区域的空闲内存组织机制。目的是在频繁申请和释放不同大小连续页面的情况下，避免小块空闲页面的散乱分布。将 2^n 个连续页面，采用 n 层二叉树二分法方法，逐层两两划分为同样大小相互称为伙伴关系的相邻块。将不同层次从而大小不同的块，作为内存的分配单元，分别管理于 n 条链表中，按程序申请的大小按需进行分配。当两个互为伙伴关系的块都被释放之后，它们就自组为一个上一层更大的空闲块，以此类推，从而尽量维护尽可能大的连续空闲内存块。

片块系统（slab/slub system） Linux 内核中采用的针对内核数据结构对较小内存空间需求的一种内存分配机制。这些内核数据结构或对象对内存的需求一般为几十个字节，通常远小于一个系统内存页面，并且内核对某些对象的使用是非常频繁的。片块系统运行在伙伴系统之上，为每种使用的内核对象建立单独的片块缓冲区，通过相应多种类型大小的片块队列的组织方式，接受内核对这些小尺寸内存空间的申请、分配和释放管理，从而有效管理缓冲区空间，满足内核对特殊数据结构或对象的内存分配需要。Linux 4.x 及后续版本采用的 slub 片块结构进一步提高了性能和可扩展性，并降低了内存的浪费。

垃圾回收（garbage collection） 在内存管理过程中，对于不再使用的内存进行及时回收的管理机制。可以有效防止内存泄漏，有效使用可以利用的内存。一般定期对若干根储存对象进行遍历，对整个程序所拥有的存储空间，遍历查找与之相关的存储对象和不相关的存储对象并进行相应标记，然后回收不相关的存储对象所占的物理空间。Java 语言的一个显著特点就是引入了垃圾回收机制。

文件（file） 存在于某种存储介质或设备上的有组织的一段数据流。由计算机文件系统管理。用户不需要了解文件存放的具体物理位置和物理结构，只需按名存取，由文件管理系统维护文件的用户接口与物理存储之间的关系。把数据组织为文件进行管理的优点是使用方便、安全可靠、便于共享。

日志文件（log file） 用于记录系统操作事件的文件或文件集合。具有处理历史数据、诊断问题的追踪以及理解系统活动等作用。分为事件日志、事务日志、消息日志等。

备份文件（backup file） 复制到指定存储介质上，用于保护数据，以备在系统硬件出现故障时进行数据恢复的文件。

交换文件（swap file） 一种用于协助操作系统进行虚拟内存管理的辅助文件。当物理内存即将耗尽时，操作系统将部分内存空间的内容交换到磁盘空间上，使其以磁盘上的文件形式存在，从而释放部分内存，为更重要的进程服务。当内存再次空闲时，系统将数据从磁盘交换回到内存。

设备文件（device file） 类 UNIX 操作系统对标准输入输出设备的交互接口的统一界面抽象。由于计算机系统与输入输出设备的数据交互，都具有初始化设备的打开、读数据（输入）、写数据（输出）、关闭设备等操作，和对文件的操作过程类似。遂采用与文件系统类似的统一接口界面抽象，实现设备独立的统一输入输出界面，即让所有的输入输出设备看上去一样或相似，从而屏蔽了设备的具体特性差异和功能细节，方便对外设的使用。设备文件是设备驱动程序的接口，在文件系统中显示为普通文件。在 DOS 和 Windows 中也有类似的特殊文件，这些特殊文件允许应用程序通过标准的输入输出系统调用使用设备驱动程序与设备进行交互，从而简化了许多编程任务，并保证了用户输入输出机制的一致性和设备的独立性。

流文件(stream file)　以文件接口形式呈现的数据流的抽象。流的本质是一组随时间变化的数据元素序列，相对来讲可能是无限的数据，其概念源于 UNIX 中的管道。流文件可用于表示网络数据如流媒体中的音视频数据的流数据传送，以及持续不断的外设输入、输出流数据等。

文件系统(file system)　一种对数据的存储、分级组织、访问和获取等操作的系统抽象。是对磁盘等数据存储介质及其数据空间的一种抽象组织方式。是操作系统为存储、管理数据而建立的一种结构。将承载数据的物理介质的物理特性转换为用户直观可视的路径名和文件名，用户对存储介质数据的访问只需通过文件名和路径名即可，而无须知道诸如磁盘的磁道、扇区、柱面等底层设备信息。保证了文件数据的产生与文件存放位置地址的相互独立以及对文件访问操作的功能和权限保护等，从而方便用户对数据的管理和使用。

挂载(mount)　将一个文件系统并入到另一个文件系统的方法。挂载时需要提供被挂载的文件系统的根目录和欲并入文件系统的挂载点，修改挂载点的目录内容，增加一个记录将被挂载文件系统的根目录地址保存起来。挂载的逆过程称“卸载”。

目录(directory)　记录文件的文件。一个目录是一个装有数字文件的虚拟容器，里面保存着一组文件和其他一些目录。将多个文件存储在一个目录中，可达到有组织地存储文件的目的。目录中的其他目录是它的子目录，这些目录构成了层次式的树形结构。

路径(path)　文件系统中用于表明文件地址的一串目录和子目录序列。分为绝对路径和相对路径。前者是指从根目录开始的路径，一般以反斜线“\”开始；后者是指从当前目录开始的路径。在表示资源位置的统一资源定位符中，也用路径表示资源的位置。

文件夹(folder)　图形化操作系统用户界面对文件系统中文件及其目录结构的形象化表示方式。通常用在视觉上类似于物理文件夹的图标表示。可包含文件或其他文件夹(子文件夹)。其表示的文件组织结构类似于文件目录结构，但表达的范围更广，如反映文件系统搜索结果或其他操作结果的虚拟文件夹呈现的就是满足某种条件的文件的集合。

虚拟文件系统(virtual file system)　一种对多种具体文件系统的访问接口的统一抽象。目的是允许应用程序以统一的方式访问不同类型的具体文件系统，使操作系统支持多种物理文件系统。例如，使用虚拟文件系统透明地访问 Windows、Mac OS 和 UNIX 等本地或远程文件系统上的文件，而不必知道其中的区别。在 UNIX 操作系统上最早的一种虚拟文件系统机制是由 Sun 微系统公司 1985 年在其 Sun OS 2.0 中引入的，使得 UNIX 系统调用能够透明地访问本地文件系统和远程的网络文件系统。

FAT 文件系统(file allocation table file system; FAT file system)　使用文件分配表(FAT)机制的文件系统。由微软发明并拥有部分专利，1977 年用于磁盘文件系统，供 MS－DOS 使用。文件分配表是一个链式的存放文件数据块指针的记录链表，每个记录为物理磁盘块的编号，每个记录存放下一个数据块所存放的物理磁盘块编号。有 FAT12、FAT16、FAT32、exFAT 等版本，所支持的文件系统最大容量和单个文件的最大容量标准不同，在 Windows 操作系统上获得广泛应用。exFAT 是一种较适合于闪存的文件系统，用在 U 盘、数码设备存储卡等存储介质上。

NTFS 文件系统(new technology file system; NTFS)　Windows NT 内核的系列操作系统支持的，专为网络和磁盘配额、文件加密等管理安全特性设计的文件系统。与 FAT 文件系统相比，提供对长文件名、数据保护和恢复的支持，增强对元数据的支持，使用更高级的数据结构以提升性能、可靠性和磁盘空间利用率，能通过目录和文件许可实现安全性，并支持跨越分区。是一个日志文件系统，会为所发生的所有改变保留一份日志，从而在发生错误(如系统崩溃或电源供应中断)时更容易恢复正常，并且不会丢失任何数据。

ext 文件系统(ext file system)　专为 Linux 操作系统设计和采用的文件系统。主要包括 1992 年的

ext 初始版本,成功提升性能的 ext2 版本,新增文件操作日志从而保证文件系统可靠性和一致性的 ext3 版本,2008 年 Linux 内核应用的性能、可靠性和容量都全面提升的 ext4 版本。已成为适用面广泛,维护代价最少的高稳定性、高可用性、高可靠性、高性能的文件系统,应用于众多 Linux 发行版和安卓操作系统。

网络文件系统(network file system; NFS)　一种分布式文件系统。目的是使用户能够像在使用自己的计算机一样访问网络上其他计算机的文件,实现多台计算机之间文件数据的共享并保证文件数据的一致性。基于 TCP/IP 协议,主要采用远程过程调用机制。是一个开放的、标准的请求注解系统,任何人或组织都可以依据标准对它进行实现。

文件管理(file management)　采用统一、标准的方法对磁盘等辅助存储器中文件进行的管理。包括用户和系统文件数据的存储、检索、更新、共享和保护等,并为用户提供一整套相应的操作和使用方法。

字符设备(character device)　在输入输出传输过程中以字符为单位进行传输的设备。如键盘、鼠标、打印机等。在类 UNIX 系统中以特别文件方式在文件目录树中占据位置并拥有相应的节点。可以使用与普通文件相同的操作命令对字符设备文件进行操作,如打开、关闭、读和写等。字符设备在实现时,一般不使用缓存,通常不支持随机存取数据,系统直接从设备读取、写入每一个字符。

块设备(block device)　在输入输出传输过程中以数据块为单位进行传输的设备。如磁盘、光盘、U 盘、SD 卡等。将数据信息存储在固定大小的块中,每个块都有自己的地址。基本特征是每个块都能独立于其他块进行读写,其传输过程一般使用缓存。

网络设备(network device)　基于网络进行数据交换的设备。如带有以太网网络接口的打印机、网络接口的存储系统,以及网络路由器等其他通用设备。在 Linux 系统中是一类比较特殊的设备,不像字符设备或者块设备那样采用对应的设备文件节点进行访问。内核也不再通过读、写等调用去访问网络设备,而是通过专门的网络协议接口层、网络设备接口层、设备驱动功能层、网络设备媒介层等多层协议实现数据传输。最上一层的网络协议接口层最主要的功能就是给上层应用程序提供透明的数据包收发接口。

设备驱动程序(device driver)　简称“驱动程序”。为操作系统或应用程序提供硬件设备访问接口的程序。直接驱动硬件设备进行相应操作。屏蔽了硬件设备底层的具体细节,以具体设备独立的统一接口函数方式提供对设备的访问操作。当操作系统或应用程序调用设备驱动程序接口函数时,由设备驱动程序进行与设备间的具体数据交换操作,从而为操作系统或用户程序实现了与设备间的数据通信。设备驱动程序通常由设备制造商针对特定操作系统提供。

输入输出管理(input/output management)　操作系统对各类输入输出设备的组织和管理。用以高效完成数据信息的输入输出工作,实现设备的高效利用。主要任务是:有效处理对输入输出设备的使用请求、实现输入输出驱动程序的统一组织结构和对输入输出设备的驱动调度、实现内存和外围设备的传输操作等。其对输入输出设备的组织和管理目标包括:设备的独立性、设备统一命名、设备错误处理、数据传输、缓冲、设备的共用与独享等。

多核进程同步(multicore process synchronization)　在多核环境下,保证并发和并行执行的进程执行正确性的事件同步技术和方法。在多核环境下,由于共享存储器的存在,各核间有针对内存储总线的锁机制,只有持有总线锁的处理器才能使用总线,而总线的锁住将使得其他处理器不能执行任何与共享内存有关的指令,保证了对共享内存数据访问的排他性。同时增加一个由硬件提供的称为“交换指令”的同步原语指令,该指令以原子操作(不会被其他事件分割或打断的操作)完成在寄存器和内存单元之间的内容置换,并用于实现多核环境下的旋锁。在多核环境下使用的同步原语还包括信号量、内核对象等。不同的操作系统如 Windows 和 Linux 有多种实现。

旋锁(spinlock)　多核操作系统提供的一种处理器互斥机制。通常用于保护某个全局的数据结构。通过获取和释放两个操作来保证任何时候最多只有一个拥有者,其状态有两种,闲置或被某个处理器所拥有。某处理器获得旋锁,则运行在该处理器上的所有线程都可访问该旋锁所保护的寄存器和数据结构。旋锁的使用与互斥量非常类似。其实现必须在硬件提供的原子操作(不会被其他事件分割或打断的操作)上进行,在使用测试与设置原子操作实现旋锁时,旋锁的物理载体是一个位于整个系统的共享内存中的特定内存单元。如果一个处理器要使用旋锁,就必须检查这个特定内存单元的值,如果为0,则将其设置为1,表示获得该旋锁,如果为1,表示该旋锁被其他处理器所占有,则在该旋锁上进行繁忙等待,即不停地循环。由于繁忙等待的主体是处理器,不是线程,不会造成资源浪费和优先级倒挂的不良后果,但会造成对共享内存总线的繁忙访问竞争。多核操作系统采用队列旋锁的方法来消减总线竞争的问题,即申请处理器在全局旋锁变量上排队,在本地局部内存变量上等待,由释放旋锁的处理器通知等待队列首位处理器的本地局部内存变量,从而降低对共享存储器总线的访问竞争。同时提供非常良好的扩展性。

多核进程调度(multicore process scheduling) 多核环境下将进程分配到不同的处理器或核上及其运行过程的调度策略和方法。应达到单核环境下调度的目标,包括:具有快速响应、保证后台工作的高吞吐率、防止进程饥饿、协调高低优先级进程等。还需考虑多核之间的负载平衡,即每个核的工作量应比较均衡。每个核有自己不同优先级的就绪队列,需根据负载平衡策略,在多个调度域间按调度策略合理分配进程的运行核,并在某些情况下进行进程迁移,从而兼顾负载平衡和效率,以及进行多核环境下的能耗管理。多核处理器电源能耗的优化,也是穿插于负载平衡和处理器多核运行状态调度策略中的重要因素。

负载平衡(load balance) 在多核处理器环境下,将进程均匀地分配到每个处理器或核的就绪队列的方法。有助于提高系统效能。有主动和被动两种,前者是指任务队列里进程数量多的处理器将某些进程推出去,后者则是任务队列为空的处理器从别的处理器任务队列里将进程拉进来。对于Linux,负载平衡在其调度域里面进行,包括调度域内的平衡和不同调度域之间的平衡。

进程迁移(process migration) 在多核处理器环境下,根据负载平衡调度策略,将一个进程从一个处理器或核的任务队列移动到另外一个处理器或核的任务队列的过程。是整个上下文的移动,包括如页表、缓存等进程相关的所有上下文环境。

编 译 系 统

编译器(compiler) 一种计算机系统软件。将一种语言(通常为高级语言)编写的源程序翻译成另一种语言(通常为低级语言)表示的目标程序。

解释器(interpreter) 一种计算机系统软件。将一种语言(通常为高级语言)编写的程序逐句翻译成机器语言并执行。即翻译一个语句,执行一个语句。不产生目标程序,灵活性大,程序比较容易测试、修改和补充,但执行速度较慢。

编译器产生程序(compiler-compiler) 帮助用户根据某种语言或机器的规则,自动产生编译器、语法分析器或解释器的计算机程序。只需给定一个程序设计语言的完整描述以及目标的指令集架构,就能从中产生出合适的编译器。

即时编译(just-in-time compilation) 一种提高程序运行效率的编译方法。在程序运行过程中,逐句编译源代码,并把翻译过的代码缓存起来以降低性能损耗。

提前编译(ahead-of-time compilation) 在程序运行前,将高级语言的程序或中间代码转换为本机系统相关的机器代码,以便生成可在本机运行的二进制文件的编译方法。

交叉编译(cross compiling) 在一台计算机上将某个高级语言编写的程序翻译成与当前编译器不同体系结构的另一个平台上的可执行代码的编译方法。

词法分析(lexical analysis) 编译过程的第一个阶段。从左到右逐个字符地对源程序进行扫描,根据构词规则识别单词(亦称“单词符号”或“符号”),产生用于语法分析的标记序列。

语法分析(syntactic analysis) 编译过程的一个阶段。根据某种给定的形式文法对词法分析产生的单词序列进行分析并确定其语法结构,创建语法分析树。检查中发现不符合规则的情况时,系统应指明错误的性质和可能的错误位置,以供用户改错时参考。实现此功能的程序称“语法分析器”。

语义分析(semantic analysis) 编译过程的一个阶段。利用语法分析树和符号表中的信息检查源程序是否和语言定义的语义一致。

符号(token) 亦称“词法单元”。词法分析输出的序列的基本组成部分。由一个词法单元名和一个可选的属性值组成。前者是一个由语法分析步骤使用的抽象符号,后者指向符号表中关于这个词法单元的条目。

中间表示(intermediate representation; IR) 编译器对源程序进行扫描后生成的内部表示。代表源程序的语义和语法结构。按结构,分为图中间表示、线性中间表示、混合中间表示三类。

图中间表示(graphical intermediate representation; graphical IR) 中间表示的一类。将编译器知识编码到图中,算法通过图中的对象描述:节点、边、列表和树。

线性中间表示(linear intermediate representation; linear IR) 中间表示的一类。类似于抽象机器的伪代码,规定了操作序列的顺序,相应的算法将迭代遍历简单的线性操作序列。

混合中间表示(hybrid intermediate representation; hybrid IR) 中间表示的一类。是将图中间表示和线性中间表示相结合。

代码优化(code optimization) 编译过程的一个阶段。对目标代码或中间代码进行等价(不改变程序的运行结果)的变换,目的是使最终生成的目标代码运行时间更短,占用空间更小,效率更优。

代码生成(code generation) 编译过程的最后一个阶段。将语法分析和语义分析后或代码优化后的中间代码变换成目标代码。代码生成的一个重要方面是合理分配寄存器以存放变量的值。

符号表(symbol table) 记录了源程序中使用的变量名,并收集和每个变量名的各种属性(值、地址等)有关的信息的表。

单遍编译器(one-pass compiler) 仅遍历每个编译单元的各个部分一次,即可将各部分转换为其最终机器语言程序的编译器。编译速度快,对机器的内存要求高。

多遍编译器(multi-pass compiler) 多次处理源程序或抽象语法树,最终得到机器语言程序的编译器。结构清晰,但时间效率不高。

自顶向下语法分析(top-down parsing) 为输入串构造语法分析树的一种方法。从语法分析树的根节点开始根据先根次序(深度优先地)创建这棵语法分析树的各个节点。

自底向上语法分析(bottom-up parsing) 为输入串构造语法分析树的一种方法。从语法分析树的叶子节点(底部)开始逐渐向上到达根节点(顶部)。

递归下降语法分析器(recursive-descent parser) 一种自顶向下语法分析器。由一组相互递归的过程(或非递归的等效过程)构建,其中每个过程都实现语法的一个非终结符号。

LL(1)语法分析器(LL(1) parser) 一种处理某些上下文无关文法的自顶向下语法分析器。第一个L代表从左向右扫描输入符号串,第二个L代表产生最左推导,1代表在分析过程中执行每一步推导都要向前查看一个输入符号。从左到右处理输入,对句型执行最左推导,构造出语法树。

LR语法分析器(LR parser) 处理某些上下文无关文法的自底向上语法分析器。L代表从左向右扫描输入符号串,R代表产生最右推导。从左到右处理输入,反向构造出一个最右推导序列。

简单LR语法分析器(simple LR parser) 一种简单的LR语法分析器。按照某个点在最右端的有效项进行归约的条件是:向前看符号能在某个句型中跟在该有效项对应的产生式的头符号后面。

规范LR语法分析器(canonical－LR parser) 一种复杂的LR语法分析器。使用的项中增加了一个向前看符号集合。当应用这个产生式进行归约时,下一个输入符号必须在这个集合中。只有当存在一个点在最右端的有效项,并且当前的向前看符号是这个项允许的向前看符号之一时,才可以按照这个项的产生式进行归约。

向前看LR语法分析器(lookahead－LR parser) 同时具有简单LR语法分析器和规范LR语法分析器优点的LR语法分析器。将具有相同核心(忽略了相关向前看符号集合之后的项的集合)的状态合并在一起。与其他LR分析器相比,在一次简单的对输入流进行从左到右扫描时,可以更直接地根据向前看的那个字符确定一个从底向上的分析方法。

yacc编译器(yet another compiler compiler; yacc) UNIX/Linux环境下用来生成编译器的一种编译器。以一个(可能的)二义性文法以及冲突解决信息作为输入,构造出向前看LR状态集合。生成一个使用这些状态来进行自底向上语法分析的程序。

lex编译器(lexical compiler) UNIX环境下主要用来生成一个词法分析器的C源码的工具。采用正则表达式描述规则。

GNU 编译器套件(GNU compiler collection)　为GNU操作系统(一种由自由软件构成的类UNIX操作系统)专门开发的一种支持多种程序设计语言的编译器。包括C、C++、Objective－C、FORTRAN、Java、Ada、Go语言和D语言的前端,也包括这些语言的库(如libstdc++、libgcj等)。前端产生对应的语法树,后端将此语法树翻译成暂存器转换语言,通过这个共通的中介架构实现编译。

LLVM 编译器框架(LLVM compiler infrastructure)　架构编译器的框架系统。以C++语言编写。目的是对于任意程序设计语言,利用该基础框架,构建一个包括编译时、链接时、执行时等的语言执行器。

作用域规则(scope rule)　程序中某个实体(变量、参数和函数)在某些范围是否"可见"或可访问的规则。实体在程序中的可用范围称"作用域"。分静态作用域和动态作用域。

静态作用域(static scope)　一种作用域规则。程序中声明的某个实体(变量、参数和函数)的作用域是根据程序正文在编译时确定的。

动态作用域(dynamic scope)　一种作用域规则。程序中某个变量的作用域是在程序运行时根据程序的控制流信息确定的。

类型系统　释文见60页。

类型推断(type inference)　在编译时自动或部分完成推断表达式类型的能力。编译器通常能够推断变量的类型或函数的类型,而无须给出明确的类型注释。

类型检查(type check)　检验数值或表达式是否符合类型约束的过程。可发生在编译时期(静态检查)或运行时期(动态检查)。还可用来检查安全漏洞,提高系统安全性。

属性语法(attribute grammar)　为形式语法产生定义属性,并将这些属性与值相关联的一种形式化方法。当某种解析器或编译器处理使用该方法的语言时,将在抽象语法树的节点中进行评估。属性有综合属性、继承属性等。

综合属性(synthesized attribute)　一种自底向上传递信息的属性。在语法分析树节点N上的非终结符号A的综合属性是由N上的产生式所关联的语义规则来定义的。即通过N本身及其子节点的属性值来定义。

继承属性(inherited attribute)　一种自顶向下传递信息的属性。在语法分析树节点N上的非终结符号B的继承属性是由N的父节点上的产生式所关联的语义规则来定义的。即通过N的父节点、N本身及N的兄弟节点的属性值来定义。

语法制导定义(syntax-directed definition; SDD)　一个上下文无关文法和属性及规则的结合。主要有S属性定义和L属性定义。

S 属性定义(S-attributed definition)　每个属性都是综合属性的语法制导定义。

L 属性定义(L-attributed definition)　属性可能是满足特定条件的继承属性,也可能是综合属性的语法制导定义。其语法分析树节点上的继承属性只能依赖于它的父节点的继承属性和位于它左边的兄弟节点的任意属性。

语法制导翻译(syntax-directed translation)　源语言代码的翻译完全由语法分析器驱动的一种编译器的实现方法。常见的是通过把相应的动作附加到每一条语法规则上,将输入字符串翻译为一连串的动作。

抽象语法树(abstract syntax tree)　表现程序设计语言语法结构的树状结构。树中的每个节点都表示源代码中的一种结构,某个节点的子节点表示该节点所对应的构造的有意义的组成部分。

三地址代码(three address code)　亦称"四元组"。每条指令包括一个操作符和三个操作数地址的指令序列。每条指令只执行一个运算,通常包含三个地址信息,即操作数1、操作数2和结果操作数。

基本块(basic block)　满足以下条件的最大连续三地址指令序列:(1)控制流只能从基本块的第一个指令进入,即没有跳转到基本块中间的转移指令;(2)除了基本块的最后一个指令,控制流在离开基本块之前不会停机或者跳转。

数据依赖关系图(data-dependence graph)　表示数据定义到使用的依赖关系图。编译器用以表示数据流动关系。

静态单赋值形式(static single assignment form; SSA form)　一种中间表示形式。每个变量只被赋值一次,即赋值是针对具有不同名字的变量的。用于简化及改进编译器最佳化的结果。

Φ 函数(Φ-function)　静态单赋值形式中,用于把多个名字聚合成单个名字的函数。

最小静态单赋值形式(minimal static single assignment form; minimal SSA form) 控制流图中,不同的静态单赋值形式名汇合为一个名字的一种方式。只要对应于同一原始名字的两个不同定义汇合,就在任何汇合点处插入一个 Φ 函数。将插入符合静态单赋值形式定义、数目最少的 Φ 函数。但其中有些 Φ 函数可能是无效的。

剪枝静态单赋值形式(pruned static single assignment form; pruned SSA form) 控制流图中,不同的静态单赋值形式名汇合为一个名字的一种方式。计算在基本块出口活跃变量的集合,在插入 Φ 函数时添加一个活跃性判断,以避免添加无效的 Φ 函数。

半剪枝静态单赋值形式(semipruned static single assignment form; semipruned SSA form) 最小静态单赋值形式和剪枝静态单赋值形式的折中方法。删除只在一个基本块中活跃、不需要考虑汇合的变量,从而缩减名字空间,减少 Φ 函数的数目,同时减少了计算在基本块出口活跃变量集合的开销。

闭包(closure) 一个程序和它运行时的上下文。用来描述复杂的控制流程。

引用计数回收器(reference-counting collector) 一种内存管理技术。设置一个字段存放资源的被引用次数,当被引用次数为 0 时就将其释放。开销较大,不能解决循环引用问题。

基于跟踪的垃圾回收器(trace-based garbage collector) 一种内存管理技术。是基于跟踪对象的关系图进行垃圾回收方法的总称。包括标记-清扫式回收器、复制式回收器等。

标记-清扫式回收器(mark-sweep collector) 一种基于跟踪的垃圾回收器。基于跟踪对象的关系图,标记所有可达对象或活对象,没有被标记的对象被视为垃圾,在下一阶段被清扫。

复制式回收器(copying collector) 一种基于跟踪的垃圾回收器。将存储空间分为两个半空间,在其中之一分配内存,直到它被填满,开始垃圾回收,将可达对象复制到另一个半空间。当垃圾回收完成后,两个半空间交换角色。

增量式回收器(incremental collector) 一种内存管理技术。通过逐渐推进垃圾回收来控制增变者(用户程序)最大暂停时间,增变者动作和垃圾回收交错进行,改变可达性的增变者动作被记录在副表中,使得回收器接下来作出必要的调整。

部分回收器(partial collector) 一种内存管理技术。对年轻对象使用世代回收(频繁回收较年轻的世代),而将成熟的对象列为稳定集,每次只保守地回收无法从根集和稳定集到达的对象。

公共子表达式(common subexpression) 一种可以被优化的表达式。如果表达式 E 在某次出现之前已经被计算过,并且 E 中变量的值从那次计算之后就一直没有被改变,那么 E 的该次出现就称为一个“公共子表达式”。可使用之前的计算结果,避免重新计算 E。

短路求值(short-circuit evaluation) 逻辑表达式计算的一种优化方法。计算逻辑表达式时,如最终的结果已经可以确定,求值过程便告终止。

复制传播(copy propagation) 一种优化技术。通过复制语句,传播转换之后的变量,以消除部分赋值语句。即在复制语句 $u=v$ 之后,尽可能用 v 来代替 u。

代码移动(code motion) 一种循环优化技术。把那些无论循环多少次都得到相同结果的表达式移到循环之前执行,从而减少内部循环中的指令个数。

归纳变量(induction variable) 循环中的一个变量。其值在每次循环迭代过程中增加或减少固定的值。

数据流分析(data-flow analysis) 用来获取数据沿着程序执行路径流动的相关信息的程序分析方法。常用于许多优化技术。

到达定值(reaching definition) 最常见和有用的数据流模式之一。记录当控制到达程序中每个点的时候,每个变量可能在程序中的哪些地方被定值。

活跃变量(live variable) 变量在某段程序中应用的状态描述。对于变量 x 和程序点 p,如果 x 在 p 上的值会在某条从点 p 出发的路径中使用,则 x 在 p 上是活跃变量;否则说 x 在 p 上是死的。

可用表达式(available expressions) 表达式在某段程序中可应用的状态描述。如果从控制流图入口节点到达程序点 p 的每条路径都对一个表达式求值,且从最后一次求值之后到 p 点的路径上没有再次对该表达式的运算分量赋值,那么该表达式在 p 点上可用。

常量传播框架(constant propagation framework) 一种把得到常量值的表达式替换为该常量值的数据流框架。特点是:可能数据流值的集合是无限的;

不是可分配的。

部分冗余消除(partial-redundancy elimination) 优化表达式计算,尽量减少表达式求值次数的一种技术。通过移动各个对表达式求值的位置,并在必要时把求值结果保存在临时变量中,从而减少在执行路径中对表达式求值的次数。

循环展开(loop unrolling) 一种牺牲程序规模来加快程序执行速度的优化方法。通过将循环体代码复制多次实现,能增大指令调度的空间,减少循环分支指令的开销。

本地值编号(local value numbering) 一种发现和消除冗余计算的方法。在一个基本块内进行值编号,即为每个计算得到的值分配一个唯一的编号,然后遍历指令寻找可优化的机会。通过重写基本块,避免之前已经被计算过的表达式重复出现。

超局部值编号(superlocal value numbering) 一种本地值编号的改善方法。一个基本块的代码区域可能为改进另一个基本块中的代码提供了上下文环境,通过把优化范围从基本块拓展到多个基本块的上下文环境,消除本地值编号可能漏掉的冗余。

全局值编号(global value numbering) 一种本地值编号的改善方法。在一个方法内的多个基本块里进行值编号,可以扩大优化范围,消除更多冗余计算表达式。

热路径(hot path) 控制流图中最频繁被执行的边。

内联扩展(inline expansion) 一个转换过程。把程序调用点替换成被调用者的内容(如函数体),重写程序流图影响参数绑定,从而提升最终代码的效率。

编译单元(compilation unit) 可以提交给编译器的一段文本。被编译器视为一个逻辑单元,用于创建程序的一个或多个模块。

动态链接(dynamic linking) 在程序运行时才链接组成程序的某些目标文件的技术。有助于把程序的模块相互划分开来,解决空间浪费和更新困难问题。

反向控制流图(reverse control flow graph; reverse CFG) 控制流图中的边被反转后的图。用于解决某些需要反向数据流的问题。

严格支配性(strict dominance) 控制流图中节点的关系。对于节点 a 和 b,如果每条到达 b 的路径都必经过 a,称 a 支配 b。当 a 支配 b 且 a 是不同于 b 的节点时,称 a 严格支配 b。

支配者树(dominator tree) 包含控制流图中支配信息的树状结构。树的节点是控制流图中的每个节点,每个节点与其最近的严格支配者之间存在一条边。

调用图(call graph) 表示一个计算机程序中子程序之间的调用关系的控制流图。每个节点表示一个过程,每条边表示过程之间的调用关系,如边(f, g)表示过程 f 调用过程 g。

缓式代码移动(lazy code motion) 使用数据流分析发现冗余表达式的候选对象和可以放置这些代码的位置的操作。用于优化执行速度。

指令选择(instruction selection) 将中间代码映射到目标机器的过程。为每条中间代码语句选择目标语言指令。在代码可以在目标处理器上执行之前,代码必须重写到处理器的指令集中。

指令调度(instruction scheduling) 一种提高程序执行效率的优化技术。不同的指令需要的周期数不一样,指令调度通过重新排列指令顺序,减少等待的周期数。

寄存器分配(register allocation) 选择一组将被存放在寄存器中的变量的操作。通常机器没有足够的寄存器来存放所有的值,剩下的值将被存放在内存中。一般先虚拟出一些与平台无关的寄存器,执行时根据需要映射到实际的物理寄存器中,如物理寄存器不够,则映射到内存中。

自顶向下寄存器分配(top-down register allocation) 寄存器分配的一种策略。选择使用最频繁的变量放在寄存器中。

自底向上寄存器分配(bottom-up register allocation) 寄存器分配的一种策略。按照实时需求分配寄存器,保证每个操作被执行前数据已经在寄存器中,同时给操作结果分配一个寄存器。

逐出代价(spill cost) 把值从寄存器中逐出到内存时付出的代价。由地址计算、内存操作以及估算的执行频率三部分组成。

寄存器指派(register assignment) 指定一个变量被存放在某个寄存器中的操作。

可重定向编译器(retargetable compiler) 可为不同的处理器指令集体系结构生成代码的编译器。

可归约控制流图(reducible control flow graph)

除去回边(边 $a \to b$,其中 b 支配 a)外,其余的边构成一个无环路图的控制流图。可以把其中若干节点减少为单节点。

树模式匹配(tree-pattern matching) 指令选择的一种方法。在代码生成器中,程序和目标机器的指令集被表达成树,用一组对应于指令的子树覆盖程序的树,进行指令选择。

窥孔优化(peephole optimization) 一种用于局部改进目标代码的技术。在优化时检查目标指令的一个滑动窗口(窥孔),尽可能在窥孔内用更快或更短的指令来替换窗口中的指令序列。

活动范围(active range) 程序中变量的生存范围。从变量的定义开始,一直到变量的下一个定义,或变量存在的作用域(块、函数或程序)的末尾。

程 序 设 计

程序设计语言

程序设计(programming) 用程序设计语言给出解决某个特定问题程序的过程。狭义的仅指软件生命周期中的编码阶段,即将详细设计转化为程序。广义的通常包含软件生命周期中的分析、设计、编码、调试和维护阶段,更多考虑实现技术。是软件生产过程中最重要的组成部分。

程序设计语言(program design language; PDL; programming language) 一种人工设计的、用于计算机和人交流的、能精确描述计算过程的指令系统。具有严格的语法和语义,没有二义性。语法表示语言的结构或形式,即构成语言的各个记号之间的组合规律,但不涉及这些记号的特定含义。语义表示语言的含义,即按照各种方法所表示的各个记号的特定含义。程序设计语言经历了从机器语言、汇编语言到高级语言的发展阶段,已有上百种之多。其发展与应用,使计算机软件开发变得更容易,极大地推动了计算机软件产业的发展和计算机应用的普及。

低级语言(low level language) 与特定计算机体系结构密切相关的程序设计语言。包括机器语言和汇编语言。用其编写的程序不必经过翻译或只经过简单的翻译后就可以在计算机上执行。提供的功能比较简单,编程困难、耗时、复杂、易出差错,可读性、可维护性和可移植性差。但使用低级语言编程可以更好地利用机器本身的特点,写出执行速度更快且内存占用更小的程序。

机器语言(machine language) 亦称"第一代语言"。用二进制代码表示的、计算机能直接识别和执行的低级语言。功能直接由计算机硬件实现,是计算机真正"理解"并能运行的唯一语言。具有灵活、直接执行和运行速度快等特点。每条指令由操作码和操作数两部分组成。前者指明了指令的操作性质和功能,后者给出了操作数或操作数的地址。机器语言提供的功能相当简单,编写程序困难,编出的程序全是由 0 和 1 组成的指令代码,可读性差,易出错。不同型号计算机的机器语言是不相通的,按一种计算机的机器语言编制的程序不能在另一种计算机上执行。除了计算机生产厂家的专业人员外,绝大多数程序员已经不再使用机器语言编程了。

第一代语言(first generation language; 1GL) 即"机器语言"。

汇编语言(assembly language) 亦称"第二代语言"。为特定计算机或计算机系列设计的一种面向机器的低级语言。用符号形式表示机器指令。即用一系列具有启发性的文字串,如 ADD、LOAD 等表示操作符。常数和地址也用一些特定的符号表示。一般情况下,一条汇编指令对应一条机器指令。汇编语言需要用汇编程序翻译成机器语言才能执行。与机器语言相比,改善了程序的可读性,并保留了灵活、可移植性差和编程困难等特点。与高级语言相比,不够简便、直观,但占用内存较少、运行效率较高,且能直接引用计算机的各种硬件资源,通常用于编写系统软件核心部分的程序,或编写需要耗费大量运行时间和实时性要求较高的程序段。

第二代语言(second generation language; 2GL) 即"汇编语言"。

高级语言(high level language) 亦称"算法语言"。在数据、运算和控制三方面的表达中引入接近人类表达方式的程序设计语言。可方便地表示各种类型的数据、数据的各种运算和程序的控制结构,能更好地描述各种算法,容易学习掌握。与计算机的硬件结构及指令系统无关。用其编写的程序可读性和可移植性好、可维护性强,可靠性和代码重用率高。使程序员不必关心机器的硬件环境,更专注于算法设计。按描述计算过程的基本出发点,分过程化语言(如 FORTRAN、Pascal、Ada 等),函数式语言(如

LISP),逻辑式语言(如PROLOG)以及面向对象语言(如Java、Smalltalk)。

算法语言(algorithmic language) 即"高级语言"。

过程化语言(procedural language) 支持过程化程序设计的高级语言。可以按照设计人员的要求一步步安排好程序的执行过程。通常包含:(1)数据成分,描述程序中涉及的各种类型的数据,如整型、实型;(2)运算成分,描述程序中包含的各种运算,如算术运算、逻辑运算;(3)控制成分,描述程序中的控制结构,如分支、循环;(4)传输成分,表达程序中数据的传输。常用的有Pascal、C、BASIC等语言。

面向对象语言(object-oriented language) 用于描述和处理对象模型的程序设计语言。有三个要素:(1)封装性,将数据和数据的处理集成在一个类中,将对数据的处理过程封装在类中,更好地实现了信息隐藏;(2)继承性,一种代码重用的方法,可以在一个类的基础上通过扩展属性或方法创建一个新类;(3)多态性,不同的对象收到相同指令时会自动选择合适的处理方法。具有代码重用性高的特点,减少了创建和维护软件的工作。有纯面向对象语言,如Smalltalk、Eiffel等,以及混合型面向对象语言,即在其他语言中加入类、继承等成分,如C++、Objective-C等两类。

第三代语言(third generation language; 3GL) 过程化语言和面向对象语言的合称。

非过程化语言(nonprocedural language) 亦称"第四代语言"。针对过程化语言的缺陷而提出的一类程序设计语言。程序员只要说明需要解决什么问题,而把具体解决问题过程的安排交给计算机处理,无须关心问题的解法和计算过程的描述。非过程化语言是"面向问题"的,每个语言解决一类问题。如SQL是用于数据库操作的非过程化语言。不同的非过程化语言的形式和功能差别都很大,很少是通用的。其主要优点是可减少编程的工作量。

第四代语言(fourth generation language; 4GL) 即"非过程化语言"。

第五代语言(fifth generation language; 5GL) 亦称"知识库语言""人工智能语言"。最接近日常生活所用语言的程序设计语言。真正意义上的第五代语言尚未出现,LISP和PROLOG号称为第五代语言,但实际上还远远不能达到要求。

可视化语言(visual language) 以可视的形式表示计算任务中的对象、概念和过程的程序设计语言。用图形符号描述计算任务中的处理对象和处理过程,如表单、组件、属性、事件、方法等。传统程序设计语言是由正文形式表示的一维字符串结构,而可视化语言则是由图形符号的空间排列所表示的多维结构。可视化语言的实现需要建立一个实现环境,称"可视化程序开发环境"。

函数式语言(functional language) 以λ-演算为基础的一种程序设计语言。是一种描述性语言,只给出需求解问题的定义而不需给出具体的求解过程和细节。程序由一系列函数组成,各函数之间相互独立,程序与数据等价,可以将程序当作数据处理,也可以将数据当作程序处理。编写程序便是函数的递归构造过程。经典的函数式语言有LISP、Clean、Erlang等。

脚本语言(script language) 用来控制软件工作过程的一种程序设计语言。可以将原本需要用键盘进行的交互操作过程写成一个程序。脚本通常以文本文件保存,只在被调用时才进行解释或编译。早期的脚本语言常称"批处理语言"或"作业控制语言"。很多脚本语言实际上已经不再是简单的用户命令序列,还可用于编写更复杂的程序。

FORTRAN语言(FORmula TRANslator; FORTRAN) 一种过程化语言。是最早出现的高级语言之一。其最大特点是接近数学公式的自然描述,易学,语法严谨,可以直接执行复数和双精度浮点数的运算,支持逻辑表达式,可以定义子程序,具有很高的执行效率。20世纪50年代中期由美国IBM公司的巴克斯(John Warner Backus, 1924—2007)领导的小组设计。早期主要用于IBM机器,后由美国国家标准学会对其进行了标准化,使之成为一个跨平台的、通用的程序设计语言。广泛应用于科学和工程计算领域。

ALGOL语言(ALGOrithmic Language; ALGOL) 一种过程化语言。是计算机发展史上首批具有清晰定义的高级语言之一。1958年在瑞士苏黎世举行的一次美国计算机协会和德国应用数学与力学学会的联合会议上,决定设计一种通用的、与机器无关的程序设计语言。目标为:(1)尽可能接近标准的数学表示法,有良好的可读性;(2)可以描述已经公开发表的计算过程;(3)能够自动翻译成机器语言。1958年底产生,称ALGOL58。1960年在巴黎举行了第二次 ALGOL 语言研讨会,在 ALGOL58 的基础上讨论确定了程序设计语言 ALGOL60。该语言具有下列特点:(1) 首次引入块结构的概念,使程序员可以引入新的数据环境或作用域,并可将程序中某些部分局部化;(2) 标识符可以是任意长度,数组维数可用无限数量,使用者可指定数组下界;(3) 可使用按值传递及按名称传递两种方式向子程序传递参数;(4) 支持递归过程;(5) 语法语义均有严格的描述,结构清晰、严谨。是程序设计由技巧转向科学化的重要标志,开拓了程序设计语言这一研究领域,为软件自动化工作和软件可靠性问题的发展奠定了基础。很多程序设计语言都是在此基础上发展起来的,如 Pascal、Ada 和 C 等。

COBOL 语言(COmmon Business Oriented Language; COBOL) 用于事务处理的过程化语言。是最早出现的高级语言之一。在事务处理中,数值计算并不复杂,但处理数据量却很大。为编写这类程序,美国国防部委托霍波(Grace Hopper, 1906—1992)博士领导一个委员会主持研究,于 1959 年产生了专用于商务处理的 COBOL 语言。1968 年美国国家标准学会对其进行了标准化。已发展为多种版本。其程序在结构上分为四个部分:标识部分、环境部分、数据部分和过程部分。具有类英语的描述特点和较好的可读性,是数据处理领域应用最为广泛的程序设计语言。

BASIC 语言(Beginner's All-purpose Symbolic Instruction Code; BASIC) 为初学者或非专业人士设计的过程化语言。简单易学、功能较全、适用面广、执行方式灵活。既可编译运行也可解释运行。由美国达特茅斯学院的凯默尼(John George Kemeny, 1926—1992)与库茨(Thomas Eugene Kurtz, 1928—)在简化 FORTRAN 的基础上,于 1964 年研制。20 世纪 80 年代中期,美国国家标准学会根据结构化程序设计的思想,制定了 BASIC 标准草案。BASIC 语言占用内存小,在一般的计算机上很容易实现。20 世纪七八十年代在微型计算机上非常流行。后因计算机硬件功能的快速提高以及各种其他程序设计语言的问世,地位急剧下降。20 世纪 90 年代,微软公司的 Visual BASIC 的推出,使 BASIC 语言得到了复苏。不仅适用于科学计算,也适用于事务管理、计算机辅助教学和游戏程序等方面。

C 语言(C) 一种使用广泛的过程化语言。既具有机器语言直接操作二进制位的能力,又具有高级语言处理复杂数据的能力。可移植性好,具有丰富的控制结构、数据类型和运算符,高度灵活,程序运行效率高,支持结构化程序设计。20 世纪 70 年代由美国电话电报公司贝尔实验室的里奇(Dennis MacAlistair Ritchie, 1941—2011)在 B 语言的基础上开发,是开发 UNIX 操作系统过程中的附带产品。1989 年,美国国家标准学会发布了第一个完整的 C 语言标准。广泛应用于开发各类系统软件和应用软件。

C++语言(C++) 以 C 语言为基础的一种面向对象语言。是 C 语言的扩充。保留了 C 语言紧凑、灵活、高效和移植性强的优点,扩充了类的封装、继承和多态性。1979 年,美国电话电报公司贝尔实验室的斯特劳斯特鲁普(Bjarne Stroustrup, 1950—)开始从事 C 语言的改良工作。1983 年正式命名为 C++。1998 年,由美国国家标准学会发布了 C++的标准。广泛用于科学计算、网络软件、游戏、图像处理等方面。

C#语言(C#) 微软公司提出的一种由 C++衍生的、专门为.NET 应用而开发的面向对象语言。使程序员可以快速编写各种基于 Microsoft.NET 平台的应用程序。由海尔斯伯格(Anders Hejlsberg, 1960—)主持开发。继承了 C 和 C++的强大功能并去掉了一些复杂特性,综合了 VB 简单的可视化操作和 C++的高运行效率,以强大的操作能力、优雅的语法风格、创新的语言特性和便捷的面向组件编程的支持成为.NET 开发的首选语言。

Java 语言(Java) 一种独立于平台的面向对象语言。采用虚机器码运行方式,即编译后产生的是在虚拟机上运行的代码,虚拟机运行在各种操作系统上,故有很好的跨平台能力。具有编程简单、面向对象、分布式、半编译半解释、安全可靠、性能优异、多线程等优点。由 Sun 公司开发,并于 1997 年被国际标准化组织接纳为 ISO 标准。常用于编写桌面应用程序、Web 应用程序、分布式系统和嵌入式系统应用程序。

Python 语言(Python) 一种解释型、交互式的脚本语言。既支持结构化又支持面向对象程序设计。有丰富的标准库,支持 GUI 编程,简单易学,常用作初学者的语言。由荷兰国家数学和计算机科学研究所的范罗苏姆(Guido van Rossum, 1956—)在 20

世纪80年代末90年代初所设计。最初用于编写自动化脚本，随着版本的不断更新和语言新功能的添加，越来越多地用于教学和大型软件的开发。

Eiffel 语言(Eiffel)　一种纯面向对象语言。程序是类的结构化集合，无主程序概念。主要特征是将语言本身与软件工程和工具合为一体，更专注于软件的可靠性、可重用性、可扩充性、可移植性和可维护性。认为软件系统由许多相互交流的组件构成，这些组件在交流时应遵守彼此共同的约定，这些约定应该被精确定义。由交互软件工程公司的梅耶(Bertrand Meyer, 1950—　)等人于20世纪80年代后期开发，1986年成为软件产品。

PARLOG 语言(PARLOG)　一种适合于并行计算的逻辑程序设计语言。同时采用“与并行”和“或并行”计算模型，较好地表达了并行系统中并发进程、通信、同步及非确定性等重要概念。20世纪80年代在关系语言的基础上形成。广泛用于人工智能和并行处理等领域。

PROLOG 语言(PROgramming in LOGic; PROLOG; Prolog)　一种以一阶谓词为基础的逻辑程序设计语言。建立在逻辑学的理论基础之上。是一种描述性语言，用特定的方法描述一个问题，然后由计算机自动找到这个问题的答案。提供一种称为“项”的统一的符号结构，数据和程序都用项表示。由埃克斯-马赛大学的科尔默劳尔(Alain Colmerauer, 1941—2017)与罗塞尔(Phillipe Roussel)等人于20世纪60年代末研究开发，1972年正式诞生。广泛用于人工智能领域，用于建造专家系统、自然语言理解、智能知识库等。

LISP 语言(LISt Processing; LISP)　一种函数式语言。用函数定义和函数调用组成的表达式描述求解问题的算法，表达式的值是问题的解。只需确定函数之间的调用，把函数执行的细节交给LISP系统来解决。具有函数性、递归性、数据与程序的一致性、自动进行存储分配、语法简单等特点。20世纪50年代末由马萨诸塞理工学院的麦卡锡(John McCarthy, 1927—2011)为研究人工智能而开发。1994年，该语言的众多版本统一之后称“Common LISP”。已成为最有影响，使用十分广泛的人工智能语言。

Pascal 语言(Pascal)　一种过程化语言。以17世纪法国科学家帕斯卡(Blaise Pascal, 1623—1662)的姓氏命名。具有丰富完备的数据类型、简明灵活的控制结构、严谨的语法定义。可用于描述各种算法与数据结构。是较早出现的结构化程序设计语言。由瑞士苏黎世技术学院的沃思(Niklaus Wirth, 1934—　)于20世纪60年代末设计。有益于培养良好的程序设计风格和习惯，常用作教学语言。

Smalltalk 语言(Smalltalk)　较早出现的一种纯面向对象语言。集程序设计语言、程序设计环境和应用开发环境于一体。其信息表示与处理有高度一致性，所有数据结构和控制结构都表示为对象和消息。由美国施乐公司研究中心于20世纪70年代初提出。1980年完成版本Smalltalk-80。既推动了混合型面向对象语言(如C++语言)的开发，又促进了对纯面向对象语言(如Eiffel语言)的深入研究。

SNOBOL 语言(StriNg Oriented symBOlic Language; SNOBOL)　一种专门用于处理字符串的程序设计语言。专为文本处理而设计。基本概念是字符串和字符串名。基本操作有字符串形成、模式识别和替代。20世纪60年代初由美国电话电报公司贝尔实验室研制。SNOBOL、SNOBOL2、SNOBOL3版本基本用串处理进行工作。1966年研制的SNOBOL4增加了通用程序设计语言的元素，如浮点数计算等。

Ada 语言(Ada)　一种通用的程序设计语言。既支持结构化又支持面向对象程序设计，并提供开发大型软件以及实时与并行处理的支持。被称为大型计算机上最有希望的核心语言。其命名源于世界上第一位程序员拜伦(Ada Byron, 1815—1852)。源自美国国防部于1979年提出的一个研究项目。旨在整合美国军事系统中运行的上百种不同的程序设计语言，使软件系统更清晰、更可靠、更易维护。1983年美国国家标准学会对Ada语言进行了标准化，即Ada-83。Ada联合程序办公室于1995年提出了新的版本Ada-95。广泛用于西方各大军事与国防机构、航空航天界等，主要用于数值计算、系统程序、嵌入式系统、实时应用及并行处理等方面。

PHP 语言(Hypertext Preprocessor; PHP)　一种在服务器端执行的脚本语言。混合了C、Java、Perl以及自创的语法，可以将程序嵌入到HTML文档中执行，执行动态网页的效率高，支持几乎所有流行的数据库以及操作系统。可以执行编译后代码，使代码运行更快。由勒德尔夫(Rasmus Lerdorf, 1968—　)于1994年创建。广泛用于网站开发。

Perl 语言(Practical Extraction and Report Language;

Perl） 一种面向系统任务的脚本语言。既具有高级语言的强大能力和灵活性，又具有脚本语言的方便性，对文件和字符有很强的处理、变换能力，特别适用于万维网应用、系统管理、数据库处理和 XML 处理等。由沃尔（Larry Wall，1954— ）于 1986 年开发。是系统维护管理者和 CGI 编制者的常用工具语言。

JavaScript 语言（JavaScript） 一种面向对象的脚本语言。具有动态性、弱类型、跨平台性等特点。其解释器称“JavaScript 引擎”，为浏览器的一部分。1995 年由网景公司的艾奇（Brendan Eich，1961— ）设计实现。广泛用于万维网客户端程序的开发，为网页添加各式各样的动态功能，为用户提供流畅美观的浏览效果。

程序设计方法学（programming methodology） ❶ 以程序设计方法为研究对象的学科。研究指导程序设计工作的原理和原则，以及基于这些原理和原则的设计方法和技术，探讨各种方法的共性与个性及优缺点。有助于提高程序设计工作质量。❷ 针对某一领域或某一领域的特定问题，所用的一整套特定程序设计方法构成的体系。如逻辑式程序设计方法学、函数式程序设计方法学、面向对象程序设计方法学等。既对实际程序设计工作有指导意义，又对软件的发展有较大影响。

过程化程序设计（procedural programming） 以处理过程为中心的程序设计方法。将解决问题的过程看成一系列数据处理的过程。需要编程人员设计出解决问题所需的步骤，依次执行。设计的程序流程清楚。主要涉及数据结构的确定、求解算法的设计、代码文档的组织和测试等。常采用自顶向下、逐步求精的方法。

函数式程序设计（functional programming） 以函数为中心的程序设计方法。将运算视为数学函数的计算，运算过程是一系列嵌套的函数调用。无状态和变量的概念。主要任务是定义或构造函数以求解所提出的问题。

结构化程序设计（structured programming） 过程化程序设计的一种方法。主要采用自顶向下、逐步求精的方法，将大问题分解成一系列的小问题，小问题再分解成更小的问题，直到能直接写出解决小问题的程序。每个小问题用一个子程序解决。每个子程序都有明确的功能，由顺序、选择、循环三种基本控制结构组成。每种基本结构都具有唯一入口和唯一出口，使程序的静态形式与动态执行流程之间具有良好的对应关系。具有易读性、易扩展和易保证正确性的特点。其概念最早由荷兰计算机科学家迪杰斯特拉（Edsger Wybe Dijkstra，1930—2002）提出，是软件发展的一个重要里程碑。

面向对象程序设计（object-oriented programming） 用面向对象的思想指导软件开发活动的系统方法。将数据和处理数据的过程看成一个整体，即对象。以对象为基础，直接完成从对象客体的描述到软件结构之间的转换。解决了过程化开发方法中客观世界描述工具与软件结构的不一致性问题，缩短了开发周期。解决了从分析和设计到软件模块结构之间多次转换映射的繁杂过程。主要有封装性、继承性、多态性 3 个特征。参见“面向对象语言”（141 页）。

逻辑程序设计（logic programming） 将符号逻辑直接作为程序设计语言的组成部分，并将计算作为推理的一种程序设计方法。其基础是形式逻辑。求解问题时采用陈述式方式，即描述所需解决的问题以及一组已知的事实与规则，由计算机自动推理出问题的解。最常用的逻辑程序设计语言是 PROLOG。

自顶向下方法（top-down approach） 结构化程序设计中设计阶段的主要方法。强调开发过程是由问题到解答、由总体到局部、由一般到具体。首先确定程序要达到的特定目标，然后分解问题。将尚未解决的小问题作为一个子任务放到下一层去解决。通过逐层、逐个子任务的定义和分析，直到所有子任务都可以用一个程序解决为止。

并行程序设计（parallel programming） 一种适用于并行处理系统的程序设计方法。将一个程序分解成可并行处理的几个部分，同时在计算机上运行。能更全面地利用计算机资源，提高系统效率。程序的分解方式有人工分解和自动分解。用于进行并行程序设计的程序设计语言称“并行程序设计语言”，分为显式并行语言和具有并行编译功能的串行语言。

并发程序设计（concurrent programming） 一种程序设计方法。组成一个程序的多个进程可在多台处理机上并行地执行，也可在一台处理机上交叉执行。可提高计算机系统效率，缩短程序执行时间。必须处理好进程同步和死锁问题。是在多道程序设计的基础上发展起来的。1968 年,荷兰计算机科学家迪杰斯特拉(Edsger Wybe Dijkstra, 1930—2002)首先引入了并发程序设计的概念并研究了有关的同步和死锁问题。20 世纪 70 年代,并发程序设计被引入程序设计语言中,出现了并发 Pascal、Modula 和 Ada 等并发程序设计语言。

流程图(flow chart)　一种描述算法或程序结构的图形工具。使用规定的图形表示算法或程序中各种不同的操作。用矩形表示数据处理,平行四边形表示输入输出,菱形表示判断,椭圆表示开始和结束。用流程线表示操作的先后顺序。能清楚地表现出各个处理步骤之间的先后关系,但对流程线的使用没有严格的限制,使人很难理解算法的逻辑和完整地解决问题的思想,难以保证程序的正确性。而且占用的篇幅也较大。

N－S 图(Nassi－Shneiderman diagram; N－S chart)　一种适用于结构化程序设计的描述算法或程序结构的图形工具。用三种基本的框表示结构化程序设计中的顺序结构、分支结构和循环结构。将算法中的操作按执行的先后次序画在一个矩形框内。能清晰表达算法的逻辑。

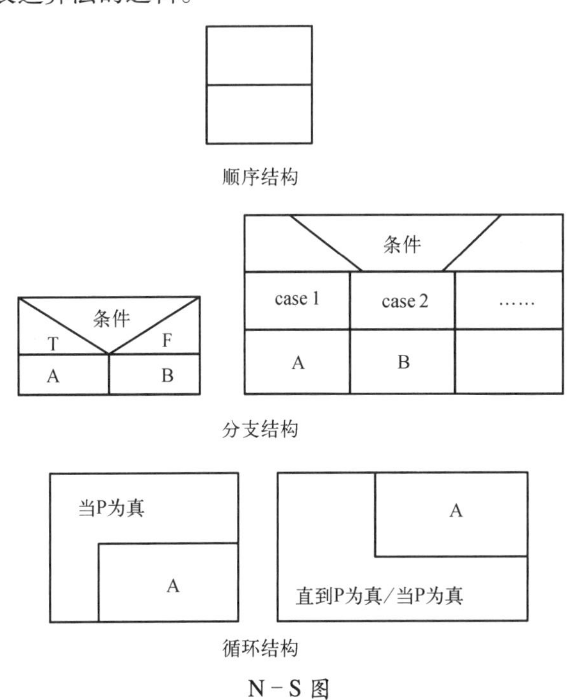

N－S 图

伪代码(pseudo code)　介于自然语言与程序设计语言之间的一种算法描述方法。以程序设计语言的控制结构表示算法流程,用自然语言描述其中的某些处理。描述的算法非常简洁,容易用任何一种程序设计语言实现。

代码(code)　表示信息的符号组合及其规则体系。如电子计算机中,所有输入(如数据、程序等)都须转化成机器能识别的二进制数码,这种数码便是代码。在程序设计中有时也指程序。

程序(program)　用程序设计语言表示的解决某个问题的处理过程。可以用高级语言或低级语言表示。用高级语言表示的通常称“源程序”或“源代码”,必须被翻译成机器语言才能执行。翻译过程称“编译”。

主程序(main program)　能调用其他子程序,而不被任何子程序所调用的程序。是程序的中心部分。程序通常由一个主程序和若干个子程序组成。程序的执行是从主程序的第一个语句开始执行到主程序结束。其中会调用一些其他的子程序。

子程序(subroutine)　由一个或多个语句组成、负责完成某项特定任务、能被其他程序调用的程序。一般都有一个能体现其功能的唯一标识。其输入称“参数”,输出称“返回值”。定义子程序的计算过程,称“子程序定义”。执行该计算过程,称“子程序调用”。采用子程序使主程序更简短,逻辑更清晰,提高程序的可读性;减少了重复编写程序段的工作量;使设计主程序时不需要考虑解决每个小问题的细节,易于保证整个程序的正确性。子程序是一个概括性的术语,在不同的程序设计语言中有不同的名称,如函数、过程、方法等。

源程序(source program)　亦称“源代码”。按照一定的程序设计语言规范编写的程序。通常用高级语言或汇编语言编写,须用编译程序或汇编程序翻译成机器语言才能执行。

源文件(source file)　保存用汇编语言或高级语言编写的程序的文件。通常为文本文件。其后缀名通常指出所用的语言。如在许多计算机系统中,C++源文件的后缀名是“.cpp”。

目标程序(object program; target program)　亦称“目标代码”。源程序经编译或汇编后得到的机器语言程序。包括由源文件翻译得到的机器语言的指令代码和数据,以及外部符号表、浮动信息表等。需要将整个程序的所有源文件的目标程序以及用到的库的目标程序捆绑在一起,才能形成完整的“可执行程序”。完成捆绑工作的程序是“链接器”。

目标文件(object file)　存储目标程序的计算机文件。是二进制文件。在大多数计算机系统中,目标文件的后缀名是“.obj”。

可执行程序(executable program) 可直接在执行环境(操作系统或虚拟机)上加载执行的程序。一般是二进制编码形式。通常由源程序经过编译、链接后得到。不同平台的可执行程序不能直接移植运行。

可执行文件(executable file) 存储可执行程序的二进制文件。可由操作系统加载到内存执行。在不同的操作系统环境下,有不同的命名方式。例如,在 Windows 操作系统下,可执行文件的后缀名有“.exe”“.com”等。

汇编程序(assembler) 把汇编语言编写的源程序翻译成等价的机器语言程序的翻译程序。主要工作有:用二进制操作码代替符号表示的操作码;用数值地址代替符号表示的地址;将常数翻译为机器的内部表示;分配指令和数据所需的存储单元。如果具有条件汇编、宏汇编或高级汇编功能时,也应进行相应的翻译处理。

程序编辑(editing program) 将用某种程序设计语言编写的解决某个问题的程序输入计算机并生成源文件的过程。可以通过文本编辑器,也可以通过一些集成开发环境完成。

链接(linking) 把合作完成某个任务的多个目标程序组合成一个可执行程序的过程。主要解决目标程序中未定义符号的引用和地址空间的组织问题。扫描目标程序中的外部符号表,将目标文件中的占位符替换为符号的地址。寻找所连接的程序段,根据浮动信息表的再定位信息解决外部引用和再定位,最终形成一个可执行程序。

顺序结构(sequential structure) 最简单和最常用的程序基本控制结构。把解决问题的过程写成一系列依次执行的语句。只需从第一个语句依次执行到最后一个语句就可得到问题的解。

分支结构(branch structure; selection structure) 亦称“选择结构”。一种基本的程序控制结构。根据某个表达式的结果值决定是否执行指定的语句。分两分支和多分支两种。前者的表达式结果通常是一个布尔值,根据结果值决定执行两组语句中的某一组。后者的表达式结果有多个值,每个值对应一组指定的语句。

循环结构(loop structure; repetition structure) 亦称“重复结构”。一种基本的程序控制结构。用来控制重复执行某段语句,重复执行的语句称“循环体”。分计数循环和事件控制循环。前者控制循环体重复执行指定的次数。重复次数可以是一个常量、变量或表达式的结果值。后者的重复次数不是一个确定值,而是取决于某个条件。事件控制循环又分两种:预测试循环和后测试循环。前者先检查条件,再决定是否执行循环体,循环体可能一次都没有被执行。后者先执行循环体,再检查条件,决定是否继续循环,循环体至少被执行一次。循环结构是一种能充分发挥计算机特长的程序结构。

标识符(identifier) 用来标识程序中某个实体的符号。如符号常量、变量、函数、数组等的名字。通常由字母、数字及一些特殊的符号组成。每种程序设计语言都有自己的标识符命名规范。

保留字(reserved word) 高级语言中有固定含义的单词。如数据类型的名字。程序中不能将保留字作为标识符。每种程序设计语言都有一组自己的保留字。

程序注释(comment; remark) 对程序的解释和说明。目的是让人更容易看懂程序。一般包括序言性注释和功能性注释。前者出现在某个功能模块前,说明模块的接口、数据的描述、模块的功能和实现思想。后者出现在某段语句前或某个语句后,说明某个程序段的功能、语句的作用或数据的状态。程序注释不是可执行的语句,在程序编译时会被忽略。

程序调试(debug) 找出并改正程序中的语法错误和逻辑错误的过程。前者是指编写程序时没有完全遵循程序设计语言的语法规则,以致编译器无法将它翻译成机器语言。后者是指程序没有得到预期的运行结果。程序编译时,编译器会输出程序中语法错误的出现位置及错误原因。逻辑错误一般需要运行程序,通过观察程序的阶段性结果来找出错误的位置和原因。一些集成开发环境会提供程序调试的工具。是保证程序正确性必不可少的步骤。

数据类型(data type) 程序中对数据的分类。规定了一组值的集合、这组值在计算机中的表示方法以及定义在这个集合上的一组操作。可分为基本数据类型(如整型、浮点型),以及由其他数据类型组合而成的构造数据类型(如数组、记录)。程序中出现的每个常量和变量都必须有相应的数据类型。在面向对象程序设计中,还可以根据需要定义新的数据类型,即“类”。

基本数据类型(primitive data type; built-in data type) 亦称“简单数据类型”“内置数据类型”。由程序设计语言提供的、其值不能进一步分解为更简单的值的数据类型。大多数程序设计语言都会将浮点型、整型、字符型和枚举型作为基本数据类型。

整型(integer data type) 程序设计语言中一种基本的数据类型。定义了可表示的整数集合、整数在计算机内的表示方法以及整数可执行的运算集合。整型值在计算机内可用原码、补码和反码表示,最常用的是补码。可表示的整数范围取决于整型值占用的内存空间的大小。整型值可执行算术运算、关系运算以及输入和输出。在某些程序设计语言中还可执行逻辑运算。程序中的整型常量通常用十进制、十六进制或八进制表示。

浮点型(floating point data type) 程序设计语言中一种基本的数据类型。定义了可表示的实数范围、精度以及可执行的运算集合。计算机中的实数表示为“尾数×$2^{指数}$”的形式,利用指数使小数点的位置根据需要而浮动,故称“浮点数”。保存一个浮点数是分别保存尾数和指数。可表示的浮点数的范围和精度取决于浮点型值占用的内存空间的大小以及指数和尾数长度的分配。由于尾数的存储空间是有限的,当浮点数的位数超出尾数的表示范围,低位部分被删除。所以浮点数在计算机中不能精确表示。浮点数可执行算术运算、关系运算以及输入和输出。程序中的浮点型常量通常用十进制和科学计数法表示。

字符型(character data type) 程序设计语言中一种基本的数据类型。定义了可表示的字符集合以及可执行的运算集合。是文本处理的基础。英文字母、标点符号等都是一个字符型的值。字符在计算机内部用一个整数表示,对应的整数值称“字符编码”。ASCII 码、BCD 码、EBCDIC 码都是常用的字符编码。字符可执行关系运算以及输入和输出。对字符执行关系运算时,比较的是它们的编码。大多数程序设计语言中,字符常量被包含在一对单引号或双引号中。

字符串(character string) 一组有限字符组成的有序序列。在大多数程序设计语言中是重要的数据类型。是文本处理的基本工具。存储字符串是将字符串中字符的内码按序存放在一块连续空间中。常用的操作有求字符串长度、字符串复制、字符串连接、取子串等。程序中的字符串常量通常被写在一对单引号或双引号中。字符串变量在各种程序设计语言中有不同的处理。有些语言提供了字符串类型,有些语言直接用字符类型的数组存储一个字符串变量。

布尔型(Boolean data type) 程序设计语言中一种基本的数据类型。只有“真”和“假”两个值。在计算机内部常用整数 1 和 0 表示。可用于关系运算和逻辑运算。

枚举型(enumeration type) 一种取值范围有限、可列出数值的数据类型。如性别的取值范围只有“男”和“女”两种,中国的直辖市只有北京、上海、天津和重庆 4 个。使用枚举型必须先定义它的值集,然后才能定义该枚举型的变量,变量的取值范围只能是值集中的某个值。支持关系运算。枚举型值的比较是比较值集中的排列次序。使程序的可读性、鲁棒性更强。

指针类型(pointer type) 程序设计语言中表示内存地址的数据类型。其值是程序中另一个变量的地址或某个子程序的地址。支持的操作有赋值和间接访问。前者将程序中某个变量或某个子程序的地址存放在指针变量中。后者访问指针变量指向的单元中的数据或执行指向的子程序。某些程序设计语言,如 C 语言,还提供了指针加法和减法运算。主要用途是通过间接访问使被调用的函数共享调用者的变量,以及支持动态内存分配机制等。

数组(array) 一种常用的构造数据类型。表示相同数据类型的元素按一定顺序排列的集合。是程序设计中常用的数据组织形式。定义数组类型的变量需给出数组中元素的类型及个数。该变量名亦称“数组名”。元素的序号称“下标”。数组中的元素用数组名及序号表示,称“下标变量”。只有一个下标的数组,称“一维数组”。有多个下标的数组称“多维数组”。访问数组通常都是访问它的下标变量。

记录类型(record type) 一种常用的构造数据类型。将一组相同或不同类型的分量组成一个整体。用于描述程序中的复杂对象。使用记录类型必须先声明该记录类型由哪些分量组成,然后才能定义该类型的变量。组成记录类型的分量称“成员”或“字段”。记录类型变量的存储空间必须能容纳所有成员。记录类型的操作除了同类变量之间的赋值外，更常用的是访问它的某一个成员。记录类型使程序逻辑更加清晰，提高程序的可读性。在C和C++语言中称“结构体”。

结构体(structure)　见“记录类型”。

共用体(union)　亦称“联合体”。C和C++语言中的一种构造数据类型。几个不同类型的变量共同占用同一段内存空间，但是在每一瞬间只能存放其中的一个变量，即每一瞬间只有一个变量起作用，其他变量不起作用。使用共用体类型必须先声明该共用体类型可以表示哪些不同类型的变量。每一个变量称为一个成员。然后才能定义该共用体的变量。定义共用体类型的变量时，编译器按占用空间最大的成员分配内存。访问共用体变量是访问它的某个成员。共用体可以节省存储空间，实现类型间的转换。

常量(constant)　亦称“常数”。程序运行过程中值始终不变的量。如圆周率 $\pi = 3.141\,592\,6\cdots$。必须是该语言中合法的数据类型，如整型、浮点型。有两种表示方法。一种是直接用其值本身，如3.4、10，称“字面常量”。另一种是用合法的标识符表示，称“符号常量”。

符号常量(literal constant)　用合法的标识符表示的常量。程序中一些有特殊意义的常量通常被定义成符号常量。如用标识符PI表示圆周率。每个程序设计语言都有自己的符号常量定义方法。可提高程序的可读性，方便程序的维护。

变量(variable)　程序运行期间值可改变的量。有三个特征，即变量名、变量值和变量类型。变量名是一个标识符，是一个变量区别于其他变量的唯一标识。变量值是变量对应的数值，存放在变量对应的内存空间中。变量类型指出变量占用空间的大小、如何解释内存中的数据，以及决定对变量值可执行哪些操作。

变量定义(variable definition)　说明程序中会用到哪些变量、每个变量的类型，并为这些变量准备存储空间的操作。不同的程序设计语言有不同的变量定义格式，但至少都提供两个信息：变量名和变量类型。计算机根据变量类型为变量分配存储空间，并将这块空间和变量名关联起来，以后程序可通过变量名访问这块空间。绝大多数程序设计语言都要求变量必须先定义再使用。

动态内存分配(dynamic memory allocation)　在程序运行过程中建立和销毁变量的机制。在无法确定需要定义多少个变量或无法确定数组规模时使用。当程序运行过程中需要一个变量时，可以向计算机申请一块存储变量的空间。变量不再使用时，可将空间还给计算机。支持动态内存分配的程序设计语言必须提供动态变量申请和动态变量消亡的功能。前者向计算机申请一块存储某种类型数据的空间，并返回这块空间的地址；后者将动态变量的空间还给计算机系统。动态分配的内存必须在程序中释放，程序运行结束时，不会自动释放动态申请的空间。可更有效地利用内存空间。

内存泄漏　释文见93页。

引用类型(reference type)　表示一个变量是另一个变量别名的数据类型。定义引用类型变量时必须指明被引用的变量。这个捆绑关系在引用类型变量的生命周期内不能改变。引用类型变量定义时，计算机并不为它分配任何内存空间，只说明这两个变量用的是同一块空间。常用作函数的参数或返回值。

运算符(operator)　表示运算的符号。用于实现程序中的各类运算。按运算类型，分算术运算符、关系运算符、逻辑运算符。各程序设计语言也会引入一些独特的运算符，如C语言中的赋值运算符、位运算符。只有一个运算数的称“一元运算符”或“单目运算符”。有两个运算数的称“二元运算符”或“双目运算符”。是表达式的基本组成部分。

算术运算符(arithmetic operator)　用于表示算术运算的运算符。通常有加号、减号、乘号、除号，含义与数学中完全相同。除了减号以外，其他运算符都是二元运算符。减号可以是一元、也可以是二元运算符。作为二元运算符时，是普通的减法。作为一元运算符时，表示取相反数。各个程序设计语言也可扩展其他的算术运算符。如C语言、Pascal语言支持取模运算，Python语言支持指数运算。算术运算符的运算对象通常是整数或实数。某些程序设计语言还可对其他类型的数值执行算术运算，如C语言可将字符型、布尔型的值和指针作为算术运算对象。在某些支持运算符重载的语言中，可对任意类型的对象执行算术运算，只要这个类重载了算术运算符。

关系运算符(relational operator)　用于表示关系

运算的运算符。有大于、大于等于、等于、不等于、小于等于和小于6种。都是二元运算符。运算结果是布尔值。程序设计语言的基本数据类型一般都可作为关系运算符的运算对象,如整型、浮点型、布尔型。某些程序设计语言还可对其他类型的数值执行关系运算,如C语言可将指针作为关系运算对象。在某些支持运算符重载的语言中,可对任意类型的对象执行关系运算,只要这个类重载了关系运算符。

逻辑运算符(logical operator) 用于表示逻辑运算的运算符。有与、或、非3种。运算数是布尔值,结果也是布尔值。"非"是一元运算符,非"真"是"假",非"假"是"真"。"或"和"与"都是二元运算符。当两个运算数都为"假"时,"或"运算结果为"假",否则为"真"。当两个运算数都为"真"时,"与"运算结果为"真",否则为"假"。

表达式(expression) 高级语言中用于求值的基本语言成分。由运算对象(或称操作数、运算数)、运算符以及括号组成。运算对象包括常量、变量、函数调用等。运算符用于指明如何对运算对象求值。表达式的计算过程取决于运算符的优先级和结合性。优先级高的运算符先执行。相同优先级的运算符的执行次序称"结合性"。从左向右进行计算,称"左结合"。从右到左进行计算,称"右结合"。括号可以改变运算符的执行次序,括号内的运算符被优先执行。表达式可分为同构型表达式和混合型表达式。前者要求所有运算对象都有相同的类型。后者允许有不同类型的运算对象,由编译器通过类型转换将运算对象转换成相同类型。

算术表达式(arithmetic expression) 由算术运算符连接运算对象构成的表达式。由常量、变量、函数调用、括号、运算符等组成。一个常量、一个已赋过值的变量、一个函数调用都是合法的算术表达式,是算术表达式的简单情况。乘、除的优先级高于加、减。是左结合的。运算对象一般是数值型数据,如整数、浮点数,也允许程序设计语言扩充一些其他类型的运算对象。

关系表达式(relational expression) 用关系运算符连接两个子表达式构成的表达式。子表达式可以是算术表达式,也可以是关系表达式、逻辑表达式或其他表达式。关系表达式的值是逻辑值"真"或"假"。某些程序设计语言(如Pascal语言)规定关系表达式中必须只含有一个关系运算符,除非出现在括号内的子表达式中。另一些则允许出现多个关系运算符。此时可根据优先级和结合性计算关系表达式的值。优先级较高的是大于、小于、大于等于和小于等于,较低的是等于和不等于。是左结合的。

逻辑表达式(logical expression) 用逻辑运算符连接一个或两个子表达式构成的表达式。子表达式可以是关系表达式、逻辑表达式,某些程序设计语言中也可以是算术表达式等。逻辑表达式的值是逻辑值"真"或"假"。优先级最高的是"非运算","与运算"次之,"或运算"最低。是左结合的。

位运算(bit operation) C和C++语言提供的一种直接对二进制位进行的运算。包括与、或、非、异或、左移、右移。前4种的运算对象都是无符号整型和无符号字符型的数值。与、或、异或是二元运算,对两个运算数同一位置上的位进行逻辑运算。0表示"假",1表示"真"。当两个位都是1时,"与"运算结果为1,否则为0。当两个位都是0时,"或"运算结果为0,否则为1。当两个位值相同时,"异或"运算结果为0,否则为1。"非"运算是一元运算,将运算数的每一位取反。左移和右移也是二元运算。左运算数是整数或字符 a,右运算数是一个正整数 b。左移运算将 a 的值左移 b 位。高位被移出,低位补0。右移运算将 a 的值右移 b 位。低位被移出。正整数和无符号数高位补入0。负整数的高位补入的值取决于编译器。如果采用逻辑右移,则补0。如果采用算术右移,则补1。左移和右移运算通常用来取代乘2和除2运算。

位段(bit field) 亦称"位域"。C和C++语言的结构体中以位为单位来指定所占内存的特殊成员。利用位段能节约存储空间,并能代替位运算处理内存中的若干位。

语句(statement) 控制程序执行过程的最基本的元素。是解决问题的算法的描述。是一个有意义的表达式或一个广义指令。通常可分为控制语句、赋值语句、函数调用语句、输入输出语句等。

赋值语句(assignment statement) 给某个变量赋一个具体确定值的语句。是最基本的语句。赋给变量的值可以是常量、变量、表达式或某个函数调用的结果值。几乎存在于每一个有实用价值的程序中。

赋值表达式(assignment expression) 由赋值运算符连接而成的表达式。C、Java等语言将赋值作为一个二元运算。左运算数是一个变量,右运算数是一个表达式。其作用是将右运算数的计算结果存放在左运算数对应的变量中。表达式的运算结果是左边变量的引用。赋值运算是右结合的。赋值运算符还可以和其他的二元运算符组成复合的赋值运算符。如与+运算符组成+=,与-运算符组成-=。$a+=b$ 表示将 a 和 b 相加,结果存回变量 a。复合的赋值运算符使程序更简洁。

终端输入(terminal input) 通过计算机输入设备(如键盘)输入数据存入程序中某个变量的操作。是程序设计语言最基本的功能之一。不同的程序设计语言有不同的实现方式。如 BASIC 语言提供了一个输入语句 INPUT, C 语言和 Pascal 语言提供了一个实现该功能的函数,C++语言中的终端输入是 cin 对象的一个行为。

终端输出(terminal output) 将常量、变量、或表达式的值输出到计算机输出设备(如显示器、打印机)的操作。是程序设计语言最基本的功能之一。不同的程序设计语言有不同的实现方式。如 BASIC 语言提供了一个输出语句 PRINT, C 语言和 Pascal 语言提供了一个实现该功能的函数,C++语言中的终端输出是 cout 对象的一个行为。

复合语句(compound statement) 亦称“语句块”。在语法上可视为一条语句的多条语句的组合。if 语句的 then 子句或循环语句的循环体通常都是复合语句。不同的程序设计语言有不同的表示方式。如在 C 和 Java 语言中,这组语句用大括号括起来;而在 Pascal 语言中则以 BEGIN ... END 作为标记。

语句块(statement block) 即“复合语句”。

控制语句(control statement) 改变程序中语句执行次序的语句。包括实现分支结构和循环结构的控制语句、函数调用和返回语句、异常处理中的异常抛出和检测语句等。许多程序设计语言还提供了一个无条件转移语句。

条件语句(conditional statement) 实现分支结构的控制语句。由控制条件和一组不同情况下需要执行的语句组成。最常见的是 if-then-else 语句,根据一个条件决定执行某组语句。如果条件为“真”,执行 then 后面的语句(亦称“then 子句”),否则执行 else 后面的语句(亦称“else 子句”)。某些程序设计语言还提供一种多分支语句,根据一个表达式的结果值在多个不同的语句中选择一个执行。如 C 语言中的 switch 语句和 Pascal 语言中的 case 语句。

循环语句(loop statement) 实现循环结构的控制语句。由循环控制行和循环体组成。前者控制是否继续循环。后者是需要重复执行的语句。通常有两种控制方法:计数循环和事件控制循环。前者用于循环次数是一个常数、某个变量值或表达式值的循环。通常用 for 语句实现。后者用于循环次数无法确定、循环是否继续取决于某个条件的循环。通常用 while 语句实现。永远不会结束的循环称“死循环”或“无限循环”。

函数(function) 实现特定功能的程序段。是子程序的一种构造方式。由函数头部和函数体组成。函数头部给出了函数对外的接口,即如何使用函数。包括函数名、形式参数表和返回值类型等信息。函数名是函数的唯一标识。其命名必须符合标识符命名规则,反映函数的功能。形式参数表指出函数运行时调用者需要给它哪些数据。形式参数声明的形式类似于变量定义。返回值类型是函数计算结果值的类型。函数体是一段描述如何完成特定功能的语句。利用函数能减少重复编写程序段的工作量,提高程序的可读性。

过程(procedure) 没有返回值的子程序。某些程序设计语言并不区分函数与过程,统称为函数。如 C 语言用一个特定的返回类型表示没有返回值。

函数原型(function prototype) 函数头部包含的信息。由函数返回类型、函数名和形式参数表等组成。给出了如何调用函数的完整信息。

函数声明(function declaration) 把函数名、返回值类型以及形式参数类型、个数和顺序通知编译器的过程。以便在调用该函数时编译器能按此进行对照检查确定调用方法正确与否。例如函数名是否正确、实际参数与形式参数的类型和个数是否一致、调用者对函数返回值的使用是否正确。常用于函数定义位置在函数调用语句之后的情况。

函数定义(function definition) 对函数功能的确立。包括指定函数名,设计形式参数表和参数传递方式、返回值类型和返回方式,设计函数如何完成预定功能的算法,并把算法表示为一段程序。

形式参数(formal parameter) 定义函数时使用的参数变量。用来接收调用该函数时传入的数据和实际参数变量。

函数调用(function call) 使某个函数开始运行。需指明函数名和实际参数表。前者指出需要运行的函数。后者是形式参数的初值。形式参数和实际参数的个数、类型、次序要完全一致。函数调用时，首先执行实际参数到对应位置的形式参数的传递，然后从函数体的第一个语句执行到最后一个语句或返回语句。无返回值的函数调用可作为程序中的一个语句。有返回值的函数调用可出现在各类表达式中。函数返回值类型必须与表达式中的运算数类型一致。

实际参数（actual parameter；actual argument） 函数调用时，传输给该函数形式参数的数值、变量或表达式。

参数传递（parameter passing） 函数运行前将实际参数值传递给对应的形式参数的机制。常用的有值传递、地址传递和名称传递。

值传递（pass-by-value） 一种参数传递方式。将实际参数的值作为被调用函数形式参数的初值。每个形式参数在函数内有一块存储空间。实际参数是一个与形式参数类型一致的常量、变量、表达式或另一个函数调用。函数调用时，首先计算每个实际参数表达式的值，并将其作为形式参数的初值存放在形式参数的空间中。保证被调用函数不会修改调用者的数据。常作为函数的输入参数。

名称传递（pass-by-name） 一种更高效的参数传递方式。实际参数是调用者中一个与形式参数类型一致的变量，形式参数是实际参数的别名。函数中对形式参数的访问就是对实际参数的访问，对形式参数的修改就是对实际参数的修改。即可在函数中访问调用者的变量。既可作为函数的输入参数也可作为输出参数。在不同的程序设计语言中有不同的称呼。如在 Pascal 语言中称“变量传递”，在 C++中称“引用传递”。

引用传递（pass-by-reference） 见“名称传递”。

变量传递（pass-by-variable） 见“名称传递”。

地址传递（pass-by-address） 亦称“指针传递”。一种参数传递方式。形式参数是一个指针，实际参数是调用者中某个变量的地址。函数内可以通过间接访问的方式访问调用者中的变量，将函数中的某些计算结果存放到调用者的变量中。常作为函数的输出参数。

返回值（return value） 函数的执行结果值。函数执行结束时，返回值被送回调用者，替代调用者中的函数调用。返回方式通常有值返回和引用返回。

值返回（return by value） 返回值的一种返回方式。函数的返回值是一个表达式。函数返回时首先计算表达式的值，创建一个存放表达式值的临时变量，并将其返回给调用者。

引用返回（return by reference） 某些程序设计语言提供的一种高效的返回值的返回方式。不需要创建存储返回值的临时变量。返回值是函数内的一个非局部变量。程序中的函数调用是被返回变量的别名。

递归（recursion） 一种常用的算法设计方法。只需少量的程序就可描述出解题过程所需要的多次重复计算，大大减少程序的代码量。适合于解决满足下列特点的问题：(1) 问题规模较小时很容易写出解决方案，规模较大时却很复杂；(2) 大规模问题可以分解成若干个同样形式的小规模问题，将小规模问题的解组合起来可以形成大规模问题的解。将解决问题的过程写成一个函数，则该函数会调用自身以获得较小规模问题的解。这类函数称“递归函数”。递归函数必须满足两个条件：(1) 必须有递归终止的条件，即可以直接得到解决方案的问题规模；(2) 必须有一个与递归终止条件相关的形式参数，并且在递归调用中，该参数有规律地递增或递减，越来越接近递归终止条件。

函数模板（function template） 一组功能相同、处理过程相同、但处理数据类型不同的函数的抽象。如求两个整型数最大值的函数和求两个实型数最大值的函数可以抽象成一个函数模板。通过类型的参数化实现，即把函数中某些形式参数或局部变量的类型设计成可变的参数，称“模板参数”。使用时必须进行实例化，即确定模板参数的真正类型，通常由编译器自动完成。可提高代码的重用，减少程序员的工作量。

函数重载（function overloading） 同一作用域中形式参数表不同的一组同名函数。通常功能类似而所处理的数据类型或数据个数不同。如求两个整数最大值的函数和求三个整数最大值的函数可以有相同的函数名。这两个函数形成了函数重载。程序员只需要记住某个功能对应某个函数，而不必记一组函数名。调用函数时，编译器根据实际参数表在一组同名函数中确定某一个函数。给编程者提供了极大的方便，增强了程序的可读性。

变量作用域（scope of variable） 变量可被使用的

代码范围。按作用域，变量常分为局部变量和全局变量。不同作用域的变量可以有相同的名字。可提高程序逻辑的局部性，增强程序的可靠性，减少名字冲突。

局部变量(local variable)　在特定过程或函数中定义的变量。包括函数的形式参数。在所定义的函数或过程中，这些变量是可以访问的。离开了这个范围，则成为未定义变量。不同的函数中可以有同名的局部变量，不会有二义性。某些程序设计语言允许在函数或过程内定义函数和过程。此时外层函数的局部变量在内嵌函数中依然有效。某些程序设计语言也允许在复合语句中定义局部变量，作用域是所在的复合语句。如果某个复合语句或内嵌函数中定义了一个和所在函数的局部变量同名的局部变量，则在复合语句或内嵌函数中不能使用外层函数的同名局部变量。

全局变量(global variable)　可以被本程序的所有过程或函数访问的变量。增加函数间的直接联系渠道。相当于各个函数之间有了直接的数据传输渠道。当函数或过程中定义了一个与全局变量同名的局部变量，则在该函数或过程中不能使用同名的全局变量。全局变量破坏了函数的独立性，使得同样的函数调用会得到不同的返回值，应谨慎使用。

文件(file)　全称“计算机文件”。以外存储器为载体的信息集合。按对文件每个字节的解释，分文本文件和二进制文件。前者将文件中的每个字节解释成一个字符的内码。后者将每个字节仅看成是一个二进制位串，由使用文件的程序解释位串的含义。如果仅把文件看成是一个字节流，按字节访问文件，则称“流式文件”。如果把文件看成是存放了一组同类信息，如一组学生信息，则称“具有记录结构的文件”。每一条信息称一个“记录”。每个记录的一个组成部分，如学生姓名、学号等，称一个“字段”。按文件的物理结构，分顺序文件、索引文件、哈希文件、索引顺序文件。每个文件有一个文件名，通常由两部分组成，形式为“主文件名.扩展名”。主文件名是文件的唯一标识。扩展名通常指出文件的类型。如在 Windows 系统中，“jpg”表示是一个图像文件。

文本文件(text file; ASCII file)　亦称“ASCII 文件”。基于字符编码的文件。存储的基本单位是一个可以在终端上表示的字符以及有限的几个控制字符，如回车、换行等。大多数计算机系统中字符都采用 ASCII 编码，所以文本文件的每个字节存储一个 ASCII 编码。最常见的是高级语言编写的源文件。可以直接在终端上显示，也可以在使用相同内码的操作系统间自由交互。任何一个文字处理软件都可以读写文本文件。

二进制文件(binary file)　包含任意二进制位的文件。由使用文件的程序解释其中二进制位的含义。如存储照片或视频的文件，或某个信息系统中存储某类信息的文件。与文本文件相比，节约存储空间，操作更快捷、更灵活。信息系统中的数据文件通常都采用二进制文件。

顺序文件(sequential file)　数据的物理顺序与逻辑顺序一致的文件。如视频文件、声音文件、某个程序设计语言的源文件等。常采用顺序存取，也支持随机读取文件中的部分数据。

索引文件(indexed file)　支持按关键字快速查找的文件。可支持快速存取包含指定关键字的记录。由数据区和索引区组成。数据区按记录添加到文件的次序存储所有记录。索引区包含一组关键字及关键字对应记录在数据区的存储位置，按某种支持快速查找的方式组织，如有序表、B 树等。查找包含特定关键字的记录时，先在索引区查找关键字，然后根据关键字对应的存储位置找到相关的记录。

索引顺序文件(indexed sequential file)　既支持按关键字存取、又支持按关键字大小顺序访问所有记录的索引文件。由数据区和索引区组成。数据区采用分块存储。每个数据块中可以存储若干条记录。块与块之间满足关键字的有序性，即第 k 块中记录的关键字都小于第 k+1 块中记录的关键字。顺序访问是按数据块次序依次访问。索引通常采用树状结构，如 B+树。一个数据块对应一个索引项。按关键字查找时先查找索引区，找到某一数据块，然后在这个数据块中查找包含指定关键字的记录。由于采用稀疏索引，索引区较小，访问时可常驻内存，以提高访问速度。

哈希文件(hash file)　亦称“散列文件”。利用哈希存储方式组织的、支持按关键字存取的文件。存储空间被分成一个个桶。每个桶有编号，可以存放若干条记录。根据关键字的特点，设计一个哈希函数和处理冲突的方法。添加记录时，将记录存放到哈希函数值对应的桶中。查找记录时，根据哈希函数值找到对应的桶，然后在桶中继续查找。删除时在对应的桶中删除指定记录。与索引文件相比,哈希文件不需要维护额外的索引区。

顺序存取(sequential access) 按记录的逻辑顺序从文件的第一个记录依次访问到最后一个记录的访问方式。是顺序文件和索引顺序文件常用的访问方式。视频、音频播放都是典型的顺序存取。效率很高,但插入删除数据相当麻烦。

随机存取(random access) 亦称"直接存取"。允许直接访问文件中任意一个记录的存取方式。索引文件、索引顺序文件和哈希文件都支持随机存取。

文件对象(file object) 程序设计语言中代表被访问文件的变量。通常包括被访问文件的文件名、状态、当前存取位置等信息。当程序需要访问文件时,必须定义一个文件对象,并将其与被访问文件关联,为读写文件做好准备。对文件的读写操作都通过文件对象实现。文件访问结束时,即切断文件对象与文件的关联。某些程序设计语言(如C语言)用指向文件对象的指针代替文件对象,称"文件指针"。

文件指针(file pointer) 见"文件对象"。

文件位置指针(file position pointer) 程序中记录下一次文件读写位置的变量。通常包含在文件对象中。程序读写文件时,从文件位置指针指定的位置开始进行读写操作。随着读写操作的执行,文件位置指针随之变化。通过设置文件位置指针值,可以随机读写文件中的记录。

类(class) 面向对象程序设计的最基本概念。是对现实生活中一类具有共同特征和行为的事物的抽象。类的实例称为对象。定义一个类包括对象状态和对象行为的定义。还必须说明哪些状态和行为仅是在对象内部可见,哪些是整个程序都可见的。在纯面向对象语言中,一切皆是对象。在一些混合型面向对象语言中,如C++,类可看成程序员自己定义的数据类型。对象是该类型的变量。类定义将对象状态和对象行为封装起来,将行为的实现细节隐藏起来。扩充了程序设计语言的类型,实现了更高层次的抽象,使编程更为方便。

对象(object) 类的一个实例。是面向对象程序中的基本成分。由对象状态和对象行为组成。实现了数据和操作的结合,使数据和对数据的操作封装于一个统一体中。使用对象的程序不必了解对象如何存储状态信息,如何实现操作,只需通过对象提供的一组接口访问对象。

对象状态(object's state) 描述对象属性的一组变量。在不同的程序设计语言中有不同的名称,如数据成员、域、实例变量等。在类定义中,对象属性是一组变量声明。定义对象时会为对象分配一块存储对象状态的空间。对象状态通常被隐藏在对象中,对象的用户无须知道对象状态是如何存储和如何操作的,只能通过对象提供的方法访问对象状态。这样可保护对象状态不被意外修改,也可以让使用者无须了解对象内部的实现细节,使程序容易编写和维护。

对象行为(object's behavior) 对象可以执行的操作。每个操作由一个函数完成。在不同的程序设计语言中有不同的名称,如成员函数、成员方法等。每个函数是对象的某种行为的实现,必须通过对象调用,该对象称"控制对象"。每个函数必须有一个特殊的、代表控制对象的形式参数,函数中涉及的属性是控制对象的属性。有些语言将该形式参数设计为一个对象参数,有些语言表示为一个指向对象的指针。

静态数据成员(static data member) 亦称"静态域"。一些面向对象语言(如C#、C++、Java等)中的一类为类的所有对象所共享的对象状态。不存储在每个对象的空间中,而是拥有一块单独的存储空间。这个类所有对象的静态数据成员共享这块空间。可通过控制对象访问,也可通过类名访问。

静态成员函数(static member function) 亦称"静态方法"。专用于访问静态数据成员的函数。没有代表控制对象的形式参数,只能访问静态数据成员而不能访问非静态数据成员。可通过控制对象调用,也可通过类名调用。

常量数据成员(const data member) 在对象定义时指定、在整个对象的生命周期中不允许被改变的对象状态。其值必须在构造函数中指定,其他成员函数不允许修改。不同的对象可以拥有不同的常量数据成员值。不同的程序设计语言有不同的常量数据成员声明方法。在C++中用关键字const声明,Java语言则用关键字final声明。

可见性(visibility) 类封装中的一个重要概念。是对类成员的一种约束。通常分为私有和公有两种。只能被同一个类的成员函数访问,不能被全局函数或其他类的成员函数访问的成员称“私有成员”。被封装在类的内部，不为外界所知。能够被任何函数访问的成员称“公有成员”。在类设计时，一般将数据成员设计为私有的。使用对象的程序需要用到的行为设计成公有的成员函数，反之设计为私有的成员函数。这种设计方式使得类私有成员的修改不影响使用类的程序。提高了程序的可维护性。

私有成员(private member) 见“可见性”。

公有成员(public member) 见“可见性”。

友元(friend) 可以访问某个类私有成员的全局函数或类。是C++特有的功能。分为友元函数、友元类和友元成员。友元函数是一个全局函数。友元成员是某个类中的成员函数。友元类中的所有成员函数都是友元成员。必须在类定义中用关键字friend声明作为友元的函数或类。提高了程序的运行效率，但也破坏了类的封装性和隐藏性。

构造函数(constructor) 亦称“构造器”。创建对象时为初始化对象而调用的函数。当定义对象或通过动态内存分配申请对象时，编译器会调用构造函数为对象赋初值。构造函数可以重载，编译器按照定义对象时给出的初始值确定调用哪个构造函数。C++和Java等语言规定构造函数的名字必须和类名相同，不允许写返回类型。Python的构造函数是一个名为_init_的成员函数。PHP语言的构造函数名是_construct。

默认构造函数(default constructor) 定义对象没有提供初始值时调用的构造函数。通常没有形式参数或形式参数带有缺省值。如果类中没有显式定义任何构造函数，编译器会自动生成一个默认构造函数。C++的默认构造函数不给对象赋任何初值，对象的值是随机值。而Java的默认构造函数给对象的所有数据成员赋初值0。一旦类中定义了构造函数，编译器不再生成默认构造函数。如果需要在定义对象时不指定初值，则必须再定义一个默认构造函数。

复制构造函数(copy constructor) 形式参数是一个同类对象的构造函数。定义了如何将一个同类对象作为被定义对象的初值。某些程序设计语言中，如果定义类时没有定义复制构造函数，编译器会自动生成，其功能取决于不同的语言。如C++将被定义对象的状态初值设为实际参数的状态值。而C#将被定义的对象设为实际参数的引用。

移动构造函数(move constructor) C++语言中一类形式参数是一个同类的临时对象的构造函数。定义了被构造的对象如何接管临时对象的内存空间。可提高程序运行效率。

析构函数(destructor) 对象生命周期结束时自动执行的函数。通常完成回收内存空间等清理工作。没有参数，没有返回值，不能重载。C++和C#语言中名为“~类名”的成员函数、Python语言中的名为“_del_”的成员函数都是析构函数。

当前对象(current object) 亦称“控制对象”。成员函数的一个形式参数。指出了成员函数执行时函数体中涉及的数据成员或成员函数所属的对象。成员函数编译时，编译器在函数体中出现的各数据成员或成员函数前加上当前对象。不同的程序设计语言有不同的处理方式。C++传递一个指向当前对象的指针，称“this指针”。Java和Python传递一个当前对象的引用，分别称“this引用”和“self引用”。

运算符重载(operator overloading) 某些面向对象语言(如C++、C#)提供的一种功能。定义一个函数指出对某个类的对象执行某个程序设计语言提供的运算符时的行为。使对象可以与基本数据类型的变量一样通过运算符和各类表达式进行操作。通过特殊的函数名实现，编译器通过函数名将函数和被重载的运算符关联起来。当表达式中出现某个类的对象时，编译器到类中寻找关联的函数并执行。运算符重载函数可以是类的公有成员函数或全局函数。使程序更加简洁、易懂。也是多态性的一种实现方法。对不同类型的对象执行同一个运算符指定的操作，执行的函数是不同的。

组合(composition) 面向对象程序设计中的一种类构造方法。对象的某个属性是另外一个类的对象，称“对象成员”。组合表示一种聚集关系，是一种部分和整体的关系。如计算机中有一个CPU，即计算机类的对象中含有一个状态，它是一个CPU类的对象。对象成员行为的代码被正在构造的类重用，提高了软件的重用性，简化了类的构造。

继承(inheritance) 面向对象程序设计中的一种类构造方法。是面向对象程序设计最重要的概念之一。在一个类的基础上，通过扩展它的状态或行为构造一个新的类。如在“学生”类的基础上扩展一个“研究生”类。被扩展的类称“基类”“父类”或“超类”。被构造的类称“派生类”或“子类”。某些程序设计语言还支持多继承,即在多个类的基础上扩展一个新类。作用主要有:(1) 支持软件的重用,基类代码被派生类重用;(2) 可以反映事物之间的层次关系,基类和派生类是一般和特殊的关系;(3) 支持软件的增量开发,通过类扩展的功能使整个软件的功能得以扩展;(4) 是运行时多态性的实现基础;(5) 利用多继承对概念进行组合。

方法覆盖(overriding method) 派生类中重定义了基类的某个方法。即定义了一个与基类的某个成员函数原型相同的函数。该函数将覆盖基类中的同名函数。将派生类对象作为控制对象调用的只能是派生类重定义的方法。派生类重定义的函数往往是基类中同名函数功能的扩展,函数体中通常会调用基类中被覆盖的方法实现部分功能,称“部分覆盖”。

多态性(polymorphism) 面向对象程序设计的重要特征之一。同一操作作用于不同类的对象,会有不同的行为。即不同类的对象收到相同的消息时,执行的是不同的函数。例如将两个整型数相加和将两个实型数相加执行的是不同的函数。按实现方法,分编译时的多态性和运行时的多态性。前者亦称“静态多态性”,通过函数重载实现。在编译时,由编译器在一组同名函数中确定所需执行的函数。后者亦称“动态多态性”,通过继承和方法覆盖实现。将基类指针指向派生类对象或让基类对象引用派生类对象,通过虚函数和方法覆盖等机制确定该引用或指针调用的成员函数具体是哪一个。

虚函数(virtual function) 某些面向对象语言中用来实现运行时多态性的成员函数。如果把基类中某个函数声明为虚函数,当用指向派生类的基类指针或引用派生类对象的基类对象调用虚函数时,会检查派生类是否存在覆盖函数。如果不存在,则执行基类中的虚函数,否则执行覆盖函数。C++和 C# 语言中用关键字 virtual 声明虚函数。Java 语言中凡是没有用关键字 final 限定的基类成员函数都是虚函数。

虚析构函数(virtual destructor) 某些程序设计语言(如 C++)中声明为虚函数的析构函数。用于解决删除基类指针指向的派生类对象时空间没有完全释放的问题。删除基类指针指向的对象时,会调用基类的析构函数。但如果基类指针指向的是派生类对象,此时派生类的析构函数没有被调用,可能导致空间没有完全释放。当基类的析构函数是虚函数时,根据运行时的多态性会到派生类找析构函数并执行。

动态绑定(dynamic binding) 亦称“迟绑定”。运行时多态性的实现方法。在程序运行期间判断所引用对象的实际类型,根据实际类型调用相应的方法。实现时是利用虚函数和继承机制中向上类型转换的特性,让基类指针指向派生类对象或基类对象引用派生类对象。当对此对象或指针调用基类的虚函数时,会检查该对象引用的对象或该指针指向的对象的类型。如指向或引用的对象中覆盖了此函数,则调用派生类中的函数。

纯虚函数(pure virtual function) 亦称“抽象方法”。一类没有指定函数体的虚函数。在设计继承结构时,基类通常包含了所有派生类所共同拥有的属性和方法。有的方法还无法确定实现过程,此时可把它声明为纯虚函数。在派生类中重写这些方法,给出具体的实现。主要用途有:(1) 实现运行时的多态性;(2) 规定了从该基类派生的派生类必须具备的行为。

抽象方法(abstract method) 即“纯虚函数”。

抽象类(abstract class) 含有抽象方法的类。表征对问题领域进行分析、设计中得出的抽象概念,是对一系列看上去不同、但本质上相同的具体概念的抽象。也可包含非抽象方法。某些程序设计语言(如 Java、C#)中,用 abstract 修饰抽象类。不能定义抽象类的对象,但能定义抽象类的指针或引用。主要用来作为继承机制的基类,构造出一个具有一组固定行为的抽象描述,但是这组行为却可能有许多不同的具体实现方式。这个抽象描述就是抽象类,而每个具体实现是抽象类的派生类。

类模板(class template) 对一批仅状态类型不同、行为及行为的实现过程完全相同的类的抽象。定义类模板时,每个不同的状态类型用一个符号表示,称“模板参数”。指定不同的模板参数值可以得到不同的类。使定义多个类的工作变成了定义一个类模板。大大提高编程效率。是泛型机制的一种实现手段。

模板实例化(template instantiation) 从函数模板或类模板生成一个可执行的函数或类的过程。函数模板的实例化通常是隐式实现的。编译器根据函数模板调用时函数的实际参数类型确定模板参数值。在无法根据函数实际参数确定模板参数值的情况下也可显式实现,即明确指出模板参数的实际值。类模板的实例化必须是显式的。在定义类模板的对象时,必须明确指出模板参数对应的类型。

异常处理(exception handling) 一种在指定的异常发生时改变程序正常流程的机制。可将表示算法的正常流程和处理异常的代码分开,将程序中的异常集中在一起处理。当异常发生时,程序将异常抛给专门处理异常的代码,退出正常业务流程。处理异常的代码检测到异常后,根据异常类型执行相应处理。大大提高了程序可读性和鲁棒性。

容器(container) 存储及处理一组特定类型对象及这些对象之间关系的对象。大多数面向对象语言都提供一组类模板的容器,如C++中的标准模板库。容器自动分配和管理容器中对象占用的内存,维护对象之间的关系,提供插入、删除、访问某个对象或按照对象之间的关系遍历容器内所有对象的功能。当删除某个容器对象时,容器会删除它包含的所有对象并释放它们占用的内存。是面向对象程序设计的重要工具,使编程更加方便。

迭代器(iterator) 一种用于访问容器中元素的对象。以某种方式记录容器中元素的地址。每一种容器都有自己的迭代器。迭代器的行为类似于指针,基本操作有:指向容器中的某个元素,访问指向的元素,在指向的位置插入一个元素或删除指向的元素,也可以按元素之间的关系遍历容器内的所有元素。进一步隐藏了容器的实现细节。

数 据 结 构

数据结构(data structure) ❶ 研究非数值计算的一门学科。是程序设计的重要基础,在抽象的层面上研究一组具有一定关系的数据元素的存储及处理的方式。包括三方面内容:(1) 数据元素之间逻辑关系的分类,每种逻辑关系对应的操作;(2) 每种逻辑关系在计算机内部的存储模式;(3) 对应于每种存储模式,操作的实现过程。❷ 存储及处理某种逻辑关系的工具。如单链表是处理线性关系的一种数据结构,红黑树是处理动态查找表的数据结构。

逻辑结构(logical structure) 一组同类数据元素之间的逻辑关系及相关操作的描述。是数据结构的研究对象。可分为集合结构、线性结构、树状结构和图状结构四类。

集合结构(set structure) 一类松散的逻辑结构。处于同一数据集合中的元素之间除同属该集合这一联系外没有其他关系。如一辆公共汽车上的所有乘客,存放在某一仓库中的某类产品。集合中的主要操作有查找和排序。

线性结构(linear structure) 一对一关系形成的逻辑结构。是一种最常见的逻辑结构。处于同一数据集合中的 n 个元素可排成一个有序序列。序列的第一个元素称“起始节点”,最后一个元素称“终端节点”。对任意一对相邻元素,前者是后者的“直接前驱”,后者是前者的“直接后继”。起始节点只有直接后继而没有直接前驱,终端节点只有直接前驱而没有直接后继。除起始和终端节点外,每个元素都只有唯一的直接前驱和直接后继。常用操作有:在某个位置插入或删除一个元素、访问某个位置的元素、查找某个元素是否存在,以及遍历所有元素。

树状结构(tree structure) 一对多关系形成的逻辑结构。集合中除了一个特殊的根元素外,每个元素有且仅有一个直接前驱,直接后继数目不限。根元素没有直接前驱。表示的是一种层次关系。例如,一个家族可以表示为树状结构,其中的关系是父子关系。始祖是根元素,没有直接前驱。每个人只能有一个父亲,因此只有一个直接前驱,但可能有多个孩子,即可以有多个直接后继。常用操作有:访问某个元素的直接后继或直接前驱、为某个元素添加一个直接后继、删除以某个元素为根的子树、遍历所有元素。

图状结构(graphic structure) 多对多关系形成的逻辑结构。其中每个元素的直接前驱和直接后继数目都不限。通常用来表示一种网状的关系。例如,在一个计算机网络中,各个网络设备之间是由线路连接起来的。某台设备可以接收多台设备发送的数据,也可以发送数据给多台设备,所以一个计算机网络的拓扑结构形成了一个图状结构。常用操作有:在两个元素间添加一个关系或删除两个元素之间的关系、按某种次序遍历所有元素。

物理结构(physical structure) 逻辑结构在计算机内的存储方式。包括数据元素的存储和数据元素之间关系的存储。有时为了方便某些操作的实现,还会增加一些辅助信息的存储。在物理结构中,每个数据元素被表示为一个“存储节点”,数据元素之间的关系由存储节点之间的关联方式间接地表示。存储节点之间的关联关系有四种实现方式：顺序存储、链接存储、哈希存储和索引存储。

顺序存储(sequential allocation) 所有数据元素存放在一块连续的存储区域中，用数据元素的存储位置体现数据元素之间逻辑关系的存储方法。在高级语言中，一块连续的存储空间通常可用一个数组来表示。故顺序存储通常用一个数组来存储，每个数据元素存放在数组的一个下标变量中。数据元素之间的关系体现为存储数据元素的下标之间的关系。最经典的顺序存储实例是顺序表。

链接存储(linked allocation) 用指针指出数据元素间关系的存储方法。数据元素可分散地存放在存储器的任意位置。每个存储数据元素的节点包含两部分：数据元素部分和指针部分。前者保存数据元素的值，后者保存一组指针，每个指针指向一个与本节点有逻辑关系的节点。例如，单链表以链接存储方式存储线性关系。单链表中的每个节点除了保存一个数据元素外，还包含一个指向直接后继节点的指针。是最常用的关系存储方法。

哈希存储(hash allocation) 专用于集合结构的数据存放方式。数据元素存储在一块连续的存储区域中，用一个哈希函数将数据元素和存储位置关联起来。

索引存储(indexed allocation) 分别存储数据元素和数据元素之间的关系。数据区存放数据元素。索引区域存储元素之间的关系。

线性表(linear list) 用于处理线性关系的数据结构。表中数据元素的个数称“线性表长度”，简称“表长”。表长为0的线性表称“空表”。基本操作有：在指定位置插入一个元素；删除指定位置的元素；访问第 i 个元素；查找某个元素以及遍历所有元素等。通常采用顺序存储或链接存储。

顺序表(sequential list) 采用顺序存储实现的线性表。表中的数据元素按逻辑顺序存储在一块连续的物理空间中，即在逻辑结构中相邻的元素在物理位置上也是相邻的。高级语言中一块连续的空间用数组表示，顺序表将线性表的第 i 个元素存放于数组的第 i 个下标变量中。访问顺序表的第 i 个元素的时间复杂度是 $O(1)$，但插入、删除第 i 个元素将会引起大量的数据移动，最坏情况下的时间复杂度是 $O(N)$ 的。通常用于数据相对稳定的线性表。

链表(linked list) 采用链接存储实现的线性表。每个数据元素存放在一个独立的存储单元(节点)中。这些独立的存储单元在物理上可以是相邻的，也可以是不相邻的。每个节点除了存放数据元素之外，还存放与该元素有关的元素的地址。如果仅存放直接后继的地址，称“单链表”。既存放直接后继又存放直接前驱地址的称“双链表”。将单链表的头尾相连，称“单循环链表”。将双链表的头尾相连，称“双循环链表”。访问链表中的第 i 个元素必须从第一个节点开始，沿着直接后继链往后移动，直到第 i 个节点，时间复杂度是 $O(N)$ 的。如果已知第 $i-1$ 个元素的存储地址，插入、删除第 i 个元素的时间复杂度是 $O(1)$。适合于插入、删除操作比较频繁的情况。

单链表(simply linked list) 只存储直接后继地址的链表。每个节点由数据元素和指向直接后继的指针组成。为了方便实现在某个节点后插入一个节点或删除某个节点后面节点的操作，单链表通常设置一个头节点。头节点不存放数据元素，指针部分指向线性表的起始节点。表示一个单链表需要一个指向头节点的指针。适合于经常操作直接后继而几乎不操作直接前驱的线性表。

双链表(doubly linked list) 既存储直接后继也存储直接前驱地址的链表。每个节点由数据元素、指向直接前驱的指针和指向直接后继的指针组成。为了方便实现插入一个节点或删除某个节点的操作，双链表通常设置一个头节点和一个尾节点。头节点不存放数据元素，指向直接前驱的指针是空指针，指向直接后继的指针指向线性表起始节点。尾节点也不存放数据元素，指向直接前驱的指针指向线性表的终端节点，指向直接后继的指针是空指针。表示一个双链表需要两个指针，分别指向头节点和尾节点。双链表中的任意一个节点都可以很方便地访问它的直接前驱和直接后继。

单循环链表(circular simply linked list) 终端节点的直接后继指针指向起始节点的单链表。通常不设头节点。表示一个单循环链表需要一个指向节点的指针，通常指向起始节点。从单循环链表的任意一个节点出发，沿着直接后继指针，可以遍历表中的所有元素。

双循环链表(circular doubly linked list) 终端节点的直接后继指针指向起始节点、起始节点的直接前驱指针指向终端节点的双链表。通常不设头、尾节点。表示一个双循环链表需要一个指向节点的指针,通常指向起始节点。从双循环链表的任意一个节点出发,沿着直接后继指针或直接前驱指针,可以遍历表中的所有元素。

跳表(skip list)　一种用单链表实现的动态查找表。如果有序表的表长 N 满足 $2^i < N \leqslant 2^{i+1}$,则在链表中设置 $i+1$ 条链,第 0 条链是普通单链表中的链,指向下一个节点。第 1 条链将第 0、2、4、6、8、…个节点连成一个单链表。第 2 条链将第 0、4、8、12、…个节点连成一个单链表。以此类推,第 i 条链将从 0 开始,间隔为 2^i 的节点连成一个单链表。具有 k 条链的节点称为第 k 层节点。在跳表中查找元素 x 是从第 0 个节点的第 i 条链开始。如果第 i 条链的下一节点值等于 x,查找成功。如果小于 x,则沿着第 i 条链移到下一节点继续查找,否则下降一层,沿着第 $i-1$ 条链继续查找,直到找到等于 x 的节点或到达第 0 层的一个大于 x 的节点。后者表示查找失败。跳表中查找操作的最坏情况时间复杂度是 $O(\log N)$的。在跳表中插入一个节点将会引起所有的节点层次的变化。为了避免大量修改,插入时,按概率随机生成插入节点的层次,更新各条链。删除一个第 k 层的节点,需要修改 k 条链,但不影响其他节点的层次。

栈(stack)　亦称"后进先出线性表"。一种操作受限制的线性表。规定插入、删除和访问操作只能在线性表的某一端进行。允许执行插入和删除的一端称"栈顶",另一端称"栈底"。处于栈顶位置中的数据元素称"栈顶元素"。若栈中没有元素,则称"空栈"。在栈中插入一个元素的操作称"进栈"或"入栈"。在栈中删除一个元素的操作称"出栈"。基本操作有:读栈顶元素、进栈、出栈和判栈空。可用顺序或链接存储实现。应用很广泛,编译器中的表达式处理、函数调用等都要用到栈。

顺序栈(sequential allocation stack; array-based stack)　采用顺序存储实现的栈。栈的元素依次存放在一个一维数组中。下标小的一端作为栈底。用一个变量记录栈顶的下标值,称"栈顶指针"。进栈是将栈顶指针值加 1,将进栈的元素存放在栈顶指针指向的下标变量中。出栈是删除栈顶元素,即将栈顶指针值减 1。读栈顶元素是读取栈顶指针指向的下标变量。判栈空是判别栈顶指针值。如果数组下标从 0 开始,则栈顶指针值为-1 时表示栈空。除进栈外,所有操作的时间复杂度的最坏情况都是 $O(1)$。如果数组有足够的空间,进栈操作的时间复杂度最坏情况也是 $O(1)$。如果进栈时需要扩大数组空间,则时间复杂度是 $O(N)$。适合栈中最大元素数量确定的情况。

链接栈(linked allocation stack)　采用链接存储实现的栈。栈中元素按照进栈次序存放在一个单链表中。常采用不带头节点的单链表。单链表的表头是栈顶。进栈是在单链表的表头插入一个元素。出栈是删除单链表的表头元素。读栈顶元素是读取表头元素。判栈空是判别单链表是否是空链表。所有操作最坏情况的时间复杂度都是 $O(1)$。

队列(queue)　亦称"先进先出线性表"。一种操作受限制的线性表。插入限定在表的一端,删除限定在表的另一端。允许执行插入的一端称"队尾",允许执行删除的一端称"队头"。位于队头的元素称"队头元素",位于队尾的元素称"队尾元素"。新插入的元素是队尾元素,即将被删除的是队头元素。队列中元素的个数称"队列长度"。若队列中没有元素,称"空队列"。在队列中插入一个元素的操作称"入队",在队列中删除一个元素的操作称"出队"。基本操作有:入队、出队、判队空、读队头元素和读队尾元素。可以用顺序或链接存储实现。通常用来模拟现实生活中的排队。

循环队列(circular queue)　采用顺序存储实现的队列。把队列元素存放在一个将头尾看成是相连的数组中,用两个变量分别指出队头和队尾位置的下标。入队时,队尾往后移。如果队尾在数组的最后一个单元,则新的队尾是数组的第一个单元。将入队元素存放在队尾指出的下标变量中。出队时队头亦如此。除入队外,所有操作最坏情况的时间复杂度都是 $O(1)$。如果数组有足够的空间,入队的时间复杂度也是 $O(1)$。如果入队时需要扩大数组空间,则时间复杂度是 $O(N)$。适合队列中最大元素数量确定的情况。

链接队列(linked allocation queue)　采用链接存储实现的队列。将队列存储在一个不带头节点的单链表中。单链表的表头是队头,表尾是队尾。分别用两个指针记录队头和队尾的位置。入队是在单链表的表尾添加一个元素。出队是删除单链表的表头元素。入队和出队的时间复杂度的最坏情况都是 $O(1)$。

堆(heap) 父子节点之间的关键字值满足一定次序的树。如果树中每个节点的关键字值都小于其子节点的关键字值,称“最小化堆”,亦称“小根堆”。如果每个节点的关键字值都大于其子节点的关键字值,称“最大化堆”,亦称“大根堆”。根节点称“堆顶”。根据树的不同形状,分二叉堆、二项堆、d 堆、斜堆等。基本操作有:插入一个元素、删除堆顶元素。常用于实现优先队列。

二叉堆(binary heap) 满足堆的有序性的完全二叉树。通常采用顺序存储,即将完全二叉树按层编号时的节点编号作为存储节点的下标。基本操作有:插入一个元素、删除堆顶元素。在二叉堆中插入一个元素或删除堆顶元素的最坏情况是从叶节点按层向上过滤到根节点或从根节点按层向下过滤到叶节点,时间复杂度是 $O(\log N)$。平均时间复杂度分别是 $O(1)$ 和 $O(\log N)$。归并两个二叉堆比较复杂,时间复杂度是 $O(N)$。二叉堆通常用于实现优先队列或排序。

二项树(binomial tree) 一种满足特殊结构的树。一棵度数为 0 的二项树,只包含一个根节点。度数为 K 的二项树是将一棵度数为 $K-1$ 的二项树作为另一棵度数为 $K-1$ 的二项树的根节点的子节点。如下图所示。

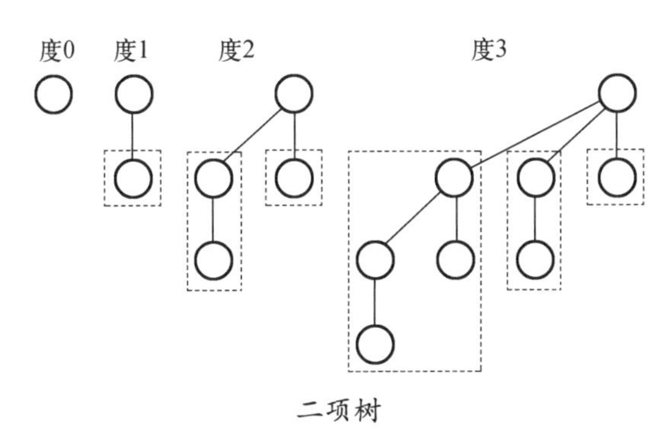

二项树

二项堆(binomial heap) 支持快速归并的一种堆。由一组二项树组成,并且具备下述性质:(1) 每一棵二项树都满足小根堆的性质,即父节点的关键字值小于子节点的关键字值;(2) 不能有两棵或者以上的二项树具有相同的度数。前者保证每棵二项树的根节点都是树上的最小关键字。后者保证节点数为 N 的二项堆最多只有 $\log_2 N+1$ 棵二项树。可用于实现需要归并操作的优先队列。归并两个优先队列是归并两个二项堆中度数相同的二项树,将两棵度数为 k 的二项树归并成一棵度数为 $k+1$ 的二项树。归并后的树要满足小根堆的性质,即将根节点值大的树归并到根节点值小的树。归并两棵二项树的时间复杂度是 $O(1)$,所以归并操作的最坏情况的时间复杂度是 $O(\log N)$。

最小最大堆(min-max heap) 一棵节点之间的值满足一定次序的完全二叉树。树的各层交替为最小层和最大层。根节点在最小层。对任意节点 x,若 x 在最小(最大)层上,则 x 的值在以 x 为根的子树的所有节点中是最小(最大)的。故整个堆的最小值是根节点,最大值是根节点的两个子节点之一。基本操作有:插入一个节点、删除最小节点或最大节点。能保证插入一个节点的平均时间复杂度是 $O(1)$,最坏时间复杂度是 $O(\log N)$。删除最大节点或最小节点的最坏和平均时间复杂度都是 $O(\log N)$。通常用来实现双端优先队列。

优先队列(priority queue) 按优先级而非入队次序决定出队次序的队列。每个元素必须具有一个优先级,优先级高的先出队,优先级低的后出队,优先级相同的按先进先出原则处理。优先级最高的是队头元素,优先级最低的是队尾元素。优先队列通常用二叉堆实现。如果数值越小优先级越高,可采用最小化堆,反之采用最大化堆。入队是在二叉堆中插入一个元素,出队是删除堆顶元素。能保证入队、出队的最坏情况的时间复杂度是 $O(\log N)$,入队的平均时间复杂度是 $O(1)$。操作系统中的作业调度、虚拟内存管理中的页面调度等都需要用优先队列。

双端队列(double-ended queue) 两端都可以执行入队和出队的队列。同时具有队列和栈的性质。可以用顺序或链接存储实现。

双端优先队列(double-ended priority queue) 同时支持出队最大元素和最小元素的优先队列。通常采用最小最大堆实现。入队是在最小最大堆插入一个元素。出队最小元素是删除堆顶元素,出队最大元素是删除根节点的两个子节点中较大的一个。入队的平均时间复杂度是 $O(1)$,最坏情况的时间复杂度是 $O(\log N)$。出队最小元素和最大元素的平均和最坏情况时间复杂度都是 $O(\log N)$。

树(tree) ❶ 图论中指连通无回路的无向图,或是满足以下条件的有向图(亦称“根树”):(1) 忽略边的方向,把它看成无向图时满足树的定义,即连通无回路;(2) 只有一个节点入度为 0,其余节点入度均为 1。❷ 处理层次关系的数据结构。通常采用图论中的根树。每个节点表示一个数据元素,节点之间的边是数据元素之间的关系。入度为0的节点称“根”。除根以外的每个节点c都与一条从某个节点p出发的边相连;p是c的直接前驱,称c的“父节点”;c是p的直接后继,称p的“子节点”。以c为根的树称p的“子树”。同一个父节点的所有节点互称“兄弟节点”。树上节点的个数称树的“规模”。规模为0的树称“空树”。节点的出度称节点的“度”。最大的节点的度称这棵树的“度”。没有子节点的节点称“叶节点”。如果根节点是第一层,则L层节点的子节点是第$L+1$层,树中最大的层次称树的“高度”,节点所在的层次称节点的“深度”。有时节点的层次也从0开始编号。基本操作有:插入某个节点的子节点、删除某棵子树、计算树的高度、计算树的规模,以及遍历所有节点等。

有序树(ordered tree) 每个节点的子节点之间有顺序关系的树。反之则为“无序树”。

森林(forest) 互不相交的树的集合。

二叉树(binary tree) 每个节点最多只能有两个子节点的有序树。必须严格区分左右子树。可以是空树,也可由一个根和左右子树组成,左右子树也是二叉树。基本操作有:插入某个节点的左(右)子节点、删除某个节点的左(右)子树、计算树的高度、计算树的规模,以及遍历所有节点等。

满二叉树(full binary tree) 亦称“丰满树”。任意一层的节点个数都达到最大值的二叉树。高度为k的满二叉树有2^k-1个节点,除第k层的节点外,其他层的节点都有两个子节点,第k层的节点都是叶节点。

完全二叉树(complete binary tree) ❶图论中指每个节点的度只能是0或2的根树。❷数据结构中指在满二叉树的最底层自右至左依次去掉若干个节点得到的二叉树。高度为k的完全二叉树,除第k层和第$k-1$层的节点外,其他节点都有两个子节点。第k层的节点连续集中在最左边。

二叉树遍历(binary tree traversal) 二叉树的基本操作之一。按某种次序访问二叉树上的所有节点且每个节点只访问一次。常用的遍历方法有前序遍历、中序遍历、后序遍历和层次遍历。二叉树的许多操作都基于遍历实现,如求树高、树的规模等。

前序遍历(preorder traversal) 一种二叉树遍历的方法。递归定义为:先访问根节点,再前序遍历左子树,最后前序遍历右子树。

中序遍历(inorder traversal) 一种二叉树遍历的方法。递归定义为:先中序遍历左子树,再访问根节点,最后中序遍历右子树。

后序遍历(postorder traversal) 一种二叉树遍历的方法。递归定义为:先后序遍历左子树,再后序遍历右子树,最后访问根节点。

层次遍历(level order traversal) 一种二叉树遍历的方法。按层访问节点。先访问第一层的节点,即根节点;再按从上层到下层,每一层从左到右的顺序访问二叉树的其他节点。

二叉树顺序存储(sequential allocation of binary tree) 二叉树的一种存储方式。将二叉树存储在一个数组中,用下标表示节点之间的父子关系。对完全二叉树,将其按层编号,根节点编号为1,根节点的左右子节点的编号分别是2和3,以此类推。将编号作为下标,则存储在下标变量k中的节点的两个子节点分别存储在下标变量$2k$和$2k+1$中,它的父节点存储在下标变量$\lfloor k/2 \rfloor$中。对非完全二叉树,可以通过增设“虚节点”使之变成一棵完全二叉树。然后用完全二叉树顺序存储的方法存储,用一个特殊值表示这些虚节点。一般只用于一些特殊的场合,如节点个数已知的完全二叉树或接近完全二叉树的二叉树。

二叉树链接存储(linked allocation of binary tree) 二叉树的一种存储方式。用指针指出节点之间的父子关系。可分为二叉链表和三叉链表。前者亦称“二叉树的标准存储”。每个存储节点包含数据元素值以及指向左、右子节点的指针。是二叉树最常用的存储方式。后者亦称“二叉树的广义标准存储”。每个存储节点包含数据元素值以及指向左、右子节点和父节点的指针。适用于需要找父节点的场合。表示一棵采用链接方式存储的二叉树只需要一个指向根节点的指针。

前缀编码(prefix code) 字符集中任一字符的编码都不是其他字符编码前缀的编码方式。采用前缀编码可得到唯一的解码。

树路径长度(path length of tree) 从根节点到某个节点的边数。若设根节点的层数为1,则第L层节点的路径长度为$L-1$。除叶节点外的所有节点的路径长度之和称“树内部路径长度”。所有叶节点的路径长度之和称“树外部路径长度”。叶节点的路径长度与节点权值的乘积称“加权路径长度”。所有叶节点的加权路径长度之和称“树加权路径长度”。

哈夫曼编码(Huffman code; Huffman coding) 亦称“霍夫曼编码”。数据压缩中常用的一种编码方式。采用非等长编码的思想,使出现频率高的数据有较短的编码,出现频率低的数据有较长的编码。数据的编码是一个二进制位串。获得编码的方法是先构建一棵哈夫曼树。哈夫曼树的叶节点是被编码数据,其权值是数据的出现频率。每个数据的哈夫曼编码是根到对应的叶节点的路径,左枝为0,右枝为1。

哈夫曼树(Huffman tree) 亦称“最优二叉树”。每个节点或为叶节点或为度数为2的节点,且加权路径长度最小的二叉树。参见“哈夫曼编码”、“哈夫曼算法”(169页)。

树遍历(tree traversal) 树的一个重要操作。按某种次序访问树上的所有节点且每个节点只访问一次。有三种方法,即前序遍历、后序遍历和层次遍历。前序遍历和后序遍历都是递归定义的。前序遍历先访问根节点,再前序遍历每一棵子树。后序遍历先后序遍历每一棵子树,再访问根节点。层次遍历按层访问节点,先访问第一层的节点,即根节点,再按从上层到下层,每一层从左到右的顺序访问其他节点。树的很多应用都是基于遍历实现的。

孩子链表示法(children chaining method) 树的一种存储方式。将每个节点的所有子节点组织成一个单链表,称“孩子链”。存储数据元素的节点包含数据元素值和指向孩子链的指针。存储数据元素的所有节点可组织成一个数组,称“静态孩子链表”。也可组织成一个链表,称“动态孩子链表”。

孩子兄弟链表示法(first child/next sibling method) 树最常用的一种存储方式。形似存储二叉树的二叉链表。存储数据元素的节点包含数据元素值和左右指针。左指针指向它的第一个子节点。右指针指向它的兄弟节点。每棵树用一个指向根节点的指针表示。寻找某个节点的所有子节点可以先通过左指针找到第一个子节点,再沿着子节点的右指针找到其他子节点。

双亲表示法(parent representation) 树的一种存储方式。存储数据元素的节点包含数据元素值和指向父节点的指针。存储数据元素的所有节点可组织成一个数组,称“静态双亲表示法”,也可组织成一个链表,称“动态双亲表示法”。十分简洁,但找子节点比较困难。只适合某些特殊的应用场合。

二叉查找树(binary search tree) 亦称“二叉排序树”“二叉搜索树”。支持动态查找表最基础的数据结构。可以是空树,也可以是满足特定条件的二叉树,即树上每个节点的关键字值均大于它的左子树上所有节点的关键字值,并小于它的右子树上所有节点的关键字值。通常采用二叉链表存储。查找从根节点开始。如果被查元素的关键字值等于根节点的关键字值,查找成功。如果小于根节点,则在左子树递归查找,否则在右子树递归查找。插入先判断是否是空树。如是,则插入为根节点,否则在左子树或右子树上递归插入。删除先找到被删节点。如果被删节点是叶节点,直接删除。如果被删节点只有一个子节点,删除被删节点并让子节点替代它的位置。如果被删节点有两个子节点,则找一个替身节点,用替身节点的数据元素值替代被删节点中的数据元素值,删除替身节点。替身节点可以是左子树中最右边的节点或是右子树中最左边的节点。保证插入、删除和查找平均情况下的时间复杂度都是$O(\log N)$,最坏情况下是$O(N)$,即当二叉树退化成一个单链表的情况。

平衡树(balanced search tree) 树的高度是对数级的二叉查找树。在插入和删除时采用旋转的方法,保证二叉树不会退化成单链表,且高度是对数级的。因而插入、删除和查找最坏情况的时间复杂度是$O(\log N)$。常用的平衡树有AVL树、红黑树、AA树等。

AVL树(AVL tree) 最早出现的一种平衡树。用平衡因子来衡量节点的平衡度。节点的平衡因子是左子树的高度减去右子树的高度。每个节点的平衡因子都只能为+1、-1、0。即AVL树中每个节点的左右子树的高度最多差1。保证插入、删除和查找最坏情况的时间复杂度是$O(\log N)$。

红黑树(red-black tree) 一种常用的平衡树。经常用来替代AVL树。通过节点的颜色控制平衡。每个节点都被染成红色或黑色,根节点必须是黑色的,任意路径上不能有连续红节点,从任一棵子树的根节点出发到它的各个叶节点的路径上,必须包含相同数目的黑节点。即忽略红节点,这棵树是完全平衡的。红黑树中每个节点的左右子树的高度最多相差一倍。保证插入、删除和查找最坏情况的时间复杂度是$O(\log N)$。

AA 树(AA-tree) 每个节点的左子节点不能为红色的红黑树。在插入和删除的平衡调整时,比普通红黑树少了一半的情况,因而实现简单。保证插入、删除和查找最坏情况的时间复杂度是 $O(\log N)$。

伸展树(splay tree) 一种平衡性比平衡树稍差的二叉查找树。不需要维护平衡信息,比平衡树的实现简单。最基本的操作是伸展操作。即每次访问某个节点时,都会在保持伸展树有序性的前提下,通过一系列旋转将该节点调整为根节点。使访问频率高的节点靠近根节点,访问频率低的节点远离根节点。伸展操作也能降低树的高度。不保证单个操作在最坏情况下的时间复杂度是 $O(\log N)$,但可保证任何一系列连续操作的平均时间复杂度是 $O(\log N)$。

树堆(treap) 一种满足小根堆有序性的二叉查找树。节点插入时随机指定一个优先级值。值越小,优先级越高。节点之间的优先级满足堆的有序性,即父节点的优先级值小于其子节点的优先级值。树堆的插入、删除的实现比平衡树简单。能保证所有操作期望的时间复杂度是 $O(\log N)$。

线段树(segment tree) 每个节点保存一个区间信息的二叉树。根节点包含整个区间的信息。对每一个包含区间 $[a, b]$ 的非叶节点,其左子节点包含的区间为 $[a, (a+b)/2]$,右子节点包含的区间为 $[(a+b)/2+1, b]$。常用于区间覆盖、区间求和等。保证最坏情况的时间复杂度是 $O(\log N)$。

B 树(B-tree) 外存储器中动态查找表的一种实现方法。一棵 m 阶的 B 树或者为空,或者满足下列条件:(1) 根节点或是叶节点,或有 $2\sim m$ 个子节点。(2) 除根节点和叶节点之外,每个节点的子节点个数 s 满足 $\lceil m/2 \rceil \leq s \leq m$。(3) 有 s 个子节点的非叶节点有 $s-1$ 个有序的关键字项和 s 个指向子树的指针,每个关键字项有一个关键字和一个该关键字对应记录的存储地址;第一棵子树上的所有关键字值小于第一个关键字,第二棵子树上的所有关键字值大于第一个关键字但小于第二个关键字,以此类推,最后一棵子树上的所有的关键字值大于最后一个关键字。(4) 所有叶节点都出现在同一层,不包含任何关键字信息,是空节点。B 树适合于组织大型的索引文件。

B+树(B+ tree) 外存储器中动态查找表的一种实现方法。一棵 m 阶的 B+树或者为空,或者满足下列条件:(1) 根节点或是叶节点,或有 $2\sim m$ 个子节点;(2) 除根节点之外,每个非叶节点的子节点个数 s 满足 $\lceil m/2 \rceil \leq s \leq m$;(3) 有 s 个子节点的非叶节点有 $s-1$ 个有序的关键字和 s 个指向子树的指针,第一棵子树上的所有元素的关键字值小于第一个关键字,第二棵子树上的所有元素的关键字值大于等于第一个关键字但小于第二个关键字,以此类推,最后一棵子树上的所有元素的关键字值大于等于最后一个关键字;(4) 所有叶节点都在同一层次,叶节点是存储一组数据记录的数据块;(5) 每个数据块至少有 $\lceil L/2 \rceil$ 个记录,至多有 L 个记录,块内记录可以是有序的,也可以是无序的;(6) 所有叶节点按从左到右的次序连成一个单链表。既适用于索引文件也适用于顺序文件。是文件系统和数据库系统中最常用的数据结构。

哈希表(hash table) 亦称"散列表"。动态查找表的一种实现方法。既可用于内存,也可用于外存。外存中的哈希表称"哈希文件"。内存中的哈希表被存储在一块连续的空间中,即一个数组中。每个元素的存储地址由其关键字值通过某个函数计算得到,查找速度快。将关键字映射成地址的函数称"哈希函数"。哈希表实现中的关键问题是哈希函数的设计和冲突的解决方法。

哈希函数(hash function) 亦称"散列函数"。将关键字映射到某一存储地址的函数。是哈希表的主要工具。要求计算速度快,而且能使函数值分布尽可能均匀,使冲突尽可能少。常用直接定址法、除留余数法、数字分析法、平方取中法和折叠法等。直接定址法直接取关键字值或关键字的某个线性函数的值作为散列地址。除留余数法中,关键字为 x 的数据元素的散列地址为 $H(x)=x \bmod M$, M 是存储哈希表的数组的规模。数字分析法、平方取中法和折叠法适合于关键字值比较长的情况。数字分析法分析关键字中的每一位数字的分布规律,并从中提取出分布均匀的若干位或它们的组合作为函数值。平方取中法将关键字值平方后,取其结果的中间各位作为函数值。折叠法选取一个长度后,将关键字值按此长度分成若干段,将各段的值相加的结果作为函数值。

哈希表冲突(collision in hash table) 亦称"哈希表碰撞"。哈希函数将不同的关键字映射到相同函数值的现象。即多个不同的数据元素争夺同一个存储单元。常用的处理冲突的方法有闭散列表和开散列表。

哈希表负载因子(load factor of hash table) 亦称“哈希表装填因子”。哈希表装满程度的度量指标。即数组中已存放元素的单元数和数组的规模相除的结果。负载因子越大,产生冲突的可能性越大。

开散列表(open-address hash table; separate chaining hashing) 亦称“拉链法”。哈希表冲突的一种解决方法。每个数据元素插入时必须申请存放该数据元素的空间,即存放哈希表的空间是开放的。将哈希函数值相同的数据元素连成一个单链表。哈希表表示为一个指针数组。下标为 i 的元素中存放的是哈希函数值为 i 的单链表的第一个节点的地址。插入时根据哈希函数值将数据元素插入到对应的单链表。删除时根据哈希函数值在对应的单链表中删除数据元素。查找时根据哈希函数值遍历对应的单链表。

闭散列表(closed hash table) 哈希表冲突的一种解决方法。数据元素存放在数组中下标为哈希函数值的下标变量中。如数据元素插入时发生冲突,则将其存放到哈希表的空闲单元中。按空闲单元的寻找方法,分为线性探测法、二次探测法和再散列法。

线性探测法(linear probing) 闭散列表的一种实现方法。当插入发生冲突时,从哈希函数值 H 的后一个单元开始顺序搜索,即 $H+1$、$H+2$、$H+3$、…,直到发现一个空单元,把冲突的数据元素存放在此单元中。该搜索可从最后一个位置绕到第一个位置。只要数组有一个空闲单元,插入总能成功。查找时,从哈希函数值对应的单元开始顺序查找,直到找到该元素或遇到一个空单元。后者查找失败。删除时采用“迟删除”,即先执行查找,找到被删元素后,对它做一个被删除标记。

二次探测法(quadratic probing) 闭散列表的一种实现方法。当插入发生冲突时,从哈希函数值 H 开始依次检查单元 $H+1^2$、$H+2^2$、$H+3^2$、…,直到发现一个空单元,把冲突的数据元素存放在此单元中。该搜索可从最后一个位置绕到第一个位置。查找时,从哈希函数值对应的单元开始沿插入的顺序查找,直到找到该元素或遇到一个空单元。后者查找失败。删除时采用“迟删除”,即先执行查找,找到被删元素后,对它做一个被删除标记。要保证数据元素能够插入,数组长度必须是素数,负载因子必须小于 0.5。

并查集(disjoint sets) 亦称“不相交集合”。处理等价关系的一种数据结构。等价关系满足自反性、对称性和传递性。它的一种表示方法是采用等价类。同一等价类中的任意两个元素都是有关系的,不同等价类中的元素是没有关系的。并查集主要有两个操作:找出某个元素属于哪个等价类;归并两个等价类。

图(graph) ❶ 图论的研究对象。是一个有序三元组 $\langle V(G), E(G), \phi_G\rangle$。其中,$V(G)$ 是一个非空顶点集,$E(G)$ 是边集,ϕ_G 是关联函数,使 G 的每条边映射到 G 中的一对有序或无序的顶点(不必相异)。如果 e 是一条边,u 和 v 是使得 $\phi_G(e)=uv$ 的顶点,则称 e 连接 u 和 v,u 和 v 是边 e 的端点。关联同一对顶点的边称“平行边”。含有平行边的图称“多重图”。不含平行边和自环的图称“简单图”。❷ 处理图状结构的数据结构。通常采用图论中的简单图表示,可简化为一个二元组 $\langle V, E\rangle$,其中 V 是顶点集,每个顶点代表一个数据元素。E 是边集,表示数据元素之间的关系。一对有关系的数据元素表示成边集中的一条边。每两个顶点之间都有边的图称“完全图”。常用操作有添加一条边、删除一条边、检查两个顶点之间是否有边存在等。常用存储方式有邻接矩阵、邻接表、十字链表等。

有向图(directed graph) 每条边都有方向的图。有向图的边称“弧”,用符号 $\langle\quad\rangle$ 表示。$\langle u, v\rangle$ 表示从顶点 u 出发到 v 的一条边,即 u 是 v 的直接前驱,v 是 u 的直接后继。

无向图(undirected graph) 每条边都无方向的图。无向图的边用符号( )表示。(u, v) 表示顶点 u 和 v 之间有一条边,既可以从 u 出发到 v,也可以从 v 出发到 u。即 u 和 v 之间互为直接前驱和直接后继。

混合图(mixed graph) 既含有有向边又含有无向边的图。

加权图(weighted graph) 每条边都具有一个关联数值的图。该数值称为边的“权值”,用来表示经过这条边所花费的代价。如果是有向图,称“加权有向图”;如果是无向图,称“加权无向图”。每条边由三个分量表示,即两个顶点和权值。在加权有向图中,边表示为 $\langle u, v, w\rangle$,即从顶点 u 出发到达 v,其权值为 w。在加权无向图中,边表示为 (u, v, w),即顶点 u 和 v 之间有一条边,其权值为 w。

可平面图(planar graph) 能画在平面上,使所有边除在顶点之外都不相交的图。可平面图的一个平面嵌入称“平面图”。

偶图(bigraph) 亦称“二分图”“二部图”。一个具有特殊性质的无向简单图。顶点集可分割为两个互不相交的非空集合 A 和 B,且图中的每条边都连接 A 中的一个顶点和 B 中的一个顶点。

度(degree) 图中顶点关联的边数。如果是有向图,又分入度和出度。入度是进入该顶点的边数,出度是从该顶点出发的边数。

入度(in-degree) 见“度”。

出度(out-degree) 见“度”。

子图(sub graph) 图的一部分。即对两个图 $G = \langle V, E\rangle$ 和 $G' = \langle V', E'\rangle$,如果 $V' \subseteq V$, $E' \subseteq E$,则称 G' 是 G 的子图。

补图(complementary graph) 在无向完全图 K_n(n 是图 G 的顶点数)中删除 G 的所有边后形成的图称 G 的补图。

生成子图(spanning subgraph) 亦称“支撑子图”。在图中删除若干条边后形成的图。

路径(path) 图中由边连接而成的顶点序列。如果顶点 u 和 v 之间有一条路径,则称顶点 u 和 v 之间是连通的。起点与终点相重合的路径称“回路”或“环”。边不重复的路径称“迹”。除起点与终点外,其余顶点不重复的回路称“圈”。

加权图路径长度(path length of weighted graph) 路径上所有边的权值之和。

非加权图路径长度(path length of unweighted graph) 组成路径的边数。

连通图(connected graph) 任意两个顶点之间都连通的无向图。即在无向图 G 中,每一对顶点 v_i、v_j, $v_i \neq v_j$,从 v_i 到 v_j 都存在路径。

强连通图(strongly connected graph) 任意两个顶点之间都连通的有向图。即在有向图 G 中,每一对顶点 v_i、v_j, $v_i \neq v_j$,从 v_i 到 v_j 和从 v_j 到 v_i 都存在路径。

弱连通图(weakly connected graph) 所有有向边替换为无向边后是一个连通图的有向图。

连通分量(connected component) 无向图中的极大连通子图。连通图只有一个连通分量,即其本身。非连通图必定能分成若干个连通分量。

强连通分量(strongly connected component) 有向图中的极大强连通子图。强连通图只有一个强连通分量,即其本身。非强连通图必定能分成若干个强连通分量。

割点(cutpoint) 图中具有下列性质的顶点:删去该顶点及所有与该顶点相关联的边后,所产生的子图比原图有更多的连通分量。

割边(cutedge) 图中具有下列性质的边:删去该边后所产生的子图比原图有更多的连通分量。

生成树(spanning tree) 连通图的极小连通子图。包含原图中的所有 n 个顶点和 $n-1$ 条边,使子图连通且没有回路。连通图的生成树是不唯一的。

最小生成树(minimal spanning tree) 加权连通图的众多生成树中权值和为最小的生成树。可用克鲁斯卡尔算法或普里姆算法找出。在诸多领域有重要应用。

最短路径问题 释文见 47 页。

邻接表(adjacency list) 图最常用的一种存储方式。顶点集存储在一个数组中。从某个顶点出发的所有边组织成一个单链表。存储顶点的数组的每个元素由顶点值和指向该顶点对应的单链表的指针组成。对非加权图,单链表的节点包括边的终止顶点编号(存储终止顶点的数组元素的下标)和后继指针。对加权图,单链表的节点中还要包含边的权值。插入一条边、删除一条边、判断两个顶点之间是否有边存在,以及查找从某个顶点出发的所有边的操作都是对边出发点的单链表的操作。如果图中有 N 个顶点 E 条边,最坏情况下的时间复杂度都是 $O(N)$。但查找进入某个顶点的边需要遍历所有的单链表,最坏情况的时间复杂度是 $O(E)$。空间复杂度良好。

逆邻接表(inverse adjacency list) 图的一种存储方式。与邻接表类似,但单链表的节点的组成不同。将进入某个顶点的所有边组成一个单链表。对非加权图,单链表的节点包括边的起始顶点编号(存储起始顶点的数组元素的下标)和后继指针。对加权图,单链表的节点中还要包含边的权值。插入一条边、删除一条边、判断两个顶点之间是否有边存在,以及查找到达某个顶点的所有边的操作都是对边的终点对应的单链表的操作。如果图中有 N 个顶点 E 条边,最坏情况下的时间复杂度是 $O(N)$。但查找从某个顶点出发的边需要遍历所有的单链表,最坏情况的时间复杂度是 $O(E)$。适用于经常需要查找有哪些边进入某个顶点的情况。

十字链表(orthogonal list)　图的一种存储方式。是邻接表和逆邻接表的结合。顶点集存储在一个数组中。每个顶点对应两个单链表。一个是从该顶点出发的边,另一个是进入该顶点的边。单链表的节点包括边的起始顶点编号、终止节点编号和两个后继指针,分别对应于到达链和出发链。对加权图还需包含边的权值。既方便找到从某个顶点出发的所有边,又方便找到进入某个顶点的所有边。空间复杂度良好,但维护较复杂。

邻接矩阵(adjacency matrix)　图的一种存储方法。顶点集存储在一个数组中。边集用一个二维数组 A 存储。对于非加权图,如果顶点 i 到顶点 j 有一条边,则 $A[i, j]$ 的值为 1,否则为 0。对于加权图,$A[i, j]$ 为顶点 i 到顶点 j 的边的权值,否则为无穷大。插入或删除一条边、判断两个顶点之间是否有边只需对相应的数组元素进行操作,都是 $O(1)$ 的时间复杂度。但浪费空间,无论两个顶点之间是否有边存在,邻接矩阵都为它准备存储空间。适用于边数非常多的图,尤其是有向完全图。

邻接多重表(adjacency multi-list)　无向图的一种存储方式。解决邻接表存储无向图时同一条边要存储两次的问题。邻接多重表中每条边只出现一次,但让这条边分属于两个单链表。非加权图的每一个边节点由四个字段构成:边的两个顶点的序号、对应于第一个顶点的单链表的后继指针以及对应于第二个顶点的单链表的后继指针。加权图的边节点还必须保存这条边的权值。空间复杂度良好,但操作实现复杂。

图遍历(traverse of graph)　图的最常用的操作。按照某种次序访问图中的所有顶点,且每个顶点只访问一次。有深度优先搜索和广度优先搜索两种方法。是很多图算法的实现基础。

深度优先搜索(depth-first search; DFS)　亦称"深度优先算法"。图遍历的一种方法。类似于树的前序遍历。通常用递归定义。首先选择一个顶点,访问该顶点,然后依次深度优先搜索该顶点的未被访问的邻接点,直到所有连通的顶点均被访问。若此时还有顶点未被访问,则选择一个未被访问的顶点,重复上述过程。是设计图算法时常用到的一种方法,如找欧拉回路等。

深度优先生成树(depth-first tree)　图的深度优先搜索经过的边构成的树。

深度优先生成森林(depth-first forest)　图的深度优先搜索经过的边构成的若干棵树。

广度优先搜索(breadth-first search; BFS)　亦称"广度优先算法"。图遍历的一种方法。类似于树的层次遍历。首先选择一个顶点,访问该顶点,然后访问该顶点的所有未被访问过的邻接点,接着再依次从这些邻接点出发访问它们尚未被访问的邻接点,直到所有连通的顶点均被访问。若此时还有顶点未被访问,则选择一个未被访问的顶点,重复上述过程。在图的很多算法中都会用到,如找最短路径、拓扑排序等。

广度优先生成树(breadth-first tree)　图的广度优先搜索经过的边构成的树。

广度优先生成森林(breadth-first forest)　图的广度优先搜索经过的边构成的若干棵树。

顶点活动网(activity-node graph; activity-on-vertex network; AOV)　亦称"AOV 网"。一个有向无环图。图中每个顶点表示一个活动。弧表示活动间的优先关系。如果顶点 u 到 v 有一条弧,则意味着活动 v 必须在活动 u 完成后才能开始。通常用于表示一个工程。每个顶点是其中的一个子工程。弧表示子工程之间的先后关系。顶点活动网的一个主要操作是拓扑排序。

拓扑序列(topological order)　顶点活动网中将活动按发生的先后次序进行的一种排列。是对非线性结构的有向图进行线性化。即如果图中有一条从 u 到 v 的路径,则在拓扑序列中顶点 v 必须出现在顶点 u 之后。拓扑序列是不唯一的。找出顶点活动网中的拓扑序列称"拓扑排序",拓扑排序既可用深度优先搜索,也可用广度优先搜索实现。

边活动网(event-node graph; activity-on-edge network; AOE)　亦称"AOE 网"。一个加权有向无环图。图中每个顶点表示一个事件,弧表示一个活动,弧的权值表示活动所需的时间。当进入顶点 u 的所有弧代表的活动均已完成,事件 u 发生。从 u 出发的所有弧代表的活动可以开始。主要操作是找出关键路径及关键路径的长度。通常用于工程管理,描述由许多交叉活动组成的复杂工程,估算工程的最短完成时间,以及找出哪些活动是影响工程进展的关键。

关键路径(critical-path)　边活动网中入度为 0 的

顶点到出度为 0 的顶点之间的最长路径。如果边活动网表示某个工程的过程控制,入度为 0 的顶点称“开工事件”或“源点”,出度为 0 的顶点称“竣工事件”或“汇点”,其他顶点是阶段性的里程碑,则关键路径长度是完成工程所需的最短时间。关键路径上的边称“关键活动”。关键活动的延误将导致整个工期的延误。

欧拉路径(Euler path) 图中经过图的每一条边且仅经过一次的一条路径。如果路径的起点和终点相同,则称“欧拉回路”。具有欧拉回路的图称“欧拉图”。具有欧拉路径但不具有欧拉回路的图称“半欧拉图”。找出欧拉回路或欧拉路径可采用深度优先搜索。

欧拉回路(Euler circuit) 见“欧拉路径”。

哈密顿回路(Hamiltonian circuit) 包含图中所有顶点的圈。具有哈密顿回路的图称“哈密顿图”。

算 法

算法(algorithm) 解决某问题的精确、完整的描述。是一个有限、确定、可行的运算序列。对于该问题的每一组输入信息,都有一组确定的输出结果。可用自然语言、流程图、伪代码或某种程序设计语言描述。

算法分析(algorithm analysis) 对算法运行所需的时间和空间与解决的问题规模之间关系的定量分析。前者称“时间复杂度分析”,后者称“空间复杂度分析”。可帮助程序员在解决某一问题的多个算法中选择合适的算法。

时间复杂度(time complexity) 解决某一问题的算法所需的运算量(时间)与问题规模之间关系的度量。常用大 O 表示法描述。算法的运算量不仅与处理的数据量有关,还与处理数据的分布情况有关,因此通常用三个指标描述,即最好情况的时间复杂度、最坏情况的时间复杂度、平均情况的时间复杂度。是程序员选择算法的重要依据。

大 O 表示法(big-oh notation; O-notation) 时间复杂度和空间复杂度的一种度量指标。如果存在正常数 c 和 N_0,使得当 $N \geqslant N_0$ 时有运行时间和空间函数 $T(N) \leqslant cF(N)$,则 $T(N)$ 是 $O(F(N))$。描述了在问题规模达到一定程度后,算法运行时间和空间函数受限于哪一个数量级的函数,即 $T(N)$ 数量级的上界。常用作数量级的函数有常量 $O(1)$、线性 $O(N)$、对数 $O(\log N)$、平方 $O(N^2)$、指数 $O(2^n)$ 等。是算法分析中常用的指标。

大 Ω 表示法(big-omega notation; Ω-notation) 时间复杂度的一种度量指标。如果存在正常数 c 和 N_0,满足当 $N \geqslant N_0$ 时有运行时间函数 $T(N) \geqslant cF(N)$,则 $T(N)$ 是 $\Omega(F(N))$。描述了问题规模达到一定程度后,运行时间函数数量级的下界。常用作数量级的函数有常量 $\Omega(1)$、线性 $\Omega(N)$、对数 $\Omega(\log N)$、平方 $\Omega(N^2)$、指数 $\Omega(2^n)$ 等。

大 Θ 表示法(big-theta notation; Θ-notation) 时间复杂度的一种度量指标。当且仅当运行时间函数 $T(N)$ 是 $O(F(N))$,并且 $T(N)$ 又是 $\Omega(F(N))$,则 $T(N)$ 是 $\Theta(F(N))$。描述了问题规模达到一定程度后,$T(N)$ 的数量级等于 $F(N)$ 的数量级。常用作数量级的函数有常量 $\Theta(1)$、线性 $\Theta(N)$、对数 $\Theta(\log N)$、平方 $\Theta(N^2)$、指数 $\Theta(2^n)$ 等。

小 o 表示法(little-oh notation; o-notation) 时间复杂度的一种度量指标。当且仅当运行时间函数 $T(N)$ 是 $O(F(N))$,并且 $T(N)$ 不是 $\Theta(F(N))$,则 $T(N)$ 是 $o(F(N))$。描述了问题规模达到一定程度后,$T(N)$ 的数量级严格小于 $F(N)$ 的数量级。常用作数量级的函数有常量 $o(1)$、线性 $o(N)$、对数 $o(\log N)$、平方 $o(N^2)$、指数 $o(2^n)$ 等。

空间复杂度(space complexity) 解决某一问题的算法在运行过程中临时占用的空间与问题规模之间关系的度量。常用大 O 表示法描述。一般按最坏情况来分析。

排序(sorting) 集合结构的一种主要操作。将集合中的数据元素按照关键字的递减或递增次序排成一个序列。如果集合存储在内存中,称“内排序”。如果存储在外存储器中,称“外排序”。对集合数据进行排序后,可提高查找效率。

稳定排序(stable sorting) 排序算法的一个评价指标。如果两个数据元素的关键字相同,排序后相对位置不变,称“稳定排序”,否则称“非稳定排序”。

内排序(internal sort) 被排序的数据元素存放在计算机内存中并在内存中调整数据元素的相对位置使之有序的排序算法。常用方法有插入排序、选择排序、交换排序和归并排序。如果关键字值为整数,还可使用基数排序。适合于数据元素个数较少、能完全存放在内存中的情况。

外排序(external sort)　被排序的数据元素存放在外存储器中并借助内存储器逐步调整数据元素的相对位置使之有序的排序算法。由预处理阶段和归并阶段组成。前者根据内存的大小将一个有 n 个记录的文件分批读入内存,用各种内排序算法排序,并将排序后的记录写到外存储器上,形成一个个有序的小文件。后者将这些小文件逐步归并成一个完整的有序文件。

置换选择(replacement selection)　外排序预处理阶段中的一种技术。可以在只能排序 N 个记录的内存中生成大于 N 个记录的有序文件。采用选择排序。先从文件中读入 N 个记录,当选择了关键字值最小的记录 x 后,将它直接写到正在生成的有序文件中,它所用的内存空间就可以存放一个新读入的记录 y。如果 y 的关键字值大于 x 的关键字值,能被放入正在生成的有序文件,则让它加入内排序。当参加内排序的记录个数降到 0,一个递增的有序文件生成结束。对内存中的记录开始一轮新的选择排序,产生下一个有序文件。

插入排序(insertion sort)　一类内排序算法。首先将第一个数据元素看成一个有序子序列,然后将剩余的元素依次插入前面已排好序的子序列中,使得每次插入后的子序列也是有序的。最后一个元素插入后,排序完成。按插入方法,分直接插入排序、二分插入排序和希尔排序。

直接插入排序(straight insertion sort)　最简单的插入排序算法。将元素 x 插入有序序列时,从后往前逐个比较,将有序序列中大于 x 的元素向后移一个位置,直到遇到一个小于等于 x 的元素,将 x 插入该元素后面。所有元素插入后,得到一个递增的有序序列。最好情况是数据序列原本就是递增的。每个元素插入时只需和被插入序列的最后一个元素做一次比较即可,插入时不需要移动其他数据,时间复杂度是 $O(N)$。最坏情况是数据序列原本是递减的。每个元素插入时都必须插入在有序序列的最前面,将引起有序序列中所有元素的移动,时间复杂度是 $O(N^2)$。空间复杂度是 $O(1)$。是稳定排序。

二分插入排序(binary insertion sort)　直接插入排序算法的一种改进。在每个元素插入时,利用二分查找法在有序子序列中查找插入位置。减少查找插入位置时的比较次数,但并不减少数据移动次数。最坏情况的时间复杂度是 $O(N^2)$。空间复杂度是 $O(1)$。是稳定排序。

希尔排序(Shell sort)　直接插入排序算法的一种改进。选择一个称为“增量序列”的递增序列: h_1, h_2, …, h_t。h_1必须为 1。排序由 t 个阶段组成。首先对数据进行 h_t排序,然后再进行 h_{t-1}排序,以此类推,最后进行 h_1排序。h_t排序是将数据序列中间隔为 h_t的元素作为一个序列,用直接插入排序使它成为有序序列。希尔排序的时间复杂度与增量序列有关,较难计算。空间复杂度是 $O(1)$。是不稳定排序。

选择排序(selection sort)　一类内排序算法。通过 $N-1$ 次的选择使 N 个元素有序。首先从 N 个元素中选出关键字最小的元素。再从剩下的 $N-1$ 个元素中选出关键字最小的元素,即整个集合中次小的元素。以此类推,每次从剩下的元素中挑出关键字最小的元素,直至剩下最后一个元素为止。把每次选择得到的元素排成一个序列,就得到了递增的序列。不同的选择方法得到不同的选择排序算法。常用的有直接选择排序和堆排序。

直接选择排序(straight selection sort)　一种选择排序算法。首先从头到尾遍历整个集合,从中选出最小元素,把它与第一个元素交换。然后在剩下的元素中用同样的方法选出最小元素,把它与第二个元素交换,以此类推。经过了 $N-1$ 次选择后,得到了一个递增序列。每次选择最小元素都要遍历剩下的所有元素,时间复杂度是 $O(N)$。$N-1$ 次选择的时间复杂度是 $O(N^2)$,与数据的初始状态无关,没有最好最坏情况。空间复杂度是 $O(1)$。是稳定排序。

堆排序(heap sort)　一种选择排序算法。在选择最小元素时采用二叉堆作为工具。首先将待排序的 N 个元素构建一个二叉堆,然后执行 N 次删除堆顶元素的操作。把每次删除的元素排成一个序列,得到了一个有序的序列。构建一个二叉堆的时间复杂度是 $O(N)$,删除堆顶元素的时间复杂度是 $O(\log N)$,N 次删除操作的时间复杂度是 $O(N\log N)$,与原始数据如何分布无关。空间复杂度是$O(1)$。是非稳定排序。

交换排序(exchange sort)　一类内排序算法。检查待排序序列中的某两个元素,如果违反排序后的次序,则交换两个元素的位置,直到任意两个元素都符合排序后的次序。如果最终要得到一个递增序列，则在交换过程中将关键字值较大的数据元素向序列的尾部移动，关键字值较小的数据元素向序列的头部移动。常用的有冒泡排序和快速排序。

冒泡排序(bubble sort)　亦称“气泡排序”。一种交换排序算法。排序 N 个元素最多需要 $N-1$ 次起泡过程。第一次起泡从头到尾比较相邻的两个元素，将小的换到前面，大的换到后面。起泡完成后，最大的元素被交换到了最后一个位置。第二次起泡从头开始到倒数第二个元素。完成后将第二大的元素放到了倒数第二个位置，以此类推。经过第 $N-1$ 次起泡，将倒数第 $N-1$ 个大的元素放入第二个位置。此时，最小的元素就放在了第一个位置，完成排序。如果某次起泡过程中没有发生数据交换，表示数据已经有序，起泡过程可以提前结束。最好情况的时间复杂度是 $O(N)$，即初始数据是有序的，只需要执行一次起泡过程。最坏情况时间复杂度是 $O(N^2)$，即初始数据是逆序的，每次起泡都要执行所有的交换。空间复杂度是 $O(1)$。是稳定排序。

快速排序(quick sort)　一种交换排序算法。用分治法实现。首先在待排序的序列中选择一个数据元素作为标准元素，将所有数据元素分为两组。第一组的元素均小于或等于标准元素，第二组的数据元素均大于标准元素。将第一组的元素放在数组的前半部分，第二组的数据元素放在数组的后半部分，标准元素放在中间。然后对分成的两组数据重复上述过程，直到只有 1 个或 0 个待排序元素为止。最好情况和平均情况的时间复杂度都是 $O(N\log N)$，最坏情况是 $O(N^2)$。空间复杂度是 $O(1)$。是非稳定排序。

归并排序(merge sort)　一种内排序算法。用分治法实现。将待排序数据分成两个等长的子序列，分别排序，然后归并这两个有序序列，完成整个序列的排序。子序列的排序方法与整个序列相同。不管原始数据如何分布，时间复杂度都为 $O(N\log N)$。归并时，需要一个同等规模的数组，用于存放归并后的数据，所以空间复杂度是 $O(N)$。是非稳定排序。

基数排序(radix sorting)　亦称“口袋排序”。一种内排序算法。不是通过比较大小而是通过分配的方法对整数进行排序。以排序十进制非负整数为例，可设置 10 个口袋。首先将元素按个位数分别放入口袋。个位数为 0 的放入 0 号口袋，个位数为 1 的放入 1 号口袋，以此类推。然后依次将每个口袋中的元素按放入的次序倒出来。如果所有的元素都是个位数，那么这些元素已经是排好序的。如果元素还有十位数，则进行第二轮分配。按元素的十位数分别放入口袋。然后把它们倒出来，再按百位数分配。到最后一次倒出来时，元素就已经排好序了。是稳定排序。

查找(search)　确定某个元素在集合中是否存在的操作。实现查找的数据结构称“查找表”。集合元素个数和元素值不变的查找表称“静态查找表”。需要同时支持插入、删除集合元素的查找表称“动态查找表”。前者通常用顺序表存储，或直接存储在一个数组中。后者有两种实现方法：树和哈希表。

顺序查找(sequential search; linear search)　最简单的静态查找表的查找方法。数据存放在一个顺序表中。按从头到尾(或从尾到头)的次序检查存储在顺序表中的集合元素，直到找到或检查至表尾(或表头)，后者表示没有找到。无论表中的元素是有序或无序，都可采用。最坏情况和平均情况的时间复杂度都是 $O(N)$，适合于规模较小的查找表。

二分查找(binary search)　亦称“折半查找”。适用于有序表的查找方法。数据按关键字的递增或递减次序存储在一个顺序表中。首先检查待查数据中最中间的那个元素，如中间元素等于被查找的元素，则查找完成。否则，确定被查找的数据是在前一半还是在后一半，在前一半或后一半中用同样的方法继续查找。是常用的静态有序表的查找方法。最坏情况的时间复杂度是 $O(\log N)$。

分块查找(block search)　亦称“索引查找”。有序表查找的一种实现方式。把整个有序表分成若干块，块内的数据元素可以是有序存储，也可以是无序存储，但块之间必须是有序的。第 i 块中的元素都必须大于第 $i-1$ 块中的元素。另有一个索引区，存放每一块的最大值。查找分为两个阶段：先查找索引区，确定数据在哪个数据块中；然后在该数据块中查找数据元素是否存在。如果表长为 N，被分成 m 块，平均每块有 N/m 个元素，当 $m=\sqrt{N}$ 时，时间复杂度是最好的。如果索引区和数据区都采用顺序查找，则平均时间复杂度是 $O(\sqrt{N})$。适合规模较大的查找表。

插值查找(interpolation search)　有序表的一种查找方式。适合于关键字值分布均匀的集合。根据关键字的分布估算被查元素的位置。如果该位置的元素正好是被查找的元素,查找结束。否则,确定被查找的数据是在前一半还是在后一半,在前一半或后一半内用同样的方法继续查找。能更精确定位到被查找元素的位置,但估算位置的计算量较大。

拓扑排序算法(topological sort algorithm)　在顶点活动网中找出一个拓扑序列的算法。反复执行以下两步,直到不存在入度为0的顶点为止:(1) 选择一个入度为0的顶点并输出;(2) 从网中删除此顶点及所有出边。循环结束后,输出的顶点序列是一个拓扑序列。

关键路径查找算法(critical path algorithm)　在边活动网中找出关键路径及关键路径长度的算法。由三个阶段组成:(1) 找出每个顶点的最早发生时间;源点的最早发生时间是0;其他顶点的最早发生时间是该顶点的每个直接前驱的最早发生时间加上从该前驱到该顶点的活动时间中的最大者。(2) 找出每个顶点的最迟发生时间;汇点的最迟发生时间等于它的最早发生时间;其他顶点的最迟发生时间是每个直接后继的最迟发生时间减去顶点到该直接后继的活动时间中的最小者。(3) 最早和最迟发生时间相等的顶点组成的路径是关键路径,其长度是关键路径长度。

克鲁斯卡尔算法(Kruskal's algorithm)　构造加权无向图的最小生成树的一种算法。由美国计算机科学家克鲁斯卡尔(Joseph Kruskal, 1928—2010)提出。初始时,生成树只包含 n 个顶点,边集为空。然后按边的权值从小到大依次考虑一条条边。如果加入这条边不会导致生成树中出现回路,则加入,否则考虑下一条边,直到所有的顶点之间都能连通。若 E 为图中边的数目,则最坏情况的时间复杂度为 $O(E\log E)$。较适合于求稀疏图的最小生成树。

普里姆算法(Prim's algorithm)　构造加权无向图的最小生成树的一种算法。由美国计算机科学家普里姆(Robert Clay Prim, 1921—　)提出。初始时,任选一个顶点 u_0加入生成树的顶点集合 U 中。然后重复下列步骤,直到图中的所有顶点都加入 U 中为止:从一个顶点在 U 中,而另一个顶点不在 U 中的各条边中选择权值最小的边(u, v),将顶点 v 加入 U 中,将边(u, v)加入生成树的边集。若 V 为图中顶点的数目,则最坏情况的时间复杂度为 $O(V^2)$。较适合于求稠密图的最小生成树。

迪杰斯特拉算法(Dijkstra's algorithm)　寻找单源最短路径的主要算法。适用于非负权值的加权图。由荷兰计算机科学家迪杰斯特拉(Edsger Wybe Dijkstra, 1930—2002)于1959年提出。该算法保存已经找到了最短路径的顶点集 S、源点到每个顶点的距离集 D 和源点到各顶点的最短路径集 P。开始时,所有顶点都没有找到最短路径,所以 S 是空集。源点到源点的距离为0,源点到其他顶点距离的初值是源点到该顶点的边的权值,无边则为无穷大。然后反复执行以下步骤,直至 S 包含了所有的顶点为止:(1) 在所有不在 S 的顶点中选择距离最短的顶点 u,将 u 加入 S;(2) 对不在 S 中的每个顶点 v,检查 u 到 v 是否有边存在;如果存在,则检查经过 u 到 v 的路径是否比原来已知的路径要短;如果是,则更新源点到 v 的距离和路径。若 V 为图中顶点的数目,则时间复杂度为 $O(V^2)$。

弗洛伊德算法(Floyd's algorithm)　寻找图中所有顶点对的最短路径的主要算法。由美国计算机科学家弗洛伊德(Robert Floyd, 1936—2001)于20世纪60年代提出。基本思想是依次将每个顶点作为每条路径上的一个中间顶点,检查从起始顶点到中间顶点,再从中间顶点到终止顶点的距离是否比已知的距离短。如是,则替代原有路径。如果图中有 V 个顶点,则时间复杂度是 $O(V^3)$。

哈夫曼算法(Huffman algorithm)　构造一棵哈夫曼树的算法。由德国数学家哈夫曼(David Albert Huffman, 1925—1999)提出。将 n 个被编码的数据看成 n 棵只有根节点的二叉树。每棵树的权值是数据的出现频率。对这片森林进行 $n-1$ 次归并。每次归并时从森林中选取两棵权值最小和次小的树作为左右子树构造一棵二叉树,新树的权值是左右子树权值之和。归并结束后,n 棵二叉树归并成了一棵哈夫曼树。时间复杂度是 $O(n^2)$。

枚举法(enumerative algorithm)　一种算法设计方法。适合于问题的候选解是有限、可枚举的场合。对众多候选解按某种顺序进行逐一枚举和检验,从中找出符合要求的作为问题的解。比较直观,容易理解。但要检查所有的候选解,因此时间复杂度较差。

贪心算法(greedy algorithm)　一种找出问题最优解的算法设计方法。解决问题的过程可以分成若干个阶段，每个阶段都选择该阶段的最优解，组合起来形成整个问题的解。不是对所有问题都能得到整体最优解，仅当选择具备无后效性时才能得到最优解。即某个状态以前的过程不会影响以后的状态，只与当前状态有关。应用很广，如迪杰斯特拉算法、哈夫曼算法以及找最小生成树的算法等都采用贪心算法。

分治法（divide and conquer strategy）　一种基于递归的算法设计方法。将一个大问题分成若干个较小规模的同类小问题，通过递归调用得到小问题的解。然后由小问题的解构造出大问题的解。把大问题分成小问题称“分”，从小问题的解构造大问题的解称“治”。快速排序、二叉树遍历的递归算法等都是用分治法实现的。

动态规划　释文见45页。

回溯法（backtracking algorithm）　亦称“试探法”。找问题可行解的一种算法设计方法。在包含问题的所有解的解空间树中，按照深度优先搜索的策略，从根节点出发探索解空间树。当探索到某一节点时，判断该节点是否可以继续向前探索。如果可以，则从该节点出发继续探索，直到达到目标，否则逐层向其祖先节点回溯，寻求其他途径。八皇后问题是典型的用回溯法解决的问题。

随机算法　释文见46页。

软 件 工 程

软件需求与软件设计

软件工程(software engineering) 应用系统的、规范的、定量的方法,开发、运行和维护软件的工程。将工程的原则、技术与方法应用于软件领域,以提高质量、降低成本、加快进度。基本技术活动包括:需求分析、设计、实现、测试、维护。基本管理活动包括:软件过程管理、软件配置管理、软件质量管理、软件工程管理。

软件生态系统(software ecosystem) 参与者共同生产和消费某类软件产品和服务,并实现利益共享所形成的系统。是自我调节与互相适应的,由共同的技术平台或市场支撑,各参与者相互交换信息、资源和成果。是一种跨组织边界的开放协同的软件开发与服务模式。如 Linux 开源生态系统、SalesForce 生态系统和微信小程序生态系统等。

开源软件(open source software) 开放源代码的软件。开发者在遵循相关开源协议的基础上,将源代码全部或部分向世界公开,允许用户进行自主学习、报错、修改,共同提高软件的质量。在开发模式上的特征是无偿贡献、用户创新、充分共享、自由协同、持续演化,通过激发开发者个体的创造性,对开发者个体智能进行有效的汇聚和融合,通过对软件制品的增量迭代和不断演化,提高软件的质量和开发效率。

软件制品(software artifact) 亦称"软件工作产品"。软件开发和维护过程中产生的各种中间或最终的软件产品。包括软件文档、模型、代码等,分为技术类制品和管理类制品两类。前者有助于描述软件的功能、设计和测试,例如用例模型、类图、协作图、设计文档、测试用例;后者涉及开发和维护过程本身,例如项目计划、业务案例和风险评估文档。

软件工具(software tool) 辅助软件的开发、管理、运行、维护和支持,提高工作效率和质量的软件。典型的有需求工具、软件建模工具、编码工具、测试工具、代码分析工具、维护工具、项目管理工具、配置管理工具、集成开发环境等。

计算机辅助软件工程(computer-aided software engineering; CASE) 使用软件工具辅助软件开发、运维与管理的方法。通过(半)自动技术来节省时间,提高工作效率。所使用的工具称 CASE 工具,通常是覆盖软件工程生命周期多个阶段的综合型软件工具环境,如集成了软件建模工具、编码工具、测试工具、文档生成工具的协同开发环境。

系统需求(system requirement) 系统必须符合的条件或能力。表达目标系统的要求和约束,是系统开发与测试的依据。系统不仅指软件,还集成硬件、人员、信息、技术、设施、服务等。将系统需求分配至软件和硬件,则可导出软件需求和硬件需求。

软件需求(software requirement) 软件必须符合的条件或能力。表达软件产品的功能需求和非功能需求,是软件开发、确认和验证的依据。主要面向用户,采用基于现实世界的描述模型,以便于用户理解。

功能需求(functional requirement) 亦称"能力""特性"。从用户的角度明确软件必须具有的功能行为。如将某些文本格式化,或预测销售量。

非功能需求(non-functional requirement) 亦称"质量属性"。从用户的角度明确软件在性能、可靠性、易用性、安全保密性、兼容性、可维护性和可移植性等方面的质量要求。不同类型的软件所关注的质量要求往往不同。例如,移动 App 关注易用性,金融软件关注安全保密性。

需求工程(requirement engineering) 发现、获取、组织、分析、编写和管理需求的系统方法。目的是让客户和开发人员之间达成需求共识。满足所有干系人的需求通常是不可能的,因此需要协调、权衡,使之能被主要的干系人接受,并能满足预算、技术、管制规则和其他约束。由需求获取、需求分析、需求规约编写、需求确认和需求管理五个活动组成。

需求获取(requirement elicitation)　亦称“需求捕获”“需求发现”。识别出所有潜在的需求来源,并从这些来源发现与收集需求的活动。各类项目干系人之间应进行高效沟通,需求专家必须为这个沟通建立渠道,并协调软件用户(及其他干系人)的业务领域和软件工程师的技术领域。常用方法包括面谈、场景、原型、恳谈会、观察、用户故事等。

需求分析(requirement analysis)　分析所获取的需求,进行概念建模的活动。目的是:(1)检测和解决需求之间的冲突;(2)发现软件的边界,明确软件与其环境如何交互;(3)详细描述系统需求,以导出软件需求。常用方法包括结构化分析、面向对象分析、面向服务分析、形式化分析等。分析时产生的模型称“分析模型”,是一种平台无关模型。分析模型常用的图包括用例图、数据流图、活动图等。

需求规约(requirement specification)　亦称“需求规格说明”。记录软件系统所有需求陈述的正式文档。描述待开发软件系统的各种需求,包括信息和数据需求、功能和行为需求、性能需求、设计约束以及验收标准。是软件系统设计的基础,也为估算、风险评估、进度规划、制定确认和验证计划提供依据。对复杂系统,应编写三类文档:系统定义、系统需求和软件需求。对于简单软件产品,则仅需编写软件需求即可。

需求确认(requirement validation)　需求的质量保证活动。通过需求评审、原型构建、概念模型确认等手段,保证开发者已理解需求,且需求规约文档已遵从有关标准,是可理解的、一致的和完备的。

需求管理(requirement management)　建立与维护需求基线,并进行需求追溯的活动。贯穿软件开发全过程,主要活动包括需求基线定义、需求版本与变更控制以及需求跟踪。

需求优先级排序(requirement prioritization)　给每项需求、特性或用例分配一个实施优先级以指明它在特定产品中所占的重要性的活动。任何一个项目都有资源的限制,包括人力、资金和进度。成功的项目必须将有限的资源用在最具价值的需求上,优先级高的需求将被优先实现,从而给干系人带来最大的利益。需求的优先级通过重要性、难度、风险、稳定性、工作量等需求属性确定。

用户故事(user story)　运用用户语言对功能需求做出简短的、高层的描述。典型的格式为:作为一个〈角色〉,我想要〈目标/期望〉,以实现〈价值〉。常用于敏捷过程中。

用例(use case)　亦称“用况”。一种通过用户的使用场景对系统中某个连贯的功能单元的定义和描述。每个用例提供一个或多个场景,说明系统是如何与最终用户或其他系统互动,从而获得一个明确的业务目标。必须是一个完整的活动流程,为参与者提供价值。可以用自然语言、形式化语言、活动图、时序图、协作图等多种方式描述。编写时要避免使用技术术语,而使用最终用户或者领域专家的语言。

原型(prototype)　模拟产品的原始模型。开发、分析、评估与修改比产品本身要更快捷、成本更低,故亦称“快速原型”。是软件的一个早期可运行的版本,反映最终系统的重要特性。通常分为三类:(1)界面原型,作为软件需求分析机制,用以澄清用户需求,识别用户所期望的特性,探索各种解决方案;(2)技术原型,作为技术风险的分析机制,评估技术方案的有效性和可行性;(3)功能原型,用于及早向用户提交一个原型系统,或包含系统的框架,或包含系统的主要功能。根据反馈,不断改进原型,经过多个迭代,最终形成满意的方案或产品。

软件设计(software design)　定义软件系统或构件的架构、模块、接口和其他特征的软件工程活动。关注问题的解空间,建立软件“蓝图”,作为软件构造的基础。初始时,蓝图描述了软件的整体视图,即高抽象层次上的表述;随着设计的深入,后续的精化导出更低抽象层次的设计表示。可划分为软件架构设计和软件详细设计两个阶段。常用方法包括结构化设计、面向对象设计、面向服务设计、形式化设计等。设计时产生的模型称“设计模型”,是一种平台特定模型。设计模型常用的图包括结构图、状态图、类图、对象图、程序流程图等。

软件架构设计(software architectural design)　亦称“软件概要设计”。软件最高层的抽象和战略性的设计。选择合适的架构风格和设计模式,把软件分解为多个模块,识别并定义软件元素及其关系,确定软件质量属性的设计策略,使得软件在架构层面的设计上满足功能需求和非功能需求。其产出是作为详细设计与实现工作指导的软件架构文档。

软件概要设计（software preliminary design） 即“软件架构设计”（172 页）。

软件详细设计（software detailed design） 依据软件架构对模块内部细节的设计。所做的设计决策包括模块内部的数据结构、算法和控制流等，用以指导模块的编码实现。常常和编码一起交叉并行进行。

模块（modular） 能够独立完成一定功能并单独命名的程序语句的集合。如结构化方法中的子程序和函数，面向对象方法中的类，面向服务方法中的服务，基于构件的方法中的构件等。具有两个基本特征：外部特征和内部特征。前者指模块跟外部环境联系的接口（即其他模块调用该模块的方式）和模块的功能；后者指模块的内部环境具有的特点，即该模块的局部数据和处理逻辑。

构件（component） 亦称“组件”。系统中可替换的软件部件。是一个独立模块，具有良好定义的接口和依赖关系，可以被组合与独立部署。按使用范围，分通用构件、领域构件和应用专用构件。通用构件是多个领域都可以通用的构件，如日志构件等。领域构件是在特定的领域内可以通用的构件，如电子商务领域的购物车构件。应用专用构件是指一个应用系统特定的构件，只能在该应用系统内部被重用，不能供其他应用系统直接重用。应用专用构件可能在经过抽象、提取共性、摒除特性之后，成为可重用度更高的通用构件或领域构件。

服务（service） 可重复的业务活动的逻辑表达。在面向服务的软件架构下，一组面向业务的、粗粒度的、松耦合的服务，通过标准的协议，按需、动态地装配和组合，构成一个复杂的软件系统。每个服务基于业务能力构建，可以使用不同的编程语言编写。

微服务（microservice） 作为单应用可进行独立部署的细粒度服务。与其他服务不同，粒度更小，能够独立部署，运行在自己的进程中，通过轻量的通信机制相互联系。使软件更易部署发布，更易伸缩扩展。

模块化（modularization） 将一个大软件分解化为一组具有良好定义接口的模块的设计技术。模块的独立程度由内聚和耦合两个指标度量，内聚显示单个模块相关功能的强度，耦合显示模块间的相互依赖性。模块独立追求高内聚和弱耦合。

内聚（cohesion） 对模块内各元素间关联强度的度量。按由低到高的顺序，分偶然内聚、逻辑内聚、时间内聚、过程内聚、通信内聚、顺序内聚、功能内聚。内聚越高，则表明模块的独立性越强。在软件设计时应力求做到模块高内聚，通常中等程度的内聚也是可以采用的，但低内聚要尽可能避免。

耦合（coupling） 对模块之间相互依赖的度量。耦合强弱取决于模块间接口的复杂程度，进入或访问一个模块的点，以及通过接口的数据。按由弱到强的顺序，分非直接耦合、数据耦合、特征耦合、控制耦合、外部耦合、公共耦合、内容耦合。耦合越弱，表明模块的独立性越强。模块间的耦合程度强烈影响着系统的可理解性、可测试性、可靠性和可维护性。在软件设计时应力求做到模块间松散耦合。

信息隐藏（information hiding） 将一个模块的内部实现细节（包括处理和数据）进行封装，使外部实体不能访问这些细节的设计技术。模块的接口向外公开，其他模块只能通过接口访问它，并通过接口来交换那些为完成系统功能而必须交换的数据。模块的接口和实现有效地分离，模块的独立性提高，当修改或维护模块时减少了把一个模块的错误扩散到其他模块中去的可能。

关注点分离（separation of concerns） 将软件设计的关注点分离开来以进行独立设计的技术。设计关注点是与一个或多个干系人相关的设计域。通常采用架构视图来进行关注点分离，每个架构视图表达了一个或多个关注点。是一种管理软件复杂性的方法，让干系人每次只聚焦在少量事情上。

设计模式（design pattern） 针对给定上下文中的通用设计问题的通用解决方案。架构风格是描述软件高层组织的设计模式，其他设计模式则描述较低层次的细节，例如创建型模式（如构造者、工厂、原型、单件）、结构型模式（如适配器、桥接器、组合、装饰器、剖面、蝇量、代理）、行为型模式（如命令、解释器、迭代器、协调器、备忘录、观察者、状态、策略、模板、访问者）等。

架构风格（architecture style） 亦称“架构模式”。可复用的架构级的设计模式。采用粗粒度的方式描述可复用的系统高层组织结构，如分层、管道与过滤器、模型-视图-控制器、微内核等。

模型-视图-控制器（model-view-controller；MVC） 将软件的数据、界面和控制三部分代码进行分离，分别封装为模型、视图和控制器的架构模式。能有效地提高软件的可维护性。模型管理数据和业务规则,并执行相应的计算功能。视图根据模型生成用户交互界面,不同的视图可以对相同的数据产生不同的界面。控制器接收用户输入,通过调用模型获得响应,并通知视图进行用户界面的更新。控制器本身并不执行任何业务逻辑或者产生任何数据,仅控制业务流程,对用户请求进行转发,确定由哪个模型来进行处理,以及用哪个视图来显示模型所产生的数据。

MVC 即“模型-视图-控制器”。

框架(framework) 可复用的应用软件的骨架。包括该软件骨架的设计以及软件骨架内一组构件的代码实现。规定应用的架构,阐明整个设计、协作构件之间的依赖关系、责任分配和控制流程。预先定义和实现共有的设计因素,应用开发人员只须关注特定的应用系统特有部分。如 Spring、MyBatis 和 Node.js 等框架。

中间件(middleware) 位于操作系统和应用软件之间的共性服务。是一类基础软件。为分布式系统开发时屏蔽不同操作系统、不同数据库、不同网络、不同编程语言的异构性而提出,如 MQSeries、Tuxedo 和 Dubbo。可分为数据访问中间件、消息中间件、远程过程调用中间件、事务中间件、分布对象中间件、服务中间件等。

产品线(product line) 共享一组共同设计及标准的产品族。这些产品属于同一领域,具有公共需求集,可以根据特定的用户需求对产品线架构进行定制,在此基础上通过可复用构件和特定应用构件的组装得到。

软件架构(software architecture) 亦称“软件体系结构”。软件总体结构的抽象表示。是软件系统的总体设计蓝图,包括该系统的各个构件、构件的外部可见属性以及构件之间的相互关系。

架构视图(architecture view) 描述软件概要设计的剖面。不同的人由于其视角不同,所认识的软件架构是不同的,从而形成了多个架构视图。每个视图表示了软件架构的某个特定方面,这些相对独立和正交的视图组成了软件架构完整的模型。例如,逻辑视图满足软件的功能需求;进程视图关注并发问题;物理视图关注分布问题;开发视图设计如何将软件分解为实现单元,并显式地表达实现单元间的依赖关系。

模型驱动架构(model-driven architecture; MDA) 支持以模型为核心的开发方法的软件架构。由一个平台无关模型(PIM)、一个或多个平台特定模型(PSM)及其代码实现组成。首先将业务和应用逻辑与底层平台分离开来,采用统一建模语言(UML)建立 PIM。然后在不同平台上根据 PIM 设计特定的 PSM,并实现其代码。在建模工具的支持下,PIM 可以(半)自动地转换为 PSM, PSM 可以(半)自动地转换为代码。统一建模语言、元对象设施(MOF)、XML 元数据交换(XMI)和通用数据仓库元模型(CWM)等标准为 MDA 提供有力的支持。

面向服务架构(service-oriented architecture; SOA) 将应用系统的不同功能单元(称“服务”)进行拆分,并通过这些服务之间定义良好的接口和契约联系起来的软件架构。其中接口是采用中立的方式进行定义的,独立于实现服务的硬件平台、操作系统和编程语言。这使得构建在各种各样的系统中的服务可以以一种统一和通用的方式进行交互。服务是一种粗粒度、弱耦合的构件,围绕着服务包含三种角色:(1) 服务消费者,是请求该服务的应用系统、软件模块或另一个服务。触发一个对注册库中服务的查询请求,通过传输将服务绑定,并执行服务功能。(2) 服务提供者,是在网络上可寻址的实体,接受并执行来自消费者的请求。将其服务和接口契约发布到服务注册库中,以便服务消费者可以发现和访问其服务。(3) 服务注册中心,是服务发现使能者,包含一个可用服务池,并允许感兴趣的服务消费者查找服务提供者接口。

架构描述语言(architecture description language) 以构件和构件间相互联系的方式描述软件系统架构的计算机语言。例如 ACME、AADL、C2、Darwin、Wright 等。

接口描述语言(interface description language; IDL) 用于描述软件构件接口的计算机语言。通过一种中立的方式来描述接口,使得采用不同语言编写的、在不同平台上运行的构件可相互通信与交互。

形式化规约语言(formal specification language) 使用基本的数学符号(如逻辑、集合、序列等)严格、抽象地定义软件构件的接口与行为的计算机语言。通常采用前置条件和后置条件的形式。

软件构造(software construction) 通过编码、验证、单元测试、集成测试和调试,创建可运行的软件的活动。位于软件设计与软件测试之间,根据软件设计结果构造软件。

编程(coding; programming) 亦称“编码”。根据软件设计的结果用某种程序设计语言编写成计算机能够识别的代码的活动。

编程惯用(code idiom; programming idiom) 可复用的编程设计模式。针对某种特定编程语言的常用编程模式,如C++的资源初始化的习惯用法。

编程规范(code convention; programming convention) 亦称“编程风格”。特定编程语言的编码指导准则。为使用该语言的代码编写推荐编程风格和最佳实践,包括命名风格、常量定义、代码格式、注释、工程结构等的一系列规范,以提高代码的可读性和可维护性。通常通过同行评审或代码检查工具检查程序是否遵循约定的编程规范。

应用编程接口(application programming interface; API) 软件系统不同组成部分衔接的约定。主要目的是提供应用程序访问一组例程的能力,而又无须访问源码或理解内部工作机制的细节。良好的应用编程接口设计能够降低系统各部分的相互依赖,提高模块的内聚性,降低模块间的耦合度。

契约式设计(design by contract) 一种为每个例程编写前置条件和后置条件的软件设计方法。通过前置条件和后置条件,该例程与程序的其余部分形成契约。契约提供了对例程语义的精确规范,从而有助于理解其行为。通过契约式设计,能提高软件构造的质量。

防御式编程(defensive programming) 一种保护例程不被无效输入破坏的编程技术。处理无效输入的常用方法包括检查所有输入参数的值以及决定如何处理错误输入。通常使用断言来检查输入值。

可执行模型(executable model) 在模型解释器或编译器的支持下能运行的软件模型。与传统软件模型不同,以可执行建模语言(如xUML)构建的模型可以在各种软件环境中部署运行而无须更改。

程序切片(program slicing) 一种分解程序的程序分析技术。根据某个感兴趣点,从程序中删去与该点指定变量无关的指令和控制谓词,以减少后续程序分析的语句数量。该点称“切点”,所切剩下的语句集称“程序片”。可按数据流图、控制流图或程序依赖图等进行静态或动态分析和切片。根据切点在程序片中的位置分为后向程序切片与前向程序切片。可应用于错误定位、程序理解和优化分析等场景。

代码克隆(code clone) 一段源代码在同一程序或不同程序中重复出现的现象。根据代码的语法与语义相似度,分为四种:(1)除空格、布局格式或注释不同外,是完全相同的代码片段;(2)除标识符、常量、类型不同外,是语法结构相同的代码片段;(3)拷贝后修改的代码片段,如改变、增加或删除少量语句的代码,是语法结构相似的代码片段;(4)执行相同的功能,但使用不同的语法结构实现的代码片段,是语义相似的代码。大量克隆代码的产生会增加软件维护的成本。

代码推荐(code recommendation) 在编码时,根据代码库、代码上下文或程序员意图,采用程序分析、机器学习和信息检索技术,自动推荐源代码的行为。按用户输入,分代码至代码的推荐、自然语言描述至代码的推荐、输入输出示例至代码的推荐等。按推荐结果,分代码片段推荐、API方法推荐、API参数推荐等。按方法,分生成式推荐(即推荐生成的代码)和搜索式推荐(即推荐搜索到的代码)。能够缩短程序员对于不熟悉的类库或第三方框架的学习时间,避免编程中的一些语法拼写错误,促进软件复用,提高编程效率。

代码补全(code completion) 在编码时,采用程序分析、机器学习和信息检索技术,分析已经编写的部分代码片段,并对剩余的代码片段进行自动补全的行为。补全后的代码在某一个局部的上下文环境中是完整的。能够缩短程序员对于不熟悉的类库或第三方框架的学习时间,提高代码质量和编程效率。

代码搜索(code search) 程序员在代码库中搜索目标代码的行为。搜索范围可以是开源社区提供的开源代码库,或是公司、组织内部的私有代码库。搜索引擎采用程序分析、机器学习和信息检索技术,提供准确的、快捷的代码搜索服务,从而支持代码复用、克隆检测、演化追溯等。按用户输入,主要有代码至代码的搜索和自然语言描述至代码的搜索。

系统集成(system integration) 将多个软硬件构件集成为一个统一协同的系统的活动。集成的关键在于解决构件之间的互连和互操作性问题,以及不同构件之间的接口、协议、平台的兼容问题。按构件类型,分软件与软件的集成、软件与硬件的集成。按集成策略,分一次性集成和增量式集成两种。

增量式集成(incremental integration)　在软件开发过程中,依次对模块进行实现与集成的策略。区别于等待开发完所有模块之后最后一次性进行的系统集成(称"一次性集成"),是一种增量式的渐进集成策略,使集成工作始于开发周期早期,尽早发现接口错误。可细分为自顶向下集成、自底向上集成以及两者混合集成。

一次性集成(one time integration)　见"增量式集成"。

集成开发环境(integrated development environment; IDE)　集成多种开发工具的代码开发环境。所集成的开发工具通常包括代码编辑器、编译器、调试器、用户界面设计工具、单元测试工具、代码静态分析工具、版本管理插件等。如 Microsoft Visual Studio、Eclipse、NetBeans、IntelliJ IDEA 等。

软 件 测 试

软件测试(software testing)　动态验证一个程序在一个有限测试用例集合上是否提供期望的行为的活动。目的是发现软件缺陷,评估软件是否满足需求。测试流程通常包括:(1) 制定测试计划;(2) 设计与开发测试用例;(3) 手工或自动化地执行测试,发现缺陷并提交缺陷报告;(4) 在程序员修复缺陷后,对已修复的缺陷进行回归测试;(5) 在完成测试后确定测试结果,撰写测试报告。按测试层次,分单元测试、集成测试、系统测试;按是否关心软件内部结构和具体实现的角度,分白盒测试和黑盒测试。

错误(error)　亦称"差错"。软件产品中存在的导致期望的运行结果和实际运行结果间出现差异的现象。如计算的、观察的或测量的值或条件与实际的、规定的或理论上的值或条件的差别,不正确的步骤、过程或数据定义等。

缺陷(defect; bug)　对软件产品预期属性的偏离现象。如一个不满足合理消费者需求的输出或性能特征,就是错误的外部显示,或是错误的表现。

故障(fault)　软件运行过程中出现的一种不希望或不可接受的内部状态。由软件的缺陷引发,如计算机程序中不正确的语句、步骤、处理或数据定义引发软件运行的故障。

失效(failure)　软件运行时产生的一种不希望或不可接受的外部行为。当一个故障被执行时,可导致一个或多个失效,如系统或部件不能按规定的性能要求执行它的所要求的功能。当出现失效时,就会引发事故,造成损失或伤害。

测试用例(test case)　为某个特殊的测试目标而编制的用例。主要由测试输入和预期结果组成。测试时运行被测软件,接受输入,观察运行的实际输出结果,如果与预期结果不一致,就表明发现了问题。如果测试用例及其执行是正确的,则该问题就是软件的缺陷。

测试预言(test oracle)　测试的预期结果。针对某个特定输入,预先给出预期输出结果,测试时和软件测试的实际结果进行对比,以确定测试是否通过。

单元测试(unit testing)　验证软件中单个独立模块的测试。在不同的上下文中,测试的模块可以是单个的子程序,或者是由紧密联系的子单元组成的较大的构件,如 C 语言中的一个函数、Java 语言中的一个类等。重点关注基本单元的接口、局部数据结构、边界条件、独立的路径和错误处理路径。

集成测试(integration testing)　验证软件模块之间的交互的测试。测试对象是已经通过单元测试的软件模块。将多个软件模块按设计要求组装成构件、子系统或系统,边集成边进行有序的测试。典型的策略包括:自底向上集成测试、自顶向下集成测试、一次性集成测试、三明治集成测试等。

系统测试(system testing)　验证系统整体行为的测试。将软件作为计算机系统的一部分,与系统中其他部分结合起来,在实际或模拟的运行环境下对软件进行动态验证。测试内容包括功能测试和非功能测试,且后者常是系统测试的重点,如可靠性测试、性能测试、易用性测试、可维护性测试、可移植性测试等。通常还要评估软件与其他应用软件、硬件设备,或运行环境的外部接口。

验收测试(acceptance testing)　亦称"合格测试"。验证软件系统满足规定的验收准则的测试。客户或客户代表对照软件需求和验收准则,检查或委托第三方检查软件系统的行为。

安装测试(installation testing)　在目标环境中验证软件安装的测试。测试对象包括安装手册和安装代码。前者提供如何进行安装的指南,后者提供安装软件能够运行的可执行代码与基础数据。典型的安装类型包括：全新安装、升级版本安装、补丁式安装和自定义安装。

α 测试(alpha testing) 小规模的、有代表性的潜在用户，在开发环境中由开发者“指导”下进行的试用测试。由开发者负责记录试用中出现的问题和软件的缺陷。通常在软件产品发布前执行。

β 测试(beta testing) 较大规模的、有代表性的潜在用户，在实际使用环境中进行的试用测试。由用户记录试用中发现的问题或任何希望改进的建议，报告给开发者。通常在软件产品发布前、α 测试后执行。

回归测试(regression testing) 在修改软件代码之后所进行的选择性重新测试。通过重复执行已使用过的全部或部分的测试用例，来确认修改没有引入新的错误或导致其他代码产生错误。典型的应用场景包括集成测试、缺陷纠正后的重新测试、迭代开发的后续迭代测试。

性能测试(performance testing) 验证软件满足规定的性能需求，并评估性能特性的测试。通常采用自动化的性能测试工具，模拟多种正常、峰值以及异常负载条件，测试系统的各项性能指标，如容量和响应时间等。目的是验证软件系统是否能够达到用户提出的性能指标，同时发现软件系统中存在的性能瓶颈，优化软件。

压力测试(stress testing) 在最大的设计负载以及过载情况下运行软件的极限测试。目的是测试软件系统针对高负载的防御机制。

保密性测试(security testing) 验证软件不受外部攻击的测试。重点测试系统和它的数据的机密性、完整性和可用性。

对比测试(back-to-back testing) 亦称“背对背测试”。在同一个软件产品的两个或更多的实现版本上执行同一个测试集，在输出产生偏差的时候，进行比较和错误分析的测试。

恢复测试(recovery testing) 验证软件在系统崩溃或其他“灾难”发生后重新启动的能力的测试。采取各种人工干预方式强制性地使软件出错，使其不能正常工作，然后检验系统是否能恢复。通常度量恢复所需的时间以及恢复的程度。如当系统出错时能否在指定时间间隔内修正错误并重新启动系统。对于自动恢复，需验证重新初始化、检查点、数据恢复和重新启动等机制的正确性；而对于人工干预的恢复，还需估计平均修复时间，确定其是否在可接受的范围内。

接口测试(interface testing) 验证软件系统中构件间接口正确性的测试。重点是检查构件接口是否正确地提供了数据和控制信息的正确交换。常见的接口包括 API、Web 服务的接口等。

配置测试(configuration testing) 在不同的规定配置下验证软件的测试。使用需求中规定的各种不同软硬件配置，进行软件测试，验证软件对不同配置的适应能力，分析不同配置对软件行为的影响程度从而进行配置优化。

易用性测试(usability testing) 检验用户是否能容易地学习和使用软件的测试。易用性可细分为：易理解性、易学习性、易操作性、吸引性和依从性。是一种人机交互测试，通常测试辅助用户任务的软件功能、辅助用户的文档，以及系统从用户错误中恢复的功能等。

人机交互测试(human computer interaction testing) 检验软件的人机交互的设计与实现是否合理的测试。内容通常包括用户界面的布局是否合理，整体风格是否一致，各个控件的放置位置是否符合用户使用习惯，颜色和用词是否符合当地文化，人机交互流程是否合理，软件是否易用等。

可靠性评估(reliability evaluation) 评估软件产品在规定条件下和规定的时间内不引起系统失效的概率。该概率是系统输入和系统使用的函数，也是软件中存在的缺陷的函数。从观察到的测试结果预测软件在未来实际使用时的可靠性。

可靠性增长模型(reliability growth model) 用于预测软件可靠性的模型。当引起失效的错误被改正时，产品的可靠性将呈增长趋势。典型模型包括失效计数模型和失效间隔时间模型。

冒烟测试(smoke testing) 一种针对软件基本功能的快速测试。目的是确认软件足够成熟，能进行后续的正式测试。源自硬件行业，直接给一个设备加电，如果没有冒烟，则可以提交正式测试。是一种预测试技术，常作为正式测试的准入条件。

白盒测试(white box testing) 按照软件内部逻辑进行的测试。把被测软件看作一个透明的白盒子，测试人员可以完全了解软件的设计或代码，按照软件控制流、基本路径或数据流进行测试。常应用在单元测试中。

黑盒测试(black box testing) 按照软件需求进行的测试。把被测软件看成一个黑盒子,完全不考虑软件内部逻辑,根据软件的输入和输出进行测试。检查软件是否按照需求的规定正常使用,是否能适当地接收输入数据而产生正确的输出信息。常应用在系统测试中。

即兴测试(ad hoc testing) 一种根据测试者的经验、技能和直觉进行的临时测试。主要对被测软件的重要的、新增的、特殊的特性进行测试,也包括测试那些当前的测试用例没有覆盖到的部分,是正式测试的重要补充手段。

探索测试(exploratory testing) 一种通过测试学习、测试设计、测试执行和测试结果评估的快速迭代进行持续优化的测试。在对测试对象进行测试的同时学习测试对象并设计测试,在测试过程中根据测试反馈不断调整测试,设计出新的更好的测试。

随机测试(random testing) 随机产生输入数据的测试。假设被测软件的输入域分为若干类,每次根据某种概率分布,随机地从这些类中选取测试用例,进行测试执行。是一种简单且应用广泛的软件自动化测试技术,其随机性能够避免测试人员的主观偏见。

等价类划分(equivalence partitioning) 将输入数据划分成若干个等价类,然后在每个等价类中选取一组(通常是一个)代表性的数据作为测试用例的方法。等价类可分为有效等价类和无效等价类。前者指符合需求规约的合理的输入数据集合,主要用来检验程序是否实现了需求规约中规定的功能。后者指不符合需求规约的不合理的或非法的输入数据集合,主要用来检验程序是否做了不符合需求规约的事。在确定输入数据等价类时,常还要分析输出数据的等价类,以便根据输出数据等价类导出输入数据等价类。

边界值分析(boundary value analysis) 根据输入或输出的边界值设计测试用例的方法。很多错误发生在输入或输出范围的边界,因此针对各种边界情况(包括边界上和边界附近)设计测试用例,可以查出更多的错误。经常作为等价类划分的补充,其测试用例来自等价类的边界。其扩展是健壮性测试,在输入域外部选择测试用例,以测试程序在处理不期望或错误输入时的健壮性。

错误猜测(error guessing) 根据经验或直觉,猜测程序中可能存在的各种错误,从而有针对性地设计检查这些错误的测试用例的方法。

变异测试(mutation testing) 使用变异算子对被测程序做微小的合乎语法的变动的测试方法。通过变异,产生大量的新程序,每个新程序称为一个变异体;然后根据已有的测试数据,运行变异体,比较变异体和原程序的运行结果:如果两者不同,就称该测试数据将该变异体杀死了。导致变异体不能被杀死的原因有:(1)测试数据集还不够充分,通过扩充测试数据集便能将该变异体杀死;(2)该变异体在功能上等价于原程序,称“等价变异体”。

蜕变测试(metamorphic testing) 采用蜕变关系描述输入/输出关系的测试方法。给出一个或多个测试用例(称“源测试用例”)及其预期输出,一个或多个用来验证系统或待实现函数的必要属性(称“蜕变关系”)的后续测试用例可以被构造出来,从而能解决测试预言缺失问题。例如,一个程序正确实现了 $\sin x$ 的100位有效数字。正弦函数的一个蜕变关系是“$\sin(\pi - x) = \sin x$”,因此即使对于源测试用例 $x = 1.234$ 来说,$\sin x$ 的预期输出并不知道,但依然可以以此构造一个后续测试用例 $y = \pi - 1.234$;然后判断源测试用例和后续测试用例产生的输出是否在蜕变关系下一致。任何不一致的输出表示了程序的实现中存在缺陷。

基于模型测试(model-based testing) 根据模型设计测试用例的测试方法。模型是被测试软件或其软件需求的一种抽象(形式化)表示,如因果图、判定表、有限状态机、形式化规约等。测试的关键是模型的标记法、测试用例的生成算法或策略,以及支持测试执行的设施。由于技术的复杂性,常采用自动化测试。

对抗样本测试(adversarial sample testing) 在测试集中通过故意添加细微的干扰所形成的输入样本的测试方法。通常运用于深度学习系统的测试中,检验训练得到的神经网络模型是否脆弱,即这种细微的干扰是否导致模型以高置信度给出一个错误的输出。

测试驱动开发(test-driven development) 先编写测试用例和测试代码,再进行编码,编码完成后进行测试,不断修改代码直至通过测试的开发实践。通过测试来推动整个开发的进行,有助于编写高质量的代码。因测试被反复执行,故应使用自动化测试技术来提高测试效率。

测试计划(test plan) 对软件的测试任务进行规划的文档。描述要进行的测试活动的范围、目标、方法、技术、资源和进度,以有效预防测试的风险,保障测试的顺利执行。

缺陷报告(bug report) 用来记录所发现的软件缺陷的报告。内容包括缺陷名称、简要的缺陷描述、严重性及优先级、发现缺陷的测试用例、产生缺陷的先决条件及重现的步骤、实际运行结果、预期结果等。

缺陷跟踪(defect tracking) 对所发现的软件缺陷进行跟踪的活动。缺陷报告通常保存在缺陷跟踪系统中,开发人员收到后进行缺陷分析与修复,测试人员再进行回归测试,通过后关闭缺陷。缺陷分析时,应确定它为什么会被引入,什么时候引入的,什么时候第一次观察到的。缺陷跟踪信息能用来确定软件测试过程的哪些方面需要改进,评估测试方法的效果。

测试报告(testing report) 测试满足结束准则后所撰写的测试评估和总结报告。测试小组整理测试记录,分析测试结果和所发现的缺陷,计算缺陷度量值,进行测试评估和总结。内容包括:被测软件的名称和标识、测试环境与工具、测试对象、测试起止日期、测试人员、测试过程、测试结果及其分析、缺陷清单等。

测试模式(test pattern) 可复用的软件测试方案。内容包括某类软件在特定环境和测试动机下的测试方法、技术、数据、环境和工具等,可在以后类似的项目中复用。

测试工具(testing tool) 辅助软件测试的自动化工具。典型的有单元测试工具、回归测试工具、可靠性评估工具、性能测试工具、测试数据生成工具、测试用例生成工具、捕获与回放工具、测试预言工具、测试覆盖分析工具、测试管理工具等。

缺陷密度(defect density) 发现的缺陷数与软件规模之间的比值。是一种用来评估被测软件质量的度量指标。如平均每千行代码所包含的缺陷数。

失效率(failure intensity) 软件使用或测试时单位时间内发生的失效数。是一种用来评估软件质量的度量指标。如测试时平均每小时所发生的失效数。

测试覆盖率(test coverage) 一种度量软件测试充分性的指标。测试覆盖的典型策略包括基于代码的覆盖(如语句覆盖、条件覆盖、路径覆盖)、基于需求的覆盖(如用例场景覆盖)、基于模型的覆盖(如状态机图的状态和状态转移的覆盖)。

测试充分性准则(test adequacy criteria) 一组用来判定软件是否被充分测试的准则。通常采用测试覆盖率、测试集规模等来度量软件测试充分性。用于确定测试何时是充分的,或是否可以结束。

正交缺陷分类(orthogonal defect classification; ODC) 一种将缺陷与潜在原因进行关联的数据分析技术。分析软件过程的量化数据,将检测到的缺陷进行分组,并将每组缺陷关联到对应的软件过程。如发现软件接口缺陷源于软件设计过程不充分,改进软件设计过程将减少软件接口缺陷的数量。

缺陷预测(bug prediction) 对未被发现的缺陷进行的预测。如预测软件中还存在多少未发现的缺陷,有哪些模块还存在未发现的缺陷等。通常采用机器学习技术,以软件的规模、复杂性、开发方法和过程等为特征,根据缺陷历史数据训练出缺陷预测模型。

众包测试(crowdsourced testing) 依赖非定向大众的力量,以在线离岸的形式开展的测试。通过众包平台,来自不同地方的测试人员共同进行在线测试。这不仅使得软件能够在不同的软硬件环境、不同的语言与文化背景下进行测试,而且测试更经济、高效、快速。

软 件 维 护

软件演化(software evolution) 对软件进行维护和更新的行为。是软件生命周期中始终存在的变化活动,按生命周期的不同阶段,分开发演化和运行演化两类。前者是创造一个新软件的过程,强调要在一定的约束条件下从头开始实施;后者亦称“软件维护”,是软件系统交付使用后,为改正错误或满足新需求等而修改软件的过程,强调必须在现有系统的限定和约束条件下实施。

软件维护(software maintenance) 亦称“运行演化”。在软件产品交付使用后对其进行修改的活动。按维护的动机,分纠错性维护、改善性维护、适应性维护和预防性维护四种。

纠错性维护(corrective maintenance) 为纠正软件缺陷而修改软件的维护活动。缺陷可能源于需求错误、设计错误、编码错误、数据错误等。

适应性维护(adaptive maintenance) 为适应环境变化而修改软件的维护活动。这里的环境是指外部施加给系统的所有条件和影响的总和,如业务规则、政府政策、工作模式、软件和硬件操作平台。例如,软件的一部分功能要在智能手机上运行,从PC机的支持到智能手机的支持就是一种适应性维护。

完善性维护(perfective maintenance) 为实现新需求而修改软件的维护活动。以应对软件运行时遇到的可能会超出软件最初的开发范围的情况,或为了增加软件新的价值,以应对竞争。需求的扩展,可以以现有系统功能增强的形式出现,也可以以提高计算效率的形式出现。一般需持续进行。

预防性维护(preventive maintenance) 为改进软件系统的可维护性和可靠性而修改软件的维护活动。如架构重构、代码优化和文档更新等。为以后的维护奠定良好的基础。

开发运营一体化(DevOps) 软件开发与运营高度协同的敏捷过程。打破开发与运营之间的壁垒,高效组织团队通过自动化的工具协作和沟通来完成软件的生命周期管理,更快、更频繁地交付更稳定的软件。在微服务架构和容器技术下,软件的服务可独立部署。自动化的构建、测试、部署、监控和日志分析等工具构成一条工具链,使开发运营更为敏捷与高效。

正向工程(forward engineering) 将高抽象层次的模型转换为低抽象层次的模型或代码的技术。如软件设计(根据需求得到设计模型)、软件编码(根据需求或设计模型得到代码)等,可采用人工或自动化手段。

逆向工程(reverse engineering) 亦称"反向工程"。对目标产品进行分析及研究,演绎并得出该产品的处理流程、内部结构、技术规格等更高抽象层次的需求或设计的技术。如设计恢复和规约恢复等,可以采用人工或自动化手段。

再工程(reengineering) 在逆向工程所获信息的基础上修改或重构已有的软件,产生一个新版本的技术。随着时间推移,不可避免地因文档的逐渐缺失和开发人员的离去而导致信息丢失,在较低层次做出的调整无法满足新技术、新规范以及新需求的引入。需将逆向工程、重构和正向工程组合起来,把现存系统重新构造为新的形式,使其具有更好的模块结构、更丰富的功能、更高效的性能。

重构(refactor) 在同一抽象级别上转换软件描述形式,而不改变原有软件功能的修改技术。包括代码重构、架构重构和设计重构。能改善软件的质量、性能,使其结构更趋合理,提高软件的可扩展性和可维护性。

程序理解(program comprehension) 使用现有知识,提取程序中的各种信息,并映射到人脑中,建立关于程序结构和功能的思维模型的技术。通过提取并分析程序中各种实体之间的关系,形成系统的不同形式和层次的抽象表示,完成程序设计领域到应用领域的映射。是软件维护的关键技术之一。通常采用工具来辅助完成,如基于程序结构的可视化工具和代码浏览工具等。

有限理解(limited understanding) 在对他人开发软件进行维护时,快速理解软件的部分代码并找到需要修改之处的技术。理解别人的代码通常是非常困难的,且难度随着软件文档的缺失而迅速增加;当软件要求维护时,常无法获得原开发人员对软件的解释。维护人员须对软件进行快速有限理解,以提高程序理解的效率。程序切片技术是有限理解的常用手段。

软件配置管理

软件配置项(software configuration item) 软件开发过程中的各类工作产品。包括项目计划、需求、设计、源代码、测试用例、测试报告、可执行代码、数据、用户手册、维护文档、软件工程标准和规程、可复用构件、软件库等,是软件配置管理的基本实体。

软件配置管理(software configuration management; SCM) 通过识别软件配置项,管理和控制变更,验证、记录并报告配置信息,控制产品的演化和产品的完整性的过程。主要活动包括软件配置管理规划、软件配置标识、软件配置控制、软件配置状态簿记、软件配置审计、软件发布管理与交付。

配置控制委员会(configuration control board; CCB) 亦称"变更控制委员会"。负责配置项变更决策的项目干系人代表构成的组织。职责包括根据变更的目的、要求和影响对变更请求做出决策，核准基线，并监督变更过程。针对不同规模的项目、不同的配置项、不同的变更严重性和变更时机，委员会的组成有所不同。例如，小项目中，一名组长就能担任这个角色；而在大项目中，则由多人组成，可包括项目负责人、软件配置管理负责人、软件质量保证负责人、测试负责人、客户代表、高层经理等。

软件配置管理计划(software configuration management plan; SCMP)　对特定项目的软件配置管理任务进行规划的文档。内容包括：软件配置管理的管理（组织、责任、职权、政策、指南和流程），软件配置管理的活动（配置标识、配置控制、配置状态簿记、配置审计、发布管理与交付），软件配置管理的进度安排，软件配置管理的资源（工具、物理资源、人力资源），以及软件配置管理计划的维护。

软件版本(software version)　软件配置项在演化时的一个特定状态。软件配置项随项目的进行而不断演化，从而发生状态的变化，每个状态定义为一个版本。亦即版本是配置项的一个已被标识的实例。

基线(baseline)　经过正式评审和认可的一组软件配置项。基线上的每个配置项处于特定的版本和状态，作为下一步的软件开发工作的基础，只有通过正式的变更控制才能被更改。作用是用于划分软件开发的阶段，将配置项不断演化的状态断开，从而有效检验阶段性成果。

主干(trunk)　软件开发的主线。软件在开发过程中会不断变更，形成多个版本。版本的演化历史构建了一棵版本树，其中树的主干是软件的主要版本线，分支是从主干中的某个点派生的代码的副本。

分支(branch)　从软件开发主干上分离开来的支线。为避免影响开发主线，开发人员可从开发主干中切出一个独立的开发分支，在分支上进行各自的开发工作而互不干扰，做到并行开发。分支的开发完成后通常会合并回主干。

变更请求(change request; CR)　在基线发布后所提出的要求变更软件配置项的请求。可源于任何人在软件生命周期内的任何点。内容主要包括变更的配置项、变更的内容和理由，可能还包括变更的方案和建议的优先级。变更的理由有很多种，如实现一个额外功能、扩展服务、修复缺陷、软硬件升级等。变更控制委员会根据变更目的、要求和影响对变更请求进行核准。

软件配置标识(software configuration identification)　识别和标记要控制的软件配置项的活动。从系统配置上下文中理解软件配置，选择软件配置项，设计软件配置项标注和配置项间关系描述的策略，确定待用的基线以及获取基线的规程，并进行标识。

软件配置控制(software configuration control)　管理软件生命周期中软件配置项的变更的活动。配置项在基线发布后，其变更必须进行管理，包括变更请求的提出、分析与评估、核准、实施和验证。

变更影响分析(change impact analysis)　分析和评估变更预计带来的影响的活动。从质量、成本、交付等角度进行变更请求的影响评估，确定变更影响的范围和需要的投入，为决定是否进行变更提供参考依据。软件的复杂性常使软件变更引发涟漪效应，即变更可能影响到其他实体而引发一系列的修改。在分析时应根据软件实体间的追踪关系，识别出涵盖整个涟漪效应影响范围的实体集合。

软件可追踪性(software traceability)　在软件开发过程中建立和维护软件制品之间的关联关系，并利用这些关系对软件项目进行一系列分析的能力。软件制品之间存在各种关联关系，如需求和设计间的实现关系，需求间的依赖、精化、演化及冲突等关系，设计间的依赖、精化、满足和冲突等关系。这些关系称“追踪关系”，有助于变更影响分析、项目状态审计和软件质量管理。

版本库(repository)　对软件配置项进行存储和管理的仓库。分开发库、受控库、产品库等。开发库用以保存正处于开发的配置项，配置项可能进行频繁的修改；受控库，亦称“基线库”，用以保存配置项的基准版本；产品库，亦称“发布库”，用以保存对内或对外发布的产品，等待外部测试组测试，或等待用户安装和验收。

版本控制(version control)　对软件版本库中配置项的版本的管理。包括版本的访问与同步控制、版本的更新和恢复、版本的分支和合并、基线管理、版本变更的历史信息查询。

软件配置状态簿记(software configuration status accounting)　记录和报告进行有效的软件配置管理所需要的信息的活动。这些信息包括批准的配置标识，变更、偏离和豁免的标识，以及当前实施状态。收集这些配置状态信息，生成报告，提供给相关人员，如开发小组、维护小组、项目管理人员、软件质量保证人员等。所获得的信息还可作为软件度量的数据源,如每个软件配置项的变更请求数目,实现一个变更请求需要的平均时间等。

软件配置审计(software configuration auditing) 确定一个软件配置项是否满足所需的功能特性和物理特性的活动。非正式审计可以在生命周期的任何点上进行;正式审计常常在合同中规定,包括功能配置审计和物理配置审计两类。前者保证被审计的软件项与规约一致,后者保证设计与所开发的软件产品一致。成功通过审计是建立产品基线的前提。

持续集成(continuous integration) 软件频繁进行集成的一种软件开发实践。一天数次进行集成,将代码合并到主干,通过自动化的构建和测试进行验证。目的是更高效率地快速迭代开发软件产品,同时保证高质量。

软件构建(software building) 在工具(如编译器)的支持下,使用适当的配置数据,获取代码的正确版本,进行编译、链接和打包,构造出可执行程序的活动。构建工具和构建指令处于软件配置管理的控制下,可保证开发人员能获得构建工具的正确版本。

软件发布管理(software release management) 标识、包装和交付软件产品的活动。发布的信息通常包括可执行程序、用户文档、发布说明和配置数据等。发布可分为内部发布和向客户发布。

配置管理工具(configuration management tool) 支持软件配置管理的自动化工具。典型的有:(1) 版本控制工具,记录、存储和追踪代码和文档等软件配置项;(2) 构建工具,通过编译和链接从源代码生成可执行程序,更先进的则支持持续集成过程,自动从版本控制工具中获得合适版本的源代码,进行自动代码评审,构建后执行自动测试,最后生成报告;(3) 变更控制工具,通过工作流来管理变更请求的提出、评估、核准、实施、验证和关闭。

软件工程管理与软件过程

软件工程管理(software engineering management) 为保证有效提交软件产品和软件工程服务而应用的规划、协调、测量、监督、控制和报告的管理活动。从软件组织管理、软件项目管理、软件工程度量三个层次实施。软件组织管理是指组织级的软件过程改进、软件复用管理和人员管理;软件项目管理负责软件项目的启动与范围定义、软件项目规划、软件项目执行、评审与评价、收尾;软件工程度量则关注软件工程的量化管理。

项目(project) 为创造独特的产品、服务或成果而进行的临时性工作。通常由一系列独特的并相互关联的活动组成,有一个明确的目标或目的,必须在特定的时间、预算、资源限定内,依据预定的规约与要求完成。如开发一款新产品或新服务。

项目管理(project management) 运用专门的知识、技能和工具,管理项目的启动、规划、实施、监控和收尾,使项目能够在有限资源限定条件下实现或超过设定的需求和期望的过程。

项目干系人(project stakeholder) 能影响项目决策、活动或结果的个人、群体或组织,以及会受(或自认为会受)项目决策、活动或结果影响的个人、群体或组织。

项目管理知识体系(project management body of knowledge; PMBOK) 由美国项目管理协会提出的描述项目管理所需的知识、技能和工具的体系。由范围管理、时间管理、质量管理、费用管理、人力资源管理、采购管理、风险管理、沟通管理、干系人管理和整合管理十大知识域组成。

软件项目启动(software project initiating) 定义和授权开始一个新的软件项目的过程。使用各种需求获取方法来有效地确定软件需求,从不同的视点评估项目的可行性,并为需求评审和修改选择合适的过程。

软件项目规划(software project planning) 为软件项目的执行制定计划的过程。对项目软件过程、交付成果、进度、成本、资源分配、质量、沟通、风险和采购等方面做出安排。因软件项目的复杂性常采用滚动式规划技术。例如:在项目立项时制定项目里程碑计划;在项目启动后制定项目概括性计划,确定项目的阶段和迭代;在项目执行时,每个迭代开始前制定详细的迭代计划。

软件项目执行(software project enactment) 为实现项目目标而实施软件项目计划的过程。核心工作包括监督、控制和报告等。

软件项目评审与评价(software project review and evaluation) 按规定的目标和客户的需求,评价软件项目总体进展的过程。核心工作包括需求满意度的判定、绩效的评审与评价。

软件项目收尾(software project closing) 评价软件项目完成情况,进行归档和回顾总结的过程。当软件项目所有规划的任务都全部实施完成后,即进入收尾过程,正式结束项目。

可行性分析(feasibility analysis) 综合分析技术、资源、财务、社会和政治等多方面的可行性,以保证项目能够按时按质高效完成的活动。分析时应准备项目和产品的范围陈述初稿、项目应交付成果、项目时间约束,以及对所需资源、工作量和成本的估算。其中资源包括足够数量的拥有所需技能的人、设备、基础设施和支持。

软件估算(software estimation) 软件项目的工作量、进度与成本的预测。采用机器学习技术,根据历史项目数据训练出估算模型,以规模、可靠性、复杂度、开发人员的能力等因子作参数,估算项目的工作量、进度与成本,也可用专家判断和类比等其他方法进行估算。

软件风险管理(software risk management) 对影响软件项目、过程或产品的风险进行评估和控制的过程。识别风险因素,分析风险因素的可能性与潜在影响,进行风险因素的优先级排序,制定风险缓解策略,以降低风险因素变成问题的可能性,并将其负面影响最小化。可使用专家判断、历史数据、决策树和过程模拟等风险评估方法。

软件测量(software measurement) 对软件产品或过程进行量化指标的计算与分析的活动。是软件定量管理的基础。有助于理解、预测、评估、控制和改进软件产品或过程。按测量对象,分软件产品测量和软件过程测量。

软件产品测量(software product measurement) 收集、计算、分析和解释关于软件产品的定量信息的活动。用以量化地评估软件产品的质量和复杂度等属性,帮助软件工程师认识所开发软件的设计和构造。通常包括产品规模测量、产品结构测量和产品质量测量。如测量和计算代码的圈复杂度、功能点数、模块内聚度和耦合度等。

软件过程测量(software process measurement) 收集、计算、分析和解释关于软件过程的定量信息的活动。用以量化地评估所采用的软件过程的绩效和优缺点,从而支持过程的改进和预测。通常包括质量测量、生产率测量、进度测量、资源和费用测量。如测量和计算每人月开发的代码行数、千行代码的缺陷数、客户的满意度等。

软件度量(software metric) 软件测量的量化指标。如代码行数、代码复杂度、缺陷密度、开发生产率、变更率等。

圈复杂度(cyclomatic complexity) 亦称"环形复杂度"。一种代码复杂度的度量指标。由托马斯·J. 麦凯布(Thomas J. McCabe)于 1976 年提出,以独立路径条数为计算指标,用以衡量一个模块判定结构的复杂程度。代码越复杂,开发、测试和维护成本就越高。

功能点(functional point) 一种基于逻辑功能需求的软件规模度量指标。通常通过计算软件需求中功能元素(如输入、输出、读写查等处理)的数量和复杂性,再根据经验模型得到。功能点分析的国际标准有 IFPUG、Nesma、Mark II - FPA、COSMIC - FFP、FiSMA 等。

代码行数(lines of code; LOC) 一种基于代码逻辑行数的软件规模度量指标。与物理行数不同,代码逻辑行数是指代码的语句条数。

目标-问题-度量模型(goal-question-measurement model; GQM model) 一种面向目标的软件过程度量模型。关注于某个具体目标的达成与改进,通过"目标-问题-度量"设计出软件过程度量指标。由三个步骤组成:(1)根据业务目标制定软件过程目标;(2)将目标分解成一组问题;(3)根据可收集的数据定义出回答问题的度量指标及计算公式。

软件项目管理工具(software project management tool) 支持软件项目管理活动的自动化工具。辅助估算软件项目工作量和成本,进行项目进度安排和资源分配,跟踪项目的进展和问题的解决。通常支持计划评审技术和甘特图,把网络方法用于工作计划安排的评审和检查。

软件过程(software process) 亦称"软件生命周期过程"。软件开发生命周期中的一系列相关过程。是建造高质量软件需要完成的任务框架。包括:(1)软件开发过程,可细分为软件需求分析过程、软件架构设计过程、软件详细设计过程、软件构造过程、软件集成过程和软件合格测试过程。(2)软件支持过程,可细分为软件文档管理过程、软件配置管理过程、软件质量保证过程、软件验证过程、软件确认过程、软件评审过程、软件审计过程和软件问题解决过程。(3) 软件复用过程,可细分为领域工程过程、复用资产管理过程和复用程序管理过程。

软件开发生命周期(software development life cycle; SDLC) 软件从需求、设计、实现、测试到维护的过程。是软件产品生命周期的一个组成部分。需求阶段明确用户对软件系统的功能需求与非功能需求,设计阶段根据用户需求对系统进行架构设计和详细设计,实现阶段将设计阶段的结果转换成计算机可运行的程序代码,测试阶段对软件系统进行严格的测试并修复存在的问题,维护阶段对投入使用后的软件系统进行部分或全部的修改以达到需求变更、环境变化适应、缺陷修复、软件重构的目的。

软件产品生命周期(software product life cycle; SPLC) 软件产品从开发、投入使用到淘汰的全过程。具体分为产品立项、需求分析、设计、编码、测试、上线与运行、维护与版本升级、废弃等不同阶段。

软件生命周期模型(software life cycle model) 软件过程的结构框架。清晰、直观地表达软件过程,明确规定要完成的主要活动和任务,用作软件项目工作的基础。最早出现的软件生命周期模型是瀑布模型,后续又出现多种其他模型,常见的有:螺旋模型、增量模型、迭代(演化)模型。

瀑布模型(waterfall model) 一种线性顺序执行的软件生命周期模型。将软件过程中的各项活动规定为依固定顺序连接的若干阶段工作,形如瀑布流水,最终得到软件产品。顺序执行的阶段通常为:需求分析、设计、实现、测试、交付、运行和维护。每个阶段的结束处都设有评审,只有通过评审,才能进入到后一阶段。前一阶段的工作产品是后一阶段工作的基础。

V模型(V model) 一种形如字母“V”的软件生命周期模型。是对瀑布模型的拓展。清楚描述各开发阶段和各测试阶段之间的对应关系,即根据用户需求进行验收测试,根据软件需求进行系统测试,根据架构设计进行集成测试,根据详细设计和源代码进行单元测试。

增量模型(incremental model) 一种增量开发的软件生命周期模型。从一组给定的需求开始,通过构造一系列的可执行版本来实施开发活动。第一个版本纳入一部分需求,下一个版本纳入更多的需求,以此类推,直到系统完成。每个版本都要执行必要的过程和活动,需求分析和架构设计仅需要执行一次,而软件详细设计、编码、测试、软件集成和软件验收在每个版本开发过程中都需执行。

快速原型模型(rapid prototype model) 一种通过原型明确软件需求的增量模型。软件开发分为:(1) 在开发真实软件系统前,构建一个快速原型,向用户展示待开发软件的全部或部分功能和性能,用户对该原型进行测试评定,给出具体改进意见与反馈;开发人员据此对原型进行修改完善,直至用户认可。(2) 在明确软件需求的基础上,开发客户满意的软件产品。

螺旋模型(spiral model) 一种演进式的软件生命周期模型。兼顾了原型开发方法的迭代性质和瀑布模型的可控性和系统性特点,将软件开发为一系列演进版本。先开发出产品的需求规格说明,再开发产品的原型系统,并在每次迭代中逐步完善,构造出不同的软件版本。每轮迭代中都可调整项目的计划,并根据产品交付后用户的反馈调整预算和进度。

迭代模型(iterative model) 亦称“演化模型”。一种渐进开发各个可执行版本,逐步完善软件产品的软件生命周期模型。一个版本的开发为一个迭代,每个迭代都需进行需求分析、设计、编码和测试。代码和文档随着迭代不断演化和完善。迭代间可顺序或并行执行。能有效缓解需求风险、技术风险、进度风险和集成风险,是主流的软件开发模型。敏捷过程和统一过程等都采用这种模型。

软件过程裁剪(software process tailoring) 根据软件开发目标对软件过程进行调整的活动。增加、删除、修改一个标准软件过程中的活动,使修改后的软件过程更适应特定的软件开发目标和领域。可在两个级别上实施过程裁剪。在组织级上,裁剪国际标准、国内标准或行业推荐的软件过程,得到适合本组织的软件过程;在项目级上,裁剪组织级软件过程,得到适合本项目的软件过程。

软件过程改进(software process improvement) 对软件过程的步骤、技术、方法、工具、指南、规范、模板等进行不断改进和完善的活动。是一个持续迭代的改进循环:评估过程现状,引入新的最佳实践进行改进,实施改进后的软件过程,然后进入下一个循环。

软件过程管理(software process management) 建立软件过程基础设施,对软件过程进行规划、定义、实施与变更、评估的过程。由四个活动组成：(1) 建立过程基础结构，成立软件工程过程小组，获得相应的资源。(2) 理解项目或组织的业务目标和过程需求，分析评估现有过程存在的不足，制定过程实施和变更的计划，建立新的软件过程标准与规范。(3) 执行计划，实施新的过程，或变更现有过程。(4) 评估软件过程实施的效果，分析期望的收益是否达成。评估结果将作为随后过程改进的输入。

软件过程评估(software process assessment)　根据特定的评估模型和方法，对组织使用的软件过程开展的能力评估。评估的内容主要包括该组织的软件过程的稳定性和绩效、成熟度等级、各项实践实施的优点和不足、是否适合本组织等。常用的评估模型有CMMI、ISO/IEC 15504、ISO/IEC 20000、Bootstrap、Trillium 等。

戴明循环(Deming cycle)　亦称 PDCA。一种用于持续控制和改进产品或过程的方法。由美国统计学家休哈特(Walter A. Shewhart, 1891—1967)提出，美国质量管理专家戴明(W. Edward. Deming, 1900—1993)发表、普及。包括四个持续不断的循环步骤：策划—执行—检查—行动，即制定方案计划，实施已制定方案，检查计划执行结果，对检查结果进行处理。没有解决的问题则进入下一个循环。

PDCA(plan-do-check-action)　即“戴明循环”。

能力成熟度模型(capability maturity model; CMM)　用以评估和提高软件组织的软件开发与服务能力的成熟度模型。由卡内基-梅隆大学软件工程研究中心于 20 世纪 80 年代中期发布，是一种软件组织定义、实施、度量、控制和改善其软件过程的标准。模型分为五个等级，自底向上分别为：一级初始级，二级可重复级，三级已定义级，四级已管理级，五级优化级。

能力成熟度模型集成(capability maturity model integration; CMMI)　软件能力成熟度模型的集成化框架。由卡内基-梅隆大学软件工程研究中心于 2002 年在能力成熟度模型基础上推出，集成了软件开发模型 CMMI - Dev、软件服务模型 CMMI - SVC、采购模型 CMMI - ACQ 和人力模型 P - CMM。目的是帮助组织进行软件工程过程管理和改进，增强系统开发与服务能力，提高人员的胜任力，同时也用于软件供应商的评估和选择。

能力成熟度级别(capability maturity level)　用于衡量组织的软件开发与服务能力的级别。CMM/CMMI 将组织能力成熟度划分为五个级别：(1) 初始级，组织对项目的目标与要做的努力很清晰，项目的目标得以实现，但由于任务的完成带有很大的偶然性，无法保证在实施同类项目的时候仍然能够完成任务。(2) 管理级，组织对项目已进行一系列的管理，能够制定项目计划，权责到人，对相关的项目成员进行相应的培训，对整个过程进行监督与控制，项目的成功是可重复的。(3) 已定义级，组织根据自身的情况和最佳实践制定组织级标准软件过程，每个项目在实施时对标准过程进行裁剪，项目的成功在不同类型的项目上都是可重复的。(4) 定量管理级，项目管理不仅形成了一种制度，且开展数字化的定量管理，通过量化技术来实现过程的稳定性和精细化管理，降低项目实施在质量上的波动。(5) 持续优化级，能够主动地改进过程，运用新技术，实现过程的持续优化。从一级到五级，表明组织软件开发与服务能力得到逐步提升。

敏捷过程(agile process)　亦称“敏捷软件开发”。一种应对需求快速变化的迭代式软件开发过程。强调以人为本，快速响应需求和变化，把注意力集中到项目的主要目标——可用软件上，在保证质量的前提下，适度文档，适度度量。通过快速短迭代式的开发，不断产出和演化可运行软件，根据用户的反馈信息作适应性调整，再进入下一轮快速短迭代式开发。都遵循四条敏捷价值观：(1) 注重个人和交互胜于过程和工具；(2) 注重可用的软件胜于事无巨细的文档；(3) 注重客户协作胜于合同谈判；(4) 注重随机应变胜于恪守计划。主流的敏捷过程有 Scrum 极限编程等。

极限编程(extreme programming; XP)　一种关注快速编程实践的敏捷软件开发过程。将复杂的开发过程分解为相对简单的多个短周期迭代，通过积极的交流、反馈以及一系列实践，高效地开发软件，并能根据实际情况及时地调整开发过程，应对需求的变化。核心内容是 12 个开发实践：计划博弈、小型发布、系统隐喻、简化设计、测试驱动、重构、结对编程、代码全体拥有、持续集成、每周 40 小时工作制、现场客户以及代码规范。

结对编程(pair programming)　极限编程过程中的一种敏捷编程实践。由两名软件开发人员结对完成开发任务，其中一人负责编写代码，另一人负责审查其同伴所编写的每一行代码，并提出改进方向。编写代码的人称“驾驶员”，审查代码的人称“观察员”，两者通常定期互换角色。

Scrum 一种关注敏捷项目管理的软件开发过程。是一种固定周期的短迭代的过程。迭代又称“冲刺”。通过产品待办事项列表、冲刺待办事项列表、发布燃尽图和冲刺燃尽图来管理项目。通过15分钟的每日站立会议保证项目成员了解其他人的工作进度。项目成员分为三个角色：(1) Scrum主管，负责确保成员都能理解并遵循过程，通过指导和引导让Scrum团队更高效工作、生产出高质量的产品；(2) 产品负责人，定义和维护产品需求，负责产品价值最大化；(3) 开发团队，负责具体的开发工作。项目组没有中心控制者，强调发挥个人的创造力和能动性，鼓励团队成员进行自我管理，使用自己认为最好的方法和工具进行开发。通过鼓励同场地办公、口头交流和遵守共同规范来创建自组织团队。

统一过程(unified process; UP) 一种风险驱动的、基于UML和构件式架构的迭代软件过程。由先启、精化、构建和移交四个顺序执行的阶段组成。每个阶段又可分为零至多个迭代。从主要关注点的逻辑视角出发，把软件开发生命周期分成六个核心活动(包括业务建模、需求、分析设计、实现、测试和部署)，三个支持活动(包括配置与变更管理、项目管理和环境)。是一整套成功开发软件的最佳实践，广泛用于各类面向对象开发项目。

个体软件过程(personal software process; PSP) 指导软件工程师个体进行软件开发的过程。由卡内基-梅隆大学软件工程研究中心提出，提供了个体软件开发的步骤、表格和标准，帮助软件工程师控制、管理和改进自己的开发实践和绩效。要求软件工程师收集个人工作数据，建立可度量的绩效基线，估算和计划自己的开发工作，发现和管理缺陷。

团队软件过程(team software process; TSP) 指导项目团队进行软件开发的过程。由卡内基-梅隆大学软件工程研究中心提出。通过团队建设和团队合作两个过程，把项目团队建设成一个共享目标、一致承诺和紧密团结的高效团队，各团队成员高效地协同工作，从而提高团队软件开发的质量和生产力。PSP、TSP和CMM/CMMI推进了个体、团队、组织三个层级的软件过程的改进与成熟。

软件工程模型与方法

模型(model) 事物或系统的一种抽象描述。是对客观世界的简化表示。人们常常在正式建造实物或解决复杂问题之前，首先建立一个简化的模型，剔除那些非本质的东西，以便更透彻地了解它的本质，抓住问题的要害；然后在模型的基础上进行分析、研究、改进和验证，最后具体实施。

软件模型(software model) 软件的抽象表示。按抽象层次高低，分计算无关模型、平台无关模型和平台特定模型；按建模的内容，分信息模型、行为模型和结构模型等。

计算无关模型(computation independent model; CIM) 描述一个系统的需求以及这个系统将要被使用的业务语境的模型。刻画系统的应用，而不是系统该如何被创建，通常用业务语言或领域相关语言来表达。如系统的业务模型。

平台无关模型(platform independent model; PIM) 独立于任何实现技术的软件模型。刻画系统将如何被创建，不涉及具体的实现技术，不描述针对某一具体平台的解决机制。如系统的软件需求分析模型。

平台特定模型(platform specific model; PSM) 关联于某一具体技术平台的软件模型。既包含计算无关模型的软件方案，又包含在一个具体平台上实现这一方案的细节。如系统的软件设计模型。一个平台无关模型可以对应多个平台特定模型。

分析模型(analysis model) 软件需求分析阶段构建的模型。是反映问题空间的软件模型，不考虑与软件实现有关的因素(包括编程语言、图形用户界面、数据库等)，独立于具体的实现，是平台无关模型。

设计模型(design model) 软件设计阶段构建的模型。是针对一个具体的实现平台、面向解空间的软件模型，属平台特定模型。

元模型(metamodel) 定义和扩展建模语言的模型。定义了建模的元素，以及如何用这些元素来构建有效的模型。如统一建模语言元模型。

统一建模语言(unified modeling language; UML) 一种面向对象的可视化建模语言。是软件建模语言的OMG国际标准。规范定义了结构图和行为图两类软件模型。结构图刻画了软件系统及其部件在不同抽象和实现级别上的静态结构以及它们如何相互关联，包括类图、对象图、包图、组合结构图、构件图、部署图和扩展机制图。行为图刻画了软件系统及其对象的动态行为，包括用例图、活动图、状态机图、时序图、通信图、交互概览图和时间图。

可执行统一建模语言(executable UML; xUML) 统一建模语言的可执行版本。一种图形化的描述语言，集成了统一建模语言的部分子集和行为描述形式化语言。为模型动态行为提供精确的语义。建模时，模型就是代码，不仅能进行验证，且能直接被解释执行。

信息模型(information model) 刻画数据和信息的模型。标识和定义数据实体的一组概念、属性、关系和约束。按抽象层次高低，分概念信息模型、逻辑信息模型和物理信息模型。概念信息模型对问题空间的信息进行建模，而不关心该模型如何实际映射到软件的实现。通过细化和优化，概念信息模型转换为解空间的逻辑信息模型；再通过面向特定平台的实例化，转换为在软件中实现的物理信息模型。

行为模型(behavioral model) 刻画软件功能和动态行为的模型。包括状态机图、控制流图和数据流图等。状态机图通过状态、事件和转换对软件行为进行建模，事件触发软件状态的转换。控制流图描述一系列事件如何激活或停用一个流程。数据流图则定义数据接收、处理与存储的一系列步骤。

结构模型(structure model) 刻画软件物理或逻辑组成的模型。包括类图、对象图、包图、结构图、构件图、部署图等。识别软件与其运行环境之间的边界，将软件分解为实体(如包、构件、类、对象等)，确定实体之间的相关关系和基数，定义软件对外的接口和软件内部实体间的接口。

软件工程方法(software engineering method) 一套指导软件工程活动的通用方法体系。为执行软件工程活动和保证产品质量提供过程指南和最佳实践。通常还提供软件分析与设计建模的表示法。方法的覆盖范围从单个生命周期阶段到整个生命周期。常用的方法包括结构化方法、面向对象方法、面向服务方法、面向方面方法、基于构件方法、形式化方法、模型驱动开发等。

结构化方法(structured method) 面向过程的软件开发方法。由结构化分析和结构化设计两个步骤组成。自顶向下、逐步求精，采用模块化技术和功能抽象将系统按功能分解为若干模块，将复杂系统分解成若干易于控制和处理的子系统，子系统又分解为更小的子任务，最终子任务都可被独立地编写成子程序模块。这些模块功能相对独立，接口简单，模块内部由顺序、选择和循环等基本控制结构组成。

结构化分析(structured analysis) 结构化的软件需求分析方法。先把整个系统表示成一张环境总图，标出系统边界及所有的输入和输出；然后由顶向下对系统进行细化，每细化一次，就把一些复杂的功能分解成较简单的功能，并增加细节描述，直至所有功能都足够简单，不需要再继续细化为止。分析的产出成果主要包括分层的数据流图、控制流图、数据字典、加工规约和控制规约。

结构化设计(structured design) 结构化的软件设计方法。先根据变换分析与事务分析，以及启发式方法(如扇入/扇出、影响范围与控制范围)，将数据流图转换为通常由结构图表示的软件架构。然后再对每个模块进行算法、数据和逻辑的详细设计，并采用程序流程图、IPO 图或伪代码等进行刻画。

数据流图(data flow diagram) 刻画软件系统的元素之间数据流的图。主要元素有数据流、数据源与宿、对数据的加工(处理)和数据存储。从数据传递和加工角度，描述软件系统的逻辑功能、数据的逻辑流向和逻辑变换过程。是结构化分析方法的主要表达工具。有两种典型结构：(1) 变换型结构，所描述的工作可表示为输入、主处理和输出，呈线性状态；(2) 事务型结构，图呈束状，即一束数据流平行流入或流出。

控制流图(control flow diagram) 刻画软件系统的控制流及被执行的关联操作的图。系统或软件功能的执行由事件触发，触发系统或软件功能的事件即为控制流。结构化分析建模时对数据流图的补充。

结构图(structure chart) 刻画软件模块的调用结构的图。结构化方法中架构设计的主要表达工具，描述核心模块调用了哪些模块及被哪些模块调用。

面向对象方法(object-oriented method) 面向对象的软件开发方法。由面向对象分析和面向对象设计两个步骤组成。直接以问题空间(现实世界)中的事物为中心来思考问题与认识问题，并根据这些事物的本质特征，把它们抽象表示为系统中的对象，作为系统的基本构成单元。统一建模语言是面向对象建模语言的国际标准。

面向对象分析(object-oriented analysis)　面向对象的软件需求分析方法。分析问题空间,对软件的功能进行用例建模,并定义出非功能需求;然后识别出软件的关键抽象,即概念类,采用类图建立概念模型;最后分析每个用例,识别出分析类,建立类图、时序图和通信图。分析的产出成果主要包括用例图、用例规约、活动图、类图、时序图、通信图等。

面向对象设计(object-oriented design)　面向对象的软件设计方法。从逻辑视图、进程视图、开发视图、物理视图、用例视图、数据视图等多个视图设计软件的架构,并选定设计模式。然后确定子系统之间的接口,并对子系统内部进行设计。最后进行详细的类的设计和优化。设计的产出成果主要包括包图、类图、部署图、构件图、组合结构图、状态机图、时序图、通信图等。

用例图(use case diagram)　描述一组执行者、用例以及相互关系的图。是统一建模语言中的一种行为图。从黑盒的角度,对系统的上下文环境和功能进行概览建模,描述了谁(或什么)与系统交互,外部世界希望系统做些什么。图中有三类关系:(1)执行者和用例间的通信关联关系;(2)用例和用例间的包含、扩展和泛化关系;(3)执行者和执行者间的泛化关系。

活动图(activity diagram)　描述一组活动以及活动之间控制流的图。是统一建模语言中的一种行为图。用于刻画一个系统或子系统的工作流程,或者用例内部的事件流。提供了活动流程的可视化描述,关注被执行的活动以及谁负责执行这些活动。

类图(class diagram)　描述一组类、接口以及相互关系的图。是统一建模语言中的一种结构图。在需求分析时用来定义问题空间的关键抽象,在设计时用来记录解空间中类的结构。类/接口之间的关系主要包括继承、关联、组合、聚合、依赖、实现等。

对象图(object diagram)　描述一组对象及其相互调用关系的图。是统一建模语言中的一种结构图,也是类图的实例。因对象存在生命周期,故对象图只能在系统某一时间段存在。

时序图(sequence diagram)　按时间顺序描述对象之间协作的交互图。是统一建模语言中的一种行为图。用于跟踪在同一个上下文环境中一个用例场景的执行。当执行一个场景时,时序图中的每条消息对应一个类操作或状态机中引起转换的触发事件。通过描述对象之间发送消息的时间顺序显示多个对象之间的动态协作,以两维图的方式来刻画。垂直维是时间,用于表示对象之间传送消息的时间顺序。水平维是角色,代表参与交互的对象。每个角色有一个名称和一条生命线。生命线之间的箭头连线代表消息。

通信图(communication diagram)　按对象组织结构描述对象之间协作的交互图。是统一建模语言中的一种行为图。关注对象、对象间的连接以及在这些连接上交换的消息。当两个对象对应的类之间存在关联关系时,对象之间则存在一条通信路径,称"连接"。一个对象可以通过连接向另一个对象发送消息。一个连接上可以发送多条消息,一个消息必须附在一个连接上。消息的发生顺序用消息编号来说明。时序图和通信图采用不同的语法表达了相同的语义,可相互转换。

交互概览图(interaction overview diagram)　按控制流概览的方式描述对象之间协作的交互图。是统一建模语言中的一种行为图,也是活动图的变体。将活动节点进行细化,用一些小的时序图来表示活动节点内部的对象控制流。

时间图(timing diagram)　沿线性时间轴描述对象的状态或条件变化的交互图。是统一建模语言中的一种行为图。关注导致这些变化的事件的发生时间。

状态机图(state machine diagram)　描述一组状态、状态间的转换及其触发事件的图。是统一建模语言中的一种行为图。通过有限状态机对系统的离散行为和使用的协议进行建模。行为状态机用来定义对象的行为,而协议状态机用来表示类元可以触发的合法状态转移。

构件图(component diagram)　亦称"组件图"。描述一组软件构件及其装配关系的图。是统一建模语言中的一种结构图。不仅用于面向对象设计建模中,且是基于构件的方法的核心模型。构件是定义了良好接口的物理实现单元,通常由多个类和接口构成,这些类通过协作实现相对独立的功能,通过接口提供服务。系统中的一个构件可以被实现接口的其他构件所替代。

部署图(deployment diagram)　描述一组物理节

点及其相互关系的图。是统一建模语言中的一种结构图。定义了系统运行时的物理架构，包括软件和硬件构件之间的物理拓扑、连接关系以及处理节点的分布情况。

包图（package diagram） 描述一组包及其依赖关系的图。是统一建模语言中的一种结构图。用以管理模型中的元素。包是一种分组机制，类似文件系统中的文件夹，能使复杂的模型更为清晰，支持多用户的并行建模以及版本控制，提供封装和包容，支持模块化。

组合结构图（composite structure diagram） 描述一个类元的内部结构以及它与系统其他部分的交互的图。是统一建模语言中的一种结构图。侧重于以复合元素的方式展示系统内部结构，包括与其他系统的交互接口和通信端口、各部分的配置和协作、构件相关的服务，以及各服务之间的通信和调用。

扩展机制图（profile diagram） 针对特定领域进行统一建模语言扩展的图。是统一建模语言中的一种结构图。通过定义构造型、标记值和约束，对统一建模语言进行扩展。是一种轻量级的扩展机制。

面向服务方法（service-oriented method） 以面向服务架构为基础的软件开发方法。在面向服务的软件架构下，一组面向业务的、粗粒度的、松耦合的服务，通过标准的协议，按需、动态地装配和组合，构成一个复杂的软件系统。由面向服务的分析和面向服务的设计两个步骤组成，前者负责服务识别和服务流程编排，后者则负责服务架构设计、服务中间件选择和服务详细设计。

面向方面方法（aspect-oriented method） 基于关注点分离的软件开发方法。识别出软件中的横切关注点（即方面），将其局部化和模块化，在设计和编码后再进行交织，从而实现了模块的高内聚松耦合。

基于构件方法（component-based method） 通过可复用构件的构造和组装来开发软件的方法。在构件模型的支持下，以领域软件架构为蓝图，以可复用的软件构件为组装基本单元，高效率、高质量地构造应用软件系统。由构件开发、构件管理和应用开发（即构件组装）三个步骤组成。

模型驱动开发（model-driven development; MDD） 通过模型构建、转换与精化来产生代码的软件开发方法。模型不再仅仅是描绘系统和辅助沟通的工具，而成为软件开发的核心和主干。软件开发过程就是模型自顶而下、逐步精化的过程。核心技术包括抽象和自动化。模型是代码的抽象，模型的转换与精化需要得到自动化工具的支持。

形式化方法（formal method） 采用形式化手段来描述、开发和验证软件系统的方法。主要内容包括：形式化规约、形式化开发和形式化验证。理论基础为逻辑演算、形式化语言、自动机理论、程序语义、类型系统和代数数据类型等。能保证软件经过了严格的推理或者证明，是“零错误”的，因而适用于高质量、高可靠性、高安全性软件的开发，如航空电子软件的研制。

净室软件工程（cleanroom software engineering） 一种基于函数理论的软件形式化开发方法。采用盒结构来定义软件需求规约，一个盒在某个细节层次上封装系统或系统的某些方面。从一个外部视图（黑盒）开始，转化成一个状态机视图（状态盒），由一个过程（白盒）来实现。每一种盒结构都要经过正确性验证，采用基于函数理论的推理来验证每一细化步骤相对于前一步骤的正确性。采用统计学进行软件测试和认证。建立软件运行时的使用模型，由该使用模型随机产生测试用例；执行这些测试用例，对照软件的规约来验证软件的行为；按照统计学模型对测试结果进行分析，判断测试的充分性，并计算出平均失效时间，进行软件可靠性的认证。

经验软件工程（empirical software engineering） 基于经验研究的软件工程。是软件工程领域的实证研究方法。通过收集、分析与挖掘软件工程数据和经验，帮助描述、理解、评估、预测、控制、管理或者改善软件开发产品、过程、方法和技术。研究方法包括实验、案例分析、实地考察、调查问卷、调研、回溯性研究等。

群体软件工程（crowd software engineering） 基于群体智能的软件工程。是一种互联网环境下开放的、群体化、智慧叠加式的软件生产方式。通过分享、交互和群体智能，进行协同开发、合作创新和用户评价，快速开发出低廉高质的大规模软件。如软件众包、移动应用商店和开源软件等。

软件质量

软件质量（software quality） 软件满足明确或隐

含需求能力的特性总和。包括软件过程质量、软件产品质量、软件使用质量和数据质量，其中过程质量有助于提高产品质量，而产品质量有助于提高使用质量。

产品质量(product quality) 产品满足明确或隐含需求能力的特性总和。包括功能适用性、性能、兼容性、易用性、可靠性、安全性、可维护性、可移植性等特性。按视角，分内部质量和外部质量。

内部质量(internal quality) 基于内部视角的产品质量。是开发人员眼中的软件产品质量。通过测量内部属性进行评估。通常是静态测量需求模型与文档、设计模型与文档、源代码等中间产品的质量。

外部质量(external quality) 基于外部视角的产品质量。是测试人员或用户等眼中的软件产品质量。通过测量外部属性进行评估。通常在模拟环境中用模拟数据测量代码执行时的行为。产品的内部质量影响到外部质量。

使用质量(quality in use) 产品使用时表现的软件质量。是最终用户眼中的软件质量。包括有效性、效率、满意度、低风险、周境覆盖等特性。在指定的环境下，评测产品达到用户目标和要求的程度，而不是测量软件自身的属性。

质量模型(quality model) 用于定义质量需求和评估质量的框架。由一组质量特性(亦称“质量属性”)组成，如性能、兼容性、易用性、可靠性、安全性、可维护性、可移植性等。每个特性又可细分为若干子特性，如性能的子特性包括响应和处理时间、吞吐率、资源利用率和容量。质量特性和子特性构成了质量模型的层次结构。常见的软件质量模型有 McCall 模型、Boehm 模型、FURPS 模型、Dromey 模型、ISO 9126 模型和 ISO 25010 模型等。

性能(performance) 规定的条件和资源下系统或软件的运行效率的程度。是质量属性之一。关注的不是系统或软件是否能够完成特定的功能，而是在完成该功能时展示出来的时间特性和资源特性。包括响应和处理时间、吞吐率、并发用户数、资源利用率和容量。

可靠性(reliability) 在规定的一段时间里、规定的条件下，系统或软件无故障地完成规定的功能的能力或程度。是质量属性之一。关注系统或软件的成熟性、可用性、容错性和易恢复性。

易用性(usability) 在特定使用环境下，特定的用户使用系统或软件达到特定目标的程度。是质量属性之一。关注系统或软件的可辨认性、易学性、易操作性、用户出错保护、用户界面美观和易接近性。

兼容性(compatibility) 同时共享相同的硬件或软件环境时，系统或软件能与其他系统或软件交换信息，或执行其所需的功能的程度。是质量属性之一。关注系统或软件的共存性和互操作性。

安全保密性(security) 系统或软件保护信息和数据的程度。是质量属性之一。根据数据类型和授权级别，用户或其他系统能恰当地访问数据。关注系统或软件的机密性、完整性、不可抵赖性、问责性和真实性。

可维护性(maintainability) 修改系统或软件的有效性和效率的程度。是质量属性之一。关注系统或软件的模块化、可重用性、易分析性、易修改性和易测试性。

可移植性(portability) 系统或软件从一种硬件环境、软件环境或其他操作环境转移到另一种环境的有效性和效率的程度。是质量属性之一。关注系统或软件的适应性、易安装性和易替换性。

安全性(safety) 软件系统防止或最小化对人的生命、财产和物理环境的意外危害的能力或程度。针对航电软件、医疗器械软件等安全攸关的软件系统，应根据其所能引起的危害严重度，赋予相应的安全性级别，如 A 级、B 级、C 级等。

可信性(trustworthy; dependability) 软件或系统在实现给定目标时，其行为与结果总是可预期的能力或程度。是一个综合型质量属性。由保密性、完整性、安全性、可靠性和性能等组合而成。

软件质量管理(software quality management) 为保证软件产品、服务和过程满足组织的软件质量目标而进行的有计划、有组织的活动。核心内容包括软件质量规划、软件质量保证、软件质量控制和软件过程改进。常用技术有软件测试、软件评审、软件审核、程序分析、形式化验证和模拟仿真等。

软件质量规划(software quality planning) 制定项目的软件质量计划的活动。为软件项目确定要使用的质量标准，定义质量目标，设计软件质量过程，估计软件质量活动的工作量和进度，形成软件质量计划。软件质量计划，亦称“软件质量保证计划”，定义了为确保在项目成本和进度约束内开发出满足需求的软件所应采取的任务和措施。

软件质量保证（software quality assurance；SQA） 评估软件过程的充分性，提供证据来证明软件过程适合开发满足要求的软件产品的活动。评估可以在项目级或组织级上开展。

软件质量控制（software quality control；SQC） 检查软件项目的工作产品以确定它们是否符合预定的标准的活动。所检查的工作产品包括文档、模型和代码等中间产品和最终产品。检查所依据的标准可以是需求、设计、合同和计划等。

软件评审（software review） 一种静态检查软件项目中工作产品的活动。按正式化程度，分正式评审和非正式评审。按目的，分管理评审和技术评审。

管理评审（management review） 为向上层管理者提供信息以帮助他们做出决策的评审。辅助决策包括：发布产品、继续或取消项目、批准或拒绝提案、改变项目范围、调整资源或改变承诺等。

技术评审（technical review） 为发现产品缺陷及其改进契机的评审。典型的评审方法包括审查、走查、桌查等。

审查（inspection） 一种正式的技术评审方法。由作者之外的评审小组按严格的过程对工作产品进行评审。首先评审组长进行评审规划，确定评审小组，发放评审材料和检查表，安排评审会议；评审会议前，评审者各自独立检查材料；会议期间，评审组长主持评审会议，评审者陈述产品、分析和提出问题，对工作产品的评估意见进行讨论并达成共识；会议结束后，对问题进行跟踪和修复确认。与非正式的技术评审方法相比，发现缺陷和问题的效果更好，但需要更多的资源投入。主要用于软件生存期中重要的阶段产品的评审，如需求规约和架构设计模型等。

走查（walkthrough） 一种非正式的技术评审方法。不需要会前的独立检查环节和会后的问题跟踪环节。在评审会议时，作者起主导作用，向评审小组介绍产品，并希望他们给出评审意见。常应用于代码评审。

桌查（desk checking） 亦称"结对评审"。一种非正式的技术评审方法。由作者以外的一位评审者对工作产品进行检查。检查的效果完全依赖于评审者本身的知识、技能和自律。不同的人的评审结果可能大相径庭。是成本最小的技术评审方法，只花费一位评审者的时间，无须评审规划和问题跟踪。

软件审核（software audit） 亦称"软件审计"。独立评价软件产品和过程是否遵从所采用的准则、标准、指南、计划和流程的活动。通过现场观察、查阅文件记录、提问、演示或测定等方法，获得审核证据，对其进行客观的评价，确定满足审核准则的程度，并形成文件。

程序分析（program analysis） 分析一个程序的代码以确认或发现性能、正确性、安全性等特性的技术。包括程序静态分析和程序动态分析两类。分析结果可用于缺陷与漏洞发现，测试用例生成，代码优化、生成、补全与修复，软件调试，软件维护与程序理解等。

程序静态分析（program static analysis） 在不运行计算机程序的条件下所执行的程序分析技术。如类型检查、数据流分析和指向分析等。

程序动态分析（program dynamic analysis） 在运行计算机程序的条件下所执行的程序分析技术。利用程序运行过程中的动态信息，如寄存器内容、函数执行结果和内存使用情况等，分析其行为和特性。

形式化验证（formal verification） 使用数学的方法证明程序正确性的技术。常用技术包括定理证明和模型检验等。用以验证程序是否满足其规约的要求。

验证（verification） 通过检查和提供客观证据来证实开发过程中某项指定活动的结果是否符合活动开始时规定的需求的过程。

确认（validation） 通过检查和提供客观证据来证实软件开发过程的最终产品是否满足用户需求的过程。

软件完整性等级（software integrity level） 软件对用户的重要性等级。根据软件失效的可能后果和概率来确定完整性级别。以软件复杂性、关键性、风险、安全级别、保密级别、期望性能、可靠性或其他项目特征的值来表示。如安全完整性等级。软件或构件的完整性等级越高，需要的验证与确认的投入就越高。

软件质量评价（software quality evaluation） 对中间软件产品、最终软件产品或软件过程的质量特性进行分析与评价的活动。目的是确认、决策、比较、选择、评估或改进。主要采用评审、测试、静态分析、形式化证明、模拟和原型、需求跟踪等方法。

故障树分析（fault tree analysis；FTA） 一种由上

往下的演绎式故障根源分析技术。描述系统中构件故障和整个系统故障之间的关系，顶事件表示危害情形，通过逻辑门与基本事件表达危害发生的因果链，可对顶事件发生的概率及其他定量指标进行分析。主要应用于系统或软件的安全与可靠性分析。

失效模式和影响分析（failure mode and effects analysis; FMEA） 一种从下到上的归纳式故障根源分析技术。识别系统中潜在的失效模式，按照严重程度加以分类，分析失效对于该系统的影响。主要应用于系统或软件的安全与可靠性分析。

质量功能展开（quality function deployment; QFD） 亦称"质量屋"。一种客户需求驱动的产品开发方法。从质量保证的角度出发，通过一定的市场调查方法获取客户需求，并采用矩阵图解法将客户需求分解到产品开发的各个阶段和各职能部门中，通过协调各部门的工作以保证最终产品质量，使得设计和制造的产品能真正地满足客户的需求。

质量成本（cost of quality） 为保证质量所花费的开销。由下列四方面成本组成：(1) 错误预防成本，是在软件过程改进、质量体系建立和维持、质量工具、培训、审计和管理评审等上的投入，通常是组织级的，而不是相对特定项目的。(2) 质量评价成本，是在缺陷发现和质量评价上的投入，包括技术评审和测试等的成本。(3) 内部故障成本，是软件产品交付客户前的缺陷修复的花费。(4) 外部故障成本，是软件产品交付客户后由于缺陷和问题引起的损失，包括缺陷修复、投诉处理、产品召回或升级、处罚及赔偿等的花费。

计算机网络

网络基本原理

计算机网络(computer network)　将不同地理位置、功能独立的计算机及数字设备用传输介质连接,按网络协议或规范工作的系统。使用户共享网络中的硬件、软件和数据资源。按网络范围,分广域网、城域网和局域网。按通信介质,分有线网络和无线网络。世界上规模最大的网络是因特网。

网络协议(network protocol)　计算机网络中两个对等实体为完成某个任务进行信息交换而制定的对话规则。包含三个要素:语法、语义和时序。语法定义所交换的数据与控制信息的结构或格式。语义定义控制信息、发送者或接收者所要完成的操作及响应。时序是事件发生顺序的详细说明。计算机网络提供的每个功能都必须有相应网络协议的支持,例如,超文本传输协议是浏览器和万维网服务器之间为完成网页浏览而制定的规则,路由协议是路由器之间如何交换路由信息的规则。

协议栈(protocol stack)　完成网络通信和应用的一系列相关协议的总和。采用层次结构,下层协议向上层协议提供服务,计算机网络要实现两个应用进程之间的通信必须有各层协议的支持。使用最广泛的互联网协议栈是传输控制协议/网际协议(TCP/IP)系列,其自顶向下由应用层、传输层、互联网层和网络访问层组成。

网络体系结构(network architecture)　对计算机网络协议、协议各层功能、层次之间接口的描述和精确定义。其规范必须包含足够的信息,以便实现者为每一层编写程序或设计硬件。典型的网络体系结构有:国际标准化组织的"开放系统互连参考模型"、IBM公司的"系统网络体系结构"(system network architecture; SNA)等。

开放系统互连参考模型(open system interconnection reference model)　亦称"OSI参考模型"。国际标准化组织提出的计算机网络互连的标准框架。为网络协议的设计提供参考。将计算机互连的工作自下而上分成:物理层、数据链路层、网络层、传输层、会话层、表示层和应用层7个层次。下层为上层提供服务,上层依赖于下层完成更复杂的任务。设计层次结构的基本原则是:(1)在需要一个不同抽象体的地方创建一层。(2)每一层都应该执行一个明确定义的功能。(3)每一层功能的选择应该向定义国际标准化协议的目标看齐。(4)层与层边界的选择应该使跨越接口的信息流最小。(5)层数应该足够多,保证不同的功能不被混杂在同一层,但又不能太多,以免体系结构太大。

物理层(physical layer)　开放系统互连参考模型的最底层。提供比特流的透明传输,即一台机器上的一个字节变成物理信号通过通信介质传送到另一台计算机,并被还原成一个字节。规定了通信介质与计算机连接的机械、电气、功能和规程等接口特性。发送端的计算机传输数据时,上层协议只需将数据信息交给本机的物理层,物理层将这些字节传给目的计算机的物理层,再交给它的上层协议。

数据链路层(data link layer)　开放系统互连参考模型的第2层。完成通信介质直接相连的两个节点之间数据的正确传输,主要解决:(1)链路管理,处理两个节点通信时链路的建立、维持和释放。(2)帧的组织,传输时发送方的数据链路层将数据组织成帧,逐帧传送,并与接收方的数据链路层协调,保证每个帧的正确性。(3)差错控制,解决链路传输中出现的错误。(4)流量控制,协调发送端和接收端的处理能力。(5)寻址,保证每个帧根据数据链路层地址能送达正确的目的地。数据链路层基于物理层为网络层提供一条无差错的数据链路。

网络层(network layer)　开放系统互连参考模型的第3层。控制通信子网的运行,提供源主机到目的主机的信息传输。信息传输单元为分组。主要解决：(1) 路由选择，根据分组的目的地址选择路径；(2) 拥塞控制，解决通信子网中分组过多无法及时转发的问题；(3) 网络互连，解决发送方的主机和接收方的主机连接的网络类型不相同时的传输问题。

传输层(transport layer)　开放系统互连参考模型的第4层。负责网络中两台主机进程之间的通信。其功能是从会话层接收数据，在必要时将它分成较小的单元，交给网络层传输，并且确保这些数据正确地到达另一端。提供的是真正"端到端"的服务，向高层用户屏蔽了下面通信子网的细节，使网络中两台主机应用进程之间的通信就如同在两个传输层实体之间有一条端到端的逻辑通信信道。

会话层(session layer)　开放系统互连参考模型的第5层。在应用进程之间提供对话控制机制，进一步保证信息的可靠传输。提供管理会话服务，允许信息同时双向传输或任一时刻只能单向传输。还提供同步服务，在数据流中插入检查点，以便系统崩溃后还能恢复到崩溃前的状态继续运行。

表示层(presentation layer)　开放系统互连参考模型的第6层。为上层协议提供所传输数据格式的转换，还处理传输数据的压缩和加密。不同的计算机可能有不同的内部数据表示，当采用A编码的机器传输字符串到采用B编码的机器，表示层会执行从A编码到B编码的转换。

应用层(application layer)　开放系统互连参考模型的最高层。包含应用进程所遵循的协议。应用层协议定义了应用进程交换的报文类型、各种报文类型的语法、字段中信息的语义、报文的发送和响应的规则等内容。每个应用都有一个应用层协议，例如：执行文件传输的文件传输协议(FTP)、收发电子邮件的简单邮件传输协议(SMTP)、支持万维网应用的超文本传输协议(HTTP)等。

介质访问控制子层(media access control sublayer; MAC sublayer)　亦称"MAC子层"。局域网数据链路层的一个子层。负责寻址和解决局域网的访问介质争用。位于局域网数据链路层的下层部分，即逻辑链路控制子层之下。其地址称"MAC地址"或"物理地址"，每个上网设备的MAC地址是唯一的。共享介质的局域网，如总线网、环形网、无线局域网等存在访问介质冲突的问题，都由介质访问控制子层解决。

MAC子层(MAC sublayer)　即"介质访问控制子层"。

逻辑链路控制子层(logical link control sublayer; LLC sublayer)　亦称"LLC子层"。局域网数据链路层的一个子层。为不同类型的介质访问控制子层向网络层提供统一的接口。位于局域网数据链路层的上层部分，即介质访问控制子层之上。通过服务接入点访问上层协议。IEEE 802.2标准定义了逻辑链路控制协议。

LLC子层(LLC sublayer)　即"逻辑链路控制子层"。

实体(entity)　任何可以发送或接收信息的硬件或软件进程。很多情况下是一个特定的软件模块。例如：终端、应用软件、协议中的软件模块和通信模块等。

对等实体(peer entities)　在开放系统互连体系结构中，位于同一或不同开放系统内处于对等层次的实体。协议就是控制两个对等实体之间通信的规则。

服务接入点(service access point; SAP)　亦称"服务访问点"。同一系统中相邻两层实体交换信息的逻辑接口。某一层的实体通过服务接入点向上层提供服务。在开放系统互连参考模型中层与层之间通过接口交换的数据单位称"服务数据单元"。

SAP　即"服务接入点"。

服务原语(service primitive)　开放系统的上层使用下层提供的服务时交换的命令。开放系统互连参考模型定义了4个基本原语：(1) 请求，用户实体要求得到某种服务；(2) 指示，将关于某个事件的信息告诉用户实体；(3) 响应，用户实体响应某一事件；(4) 确认，用户实体收到服务请求的确认。

网络拓扑(network topology)　网络节点成员和线路的排列方式。可以是物理的或逻辑的。物理的拓扑结构按连接方式，主要有：总线型、环形、星形、树形、网状和混合型等。采用软件管理的方式可以将物理的拓扑结构转变成另一种逻辑结构，例如令牌总线，通过令牌的控制将物理上的总线拓扑转变成逻辑上的环形结构。

总线型网络(bus network)　拓扑结构为总线型的局域网。所有站点共用一条总线。任意两个站点之间的信息交互都通过总线完成，同一时刻只能有一个站点发送数据。如有两个以上站点同时发送，在总线上会产生冲突。为解决冲突，需要采用仲裁机制，例如载波侦听多路访问/冲突检测技术或令牌。以太网就是一种总线网，采用载波侦听多路访问/冲突检测技术。

环形网络（ring network） 网络节点连接成闭合环形结构的局域网。数据报文从发送站沿着环逐站传到接收站。在环上同时只能有一个站点发送数据，否则会造成冲突。当多个站点同时需要发送数据时，需要仲裁机制（例如令牌），以决定哪个站点可以发送。令牌环和光纤分布式数据接口（FDDI）都是环形网络。

令牌环（token ring） 由令牌控制站点发送数据的环形网络。其技术标准是IEEE 802.5。令牌在环中传递，如果某个站要发送数据，必须等待令牌的到来。发送站截取令牌后可发送一帧数据。数据帧沿着环传送，每个站都会检查自己是否为接收站，如果是接收站并且帧是正确的，则收下这个帧，然后更改帧的控制位，表示已被接收。修改后的帧继续发往下一站，直到返回发送站。发送站收到这个帧后释放令牌。整个环中只有一个令牌，可保证某一时刻网上只有一个站点在发送数据。令牌环控制复杂，但重负载时效率较高。

令牌总线（token bus） 由令牌控制站点发送数据的总线型网络。其技术标准是IEEE 802.4。将总线上的各个站点形成一个逻辑上的环形网，每个站都有前继节点和后继节点，但是与站的物理位置无关。令牌顺序从前继节点传送到后继节点，获得令牌的站点才被允许发送数据。

树形网络（tree network） 拓扑结构形状像一棵倒置的树的网络。顶端是树根，树根以下有多个分支，每个分支还可再连接子分支。树形网络的每个节点都是计算机或转接设备。结构简单，成本较低，节点易于扩充，故障隔离较容易，但是如果根节点发生故障，则全网不能正常工作。

网状网络（mesh network） 各节点直接相连或通过中间节点连接构成的网络。每个节点至少与其他两个节点直接相连。如果任意节点都与拓扑中其他所有节点直接连接则构成全互连网。拓扑结构几何形状是不规则的，节点之间的连接路径多，碰撞和阻塞少，局部故障不影响整个网络，可靠性高。但建网成本高，网络控制机制较复杂。其中全互连网的可靠性最高，但连线成本也最高，对 n 节点的全互连网，其连线总数将达到 $n(n-1)/2$ 个。

星形网络（star network） 有一个中心节点，其他各节点与中心节点直接相连形成的网络。相邻节点之间的通信都要通过中心节点。便于集中控制，易于维护，网络延迟时间小，某个节点设备的故障不会影响其他节点用户经由中心节点的通信。但中心节点通信负担比其他节点重，如果中心节点损坏，整个系统便会瘫痪，因此中心节点必须具有极高的可靠性。

局域网（local area network；LAN） 在局部地区内，由各种计算机、外围设备、网络服务器和数据库通过有线或无线通信介质互相连接构成的计算机网络。在全网范围内实现资源（包括硬件、软件和数据）共享、相互通信和分布处理。还可通过广域网与远方的局域网、数据库或处理中心相连，组成一个更大范围的网络系统。

LAN 即“局域网”。

城域网（metropolitan area network；MAN） 在城市范围内建立的计算机网络。主要用作主干网，将多个局域网互连。必须适应多种传输业务、多种网络协议以及多种数据传输速率，并要便于各种局域网的接入。

MAN 即“城域网”。

广域网（wide area network；WAN） 在更广大地域范围内建立的计算机网络。范围可超越城市和国家，以至遍及全球。必须适应大容量、高速度、高可靠和安全的通信要求，能完成综合业务的服务，具有开放的设备接口与规范化的协议，具备完善的通信服务与网络管理。因特网是应用最广泛的广域网。

WAN 即“广域网”。

通信子网（communication subnet） 计算机网络中提供网络通信功能的子系统。由通信设备和通信软件组成，完成网络中数据的传输、转接、加工和变换等功能。通信设备包括通信介质（如同轴电缆、双绞线、光纤、无线电波等）、网络接口卡和中继设备（如集线器、路由器、交换机等）。通信软件包括网络协议、通信控制和网络安全软件等。通信子网工作在开放系统互连参考模型的网络层、数据链路层和物理层。

资源子网（resource subnet） 计算机网络中负责数据处理，向用户提供资源及服务的子系统。由互连的计算机组成，包括计算机内相关的软件和数据。提供的资源包括信息资源、计算资源和存储资源。

资源子网上的计算机通过通信子网实现信息交互和资源共享。资源子网的工作由开放系统互连参考模型的应用层、表示层、会话层和传输层完成,其中传输层向上层提供端对端的通信服务。

互联网(internet) 泛指由多个计算机网络相互连接而成的网络。目的是使不同网络上的计算机之间能够交换信息。局域网之间互连、局域网和广域网互连或广域网之间互连都是互联网。世界上最大的互联网是因特网。

因特网(Internet) 将分布在全球的计算机网络连接组成的大型互联网。采用传输控制协议/网际协议(TCP/IP)系列。用户遍及全球,所有用户和设备共享资源,形成单一的公共网络。具有规模大、功能强、成本低、接入简单、使用方便、开放性以及技术更新快等特点。已成为现代社会必不可少的基础设施。

内联网(intranet) 单位内部的计算机网络。将信息及时传送到单位在世界各地的各个部门,实现内部的信息交流和协同工作。要求人机界面优良、操作简便、支持多媒体、信息传输形式多样,并有较好的网络安全措施。可提高运作效率,特别适合大型、分散的单位。

外联网(extranet) 由业务关系密切的一组不同单位网络连接而成的专用网络。例如:企业与其供应商、客户及其他合作伙伴的信息互通网络,相关事业单位的信息共享网络。用户可访问外联网上的资源,以获取部分只供内部员工访问的信息,但要有严格的访问控制,确保信息的安全。

公用分组交换网(public packet switched network) 采用分组交换技术,向公众提供服务的计算机网络。用户数据被划分成分组,采用存储转发方式在网络中传送。该网主要由分组交换机、分组拆装设备、分组终端、集中器和传输线路组成。

专用网络(private network) 单位内部或仅用于专门目的的计算机网络。由单位或专门机构组建和管理,网络应用针对性强。可建立在公用网络基础上,也可自行组网。对保密要求高的专用网络,更强调安全性,一般自建网络,与外部网隔离,只允许特定人群访问。

公用网络(public network) 向公众提供服务的计算机网络。一般由服务提供商,例如电信部门组建和管理,属于公用通信基础设施。用户通过租用网络的方式使用公共资源,或者在公用网络基础上组建自己的专用网络。要求网络线路传输速率高,差错率低,安全可靠,管理完善,能提供良好的服务。

信道(channel) 信息传输的通道。分为物理信道和逻辑信道。前者指信号的传输介质及相关的传输设备。后者指在前者的基础上,发送方与接收方之间形成的虚拟通路,通信结束后可以断开。

正向信道(forward channel) 传输方向与当前传送信息的方向一致的信道。如:主站向次站传送探询、选择、询向等监控信息的信道。

反向信道(backward channel) 在主信道相反方向传送信息的信道。如:回送确认信号或差错控制信号的信道。不一定使用与正向信道相同的介质。

网络节点(network node) 网络中有处理能力的实体。可以是计算机、数据通信设备、路由器、交换机,以及网络中任何拥有网络地址的设备。由通信介质连接组成网络。

带宽(bandwidth) 信号在信道传输中有效通过的频率范围。由通信介质和有关的通信设备频率特性决定。由于频率范围与数据传输速率有关,计算机网络中有时将数据传输速率也简称"带宽"。

奈奎斯特定理(Nyquist's theorem) 亦称"采样定理""奈奎斯特采样定理"。描述连续信号采样为时域离散信号关系的定理。由原籍瑞典的美国科学家奈奎斯特(Harry Nyquist, 1889—1976)总结提出。要使频带宽度有限的连续信号采样后能够不失真还原,采样频率必须大于两倍信号最高频谱。

香农定理(Shannon's theorem) 给出了在高斯白噪声干扰的信道中,信道容量(信道的最大数据传输速率)和信道信噪比及带宽关系的定理。由美国科学家香农(Claude Elwood Shannon, 1916—2001)于1948年提出。对于一条带宽为 W,信噪比为 S/N 的噪声信道(S 为信号功率,N 为噪声功率),信道容量 C(比特/秒)是:$C = W\log_2(1 + S/N)$。

波特率(baud rate) 每秒钟传送信号码元符号的个数。单位为波特。即单位时间内载波调制状态改变的次数,表示传输信道上信号改变的速率。若单位信号所占时间长度为 τ_0 秒,则波特率 B 表示为:$B = 1/\tau_0$。

比特率(bit rate) 单位时间内传输或处理的比特数。单位为比特/秒或 bps(bit per second)、b/s。与波特率的关系是:$C = B\log_2 n$。式中:C 为比特率,B

为波特率，n 为调制电平数或线路的状态数，是 2 的整数倍。当 $n=2$ 时，比特率等于波特率。

数据传输速率（data transmission rate） 单位时间内在数据传输设备之间传送数据码元的个数。是网络系统传输能力的主要指标之一，用波特率或比特率描述。

通信接口（communication interface） 计算机与通信网络或其他通信子系统相连接的硬件和控制软件。属于开放系统互连参考模型的物理层。种类有：数字接口、模拟接口、串行接口、并行接口、同步接口、异步接口、智能通信卡及相关的通信规程软件等。

基带传输（baseband transmission） 对信号不加调制，按其原始电信号特征进行的传输。数据的数字信号直接以脉冲信号形式传输。具有设备简单、线路衰减少等优点，是计算机局域网采用的主要传输方式。

数字数据编码（digital data coding） 在基带传输中将来自信源的数码变换为适合信道传输的码波形的过程。对编码设计的要求是：(1) 不含或少含直流分量，低频分量小；(2) 便于提取比特同步信息；(3) 编码效率高；(4) 码型变换设备简单，易于实现。网络传输常用的编码有：不归零制编码、曼彻斯特编码、差分曼彻斯特编码、交替标记反转码等。

归零制编码（return-to-zero code; RZ） 对数码“1”或“0”，信号电平在表示完一个码元后要恢复到 0 的一种编码。是一种简单的基带传输编码方式。具有直流分量，在“0”或“1”位长字符串期间会产生基线漂移。

RZ 即“归零制编码”。

不归零制编码（non-return-to-zero encoding; NRZ） 用高低电平来表示数码“1”或“0”，在表示完一个码元后，不需回到 0 的编码。是一种简单的基带传输编码方式。效率高，但存在发送方和接收方的同步问题。分单极性不归零制编码和双极性不归零制编码。前者用正电平表示“1”，零电平表示“0”。后者用正电平表示“1”，负电平表示“0”，正和负的幅度相等。

NRZ 即“不归零制编码”。

曼彻斯特编码（Manchester encoding） 用位中间的电平跳变来表示数码“1”或“0”的编码。每一位电平的中间有一个跳变，用此电平从低到高或从高到低的跳变来区别“0”或“1”。没有直流分量，位中间的跳变又可作为时钟信号，是一种同步时钟编码，具有自同步能力和良好的抗干扰性能。在标准以太网中使用。

差分曼彻斯特编码（differential Manchester encoding） 曼彻斯特编码的变形。用信号位起始电平改变表示数码“0”，信号位起始电平不改变表示数码“1”，在每一位的中心处都有跳变。除具有曼彻斯特编码的优点外，电平变化较少，更适合传输高速信息。

交替标记反转码（alternate mark inversion; AMI） 数码“0”用零电平表示，数码“1”按先后出现的次序用正负交替的电平表示的编码。即：如果第 1 个“1”是正电平，则第 2 个出现的“1”是负电平，第 3 个出现的“1”又是正电平，依次类推，实际上输出的是三电平的序列。优点是：译码电路简单，没有直流成分、低频分量小、便于观察误码情况。

AMI 即“交替标记反转码”。

4B/5B 编码（4B/5B coding） 每 4 个比特的数据被映射成 5 个比特的编码。映射结果不会出现连续 3 个“0”，解决多个“0”引起的基线漂移和时钟漂移。5 个比特有 32 个组合，其中 16 个组合对应 4 个比特的数据，其余用作控制码或未使用。100 Base - TX 和 100 Base - FX 采用此编码。

8B/10B 编码（8B/10B coding） 每 8 个比特的数据被映射成 10 个比特的编码。8 个比特中的 5 比特分成一组，被映射到 6 比特，其余 3 比特属另一组，被映射到 4 比特，映射后的 6 比特和 4 比特组合成 10 比特输出。8B/10B 编码发送的“0”和“1”的个数基本相同，连续的“0”或“1”不超过 5 个，保证了直流平衡。1 000 Base - CX、1 000 Base - TX、1 000 Base - LX、1 000 Base - SX 采用此编码。

异步传输（asynchronous transfer） 两个被传输字符间的时间间隔可以不相同的数据传输方式。是面向字符的传输，以字符为传送单位。收发器及传输信道中没有时钟信号，即没有连续的同步。由启动和停止单元来控制每个字符传输的开始和结束。传输效率比同步传输低。通常用于距离短、传输数据量小的场合，如键盘到主机的通信。

同步传输（synchronous transfer） 采用报文开头的字符同步和计时的数据传输方式。是面向比特的传输，以数据块作为传送单位。在收发器同步状态下，按固定速率传输数据字符及数码。可以取消起始单元及停止单元，得到更高的效率。若传输的数据量很大，比异步传输的效率高得多。计算机网络采用同步传输。

单工传输（simplex transfer） 即“单工通信”（63 页）。

半双工传输 释文见 63 页。

全双工传输 释文见 63 页。

串行传输（serial transmission） 将二进制字符或数据项按位依次在同一通信线路中连续传输的方式。线路少，传输成本低。但传输速率较低，而且在发送端要将并行二进制字符变成串行传输，接收端再组合成并行字符，效率不高。可用于远距离传输。

并行传输（parallel transmission） 多位数据同时在独立的线路或通信通道上传输的方式。速度快，效率高。但因同时传送多位数据，使用的线路多，成本较高，不适合远距离传输。多用于近距离、高速率的传输。

振幅调制（amplitude modulation; AM） 简称“调幅”。使载波的振幅按传送信号的变化规律而改变的调制方法。例如通过两个不同的振幅表示“0”和“1”，载波的频率保持不变。实现调幅的装置称“调幅器”。载波调幅后成为“调幅波”。

AM 即“振幅调制”。

频率调制（frequency modulation; FM） 简称“调频”。使载波的频率按传送信号的变化规律而改变，但保持振幅不变的调制方法。例如通过两个不同的频率表示“0”和“1”，载波的振幅保持不变。实现调频的装置称“调频器”。载波调频后成为“调频波”。可减弱幅度干扰的影响，通信质量较高。

FM 即“频率调制”。

相位调制（phase modulation; PM） 简称“调相”。使载波的相位按传送信号的变化规律而改变，但保持振幅不变的调制方法。例如通过两个不同的偏移相位表示“0”和“1”，载波的振幅保持不变。实现调相的装置称“调相器”。载波调相后成为“调相波”。抗干扰能力强，但信号实现的技术比较复杂。

PM 即“相位调制”。

正交振幅调制（quadrature amplitude modulation; QAM） 简称“正交调幅”。将调幅和调相结合的调制方法。将两个独立的基带数字信号分别对频率相等、相位相差 90°的两个正交载波进行调幅，然后再将这两个调幅信号进行向量相加。根据不同的组合，通常有 4QAM、16QAM、64QAM 等。在大容量数字微波通信系统、有线电视网高速数据传输和卫星通信系统中得到广泛应用。

QAM 即“正交振幅调制”。

时延（delay） 数据从网络（或信道）的一端传送到另一端所需的时间。包括：(1) 发送时延，发送端数据报文第一个比特开始发送，到最后一个比特发送完毕所需的时间。(2) 传播时延，电信号在信道中传播所需的时间，与电磁波在物理信道中的传播速度相关。(3) 处理时延，数据报文在网络节点进行必要处理所需的时间。(4) 排队时延，数据报文在网络节点排队等待处理的时间。

多路复用 释文见 63 页。

时分多路复用（time division multiplexing） 按信道的传送时间片进行多路复用的技术。将信道的传送时间划分成时间片，每个用户在被分配到的时间片内占用信道，用完之后释放信道。分为同步时分多路复用和异步时分多路复用。前者分配的时间片是固定的，不管用户是否有数据发送，对应的时间片都属于该用户，线路利用率不高。后者只在用户有数据发送时才申请时间片，提高了通信介质的利用率，是计算机网络常用的方式。

频分多路复用（frequency division multiplexing） 按信道的不同工作频率进行多路复用的技术。所有用户在同样的时间占用不同的频段，每个用户在被分配到的频段上传送数据。技术比较成熟。

波分多路复用（wavelength division multiplexing） 信道按不同波长进行多路复用的技术。应用于光纤通信，充分利用光纤的带宽，增加光纤上的传输信道数量。由分别位于光纤输入端和输出端的合波器与分波器实现不同光波的耦合与分离。

码分多路复用（code division multiplexing） 采用编码方式进行多路复用的技术。利用各路信号码型结构的正交性实现复用。先将发送信号正交化，复合后在信道中传输，在接收端经正交分离后再输出。移动通信中的码分多址访问（CDMA）属于该技术。

协议数据单元（protocol data unit; PDU） 在网络协议中不同节点的对等层之间传送的信息单元。包含数据、地址信息和相应层次的控制信息。发送时，每一层协议数据单元包含来自上层的信息，附加当前层实体的有关信息，然后传递到下层。接收端的每一层协议识别对等层的相关信息，经处理后送到上一层。

PDU 即"协议数据单元"。

服务数据单元(service data unit; SDU) 开放系统互连参考模型中层与层之间交换的数据单元。是某个服务需要传送的数据单元。某一层的服务数据单元可以和上一层的协议数据单元对应,也可以是多个服务数据单元合并成一个协议数据单元,或者一个服务数据单元划分成几个协议数据单元。

SDU 即"服务数据单元"。

最大传输单元(maximum transmission unit; MTU) 通信协议层次允许通过的最大数据包长度。RFC 1191 列出了一些典型的最大传输单元,例如:网络层的第 4 版网际协议是 65 535 字节,数据链路层的以太网是 1 500 字节。如果数据量超过了允许的最大长度,在层次之间传输数据就需要分段。

MTU 即"最大传输单元"。

路径最大传输单元(path maximum transmission unit; PMTU) 在传输数据路径中允许通过的报文的最大长度。即从源地址到目的地址路径上所有节点的最大传输单元的最小值。源主机发送报文时可以先通过该值的发现过程知道其大小,发送的报文不能超过该值。也可在传输途中根据所经过网络的最大传输单元值进行分段。

PMTU 即"路径最大传输单元"。

报文(message) 网络中交换与传输的数据单元。由报文头部和数据载荷组成,格式由协议规定。报文头部包括:报文类型、报文长度、地址和控制信息。对数据量大的报文在传输过程中将进一步划分成分组。

分组(packet) 亦称"报文分组""包"。在分组交换网中传输的格式化数据块。常用于网络层处理的协议数据单元。是将较长的报文划分成的较小的数据段,在网络中的传输效率优于报文。由分组头部和数据载荷组成,格式由协议规定。分组头部包括:分组类型、分组长度、地址和控制信息。

帧(frame) 全称"数据帧"。计算机网络传输数据的最小封装数据块。是数据链路层的传输单位,由帧头、数据载荷和帧尾组成。帧头包含地址和控制信息,帧尾有校验码和结束标志。例如,IEEE 802.3标准规定的以太网帧头包括:目的地址、源地址、长度/类型、服务访问点和控制字段。

电路交换(circuit switching) 通过交换机建立专用连接的交换方式。分 3 个阶段:物理电路建立、数据传输和电路释放。数据以固定速率传输,延迟时间短,能保证服务质量,但传输时占用专用线路和交换设备,线路和交换机的利用率低。传统公共电话网采用电路交换。

报文交换(message switching) 以报文作为传输单位的交换方式。采用存储转发机制工作。每个报文包含完整的目的地址信息与数据。通信子网中的交换设备在收到一个报文后,根据其中的地址信息,选择路径,将报文发往下一个中继设备或目的站点。只在数据传输时占用信道,对资源的利用率高。还可根据网络的即时状态选择最优路径。

分组交换(packet switching) 亦称"包交换"。以分组作为传输单位的交换方式。采用存储转发机制工作,工作过程与报文交换类似。分组的长度短于报文,对后一个分组的处理可与前一个分组的转发操作同时进行,提高了交换设备的处理速度。分组长度短且固定,简化了存储管理,减少了出错概率,是最常用的交换方式。

虚电路交换(virtual circuit switching) 电路交换和分组交换结合的交换方式。传输开始时,通信双方建立一条称为"虚电路"的逻辑连接通路,分组沿着虚电路传输,中继设备无须查找路由。实时性好,信道利用率高;但灵活性差,无法根据网络的流量动态调整传输路径。

信元交换(cell switching) 以信元作为传输单位的分组交换方式。将传输的数据分成固定长度的分组,称"信元"。异步传输模式(ATM)采用信元长度 53 字节、面向连接、建立虚电路的快速分组交换技术。由于长度短且固定,有利于通过硬件交换,交换速率高。

存储转发(store and forward) 网络转发分组或报文的方式。交换节点将收到的分组或报文存储,检查其正确性,按照目的地址查找转发,选择合适的输出接口,在信道空闲时发送到下一个交换节点。支持不同速率的输入与输出端口间的交换,从而提高了网络性能。缺点是处理延迟时间较长。是计算机网络广泛采用的转发方式。

单播(unicast) 网络中一对一的通信方式。一个源站点只将信息发送到一个指定的接收站点。是计算机网络中最常用的传输方式。

多播(multicast) 亦称"组播"。网络中一对多的通信方式。一个源站点向网络中一组特定的站点发送信息。多播组中的每个站点称“多播组成员”,组成员允许位于网络中的任何地方,可以动态变化。数据报文只需发送一次,路由器会将报文转发到每个组成员,网络传输中复制的报文最少,降低了网络负载。多播路由算法就是要寻求最优多播树。网上视频会议、网上视频点播适合采用多播。

广播(broadcast) 源站点对网络中其他所有成员发送信息的通信方式。网络中的站点复制并向其他站点转发报文,不用选择路径,实现简单,但将使网络流量增加很多。某些网络协议功能的实现采用广播。

任播(anycast) 亦称“选播”。一个源站点向一组目标节点中的任一节点发送信息的通信方式。发送站点与接收节点之间是一对多的关系,但是在给定时间只有一个节点可以接收信息,例如要求这个节点是从源站点到该组节点中路径最短的一个,也可在网络拥堵时选一个路径负载轻的节点。对移动用户,当用户从一个网络移动到其他网络时,无须为用户重新配置本地域名服务器,用户可以使用任播地址与到达网络的域名服务器进行通信。

差错控制(error control) 保证传输数据正确性的方法。通过编码和重传实现差错检测和纠正。主要方式有:(1) 前向纠错,发送有纠错功能的码,接收端能自动发现并纠正错误。不需要反向信道来反馈出错信息,实时性好,但编码效率低,纠错设备复杂。(2) 自动重发,发送能检测错误的码,接收端如检查有错,直接丢弃该帧,或通过反向信道将结果反馈给发送端。发送端收到出错信息或超过约定时间没有收到反馈信息,即重发刚才已发的帧。是网络中常用的方法。(3) 混合纠错,上述两种方式的结合。

检错码(error-detecting code) 具有发现错误能力的码。在自动重发的差错控制中,当接收端检测到码元出错后,根据不同策略要求发送端重发。实现比较简单,常用于网络协议中。主要有奇偶校验码、校验和、循环冗余校验码。

纠错码(error-correcting code) 具有发现和纠正错误能力的码。按照一定规律增加多余码元,使每个码字的码元之间有一定的关系,可按规则确定错误所在位置,并予以纠正。常用的有汉明码、卷积码、里德所罗门码、低密度奇偶校验码等。

奇偶校验(parity check) 亦称“奇偶检验”。通过附加奇偶校验位检测数据是否出错的方法。按数据码字加上奇偶校验位后,“1”的个数是奇数还是偶数,分奇校验和偶校验。例如对奇校验,如果数据码字“1”的个数已是奇数则校验位设为“0”,如不是奇数,则校验位设为“1”,凑成奇数。数据和校验位一起传输到接收端,检查“1”的个数,如与原约定的奇偶性不一致则说明传输出错。

校验和(checksum) 亦称“检查和”“检验和”。一种检错码。差错检测的方法以传输控制协议为例:将发送的报头连同数据看成是二进制整数序列,并划分成每16位为1段,对所有段进行1的补码和运算,即带循环进位的加法,最高位如有进位则循环加到最低位。最后得到16位,再取反码,生成校验和。在接收端,按同样方法对接收的数据(包括校验和字段)重新计算校验和,如果结果为0,表示传输正确,否则,说明传输有差错。

循环冗余校验(cyclic redundancy check; CRC) 一种广泛使用的检错技术。方法是:如果传输数据有 n 位,将每一位作为一个多项式的系数。第1位是 $n-1$ 次项的系数,第2位是 $n-2$ 次项的系数,以此类推,最后一位是0次项的系数,形成一个多项式 $M(x)$。规定一个 k 次的生成多项式 $P(x)$,$\frac{x^kM(x)}{P(x)}$ 的余数即为校验码,其中:$x^kM(x)$ 表示将原始信息后面加上 k 个0,除法是模2的除法。校验码附加在原数据之后发送,接收端对该序列用同样的生成多项式 $P(x)$ 去除,如能被整除,说明传输正确;否则,表示出错。

CRC 即“循环冗余校验”。

汉明码(Hamming code) 亦称“海明码”。一种纠错码。由美国科学家汉明发明,故名。编码时,按一定规律将校验位插入数据位,校验位取值与数据位之间存在一定的逻辑关系,接收到数据后,重新计算这些逻辑关系,根据计算结果确定有无差错以及出错比特的位置。编码效率较高。

卷积码(convolutional code) 一种纠错码。以 (n, k, m) 来描述。编码时将数字信号序列分组(每 k 位一组),在单位时间内,每次将 k 位信号输入编码器,按一定规律输出各为 n $(n > k)$ 位码字的码组。具有记忆元件,其输出不仅与当前的输入有关,且与前 m 个单位时间的输入有关。编码器的记忆长

度通常以 m 表示。可借助增加冗余度来提高通信的可靠性。

字符填充法(character stuffing) 帧同步的一种技术。用于面向字符的链路协议。通常选择一个特殊的字符作为帧开始标记和结束标记。传输的字符中如果也包含了这个特定字符,则要在此字符前填充一个转义字符以示区别。如果传输的字符是转义字符本身,则在该字符前再插入一个转义字符。保证了帧开始标记和结束标记在整个帧中的唯一性。因效率低,已不使用。

比特插入法(bit stuffing) 帧同步的一种技术。用于面向比特的链路协议。例如高级数据链路控制规程采用 01111110 作为帧开始标记和结束标记。为了防止将传输数据中出现的 01111110 误认为是帧结束标记,则发送时在传输数据中的第 5 个 1 后面插入一个 0。接收方在接收数据时自动将这个 0 删除,恢复原发送数据。保证了帧开始标记和结束标记在整个帧中的唯一性。

面向字符协议(character-oriented protocol) 以字符作为传输数据和控制信息基本单元的数据链路通信协议。是早期的协议形式。采用字符填充法实现帧同步,控制信息由字符集中若干指定的控制字符构成。缺点是传输透明性不好、效率低,已不使用。典型的是 IBM 公司的二进制同步通信协议。

面向比特协议(bit-oriented protocol) 以比特作为传输数据和控制信息基本单元的数据链路通信协议。采用比特插入法实现帧同步,传输的帧数据可以是任意位,性能优于面向字符协议。典型的是高级数据链路控制规程。

信令(signaling) 通信网络的信号系统。具有信号和指令的双重功能,用于完成通信传递、接续、交换、控制和管理。按信号的信道,分随路信令(亦称"带内信令")和共路信令(亦称"带外信令")。按信号形式,分模拟信令和数字信令。在公用电话网中,按信号工作区域,分用户线信令和局间信令。在移动通信网中,按信号传输介质,分无线信令和有线信令。

源地址(source address) 网络传输中,数据或信息发送源的节点地址。协议的网络层和数据链路层的报头中定义了不同格式的源地址。如传输控制协议/网际协议系列中网络层的源地址是网际协议地址,以太网报头给出的源地址是 MAC 地址。

目的地址(destination address) 网络传输中,数据或信息最终接收目的地的节点地址。协议的网络层和数据链路层报头中定义了不同格式的目的地址,如传输控制协议/网际协议系列中网络层的目的地址是网际协议地址,以太网报头给出的目的地址是 MAC 地址。

ALOHA 系统(Additive Link Online Hawaii system; ALOHA system) 最早采用多路访问随机接入技术的基于无线电网的计算机网络系统。20 世纪 70 年代由夏威夷大学研制,使地理位置分散在各个岛屿的用户通过无线电网使用中心计算机。由于多个站共享无线电信道,而且每个站是随机发送的,必须解决同时发送的冲突问题。有两个解决方案:(1)纯 ALOHA,所有站都可以随时发送,如发现冲突,则等待一个随机时间再重发,直至成功。(2)时隙 ALOHA,划分等长的时间片,各站只在时间片内才可发送,信道利用率高于前者。

以太网(ethernet) 一种总线式局域网。对应 IEEE 802.3 标准。共享总线形式,以载波侦听多路访问/冲突检测方式解决共享总线的访问冲突。按传输速率,分 10 Mbps 的标准以太网、100 Mbps 的快速以太网、1 000 Mbps 的千兆以太网和 10 000 Mbps 的万兆以太网等。传输介质有同轴电缆、双绞线、光纤,以双绞线和光纤为主。另有以交换机为中心组建的交换式以太网,属于星型拓扑结构,端口之间不是共享总线,而是以高速的交换方式工作,性能有很大提高,是应用主流。

MAC 地址(medium access control address) 亦称"物理地址"。局域网的介质访问控制子层地址。固化在网络接口卡的只读存储器中,是标识局域网节点的硬件地址。例如,以太网的 MAC 地址由 48 位组成,前 24 位是网络硬件制造商的编号,由电气电子工程师协会分配,后 24 位由厂家自行分配,称"扩展标识符"。每个网络接口卡的 48 位地址在世界上是唯一的。

载波侦听多路访问/冲突检测(carrier sense multiple access with collision detection; CSMA/CD) 解决共享总线局域网竞争冲突的方法。被 IEEE 802.3 标准采用。发送站在发送数据前先侦听信道。如信道上正在传输数据,则等待传输结束。如果信道空闲,则立刻传输数据,并且边发送边侦听信道,检测是否有其他站点也在发送数据而造成冲突。如果发现冲突,发送者停止发送,随机等待一段时间后重新侦听信道,准备发送。如果没有发现冲突,一直将数据发送完毕。原理简单,实现容易,但当发送站很多时,冲突频繁,发送效率下降。

CSMA/CD 即“载波侦听多路访问/冲突检测”。

载波侦听多路访问/冲突避免(carrier sense multiple access with collision avoidance; CSMA/CA) 避免共享介质网络竞争冲突的方法。主要用于无线网络,被 IEEE 802.11 标准采用。发送站发送数据前先检测信道,如果信道有数据在发送,就等待,如空闲,则再等待一段时间后发送。接收站若正确收到此数据帧,发回一个确认帧。如在规定时间发送站没有收到确认帧,则说明发生冲突或接收有误,等一段随机时间后重发,直至收到确认帧为止。如经过若干次的重发失败,则放弃发送。

CSMA/CA 即“载波侦听多路访问/冲突避免”。

二进制指数后退算法(binary exponential backoff algorithm) 以太网发生竞争冲突时确定下一次重发时间的算法。当冲突发生后,时间被分成离散的时间片,时间片的长度等于信号在介质上往返传输的时间,为达到以太网允许的最长路径,时间片通常选为 51.2 微秒。第一次发生冲突,每个站随机等待 0 或 1 个时间片,然后重发。一般地,第 i 次冲突后,等待的时间片个数从 $0 \sim (2^i-1)$ 中随机选择。达到 10 次冲突后,时间片个数选择范围固定在 $0 \sim (2^{10}-1)$。在第 16 次冲突后,说明冲突频繁,放弃发送。

冲突窗口(collision window) 共享总线网络中检测信道冲突的最长时间间隔。即发送站发出数据帧后能检测到冲突的最长时间,数值上等于最远两站传播时间的两倍。超过这段时间还未检测到冲突,表明不再会发生冲突。是以太网设计的重要参数之一。

冲突域(collision domain) 共享传输介质的网络中发生访问冲突的网段。由于产生冲突,性能下降,限制了同一个冲突域内主机的数量。集线器连接的主机仍属于同一个物理网段,即同一个冲突域。交换机可以分隔冲突域,减少冲突。

虚拟局域网(virtual local area network; VLAN) 由局域网网段构成的与物理位置无关的逻辑组。是逻辑意义上的局域网。由 IEEE 802.1q 标准描述。网络设备和用户不受物理位置的限制,可以根据功能、部门和应用进行组合,虚拟局域网内的通信就好像在同一个网段中一样。优点是:有效地控制广播风暴的发生,网络拓扑结构的改变非常灵活,提高网络安全性。虚拟局域网的划分可以通过交换机和路由器实现。

VLAN 即“虚拟局域网”。

交换式局域网(switched local area netwok) 采用交换方式工作的局域网。以交换机为中心,计算机或局域网网段连接到交换机端口。每个端口独享带宽,端口之间以交换方式传递数据,不是共享介质,不存在访问冲突,而且几对端口之间可以同时交换数据包,进一步提高了速度。每个端口可以连接 1 台计算机,也可连接 1 台集线器,此集线器连接的所有计算机共享该端口的带宽。性能优于共享介质的局域网,得到广泛应用。

光纤分布式数据接口(fiber distributed data interface; FDDI) 一种环形光纤高速网。主要用于园区的主干网,也可用于城域网。采用 4B/5B 编码,传输速率 100 Mbps,环路长度 100 km,光纤总长度 200 km,可安装 1 000 个节点,最大站间距离 2 km。由两个光纤环组成,其介质共享采用令牌环的工作方式。正常情况下数据在主环中传输,主环出现故障时次环才工作。若光纤断路或站点出现故障,可将两个环连成一个单环,可靠性较高。但因控制复杂,已让位于更简单的高速以太网。

FDDI 即“光纤分布式数据接口”。

路由(routing) 报文在网络中传输的路径以及选择、建立到达目的地路径的过程。通过算法根据不同网络的要求选择最佳路径。例如,选择距离最短或延迟时间最短的路径;选择实现简单或性能最优的路径。选择确定的路径走向存放在路由器的路由表中。

路由算法(routing algorithm) 确定网络传输最佳路径的算法。考虑因素是计算和实现简单、能适应网络通信量和拓扑结构的变化、网络额外流量开销小、对所有用户都是公平的、鲁棒性好和具有稳定性。主要分两类:(1) 静态路由算法,按固定规则选择路径,包括泛洪路由和固定路由表。简单,开销小,但不能适应网络状态的变化,性能差。(2) 动态路由算法,亦称“自适应路由算法”。根据网络状态变化动态选择最佳路径,常用算法是距离向量路由和链路状态路由。能较好地适应网络状态变化,性能好,但实现较复杂。

路由协议(routing protocol) 进行路径选择的协议。路由器运行路由协议,根据协议要求交换路由信息,基于协议中的路由算法选择最佳路径,建立路由表,在网络拓扑发生改变后能自动更新路由表。分为自治系统内部的内部网关协议和自治系统之间的外部网关协议。前者主要有路由信息协议、开放最短路径优先协议、中间系统到中间系统协议。后者主要有边界网关协议。

路由表(routing table) 网络节点存放路径信息的记录。保存在路由器、计算机或交换节点内,用于指出报文到达目的地的路径走向。表项内容包括目的地址、子网掩码、路径开销、输出端口和对应的下一节点地址。其内容可以预先设置,更多使用的是根据路由算法动态地指出最佳路径。一般只要给出目的地址、下一节点地址和对应输出端口,就可正确转发。

泛洪路由(flooding routing) 一种静态路由算法。节点某个接口收到数据包后向除该接口外的所有接口转发。不需要计算路径,实现简单,可靠性高,但网络里的流量很大,数据包会重复到达某个节点。改进方案是:(1) 在数据包头部设一个计数器,每经过一个节点自动加 1,达到规定值,丢弃该数据包。(2) 在每个节点建立登记表,如收到重复的数据包则丢弃,不再转发。

距离向量路由(distance vector routing) 一种动态路由算法。路由表有两个向量,分别表示邻接节点和通过邻接节点到网上所有节点的最短路径"距离"。"距离"可以是"跳数",即到达目的节点所经过的节点数,或者是传播延迟时间等其他参数。发送报文前,检查路由表,根据最短"距离",选出到网上目的节点的最佳邻接节点,也就是报文送出的下一个节点。路由器周期性地与相邻站交换路由信息,交换的信息包括各邻站到整个自治系统中每台路由器的最新"距离"。根据所有邻站传来的路由信息,路由器检查经过每个邻站到所有目的网络的新的最短"距离",更新路由表。算法简单,但交换的路径信息量大,收敛速度慢,适合小型网络。

链路状态路由(link state routing) 一种基于最短路径优先算法的动态路由算法。首先每个路由器向所有连接链路发送询问报文,发现邻接节点,并得到其网络地址。通过回复知道到达各邻接节点度量值的链路状态参数,例如,延迟时间、带宽、距离等。然后组装包含相邻节点链路状态参数的数据包。再通过泛洪路由将此数据包发向本自治系统所有其他路由器。每个路由器收到数据包后计算得到从本地出发到达本自治系统所有节点的最短路径,并记入路由表。仅在拓扑结构发生改变时才发出新的链路状态数据包。得到的路由信息一致性好,更新过程收敛快,适用于大型网络。但每个路由器需要有较大的存储空间,计算工作量较大。

洋葱路由(onion routing) 在计算机上匿名通信的技术。目的是保护信息发送者和接收者的隐私以及信息内容。信息经过多次加密包装,如同洋葱的层次结构,然后被发送出去。经过数个称为洋葱路由器的网络节点,每个洋葱路由器将数据包的外层解密,获得路由信息,发往下一站,直至目的地。每个洋葱路由器只知道上一个节点的位置,但无法知道整个发送路径以及原发送者的地址,难以跟踪路径,如中途截获数据包,几乎无法获知原始信息,保密性非常好。

网段(network segment) 局域网中,通过物理层设备连接起来的网络。同一网段中的站点共享介质,会因争用介质而引起访问冲突。同一以太网网段中的站点通过载波侦听多路访问/冲突检测的方式解决冲突问题。如果一个网段的站点数量太多,会导致有效传输速率下降。

广播风暴(broadcast storm) 广播报文在网络中无休止传送的现象。后果是网络长时间被大量广播报文占用,所有主机都忙于处理这些无用的报文,最后造成网络瘫痪。产生原因有:不正确的网络设计、网络环路的形成、设备配置错误、设备故障、网络病毒的作用和恶意的攻击等。

服务质量(quality of service; QoS) 网络用户与服务者之间关于服务标准的约定。用于评价网络的服务水平,提供端到端的服务质量保证,提高网络资源利用率。包括质量评价的指标、分类和控制,可度量参数有:带宽、延迟时间、延迟抖动、分组丢失率和吞吐量等。网络根据服务质量进行资源预留、调度与管理。

QoS 即"服务质量"。

面向连接服务(connection-oriented service) 两个对等实体进行数据通信前必须先建立连接的通信方式。首先建立连接,然后在连接的通路上传输数据,结束时释放连接。按序传输数据,服务质量容易保证,但开销较大。虚电路属于此类服务。

无连接服务(connectionless service)　两个对等实体进行数据通信前不必建立连接的通信方式。其有关资源不需要预先保留。灵活方便,比较迅速,但不能保证服务质量。数据报属于此类服务。

数据报(datagram)　网络层处理的一种数据单元。用于无连接服务。网际协议采用数据报。包含目的地址,不需事先建立链路,每个数据报自行寻找路径。由于各自传输路径不同,到达目的地需要重新排序。通信子网工作较简单,每个数据报路径选择灵活,路由器失效的影响小,健壮性较好。但传输途中每个数据报需要花费时间查找路径,每个数据报路径不同,服务质量难以保证,拥塞控制较困难。

虚电路(virtual circuit)　两个节点之间传输数据前建立的逻辑信道。用于面向连接服务。所有报文分组都通过虚电路顺序传输,不必附加目的地址和源地址。分永久型和交换型两类,前者建立的连接一直保持,后者只在需要时才建立连接,每次通信结束即撤销。因分组顺序传输,到达目的地不会出现重复、乱序和丢失,可以预留资源,服务质量易保证,拥塞控制容易。但是建立连接需要时间开销,如果途中某个路由器失效,虚电路即断开,健壮性较差。

流量控制(flow control)　网络中协调发送方和接收方传输量的机制。使数据既能高速传输,又不会因接收方来不及接收而丢失。基本原理是限制发送方发送的数据量,使其不超过接收方的处理能力。控制方法有:(1) 基于反馈的控制,接收方向发送方返回允许发送多少数据的信息。(2) 基于速率的控制,通过协议内置的机制限制发送方的发送数据量。

网络拥塞(network congestion)　通信子网中分组数超过网络处理能力的现象。产生的原因有:进入网络的分组过多、网络带宽容量不够、节点存储空间不足、节点处理能力有限和网络结构不合理等。发生网络拥塞时,延迟时间增加,分组丢失,网络性能严重下降,甚至导致"拥塞崩溃"。必须通过拥塞控制避免网络拥塞的发生。

拥塞控制(congestion control)　处理网络拥塞的机制。是对网络整体的检测,防止过多的分组同时拥挤在网络中。有开环控制和闭环控制。前者通过完善的设计和较好的算法避免拥塞的出现。后者建立在反馈的机制上,首先监视网络的拥塞状况,将发生拥塞的信息传递给相关的节点,收到消息的节点采取措施控制拥塞。高速网络一般采用开环控制,低速网络一般采用闭环控制。

流量整形(traffic shaping)　调节进入网络的数据流速率和突发性所采取的技术。突发的流量容易造成网络拥塞,也不利于保证网络服务质量。通过流量整形,使发送的流量有一定的规律,网络可按流量的规律分配相应的资源。常用方法有漏桶算法和令牌桶算法。

漏桶算法(leaky bucket algorithm)　一种将突发数据流转换成平缓输出的技术。将到达的数据包先送到称为"漏桶"的缓存区,再按恒定的速率流向网络,达到流量整形目的。当输入流量超过缓存区的容量,则多余的被丢弃。

令牌桶算法(token bucket algorithm)　一种将突发数据流转换成平缓输出的技术。在"令牌桶"中存有令牌,以令牌数决定流向网络的数据量,达到流量整形的目的。每隔一定时间生成一个令牌存放在令牌桶中。如果桶中没有令牌,必须等到产生新令牌才能发送数据。如果没有数据发送,新令牌存放在令牌桶中。当令牌桶满,多余的新令牌就被丢弃。允许发送空闲时将令牌储存下来,以备突发数据时使用。

滑动窗口(sliding window)　数据传输流量的控制机制。采用两个大小可变的窗口:发送窗口和接收窗口。发送端的发送窗口用于控制发送的流量,包含一串连续的允许发送的帧的序号,窗口大小即是在没有接收到对方确认的情况下能够发送的帧的数量。发送方将窗口允许的帧发送后,如果没有收到接收方的确认,则停止发送。每当收到1个帧的确认后,发送方的帧号加1,即向前移动窗口位置,继续发送下一帧。接收端的接收窗口表示允许接收的数据帧序号。只有收到的数据帧的序号在接收窗口的范围内,才接收此数据帧,并向发送方回复确认,同时向前移动接收窗口位置,如不在接收窗口范围则丢弃该数据帧。传输控制协议采用该机制实现流量控制。

慢启动(slow start)　传输控制协议中控制网络拥塞的方法。设置拥塞窗口,表示网络的容量。另外再预设一个"慢启动阈值"。连接建立时,发送方将拥塞窗口的初始大小设置为最大的数据包长度,随后发送一个最大长度的数据包。如该数据包在定时器超时前得到确认,说明没有发生拥塞。发送方将原来的拥塞窗口增加一倍长度,发送两个数据包,如两个数据包都得到了确认,则再增加一倍长度,直到拥塞发生或到达“慢启动阈值”。如到达阈值,则拥塞窗口线性增长,直至拥塞发生。如发生拥塞,将阈值设为当前拥塞窗口的一半,并使拥塞窗口恢复到一个最大长度的数据包,重新进入慢启动过程。

点分十进制表示法(dotted decimal notation) 第4版网际协议地址的表示方法。目的是便于表达和阅读。将第4版网际协议地址的32位分成4个字节,每个字节用一个十进制数表示,字节和字节之间用脚点分开。例如:194.24.6.120。

冒分十六进制表示法(colon hexadecimal notation) 第6版网际协议地址的表示方法。目的是便于表达和阅读。将第6版网际协议地址的128位分成8组,每组16位。将每组的16位用4个十六进制数表示,每组之间用冒号分开,十六进制数的前导0可省略。例如:69DC∶8664∶FFFF∶FDFF∶0∶1280∶5D3A∶1232。

数据包分段与重组(packet fragmentation and reassembly) 将数据包分成小的传输单元,传输后再重新组合的方法。经过若干子网传输中的数据包如果超过每个子网的“最大传输单元”,或因硬件设备限制了最大数据包长度,必须将长的数据包分成小的单元,称“分段”。在接收端按原顺序将数据包拼合,称“重组”。有两种方法:(1)透明分段,在进入每个子网前按“最大传输单元”分段,离开该子网即进行重组。最终接收端不知道传输途中的分段过程。接收端工作量小,但途中的重组开销比较大,路由不灵活。(2)不透明分段,每次进入子网分段后离开时不进行重组,直至到达最后接收端,由接收主机重组。途中路径选择灵活,但每个分段需包含目的地址,增加分组开销。网际协议采用此方法。

网络地址转换(network address translation; NAT) 互联网中将内部私有网际协议地址转换为外部公网合法网际协议地址的技术。用于解决第4版网际协议地址的不足。有三种类型:(1)静态转换,私有网际协议地址固定转换为某个公有的网际协议地址。(2)动态转换,有多个合法的外部公网网际协议地址集,私有网际协议地址随机转换为任何指定的外部合法地址。(3)端口多路复用,改变外出数据包的源端口并进行端口的映射,内部网络的所有主机均共享一个外部合法地址实现互联网的访问。

NAT 即“网络地址转换”。

子网(subnet) 大型网络分割成的较小规模的网络。将第4版网际协议中的主机地址部分通过子网掩码方式进一步划分成子网地址。即把主机地址的若干位分配到网络地址部分,目的是提高第4版网际协议地址的利用率,并便于网络的配置和管理。参见“子网掩码”。

子网掩码(subnet mask) 用来指明第4版网际协议中哪些主机地址位被划属子网地址的位掩码。是32位二进制数,用1表示网络地址部分,用0表示主机地址部分,并用点分十进制表示法书写。例如一个C类地址:212.10.110.0,其末8位的主机地址可进一步划分子网。如每个子网最多只有20台主机,则主机只需要5位地址,剩余的高3位地址属于子网地址。子网地址连同原网络地址的24位共27位,子网掩码按点分十进制表示法,写成255.255.255.224。还有一种可变长度子网掩码,其不同子网的子网掩码可以有不同的长度,使得各个子网可以含有不同数量的主机。

无类域间路由(classless inter-domain routing; CIDR) 多个第4版网际协议地址聚合的方法。将多个地址块聚合生成一个更大的网络,目的是提高网际协议地址的利用率,减少互联网路由器的路由表项目数。采取此方法分配第4版网际协议地址时,不考虑A、B、C分类,也没有子网概念,只有“网络前缀”和“主机号”两级,使用“网络前缀”代替分类地址中的网络号和子网号。用“斜线记法”表示,在网际协议地址后面加上斜杠“/”,再写上网络前缀所占的比特个数。例如128.14.32.0/20,表示32位第4版网际协议地址中前20位是网络前缀,后12位是主机号。

CIDR 即“无类域间路由”。

地址解析(address resolution) 网络层的网际协议地址与数据链路层的物理地址之间的转换。网络中用户提供的是目的地网络层的网际协议地址,但实现数据帧的传输必须知道目的地数据链路层的物理地址。因此需要将网络层的网际协议地址通过解析转换成物理地址。反之,有时需要从物理地址解析得到网际协议地址。互联网由地址解析协议和反向地址解析协议完成这两项工作。

端口(port)　传输控制协议/网际协议系列中传输层与应用层之间的服务接口。由端口号标识。应用层的各个进程对应不同的端口与传输层实体进行交互。发送时,应用层进程在对应的服务端口将报文下发到传输层。接收时,传输层协议收到网际层协议递交的报文,根据其目的端口号上传给应用层对应的进程。传输的复用和分用功能也通过端口进行。按端口号分 3 类:(1) 公认端口,端口号 0～1023,用于指定协议的服务,例如:简单邮件传输协议使用 25 端口。(2) 注册端口,端口号 1024～49151,终端用户连接服务时使用。运行的应用程序向系统提出申请,系统就从这些端口中分配一个供程序使用。(3) 动态和/或私有端口,端口号 49152～65535,不为服务分配此范围端口,仅供用户进程选择暂时使用。

端口号(port number)　传输控制协议/网际协议系列中端口的编号。由 16 位组成,即 0 到 65535 之间的一个整数。参见“端口”。

网关(gateway)　亦称“协议转换器”。完成不同网络协议转换的设备。主要指传输层以上的协议转换。用于不同网络的互连。不同网络的协议可能不同,必须对协议进行转换,才能相互通信。既可用于广域网互连,也可用于局域网互连。

代理网关(proxy gateway)　私有网络与公有网络之间的联系者。可将来自公有网络中对私有网络的服务请求转发给私有网络,或将私有网络的回答信息转发给公有网络中的用户。常用于实现网络的安全过滤、流量控制和用户管理等。

虚拟专用网络(virtual private network; VPN)　在公用网络上建立的专用数据通信网络。为分布在不同地点的用户提供专用、安全的通信服务,进行加密通信。不是物理意义上的用户专用线路,而是以公用网络为基础建立的逻辑意义上的通信线路。可通过软件、硬件和专用服务器实现。既有公共网络的低成本优势,又有专用网的安全性、可管理性和良好的传输性能。特别适合于分散的大型企业。常用的协议有:第 2 层隧道协议、点对点隧道协议、网际安全协议。

VPN　即“虚拟专用网络”。

自治系统(autonomous system; AS)　互联网中由独立的管理实体控制的一组网络和路由器。内部可以自行选择路由协议来传递路由消息。内部的路由与其他自治系统无关。用于自治系统内部的路由协议称“内部网关协议”。每个自治系统选择一个或多个路由器与其他自治系统的某个路由器相连,使自治系统之间可以传输数据,这些路由器称自治系统的“边界路由器”。边界路由器之间传递路由消息的协议称“外部网关协议”。

AS　即“自治系统”。

域名(domain name)　因特网上主机或服务器的名称。与该主机或服务器的网际协议地址相对应,在因特网上是唯一的。便于识别、记忆和表达。采用树状层次结构,分顶级域名、二级域名、三级域名等。书写格式是一串用脚点分隔的字符。顶级域名写在最右侧,二级域名在其左侧,三级域名又在二级域名的左侧,依次类推。顶级域名分两类:国家与地区顶级域名、通用顶级域名。中国的国家域名是 cn。最早使用的通用顶级域名有:com 用于企业,edu 用于教育机构,gov 用于政府机构,mil 用于军事部门,net 用于网络机构,org 用于非营利性组织机构,int 用于国际组织。其中,edu、gov、mil 由美国使用。以后又陆续公布了一些新的通用顶级域名。在中国,上述通用顶级域名也用作二级域名。例如,域名 www.sjtu.edu.cn 中,cn 是顶级域名,表示中国。edu 是二级域名,表示教育机构。sjtu 是三级域名,表示上海交通大学。www 是四级域名,表示万维网服务器。

域名系统(domain name system; DNS)　由域名获得对应的网际协议地址的系统。是一个分布式数据库,存放域名与网际协议地址的映射关系。根据域名,通过解析,返回网际协议地址。全球设有根域名服务器,负责顶级域名解析。因特网又按国家、地区和行业划分成很多个不重叠、多层次的子域,每个子域的域名服务器维护本子域的域名数据库,负责本子域的域名解析。互联网名称与数字地址分配机构负责全球因特网的根域名服务器、域名体系的管理、IP 地址的分配和相关政策的制定。中国的域名系统由中国互联网络信息中心管理。

DNS　即“域名系统”。

域名解析(domain name resolution)　根据域名查找对应的网际协议地址的过程。常用递归查询方式。用户向本子域域名服务器提交查询请求,如果数据库中查到对应的网际协议地址,则发回结果。

如果没有记录，则向上一级域名服务器转发请求，逐级查询，直至有最终结果为止，并依原访问路径返回。可以采用迭代查询、子域服务器保存历史查询结果等方法加快查询过程。

多协议标签交换（multiprotocol label switching; MPLS） 利用标签进行报文转发的技术。支持多种网络协议，充分发挥第3层（网络层）路由的灵活性和第2层（数据链路层）交换的简捷性，以实现高速、高效传输。标签交换网络内部进行标签交换和报文转发的设备称“标签交换路由器”，位于标签交换网络边缘、连接其他网络的标签交换路由器称“边缘路由器”。当一个网际协议报文到达边缘路由器时，报文被添加标签，确定路由后转发。标签交换路由器根据标签而不是目标地址在内部索引表中查找正确的下一站路径，因为只有查表操作，路由器的转发速度非常快。当该网际协议报文离开标签交换网络时，标签由出口边缘路由器删除。

MPLS 即“多协议标签交换”。

无线局域网（wireless local area network; WLAN） 采用无线通信技术的局域网。由IEEE 802.11标准描述。分两类：固定接入点和自组织。在前者中，若干移动用户与接入点组成基本服务集，接入点相当于基站，与主干有线网相连。基本服务集内的用户可以直接通信，如与服务集外通信，只能通过接入点连入主干网，才能进行。后者是一种无中心节点、移动主机之间直接通信的网络系统。参见“自组织网络”、“Wi-Fi”（210页）。

WLAN 即“无线局域网”。

自组织网络（ad hoc network） 移动主机之间直接通信的无线网络系统。是无中心节点的对等网络结构。由IEEE 802.11标准描述。特点有：（1）网络具有自主性，以任意方式相互直接通信。不需要借助固定的接入点、路由器或其他网络设施。（2）动态变化的网络拓扑结构，移动主机的位置及成员数经常变动。（3）分布式控制，移动主机兼具路由器和主机功能，主机间地位平等。（4）与本机信号覆盖范围之外的主机进行通信时需要经过中间节点的多跳转发，涉及路由选择问题。（5）移动终端的特殊性，如主机功率比较小、传输带宽有限。

移动IP（mobile IP） 使移动主机在不同网络之间移动时仍能使用原有网际协议地址通信的方法。不同网络的网络号不相同，移动用户到达新的网络时，其原有的网际协议地址与新的网络的网络号不一致，将导致无法通信。第4版网际协议为解决网络如何发现移动主机新的所在地，在每个网络设立一个本地代理，当移动主机到达新网络时，先查知当地网络代理的地址，并告知原所在网络的代理。当一个报文到达移动主机原所在地网络，由本地代理通过隧道方式转发到移动主机新的位置。第6版网际协议则通过协议扩展的路由头部而非隧道来解决路由。

综合服务（integrated service） 亦称“集成服务”。提供预留资源的服务。在发送数据前向网络设备申请预约服务，以满足服务质量的要求。业务服务类型有：可保证业务、可控负载业务和尽力而为业务，还有对特定流的服务。主要使用资源预留协议，为每个数据流请求并保留网络资源。

区分服务（differentiated service; DiffServ） 为互联网的数据提供有区别的服务。进入网络的流量在网络边界根据服务要求进行分类和可能的调整，边界可以是自治系统的边界、管理边界或者主机。然后被分配到不同的集合中，每个行为集合用不同的标记来区分。在网络内，根据标记决定如何转发，实现不同类别的服务。第4版网际协议报头的“服务类型”字段和第6版网际协议报头的“流量等级”用于该服务。

网络管理（network management） 为保证网络有效运行，对计算机网络的硬件和软件资源进行的监测、配置、分析和控制。主要包括：网络故障管理、网络配置管理、网络性能管理、网络计费管理、网络安全管理。网络管理系统由管理站、被管对象、被管信息、管理协议组成。管理站是网络管理系统的核心，通常是具有良好图形界面的工作站，通过管理协议了解网络各设备和软件的运行信息，实施管理。被管对象是网络的硬件设备和工作软件，设备内部运行网络管理代理程序，简称“代理”，负责监视本设备运行状况，将运行记录存入管理信息库，并与管理站通信。因特网中最常采用的管理协议是简单网络管理协议。

网络故障管理（network fault management） 对网络被管对象故障的检测、定位和排除。是保障网络正常运行的重要环节。每个网络设备有一个预先设定的故障门限，超过门限表明出现故障，还要对故障进行归一化处理。管理站将故障以图形、故障列表、声音等多种方式呈现给管理员,并保存至故障数据库中。发生故障后要有进一步对故障进行隔离和修复的能力。

网络配置管理(network configuration management) 对网络被管对象的配置进行的定义、辨别、初始化和监控。使网络性能达到最优或实现某个特定功能。功能包括:对网络的初始化、配置信息的获取、完成自动配置和配置一致性检查等。

网络性能管理(network performance management) 对网络系统资源的运行状况及效率等性能进行的管理。功能包括:性能指标的确定、对性能的监测、性能参数的收集和分析、对性能参数的查询。

网络计费管理(network accounting management) 记录用户使用网络资源的情况并核收费用的操作。功能包括:计费政策的制定、计费数据的采集、数据的管理、数据的查询和费用的计算等。

网络安全管理(network security management) 对网络的运行安全实施的管理。保证网络不被非法使用。功能包括:安全措施的制定、网络系统的访问控制和监视、系统安全漏洞的检测和修复、网络软件的安全防护、网络传输的加密以及完整性保证、安全事件警告和安全日志记录等。

管理信息库(management information base; MIB) 网络被管对象运行信息的集合。每个被管对象都有其本地的管理信息库,本地管理信息库的集合构成了整个网络的管理信息库。管理站对被管对象的管理就是管理站对被管对象管理信息库内容的查看和设置。为区别库中的不同变量,简单网络管理协议的管理信息库采用称为“对象命名树”的数据结构。

MIB 即“管理信息库”。

隧道技术(tunneling technology) 使两个同构网络穿越一个异构网络进行通信的技术。典型应用是两个运行第6版网际协议的网络使用该技术穿越第4版网际协议网络实现相互通信,解决因特网同时运行两个版本网际协议出现的互联问题。基本原理是在第6版网际协议报文进入运行第4版网际协议的中间网络时由边界路由器用第4版网际协议封装,离开中间网络时再由边界路由器将封装卸去,进入下一个第6版网际协议的网络。

统一资源标识符(uniform resource identifier; URI) 采用特定语法标识资源的字符串。资源指在因特网上可以被访问的任何对象,包括:网页、文件、图像、声音以及与因特网相连的任何形式的数据。统一资源标识符包括统一资源名称和统一资源定位符。前者指出资源的名称,后者指出资源的位置。

URI 即“统一资源标识符”。

统一资源名称(uniform resource name; URN) 以特定的命名空间产生的名字来标注资源,与资源位置无关的统一资源标识符。提供了对字符数据进行编码的方法,从而使这些字符数据可以使用已存在的协议进行发送。RFC 2141 详细定义了统一资源名称的语法结构。

URN 即“统一资源名称”。

统一资源定位符(uniform resource locator; URL) 用于表示因特网上资源位置的地址。是一种统一资源标识符。由四部分组成。第一部分是传输该资源所用的应用层协议,常用的有访问万维网服务器的超文本传输协议(HTTP)和超文本传输安全协议(HTTPS)、访问文件服务器的文件传输协议(FTP)等。第二部分是资源所在主机的地址,可以是域名或网际协议地址,如果使用公认端口,可省略端口号。第三部分是资源在主机上的路径名,是由零或多个“/”符号隔开的字符串,可省略。第四部分是指定特殊参数的可选项。例如,https://www.sjtu.edu.cn 表示采用的协议是超文本传输安全协议,资源是域名为 www.sjtu.edu.cn 的主机的主页。

URL 即“统一资源定位符”。

超文本标记语言(hypertext markup language; HTML) 制作万维网网页的描述性标记语言。定义了排版命令,提供超链接。具有格式化文本、创建列表、建立表格、插入图片、加入多媒体非文字元素和添加交互式表单等功能。特点是简单、通用、可扩展、与平台无关。源程序文件的扩展名是 html 或 htm。

HTML 即“超文本标记语言”。

客户机 释文见8页。

服务器 释文见8页。

客户机/服务器结构(client/server architecture) 亦称“C/S 结构”。将信息体系分成客户机和服务器两部分,采用主从方式工作的信息组织和流动体系结构。客户机主动向服务器发出请求,并将服务器返回结果显示给用户。服务器由网络上的客户机共享,集中管理信息资源,接收并处理客户机的请求,发回处理结果。该结构将资源集中管理和处理,减轻了用户端的负担,应用较为广泛。

浏览器/服务器结构(browser/server architecture) 亦称“B/S结构”。改进的客户机/服务器结构。其客户端为浏览器,服务器端为万维网服务器。用户只需使用浏览器就可与万维网服务器和数据库交互工作,与一般的客户机/服务器结构相比,其客户端的工作量更少,无须专门开发应用界面,可操作性更强,用户使用更方便,是广泛应用的结构形式。但服务器的工作量较大,对服务器的性能要求更高。

非对称数字用户线(asymmetric digital subscriber line; ADSL) 在电话线路上实现上、下行传输速率不相同的网络传输技术。适应网络应用中用户上传的访问请求信息量小,下载的数据信息量大的特点,对线路上、下行的传输速率要求不对称。优点是使普通电话线也能用于高速数据传输。线路上行速率1 Mbps,下行速率8 Mbps,最高下行速率达12 Mbps。有两类调制技术:无载波振幅相位调制、离散多音调制,主流采用后者。

ADSL 即“非对称数字用户线”。

窄带综合业务数字网(narrowband integrated service digital network; N-ISDN) 提供端到端数字传输的电话网。网中以数字信号形式和时分多路复用方式进行通信。各种不同的业务信息经数字化后在同一个电话网络中传送。计算机产生的数据可直接在数字网中传输,话音和图像等模拟信号传输则必须在发送端进行模数转换,并在接收端进行数模转换。曾用于家庭用户接入互联网,但传输速率不高,已被互联网新技术取代。

N-ISDN 即“窄带综合业务数字网”。

宽带综合业务数字网(broadband integrated service digital network; B-ISDN) 在窄带综合业务数字网基础上发展起来的,满足语音、数据、静态和动态图像等多种业务需要的高速数据网。适用于多媒体数据的传输。由光缆传输,采用快速分组交换技术,使用虚通路,实现带宽动态分配,对高速图像提供质量保证。但成本太高,技术发展缓慢,已被互联网新技术取代。

B-ISDN 即“宽带综合业务数字网”。

帧中继(frame relay) 建立在高可靠的网络基础上,用于公用分组交换网的通信协议。是对X.25协议的简化,于1992年应用。以帧为单位传输,交换机只要识别目的地就立即转发,对出错帧直接丢弃。

异步传输模式 释文见65页。

混合光纤-同轴电缆接入网(hybrid fiber coaxial access network; HFC) 采用光纤和有线电视网络传输数据的宽带接入网。以光纤作为传输骨干,传输系统的终端节点经同轴电缆连接到用户终端。综合应用了模拟和数字传输技术、射频技术、同轴电缆和光缆技术。

HFC 即“混合光纤-同轴电缆接入网”。

数字数据网(digital data network; DDN) 中高速数字传输信道网络。有别于模拟线路,使用数字传输方式进行。由数字信道(如光缆、数字微波和卫星等)和相应数字交叉连接复用设备组成。网络传输质量好,时延小,可靠性高,通信速率可根据需要选择。用户可在该网络信道基础上组建专用的计算机网络,并设立自己的网管中心。

DDN 即“数字数据网”。

协议验证(protocol verification) 对协议的逻辑正确性进行检验的过程。目的是发现协议中可能出现的错误,验证协议是否能正确完成既定任务。方法有:可达性分析、不变性分析、等价性分析和协议模拟等。

协议一致性测试(protocol conformance testing) 检验协议的实现是否与协议规范描述的功能一致的测试。属于黑盒测试。首先对协议进行形式化描述,再根据协议的测试假设和错误模型生成抽象测试序列,接着根据测试序列测试对象,最后对测试结果进行分析,比较实际输出与预期输出的异同,判定是否与协议规范描述一致,得出一致性测试报告。

计算机网络性能评价(computer network performance evaluation) 对计算机网络的各项运行指标进行评估。目的是在设计阶段对方案进行选择和改进,在运行过程中预测网络运行效率。主要方法有:测量监测、数学分析和计算机模拟仿真。

传输介质

双绞线(twisted pair) 由两根绝缘铜线相互绞合而成的通信介质。与同轴电缆和光纤相比,传输距离较短,传输速率较慢,但价格便宜,安装方便,并且有适用短距离通信的高传输速率新品种。是局域网中普遍使用的通信介质。分屏蔽和非屏蔽两种。前者与外层绝缘封套之间有金属网屏蔽层，具有更高的传输速率和抗干扰性，但施工难度较大，价格较高。后者没有屏蔽层，但仍能满足较高传输速率的要求，价格便宜、线径小、易于安装、组网灵活，故使用较多。计算机网络采用 8 根线的双绞线，分成 4 对，通过 RJ－45 连接器接入到与其兼容的通信端口中。按传输频率和信噪比，分为：（1）1 类，主要用于语音传输，不用于数据传输。（2）2 类，传输频率 1 MHz，用于语音传输和最高传输速率 4 Mbps 的数据传输。（3）3 类，传输频率 16 MHz，用于语音传输及最高传输速率 10 Mbps 的数据传输，主要用于 10 Base－T。（4）4 类，传输频率 20 MHz，用于语音传输和最高传输速率 16 Mbps 的数据传输，主要用于基于令牌的局域网和 10 Base－T、100 Base－T。（5）5 类，一种常用的以太网电缆，增加了单位长度的绞合密度，外套高质量的绝缘材料，传输频率 100 MHz，用于语音传输和最高传输速率 100 Mbps 的数据传输，主要用于 10 Base－T、100 Base－T。（6）超 5 类，衰减小，串扰少，有更高的衰减与串扰的比值和信噪比，更小的时延误差，传输频率 125 MHz，用于千兆位以太网。（7）6 类，采用十字骨架结构隔离四对双绞线，改善了在串扰以及回波损耗方面的性能。传输频率 250 MHz，传输速率 1 000 Mbps。（8）超 6 类，传输频率 500 MHz，传输速率 10 Gbps，用于 10G Base－T。（9）7 类，传输频率 600 MHz，传输速率 10 Gbps。（10）8 类，传输频率 2 000 MHz，最高传输速度 40 Gbps，最大传输距离仅 30 m。7 类以上双绞线因传输速率高，采用双屏蔽层的结构，即线缆和每对线芯都带有屏蔽层。

同轴电缆（coaxial cable） 由同心的内导线和外屏蔽层构成的通信介质。与双绞线相比，有更高的带宽和更长的传输距离，抗干扰性也更好，应用于有线电视和计算机网络中，但成本较高，安装较难，在计算机局域网中已被双绞线取代。分基带同轴电缆和宽带同轴电缆两种，前者传输离散数字信号，用于计算机局域网，后者传输模拟信号，用于有线电视网中。按直径又分粗同轴电缆与细同轴电缆，前者的直径为 1.27 cm，适用于比较大型的局部网络，标准距离长，可靠性高，但安装难度大，总体造价高。后者直径为 0.26 cm，安装比较简单，造价低。

光纤（optical fiber） 用于通信的光学纤维。由光纤内芯和外层护套组成。具有高传输速率、低损耗的优点，抗干扰性能强，是理想的高速、远距离通信介质。分为多模光纤和单模光纤。前者是在给定的工作波长上传输多种模式的光纤，传输距离较短，为数百米到 2 000 米，但接入和传输的成本较低。后者的直径细，是在工作波长中只能传输一个传播模式的光纤，传输距离长，可达 100 km，但成本较高。

Wi-Fi（wireless fidelity） 亦称“无线保真”，俗称“无线宽带”。将个人计算机、手持设备等移动终端以无线方式连接的局域网技术。通过接入点实现短距离、较高速率的无线传输，适用于移动终端用户和手机上网的需要。使用的标准是 IEEE 802.11 协议。其名称来源于“无线以太网相容联盟”（Wireless Ethernet Compatibility Alliance；WECA）发布的业界术语，该联盟于 2002 年 10 月改名为 Wi-Fi 联盟（Wi-Fi Alliance）。

微波传输（microwave transmission） 以微波作为载波传输数据的方式。具有可用频带宽、通信容量大、传输损伤小、抗干扰能力强等特点。远距离传输须采用中继站接力方式来进行。易受外界因素影响，例如大气层折射引起的多径衰落、雨雾等气象引起的散射衰落。

通信卫星传输（communication satellite transmission） 使用人造地球卫星作为中继站实现数据传输的方式。由通信卫星和地面站组成数据通信网络，通信距离远，不受通信两端地理条件的限制，通信质量好，容量大，系统可靠性高，适用于偏远地区和无法接入宽带的用户。还可在客机上提供旅客连接互联网的服务。主要缺点是传输时延大，约为 500～800 ms。卫星寿命一般为几年至十几年，因此需要安排后继卫星。在高纬度地区难以实现卫星通信，而且也会受太空中的日凌和星食现象的影响而中断。

蓝牙（bluetooth） 一种短距离无线通信技术。常用于掌上电脑、笔记本电脑和手机等移动通信终端设备之间的无线通信。使用特高频（UHF）无线电波，经由 2.4～2.485 GHz 的频段（包括防护频带）进行通信。传输距离为民用 10 m，商用 100 m。采用基于数据包的主从架构，有基础速率/增强数据速率和低耗能两种技术类型，可同时传送语音和数据。具有便于集成、功耗小、抗干扰能力好、采用开放的技术标准、成本低和使用方便等优点，已得到广泛应用。蓝牙技术联盟（Bluetooth Special Interest Group）制定了蓝牙规范，2019 年推出 5.1 版。

可见光通信（visible light communication; VLC） 利用可见光源作为信号发射源的无线通信。主要使用的技术是 Li-Fi，即用白光 LED 灯作为光源，装上微芯片，控制它发出明暗闪烁信号，表示“0”和“1”。二进制数据被编码成灯光信号，进行有效传输。光敏传感器可以接收到这些变化。利用专用的、能够接发信号的计算机和移动信息终端，在室内灯光照明的范围内，可以下载和上传数据。即使光线调暗至人眼看不到的程度，仍然能够传输数据。优点是：(1) 传输速率高，因为使用可见光频段、频谱范围宽，单个数据信道的带宽可以很高，而且能够容纳更多的信道作并行传输，从而让整个传输速率大幅度提升。传输速率已超过 10 Gbps。(2) 能量消耗低，LED 灯发热量低，不需冷却设备。(3) 安全性好，光信号不能穿越墙体，仅在室内可见光范围内传输，室外无法窃取信号。光的成分复杂，具有波粒二象性，难以破解。并且上行和下行信道独立运行，黑客必须入侵两个信道才能完成攻击。(4) 操作容易，通过调整灯罩的方向就可调整目标区域，并且可直接看到数据发送的路线。局限性是：(1) 灯光被阻挡或光源消失，网络信号即被切断。(2) 要求每个使用者的附近都要有一个正在运行的光源。(3) 光的有效通信范围比电信号小。(4) 受环境干扰影响较大，如果光线过亮会影响信号正常传输。(5) 属于单向传送通路，需要一对通路来构成双向通信。2003 年国际上成立可见光通信联盟（Visible Light Communications Consortium, VLCC），可见光通信技术得到迅速发展。2014 年中国成立中国可见光通信技术创新联盟。

VLC 即“可见光通信”。

Li-Fi（light fidelity） 亦称“光照上网技术”“灯光上网技术”。利用可见光实现信息无线传输的技术。其概念由德国物理学家哈斯（Harald Hass）于 2011 年提出。参见“可见光通信”。

移动通信（mobile communication） 通信双方至少有一方处于运动状态的通信方式。系统通常由移动终端设备、基站和交换局组成。20 世纪 70 年代后期以来，蜂窝式移动通信经历从第 1 代到第 5 代的发展，采用的技术从模拟到数字，提供的服务从单纯的语音到高速传送大容量数据。移动通信与互联网技术结合而成的移动互联网正改变人们的生活方式。

第一代移动通信系统（first generation mobile communication system） 简称“1G”。采用模拟制式的蜂窝式移动通信系统。只能进行模拟制式的语音通话，1982 年部署。主要有高级移动电话系统 AMPS（advanced mobile phone system）和全接入通信系统 TACS（total access communication system）。语音通信质量不佳，易受干扰和窃听，通信费用高，标准兼容性差。

1G 即“第一代移动通信系统”。

第二代移动通信系统（second generation mobile communication system） 简称“2G”。采用数字化技术的蜂窝式移动通信系统。提供数字化的语音通信，1991 年开始陆续投入运行。与第一代移动通信系统相比，网络容量提高，通信质量和抗干扰性能有较大改善。主要标准包括全球移动通信系统 GSM（global system for mobile communication）和窄带码分多址系统 CDMA（code division multiple access）。

2G 即“第二代移动通信系统”。

第三代移动通信系统（third generation mobile communication system） 简称“3G”。除语音外，还能处理图像、音乐、视频等多种媒体形式的蜂窝式移动通信系统。1998 年提出标准，2001 年部署。数据传输速度有了大幅提升，能够提供网页浏览、电话会议和电子商务等多种信息服务，实现全球漫游。国际电信联盟认定 3 个商用标准：宽带码分多址 WCDMA（wideband code division multiple access）、码分多址 2000（CDMA2000）和时分－同步码分多址 TD－SCDMA（time division-synchronous code division multiple access）。

3G 即“第三代移动通信系统”。

第四代移动通信系统（fourth generation mobile communication system） 简称“4G”。在第三代移动通信系统基础上，传输速度更快、质量更高的移动通信系统。2010 年开始系统的规模建设，数据传输速率在静态下达到 1 Gbps，在高速移动状态下为 100 Mbps，传输质量有保证，进入真正意义的高速移动通信系统时代。主要标准有：长期演进系统 LTE（long term evolution）和长期演进系统升级版 LTE－

A(LTE－advanced)。其中LTE又分为：时分长期演进系统TD－LTE(time division long term evolution)和频分双工长期演进系统FDD－LTE(frequency division duplexing long term evolution)。

4G 即“第四代移动通信系统”。

第五代移动通信系统(fifth generation mobile communication system) 简称“5G”。高速率、高容量、高可靠的新一代移动通信系统。2019年世界各国陆续开始发放商用牌照。采用毫米波、微基站、大规模多发多收天线、波束成形以及邻近服务等新技术，使移动通信的带宽、容量、传输速度和延迟时间等性能得到极大的提高，峰值速率将达到10 Gbps以上，通信时延仅约1 ms。可应用于大流量移动宽带业务、海量物联网和高可靠超低时延连接，使物联网、车联网、智慧城市等“万物互联”的概念变为现实。

5G 即“第五代移动通信系统”。

网络标准和协议

10 Base－2 亦称“细缆网”。对应IEEE 802.3a标准，传输速率为10 Mbps的以太网。基带信号传输，传输介质是阻抗50 Ω的细同轴电缆。网络节点通过BNC－T连接器接到电缆上。每个网段的距离为185 m，如使用中继器，网段最大长度可扩展到300 m。因网络连接的可靠性较差，已停止使用。

10 Base－5 亦称“粗缆网”。对应IEEE 802.3标准，传输速率为10 Mbps的以太网。基带信号传输，传输介质是阻抗50 Ω的粗同轴电缆，网络节点通过AUI连接器接到电缆上。单段最大传输距离500 m，通过中继器/集线器连接5个网段，最长距离可达2 500 m。因成本较高，已停止使用。

10 Base－T 对应IEEE 802.3i标准，传输速率为10 Mbps的以太网。基带信号传输，传输介质是双绞线，每段双绞线最长100 m。可通过集线器连接成总线型以太网，网络节点使用RJ－45插头接入。安装方便，易于扩展，价格便宜，容易管理，性能良好，是广泛应用的以太网结构。

10 Base－F 对应IEEE 802.3j标准，传输速率为10 Mbps的以太网。基带信号传输，传输介质是光纤，最大网段长度2 km。网络节点通过光纤连接器接入网络。包括10 Base－FL、10 Base－FB和10 Base－FP。10 Base－FL是光纤中继器链路的升级。10 Base－FB用于连接多个集线器或交换机的骨干网技术，已废弃。10 Base－FP是无中继被动星形网，并无实际应用。

100 Base－T 传输速率为100 Mbps，基带信号传输，传输介质是双绞线的以太网。包括3个标准：(1) 100 Base－TX，对应IEEE 802.3u标准。使用两对5类非屏蔽双绞线，其中一对用于发送数据，另一对用于接收数据。采用4B/5B编码方式，最大传输距离100 m。是使用最多的快速以太网标准。(2) 100 Base－T4，对应IEEE 802.3u标准。使用四对非屏蔽双绞线或屏蔽双绞线，其中三对用以传输数据，一对进行冲突检验和控制信号的发送接收。采用8B/6T的编码方式，最大传输距离100 m。已很少使用。(3) 100 Base－T2，对应IEEE 802.3y标准。使用两对双绞线，无对应产品。

100 Base－FX 对应IEEE 802.3u标准，传输速率为100 Mbps，传输介质是光纤的以太网。能进行全双工传输，即一根光纤用于发送数据，另一根光纤用于接收数据。最大传输距离为2 km，采用4B/5B编码方式。用于骨干网和长距离传输，特别适合在有干扰或高保密的环境下使用。

1000 Base－T 对应IEEE 802.3ab标准，传输速率为1 000 Mbps的以太网。网段最大传输距离100 m。使用四对5类、超5类或6类双绞线，全双工传输，采用复杂的5级编码方式(4D－PAM5)。由于四对线同时进行双向传输，线对之间的串扰较严重，要求网卡以及网络设备的接口，如交换机或集线器，必须有串扰消除技术才能保证网络可以正常接收信号。

1000 Base－CX 对应IEEE 802.3z标准，传输速率为1 000 Mbps，使用双轴屏蔽铜缆的以太网。采用8B/10B编码方式，最大传输距离仅25 m。使用9芯D型连接器连接电缆。适用于交换机之间的连接，尤其适用于主干交换机和主服务器之间的短距离连接。

1000 Base－TX 对应TIA/EIA(电信工业协会/美国电子工业协会)的TIA/EIA－854标准，传输速率为1 000 Mbps的以太网。使用四对双绞线，以两对线发送，两对线接收，最大线缆长度100 m。由于每对线缆本身不进行双向的传输，大大降低线缆之间的串扰，同时采用8B/10B编码方式，对网络的接口要求比较低，降低了网络接口的成本，但必须使用6类或7类双绞线。

1000 Base－LX 对应IEEE 802.3z标准，传输速率为1 000 Mbps，使用长波激光信号源，传输介质是光纤的以太网。采用8B/10B编码方式。使用单模光纤时传输距离可达5 km，如使用多模光纤最大传输距离为550 m，当传输距离大于300 m时，可能需要采用特殊的调节发射插线。主要用于园区主干网。

1000 Base－SX 对应IEEE 802.3z标准，传输速率为1 000 Mbps，使用短波激光信号源，传输介质是光纤的以太网。采用8B/10B编码方式。只能使用多模光纤，依据不同参数材质的多模光纤，最大传输距离220~550 m。主要用于建筑物之间和短距离主干网。

万兆以太网标准(10－Gigabit ethernet standard) 传输速率达到10 000 Mbps(10 Gbps)的以太网标准。用于高速传输。工作在全双工方式，不存在争用问题，也不使用载波侦听多路访问/冲突检测(CSMA/CD)协议，但保留了以太网帧格式，通过不同的编码方式和波分复用提供10 Gbps的传输速率。按传输介质和工作方式，分为：(1) 10G Base－T，对应IEEE 802.3an标准，使用6类双绞线时传输距离为55 m，使用超6类和7类双绞线时传输距离可达100 m。四对双绞线的每一对可在两个方向上以2 500 Mbps速率发送。(2) 10G Base－CX4，对应IEEE 802.3ak标准，使用短距离铜缆，最大传输距离为15 m。(3) 10G Base－SR，对应IEEE 802.3ae标准，采用多模光纤，传输距离为400 m。(4) 10G Base－LR，对应IEEE 802.3ae标准，采用单模光纤，传输距离为10 km。(5) 10G Base－ER，对应IEEE 802.3ae标准，采用单模光纤，传输距离为40 km。(6) 10G Base－LRM，对应IEEE 802.3aq标准，采用多模光纤，传输距离为220 m。(7) 10G Base－PR，对应IEEE 802.3av标准，用于以太网的无源光纤网络，传输距离为20 km。(8) 10G Base－LX4，对应IEEE 802.3ae标准，多模光纤传输距离300 m，单模光纤传输距离10 km。很少使用。

IEEE局域网标准(IEEE local area network standard) 亦称"IEEE 802系列标准"。IEEE 802局域网/城域网标准委员会制定的局域网和城域网技术标准。被国际标准化组织采纳，称"ISO8802标准"。定义了局域网的物理层和数据链路层，将数据链路层划分为逻辑链路控制子层和介质访问控制子层两个子层。包含一组子标准系列，主要有：802.1是局域网概述、体系结构和网络互连，以及网络管理和性能测量；802.2定义了逻辑链路控制子层；802.3定义了带冲突检测的载波侦听多路访问的以太网规范；802.4定义了令牌总线网；802.5定义了令牌环形网；802.6定义了城域网规范；802.7是宽带技术；802.8是光纤技术；802.9定义了在介质访问控制子层和物理层上综合语音和数据的技术；802.10定义了局域网安全标准；802.11是无线局域网规范；802.12定义了需求优先访问方式(100VG－AnyLAN)；802.14定义了交互式电视网，规范相应的技术参数；802.15是无线个人局域网标准；802.16是宽带无线网接入标准；802.17制定弹性分组环网(resilient packet ring)访问控制协议及有关标准；802.18是无线监管技术；802.19开发无许可证的无线网络共存标准；802.20提出移动宽带无线接入；802.21规范在不同IEEE 802网络之间切换的机制；802.22定义无线区域网标准，即在现有电视频段利用暂时空闲的频谱进行无线通信的区域网空中接口标准；802.23规范紧急服务行为。

IEEE 802.1标准(IEEE 802.1 standard) 对局域网IEEE 802系列协议的概述。是IEEE局域网标准的子标准。描述了IEEE局域网标准与开放系统互连参考模型之间的联系，解释这些标准如何与高层协议交互，定义了标准化的介质访问控制子层地址格式。在802.1后面加上小写字母，表示不同的协议。IEEE 802.1a定义局域网体系结构；IEEE 802.1b定义网际互连、网络管理及寻址；IEEE 802.1d定义生成树协议(STP)；IEEE 802.1p定义流量优先权控制标准；IEEE 802.1q定义了虚拟局域网的实现；IEEE 802.1s定义多生成树协议(MSTP)；IEEE 802.1w定义快速生成树协议(RSTP)；IEEE 802.1x亦称"基于端口的访问控制协议"，定义基于客户机/服务器的访问控制和认证。

IEEE 802.2标准(IEEE 802.2 standard) 局域网逻辑链路控制子层的标准。与ISO 8802/2对应。是IEEE局域网标准的子标准。包括：(1) 网络层与逻辑链路控制子层之间的接口服务规范。(2) 逻辑链路控制子层与介质访问控制子层之间的接口服务规范。(3) 逻辑链路控制子层的协议数据单位结构。(4) 协议的类型、要素和详细说明。逻辑链路控制子层提供三种服务方式：无确认的无连接服务、面向连接的服务和有确认的无连接服务。

IEEE 802.3 标准(IEEE 802.3 standard) 以太网的技术标准。是IEEE局域网标准的子标准。包括一组分别定义传输速率10 Mbps、100 Mbps、1 000 Mbps、10 Gbps的子标准系列。在总线结构的局域网上采用载波侦听多路访问/冲突检测(CSMA/CD)接入方式。在物理层规定了服务规范、访问单元接口(AUI)规范、介质附接部件(MAU)、基带介质规范、宽带规范、转发器规范等。在介质访问控制子层规定了服务规范、介质存取控制方法、介质存取控制帧结构、相邻层接口、网络管理等。

IEEE 802.4 标准(IEEE 802.4 standard) 令牌总线局域网的技术标准。与ISO 8802/4对应。是IEEE局域网标准的子标准。主要内容包括：(1) 通信介质，单信道总线介质规范、宽带信道总线介质规范。(2) 物理层，单信道总线物理层规范、宽带信道总线的物理层规范。(3) 介质访问控制子层，帧格式、介质访问控制子层操作要素、介质访问控制子层定义和要求、介质访问控制子层接口服务规范。

IEEE 802.5 标准(IEEE 802.5 standard) 令牌环形局域网的技术标准。与ISO 8802/5对应。是IEEE局域网标准的子标准。主要内容包括：(1) 通信介质，站与介质连接的规范、信号特征、介质接口连接器。(2) 物理层，符号编码与译码、数据传输速率、符号定时，物理层对介质访问控制子层的服务。(3) 介质访问控制子层，帧格式、令牌环协议、服务规范。

IEEE 802.11 标准(IEEE 802.11 standard) 无线局域网的物理层和介质访问控制子层标准。是IEEE局域网标准的子标准。主要用于办公室、楼宇和园区局域网范围，解决用户与用户终端的无线接入。包括30余条子序列标准，主要有：(1) IEEE 802.11a，批准时间晚于802.11b，采用与原始标准相同的核心协议，工作频率为5 GHz，基于正交频分多路复用，其中48个子载波携带数据，4个子载波用于同步控制。最大原始数据传输率为54 Mbps。冲突较少，但被限制在直线范围内使用，需要更多的接入点。传播距离不如802.11b。(2) IEEE 802.11b，工作在2.4 GHz的ISM频段，物理层上使用补码键控调制方式，最大数据传输速率达到11 Mbps，采用载波侦听多路访问/冲突避免(CSMA/CA)技术和请求发送/清除发送技术，从而避免网络冲突的发生，提高了网络效率。有自组织和固定接入点两种方式。(3) IEEE 802.11g，载波频率为2.4 GHz，共14个频段，物理层上使用正交频分复用调制方式。数据传输速率54 Mbps。在介质访问控制上，采用载波侦听多路访问/冲突避免的方式。其设备能和802.11b设备在同一个接入点网络里互联互通。有些无线路由器厂商因市场需要在802.11g标准上另行开发新标准，并将理论传输速度提升至108 Mbps或125 Mbps。(4) IEEE 802.11i标准，为加强802.11的安全加密功能而制定，增加了无线局域网的数据加密和认证性能。定义临时密钥完整性协议(TKIP)、计数器模式密码块链信息认证码协议(CCMP)和无线鲁棒认证协议(WRAP)三种加密机制。认证采用802.1x访问控制，实现无线局域网的认证与密钥管理，并通过四向握手过程与组密钥握手过程，创建、更新加密密钥。(5) IEEE 802.11n标准，工作在2.4 GHz和5 GHz两个工作频段，能与以往标准兼容。传输采用多入多出与正交频分复用相结合的技术，使传输速率得以提高，4根天线及新的传输技术使传输距离增加。在标准带宽(20 MHz)上最高速率达到300 Mbps，在双倍带宽(40 MHz)上最高速率可达600 Mbps。(6) IEEE 802.11ac标准，亦称“第5代Wi-Fi”，建立在802.11n技术基础之上，理论上能够提供1 Gbps带宽进行多站式无线局域网通信，或者最少500 Mbps的单一连线传输带宽。多输入多输出空间流增加到8个，下行多用户的多输入多输出数据流最多至4个，高密度的调制达到256QAM，使数据信道总带宽提升至160 MHz。

IEEE 802.15 标准(IEEE 802.15 standard) 无线个人局域网的短程无线通信标准。是IEEE局域网标准的子标准。主要用于各种个人电子设备与个人计算机的无线自动互联，具有低能量、低成本、适用于小型网络及通信设备等特点。分别有：(1) IEEE 802.15.1标准，蓝牙无线个人区域网络标准，与蓝牙v1.1兼容。(2) IEEE 802.15.2标准，是对蓝牙和802.15.1的一些改进，目的是减轻对802.11b和802.11g网络的干扰。(3) IEEE 802.15.3标准，旨在实现高传输速率；(4) IEEE 802.15.4标准，用于低速率短距离的无线个人局域网。

IEEE 802.16 标准(IEEE 802.16 standard) 宽带

无线网接入标准。是IEEE局域网标准的子标准。采用微波接入全球互通标准(worldwide interoperability for microwave access; WiMAX),解决城域网中"最后一千米"问题。包含一组子序列标准,如:IEEE 802.16a对802.16进行了扩展,对使用固定宽带无线接入系统的接口物理层和介质访问控制子层进行了规范,比802.16更具有市场应用价值;IEEE 802.16d是802.16的一个修订版本,也是相对比较成熟且具有实用性的一个标准版本;IEEE 802.16e是针对802.16d的修正版本,增加了移动机制;IEEE 802.16m成为下一代WiMAX标准,可支持超过300 Mbps的下行速率。

请求注解(request for comments; RFC) 因特网的技术资料汇编。文件经因特网协会审核后给定编号并发布,到2019年8月,RFC文件编号已超过8600。主要有:(1) 已经或者致力于成为因特网标准的文件。(2) 对因特网的使用和管理提供一些一般性指导,反映一些技术趋势、相关组织工作进展的文件。(3) 提供有关因特网知识性内容的文件。(4) 其他与因特网相关的文件。RFC标准的形成过程是:首先发布因特网草案文件,再经过建议标准阶段,由感兴趣的团队评注,通过大量的实践论证和修改,最后成为正式的因特网标准公布。几乎所有的因特网标准都收录在"请求注解"中。

RFC 即"请求注解"。

X.25协议(X.25 protocol) 公用分组交换网的协议。于1976年提出。由物理层、数据链路层、分组层三层协议结构组成,分别对应开放系统互连参考模型的物理层、数据链路层和网络层。物理层定义数据终端设备(DTE)和数据电路设备(DCE)之间的物理接口,包括物理接口的机械、电气、功能和过程特性。数据链路层实现DTE和DCE之间数据的传输,包括帧格式、差错控制和流量控制等。分组层采用虚电路技术,建立和清除交换虚电路连接,实现任意两个DTE之间数据的可靠传输,包括分组格式、路由选择、流量控制以及拥塞控制等。采用X.25协议的分组交换网络是在早期低速、高出错率的物理链路基础上发展起来的,已不适应高速网络的需要。

高级数据链路控制协议(high-level data link control; HDLC) 面向比特流的数据链路层经典协议。起源于国际商业机器(IBM)公司的数据链路层协议,由国际标准化组织(ISO)修改后定义为国际标准,是X.25协议的一部分。用01111110作为帧头和帧尾标记。有3类帧:信息帧用于传输数据,监控帧用于实现差错控制和流量控制,无编号帧用于链路建立、拆除以及多种控制。主要功能有:帧控制、帧同步、差错控制、流量控制、链路管理等。曾是数据链路层的重要协议,但由于通信信道的可靠性比过去有了很大提高,出错概率低,没有必要在数据链路层使用很复杂的协议来实现数据的可靠传输,已很少使用。

HDLC 即"高级数据链路控制协议"。

点对点协议(point-to-point protocol; PPP) 在点对点的链路上实现报文发送和接收的协议。工作在数据链路层,支持多种网络层协议,可用于不同类型的物理介质之上。由三部分组成:(1) 将网络层数据报封装成帧的方法。(2) 建立、配置数据链路连接的链路控制协议(link control protocol),用于启动和测试线路,协商参数,结束时关闭线路。(3) 网络控制协议(network control protocol),用于选择和配置不同的网络层协议。是面向字节而不是面向比特的,帧的长度是字节的整数倍。在因特网中广泛使用。

PPP 即"点对点协议"。

传输控制协议/网际协议(transmission control protocol/ internet protocol; TCP/IP) 将不同的网络互连起来并定义数据在它们之间传输标准的协议系列。是因特网最主要的协议系列,其中两个最重要的协议是传输控制协议(TCP)和网际协议(IP)。由高到低分为应用层、传输层、互联网层、网络访问层4层。应用层包含网络中常见的应用协议。传输层提供端到端的传输功能,即不同主机上的进程之间的通信。互联网层解决不同网络之间的互连。网络访问层使互联网层的接口与物理网络相连接,在本协议系列中对该层没有定义。应用层协议必须有传输层协议的支持才能工作,传输层的工作又依赖互联网层的协议,最后通过底层的网络访问层交由物理网络完成真正的数据传输。

TCP/IP 即"传输控制协议/网际协议"。

传输控制协议(transmission control protocol; TCP) 传输控制协议/网际协议系列传输层的核心协议。为应用进程之间提供面向连接的、可靠的全双工传输。数据传输前必须先建立连接,连接建立后,两个方向可以同时传输数据。传输结束后需要断开连接。该协议采用重发机制实现差错控制,使用滑动窗口协议实现流量控制,使用拥塞窗口和慢启动过程实现拥塞控制。报文的头部组成如下: 源端口号(16 位);目的地端口号(16 位);序号(32 位);确认号(32 位),期望收到对方的下一个报文段的数据的第 1 个字节的序号;数据偏移(4 位),指出报文头部长度;标志位(8 位);窗口大小(16 位),控制对方发送的数据量,单位为字节;校验和(16 位);紧急指针(可选,16 位);额外选项(可变)。因特网中面向连接的应用都是通过传输控制协议相对应的端口实现双方的连接。

TCP 即"传输控制协议"。

用户数据报协议(user datagram protocol; UDP) 简单的面向数据报的传输控制协议/网际协议系列传输层协议。为应用进程之间提供无连接的、不保证可靠性的传输服务。仅在网络层的数据报之上增加了端口的连接,常用于传输多媒体数据或一些简单的请求/响应服务。使用时,传输的正确性必须由上层协议保证。因特网中的域名系统、路由信息协议、简单网络管理协议的传输层都采用该协议。

UDP 即"用户数据报协议"。

网际协议(internet protocol; IP) 传输控制协议/网际协议系列互联网层的核心协议。主要工作是实现不同网络的互连。报文由头部和数据两部分组成。网际协议有两个版本。(1) 1981 年公布第 4 版(IPv4),已被广泛使用。报文的头部字段定义为: 协议版本(4 位);头部长度(4 位);区分服务(8 位),区分不同类型的服务;总长度(16 位),包含头部和数据总长度;标识(16 位),让目的地主机确定到达的分段属于哪一个数据报;标志(3 位),用于分段标志;分段偏移量(13 位),指出该分段在当前数据报中的位置;生存期(8 位),多余的数据报经过每个节点值依次减 1,直至减少为 0 后被丢弃;协议(8 位),指出在目的主机网际协议处理完后,上交给哪个协议接收;报头校验和(16 位),保护本协议报头的完整性;源地址(32 位);目的地址(32 位);选项(位数可变),允许网际协议支持各种选项,如安全性、路由信息等。(2) 1998 年公布第 6 版(IPv6)。与第 4 版相比,具有更大的地址空间;对协议头部进行了简化;采用扩展报头的方式,更好地支持功能选项;改进了安全性;更多地考虑服务质量。报文头部包括: 协议版本(4 位);流量等级(8 位),区分数据包的服务类别,用于服务质量;流标记(20 位),用来标识同一个流里面的报文;有效载荷长度(16 位);下一个头部(8 位),指明报头后接的报文头部的类型;跳数限制(8 位),相当于第 4 版中的生存期;源地址(128 位);目的地址(128 位)。报文中不再有"选项"字段,而是通过扩展报头来实现选项的功能。扩展功能包括逐跳选项、目的地额外信息、路由、分段、认证、加密安全。

IP 即"网际协议"。

网际协议地址(internet protocol address) 亦称"IP 地址"。运行网际协议的互联网中每个网络接口的唯一标识。是一个屏蔽物理地址差异的逻辑地址。网际协议的第 4 版 IPv4 和第 6 版 IPv6 的地址格式不同。(1) 第 4 版的地址由 4 字节(32 位)组成,分成前缀和后缀两个部分。前缀是网络号,是主机所在的物理网络的编号。后缀是主机号,表示主机在物理网络中的编号。网络号分为 A、B、C、D、E 5类。前 3 类是单播地址,用来标识一个唯一的接口,A 类是 8 位网络地址,24 位主机地址,用于大型网络。B 类是 16 位网络地址,16 位主机地址,用于中型网络。C 类是 24 位网络地址,8 位主机地址,用于小型网络。D 类是多播地址,E 类是保留地址。第 4 版地址采用点分十进制表示法。(2) 第 6 版的地址由 16 字节(128 位)组成,地址数可达到约 3×10^{38}个,解决了第 4 版地址不足的问题。分为单播、多播和任播 3 类,地址类型由地址前缀部分确定。单播地址是点对点的通信,多播地址是一点对多点的通信。任播地址是标识一组接口的标识符,发送到一个任播地址的数据报将被送到该地址所标识的一组接口中的任意一个接口上,通常是根据路由协议实测距离最近的一个接口。第 6 版地址采用冒分十六进制表示法。

私有网际协议地址(private IP address) 第 4 版网际协议为内部网络使用而指定的地址。目的是解决第 4 版网际协议的地址短缺。只准许在内部网使用,当访问外部的互联网时,通过网络地址转换设备转换成互联网的公有地址。因不同的内部网可以使用相同的私有网际协议地址而不必担心在互联网上重复,提高了地址的利用率。规定的三个私有网际协议地址范围如下: 10.0.0.0~10.255.255.255;172.16.0.0~172.31.255.255;192.168.0.0~192.168.255.255。

网际安全协议(IP security protocol; IPSec) 网络层的安全协议。解决网际协议存在的以下安全性问题:无法确认发送方身份的真实性,无法确认发送数据的完整性,无法保证在传送途中报文未被泄密。有两个主要内容。一是新增2个协议:认证头部和封装安全载荷,前者提供对源站的鉴别和数据完整性的保证,后者提供源可靠性、完整性和保密性的支持。二是因特网安全关联及密钥管理,用来处理创建密钥的工作。该协议使用两种应用模式:(1)传输模式,用于主机和主机之间端到端通信的数据保护。(2)隧道模式,用于网关到网关,主机与企业内网或两个企业内网之间通过公网进行通信。

IPSec 即"网际安全协议"。

地址解析协议(address resolution protocol; ARP) 将网际协议地址映射到本地网络能够识别的主机物理地址的网络层协议。例如在以太网中,将目的主机的32位网际协议地址转换成48位以太网物理地址,即MAC地址。有两个主要的报文:请求报文和应答报文。当一台计算机需要知道目的主机网际协议地址对应的MAC地址时,发送一条请求报文,其中包含了所请求的网际协议地址。该报文以广播方式发送给子网中的所有站点。收到报文的每个站点检查所请求的网际协议地址是不是本机的网际协议地址。如是,则发回包含其MAC地址的应答报文,否则不作应答。

ARP 即"地址解析协议"。

反向地址解析协议(reverse address resolution protocol; RARP) 将网络节点的物理地址解析转换成网际协议地址的协议。作用与地址解析协议相反。主机首先发送一个该协议的广播请求,在广播报文中包含了本机的物理地址,收到请求的协议服务器检查协议列表,查找该物理地址对应的网际协议地址。如果网际协议地址存在,协议服务器就给源主机回复一个包含此网际协议地址的应答报文,供该主机使用。如果不存在,协议服务器不作应答。

RARP 即"反向地址解析协议"。

动态主机配置协议(dynamic host configuration protocol; DHCP) 为网络上的主机动态地分配网际协议地址和其他信息,以便主机可以与其他端点进行通信的协议。可使主机不必占用一个固定的网际协议地址,也不需要人工干预,而是在连接网络时从服务器自动获取网际协议地址,离开网络时释放该地址,使网际协议地址可以重复使用。例如,家庭用户只是上网时需要网际协议地址,不上网时该地址就可以给其他用户使用。该协议使移动用户移动到某一网络时,不需要手工配置网际协议地址,无须关注移动过程。

DHCP 即"动态主机配置协议"。

路由信息协议(routing information protocol; RIP) 自治系统域内部,路径选择基于距离向量路由算法的路由协议。有2类报文:请求和响应。当路由器刚接上网络,就发送请求报文,请求获得路由信息。邻接站点收到请求报文后,会发送响应报文,其中包含本站已知的路由信息。正常工作状态下,相邻路由器之间定时交换响应报文。当网络拓扑发生变化时,相邻路由器之间也相互通告。优点是计算简单,缺点是网络中路由变化信息传播缓慢,主要适用于规模较小的网络。

RIP 即"路由信息协议"。

开放最短路径优先协议(open shortest path first protocol; OSPF) 自治系统域内部,路径选择采用链路状态路由算法的一种路由协议。有5类报文:(1)Hello报文,发现相邻路由器的可达性;(2)数据库描述报文,给出链路状态数据库的最新信息;(3)链路状态请求报文,请求获取一条或多条新的路由信息;(4)链路状态更新报文,用于通知相邻路由器链路新的状态,提供拓扑数据库用到的成本信息;(5)链路状态确认报文,是对链路状态更新报文的确认。

OSPF 即"开放最短路径优先协议"。

中间系统到中间系统协议(intermediate system-to-intermediate system; IS-IS) 自治系统域内部,路径选择采用链路状态路由算法的一种路由协议。最初由国际标准化组织制定,后经扩充,可用于传输控制协议/网际协议系列。在路由域内采用分层结构,一个大的路由域将被分成多个小的区域。有3类路由器:L1、L2和L1/L2,实现区域内、主干网和区域间的路由管理。发送链路状态协议数据单元进行路由信息通告,由Hello数据单元发现邻居和创建邻接,序号协议数据单元使路由器保持最新的、有效的链路状态信息。路由器使用最短路径优先算法最终确定路由表。

IS-IS 即"中间系统到中间系统协议"。

边界网关协议(border gateway protocol; BGP)

自治系统之间的外部网关路由协议。路径选择采用路径向量路由算法,基于路径、网络策略或规则集来决定路由。有4类报文:(1) 打开报文,创建对等体的连接关系,并与邻站建立传输控制协议连接;(2) 更新报文,用于在对等体之间交换路由信息,既可发布可达路由信息,也可撤销不可达路由信息;(3) 保活报文,周期性地交换信息,用来告诉对方自己在工作,保持连接的有效性;(4) 通知报文,告诉对方检测到一个错误或一个路由器打算关闭。适合扩展到大型网络,在同一个自治系统中的两个或多个对等实体之间常运行该协议的一个变种,称"内部BGP"(IBGP; internal BGP)。而不同的自治系统的对等实体之间运行的 BGP 称"外部 BGP"(EBGP; external BGP)。1995 年发布第 4 版 BGP4,主要增强的功能是通过支持无类别域间路由和路由聚合来减少路由表的大小。

互联网控制报文协议(internet control message protocol; ICMP) 用于发送差错报告和一些控制信息的网络层协议。可在网际协议因故无法完成数据包的传送时向数据包的发送方发送一个差错报告。也可在网络发生拥塞时通知网络中的相关主机减小发送速率。还可用于探测互联网中两个站点之间是否可达或可传送同步消息,互联网中常用的两个命令 ping 和 traceroute 都是基于该协议实现的。

互联网组管理协议(internet group management protocol; IGMP) 管理多播组成员的网络层协议。当某个主机要求加入新的多播组时,该主机向多播地址发送报文,表明要求成为该组成员。本地多播路由器收到该报文后将组成员关系向网上其他多播路由器转发,以与相关路由器建立联系。因多播组成员是动态变化的,本地多播路由器周期性地询问本地网络上的主机,以确定这些主机是否仍是组成员。如果多次询问某个组后没有一个主机响应,则多播路由器认为该组成员都已离开,将停止向其他多播路由器转发该群组成员信息。协议第 2 版增加了主机离开成员组的信息,允许迅速报告组成员离开的情况。

简单网络管理协议(simple network management protocol; SNMP) 用于在网络设备之间交换网络管理信息的应用层协议。运行在用户数据报协议之上。基本功能有监视网络性能、检测分析网络差错和设置网络设备。基本配置有网络管理者、网络管理代理者和存放被管理对象信息的管理信息库。网络管理者进程和代理者进程之间利用该协议进行通信。每一个支持该协议的网络设备都有一个代理者,它将该设备的运行情况存放在管理信息库中供查询,管理者通过该协议向各设备上的代理者发出请求,收集各设备的运行情况。

SNMP 即"简单网络管理协议"。

简单邮件传输协议(simple mail transfer protocol; SMTP) 用于传输电子邮件的应用层协议。规定了邮件发送方和接收方的数据传输过程及传输格式。每个邮件服务器都包含发送和接收两个进程,传输邮件时,发送进程提取出接收邮件的主机域名,与接收主机的邮件服务器接收进程建立一个基于传输控制协议的连接。在该连接的基础上再建立简单邮件传输协议的连接,传输邮件信息。传输完毕后,断开简单邮件传输协议和传输控制协议的连接。该协议只能传送 ASCII 码邮件,需使用多用途互联网邮件扩展进行补充。

SMTP 即"简单邮件传输协议"。

多用途互联网邮件扩展(multipurpose internet mail extensions; MIME) 一个扩展的电子邮件标准。解决早期互联网电子邮件系统只能处理 ASCII 字符的局限性。规定了用于表示各种数据类型的方法,允许在邮件中使用 ASCII 字符集以外的内容。定义了新的邮件报文头部,以提供与该报文主体相关的信息,包括:版本号;邮件主体内容的描述;对数据所执行的编码方式;邮件内容的类型和格式。内容的类型有:文本、图片、音频、视频、封装的邮件、应用程序和任意的二进制数据等,还有多种类型的组合。超文本传输协议中也使用了该标准的框架,标准被扩展为互联网媒体类型。

MIME 即"多用途互联网邮件扩展"。

邮局协议(post office protocol; POP) 从邮件服务器读取邮件并下载到计算机上的应用层协议。采用客户机/服务器的工作方式,用户计算机上运行该协议的客户进程,邮件服务器上运行该协议的服务器进程。协议支持离线邮件处理,邮件发送到邮件服务器上,邮件客户端调用邮件客户机程序以连接服务器,并下载所有未阅读的电子邮件,使用户可以在自己的计算机上处理接收到的邮件。1996 年发布第 3 版,称 POP3,只要用户从邮件服务器读取了邮件,服务器就将该邮件删除。改进的 POP3 可以通过设置使用户下载邮件后，不删除服务器端的邮件。另外还有提供加密功能的 POP3S。

POP 即“邮局协议”。

互联网信息访问协议（internet message access protocol；IMAP） 从客户端访问电子邮件服务器，收取邮件的协议。为用户提供有选择地从邮件服务器接收邮件、基于服务器的信息处理和共享邮箱功能。用户可以通过浏览邮件头来决定是否要下载邮件，也可在服务器上创建或更改文件夹或邮箱，删除邮件或检索邮件的特定部分。支持三种操作模式：离线模式（offline）、在线模式（online）、断开连接模式（disconnected）。使用最多的是 IMAP 第 4 版第 1 次修订版 IMAP4rev1。

IMAP 即“互联网信息访问协议”。

超文本传输协议（hypertext transport protocol；HTTP） 万维网客户端和服务器端之间传输信息所用的协议。完成万维网上各种超链接的建立和断开，具有下载、上传或删除网页的功能。是一个简单的请求-响应协议，通常运行在传输控制协议之上，也可在其他网络协议上实现。有 2 类报文：请求报文和响应报文。为了增加超文本传输的安全性，又提出了超文本传输安全协议。

HTTP 即“超文本传输协议”。

超文本传输安全协议（hypertext transfer protocol secure；HTTPS） 具有安全性的超文本传输协议。提供对网站服务器的身份认证，保护交换数据的隐私与完整性。运行在安全套接层协议或传输层安全协议之上，在不安全的网络上创建一个安全信道。安全套接层协议和传输层安全协议位于传输控制协议与各种应用层协议之间，为数据通信提供安全支持。使用适当的加密包，以及可验证且可信任的服务器证书，以防窃听和中间人攻击。与超文本传输协议相比，增加了很多握手、加密解密过程，保证了数据传输的安全，代价是降低了用户的访问速度。

HTTPS 即“超文本传输安全协议”。

安全套接层协议（secure sockets layer；SSL） 为网络客户与服务器之间的数据传输提供安全保证的协议。位于应用层和传输层之间。具有客户端与服务器的套接字之间参数协商、客户端与服务器之间双向认证、保密的数据传输和数据完整性检验等功能。有 2 层：(1) 上层包括 SSL 握手协议、SSL 修改密码协议、SSL 警告协议和 SSL 应用层协议；(2) 下层是 SSL 记录协议，基于传输层协议和封装功能为上层提供传输服务。

SSL 即“安全套接层协议”。

传输层安全协议（transport layer security；TLS） 为数据传输提供保密和数据完整性服务的协议。是安全套接层协议的升级版本，有更好的安全性。在提高安全性方面的改进有：采用更安全的散列消息认证码算法，使用伪随机函数增强伪随机功能，改进对已完成消息的验证，更好的一致性证书处理，新的填充字节方式可以防止基于对报文长度进行分析的攻击，补充定义了更多的报警代码，规范的定义更明确。

TLS 即“传输层安全协议”。

文件传输协议（file transfer protocol；FTP） 提供计算机之间文件传输服务的应用层协议。以客户机/服务器模式工作，基于传输层的传输控制协议。服务器程序执行用户发出的命令，并与客户机之间传输文件数据。文件服务器运行控制进程和数据传输进程，使用公认端口号：21 和 20。服务器与客户端分别建立控制连接和数据连接。文件传输时客户先发出传输请求，与服务器 21 号端口建立控制连接，并告知在接收数据时客户端的端口号。服务器收到请求后创建数据传输进程，建立数据连接，通过 20 号端口完成向客户的文件数据的传输。传输结束后关闭相关连接。用户可以使用客户端的 FTP 命令或通过浏览器访问文件服务器。传输效率高，多用于在网络上传输大文件。

FTP 即“文件传输协议”。

简单文件传输协议（trivial file transfer protocol；TFTP） 简单的用于文件传输的应用层协议。使用传输层的用户数据报协议，完成功能简单的文件传输。只从文件服务器上获得或写入文件，不能列出目录，也不对用户进行身份鉴别。功能简单，系统开销较小。支持 3 种传输模式：NetASCII、Octet 和 mail，NetASCII 是 8 位的 ASCII 码形式，Octet 是 8 位源数据类型，mail 已不使用。

TFTP 即“简单文件传输协议”。

远程登录协议（telnet protocol） 为用户提供在本地计算机上完成远程主机工作能力的协议。在本地终端用户的计算机上运行程序，与远程主机通过传输控制协议建立连接，用户在本地终端上输入用户名和口令就可登录到远程主机，直接操作远程计算机,进行交互工作。是一个明文传送协议,用户名和密码在互联网上都是明文传送,具有一定的安全隐患。

实时传输协议(real-time transport protocol; RTP) 在网络上提供实时传输音频、视频数据服务的协议。运行在用户数据报协议之上。在多点传送(多播)或单点传送(单播)的网络上,提供端对端的网络实时传输功能。简单灵活,具有独立性,广泛应用于通信和娱乐系统,包括流媒体、视频会议、电视服务等。依靠实时传输控制协议来保证服务质量。使用用户数据报协议的偶数号端口接收发送数据,对应的实时传输控制协议则使用用户数据报协议相邻的下一个端口,即奇数号端口。

RTP 即“实时传输协议”。

实时传输控制协议(real-time transport control protocol; RTCP) 为实时传输协议提供服务质量保证的协议。主要功能是:服务质量的监视与反馈、媒体间的同步,以及多播组中成员的标识。在实时传输协议会话期间,各参与者周期性地传送 RTCP 包。其中含有已发送数据包的数量、丢失数据包的数量等信息,各参与者可以利用这些信息动态地改变传输速率,甚至改变有效载荷类型。和实时传输协议配合使用,能使传输效率最佳化,特别适合传送网上的实时数据。有 5 种分组类型,也用用户数据报协议(UDP)来传送,分组很短,可以将多个 RTCP 分组封装在一个 UDP 包中。

RTCP 即“实时传输控制协议”。

网络时间协议(network time protocol; NTP) 用来使网络上的计算机时间同步的协议。在互联网环境中提供精确的时间服务。以世界标准时间为准,使用层次式的时间分布模型,计算机与多个时间服务器连接,利用统计学的算法过滤来自不同服务器的时间,通过多个冗余服务器和多条网络路径来获得高准确度和可靠性。一般在局域网上可提供小于 1 毫秒的同步准确度,在广域网上精度约为几十毫秒。在有些配置中还加入了加密与验证机制。

NTP 即“网络时间协议”。

SOCKS 协议(protocol for sessions traversal across firewall securely; SOCKS) 用于客户端与外网服务器之间通信的中间传递的协议。工作的层次相当于开放系统互连参考模型的会话层。SOCKS 是 SOCKetS 的缩写。提供了一个通用框架,使应用层协议安全透明地穿过防火墙。当防火墙后面的客户端要访问外部网络的服务器时,就与 SOCKS 代理服务器连接。代理服务器控制客户端访问外网的资格,如允许,就将客户端的请求发往外部的服务器。第 5 版的 SOCKSv5 增加了验证,以及对用户数据报协议和第 6 版网际协议的支持。

询问握手认证协议(challenge-handshake authentication protocol; CHAP) 用于验证用户或网络提供者的协议。被认证方和认证方通过三次握手认证过程交换一系列 CHAP 数据包,实现对身份的认证。可在链路建立初始时验证,也可在链路建立后任何时间重复验证。安全性高于口令验证协议(password authentication protocol),但计算时间较长,产生一定的系统延迟。

CHAP 即“询问握手认证协议”。

会话初始化协议(session initiation protocol; SIP) 在网络上创建、修改或终止多媒体会话的基于文本的应用层协议。定义了若干种不同的服务器和用户代理,通过与服务器之间的请求和响应完成呼叫和传送的控制。会话包括多媒体会议或者简单的电话呼叫,可以是单播,也可以是多播。可以在企业网的用户之间建立,也可以跨越多个网段。各方可以请求创建新的会话或者加入已经存在的会话中。该协议同时支持第 4 版和第 6 版网际协议,并提供安全服务。

SIP 即“会话初始化协议”。

远程认证拨号用户服务(remote authentication dial in user service; RADIUS) 亦称“远程用户拨号认证系统”。在网络接入服务器和共享认证服务器间传输认证、授权和计费信息的协议。为拨号接入用户和设备提供安全服务。当用户要通过某个网络(如电话网)与网络接入服务器建立连接从而获得访问其他网络的权利时,网络接入服务器可选择在本地进行身份认证,或将用户信息传送给 RADIUS 服务器进行认证。RADIUS 服务器接收用户的连接请求,完成认证,并将信息返回给网络接入服务器。

RADIUS 即“远程认证拨号用户服务”。

第二层隧道协议(layer 2 tunneling protocol; L2TP) 通过隧道传送数据的协议。用于虚拟专用网。数据先按点对点协议封装,再装入第二层隧道协议的报文中形成数据包,然后采用用户数据报协议发送。不提供加密和认证,常与网际安全协议搭配使用以实现数据的加密传输，两种协议的组合称 L2TP/IPSec。2005 年提出了第 3 版 L2TPv3。

L2TP 即“第二层隧道协议”。

点对点隧道协议（point-to-point tunneling protocol; PPTP） 在点对点协议的基础上开发的一种增强型安全协议。支持多协议虚拟专用网。建立在传输控制协议/网际协议系列和点对点协议之上，增强了认证、压缩、加密等功能，提高了点对点协议的安全性能。提供客户端与服务器之间的加密通信，允许使用专用的“隧道”，通过公共互联网来扩展企业的网络。

PPTP 即“点对点隧道协议”。

流控制传输协议（stream control transmission protocol; SCTP） 同时传输多个数据流的协议。提供类似传输控制协议的服务，又结合了用户数据报协议的一些优点，提供可靠、高效、有序的数据传输。是面向消息的。每个端点可以拥有多个网际协议地址用于数据传输，提高了网络的健壮性。也是面向连接的，提供一种“关联”方式，使得每个端点能为另一个对等端点提供一组传输地址。从发送端到接收端可以有多个流，不同流之间的消息传输是相对独立的，在某一个流内由于数据传输失败而引起的阻塞不会影响其他流的消息传输。

SCTP 即“流控制传输协议”。

资源预留协议（resource reservation protocol; RSVP） 在传输数据前对通信网络进行资源预留的协议。用以保证网络传输的服务质量。由数据流的接收者发送 RESV 报文，指出对所需资源的预留，预留消息由接收方沿着反向路径传送到发送方。沿着所选定的路径预留资源，预留的资源包括带宽、缓冲区、表空间等。支持确保服务和可控负载服务。前者确保数据报在确定的时间内到达接收端，并且当网络负载过重时，不从队列中溢出。要求应用指定通信量参数（如带宽、端端延迟等），常用于需要严格保证无丢失、准确到达的实时传输应用。后者类似轻度载荷下的尽力而为服务，在网络负载加重时性能优于尽力而为服务。

RSVP 即“资源预留协议”。

whois 用于查询因特网域名以及所有者等信息的传输协议。基于客户机/服务器结构，服务器接收用户的请求，查询有注册域名详细信息的数据库，如果数据库中存在相应的记录，则将相关信息如所有者、管理信息以及技术联络信息等反馈给用户。

远程过程调用（remote procedure call; RPC） 请求远程主机执行指定过程的调用。允许本地计算机的程序调用远方另一台主机的“过程”，而无须额外地为这个交互作用编程。信息以参数的形式从调用方传输到被调用方，过程的执行结果则从反方向传递回来。客户端程序必须先绑定到客户端的客户存根，其中包含服务端的地址消息，再将客户端的请求参数打包，通过网络发送给远程的服务方。服务端存根接收客户端发送的消息，将消息解包，并调用服务器本地的过程，调用的结果沿反方向按同样的路径传递到客户端。

RPC 即“远程过程调用”。

同步数字系列 即“同步数字体系”（65 页）。

蓝牙规范（bluetooth specification） 蓝牙通信的技术规范。由蓝牙技术联盟推出。所有版本都支持向下兼容。最早的是 1998 年公布的版本 0.7，后继主要版本有：（1）版本 1.1，传输速率约在 748～810 kbps，被列入 IEEE 802.15 标准。版本 1.2 增加了抗干扰跳频功能，2005 年被批准为 IEEE 802.15.1a 标准。这两个早期版本已很少采用。（2）版本 2.0+EDR，是 2.0 的增强数据速率版，增加“非跳跃窄频通道”，能够实现更快速的数据传输，标称数据传输速率是 3 Mbps，实际速率为 2.1 Mbps。版本 2.1+EDR 增加了省电功能，提高蓝牙设备的配对功能，加强安全性和实际应用。（3）版本 3.0 + HS，HS 代表高速传输，理论传输速率可达 24 Mbps。采用全新的交替射频技术，允许协议针对任务动态地选择正确射频，集成 IEEE 802.11 协议，引入增强的电源控制机制，降低空闲功耗。（4）版本 4.0，具有极低的运行和待机功耗。提出“低功耗蓝牙”“传统蓝牙”和“高速蓝牙”三种模式，支持双模和单模两种部署方式，最大理论传输距离 100 m。版本 4.1，提升连接速率并且更加智能化，提高传输效率，支持物联网。理论最高传输速率 24 Mbps。版本 4.2，2014 年 12 月推出，升级了硬件，提高了数据传输速率和隐私保护程度，设备可直接通过第 6 版网际协议和 6LoWPAN（IPv6 over IEEE 802.15.4）接入互联网，6LoWPAN 是一种基于第 6 版网际协议的低速无线局域网标准。（5）版本 5.0，2016 年 6 月公布。针对低功耗设备，有更广的覆盖范围和更高的传输速率，有效工作距离理论上可达 300 m，理论最高传输速率48 Mbps。结合Wi-Fi可对室内位置进行辅助定位,定位精度1 m,并针对物联网进行了很多底层优化。版本5.1,2019年1月发布,加入了寻向功能和厘米级的定位服务。

综合布线系统工程设计规范(Code for engineering design of generic cabling system) 中国对建筑与建筑群的语音、数据、图像及多媒体业务综合网络建设规范的国家标准。适用于新建、扩建、改建建筑与建筑群综合布线系统工程设计。由中华人民共和国住房和城乡建设部于2016年8月批准,编号为GB50311—2016,自2017年4月1日起实施。分9章:总则、术语和缩略语、系统设计、光纤到用户单元通信设施、系统配置设计、性能指标、安装工艺要求、电气防护及接地、防火。另有3个附录:系统指标、8位模块式通用插座端子支持的通信业务、缆线传输性能与传输距离。

综合布线系统工程验收规范(Code for engineering acceptance of generic cabling system) 中国对建筑与建筑群综合布线系统工程施工质量检查、随工检验和竣工验收规范的国家标准。适用于新建、扩建和改建建筑与建筑群综合布线系统工程的验收。由中华人民共和国住房和城乡建设部于2016年8月批准,编号为GB/T50312—2016,自2017年4月1日起实施。分10章:总则、缩略语、环境检查、器材及测试仪表工具检查、设备安装检验、缆线的敷设和保护方式检验、缆线终接、工程电气测试、管理系统验收、工程验收。另有3个附录:综合布线系统工程检验项目及内容、综合布线系统工程电气测试方法及测试内容、光纤信道和链路测试。

网络设备和工程

RJ-45连接器(RJ-45 connector) 使用双绞线的网络连接器。RJ是英语Registered Jack的缩写。由插头和插座组成。插头有8个凹槽和8个触点,分为非屏蔽和屏蔽两种,后者外围用屏蔽层覆盖。

BNC连接器(BNC connector) 使用细同轴电缆的网络连接器。BNC是英语Bayonet Neill-Concelman的缩写。由基座、外套和探针三部分组成。主要种类有:(1) BNC-T型头,用于连接网络接口卡与细电缆。(2) BNC桶型连接器,用于连接两条细电缆。(3) BNC缆线连接器,焊接或拧接在缆线的端部。(4) BNC终端器,用于防止信号到达电缆断口处产生反射。

AUI连接器(AUI connector) 使用粗同轴电缆的网络连接器。AUI是英语Attachment Unit Interface的缩写。采用“D”型15针接口。网络接口卡通过AUI连接器连接粗同轴电缆,再接入以太网。

光纤连接器(optical fiber connector) 使用光纤的网络连接器。主要种类有:(1) FC型,采用螺丝扣紧固,结构简单,操作方便。(2) SC型,采用插拔销闩紧固,价格较低,操作方便,介入损耗波动小,抗压强度及安装密度较高。(3) ST型,带键的卡扣锁紧结构,具有较强的抗拉强度,安装使用较方便。(4) LC型,采用模块化插孔闩锁结构,插针和套筒尺寸小,单模光纤中应用较多。(5) MU型,与SC型结构类似,能实现高密度安装。(6) MC型,比LC型体积更小,密度更高。(7) 双锥型,结构较复杂,机械精度较高,因而介入损耗值较小。(8) MT-RJ型,采用与RJ-45连接器相同的闩锁结构。

网络接口卡(network interface card; NIC) 亦称“网络适配器”,简称“网卡”。计算机或网络设备连接网络的接口。工作在数据链路层和物理层,完成数据的发送和接收。主要功能有:主机与通信介质间的电信号匹配、串/并行转换、标识物理地址、实现对网络的介质访问控制。介质访问控制包括:解决共享总线的冲突问题、数据的编码和解码、数据帧的封装和解封、接收地址的确认和差错检测、提供数据缓冲功能。一个网络设备可以通过多个网络接口卡连接多个网络。网络接口卡可以使用扩展槽通过总线与主机交换数据,但更多的是集成在计算机主板上。

NIC 即“网络接口卡”。

调制解调器(modulator-demodulator; modem) 网络通信中模拟与数字信号的转换设备。包括调制器和解调器。使用电话线进行远距离计算机通信时,电话信道传输连续模拟信号,而计算机通信传输数字信号。要将数字信号经调制器转换成适合电话信道传输的模拟信号,到目的地后经解调器还原为数字信号。

modem 即“调制解调器”。

中继器(repeater) 工作在物理层的连接设备。对在传输介质中衰减或失真的数字信号进行复制、整形和放大,用于延长网络的长度,解决信号长距离可靠传输的问题。在经典以太网中,使用 4 个中继器,可将最大网络长度从 500 m 扩展到 2 500 m。也可用于连接不同物理介质的电缆段。安装简单,使用方便,价格低。

集线器(hub) 多端口的转发器。工作在物理层。将所有节点集中连接在以其为中心的节点上,任何一个端口线路到达的帧都被转发到所有其他端口的线路,同时到达的帧将发生冲突,所有端口实际上仍是共享总线。类型有:(1) 无源集线器,对传送信号不做任何处理。(2) 有源集线器,能对信号放大、再生和监测。(3) 智能集线器,提供网络管理功能。结构简单,维护方便,某个端口线路发生故障,不影响其他端口的工作,故应用广泛。

网桥(bridge) 工作在数据链路层的网络互连设备。用于连接多个不同的局域网,扩展网络范围。以数据链路层的帧作为处理对象,首先存储收到的数据帧,然后检查其物理地址,决定丢弃还是转发该数据帧。还可将网络分割成若干较小的网段,隔离冲突域,提高网络性能和可靠性。分为透明网桥和源路由网桥。前者是一种即插即用设备,物理地址表是通过自学习得到的。后者假定源站点已知通往目的站点的路径,只需按该路径转发即可。

网络交换机(network switch) 采用交换方式工作的网络数据转发设备。内部有一条高带宽的总线和连在该总线上的交换矩阵,收到数据包后,查找地址对照表,确定目的端口,通过内部交换矩阵迅速将数据包传送到目的端口。具有高速交换功能,端口之间不存在访问冲突,同一时刻可进行多个端口对之间的数据传输,提高了网络的吞吐量。按工作的协议层次,分为:(1) 第二层交换机,基于 MAC 地址工作。(2) 第三层交换机,将网际协议地址信息提供给路径选择,具有第三层基本路由功能。(3) 第四层交换机,不仅依据 MAC 地址或源/目标网际协议地址,还依据传输控制协议/网际协议系列的应用端口号。(4) 更高层的交换机,具有识别和处理应用层数据转换的功能。按应用规模从小到大依次分为:工作组级、部门级和企业级。以网络交换机为中心组网是主流技术。早期还有异步传输模式(ATM)交换机、X.25 交换机,已停止使用。

路由器(router) 选择路径并完成转发的网络设备。工作在网络层。根据路由算法选择源节点到目的节点的最佳路径,正确地将数据包送到目的节点。还具有连接不同网络、隔离内外网和内外网地址转换等功能。按应用规模从小到大依次分为:接入级、企业级和骨干网级。

无线接入点(wireless access point; WAP) 连接无线网络至有线网络的设备。是移动设备用户进入有线网络的接入点。主要用于家庭、大楼以及园区内部。支持多用户接入、数据加密、多速率发送等功能。大多带有接入点客户端模式,可以和其他接入点进行无线连接,扩展网络范围。使用 IEEE 802.11 标准。

WAP 即"无线接入点"。

无线路由器(wireless router) 结合无线接入点与路由器功能的网络设备。具有动态主机地址分配、虚拟专用网、防火墙、加密、地址转换和小区宽带接入等功能。主要用于用户无线上网。

网络机顶盒(network set top box) 亦称"网络电视机顶盒"。电视机连接互联网的终端设备。可增强或扩展电视功能。由中央处理器控制,设有存储器,内置操作系统。接入互联网后在电视机上支持收看电视节目、在线点播、浏览网页、安装应用程序、网上购物和玩游戏等功能。

网络测试仪(network tester) 检测网络状况的设备。用于网络的故障检测、维护和施工。功能包括:(1) 传输介质检测,包括有线电缆和无线传输。检测参数有线缆长度、串音衰减、信噪比和线缆规格等,多用于网络施工。(2) 运行功能检测,包括电缆故障诊断与定位、拓扑监测、端口识别、传输速率测试、节点可达性和网络连接状况等,用于网络施工和日常维护。(3) 性能检测,包括网络流量监测、数据拦截和流量分析等,用于大型网络维护。

甚小天线地球站(very small aperture terminal; VSAT) 使用小口径抛物面天线(0.3~2.4 m)和低功率发射机的卫星通信地球站。提供数字、电话、电视、传真和语音广播等通信。能满足多址连接、宽动态业务处理、复合组网、数据综合以及保密性的需求。适合为散布很广的大量用户提供通信业务。

VSAT 即"甚小天线地球站"。

综合布线系统(generic cabling system) 建筑物内或建筑群之间按标准化设计的、多信息传输的布线系统。语音、数据、图像和部分控制信号系统经统一规划设计,综合在一套标准的结构化布线系统中。具有模块化程度高、灵活性强、易于扩展、通用性和经济性好等特点，是智能化办公大楼的基础设施。包括工作区、水平布线、垂直主干线、管理、设备间和建筑群6个子系统。

网 络 应 用

万维网（world wide web; WWW; Web） 全球最大的分布式、超媒体信息系统。通过超链接形成巨大的信息网，是互联网最重要的应用之一。分布式是指信息分散存放在因特网不同的万维网服务器中。超媒体是指不仅有文本信息，还有图像、声音等多媒体信息。万维网采用浏览器/服务器的工作方式。浏览器是客户端程序，服务器端是信息驻留的计算机，即网站。在浏览器和网站之间传输信息的协议是超文本传输协议。

WWW 即“万维网”。

万维网服务器（Web server） 亦称“Web服务器”“网站”。万维网中储存、提供信息资源的服务器。通过超文本传输协议与浏览器交互信息。是互联网访问量最大的信息资源之一。工作过程是：服务器接受客户端（浏览器）的请求，获知被访问资源的路径，从存储单元取出所需信息，将信息内容发送给客户端，最后释放与客户端的连接。通常访问的网站属于“表层Web”，另有一类隐藏的网站称“深层Web”。

浏览器（browser） 万维网系统的客户端应用程序。驻留在访问万维网用户的计算机上。通过超文本传输协议和统一资源定位符访问万维网服务器，检索并显示万维网信息资源，包括网页、图片、音频、视频等。工作过程是：接受用户输入的网址或点击的超链接，从相应的万维网服务器读取网页，由超文本标记语言解释器解释读取的网页并显示。也可使用多种协议获得各种不同的资源，例如：访问文件服务器、发送邮件等。

网页（Web page） 万维网信息的基本单位。存放在万维网服务器中，用统一资源定位符标识。是一个文件，用超文本标记语言和脚本语言编写，包含文字、图形、声音和影像等信息。分静态页面和动态页面。前者的内容是预先确定的，每次显示的是同一个文档。后者与用户提供的参数相关，并根据存储在网站数据库中的数据创建页面，每次显示的是程序按需产生的内容，或者页面本身包含一个程序。

主页（home page） 单位或个人的一组网页中的主要页面。是浏览器访问万维网服务器（网站）时默认打开的首个网页。包含该网站的主要信息，是引导用户浏览网站其他部分的目录性质的内容。

深层Web（deep Web） 不能通过超链接访问，传统的搜索引擎无法搜索到的万维网服务器（网站）。有些可以采用动态网页技术进行查找。与其相对，传统可访问的网站称“表层Web”，能被传统搜索引擎搜索到。深层Web的信息量远超表层Web。包括：以技术方式限制访问的网站、需要注册和登录的私有网站、不与互联网连接的网站。包含未被链接的网页和脚本化的内容等。

表层Web（surface Web） 见“深层Web”。

暗网（dark net） 只能用特殊技术才能访问的不公开的网络资源。是深层Web的一部分。有些采用洋葱路由的流量匿名化技术。可用于保护用户隐私，也被用于网络犯罪。

电子邮件（electronic mail; E-mail） 通过网络发送和接收的信件。其用户必须有一个邮件地址，格式是：邮箱名@邮件服务器域名。电子邮件系统由用户代理、邮件服务器和相关协议3部分组成。用户代理亦称“电子邮件阅读器”，驻留用户端主机，处理用户端邮件的收发、撰写和阅读。邮件服务器是系统的核心，含有用户的电子邮箱，负责网络中邮件的发送和接收，以客户机/服务器方式工作。发送邮件采用简单邮件传输协议，对方接收邮件采用邮局协议第3版（POP3）或互联网信息访问协议。传递内容除文本外，还包括数据、图形、图像、语音、视频等。价格低廉，使用方便，传递速度快，是信息时代人际交流的常用工具。

E-mail 即“电子邮件”。

基于IP语音传输（voice over internet protocol; VoIP） 基于网络的语音通话技术。将语音的模拟信号经数字化处理，再压缩与封装后，以网际协议数据包的形式在网络进行传输，在接收端解压，将数字信号还原成语音。可替代传统电话，也可用于多媒体会议。通话成本低，通话质量也好。

VoIP 即“基于IP语音传输”。

互联网服务提供者（internet service provider; ISP） 为用户提供互联网服务的机构。主要提供接入服务和平台服务。参见“互联网接入提供者”（225页）、“互联网平台提供者”（225页）。

ISP 即“互联网服务提供者”(224 页)。

互联网接入提供者(internet access provider; IAP) 为用户提供互联网接入服务的机构。一般是网络基础设施的经营者。为用户提供连接互联网的线路和硬件设备、建立账号、分配访问权限、保证接入网络的传输速率和通信质量,并提供技术支持。

IAP 即“互联网接入提供者”。

互联网平台提供者(internet presence provider; IPP) 为用户提供互联网平台服务的机构。为用户提供存储空间、服务器等平台资源,负责平台资源的维护,提供相关的技术服务。服务器托管也可归于此类。提高了用户应用互联网的质量,减轻了用户维护网络设备的负担。

IPP 即“互联网平台提供者”。

互联网内容提供者(internet content provider; ICP) 提供互联网信息业务和增值业务的机构。提供新闻、资料、音频或视频等内容。搜狐、新浪、百度等属于此类提供者。中国对互联网内容提供者实行许可证制度,经营性网站必须办理经营的许可证。不得利用互联网制作、复制、查阅和传播违反国家法律和社会主义制度的信息。编辑和提供信息时不允许侵犯他人著作权。不准传播庸俗不健康内容。

ICP 即“互联网内容提供者”。

搜索引擎(search engine) 获取并检索存储在网络中的信息的工具。涉及的技术有: 网络爬虫、搜索算法、检索排序、网页处理、大数据处理、自然语言处理等。首先根据算法访问互联网的万维网服务器,获取网页,存入数据库。再对数据库中的网页建立索引库。当用户提出检索要求时,查询索引库,从数据库找到相应文档,将结果排序后反馈给用户。常用的有百度、谷歌等。

网络爬虫 释文见 308 页。

百度(baidu) 中国最大的中文搜索引擎。2000 年由中国百度公司推出。拥有自主研发的搜索引擎技术。用户可以在计算机、平板电脑、手机上访问百度主页,通过文字、语音、图像多种交互方式找到所需要的信息和服务。在中国各地分布有服务器,用户能直接从最近的服务器上迅速获得搜索信息。网站还提供百科、文库、学术、新闻、地图、音乐、图片和视频等分类信息资源。同时推出云存储服务——百度网盘,对照片、视频、文档等文件进行网络备份、同步和分享。

搜狗(sogou) 中文搜索引擎。2004 年由中国搜狐公司推出。具有微信公众号和文章搜索、英文搜索及翻译等功能,通过自主研发的人工智能算法为用户提供专业、精准和便捷的搜索服务。有新闻、网页、微信、图片、视频、英文、问问、学术、地图、购物、百科等栏目。

谷歌(Google) 全球最大的搜索引擎。由美国谷歌公司经营,于 1999 年启用。在全球应用甚广。提供的搜索业务有: 网页、图片、音乐、视频、地图和新闻等。

必应(bing) 微软公司 2009 年推出的搜索引擎。运行在 Windows 和 Windows Phone 操作系统之上。提供网页、图片、视频、词典、翻译、资讯和地图等全球信息搜索服务。具有超级搜索功能。其微软服务应用产品除用于微软平台,还与手机的 iOS 及安卓系统无缝衔接。

信息推送(information push) 服务器端的“信源”主动将信息送达客户端用户的技术。根据用户需要,通过邮件、短信、频道、网页和专用软件等方式,有目的、按时地将用户感兴趣的内容主动发送到用户,使用户不必上网搜索就能及时获取所需信息。还能以个性化频道定制和个人智能化搜索代理实现更好的个性化服务。

内容过滤(content filtering) 对网络内容进行监控,阻止某些特定内容在网络上传播的技术。首先将信息的内容和用户的信息需求特征化,再使用这些表述与用户的要求相匹配,按照相关度排序,滤除任何用户希望禁止的内容。还可采用人工智能技术进一步提高过滤质量。有软件过滤和硬件过滤两种方法。

内容分发网络(content distribution network) 用户能在互联网上就近获取信息内容的体系结构。内容提供商在互联网的一些位置建立分布式服务器,将信息内容分发到这些服务器,使用户就近获取内容。提高用户获取信息的响应速度,减轻主服务器的负担,减少互联网的拥挤状况。涉及的主要技术是: 分布式存储、负载均衡、网络请求的重定向和内容管理。

对等网络(peer-to-peer network; P2P) 无中心节点,各节点地位对等、相互直接访问、共享资源、协同工作的网络。与传统的客户机/服务器模式不同,在网络中无主从之分,各个对等节点既是资源、服务和内容的提供者,又是获取者。优点是非中心化、信息共享便捷、具有可扩展性、健壮性强、私密性好和性价比高。可应用于分布式计算、文件分发和共享、网际协议层的语音通信、流媒体直播和点播等。

流媒体(streaming media) 以流的形式在网络上进行数字媒体传输的技术。将音频、视频等多媒体信息压缩打包,由视频服务器向用户传送。用户不必等所有多媒体文件下载完毕,而是在收到媒体文件部分数据之后,就可开始解码播放。同时在后台继续下载媒体文件的其余部分。用户可以边观看边下载。应用于电视会议、视频点播、远程教学、远程医疗、数字图书馆、多媒体新闻发布和电子商务等。

移动应用程序(application; App) 在智能手机等移动设备上运行的应用程序。智能手机有操作系统和独立的存储空间,可运行各种应用程序。许多第三方推出基于 iOS 和安卓平台的应用程序,为智能手机提供了丰富的应用功能。分为出厂时预装和用户自行下载安装两种方式。

公告板系统 释文见 7 页。

博客(blog) 亦称"网络日志"。英文源自"web log"的缩写。个人在网络上的信息发布平台。用来在网络上发布个人的心得,及时有效地与他人进行交流,有鲜明的个性特色。包含文字、图像、其他博客、与网站的超链接等。读者可以互动地留下意见。特点是: 个性化、简明扼要和更新快。

微博(microblog) 用户即时发布简短消息的网络平台。消息容量较小,是一个微型博客。以文字、图片和视频等多媒体形式,实现信息的即时分享和传播互动,并可及时更新。可允许任何人阅读或只能由用户选择的群组阅读。实时性好,传播快捷。常用的有新浪微博、推特。

推特(Twitter) 美国社交网络及微博服务网站。2006 年创办。用户可发布不超过 280 个字符的称为"推文"(Tweet)的消息。非注册用户可阅读公开的推文,而注册用户则可通过该网站、智能手机短信或应用软件来发布消息。

微信(WeChat) 一种即时网络社交软件。是中国腾讯公司 2011 年推出的免费应用程序。运行在智能手机 iOS 和安卓平台上,也可工作在计算机的 Windows 和 Mac 平台上。用户使用智能手机和计算机发送文字、语音、图片和视频,提供公众平台、朋友圈、消息推送、多人聊天和视频、网上支付等功能,得到广泛应用。

QQ 一种即时网络通信软件。中国腾讯公司 1999 年推出。可运行在 Windows、OS X、安卓、iOS、Windows Phone、Linux 等多种主流平台上。支持文字、语音和视频聊天,还具有文件共享、网络硬盘、邮箱、游戏和论坛等功能。

支付宝(Alipay) 中国的第三方支付平台。2003 年由阿里巴巴集团推出。提供简单、安全和快速的移动支付,还支持余额宝、群聊群付、跨行转账和各类还款业务。已得到广泛应用,为零售百货、电影院线、餐饮等多个行业提供即时的在线支付服务。

脸书(Facebook) 亦称"脸谱"。社交网络服务网站。2004 年创立于美国。用户可发送文字、图片、视频、文档和声音等消息给其他用户,并通过地图功能分享用户所在的位置。也可创建社团,加入有相同兴趣的组群。

维基百科(Wikipedia) 采用维基(wiki)技术的多语言网络百科全书。英文名源于"wiki"和百科全书"encyclopedia"。2001 年投入运行,由非营利性的维基媒体基金会负责运营,被认为是全球规模最大、最流行的网络百科全书。维基技术是一种超文本系统,支持面向社群的协作式写作,同时也包括一组支持这种写作的辅助工具。维基百科的大部分页面可由互联网用户使用浏览器进行阅览和修改,网站也提出许多措施来保证条目的质量。不同语言版本的网站管理政策有所不同。

照片墙(Instagram) 一种免费提供在线图片及视频分享的社交应用软件。2010 年推出。2012 年被 Facebook(脸书)公司收购。将用户手机拍摄的照片处理后上传到服务器,或分享到脸书、推特等社交网络服务网站。传送不受限制,拍照后可立即发送分享,还可通过评论与朋友互动。

Skype 一种视频和语音即时通信应用软件。2003 年推出。采用专用的网络协议,应用对等网络(P2P)技术。通过互联网为计算机或移动设备提供视频和语音通话、群组聊天、视频会议、传送文字和发送短信等服务,2014 年开始增加不同语言的翻译功能。

YouTube 世界上最大的视频分享网站。2005 年启用。2006 年被谷歌公司收购。采用视频编码技术,将用户上传的视频文件进行压缩转换。用户可下载、观看、上传及分享视频。内容丰富,包括个人视频及电视节目片段、音乐录影带及家庭录影等。

微软网络服务(Microsoft service network; MSN) 美国微软公司1995年推出的网络信息服务。提供文字聊天、语音对话、视频会议等服务。包括必应搜索、资讯、娱乐、生活、财经、体育、汽车、健康、美食、旅游等栏目。提供多国语言接口,链接主要的媒体网站。

Zoom 由美国Zoom公司开发的远程会议软件。为用户提供具有高清视频会议和移动网络会议功能的云视频通话服务。将移动协作系统、多方云视频交互系统、在线会议系统三者进行无缝融合,为用户建立便捷易用的一站式交互视频技术服务平台。适用于Windows、Mac、Linux、iOS、安卓系统。为了兼容传统的视频会议系统,也提供H323/SIP协议会议设备的接入。支持实时屏幕共享、会议录制、自适应调节网络带宽、智能回音消除和音频降噪、音频设备自动识别与加载、会议数据统计等。

信息高速公路(information superhighway) 高速传输、大信息量的计算机网络的形象化名称。具有高速传输通道、丰富的信息资源、高性能的计算机和服务器,是满足现代国民经济各个领域的应用需求的基础设施。源自20世纪90年代初,美国政府先后提出的建设"国家信息基础设施"和"全球信息基础设施"的构想。

中国互联网络发展状况统计报告(China statistical report on internet development) 由中国互联网络信息中心(CNNIC)发布的统计报告。综合反映中国互联网发展状况。从1997年11月开始每年年初和年中定期发布,2020年4月28日发布第45次报告。包括中国互联网基础建设、网民规模及结构、互联网应用发展、互联网政务发展、产业与技术发展和互联网安全等方面。通过多角度、全方位的数据展现,反映中国网络强国建设历程。已成为中国政府部门、国内外行业机构、专家学者等了解中国互联网发展状况、制定相关政策的重要参考。

因特网协会(Internet Society; ISOC) 一个非营利性的因特网国际性组织。1992年成立。以制定因特网相关标准及推广应用为目的,在推动因特网全球化,加快互联网技术推广、促进应用软件开发和提高因特网普及率等方面发挥重要作用。

因特网架构委员会(Internet Architecture Board; IAB) 因特网协会的咨询机构。为因特网的发展提供技术指导,保证因特网不断发展。主要职责是:负责因特网协议体系结构和发展规划、管理因特网标准的开发、管理因特网"请求注解"文档和协议参数值分配、与其他国际标准化组织的联络、为因特网协会工作提供建议。

因特网工程任务组(Internet Engineering Task Force; IETF) 因特网相关技术标准的研发和制定机构。是开放的标准化组织,下设许多负责特定议题的工作组。由因特网技术专家自发参与和管理,向所有对该行业感兴趣的人士开放。产生两类文件:(1)"因特网草案",任何人都可以提交,没有任何特殊限制,许多重要文件都从这个草案开始。(2)"请求注解",即因特网的技术标准和资料。

互联网名称与数字地址分配机构(Internet Corporation for Assigned Names and Numbers; ICANN) 管理因特网域名和网际协议地址分配等工作的非营利性机构。成立于1998年。集合了全球网络界合作伙伴和专家,负责:网际协议地址的分配、协议标识符的指派、根服务器系统的管理、通用顶级域名和国家与地区顶级域名系统的管理。由许多不同的小组组成,共同完成最终决策的制定。

万维网联盟(World Wide Web Consortium; W3C) 主要的万维网国际标准化组织。成立于1994年。制定了一系列万维网推荐标准,包括使用语言的规范、开发中的规则等,同时督促万维网应用开发者和内容提供者遵循这些标准,对万维网的发展和应用起了重要作用。推荐标准是由会员和受邀专家组成的工作组编写的。

中国互联网络信息中心(China Internet Network Information Center; CNNIC) 中国信息社会重要的基础设施建设、运行和管理机构。1997年组建。是中共中央网络安全和信息化委员会办公室(国家互联网信息办公室)直属事业单位,行使国家互联网络信息中心职责,是亚太互联网络信息中心(APNIC)的国家级网际协议地址注册机构成员。积极推动中国向以第6版网际协议(IPv6)为代表的下一代互联网过渡。主要职责是:(1)负责国家网络基础资源的运行管理和服务。是中国域名注册管理机构和域名根服务器运行机构,负责运行和管理国家顶级域名.CN和中文域名系统。(2)承担国家网络基础资源的技术研发并保障安全。(3)开展互联网发展研究并提供咨询服务。(4)促进全球互联网开放合作和技术交流。

中国教育和科研计算机网(China Education and Research Network; CERNET) 中国教育部主管的教育系统计算机网络。1994 年建网。实现全国各级学校校园间的计算机联网和信息资源共享,是中国教育信息化的重要基础设施。采用由全国主干网、8 个地区网和用户网组成的层次结构。其高带宽的网络服务、丰富的信息资源、开发的许多应用系统,在中国的教育,特别是高等教育的教学和科研中发挥了重要作用。完成了以第 6 版网际协议为基础的中国下一代互联网示范工程的核心网 CNGI - CERNET2 的建设。

中国科学技术网(China Science and Technology Network; CSTNET) 中国科学院主管的学术性科研计算机网络。以"中国国家计算机与网络设施"(The National Computing and Networking Facility of China; NCFC)为基础发展起来,1996 年改现名。由 13 个地区分中心组成国内骨干网。具有强大的专业背景和技术支持、一流的运营环境、丰富的资源平台、可靠的服务保障。配合完成多项重大科研项目,在科研领域中发挥了重要作用。

中国电信互联网(ChinaNet) 原称"中国公用计算机互联网"。中国电信集团公司负责建设、运营和管理,向公众提供服务的计算机网络。1996 年正式开通,拓扑结构分为核心层和大区层。是中国最大的互联网服务提供商,具备为客户提供跨地域、全业务的综合信息服务能力和客户服务体系。

中国移动互联网(China Mobile Network; CMNet) 中国移动通信集团公司负责建设、运营和管理,向公众提供服务的计算机网络。2000 年正式开通,是中国主要互联网服务提供商之一。

中国联通互联网(China Unicom Network; UNINet) 中国联合网络通信集团公司负责建设、运营和管理,向公众提供服务的计算机网络。2000 年正式开通。是中国主要互联网服务提供商之一。

多媒体技术

多媒体文字

文字(character)　自然语言的书面表达符号系统。是人类交流的主要手段之一。可分为:(1)表形文字,世间万物图像表示概念的文字;(2)表意文字,以语言词汇表示意义的文字;(3)表音文字,以词汇发音表示意义的文字。功能是:(1)可清晰地记录口语所表达的意思,并可反复阅读;(2)必要时可重新约定其含义;(3)具有严格的解释机制,限制望文生义。在日常生活中,指书面语、语言、文章、字等。

美国信息交换标准码(American standard code for information interchange; ASCII)　亦称"ASCII码"。一种计算机的字符编码系统。分为基本码和扩展码。基本码由7位二进制代码组成,可表示128种不同的字符,最高位用于奇偶检验或置为0。字符包括数字0到9、大写和小写英语字母、标点符号、常用算符、控制符和特殊标志等。扩展码采用8位表示,比基本码增加128个字符,表示非英语字符、图形字符和专门字符等。由美国国家标准学会制定。起始于20世纪50年代后期,1967年完成。最初是美国国家标准,后被国际标准化组织定为ISO/IEC 646国际标准,适用于所有拉丁文字字母。

ASCII码　即"美国信息交换标准码"。

统一码(unicode)　亦称"单一码""万国码"。字符的编码系统。通常用两个字节表示一个字符,原有的英文编码从单字节变成双字节,把高字节全部填为0。为解决传统字符编码方案的局限性,为大多数语言中的每个或尽可能多的字符设定了统一且唯一的二进制编码,以满足跨语言、跨平台进行文本转换和处理的要求。1990年开始研发,1994年正式公布。UTF-8、UTF-16、UTF-32是将数字转换到程序数据的主要编码方案,分别以字节、16位无符号整数和32位无符号整数为单位对统一码进行编码。

文本(text)　记载和储存信息的文字、符号。常见的文本文档的扩展名有txt等。

文本文件　释文见152页。

文本效果(text effect)　一种使文本内容清晰、突出、生动、富于感染力的计算机视觉作用。如对字体、字号、颜色、位置等参数设置可产生用户所希望的效果。

图形字符(graphical character)　以图形作为表示形式的字符。是一字符集中除字母、数字以外的符号。如扩展ASCII字符集中的图形字符。

多媒体素材(multimedia material)　制作多媒体作品(多媒体课件以及多媒体相关工程设计)所用到的各种听觉和视觉材料。包括文本、图形、图像、动画、音频、视频等。

超文本(hypertext)　用超链接的方法,将各种不同空间的文字信息组织在一起的网状文本。是非线性地收集、存储、磨合、浏览离散信息以及建立和表现信息之间关联的技术。用户只需点击超文本中的超链接,便可访问包含这些信息单元的相关文档。常用的有用超文本标记语言(hypertext markup language; HTML)编写的网页文件及富文本文件(rich text format; RTF)。还可包含其他超媒体,如图片、音频和视频文件。

超链接(hyperlink)　从一个网页指向一个目标的连接关系。这个目标可以是另一个网页,也可以是当前网页上的不同位置,还可以是图片、电子邮件地址、文件或应用程序。当被点击后,链接目标将显示或运行。一般分三种类型:内部链接、锚点链接和外部链接。是制作超文本的必要元素。广泛应用于页面、Word文档、Excel表格、PowerPoint幻灯片等制作中。

超媒体(hypermedia)　全称"超级媒体"。一种采用非线性网状结构对多媒体信息(包括文本、图像、视频等)进行组织和管理的信息载体。以多媒体方式呈现相关信息,是对超文本的扩展。除具超文本的功能外,还能处理多媒体和流媒体信息,是超文本和多媒体的结合。

文字识别(character recognition) 亦称"字符识别"。一种利用计算机自动识别文字的技术。识别过程包括文字信息采集、信息分析与处理、信息分类与判别等步骤。常用方法有模板匹配法和几何特征抽取法。是模式识别的一种重要技术。广泛应用于新闻、出版、办公自动化等领域。

文本格式转换(text format conversion) 一种将文本数据形式 A 转换成文本数据形式 B 的操作。如将便携式文本格式 PDF 转换成纯文本格式 TXT。

文本编码(text coding) 亦称"文本内部码"。文本内部编码的表示。如 ASCII 编码、unicode 编码等。

文本内部码(text internal code) 即"文本编码"。

文本获取(text acquisition) 利用计算机获得文本信息并将其输入内存的操作。获取方式有网络、键盘、手写输入设备、OCR 软件和语音识别软件等。

文本存储(text storage) 将文本数据从内存转存到外存的操作。如将文本数据从内存存储到 U 盘或硬盘中。

文本展现(text presentation) 显示文本内容的操作。可通过字处理软件的设置选择文本显示的方式。如在 PowerPoint 办公软件中通过设置可一行行地显示幻灯片上的内容。

文本编辑(text editing) 对文本进行整理、加工的操作。是字处理和文本处理软件的一种基本功能。当文本存入存储器后,可根据指定的格式对该文本进行修改、插入、删除等。

文本排版(text typesetting) 对文本内容进行格式安排的操作。具体操作包括页面格式化、字符格式化和段落格式化等,以使文本美观,便于阅读。

文本索引(text indexing) 一种具有关键词与包含该关键词文本(或关键词在文本中的位置)之间映射关系的数据结构。使用后,可加快文本检索的速度。一般应用于文本数量大、内容动态性低的文本检索场景。

文本检索(text retrieval) 亦称"文本查询"。一种利用计算机进行文本信息查询的操作。根据文本内容(如关键字、语义等)对文本集合进行检索、分类、过滤等。在输入请求后,将其匹配文本索引或文本内容,从而可对文本集合中的目标文本进行定位,得到检索结果。

文本查询(text query) 即"文本检索"。

文本浏览(text browsing) 利用计算机阅读文本内容的操作。如可通过各种软件来阅读 TXT、DOC、PDF 等文本的内容。

文字输入(character input) 使文字信息进入计算机或手机等电子设备的过程。输入方式可分为键盘、手写、语音、OCR 扫描、速录等。涉及相关的硬件或软件。对于键盘输入方式,一般默认自带某种编码方式,如中文输入法中的拼音输入法等。

扫描软件(scanning software) 将文档进行扫描、优化图像处理的软件。通过扫描仪将各种纸质文件、资料扫描录入计算机,经过图像处理、压缩、优化并存储为电子影像文件。是将传统纸质文档管理改为先进、统一、高效的电子化文档管理的工具。广泛应用于图书馆、档案馆、出版社、政府机关、各种企事业档案部门及档案数字化扫描加工企业等机构。

文字识别软件(character recognition software) 将电子图像文字转换成可编辑文字的软件。如可识别扫描图像或 PDF 等文件上的文字并利用字处理软件进行编辑、加工。

文字语音转换软件(software for conversion between text and speech) 提供文字与语音之间转换功能的软件。可将语音转换成文字或者反向。文字转语音功能支持多种发音方式,可输出格式为 WAV、MP3 等音频文件。能够支持多语言的互译,也能合成多语言的语音。语音转文字功能不需要训练就可以识别一般人的声音,可用于语音到文本的传送和搜索。

字处理软件(word processing software) 将文字格式化和排版的办公软件。能对文本进行各种编辑操作,包括插入、删除、恢复、定位、搬移、替换、查找、复制、剪接与排版等。如中文字处理软件主要有微软公司的 Word、金山公司的 WPS、永中 Office 和开源的 Openoffice 等。其发展和文字处理的电子化是信息化社会发展的标志之一。

文本阅读器(text reader) 亦称"文字阅读器"。供人们方便阅读和管理文本的应用软件。采用印刷书籍式的人性化界面,可选多种风格。具有智能分段、语音朗读、可选皮肤等功能,是传统书籍与电子小说的结合。大多有字体、行距、背景、翻页方式等的设置,适用于阅读各种格式的电子书文件。

记事本编辑器(notepad editor)　Windows操作系统中的一种文本编辑软件。用于文字信息的记录和存储。具有体积小巧、启动快、占用内存低和容易使用的特点。只能处理纯文本文件,且只具备最基本的编辑功能。大多数的图形化操作系统都内置类似的软件。

文本编辑器(text editor)　供编写文字用的应用软件。主要功能为:查找和替换、剪切、复制、粘贴、字体字号选择、撤销、导入、恢复和过滤等。一般无排版功能,常用来编写程序源代码,有语法高亮度显示,还有语法折叠功能,并且支持宏以及扩充基本功能的外挂模组。

文字特效工具(text special effect tool)　利用计算机产生文字特效的软件工具。可产生图像文字特效、Flash文字特效和三维动画文字特效等。如产生图像文字特效的3D FontTwister和textanim工具;产生Flash文字特效的SWFText、flax和SWiSH Max工具;产生三维动画文字特效的Cool 3D和Xara 3D工具等。

图像文字特效(image text special effect)　采用图像文字设计工具所开发的图像文字效果。如3D文字特效,还能加入光源、斜面、透明、浮雕、材质、锐利、温和、阴影等效果。

Flash文字特效(flash text special effect)　使用交互式动画设计工具Flash所制作的文字效果。如旋转字、风吹字、彩虹文字、彩图文字、金属文字、雪花文字等。

三维动画文字特效(3D animated text special effect)　亦称"3D动画文字特效"。运用三维动画作品设计工具所产生的形象和生动的文字动画效果。可用于用户的网页、视频、PPT项目,方便用户制作高品质的动画产品。

3D动画文字特效　即"三维动画文字特效"。

多媒体语音

数字音频(digital audio)　以数字形式记录或被转换为数字形式的声音。音频信号的声波被连续编码成数字样本。例如,在CD音频中,每秒采样44 100次,每个采样深度为16位。也用以指代以数字形式编码的音频信号的声音记录和再现技术。随着20世纪70年代数字音频技术的显著进步,在20世纪90年代到21世纪初逐渐取代了音频工程和电信领域的模拟音频技术。

数字音频采样与量化(audio sampling and quantization)　将音频信号从连续时间域上的模拟信号转换到离散时间域上的离散信号,以及将连续模拟音频信号转换为具有离散数值的数字信号的过程。其中前者称"采样",后者称"量化"。通常两者联合进行,模拟信号先由采样器按照一定时间间隔采样获得时间上离散的信号,再经模数转换器在数值上进行离散化,得到数值和时间上都离散的数字信号。如CD光碟上的文件,就是将模拟音频信号转换为以44 100 Hz采样的数字信号,并且每个样本用16位数据量化。

语音合成(speech synthesis)　通过机械或电子的方法产生人造语音的技术。如文本语音转换技术,可将计算机本身产生或外部输入的文字信息转变为流利的口语输出。

语音识别(speech recognition)　计算机自动识别和理解语音信号,并将其转换为相应的文本或命令的技术。采用的方法包括特征提取、模式匹配和模型训练。多用于移动终端,有多种技术和产品。

麦克风阵列(array microphone)　一种由一系列声学传感器(通常为麦克风)组成的用于对声场的空间特性进行采样处理的系统。能利用多个麦克风接收到声波的相位差异对声波进行过滤等操作。可用于噪声抑制、混声抑制、单或多声源定位。

语音翻译(speech translation)　把会话口语即时翻译为另一种语言并用语音方式输出的技术。使得不同语言的用户可即时交流。通常集成了自动语音识别、机器翻译和语音合成三种技术。语音识别模块识别用户输入的话语并转换为单词串,由机器翻译模块翻译,最终语音合成模块匹配发音和语调,进行连接并输出。

语音到文本(speech-to-text)　计算机自动将人类的语言转换为相应文字的技术。应用包括语音拨号、语音导航、室内设备控制、语音文档检索、简单的听写数据录入等。与其他技术结合可构建出更复杂的功能,如语音翻译。

文本到语音(text-to-speech; TTS)　计算机把文

字智能地转化为自然语音流的技术。主要包括文本分析、语音合成、韵律处理三个模块。对文本文件进行实时转换，能帮助有视觉障碍的用户阅读计算机上的信息，增加文本文档的可读性。

语音界面(speech interface) 通过声音(语音)平台实现的人机界面。侧重于用户和语音应用系统之间的交互，通过语音控制提供解决方案，从而实现自动化服务的一系列流程。

符号界面(sign interface) 由各种符号(文字图形、色彩图形、抽象图形等)组成的人机界面。通过语义、语用和语构学规则来进行符号编码，达到与用户交互、传递信息的目的。

自动语音识别(automatic speech recognition; ASR) 将人的语音自动转换为文本的技术。目标是使计算机识别不同人所说出的连续语音，实现声音到文字的转换。与声学、语音学、语言学、数字信号处理理论、信息论、计算机科学等众多学科紧密相连。

语音活动检测(voice activity detection; VAD) 亦称“语音边界检测”“语音端点检测”。在噪声环境中检测语音是否存在的语音处理技术。通常用于语音识别、语音编码等语音处理系统中。主要包括降噪、区块特征提取、区块分类以及阈值比较等步骤。

语音降噪(voice denoise) 对语音信号进行降噪处理的技术。以便对信号进行进一步处理。通常运用的算法为谱减法、维纳滤波法、自适应滤波器等。

信噪比(signal-to-noise ratio) 全称“信号噪声比”。通信系统某一端(如接收端)上的信号平均功率与噪声平均功率之比。常以分贝为单位。用来检定通信系统的质量。其值越大，接收信息的效率就越高，即发生错误或混淆的可能性越小。

音频文件格式(audio file format) 用于在计算机系统上存储数字音频数据的文件格式。音频数据的位布局(不包括元数据)称“音频编码格式”，并可被解压缩，或压缩以减小文件，通常使用有损压缩。数据可是音频编码格式的原始比特流，但通常以容器格式或具有定义的存储层的音频数据格式嵌入。

乐器数字接口 释文见119页。

音频编码(coding of audio) 通过去除原始音频数据中的各种冗余信息来实现数据量压缩的技术。是数字多媒体技术的关键技术之一。方便音频信息的存储和传输。常见标准有国际电信联盟的G.711、G.721、G.722、G.728，国际标准化组织的MP3、AAC，此外还有各大公司推出的RA、WMA以及AC-3等。

脉冲编码调制(pulse code modulation; PCM) 亦称“脉码调制”。一种用数字表示采样模拟信号的方法。是计算机、光盘、数字电话和其他数字音频应用中的标准数字音频形式。在PCM流中，以均匀间隔定期对模拟信号的幅度进行采样，并在数字步长范围内将每个样本量化为最接近的值。

音频差分编码(differential coding of audio) 通过使数字变小来减少音频信息编码量的过程。音频信号一般都是连续的，不会突然变高或变低，前后两点差值不大，记录差值信号只需要很少字节即可。音频差分编码就是对一个点的值以及下一个点的差值进行编码的过程。在解码的过程中再通过反计算得出下一个点值。

差分脉冲编码调制(differential pulse code modulation; DPCM) 使用脉冲编码调制的基线，根据信号样本的预测增加了一些功能的一种信号编码方法。输入可以是模拟信号或数字信号。如果输入是连续时间模拟信号，则需要先对其进行采样，以便离散时间信号作为编码器的输入。直接取两个连续样本的值，计算两个样本之间的差异，并对其进行熵编码；或者，相对于解码器过程的一个局部模型的输出，取样本与其差异，对差异量化，允许在编码中结合受控的损失。这两个编码过程消除了信号的短期冗余，对差异进行熵编码后，可实现大约2~4的压缩比。

自适应差分脉冲编码调制(adaptive differential pulse code modulation; ADPCM) 一种对音频等模拟信号的编码方法。定义一个量化阶因子，使用差值除以量化阶因子的值来表示两点之间的差异。当两点间的差异较大时，采用较大因子，反之采用较小因子。可自动适应具有相对较大差异的数据。可解决虽音频信号相对连续，但有时会出现一些差异较小而另一些差异较大的音频，如果差异很大，则需要使用更多的字节来进行差分编码，而导致数据量增大、压缩效率低的问题。

增量调制编码(delta modulation encoding) 一种预测编码方法。是脉冲编码调制的一种变形。不同于脉冲编码调制对每个采样信号的整个幅度进行量化编码，而对实际的采样信号与预测信号之差进行极性编码，其中极性为“0”和“1”这两种可能的取值之一。如果实际的采样信号与预测的采样信号之差的极性为“正”,则用 1 表示;反之则用 0 表示。由于只需用一位对语音信号进行编码,亦称“1 位系统”。主要用于对质量要求不高的场合。

杜比数字技术(Dolby digital technology) 杜比实验室开发的音频压缩技术标准。早期曾称“杜比立体声数字技术”。除其中的杜比 TureHD 标准外,其音频压缩是有损的。最初用于给 35 mm 电影胶片提供数字声音,现也作数字音频标准用于电视广播、数字视频流、DVD、蓝光光盘和游戏机等应用。有不同版本,其通用版本包含多达六个独立声道,常用模式提供五个通道用于正常范围扬声器(20 ~ 20 000 Hz)(左前置、中置、右前置、左环绕、右环绕 5 个全频带声道),和一个单独通道(20 ~ 120 Hz 分配频带)用于重低音扬声器驱动的低频音效,合起来即俗称的 5.1 声道。此外,还支持单声道和立体声等模式。杜比环绕 7.1 格式在标准 5.1 声道的基础上,扩展了左后环绕、右后环绕两个独立声道,为三维影院提供数字音频支持。

数字影院环绕声系统(digital theater system; DTS) 由美国 DTS 公司制定的声音格式。基本和最常见的版本是 5.1 声道系统。类似于杜比数字设置,将音频编码为 5 个主要(全频段)声道以及用于低音炮的特殊低频效果声道。编码器和解码器支持多种通道组合,立体声、四声道和四声道低频效果音轨已在 DVD、CD 和 LD 上商业发布。还有其他更新的 DTS 变体,包括支持多达 7 个主要音频通道和 1 个低频效果通道(DTS - ES)的版本。这些变体通常基于 DTS 的核心和扩展理念,其中核心 DTS 数据流用扩展流扩充,扩展流包括使用新变体所需的附加数据。核心流可以由任何 DTS 解码器解码,即使它不理解新的变体。理解新变体的解码器解码核心流,然后根据扩展流中包含的指令对其进行修改。该方法允许向后兼容。

噪声抑制(noise suppression; noise reduction) 音频中常用的减少噪声的技术。音频信号在采集传输和播放过程中由于电子器件的特点会产生很多额外的信号噪声,需要减少这些噪声来提高音频信号质量。常用的方法有采样降噪法、滤波降噪法和噪声门限降噪法等。

回波消除(echo cancellation) 通过消除电话中存在的回声来改善语音质量的方法。首先识别在发送或接收的信号中以一定延迟重新出现的原始发送信号。一旦识别出回声,就可通过从发送或接收的信号中减去它来去除它。通常使用数字信号处理器或软件以数字方式实现,也可在模拟电路中实现。

增益控制(gain control) 调整音频放大器的输入级以接受主机的更大范围的输入电压电平的控制方法。目的是使电路能够在更大范围的输入信号电平下令人满意地工作。常见方法有:改变晶体管的直流工作状态,以改变晶体管的电流放大系数;在放大器各级间插入电控衰减器;用电控可变电阻作放大器负载等。

多 媒 体 图 形

图形(graphic) 根据几何特性绘制的一种矢量图。其元素是点、直线、弧线等。图形任意放大或者缩小后,清晰依旧。适用于直线以及其他可以用角度、坐标和距离来表示的图。

计算机图形学(computer graphics) 用计算机建立、存储、处理某个对象的模型,并根据模型产生该对象图形输出的有关理论、方法和技术。研究内容包括图形硬件、图形标准、图形交互技术、光栅图形生成算法、曲线曲面造型、实体造型、真实感图形绘制、非真实感图形绘制等。广泛用于计算机辅助设计和加工、虚拟现实、影视动漫、军事仿真、医学图像处理、科学数据可视化等。

计算机图形标准(computer graphic standard) 图形系统及其相关应用程序中各界面之间进行数据传送和通信的接口标准。可在不同的计算机系统和图形设备之间进行图形应用软件的移植。主要包括:(1) 应用程序与图形软件包之间的接口,有 CORE 图形标准、GKS 图形核心系统、程序员层次结构交互式图形标准 PHIGS;(2) 图形软件包与硬件设备之间的接口,有美国国家标准学会(ANSI)制定的虚拟设备接口 VDI,后被国际标准化组织(ISO)接受并改名为 CGI;(3) 图形数据接口,有 CGM、IGES、DXF、STEP 和 OpenGL。

计算机图形系统(computer graphic system) 具有图形的计算、存储、输入、输出和对话五方面基本功能的一类系统。主要由人、图形软件包和图形硬件设备三部分构成。其中,图形硬件设备通常由图形处理器、图形输入设备和图形输出设备构成。

计算机图形信息(computer graphic information) 以数字形式表示的存在于坐标空间中的要素的位置和形状。按几何特征,分点、线、面、体四种类型。表达直观,易于理解,准确、精炼,且能实时反映对象的分布和变化规律。

计算几何(computational geometry) 研究如何灵活、有效地建立几何形体的数学模型并在计算机中存储和管理这些模型数据的学科。是计算机辅助几何设计的理论基础。主要研究几何目标在计算机环境内的数学表示、编辑、计算和传输等方面的理论与方法及相关应用。

几何造型(geometric modeling) 研究在计算机中如何表达物体模型形状的一种技术。对点、线、面、体等几何元素,经过平移、旋转、变比等几何变换和并、交、差等集合运算,产生实际的或想象的物体模型。

几何建模(geometric modeling) 研究几何形状数学描述的方法和算法。是应用数学和计算几何的一个分支。许多工具和原理可应用于任何有限维的集合。研究的形状大多是二维或三维的。大多数是用计算机和基于计算机的应用程序完成,二维模型在计算机排版和技术绘图中很重要。三维模型是计算机辅助设计和制造的核心,广泛应用于许多应用技术领域,如土木和机械工程、建筑、地质和医学图像处理。

构造实体几何(constructive solid geometry; CSG) 一种用于实体建模的技术。建模者通过使用几何数据集合的布尔运算符,来组合更简单的基础几何对象,以创建复杂的几何表面或物体。基础几何对象通常是形状简单的物体,如长方体、圆柱体、棱柱、四面体、球体、圆锥体等,常采用参数化表示。对几何数据集合的操作包括交、并、差等布尔运算操作,以及对这些集合的几何变换。通过组合这些基础几何对象和基本操作,可对几何实体进行从简单到复杂的过程化建模,得到复杂度高的实体模型。物体可表示为二叉树,其中叶子代表基础几何对象,节点代表基本操作。建模操作简便,便于数学运算,因此在大多数建模软件中都支持,也适合用于光线追踪等算法。

世界坐标系(world coordinate) 系统的绝对坐标系。由三个互相垂直并相交的坐标轴 X、Y、Z 组成。默认情况下,X 轴正向为屏幕水平向右,Y 轴正向为垂直向上,Z 轴正向为垂直屏幕平面指向使用者,坐标原点在屏幕左下角。

物体坐标系(object coordinate) 计算机图形系统中定义物体几何位置的坐标系。常作为局部坐标系与物体绑定,随着物体一起变换,如当物体在世界坐标系中平移和旋转时,可通过平移和旋转该物体的物体坐标系来实现。

观察坐标系(view coordinate) 为在不同的距离和角度上观察物体而建立的便于研究物体的坐标系。与物理设备无关,用于设置观察窗口,观察和描述用户感兴趣的区域内的部分对象,其取值范围由用户确定。

投影坐标系(projective coordinate) 亦称"齐次坐标系"。用于投影几何的坐标系。如同用于欧氏几何的笛卡儿坐标,可让包括无穷远点的点坐标以有限坐标表示。公式通常会比用笛卡儿坐标表示更为简单,且更为对称。可进行仿射变换,其投影变换能简单地使用矩阵来表示。如一个点的投影坐标乘上一个非零标量,则所得坐标会表示同一个点。因为齐次坐标也用来表示无穷远点,为此扩展而需用来标示坐标之数值比投影空间的维度多一。例如,在投影坐标里,需要两个值来表示在投影线上的一点,需要三个值来表示投影平面上的一点。

屏幕坐标系(screen coordinate) 基于显示设备的坐标系。基本测量单位是设备的最小显示单位,通常为像素。屏幕上的点由 x 和 y 坐标对描述。x 坐标向右增加;y 坐标从上到下增加。系统的原点(0,0)取决于所使用的坐标类型。系统和应用程序以屏幕坐标指定屏幕上窗口的位置。原点在屏幕的左上角。通常用左上角和右下角的两个点的屏幕坐标来表示一个完整的屏幕窗口。无论窗口在屏幕上的位置如何,屏幕坐标系都可确保应用程序在窗口中绘制时使用一致的坐标值。

图元(primitive) 系统可以处理的最简单的图形对象。有时,绘制相应对象的子例程亦称"几何图元"。在早期矢量图形系统中,最"原始"的是点和直线段。在构造实体几何中,图元是系统提供的简单几何形状,例如立方体、圆柱体、球体、圆锥体、棱锥体、圆环体。现代 2D 计算机图形系统指直线、圆、复杂的曲线分段以及基本形状,如框、任意多边形、圆等。一组常见的二维图元包括线、点和多边形。

最常见的是三角形，因为每个多边形都可以用三角形构造，所有其他图形元素都是从这些图元构建的。在三维空间中，位于三维空间中的三角形或多边形可用作图元来模拟更复杂的 3D 形式。在某些情况下，可包括曲线，如贝塞尔曲线、圆等。

图形变换（graphic transformation） 图形根据一定的规则在不同的数学模型和域间进行转换的过程。计算机图形学中最常用的三种基本几何变换为平移、缩放和旋转。根据图形维度的不同有二维图形变换和三维图形变换。可方便地实现不同相机下物体的视角，在物体坐标和世界坐标间进行切换等。

图形裁剪（clipping） 在计算机图形学中指保留有效区域去除不关心区域的方法。目的通常是优化框架或更好地突出主题。

B 样条曲线（B-spline curve） 通过 B 样条表示的曲线。B 样条是基准样条的缩写。阶数 n 的样条函数是变量 x 中 $n-1$ 的分段多项式函数。各分段之间的连接点称“节点”。样条函数的关键属性是它们及其导数的连续性取决于节点的多重性。n 阶的 B 样条是在相同节点上定义的相同阶的样条函数的基函数。每个可能的样条函数都可通过 B 样条的唯一线性组合形式来构建。

贝塞尔曲线（Bezier curve） 依据四个位置任意的点坐标绘制出的一条光滑曲线。是计算机图形图像造型中运用得最多的基本线条之一。通过控制曲线上的四个点（起始点、终止点以及两个相互分离的中间点）来创造、编辑图形。1959 年由法国科学家德卡斯特里奥（Paul de Casteljau）开发，此后另一位法国科学家贝塞尔（Pierre Bézier, 1910—1999）对其进行了研究与应用。

贝塞尔曲面（Bezier surface） 计算机图形学、计算机辅助设计和有限元建模中使用的一种数学样条曲面。与贝塞尔曲线一样，由一组控制点定义。与插值的关键区别是通常不通过中央控制点，而是受到中央控制点的吸引而靠近。面片网格作为光滑表面的表示，优于三角形网格，只需要更少的点来表示曲面，更易操作，并具有更好的连续性。但难以直接渲染，难以计算其与线的交点，故难以用于纯粹光线追踪，或其他不使用细分或逐次逼近的直接几何技术，也难以直接与透视投影算法结合。

参数曲线（parametric curve） 用参数方程表示的曲线。在数学中，参数方程将一组量定义为一个或多个称为参数的独立变量的函数。参数方程通常用于表示构成几何对象（例如曲线或曲面）的点的坐标，称为对象的参数表示或参数化。

参数曲面（parametric surface） 用参数化方程表示的曲面。类似于参数曲线。参见“参数曲线”。

NURBS 曲面（non-uniform rational B-spline surface; NURBS） 计算机图形学中用于生成和表示曲线和曲面的数学模型。为处理解析表达的形状和建模的形状提供了很大的灵活性和精确性，可通过计算机程序有效处理，支持方便的交互。是映射到三维空间中的曲面的两个参数的函数，表面的形状由控制点确定，能以紧凑的形式表示简单的几何形状。通常用于计算机辅助设计、制造和工程，出现在众多行业标准中。也通常包含在各种三维建模和动画软件的工具中。

细分曲面（subdivision surface） 通过定义一个粗略的分段线性多边形网格来表示光滑表面的方法。可从粗网格计算出平滑表面，对粗网格的每个多边形面进行递归细分，更好地逼近光滑表面。细分曲面是递归定义的，该过程从给定的多边形网格开始，对其进行细分，根据附近的旧顶点的位置，计算网格中新顶点的位置，创建出新顶点和新面，或者改变旧顶点的位置。由此产生比原始网格更精细的网格，包含更多的多边形面。结果网格可以再次通过相同的细化方案，进一步细化。极限细分曲面是由该过程产生的表面被无限次迭代应用，也可通过直接计算得到大多数细分曲面的极限曲面。在数学上，是具有奇点的样条曲面。

隐式曲面（implicit surface） 一种几何表面的描述方法。通过一个定义在三维空间的函数 $w = F(x, y, z)$ 来描述，满足 $F(x, y, z) = c$ 的点 (x, y, z) 构成该隐式曲面的表面。例如 $F(x, y, z) = x^2 + y^2 + z^2 = 1$，表示三维的单位半径球。

几何连续性（geometric continuity） 计算机图形学中对曲线光滑程度的一种描述。比参数连续性的条件更宽松。例如，考虑曲线上某点两侧的曲线段，G^0 表示这两段曲线在该点相连，G^1 表示这两段曲线在该点的切线方向一致，但并不要求这两段曲线的一阶导数的大小一致，G^2 表示这两段曲线在该点的曲率中心一致。参见“参数连续性”。

参数连续性（parametric continuity） 计算机图形学中对曲线光滑程度的一种描述。可分为不同阶数,例如 C^0 表示曲线是连续的,C^1 表示曲线的一阶导数是连续的,C^2 表示曲线的一阶导数和二阶导数都是连续的。

几何重拓扑(geometric re-topolization)　保持三维物体的几何形状不变,改变物体点线面构成的过程。是三维建模中常用的方法,在一些雕刻建模工具中比较常见。可在现有几何上重建更优化的几何表面,让其他工业流程更加流畅。例如为后续动画创建一个标准的四边形网格,或者为纹理贴图需要创建更拟合的网格等。

基于图像建模(image-based modeling)　计算机图形学和计算机视觉中用于三维建模的一种方法。利用场景的一组二维图像,来生成该场景的几何模型,也可从图像中提取场景的光照模型。

基于物理建模(physically based modeling)　计算机图形学中对物体行为的建模方法。除物体的几何模型之外,还将物体的物理特征包含到模型中,如力、力矩、速度、加速度、势能、密度等。通过数值计算对物体的行为进行物理仿真,可用于计算机动画制作,例如用于刚体运动、物体变形、流体运动等的建模仿真。

分形几何(fractal geometry)　以不规则几何形态为研究对象的几何学。是拓扑学的一个分支。基本特征是事物具有自相似的层次结构。局部与整体在形态、功能、信息、时间、空间等方面具有统计意义上的相似性,称为自相似性。

八叉树(octree)　计算机图形学中对空间进行划分的一种常用结构。将一个三维空间或物体沿着三个坐标轴方向进行划分,可将空间划分成八个子空间,每个子空间又可进一步划分成八个更小的子空间,由此递归划分直到达到某个层次深度,或者空间达到足够小,从而构成空间的八叉树。常用于加速图形学的计算,如用于光线追踪、碰撞检测算法等。

二元空间分割树(binary segment partition trees; BSP Trees)　计算机图形学中对空间进行二元划分的一种常用结构。基本特点是通过任意方向的一个划分平面对空间一分为二,得到两个子空间,然后对子空间进一步采用新的划分平面进行一分为二,如此递归,得到一个空间划分的二叉树,叶子节点对应子空间,而内部节点对应划分平面。常用于加速图形学的计算,如基于视点的背面剔除等。

多层次细节(level of detail; LOD)　一种用于表示场景不同细节层次的表达方法。在创建一个物体模型时,可随着物体离视点的距离大小,得到不同级别的几何细节。在离散的方法中,包含多个独立的具有不同层次细节的物体模型,当物体离视点的距离变小时,可切换到更高细节层次的模型,提供更多物体细节。可通过混合不同层次细节的模型,来避免模型的突然切换。在连续方法中,将物体模型进行参数化,使得随着距离变化时,可针对物体模型进行顶点、边和面片的增删,实现多层次细节的连续变化。

多边形细分(tessellation)　对多边形模型进行细分的技术。其输入是几何表面的一个高层描述,例如,曲面的函数表示:将其细分生成一组三角形列表,用来近似表示该曲面。在现代图形显卡硬件里,已通过着色器提供了对曲面细分的硬件支持,可将已有多边形模型分成更多更精细的三角形,使模型看起来更平滑和更细致。

三角形化(triangulation)　将多边形区域划分成一组三角形的过程。可将三维物体表面的网格表示为一组三角形,通过公共边或公共角连接成完整物体表面。很多图形软件包和硬件设备能够有效地处理三角形网格的图像运算。

网格简化(mesh simplification)　在建模重建阶段对复杂的多边形网格进行简化的过程。在三维模型表面网格生成过程中,可能存在大量难以处理和操作的多边形,在后续的贴图、动画及渲染过程中很难使用。网格简化通过顶点聚类、增量抽取、重采样、网格近似等算法对这些多边形进行简化。

布告板技术(billboarding)　对场景中三维模型的一种近似表示技术。将在远处的一个复杂的三维形体近似表示为二维平面物体,并将渲染得到的一个图像作为纹理贴在该平面上,近似地表示从当前视点所得到的效果,从而减少渲染的计算量。因平面类似于布告板而得名。在应用中常将布告板自动转动,保持面向观察者,以避免被看出是二维平面。例如,可用布告板表示场景中的树木。

体素化(voxelization)　将三维物体的几何模型转化为该物体形状的近似的体素表示形式的过程。类似于二维空间中将二维多边形转化为填充该多边形的像素的过程,但在三维空间中,用体素代替了像素,来填充物体所占据的三维空间,最终得到能近似表示该物体形状的体数据。

体绘制(volume rendering) 亦称“直接体绘制”。不需要构造中间几何图元,直接由三维数据生成屏幕上的二维图像的技术。能产生三维数据的整体图像,图像质量高,便于并行处理,但计算量较大。

计算机动画(computer animation) 采用图形与图像处理技术,通过编程或动画制作软件生成一系列运动景物画面的技术。当前帧图像是前一帧图像的部分修改,采用连续播放静止图像的方法产生物体运动的效果。分为二维动画和三维动画。广泛应用于游戏开发、电视动画制作、广告创作、电影特技制作,以及生产过程和科学仿真等。

欧拉角(Euler angle) 计算机图形学中的三维旋转的一种表示方法。采用俯仰角、偏航角、翻滚角来表示物体围绕 X、Y、Z 轴的旋转角度,并利用这三种简单旋转来构造一个序列,以实现复杂的旋转,可以按照不同的坐标轴顺序来分解。例如,由角 (ϕ, θ, ψ) 定义旋转,可将其转化成旋转矩阵进行计算。比较直观易懂,便于定义,但在特定条件会丢失旋转自由度,产生万向锁问题,故并非理想的旋转表示方法。

四元数变换(quaternion) 计算机图形学中表示三维旋转的一种方法。一个四元数包含 4 个标量,并定义了一组标准的四元数运算,可转化成旋转矩阵形式,也可与欧拉角进行互相转换。四元数在旋转时不会出现万向锁问题,便于表示三维旋转方向及其插值。

关键帧动画(keyframe animation) 制作计算机动画的一种技术。能提高动画的制作效率。动画序列中比较重要的一些画面帧称“关键帧”。如定义一个连续光滑动作的时间起始状态和终止状态。关键帧通常由高级动画师制作,不同关键帧之间的非关键画面帧可通过动画算法插值而成,从而形成完整的动画序列。

路径动画(path animation) 制作计算机动画的一种技术。通过控制三维对象沿曲线的位置和旋转生成动画。对沿着复杂路径运动的对象进行路径动画处理可非常快速有效地生成动画。是动画制作的常用方法。

过程动画(procedural animation) 制作计算机动画的一种技术。通过参数变化自动实时生成动画。在粒子模拟系统中非常常见,如用来生成火、水、烟雾、毛发等。

基于物理动画(physically based animation) 制作计算机动画的一种技术。可给动画带来非常逼真的效果。通过对三维物体运动进行物理建模来模拟动画中三维对象的运动过程。如基于刚体动力学的刚体运动模拟;基于柔体动力学的软体模拟,使用质点弹簧网格实现软体;基于流体动力学的流体模拟等。

变形动画(deformation animation) 制作计算机动画的一种技术。在点线面拓扑结构不变的情况下,改变三维对象网格上点的位置的过程称“变形”。变形非常有效,通常可在现有模型的基础上,轻松得到新的造型或者在角色不同姿态之间自动生成动画。通过变形,用户通常可用较小的时间和代价,达到更好的动画效果。实现通常通过基于约束的变形算法,把现有形状改变到变形形状,然后对中间过程进行帧序列插值来完成。

骨骼动画(skeleton animation) 制作计算机动画的一种技术。主要用来进行角色动画控制。由两部分组成,三维对象表面网格(称“皮肤”)和一组父子分层相连的关节层次链接骨骼(称“骨架”)。对于骨骼而言,当父骨骼位置变动时子骨骼也会跟随移动。在骨骼动画中骨架控制角色的姿势和关键帧,表面网格会根据权重跟随绑定的骨架进行变形。骨骼动画大大简化了角色动画的流程,使角色动画控制更加方便快捷。

骨骼装配(skeletal rigging) 根据角色创建骨骼并将骨骼放置在角色网格中相应位置,以便骨骼和角色网格达到最佳匹配的过程。参见“骨骼动画”。

骨骼蒙皮(skeletal skinning) 将角色表面网格和骨骼绑定的过程。蒙皮后,骨骼关节的移动会直接反映到角色表面网格上,实现骨骼对表面网格的控制。参见“骨骼动画”。

运动学算法(kinematics algorithm) 根据运动学来计算动画的一种算法。来源于工业机器人的运动学分析,在串联式机器人运动过程中,使用刚性变换获得机器人串联链的运动学方程,以表征每个关节处允许的相对运动,并分离刚性变换以定义每个链节的尺寸。结果是经过一系列刚性变换,从链的根部到链接的末端根据串链的关节旋转角度得到机器人末端的运动位置,该变换方程称“运动学方程”。在计算机动画中,通过该运动学方程可根据串链关节旋转角度获得骨骼末端的运动位置,也可根据末端运动位置,反推出各个骨骼的路径和位置。

动力学算法(dynamics algorithm) 根据动力学来计算动画的一种算法。是结合牛顿运动定律方程组,对对象的位置、速度、角度、角速度基于时间的函数进行求解的计算机动画算法。得到的物体的运动参数和真实世界比较接近,可达到逼真的动画效果。在动力学算法中通常会考虑到运动对象所受的力、对象质量及质量中心、惯性矩等,如刚体动力学、约束动力学等算法。

正向运动学(forward kinematics) 使用机器人的运动学方程从串链关节参数的给定值计算出末端执行器位置的过程。参见"运动学算法"(237 页)。

反向运动学(inverse kinematics) 已知机器人末端执行器的位置,根据运动学方程反推出串链上各个关节的路径和位置的过程。为到达末端指定位置计算出中间经历路径和轨迹,通常会增加其他的路径约束。在 3D 动画中应用广泛,如角色的步行动画,已知脚面在地面上的落点,可以解算出角色落脚前的动画。参见"运动学算法"(237 页)。

粒子系统(particle system) 三维计算机图形学中模拟一些特定的模糊现象的技术。如模拟火、爆炸、烟、水流、火花、落叶、云、雾、雪、尘、流星尾迹、发光轨迹等。这些现象用传统的渲染技术难以呈现真实感,可通过很多粒子来近似表示该现象中的微粒,且粒子可携带质量、速度、温度、颜色等物理特征,可通过控制这些粒子的运动和颜色来模拟不同的现象。

流体力学欧拉法(fluid dynamics Euler method) 使用流体力学中的欧拉方程对流体运动进行模拟的方法。欧拉方程在流体力学中是一组控制绝热和非黏性流动的拟线性双曲型方程。在欧拉法中,流体属性如速度、质量、密度等参数定义为空间位置和时间的函数。欧拉法是一种观察流体运动的方式,在欧拉法中考察特定空间下的一团流体,计算该空间中流体的运动变化状态,而流体进出该空间的体量随时间发生改变。

流体力学拉格朗日法(fluid dynamics Lagrangian method) 采用拉格朗日视角考察流体运动方式的方法。观察者考察的对象是运动的流体,对流体的微团进行"标记",并跟踪该微团的运动和确定该微团随时间移动的特性。因需要对每个流体微团进行运算,可非常丰富地表现流体细节。

碰撞检测(collision detection) 检测一个或两个对象在空间上是否有交叉点的技术。在碰撞检测中,除解决物体是否碰撞的问题,还会有开始碰撞时间、完成碰撞时间,被碰撞对象等信息。常用的方法有包围盒算法、射线算法、空间分割技术等。广泛用于视频游戏、物理模拟和机器人模拟中。

运动捕捉系统(motion capture system) 记录物体或人物运动的系统。每秒对一个或多个角色的动作进行多次采样。采样的方法很多,如红外相机拍摄和采集,在物体和人物的关键部位装上红外反射球,通过高速红外相机拍摄采集得到不同图像。后台有软件算法支持,它们对采集图像进行处理得到需要的数据。在三维动画电影制作中,通常捕捉演员的动作,并将动画数据映射到三维模型,以便模型执行与演员相同的操作,从而快速、高效、逼真地实现三维动画,节省人力物力。

动画后期处理(post-processing of animation) 在渲染结束后对二维图片进行多种处理的过程。在计算机动画制作过程中,三维动画最终都被渲染成二维图片序列,这些图片序列还需要进行加工才能达到电影视频发布要求。通常包括:剪辑、特效、合成等。

颜色模型(color model) 一种描述颜色的抽象数学模型。颜色用一组三元或四元数表示,在不同的颜色空间,该组数据有不同的描述。常用的有 RGB 颜色模型、CMYK 颜色模型等。

颜色管理(color management) 颜色在不同数字图像设备之间进行可控转换的过程。如扫描仪、数码相机、显示器、电视屏幕、打印机等之间的颜色转换,主要是保障同一图片在不同设备之间颜色上有良好的匹配。转换后的图片颜色不能和原始一样,但可做到尽可能一致。通过专门的管理系统实现,常用的方法有颜色配置文件、色域映射、颜色查找表等。

渲染(rendering) 在计算机图形学中从模型生成图像的过程。可将皮肤、树木、花草、水、烟雾、毛发等各种物体表现得非常逼真。该词源自中国画技法中的"渲"和"染"这两个烘托画面形象的技巧。

走样(aliasing) 用离散量表示连续量而引起失真的现象。在光栅图形显示器上绘制非水平且非垂直的直线或多边形边界时,或多或少会呈现锯齿状或台阶状外观。是因为直线、多边形边界等是连续的,而光栅则是由离散的点组成的,在光栅图形显示器上表现直线、多边形等,必须在离散位置采样,由于采样不充分,重建后将造成信息失真。

反走样(anti-aliasing) 用于减少和消除用离散量表示连续量引起的失真效果的技术。一般分三类:(1) 提高分辨率,即增加采样点,提高采样频率;(2) 反走样线段方法,即将相邻台阶之间的像素置为过渡颜色或灰度;(3) 反走样多边形边界算法,即根据像素与多边形相交部分的面积来设置像素的亮度。

光滑(smoothing) 降低图像内的噪声或产生较少像素化的图像的过程。大多数方法都基于低通滤波器。

消隐技术(hidden surface removal) 在计算机图形学中对隐藏的表面不加渲染的技术。相机拍摄三维场景有一个视锥,有一些三维表面不正对着相机,它们位于相机看不见的反面,还有一些表面被离相机更近的表面遮挡,它们都不需要在相机中渲染出来。常用的消隐技术有 Z - buffer。

纹理映射(texture mapping) 亦称“纹理贴图”。将纹理空间中的纹素映射到屏幕空间中的像素的过程。即把图像贴到三维物体的表面上以增强真实感,和光照计算、图像混合等技术结合,可产生一些有特色的效果。是真实感图形绘制的一个重要手段,可方便地制作出极具真实感的图形而不必花费过多时间来考虑物体的表面细节。

凹凸贴图(bump mapping) 用于模拟物体表面上的凸起和皱纹的贴图技术。通过扰动物体的表面法线并在照明计算期间使用扰动法线来实现。其结果是在渲染后物体表面有明显凹凸不平的效果,而不需要改变物体的表面形状。

法向贴图(normal mapping) 一种在渲染过程中通过法线方向来制造凸起和凹痕的贴图技术。不需要使用高密度的网格表面就可以在渲染图上添加表面细节,在游戏画面中得到广泛的应用。一般通过高密度和低密度两套模型生成,高密度模型每个点法线的三个分量保存在图像的 RGB 三个通道中,按法线生成的方式,分为切向空间法线、物体空间法线和世界空间法线等。

位移贴图(displacement mapping) 一种在渲染过程中沿法线方向根据贴图中的位移值改变渲染物体表面上点的实际几何位置的贴图技术。凹凸贴图和法向贴图都是通过视觉假象生成表面细节,位移贴图则是在渲染阶段真正改变物体顶点位置得到渲染效果,故能赋予表面更精细的深度和更好的细节感,且生成更多效果,如允许自遮挡、自阴影和剪影等,但需要在计算过程中附加大量几何形状,计算成本较高。

矢量位移贴图(vector displacement mapping) 位移贴图的一种改进方法。与传统的位移贴图仅用于垂直于基础网格多边形的表面变化不同,可在物体表面法线以外的方向上移动,更加灵活。矢量位移使用某个空间中矢量的颜色通道依该矢量的方向和大小来移动几何体的顶点。与传统位移贴图相比,可表现更复杂的形状和细节。

基于视点位移贴图(view-dependent displacement mapping) 在任意多边形模型上应用浮雕贴图映射的技术。贴图浮雕数据储存于切线空间中,能够应用到任意曲面的多边形上,并产生正确的自遮挡、透明贯穿、阴影及逐像素光照特效,用来对可变形几何模型增加表面细节。如在游戏里经常会出现的可运动的人物。使用了一个反向公式(像素驱动),该公式基于一个在 GPU 上实现的高效的“直线和高度场相交”的算法。支持对表面极近距离的观察、层次贴图以及对贴图的各项异性过滤。相对于高细节的表面,如需要对贴图进行平铺,只需要占用很少的内存空间。

真实感图形绘制(photorealistic rendering) 通过综合运用数学、物理学、计算机科学、心理学等知识,在计算机图形输出设备上绘制出逼真景象的技术。一般需经过场景造型、取景变换、视域剪裁、消除隐藏面(简称“消隐”)和可见面光亮度计算等步骤。有光线追踪算法和辐射度算法等多种实现算法,应用广泛。

非真实感图形绘制(non-photorealistic rendering) 利用计算机生成不具有照片般真实感而具有手绘风格的图形的技术。可实现多种艺术效果,广泛应用于计算机动画、科学插图绘制和医学数据可视化等方面。

全局光照模型(global illumination model) 亦称“间接光照模型”。三维计算机图形中为模拟逼真现实世界照明效果而设计的数学模型。在全局光照模型中不仅考虑来自光源的光的直接照明,同时还考虑来自光源光线被场景中的其他表面反射或透射的后续照明。1986 年,卡吉亚(James Kajiya)将渲染方程引入计算机图形学。渲染方程是全局照明方法的理论基础,常用的全局光照算法有光线跟踪和辐射度算法。

光线跟踪(ray tracing)　计算机图形学中一种全局光照算法。跟踪从视点(相机)出发的一根或若干根光线,分别计算每根光线与场景中物体的全部交点,然后得到离视点最近的交点,获取交点位置表面材质、纹理,结合光源信息计算出该处的颜色值;如该交点处表面有镜面反射或透射则在反射和透射方向各衍生出一条光线,衍生光线递归地执行前一步过程,最后得到渲染结果。能够模拟各种光学效果,例如反射和折射、散射和色散现象等。虽能得到更好的视觉真实感,但计算成本高,多用于电影行业。

辐射度模型(radiosity model)　计算机图形学中一种全局光照模型。辐射度方法来自热辐射理论,1984年由康纳尔大学研究人员引入计算机图形学。在辐射度模型中,辐射度是每单位时间离开曲面片的能量,是发射和反射能量的总和。辐射度方程是基于单色的,彩色辐射度需要对每个所需的色彩进行计算。广泛用于三维软件中。

基于物理光照模型(physically based lighting)　一种更准确模拟现实世界光流方式的渲染模型。旨在渲染出和真实照片相同的效果。双向反射分布函数和渲染方程是该模型的主要理论基础。

Lambert 模型(Lambert model)　一种局部直接光照模型。定义了物体理想漫反射表面属性。无论观察者的视角如何,表面亮度都是相同的。表面的亮度是各向同性的,发光强度符合 Lambert 余弦定律。广泛用于三维软件中。

Phong 模型(Phong model)　一种局部照明的经验模型。描述了表面反射光将粗糙表面的漫反射与光滑表面的镜面反射相结合。认为物体表面反射光线由环境光、漫反射、高光反射三部分组成。广泛用于三维软件中,渲染带高光效果的材质。

Blinn 模型(Blinn model)　亦称"Blinn-Phong 模型"。由布林(Jim Blinn)提出的 Phong 模型的一个改进版本。和 Phone 模型有非常近似的照明效果,但接近镜面模型时略有不同,有效克服 Phong 模型中不能解决的视点矢量和反射矢量不允许高于 90°的问题。不依靠反射向量而使用反射向量中途矢量,是一个在视点方向和光线方向之间的单位矢量。该中间矢量越接近表面的法向量,镜面贡献越高。无论观察者处于哪个方向,中途矢量和表面法线之间的角度都不会超过 90°。故在视觉上看起来更合理,特别是对于低镜面反射指数的情况。比较典型的例子是在 Phong 模型中当光泽度较低时会导致非常大的镜面反射区域,而 Blinn 模型则不会。

Gouraud 明暗处理(Gouraud shading)　亦称"Gouraud 着色法"。一种实现物体表面平滑着色的方法。基于顶点法线计算顶点处的明暗强度,然后沿多边形的边缘进行双线性插值,最后用于 Lambert 模型完成整个表面明暗处理。与 Phong 明暗处理相比,通常要更高效(通常情况下顶点数比屏幕空间的像素少),但仍然会看到小平面的效果。且在高光处理上存在缺陷。当多边形中心处存在高光,如果高光没有扩散到任何顶点,则高光效果会丢失;当顶点处有高光,则该点上的高光正确,但通过插值扩散到相邻的多边形上的高光会很不自然。

Phong 明暗处理(Phong shading)　亦称"Phong 着色法"。改善了的 Gouraud 着色法。提供更平滑的光滑表面的着色。假设表面法向量是平滑变化的,表面法线根据多边形网格顶点法线进行线性插值,每个像素根据自己对应的平面法向量进行着色计算,然后用于 Phong 模型。修复了 Gouraud 着色法中的高光处理缺陷。比 Gouraud 着色法有更好的效果。由于基于每个像素而不是每个顶点进行计算,其运算成本较 Gouraud 着色法高。

光强度计算(intensity calculation)　在计算机图形学中光源的强度计算方法。并不完全与光学中一致,是一个相对量,光强度越大,光源越亮。采用一些数学模型来模拟光源在距离上的衰减,常用的有线性衰减、二次衰减和三次衰减。

环境贴图(environment mapping)　一种在物体反射表面上应用周围环境反射的方法。通常是以物体为中心生成的一张全景环境贴图,然后使用反射矢量进行索引来模拟反射。常用技术有球面环境贴图、双抛物面环境贴图和立方体环境贴图。可以极低的代价生成不错的环境反射效果。

实时绘制(real-time rendering)　计算机图形学中快速图像生成的技术。其中图像生成速度基本要满足与人实时交互,对三维场景的任何操作能够即时生成操作结果的图像反应,同时是一个持续即时反馈的过程。一般实时渲染的帧率大于 15 帧/秒时,用户会有较好的交互感,当帧率大于 60 帧/秒时会有沉浸感。一般依赖于强有力的硬件支撑,如图形处理器支持，通过硬件实现快速的绘制效果。

着色器（shader） 在计算机图形学中一种可在图形处理器上运行的计算机程序。最初用于在图像生成过程中产生适当明暗和颜色。现已扩展到计算机图形学中各种图像效果的专用功能，如后期特效处理等。大多是针对图形处理器编码的，着色器语言用于编程图形处理器渲染管道，以实现各种着色效果。

着色器语言（shading language） 一类用于编程着色效果的图形编程语言。拥有适合着色表面表征的数据类型如“矢量”“矩阵”“颜色”和“法线”。可构建最终图像所有像素、顶点或纹理的位置、色调、饱和度、亮度和对比度，也可使用算法动态更改这些属性在着色器中定义，并可通过调用着色器的程序引入的外部变量或纹理进行修改。常用的语言主要有OpenGL着色语言GLSL、NVIDIA着色语言CG、DirectX高级着色器语言HLSL。

渲染管线（rendering pipeline） 渲染过程中描述将三维场景渲染到二维屏幕图像所执行步骤的概念模型。由于渲染过程中采用的软硬件环境不同，没有适合所有情况的通用渲染管线，常用的是OpenGL渲染管线和DirectX渲染管线。OpenGL渲染管线先后依次是顶点处理、顶点后处理、图元装配、光栅化、片元着色、逐采样操作。DirectX11渲染管线先后依次为顶点着色器阶段、曲面细分阶段、几何着色器阶段、流输出阶段、光栅化器阶段、像素着色器等。

前向渲染（forward rendering） 渲染管线上最常用的渲染技术。对场景中的每一个光源（通常支持的最大光源数量有限制）、每一个物体的几何表面依次进行顶点着色、几何着色、片元着色，最后渲染出目标的线性过程。

延时渲染（deferred rendering） 一种基于屏幕空间的渲染技术。计算量只与最后要渲染的图像像素有关。因在渲染管线上进行顶点着色、像素着色处理时不执行最后着色，而是生成深度、法线、颜色、阴影等缓冲，直到渲染步骤完成后再根据生成的各种缓冲信息进行统一着色，故名。场景中的几何与光照是分开处理的，只需要一个几何通道，只对影响像素的光源进行计算。但无法处理透明物体。

位深度（bit depth） 图像中的每个像素所使用的位数。用于记录数字图像中每个像素的颜色。其值越大，图像的色彩越丰富。

颜色缓冲（color buffer） 计算机图形系统中存放像素颜色值的二维数组内存区域。渲染管线经过一系列算法和操作得到的每一帧每个像素最终显示的颜色值。保存在图形硬件（如显卡）的内存中，最后输出给显示设备接口。

α缓冲（alpha buffer） 计算机图形系统中存放像素透明度值的二维数组内存区域。通过控制当前透明度值与像素颜色缓冲进行组合以产生最终颜色效果。该过程称“α混合”。

深度缓冲（depth buffer） 计算机图形系统中存放像素深度值的二维数组内存区域。用作在三维图形中处理图像深度坐标的过程。这个过程通常在硬件中完成，也可在软件中完成。管理有时需要使用大量的内存带宽。

双缓冲（double buffer） 计算机图形系统中用于交替绘制的两个二维数组内存区域。是用于解决图像显示中闪烁问题的解决方案。在双缓冲机制中所有绘制操作首先渲染到内存缓冲区而不是屏幕上的绘图表面。在所有绘制操作完成后，再将内存缓冲区直接复制到与其关联的绘图表面。这样在屏幕上仅执行一次图像操作，从而消除了与复杂绘画操作相关联的图像闪烁问题。

阴影贴图（shadow map） 通过将像素与光源视图的深度图像进行比较，测试像素是否从光源可见来创建阴影的贴图。应用于场景可产生有阴影效果的渲染图像。

OpenGL 亦称“开放图形库”。一套跨语言跨平台的图形应用程序接口。描述了一整套二维和三维的图形绘制规范。定义了一组程序调用函数，通过函数调用实现对硬件图形绘制的操作。由OpenGL构架评审委员会维护。

DirectX Microsoft Windows上采用的一组图形应用程序接口。这些接口的名称都以Direct开头，例如Direct3D、DirectDraw、DirectMusic、DirectPlay、DirectSound等，其中Direct3D是图形应用程序接口。

多媒体图像

图像（image） 视觉传感器对被感知物质的影像的采集结果。既包括图片、照片、绘画等，也包括非可见光成的像,如X射线成像、红外成像、超声成像、微波成像等。分模拟图像和数字图像两类:前者可通过采样和量化转化为计算机可处理的数字图像;后者是一个数字点阵,其中每个元素称“像素”。按像素,分:(1)黑白图像,其像素是一个标量,其值称“灰度级”,范围一般为0到255,可用一个字节来存储;(2)彩色图像,其像素是一个三维向量,由红、绿、蓝三个分量构成(也可用其他色彩坐标系)。

图像采样(image sampling) 把空间域连续的图像(模拟图像)离散成若干采样点的过程。采样率确定数字化图像的空间分辨率。

图像量化(image quantization) 对图像幅度值进行数值化的处理过程。图像函数的连续值与其数字值之间的转换及量化,量化级别的数量越高,数字图像中保留的细节越多,图像质量越好,数据量越大。

图像分辨率(image resolution) 图像中的像素个数值。通常通过图像的宽度和高度以及图像中的像素总数来确定分辨率。例如,宽2 048像素、高1 536像素的图像包含(2 048×1 536)3 145 728像素(310万像素)。随着相机中感光器件百万像素数增加,生成的最大尺寸图像也会增加。即500万像素的摄像头能够拍摄比300万像素摄像头更大的图像。

像素(pixel) 数字图像的基本单元。一幅数字图像可看作一个矩阵,矩阵的行列相当于数字图像中像素点的位置,而该矩阵中各元素即为像素,其值相当于该点图像的灰度级或颜色值。像素的数目越多,就越能呈现出图像的细节,画面也就越清晰,数据量也就越大。参见“图像”。

邻居像素(neighbors of pixel) 在图像的数字点阵中与某一像素相邻的像素。共边相邻的4个像素称“4邻居像素”。加上和像素共点相邻的4个对角像素一起称“8邻居像素”。

邻接像素(adjacency of pixel) 相邻接触的且值相似的像素。分为4邻接像素、8邻接像素以及混合邻接像素。4邻接像素是两个像素是共边4邻居,并且他们的值满足一些特定的相似标准。8邻接像素是两个像素为共边及共点8邻居,并且他们的值满足一些特定的相似标准。混合邻接像素首先为4邻接像素,然后考虑对8邻接像素中的对角邻接像素,在对角邻接像素中与4邻接像素相邻的路径优先。

像素距离度量(pixel distance measure) 定义像素间距离的方式。像素p与q之间的距离度量$D(p, q)$满足下面条件:(1) $D(p, q) \geqslant 0$ [$D(p, q) = 0$,当且仅当$p = q$];(2) $D(p, q) = D(q, p)$;(3) $D(p, r) \leqslant D(p, q) + D(q, r)$;其中$r$为任意像素。具体来说,对于位于$(x, y)$的像素$p$和位于$(u, v)$的像素$q$来讲,它们的距离通常通过以下方式来具体定义:(1) 欧式距离,$De = \sqrt{(x-u)^2 + (y-v)^2}$;(2) 城市街区距离,$D_4(p, q) = |x-u| + |y-v|$;(3) 棋盘距离,$D_8(p, q) = \max\{|x-u|, |y-v|\}$。在4邻接、8邻接或者混合邻接连通性定义中,两个邻接像素之间的距离定义为沿着邻接两个像素的最短路径从一个像素到下一个像素的跳数。

图像亮度(image brightness) 图像颜色的相对明暗程度。通常使用从0%(黑色)至100%(白色)的百分比来度量。如是灰度图像,则跟灰度值有关,灰度值越高则图像越亮。

图像对比度(image contrast) 图像中明暗区域最亮的白和最暗的黑之间不同亮度层级的度量。即指一幅图像灰度反差的大小。差异范围越大代表对比越大,差异范围越小代表对比越小,好的对比率如120∶1可容易地显示生动、丰富的色彩,当对比率高达300∶1时,便可支持各阶的颜色。通常采用对比度测量,有韦伯对比度(感觉阈值对比度)、Michelson对比度(能见度对比度)、均方根对比度、投影机对比度、ANSI对比度等。

图像灰度(image intensity) 图像的单通道像素的值。如在8位灰度图像中,存在256个灰度级,那么图像中任何像素都可以具有0~255之间的值,这个值就是其灰度。在彩色图像中,为RGB各个通道上的值。

图像噪声(image noise) 图像中亮度或颜色信息的随机变化量。通常由电子噪声产生,如由扫描仪或数码相机的传感器和电路产生;也可能源于胶片颗粒和理想光子探测器不可避免的散粒噪声。是图像捕获过程中不期望有的副产品,会模糊期望的图像信息。范围可从数字照片上几乎难以察觉的斑点到几乎完全是噪声的光学和射电天文图像。种类通常有高斯噪声、椒盐噪声、散粒噪声、量化噪声、胶片颗粒、各向异性噪声、周期性噪声等。

图像获取(image acquisition) 亦称“图像采集”。利用图像输入设备将图像输入计算机的过程和技术。景物的光线经光学系统聚焦到成像面上,经传感器转换成电信号，再经采样、量化成为数字图像。图像采集设备的输出可以是模拟的（如模拟摄像机），由计算机上的图像采集卡等部件来完成数字化过程；也可以直接输出数字图像信号，如数码相机、数字摄像机等，此时图像采集设备本身就具有数字化功能。也可用扫描仪将各种图片（相片、底片、画稿、文稿、图纸等）转换成数字图像输入计算机。有时也指通过抓帧、截屏等方式收集图像素材。

图像编码（image coding） 亦称"图像压缩编码"。对数字图像进行数据压缩处理的技术。消除图像数据的各种冗余度，充分利用人的视觉特性，从而以更高效的方式存储和传输图像。属信源编码范畴。按解码复原图像和原图像相比是否存在失真，分信息保持编码和非信息保持编码；按待压缩图像性质，分静止图像编码和活动图像编码（常称"视频编码"）。实现方法很多，如预测编码、变换编码、统计编码等，且常混合使用多种方法以实现更高的编码效率。静止图像编码的国际标准有 JPEG、JPEG2000 等。

图像文件格式（image file format） 组织和存储数字图像的标准化手段。图像文件由这些格式之一的数字数据组成，可光栅化以便在计算机显示器或打印机上使用。可以采用未压缩、压缩或矢量格式存储数据。光栅化后，图像变为像素网格，每个像素都有多个位，用于指定其颜色，其位数等于显示它的设备的颜色深度。常用图像文件格式有 TIFF、JPEG、GIF、PNG 以及 RAW 等。

空间域（spatial domain） 图像的像素表示。是图像平面本身的二维平面，由图像像素组成。空间分辨率是指构建数字图像所需的像素值。较高空间分辨率图像的像素比较低空间分辨率的像素更多。

变换域（transform domain） 将图像数据从一个域（如空间）转换为另一个域（如频率）的数学处理方法。常用的有傅里叶变换、拉普拉斯变换、小波变换等。通常在变换后的新域中，数据更容易处理，如进行去噪、锐化、模糊等。

灰度变换 释文见 343 页。

直方图均衡（histogram equalization） 一种图像增强技术。按照尽量使变换后图像的直方图分布均匀的原则来进行灰度修正，以达到灰度增强的目的。处理可分三步：计算原图直方图；计算其相应的累积分布函数；以此作为灰度映射函数对各像素的灰度值进行逐点修正。

直方图匹配（histogram matching） 通过修改时间序列、图像变换，或修改更高维度标量数据，使其直方图与指定的参考直方图匹配的过程。常见的应用有匹配来自两个响应不同的传感器图像，或者进行直方图归一化处理。

空间滤波（spatial filtering） 根据相邻像素的强度来改变像素强度的图像处理技术。图像基于卷积核进行卷积变换，根据卷积核中定义的区域和权重计算出新的图像值。常用来去除高频噪声与干扰、进行图像边缘增强以及去模糊等。常见的低通滤波可对图像进行平滑处理，高通滤波可用于图像锐化处理。

平滑空间滤波（smoothing spatial filtering） 对图像进行模糊和降噪的一种空间滤波方法。常用的有平滑线性滤波器和平滑统计排序滤波器。前者产生的新的像素值是滤波器模板区域内像素的平均值，线性滤波器使用滤波器邻域内像素的平均值替代图像中的每个像素值，降低图像的锐化达到平滑效果。后者是一种非线性空间滤波，以滤波器区域像素的排序为基础，使用统计排序决定的值替代中心像素的值。最有名的平滑统计排序滤波器是中值滤波器，对去除随机噪声非常有效。

锐化空间滤波（sharping spatial filtering） 突出图像灰度过渡部分的一种空间滤波方法。通常通过数字微分算子来实现，通过微分算子构造滤波器模板。常用的有一阶微分和二阶微分，二阶微分在细节增强上比一阶微分有更好的效果。

理想低通滤波器（ideal lowpass filter） 一种假想的理想状态下的低通滤波器。与"理想高通滤波器"相对。对于低于或等于截止频率的所有信号无衰减地通过，而对于高于截止频率的所有信号完全切断屏蔽。

巴特沃思低通滤波器（Butterworth lowpass filter） 亦称"最大平坦滤波器"。采用巴特沃思低通传递函数进行滤波的滤波器。与"巴特沃思高通滤波器"相对。在该传递函数中有一个过渡带，高于过渡曲线的频率被截止，低于过渡曲线的频率通过。在传递函数中，阶数越高过渡带越陡，阶数越低过渡带越平滑。与理想低通滤波不同，巴特沃思低通滤波后不会产生明显的截止尖锐。

高斯低通滤波器(Gaussian lowpass filter) 采用高斯低通传递函数进行滤波的滤波器。与“高斯高通滤波器”相对。过渡特性非常平坦,虽不及巴特沃思低通滤波,但不会产生振铃现象,是普遍采用的一种低通滤波器。

理想高通滤波器(ideal highpass filter) 一种假想的理想状态下的高通滤波器。与“理想低通滤波器”相对。对于高于截止频率的所有信号无衰减地通过,而对于低于或等于截止频率的所有信号完全切断屏蔽。

巴特沃思高通滤波器(Butterworth highpass filter) 一种通频带内频率响应曲线平坦无纹波的高通滤波器。与“巴特沃思低通滤波器”相对。不同的是高于过渡曲线的频率通过,低于过渡曲线的频率截止。其他特性与巴特沃思低通滤波器相同。

高斯高通滤波器(Gaussian highpass filter) 一种传递函数为 $H(u, v) = 1 - e^{-D^2(u, v)/2D_0^2}$ 的滤波器。与“高斯低通滤波器”相对。不同的是高于高斯曲线的频率通过,低于高斯曲线的频率截止。其他特性与高斯低通滤波器相同。

带通滤波器(bandpass filter) 容许某一频带内信号通过,而使该频带外的信号显著衰减的滤波器。可用低通滤波器同高通滤波器组合来产生。

带阻滤波器(bandreject filter) 使某一频带内的信号显著衰减,而容许该频带外信号通过的滤波器。其中点阻滤波器是一种特殊的带阻滤波器,阻带范围极小,有着很高的品质因数。

陷波滤波器(notch filter) 一种特例的带阻滤波器。阻带非常狭窄,用来迅速衰减掉某一频率的信号,以此阻止该频率信号通过。主要应用有选择性地修改离散傅里叶变换的局部区域、减少波纹等。

图像复原(image restoration) 去除或减轻在获取数字图像过程中发生的图像质量下降(退化),使图像尽量逼近没有退化的原始图像的图像处理技术。图像退化的原因有光学系统、运动等造成的模糊和来自电路和光学因素的噪声等。图像复原的难点有二:一是事先无法确切知道退化的点扩展函数,需进行估计;二是退化模型是病态的,小干扰即可对复原图像产生大影响。常见的方法有逆滤波、维纳滤波、线性代数复原、运动模糊复原等。和以改善人的视觉观感为目的的图像增强截然不同。

退化模型(degradation model) 对一幅输入图像通过退化函数进行退化处理后,叠加上加性噪声项以达到验证图像复原的过程。数学表达为 $g(x, y) = h(x, y) \times f(x, y) + \eta(x, y)$,其中 $f(x, y)$ 表示理想的无退化的图像,$h(x, y)$ 为退化函数,$\eta(x, y)$ 为加性噪声项,$g(x, y)$ 为退化后图像。

噪声模型(noise model) 根据噪声的空间频率特性进行数学模拟的过程。在数字图像的获取传输过程中会产生一些噪声。常用模型有高斯噪声、瑞利噪声、伽马噪声、指数噪声、均匀噪声、椒盐噪声、周期性噪声等。

均值滤波器(mean filter) 一种简单的滑动窗口空间滤波器。使用窗口中所有像素值,通过平均值函数计算出的平均值替换窗口中的中心值。窗口或内核通常是方形的,也可以是 m 行 n 列的任何形状。根据平均函数的不同,常用的有算术均值滤波器、几何均值滤波器、谐波均值滤波器、逆谐波均值滤波器等。

统计排序滤波器(order-statistic filter) 一种非线性空间滤波器。以滤波器包围图像区域像素的排序为基础,使用统计结果的值得到新像素的值。常用的是中值滤波器、最大值滤波器、最小值滤波器、中点滤波器、修正阿尔法均值滤波器等。

自适应滤波器(adaptive filter) 能够根据输入信号自动调整性能并进行处理的数字滤波器。根据预先设定好的条件,在滤波过程中,动态地改变滤波器窗口的尺寸大小。常用的是自适应中值滤波器。与传统中值滤波器不同的是,自适应中值滤波器可以处理更大概率的脉冲噪声。

退化函数(degradation function) 在退化模型中使用的退化改变函数。影响图像退化的因素很多,原因比较复杂。在图像恢复过程中经常采用退化模型来进行图像恢复。退化函数通常通过观察、试验建模等方法来估算获得。

逆滤波(inverse filtering) 对给定滤波器和滤波后的图像结果求解原始图像的过程。在空间域内的处理很不方便,频域内的运算是直接做除法,所以通过傅里叶变换在频域内进行处理。在图像恢复中使用较多,其恢复过程就是对退化后图像进行退化函数去除过程。

最小均方差滤波(minimum mean square error filtering) 亦称“维纳滤波”。在噪声是随机变量的基础上,找到原始图像的一个估值,使它们之间的均方差最小的滤波方法。与直接逆滤波方法相比,效果更好。

约束最小二乘方滤波(constrained least square filtering) 仅需要噪声方差和均值的滤波方法。核心是通过增加一些特定的约束条件来解决退化函数对噪声的敏感度问题。与最小均方差滤波相比,不需要知道退化图像和噪声的功率频谱,仅要求噪声方差和均值信息,这些参数可通过一幅给定的退化图像计算出来。最小均方差滤波是平均意义上的最优,而本法对于应用的每一幅图像都能产生最优结果。

图像重建 释文见 341 页。

由投影重建图像(image reconstruction from projections) 根据对被测物体投影图像在不同方向上的反投影叠加重建完整图像的过程。

多分辨率处理(multiresolution processing) 多个分辨率下的信号(图像)的表示和分析方法。有效使用多学科技术,如信号处理的子带编码,语音识别的正交镜像滤波、金字塔图像处理等对信号(图像)进行分析和处理。充分结合多个领域的优势,使在某种分辨率下受限的特性,可容易地在另一分辨率下获得。基础是小波变换。

子带编码(subband coding) 去除信号(图像)相关性,将信号分解为一组频带受限分量,单独对每个频带进行量化编码的过程。这些频带分量称"子带"。通常通过快速傅里叶变换将图像分成多个不同的子带。

图像金字塔(image pyramid) 一种多分辨率的图像表示结构。由一系列图像构成,是以金字塔形状排列上小下大,从下到上分辨率依次降低的图像集合。底部图像分辨率最高,往上尺寸和分辨率逐步降低。用于提供不同分辨率图像,为不同尺度上的图像分析和处理带来便利。

哈尔变换(Haar transform) 由数学家哈尔(Alfréd Haar)于 1909 年提出的函数变换。基函数是最简单的小波,哈尔小波是一系列重新调整的方形函数。与傅里叶变换类似,不同的是它采用哈尔函数对信号(图像)进行调变。哈尔函数具有正交性。变换特性与图像中的线条边界特性非常接近,经过哈尔变换的图像会得到非常明显的线条效果。

多分辨率展开(multiresolution expansions) 对图像近似之间的差异进行编码的过程。以数学多分辨率分析为理论基础,使用尺度函数建立图像的一系列近似,并且每个近似和它相邻的近似在分辨率上都用因子 2 区分,再通过小波附加函数对相邻近似之间的差异进行编码。

一维小波变换(wavelet transform in one dimension) 在一维空间上的小波变换。小波变换是一种用于信号时频分析和处理的变换分析方法,提供了一个随频率改变的"时间-频率"窗口,用有限长或快速衰减的"母小波"的振荡波形来表示信号。该波形被缩放和平移以匹配输入的信号。可分为连续小波变换和离散小波变换。

快速小波变换(fast wavelet transform) 一种实现离散小波变换的高效计算方法。通常采用 Mallat 算法,先对大尺度信号进行小波变换,再选取低频部分在原尺度的 1/2 尺度上进行小波变换。

二维小波变换(wavelet transform in two dimension) 在二维空间上的小波变换。可以由一维小波变换扩展得到。需要一个二维尺度函数和三个二维小波来表示。

小波包(wavelet packets) 亦称"小波包分解""子带树""最佳子带树结构"。由尺度函数和小波函数推导得出,将信号投影到小波包基函数构成的空间中。利用分析树来表示小波包,利用多次迭代的小波转换分析输入信号的细节。

RGB 彩色模型(RGB color model) 一种将红、绿、蓝三种颜色的色光以不同比例相加以产生多样色光的三原色光模型。其中红绿蓝三原色不能由其他色光合成。主要用于彩色阴极射线管等彩色光栅图形显示设备,且显色依赖于设备。

CMY 彩色模型(CMY color model) 一种将青色、品红色、黄色三原色油墨的不同网点面积率的叠印来表现各种颜色的模型。应用于印刷工业,且显色与工艺方法、油墨特性、纸张特性等有关,故依赖于设备。

CMYK 彩色模型(CMYK color model) 在 CMY 彩色模型的基础上加入黑色的色彩模型。青色、品红色、黄色三种基色混合得到黑色,由于印刷油墨达不到理论极限值,混合得到的黑色不纯正,故引入独立的黑色,共同组成 CMYK 彩色模型。通常应用于实际印刷中。

HSI 彩色模型(HSI color model) 一种通过色相、饱和度、亮度三种通道的变化以及相互叠加来表现各种颜色的模型。通常用于计算机图形应用中，为图像中的每个 HSI 分量分配一个 0～255 范围内的强度值，可重现 16 777 216 种颜色。

伪彩色处理(pseudocolor processing)　一种把单色图像转换为彩色图像的技术。单色图像包括灰度图像或多波段图像等。按照特定的准则将图像中的各个灰度级匹配到彩色空间中的一点，从而映射成彩色图像，提高了图像内容的辨识度。常用算法有密度分层法、灰度级-彩色变换法、频域滤波法等。

灰度分层(intensity slicing)　亦称“密度分层”。一种伪彩色处理的算法。将具有连续色调的单色影像按一定密度范围分割成若干等级，通过给不同等级设置不同颜色得到新的彩色图像。通常用于航空相片、多光谱扫描影像和热红外扫描影像等单色影像的彩色增强。

彩色编码(color coding)　一种利用编码方法将黑白影像灰度转换为不同彩色色调的色彩增强技术。针对每个像素给出亮度参数和彩色代码，常用算法为灰度分层、滤波法等。通常用于输出彩色图形或者显示彩色图像。

补色(color complements)　亦称“互补色”“余色”“强度比色”。两种以适当比例混合后产生灰阶色彩(白色、黑色)的颜色。是成对的颜色。一种特定的色彩总是只有一种补色，如黄色与蓝色、青色与红色等。

彩色切片(color slicing)　一种从图像中突出特定颜色的目标的算法。每个像素转换后的色彩分量和原始色彩分量呈现函数关系。把图像中非重点部分的色彩映射到不突出的中心色彩上。

色调校正(tone correction)　一种调整图像的相对明暗程度的后期技术。和白色混合形成明色调，和黑色混合形成暗色调。通常用于图像后期处理，例如提高色调值可为画面偏绿的图像加入品红色，形成较为中性的色调。

彩色校正(color correction)　亦称“校色”“矫正偏色”。一种把图像色彩精确地校正为拍摄现场人眼看到的情况的后期技术。通常有三个前提：(1) 校准设备，如输入设备(扫描仪)和输出设备(打印机、显示器)；(2) 设置图像处理软件的颜色选项；(3) 设置数码相机的颜色和白平衡等。

图像平滑(image smoothing)　一种弱化或抑制图像中的突变、边缘或噪声的图像处理技术。常用算法有插值方法、线性平滑方法、卷积法等。通常用于突出图像的宽大区域、低频成分、主干部分，干扰高频成分，使图像亮度趋于平滑。

图像锐化(image sharpening)　即“边缘增强”(342 页)。

彩色边缘检测(color edge detection)　一种标识彩色图像中亮度明显变化的点的图像处理技术。通常采用 Di Zenzo 等人在 1986 年提出的算法。彩色图中，单独对每个颜色分量进行边缘检测不能反映图像整体彩色的差异变化，一般的边缘检测算子无法适用于向量空间。

图像数据压缩(image data compression)　一种以较少的空间来表示原图像的像素矩阵的技术。能减少表示数字图像的数据量。其原理为除去冗余的图像数据，如相邻像素相关性引起的空间冗余、序列不同帧之间相关性引起的时间冗余、不同彩色平面或频谱带相关性引起的频谱冗余等。

霍夫曼编码　即“哈夫曼编码”(161 页)。

Golomb 编码(Golomb coding)　一种无损压缩数据的编码方式。由数学家格伦布(Solomon W. Golomb)在 1960 年提出。只能对非负整数进行编码，k 阶指数 Golomb 编码的具体方式为：(1) 将数字用二进制形式表示，去掉最低的 k 个比特，加 1；(2) 计算留下的比特数，减 1，作为需要增加的前导 0 的个数；(3) 将第(1)步中去掉的 k 个比特位补回比特串尾部。

算术编码(arithmetic coding)　一种无损压缩数据的编码方式。也是一种熵编码方式。为整个输入符号序列而非单个字符分配码字，平均每个字符可以分配长度小于 1 的码字。通常需要估计输入符号的概率，再进行编码。估计越准确，编码结果越优。

LZW 编码(LZW coding; Lempel-Ziv-Welch coding)　亦称“蓝波-立夫-卫曲编码法”“串表压缩算法”。一种无损压缩数据的编码算法。编码原理为建立一个字符串表，用较短的代码来表示较长的字符串。不同于哈夫曼编码，将不同长度字符串以固定长的码编制。

行程编码(run-length coding)　亦称“行程长度编码”“游程编码”“变动长度编码”。一种统计编码算法。编码原理为检测输入符号串中重复出现的比特或字符序列，并统计它们的出现次数来取而代之。如数据串“AAAABBBCCDEEEE”，通过行程编码可以压缩为“4A3B2C1D4E”。通常用于二值图像的编码,在沿着行或列有重复灰度的图像中,用相同灰度的行程表示为行程对进行压缩,每个行程对表示一个新灰度的开始和具有该灰度的连续像素的数量。相同颜色的图像块越大,图像块数目越少,压缩比越高。

基于符号编码(symbol-based coding) 一种压缩图像数据的编码算法。原理为:一幅图像可表示为多个重复子图像的集合,每个子图像为一个符号并存储在符号字典中,图像可用三元组$\{(x_1, y_1, t_1), (x_2, y_2, t_2), \cdots\}$的集合来编码,其中$(x_i, y_i)$表示符号位置,$t_i$表示符号在字典中的地址。

比特平面编码(bit-plane coding) 亦称“位平面编码”。一种处理图像位平面来减少像素间冗余的数据压缩技术。编码原理为:(1)位平面分解,将一幅多级图像分解为一系列二值图像;(2)位平面编码,对每一幅二值图像采用特定图像压缩方法进行压缩。

块变换编码(block transform coding) 一种有损压缩数据的变换编码算法。编码原理为:将图像分解为大小相等且不重叠的小块,对每一块进行可逆线性变换(如傅里叶变换)并映射为变换系数集合,再对变换系数量化和编码。

预测编码(predictive coding) 一种对数据中的统计冗余进行压缩编码的方法。对于空间冗余的视频数据,表现为同帧图像内相邻像素之间的相关性,任何一像素点都可由与它相邻的且已被编码的点来进行预测估计,预测根据某一模型或者以往的样本值进行。然后将样本的实际值与其预测值相减得到一个误差值,对这个误差值进行编码。如果模型足够好而且样本序列在时间上相关性较强,那么误差信号的幅度远远小于原始信号,从而可以用较少的代码。

小波编码(wavelet coding) 一种有损或无损的压缩数据的变换编码算法。相比对原图像像素本身进行编码,对图像的像素借助相关的变换系数进行,编码效率更高。编码原理为:变换的基函数(小波函数)将大部分重要的可视信息包括到少量系数中,剩余的系数可以被量化或忽略。

数字图像水印(digital image watermarking) 数字水印的一种。是永久镶嵌在图像数据(宿主数据或载体数据)中具有可鉴别性的数字信号或模式。将一些标识信息(数字水印)嵌入图像等数字载体(多媒体、文档、软件等)中,或是间接表示(修改特定区域的结构),同时不影响宿主数据的可用性,也不易被探知和再次修改,但可被生产方识别和辨认。目的是保护信息安全、实现防伪溯源、保护版权。

形态学图像处理(morphological image processing) 一种运用数学形态学进行图像处理的技术。包括与图像中特征的形状或形态有关的非线性操作。形态学运算只依赖于像素值的相对排序,而非其数值,适用于二进制图像的处理。

线条检测(line detection) 一种运用于图像分割中检测线条的图像处理技术。通常采用求取导数算法(二阶导数有更强的响应,产生比一阶导数更细的线条)或拉普拉斯模板。

边缘检测(edge detection) 一种标识数字图像中亮度变化明显的点的计算机视觉技术。边缘可视为一定数量点亮度发生变化的位置,边缘检测即可视为计算亮度变化的导数。算法可分为基于搜索和基于零交叉两类。前者计算边缘强度,用一阶导数表示,例如梯度模,再进行方向估计;后者利用二阶导数的零交叉点来定位边缘。

阈值处理(threshold processing) 一种基于区域的图像分割处理技术。通过设定不同的特征阈值,把图像像素点分为若干类。其中常用特征为原始图像的灰度或彩色特征。常见的阈值处理方法有图像二值化等。

多阈值处理(multiple threshold processing) 在阈值处理时,把单一全局阈值扩展到任意数量的方法。以多阈值处理为基础的可分性度量也可扩展到任意数量的分类。

可变阈值处理(variable threshold processing) 解决由图像噪声和非均匀光照等因素引起的阈值处理性能降低问题的阈值处理技术。常用算法为图像分块,即把一幅图像分割为多个不重叠且足够小的矩形,保证每个矩形内的光照近似均匀。

区域生长(region growing) 根据预先定义的生长准则将像素或子区域组合成为更大区域的图像聚合技术。从种子点的集合开始,将与种子点性质(强度、灰度级、纹理颜色等)相似的相邻像素合并到此区域来形成生长区域。

区域分裂(region splitting) 根据预先定义的分裂准则将图像分裂为子区域的图像分割技术。当图像中某区域特征不一致时,根据预先定义的分裂准则将该区域分裂成四个相等的子区域，直至所有区域不再满足分裂准则。

区域聚合(region merging)　将像素或子区域聚合为更大区域的图像聚合技术。当图像中相邻区域特征一致时，根据预先定义的聚合准则，将它们进行聚合，直至所有区域不再满足聚合准则。

聚类区域分割(region segmentation using clustering)　一种基于区域的图像聚合技术。根据预先定义的相似性评价指标，将图像的各个区域聚在一起，最终达到图像聚合的目的。

超像素区域分割(region segmentation using superpixel)　将图像细分为多个图像子区域的图像分割技术。由一系列位置相邻且颜色、亮度、纹理等特征相似的像素点组成的小区域称"超像素"。把图像细分成特性相似的子区域，可保留进一步进行图像分割的有效信息，且不会破坏边界信息。

图割区域分割(region segmentation using graph cut)　一种利用图割算法进行图像分割的图像处理技术。把图像分割问题与图的最小割问题相关联，使用图割可精确地解决二进制问题，如对二值图像进行去噪。

Snakes 图像分割(image segmentation using snakes)　基于 Snakes 模型的图像分割技术。使用连续曲线来表达目标边缘，并定义一个能量泛函使得其自变量包括边缘曲线，将分割过程转变为求解能量泛函的最小值的过程。一般可通过求解函数对应的欧拉方程来实现，能量达到最小时的曲线位置就是目标的轮廓位置。

水平集图像分割(image segmentation using level set)　利用水平集算法来实现曲线演变而达到分割目的的图像分割技术。由科学家塞提安(J. A. Sethian)和奥舍(S. Osher)于 1988 年提出。将低维的计算提高一维，把平面闭合曲线隐含地表达为连续函数曲面的一个具有相同函数值的同值曲线。

边界追踪(boundary following)　通过顺序找出图像中边缘点来跟踪边界的图像处理方法。对于二值图像或含有区域的图像，可以采用 4 邻接或 8 邻接算法确定内边界。

链码(chain codes)　亦称"freeman 码"。用曲线起始点的坐标和边界点方向代码来描述曲线或边界的方法。按照水平、垂直和两条对角线方向，可以为相邻的两个像素点定义 4 个方向符(4 链码)，分别表示 0°、90°、180°和 270°四个方向。也可增加 4 个斜方向定义 8 个方向符(8 链码)，用线段的起点加上由这几个方向符所构成的一组数列成为链码。

边界特征描述(boundary feature descriptor)　基于外部的对被分割的图像的像素集的表示和描述方法。关注的是图像中区域的形状特征，常用的方法有链码、边界分段、多边形近似、标记图等。

区域特征描述(region feature descriptor)　基于内部的对被分割的图像的像素集的表示和描述方法。关注的是图像中区域的灰度、颜色、纹理等特征，常用的方法有四叉树、骨架等。

主分量特征描述(principal components as feature descriptor)　基于已配准图像的用于边界和区域的描述方法。如已知一幅彩色图像的三个分量图像，将每组三个对应像素组成一个向量，可以把三幅图像作为一个单元来处理。

模式向量(pattern vector)　描绘子的组合方式。以列向量($n \times l$ 阶矩阵)的方式表示，其中每个分量表示一个描绘子，n 为与该模式有关的描绘子的总数。

结构型模式(structural pattern)　用结构关系来描述图像特性的模式。如串描述模式、树形描述模式。

最短距离分类器(minimum-distance classifier)　一种图像分类方法。求出待分类向量到要识别的各类别代表向量中心点的距离，将待分类向量归结于距离最小的一类。

相关性二维原型匹配(2－D prototype matching using correlation)　一种利用二维核与空间域中图像的相关性的统计学方法。找到一对二维信号的时间序列或空间序列之间的相关系数，从而找到待匹配的对象在图像中的位置。

贝叶斯统计分类器(Bayesian statistical classifier)　一种基本的统计分类方法。根据某对象的先验概率使用贝叶斯公式计算得到后验概率，选择具有最大后验概率的类作为该对象所属的类。是各种分类器中错误概率最小、平均风险最小的分类器。

多媒体视频

数字视频文件格式(digital video file format)　数字视频文件的存储格式。通常由不同的文件格式来把视频和音频保存在同一个文件中。常见的分为两大类：影像格式（如 AVI、MOV、MPEG、MPG、DAT 等）和流媒体格式（如 RM、MOV、ASF 等）。

视频获取（video capturing） 把模拟视频转换成数字视频，并按照数字视频文件的格式保存下来的过程。方法为：将模拟摄像机、录像机、LD 视盘机、电视机输出的视频信号，通过专用的模数转换设备，转换为二进制数字信息。主要设备为视频采集卡。

视频采样（video sampling） 将复合视频信号还原为离散信号的过程。模拟信号向数字信号转化的过程中，先把复合视频信号中的亮度和色度分离，得到 YUV 或 YIQ 分量，然后对三个分量分别采样并进行数字化，最后再转换成 RGB 空间。一个采样点中包含一组亮度样本（Y）和两组色差样本（Cr，Cb），多个采样点组合起来形成最终图像。采样样本数值越高，画面的精度越高。

视频预处理（video pre-processing） 在视频流编码之前对原始码流进行一系列变换处理的过程。主要操作包括数据传输、拜尔格式解交织、噪声滤波、抖动检测与补偿、局部动态范围补偿、对焦调整、色彩校正、人脸识别、图像立体化等。

视频后处理（video post-processing） 对从标准视频解码器得到的图像进行一系列变换处理的过程。主要算法包括解块/解环路滤波器、边界检测、图像缩放、解交织、帧率转换、噪声滤波、色彩空间转换/亮度/对比度/伽马校正等。目的是提高最终成品的附加值。

视频录制（video recording） 通过刻录、捕捉软硬件设备对各种影像来源的硬件终端（数码相机、摄像头、摄像机、电视卡、DVR 等）中的视频或计算机影像（即屏幕录像）进行捕捉和保存的过程。

视频存储（video storage） 把视频数据以特定的格式保存到储存介质的过程。常见的存储设备有数字磁带（HDV、DV、Digital Betacam、MicroMV 等）、模拟磁带（Ampex、Betamax、Betacam、VCR 等）、光盘（DVD、EVD）等。

视频非线性编辑（video non-linear editing） 对视频的非破坏性编辑方法。通过数字设备对视频素材以随机存取的方式剪辑，可存取视频片段中的任意一帧，能立即重新排列、替换、增加、删除、修改映像数据，以达到快速编辑的目标。

视频信号类型（type of video signals） 视频信号的分类。电视信号、静止图像信号和可视电视图像信号，可分为合成视频信号、分量视频信号、S-视频。

分量视频（component video） 将视频信号中的红、绿、蓝三基色以独立接口形式进行传输的视频。产生的画面清晰、色彩逼真。通常用于广播级视频设备。

合成视频信号（composite video） 亦称“全电视信号”。一种模拟视频信号格式。包含色度（色彩和饱和度）和亮度信息，并与声画同步信息、消隐信号脉冲一起组成单信号。色度和亮度之间存在信号干扰，信号越弱干扰越严重。通常用于家用视频设备。

S-视频（S-video） 亦称“独立视频端子”。将视频数据分成亮度和色度两个单独信号进行发送的模拟信号。前者携带亮度信息，定义了黑色和白色的比例，后者携带颜色信息，定义了色调和饱和度。与合成视频信号相比，改善了分辨率，并能大幅减少复合影像信号的虹边蠕动，改善色彩边缘溢色。

模拟视频（analog video） 由连续的模拟信号组成的视频。与“数字视频”相对。根据被拍摄物体的不同亮度，摄像管中的电流发生相应的变化，利用这种变化来表示或模拟所拍摄的图像，记录光学特征，通过调制和解调将信号传输给接收机，通过电子枪显示在荧光屏上，还原成原来的光学图像。

NTSC 视频（NTSC video; national television standards committee video） 由（美国）国家电视标准委员会制定的北美及日本通用的电视制式。垂直分辨率为 525 线，帧速为 30（29.97）FPS。不能直接兼容于计算机系统。

PAL 视频（PAL video; phase alteration line video） 亦称“逐行倒相视频”。中国及欧洲大多数国家通用的电视制式。垂直分辨率为 625 线，帧速慢于 NTSC（25FPS）。对相位失真不敏感，图像彩色误差较小，与黑白电视的兼容性好。

SECAM 视频（SECAM video; sequential color and memory system） 亦称“赛康制视频”。俄罗斯、法国等通用的电视制式。垂直分辨率为 625 线，帧速 25FPS，不怕干扰，彩色效果好，但兼容性差。

数字视频（digital video） 以数字信息记录的视频。与“模拟视频”相对。先用摄像机等视频捕捉设备，将外界影像的颜色和亮度信息转变为电信号，再记录到储存介质（录像带等）。

数字视频编码（digital video encoding） 为了便于

储存传输和进一步处理视频，通过压缩技术将原始视频格式的文件转换成另一种视频格式文件的过程。目标为去除空间、时间维度的冗余。

高清视频（high definition video） 物理分辨率在720 P（1 280×720 P，非交错式）或 1 080i（1 920×1 080 P，隔行扫描）或 1 080 P（1 920×1 080 P，逐行扫描）的视频。规定屏幕纵横比为 16∶9。音频输出为 5.1 声道（杜比数字格式），能兼容接收其他较低格式的信号并进行数字化处理重放。

标清视频（standard definition video） 亦称“标准清晰度视频”。物理分辨率在 720 P 以下的视频。垂直分辨率为 720 线逐行扫描。

4K 视频（4K video） 具有 4K 分辨率的超高清视频。水平清晰度 3 840，垂直清晰度 2 160，宽高比 16∶9，总约 830 万像素。

8K 视频（8K video） 具有 8K 分辨率的超高清视频。水平清晰度 7 680，垂直清晰度 4 320，宽高比 16∶9，总约 3 320 万像素。

视频压缩（video compression） 一种尽可能保证视觉效果的前提下减少视频数据率的视频编码技术。分有损和无损压缩、帧内和帧间压缩、对称和不对称编码。常见的编码方法有 MPEG 编码、AVI 编码等。

无损压缩算法（lossless compression algorithm） 压缩前和解压缩后的数据完全一致的算法。利用数据的统计冗余进行压缩，可完全恢复原始数据而不引起任何失真，但压缩率受限。常见算法包括哈夫曼编码、行程编码、LZW 编码、算术编码等。

有损压缩算法（lossy compression algorithm） 解压缩后的数据与压缩前的数据不一致的算法。允许压缩过程中损失一些信息，压缩率更高。常见算法包括 PCM（脉冲编码调制）、预测编码、变换编码、统计编码等。

视频压缩标准（video compression standard） 视频压缩和解压缩的标准。国际标准主要有由 ITU－T 制定的 H.261、H.263、H.264/AVC，以及由 MPEG 制定的 MPEG－1、MPEG－2、MPEG－4。

MPEG 编码标准（MPEG video standard; Moving Picture Experts Group video standard） 由动态图像专家组（MPEG）制定的针对运动图像和语音压缩的标准。主要利用具有运动补偿的帧间压缩编码技术来减小时间冗余度，利用 DCT 技术来减小图像的空间冗余度，利用熵编码在信息表示方面减小统计冗余度。

实时流媒体协议（real-time streaming protocol; RTSP） TCP/IP 协议体系中的一种针对多媒体数据流的应用层协议。建立并控制一个或几个时间同步的连续流媒体，控制实时数据的发送。定义了一对多应用程序如何有效地通过 IP 网络传送多媒体数据，使用 TCP 或 UDP 完成数据传输。

视频点播（video-on-demand） 根据用户要求播放节目的视频系统。把用户选择的视频内容传输给所请求的用户，主要由片源库系统、流媒体服务系统、影柜系统、传输及交换网络、用户终端设备机顶盒、电视机或个人计算机组成。用户发出点播请求，流媒体服务系统根据点播信息检索片源库中的节目信息，通过高速传输网络以视频和音频流文件的形式传送到用户终端。

人机交互技术

人机交互接口与界面

人机交互(human machine interaction; HMI)　研究系统和用户之间的交互关系的技术。系统包括各种机器以及计算机化的系统和软件。通常用户和系统之间的交流操作载体为人机交互界面,如收音机的播放按键、飞机上的仪表板、发电厂的控制室等。

人体学接口设备　释文见 117 页。

图形用户界面　释文见 62 页。

用户界面设计　释文见 119 页。

键盘　释文见 104 页。

键盘布局(keyboard layout)　见“键盘”。

WIMP 用户界面(windows-icons-menus-pointers)　图形界面计算机所采用的典型界面。是人机交互领域中常见的计算机交互界面。用于 Windows、Mac OS,以及其他以 X Window 系统为基础的操作系统。包括“视窗”(window)、“图标”(icon)、“选单”(menu)以及“指针”(pointer)四大交互元件。

鼠标器　释文见 104 页。

三维鼠标(3D mouse)　虚拟现实应用中的一种重要交互设备。用于六个自由度虚拟现实场景的模拟交互,可从不同角度和方位对三维物体观察、浏览和操作。使用者在视景仿真开发中可以很容易地通过程序,将按键和球体的运动赋予三维场景或物体,实现三维场景的漫游和仿真物体的控制。

触摸屏　释文见 112 页。

触控荧幕　即“触摸屏”。

电阻式触摸屏　释文见 112 页。

红外线式触摸屏　释文见 112 页。

电容式触摸屏　释文见 113 页。

表面声波式触摸屏　释文见 113 页。

声学脉冲识别触摸屏(acoustic pulse recognition touch screen)　触摸屏的一种。由一个玻璃显示器涂层或其他坚硬的基板组成,背面可见区域的两个对角上安装了 4 个压电传感器,通过一根弯曲的电缆连接到控制卡。用户触摸屏幕时,手指或触笔和玻璃之间的拖动发生碰撞或摩擦,产生声波。波辐射离开接触点传向传感器,按声波的比例产生电信号。在控制卡中放大这些信号并进行数字化,与事先存储的屏幕上每个位置声波的列表比较来确定触摸的位置。可忽略环境的影响和外部的声音。

触摸屏交互手势(touch screen interactive gesture)　一种与自然用户界面交互的表现形式。用户通过手势和触摸屏上的各种元素进行互动,达到交互的效果。通常模仿真实中的操作手势,降低用户对操作屏幕对象的认知障碍。

语音交互(speech interaction)　一种采用语音的人机交互的表现形式。用人类的自然语言给机器下指令,达成用户目的。

指纹采集(fingerprint collection)　通过专用的指纹采集器或扫描仪、数字相机、智能手机等获取指纹图像的过程。常用方法有光学指纹采集、热敏式传感器指纹采集、电容式传感器指纹采集、超声波指纹采集、生物射频传感器指纹采集等。

指纹图像质量评估(fingerprint image quality assessment)　依据特定的评价体系对采集的指纹图像的质量进行评估的技术。是指纹图像自动识别的环节之一,影响自动指纹识别系统水平。主要方法为有效区域检测、偏移检测、图像干湿性判断、奇异点检测等。

指纹图像增强(fingerprint image enhancement)　为了便于特征提取,对指纹图像进行预处理加工的技术。使指纹的线条更清晰,对比颜色更分明,线条的边缘分布更平滑。可改善图像质量,丰富信息量,加强图像判读和识别效果。

指纹图像二值化(fingerprint image binarization)　将整个指纹图像呈现出明显的黑白效果的技术。具体方法为将指纹图像上的像素点的灰度值设置为 0

或255。减少指纹图像的数据量,从而突显出目标轮廓,便于进一步特征提取。

指纹图像细化(fingerprint image refinement) 将指纹图像的线条从多像素宽度减少到单位像素宽度的技术。一般指二值指纹图像骨架化的操作。指纹图像中最外层的像素被连续移除直到剩下骨架像素,同时要保证骨架的连通性。

指纹区域检测(fingerprint region detection) 分析并检测图像中有效指纹部分的图像处理技术。根据图像背景和指纹分布的灰度差异,确定两者的区别,利用梯度检测指纹区域。

指纹特征提取(fingerprint feature extraction) 从预处理后的指纹图像中提取指纹的特征信息(类型、坐标、方向等)的技术。便于进一步特征匹配。指纹的特征信息包括指纹形态特征和指纹细节特征。前者包括中心(上、下)和三角点(左、右)等,后者主要包括纹线的端点、分叉点、孤立点、短分叉、环等。

指纹特征比对(fingerprint feature comparison) 将分析得到的指纹特征与指纹库中保存的指纹特征比较,判断是否属于同一指纹的过程。根据指纹的纹形进行粗匹配,进而根据指纹形态和细节特征进行精确匹配,给出两枚指纹的相似性得分。

人脸数据获取(face data acquisition) 通过摄像机等采集设备获得不同角度、不同表情的人脸图像或视频信息的过程。步骤通常为人脸检测、人脸定位、面部器官定位。

虹膜数据采集(iris data collection) 对眼球中的虹膜特征数据进行采集的技术。使用特定的摄像器材对整个眼部进行拍摄,并采集图像。

虹膜图像质量评价(iris image quality evaluation) 依据特定的评价体系对采集的虹膜图像的质量进行评估的技术。是虹膜识别的环节之一,为进一步的图像处理提供了规则标准。

虹膜图像预处理(iris image preprocessing) 对虹膜图像进行定位、归一化、图像增强等系列处理的过程。步骤为:(1)虹膜定位,确定内圆、外圆和二次曲线在图像中的位置。内圆为虹膜与瞳孔的边界,外圆为虹膜与巩膜的边界,二次曲线为虹膜与上下眼皮的边界。(2)图像归一化,将图像中的虹膜大小调整到识别系统设置的固定尺寸。(3)图像增强,针对归一化后的图像,进行亮度、对比度和平滑度等处理,提高图像中虹膜信息的识别率。

虹膜特征提取(iris feature extraction) 采用算法从预处理后的虹膜图像中提取虹膜识别所需的特征信息,并对其编码的技术。通常利用二维 Gabor 复小波对虹膜图像进行滤波处理,提取虹膜纹理的局部相位特征。

虹膜特征匹配(iris feature matching) 将提取到的虹膜特征与数据库中保存的虹膜图像特征进行匹配,判断是否为相同虹膜,从而进行身份识别的过程。通常采用汉明距离匹配算法。

模板识别算法(template recognition algorithm) 一种用于确定特定对象图案位于图像的具体位置并识别对象的算法。属于图像处理匹配算法。通常用于在图像中搜寻已知模板并确定其坐标。常用算法有相关法、误差法、二次匹配误差法等。可用于人脸识别系统中,利用人脸特征规律建立立体可调的模型框架,在定位出人脸位置后用模型框架定位并调整人脸特征,从而解决由角度、遮挡、表情等因素带来的影响。

神经网络识别算法(neural network recognition algorithm) 计算机利用人工神经网络进行图像识别的算法。计算机模拟人脑对图像进行分类和识别。常用神经网络为卷积神经网络、反向传播神经网络等。

支持向量机识别算法(support vector machine recognition algorithm; SVM recognition algorithm) 一种监督式机器学习算法。将向量映射到一个更高维的空间里,该空间里建立有一个最大间隔超平面,从而实现对样本进行分类或回归分析。可用于图像分类、手写字体识别等。

整幅人脸图像识别算法(whole face image recognition algorithm) 常用人脸识别算法的一种。从人脸整体的宏观角度进行特征提取和匹配,输出相似度得分并识别身份。

特征点人脸识别算法(feature point recognition algorithm) 常用人脸识别算法的一种。选择人脸的局部特征并进行分类,每个局部特征对应一个分类器,用线性加权等方式得到识别结果。

虚拟现实与增强现实

虚拟现实(virtual reality; VR) 亦称“灵境技

术”。一种用计算机模拟产生三维视觉供用户交互的人机界面技术。利用计算机生成一种高度逼真的、模拟人在现实环境中进行视、听、触等行为的虚拟环境，通过多种传感设备使用户的感官投入到该环境中，实现人与该环境间的自然交互。常采用头盔显示、洞穴式显示等显示技术，并结合头部方位追踪、手部追踪、身体追踪等传感技术和交互技术。

沉浸感（immersion） 人专注在当前的目标情境下，而忘记真实世界情境的感觉。是虚拟现实技术的核心概念之一。当参与者置身于虚拟环境中时，其感觉系统以一种与在真实环境中相同的方式处理来自虚拟世界的视觉和其他感知数据。是虚拟现实系统的一个客观度量，度量了将刺激信号投射到用户的感觉接收器的程度。创造具有强烈沉浸感的虚拟环境有赖于各种技术的综合运用，主要包括三维计算机图形技术、人机交互技术、沉浸式显示技术等。

临在感（presence） 在虚拟现实系统中人对沉浸感的主观体验。是对虚拟空间的“身在现场”的感觉。也是个体的一种心理状态或主观感知，使个体直接体验到虚拟现实技术所呈现的虚拟场景。比较重要的因素有系统响应速度、角色运动、深度线索等。

真实感（reality） 虚拟现实系统对真实场景仿真的真实度的客观度量。例如，照片级真实感指用虚拟现实系统生成的画面可达到真实场景照片的程度。

置信度（fidelity） 虚拟现实系统中，特指人对虚拟场景临在感的主观度量。包括：（1）表达置信度，指虚拟现实系统所传达的空间体验的可信程度；（2）交互置信度，指虚拟现实系统中物理动作对虚拟物体的操作响应，相比在真实世界中物理动作对真实物体操作响应的可信程度；（3）体验置信度，指用户在虚拟现实系统中所获得的个人体验相对于虚拟现实系统创作者所期望提供的体验之间的匹配程度。

怪诞谷（uncanny valley） 人对虚拟现实系统中角色的真实感体验的一种效应。随着系统所模拟的角色越来越逼真，人对角色的真实感的感知也会持续上升。但到达某个临界点后，如果真实感逐渐逼近，但并没有达到完全真实的感觉，人们对该虚拟角色的反应反而会转向抵触。为了避免该效应，有时候用卡通角色反而比逼真的角色更让人容易接受。

临在感中断（break-in-presence） 虚拟现实系统所提供的临在感幻觉被中断，用户发现自己真正身处的物理空间的体验。会破坏虚拟现实体验，例如方位跟踪丢失，用户听到与虚拟现实场景不相符的现实世界的声音等。

视野范围（field of view） 人的眼球固定注视一点时所能看到的空间范围。常用角度表示。单个人眼的水平视野范围约为160°，人的双眼向前直视时，能看到的共同区域的水平视野范围为120°。人眼的垂直视野范围约为135°，其中上方约60°，下方约75°。

关注范围（field of regard） 考虑到人的眼球的旋转、头部和身体的转动后，人眼能够看到的空间范围。常用角度表示。在现实世界中，人眼的关注范围在所有方向都是360°。全沉浸式的虚拟现实系统能提供360°的水平关注范围和垂直关注范围。

视觉敏锐度（visual acuity） 亦称“视敏度”，通常称“视力”。在良好光照条件下，眼对物体细微结构的最大辨别能力。在国际标准视力表上，视力的大小以能分辨出两个光点的最小视角的倒数来表示，视角为1分时能分辨出两个光点的视力被定为1.0，并以此作为正常视力的标准。

景深（depth of field） 用于描述相机、摄影机等在聚焦场景物体并拍摄图像时的一种度量。是在图像中处于可接受的清晰焦点的最近和最远物体之间的距离。可基于焦距、对象的距离、可接受的混淆圆的大小和孔径来计算。

聚焦深度（depth of focus） 对焦点周围能够连续地保持信息的范围的度量。是一个透镜光学的概念，用于测量像平面（例如照相机中的胶卷平面）相对于镜头的位移容忍范围，使得当像平面移动时，物体成像仍然保持聚焦。

深度感知（depth perception） 人眼对场景中深度的判断。人眼在感知过程中有一些深度线索有助于人眼感知对象的深度或者距离。包括图像线索（如遮挡、透视、阴影等）、运动线索（如运动视差）、双目线索（如双目视差）、眼动神经线索（如人眼的聚散与辐辏），人的心理状态也会影响深度的判断。

辐辏（accommodation） 人眼改变光学能力以保持清晰图像或在物体距离变化时聚焦在物体上的过程。距离的变化范围从可以看到物体的清晰图像的最大距离到最小距离。

聚散(vergence)　人的双眼在聚焦过程中同时相向旋转。其目的是获得或保持锐利和舒适的双眼视觉。人眼可以向内(聚合)或向外(散开)运动,提供在2 m内的深度线索。

立体显示(stereo display)　通过用于双目视觉的立体视觉技术,为观看者提供深度感知的显示设备。基本技术是将视差图像分别显示在左眼和右眼上,并将这两个二维图像组合在大脑中以给出三维深度的感知。

主动立体(active stereo)　虚拟现实系统中所采用的立体显示的一种技术。在立体投影显示系统中,其设备(如主动立体眼镜)需要电池供电,保持与投影仪画面同步,通过对左右眼的快门镜片的快速开合控制,切换双眼所能看到的显示内容,保证左眼只看到左眼画面,右眼只看到右眼画面。其优点是对投影屏幕没有极化要求,一个投影仪就可支持左右眼的立体视差。

被动立体(passive stereo)　虚拟现实系统中所采用的立体显示的一种技术。在立体投影显示系统中,其设备(如被动立体眼镜)不需要电池,一般采用偏振光原理,投影仪所投出的左右眼的画面通过不同的偏振片过滤,观众通过对应的偏振眼镜来观看,保证左眼只看到左眼画面,右眼只看到右眼画面。需要极化投影屏幕的支持,要两个投影仪才能支持左右眼不同画面显示,但设备轻便,便于佩戴。

眼盒(eyebox)　头戴显示器的一种度量。指人眼在佩戴虚拟现实或增强现实眼镜时,在保持虚拟图像可见的情况下,人眼可以移动的范围。例如,某个头戴显示器的眼盒大小,为水平约12 mm,垂直约8 mm。

视差(disparity)　一种视觉现象。从不同方向看同一个物体所产生的物体位置的变化或差异。近的物体比远的物体的视差更大。因此人的视差可用于确定距离。有双目视差和运动视差。

双目视差(binocular disparity)　人的双眼在观察同一个物体时,由于双眼观察角度不同而使两个视网膜像之间产生的位置差异。其大小取决于双眼之间的距离和观察对象到人眼的距离。是深度感知的重要线索,也是感知物体相对远近的依据。

运动视差(motion parallax)　当观察者运动时,原本静止的物体看上去似乎也在运动,物体越近所感知的运动速度越快的现象。是人眼获得深度感知的一种线索。

刷新率(refresh rate)　显示硬件每秒更新其缓冲器的次数。包括重复绘制相同的帧。例如,液晶显示器的刷新率一般为60 Hz。

延时(latency)　在虚拟现实中,指系统响应用户动作的时间。是从用户的动作开始,到系统响应结果到像素上的整个时间。是虚拟现实系统的重要参数,要求低延时才能保证虚拟现实的稳定性。对于全沉浸式虚拟现实系统,最敏感的人眼可以察觉到3.2 ms的延迟。对于光学透射式显示器,由于虚拟图像叠加在真实场景上,延迟要求低于1 ms,人眼才不会注意到虚实图像间的不一致。

动态范围(dynamic range)　亮度最大值与最小值之间的范围。对影像而言,表示所包含的“最暗”至“最亮”的光学密度或亮度范围。动态范围越大,所显示的影像层次越丰富。

高动态范围(high dynamic range; HDR)　比标准曝光动态范围更大,即明暗差别更大的动态范围。通常用于讨论显示设备、摄影、三维渲染。现实中真实存在的亮度差约为2^{16},而一般的显示器只能表示256(即2^8)个亮度值,HDR的核心为使用色调映射,用256个数字模拟2^{16}个数量级所能表示的信息,使合成的影像清晰地显示在显示器上。

中央注视点渲染(foveated rendering)　一种针对头戴显示器的图形加速渲染技术。使用与虚拟现实眼镜集成的眼动仪,通过追踪人眼的中央注视点,将高质量的渲染计算放在中央注视点处,并大幅降低中央注视点之外的周边区域的图像质量,以减少整体的渲染计算量,提高虚拟现实系统的渲染速度。

周边视觉(peripheral vision)　发生在中央注视点之外的视觉。远离人眼的注视中心。包含人的视野中的绝大部分区域。

晕动病(motion sickness)　由汽车、轮船或飞机等运行时所产生的颠簸、摇摆或任何形式的加速运动(如旋转等),刺激前庭神经而发生的疾病。常见症状有晕眩、恶心、呕吐等。在使用飞行模拟器等设备时可能会产生类似的病症。

虚拟空间不适症(cybersickness)　当人暴露于虚拟环境导致的类似晕动病的疾病。常见症状是全身不适、头痛、恶心、呕吐等。可能是由视觉诱导的自我运动感知引起的,不需要真正的自我运动;常以迷失方向为特征。

模拟器不适症(simulator sickness) 一种在模拟环境中产生,并可在没有实际运动的情况下被诱导的类似晕动病的疾病。多见于在飞行模拟器中长时间接受训练的飞行员。由于模拟器的物理空间限制,模拟器的运动与实际运动之间可能产生感知差异,导致模拟器不适症。常见症状包括不适、冷漠、嗜睡、定向障碍、疲劳、呕吐等。

辐辏-聚散冲突(accommodation-vergence conflict) 虚拟现实视觉体验中的一种不适感觉。在现实世界中,人眼的焦距会根据远近来调节,同时双眼也会根据深度变化而聚散,两个过程原本是协调一致的。但固定焦距的沉浸显示器会导致人眼无法完成远近的调节,从而造成视觉感知上的冲突,带来视觉疲劳、头晕、呕吐等不适感,影响沉浸体验。

双目-遮挡冲突(binocular-occlusion conflict) 虚拟现实视觉体验中的一种不适感觉。虚拟现实系统中,常采用双目视差图像来作为线索,使用户产生立体深度的感觉,而虚拟场景中的前后物体之间的遮挡关系是提供深度感知的另一种线索,当两者的深度不匹配时,会给用户带来深度混乱和不适感。例如,当立体呈现文本可见,但其出现在更近的不透明对象的后面,就会产生双目-遮挡冲突。

闪烁(flicker) 视觉显示器中强弱交替变化的视觉信号的闪现或重复。人眼能感知到每秒几百次的闪烁。闪烁会分散注意力,导致疲劳、恶心、头晕、头痛等不适症状。

头戴显示器(head mounted display; HMD) 亦称"近眼显示器"。戴在头上或作为头盔一部分,在单眼或者双眼前放置小的光学显示器件的显示装置。是虚拟现实显示系统的常见装置,用于显示虚拟现实场景图像。增强现实系统常采用光学透射式头戴显示器,支持反射投影虚拟图像,允许用户透视直接观察现实世界,从而实现虚拟叠加现实的视觉效果。

洞穴显示器(computer automatic virtual environment; CAVE) 一种沉浸式虚拟现实环境的显示系统。一般采用3~6个投影屏幕构建一个类似于洞穴的立方体或长方体形状的空间,计算机生成同一场景、不同视角的立体图像并通过投影设备投影到对应屏幕上,用户佩戴头部位置跟踪器和立体眼镜,置身其中,可体验到沉浸式的临在感。通常还包括立体声系统以及跟踪用户头部和手部运动的定位跟踪系统。

圆柱环幕显示器(cylindric display) 一种沉浸式虚拟现实环境的显示系统。一般采用圆柱形显示屏,通过投影设备将虚拟场景的立体图像投影到屏幕上,用户佩戴头部位置跟踪器和立体眼镜,站在屏幕前,可体验沉浸式的临在感。

球幕显示器(spherical display) 一种沉浸式虚拟现实环境的显示系统。一般采用半球形显示屏,通过投影设备将虚拟场景的立体图像投影到屏幕上,用户佩戴头部位置跟踪器和立体眼镜,站在屏幕前,可体验沉浸式的临在感。一般适合单个用户使用。

半沉浸(semi-immersive) 虚拟现实沉浸感的一种不完全形态。通常用于描述视野较小的虚拟现实显示系统,如桌面型立体显示器。用户在使用这类虚拟现实显示系统时,只有部分视野被虚拟图像占据,其他视野仍能感受到现实世界的景象,无法获得完全的沉浸感。

全景图像(panorama image) 对场景采集或者绘制的广角图像。一般可覆盖水平360°和垂直360°的视角信息。可通过全景相机采集,或通过图形系统绘制生成。

全景相机(panorama camera) 支持全景图像采集的特殊相机。一般采用广角镜头和多个摄像头采集,并利用计算机软件对多摄像头获得的图像进行拼接,得到全景图像。

图像拼接(image stitching) 将多个有重叠视野的摄影图像加以组合,以产生全景图像或高分辨率图像的过程。通常采用计算机软件来执行,大多数图像拼接方法需要图像间准确重叠并具有相同曝光,以产生无缝结果。有些数码相机可以在内部支持图像拼接。

跟踪(tracking) 虚拟现实系统中用于实时获取用户三维空间位置和方位数据的过程。主要有头部跟踪、手部跟踪、眼部跟踪等。获得的数据可作为虚拟现实系统的输入,是虚拟现实系统必不可少的功能。

头部跟踪(head tracking) 虚拟现实系统中用于实时获取用户头部位置和方向数据的过程。常用的技术有光学追踪和电磁追踪。获得的数据通常用作虚拟现实系统中的虚拟视点,以产生相应的虚拟场景画面。

眼部跟踪(eye tracking) 用于实时获取用户眼部

运动数据的过程。常用于测量注视点位置或眼睛相对于头部的运动。常用的测量眼球运动的方法是从视频图像中提取眼睛位置。用于测量眼睛位置和眼球运动的装置称“眼动仪”。

视线跟踪(gaze tracking)　用于测量人眼的注视点位置的一种眼部跟踪过程。

手部跟踪(hand tracking)　用于实时获取用户手部运动数据的过程。常用于支持虚拟现实系统的交互输入。常采用特制的手柄外设实现,也可通过传感器来跟踪手部运动,获得手和手指的运动数据。

标定(calibration)　对照相机、显示器等虚拟现实输入输出硬件进行参数测量的过程。用以确定硬件设备的内部参数和硬件设备之间的位置和方向等数据。其准确性对虚拟现实和增强现实系统的显示结果和交互准确性具有重要影响。

数据手套(data glove)　可像手套一样戴在手上的一种人机交互输入设备。可用于虚拟现实系统。一般带有各种传感器用于捕获手指弯曲角度等物理数据,常附接运动跟踪器,例如磁跟踪设备或惯性跟踪设备,从而把人手姿态准确实时地传递给虚拟环境,并把与虚拟物体的接触信息反馈给操作者。

光学追踪器(optical tracker)　利用光学技术追踪运动的人机交互输入设备。可用于计算机动画制作和虚拟现实系统等。一般从两个或更多图像传感器中获得图像,并从多个图像中找到场景中被追踪物的对应像素,利用三角化方法获得被追踪物的三维空间位置,可使用被追踪物上的标记点作为追踪点,也可使用被追踪物上的自然特征点作为追踪点。其优点是精确度高,缺点是容易发生光学遮挡问题。

电磁场追踪器(electro-magnetic tracker)　利用电磁场技术追踪运动的人机交互输入设备。可用于计算机动画制作和虚拟现实系统等。通过发射器和接收器上的三个正交线圈的相对磁通量来计算被追踪物的位置和方向,传感器输出为六个自由度的位置和方向数据。其优点是精确度较高,且没有遮挡问题,缺点是容易受到追踪环境中金属物体的电磁干扰。

惯性追踪器(inertia tracker)　利用惯性传感技术追踪运动的人机交互输入设备。可用于计算机动画制作和虚拟现实系统等。一般采用微型惯性传感器,集成了陀螺仪、磁力仪和加速度仪,来测量旋转速度和平移加速度,并通过传感器融合算法,推算出被追踪物的方向和位置。其优点是没有遮挡和电磁干扰问题,但追踪精度较低。

触觉(haptics)　皮肤感觉的一种。辨别外界刺激机械地接触皮肤的感觉。狭义的仅指刺激轻轻接触皮肤触觉感受器所引起的肤觉。广义的还包括增加压力使皮肤部分变形所引起的压觉,以及以一定频率的振动刺激皮肤所引起的振动觉。

本体感觉(proprioception)　人对身体各部分的运动和位置状况的感觉。其感受器主要分布在肌肉、肌腱和关节上,人体的平衡、协调及技巧性运动与本体感觉的正确反馈密切相关。

前庭系统(vestibular system)　为平衡感和空间定向提供主要贡献的感觉系统。是内耳的一部分。目的是协调运动与平衡。包括半规管和耳石两个部分,前者指示旋转运动,后者指示线性加速度。

主动触觉(active haptics)　触觉的一种。与“被动触觉”相对。个体使用手等肢体部位主动接触物体所产生。与被动触觉的触觉感受性有所不同,靠主动触觉产生的大小知觉优于被动触觉;形状知觉也主要依赖于主动触觉实现。

被动触觉(passive haptics)　触觉的一种。与“主动触觉”相对。在没有手等肢体的主动参与下,仅靠接触皮肤表面的物体产生的压力引起。

力反馈　释文见351页。

万向跑步机(omnidirectional treadmill)　一种类似于跑步机的虚拟现实输入设备。用于沉浸式虚拟环境中,允许用户在虚拟空间内实现不受阻碍的步行运动,人可以在任何方向上走动,实现360°的步行运动。

空间化音频(spatialized audio)　虚拟现实系统中由计算机合成的三维空间中的音频。通过固定在空间中或与头部一起移动的扬声器,阻隔现实世界的声音,提供一个完全身临其境的虚拟音频系统,使人能够感受到三维空间中声音的来源。可用于虚拟环境中的寻路辅助,提示其他角色所在的位置,或反馈用户界面元素的位置等。

环境音效(ambient sound effect)　虚拟现实系统中合成的细微的环绕声音。可显著增强用户的真实感与临在感。例如,环境中风吹树叶的沙沙声、鸟叫和蝉鸣等。

头部关联转换函数(head-related transfer function; HRTF)　自由场条件下,从声源到双耳的频域声学传递函数。表征人体生理结构(包括头部和耳郭等)对声波的综合滤波效果。包含声源定位的主要信息,可转换来自一个声源的声波,生成逼真的空间化音频。广泛应用于多媒体和虚拟现实等领域。

立体声(stereo sound) 使人感到声源分布空间的声音。人的双耳能辨别声源的距离和方向,故听音有空间感觉。适当安排和组合传声器、放大系统和扬声器,能产生立体声效果。常见的立体声系统有四声道系统、环绕声系统及双声道系统。广泛用于电台、电视、计算机音频、电影院等娱乐系统中。

听觉化(auralization) 利用计算机对虚拟声音进行合成的过程。用于模拟现实声音的反射效果和双耳之间差异的声音效果。其生成结果是空间化音频。

双耳线索(binaural cue) 亦称“立体声线索”。用双耳感受声音方位的线索。针对人的左右耳提供不同的音频线索,有助于用户确定声音的位置。左右耳会略微听到不同的声音,包括不同时间和不同音量。双耳之间的细微时间差可为人耳定位低频声音提供有效的提示,双耳间的音量差异有助于人耳定位 2 000 Hz 以上的声音。

听觉阈限(auditory threshold) 简称“听阈”。引起听觉的最小声音刺激强度。随声音频率而变化。人的听觉阈限在频率为 1 000~4 000 Hz 的范围内最低,高于或低于此频率范围,则要明显增加声压才能达到听觉阈限。

嗅觉(olfactory perception) 辨别物体气味的感觉。由物体发散于空气中的物质微粒作用于鼻腔上部嗅觉细胞,产生兴奋,再传入大脑皮层而引起。

味觉(gustatory perception) 辨别食物味道的感觉。由溶解于水或唾液中的化学物质作用于舌面和口腔黏膜上的味觉细胞(味蕾),产生兴奋,再传入大脑皮层而引起。基本味觉有甜、酸、咸、苦四种,其余都是混合味觉。辣觉是热觉、痛觉和味觉的混合。

多模态感知(multimodal perception) 人的多个不同感觉系统的自动整合。对语音的感知通常是一种多模态感知,既包含听觉,也包含视觉,说话人的嘴唇与发出的声音保持同步。视觉比其他感知模态更占主导。在虚拟现实系统中,视觉与前庭线索之间的不匹配常是导致虚拟空间不适症的一个主要因素。

自我体现(self-embodiment) 用户在虚拟环境中拥有身体的感觉。很多虚拟现实系统没有给用户提供一个身体的影像,用户只是一个无形的视点。如果赋予用户一个虚拟身体并且正确地匹配用户的动作,用户的临在感会大大加强并获得更深的体验。

化身(avatar) 和现实生活中真实人物对应的虚拟角色。用来在虚拟世界中代替真实人物。通常是人们在各种应用中呈现出来的一个虚拟身份。

智能代理(intelligent agent) 具有自治能力、通信能力、自动反应能力和主动行为的计算机系统。使用传感器和执行器对环境进行观察和学习,行使代理的作用,将活动指向实现目标。可有效地增加虚拟环境的可信度,增加沉浸感。

自由度(degree of freedom) 决定物体在空间位置和方向所需独立变量的数目。物体在空间中的位置通常采用笛卡儿坐标系的三个分量来表示,物体的方向则由沿着三个分量的旋转来表示,这六个分量决定着物体的位置和朝向,通常称“物体的六个自由度”。对自由度分量的约束可以决定物体的运动方式。

手眼协调(hand-eye coordination) 通过手的运动带动眼睛运动的协调控制,以及通过视觉输入进行引导,利用手的本体感觉来引导眼睛运动的过程。可增加虚拟现实系统的交互性。

增强现实(augmented reality; AR) 将现实世界信息和虚拟世界信息无缝集成的技术。对在现实世界的一定时空范围内很难体验到的某些实体信息(如视觉、声音、味道、触觉等),通过计算机等技术模拟仿真后,再叠加到现实世界。真实的环境和虚拟的物体实时叠加到了同一个画面或空间中,被人类感官所感知,达到某种超越现实的感官体验。广泛应用于军事、医疗、建筑、教育、影视等领域。

混合现实(mixed reality; MR) 将现实、增强现实、增强虚拟、虚拟现实结合起来的技术。允许现实元素和虚拟元素不同程度地结合在一起,从而产生新的可视化环境。

增强虚拟(augmented virtuality) 通过计算机将真实的物体投射到虚拟世界中的技术。通常用于计算机游戏中,例如将玩家的脸投射到虚拟人物上进行游戏,或者通过在虚拟房间选择移动虚拟装置来设计真实的房间。

缩减现实(diminished reality; DR) 一种去除或减弱世界上可感知刺激或实体的技术。可视为增强现实的反面。通常用于删除通过摄像头等捕捉的真实场景中的一些实体。

配准(registration) 将不同的数据集转换到同一个坐标系的技术。数据可以来自不同传感器、不同时间、不同深度或不同视点的多张照片。通常用于计算机视觉、医学成像、军事自动目标识别以及编译和分析来自卫星的图像和数据。目的是比较或整合从这些不同测量源中获得的数据。在增强现实技术中,需要对真实世界和虚拟世界进行配准,通过定位相机位置、实时姿态跟踪等技术实现。

光照配准(photometric registration) 在增强现实中,使虚拟光照和现实光照呈现一致性的技术。根据入射光、虚拟物体和真实物体的几何结构进行光照模拟,可以通过限制光源为远光来降低计算的复杂度。

几何配准(geometric registration) 对同一地区,不同时相、不同波段、不同手段所获得的图形图像数据,经几何变换使其同名点在位置上完全叠合的技术。通过选择适当的几何变换模型和足够数量的匹配点实现。

标志物追踪(marker tracking; fiducial tracking) 一种跟踪某种特定标记(一般为正方形黑白基准标记)的追踪方式。与"无标志物追踪"相对。在一台经过校准的相机上检测图像中一个平面标记的四个角,以提供足够的信息来恢复相机相对于标记的姿态。

无标志物追踪(markerless tracking) 一种无须跟踪特定标记的追踪方式。与"标志物追踪"相对。避免了标志物的引入,减少了特征匹配所需计算。常见的有自然特征追踪、光流特征追踪法等。

自然特征追踪(natural feature tracking) 通过扫描物理环境来重建合适的数字模型,再对其进行处理的追踪方式。跟踪模型在运行时与摄像机的观测值相匹配。避免引入人工标记。

光学透射(optical see-through; OST) 一种依靠部分透射和部分反射的光学元件来实现虚拟和现实结合的技术。典型的光学透射式元件如半镀银镜,它让大量真实世界的光通过,以便用户看到真实世界,同时生成虚拟图像的显示器放置在镜像的上方或侧方,虚拟图像被反射到镜像中并覆盖在真实图像上。

视频透射(video see-through; VST) 一种用电子技术实现虚拟和现实结合的技术。通过摄像机捕捉真实世界的数字视频图像,并将其传输到图形处理器,图形处理器将视频图像与计算机生成的图像结合起来,通常只需将视频图像作为背景图像复制到帧缓冲区中,并在顶部绘制计算机生成的元素,使用传统的显示设备呈现组合图像。

抬头显示器(heads-up display; HUD) 亦称"平视显示器"。一种利用光学反射原理,将重要信息投射在一片玻璃上,使用户无须低头就能看到信息的显示器。通常作为航空器的飞行辅助仪器,降低飞行员低头查看仪表的频率,避免注意力中断。也用于汽车、增强现实等领域。

光波导(optical waveguide) 使光沿其纵向传输而在其横向上受到限制的光导体。作用机理是光波的全内反射。常用的有圆型和平板型两种。光纤是前者,而集成光路中薄膜波导则为后者。依光波导横向截面上折射率分布随其纵向的变化情形,分均匀光波导和非均匀光波导两种。光传输理论有射线理论和模式理论两种。

投影增强现实(projector-based augmented reality) 通过光学投影仪将虚拟世界和现实世界相叠加的一种增强现实显示模式。用户可通过手势、语音等方式与系统进行交互。通常与空间增强现实结合使用。

空间增强现实(spatial augmented reality) 不需要单独的光学组合器和电子屏幕,用户可不佩戴任何设备,用裸眼看到虚拟世界和现实世界叠加的增强现实显示模式。通常与投影增强现实结合使用。

传感器融合(sensor fusion) 通过专用算法和软件体系结构来支持多传感器组合的技术。如结合手机中的全球定位系统、指南针等形成混合跟踪系统。传感器间的相互配准增加了成本和功耗,但克服了个体的局限性,提供了优越的整体性能。通常用于信号处理和机器人领域。

方位追踪(pose tracking) 一种空间跟踪和定位的技术。接收传感器在空间移动时,能精确地计算出其位置和方位。提供了动态、实时的六自由度的测量位置(笛卡儿坐标)和方位(俯仰角、偏航角、滚转角)。通常和头戴显示器、立体眼镜、数据手套等虚拟现实设备结合使用。

由内向外追踪(inside-out tracking) 传感器随着

被跟踪对象移动并且观察环境中静止参考点的一种追踪方式。为了测量的准确性,参考点可以间隔足够远,但不适用于大范围跟踪。不需要任何外接传感器,使用户独立于固定的基础设施,但传感器的重量、大小和数量受到限制。

由外向内追踪(outside-in tracking) 使用固定安装在环境中的传感器观察运动目标(如头戴显示器)的一种追踪方式。在放置传感器时确保三角测量的角度适当,以便精确地测量位置。用户不受传感器特性(重量、功耗等)的影响,并且可以使用多个传感器,但对环境要求较高,且需要将用户限制在一个有限的工作空间中。

室外增强现实(outdoor augmented reality) 在户外实现增强现实的技术。用于导航、工程检查等领域。依赖一些室外定位技术。关键是基于图像的定位。1997 年出现了第一个室外增强现实系统游览机器(touring machine)。

室外追踪(outdoor tracking) 一种在室外进行的追踪技术。需要解决用户流动性、环境、定位数据库等难题。有很多方案,如基于模型的自然特征跟踪方法,依赖定位数据库,用描述符或其他信息进行标注。其中,跟踪或定位基于自然特征匹配技术,通过使用可扩展的视觉匹配策略,使用来自传感器的先验信息来修剪视觉匹配的搜索空间,使用来自几何体的先验信息、同步跟踪、映射和定位等方法来加强可扩展性。

卡尔曼滤波器(Kalman filter) 一种时域滤波器。通过一系列随时间观察到的不精确测量值(包含统计噪声),对动态系统的状态进行最优估计。只需上一时刻状态的估计值以及当前状态的观测值即可得出当前状态的估计值。包括预测与更新两个阶段。在预测阶段,根据上一状态的估计值得出对当前状态的初步估计。在更新阶段,结合当前状态的观测值优化预测阶段的估计值,使其更加准确。常用于信号处理、飞行器控制、雷达导航等领域。其概念于 1960 年由原籍匈牙利的美国数学家卡尔曼(Rudolf Emil Kálmán, 1930—2016)提出。

扩展卡尔曼滤波器(extended Kalman filter) 在卡尔曼滤波器基础上发展起来的可处理更一般的时序模型的滤波器。某时刻状态与前一时刻状态和随机扰动之间的关系可通过任意非线性函数表示。和卡尔曼滤波器类似,包括预测与更新两个阶段。在预测阶段,从过去的估计值中计算预测的状态。在更新阶段,通过当前状态的观测值调整估计值。不同的是,在预测和更新阶段的函数不直接应用在协方差中,而是用于计算偏导矩阵。

KLT 追踪器(KLT tracker; Kanade-Lucas-Tomasi tracker) 一种增量跟踪的经典方法。主要为了解决传统的图像配准技术成本普遍较高的问题。从初始图像中提取点,然后使用光流对其进行跟踪,利用空间强度信息来指导搜索产生最佳匹配的位置。与检测图像之间潜在匹配的传统技术相比,速度有很大提高。

粒子滤波器(particle filter) 一种使用蒙特卡罗方法的递归滤波器。用于解决信号处理和贝叶斯统计推断中的滤波问题。将系统状态建模为离散粒子的集合,通过一组具有权重的随机样本(即粒子)来表示随机事件的后验概率,从含有噪声或不完整的观测序列,估计出动态系统的状态。是卡尔曼滤波器的一般化方法,其状态空间模型可以是非线性的,且噪声分布可以是任何形式。

单点主动对准法(single point active alignment method; SPAAM) 一种头戴显示器校准方法。将摄像机的测量值与安装在摄像机上的磁跟踪器结合起来进行标定,基于不同角度将图像点与世界坐标系中的单个三维点对齐来进行校准。使用户交互进行校准更容易,并且在进行校准时不需要保持头部静止。

尺度不变特征变换(scale-invariant feature transform; SIFT) 计算机视觉中用来检测和描述图像局部特征的一种特征检测算法。在空间尺度中寻找极值点,并提取其位置、尺度、旋转不变数。基于物体上的一些局部外观的兴趣点,与影像的大小和旋转无关。对于光线、噪声和微视角改变的容忍度也很高。应用于物体辨识、机器人地图感知与导航、影像缝合、3D 模型建立、手势辨识、影像追踪和动作比对等领域。

光场显示器(light field display) 一种利用光场相机采集真实的自然光线,记录包含光场全部信息的信号,并用数字光场显示技术还原这些信息的图像的设备。图像也可来自通过计算机图形学技术进行光线模拟而产生的数字光场信号。通过特殊的光学显示结构(如微投影阵列、微透镜阵列、微镜面阵列等),将每一束光线按照预定的方向投射出来以模拟真实的自然光,从而生成具有真实景深效果的虚拟图像。

可触界面(tangible interface) 用户通过物理环境与数字信息交互的用户界面。检测或感知用户周围环境中的对象,并把这些对象转换为计算机的输入或输出,使用户与虚拟世界的互动变得有形。

可触增强现实(tangible AR) 一种用户可以直接互动的增强现实环境。将围绕用户的物理现实融入交互中,使用户可自然地与环境中的物理对象进行交互。更为直接和方便,并对增强现实体验有很大帮助。

远程呈现(telepresence) 一种使用多个深度传感器以实时帧速率获得用户环境的表示方法。给用户感官刺激以使用户感觉自己处于另一个位置。用户的位置、运动、动作、声音等可以在远程位置被感知、传输和复制,信息可以在用户和远程位置之间双向移动。常用应用为远程呈现视频会议。

普适计算(ubiquitous computing; pervasive computing) 亦称“泛在计算”。由计算机提供的计算功能无处不在并和环境融为一体,使用户可在任何时间、任何地点、以任何方式进行信息的获取与处理的技术。计算机可以多种不同的形式存在,包括笔记本计算机、平板计算机以及眼镜等日常用品中的终端。对普适计算的研究涵盖互联网、高级中间件、操作系统、移动计算、传感器、微处理器、人机交互、移动协议、定位和材料等领域。

超声波追踪器(ultrasonic tracker) 一种通过测量超声波脉冲从发射源到传感器的时间,对物体在空间中的位置进行三角测量的设备。利用发射/接收器之间信号的定时差来计算物体位置。如果有单独的(如有线或红外)同步通道可用,则只需三次测量即可,否则需要进行额外的测量。多个超声波传感器可同时接收信号,但多个信号源必须按顺序发送脉冲以避免干扰。

重光照(relighting) 一种使用真实世界的光照环境对虚拟物体进行光影合成的技术。实现方法主要有:(1) 利用经验光照模型和场景的几何模型恢复物体材料的光照属性,再根据这些属性生成新的光照条件或新视点下的成像。(2) 基于场景中不同视点和光照方向的采样图像,选取合适的基函数对采样图像进行插值拟合等处理,获得以视点和光照方向为变量的函数,以进行进一步计算。

可 视 化

可视化(visualization) 对大量的数据进行分析时,为了帮助用户更直观地了解数据、过程、模型的结构与概览,减少时间成本,利用计算机图形学和图像处理技术,将其转换成图形、图像、视频或三维模型的过程。能加快分析,减少理解的时间代价,提高交流沟通效率。主要依靠计算机图形学、图像处理、计算机视觉等技术,虚拟现实技术将其应用进一步拓展,尤其体现在网上购物、远程遥控、虚拟旅游等方面。起源于洞穴壁画、甲骨文等,后扩展到科学教育、工程、互动多媒体、医学等领域。

可视分析(visual analysis) 以可视交互式用户界面为核心,综合图形学、数据挖掘和人机交互技术的数据分析方法。是信息可视化与科学可视化发展的产物。

信息可视化(information visualization) 对大规模、非结构化、抽象的信息、数据进行(交互式的)可视化表示以增强人类感知的技术。可视化和交互技术可借助人眼通往大脑的宽频带通道让用户同时目睹、探索并理解大量信息。是一种以直观方式传达抽象信息的手段和方法。

科学可视化(scientific visualization) 亦称“科学计算可视化”。把科学与工程计算等产生的大规模数据转换为图形、图像,以直观的视觉化形式表达出来的技术。侧重于利用计算机图形学来创建客观的视觉图像,从而帮助人们理解采取复杂且规模庞大的方程、数字等形式所呈现的科学概念或结果。还便于专家快速了解状况,做出快速而有效的筛选和判断。

流场可视化(flow visualization) 一种面向计算流体力学或实测流场数据的科学可视化技术。有助于理解和观察流场内部的规律和模式。主要完成建立流场场景和提供交互工具两方面工作。对二维流场可视化的研究可以为更高维度的流场可视化提供基础。

地理空间数据可视化(geospatial data visualization) 通过可视化展示地理空间数据、辅助地理空间数据分析的技术。将数据或数据分析结果形象化地表现在数字地图上,帮助用户理解数据的规律和趋势。

可视化应用(application in visualization) 将可视化的理论和技术应用在不同专业领域或不同数据集上的实践。如科学、工程、医学、教育、体育、艺术、多媒体等领域。

概念框架(conceptual framework) 在可视化领域,指一个用来进行概念区分和整理想法、具有许多变化和不同背景的分析手段的框架。有力的概念框架能捕捉到一些重要资讯,并使人易于记忆和应用。

人工分析(artificial analysis) 由特定人员手工逐步执行所有的活动,并观察每一步的规律和结果的分析过程。

布局(layout) 在可视化领域,指定义用户界面的可视化结构的过程和方法。如定义应用窗口用户界面的可视化结构。

映射(mapping) 在可视化领域,指在两个数据模型之间所建立的数据元素的对应关系。例如,可视化编码是将数据信息映射成可视化元素的技术。

度量(measurement) 将一个数值或符号值与一个特定对象的特定属性相关联的过程。

关系(relationship) 事物之间相互作用、相互影响的状态。描述实体之间的各种联系。数据结构中指集合中元素之间的某种相关性。

交互(interaction) 可视化等领域追求的一个功能状态。通过可视化平台,使参与活动的对象可以相互交流。亦指程序间数据的调用。

交互设计(interaction design) 定义、设计人造系统中两个或多个互动个体之间交流的内容和结构,使之互相配合,共同达成某种目的的方法。

抽象符号(abstract symbol) 用抽象含义的图形构成、与所指制图对象的形状无联系的符号。

视角(viewpoint) 观察信息空间的角度。使用不同的角度对显示信息的区域进行观察,可以获得不同的信息内容。

高亮(highlighting) 为了使对象显著、醒目,使用特别的方式以示区分的方法。如以最大亮度显示。

簇(cluster) 同时符合某些属性的对象的集合。

定位线索(locating cue) 在信息空间内进行多步的交互式移动时,为用户提供定位帮助的内容。如展示用户的浏览记录,方便用户回退到已访问的页面。

筛选器(filter) 进行数据过滤的数据处理模块。将用户的注意力集中在某个数据子集上,从而减少可能的认知成本。

焦点和语境(focus and context) 使用户可同时看到细节信息和上下文的两个视图。如在主要页面中显示文件中某一页的详细信息,在旁边一栏中垂直地显示每一页的缩略图。用户可根据需求查看焦点信息并保持对语境信息的关注,且注意力可方便地在两种视图间进行切换。

着色(shading) 计算给定点赋予颜色的过程。使用颜色浓淡强调某些部分。

变形技术(distortion technique) 一种用数学变换的方法将图像变形显示的可视化技术。用于视图上的信息空间过大,细节信息无法完整地展示在有限的显示区域内的情况。可将不重要的部分折叠收缩,让用户从一个正确的视角就能看到空间内部分细节信息,同时保证用户能得到其余部分的上下文信息。最典型的为双焦点技术。

双焦点(bifocus) 通过变形将显示区域划分为焦点(未变形)和上下文(变形)两个区域的一种技术。用户可对焦点区域的信息进行读写操作,同时能注意到边缘位置的上下文信息。还可滚动信息空间,将信息从上下文区域平滑而连续地过渡到焦点区域,使信息得到放大从而变得可读。显示区域可体现数据编码特点。

缩放技术(zooming technique) 在固定窗口对二维空间中图片的某个部分做持续的放大或缩小的技术。一般与用于确定观察视窗位置的平移技术同时使用。用于实现总图和细节之间的平滑过渡。放大使外部信息从视窗移除,形成的视图细节更多更便于观察;缩小将一些之前隐藏的上下文信息变得可见,帮助用户重新发现这些信息在信息空间的位置。

语义缩放(semantic zoom) 针对文字信息的一种缩放技术。针对视图提取文字信息,并在缩放过程中产生或删除对应的数据描述。难以实现自动化,需要设计师根据任务以及相应的解决方法,设计出合理的数据描述序列。

线条透视(linear perspective) 一种基本几何元素的透视。平面上的物体因各自在视网膜上所成视角的不同,从而在面积大小、线条长短以及线条之间距离远近等特征上显示出的能引起深度知觉的单眼线索。近处对象占的视角大,看起来较大;远处对象占的视角小,看起来较小。如高速公路,近处宽,远处窄,极远处几乎合为一条线。

视觉分割(visual segmentation)　一种视觉设计技术。有助于在屏幕上组织内容,并将内容的各个部分清晰地分开。在同一个视图中,一个可视化结果的存在可能会影响人们对于其他结果的正确感知,利用视觉分割可以尽可能地规避这一影响。

视觉注意力(visual attention)　在很短时间内,让用户仅仅依靠感知就能直接发觉某一对象和所有其他对象不同的方法。可让用户发现视图中特殊对象所需时间不会随着背景数量的变化而变化。比如一个红色点在一群蓝色点的背景下就能轻易吸引用户的注意力并且被发现。

视觉编码(visual coding)　将数据信息映射成可视化元素的技术。通常具有表达直观、易于理解和记忆等特性。一般由两部分组成:(1) 数据属性到可视化信息的映射,表示数据的性质分类;(2) 数据的值到标记的视觉表现属性的映射,展现数据的定量信息。

平行坐标(parallel coordinates)　一种可视化高维几何和分析多元数据的方法。目的是克服直角坐标容易耗尽空间,难以表达三维以上数据的问题。在 N 条平行线的背景下,一个高维空间的点被表示为一条拐点在 N 条平行坐标轴的折线。每一条坐标轴代表数据的一维,在第 K 个坐标轴上的位置就表示这个点在第 K 维的值。

信息图表(infographics)　信息、数据、知识等的一种视觉化表达。运用图表、图解、图形、表格、地图、列表等表达形式以及对照、标注、连接等表述手段,使视觉语言最大化地融入信息之中,使信息的传达直观化、图像化、艺术化。

散点图(scatterplot)　分析两个变量之间相关关系时,以两个变量对应数据为坐标,在平面直角坐标系上描绘出的数据点的分布图。用以判断两个变量之间是否存在某种关联,总结数据点的分布模式,或寻找远超出聚集区域的数据点,即异常点。

点边图(node-link diagram)　针对图类数据,把人或事物表达成节点,在二维或三维空间里配置节点,并将有联系的节点用线连接形成的图。其空间安排尤为重要,合理安排可直观表示节点间的连接关系与整个系统的集群关系,否则会让信息一片混乱。利用降低边交叉等方式可降低点边图的视觉复杂度。

雷达图(radar chart)　亦称"蜘蛛图""极地图""星图"。用来显示多个变量的图。每个变量都具有从中心开始的一个轴。所有轴都以径向排列,用线段离中心的长度来表示变量值,用于展示多维数据。所有轴都有相同的刻度,连接每个变量在其各自的轴上的数据点会构成一个多边形。轴的相对位置和角度通常是无信息的。适用于比较数据集中各个维度的得分高低情况,但维度过多时,图表会难以阅读,因此不适合展示六维以上的高维数据。

树图(treemap)　可视化领域中,用于展示层级(树形结构)数据的一组嵌套矩形图。使用矩形之间的相互嵌套来表示父子之间的层级关系,从而将树状结构的数据转化为矩形。矩形的面积通常对应节点的属性。树图会递归地对一块矩形区域进行切分,从根节点开始,屏幕空间根据相应的子节点数目被分为多个矩形,直到叶节点为止。能有效利用空间,表达占比、层级关系及同级比较。

维恩图(Venn diagram)　一种展示有限集合之间所有可能逻辑关系的图。通过图形之间的重叠关系表示集合之间的相交关系。由多个重叠的闭合曲线组成,每个闭合曲线内的点表示一个集合内的元素,而边界外的点表示不在该集合中的元素。曲线以各种可能的方式重叠,显示集合之间所有可能的关系。

时序数据(time series data)　按时间顺序索引的一系列数据。用于表达现象、系统、过程或行为等随时间的变化状态或程度。常见于涉及时间测量的应用科学和工程领域,如信号处理、天气预报、计量经济学等。

文本数据(text data)　一类以文本形式表示的非结构型数据。广泛存在于日常生活和互联网资源中。研究层次包括字符、词汇、句子、全文理解等。

静态表示方式(static presentation)　在可视化领域,指使用静止的元素、图表等表现形式展示数据的方式。

动态表示方式(animated presentation)　在可视化领域,指使用动画等动态表现形式展示数据的方式。

主题河流方法(Theme River method)　一种展示数据随时间演变的可视化形式。能有效展示多个主题的整体趋势。时间被表示为从左往右的一条水平轴,不同的颜色带代表不同的主题,条带宽度表示该主题在该时间上的一个度量,从而便于人们观察主题的分布随时间的演化过程,从宏观上理解主题的发展变化,并对不同主题进行比较。

坐标表示方法(coordinate representation) 用数据在空间中一组基向量上的相对位置坐标来描述空间中数据点的可视化形式。便于得到向量空间的数据表征,对数据进行线性变换等操作。

脑 机 交 互

脑机交互(brain computer interaction; BCI) 一种基于大脑神经活动信号的新型人机交互方式。在脑与外部设备之间建立直接的通信渠道(称"脑机接口"),通过机器学习与模式识别算法对不同思维活动下的大脑神经活动信号进行识别,并翻译成控制命令来直接控制外部设备。在单向脑机接口中,计算机或者接受脑传来的命令,或者发送信号到脑,但不能同时发送和接收信号。而双向脑机接口允许脑和外部设备间的双向信息交换。按系统中大脑神经活动信号的采集方式,分侵入式、半侵入式、非侵入式脑机交互;按系统的交互控制方式,分同步脑机交互和异步脑机交互;按脑信号的产生原理,分自发脑机交互和诱发脑机交互。

脑机接口(brain computer interface; brain machine interface) 见"脑机交互"。

非侵入式脑机交互(non-invasive BCI) 从头皮上采集神经活动信号的脑机交互方式。如基于脑电图的系统。不需要将信号采集设备植入颅内,对人体没有任何损伤,安全性及易用性高,应用广泛,但存在采集的信号易受噪声影响,空间分辨率较低等问题。

半侵入式脑机交互(partially invasive BCI) 将大脑神经活动信号采集电极植入颅腔内但位于灰质外的脑机交互方式。如基于皮层脑电图的系统。获取的神经信号质量比非侵入式高,而不如侵入式,其引发免疫反应和愈伤组织的概率较小。

侵入式脑机交互(invasive BCI) 在大脑的灰质中植入电极,直接测量神经电活动的脑机交互方式。所采集的神经电活动如细胞动作电位、局部场电位等,获取的神经信号质量最高,但易引发免疫反应和愈伤组织,进而导致信号质量的衰退甚至消失,故应用受到很大限制。

混合脑机交互(hybrid BCI) 一种新型的结合多种感知模式的脑机交互方式。将一种单模态(基于某一种信号的单一的特征模式)的脑机交互与另一种单模态的脑机交互或其他生理信号、设备等相结合。如基于P300和稳态视觉诱发电位混合的脑机交互系统,基于脑电和肌电混合的脑机交互系统。

同步脑机交互(synchronous BCI) 对思维任务有严格的时间同步要求的脑机交互方式。要求用户必须在预定的时间进入一种特定的思维状态,即用户必须按照系统预先设定好的时序,而不能完全按照自己的意愿在任意时刻来进行交互控制。

异步脑机交互(asynchronous BCI) 不需要系统的同步信号的脑机交互方式。用户可自由启动某种思维任务来完成控制,即用户能自己决定何时产生思维任务,何时结束该任务或转换思维状态。系统能从用户的脑信号中连续地检测这种没有设定起止时间的思维活动,使用户可以完全按照自己的意愿在任意时刻执行思维任务来进行交互控制。

自发脑机交互(spontaneous BCI) 基于自发脑电信号的脑机交互方式。不需要外部刺激信号,用户可通过自发进行的思维任务来改变信号特征模式,实现交互控制。如基于慢皮层电位的脑机交互系统。

诱发脑机交互(induced BCI) 基于诱发脑电信号的脑机交互方式。需要提供外部刺激信号(如视觉刺激、听觉刺激、触觉刺激等)给用户,诱发产生特定的信号特征模式,实现交互控制。如基于稳态视觉诱发电位的脑机交互系统。

诱发电位(evoked potential) 神经系统受到各种内、外界刺激所产生的特定电位变化。如视觉诱发电位。有固定的空间、时间和相位特征,必须在特定的部位才能检测出来,有特定的波形和电位分布,与刺激有严格的锁时关系。

视觉诱发电位(visual evoked potential; VEP) 在视野范围内,以一定强度的闪光或图形等视觉刺激,刺激视网膜,可在视觉皮层或颅骨外的枕区记录到的电位变化。

稳态视觉诱发电位(steady state visual evoked potential; SSVEP) 大脑对于视觉刺激的一种自然响应信号。当视网膜受到视觉刺激的频率较高时(一般为3.5~75 Hz),多次反应的波相干扰、叠加,形成节律性正弦样波的视觉诱发电位。具有明显的周期性,其频谱含有一系列与刺激频率成整数倍的频率成分。

事件相关电位(event related potential; ERP) 亦

称“认知电位”。大脑对外界信息进行认知和加工处理所产生的电位变化。当给予某种特定的视觉、听觉、触觉等刺激,或是出现某种心理因素时,在特定的脑区会出现认知加工相关的电位变化。刺激被视为一种事件,故名。常用的事件相关电位成分如 P300。

P300 事件相关电位的一种成分。P 代表正波,300 代表潜伏期 300 ms。通常幅度较大,由稀少的、任务相关的刺激诱发,潜伏期一般为 300 ms 或更长,主要位于中央皮层区域。是一个主要与心理因素相关的内源性成分。事件发生的概率越小,所引起的 P300 越显著。

慢皮层电位(slow cortical potential; SCP) 频率低于 2 Hz,持续时间为几百毫秒到几秒的皮层电位慢变化。属于事件相关电位。能反映脑皮层的兴奋性。受试者通过反馈训练学习,可自主控制慢皮层电位产生正向或者负向偏移。

事件相关去同步化(event-related desynchronization; ERD) 一种大量神经元的去同步电活动现象。当大脑皮质某区域受到感官、动作指令或想象运动等刺激而开始激活时,该区域的代谢和血流增加,导致脑电信号在特定频段的振荡幅度减低或者阻滞,从而在该频段内的能量减弱。

运动想象(motor imagery) 在不产生任何实际运动的情况下,根据记忆在思维中排练特定动作的动态过程。

任务相关持续去同步化(task-related sustained desynchronization; TRSD) 由连续重复的思维任务引起的大脑皮质持续处于激活状态而产生的持续的事件相关去同步化现象。

神经反馈(neuro-feedback) 亦称“神经治疗”“神经生物反馈”。生物反馈疗法的一种形式。通过测量大脑神经活动信号,如脑电图,并将其转换成视频或音频等信号,作为实时反馈提供给大脑,从而帮助大脑进行自我功能调节。

脑控打字系统(BCI speller) 通过基于脑电图的脑机交互实现字符输入的系统。是脑机交互系统的一种应用类型。常用的有基于 P300 的脑控打字系统,基于稳态视觉诱发电位的脑控打字系统等。

脑控轮椅(BCI controlled wheelchair) 通过脑机交互实现控制的轮椅。是脑机交互系统的一种应用类型。如利用想象左右手运动产生的特定脑电模式来控制轮椅左转或右转。

脑机交互脑功能康复技术(BCI based brain functional rehabilitation) 利用脑机交互帮助脑功能受损患者进行功能康复的技术。可帮助具有严重功能障碍的患者建立与外界的交流通道,实现如控制轮椅、拨打电话等操作,还可将康复训练中很多被动运动转换成患者的主动运动,提高患者的主观能动性,同时还可通过神经反馈促进患者受损脑区功能恢复以及神经通路的可塑性修复和重建。

脑机交互警觉度检测(BCI based vigilance detection) 利用基于脑电信号的脑机交互检测警觉度的技术。能直接反映大脑的活动状态,并有时间分辨率较高、不易伪装等优点,已成为警觉度研究的热点。

脑机交互情绪检测(BCI based emotion detection) 利用脑机交互根据大脑的神经活动信号模式识别相应情绪的技术。不易被伪装,识别率较高,因此越来越多地应用于情绪检测研究中。

网 络 安 全

总　　论

网络空间安全(cyberspace security)　计算机及计算机网络构成的数字社会的安全以及与此有关的人的安全。涉及所有可利用的电子信息、信息交换以及信息用户的安全。按行为主体,网络空间的安全威胁可分为黑客攻击、有组织网络犯罪、网络恐怖主义以及国家支持的网络战。它们对国家安全的威胁程度逐级递增。网络空间也事关国家主权,保障网络空间安全就是保障国家主权,已受到各国的高度重视。

网络空间(cyberspace)　由计算机以及计算机网络里的各种虚拟对象所构成的虚拟空间。以计算机技术、现代通信网络技术,以及虚拟现实技术等信息技术的综合运用为基础,以知识和信息为内容。是人类用知识创造的人工世界,是知识交流的虚拟空间。不仅影响人与人之间的文化交流,还影响人和自然的关系。

网络安全(network security)　网络系统的硬件、软件及数据受到保护,不因偶然的或者恶意的原因而遭破坏、更改、泄露,系统连续可靠正常地运行,网络服务不中断的状态。对网络安全的研究,包括对网络信息的保密性、完整性、可用性、真实性和可控性的研究,涉及计算机科学、网络技术、通信技术、密码技术、信息安全技术、应用数学、数论、信息论等多种学科。按不同的环境和应用,分为系统安全、信息传播安全、信息内容安全等。

网络安全应急响应(network security emergency response)　对有关计算机或网络安全的事件进行实时响应与分析,提出解决方案和应急对策,保证计算机信息系统和网络免遭破坏的措施。应急响应的对象是针对计算机或网络所存储、传输、处理的信息的安全事件,即破坏信息或信息处理系统机密性、完整性、可用性的行为。其主体可能来自自然界、系统自身故障、组织内部或外部的人、计算机病毒等。

数据安全(data security)　数据本身和数据防护的安全。其基本特点包括机密性、完整性和可用性等。数据本身的安全,主要是指采用现代密码算法对数据进行主动保护,如数据保密、双向强身份认证等。数据防护的安全,主要是采用现代信息存储手段对数据进行主动防护,如磁盘阵列、数据备份、异地容灾等手段。

数据渗漏(data exfiltration)　攻击者从网络转移其他组织或个人敏感信息的技术。目的是获取重要数据。实施方法有:(1) 利用网络打印机实施,攻击者对敏感数据进行编码,将数据发送到网络打印机,当数据被当作乱码和垃圾而丢弃时,攻击者就可取回并解码数据。(2) 利用网络电话实施,将数据编码为音频数据,然后呼叫到外部的语音信息或者电话会议服务,通过电话播放音频,并记录下来,随后获取音频并解码。(3) 利用电子邮件实施,通过内部电子邮件地址接收文件,然后传真到其他地方。

云安全(cloud security)　基于云计算的信息安全技术。融合了并行处理、网格计算、未知病毒行为判断等技术和概念,通过大量客户端对网络中软件行为的异常监测,获取互联网中木马、恶意程序的最新信息,传送到安全服务器进行自动分析和处理,再把解决方案分发到每个客户端。包括用户身份安全问题、共享业务安全问题和用户数据安全问题等。

网络犯罪(cybercrime)　使用计算机技术,借助于网络对其系统或信息进行攻击、破坏,或利用网络进行其他犯罪的总称。在我国主要包括:非法侵入计算机信息系统罪;非法获取计算机信息系统数据、非法控制计算机信息系统罪;提供侵入、非法控制计算机信息系统程序、工具罪;破坏计算机信息系统罪;拒不履行信息网络安全管理义务罪;非法利用信息网络罪;帮助网络犯罪活动罪。

网络黑市(cyber black market)　用于发布有害信

息,提供违法交易的在线虚拟市场。通过互联网搜索引擎、即时通信服务、电子商务、供求信息发布网站以及博客、网络社区和中小型论坛等在线平台构成。严重影响社会治安稳定。

网络欺骗(network spoofing) 一种网络安全防护方法。将入侵者引向错误的资源,从而大大增加入侵者的工作量、入侵复杂度和不确定性,使入侵者不知道其攻击是否有效。还使防御者可以跟踪入侵者的行为,并在入侵者攻击之前修补系统中可能存在的安全漏洞。通常通过隐藏和安插错误信息等技术手段实现,前者包括隐藏服务、多路径和维护安全状态信息机密性,后者包括重定向路由、设置假信息和设置圈套等。

网络战争(cyber warfare) 以计算机为主,辅以现代高技术产品作为主要攻击设备,在战时攻击和入侵敌方计算机网络,以控制敌方网络并实现对其基础设施(如通信、电路、航空、导航等)的干扰及破坏,从而不战而胜或削弱敌方战斗力的战争方式。是现代战争的重要组成部分。基于军事信息化基础设施的建设,包括数据库、信息库、数据传输网络、信息应用系统以及信息化作战平台的"软"、"硬"攻防和对抗系统等。

网络泄密(network leak) 使用网络作为载体和渠道,使未经授权的主体知悉各种机密或秘密的行为。计算机网络结构中的数据是共享的,主机与用户之间、用户与用户之间通过线路联络,经漏洞可能泄露机密或秘密。黑客可利用网络安全中存在的问题进行网络攻击,并进入网络信息系统实施窃密。使用因特网传送涉密信息,内部网络连接因特网,处理涉密信息的计算机系统没有与因特网进行物理隔离等,都会造成网络泄密。网络泄密具有传播效率高、渠道隐蔽、频率高等特点。

密码科学与技术

密码(cipher) 一种用于执行加密或解密的算法或符号系统。一般会替换与输入相同数量的字符。现代密码可按加密流程或密钥性质区分。

高级加密标准(advanced encryption standard; AES) 一种使用对称密钥的块加密方法。用于代替原先的数据加密标准,已经被多方分析并在全球范围内广泛使用。原理是对字节矩阵执行"或与非"操作(置换和替代),以便重新排列数据或将其替换为另一个完全不同的数据,并可以采用相同的密钥进行"回转"。

RSA 加密算法(RSA encryption algorithm) 一种非对称加密算法。1977 年由李维斯特(Ron Rivest)、萨莫尔(Adi Shamir)和阿德曼(Leonard Adleman)联合提出,RSA 是由这三人的姓氏首字母组成的。采用公钥密码体制,使用不同的加密密钥与解密密钥,由已知加密密钥推导出解密密钥在计算上是不可行的。对极大整数做因数分解的难度决定了 RSA 算法的可靠性。能抵抗绝大多数的密码攻击。

椭圆曲线密码(elliptic curve cryptography; ECC) 一种基于椭圆曲线,建立公钥加密的算法。主要优势是可使用较短的密钥来提供同级或更高级别的安全。另一个优势是可以定义群之间的双线性映射,基于 Weil 对或 Tate 对在密码学中可用于基于身份的加密。缺点是在相同长度的密钥下进行加密和解密操作比其他机制花费更长的时间。

安全散列算法(secure hash algorithm; SHA) 一种将一个数字消息对应到长度固定的字符串(亦称"消息摘要")的算法。若输入的消息不同,它们对应到不同字符串的概率很高。有 SHA－1、SHA－224、SHA－256、SHA－384 和 SHA－512 等算法。

不可逆加密算法(irreversible encryption algorithm) 加密过程中不需要使用密钥,输入明文后,由系统经加密算法直接处理为密文的加密算法。此加密数据是无法被解密的,只有重新输入相同的明文,并再次经过同样不可逆的加密算法处理,系统获得相同的加密密文并重新对其进行标识后,才能真正解密。该算法不存在密钥保管和分发问题,非常适合在分布式网络系统上使用,但由于加密计算的复杂性和繁重的工作量,通常仅在数据量有限时才使用。如广泛应用在计算机系统中的口令加密。

代替密码(substitution cipher) 亦称"替代密码"。密码学中按规律将字符加密的一种方式。将明文中的每个字符替换为密文中的另一个字符,接收者对密文做反向替换就可恢复出明文。首先建立一个替换表,加密时通过查表将需要加密的明文依次用相应的字符替换,生成无任何意义的字符串,即密文。代替密码的密钥就是其替换表。有简单代替密码、多名或同音代替密码、多表代替密码和多字母代替密码等。

对称加密算法(symmetric encryption algorithm) 亦称“私钥加密算法”“传统密码算法”“秘密密钥算法”“单密钥算法”。加密和解密时使用相同密钥，或是使用两个可以简单地相互推算的密钥的加密算法。在大多数的对称加密算法中，加密密钥和解密密钥是相同的，要求发送者和接收者在安全通信之前就密钥达成一致。其安全性依赖于密钥，泄漏密钥意味着任何人都可以解密发送或接收的消息。对称加密算法的特点是算法公开、计算量小、加密速度快、加密效率高。

非对称加密算法(asymmetric encryption algorithm) 加密和解密时使用不同密钥(公钥和私钥)的加密算法。在不掌握私钥时，根据公钥和其他参数不能推算出私钥。

多模加密(multimode encryption) 一种能适应多样安全环境的加密技术。将对称加密算法和非对称加密算法相结合，在确保数据加密质量的同时，因其多模特性使用户能自主选择加密模式，从而应对各种加密环境。采用基于系统内核的透明加密又使其能适应多种数据类型和格式的加密需求，从而完善了加密防护的全面性。

分组密码(block cipher) 一种对称加密算法。将明文分成多个等长的模块，使用确定的算法和对称密钥对每组分别加密和解密。将明文消息编码表示后的数字(简称“明文数字”)序列，划分成长度为 n 的组(可看成长度为 n 的矢量)，每组分别在密钥的控制下变换成等长的输出数字(简称“密文数字”)序列。为了保证算法的安全强度，要求分组长度足够大、密钥量足够大和密码变换足够复杂。优点是明文信息良好的扩展性、对插入的敏感性、不需要密钥同步、较强的适用性、适合作为加密标准。缺点是加密速度慢、错误扩散和传播。

加密(encryption) 将明文信息改变为难以读取的密文内容，使之不可读的技术或过程。包括两个元素：算法和密钥。算法是将普通信息或可理解的信息与一系列数字(密钥)结合在一起以生成难以理解的密文的步骤。密钥是用于编码和解密数据的参数。可通过适当的加密技术和管理机制来确保网络的信息通信安全。广泛应用于电子商务、虚拟专用网络和数据安全等方面。

解密(decryption) 亦称“解码”。将加密处理后的信息变为可读信息的技术或过程。通常被认为是加密的逆向活动。

选择前缀碰撞(chosen-prefix collisions) 主要应用于密码散列函数算法中，在一对任意选取的消息前缀后，通过构造一对后缀使得两部分级联后的消息对发生碰撞的过程。即任意选取一对消息前缀 P 和 P'，通过构造后缀 S 和 S'，使得消息对 $M = P \| S$ 和 $M' = P' \| S'$ 满足 $\mathrm{H}(M) = \mathrm{H}(M')$。

流密码(stream cipher) 亦称“序列密码”。一种对称加密算法。加密和解密双方使用相同伪随机加密数据流作为密钥，明文数据每次与密钥数据流顺次对应加密，得到密文数据流。具有易于硬件实现、快速加密和解密处理、没有或仅有有限的错误传播的特点。在实际应用中保持优势，特别是在专用或机密机构。典型的应用领域包括无线通信和外交通信。如果加密器中的记忆元件的存储状态独立于明文字符，则称“同步流密码”，否则称“自同步流密码”。

密码分析(cryptanalysis) 俗称“破解密码”。在不知道解密所需秘密信息的情况下对已加密信息进行解密的技术。频率分析是经典密码分析的基本方法。不同的密码分析具有不同的效果，对实际密码系统的威胁也不同。现代密码分析中的方式包括唯密文攻击、已知明文攻击、选择明文攻击、选择密文攻击等。按分析结果，可分为完全破解、全局演绎、实例(局部)演绎、信息演绎、分辨算法等。

相关密钥攻击(related-key attack) 一种密码分析的攻击技术。主要思想是利用密钥扩展算法的某些性质，通过分析不同密钥之间的某些关系对加密结果造成的影响来得到密钥信息。在分组密码的分析中得到广泛应用。相关密钥攻击中，需要两个具有某种关系的相关密钥和几个明密文对等数据，攻击者只知道两个密钥之间的关系，并不知道密钥本身。

密码学(cryptology) 研究编制密码和破译密码的技术科学。包括编码学和破译学。编码学研究密码变化的客观规律，应用于编制密码以保守通信秘密；破译学应用于破译密码以获取通信情报。密码学在现代特指对信息以及其传输的数学性研究，常被认为是数学和计算机科学的交叉学科。其原理大量涉及信息论。是信息安全中认证、访问控制等相关领域的核心。首要目的是隐藏信息的含义，并不是隐藏信息的存在。促进了计算机与网络安全技术的发展。

密钥(key) 用来完成加密、解密、完整性验证等密码学应用的信息。分对称密钥与非对称密钥。前者指加密和解密采用同一个密钥,加密、解密速度快,密钥需要保密。后者指加密和解密采用一对匹配的密钥,通常一个是公开的,称"公钥",另一个是保密的,称"私钥"。

因特网密钥交换(Internet key exchange; IKE) 在两台计算机之间建立安全关联(一个安全协议,使通信双方就如何交换与保护信息达成一致)的协议。由因特网工程任务组建立。可集中进行安全关联管理,减少连接时间;生成并管理用来保护信息的共享保密密钥。不仅保护计算机之间的通信,也保护请求对公司网络进行安全访问的远程计算机。还可在安全网关对最终目标计算机(终节点)执行协商时运行。

密钥空间(key space) 加密密钥大小的范围。密钥长度越长,密钥空间越大。当密钥长度为 r 时,密钥空间有 2^r 个元素。

密钥流生成器(key stream generator) 用于从一个短随机密钥(亦称"实际密钥""种子密钥")生成一个长密钥流的算法。使用此长密钥流来加密明文或解密密文,从而使一个短的密钥用于加密较长的明文或解密较长的密文。构造密钥流生成器是流密码最核心的内容,有信息论方法、系统论方法、复杂度理论方法和随机化方法四类构造方法。研究最多的是由两个移位寄存器组成的收缩密钥流生成器。

密钥生成算法(key generation algorithm) 通过在线或离线的交互协商方式(如密码协议等)生成密钥的算法。要求密钥长度足够长,从而使对应的密钥空间足够大,使攻击者难以使用穷举猜测密码。还要避免选择弱密钥。对公钥密码体制来说,密钥生成算法更加困难,因为密钥必须满足某些数学特征。

密钥协商(key agreement) 两个或多个实体协商共同建立会话密钥的过程。会话密钥根据每个参与者分别产生的参数通过一定的计算得出,任何参与者均不能预先决定密钥。密钥协商可分为证书型和无证书型。前者指在会话密钥的产生过程中,由一个可信的证书中心给参与密钥协商的各方各分发一个证书,该证书包含此方的公钥、用户名及其他信息。后者指各方不需要证书即可参与会话密钥的协商,是密钥协商的主要种类。

密钥分配中心(key distribution center) 一种运行在物理安全服务器上的密钥服务。维护着领域中所有安全主体账户信息数据库。存储了仅安全主体和密钥分配中心知道的加密密钥(亦称"长效密钥"),用于在安全主体和密钥分配中心之间进行交换。在大多数执行协议中,长效密钥是从用户登录密码中重新生成的。密钥分配中心分发密钥时,进行通信的两台主机都需要向密钥分配中心申请会话密钥,主机与密钥分配中心通信时使用的是两者共享的永久会话密钥。

明文(plaintext) 传送方想要接收方获得的可读信息。是待伪装或待加密的消息,也可认为是有意义的字符或比特集,或通过某种公开的编码标准就能获得的消息。在通信系统中是加密前的原始数据,表现形式可能是比特流,如文本、位图、数字化语音或数字化视频等。明文经加密后即为密文。

密文(ciphertext) 明文经过加密算法所产生的信息。是对明文进行某种伪装或变换后的输出,也可理解为无法直接理解的字符或比特集,或是可通过算法恢复的被打乱的消息。密文经解密后即为明文。

口令(password) 用于身份验证的字符串。通常是字母和数字及其他符号的组合体。应经常改变以达到保密目的。用以保护隐私以及防止未经授权的操作。常用来获得对计算机、网络等的访问权。日常生活中,口令通称"密码",但在学术意义上,两者是有区别的。

口令强度(password strength) 一个口令被非认证的用户或计算机破译的难度。不同的口令系统对于口令强度有不同的要求。口令的破译与系统允许客户尝试不同口令的次数、是否熟悉口令主人等因素相关。用户应尽可能将口令设置得复杂、位数长,并经常更换口令,从而提高口令强度。

弱口令(weak password) 容易被猜到或破解的口令。通常指仅包含简单数字和字母的口令,很容易被破解,从而使用户的计算机面临风险,因此不推荐使用。空口令或系统缺省的口令是典型的弱口令。

强口令(strong password) 不容易被猜到或破解的口令。通常长度足够长,排列随机,使用大小写字母、数字和符号的组合。口令越长,使用的符号种类越多,就越难破解。

私钥(private key) 全称“私有密钥”。应用于非对称加密算法中的一种密钥。与其匹配进行加密、解密的另一种密钥称“公钥”,全称“公开密钥”。每个密钥执行一种对数据的单向处理,每个的功能恰恰与另一个相反,一个用于加密时,则另一个就用于解密。公钥是由其主人加以公开的,而私钥必须保密存放。为发送一份保密报文,发送者必须使用接收者的公钥对数据进行加密,一旦加密,只有接收方用其私钥才能加以解密。

公钥(public key) 见“私钥”。

公钥基础设施(public key infrastructure; PKI) 基于公钥密码体制实现密钥和证书的产生、管理、存储、分发和撤销等功能的系统。通常包括公钥安全策略、软硬件系统、证书颁发机构、注册机构、证书发布系统和应用系统等。可以提供身份认证、数据完整性、数据机密性、数据公平性、不可否认性和时间戳等安全服务。广泛应用于电子商务、电子政务等方面,为用户建立安全的网络环境。

置换密码(permutation cipher) 亦称“换位密码”。仅有一个发送方和接受方知道的加密置换(用于加密)及对应的逆置换(用于解密)的密码。对明文长字符组中的字符位置进行重新排列,而每个字符本身并不改变。

加法密码(additive cipher) 亦称“移位密码”。一种简单的代替密码。密钥域很小,易受使用穷举密钥搜索(蛮力攻击)的纯密文攻击。恺撒密码就是一种典型的加法密码,其基本思想是:通过把字母移动一定的位数来实现加密和解密。明文中的所有字母都在字母表上向后(或向前)按照一个固定数目进行偏移后被替换成密文。例如,当偏移量是3时,所有的字母A将被替换成D, B替换成E,以此类推X将替换成A, Y替换成B, Z替换成C。

乘法密码(multiplicative cipher) 一种简单的代替密码。需要事先知道消息元素的数量,加密过程实际上等效于对明文消息的数组下标进行加密(乘以密钥),然后用明文消息中的加密后位置表对应的明文字符替换。因为密文字母表是将明文字母按照下标每隔 k 位取出一个字母排列而成,故亦称“采样密码”。

仿射密码(affine cipher) 加法密码和乘法密码结合构成的密码。其加密思路是,首先将明文的数组下标乘以密钥的一部分,再加上密钥的剩余部分。

密钥管理(key management) 对密钥的产生、分配、存储、归档、撤销、销毁等进行管理的行为。国际标准化组织与国际电工委员会下属的信息技术委员会(JTC1)起草了关于密钥管理的国际标准规范。主要包括密钥管理框架、采用对称技术的机制、采用非对称技术的机制等部分。

一次一密(one-time pad) 在流密码中使用与消息长度等长的随机密钥,且密钥只使用一次的加密方法。首先选择一个随机位串作为密钥,然后将明文转变成一个位串,如使用明文的ASCII表示法。最后,逐位计算这两个串的异或值。由于使用与消息等长的随机密钥,产生与原文没有任何统计关系的随机输出,因此得到的密文不可破解,但密钥在传递和分发上存在很大困难。

P盒(permutation-box) 通过置换和转置对来自S盒的输入进行位元变换的方法。例如,将32位作为输入,按照映射规则表将输入的每位映射到输出位,任何一位不能被映射两次,也不能被略去。作用是扩散,使明文和密钥的影响迅速扩散到整个密文,即1位明文或密钥的更改会影响到密文的多个比特。

S盒(substitution-box) 分组密码算法中的一种非线性结构。其密码强度直接决定了密码算法的优劣。其功能是一种密码学上的简单代替操作。一个 n 输入、m 输出的S盒所实现的功能是从二元域 F_2 上的 n 维向量空间 F_2^n 到二元域 F_2 上的 m 维向量空间 F_2^m 的映射。构造S盒常用的方法有随机选择、人为构造和数学方法构造。S盒的作用是混淆,主要增加明文和密文的复杂度。

数据加密标准(data encryption standard; DES) 一种对称加密算法。使用56位有效密钥对64位的数据块进行加密。1977年成为美国国家标准,随后在国际上被广泛应用。设计中使用了混淆和扩散两个原则,其目的是抗击对密码系统的统计分析。混淆的作用是隐藏任何明文同密文、或密钥之间的关系,扩散的作用是使明文中的有效位和密钥一起组成尽可能多的密文。

三重数据加密标准(triple data encryption standard; Triple DES; 3DES) 对每个数据块应用三次数据加密标准(DES)的对称加密算法。由于计算机运算能力的增强，DES 的密钥长度容易被暴力破解，故对 DES 进行改进，增加密钥长度来避免类似的攻击，使用 2 个或 3 个 56 位密钥对每个数据块进行三次 DES 加密。是数据加密标准向高级加密标准(AES)过渡的加密算法。与 DES 相比，速度更快、更为安全。

硬件加密(hardware encryption) 通过专用加密芯片或独立的处理芯片等实现的加密运算。由加密芯片将加密芯片信息、专有电子钥匙信息、硬盘信息进行对应并做加密运算，同时写入硬盘的主分区表。使加密芯片、专有电子钥匙、硬盘绑定在一起，缺少任何一个都将无法使用。经过加密后，硬盘如果脱离相应的加密芯片和电子钥匙，则无法在计算机上识别分区，更无法获取任何数据。

软件加密(software encryption) 通过软件实现的加密算法。用户在发送信息前，先调用信息安全模块对信息进行加密，然后发送，到达接收方后，使用相应的解密软件对其进行解密并还原。优点是已经存在标准的安全应用程序编程接口(API)产品、实现方便、兼容性好。但因其在用户计算机内部进行，易受跟踪、反编译等手段的攻击。

ElGamal 密码(ElGamal cipher) 一种基于公钥密码体制和椭圆曲线加密体系的加密算法。由盖莫尔(Taher ElGamal)于 1985 年提出。其安全性基于求解离散对数问题的困难性，既能用于数据加密也能用于数字签名。在加密过程中，生成的密文长度是明文的两倍，且每次加密后都会在密文中生成一个随机数 K。

Diffie-Hellman 密钥交换(Diffie-Hellman key exchange) 一种确保共享密钥安全穿越不安全网络的协议或算法。由迪菲(Whitfield Diffie)与赫尔曼(Martin Hellman)于 1976 年提出。可以让通信双方在不安全的信道上创建一个共享密钥，双方互相发送的数据即使被第三方知晓，也无法知道加密信息的密钥。只能用于密钥的交换，而不能进行消息的加密和解密。不足之处在于没有提供双方的身份验证服务、易受阻塞性攻击、无法防止重放攻击。

数字签名(digital signature) 对电子形式的消息进行加密，确保数据传输安全性的一种技术。是附加在数据单元上的一些数据，或对数据单元所做的密码变换。允许数据单元的接收者用以确认数据单元的来源和完整性并保护数据，防止被人(例如接收者)伪造。基于公钥密码体制和私钥密码体制都可以获得数字签名，主要是基于公钥密码体制的数字签名，包括普通数字签名和特殊数字签名。

可仲裁数字签名(arbitrated digital signature) 除通信双方外，还有一个仲裁方的一种数字签名技术。发送方发送给接收方的每条签名的消息都先发送给仲裁者，仲裁者对消息及其签名进行检查以验证消息源及其内容，检查无误后给消息加上日期再发送给接收方，同时指明该消息已通过仲裁者的检验。仲裁者的加入使得对于消息的验证具有了实时性。

盲签名(blind signature) 不让签名者获取所签署消息具体内容的一种特殊数字签名技术。允许消息拥有者先将消息盲化，而后让签名者对盲化的消息进行签名，最后消息拥有者对签名除去盲因子，得到签名者关于原消息的签名。一个好的盲签名应该具有不可伪造性、不可抵赖性、盲性和不可跟踪性等特性。盲签名可以有效保护所签署消息的具体内容，广泛应用于电子商务和电子选举等领域。

优良保密协议(pretty good privacy; PGP) 一个加密计算机程序，提供安全的在线通信和数据交换的协议。允许加密隐私和数据验证，并用于对文本、电子邮件和文件进行签名、加密。使用一组三个密钥进行消息加密和解密。开放密钥提供了使用特殊代码对消息进行加密的可能性；个人密钥用于解密；必须存储在受保护的空间中，即使消息被捕获，它仍然无法被读取或解密；会话密钥是从开放密钥库中选择的，用于每个新会话。

商用密码(commercial cryptography) 用于加密或保护不涉及国家秘密内容但又具有敏感性的内部信息、行政事务信息、经济信息等的密码技术和密码产品。其核心是商用密码技术，国家将商用密码技术列入国家秘密，任何单位和个人都有责任和义务保护商用密码技术。商用密码可用于企业内部的各类敏感信息的传输加密、存储加密，防止非法第三方获取信息内容，也可用于各种安全认证、网上银行、数字签名等。

U 盾(universal serial bus key; USB key) 一种 USB 接口的小型硬件设备。内置单片机或智能卡芯片，有一定的存储空间，可存储用户的私钥及数字证书。其内置的算法可用于实现对用户身份的认证。开发人员可根据需要，设置 U 盾与传统的“用户名+口令”方式并用的登录模式；还可用 U 盾实现权限控制,设定不同的客户端拥有不同的权限。同时可以设定使用时,是否一定要一直插着 U 盾或拔下 U 盾后多久自动退出。因其使用 USB 接口,犹如一面盾牌般保障信息安全,故名。

量子密码(quantum cryptography) 基于单个光子等粒子的应用和它们固有的量子属性开发的密码系统。无法在不干扰系统的情况下测定该系统的量子状态,因此不可破解。与传统的密码系统不同,其安全模式的关键方面是物理学而不是数学。通常以量子为信息载体,经由量子信道传送,在合法用户之间建立共享的密钥的方法,其安全性由海森伯不确定原理及单量子不可复制定理保证。

零知识证明(zero-knowledge proof) 证明者能够在不向验证者提供任何有用信息的情况下,使验证者相信某个论断是正确的。其实质是一种涉及两方或更多方的协议。可理解为既能充分证明自己是某种权益的合法拥有者,又不把有关的信息泄露出去,即给外界的"知识"为"零"。在密码学中可用于验证,有效解决许多问题。

网 络 攻 防

网络攻防(network attack and defense) 全称"网络攻击与防护",亦称"网络对抗"。网络攻击与网络防护的合称。网络攻击是综合利用目标网络存在的漏洞和安全缺陷对该网络系统的硬件、软件及其系统中的数据进行的攻击,主要包括踩点、扫描、获取访问权限、权限提升、控制信息、掩盖痕迹、创建后门等步骤。网络防护是综合利用己方网络系统功能和技术手段保护己方网络和设备正常工作,使信息数据在存储和传输过程中不被截获、仿冒、窃取、篡改或消除,包括加密技术、访问控制、检测技术、监控技术、审计技术等。网络攻击和网络防护是一对"矛"和"盾"的关系,网络攻击一般超前于网络防护。

零日攻击(0-day attack) 利用尚无补丁的安全漏洞(称"零日漏洞")进行的网络攻击。往往具有很大的突发性与破坏性。攻击者通常就是零日漏洞的发现者,在发现零日漏洞后,会立即攻击所有存在此漏洞的目标系统。零日漏洞对网络安全具有巨大威胁。

App 黑名单(application blacklist) 中国工业和信息化部针对恶意手机程序泛滥而对智能手机平台实行的一种规范化管理措施。例如,对安卓系统的 App 而言,App 的黑名单数据库主要由手机安全软件厂商建立,包括部分恶意程序、手机病毒、非健康 App 等。电子市场通过接入安全引擎使带有黑名单关联特征的 App 在审核上架之前被扫描出来,从而避免这些 App 上架和被用户下载,保证用户可以更安全地使用移动互联网。

高级持续威胁(advanced persistent threat; APT) 隐藏自己并利用先进的攻击手段对特定目标(如企业、研究机构、政府单位等)进行长期持续性网络攻击的攻击形式。目的为窃取核心资料、搜集情报。其攻击原理相对于其他攻击形式更为高级,主要体现在发动攻击之前需要对攻击对象的业务流程和目标系统进行精确的收集,在此过程中会主动挖掘被攻击对象受信系统和应用程序的漏洞,在这些漏洞的基础上形成攻击者所需的网络。这种行为没有采取任何可能触发警报或者引起怀疑的行动,难以被传统安全检测系统有效检测发现。

cookie 欺骗(cookie spoofing) 通过修改服务器递交给用户的 cookie(由服务器建立,存储在用户存储设备中的记录,通常包括用户名、口令等信息)的内容以欺骗服务程序,从而冒充他人身份登录网站的行为。按照浏览器的约定,只有来自同一域名的 cookie 才可以读写,而 cookie 只是浏览器的,对通信协议无影响,所以要进行 cookie 欺骗有多种途径:(1)跳过浏览器,直接改写通信数据。(2)修改浏览器,让浏览器从本地可以读写任意域名 cookie。(3)使用签名脚本,让浏览器从本地可以读写任意域名 cookie(有安全问题)。(4)欺骗浏览器,让浏览器获得假的域名。其中最后一种是实现 cookie 欺骗最简单的方式。

隔离区(demilitarized zone; DMZ) 为解决安装防火墙后访问外部网络的用户无法访问内部网络服务器的问题,在非安全系统与安全系统之间设置的缓冲区。在该区域内,可以放置一些必须公开的非机密信息的服务器设施,如企业 Web 服务器、FTP 服务器等。来自外网的访问者可以访问隔离区中的服务,但不能接触到存放在内网中的公司机密或私人信息等,即使隔离区中的服务器遭到破坏,也不会对内网中的机密信息造成影响,从而更加有效地保护了内部网络。相当于在防火墙之外,又多设了一道关卡。

谷歌黑客攻击(google hacking) 原指使用谷歌搜索引擎或其他谷歌应用程序搜索存在脆弱性的主机以及包含敏感数据的信息来实施入侵的行为。后指使用各种搜索引擎搜索敏感数据信息来实施入侵的行为。

授权管理基础设施(privilege management infrastructure; PMI) 由属性证书、属性权威、属性证书库等构成的综合系统。用来实现权限和证书的产生、管理、存储、分发和撤销等功能。为用户和应用程序提供授权管理服务,用户身份到应用授权的映射功能,与实际应用处理模式相对应的、与具体应用系统开发和管理无关的授权和访问控制机制,从而简化具体应用系统的开发与维护。使用属性证书来定义和容纳权限、角色信息,通过管理证书的生命周期来管理权限生命周期。属性证书的申请、发放、注销、验证流程对应权限的申请、发放、撤销、使用和验证的过程。

Rootkit 一种特殊的恶意软件。其功能是在安装目标上隐藏自身以及指定的文件、进程和网络链接等。通常与其他恶意程序(例如木马和后门程序)结合使用。通过加载特殊驱动程序来修改系统内核,以达到隐藏信息的目的。不会像病毒一样影响计算机的运行,故很难被找到。如发现系统中存在 Rootkit,最好擦除并重新安装系统。

SQL 注入(structured query language inject) 黑客对数据库进行攻击的常用手段之一。基于动态的 SQL 语法组合构建特殊的输入作为参数传入 Web 应用程序并进入后台数据库,通过执行 SQL 语句进而执行攻击者所要的操作,从而达到非法数据侵入系统或非法操作访问数据库的目的。包括 SQL 注入漏洞的判断、分析数据库服务器类型、可执行情况的确定、发现 Web 虚拟目录、上传木马、得到系统管理员权限六个步骤。主要危害包括: 非法读取、篡改、添加、删除数据库中的数据;盗取用户的敏感信息;通过修改数据库来修改网页上的内容;未经许可添加或删除账户;注入木马等。

安全套接层协议 释文见 219 页。

无线应用协议攻击(wireless application protocol attack) 主要是指通过攻击无线应用协议(WAP)服务器,使启用了 WAP 服务的手机无法接收正常信息的攻击。WAP 实现了因特网与手机等无线终端的连接。手机的 WAP 功能需要专门的 WAP 服务器来支持,若黑客发现了 WAP 服务器的安全漏洞,就可以设计特定的病毒,并对其进行攻击,从而影响 WAP 服务器的正常工作,使手机无法接收到正常的网络信息。

webshell 一种网页后门。以 ASP、PHP 等网页文件形式存在。黑客入侵一个网站后,通常会将这些 ASP 或 PHP 后门文件与正常的网页文件混在一起,形成特定的命令执行环境。用以控制网站服务器,从而上传下载文件、查看数据库、执行任意程序命令等。webshell 可以穿过服务器防火墙,且使用 webshell 一般不会在系统日志中留下记录,只会在网站的 web 日志中留下一些数据提交记录,故很难被发现。

安全补丁(security patch) 用来弥补系统错误或漏洞的文件。诸如操作系统之类的系统非常复杂,容易出现软件缺陷和漏洞,被攻击者利用。当一个系统错误或漏洞被发现后,软件供应商通常将发布补丁。

黑客(hacker) 泛指擅长信息技术尤其是网络技术的人群。在信息安全领域,通常指恶意破坏计算机安全系统的“黑帽黑客”。他们利用网络安全的脆弱性,把网上任何漏洞和缺陷作为攻击对象,进行诸如修改网页、非法进入主机破坏程序、入侵银行网络转移金钱、窃取网上信息、利用电子邮件进行骚扰以及阻止用户正常行为和窃取密码等行为。

白帽黑客(white hat hacker) 亦称“白帽子”。通过测试网络和系统的性能来判定它们能够承受入侵的强弱程度的计算机安全专家。通常是有能力破坏计算机安全系统但不具恶意目的的黑客,具有良好的道德规范,并经常与企业合作以改善已发现的安全漏洞。

跨站脚本攻击(cross site script attack) 攻击者利用网站程序对用户输入的信息过滤不足,输入可以显示在页面上对其他用户造成影响的 HTML 代码,从而盗取用户资料、利用用户身份进行某种操作或者对访问者进行病毒侵害的一种攻击方式。主要包括: (1) 持久型跨站,是最直接的危害类型,代码存储在服务器(数据库);(2) 非持久型跨站,是最普遍的类型,需要欺骗用户点击链接才能触发代码;(3) 文档对象模型(document object model)跨站,是客户端脚本处理逻辑导致的安全问题。网络用户在浏览器设置中关闭 JavaScript 可以简单防御该攻击。

网络安全扫描(network security scan) 针对系统中设置的弱口令,以及其他同安全规则抵触的对象进行检查的一项网络安全技术。是一种主动的防范措施。与防火墙、入侵检测系统互相配合,能有效提高网络的安全性。通过对网络的扫描,网络管理员可了解网络的安全配置和应用服务的运行情况,及时发现安全漏洞,并客观评估网络风险等级,还可根据扫描的结果更正网络安全漏洞和系统中的错误配置,以防止黑客的攻击入侵行为。

暴库(brute force the database) 通过一些技术手段或程序漏洞获取数据库地址,并将数据非法下载到本地的攻击行为。攻击者可通过暴库从网站数据库中得到网站管理账号,进而对网站进行破坏与管理;也可通过数据库获取网站用户的隐私信息,甚至获得服务器的最高权限。将数据库放在 Web 目录外是一种简单有效的防暴库方法。

拟态防御(mimic defense) 一种网络空间安全防御理论。指在主动和被动触发条件下动态地、伪随机地选择和执行各种硬件变体以及相应的软件变体,使得内外部攻击者观察到的硬件执行环境和软件工作状况非常不确定,无法或很难构建起基于漏洞或后门的攻击链,以达到降低系统安全风险的目的,有效地增强传统安全措施的有效性。

移动目标防御(moving target defense) 2011 年美国科学技术委员会提出的网络空间"改变游戏规则"的革命性技术之一。不同于以往的网络安全研究思路,其主要思想是通过多样的、不断变化的网络构建、评价和部署机制及策略来增加攻击者的攻击难度及代价,通过内部可管理的方式对被保护目标的攻击面实施持续性的动态变换以迷惑攻击者,有效降低脆弱性暴露可能及被攻击的机会。与拟态防御相比,移动目标防御主要基于软件技术。

边界防护(boundary protection) 一种防病毒技术理念。通过监控进入计算机的外界程序,在病毒还未运行时即可判定其是否为安全项,从而最大限度地保障本地计算机的安全。也可通过加入一个防下载表对数据库进行防下载处理。

旁信道攻击(side channel attack) 亦称"侧信道攻击""边信道攻击"。不攻击密码本身,针对加密设备在运行过程中的时间消耗、功率消耗或电磁辐射之类的旁信道信息泄露而对加密设备进行的攻击。所需要的设备成本低,攻击的有效性远高于密码分析的数学方法,给加密设备构成了严重的威胁。主要集中在功耗攻击、电磁场攻击和时间攻击。其中功耗攻击是最强有力的攻击方法之一,包括简单功耗分析攻击和差分功耗分析攻击。

漏洞分析(vulnerability analysis) 发现硬件、软件、协议的具体实现或系统安全策略上存在的缺陷的分析方法和技术。可有效发现系统的安全漏洞,防范这些漏洞被利用,从而降低其危害程度。常见的包括动态测试、Fuzzing 测试、静态代码审计等。

电子邮件炸弹(E-mail bomber) 一种传统的匿名攻击方式。攻击者通过设置机器连续向同一地址发送电子邮件,从而耗尽收件人网络的带宽。简单易用,有许多用于发送匿名电子邮件的工具,且只要知道用户的电子邮件地址即可进行攻击,故计算机用户需高度防范这种攻击。

端口扫描(port scan) 对目标计算机的网络通信或其他设备端口进行的扫描。一个端口就是一个潜在的通信通道,也就是一个入侵通道。通过端口扫描能得到许多有用的信息,从而发现系统的安全漏洞。

捆绑软件(bundled software) 用户安装一个软件时,自动安装的另一个或多个软件。捆绑形式有安装时提醒并可选、默认插件安装、不可预见的强制性安装等。病毒常通过恶意捆绑进入计算机。

恶意代码(malicious code) 故意编制或设置的、对网络或系统会产生威胁或潜在威胁的计算机代码。常见的有蠕虫、特洛伊木马等。其传播方式通常有软件漏洞、用户本身或两者混合。有些恶意代码是自启动的,不需要额外的人为行动。另一些欺骗用户执行不安全的代码;还有一些则通过诱骗用户关闭保护措施来安装。

恶意软件(malicious software) 在计算机系统中执行恶意任务,影响或破坏系统机密性或安全性的软件。可能是蠕虫、特洛伊木马、后门、逻辑炸弹或漏洞攻击脚本。通过动态地改变攻击代码逃避入侵检测系统的特征检测。攻击者常常利用这种多变代码进入互联网上具有入侵检测功能的某些系统。恶意软件包含多种威胁,需要采取多种方法和技术来保护系统。如采用防火墙来过滤潜在的破坏性代码,使用垃圾邮件过滤器、入侵检测系统、入侵防御系统等来加固网络,加强对破坏性代码的防御能力。

洪泛攻击(flooding attack) 攻击者在短时间内向目标系统发送大量虚假请求的攻击方式。导致目标系统疲于应付无用信息,而无法为合法用户提供正常服务,即拒绝服务。常见的有 SYN 洪泛攻击、DHCP 报文洪泛攻击、ARP 报文洪泛攻击等。

防病毒软件(anti-virus software) 用于侦测、移除计算机病毒的防护软件。具有即时程序监控识别、恶意程序扫描和清除以及自动更新病毒数据库和损害恢复等功能,是计算机防御系统的重要组成部分。

拒绝服务攻击(denial of service attack; DoS attack) 用超出被攻击目标处理能力的数据包消耗可用系统、带宽资源,致使网络服务瘫痪的一种攻击手段。通常针对 TCP/IP 协议中的弱点或系统存在的某些漏洞,对目标系统发起大规模进攻,致使被攻击目标无法向用户提供正常的服务。简单有效,能够迅速产生效果。通常是为了完成其他攻击而进行的。

分布式拒绝服务攻击(distributed denial of service attack; DDoS attack) 拒绝服务攻击的一种。攻击者使用一个偷窃账号将主控程序安装在一台计算机上。该主控程序利用客户机/服务器技术,在短时间内激活众多已安装在网络上多个计算机上的代理程序,使之收到指令时就对一个或多个目标发动群体攻击,让目标停止提供服务或资源(磁盘空间、内存、进程甚至网络带宽等),从而阻止正常用户的访问。常见的有 SYN/ACK Flood 攻击、TCP 全连接攻击、刷 Script 脚本攻击。

能量分析攻击(power analysis attack) 通过分析加密设备的能量消耗来获取设备内部秘密信息的攻击。对广泛应用的各类密码模块的安全性造成了严重威胁。分为主动攻击和被动攻击。前者通过将保密设备中的密码芯片部分抽取出来,进行修改、探测、部分毁坏来实现攻击;后者截取保密设备在通信过程中的信息,对这些信息进行分析,从而得出一些有用信息。

网页挂马(website malicious code) 在正常网页中插入恶意代码的一种攻击方式。当用户打开该网页时,恶意代码就会被执行,下载和运行木马服务器端程序,进而控制用户主机,实施各种攻击。通常攻击者通过系统漏洞,或其他攻击方式登录到远程服务器,从而将恶意代码插入到相应的网页中。

后门(backdoor) 一种绕过安全性控制而获取对程序或系统访问权的程序或方法。主机上的后门来源主要有:(1) 攻击者利用欺骗的手段,通过发送电子邮件或文件,诱使主机的操作员打开或运行藏有木马程序的邮件或文件,这些木马程序就会在主机上创建一个后门;(2) 攻击者获得一台主机的控制权后,通过安装木马程序等方法在主机上建立后门,以便下次入侵时使用。

胡乱域名攻击(nonsense name attack) 一种针对域名服务器的新型分布式拒绝服务攻击。会给递归域名服务器和权威域名服务器造成严重破坏。攻击步骤为:攻击者在目标域内操纵僵尸网络产生大量随机域名,然后针对这些无意义域名足够快地向递归域名服务器发起大量查询请求,递归域名服务器转而将请求发送到目标域的权威服务器,最终使得权威域名服务器崩溃,不再响应请求。递归域名服务器也就需要花费长得多的时间来处理单个域名解析请求,导致资源耗尽,拒绝接受其他递归查询,停止向用户提供服务。

缓冲区溢出(buffer overflow) 一种广泛存在于各种操作系统、应用软件中的危险漏洞。往程序的缓冲区写入超出缓冲区长度的内容,从而破坏程序的堆栈,导致程序运行失败、系统重新启动等后果。更为严重的是,攻击者可以利用它执行非授权指令,甚至取得系统特权,进而执行各种非法操作。造成缓冲区溢出的原因是程序中未仔细检查用户可能输入的参数。

间谍软件(spyware) 一种用于侵入用户计算机,并在未经用户许可的情况下对用户的计算机系统和隐私权进行破坏的恶意软件。能够在用户不知情的情况下,在其计算机上安装后门并收集用户信息。能够削弱用户对其使用经验、隐私和系统安全的控制能力;使用户的系统资源、个人信息或敏感信息等被非法搜集、使用和传播。

漏洞测试(vulnerability test) 一种在漏洞被利用之前就被发现并修补的行为。分为对已知漏洞的检测和对未知漏洞的检测。前者主要是通过安全扫描技术来检测系统是否存在已公布的安全漏洞。后者旨在发现软件系统中可能存在但尚未发现的漏洞,包括源代码扫描、反汇编扫描、环境错误注入等技术。源代码扫描和反汇编扫描都是静态的漏洞检测技术,不需要运行软件程序就可分析程序中可能存在的漏洞;环境错误注入是一种动态的漏洞检测技术,使用可执行程序测试软件中存在的漏洞,是一种相对成熟的软件漏洞检测技术。

漏洞扫描(vulnerability scanning) 一种基于漏洞数据库,通过扫描等手段对指定的远程或本地计算机系统的安全脆弱性进行检测,发现可利用漏洞的安全监测行为。其主要内容有:定期的网络安全自我检测、评估;安装新软件、启动新服务后的检测;网络建设和网络改造前后的安全计划评估和有效性检验;网络系统承担重要任务前的安全性测试;网络安全事故发生后的分析调查;重大网络安全事件前的准备工作;由公安、保密部门组织的安全性检查。

逻辑炸弹(logic bomb) 一种在满足特定逻辑条件时实施破坏的计算机程序。会导致计算机数据丢失、计算机无法通过硬盘或软盘引导启动,甚至会使整个系统瘫痪,并出现物理损坏的虚假现象。其逻辑条件具有不可控制的意外性,逻辑条件的判断很可能失常。本身不具备传播性,但诱因的传播是不可控的,新的病毒可以成为逻辑炸弹的新诱因。逻辑炸弹不是病毒体,无法正常还原和清除,必须对其实施破解。

破壳漏洞(bash shellshock) 亦称“bash 漏洞”。用于控制 Linux 计算机命令提示符的软件(bash 软件)中存在的漏洞。严重程度高,使用难度低。攻击者可利用该漏洞接管计算机的整个操作系统,从而获得对机密信息的访问权并对系统进行更改。

口令破译(password cracking) 一种破译或盗取已知账户的口令进行入侵的攻击方式。是黑客最直接和最有效的攻击方式。其最简单的方法是穷举攻击,通过遍历全部的口令空间发现要找的口令。

前缀扫描攻击(prefix scanning attack) 一种利用军用拨号器扫描调制调解器线路来进行攻击的技术。攻击中使用的调制解调器线路会绕过网络防火墙,用作入侵系统的后门。

穷举攻击(exhaustive attack) 亦称“暴力破解”。逐一尝试每个密码,直到找出真正的密码为止的一种攻击方式。理论上可以破解任何一种密码,其难点在于如何缩短破解所需的时间。

沙盒(sandbox) 在受限的安全环境中运行应用程序的一种机制。通过限制授予应用程序的代码访问权限来进行保护。用户可以使用沙盒运行下载到计算机上的受信任应用程序;也可以使用沙盒来测试需要在部分受信任的环境中运行的应用程序。

沙盒分析(sandbox analysis) 一种利用沙盒环境来运行未知程序,并记录和评估程序活动的技术。需要模拟实际运行程序的情况,会耗费大量时间和资源。如果希望所有来自网络的未知文件都经过沙盒分析检测后再到达用户端,将导致严重的延迟问题。为了减少延迟带来的影响,通常将沙盒内的模拟环境调整为符合保护目标的环境,并尝试使其尽可能简单;或者先对所有未知文件进行分类后,仅对高风险的文件进行沙盒分析。

入侵检测(intrusion detection) 一种旁路检测安全防护技术。通过收集和分析网络行为、安全日志、审计数据、其他网络上可以获得的信息以及计算机系统中若干关键点的信息,检查网络或系统中是否存在违反安全策略的行为和被攻击的迹象。提供了针对内部攻击、外部攻击和误操作的实时保护,在网络系统受到危害之前拦截并响应入侵。被认为是防火墙之后的第二道安全闸门,能在不影响网络性能的情况下对网络进行监测。其方法包括:监视、分析用户及系统活动;审核系统构造和对应弱点;识别反映已知进攻的活动模式并向相关人士报警;统计分析异常行为模式;评估数据文件和重要系统的完整性;审计跟踪管理操作系统,并识别用户违反安全策略的行为。

拖库(drag database) 攻击者入侵网站,窃取其数据库的行为。攻击者首先扫描目标网站并查找其存在的漏洞(包括 SQL 注入、文件上传漏洞等);然后通过漏洞在网站服务器上建立后门,使用后门获取服务器操作系统的权限;最后使用系统权限直接下载并备份数据库,或查找数据库链接,将其导出到本地。

网页篡改(webpage tamper) 一种利用木马等病毒程序,篡改网页内容的黑客技术。具有传播速度快、易于复制、造成的危害影响不易于消除和难以实时防范的特点。

唯密文攻击(ciphertext-only attack) 一种在仅知已加密信息的情况下进行穷举攻击的方法。其主要目的有三种:获取原始明文中的部分信息;获取原始明文;破解解密用的密钥。

陷门(trapdoor) 进入程序的秘密入口。知道陷门的人可不经过通常的安全检查访问过程而获得访问权限。陷门可合法地用于程序的调试和测试，但若被滥用于非授权访问，就变成了威胁。通过操作系统对陷门进行控制是困难的，必须将安全检测集中在程序开发和软件更新的过程中才能更好地避免这类攻击。

主动攻击（active attack） 攻击者访问其所需信息的蓄意行为。包括拒绝服务攻击、信息篡改、资源占用、欺骗、伪装、重放等攻击方法。

被动攻击（passive attack） 主要目的是收集信息而不是进行访问的攻击方式。数据的合法用户很难察觉到此类攻击活动。被动攻击包括嗅探、信息收集等攻击方法。攻击者的目的是获取正在传输的信息，通过传输报文内容（如电话、电子邮件、文件）的泄露和通信流量分析来完成攻击。即使是已加密的内容，攻击者仍可通过观察这些内容的报文形式、确定通信主机的位置和标识，或者观察用户之间正在交换的报文频率和长度，来获取正在传输的通信内容。

系统漏洞（system vulnerabilities） 应用软件或操作系统在逻辑设计上的缺陷或在编写时产生的错误。可被犯罪分子或黑客利用，通过植入病毒等方式来攻击或控制整个系统，从而窃取用户计算机中的重要数据和信息，甚至破坏用户的计算机系统。影响范围很广，包括系统本身及其支持软件，网络客户端和服务器软件，路由器和安全防火墙等。

心脏出血（heartbleed） 一个出现在开源加密库OpenSSL中的安全漏洞。在2014年4月被首次披露。广泛存在于互联网的传输层安全协议（TLS）中。是由于在实现TLS的心跳扩展（一种检测机制）时缺乏对输入的适当验证（缺少边界检查）而引起的，故名。使得可以读取的数据超出了允许的数量。可以使攻击者访问敏感数据，从而危及服务器和用户的安全，还会暴露其他用户的敏感请求和响应，包括任何形式的POST请求数据，会话cookie和密码，使得攻击者可以劫持其他用户的身份信息。

选择明文攻击（chosen plaintext attack） 攻击者事先任意选择一定数量的明文，用被攻击的加密算法对其加密，得到相应的密文后进行破解的攻击模式。攻击者的目标是获取有关加密算法的有用信息，以便将来可以更有效地破解由相同加密算法（以及相关密钥）加密的内容；甚至直接获取用于解密的密钥。该攻击模式一开始被认为难以实现，但随着公钥密码学的发展，已成为一个非常现实的模式。因为在公钥密码方案中，加密的密钥是公开的，攻击者可以直接用它加密任意的信息来进行破解。

已知明文攻击（known plaintext attack） 攻击者除了有截获的密文外，还用一些已知的“明文—密文对”来破译密码的攻击模式。攻击者的目的是推算出用来加密的密钥或某种加密算法，推算出的算法可以对用该密钥加密的任何新的内容进行解密。

主动防御（active defense） 一种基于程序行为进行自主分析判断的实时防护技术。不以病毒的特征作为判断病毒的依据，而是从病毒的原始定义出发，直接基于程序的行为作为判断病毒的依据。用软件自主完成分析判断病毒的工作，解决了传统安全软件无法防御未知恶意软件的弊端。包括创立动态仿真反病毒专家系统、自动准确判定新病毒、程序行为监控并举、自动提取特征值实现多重防护和可视化显示监控信息等技术。

注入点（injection point） 可以执行SQL注入的位置。通常是一个访问数据库的接口。根据注入点对应的数据库的账号权限的不同，访问者获取的权限也不同。

撞库攻击（credential stuffing attack） 攻击者通过收集互联网中泄露的用户名和口令信息，生成相应的字典表，并尝试批量登录其他网站来获取众多可以登录的用户的攻击方式。其攻击原理是许多用户使用相同的用户名和口令登录不同的网站，因此攻击者可以通过获取用户在其中一个网站的用户名和口令信息来尝试登录其他网站。

字典攻击（dictionary attack） 攻击者破解密码或密钥时，逐一尝试用户自定义字典中所有的可能信息（单词或短语）的攻击方式。实施该攻击需要具备两个要素：(1) 攻击者对认证方式有一定的了解（包括认证协议以及地址、端口等信息）；(2) 攻击者掌握比较完整的口令集，包括各类常见的弱口令，以及目标系统出现频繁的口令组合，或目标系统曾经泄露的口令集。字典攻击的实施通常需要耗费大量时间，尤其是目标系统的口令不太常见的情况下。

网络钓鱼（phishing） 攻击者通过大量传播声称来自银行或其他知名机构的欺骗信息，诱使用户泄露个人私密信息（如用户名、密码、账号或信用卡详细信息）的攻击方式。典型模式是将用户诱骗至伪装成银行、电子商务等网站的钓鱼网站上，从而窃取用户在此网站上输入的个人私密信息。严重影响在线金融服务、电子商务的发展,危害公众利益。防范方法有登录可信网站、核对网站域名、比较网站的内容、查询网站备案、查看安全证书等。

混合式钓鱼网站(hybrid phishing website) 传统钓鱼网站的变种。传统钓鱼网站通常是搭建一个与目标网站外观相似的网站来伪装成银行或电子商务网站,从而窃取用户提交的账号、密码等私密信息。而混合式钓鱼网站只需开发几个钓鱼页面,其余的通过代理程序调用真实网站的页面。即用户进入该钓鱼网站后看到跟真实网站完全相同的页面和功能,而只有在网上银行和支付登录页面才是钓鱼页面。从而减少用户的戒心。攻击者会通过常见的社交网络和钓鱼邮件等方式将钓鱼网站的链接投放出去。

差分攻击(differential attack) 一种选择明文攻击。其基本思想是:通过分析特定明文差分对相对应密文差分的影响来获得可能性最大的密钥。可以用来攻击很多分组密码。涉及比较具有特定特征的密文对和明文对,以寻找分析其中明文有某种差分的密文对。这些差分中有一些有较高的重现可能性,差分分析用这些特征来计算可能密钥的概率,并最终确定最可能的密钥。这种攻击很大程度上取决于S盒的结构,但数据加密标准的S盒经过优化可以抵抗差分分析的攻击。此外,分组加密的轮数对差分分析的影响比较大。

重放攻击(replay attacks) 亦称"重播攻击""回放攻击""新鲜性攻击"。攻击者通过发送一个目的主机已收到的包以欺骗系统的攻击模式。攻击者使用网络监听或其他方式窃取身份验证凭据,然后将其重新发给认证服务器实现攻击。即不断地、欺诈性地重复一个有效的数据传输。主要用于身份认证过程,破坏认证的正确性。加密可以有效地防止会话劫持,但不能防止重放攻击。在任何网络通信期间都可能发生重放攻击。

会话侦听与劫持(session interception and hijacking) 网络攻击和收集网络信息的一种重要方式。攻击者利用共享式网络的数据共享特性,达到接收处理所有网络数据的目标。通过重组数据包恢复网络内容,获取明文信息。不但可以轻易地以被监听者的身份进入各个网站,还可以通过收集到的用户密码表进入被监听人的计算机进行破坏。利用相关协议的漏洞,攻击者甚至可对所侦听的会话进行劫持,即以会话一方的身份继续进行会话。

IP地址欺骗(IP address spoofing) 通过伪造源IP地址,达到冒充其他系统或用户身份目的的攻击方式。攻击者通过借用其他机器的IP地址来进行网上活动,从而冒充其他机器与服务器进行通信。即通过伪造数据包报头,使显示的信息源地址不是真实的地址,就像这个数据包是从另一台计算机上发送的一样。要防止IP地址欺骗,一方面需要目标设备采取更强的身份验证措施,不能只根据源IP地址就信任来访者,还需要强口令等认证手段;另一方面需要采用健壮的交互协议以大幅度提高伪装源IP地址的门槛。一些高层协议具有独特的防御方法,如传输控制协议通过回复序列号来保证数据包来自已建立的连接。

ARP欺骗(ARP spoofing) 针对地址解析协议(ARP)最常用的一种网络攻击方式。攻击者通过伪造ARP请求与响应更新目标主机的ARP缓存从而骗过目标机器,使目标机器将数据包发送给攻击者,攻击者就可以分析截获到的数据包内容来破解目标机器的信息。该攻击还可让网络上特定计算机或所有计算机无法正常连线。

社会工程攻击(social engineering attack) 通过获取攻击目标操作人员的信任而实施的一种攻击模式。与其他基于技术的攻击模式截然不同,转而利用人们的本能反应、好奇心、心理弱点等,骗取信任,进而获得信息。

中间人攻击(man-in-the-middle attack; MITM) 一种间接的攻击模式。通过各种技术手段,将由入侵者控制的计算机作为"中间人",虚拟放置在网络连接中的两台通信计算机之间,以截取正常的网络通信数据,进行数据嗅探和信息篡改,在此过程中通信双方却毫不知情。随着计算机通信网络技术的不断发展,该攻击也变得越来越多样化。从最初只需要将网卡设为混杂模式,伪装成代理服务器监听特定的流量就可以实现攻击,到必须首先进行ARP欺骗才能实现攻击,再到针对安全套接层(SSL)的攻击。

网络靶场(network range) 一种进行网络攻防战术演练的专业实验室。为模拟真实的网络攻防作战提供一个虚拟环境,针对敌对电子攻击和网络攻击等电子作战手段进行试验。

蜜罐技术(honeypot) 隐藏真实的服务器地址,引诱攻击者入侵,借此收集其非法证据的技术。能发现攻击、产生警告,有强大的记录能力,可协助调查。必要时可根据收集的证据来起诉入侵者。蜜罐技术可以大大减少所要分析的数据,对于通常的网站或邮件服务器,攻击流量通常会被合法流量所淹没,而蜜罐技术涉及的数据大部分是攻击流量,因此浏览攻击数据、查明攻击者的实际行为更为容易。

摆渡攻击(ferry attack) 一种利用移动存储设备,从与外部互联网隔离的内部网络中窃取文件资料的攻击手段。向U盘(或其他移动存储设备)植入一种特殊的木马(称"摆渡木马")。U盘插入目标计算机(通常未连外网)后,摆渡木马会尽量隐蔽自己的踪迹,不会出现普通U盘病毒感染后的症状(如更改盘符图标、破坏系统数据、在弹出菜单中添加选项等),唯一的动作就是扫描系统中的文件数据,利用关键字匹配等手段将敏感文件悄悄写回U盘中,一旦这个U盘再插入连接外部互联网的计算机上,就会将这些敏感文件自动发送到外部互联网的指定计算机中。防范摆渡攻击,需严格执行有关移动存储设备的管理规定。

计算机病毒(computer virus) 简称"病毒"。编制者在计算机程序中插入的破坏计算机功能或影响计算机使用,有时能进行自我复制的计算机指令或程序代码。具有传播性、隐蔽性、潜伏性、破坏性以及可触发、可执行的特点。其生命周期一般为:开发期、传染期、潜伏期、发作期、发现期、消化期、消亡期。计算机病毒通过存储介质或互联网传播,并可设置触发条件(时钟、系统的日期、用户标识符等)。一旦条件成熟,病毒即可激活,进行各种破坏活动。

宏病毒(macro virus) 一种寄存在文档或模板的宏(一种批量处理方式)中的计算机病毒。用户一旦打开受感染的文档,其中的宏就会被执行,进而激活宏病毒,将其转移到计算机上,并驻留在Normal模板上。之后所有自动保存的文档都会感染上这种宏病毒,并且如果其他用户打开了受感染的文档,宏病毒又会继续转移到该用户的计算机上。

火焰病毒(flame) 一种后门程序和木马病毒。具有蠕虫病毒的特点,构造复杂,是一种网络间谍工具。可以通过物理存储器及网络复制和传播,并能接受来自世界各地多个服务器的指令。感染该病毒的计算机将自动分析网络流量规律,自动录音,自动记录用户密码和键盘敲击规律,并将结果和其他重要文件发送给远程操控病毒的服务器。

脚本病毒(script virus) 一种用脚本语言编写的恶意代码。通过网页传播,会修改用户的浏览器首页、注册表等信息,造成用户使用计算机的不便。具有编写简单、破坏力大、感染力强、传播范围大、病毒源码容易被获取和欺骗性强的特点。

蠕虫病毒(worm virus) 一种常见的利用网络或电子邮件进行复制和传播的计算机病毒。是一种自包含的程序,能将某些自身功能的复制程序传播到其他计算机系统中,不需要将其自身附着于宿主程序上。当形成规模,传播速度过快时会极大地消耗网络资源,导致网络拥塞甚至瘫痪。"熊猫烧香"病毒及其变种就是蠕虫病毒。

特洛伊木马(Trojan horse) 简称"木马"。一种伪装成工具、游戏、文件等正常程序或资源,诱使用户将其安装在个人计算机或者服务器上的计算机病毒。包含服务端和客户端两部分。植入用户计算机的是服务端,黑客可以利用客户端进入运行了服务端的计算机。计算机运行服务端后,会产生一个拥有易于迷惑用户的名称的进程,暗中打开端口,向指定地点发送数据,黑客甚至可以利用这些端口进入用户的计算机系统,访问其中的各种文件、程序,以及使用的账号、密码信息。

熊猫烧香(panda burn incense) 一款拥有自动传播、自动感染能力,破坏性极强的蠕虫病毒。经过多次变种,2007年初肆虐网络。不但能感染.exe、.com、.pif、.src、.html、.asp等文件,还能中止大量的防病毒软件进程,并使用户的系统备份文件丢失。被感染的用户系统中所有.exe(可执行)文件图标全部被改成熊猫举着三根线香的模样,故名。

震网(Stuxnet) 第一个专门定向攻击真实世界中基础能源设施(核电站、水坝、电网等)的蠕虫病毒。具有极强的破坏性和隐蔽性,曾席卷全球工业界,其复杂程度远超一般黑客的能力,于2010年6月首次被检测出来。

永恒之蓝(EternalBlue) 利用Windows系统的网络共享协议漏洞获取系统最高权限的一种网络攻击工具。其恶意代码会扫描开放445文件共享端口的Windows主机,用户只要开机上网,不法分子就能在计算机和服务器中植入勒索软件、木马病毒、虚拟货币挖矿机等恶意程序。

黑暗力量(BlackEnergy) 最早出现在2007年的一种恶意软件。在其攻击过程中,通过邮件传播的.xls文件中包含的宏代码会向目标计算机植入一个恶意程序,用于连接远程服务器,下载恶意软件组件。然后又通过安装驱动等方式,在系统模块中执行恶意代码,与远程服务器通信,根据远程服务器的指令以及拉取下来的恶意程序执行相应攻击。

勒索病毒(ransomware) 一种主要以电子邮件、木马、网页挂马等形式进行传播的新型计算机病毒。利用各种加密算法对文件进行加密,被感染者一般无法解密,必须支付勒索金额并拿到勒索者提供的密钥才有可能破解。性质恶劣、危害极大,一旦感染将给用户带来无法估量的损失。

访 问 控 制

访问控制(access control) 按用户身份及其所属的定义组,限制用户访问某些资源或使用某些控制功能的技术。系统管理员用以控制用户对服务器、目录、文件等网络资源的访问。其实现策略主要有:入网访问控制、网络权限控制、目录级安全控制、属性安全控制、网络服务器安全控制、网络监测和锁定控制、网络端口和节点的安全控制、防火墙控制等。

多因子认证(multi-factor authentication) 亦称"多因素认证"。使用两种及两种以上条件,对用户进行认证的方法。通常将口令和实物(如U盾、密码器、手机短消息、指纹)结合起来。网银应用中经常使用该方法提升安全性,很多基于云服务的公司也需要该方法提供更健壮的身份认证衡量。例如,Windows Azure多因子身份认证服务,可以在一次身份认证事件发生时,通过电子邮件、电话、文本和其他途径通知用户,并验证附加的个人身份识别码(PIN)或身份认证口令,以完成完整的身份认证。

二维码(2-dimensional bar code) 全称"二维条形码"。使用若干个与二进制相对应的几何形体来表示信息的图形标识符。通过图像输入设备或光电扫描设备自动识读以实现信息自动处理。具有条形码技术的一些共性:有特定的字符集、一定的宽度、一定的校验功能等。同时还具有对不同行信息自动识别功能及图形旋转变化处理功能。作为一种十分便捷的数据采集和信息处理方式,广泛应用于公安、外交、军事、海关、税务、商业、交通运输、邮政、工业生产等领域。

访问令牌(access token) 某些操作系统中保障安全性的一种方法。用户登录时,系统自动创建一个令牌,其中包含登录进程返回的安全标识符(SID)和由本地安全策略分配给用户(和用户的安全组)的特权列表。之后以该用户身份运行的所有进程都拥有该令牌的一个副本。系统使用令牌控制用户可以访问哪些安全对象,并控制用户执行相关系统操作的能力。

非授权访问(unauthorized access) 未经授权或以未授权的方式使用网络或计算机资源的行为。主要包括非法用户进入网络或系统进行违法操作和合法用户以未授权的方式进行操作两种形式。如有意避开系统访问控制机制,对网络设备及资源进行非正常使用,或擅自扩大权限,越权访问信息。

访问控制矩阵(access control matrix) 描述系统访问控制机制的一种概念模型。以二维矩阵规定主体和客体间的访问权限。其行表示主体的访问权限属性,列表示客体的访问权限属性,矩阵格表示所在行的主体对所在列的客体的访问授权。在矩阵中,空格为未授权,"Y"为有操作授权。系统操作按此矩阵授权进行访问。对于较大系统,由于访问控制矩阵会造成较大的存储空间浪费,因此较少采用。

客体(object) 访问控制中,包含或接收信息的被动实体。通常包括用户所有访问的文件、日志、时钟、表格等。

主体(subject) 访问控制中,造成信息流动和系统状态改变的主动实体。通常包括用户、进程和设备等。每一个主体(操作者)都有一定的客体(被操作者)与之对应。

逻辑隔离(logical isolation) 亦称"协议隔离"。维护信息安全的一种网络隔离方式。指处于不同安全域的网络在物理相连,但通过协议转换的手段保证受保护信息在逻辑上是隔离的,只有被系统要求传输的、内容受限的信息可以通过。逻辑隔离的核心是协议。可利用虚拟化技术实现逻辑隔离。用户可在一台计算机上打开多个互相隔离,连接到不同安全级别网络的虚拟桌面。在同一台计算机上进行窗口切换即可实现不同安全级别网络的访问,同时也不降低安全性。

官方发布码(official release code; ORC) 互联网

官方身份认证备案机构推行的官方身份识别码。施行一个真实身份一个号码的管理方法。通过第三方验证、核实、备案的方法，实现一次验证、永久保存、免费查询。将身份识别与查询、商务合作、单位工作与管理、在线招聘与应聘、各种付款与收款、日常生活与学习、信息备案与发布等应用功能浓缩在一个号码上。

生物特征识别 释文见 334 页。

手指静脉识别(finger vein recognition) 利用手指内的静脉分布图像进行身份识别的一种生物特征识别技术。依据人类手指中流动的血液可吸收特定波长光线的特点，使用特定波长光线对手指进行照射，得到手指静脉的清晰图像，进而分析、处理得到手指静脉的生物特征，将这些特征信息与数据库进行比对，从而确认身份。常用便携式的手指静脉移动终端设备实现移动采集、认证。

同源策略(same origin policy) 一个安全策略。是浏览器最核心和最基本的安全功能。同源是指域名、协议、端口相同。不同源的客户端脚本，在没有明确授权的情况下，不能读写对方资源。所有支持 JavaScript 的浏览器都使用这个策略。例如，当一个浏览器的两个网页中分别打开百度和谷歌的页面时，百度网页执行一个脚本前会检查这个脚本是否属于百度页面，只有和百度同源的脚本才会被执行，而不会执行来自谷歌页面的脚本。

文件保险箱(document safe) 通过核心加密虚拟卷技术对用户敏感数据、隐私记录给予安全保护的桌面防护型产品。有效防止因计算机丢失或维修、黑客底层破解等造成的信息泄密。能够提供即时通信数据安全保护、电子邮件内容安全保护、机密与隐私数据安全保护、专业数据保护、应用程序安全保护、自身安全强保护、网络自动断联、操作日志等功能。

物理隔离(physical isolation) 维护信息安全的一种网络隔离方式。即内部网不直接或间接地连接公共网。一个网络环境下的数据包不能流向另一个网络环境，可信网络上的计算机和不可信网络上的计算机通常进行物理隔离。其目的是保护路由器、工作站、网络服务器等硬件实体和通信链路免受自然灾害、人为破坏和搭线窃听攻击。只有使内部网和公共网物理隔离，才能真正保证内部信息网络不受来自互联网的恶意攻击。此外，物理隔离也为内部网划定了明确的安全边界，使得网络的可控性增强，便于内部管理。

远程访问(remote access) 对非本地计算机系统或设备的访问。是为远程办公人员、外出人员，以及监视和管理多个部门办公室服务器的系统管理员提供的服务。系统管理员远程访问企业内网的网络设备或服务器，进行管理维护。远程办公人员、外出人员通过远程访问，对各种信息化系统进行操作。

网站认证(webtrust) 第三方权威机构对互联网网站进行的网站身份及相关信息认证。网站经过权威机构认证，具有相应认证资质，会提高用户对网站的信任感。按认证内容及认证方式，分官网认证、网站身份认证、技术安全认证、资质认证和信用认证等。常见的有：身份认证，即对网站的实体身份进行确认；技术安全认证，即确定网站安全状态良好，不会被他人恶意破坏。

访问权限(access authority) 用户具有的访问某些信息项或某些控制的权限。包括写访问和读访问。系统管理员通常通过授予用户对特定对象的访问权限来实现访问控制。

动态口令(dynamic password) 一种安全身份认证技术。根据专门的算法生成一个不可预测的随机数字组合，每个口令只能使用一次。使用便捷，与平台无关，已成为身份认证技术的主流，广泛应用于企业、网游、金融等领域。主要分同步口令技术、异步口令技术两种。前者又分为时间同步口令和事件同步口令。

挑战应答方式(challenge-response) 一种动态口令技术。每次认证时认证服务器端都给客户端发送一个不同的“挑战”字串，客户端程序收到这个“挑战”字串后，使用专门的算法生成一个字节串作为“应答”。认证服务器将应答串与自己的计算结果比较，若二者相同，则通过一次认证；否则，认证失败。两次认证的时间间隔不能太短，否则就给网络、客户和认证服务器带来太大的开销；也不能太长，否则不能保证用户不被他人盗用 IP 地址。

自主访问控制(discretionary access control) 一种由客体的属主对客体进行管理，决定是否将客体访问权限或部分访问权限授予其他主体的访问控制方式。使用户可以按自己的意愿，有选择地与其他用户共享其文件。以保护用户个人资源的安全为目标并以个人的意志为转移。是一种比较宽松的访问控制,一个主体的访问权限具有传递性。自主访问控制有两个重要的标准:(1) 文件和数据的所有权;(2) 访问权限及获批。

强制访问控制(mandatory access control) 一种将系统中的信息分密级和类进行管理,以保证每个用户只能访问那些被标明可以由该用户访问的信息的访问控制方式。用户(或其他主体)与文件(或其他客体)都被标记了固定的安全属性(如安全级、访问权限等),在每次访问发生时,系统检测安全属性以便确定一个用户是否有权访问该文件。

基于角色访问控制(role-based access control) 实施面向企业安全策略的一种访问控制方式。其基本思想是对系统操作的各种权限不是直接授予具体的用户,而是在用户集合与权限集合之间建立一个角色集合。每一种角色对应一组相应的权限。一旦用户被分配了适当的角色后,就拥有此角色的所有操作权限。优点是不必在每次创建用户时都进行分配权限的操作,只要分配用户相应的角色即可,且角色的权限变更比用户的权限变更要少得多,可简化用户的权限管理,减少系统开销。

防火墙(firewall) 由软件和硬件设备组合而成,在内部网和外部网之间、专用网与公共网之间的界面上构造的保护屏障。使内部网络与外部网络之间建立起一个安全网关,从而保护内部网免受非法用户的侵入。主要由服务访问规则、验证工具、包过滤和应用网关等部分组成。

状态检测防火墙(stateful inspection firewall) 在网络层部署一个检查引擎,截获数据包并抽取出与应用层状态有关的信息,以此为依据决定对该连接是接受还是拒绝的防火墙。提供了高度安全的解决方案,具有较好的适应性和扩展性。一般也包括一些代理级的服务,提供附加的对特定应用程序数据内容的支持。适合提供对用户数据报协议(UDP)的有限支持。

包过滤防火墙(packet filter firewall) 在网络层,用一个软件查看所流经数据包的报文头部信息(源 IP 地址、目的 IP 地址、协议类型、源端口、目的端口等),由此决定对该数据包处理方式的防火墙。可允许该数据包通过或丢弃该数据包,也可执行其他更复杂的动作。

应用代理防火墙(application proxy firewall) 较大程度地隔绝通信两端的直接通信,所有通信都要由应用层代理转发的防火墙。访问者不允许与服务器建立直接连接,应用层的协议会话过程必须符合代理的安全策略要求。每一个内外网络的连接都需要代理服务器的参与,通过专门为特定的服务编写的安全化的应用程序进行处理,再由防火墙本身提交请求和应答,使内外网络的计算机无法进行直接会话,防止入侵者使用数据驱动类型的攻击方式入侵内部网络。

数字证书(digital certificate) 一种经证书授权中心数字签名的包含公钥拥有者信息以及公钥的文件。是在互联网上进行身份验证的一种权威性电子文档。最简单的证书包含一个公钥、名称以及证书授权中心的数字签名。其重要特征是只在特定的时间段内有效。通常由权威公正的第三方机构签发。可用于发送安全电子邮件、访问安全站点、网上证券交易、网上招标采购、网上办公、网上保险、网上税务、网上签约和网上银行等各类电子事务处理中。

证书授权中心(certificate authority; CA) 亦称"CA 中心""CA 机构""证书授权机构"。签发数字证书的第三方机构。作为电子商务交易中受信任的第三方,承担公钥体系中公钥的合法性检验的责任。为每个使用公钥的用户发放一个数字证书。其数字签名使得攻击者不能伪造和篡改证书。证书授权中心负责产生、分配并管理所有参与网上交易的个体所需的数字证书,是安全电子交易的核心机构。

X.509 证书(X.509 certificate) 由国际电信联盟(ITU)制定的数字证书标准。最初是在 1988 年发布的 X.509 v1 版本。设定了一系列严格的 CA 分级体系来颁发数字证书。X.509 v2 版引入了主体和签发人唯一标识符的概念,以解决主体或签发人名称在一段时间后可能重复使用的问题。X.509 v3 版支持扩展的概念,任何人均可定义扩展并将其纳入证书中。常用的扩展包括: KeyUsage(仅限密钥用于特殊目的,例如"只签")和 AlternativeNames(允许其他标识与该公钥关联,例如 DNS 名、电子邮件地址、IP 地址)。

安 全 管 理

安全测评(security test) 对信息技术产品和系统的安全漏洞分析与信息通报。与安全服务(例如安全咨询、体系规划、安全管理、应急响应等)融为一体,构成信息系统生命周期的闭环保障体系。通过安全测评获得的信息系统风险状况及发展态势的分析数据,可为后期安全服务的合理开展提供基础性指导。

风险评估(risk assessment) 参照相关标准和管理规范,对信息系统的资产价值、潜在威胁、薄弱环节、已采取的防护措施等进行分析,判断安全事件发生的概率以及可能造成的损失,提出风险管理措施的过程。包括主机安全评估、系统安全评估、网络安全评估、业务系统评估。主要内容有:资产识别与赋值、威胁识别与赋值、脆弱性识别与赋值、风险值计算等。

异常检测(anomaly detection) 通过寻找并界定与用户正常行为或系统正常运作不同的行动来检测入侵活动的技术。首先定义一组系统处于“正常”情况时的数据,然后进行分析确定是否出现异常。通过采集和统计发现网络或系统中的异常行为,进而按照某种决策算子来判断是否被入侵。难题在于如何构建异常检测模型以及如何设计统计算法,以减少误检率和漏检率。

等级保护(classified protection) 对各类信息(如国家秘密信息、法人和其他组织及公民的专有信息以及公开信息)和存储、传输、处理这些信息的信息系统实行的分等级安全保护。对信息系统中使用的安全产品实行分级管理,对信息系统中发生的信息安全事件按照等级响应、处置。包括定级、备案、安全建设和整改、信息安全等级测评、信息安全检查等阶段。安全保护等级分为五级,分别为自主保护级、指导保护级、监督保护级、强制保护级和专控保护级。

通信安全(communication security) 建立在信号层面上的安全。是信息安全的基础。不涉及具体的数据信息内容,而是为信息的正确、可靠传输提供的物理保障。

安全电子交易协议(secure electronic transaction; SET) 实现电子商务交易的机密性、认证性、数据完整性、不可抵赖性等安全功能的协议。应用于互联网环境下,以信用卡为基础,给出电子商务中安全电子交易的一个国际标准和过程规范。可以实现电子商务交易中的加密、认证、密钥管理机制等,保证了在互联网上使用信用卡进行购物的安全。

有线保密等效协议(wired confidentiality equivalent protocol; WEP) IEEE 802.11b 标准里定义的一个用于无线局域网的安全性协议。对在两台设备间无线传输的数据进行加密,以防止非法用户窃听或侵入无线网络。用来提供和有线局域网同级的安全性。密码分析学家已找出 WEP 多个弱点,因此其在 2003 年被 Wi-Fi 保护接入(WPA; Wi-Fi Protected Access)淘汰,又在 2004 年被完整的 IEEE 802.11i 标准(WPA2)所取代。

安全网关(security gateway) 按照给定的安全策略来保护网络的一种安全设备或软件系统。可保护内部网免受非法用户的侵入。能实现各种过滤功能,其范围从协议级过滤到十分复杂的应用级过滤。

报文鉴别(message authentication) 为确保信息的真实性(即信息的发送源可信,来自真正的发送者,未被假冒)、完整性(信息的内容正确且未被篡改)而设计的机制。在功能上一般分为鉴别算法、鉴别协议两个层次。前者是指报文鉴别系统产生鉴别码(亦称“鉴别符”)的报文鉴别函数,鉴别码是报文鉴别系统确保报文完整性的依据。后者是指通信双方为完成对报文合法性的鉴别而提供的各项服务。

会话密钥(session key) 为保证计算机之间安全通信而随机产生的加密和解密密钥。贯穿各个会话始终,与各个消息一起传输,并使用接收者的公共密钥加密。由于其大部分安全性依赖于其使用时间的短暂性,故更改频繁。各个消息可能使用不同的会话密钥。

加密通道(encrypted channel) 亦称“加密隧道”。经过加密算法加密后的通信通道。所有经过这个通道的数据都会经过加密处理,以保证数据安全。

假面攻击(masque attack) 苹果手机 iOS 操作系统中的一种 App 安装漏洞。于 2014 年发现。通过使用相同的捆绑 ID,替换手机上已有从苹果应用商店下载安装的 App,从而获取该 App 用户的敏感数据,进而通过已知漏洞绕过应用层的沙盒保护,对系统层进行攻击。

路由劫持(route hijacking) 亦称“路由器劫持”。通过漏洞攻击用户的路由器,窃取用户资料的行为。攻击者使用恶意链接、公网 IP 等方式控制路由器后,通过篡改路由器的 DNS 服务器等方法,植入广告、病毒,获取用户数据等。遭路由劫持的计算机和手机会不断弹出广告,甚至导致网银、即时通信工具等账户被盗。

密码协议(cryptographic protocol) 亦称“安全协议”“加密协定”。以密码学为基础的一种交互通信协议。其目的是在网络环境中提供各种安全服务。是网络安全的一个重要组成部分。通过密码协议可进行实体之间的认证、在实体之间安全地分配密钥或其他秘密、确认发送和接收消息的非否认性等。

窃听(eavesdrop) 在信息安全领域,指借助技术设备、技术手段,获取他人、组织、机构等非公开信息的行为。涉及信号的隐蔽、加密技术、工作方式的遥控、自动控制技术,信号调制、解调技术以及网络技术、信号处理、语言识别、微电子、光电子等领域。

消息认证码(message authentication code) 信息安全领域中的一种技术手段。利用密钥对要认证的消息产生新的数据块,并对其加密。其实质是对消息本身产生的一个冗余信息。对于要保护的信息来说是唯一的,且与其一一对应。可有效保护消息的完整性,以及实现发送方消息的不可抵赖和不能伪造。消息认证码的安全性取决于采用的加密算法和待加密数据块的生成方法。

隐蔽信道(covert channel) 一种以违背系统安全策略的方式传输信息的通信信道。早期针对隐蔽信道的研究集中在单机上。在具有多个安全级别的单机系统中,运行在高安全级别的进程可以通过隐蔽信道泄露信息给没有被授权的低安全级别的进程。随着互联网的发展,研究重点转向网络。网络安全中数据包或者数据流的特征中隐含着大量的隐蔽信道容量。

安全路由(secure routing) 在 IPSec VPN 隧道上实现动态路由选择的技术。实现该技术的关键在于建立一种特定的安全链接,该安全链接既允许动态路由协议包通过,也允许两端所有用户的数据通过。建立这种链接,需要采用传输模式的信令来建立隧道模式的链接。

网闸(gatekeeper) 一种用带有多种控制功能的专用硬件在电路上切断网络之间的链路层连接,并能够在网络间进行安全适度的应用数据交换的网络安全设备。分为双主机的结构和三主机的三系统结构两种。前者的硬件设备由外部处理单元、内部处理单元、隔离安全数据交换单元三部分组成。安全数据交换单元不同时与内外网处理单元连接,创建一个内外网物理断开的环境。后者的硬件由外部处理单元(外端机)、内部处理单元(内端机)、仲裁处理单元(仲裁机)三部分组成,各单元之间采用了隔离安全数据交换单元。

安全管理(security management) 确保信息与通信系统安全性的方法。通过采集管理域内的受管实体(如网络设备、安全设备、主机、应用系统、服务等)的数据并进行集中分析与审计,以帮助管理者管理网络脆弱性,关联安全告警,觉察、理解并预测网络安全态势。还提供灵活有效的告警及应急响应机制,保障网络系统的正常运行。

安全策略(security strategy) 在某个安全区域(通常指属于某个组织的一系列处理和通信资源)内,用于所有与安全相关活动的规则。在企业等机构中,通常由网络管理员或首席信息官根据机构的风险及安全目标制定。通常建立在授权的基础之上,按授权的性质,分为基于身份、基于规则、基于角色等类型。

安全告警(security alarm) 触发安全规则后产生的信息提示。在信息安全领域,主要用于对设备、资源的异常情况进行告警。在单个设备中通常以阈值形式进行量化管理,突破某一阈值则告警。在综合系统中,各类安全设备会实时产生大量不准确的告警信息,夹杂着误报和无关告警,真正的入侵意图却淹没在大量低质量的数据中,导致难以正确分析和理解这些告警信息,同时孤立的告警信息不能准确地反映网络当前的安全状态。故应加强对处理告警信息的关键技术的研究。

安全配置管理器(security configuration manager) 管理安全策略的一种工具。允许管理员在一个位置上配置对安全性非常重要的注册表设置、文件的访问控制和注册表键。这些信息可以合并到安全模板中,然后通过一次操作将该模板应用到多台计算机上。

保密性(privacy) 亦称“机密性”。信息不能被非授权的个人、实体或进程利用的特性。根据信息的重要程度和保密要求将信息分为不同密级,如所有人员都可以访问的信息为公开信息,需要限制访问的信息为敏感信息或秘密信息。常用的保密技术包括:(1) 物理保密,利用各种物理方法,如限制、隔离、掩蔽、控制等措施,保护信息不被泄露。(2) 防窃听,使对手侦收不到有用的信息。(3) 防辐射,防止有用信息以各种途径辐射出去。(4) 信息加密,在密钥的控制下,用加密算法对信息进行加密处理。

完整性(integrity) 信息在传输、存储的过程中,不遭未授权的篡改或在篡改后能够被迅速发现的特性。不正当的操作如文件的误删除,可能造成信息完整性的丢失。通常使用数字签名保证信息的完整性。

网络回溯分析(network retrospective analysis) 通过网络底层通信信息的嗅探及存储,进行记录、检查、分析及统计,帮助用户快速回溯网络历史运行状态的技术。使网络管理者能够随时掌握业务应用运行的关键指标,及时发现异常并预警;当故障发生时,能够快速有效地定位问题点、分清责任并分析原因,从而减少故障时间;一旦网络受到攻击或发生安全事件,能实现有效地定位、分析和取证。包括长期数据存储、回溯取证、大数据挖掘、智能分析等功能。

加壳(packing) 对可执行文件的压缩和加密。是保护文件的一种常用手段。利用特殊的算法,对可执行文件进行压缩、加密,压缩后的文件可独立运行,解压过程完全隐蔽,都在内存中完成。可有效防止破解者对程序文件的非法修改,防止程序被静态反编译。

开机自启程序(boot startup) 计算机开机后,由操作系统自动启动的程序。可由程序自动设置或通过人工设置。许多病毒会通过开机自启来激活。例如,一种蠕虫病毒运行后会把自己复制到系统目录下,并修改注册表启动项,实现开机自启。

可核查性(verifiability) 亦称"可追溯性"。确保可将一个实体的行动唯一地追踪到此实体的特性。保证在信息交流过程结束后,交流双方不能否认曾经发出的信息,也不能否认曾经接收到对方的信息。可为网络安全问题的调查提供依据和手段。

网络行为审计(network behavior audit) 网络信息安全中管控用户行为的一种技术。通过比较通信内容行为和网络应用行为,收集网络中来自多点的动态数据并进行关联分析,对网络进行实时监控,及时预警,避免安全事件发现延迟、网络性能瓶颈的出现,为制定安全策略提供支持,从而规范网络行为,将系统调整到"最安全"和"最低风险"的状态。也是网络行为取证的方法。

垃圾短信(spam messages) 未经用户同意向其发送的其不希望接收的短信息,或用户无法根据其意愿拒绝接收的短信息。主要包括:(1)未经用户同意向用户发送的商业类、广告类等短信息;(2)其他违反行业自律性规范的短信息。发送成本较低,对社会危害大,且难以清除。

离线备份(offline backup) 将数据存储于可脱离计算机存储系统的存储介质(如光盘、磁带等)上的方法。用于实现数据安全性。需适当选择离线介质,对数据进行分类、编号,配以数据描述文件,以便于检索、利用、检测、维护等。进行离线备份的数据通常是重要数据,需加强离线备份的制度化管理及保密性。

联动预警(linkage warning) 通过使用各种手段(例如关联分析和数据挖掘)结合安全系统中的不同设备和不同数据,对各种异常及攻击进行预警的行为。主要内容是通过各实体的联动对安全事件进行预警。

浏览器劫持(browser hijacking) 恶意程序通过浏览器插件、浏览器辅助对象等形式篡改用户浏览器,使其配置不正常并被强制定向到程序指定网站的现象。常见情况为主页及互联网搜索页变成为未知网站、经常莫名弹出广告网页、输入正常网址却连接到其他网站、陌生的网址会自动添加到收藏夹中等。应对浏览器劫持的方法包括编辑 hosts 文件、修改注册表项目、清除通过浏览器加载项启动的程序等。

系统默认共享(system default sharing) 某些操作系统为方便网络管理员进行远程管理而设置的初始共享功能。对于个人用户而言是不安全的。如果个人计算机联网,网络上的任何人都可以通过共享硬盘自由访问这台计算机。出于安全考虑,用户应该关闭这种默认共享。

数字水印(digital watermarking) 将标识信息直接嵌入数字载体(包括多媒体、文档、软件等)中,或间接表示(修改特定区域的结构)的一种信息隐藏技术。不影响原载体的使用价值,不容易被检测和再次修改,但可由生产方进行识别和辨认。通过这些隐藏在载体中的信息,可以确认内容创建者、购买者,传送隐秘信息或者判断载体是否被篡改。是保护信息安全、实现防伪溯源和版权保护的有效办法。也是信息隐藏技术研究领域的重要分支和研究方向。

数字指纹(digital fingerprinting) 一种数字版权

保护技术。是信息隐藏的一个重要分支。使用数字水印技术将不同的标志性识别码——指纹嵌入到数字媒体中，然后将嵌入了指纹的数字媒体分发给用户。发行商发现盗版行为后，可以从盗版产品中提取指纹，确定非法复制的来源并起诉盗版者，从而保护版权。数字指纹实际上是与用户及某次购买过程有关的信息。其体制主要由两部分构成：（1）复制分发体制，用于将指纹嵌入到副本中并分发带有指纹的副本；（2）跟踪体制，用于跟踪和审判非法分销商。

网络安全态势感知（network security situation awareness） 通过融合、归并和关联底层多个检测设备提供的安全事件信息，进行评估分析，从而形成网络安全运行状况及趋势的宏观表述的一种技术。通常包括：扫描网络的安全状态，预测网络下一阶段的趋势，协助管理员及时处理突发事件并解决安全威胁。其重点在于形成一套准确的态势评价体系。

网络流量分析（network traffic analysis） 通过对流量特性的处理和分析，获得网络运行状态，为网络规划、流量控制和网络管理提供有效依据的一种技术。应用于信息安全中的多个领域。对采集的网络流量进行挖掘和关联性分析，将网络流量、访问行为和业务系统的安全相结合，可帮助管理人员掌握网络资源使用情况、分析业务系统的异常情况，保障业务系统的安全、稳定和高效运行；从网络中心节点采集流量信息，对网络设备和节点的流量信息和网络行为进行持续性统计和对比分析，可发现流量和连接的异常变化、网络行为中的异常访问操作和攻击操作，为管理员提供报警通知和处理功能，并提供进一步处理依据。

安全服务（security service） 为加强网络信息系统安全性，对抗安全攻击而采取的一系列措施。主要内容包括安全机制、安全连接、安全协议和安全策略等，能在一定程度上弥补和完善操作系统和网络信息系统的安全漏洞。相关国际标准中定义了5类可选的安全服务：鉴别、访问控制、数据保密性、数据完整性、不可否认。

安全审计（security audit） 为保证信息系统安全而采取的一种检查措施。由专业审计人员根据有关的法律法规、财产所有者的委托和管理部门的授权，对计算机网络环境下的有关活动或行为进行系统、独立的检查和验证，并进行相应的评估。涉及控制目标、安全漏洞、控制措施和控制测试四个基本要素。

误用检测（misuse detection） 亦称"基于知识的检测技术""模式匹配检测技术"。一种基于模式匹配的网络入侵检测技术。假设所有网络攻击行为和方法都具有某些模式或特征。如果总结以往发现的所有网络攻击的特征并建立了入侵信息数据库，然后将搜集到的信息与已知的网络入侵和系统误用模式数据库进行比较，即可发现未知的网络攻击行为。主要包含专家系统误用检测、特征分析误用检测、模式推理误用检测和键盘监控误用检测等方法。检测过程可以很简单（如通过字符串匹配以寻找一个简单的条目或指令），也可以很复杂（如利用正则表达式来表示安全状态的变化）。一般而言，一种进攻模式可以用一个过程（如执行一条指令）或一个输出（如获得权限）表示。

灾难备份（disaster backup） 为在必要情况下实现灾难恢复而对数据、数据处理系统、网络系统、基础设施、技术支持能力和运行管理能力进行备份的过程。灾难恢复旨在将信息系统从灾难引起的故障或瘫痪状态恢复到可正常运行状态，并将其支持的业务功能从灾难造成的不正常状态恢复到可接受状态。主要的灾难备份技术包括基于磁带的备份、基于应用软件的数据容灾备份、远程数据库备份和基于主机逻辑磁盘卷的远程备份。

文件保护（file protection） 通过文件加锁或访问权限控制，防止文件被破坏或不当访问的技术。如Windows文件保护可以阻止程序替换重要的Windows系统文件，因为操作系统及其他程序都要使用它们。通过保护这些文件，可以防止程序和操作系统出现问题。

电磁泄漏（electromagnetic leakage） 计算机系统因其设备电磁信号辐射而造成的信息失密。计算机系统的设备在工作时会通过地线、电源线、信号线等辐射出电磁信号，这些电磁信号若被接收，经提取处理后即可恢复出原信息。具有保密要求的计算机系统可通过改变设备的工作状态或信号特征来防止电磁泄漏。

数据防泄密（data leak prevention） 一种数据安全技术。观察和记录用户对计算机、文件、软件的操作或网络行为，用多种方法（文件签名、敏感词识别、权重分析以及正则表达式过滤）识别敏感和机密信息。通过数据汇总与分析,获得人员、文件、安全事件三个维度的趋势,并通过相应的安全策略定义来识别用户的操作,从而确定泄密的风险并采取相应的措施加以预防。

日志审计(log audit) 一种对信息系统的日志进行采集、分析、管理的技术。通过主动与被动结合的手段,实时不间断地采集用户网络中各种安全设备、网络设备、主机、操作系统,以及应用系统产生的海量日志信息。并将这些信息汇聚到审计中心,执行集中存储、备份、查询、告警和响应,并发布报告、报表,以获悉全网的整体安全运行态势,实现全生命周期的日志管理。

文件合并(file merge) 将两个或多个文件合并为一个文件以隐藏文件的方法。例如: a.jpg 和b.rar可合并为文件 c.jpg。c.jpg 可当作普通图片浏览,效果等同于 a.jpg;也可用压缩软件打开,效果与 b.rar相同。

隐写术(secret writing technology; steganography) 利用图像、音频、视频、文本等载体的冗余特性,将隐秘信息嵌入载体中从而进行隐秘通信的技术。是互联网时代信息安全中的一项重要技术。传统上是通过伪随机数发生器把信息嵌入到载体中的指定位置,之后出现一种自适应密写算法,可以获得更好的安全性。

隐写分析(steganalysis) 在已知或未知嵌入算法的情况下,从观察到的数据判断其中是否存在秘密信息,分析数据量的大小和数据嵌入的位置,破解嵌入内容的过程。是对隐写术的攻击,其目的是检测秘密信息的存在以至破坏秘密通信。有利于防止隐写术的非法应用,起到防止机密资料流失、揭示非法信息等作用;还可揭示隐写术的缺陷,测试、评价隐写术的安全性。

安全存储(secure storage) 保证数据的完整性、可靠性和保密性的技术。与普通存储相比,更安全可靠,可用于需要保密的区域。其核心技术是数据加密和认证授权管理技术。在安全存储中,利用技术手段把文件变为乱码(加密)存储,在使用文件时,以相同或不同的手段还原(解密),从而在存储和使用文件时,可以在密文和明文之间切换文件。

脆弱性分析(vulnerability analysis) 对网络对象本身的固有安全可靠性、攻击者对其实施攻击的能力、该对象的信息价值以及攻击成功后可能造成的影响范围等因素进行的分析。用来判断该对象是否存在脆弱性,以及衡量脆弱性的严重程度。如果该对象面临较大的安全威胁,系统因其可能遭受的损失大于预定的阈值,则该网络对象就是整个信息网络系统的薄弱环节,应该成为信息网络安全控制的重点。

数据执行保护(data execution protection) 计算机操作系统的一种底层安全防护机制。不能防止在计算机上安装有害程序,但可监视已安装程序,确定它们是否正在安全地使用系统内存。在内存中标记一块"不可执行"的区域,如果某个程序试图通过此区域执行代码,则关闭该程序以防止执行可能的恶意代码。

计算机安全(computer security) 计算机系统和信息资源不受自然和人为有害因素威胁和危害的状态。其中最重要的是计算机数据的安全,其面临的主要威胁包括计算机病毒、非法访问、计算机电磁辐射、硬件损坏等。使用计算机时,对外部环境有一定的要求,即应尽量保持清洁、温度和湿度适当、电压稳定,以保证计算机硬件可靠运行。对需在野外运行的计算机,还需采用加固技术,以防震、防水、防化学腐蚀。为加强企事业单位计算机安全管理,确保计算机系统的正常运行,保证工作正常实施,确保涉密信息安全,一般需要专人负责,并结合本单位实际情况,制定计算机安全管理制度。

可信计算(trusted computing) 在计算系统中使用专门的安全模块以提高系统整体安全性的计算模式。运算和防护并存,可及时准确地识别"自己"和"非己"。基于硬件安全模块支持的可信计算平台广泛应用于计算和通信系统中,能够为用户提供更加有效的安全防护,使保护私密性数据、控制网络访问,以及系统可用性保障等工作获得更高的保护强度和更灵活的执行方式。

可信软件(trusted software) 即使在运行过程中有特殊情况,服务也始终符合用户预期的软件。其特点有:功能正确,可靠性高,安全性(保密性、完整性)高,响应时间短,维护费用低。

可信信道(trusted channel) 为执行关键的安全操作,在主体、客体及可信信息产品之间建立和维护的保护通信数据免遭修改和泄露的通信路径。可为常见的网络服务(如远程登录、文件传输、网页浏览)提供加密、认证或完整性等保护。随着网络应用和安全技术的发展,越来越多的安全产品需要提供可信信道服务,因此对可信信道的安全评估成为一个重要课题。

信息内容安全(information content security) 研究如何利用计算机从包含海量信息且迅速变化的网络中,自动获取、识别和分析与特定安全主题相关信息的技术。以网络为主要研究载体,着重强调了网络上传输信息的内容安全问题,为信息内容安全系统的正常运行提供基础。是管理信息传播的重要手段,属于网络安全系统的核心理论与关键组成部分,对提高网络使用效率、净化网络空间、保障社会稳定具有重大意义。涵盖多媒体信息处理、安全管理、计算机网络、网络应用等多个领域。

嵌入式系统安全(embedded system security) 确保嵌入式系统的硬件、操作系统、软件、数据安全的技术。其主要要求有:用户认证,安全网络访问,安全通信,安全存储,安全访问,有效性(总能执行预期任务)。主要增强操作系统、系统硬件芯片及网络等方面的安全性。

数据库防火墙(database firewall) 部署于应用服务器和数据库之间,针对数据库保护需求的一种数据库安全主动防御系统。用户必须通过该系统才能对数据库进行访问或管理。该系统能够主动实时监控、识别、告警、阻挡绕过网络边界防护的外部数据攻击,来自内部高权限用户的数据窃取、破坏等。

数据库漏洞扫描(database vulnerability scanning) 检测数据库漏洞及潜在风险的一种技术。可对数据库系统的各项设置、已知漏洞、系统完整性进行检查,对数据库系统的整体安全性做出评估,并提供修复建议以提高数据库安全性。主要检测方式有:(1)授权检测,在管理员授权下检测与数据库用户、数据库管理(包括认证、授权、系统)和软件等相关的安全漏洞,以帮助管理员发现数据库存在的安全问题。(2)渗透检测,不需要管理员权限或低权限,利用字典攻击、默认口令攻击、缓冲区溢出攻击、SQL注入攻击等方法对数据库进行黑客式攻击检测。

物联网安全(internet of things security) 为确保物联网硬件、软件及其系统中的数据受到保护,不被泄露、更改或破坏,物联网系统连续可靠正常地运行,服务不中断而采取的措施。物联网的不安全因素可能包括:智能感知节点的自身安全问题、假冒攻击、数据驱动攻击、恶意代码攻击、拒绝服务、物联网业务的安全问题、信息安全问题、传输层和应用层的安全隐患等。物联网安全的关键技术主要有数据处理与安全、密钥管理机制、安全路由、认证与访问控制、入侵检测和容错机制、安全分析和交付机制。

安全功能虚拟化(security function virtualization) 在网络功能虚拟化技术的基础上,将传统的依赖于硬件的网络安全节点通过虚拟机、容器等虚拟化技术在软件中实现的技术。降低了网络安全功能与硬件的耦合性,提高了网络系统的灵活性和可扩展性。

映像劫持(image hijacking) 为某些在默认系统环境中运行时可能导致错误的程序执行体提供的特殊环境设定。是系统的一个自带功能,最初旨在供维护人员调试程序之用,但易成为病毒所利用的漏洞。可通过为注册表定制访问权限等方法来防止映像劫持。

远程控制(remote control) 通过计算机网络连通远端需被控制的计算机,对其进行操作的技术。可在本地计算机上显示受控计算机的环境,通过本地计算机对受控计算机进行配置、软件安装、修改等工作。位于本地的计算机是操纵指令的发出端,称“主控端”或“客户端”,非本地的被控计算机称“被控端”或“服务器端”。远程控制可用于远程办公、远程维护、远程协助等方面,也被黑客用来窃取资料或进行其他攻击。

终端安全(terminal security) 计算机、手机以及其他智能终端的系统安全。除技术手段外,还需加强管理。例如,进入涉密程度较高的区域时,须将手机、照相机、平板电脑等智能设备、图像处理设备上交且屏蔽管理;对于核心区域,应安排专职保安人员进行全天候值守,安放监控设备,防止不法人员侵入,造成计算机及数据流失;规范终端使用者的使用行为,防止因误操作将病毒带入整个信息系统,防止终端资源被不合理利用。

数据包过滤(packet filtering) 用软件或硬件设备对在网络中传输的数据流进行的有选择的控制过程。通常允许或阻止数据包从一个网站传送到另一个网站(更常见的是互联网和内部网络之间的传输)。是防火墙中应用的一项重要功能。完成数据包过滤,需要设置相关规则来指定允许哪些类型的数据包通过以及将阻止哪些类型的数据包。通过数据包过滤,可以控制特定协议的数据包,使它们只能传送到网络的局部；还可对电子邮件的域进行隔离并实现其他数据包传输上的管控功能。

Kerberos 协议（Kerberos protocol） 一种网络认证协议。旨在通过密钥系统为客户机/服务器应用程序提供可信任的第三方认证服务。认证过程的实现不依赖于主机操作系统的认证，不需要基于主机地址的信任，也不要求网络上所有主机的物理安全，并假定网络上传送的数据包可以被任意地读取、修改和插入数据。

堡垒主机（bastion host） 一种被强化的可以防御进攻的计算机。是进入内部网络的一个检查点。整个网络的安全问题都集中在这台主机上解决，从而优化防御性能。堡垒主机是网络中最容易受到侵害的主机，所以必须是自身保护最完善的主机。使用两块网卡，一块连接内部网络，用来管理、控制和保护；另一块连接互联网。堡垒主机通常配置网关服务。

单点登录（single sign on；SSO） 一种整合多个应用系统的解决方案。在多个应用系统中，用户只需要登录一次即可访问所有相互信任的应用系统，再次登录时无须重新输入用户名和密码。无须修改任何现有的应用系统服务端和客户端，即装即用，应用灵活，可实现基于角色访问控制，进行全面的日志审计，传输内容可加密，可扩展性良好。

垃圾邮件（spam junk mail） 包含收件人不需要消息的电子邮件。通常是发送给多人的群发邮件。常见种类有：(1) 收件人未事先提出要求或同意接收的广告、电子刊物等宣传性的电子邮件；(2) 收件人无法拒收的电子邮件；(3) 隐藏发件人身份、地址、标题等信息的电子邮件；(4) 含有虚假的信息源、发件人、路由等信息的电子邮件。

区 块 链

区块链（blockchain） 借由密码学串接并保护内容的串联数据块（区块）。每个块包含一定时间内系统全部信息交流的数据，用于验证其信息的有效性和生成下一个块。区块链具有去中心化、难以篡改、全程留痕、可追溯等特性。能让两方有效记录交易，且可永久查验此交易。主要应用于数字货币。可分为公有链、私有链和联盟链。

公有链（public blockchain） 任何人都可读取、发送交易且交易能获得有效确认的，任何人都可参与其共识过程的区块链。公有链上的行为是公开的，不受任何人的控制。主要特点是访问门槛低、完全去中心化以及用户行为不受控制。

私有链（private blockchain） 写入权限由个人或机构控制，只有被允许的节点才可参与并查看所有数据的区块链。优势是加密审计和公开身份信息，即使发生错误，也可找到来源。多用于机构或公司内部开发系统。主要特点是交易速度快、交易成本低、可纠正错误。

联盟链（consortium blockchain） 仅适用于某个特定群体的成员和有限的第三方的区块链。在内部将多个预选节点指定为记账人，每个块的生成由所有预选节点共同决定，其他接入节点可参与交易，但不过问记账过程，其他第三方可通过联盟链开放的应用程序接口进行限定查询。对于共识或验证节点的配置和网络环境有一定要求。利用准入机制，可提高交易性能，避免了参与者参差不齐带来的问题。可用于组织机构间的交易和结算，如银行间的转账。

区块（block） 形成区块链的基本单元。由包含元数据的区块头和包含交易数据的区块主体构成。区块头包含三组元数据：(1) 用于连接前面区块，从前一区块哈希值索引的数据。(2) 挖矿难度、随机数（用于工作量证明算法的计数器）、时间戳。(3) 可以汇总并归纳校验块中所有交易数据的根数据。区块包含一定时间全网范围内发生的所有交易，也包含前一个区块的识别码，以便每个区块都可以在其前面找到一个节点，一直倒推形成一条完整的交易链条。

智能合约（smart contract） 在区块链中订立合约时使用的一种特殊协议。其概念由计算机科学家和密码学家萨博（Nick Szabo）于 1994 年提出。目的是提供优于传统合约的安全方法，并减少与合约相关的其他交易成本。用于验证及执行合约内所订立的条件。允许没有第三方的信任交易，这些交易是可追溯且不可逆的。

共识（consensus） 区块链中在很短时间内通过特殊节点的投票对交易完成验证和确认的机制。其原理是在互不信任的市场中，每个节点达成一致的充分必要条件是每个节点出于对自身利益最大化的考虑，都会自发、诚实地遵守协议中预先设定的规则，判断每一笔记录的真实性,最终将判断为真的记录记入区块链之中。其目标是使所有的诚实节点保存一致的区块链视图,同时满足两个性质:(1)一致性,所有诚实节点保存的区块链的前缀部分完全相同;(2)有效性,诚实节点发布的信息将由所有其他诚实节点记录在其自己的区块链中。

比特币(bitcoin) 一种基于点对点(P2P)传输形式的虚拟加密数字货币。构建了一种去中心化的支付系统。由化名中本聪的开发者于2009年作为开源软件正式发布。不依靠特定中央货币机构发行,而是依据特定算法,通过大量的计算产生。使用整个P2P网络中众多节点构成的分布式数据库来确认和记录所有的交易行为,并使用密码学的设计来确保货币流通各个环节的安全性。与其他虚拟货币的最大区别是,其总量非常有限,而且极为稀缺。

挖矿(mining) 增加比特币货币供应的过程。在比特币网络中,通过提供算力、争夺记账权来获得比特币奖励。其奖励机制为递减模式,与贵金属的挖矿过程类似,故名。还可保护比特币系统的安全,防止欺诈交易,避免双重支付(多次花费同一笔比特币)。在没有中心机构的情况下,使整个比特币网络达成共识。

矿工(miner) 挖矿的参与者。可挖掘区块并获得一定数量的比特币奖励和交易记账费用。通过解决具有一定工作量的工作量证明机制问题,来管理比特币网络,确认交易并防止双重支付。对于比特币网络而言,是整个系统的维护者。

矿池(mining pool) 使用将少量算力合并联合运作的方法建立的网站。在比特币全网算力提升到一定程度后,单个设备或少量算力获得比特币奖励的可能性太低,从而促使了矿池的产生。不论矿工所能使用的运算力多寡,只要通过加入矿池来参与挖矿活动,无论是否成功挖掘出有效资料块,皆可经由对矿池的贡献来获得少量比特币奖励。

矿机(mining rig) 用于挖矿的计算机。一般有专业的挖矿芯片,多采用安装大量显卡的方式工作,耗电量大。任何一台计算机都能成为矿机,只是收益会较低。很多公司已开发出专业矿机,配备特制挖矿芯片,计算速度比普通计算机快数十倍至数百倍。

工作量证明(proof of work) 区块链中的一种共识机制。用来确认共识参与者是否完成了一定量的工作。广泛应用于处理恶意行为,如资源滥用、阻断服务。通常要求用户进行一些耗时适当的复杂运算,并且服务方可快速验证答案,以此耗用的时间、设备与能源为担保成本,以确保服务与资源是被真正的需求所使用。会消耗大量计算资源。通常最先达到工作量证明要求的矿工负责产生新的区块。

概念证明(proof of concept) 在区块链技术中,对某些想法的一种可行性测试。以示范其原理,验证一些概念或理论。通常会建立一套数学模型,用于评估和确认新提出的区块链方案,从而调整原型的概念设计。概念证明流程中所产生的关于设计的承诺、共识等都将记录在设计的调整文档中,以此获得证明的不断发展。

实用拜占庭容错算法(practical Byzantine fault tolerance) 一种用于区块链的复杂度为多项式级的算法。主要适用于交易量不大但需要处理许多事件的数字货币交易平台。算法中的每个节点都允许发布公钥,并签署该节点验证的所有消息,以验证其合法性。当得到一定数量的,具有有效签名的反馈后,此交易就被认定为有效。包括请求、准备、承诺和答复四个阶段。

权益证明(proof of stake) 区块链中的一种共识机制。基于工作量证明,但不要求证明人执行一定量的计算工作,而是要求证明人提供一定数量加密货币的所有权。根据每个节点拥有代币的比例和时间,依据算法等比例地降低节点的挖矿难度。可缩短达成共识所需的时间,但本质上仍然需要网络中的节点进行挖矿运算。并没有从根本上解决工作量证明消耗大量计算资源的问题。

双花(double spend) 亦称"双重支付"。数字货币交易中的一种欺骗行为。指不诚信者再次消费已花费的代币。对区块链技术而言,不诚信者可通过制造区块链分叉的方法来实现双花。交易者通过代币完成一笔交易时,假设交易被包含在区块链的区块上。在交易完成后,不诚信者通过分叉产生一条更长的新链,使得该区块及区块中的交易同时作废,从而拿回自己的代币。

超级账本(Hyperledger) Linux基金会于2015年发起的推进区块链数字技术和交易验证的开源项目。其成员包括荷兰银行、埃森哲、英特尔等不同利益体。目的是推动区块链跨行业应用,建立一个开放的分布式账本平台,以满足来自金融、制造、保险、物联网等多个不同行业的各种用户案例并简化业务流程。

以太坊(Ethereum)　一个基于区块链技术的具有智能合约功能的开源管理平台。通过其专用加密货币以太币提供去中心化的虚拟机来处理点对点的合约。提供程序设计语言,使开发人员能够构建和发布下一代分布式应用。投票、域名、金融交易所、众筹、合同和大部分协议、知识产权,还有得益于硬件集成的智能资产都可使用以太坊进行分布式管理。

代币(token)　区块链上一种可流通的加密数字权益证明。既涉及基础的网络架构,又涉及服务系统的身份验证等。主要分为两类。第一类可理解为内部代币,即维持区块链运营所发行的代币,是可流通的数字加密的货币。第二类可分为权益代币和债券代币,不是货币,而是与现实中的股票和债券类似,购买可获得一定的收益分红和利息回报。

发行机制(issuing mechanism)　在基于区块链技术发行数字货币时,发行机构所公布的具体机制。一般包括货币总数量、货币生成速度、共识机制、激励机制、交易手续费、增发机制等。

分配机制(allocation mechanism)　在基于区块链技术发行数字货币时,发行机构所公布的如何产生、分配货币以激励参与者加入并维护区块链的机制。通常依据某种共识规则,为率先实现该规则的参与者分配一定数量的有价值代币,从而实现激励作用。

数据科学技术

数 据 库 技 术

数据库管理系统(database management system; DBMS)　一种基于操作系统、操纵和管理数据库的大型软件。是数据库应用系统的核心。由查询处理、事务管理和存储管理三大模块组成。具有数据定义、操纵和控制功能,实现数据库应用系统数据的持久存储、故障恢复、多用户同时存取等功能。用于建立、使用和维护数据库,对数据库进行统一的管理和控制,以保证数据库中数据的安全性和完整性,让用户可以有效地、方便地使用数据库。

数据库系统(database system)　一种在计算机系统中引入数据库后的系统。由数据库、数据库管理系统、应用系统和数据库管理员以及不同用户组成。广泛应用于各行各业的系统。

数据字典(data dictionary; DD)　数据库系统中各种数据的描述信息和控制信息的集合。包括数据的定义、结构和用法等信息。以一种用户可以访问的记录数据库和应用程序元数据目录的形式存在。其内容可由数据库管理系统自动更新的称"主动数据字典",必须手动更新的称"被动数据字典"。

数据库(database)　存放在计算机存储器中的数据集合。面向特定的应用领域,按照一定的数据模型组织、描述和储存,具有较小的冗余度、较高的数据独立性和易扩展性,可供不同的数据库管理系统以及用户调用。可永久存储、有组织、可共享。

数据库管理员(database administrator; DBA)　负责数据库的总体信息控制等技术管理工作的个人或集体。职责是:管理数据库中的信息内容和结构;决定数据库的存储结构和存取策略;定义数据库的安全性要求和完整性约束条件;监控数据库的使用和运行;负责数据库的性能改进、数据库的重组和重构。

文件系统(file system)　一种在计算机存储设备上按照不同格式进行数据存储的系统。是数据管理早期主要的方式,早于数据库系统的出现。相比数据库系统,数据冗余,面向特定程序,缺乏数据的独立性、完整性和安全性。

关系数据库模式(relational database schema)　亦称"关系模式"。一种使用关系对关系数据库结构的描述。反映数据的结构及其联系。包含关系名称、属性名以及类型、各种约束条件。关系是由一个行和列构成的表,行代表一个实体而列代表其属性。

关系模式　即"关系数据库模式"。

关系实例(relation instance)　关系数据库系统中某一时刻关系模式中所包含的具体数据。关系表中所有的行,代表着现实世界中众多实体或实体之间的关系,反映数据库在某一时刻的状态。

数据库体系结构(database architecture)　一种从数据库管理系统角度来看的数据库内部的系统结构。由美国国家标准学会所属的 ANST /X3 /SPARC 的数据库管理系统(DBMS)研究组于 1978 年推出。采用三级模式结构:(1) 外模式,亦称"子模式"或"用户模式",是数据库用户(包括应用程序员和终端用户)能够看见和使用的局部数据的逻辑结构和特征的描述;(2) 模式,亦称"逻辑模式",是数据库中全体数据的逻辑结构和特征的描述,是所有用户的公共数据视图;(3) 内模式,亦称"存储模式",是数据物理结构和存储方式的描述,是数据在数据库内部的表示方式。除三级模式,还包括两层映像:外模式/模式映像和模式/内模式映像。当模式改变时,由数据库管理员对各个外模式/模式的映像作相应改变,以保证外模式不变,从而应用程序不必修改,保证了数据与程序的逻辑独立性;当数据的存储结构发生变化,可通过对模式/内模式进行调整,保证模式不变,从而应用程序不变,保证数据与程序的物理独立性。

数据模型(data model)　数据库系统中用以提供

信息表示和操作手段的形式构架。内容包括：(1) 数据结构，主要描述数据的类型、内容、性质以及数据间的联系等；(2) 数据操作，主要描述在相应的数据结构上的操作类型和操作方式；(3) 数据约束，主要描述数据结构内数据间的语法、词义联系、它们之间的制约和依存关系，以及数据动态变化的规则，以保证数据的正确、有效和相容。按应用层次，分概念模型、逻辑模型、物理模型三种。早期数据库模型有层次模型、网状模型和关系模型，常用模型有关系模型、关系对象模型和面向对象模型。

实体关系图（entity-relationship diagram） 亦称"E－R图""E－R 模型"。一种常用的信息世界建模的概念模型。由华裔科学家陈品山（Peter Pin-Shan Chen）于 1976 年提出的。可描述现实世界中的实体与实体之间的关系，用矩形表示现实世界中的实体，椭圆形表示实体的属性，而菱形表示实体之间的关系。可表示实体之间一对一、一对多和多对多的多个实体之间的关系。

概念模型（concept model） 一种用于信息世界建模的模型。是现实世界到信息世界的第一层抽象，也是进行数据库设计的有力工具。是数据库设计人员与用户之间进行交流的语言。简单、清晰、易于沟通。有较强的语义表达能力，能方便、直接地表达应用中的各种语义知识。

逻辑模型（logic model） 使用某种类型的数据库软件对某一应用场景进行建模的模型。对这一应用场景中为完成特定功能的数据进行描述，对概念模型中的数据进行进一步分解、细化等操作。

物理模型（physical model） 基于某种类型的数据库软件对存储在计算机设备上的数据的描述。例如，在关系数据库系统里，对数据表和字段如何存放、哪些属性建立索引以及存储路径等的描述。

层次模型（hierarchical model） 用树形结构表示各类实体以及实体之间联系的数据模型。是数据库系统中的早期数据模型之一。在数据库中定义为满足下面两个条件的基本层次联系集合：(1) 有且仅有一个节点没有双亲，该节点称"根节点"；(2) 根节点以外的其他节点有且仅有一个双亲。每个节点表示一个记录类型，记录类型之间的联系用节点之间的连线（有向边）表示，表示一对多的联系。每个记录类型可包含若干个字段，记录类型表示实体，字段表示该实体的属性。1968 年 IBM 公司推出第一个采用层次模型构建的层次数据库系统 IMS（information management system），是其典型代表。

网状模型（network model） 用网状结构表示各类实体以及实体之间联系的数据模型。是数据库系统中的早期数据模型之一。是在数据库中定义为满足以下两个条件的基本层次联系集合：(1) 允许一个以上的节点无双亲节点；(2) 节点可以有多于一个的双亲节点。与层次模型相比更具普遍性的结构，允许两个节点之间有多种联系，可更直接地去描述现实世界。网状模型中每个节点表示一个记录类型（实体），每个记录类型可包含若干个字段（实体属性），节点之间的连线表示记录类型（实体）之间一对多的父子联系。采用网状模型的数据库称"网状数据库"，最典型的代表是 DBTG 系统，亦称"CODASYL 系统"，是 20 世纪 70 年代数据系统语言研究会议（Conference On Data System Language — CODASYL）下属的数据库任务组提出的一个系统方案，DBTG 系统对网状数据库系统的研制和发展起了重大的影响。

关系模型（relational model） 一种基于表的数据（库）模型。是最常用的数据库模型之一。将数据组织成一个表（亦称"关系"）的形式呈现给用户。由美国 IBM 公司研究员科德（Edgar Frank Codd）于 1970 年提出的数据库关系方法和关系数据理论的研究，为数据库奠定了理论基础。能简捷表达数据。广泛应用于商业化的关系数据库管理系统中。

对象关系模型（object relational model） 一种基于关系模型，同时扩展了面向对象功能的数据模型。是关系模型和面向对象模型结合的产物。保持关系模型基于表的数据结构，增加对象模型中的类与对象。具体包括：(1) 大对象数据类型；(2) 集合类型；(3) 用户自己定义的类型；(4) 行对象与行类型；(5) 列对象与列类型；(6) 抽象数据类型，带有自身行为说明和内部结构的用户自定义类型。除了复杂数据类型的扩展，还支持继承的概念，支持子表和超表的概念。基于对象关系模型的数据库称"对象关系数据库"。

面向对象数据模型（object-oriented data model） 用面向对象的观点来描述现实世界实体（对象）的逻辑组织、对象间限制、联系等的数据模型。由一系列面向对象核心概念组成，核心概念主要有：(1) 对象，由一组数据结构和操作的程序代码封装起来的基本单位,与实体对应,包括属性集合和方法集合。(2) 对象标识,每个对象都有一个唯一不变的标识。(3) 封装,每一个对象是其状态与行为的封装,其中,状态表示该对象一系列属性值的集合,而行为是对象状态上操作的集合。(4) 类,共享同样属性和方法集的所有对象构成的集合。

关系代数(relational algebra) 一种通过对关系的运算来表达的查询语言。由运算符和操作数组成。操作数是数据库中的关系。运算符包括:(1) 集合运算符,如交、并等传统集合运算;(2) 用于关系的专门运算符,如投影、选择等操作。

投影(projection) 关系代数中的一种运算。在关系(表)R 中输出用户选择的属性(列)A 组成新的关系,记作 $\pi_A(R)$。

选择(selection) 关系代数中的一种运算。在关系(表)R 中选择满足给定条件 F 的元组集合,记作 $\sigma_F(R)$。

自然连接(natural join) 关系代数中一种二元的运算。要求两个关系中相同属性相等的元组连接起来,并且在结果中把重复的属性列去除。即,如 R 和 S 具有相同的属性组 B,则记作:$RS = \{t_R, t_S \mid t_R \in R \wedge t_S \in S \wedge t_r[B] = t_s[B]\}$。

θ 连接(theta join) 关系代数中的一种二元运算。两个关系的笛卡儿乘积中选择满足一定条件的元组,记作 $R_{A\theta B}S = \{t_R, t_S \mid t_R \in R \wedge t_S \in S \wedge t_r[A]\theta t_s[B]\}$。

外连接(outer join) 关系代数中的一种二元运算。与"内连接"相对。在两个关系的自然连接中,左右关系中不符合条件的元组也放入结果中,另一表对应属性为空值。可分为左外连接和右外连接;如只添加左关系表中的不匹配元组,则称"左外连接";如只添加右关系表中的不匹配元组,则称"右外连接"。

内连接(inner join) 关系代数中的一种二元运算。与"外连接"相对。两个关系表连接的结果都是符合条件的结果,不符合条件的元组不在结果中。

聚集函数(aggregated function) 一类应用于查询语言的标准函数。通常包含计数、求和、求最大值、求最小值、求平均值五种运算。用户在使用查询语言时,经常作一些简单的运算,如求和、平均值等。为方便用户,关系数据语言中建立了有关这类运算的标准函数库,供用户选用。

关系演算(a logic for relation) 一种以数理逻辑谓词演算为基础的查询语言。按照谓词变元的不同,分为以元组为变量的元组关系演算和以域为变量的域关系演算。

谓词(predicate) 关系演算的组成部分。包括:(1) 关系名;(2) 变量运算符组成的逻辑表达式;(3) 常量变量组成的逻辑表达式。

原子(atom) 关系演算的组成部分。包括:谓词和其属性(变量和常数)。

空值(null value) 数据库领域一种特殊的值。代表"未知值""不适用值"等含义。

三值逻辑(three-valued logic) 一种具有"真""假"和"不确定"三种结果的逻辑演算。

内含数据库(intensional database) 通过定义实体或事件的特征,用规则的形式来描述而形成的数据库。与"外延数据库"相对。

外延数据库(extensional database) 通过创建表,列举具体实例、实体而形成的数据库。与"内含数据库"相对。

半结构数据模型(semi-structured data model) 一种带有结构描述,但不拘泥于该结构的数据模型。通常指互联网上的数据描述。介于结构化数据和非结构化数据之间。特点:(1) 自描述性,数据结构可在一定程度上描述数据本身的语义或呈现方式;(2) 灵活性,数据的变化可导致结构模式的变化。主要用途:(1) 适合不同数据源进行集成时采用的数据格式;(2) 具有固定或灵活的标记体系,用于互联网上数据的共享。

可扩展标记语言(extensible markup language; XML) 互联网普遍使用的一种可扩展的标记语言。主要用于共享、存储和集成数据。在电子计算机中,标记指计算机所能理解的信息符号,通过此种标记,计算机可对文档和数据进行结构化处理。是一种用来标记数据、定义数据类型,允许用户对自己的标记语言进行定义的源语言。适合万维网传输。目的是提供一种标准的方法来描述和交换独立于应用程序或供应商的结构化数据。是互联网环境中跨平台的、依赖于内容的技术,也是当今处理分布式结构信息的有效工具。1998 年,万维网联盟发布 XML1.0规范,来简化互联网上的文档信息传输。

XML 即"可扩展标记语言"。

文档类型定义(document type definition) 一种可扩展标记语言文档的类型定义文件。规定了文档的逻辑结构,定义了文档的语法。据此,可扩展标记语言语法分析程序可判断该可扩展标记语言文档是否符合该文档类型定义的规范,即合法性。文档类型定义可以定义页面的元素、元素的属性及元素和属性间的关系。元素与元素间用起始标记和结束标记来定界,对于空元素,用一个空元素标记来分隔。每一个元素都有一个用名字标识的类型,称"通用标识符",并可有一个属性说明集。每个属性说明都有一个名字和一个值。

DTD 即"文档类型定义"。

XML Scheme 一种使用可扩展标记语言语法来定义可扩展标记语言文档的类型文件。可定义文档的标记元素和元素的属性,它们的顺序、数量以及类型等。比文档类型定义更复杂,功能更强大。主要表现在支持数据类型,更精确地描述文档内容,支持定义数据约束,验证数据的正确性,支持用户定义的复杂类型,支持命名空间,具有可扩展性等功能。

Xpath(XML path) 一种用来确定可扩展标记语言文档中某部分位置、描述半结构化数据路径的简单语言。由序列路径表达式组成,例如: *A*/*B*/*C*[条件表达式],表示"满足条件的 *C* 元素",其中 *A* 是根节点,*B* 是 *A* 的某一子节点,*C* 是 *B* 的子节点。基于可扩展标记语言的树状结构,提供多种在数据结构树中找寻节点的能力,不但支持对子节点,还支持对父节点、祖先节点、前序后序兄弟节点,以及属性节点的定位。本身也是一种可扩展标记语言查询语言。

Xquery(XML query) 一种类似 SQL 语言,用于 XML 数据的查询语言,由万维网联盟制定。被构建在 Xpath 表达式之上,由四部分描述组成:(1) 一个或多个 let 语句,变量一次性定义赋值;(2) 一个或多个 for 语句,变量被循环赋值;(3) 条件表达式;(4) 返回语句,返回满足条件表达式,在返回语句中指明的内容。已被大量的数据库软件所支持。

XSLT(extensible stylesheet language transformation) 一种处理和转换可扩展标记语言文档,用可扩展标记语言来描述的语言。功能是把可扩展标记语言文档转换为 html 或另一种可扩展标记语言文档。

码(key) 亦称"键"。可以唯一标识关系表中其他属性值的一组属性。必须非空,而且是唯一的。如果某个关系中存在多个这样的属性组,则在关系模式设计中,指定一个属性组作为主码,其他称"候选码"。

键 即"码"。

函数依赖(functional dependency) 一个关系模式中属性之间所存在的唯一决定关系。设 $R(U)$ 是属性集 U 上的关系模式,X、Y 是 U 上的子集,若对于 $R(U)$ 的任意时刻,不可能存在两个元组在 X 上的属性值相等,而在 Y 上的属性值不等,则称 Y 函数依赖于 X,或称 X 函数决定 Y。例如,学生的学号可以决定学生的姓名、年龄等属性。正是因为属性之间存在着函数依赖关系,才导致一些不佳的关系数据库模式带来了数据的冗余,从而导致数据库中数据的不一致性。按性质,分完全函数依赖、部分函数依赖和传递函数依赖。又可分平凡依赖和非平凡依赖。

多值依赖(multivalued dependency) 一个关系模式中属性之间所存在的一对多的关系。设 $R(U)$ 是属性集 U 上的关系模式,X、Y 是 U 上的子集,而 Z 是剩余属性集合,给定一对(X, Z)的值,有一组对应的 Y 值,而这组值只取决于 X,与 Z 无关,则称 Y 多值依赖于 X。如 Z 为空,则称 Y 平凡多值依赖于 X。将带来数据的冗余与不一致现象。

平凡函数依赖(trivial functional dependency) 一种函数依赖关系。与"非平凡函数依赖"相对。设 $R(U)$ 是属性集 U 上的关系模式,X、Y 是 U 上的子集,Y 函数依赖于 X,而 Y 同时包含在 X 中。

非平凡函数依赖(non-trivial functional dependency) 一种函数依赖关系。与"平凡函数依赖"相对。设 $R(U)$ 是属性集 U 上的关系模式,X、Y 是 U 上的子集,Y 函数依赖于 X,Y 和 X 没有交集。

关系数据库范式(normal form) 为设计合理的关系数据库模式而应遵循的某种规范。有五种,级别由低到高,依次为:第一范式、第二范式、第三范式、巴斯-科德范式和第四范式。级别越高的数据库范式,冗余度越小,但查询实现的时间代价会相应增加。在数据库设计时,要权衡空间与时间的因素。

第一范式(first normal form; 1NF) 在关系模型中,对域添加的一个规范要求。所有的域都应该是原子性的,数据库表的每一列都是不可分割的原子数据项,而不能是集合、数组、记录等非原子数据项。实体中的某个属性有多个值时,必须拆分为不同的属性。在符合第一范式表中的每个域值只能是实体的一个属性或一个属性的一部分。在传统关系数据库中,第一范式是对关系模式的基本要求,一般设计时都必须满足。

第二范式(second normal form; 2NF)　在关系模型中,在第一范式基础上添加的一个规范要求。非码属性必须完全依赖于码,在第一范式基础上消除非主属性对关系码的部分函数依赖。要求实体的非码属性完全依赖于关系码,即不能存在仅依赖关系码一部分的属性。

第三范式(third normal form; 3NF)　在关系模型中,在第二范式基础上添加的规范要求。在第二范式基础上消除传递依赖。即在满足第二范式的基础上,任何非主属性不得传递依赖于关系码。

巴斯-科德范式(Boyce-Codd normal form; BCNF)　在第三范式基础上添加的规范要求。即在关系模式中,若存在非平凡函数依赖关系: *X* 函数决定 *Y*,则 *X* 必须包含码。

BCNF　即"巴斯-科德范式"。

第四范式(fourth normal form; 4NF)　在关系模型中,消除多值依赖关系需要满足的一种规范。即在关系模式中,若存在非平凡多值依赖关系: *X* 多值决定 *Y*,则 *X* 必须包含码。

关系分解(relation decomposition)　关系模型中,低级范式向高级范式转换的方法。即一个关系模式通过分解成多个子关系模式才能达到特定范式的要求。需要遵循两个原则: 无损连接和保持函数依赖。

无损连接(lossless join)　关系分解需要遵循的一种原则。子关系在连接时,结果元组数和原始表的元组数一致,不多也不少。

保持函数依赖(keep functional dependence)　关系分解需要遵循的一种原则。分解后的子关系中函数依赖关系集合等于原始关系的函数依赖集合。

数据库完整性(database integrity)　数据库中数据的正确性和相容性。数据的正确性指符合现实世界的语义,反映当前实际状况;数据的相容性指数据库同一对象在不同关系表中的数据是符合逻辑并一致的。例如,在关系数据库中,可通过数据库中关系(表)的某种约束条件,来实现数据库中数据的正确与相容。约束条件反映现实世界的要求。数据库中数据随时间变化,但在任何时刻都要满足约束条件。有三类完整性约束: 实体完整性、参照完整性和用户定义的完整性。完整性约束描述了关系模型应满足的约束。

实体完整性(key constraint)　数据库系统中的一种约束。关系表中作为码的属性不能为空值。

参照完整性(referential integrity)　关系模型中,表与表属性之间的一种约束。关系表之间存在着属性的引用关系,其中一个表的属性(称"外码")值必须来自另一个表中的属性(称"主码")值。体现了现实世界中实体之间存在的某种关联关系。

断言(assertion)　关系模型中用户定义的涉及多个表的一种约束措施。目的是保证数据完整性。由数据库系统自动检查和执行。如果涉及的关系表进行了相应的操作,系统会自动检查该断言,只有符合断言所描述的条件,操作才可以进行。

触发器(trigger)　为保证数据完整性,用户定义在关系表上的一类由事件驱动的特殊过程。由事件、条件和动作三部分组成。事件指对数据库的增删改操作,用于触发该触发器,可以定义在事件执行前或后进行条件检查,可以定义行级别或语句级别;条件指任意布尔表达式,描述了触发器是否执行动作的条件,如条件为真,则执行动作,反之不执行;动作是一系列的结构查询语言语句,可对数据库做相应增删改操作。主要指明什么条件下触发器被执行,以及指明触发器执行的动作。触发器被用来加强数据库完整性约束和业务规则的实现。实现由主码和外码所不能保证的复杂的参照完整性和数据的一致性。此外还能强化约束、跟踪变化、级联运行、调用存储过程。可解决高级形式的业务规则或复杂行为限制,以及实现定制记录。例如,找出某一表在数据修改前后状态发生的差异,并根据这种差异执行一定的处理。

外码(foreign key)　担任另一关系表的主码,而在此关系表中不是主码的属性或属性集合。

视图(view)　由一个或多个关系表的数据通过定义形成的虚拟表。其定义存储在数据库中,相对应的数据并未在数据库中再存储一份,用户看到的只是存放在基本表中的数据。可对视图进行查询、修改(有一定的限制)、删除。作用是简化用户对数据的操作,让用户只能查询和修改他们所能看到的数据,对数据起到一定的安全保护作用。

索引(index)　一种建立在某个文件上,为提高查询速度的辅助存取结构。由索引字段和指向磁盘块的指针组成。

结构查询语言(structured query language for database systems; SQL)　可对数据库进行定义、查询和操作

的语言。是一种高级语言。简单,易学,易记,已成为数据库系统的标准语言。包括数据定义语言、数据操作语言和数据控制语言。有三个主要的标准:美国国家标准学会在1992年定义的标准(称“SQL-92”或“SQL2”);引入面向对象特点而形成的扩展(称“SQL-99”或“SQL3”);进一步修订并引入其他新特征的标准(称“SQL-2003”)。各大数据库厂商都支持核心的操作,但提供的版本不同。可以有不同的执行方式:交互式执行和嵌入程序中运行。

SQL 即“结构查询语言”。

数据定义语句(data definition statement) 一种对数据库中的数据进行定义的语言。是结构查询语言的一部分,通常是以CREATE开头的语句,可以创建表、索引、视图及各种约束条件等。

数据操作语句(data manipulation statement) 一种可对数据库中的数据进行查询、插入、修改和删除的语言。是结构查询语言的一部分。是以英文动词开头的操作语句,例如:插入操作就是INSERT语句,删除操作就是DELETE语句。

数据查询语句(data query statement) 一种可对数据库进行查询的语言。基本形式由如下6种子句组成:select属性名和(或)聚集函数结果,from表名,where布尔条件表达式,group by属性名,having条件表达式,order by属性名。描述了从哪些表中,进行条件选择,然后分组,选择满足条件的组,再按要求排序输出结果。

子查询(subquery) 结构查询语言中嵌入在from和where子句中的查询语句。

相关子查询(correlated subquery) 结构查询语言中嵌入在from和where子句中并使用了外面关系表中属性的子查询。

嵌入式SQL(embedded SQL) 嵌入到某一程序设计语言中的结构查询语言。被嵌入的程序设计语言称“宿主语言”或“主语言”,结构查询语言负责操纵数据库,而主语言负责程序流程。主语言编译器会根据特定的格式识别结构查询语言语句,进行预编译。结构查询语言和主语言之间有通信区,进行数据交换和数据库状态返回。

光标(cursor) 亦称“游标”。系统为用户开设的一个数据缓冲区。用于存放结构查询语言语句的执行结果。每个光标都有一个名字,用户可以通过光标逐一获取记录,并赋给程序语言的变量,进行统一处理。解决了面向集合的结构查询语言与面向记录的程序设计语言之间的不匹配现象。

开放数据库互联(open database connectivity; ODBC) 应用程序对数据库访问的一组标准规范。是由微软公司提出的开放服务结构中有关数据库的一个组成部分。通过该规范实现和不同数据库的连接,完成应用程序访问数据库的目的。由数据源、驱动程序、应用程序编程接口、管理程序以及驱动程序管理器组成。应用程序要访问一个数据库,首先必须用管理程序注册一个数据源,根据数据源提供的数据库位置、数据库类型及驱动程序等信息,建立与具体数据库的联系。应用程序利用不同的驱动程序实现在不同类型数据库管理系统上进行同样的操作。

ODBC 即“开放数据库互联”。

JDBC(Java database connector) 一组用Java语言编写的类和接口。是为统一访问不同数据库而设计的规范。据此,可以构建更高级的工具和接口,使数据库开发人员能够简单编写数据库应用程序。

事务(transaction) 数据库中用户定义的不可分割的数据操作序列。这些操作或全部完成,或全部不做。在关系数据库中,一个事务可以是一条或一组数据库SQL语句,或整个程序。一个事务通常以BEGIN TRANSACTION语句开始,以END TRANSACTION语句结束。事务的执行有两个结果:COMMIT表示提交事务所有操作;ROLLBACK表示回滚,系统对该事务中所有已执行的操作全部撤销,回滚到事务开始时的状态。事务具有原子性、一致性、隔离性和持久性四个特点。其中,一致性指事务执行的结果必须是使数据库从一个一致性状态变到另一个一致性状态,隔离性指一个事务的执行不受其他事务干扰,持久性指一个事务提交后会永久保留在数据库中。

只读事务(read-only transaction) 未包含更新操作的事务。可以被用户设置,系统获知只读事务,可以加快多用户、多事务的并发处理。

事务提交(transaction commit) 事务成功执行的一种结果表示。事务执行的结果被永久保留到数据库中。

事务回滚(transaction rollback) 事务执行失败的一种结果表示。事务执行的结果被清除,事务的状态回到事务执行前的状态。

事务恢复(transactional recovery) 由于事务内部故障,引发系统执行一系列活动,以保证数据库状态正确和一致的过程。是非预期,不能由应用程序处理,数据块可能处于部分正确的状态,在不影响其他事务的前提下,强行回滚该事务,即撤销该事务已经做出对数据库中数据的任何修改,恢复到事务运行前的状态。

检查点(checkpoint) 在日志文件中记录的内外存数据交换的时间点。系统周期性地建立该时间点,保存数据库状态。利用检查点,可改善恢复效率,解决数据库系统恢复耗时的问题。

数据库日志文件(database log file) 记录事务对数据库进行更新操作的文件。分以记录为单位的日志文件和以数据块为单位的日志文件。内容包括:各个事务开始、结束的标记,操作类型、操作的对象以及数据更新操作的新、旧值等。主要用于事务故障的恢复和系统故障的恢复。

联机事务处理(online transaction processing; OLTP) 以增删改操作为主的关系数据库系统采用的一种技术。是传统数据库系统的重要应用。由事务驱动,要求快速响应用户的需求。对数据的安全性、完整性以及事务的吞吐量要求很高。如火车售票系统、银行通存通兑系统等。

事务并发控制(transactions concurrency control) 保证数据库系统可以被多个用户同时使用,而不发生任何错误的一种数据库技术。事务是并发控制的基本单位,为保证事务执行的隔离性和一致性,数据库系统需要对并发操作进行正确的调度,以避免多用户使用系统带来的各种问题。

事务调度(transaction scheduling) 多个事务同时使用数据库时,系统交叉执行的一种方式。

可串行化调度(serializable scheduling) 多个事务并发执行,但必须满足其结果与按某一次串行执行结果相同的一种调度方式。是事务并发控制判断是否正确的准则。

冲突可串行化调度(conflict serializable scheduling) 通过交换两个不冲突事务操作而得到的一种可串行化调度。是判断可串行化调度的充分条件。当数据库中不同事务对同一个数据进行读写操作时,称发生了冲突,在保持同一事务操作执行顺序不改变的前提下,交换两个不冲突事务操作,不影响事务并发执行的结果。

两段锁协议(two-phase locking protocol) 简称“两段锁”。数据库中为保证并发调度的正确性而采用的一种数据项上锁协议。所有事务的执行必须分两个阶段对数据项进行加锁和解锁:(1)在对任何数据进行读、写操作之前,首先要申请并获得对该数据的封锁。(2)在释放一个封锁之后,事务不再申请和获得任何其他封锁。第一阶段是获得封锁,不可以释放任何锁,亦称“扩展阶段”。第二阶段是释放锁,不可以再申请任何锁,亦称“收缩阶段”。若并发执行的所有事务均遵守两段锁协议,则对这些事务的任何并发调度策略都是可串行化的。

排他锁(exclusive lock) 亦称“写锁”。一种应用在并发控制技术中的锁类型。若事务 T 对某对象加上排他锁,则其他事务无法对该对象再加锁,直到事务 T 释放。

共享锁(share lock) 亦称“读锁”。一种应用在并发控制技术中的锁类型。若事务 T 对某对象加上共享锁,则其他事务可以对该对象也加上读锁,进行读,但不可以写,直到事务 T 释放。

多粒度封锁协议(multiple granularity locking protocol) 数据库中封锁数据对象大小不同的一种并发控制协议。数据库中封锁对象可以是属性值、属性值集合、元组、关系、整个数据库等逻辑单位。这些不同大小的对象可表示为一棵树,根节点为数据库,数据库的子节点为关系,而关系的子节点为元组。在这样一棵树上封锁某一个节点,意味着这个节点所有后裔节点也被加以同样类型的锁。一个数据对象可以有显式封锁和隐式封锁两种方式。前者是应事务的要求直接加到数据对象上的锁,后者是上级节点被加锁。

意向锁(intention lock) 一种应用在多粒度封锁协议中的锁类型。对一个节点加意向锁则说明该节点下层节点正在被加锁。有三种意向锁:(1)意向共享锁,表示它的后裔节点拟加共享锁;(2)意向排他锁,表示它的后裔节点拟加排他锁;(3)共享意向排他锁,表示对该节点加共享锁,再加排他锁。

多版本并发控制(multiversion concurrency control) 在数据库中通过维护数据对象的多个版本信息来实现高效并发控制的一种策略。版本记录数据对象某一个时刻的状态。随着计算机系统存储设备价格的不断降低,可以为数据库系统的数据对象保留多个版本,以提高系统的并发操作程度。和封锁机制相比,消除了数据库中数据对象读和写操作的冲突,有效提高系统的性能。

读脏数据(dirty read) 多用户系统使用过程中的一种错误数据存取现象。用户读到的数据根本没有存放在数据库中,可能是其他用户程序的中间结果或过程结果,随后这些数据被撤回。

不可重复读(unrepeatable read) 多用户系统使用过程中的一种错误数据存取现象。当某用户两次读数据库同一数据时,会得到不同的结果。

丢失修改(update lost) 多用户系统使用过程中的一种错误数据存取现象。两个用户同时修改数据库中同一对象,系统只保留了一个用户的结果,另一用户对数据库的修改被丢失。

幻影元组(phantom tuples) 用户多次查询数据库系统时,出现不同结果,后一次查询多出的元组。是多用户系统使用过程中的一种错误数据存取现象。当两个用户同时使用数据库,用户 *A* 插入新的数据,用户 *B* 多次查询数据,后一次查询可能会包含用户 *A* 插入的新数据。

隔离级别(level of isolation) 某一特定事务为保证自身不受其他并发事务的干扰而要求数据库系统进行隔离操作的级别。一般有四个级别的隔离,从高到低分别是:(1) 串行化,可以并发操作,但最终结果和事务串行执行相同。(2) 可重复读,保证该事务读取的数据可重复读,避免读脏数据和不可重复读的现象。(3) 读已提交,保证该事务读取的数据都是其他事务已经提交的数据,避免读脏数据。(4) 读未提交,没有任何隔离级别,并发度最高,但数据正确性差,可能会发生各种错误存取的现象。

封锁协议(locking protocol) 为保证数据库多用户使用不发生错误,应用封锁机制对数据对象加锁需要约定的一些规则。对并发操作的不正确调度可能带来的丢失修改、不可重复读、读脏数据等不一致性问题提供解决方法。锁的类型有排他锁和共享锁。

一级封锁协议(first level locking protocol) 应用封锁机制的一种协议。事务在修改数据前必须对其加上排他锁,直到事务结束才释放。可防止丢失修改。

二级封锁协议(second level locking protocol) 应用封锁机制的一种协议。事务在修改数据前必须对其加上排他锁,直到事务结束才释放。事务在读取数据时必须先对其加上共享锁,读完再释放。可防止丢失修改和读脏数据。

三级封锁协议(third level locking protocol) 应用封锁机制的一种协议。事务在修改数据前必须对其加上排他锁,直到事务结束才释放。事务在读取数据时必须先对其加上共享锁,直到事务结束。可防止出现丢失修改、读脏数据以及不可重复读等现象。

分布式数据库(distributed database) 数据分布存储于若干个场地上,而每个场地都有独立运行而相互关联的数据库系统。既能执行局部应用,又能通过网络执行全局应用。数据分布对用户是透明的,包括分布模式和分割模式。前者指数据如何分配到不同的场地,同时存储若干个版本;后者指数据如何划分,将关系分割成若干个片。每个分片存储在不同的场地,使数据的查询更快,效率更高。

两段提交协议(two-phase commit protocol) 分布式数据库系统采用的分两个步骤提交事务的协议。指定协调者和参与者,前者负责作出该事务是提交还是撤销的最后决定;后者负责管理其相应子事务的执行及在各自局部数据库上的执行写操作。第一阶段:协调者询问参与者各事务是否已经成功执行,准备提交。参与者在回答前把信息记录在日志文件中。第二阶段:协调者收到所有参与者准备提交的信息,才会发出最后提交的命令。把最终决定先记录在日志文件中,然后发出提交或退回命令。

并行数据库(parallel database) 在大规模并行计算机和集群并行计算环境的基础上建立的高性能数据库系统。通过多个处理节点并行执行数据库任务,提高整个数据库系统的性能和可用性。主要性能指标有吞吐量和响应时间。

多媒体数据库(multimedia database) 支持并提供对多媒体数据(包括音频、图像、无格式文本、半结构文本等)处理的数据库系统。特性有:(1) 支持多媒体对象内容的查询,如找出包含三个飞机的图像等;(2) 管理大对象的仓库,多媒体对象都是非常大的对象,需要能够处理大对象的仓库和技术,如将压缩技术集成到数据库中等;(3) 视频点播,需要实时、可靠地满足快进回放等功能。

演绎数据库(deducted database) 具有演绎推理能力的数据库。一般用一个数据库管理系统和一个规则管理系统来实现。主要研究如何有效地进行逻辑规则推理。具有对一阶谓词逻辑进行推理的演绎结构,推理功能即由此结构完成。

主动数据库(active database) 除完成传统数据库的服务外,还具有各种主动服务功能的数据库系统。在传统数据库中,当用户要对数据库中的数据进行存取时,只能通过执行相应的数据库命令或应用程序来实现,数据库本身不会根据其状态主动反应。但在计算机集成制造系统、管理信息系统、办公自动化系统等实际应用领域中,常希望数据库系统在紧急情况下能够根据其当前状态,主动、适时地做出反应,执行某些操作,向用户提供某些信息。

空间数据库(spatial database) 存储地理空间信息以及特定应用相关的地理空间数据的计算机系统。始于20世纪70年代的地图制图和遥感图像处理。目的是有效利用卫星遥感资源。特点为:(1)数据量巨大,可达10^{15}量级;(2)具有高可访问性,具有强大的信息检索和分析能力;(3)空间数据模型复杂,涵盖几乎所有与地理相关的数据类型,主要有属性数据、图形图像数据和空间关系数据三类;(4)属性数据和空间数据联合管理;(5)空间实体的属性数据和空间数据可随时间而发生相应变化;(6)空间数据的数据项长度可变,包含一个或多个对象,需要嵌套记录;(7)具有空间多尺度性和时间多尺度性。

对象数据库(object-oriented database) 基于面向对象模型的数据库系统。结合面向对象技术和数据库系统。特点为:(1)宜维护。采用面向对象思想设计的结构,可读性高,由于继承特点,即使改变需求,维护也只在局部模块,故维护方便,成本较低。(2)质量高。在设计时,可重用已被测试过的类,系统可以满足业务需求并具有较高的质量。(3)效率高。面向对象的设计理念,可以提高软件开发的效率。(4)易扩展。由于继承、封装、多态的特性,设计出高内聚低耦合的系统结构,使得系统更灵活、更容易扩展。但在性能方面,模式修改以及标准化方面,还具有一定的挑战。

内存数据库(in-memory database) 将数据放在内存中直接操作的数据库。相对于磁盘,内存数据的读写速度要高出几个数量级,比从磁盘上访问能够极大地提高应用的性能。全部数据都在内存,数据缓存、快速算法、并行操作获得改进,数据处理速度比传统数据库快很多,一般在10倍以上。"主拷贝"或"工作版本"常驻内存,即活动事务只与实时内存数据库的内存拷贝打交道,适合实时性要求高的应用场景。

网络数据库(Web database) 亦称"Web数据库"。在互联网中以网络查询接口方式访问的数据库资源。促进因特网发展的因素之一是网络技术,将数据库技术与网络技术融合在一起,使数据库系统成为网络的重要有机组成部分,实现数据库与网络技术的无缝结合。把网络与数据库的所有优势集合在一起,且充分利用了大量已有数据库的信息资源。由四部分组成:数据库服务器、中间件、网络服务器和网络浏览器。工作过程可描述成:用户通过网络浏览器端的操作界面以交互的方式经由网络服务器来访问数据库,用户向数据库提交的信息以及数据库返回给用户的信息都是以网页的形式显示。

Web数据库 即"网络数据库"。

数据仓库技术

元数据(meta data) 描述数据的数据。多用来定义或规定数据存储的形式等属性。

源数据(source data) 数据集成的来源。

数据仓库(data warehouse; DW) 一种用以更好地支持企业或组织决策分析处理的,面向主题、集成的、相对稳定的、反映历史变化的数据集合。和数据库一样,是长期贮存在计算机内,有组织,可共享的数据集合。用于数据分析。

数据集市(data mart) 面向特定的部门或者用户的需求,按多维方式进行数据存储和组织的技术。与数据仓库相比:(1)规模小;(2)有特定的应用;(3)面向部门,由业务部门定义、设计、开发与维护;(4)能快速实现;(5)价格较便宜;(6)工具集的紧密集成;(7)可升级到数据仓库。

星形模型(star model) 一种用于数据分析的数据模型。由一个事实表和一组维表组成。每个维表都有一个主键,反映该维度的详细信息。事实表属性分为维度属性和度量属性两种。维度属性是各个维度表的主码,反映数据分析依据的维度,度量属性一般都是数值或其他可进行计算的数据;按这种方式组织好数据就可按不同的维度对度量属性进行求和、求平均、计数等的聚集计算,实现从不同的维度对主题业务进行分析。

雪花模型(snowflake model) 一种用于数据分析的数据模型。类似星形模型,由事实表和维度表组成。与星形模型的不同在于维度表可以有层次结构。

联机分析处理(online analytic processing; OLAP) 以海量数据为基础的复杂分析技术。是数据库系统一个重要的应用场景。主要是对以往的聚集数据进行分析,支持各级管理决策人员从不同的角度,快速灵活地进行复杂查询和多维分析处理,做出各种决策。通常多个独立数据库中的数据被整合到一个数据仓库中,基于星形模型或雪花模型组织数据,通过切片、切块、旋转、向上综合、向下钻取等多个操作对数据加以分析,挖掘出包含在数据中的规则和关联信息等,进行正确的决策。实现方法有:基于多维数组的存储模型、基于关系数据库的存储模型和混合前两者的存储模型三种。

多维数据分析(multidimensional data analysis) 以数据库或数据仓库为基础,进行数据分析处理的技术。研究如何从多个角度或多个维度,对某一事物进行全方位的分析。包括定义维度、需要计算的指标、维度的层次等。生成面向决策分析需求的数据立方体,采用切片、切块、旋转、向上综合和向下钻取等多个操作对数据加以分析。

数据立方体(data cube) 多维数据分析中采用的一种可视化的三维模型。选择星形模型或雪花模型中的维度数据作为数据立方体的维度,度量属性值就是基于维度数据立方体上的一个点,聚集数据是立方体上的某一个片、块或点。

切片(slice) 数据分析技术中的一种操作。选择维度中特定的值进行分析。

切块(dice) 数据分析技术中的一种操作。选择多个维度特定区间的数据或者某些特定值进行分析。

旋转(pivot) 数据分析技术中的一种操作。选择不同维位置的互换,如二维表的行列转换。

向上综合(roll-up) 数据分析技术中的一种操作。在维的不同层次间,从下层向上层变化,即从细粒度数据向粗粒度数据、高层的聚合。例如,从上海市和浙江省的销售数据进行汇总来看江浙沪整体销售情况。

向下钻取(drill-down) 数据分析技术中的一种操作。在维的不同层次间,从上层降到下一层,或将汇总数据拆分到更细节数据。例如,从江浙沪销售情况拆分成上海市销售情况以及浙江省的销售情况。

位图索引(bitmap index) 一种建立索引的方法。是建立在某一个属性上的用0或1来表示某个元组在该属性上的值。列是该属性值的个数,行是整个关系表的元组数目。在数据库中,只需要存储属性值,而不需要存储元组序号。0或1组成的索引加快了条件表达式与或并的计算,节省了索引空间,但更新操作,需要封锁更多的行,降低了并发度。比较适合在属性值不多而元组值很多的属性上建立。通常用于数据分析时需要大量条件表达式的计算。

物化视图(materialized view) 一种用于数据分析,预先计算并存储的技术。与在数据库中普通视图是基于特定的关系表而产生的临时结果,不进行存储不同,而是把结果存储下来,方便数据分析时能快速应用。

分布式数据仓库(distributed data warehouse) 一种结合分布式处理技术的数据仓库。有三种类型:(1)局部数据仓库和全局数据仓库,适用于拥有许多不同业务,业务遍布世界各地,分部拥有大量业务处理,少量或特定操作发布到总部执行。(2)技术分布式数据仓库,逻辑上还是一个数据仓库,只是物理上分布在多个处理器。(3)独立开发的分布式数据仓库,先建立一个数据仓库,再根据需要建立另一个数据仓库。

内存数据仓库(main memory data warehouse) 利用内存实现的数据仓库。内存相对于磁盘能耗更低,计算性能更高,无须依赖存储代价极大的物化视图及索引机制。在列存储和压缩技术的支持下,内存存储比传统的磁盘存储具有更高的效率。在性能上需提高处理效率,以满足实时处理的需要。在扩展性方面,采用了分布式并行技术,通过中低端内存计算集群构建高性能内存数据仓库平台,以降低成本并提供可扩展的并行内存计算能力。

云数据仓库(cloud data warehouse) 基于云技术实现的数据仓库。实现了大数据集成、大数据计算服务、大数据开发、大数据管理等功能。优势是:(1)强大的数据整合能力。通过数据采集工具可以将不同的存量历史数据或不同应用系统的数据整合到云平台。(2)多种计算引擎。提供多种数据计算引擎，满足不同数据类型的进行加工的需要。(3) 强大的数据处理能力。可针对 $10^{12} \sim 10^{15}$ 量级的数据进行分布式的数据加工，做深度、复杂的加工。(4) 数据质量的保证。对数据采集、加工等不同过程提供了全链路的数据监控和保障，可及时发现数据质量问题。(5) 全链路数据生产保障。用户在进行全链路的数据加工过程，生产过程中的任何问题可及时反馈给数据工程师。(6) 全方位的数据安全掌控。提供全方位的安全管控以及多层次的存储和访问安全机制，保护用户数据不丢失、不泄露、不被窃取。

数据中心(data center)　一种用于集中放置 IT 资源(包括服务器、数据库、网络与通信设备以及软件系统)的特殊 IT 基础设施。一般在供电、带宽、物理环境和安全等方面有严格要求。

大数据技术

大数据(big data)　无法在可承受的时间范围内用常规软件工具进行获取和处理的数据集合。是需要新的处理模式才能具有更强的决策力、洞察发现力和流程优化能力的海量信息资产。起源于 2008 年 9 月《自然》杂志的专题"big data"，2011 年《科学》杂志推出专刊"Dealing with data"对大数据的计算问题进行讨论。数据规模在 $10^{12} \sim 10^{18}$ 或更高量级。数据量大、增长速度快、多样化程度高和数据价值高。按应用类型，分为：(1) 海量交易数据，数据海量、读写操作简单、访问和更新频繁、一次交易数据量不大，但要求支持事务 ACID 特性，强调一致性；(2) 海量交互数据，实时交互性强，但不要求支持事务特性，数据类型异构、不完备、噪声大、增长快，不要求强一致性；(3) 海量处理数据，面向海量数据分析、计算复杂、涉及多次迭代完成，追求数据分析的高效率，但不要求支持事务特性。战略意义在于对数据进行专业化处理，即通过"加工"实现增值。通常依托于云计算技术来实现。

海量数据(massive data)　21 世纪初出现的，针对网络和社交平台不断产生的巨量、异构、复杂的数据集合。

超大规模数据(very large data)　20 世纪 70 年代中期出现的数百万条规模的数据量集合。在数据库领域一直享有盛誉的超大规模数据库国际会议(VLDB)从 1975 年开始针对数据库领域出现的百万规模数据量进行探索和研究。

大数据分析(big data analysis)　用适当的统计分析方法对收集来的大量数据进行分析、提取和形成结论，对数据加以详细研究和概括总结的过程。不在于数据的杂乱，而强调数据的规模；不要求数据的精准，但看重其代表性；不刻意追求因果关系，但重视规律总结。分为三个层次：(1) 描述分析，探索历史数据并描述发生了什么，通常采用聚类、相关规则挖掘、模式发现和可视化分析技术；(2) 预测分析，用于预测未来的概率和趋势，通常采用基于逻辑回归、分类器等各种预测技术；(3) 规范分析，根据期望的结果、特定场景、资源以及对过去和当前事件的了解对未来的决策给出建议。分析过程分业务理解、数据理解、数据准备、建模、评估和部署六个阶段。

数据可用性(data availability)　一个数据集合满足一致性、精确性、完整性、时效性和实体同一性的程度。一致性指数据集合中每个信息都不包含语义错误或相互矛盾的数据。精确性指数据集合中每个数据都能准确表述现实世界中的实体。完整性指数据集合中包含足够的数据来回答各种查询和支持各种计算。时效性指信息集合中每个信息都与时俱进，不陈旧过时。实体同一性指同一实体在各种数据源中的描述统一。

NoSQL 数据库(Not only SQL database; NoSQL database)　一种非关系模式、分布、开源、可扩展的数据库。不满足关系数据库系统具有的原子性、一致性、隔离性和持久性(ACID)。以牺牲事务强一致性机制，来获取更好的分布式部署和横向扩展能力，满足互联网应用对数据灵活性和性能的需求。共有四种类型：(1) 键值数据库，采用键值对来存储数据，数据模型简单、扩展性好，通过键来高效存取数据值；(2) 文档数据库，类似键值数据库，以文档模型替代键值数据库中的数据值、可描述复杂的数据结构，既可根据键来构建索引，也可基于文档内容来构建索引，适用于数据会扩展的应用场景；(3) 列族数据库，按照行列组织数据，每一行有键，由多个列族组成，每个列族由多个列组成，列是键值对，适用于大规模聚合数据的并行处理场景；(4) 图数据库，按照图模型来查询和存储数据，适用于数据之间关联性强的应用场景。

键值对(key value pair)　一种使用键值方式存储的数据表示形式。键表示某一属性或对象,值则是对应该属性或对象的值。例如,“学科”: 计算机科学技术。基于键值对的非关系数据库系统,其数据按照键值对的形式进行组织、索引和存储,比传统数据库系统具有访问速度快、效率高的优势。

图模型(graph model)　一种使用节点和关系储存实体和实体间关联的存储技术。

文档模型(document model)　一种使用 XML、JSON/BSON 等文档格式储存半结构化数据的 NoSQL 数据库。特点是:(1)无须预定义数据库模式,非常适合储存现代互联网中海量但又不规整的数据;(2)文档可嵌套,非常灵活;(3)单个集合支持满足原子性、一致性、隔离性和永久性的传统事务。主要应用于:(1)数据模式尚不清晰的情形,如敏捷开发;(2)数据量很大或预计将来会变得很大的情形。

NewSQL 数据库(NewSQL database)　一种融合了 NoSQL 系统和传统数据库事务管理功能的新型分布式数据库。具有与 NoSQL 相同的可扩展性,支持关系模型和大规模并发事务,使用 SQL 而非 API 修改数据库状态。特点是:(1)主内存存储;(2)分区或分片共享分布式架构;(3)并发控制多使用 MVCC 协议或组合方案;(4)次级索引支持快速索引。主要有三种类型:(1)新型架构的 NewSQL 系统,特点是无共享存储、多节点并发控制、基于多副本实现高可用和容灾、流量控制、具有分布式查询处理。所有部分都可以为分布式环境做优化、负责数据分区、拥有自身的存储、可以指定更复杂的多副本方式,但懂该数据库的专业人员缺乏。(2)使用透明数据分片中间件的 NewSQL 系统,中间件主要负责对查询请求做路由,分布式事务的协调,数据分区、分布和多副本的控制,在本地节点执行中间件节点发来的请求,并且返回结果。主要缺点是以磁盘为核心的数据库,多核服务器难以高效地利用,查询计划和查询优化重复。(3)使用云计算数据库服务的 NewSQL 系统,特点是用户可以按需使用,数据库本身可使用云存储,可以较容易地实现可扩展性。

列存储(column storage)　一种以列的方式序列化数据的方法。特点是:(1)优异的数据压缩性能;(2)极高的读写性能,特别是对于小批量、大数据规模的应用场景;(3)单行的数据支持原子性、一致性、隔离性和永久性特性。主要应用于:(1)大数据量(10^{14}量级的数据)且有快速随机访问的需求;(2)不需要复杂查询条件来查询数据的应用。

行存储(row storage)　传统数据库采用的以行方式存储数据的方法。

混合存储(mix storage)　一种混合了列和行存储数据的方法。

结构化数据(structured data)　具有一定格式,满足一定条件的数据。常指数据库中的数据。结构是事先定义的,所有数据条目都必须满足该结构。

半结构化数据(semi-structured data)　一种结构隐含在数据中而非预先设定的数据。常指互联网上的数据形式,如 XML 数据、HTML 数据。相对于结构化数据,具有灵活性和可扩展性;相对于非结构化数据,具有一定的数据表示格式。

非结构化数据(unstructured data)　没有一定格式,无法描述其规律的数据。通常指文本数据或其他复杂结构的数据。计算机系统对非结构化数据的处理比对结构化数据的处理难度更大。

皮尔森相关系数(Pearson correlation coefficient)　衡量两个变量或属性之间关联关系的统计量。用一个在-1与1之间的相关系数来衡量。对于两个变量 x 和 y,如果 x 和 y 没有任何关联关系,则它们的相关系数为0;当 x 值增大,y 值也相应增大,则两个变量为正相关;当 x 值增大,y 值相应减小,则两个变量为负相关。

推断统计(inferential statistics)　利用样本数据来推断总体特征的统计方法。目的是利用问题的基本假定及包含在观察数据中的信息,做出尽量精确和可靠的结论。基本特征是其依据的条件中包含带随机性的观察数据。包含参数估计和假设检验两方面内容。

参数估计(parameter estimation)　根据从总体中抽得的样本,对总体的某种特性进行估计的方法。某种特性可以是总体均值、总体方差等,也可以是总体分布中所含的未知参数以及这些参数的函数。因这些特性都可看作一个参数,故名。分为:(1)点估计,寻求未知参数的估计量和估计值;(2)区间估计,从点估计值和抽样标准误差出发,按给定的概率值建立包含待估计参数的区间。

假设检验(hypothesis testing) 数理统计学中根据一定假设条件由样本推断总体的一种方法。具体分为三步:(1) 根据问题的需要对所研究的总体做某种假设,记作 H_0;(2) 选取合适的统计量,使得在假设 H_0 成立时,其分布为已知;(3) 由实测的样本计算出统计量的值,并根据给定的显著性水平进行检验,做出拒绝或接受假设 H_0 的判断。t 检验和 u 检验是两种最常用的假设检验方法。

关联分析(correlated analysis) 在数据集合中查找变量之间、项目或对象集合之间的频繁模式、关联、相关性或因果结构的方法。包括:(1) 回归分析,用于分析变量之间的数量变化规律,特别适用于定量地描述和解释变量之间相互关系或者估测或预测因变量的值。(2) 关联规则分析,用于发现存在于大量数据集中的关联性或相关性,从而描述一个事物中某些属性同时出现的规律和模式。(3) 相关分析,对总体确实具有联系的指标进行分析。描述客观事物相互间关系的密切程度并用适当的统计指标表示出来的过程。相关分析与回归分析在实际应用中有密切关系。回归分析关心一个随机变量对另一个随机变量依赖的函数表示,而相关分析,两个变量地位相同,侧重变量之间的各种相关特征。例如,超市购物篮分析,通过发现顾客放入其购物篮中的不同商品之间的联系,分析顾客的购买习惯,了解哪些商品频繁地被顾客同时购买,用以帮助零售商制定营销策略。

分类分析(classification analysis) 已知研究对象已经分为若干类的情况下,确定新的对象属于哪一类的分析方法。按判别类别中的组数,分二分类和多分类。有两类分类策略模型:(1) 判别分析,多元统计分析中用于判别样品所属类型的一种统计分析模型。按判别函数的形式,分线性判别和非线性判别;按判别式处理变量的方法,分逐步判别、序贯判别等;按判别标准,分距离判别、费歇尔判别、贝叶斯判别等。(2) 机器学习分类,通常利用训练样例训练模型,依据此模型对类别未知数据进行分类,主要方法包括决策树、支持向量机、神经网络、逻辑回归等。

聚类分析(cluster analysis) 亦称"群集分析"。统计数据分析的一门技术。聚类是把相似的对象通过静态分类的方法分成不同的组别或者更多的子集,让在同一个子集中的成员对象都有相似的一些属性,常见的包括在坐标系中更加短的空间距离等。距离的测量方法包括:曼哈顿距离、欧式距离、汉明距离、余弦距离、马氏距离等。数据聚类算法可分为结构性算法和分散性算法。结构性算法利用以前成功使用过的聚类器进行分类,而分散型算法则是一次确定所有分类。广泛应用于机器学习、数据挖掘、模式识别、图像分析、生物信息等。

结构分析(structure analysis) 发现数据中结构的方法。其输入是数据,输出是数据中某种有规律性的结构。在统计分组的基础上,将部分与整体的关系作为分析对象,以发现在整体的变化过程中各关键的影响因素及其作用的程度和方向的分析过程。通常结构分析的数据对象是图 $G=(V, E)$,其中 V 是 G 中所有节点的集合,E 是 G 中边的集合。

链接排名(hyperlink rank) 基于图中节点的链接关系,对图中的节点按照其重要性进行排名的算法。输入是有向权值图 $G=(V, E, W_V, W_E)$,其中 W_V 是各个节点的权值,W_E 是边的权值。输出是基于 G 中的链接关系给每个点的新权值。最著名的算法是谷歌公司的 PageRank 和 HITS,用于网页的搜索排序。谷歌公司利用网页的链接结构计算每个网页的等级排名,基本思路是:如果一个网页被其他多个网页指向,说明该网页比较重要或者质量较高。除考虑网页的链接数量,还考虑网页本身的权值级别,以及该网页有多少条出链到其他网页。根据这个算法,谷歌搜索引擎返回用户所需要的高质量网页。

结构计数(structure count) 对图中具有某种特定属性的结构进行计数的算法。经典的是三角形计数,即输入图 G,输出其中的三角形。

社团发现(community discovery) 发现网络中社团的算法。社团由一群有着共同兴趣的个人和备受他们欢迎的网页组成。社团是图中所有节点构成的全集的一个子集,满足子集内部节点之间连接紧密,与外部其他节点连接不够紧密的特点。

数据抽样(data sampling) 依赖随机化或其他技术,从大数据中选出一部分样本的过程。是数据预处理重要的步骤。设一个总体含有 N 个个体,从中逐个不放回地抽取 n 个个体作为样本 $(n<N)$。按抽样的方法,分随机抽样、系统抽样、分层抽样、加权抽样和整群抽样。目的是减少要处理的数据量,使处理的数据量能够达到当前的处理能力能够处理的程度。

数据过滤(data filtering) 为减少数据量而选择满足某种条件的数据的过程。是数据预处理重要的步骤。数据分析集中在某种条件的数据上,从而既满足了业务需求,又客观地减少了数据量。

数据清洗(data cleaning) 为保证数据的一致性、精确性、完整性、时效性和实体同一性而对数据进行处理的方法。是数据质量管理的重要任务。包括缺失值填充、实体识别与真值发现、错误发现与修复。缺失值的处理方法包括删除含有缺失值记录或填补缺失值。实体识别主要用到的技术为冗余发现和重名检测。真值发现主要通过两种简单方法:(1) 投票方法,即采用多个数据源中提供一致的值;(2) 考虑数据源精度的迭代方法,即基于一些启发式规则,构建一个真相发现者的可计算模型。数据可信度和事实上的置信度是相互确定的,使用迭代方法进行计算。错误发现包括格式内容检查,去除不合理值、修正矛盾内容等。

Hadoop 一个由 Apache 软件基金会开发的分布式系统基础架构。目的是让用户在不了解分布式底层细节的情况下开发分布式程序,充分利用集群的威力进行高速运算和存储。框架最核心的设计是 HDFS 和 MapReduce。HDFS 为海量的数据提供了存储,而 MapReduce 则为海量的数据提供了计算。优点是:高可靠性、高可扩展性、高效性、高容错性和低成本。

Hadoop 分布式文件系统(Hadoop distributed file system; HDFS) 一个让大数据集运行在通用低廉硬件上的分布式文件系统。可以部署到成千上万的节点上,提供高吞吐量来访问大规模的应用程序数据,具有高度容错性的特点,是 Hadoop 重要的组成部分之一。工作原理如下:数据自动存储和分布在不同又互相联网协同工作的计算机节点上,每个文件都有相关联的元数据,元数据和数据文件分别保存在不同的计算机节点集群上,前者称“名称节点”,后者称“数据节点”。名称节点不但管理存储元数据,还记录哪些节点是集群的一部分,某个文件有几个副本等,每份数据文件会有多个副本保存在不同的数据节点上。名称节点类似主服务器负责处理用户提出的读写操作并把具体数据存储的节点信息告知用户,用户转而向数据节点发出写入或读取数据的请求。数据节点会定时与名称节点联系。若名称节点在预定时间里没有收到数据节点的联系信息,认为该节点出问题,把它从集群中移除,并启动一个进程通过副本快速恢复数据,当某个节点硬件出现故障时,系统会检测到存储在该硬盘的数据块副本数量低于要求,便会主动创建需要的副本,保证满副本状态。

Haloop 对 Hadoop 平台上的程序进行了优化的改进版本。主要改进在两个方面:(1) 每次循环,Hadoop 都需要重新加载上一次的所有数据,即使这些数据跟上传循环结束时是一样的。(2) 为了判断循环终止条件,可能还需要额外的一次 MapReduce 工作。而 Haloop,如果循环不变量被缓存在本地,那么就不必每次重新从 HDFS 加载数据,节省了网络宽带、输入/输出花费和中央处理器资源;每次在 Reduce 上缓存数据,使不动点查询更简单。

Spark Apache 软件基金会开源项目的大数据计算平台。整合利用云计算和大数据技术,有丰富的编程接口,支持在单机、集群、云等多种平台上运行,能访问 HDFS 文件系统和 Hbase 数据库等任意 Hadoop 支持的数据源,提供批处理、交互式、流处理等多种数据处理模式。

Hyracks 一个以强灵活性、高可扩展性为基础的新型分区并行软件平台。用于大型无共享集群上的密集型数据计算。允许用户将一个计算表示成一个数据运算器和连接器的有向无环图。运算器处理输入数据分区并产生输出数据分区,而连接器对源节点运算器的输出数据分区重新分配,产生目标运算器可用的数据分区。与 Hadoop 一样都是开源的分布式系统,适用于处理多次分区和排序、大量移动数据等任务。

Dpark 一个基于 Mesos 集群计算框架,用 Python 实现,更灵活方便进行分布式计算,更多功能进行迭代式计算的计算平台。和其他数据流形式的框架(如 Hadoop、Dryad)不同,分布式的数据集可以在多个不同的并行循环中被重复利用。

开放数据处理服务(open data processing service) 亦称“Max Computer”。基于飞天分布式平台,提供海量数据离线处理服务的大数据云服务平台。提供完善的数据导入方案以及多种经典的分布式计算模型。针对 10^{15} 量级的数据、实时性要求不高的批量结构化数据存储和计算能力,应用于数据分析与统计、数据挖掘、商业智能等领域。

批处理模式(batch processing mode) 先进行数

据的存储,再对存储的静态数据进行集中计算的一种处理模式。是传统数据的处理方式。隐含三个前提:(1)系统通过调度批量任务来操作静态数据,单位时间处理的数据量可以确定;(2)数据是过去某个时刻的快照,可能已经过时;(3)在此流程中,用户主动发出查询要求,系统是应对查询。

流处理模式(stream processing mode)　一种无法确定数据的到来和到来顺序,无法事先将数据存储,而是当流动数据到来后在内存中直接进行数据计算的处理模式。对数据流能够实时响应,根据实时到达的数据进行负载分流,主动管理数据。主要适用于对计算系统的实时性、吞吐量、可靠性较高的金融银行业应用、互联网应用和物联网应用等场景。在金融银行的实时监控场景中,体现的优势是风险管理、营销管理和商业智能。在互联网领域主要应用在搜索引擎和社交网站。在物联网领域应用场景包括智能交通和环境监控。

大图计算平台(large-scale graph-structured computing platform)　一种针对图数据的管理、计算和分析的计算平台。社交网络、交通网络都可直接表示为图形式。具有代表性的平台有 GraphLab、Giraph、Neo4j、Apache Hama 和 Max Computer Graph 等。

数据挖掘技术

数据挖掘(data mining)　一种从数据源(通常指数据库)中探寻未知、有用的模式或知识的过程。需要使用多学科交叉技术,包括机器学习、统计、数据库、人工智能、信息检索和可视化技术。通常分预处理、数据挖掘和后处理三个步骤。采用的方法有分类技术、聚类技术、关联规则挖掘和序列模式挖掘等。如数据源是文本集合,称“文本挖掘”。如数据源是互联网,则称“网络挖掘”。

网络挖掘(Web mining)　亦称“Web 挖掘”。应用数据挖掘技术在互联网信息中探寻未知、有用的模式或知识的过程。网络数据包括四种类型,(1)网页内容,分静态网页内容和动态网页内容,内容通常是自然语言文本或音视频信息等多媒体。(2)用户日志数据,描述用户上网信息,包括 IP 地址、上网时间和时长等使用互联网的信息。(3)用户偏好信息,指特定用户的登录、收藏信息以及搜索关键词等可以反映用户偏好的私人信息。(4)网络链接,网页之间通过超链接形成的关联关系。针对这四种不同的数据,网络挖掘任务可分为结构挖掘、内容挖掘和使用挖掘。

Web 挖掘　即“网络挖掘”。

网络使用挖掘(Web usage mining)　亦称“Web 使用挖掘”。从记录每位用户点击情况的使用日志中挖掘用户的访问模式和使用偏好的网络挖掘任务。例如,通过挖掘服务器日志文件获取客户的使用生命周期、设计产品和服务的交叉营销策略、评估促销活动的效果、优化网络应用程序的功能、为访问者提供更个性化的内容等。

网络结构挖掘(Web structure mining)　亦称“Web 结构挖掘”。从表征网络结构的超链接中寻找有用知识的网络挖掘任务。例如,从这些链接中,找出最重要的网页和有共同兴趣的用户社区等。

网络内容挖掘(Web content mining)　亦称“Web 内容挖掘”。从网页内容中抽取有用信息和知识的网络挖掘任务。例如,从网络中的商品描述、论坛回帖等挖掘出针对某商品信息的评论等有用的信息。不仅需要传统数据挖掘技术,而且也需要利用自然语言处理技术,类似于文本挖掘的过程。

文本挖掘(text mining)　应用数据挖掘技术对自然语言写的文本进行分析和探寻未知知识的过程。需要应用自然语言处理技术进行文本预处理,如停用词移除、西方语言词干提取、中文分词等,然后特征表示和提取,最后应用传统的聚类、分类等挖掘技术进行分析和处理。

关联规则(association rule)　通过数据挖掘而发现的数据项集合中存在的规则集合。如分析商场中出售商品之间的关联,而得出的一条关联规则为:买了牛肉和鸡肉的客户,很有可能会买奶酪。这些规则描述了商场中客户的行为,是隐藏在数据库中数据之间的关联。假设 I 是一个物品集合,T 是一个事务集合,其中每个事务是一个物品集合,代表着某次的购买。一个关联规则是一个如下形式的蕴含关系:$X \to Y$,其中 X、Y 属于物品集合 I,且 X、Y 无交集。X 称为前件,Y 称为后件。通过挖掘算法发现这样的规则,并用支持度和置信度来衡量规则在事务集合中使用的频繁程度和可预测度。

分类关联规则(classification association rule)　针对用户感兴趣的目标项的关联规则。假设 I 是一个物品集合,T 是一个事务集合,每个事务都有一个分类 y, Y 是所有分类标识,即目标项,I 和 Y 没有交集,一个分类关联规则指如下的蕴含关系: $X \to y$,其中 X 属于物品集合 I,y 属于标识集合 Y。与关联规则不同的地方是: 规则的后件只有一个标识,而且只能从分类标识集合 Y 中选取。

序列模式(sequence pattern) 一个排过序的项集列表。反映现实世界中存在的一种顺序关系,如购买商品时的顺序,浏览网页的顺序等。对序列模式的挖掘是找出大于最小支持度的模式,可以帮助商家进行商品的推荐,也是用户行为挖掘的任务之一。

序列规则(sequential rule) 一个形如 $X \to Y$ 的规则,其中 X 和 Y 都是序列,表示为序列 X 的出现会导致后续序列 Y 的出现。例如,序列规则 $\{a\} \to \{e, f\}$ 应用在超市购物篮,可表示为客户购买了 a 物品,随后他会购买 e 和 f 物品,通过超市中每个客户每次购买的数据序列中,根据最小支持度和最小置信度,通过数据挖掘算法获取。

时间序列(time series) 带有时间标签的数据项。每个实例代表不同的时间间隔,属性给出了与该时间间隔对应的值,如气象预报或股市行情预测等。有时需将当前实例的一个属性值用过去或将来的实例所对应的属性值来替换。更常用的是用当前的实例与过去实例的差值来替换当前的属性值。在有些时间序列中,实例的时间是由时间戳属性给出。

Apriori 算法(Apriori algorithm) 挖掘关联规则的算法。分为两步: 第一步生成所有频繁数据项集合,支持度高于某个阈值。第二步从频繁数据项集合中生成所有可信关联规则,置信度大于某个阈值。

频繁数据项集(frequent datasets) 出现频率满足一定条件的数据项的集合。

支持度(support) 规则在事务集合中使用的频繁程度。是数据挖掘领域中判断是否为规则的衡量标准之一。规则 $X \to Y$ 的支持度是指在所有事务集合中同时包含 X 和 Y 的百分率。如果其值过低,则表示相应的规则有可能是偶然发生的。

置信度(confidence) 规则的可预测度。是数据挖掘领域中判断是否为规则的衡量标准之一。规则 $X \to Y$ 的置信度指同时包含 X 和 Y 的事务占所有包含了 X 事务的百分率。如果其值过低,那么从 X 很难可靠地推断出 Y。

包装器(wrapper) 抽取网页上结构化数据的程序。有三种产生方法: (1) 手工法,通过观察网页及其源码,由编程人员找出一些模式,再根据模式编写程序抽取目标数据。(2) 监督或半监督法,根据人工标注过的网页或数据记录,训练程序,或设计一个交互式界面来标注网页上的目标,从而产生抽取该目标的程序。(3) 无监督法,给定一个或多个需要抽取的网页,通过自动寻找模式或语法,生成程序抽取目标数据。由于网页的动态性,风格或字体发生变化,抽取程序可能无法抽取目标数据,需要抽取数据的自动验证和抽取程序的修复工作。

包装归纳(wrapper deduction) 从标注好的训练样例集合中,学习网页数据抽取规则的算法。分监督、半监督和无监督三种方法。

卡方测试(chi-squared test) 一种对分类数据频数进行分析的统计方法。也是一种假设检验的方法。用于检验统计样本的实际观测值与理论推断值之间的偏离程度。实际观测值与理论推断值之间的偏离程度就决定卡方值的大小,如果卡方值越大,两者偏差程度越大;反之,两者偏差越小;若两个值完全相等时,卡方值就为 0,表明理论值完全符合。分为拟合度的检验和独立性检验。前者主要使用样本数据检验总体分布形态或比例的假说。决定所获得的样本比例与虚无假设中的总体比例的拟合程度。后者用于两个或两个以上因素多项分类的计数资料分析,即研究两类变量之间(以列联表形式呈现)的关联性和依存性,或相关性、独立性、交互作用性。

Kappa 统计量(Kappa statistic) 用于衡量从测试人员或标注人员那里拿到的数据的可靠性与一致性的 Kappa 系数。也可以用于衡量分类精度。Kappa 系数的计算是基于混淆矩阵的,其计算结果为 -1~1,但通常 Kappa 是落在 0~1 间,可分为五组来表示不同级别的一致性: 0.0~0.20 极低的一致性、0.21~0.40 一般的一致性、0.41~0.60 中等的一致性、0.61~0.80 高度的一致性和 0.81~1 几乎完全一致。

T 检验(T test) 用 t 分布理论来推论差异发生的概率,从而比较两个平均数的差异是否显著的一种假设检验方法。分为单总体检验和双总体检验,以及配对样本检验。

查准率(precision) 亦称“准确率”“精度”。信息检索与信息抽取常用的评测指标之一。用来衡量系统检索或抽取出的结果中,正确的占比。

准确率 即“查准率”。

精度 即“查准率”。

查全率(recall) 亦称“召回率”。信息检索与信息抽取常用的评测指标之一。衡量系统应该检索或抽取出结果中,正确的占比。

召回率 即“查全率”。

F 测量(F-measure) 在信息检索与信息抽取领域中,为综合平等地考虑查准率和查全率而设计的一个指标。通常为提高系统的查全率,必然会降低查准率;相反,为提高系统的查准率,也会降低查全率。计算公式如下:

$$F = (B^2 + 1)PR/(B^2P + R),$$

式中,P 表示查准率,R 表示查全率;B 是一个参数,表明查准率和查全率的相对重要性。如 B 取 1,表明查全率和查准率同等重要,通常称为综合 F_1 值。

孤立点(outlier) 不符合数据模型的数据。在挖掘正常知识时,通常把它们作为噪声来处理,但也可以为一些实际应用,如信用欺诈、入侵检测等提供有用的信息。孤立点分析主要采用基于概率统计、基于距离和基于偏差等检测技术。

聚类(clustering) 在一批样本数据中寻找一种自然分组的过程。是一种典型的无监督学习方法。使同组样本较为相似而不同组样本有明显不同。先确定相似性度量、聚类的准则函数,并选用一种聚类算法,机器据此进行聚类,得到聚类结果。常用的算法有:迭代优化(如 k 均值法、模糊 k 均值法),层次聚类(如分裂法、合并法等),人工神经网络聚类,在线聚类等。

信息检索(information retrieval) 帮助用户找到与他们需求信息相匹配内容的方法。用户通过查询操作模块发送一个查询到检索系统,检索模块使用文档索引找到包含这些查询词的文档,并计算这些文档的相关度,根据相关度给这些文档排序,然后返回给用户。

信息检索模型(information retrieval model) 一种表示文档、查询及其相关度的模型。主要有布尔模型、向量空间模型、语言模型和概率模型四种。前三种使用同一框架,认为文档和查询是由一组单词构成的,忽略词的顺序和在句子或文档中的位置。文档集合的所有词汇是整个空间,每个文档表示为该空间上的一个词向量,每个词对应一个权值,不同的模型对权值的计算方法不同。查询亦表示为类似的一个向量。通过对文档和查询的表示,计算它们之间的相关度,可找到符合查询的相关文档。后一种计算文档属于相关或不相关的概率,并按概率大小排序返回用户。

布尔模型(Boolean model) 一种基于集合论和布尔代数的信息检索模型。文档和查询都表示为一组词。每个词在文档中只有两种可能,即出现和不出现。

向量空间模型(vector space model) 把对文本内容的处理简化为向量空间中的向量间相似度运算的信息检索模型。是使用最广泛的一种信息检索模型。由索尔顿(Salton)等人在 20 世纪 70 年代提出,并成功应用于著名的 SMART 文本检索系统。建立一个以词汇为维度的空间,文档表示为在这个词汇空间中的一个权值向量,搜索关键词也表示为一个向量,权值通过词频、词的逆向文档频率或它们的变异计算得到。直观易懂。最常用的相似度度量方法是余弦距离。

统计语言模型(statistical language model) 亦称“N-gram 语言模型”。一种描述词、词组、语句等不同粒度语法单元的概率分布模型。表述词汇序列的统计特性,反映词、词组或者词序列是否符合所处语言环境下人们日常的说话方式。对于大规模自然语言处理具有非常重要的价值,有助于提取出自然语言中的内在规律从而提高语音识别、机器翻译、文档分类等应用的准确度。统计语言模型的建立需要依赖大量的训练数据,根据前面已出现的 N 个词汇,确定后续某个词出现的条件概率。理论上 N 取值越大,效果越好,但训练参数急增,二元语法模型需要数以亿计的词汇才能达到最优表现,而三元语法模型则需要数十亿级别的词汇。

神经网络语言模型(neural network language model) 基于神经网络的语言模型。利用神经网络在非线性拟合方面的能力推导出词汇或者文本的分布式表示。为计算根据前面已出现的 N 个词汇,确定后续某个词出现的概率,不采用计数的方法对 n 元条件概率进行估计,通过一个神经网络进行,可分为:(1) 输入层,就是词的上下文,如果用 N-gram 的方法就是词前 $n-1$ 个词,每一个词是一个长度为

V 的 one-hot 向量,传入神经网络中。(2) 投影层,存在一个 look-up 表 C,C 被表示成一个 $V\times m$ 的自由参数矩阵,其中,V 是词典的大小,而 m 代表每个词投影后的维度。表 C 中每一行都作为一个词向量存在,这个词向量可以理解为每一个词的另一种分布式表示。每一个 one-hot 向量都经过表 C 的转化变成一个词向量。$n-1$ 个词向量首尾相接的拼起来,转化为 $(n-1)m$ 的列向量输入到下一层。(3) 隐藏层,作用是进行非线性变换。(4) 输出层,用 softmax 进行概率计算,计算词表 V 每个词的概率。

倒排索引(inverted index) 根据属性值来查找记录的一种索引方法。是文档检索系统中最常用的数据结构。由属性值和具有该属性值的各记录地址组成。被用来存储在全文搜索下某个单词在一个文档或一组文档中的存储位置的映射。实现文档检索系统快速找到包含该单词的文档信息。

隐式语义索引(latent semantic analysis) 一种基于词汇共现的索引方法。在海量数据中,通过词汇的共现来分析不同词、词组的语义相关性,帮助搜索引擎解决一词多义和一义多词的现象。例如,有 2 000 个文档,包含 7 000 个索引词,设定一个维度为 100 的向量空间,将文档和索引词都表示到该向量空间。文档表示到此空间的过程利用了奇异值分解和降维方法,通过降维,去除了文档中的无关信息,使语义关系更加明确。

网页链接分析(web link analysis) 通过对网页超链接进行分析,以达到信息检索目的的技术。网页通过超链接互相关联在一起,被众多网页指向的网页很可能含有权威或有价值的信息,包含重要信息的网页往往也具有权威性,搜索引擎利用网页的超链接结构并依据网页的“权威”进行网页分级排序,可有效改善搜索引擎的结果。有影响力的基于链接分析的搜索引擎算法有 PageRank 和 HITS。

网络爬虫(web crawler) 能够自动下载网页的程序。将多个站点的信息收集起来,并通过在线或离线的方式,进行进一步的分析和挖掘。按爬虫的类型,分通用、限定和主题。最简单的爬虫程序从一系列种子网页出发,使用这些网页中的链接去获取其他页面,整个过程不断重复,直到足够的网页被访问,或达到其他的设定目标为止。通用爬虫主要用于搜索引擎索引的维护,需要能每秒处理成千上万网页抓取工作,尽量覆盖更多的重要网页,维持最新状态。限定爬虫只计划爬取某些特定类别的网页,用户感兴趣的某类网页。主题爬虫通过比较从已访问网页中收集到的特征和主题描述线索,进行有效的抓取工作,带有偏好地浏览整个网络,广泛用于客户端和服务器端,已成为支持包括垂直搜索引擎、实时抓取和竞争智能等应用的支撑工具。

网页获取(webpage extraction) 利用网络爬虫采集站点信息的活动。参见“网络爬虫”。

云计算技术

云(cloud) 可自我维护和管理的虚拟计算机资源。通常是大型服务器集群。包括计算服务器、存储服务器和宽带资源等。可为用户无限扩展、随时获取、按需付费。

云计算(cloud computing) 一种基于互联网的计算方式。共享的软硬件资源和信息可以按需提供给计算机和其他设备。包括以下几个层次:(1) 基础设施服务,把数据中心、基础设施等硬件资源通过网络分配给用户的商业模式。(2) 平台级服务,可使软件开发人员可以不购买服务器等设备环境的情况下开发新的应用程序。(3) 软件级服务,降低了大型软件的使用成本,减少了客户的管理维护成本,可靠性更高。

IT 资源(IT resources) 一个与 IT 相关的物理或虚拟的事物。既可是基于软件的,如虚拟服务器或定制软件程序,也可是基于硬件,如物理服务器或网络设备等。

云服务(cloud service) 任何可以通过云远程访问的 IT 资源。“服务”含义非常广泛,可以是一个简单的基于网络的软件程序,使用消息协议调用其技术接口,或者是管理工具或更大的环境和其他 IT 资源的一个远程接入点。

云提供者(cloud provider) 提供基于云的 IT 资源的组织机构。组织结构要依据每个服务水平协议,负责向云用户提供云服务,担任必要的管理和行政职责,保证整个云基础设施的持续运行。

云用户(cloud consumer) 使用云服务的个人或组织。与云提供者签订正式的合同或者约定来使用云提供者提供的可用 IT 资源。

云服务拥有者（cloud service owner） 拥有云服务的个人或组织。可以是云用户，或是拥有云服务所在云的云提供者。

云资源管理者（cloud resource administrator） 负责管理基于云的IT资源的个人或组织。可以是云服务所属云的云用户或云提供者，或是签订了合约来管理基于云的IT资源的第三方组织。

云审计者（cloud auditor） 对云环境进行独立评估，通过认证的第三方。典型责任包括安全控制评估、隐私影响以及性能评估。目的是提供对云环境的公平评估，帮助加强云用户和云提供者之间的信任关系。

云代理（cloud broker） 承担管理和协商云用户和云提供者之间云服务使用责任的角色。提供的服务包括服务调解、聚合和仲裁。

云运营商（cloud carrier） 负责提供云用户和云提供者之间线路连接的网络或电信服务提供商。

组织边界（organizational boundary） 由一家组织拥有和管理的IT资源集合所组成的一个物理范围。不表示组织实际的边界，只是该组织的IT资源和IT资产。

信任边界（trust boundary） 跨越物理边界，表明IT资源受信任程度的逻辑范围。当一个组织的角色是云用户，要访问基于云的IT资源时，需要将信任扩展到该组织的物理边界之外，把部分云环境包括进来。在分析云环境的时候，信任边界最常与作为云用户的组织发出的信任关联到一起。

按需使用（on-demand usage） 云用户可以单边访问基于云的IT资源，给予云用户自助提供IT资源的自由的技术。是云的一种特性。一旦配置完成，对自助提供的IT资源的访问可以自动化，无须云用户或是云提供者的介入。

泛在接入（ubiquitous access） 云服务可以被广泛访问的能力。是云的一种特性。要使云服务能泛在接入需要一组设备、传输协议、接口和安全技术，通常还需要剪裁云服务架构来满足不同云服务用户的特殊需求。

服务水平协议（service-level agreement；SLA） 云提供者和云用户签署的文件。是双方协商、合同条款、法律责任和运行指标与测量的依据。形式化描述了云提供者提供的保障以及相应地影响或者确定了定价模型和支付条款；设定了云用户的期望。对于组织如何围绕使用基于云的IT资源来构建业务自动化是必须的。

云交付模型（cloud delivery model） 云提供者提供的具体的、事先打包好的IT资源组合。有三种公认的被形式化描述的模型：基础设施即服务、平台即服务、软件即服务。三者互相关联，可组合提供交付模型。

基础设施即服务（infrastructure-as-a-service；IaaS） 通过基于云服务的接口和工具访问和管理资源的交付模型。是一种自我包含的IT环境。由以基础设施为中心的IT资源组成。也是云计算架构的一个层次。通过互联网向用户提供完善的计算机基础设施服务。用户能够部署和运行任意软件，包括操作系统和应用程序，获得有限制的对网络组件的控制，但不管理或控制任何云计算基础设施。

平台即服务（platform-as-a-service；PaaS） 由已经部署和配置好的IT资源组成的交付模型。是一种预先定义好的环境。提供已就绪环境，设立好一套打包产品和用来支持定制化应用的工具。也是云计算架构的一个层次。将软件研发的平台作为一种服务通过互联网提交给用户。这些服务不仅是单纯的基础平台，而且包括针对该平台的技术支持、应用系统开发优化等服务。

软件即服务（software-as-a-service；SaaS） 把软件程序定位成共享的云服务，作为产品或通用工具提供的交付模型。一般该产品有完善的市场，可以出于不同的目的和通过不同的条款来租用和使用这些产品。是云计算架构的一个层次。也是一种通过互联网提供软件的模式。软件提供商将应用软件统一部署在自己的服务器上，用户不必购买软件，而改为向提供商租用基于互联网的软件，且无须对软件进行维护，由提供商全权管理和维护软件。

公有云（public cloud） 由第三方云提供者拥有的，通常向云用户组织提供商业化的云环境。IT资源通常是按照事先描述好的云交付模型提供，一般需要付费才能提供给云用户，或者通过其他途径商业化，例如广告等。

社区云（community cloud） 亦称“内部云”。被一组共享拥有权和责任的云用户访问而构建的云环境。是社区成员或提供具有访问限制的公有云的第三方云提供者共同拥有。社区的云用户成员通常会共同承担定义和发展社区云的责任。

私有云(private cloud)　由一家组织单独拥有,并且位于该组织范围之内的云环境。组织内部人员可以集中访问不同部分、位置或部门的 IT 资源。组织中会有一个单独部门承担提供云的责任,其他部门承担云用户的角色。

混合云(hybrid cloud)　融合了两种或多种云部署的云环境。例如,出于安全考虑,组织更愿意将数据存放在私有云中,但同时又希望可获得公有云的计算资源,为此,可将公有云和私有云进行混合和匹配,以获得最佳的效果。既可利用私有云的安全性,将内部重要数据保存在本地数据中心;同时也可使用公有云的计算资源,更高效快捷地完成工作。

互联云(inter-cloud)　在网络的最高层,通过相关的软件和协议使不同云实现互联而形成的云环境。

云使能技术(cloud-enabling technology)　一系列支撑云的技术。包括宽带网络和互联网架构、数据中心技术、虚拟化技术、网络技术、多租户技术和服务技术等。

虚拟化(virtualization)　一个将物理 IT 资源进行转换的过程。以某种用户和应用程序都易从中获益的方式来表示计算机资源的过程,而不是根据这些资源的实现、地理位置或物理包装的专有方式来表示它们。为数据、计算能力、存储资源以及其他资源提供了一个逻辑视图,而不是物理视图。通过虚拟化软件可实现硬件无关性,整合各种服务器,对可用 IT 资源进行优化,实现信息资源的动态分配、灵活调度、跨域共享,以提高信息资源利用率,服务于灵活多变的应用需求。用户操作系统和应用软件都不会感知虚拟化的过程,不需要进行定制、配置或修改。执行环境和物理环境的一致性是虚拟化最重要的关键特性。实现虚拟服务器既可采用基于操作系统的虚拟化,也可采用基于硬件的虚拟化。前者是在一个已存在的操作系统上安装虚拟化软件。后者是将虚拟化软件直接安装在物理主机硬件上,绕过实际的操作系统,因此更高效。

自动伸缩监听器(automated scaling listener)　一个监控和追踪云服务用户和云服务之间的通信,用于动态自动伸缩的服务代理。部署在云中,通常靠近防火墙,自动追踪负载状态信息。对于不同负载波动的条件,可以提供不同类型的响应。例如根据云用户事先定义的参数,自动伸缩 IT 资源。当负载超过当前阈值或低于已分配资源时,自动通知云用户,调节当前 IT 资源分配。

负载均衡(load balance)　把负载均衡在两个或更多 IT 资源上的方法。与单一 IT 资源相比,可提升性能和容量。可由多层网络交互机、专门的硬件设备或软件系统、服务代理来实现。主要功能包括:(1) 非对称分配,较大的工作负载被送到具有较强处理能力的 IT 资源;(2) 负载优先级分配,根据优先级进行调度、排队、丢弃和分配;(3) 上下文感知的分配,根据请求内容的指示把请求分配到不同的 IT 资源。

服务水平协议监控器(service level agreement monitor)　负责观察云服务运行时性能,确保它们履行服务水平协议(SLA)的约定与需求的系统。其收集到的数据由服务水平协议管理系统处理并集成到服务水平协议报告中。例如,当服务水平协议监控器报告有云服务下线时,系统可以主动修复或故障转移云服务。

按使用付费监控器(pay-per-use monitor)　按照预先定义好的定价参数测量基于云的 IT 资源使用,并生成用于计算费用的使用日志的系统。一些典型的监控变量包括请求响应消息数据、传送的数据量、宽带消耗等。收集的数据由计算付款费用的计费管理系统进行处理。

资源集群(resource cluster)　多个物理上分散,而逻辑上可操作的一组 IT 资源实例。增强了集群化 IT 资源的组合计算能力、负载均衡能力和可用性。常见的类型有服务器集群、数据库集群、大数据集集群等。要求集群节点有大致相同的计算能力和特性,可简化资源集群架构设计并维护其一致性。

多设备代理(multi-device broker)　帮助运行时数据转换,使得云服务能够被更广泛的云服务用户程序和设备所使用的一种代理。不同云服务用户对主机硬件设备和通信的需求会有不同,需要创建映射逻辑来克服云服务和云用户之间的不兼容性,通常是作为网关存在,或者包含网关组件。映射的逻辑层次包括传输协议、消息协议、存储设备协议和数据模式或模型。

负载分布架构(load distributed architecture)　一种通用的基本云架构模型。通过增加一个或多个相同的 IT 资源进行 IT 资源水平扩展,负载均衡器能够在可用 IT 资源上均匀分配工作负荷,在一定程度上依靠负责的负载均衡算法和运行时的逻辑,来减少IT资源的过度使用和使用率不够的情况。

资源池架构(resource pooling architecture)　一种通用的基本云架构模型。使用一个或多个资源池为基础,相同的IT资源由一个系统进行分组和维护,以确保它们保持同步。常见的资源池有物理服务池、虚拟服务器池、存储池、网络池和中央处理器池等。

动态可扩展架构(dynamic scalability architecture)　一种通用的基本云架构模型。基于预先定义扩展条件的系统,触发这些条件会导致资源池中动态分配IT资源,不需要人工交互,从而实现资源的按需使用。常用类型有水平扩展、垂直扩展和重定位扩展。

弹性资源容量架构(elastic resource capacity architecture)　一种通用的基本云架构模型。根据虚拟服务器的动态供给,利用分配和回收中央处理器与随机存取存储器资源的系统,立即响应托管IT资源的处理请求变化。

服务负载均衡架构(service load balancing architecture)　一种通用的基本云架构模型。是负载分布架构的一个特殊变种。针对云服务实现,在动态分配工作负载上增加负载均衡系统。可独立于云设备及其主机服务器,也可成为应用程序或服务器环境的内置组件。

云爆发架构(cloud bursting architecture)　一种通用的基本云架构模型。是一种动态扩展的形式,只要达到预先设置的容量阈值,就从组织内部的IT资源扩展或爆发到云中。对应的基于云的资源是冗余性预部署,并保持非活跃状态,直到发生云爆发。如不再需要这些资源,基于云的IT资源被释放,转入组织内部。主要向云用户提供一个使用基于云的IT资源的选项,用于应对较高的使用需求。

弹性磁盘供给架构(elastic disk provisioning architecture)　一种通用的基本云架构模型。建立了一个动态存储供给系统,确保按照云用户实际使用的存储量进行精确计费。采用自动精简供给技术实现存储空间的自动分配,支持运行时使用监控来收集精确的使用数据以便计费。

冗余存储架构(redundant storage)　一种通用的基本云架构模型。引入了复制辅助云存储设备作为故障系统的一部分,与主云存储设备中的数据保持同步。当主设备失效时,存储设备网关就把云用户请求转向辅助设备。

知识图谱技术

语义网络(semantic network)　自然语言理解及认知科学领域中表示知识的一种网络图。20世纪70年代初由西蒙(R. F. Simon)提出。用来表达复杂的概念及其之间的相互关系,是一个有向图,其顶点表示概念,而边则表示这些概念间的语义关系,从而形成一个由节点和弧组成的语义网络描述图。在语义网络知识表示中,节点一般划分为实例节点和类节点两种。节点之间带有标识的有向弧标识节点之间的语义联系,是语义网络组织知识的关键。广泛用于人工智能,特别是自然语言处理研究中。

知识图谱(knowledge graph)　描述真实世界中存在的各种实体或概念及其关系而构成的语义网络图。图中的节点表示实体或概念,边则由属性或关系构成,表达了某个实体是某个概念的实例,或某个实体具有某个属性。实体是具有可区别且独立存在的某种事物,如某种动物、某种商品等。语义类(概念)指具有同种特性的实体构成的集合,如动物、人类等。属性是实体的特性、标签化,如狗的属性有叫、跑等。关系指实体间的联系,数学上称为函数(映射)关系,如父母与孩子的关系等。最早由谷歌在2012年5月提出,目的是提高其搜索引擎的能力,改善用户的搜索质量及搜索体验。宗旨是通过建立数据之间的关联链接,将碎片化的数据有机地组织起来,让数据更加容易被人和机器理解和处理,并为搜索、挖掘、分析等提供便利,为人工智能的实现提供知识库基础。涉及的技术领域包括:知识表示、自然语言理解、智能推理、智能问答、知识抽取、链接数据、图数据库、图挖掘与分析等。已广泛应用于智能搜索、智能问答、个性化推荐、对话系统等领域。

维基百科知识图谱(DBpedia)　一种开放、大规模的多语言百科知识图谱。从维基百科的词条里抽取出结构化的数据进行构建,强化了维基百科在语义方面的搜寻功能,可视为维基百科的结构化版本。拥有127种语言的超过2 800万个实体与数亿个资源描述框架三元组。作为链接数据的核心,与其他数据集均存在实体映射关系,支持数据集的下载,提供了众多应用场景。

资源描述框架(resource description framework;

RDF） 一个使用可扩展标记语言语法来描述网络资源的特性、资源与资源之间关系的语言。目的是为网络上各种应用提供一个描述框架使应用程序之间可以交换数据，促进网络资源的自动化处理。由三个对象类型组成：（1）资源，所有描述的东西都称为资源，可以是一个网站，也可以是一个网页或网页中的某个部分，以统一资源标识来命名。（2）属性，描述资源的特定特征或关系，每个属性有类型和属性值。（3）陈述，特定的资源以一个被命名的属性与相应的属性值来描述，称为一个陈述。其中，资源是主语，属性是谓语，属性值则是宾语，可以是一个字符串，也可以是其他形式或是另一个资源。

RDF 即“资源描述框架”。

词汇语义网（WordNet） 亦称“英语语言知识图谱”。一个覆盖范围广，基于认知语言学的英语词汇语义的网络。起源于普林斯顿大学的心理学家、语言学家和计算机工程师开发的项目。包含155 327 个词汇。名词、动词、形容词和副词各自被组织成一个同义词网络，每个同义词集合都代表一个基本的语义概念，共有 117 597 个同义词集合，同义词集之间（同一词性）由 22 种关系连接。名词网络的主干是蕴涵关系的层次（上位/下位关系），占据了关系中的将近 80%。层次中的最顶层是称基本类别始点的 11 个抽象概念，例如实体：有生命的或无生命的具体存在；心理特征：生命有机体的精神上的特征。名词层次中最深的层次是16 个节点。

Yago 一个整合了维基百科与词汇语义网的大规模知识图谱。其资源描述框架三元组具有时间与空间信息，拥有 10 种语言，约 459 万个实体，2 400万个事实实例。支持数据集的完全下载。

BabelNet 多语言百科的同义词典。是一个由概念、实体、关系构成的语义网络。有超过 1 400 万个词目，每个词目对应一个同义词集合，包含所有表达相同含义的不同语言的同义词。由词汇语义网中的英文同义词集合与维基百科页面进行映射，再利用维基百科中的跨语言页面链接以及翻译系统得到的初始版本。后又整合了其他多种资源如 Wikidata、GeoNames、OmegaWiki 等，共拥有 271 个语言版本。

概念网络（ConceptNet） 一个大规模的多语言常识知识库。本质为一个以自然语言的方式描述人类常识的大型语义网络。起源于一个名为“Open Mind Common Sense”的众包项目，自 1999 年开始通过文本抽取、众包、融合现有知识库中的常识知识以及设计一些游戏从而不断获取常识知识。共拥有 36 种固定的关系，如 IsA、UsedFor、CapableOf 等。具有304 个语言版本，共有超过 390 万个概念，2 800 万个语句，即语义网络中边的数量。支持数据集的完全下载。

微软概念图（Microsoft Concept Graph） 一个大规模的英文分类体系。前身称为“Probase”，是一个从数十亿网页与搜索引擎查询记录中自动抽取相关知识构建的知识图谱。主要包含的是概念间以及实例间的从属关系，其中并不区分实例与子类关系，每一个事实陈述关系均附带一个概率值，即该知识库中的每个 IsA 关系不是绝对的，而是存在一个成立的概率值以支持各种应用，如短文本理解、基于分类体系的关键词搜索和万维网查询理解等。拥有约 530 万个概念，1 250 万个实例以及 8 500 万个事实陈述关系（正确率约为 92.8%）。支持 HTTP API 调用。

中文开放知识图谱平台（Chinese Open Knowledge Graph；OpenKG） 中国中文信息学会语言与知识计算专业委员会所倡导的一个开放知识图谱项目。旨在促进中文知识图谱数据的开放与互联，促进知识图谱和语义技术的普及和广泛应用。由中国在第一线从事知识图谱研究和开发的专家共同发起的。聚集了国内最主要的百科知识图谱，再延伸到各种垂直领域，接入更多的资源库，打造开放域的链接知识图谱，为工业界和学术界在技术创新和产品研发上提供帮助。

人 工 智 能

通 有 智 能

感知(perception) 智能体对外界的感官信息进行的组织和解释。具有整体性、恒常性、意义性、选择性、知觉适应等特性,包含空间知觉、时间知觉和运动知觉。早期理论有赫姆霍兹(Helmholtz)的无意识推理和格式塔学派的完形心理学。在认知科学中,可以看作一组获取、理解、筛选、组织信息的程序,反映由对象的各种关系及属性构成的整体。

认知模型(cognitive model) 对动物(主要是人类)认知过程的近似。可通过这种方式理解认知过程和基于此进行一些预测。从认知心理学和认知科学发展而来,同时机器学习和人工智能领域也提供了一些贡献。认知模型倾向于关注单一认知现象或过程,多个认知过程是如何互动的,或是对特定任务或工具做出行为预测。

动态记忆(dynamic memory) 在头脑中让少量信息保持激活状态,从而在短时间内可以使用的记忆。是一个理论性的框架,描述了用来临时存储和处理信息的结构和过程,以及短期存储信息的理论性神经行为。对信息存储时间较短,信息存储的容量也很有限,其生物学基础是短期记忆的突触理论,即使用递质耗尽原理来编码刺激。

情景记忆(episodic memory) 记住过去某个事件、地点的特定事件,即以时间和空间为坐标对个人亲身经历在一定时间和地点的事件(即情景)的记忆。以个人经历为参照,属于远事记忆范畴,是人类最高级、成熟最晚的记忆系统,也是受老化影响最大的记忆系统,容易受到干扰,抽取信息缓慢,往往需要努力进行搜索,存在随年龄增加而下降的趋势。

智能(intelligence) 生物一般性的精神能力。是智慧和能力的总称。其中"智"指进行认识活动的某些心理特点,"能"则指进行实际活动的某些心理特点。包含:推理、理解、计划、解决问题、抽象思维、表达意念以及语言和学习的能力。

智能科学(intelligence science) 研究智能的本质和实现技术的科学。以斯滕伯格(Robert J. Sternberg)的信息加工理论为认知基础,包含了元成分、执行成分、知识习得成分的三个核心观念。根据斯滕伯格智能三因素理论,智能包括三个部分:成分性智能、经验智能、情境智能。根据加德纳(Howard Gardner)的多元智能理论,人类的智能分为七个范畴:语言、逻辑、空间、肢体运作、音乐、人际、内省。

人工智能(artificial intelligence) 研究、开发用于模拟、延伸和扩展人的智能的理论、方法、技术及应用系统的技术科学。是计算机科学的一个分支,旨在了解智能的实质,并生产出新的能以与人类智能相似的方式作出反应的智能机器。研究领域包括智能机器人、语言识别、图像识别、自然语言处理、问题解决和演绎推理、学习和归纳过程、知识表征和专家系统等。

群体智能(swarm intelligence) 群居性生物通过协作表现的宏观的智能。源于对蚂蚁、蜜蜂等为代表的社会性昆虫的群体行为的研究,最早被用在细胞机器人系统的描述中。其控制是分布式的,不存在中心控制,具有自组织性。群体中每个个体的能力或遵循的行为规则非常简单,群体智能的实现比较方便,具有简单性的特点;群体表现出来的复杂行为是通过简单个体的交互过程表现出来的智能,具有自组织性的特点。研究主要包括智能蚁群算法和粒子群算法。

记忆表示(memory representation) 头脑里所保存的过去感知过的事物再现出来的形象。一般是在感知的基础上形成的,根据感觉器官不同,可把表示分为视觉表示、听觉表示、触觉表示、运动表示等不同类型。表示具有形象性(直观性)是指记忆表示是以生动具体的形象的形式出现的,并和过去感知时有一定的相似之处的特性。

心智能力(mental intelligence) 一种能够理解自己以及周围人类的心理状态的能力。包括对情绪、信仰、意图、欲望、假装与知识等心理状态理解。假定其他人拥有与自己类似的心智,并根据这个假设来观察周围,做出合乎社会期待的反应与行动。通常被认为是人类特有的,但除了人类之外,包括许多灵长类动物,都被认为可能初步具备简单的心智能力。

心智图像(mental map) 一种图像式思维的工具以及一种利用图像式思考辅助工具来表达思维的工具。使用一个中央关键词或想法引起形象化的构造和分类的想法,以辐射线形连接所有的代表字词、想法、任务或其他关联项目的图解方式,是一张集中了所有关联资讯的语义网络或认知体系图像。

心智信息传送(mental information transmission) 从认知科学的角度对心智的理解。涉及哲学、宗教、心理学等学科。试图探究心智的独特性质。围绕的主要问题是心智与大脑和神经系统的关系,构建了心身二分法的观念。笛卡儿(René Descartes)的二元并存理念认为人从外部通过感官获取信息,并传送至非物质的心智。普遍认为心智使个体具有主观察觉,并且对其周围环境存在意向性,可以通过一定的媒介感知并回应刺激,同时拥有意识,可以进行思考和感知。

心智机理(mental mechanism) 深植我们心中关于我们自己、他人、组织及周围世界每个层面的假设、形象和故事。深受习惯思维、定式思维、已有知识的局限。是简化的知识结构认识表征,常用来理解周围世界并与周围世界进行互动。其形成是先由信息刺激,然后经由个人运用或观察得到进一步的信息回馈,若主观认为是好的回馈,就会保留下来,不好的回馈就会放弃。

心智状态(mental state) 一个包含感官知觉、思想、感觉和记忆,全部融合在一起的整体感觉。描述了人所处的精神状态。在心理学和心理哲学中,是一种与思维和感觉相对应的假设状态,将个体与某种事实联系起来的关系,由心智表征以及面对某种事实的态度组成。

心智心理学(psychology of mind) 研究人类及内在心智历程、精神功能和外在行为的学科。尝试使用科学的方式去解释人类的行为及探索人类的心理历程,涉及意识、感觉、知觉、认知、情绪、人格、行为和人际关系等众多领域。与认知主义学派有相互联系,支持心理信息处理模型。

机器智能(machine intelligence) 由人制造出来的机器所表现出来的智能。通常指通过普通计算机程序来呈现人类智能的技术,同时也指出研究这样的智能系统是否能够实现,以及如何实现,即“智能主体”的研究与设计,其中“智能主体”指一个可以观察周遭环境并作出行动以达成目标的系统。能够正确解释外部数据,从这些数据学习并利用这些知识通过灵活适应实现特定的目标和任务。

物理符号系统(physical symbol system) 随时间产生一组不断进化的符号结构集合的机器。指在人工智能哲学中,认为人类思维是一种符号处理的主张,同时也意味着机器可以拥有智能(因为符号系统对于智能来说是充分的)。由一组名为“符号”的实体所组成,还包含一组处理历程,会对表达式进行操作以生成其他表达式。

问 题 求 解

问题求解(problem solving) 对某个给定条件的问题,寻求一个能在有限步骤内完成的算法来解决该问题。在人工智能领域通常指向不可直接用数学模型描述的不良结构问题或非结构化问题,符号的描述应当包括数值计算、数据处理等一般信息之外的人类进行推理所需要的知识信息。

搜索求解(solving problem by searching) 利用已有的知识进行推理,利用计算机的搜索方法,使计算机有目的地穷举一个问题的解空间的部分或者所有情况,利用已有知识一步步求出问题的解法。一般分为盲目搜索和启发式搜索两种策略。

盲目搜索(uninformed search) 亦称“无信息搜索”。与“启发式搜索”相对。针对除了定义外,没有任何关于状态的其他附加信息的问题,按照固定的步骤(依次或随机调用操作算子)进行搜索来求解问题。常用算法包括深度优先算法、宽度优先算法、限界深度优先算法和迭代加深算法。

深度优先算法 即“深度优先搜索”(165 页)。

宽度优先算法 即“广度优先搜索”(165 页)。

限界深度优先算法(depth-limited search) 亦称“深度受限优先算法”。一种常用的盲目搜索算法。

在深度优先算法的基础上,设定一个最大深度值,当搜索深度大于该值时,立即进行回溯。避免了搜索求解方法在某些特定问题的无穷深度解空间中陷入深度无限的分支从而导致问题无法求解的困境。

迭代加深算法(iterative deepening search) 亦称"迭代深化深度优先算法"。一种常用的盲目搜索算法。设定某一个深度值,然后执行限界深度优先算法,在每次回溯的同时,逐步增加该深度值的数值。可在较小的深度下进行搜索,如果没有找到解再逐步放大深度进行搜索,相比于深度优先算法解决了深度无限的问题,而相比于宽度优先算法则节省了更多空间。

启发式搜索(heuristic search) 亦称"有信息搜索"。与"盲目搜索"相对。使用问题本身的定义之外的特定知识作为指导,动态地确定调用操作算子的步骤,优先选择较为合适的操作算子进行搜索求解,以求能尽量减少不必要的搜索,尽快找到解。

最佳优先搜索(best first search) 亦称"有序搜索"。一种启发式搜索方法。使用一个估计函数对将要进行搜索的节点进行评估,选取代价最小的节点作为下一个起始节点继续进行搜索,以节点的代价估值作为标准进行搜索,直到找到解为止。目标是快速找到一个局部最优解。

双向搜索(bidirectional search) 从两边开始可以使用不同的搜索策略的搜索方法。通常搜索是从初始节点开始寻找目标节点,求得满意解的过程,而双向搜索则是在解空间中从初始节点和目标节点同时开始搜索,直至寻找到相同的下一节点的过程,每个搜索只完成了一半的路径。

树搜索(tree search) 在人工智能领域,将问题状态空间抽象为搜索树进行搜索求解的过程。初始状态为树的根节点,节点为问题状态空间中的状态,搜索策略为在当前节点上选择下一步的节点的策略,边缘为所有待扩展的叶子节点的集合。

图搜索(search on graphs) 在人工智能领域,将问题状态空间抽象为状态图进行搜索求解的过程。是人工智能的核心技术之一。状态图由节点与有向边组成,节点代表目前的状态,有向边代表搜索策略,在图搜索中一般包括数搜索与线性搜索两种方式,区别在于搜索过程中的行动轨迹不同。

A*算法(A* algorithm) 亦称"A-star算法"。将最佳优先搜索算法和迪杰斯特拉算法结合在一起形成的算法。同样使用一个估计函数(启发式函数)对将要进行搜索的节点进行评估,与最佳优先搜索算法的评估函数只是用了当前状态到目标状态的预估代价不同,本法在估计函数中加入了当前状态已消耗的代价。目标是快速找到一个最优解。

启发式函数(heuristic function) 在启发式搜索求解的过程中,用于计算从当前节点到目标节点之间所形成的路径的最小代价值的函数。在评价函数中占比较大可以降低搜索求解的工作量,但可能找不到最优解,占比较小则会导致工作量较大,但可能找到最优解。

评价函数(evaluation function) 对于评价函数$f(n)$,$f(n)=g(n)+h(n)$,其中$g(n)$为从初始节点到节点n的实际代价,$h(n)$为从节点n到目标节点的启发式函数,两者之和即为评价函数$f(n)$。可估计搜索节点的重要程度,以此判断搜索求解下一步搜索的节点的优先级程度。

局部搜索(local search) 一种着眼于解决最优化问题的启发式搜索。从某个节点出发搜索邻近节点状态并转移,循环往复寻找局部最优解,一般情况下不保存搜索路径。对于某些非常复杂的问题,寻找最优解需要的时间呈指数级增长,难以实现。作为一种近似算法,目标是在无限的状态空间中寻找合理的局部最优解。

局部极小问题(local minimum problem) 在局部搜索算法中,一个节点向下一个节点的搜索策略由评价函数$h(n)$决定,当遇到$h(n)$达到局部最小值时,局部搜索会陷入局部极小问题,所有的邻接节点的$h(x)$均大于$h(n)$,局部搜索会无法寻找到评价函数更小的点而卡在节点n处无法继续。

局部极大问题(local maximum problem) 在局部搜索中,局部极大值是一个比它的每个邻接节点的状态都要更高的节点,与局部极小问题类似,局部极大值会导致局部搜索陷入局部极大问题,无论向任何一个邻接节点移动都会导致节点状态更差。贪心算法难以处理局部极大问题这种情况。

贪心算法 释文见169页。

爬山法(hill climbing method) 局部搜索的变形方法。取n为当前节点,计算n及周围所有子节点的评估值,如果n最大则返回n并结束搜索,如果有更大的子节点则将其设为n,返回上一步继续搜索。搜索速度很快,但得到的解是局部最优解而非全局最优解,且局部最优解的好坏依赖于初始节点的选择。

敌对搜索(adversarial search) 亦称“对抗搜索”“博弈搜索”。对于某个智能个体求解的过程中,考虑其他智能个体对搜索的影响并求解。在人工智能领域,搜索求解的过程中可能涉及多个智能个体,其中每个智能个体需要考虑其他智能个体的状态变化对自身状态变化的影响。

最优决策(optimal decision) 在智能个体双方都始终选择邻接节点的极大或极小值的最佳策略的情况下,获取最大极大值的决策搜索路径。假设有两个智能个体在做零和游戏,则双方之间的竞争可以转化为敌对搜索问题,对于智能个体双方而言,搜索的下一个节点状态,一方希望得到最大值而另一方希望得到最小值。

α-β 剪枝(α-β pruning) 当对抗决策有多个智能个体加入时,继续寻求最优决策的一种算法。其中 α 为可能解法的最大上界,β 为可能解法的最小下界,搜索中不断更新 α 和 β 的值,且当某个节点的状态大于 α 或小于 β 时将其裁剪。用以处理必须检查的节点的状态随博弈搜索进行指数增加导致博弈搜索占用空间过大的问题。

非完整信息决策(imperfect decision) 亦称“不完美信息决策”。一种改进了的 α-β 剪枝算法。即使 α-β 剪枝已经大大减小了博弈搜索的复杂度,但指数级的状态增长仍然使博弈搜索直到终止状态存在很大困难,而非完整信息决策将启发式评价函数使用于搜索过程中,在合适的条件下截断搜索过程,目标是对复杂度过大的博弈决策,快速获取博弈决策的局部最优解。

含随机因素博弈(stochastic games) 采取随机策略的智能个体的博弈搜索过程。在博弈搜索的过程中,不是所有的智能个体都按照最佳策略行动,有些智能个体会采取不可预测的随机行动来选取下一个状态节点。例如飞行棋中一方棋手的下一步行动取决于他掷出的骰子点数。

部分可观察博弈(partially observable games) 智能个体的状态转移具有部分可观察性的博弈对抗搜索。例如在军棋对弈中,智能个体双方可以看到棋子的移动但不知道棋子是什么,在实际的博弈中双方的侦察者可以收集信息并逐步增加信息的确定性。

集束搜索(beam search) 一种启发式搜索。是最佳优先搜索的优化版本。在最佳优先搜索的基础上,使用启发式函数评价当前状态节点的邻接节点的状态时,只取每个深度中前 m 个符合条件的节点作为下一状态转移的备选,m 即是人为定义的参数,称集束搜索中集束的宽度。

分支限界搜索(branch and bound search) 在问题的解空间上使用宽度优先搜索或最佳优先搜索寻找最优解的一种搜索方法。目标为找出满足约束条件的解,或在满足约束条件的解集合中寻找局部的最优解。可有效解决背包问题、旅行商问题等经典问题,在人工智能组合问题求解中占据重要地位。

搜索图(search graph) 亦称“遍历图”。由顶点和边组成的用于图搜索算法的图网络结构。可分为有向图和无向图。

搜索空间(search space) 满足问题约束条件的优化问题的所有可能点的集合。

搜索策略(search strategy) 问题搜索过程中,找到正确答案的方式方法。决定了状态或问题的访问顺序。直接关系到智能系统的性能和运行效率。主要包括:宽度优先搜索策略,深度优先搜索策略,启发式搜索策略。

约束满足问题(constraint satisfaction problems) 一组状态必须满足若干约束或限制的对象。将问题中的实体表示为变量上有限约束的集合,用约束满足方法求解。是人工智能和运筹学领域的热门研究课题。公式的规律性为分析和解决许多看似无关的相似问题提供了共同的基础。

约束传递(constraint propagation) 可在不改变解决方案的情况下改变问题的转换。每一个局部一致性条件都可以通过一个转换来实现。约束传递通过减少变量域、加强约束或创建新的约束来实现。可导致搜索空间减少,使问题更容易通过一些算法来解决。

回溯搜索(backtracking search) 一种寻找某些计算问题(尤其是约束满足问题)的全部(或部分)解的通用算法。递增地构建候选解,并在确定候选解不可能完成为有效解时,放弃候选解。

极小可取值策略(minimum remaining value) 一种增加回溯搜索的排序策略。选择域中剩余值最少的变量来分配下一个变量。

最小约束取值策略(least constraining value) 一

种增加回溯搜索的排序策略。选择一个值,该值排除通过约束连接到当前变量的变量中的最小值。

弧相容保持算法(maintaining arc consistency; MAC) 一种用于解决约束满足问题的搜索算法。在搜索过程中,每次实例化变量后都会保持(或强制执行)弧一致性,以便精简搜索空间。

AC-3 算法(AC-3 algorithm) 一种约束传播算法。在得到约束条件和值域的情况下,算出所有变量满足约束条件的取值范围。能够处理的只有二元约束,即弧相容的情况,或者说在约束条件中任何一个约束条件都只包含了两个以下的变量。

人工进化(artificial evolution) 任何借鉴生物进化机制来形成算法、构建系统的过程。

人工生命(artificial life; ALife; A-Life) 一个通过使用计算机模型、机器人学和生物化学等来研究、模拟与自然生命相关的系统,及其过程和进化的研究领域。通过研究传统生物学来重现生物现象的各个方面。

进化程序(evolution program) 通过模拟自然进化的搜索过程而产生的一些高鲁棒性和广泛适用性的算法。

进化程序设计(evolution programming) 主要的进化算法范式。类似于遗传算法,但优化的程序结构是固定的,而其数值参数是允许进化的。

进化策略(evolution strategy) 一种基于进化思想的优化技术。属于进化算法或人工进化方法的一般范畴。

进化算法(evolutionary algorithm) 受生物进化启发的一系列全局优化算法。是人工智能和软计算领域研究这些算法的分支。是一个基于群体的试错问题求解器,具有元启发式或随机优化特性。

进化优化(evolutionary optimization) 对进化算法的一系列优化,使其参数适应当前问题的优化方法。

遗传算法(genetic algorithm) 一种受自然选择过程启发的元启发式算法。属于进化算法的一种。通常用于通过依赖生物启发的算子(如变异、交叉和选择)来生成优化和搜索问题的高质量解决方案。

变异(mutation) 遗传算法中的一种遗传算子。用来维持遗传算法中染色体从一代到下一代的遗传多样性。类似于生物突变。突变改变了染色体中一个或多个基因的初始状态。在变异过程中,当前解可能会与之前的解完全不同。因此遗传算法可以通过变异来获得更好的解。

交叉(crossover) 亦称“重组”。遗传算法中的一种遗传算子。通过将双亲的遗传信息结合起来产生新后代。即从现有种群中随机产生新解的一种方法。类似于生物学中有性生殖过程中发生的交叉。新生成的解通常在添加到群体中之前发生变异。

复制(duplication) 遗传算法中的一种遗传算子。是从一个旧种群选择生命力强的个体来培育新种群的过程。其中具有高度适用性的个体更大概率在下一代中产生一个或多个后代。

选择(selection) 遗传算法中的一个阶段。在这一阶段中,从一个群体中选择单个基因组,以便日后育种(使用交叉算子)。

机 器 视 觉

视觉计算理论(computational theory of vision) 亦称“三维重建理论”。通过对人类视觉系统的结构与功能的数学建模,提出了视觉可计算性的基本原理和方法。包含两个主要观点:(1) 人类视觉的主要功能是复原三维场景的可见几何表面,即三维重建问题;(2) 从二维图像到三维几何结构的复原过程是可以通过计算完成的,并有一套完整的计算理论和方法。从二维图像复原物体的三维结构,涉及三个层次:(1) 计算机理层次,合理的约束是场景固有的性质在成像过程中对图像形成的约束。(2) 表达和算法层次,即如何来具体计算,从二维图像恢复三维物体,经历图像初始略图、物体 2.5 维描述和物体三维描述三个主要步骤。(3) 实现层次。

图像分析(image analysis) 对图像中感兴趣的物体进行检测、分割,构建关于物体的视觉特征表征和内容描述,着重对图像内容的分析、解释和识别。主要包括:(1) 物体分割。从图像中分割出感兴趣的物体和相应构成部分。把物景分解成这样一种分级构造,需要应用关于物景中对象的知识。(2) 物体识别。对图像中分割出来的物体进行识别,一般可根据形状和视觉特征进行分类识别,并构造一系列已知物体的图像模型,用于对要识别的对象与各个图像模型进行匹配和比较。(3) 图像解释。通过构建物体的知识图谱和人机交互技术,说明视觉场景存在什么物体和其与环境的空间关系。在三维物景的情况下,可利用物景的各种已知信息和物景中各个对象相互间的制约关系的知识。

像素点变换(pixel point transform) 对图像的数值变换。输入单一像素数值,输出与该数值对应的单一数值,作为变换之后的结果。常用方法有白化、直方图均衡、线性滤波、局部二值模式和纹理基元映射等。

直方图均衡化(histogram equalization) 对图像在亮度值数据上进行的修正。使得每个像素亮度数值分布统计量符合预设的矩(均值、方差等),一般使用非线性变换将像素亮度分布平缓化。

线性滤波(linear filter) 对图像进行滤波卷积操作变换原有的像素值。变换后的像素值由变换前的像素值加权平均得来,图像边缘区域一般采取零填充侧率。常用的滤波器有高斯滤波、边缘滤波、拉普拉斯滤波、LOG 滤波、DOG 滤波、Gabor 滤波、Hear-like 滤波等。

局部二值模式(local binary pattern) 算子在每个像素点处返回一个离散值,该离散值可描述对亮度不敏感的局部纹理特征。通常作为人脸识别算法的基础预处理方法。

纹理基元(texton) 在机器视觉环境下,表明当前像素周围区域内包含图像里哪一种纹理类型。源自人类感知系统的研究,代表对纹理感知基本元素。通常通过一组滤波器与图像卷积,然后根据每个点的滤波响应向量进行聚类。

边缘检测器(edge detector) 返回一个二值图像表示每个像素是否为边缘点的算法。同时也可返回与边缘有关的尺度和方向信息。边缘是图像的一种简洁的表达形式,一张图像可仅依据边缘信息进行识别与重构。常用算法为 Canny 边缘检测器。

角点(corner) 亦称“兴趣点”。图像中包含丰富视觉信息的位置。

角点检测器(corner detector) 对特征点进行识别从而检测角点位置的算法。其最初算法由计算机几何问题中提出,如宽基线图像匹配问题:从两个不同的角度看待同一场景,识别出哪些点对应哪个角度。常用算法如 Harris 角点检测器、SIFT 检测器。

描述子(descriptor) 对图像区域内容的一种特征表达。常用的有直方图、SIFT 描述子、方向梯度直方图、词袋描述子和形状场景描述子。

直方图(histogram) 对一个图像区域计算该区域响应的统计图表。可根据不同应用需求将像素亮度、滤波器响应、局部二值模式和纹理基元信息等汇入到直方图中。

SIFT 描述子(SIFT descriptor) 能够对一个给定点周围的图像区域进行特征描述的描述子。通常先使用 SIFT 检测器获得与特定尺度方向有关的兴趣点,然后通过统计兴趣点区域的数值来得到描述特征。可提取对亮度、对比度以及几何具备部分不变性的特征。

方向梯度直方图(histogram of oriented gradients; HoG) 使用一个小窗口来统计窗口空间中的方向、梯度等特征的统计图表。提取出的特征对局部区域的形变具备不变形。

词袋描述子(bag-of-words descriptor) 通过总结不同描述子(如 SIFT、HoG)数据来对大型区域或整幅图像进行特征表示的描述子。通常与一个区域内的所有兴趣点相关,每个被观测的描述子都被当作有限词库中的一个视觉词,词袋描述子将这些视觉词聚类,用类别频率直方图作为特征描述。

形状场景描述子(shape context descriptor) 对目标轮廓的固定长度向量进行特征描述的描述子。可对轮廓点的位置进行编码。通常通过 SIFT 或 HoG 描述子进行信息汇集来提供能够捕捉目标总体结构的表达形式。该表达形式不会因为空间尺度变化而受到影响。

径向畸变(radial distortion) 图像的一种非线性扭曲。取决于像素与图像中心的距离。产生原因为实际中针孔模型由于镜头重新聚焦而导致部分图像区域离焦。

单应性几何特征(geometric characteristics of homography) 同一个相机从不同位置拍摄同一平面物体的图像之间存在单应性,可用投影变换表示。通过将一个光心的光线与真实世界物体上的点相连,可形成光束。平面对光束进行切割可以形成立体图像。图像之间通过单应性相互关联。

增强现实追踪(enhance reality tracking) 建立物体与场景联系的过程。要添加现实图像对象,首先需建立一个视体(相当于摄像机),使得它具有与内在参数相同的视野。然后,使用模型视图矩阵添加源于当前角度的模型。

视觉全景(visual panorama) 通过旋转摄像机而

获得的关于光心的一系列图像。可通过单应性相互关联。通过使用这种部分重叠的图像,可将其全部映射到一幅大的图像中。

多摄像机系统(multi-camera system) 一种围绕静态对象移动的摄像机系统。目标是依据多个摄像机获取的图像信息构建一个三维模型。需要确定摄像机的属性及其在每一帧的位置。

双视图几何学理论(double view geometry theory) 研究统一场景两幅图像对应点间的几何关系的理论。取决于两个摄像机的内在参数和两者间的相对平移与旋转。

极线约束(epipolar constraint) 对于第一幅图像中的任意点,其在第二幅图像中的对应点被限制在一条线上。

极点(pole) 第一个摄像机的光心在第二个摄像机中的图像。首先考虑第一幅图像中的点。每个点都与三维空间中的一条光线相关联,每一条光线都在第二幅图中投影产生极线。由于所有的光线都汇聚于第一个摄像机的光心,所以极线必须也汇聚于第二幅图像平面的一个点。

双视图校正(double view correction) 对于两幅图像,需要变换图像使得每一条极线处于水平位置,且与一个点相关联的极线能落到另一幅图像中该点的同一条扫描线上的过程。

平面校正(plane correction) 变换每个图像平面,使得两个图像平面共面的过程。摄像机之间的平移平行于该平面。变换后的极线是水平和对齐的。

极面校正(polar correction) 将非线性扭曲引用于每幅图像,使得对应点能够映射到同一条扫描线上,通过对原始图像进行采样来获得新的图像的过程。适用于极点接近于图像的情况。

多视图重构(multi-view reconstruction) 一个场景内两个以上的视图的重构。例如,利用单个移动摄像机获得的视频序列帧建立三维模型。

三维重构(3D reconstruction) 运用多视图重构解决方案,重建物体三维信息的过程。如能从未校准的手持摄像机获得的图像序列中构建三维模型。

立体图割(stereographic segmentation) 将重建的三维空间分为一个三维栅格,每个组成元素被简单标记为对象的内在或者外在元素的过程。可视为三维空间的二值分割。

视觉模型(visual model) 将可视化问题结构的复杂知识整合成为具有识别能力的模型。

形状模型(shape model) 基于目标形状的模型。必须考虑目标的形变、部分缺失甚至是目标拓扑结构的变化。还存在目标可能被部分遮挡的情况,导致难以在形状模型与观测数据之间建立对应关系。

形状表示(shape representation) 对图像进行滤波后残留的位置、缩放和旋转效应等几何信息的表示。能够表达形状的方法是直接定义能够描述轮廓的代数表达式。

蛇形模型(snake model) 以构成一定形状的一些控制点,首尾以直线相连构成模板的模型。通过模板自身的弹性形变,与图像局部特征相匹配达到调和,即某种能量函数极小化,来完成对图像的分割。再通过对模板的进一步分析,实现图像的理解和识别。

统计形状模型(statistical shape model) 以构成形状的控制点坐标的复合特征向量建模为一个正态分布的模型。能适用于处理某类中只出现过单次的样本的形状变换,或处理之前没有这类样本的情况。

概率主成分分析(probabilistic principal component analysis) 基于概率框架给出数据在主子空间中表达时所对应的概率密度估计。是对传统主成分分析的扩展。不同于传统主成分分析,对于每一个样本点,经概率模型得到的不是主子空间中与之对应的唯一的点,而是得到与之对应的点的概率密度。

三维形状模型(3D shape model) 将子空间形状模型扩展到三维的模型。将原二维空间中的控制点在三维空间中变为具有确定位置信息的三维矩阵,同时将这些控制点到图像的全局变换也扩展到三维空间。

非高斯统计形状模型(non-Gaussian statistical model) 用于解决求解过程中形状变化不能用正态分布进行约束的复杂情况的统计形状模型。通过用非线性回归模型来取代线性回归模型来描述更复杂的密度,相比传统的形状统计模型能够处理形状变化更大的情况。

铰接式模型(articulated model) 依据连接角和摄像机基本组件的整体变换来对身体模型进行参数化的模型。核心思想是各部分的转换是累积的,从而形成运动链。如脚的位置取决于小腿的位置,小腿的位置又取决于大腿的位置。为了计算相对于摄像机的脚的全局变化,可用合适的顺序来关联身体中的每一部分变换的方法。

三维形变模型(3D morphable model)　一种人脸的三维形状和外观统计模型。由布兰兹(Blanz)和维特(Vetter)于1999年提出。基于200次激光扫描,每个脸都是由约70 000个三维顶点和RGB纹理映射表示。基于基函数的线性组合,同样,纹理映射也可描述为基图像的线性组合。

三维人体模型(3D human body model)　人体的立体模型。由安圭洛夫(Anguelov)等于2005年提出。结合铰链结构和子空间模型,铰链结构用以描述身体骨架,子空间模型用以描述人体形状的变化。核心是定义人体表面的三角网。依据铰链结构的身体骨架和子空间的人体形状对三角网进行变换。

子空间身份模型(subspace identity model)　补充了因子分析模型对身份计算的模型。使得利用相同方式(姿势、光照等)获得的图像在空间中具有相同的身份信息,弥补了原始模型的缺点。

非线性身份模型(nonlinear identity model)　基于人脸的分布是非正态的模型。通过两种方法将描述个体之间变化及个体内部变化的线性模型推广到非线性情况:(1)利用混合子空间身份模型或者PLDA的混合模型来描述更复杂的分布。(2)基于高斯过程的隐变量模型,在使用加权基函数的结果之前,通过非线性函数的隐变量来生成复杂的分布。

非对称双线性模型(asymmetric bilinear model)　用于解决数据变化较大的情况的模型。如多姿态的人脸识别。对身份和方式进行建模,将身份看作连续量,将方式看作可能取值的离散量。对身份和方式分别处理,使得身份的表示取决于方式的种类,相同身份在不同方式下可能产生完全不同的数据。

纹理建模(texture modeling)　一种根据物体表面二维位置信息,从每个角度和每个照明组合显现纹理表面的模型。物体表面光照的相互作用可以通过双向反射分布函数描述。已知从物体表面特定角度的入射光,就可描述物体表面各个对应角度的反射光。

时序模型(temporal model)　根据系统观测得到的时间序列数据,通过曲线拟合或利用时序上的相关性估计得到参数来建立的数学模型。是一种描述状态间关系的理论和方法。全局状态是连续且不相互独立的,每个状态与其前一个状态相关。

知 识 工 程

专家系统(expert system; ES)　一种智能计算机程序系统。模拟人类专家决策能力,其内部含有某特定领域专家等级的知识体系、能力与经验,能够利用人工智能与计算机技术进行推理与判断,模仿人类专家解决问题的过程,解决现实中需要人类专家解决的复杂问题。

专家系统工具(expert system tool)　一种用于开发专家系统的程序工具。是为提高开发专家系统的效率而诞生的一种高级软件工具或软件设计语言环境。有利于对应领域专家长时间的合作。

专家系统外壳(expert system shell)　亦称"骨架系统"。抽出成熟完备的专家系统中具体的领域知识后的统一基本框架。通过填充新的领域知识即可建造出不同的专家系统。

专家问题求解(expert problem solving)　使用专家系统解析问题的推理与判断的过程。

专家经验(expertise)　特定领域专家的知识体系。包含专家或者专家系统内某领域的专业知识体系、能力、经验与解决问题的方法。

咨询系统(consulting system)　一种经典的专家系统。是通过存储有某特定领域的专家知识体系、能力与经验而形成的知识库,拥有能模仿专家解决问题的推理机制,可对输入系统的信息进行分析,做出决策和判断,以获得咨询专家予以解答的效果。

智能决策系统(intelligent decision system)　一种用于决策分析的智能系统。通常使用置信函数进行问题建模,利用证据推理进行属性聚合,得到决策方案的排名与其他综合评定,实现智能决策分析。

规划问题(planning problem)　运筹学领域中的基本问题。一般包含决策变量、目标函数、约束条件三个组成要素。在运筹学中已有较长研究历史,且发展成熟、应用广泛。目的是在一定的约束条件下,获得最优化目标函数的决策变量值。分为线性规划和非线性规划,当目标函数和约束条件都是决策变量的线性函数时,则为线性规划问题,反之为非线性规划问题。

规划图(planning graph)　规划问题的一种有效的表示方法。可用来直接构建计划,实现更好的启发式估计。适用于命题问题,由与规划中的时间步长相对应的一系列状态组成。每个状态由描述和操作组成,其中操作表示规划中该步骤可能发生的情况。

层次规划(hierarchical planning) 一种将任务规划问题形式化表示的方法。递归地将任务分解为若干原始动作序列,按次序依次分层对各目标进行优化,以实现对整体规划问题的求解。

多智能体系统(multi-agent system) 包含多个相互交互的智能体的计算机化系统。可以解决对于单智能体或单一化智能体集群而言非常困难或无法解决的问题。

多智能体规划(multiagent planning) 一种经典的规划问题。一般指与多智能体系统(包含多个相互通信协调的智能体的系统)或多智能体技术相关的规划问题。主要研究目的是找到智能体之间最优的协调行动以解决特定问题,研究内容包括智能体之间的通信交互、协同合作以及冲突检测与消解,不同智能体的知识、意识、规划、行为的管理,合理的资源安排方式,以得到问题解决的最优值。

知识表示(knowledge representation) 一种人工智能领域的知识描述形式。是一种基于计算机的特定数据结构。能关联知识客体中包含的知识与知识因子,降低人类理解知识的难度。一定程度上代表了特定数据结构与对应的处理机制的结合,是知识组织的基础,主要包括主观知识表示和客观知识表示两种类型。

本体(ontological engineering) 对某个特定领域内的概念体系及其属性与相互关系的结构化表达。是计算机科学领域中对概念体系的说明;也是形式化的,对于公共知识体系、概念体系的详细说明方式。主要表现为共享词表的形式,能够表达某个特定领域中所包含的对象、概念,及其拥有的属性与彼此之间的关系。是一种特殊的、结构化的术语集合。

类别(category) 许多彼此相似或相同的事物的总称。对于同一类别的事物个体,每个个体都具有目标类别所共有的属性。

基于类的推理(reasoning on category) 对事物个体打上具体类别归属的标签,以此为基础而进行的特征推理方法。类别标签在具体类别事物个体的概念表征、特征比较与特征推理上均有较优的作用,能够促进特征推理。

情景演算(situation calculus) 一种人工智能领域的表现变化的逻辑语言。情景代表世界的某种状态,主体对象做出一定行动后,情景就会发生变化,主体下一步的行动则由其知晓的情景决定。推理不仅决定于状态,同时受主体对状态了解程度的影响,其了解程度越深,演算决策的效果越强。

事件演算(event calculus) 一种行动推理理论。用于处理连续时间。基本思路为根据事件的描述和行动所引起的效应而推理得到给定时间点所带来的影响,可作为一个工具用于描述事件。基本本体包括行动、时间类型、流、时间点。

流演算(fluent calculus) 一种行动推理的形式化描述方法。由经典的事件演算演变而来,是解决框架问题的有效方法。引入了状态的概念进而扩展情景演算,使得系统能根据不同的行为来改变状态,能有效解决框架问题的表示和推理。包含流、动作、状态、情景四个基本概念。

决策理论(decision theory) 关于决策概念、原理、学说等内容的统称。是一种用于管理决策的理论体系。以系统理论为基础,融合运筹学、行为科学、计算机科学等领域知识而产生,用于管理决策问题中关于决策过程、准则、类型、方法的理论体系。主要分为规范决策理论与描述决策理论两个分支。

效用函数(utility function) 表示消费者在进行消费活动中所获取的效益与所消费的商品之间数量关系的函数。是一种经济学、统计学上的数学函数模型。能用来衡量消费者从固定的某些商品组合的消费中所获取的满意程度。现代消费者理论中常用的是直接效用函数和间接效用函数。

决策网络(decision network) 亦称"影响图"。决策情况的紧凑图形和数学表示。是一种求解不确定性问题的工具。是贝叶斯网络的一种推广,可以建模和解决概率推理问题和决策问题。由节点和有向弧组成,是一种有向无环图。网络中的节点表示当前问题的主要变量,有向弧表示各变量间的相互关系。

序贯决策(sequential decision) 亦称"动态决策法"。按照一定的时间顺序进行排列,以获得顺序的决策。即在时间排列上有先后顺序的多阶段决策。一般用于不确定性动态系统最优化问题。从初始状态开始,在每个时间节点均作最优决策,根据接下来的状态变化收集信息,然后作新的最优决策,反复进行直至最终。

价值迭代(value iteration) 一种动态规划中求最优策略的基本算法。在已知策略与马尔可夫决策过程模型的情况下,对每一个当前状态下所可以采取的策略进行策略评估,计算何种策略所能达到的期望价值函数最大,则将此最大期望价值函数作为当前状态的价值函数,反复进行迭代直至价值函数收敛,获得最优值函数。

策略迭代(policy iteration) 一种动态规划中求最优策略的基本算法。在具体策略未知情况下,从初始化的策略开始,根据策略评估的结果对策略进行改进,不断迭代并更新策略,直到策略取得的效益收敛,获得最优策略与最优值函数。

马尔可夫决策过程(Markov decision process; MDP) 一种在动态规划与强化学习研究领域中求得最优解的有效工具。具有马尔可夫性质是指某一状态信息包含了所有相关的历史信息,只要当前状态可知,则对历史信息便不再具有依赖性,即当前状态决定了未来状态的变化趋势。实际应用中通常借助具有马尔可夫性质的基本假设来建立模型。

部分可观测马尔可夫决策过程(partially observable Markov decision process) 一种通用化的马尔可夫决策过程。模拟智能体决策程序时假设系统动态由马尔可夫决策过程决定,但是智能体无法直接观察目前的状态。相反的,必须要根据模型的全局和部分观察结果来推断状态的分布。

博弈论 释文见39页。

博弈机制(game mechanics) 定义了参与者需要遵循的机制以及游戏本身遵循的规则。是博弈中各方行为的规则流程。通过创建的博弈机制,可以定义游戏如何根据参与者的动作进行运转。

决策准则(decision criteria) 代表决策时应当满足的标准和应当遵循的规则。是一种主流的现代决策理论。与古典决策理论的"理性人"假设不同,现代决策理论中认为人脑所能思考和处理的问题与问题本身相比十分渺小,因此很难得到最优决策方案,在此基础上认为决策的准则有两条:(1)满意准则,即决策不一定最优但各方面满意;(2)相关准则,即决策时很难考虑全部的可能性,仅考虑与问题相关的可能性。

决策函数(decision function) 统计决策理论的基本概念之一。统计推断就是建立一个定义于样本空间,取值于决策空间内的函数 $\delta(x)$。所以当有了样本时,就采用函数 $\delta(x)$ 判决,这种函数称为非随机化的统计决策函数。若对每个样本,有决策空间上的概率测度 $\delta^*(x)$ 与之对应,则称 $\delta^*(x)$ 为随机化的决策函数。通常指非随机化的决策函数。

决策表(decision table) 一种呈表格状的图形工具。精确而简洁描述复杂逻辑的方式,将多个条件与这些条件满足后要执行动作相对应。但不同于传统程序语言中的控制语句,能将多个独立的条件和多个动作直接的联系清晰地表示出来。适用于描述处理判断条件较多,各条件又相互组合、有多种决策方案的情况。

决策树(decision tree) 代表对象属性与对象值之间映射关系的预测模型。树中每个节点表示某个对象,而每个分叉路径则代表某个可能的属性值,而每个叶节点则对应从根节点到叶节点所经历的路径所表示的对象的值。通常仅有单一输出。若有多个输出,可建立独立的决策树以处理不同输出。

不完全性理论(incompleteness theory) 一种经典的数学与逻辑学理论。证明了一个包含了简单的数论描述的自洽系统,则必定存在使用系统内允许的方法均无法证明真伪的命题。如果系统内包含初等数论,当系统为无矛盾系统时,它的无矛盾性无法在该系统内部证明。由哥德尔(Kurt Gödel)在1931年提出。是现代逻辑史重要的里程碑。

合一(unification) 数理逻辑中一阶谓词演算使用的一种运算方法。两个项的合一是就特殊化次序而言的并,就是说,在项的集合上假定一个预序,通过代换中某些项的一个或多个自由变量从而获得两个项的相同。如果存在的话,是两项的并集的代换实例的一个项。两个项的并集任何公共的代换实例也是实例。

推理(reasoning; inference) 由一个或几个已知的判断(前提)推出新判断(结论)的过程。即使用理智从某些前提产生结论的行动。是逻辑学中思维的基本形式之一。有直接推理、间接推理等。需要注意的是:如果不能考察某类事物的全部对象,而只根据部分对象做出的推理,不一定完全可靠。

启发式推理(heuristic inference) 通过对过去经验的归纳推理以及实验分析来解决问题的推理过程。即借助于某种直观判断或试探的方法,以求得问题的次优解或以一定的概率求其最优解。

推理策略(inference strategy) 解决推理过程中

前提与结论之间的逻辑关系以及非精确性推理中不确定性的传递问题的方法规则的总称。

推理模型(inference model; reasoning model) 一种具有一定泛用性的解决推理问题的算法。是对各种推理问题的事物进行分析,并根据事物之间的关系,总结归纳出的能够在同类型问题上具有一定泛用性的推理算法。能清晰地描述推理过程,以便在机器上实现自动化推理。

自动推理(automated reasoning) 在机器上通过一定的模型与逻辑演算实现推理过程的自动化。传统的自动推理技术以谓词逻辑为基础,从已知的既定事实出发,使用谓词演算的方式,推理得到逻辑上应得的结论。现代自动推理技术则更接近人类的思维模式,在信息不完全的情况下,诞生了不确定推理、非单调推理、定性推理等方法。

形式推理(formal reasoning) 亦称"分析推理"。运用形式逻辑进行的推理过程。包含演绎推理、类比推理和归纳推理。

自动逻辑推理(automated logic inference) 在机器上实现能按照一定的逻辑演算而进行的推理过程。是一种人工智能领域的推理方法。利用归结算法处理命题逻辑推理,合一算法处理谓词逻辑推理,然后输入问题所需要推理的目标、相关变量以及其他前提假设,经过逻辑演算输出关于目标的相关证明结论、解释以及变量的值,最终给出全部正确的推理结果。

演绎推理 释文见 59 页。

反绎推理(abductive reasoning) 亦称"溯因推理"。由推理到最佳解释的推理过程。是一种人工智能领域的推理方法。由事实的集合开始,反向推导出其最佳解释。在人工智能领域,常应用于故障诊断、信念修正、自动计划等。

假设(hypothesis) 对事实现象提出有待证明的解释。必须是可以用实验来验证是否正确的。

自动演绎(automatic deduction) 即"自动定理证明"(55 页)。

规则推理(rule based reasoning) 利用相关领域的专家知识形式化地描述而形成的系统规则来模仿专家在求解中的关联推理行为。这些规则表示着该领域的一些问题与这些问题相应的答案。

正向推理(forward reasoning; forward chained reasoning) 按照由条件推出结论的方向进行的推理过程。从一组事实出发,使用一定的推理规则,来证明目标事实或命题的成立。一般的推理过程是先向综合数据库提供一些初始已知事实,控制系统利用这些数据与知识库中的知识进行匹配,被触发的知识将其结论作为新的事实添加到综合数据库中。然后重复上述过程,用更新过的综合数据库中的事实再与知识库中另一条知识匹配,将其结论更新至综合数据库中,直到没有可匹配的新知识和不再有新的事实加入综合数据库中为止。最后测试是否得到解,有解则返回解,无解则提示运行失败。

目标驱动(goal driven) 所有的方法、工具、步骤的选择都是围绕特定的目标而进行的活动。如果目标发生了变化,则整合系统将发生根本变化,即这类系统的目标决定了系统运行的方向。

反向推理(backward reasoning; backward chained reasoning) 亦称"目标驱动推理"。由结论出发,按照子目标的逻辑顺序反向逐级验证目标结论的正确性,直至推理至已知条件的推理过程。将问题解决的最终目标不断分解为子目标,直至子目标能够按推理得到的逆推路径与最初给定的条件联系起来。一般用于处理空间中存在多条路径且只有部分路径能够连接到推理目标的问题。

双向推理(bidirection reasoning) 结合正向推理与反向推理的推理方法。

目标导向推理(goal directed reasoning) 一种解决问题的推理过程。从基于知识的系统的每个可能目标中生成候选解决方案,然后收集证据确定每个候选解决方案对于当前情况是否适用。

基于知识推理(knowledge based inference) 在计算机或智能系统中,模拟人类的智能推理过程。依据推理控制策略,利用形式化的知识进行机器思维和求解问题的过程。

逻辑推理(logical reasoning) 由一般到特殊的推理过程。推论前提与结论之间的联系是必然的,是一种确定性推理。运用此法研究问题,首先要正确掌握作为指导思想或依据的一般原理、原则,其次要全面了解所要研究的课题、问题的实际情况和特殊性,然后才能推导出一般原理用于特定事物的结论。

元推理(metareasoning) 在计算机科学中,一个系统对自己的操作进行的推理过程。需要编程语言有反射功能,以用来观察和修改自身的结构和行为。

不确定推理(uncertain reasoning) 包括对不确定问题的表示和使用不确定的知识、非精确的信息进行推理的过程。

模糊推理(fuzzy reasoning) 以模糊集合论为基础描述工具,对以一般集合论为基础描述工具的数理逻辑进行扩展的推理过程。是不确定推理的一种。

类比推理(analogical inference) 根据两个对象在某些属性上相同或相似推断出它们在其他属性上也相同的推理过程。从观察个别现象开始,近似归纳推理。但又不是由特殊到一般,而是由特殊到特殊,故不同于归纳推理。分为完全类推和不完全类推两种形式。前者是两个或两类事物在进行比较的方面完全相同时的类推;后者是两个或两类事物在进行比较的方面不完全相同时的类推。

单调推理(monotonic reasoning) 规定一旦确定某一事实状态,则在推理过程中不能改变其假设的推理过程。

非单调推理(non monotonic reasoning) 一个正确的公理加到某一理论中,反而会使预先所得到的一些结论变得无效的推理过程。是人工智能中的一种重要的推理方式。寻求失效的结论是单调逻辑中不存在的问题。明显地比单调推理来得复杂。

限定推理(circumscription reasoning) 在空白基础上设置遵守的前提条件(即为限定条件),以及有限的限定发展方式,由此推测无限时空范围内任何可能发生的未来事件和将会存在或者已经存在但不被发现的思维体系的一种逻辑推理过程。是一种非单调逻辑推理的方式。

默认推理(default reasoning) 亦称"缺省推理"。在知识不完备的情况下做出的推理过程。如果到某一时刻发现原先所作的默认不正确,就要撤销所作的默认以及由此默认推出的所有结论,重新按新情况进行推理。

真值维护系统(truth maintenance system; TMS) 一种实现知识库中信念的表示、修改与维护等功能的系统。是知识表示的方法。

归纳推理(inductive reasoning) 以一系列经验事物或知识素材为依据,寻找出其服从的基本规律或共同规律,并假设同类事物中的其他事物也服从这些规律,从而将这些规律作为预测同类的其他事物的基本原理的一种认知推理过程。是一种由个别到一般的推理。由一定程度的关于个别事物的观点过渡到范围较大的观点,由特殊具体的事例推导出一般原理、原则的解释方法。

机 器 学 习

机器学习(machine learning) 研究如何使用计算机来模拟或实现人类学习活动,以获取新的知识或技能,并识别现有知识,重新组织已有的知识结构使之不断改善的一门学科。是涉及概率论、统计学、逼近论、凸分析和算法复杂性等多领域的交叉学科。目的是用数据或以往的经验进行学习,以实现某些类人的智能行为。分监督学习、无监督学习和半监督学习。按学习策略和方法,分机械学习、传授学习、类比学习、发现学习、解释学习、实例学习、遗传学习、连接学习、归纳学习,以及结合各种方法的集成学习、多策略学习等。是一种重要的计算机技术,广泛用于计算机、机器人、工业、军事等领域。

统计学习(statistical learning) 机器学习领域中一类重要的方法。认为同类数据具有一定的统计规律性,能够通过统计学方法进行描述的机器学习方法。一般思路为基于数据构建概率统计模型,并运用模型对数据进行分析与预测。

学习理论(learning theory) 亦称"计算学习理论"。研究机器学习任务的误差界限,样本空间与假设空间之间的关系,以及机器学习算法的性能,收敛性与稳定性的理论。是机器学习领域,尤其是统计学习方面的理论基础。包括概率近似正确学习理论、VC 维理论、Rademacher 复杂度等。

强化学习(reinforcement learning) 亦称"增强学习"。通过与环境的试探性交互来选择优化动作,以实现序列决策任务的一种策略学习。通过选择并执行动作导致系统状态变化,并从环境得到一个强化信号。该信号是对系统行为的奖惩,下一步动作的选择原则是使得到奖励的概率增大;从而找到一个合适的动作选择策略,使产生的动作序列得到最优的结果;系统在这种行动—评价的环境中获取知识、改进行动,以适应环境。通过与深度学习结合,即深度强化学习,在控制、游戏和围棋等领域取得了远优于传统方式的良好效果。

联合学习(co-training) 亦称"协同训练""协同学习"。一种半监督的机器学习算法。主要应用在标注数据比较少的情况下,同时训练两个分类器,每个分类器采用不同的特征,不同的视角去分类数据。

假设某一类数据有两种特征表示：图像特征 x_1、x_2 和文本特征 y_1、y_2。算法如下：(1) 根据图像特征在标注数据集上训练分类模型 F_x，根据文本特征在标注数据集上训练分类模型 F_y。(2) 分别使用 F_x 和 F_y 对未标注数据进行预测。(3) 将 F_x 预测的前 k 个样本加入 F_y 的训练数据集，将 F_y 预测的前 k 个样本加入 F_x 中。返回第一步再训练，如此循环，直到达到一个预先设定的阈值。

自主学习(autonomic learning)　与传统的监督学习相对应的一种新型计算机学习方式。不需要人为建立确定的模型，通过计算机自身采集外界环境的信息，并得到反馈以不断更新模型，实现对环境的有效理解，建立合适的模型，完成特定的任务。不需要过多的人为参与，跟常规学习方法相比具有更强的适应性，但往往所需要的学习时间和数据较多，限制了其应用，但更接近于学习的本质。

主动学习(active learning)　一种监督的机器学习的算法。为使分类模型更加精确和广泛，需要使用特征明显、覆盖度广的样例，通过自动的方法去挑选这些样例，进行人工标注。假设有一个标注数据集 A 和未标注数据集 B，通过数据集 A，应用方法去找出 B 的一个子集 C，进行人工标注，然后在 A 和 C 训练集上训练数据，最后形成一个分类模型。

监督学习(supervised learning)　亦称"有监督学习"。从标记的训练数据来推断功能的机器学习方法。与"无监督学习"相对。训练数据由训练样例组成，每个样例都由一个输入对象和一个期望的输出值组成；分析该训练数据，并产生一个推断的功能，以此预测新实例的输出值。往往能比无监督学习和半监督学习更快地收敛，取得更高的识别准确率。

弱监督学习(weakly supervised learning)　监督学习的一个分支。使用噪声、有限或不精确的标注来作为监督标签，以便在监督学习环境中标注大量训练数据。减轻了获得手工标注数据集的负担，使用廉价的弱标签会在一定程度上影响模型的性能，但仍可用来训练一个强大的预测模型。

无监督学习(unsupervised learning)　从无标注数据中学习预测模型的机器学习方法。与"监督学习"相对。无标注数据是自然得到的数据，预测模型表示数据的类别、转换或概率。无监督学习的本质是学习数据中的统计规律或潜在结构，主要包括聚类、降维、概率估计。可用于对已有的数据进行分析或者对未来的数据进行预测。

半监督学习(semi-supervised learning)　利用少量带有类别标注的样本和大量未标注样本来进行训练和分类的机器学习方法。能减少标注代价，提高学习性能。是监督学习与无监督学习的结合。常见的实现方法包括基于概率的算法、对监督学习算法做修改、直接基于聚类假设的方法、多视图法和基于图的方法等。主要用于样本量充足条件下减少标注工作量。

迁移学习(transfer learning)　用从一个环境中学到的知识来帮助在新环境中学习的方法。与传统的机器学习不同，并不假设训练数据与测试数据服从相同的统计分布规律。在新的领域中，常常难以得到大量已标注的训练数据，借助该方法可把原来领域中已得到的大量训练数据用来帮助在新领域中的学习，虽然这些数据的分布不一定和新领域中数据的分布完全相同。分为基于实例的迁移学习、基于特征的迁移学习和异构空间的迁移学习等，各适于不同的应用场合。

统计决策理论(statistical decision theory)　利用统计学和概率论工具进行决策的理论。与博弈论有较深的关系，关注个体的选择，而博弈论则从整体考虑各个体之间的互动。机器学习中多结合相应的决策准则进行决策。常见的决策准则有：最小误分类错误准则、最小期望损失等。

最近邻方法(nearest-neighbor method)　一种统计机器学习中较为简单的概率密度估计方法。同时也可应用于分类问题中。认为距离相近的数据点具有相似的某些性质。在概率密度估计应用中，考察最靠近需要估计的数据点周围 K 个已知数据点的分布情况，得出对概率密度的近似估计。在分类问题的应用中，通过考察最靠近要分类数据点的 K 个已知数据点的类别决定需要分类的数据点的类别。

过度学习(over learning)　亦称"过拟合"。机器学习算法模型拟合数据时的一种现象。当机器学习模型的假设空间过于复杂或样本过少时，模型会学习到只在训练数据上出现的局部特征，从而使得模型遇到并未在训练数据中出现的数据时效果变差。

泛化(generalization)　模型能够对并未在训练数据中出现的未知数据做出准确预测的能力。通常无法直接度量模型的泛化能力，在实际中一般通过测试集上的误差来间接评价模型的泛化能力。常见的提升模型泛化能力的方式包括：增加数据的数量和多样性、采用正则化方法等。

正则化(regularization)　通过给模型的假设空间施加限制来解决模型过拟合现象的一类方法。一般通过对需要优化的目标函数施加约束条件来实现。在理论上等价于引入先验信息或噪声。常见的方法有 L1 正则化和 L2 正则化等。

稀疏表示(sparse representation)　即“稀疏逼近”(33 页)。

压缩感知　释文见 33 页。

因果推理(causal reasoning)　机器学习中寻找变量之间因果关系的一种方法。探讨在已知某些事实(即已知部分变量的值)的情况下另外一些变量的值或分布情况。在规则学习和概率图模型中都有应用,在规则学习中主要表现形式是数理逻辑,而在概率图模型中则主要表现为条件概率。

因果发现(causal discovery)　从数据中发现变量之间的因果关系的过程。通过一系列随机的或规划好的实验中得到观测数据,并且尝试从这些数据中提取出不同变量之间的因果关系。一般不能用传统的统计学方法得到。常见的算法有 PC 算法等。

模型选择(model selection)　基于泛化误差最小的准则,在不同学习算法和不同参数配置所产生的模型中进行选择,得到最优模型的过程。由于模型的泛化误差难以直接求得,实际应用中常结合一定的准则对模型进行选择。

模型评估(model assessment)　通过实验或通过一定的评价准则对模型的泛化误差进行评估的过程。通过实验进行评估一般会从数据集中单独划出一份数据称“测试集”,余下的部分用于训练模型,称“训练集”。经过训练的模型在测试集上得出测试误差作为对泛化误差的估计。

模型推理(model inference)　在机器学习中,使用训练好的模型对新数据进行预测的过程。在实际应用中这一步一般对应模型的部署,需要考虑运行效率、资源占用等和模型训练不同的问题。在使用模型进行推理的过程中,会对模型进行与训练过程不同的修改,如为了运行效率会对部分层进行合并,对采用 dropout 或 batch normalization 操作的模型做一些修改等。

泛化误差(generalization error)　模型在新样本数据上的误差。描述了模型的泛化能力,即模型是否学习到了潜藏在数据深处普遍的统计规律。一般只能通过间接的手段来估计。大部分学习任务的目标是得到泛化误差小的模型。与模型的训练误差之间不存在必然的正相关联系,如当模型过拟合的时候存在训练误差很小而泛化误差很大的情况。

泛化误差分解(generalization error decomposition)　对模型的泛化误差进行分解以便更细致地研究如何降低泛化误差的一种方法。对泛化误差进行分解可以得到噪声、偏差和方差三种成分。其中噪声是由于采样过程中产生的误差,造成数据集数据与真实数据之间的差距,决定了学习任务所能达到的泛化误差下界;偏差指学习算法训练出的模型对结果预测的期望与真实结果之间的偏离程度;而方差指学习算法的输出关于数据集的方差。

模型选择准则(model selection criterion)　用于在多个模型中选择泛化误差最优的模型的准则。由于难以直接评估模型对应的泛化误差,所以发展出许多用于估计模型泛化误差,从而选择最优模型的准则。常见的有结构风险最小化、交叉检验、最小描述长度等。

赤池信息量准则(Akaike information criterion)　一种用于模型选择的评价指标。通过一定的统计分析,建立训练误差与泛化误差之间的联系,从而达到评价模型的目的。形式为负对数似然函数与模型参数个数相加。在原理上接近于最小化模型的样本内误差,同时也可以通过最小描述长度准则或 KL 散度导出。在实际应用中更倾向于选择参数较多的模型,有过拟合的倾向。

贝叶斯信息量准则(Bayesian information criterion)　一种用于模型选择的评价指标。在候选模型中选择后验概率最大的一个模型,然而直接计算模型关于数据集的后验概率,需要做积分且计算量巨大,选择在已知模型参数先验的条件下使用拉普拉斯近似的方法计算关于模型的最大似然,从而得到关于后验概率的近似。

最小描述长度(minimum description length)　信息论中用于数据压缩的一类准则。也用于学习任务中评价模型与数据的契合程度。目标是寻找一个能以最短编码长度描述模型自身和训练数据的模型。在最小化编码数据集所用信息量(或最大化对数似然)的同时兼顾模型的复杂度,在形式上和结构风险最小化类似。是奥卡姆剃刀定律的一种具象化准则。

VC 维数(Vapnik-Chervonenkis dimension) 在学习理论中用于评估假设空间复杂度的一种指标。常用于无限假设空间的情况。最早由瓦普尼克(Vapnik)提出。对于一个假设空间和任意数据集,"打散"指假设空间中假设能够表示数据集标记的所有可能情况,而 VC 维指的是假设空间所能打散的最大数据集的大小。

交叉检验(cross-validation) 一种用于评估学习算法泛化误差的方法。先将数据集划分为若干个大小相似的互斥子数据集,每个子数据集都尽可能地保持原有数据分布的一致性,即从原有数据集中通过分层采样得到。然后在训练时每次将一个子数据集作为测试集,用余下的数据进行训练。在遍历所有子数据集之后返回结果的均值作为最终评估结果。通常将重复 p 次,每次将数据集划分为 k 个子集的交叉检验称为 p 次 k 折交叉验证。

线性回归(linear regression) 用线性函数拟合自变量与因变量之间关系的一种回归分析方法。如果仅有一个自变量则称"一元线性回归";如果有多个自变量则称"多元线性回归"。线性回归的基本假设是自变量 x 与因变量 y 之间呈线性关系,表达式为 $y = w^T x + e$,其中 e 为预测误差,服从均值为 0 的正态分布;w 为参数,描述自变量与因变量之间的线性关系。求解线性回归,通常使用最小二乘估计,给定样本点的自变量与因变量,解 w,使总预测误差模值 $E = \sum \| y^i - w^T x^i \|^2$ 最小。

岭回归(ridge regression) 亦称"脊回归"。一种修正的最小二乘估计法。当自变量之间存在较高的线性相关性时,使用最小二乘估计求解线性回归方程无法得到最优解。在最小二乘估计的损失函数中加入参数的 2-范数正则项,求解的损失函数为 $L = \sum \| y^i - w^T x^i \|^2 + \alpha \| w \|_2^2$。其中 $\| w \|_2^2$ 为参数的 2-范数正则项;α 为正则系数。损失函数 L 随 α 的变化轨迹称"岭迹"。与线性回归相比,拥有更高的稳定性。

LASSO 回归(LASSO regression) 一种改进的最小二乘估计法。通过使用正则项提高回归模型计算的稳定性,与岭回归不同之处在于 LASSO 回归使用参数的 1-范数作为正则项,即求解的损失函数为 $L = \sum \| y^i - w^T x^i \|^2 + \alpha \| w \|_1$。与岭回归相比,LASSO 回归中 1-范数无法求得解析解,但其优势在于 1-范数正则项促使参数拥有更大的稀疏性,可以用于特征选择。

主成分回归(principal components regression; PCR) 以原自变量的主成分为新自变量,以新自变量与因变量进行回归分析的方法。常用于解决原自变量之间存在高度相关关系导致回归模型估计失真的问题。当原自变量之间存在高度相关关系时,可以通过正交变换,将原自变量转化为一组线性不相关的新变量,这组新变量称为原自变量的主成分。

偏最小二乘回归(partial least square regression; PLS regression) 亦称"双线性因子模型"。不是直接求解自变量与因变量之间的回归方程,而是先将自变量与因变量投影到新的空间中,在新空间中求解自变量与因变量之间的线性回归方程。投影变换也是线性变换。

弹性网络回归模型(elastic net regression model) 一种改进的最小估计方法。与岭回归和 LASSO 回归类似,但正则项使用了参数的 1-范数和 2-范数的凸组合,即求解线性回归模型的损失函数为 $L = \sum \| y^i - w^T x^i \|^2 + \alpha\rho \| w \|_1 + \frac{\alpha(1-\rho)}{2} \| w \|_2^2$。其中参数 ρ 用于调节 1-范数和 2-范数的重要性。

线性分类(linear classification) 利用样本特征的线性组合,对样本进行分类的活动。仅有两个类别的分类称"二分类",多个类别的分类称"多分类"。以二分类为例,样本的特征向量可以作为样本在某个空间中的坐标,模型就是在该空间中找到一个超平面,将样本划分成两部分:超平面上方和超平面下方。多分类则是找到多个超平面,将空间划分为多个区域,每个区域中的样本为同一个类别。

线性判别分析(linear discriminant analysis) 一种基于数理统计的判别分析方法。属于线性分类。对于二分类任务,方法是在空间中找到一条直线,将样本点投影到这条直线上,使得同类别样本的投影尽可能靠近,不同类别样本的投影尽可能远离,最终对该直线进行分段。对新样本点分类时,首先将该样本点投影到上述直线上,处于直线的哪个区域就属于哪个类别。线性判别分析中假设不同类别的样本点服从高斯分布,且具有相同的协方差矩阵。

降秩线性判别分析(reduced-rank linear discriminant analysis) 先将样本点特征做降秩处理的线性判别分析。对于 N 分类问题,通过贝叶斯决策理论分析,求解线性判别分析的投影直线,相当于求解某个秩为 $N-1$ 矩阵的特征向量,而秩为 $N-1$ 的矩阵最多有 $N-1$ 个线性无关的特征向量,即 N 个类别样本最多存在于 $N-1$ 维空间中,将样本点映射到 $N-1$ 维空间中,得到 $N-1$ 维的新特征,再用线性判别分析进行分类。

二次判别分析(quadratic discriminant analysis) 去掉不同类别协方差矩阵相同假设的线性判别分析。求解空间中的直线是线性判别分析的重要步骤,通过每个类别样本点特征向量的均值和方差的投影值来衡量投影点类别内的距离和类别间的距离。在二次判别分析中,假设不同类别的样本点都服从高斯分布,且具有不同的协方差矩阵。

逻辑斯蒂回归(logistic regression) 属于线性分类模型。对于二分类问题,首先利用线性函数得到样本点的隐变量 $y = wx + b$,然后通过 S 形函数,将隐变量映射成概率值 $p \in [0, 1]$,用于决定类别,当 $p \leqslant 0.5$ 时属于第 1 类,反之属于第 2 类。可以推广到多分类任务中,对于 N 分类任务,则通过归一化指数函数将隐变量映射成 N 维概率向量,值最大对应的索引则为预测类别。

分离超平面(separating hyperplane) 能分隔两种不同类别样本点的超平面。以二分类为例,样本点的特征向量可以作为样本点在特征空间中的坐标,一个超平面可以将特征空间一分为二,如果这个超平面可以将样本点的不同类别分开,超平面上方的属于一类,超平面下方的属于另一类。

基展开方法(basis expansion method) 使用若干基函数的线性组合,来拟合自变量与因变量之间的关系。不同于线性模型中使用自变量的线性组合,基函数可以是非线性函数,设有 m 个基函数分别为 $h_1(X)$, $h_2(X)$, …, $h_m(X)$,式中 X 为所有自变量组成的向量,每个基函数都是将一个向量映射成实数。则自变量与因变量之间的关系可以用式 $y = \sum_{i=1}^{m} w_i h_i(X)$ 表示。其中 w_i 为待求解的参数,基函数的表达式在建模时确定。

希尔伯特空间(Hilbert space) 完备的内积空间。如果满足线性性,则以这些向量为坐标的点组成了线性空间;在线性空间的基础上,定义范数(即向量的长度)满足非负性、齐次性、三角不等式,则称该空间为赋范线性空间;如果在某个线性空间中定义了任意两个点之间的距离,则称该空间为度量空间;赋范线性空间中通过范数,可以定义空间中任意两个点之间的距离,因此赋范线性空间属于度量空间;在一个度量空间中,如果所有的柯西列都收敛于该空间中的某个点(不同柯西列可以收敛到不同位置)则称该空间是完备的。在赋范线性空间的基础上定义了内积运算,内积满足正定性、线性性和共轭对称性,则称该空间为内积空间。

再生核希尔伯特空间(reproducing kernel Hilbert space) 函数的希尔伯特空间。在希尔伯特空间中定义特殊的核函数,利用该核函数定义新的内积度量,使得两个核函数的内积仍然是一个核函数,即再生核。

核函数(kernel function) 内积空间定义了两个向量的内积运算,设两个向量为 x_1、x_2,如果有一个线性映射矩阵 A,将原内积空间中的向量映射到另一个内积空间为 $\hat{x}_1$、$\hat{x}_2$,则映射后向量的内积可表示为 $\hat{x}_1^T \hat{x}_2 = (A x_1)^T (A x_2) = x_1^T A^T A x_2$,可以预先算好 $A^T A$,方便后续计算。但如果是一组非线性函数 $\Phi = \{\phi_1, \phi_2, \cdots, \phi_m\}$,将原内积空间中的向量映射到另一个内积空间为 $\Phi(x_1)$、$\Phi(x_2)$,则计算新向量的内积需要先计算映射后的向量,然后再计算新向量的内积,核函数 $K(x_1, x_2)$ 则是预先计算好新向量内积的表达式,直接得到新向量的内积,即 $K(x_1, x_2) = \Phi(x_1)^T \Phi(x_2)$,简化了内积计算过程。

多项式核函数(polynomial kernel function) 多项式函数表示的核函数。设原空间中两个向量为 x_1、x_2,则映射后新向量的内积可表示为 $K(x_1, x_2) = (a x_1^T x_2 + c)^d$,其中 a、c、d 为参数,d 越大表示新向量所处的空间维度越大。

高斯核函数(Gaussian kernel function) 高斯函数表示的核函数。设原空间中两个向量为 x_1、x_2,则映射后新向量的内积可表示为 $K(x_1, x_2) = \exp\left(-\frac{\| x - y \|^2}{2\sigma^2}\right)$,高斯核函数对数据中的噪声有较强的抗干扰能力。

局部线性回归(local linear regression) 在某个需要求回归值的点附近,抽取若干个样本点,按权重求解这些样本点的线性回归模型。通常权重与距离成正相关，即距离越近权重越大。在计算不同自变量对应的因变量值时，需要抽取不同的样本点，分别求解参数。

核平滑方法（kernel smoothing method） 回归问题中的常用算法。要求预测某个点处的回归值时，在该点附近抽取若干个样本点，若直接取这些样本点的均值作为预测值，则回归函数是不连续且不平滑的。使用核函数作为权重求解这些样本点的回归模型，得到的回归函数是光滑的。通常权重与距离成正相关，即距离越近权重越大，核函数可以用来表示两个点之间的距离，使用核函数作为权重。局部加权线性回归即属于一种核平滑方法。

最大期望算法（expectation-maximization algorithm; EM Algorithm） 通过迭代进行最大似然估计的优化算法。当一组样本数据包含隐变量，或缺失一些观测值，又希望通过最大似然估计得到这组数据在每个隐变量下的分布，通常使用最大期望算法。例如有一组数据，属于不同的类别，但每个样本属于哪个类别是未知的，希望求得每个类别样本的分布情况，此时类别就属于隐变量。最大期望算法每次迭代过程有 2 步：E 步（expectation-step）和 M 步（maximization-step）。其中 E 步是通过概率分布来预测每个样本隐变量的值；M 步是根据每个样本隐变量的值，以最大似然估计求解概率分布参数。

混合高斯模型（Gaussian mixture model） 通过多个高斯分布来拟合当前数据分布的模型。现实中的数据分布通常比较复杂，无法通过一个简单的概率分布函数表示，可以通过多个高斯分布来近似当前的数据分布。参数包括不同高斯分布的均值和方差，以及混合权重。其中混合权重表示了不同高斯分布在模型中的重要性。

近似方法（approximate method） 使用近似数作为计算对象的计算方法。在计算机做实数运算过程中，无法存储和计算真正意义上的精确数，通常需要用近似数来表示精确数，精确数的运算也需要使用近似数的运算来表示。常用绝对误差和相对误差来表示近似数和精确数之间的差异。主要研究内容是如何对近似数进行运算操作使近似结果的误差尽可能小。

变分近似方法（approximate variational method） 以变分学和变分原理为基础的近似方法。是实现最大期望算法之一。

蒙特卡罗采样（Monte Carlo sampling） 一种随机模拟方法。本质是重复的随机抽样，可以根据任意一个给定的概率密度函数，产生满足该分布的样本。是一种普适的采样方法。

自助方法（bootstrap method） 在统计学中，一种从给定训练集中有放回的均匀抽样。每当选中一个样本，它会等可能地被再次选中并被再次添加到训练集中。当样本来自的总体能以正态分布来描述，其抽样分布为正态分布；但当样本来自的总体无法以正态分布来描述，则以渐进分析法、自助法等来分析。

提升方法（boosting method） 一种可以用来减小监督学习中偏差的机器学习算法。大多由迭代生成的多个弱学习分类器组成，并将它们逐个叠加最终形成一个强学习分类器。弱学习分类器在叠加的过程中，通常会根据它们分类的准确率给予不同的权重。叠加弱学习分类器之后，数据通常会被重新加权，来强化之前分类错误的数据的分类效果。经典实例是 AdaBoost，及 LPBoost、TotalBoost、BrownBoost 等。

AdaBoost 算法（AdaBoost algorithm） 全称“自适应增强（adaptive boosting）”。一种迭代算法。在每一轮迭代中加入一个新的弱分类器，直到达到某个预定的足够小的错误率。自适应在于：前一个分类器分错的样本会被用来训练下一个分类器。对噪声数据和异常数据很敏感，但在很多任务上相对于大多数其他学习算法而言不易出现过拟合现象。

提升树（boosting tree） 采用加法模型（即基函数的线性组合）与前向分步算法，并以决策树为基函数的提升方法。通过对损失函数的调整，延伸出残差树、梯度提升树等模型用于解决回归问题。

分类回归树算法（CART algorithm） 决策树的一种实现方法。假设决策树是二叉树，等价于递归地二分每个特征，将输入空间即特征空间划分为有限个单元，并在这些单元上确定条件概率分布。通常的步骤包括决策树生成与决策树剪枝。

多变元自适应回归样条（multivariate adaptive regression spline; MARS） 回归的自适应过程。非常适合高维问题（如存在大量的输入）。既可看成是逐步线性回归的推广，也可看成是为了提高 CART 在回归中的效果而进行的改进。

层次混合专家模型（hierarchical mixtures of experts） 基于树方法的变种。主要差异是树的分割不是硬决策,而是软概率的决策。在每个节点观测选择的概率取决于输入值。因最后的参数优化问题是光滑的,故在计算上有其优势。

支持向量机 释文见10页。

线性可分(linearly separable) 在欧几里得几何中,线性可分性是一对点集的属性。对于二维空间,如果在平面中存在至少一条线,并且线成功地将两个点集完全划分开,则这两个点集是线性可分的。如果用超平面代替线,则同样的性质可以推广到高维欧几里得空间下的点集。

间隔极大(margin maximization) 从数据点到决策边界的距离为最大的情况。在数据空间中,有许多超平面可能会对数据进行分类。作为最佳超平面的一个合理选择是代表两个类之间的最大分离或间隔的超平面。因此若选择超平面,应使其与每一侧最近数据点的距离最大化,如果存在这样的超平面,则称“最大间隔超平面”,且定义的线性分类器称“最大间隔分类器”。

软间隔(soft margin) 训练数据线性不可分时对数据的分隔。牺牲了在某些点上必须正确划分的限制,用于来换取更大的分隔间隔。

支持向量(support vector) 支持向量机通过找到最大化两个类之间的间隔超平面来执行分类任务,落在超平面上的样本。由于支持向量机的参数完全取决于支持向量,因而通俗来讲,支持向量可以理解为支持了该算法实现的一组向量。

核方法(kernel method) 在机器学习中,一类用于模式分析的算法。最著名的成员便是支持向量机。模式分析的一般任务是在数据集中查找和研究一般类型的关系(如聚类、主成分、相关性、分类)。对于许多解决这些任务的算法,原始的数据表示必须通过用户指定的特征映射显式转换为特征向量表示,相反核方法只需要用户指定内核,即成对的相似度函数对原始数据点进行表征。

维数灾难(curse of dimensionality) 随维数增加,实现算法计算量呈指数级增长的现象。在机器学习问题中,需要在高维特征空间(每个特征都能够取一系列可能值)的有限数据样本中学习一种“自然状态”(可能是无穷分布),要求有相当数量的训练数据含有一些样本组合。给定固定数量的训练样本,其预测能力随着维度的增加而减小。

对偶优化问题(dual optimal problem) 在优化理论中,可从两个视角(原始问题或对偶问题)中的任何一个来看待优化问题的原则。对偶问题的解为原始(最小化)问题的解提供了一个下限。原始和对偶问题的最优解不必相等,两者之间的差异称“对偶误差”。对于凸优化问题,在满足约束条件下,对偶误差为零。

支持向量回归(support vector regression) 回归问题的学习算法。与支持向量机相同,由支持向量机回归产生的模型也仅取决于训练数据的子集,但不同的是用于构建向量机回归模型的损失函数忽略了所有接近模型预测的训练数据。

原型方法(prototype method) 利用点(样本空间中一些具有代表性的点,称原型)或点集的信息对输入样本进行预测。

***K*-均值聚类**(*K*-means clustering) 源于信号处理中的一种向量量化方法。更多地作为一种聚类分析方法流行于数据挖掘领域。目的是把 n 个点(可以是样本的一次观察或一个实例)划分到 K 个聚类中,使得每个点都属于离它最近的均值(此即聚类中心)对应的聚类,以之作为聚类的标准。

***K*-最近邻分类**(*K*-nearest-neighbor classification) 分类族群的方法。一个对象的分类是由其邻居的“多数表决”确定的,K 个最近邻居(K 为正整数,通常较小)中最常见的分类值决定了赋予该对象的类别。若 $K=1$,则该对象的类别直接由最近的一个样本赋予。

聚类分析 释文见303页。

邻近矩阵(proximity matrix) 一种描述物体之间相似度(或距离)的矩阵。矩阵元素(i, j)即表示物体 i 和物体 j 之间的相似度。

自组织映射(self-organizing map) 一种使用监督学习来产生训练样本输入空间的一个低维(通常是二维)离散化表示的人工神经网络。是一种竞争学习网络。可通过神经元之间的竞争实现大脑神经系统中的“近兴奋远抑制”功能,并具有把高维输入映射到低维的能力(拓扑保形特性)。主要特性为:自组织排序性质,即拓扑保持能力;自组织概率分布性质;以若干神经元同时反映分类结果,具有容错性;具有自联想功能。

主成分分析(principal components analysis) 一种统计分析、简化数据集的方法。利用正交变换来对一系列可能相关的变量的观测值进行线性变换,从而投影为一系列线性不相关变量的值，这些不相关变量称“主成分”，可看作一个线性方程，其包含一系列线性系数来指示投影方向。经常用于降低数据集的维数，同时保持数据集中的对方差贡献最大的特征。这是通过保留特征值大的主成分，忽略特征值小的主成分实现的。对原始数据的正则化或预处理比较敏感(相对缩放)。

非负矩阵分解(non-negative matrix factorization; NMF)　一种矩阵分解方法。使分解后的所有分量均为非负值(要求纯加性的描述)，并且同时实现非线性的维数约减。已逐渐成为信号处理、生物医学工程、模式识别、计算机视觉和图像工程等研究领域中最受欢迎的多维数据处理工具之一。

独立成分分析(independent component analysis)　一种利用统计独立的数据表征方法。是一个基于统计独立假设的线性变换，这个变换把数据或信号分离成统计独立的非高斯的信号源的线性组合。是盲信号分离的一种特例。目的是通过线性变换把观察的数据转换成独立成分向量，而独立成分分量满足互相统计独立的特性。

因子分析(factor analysis)　研究从变量群中提取共性因子的统计技术。最早由英国心理学家斯皮尔曼(C. E. Spearman)提出。主要目的是用来描述隐藏在一组测量变量中的一些更基本的但又无法直接测量的隐性变量。可在许多变量中找出隐藏的具有代表性的因子，将相同本质的变量归入一个因子，并可减少变量的数目，还可检验变量间关系的假设。

流形学习(manifold learning)　从高维采样数据中恢复低维流形结构，即找到高维空间中的低维流形，并求出相应的嵌入映射，以实现维数约简或者数据可视化。由特南鲍姆(Josh Tenenbaum)于2000年提出。是从观测到的现象中去寻找事物的本质，找到产生数据的内在规律。

多维尺度方法(multidimensional scaling)　亦称“相似度结构分析”。一种将多维空间的研究对象(样本或变量)简化到低维空间进行定位、分析和归类，同时又保留对象间原始关系的数据分析方法。属于多重变量分析的方法之一。是社会学、数量心理学、市场营销等统计实证分析的常用方法。

非线性降维方法(nonlinear dimension reduction)　一种将高维数据降低到较少维度表示的技术。分为基于核函数的方法和基于特征值的方法。

随机森林(random forest)　一个包含多个决策树的分类器。是集成学习的一种算法。输出的类别是由单个决策树输出类别的众数而定。最早由布雷曼(Leo Breiman)和卡特勒(Adele Cutler)提出。

集成学习(ensemble learning)　使用一系列学习器进行学习，并使用某种规则把各个学习结果进行整合从而获得比单个学习器更好学习效果的一种机器学习方法。主要思路是先通过一定的规则生成多个学习器，再采用某种集成策略进行组合，最后综合判断输出的最终结果。一般地，其中多个学习器都是同质的弱学习器。基于该弱学习器，通过样本集扰动、输入特征扰动、输出表示扰动、算法参数扰动等方式生成多个学习器，进行集成后获得一个精度较好的强学习器。

装袋算法(bagging)　集成学习的一种算法。使用自助抽样法从训练数据集中选出多个训练子集，并分别训练几个不同的模型，再通过取平均值、取多数票等方法得到最终的预测结果。可提高预测的准确率、稳定性，降低泛化误差，避免过拟合。

提升(boosting)　亦称“提升算法”。集成学习的一种算法。思路是迭代构造弱分类器，然后以一定的方式组合成强分类器。和装袋算法不同，构造弱分类器的过程是序列性的，即前一个弱分类器会影响下一个弱分类器的构造。

学习器多样性(diversity in learning)　集成学习的基本理论。个体学习器准确性越高、多样性越大，则集成效果越好。用于度量集成学习中个体学习器的多样性，即估算个体学习器的多样化程度。典型的方法是考虑个体学习器的两两相似/不相似性。常见的多样性度量标准包括：不合度量、相关系数、Q-统计量、k-统计量。

概率图模型(probabilistic graphical model)　用图来表示变量概率依赖关系的理论，结合概率论与图论的知识，利用图来表示与模型有关的变量的联合概率分布。理论有概率图模型表示理论、概率图模型推理理论和概率图模型学习理论。基本模型包括贝叶斯网络、马尔可夫网络、隐马尔可夫网络、条件随机场、链图等。

条件随机场(conditional random field; CRF)　一种无向的概率图模型。结合了最大熵模型和隐马尔可夫模型的特点，常用于标注或分析序列资料，如自然语言文字或是生物序列。表示的是条件概率分布模型,即给定一组输入随机变量 X 的条件下另一组输出随机变量 Y 的马尔可夫随机场。原则上,图模型布局是可以任意给定的,一般常用的布局是链接式的架构。图中的顶点代表随机变量,顶点间的连线代表随机变量间的相依关系。

贝叶斯网络(Bayesian network) 亦称“信念网络”。一种有向无环的概率图模型。有向无环图中的节点表示随机变量,它们可以是可观察到的变量,抑或是隐变量、未知参数等。连接两个节点的箭头代表此两个随机变量是具有因果关系或是非条件独立的;而两个节点间若没有箭头相互连接,就称其随机变量彼此间为条件独立。若两个节点间以一个单箭头连接在一起,表示其中一个节点是“因”,另一个是“果”,两节点就会产生一个条件概率值。具有强大的不确定性问题处理能力,能在有限的、不完整的、不确定的信息条件下进行学习和推理。

无向图模型(undirected graphical model) 一种无向的概率图模型。即概率图中节点之间的连接边是无向的。如马尔可夫随机场。图中每个节点表示一个或者一组随机变量,节点之间的边表示两个随机变量之间的依赖关系。马尔可夫随机场有一组势函数,也称“因子”。这些势函数是定义在变量子集上的非负实函数,可以用其定义联合概率分布。

马尔可夫图(Markov graph) 概率论和数理统计中具有马尔可夫性质且存在于离散的指数集和状态空间内的随机过程。要求具备无记忆的性质:即下一状态的概率分布只能由当前状态决定,在时间序列中它前面的事件均与之无关。在马尔可夫链的每一步,系统根据概率分布,可以从一个状态变到另一个状态,也可以保持当前状态。状态的改变称“转移”,与不同的状态改变相关的概率称“转移概率”。应用广泛,其中包括:马尔可夫模型、隐马尔可夫模型、马尔可夫随机场、马尔可夫决策过程等。

受限玻尔兹曼机(restricted Boltzmann machine) 一种可通过输入数据集学习概率分布的随机生成神经网络。是玻尔兹曼机的一种变体。限定模型必须为二分图。模型中包含对应输入参数的输入(可见)单元和对应训练结果的隐单元,图中的每条边必须连接一个可见单元和一个隐单元。与此相对,“无限制”玻尔兹曼机包含隐单元间的边,使之成为递归神经网络。相比一般玻尔兹曼机,这一限定使得更高效的训练算法成为可能,比如基于梯度的对比分歧算法、梯度下降法、反向传播算法。在降维、分类、协同过滤、特征学习和主题建模中得到应用。

学习范式(learning paradigm) 陈述某种东西或某人学习的特定模式。学习理论分为不同的范式,包括行为主义、认知主义和建构主义。在机器学习中,有三种主要的学习范式:监督学习、无监督学习、强化学习。

课程学习(curriculum learning) 机器学习的一种学习方法。思想是模仿人类学习的特点,由简单到困难来学习课程(即先学习简单的样本,再学习复杂的样本),这样容易使模型找到更好的局部最优,同时加快训练的速度。

直推学习(transductive learning) 半监督学习的一个分支。与传统半监督学习的区别在于,假定未标记示例就是测试例,即学习的目的就是在这些未标记示例上取得最佳泛化能力。思路来源于统计学习理论,出发点是不要通过解一个困难的问题来解决一个相对简单的问题。经典的学习理论期望学到一个预测函数在整体的数据集上有最低的错误率,但是在很多情况下,并不关心预测函数在整体数据集上的性能,而只是期望在某个特定的数据集上有最好的性能。较简单,在学习过程中可显式地考虑测试集从而更容易达到目的。

归纳学习(inductive learning) 符号学习中研究得最为广泛的一种方法。给定关于某个概念的一系列已知的正例和反例,任务是从中归纳出一个一般的概念描述。旨在从大量的经验数据中归纳抽取出一般的判定规则和模式,从特殊情况推导出一般规则的学习方法。目标是形成合理的能解释已知事实和预见新事实的一般性结论。能够获得新的概念,创立新的规则,发现新的理论。

类比学习(analogical learning) 利用两个不同领域(目标域和源域)知识的相似性,从源域的知识(包括相似的特征和其他特征)推断出目标域的相应知识的推理方法。即通过类比,通过对相似事物比较进行学习。

多任务学习(multi-task learning) 机器学习中的一个分支。目标是利用多个学习任务中所包含的有用信息来帮助为每个任务学习得到更为准确的学习器。与传统迁移学习、领域自适应等方法不同,是一种并行迁移模式。任务之间的信息相互共享,知识在不同的任务中互相迁移。通过多任务信息共享提升整体的学习效果，这对于小样本上的学习尤其有效。假设有大量的小样本学习任务，可充分利用多个小样本的信息，提升多任务整体的学习效果。

学习准则（learning principle） 机器学习领域三个重要的学习准则。分别是奥卡姆剃刀准则、尽最大可能还原真实的测试环境、平衡好“数据驱动建模（探测）”和“验证（非探测）”二者间的关系。

奥卡姆剃刀准则（Ockham's Razor） 由14世纪英格兰逻辑学家奥卡姆的威廉（William of Occam）提出。可概括为“如无必要，勿增实体”，即“简单有效原理”。表述为如果关于同一个问题有许多种理论，每一种都能做出同样准确的预言，那么应该挑选其中使用假定最少的。尽管越复杂的方法通常能做出越好的预言，但是在不考虑预言能力（即结果大致相同）的情况下，假设越少越好。可用所罗门诺夫的归纳推理理论数学公式化：在所有能够完美描述已有观测的可计算理论中，较短的可计算理论在估计下一次观测结果的概率时具有较大权重。

极大似然（maximum likelihood） 用来估计一个概率模型的参数的一种方法。给定一个概率分布，已知其概率密度函数（连续分布）或概率质量函数（离散分布），以及一个分布参数 θ，极大似然估计会根据一定量的观测值寻找关于 θ 的最可能的值（即在所有可能的 θ 取值中，寻找一个值使这个采样的“可能性”最大化）。数学上，可在 θ 的所有可能取值中寻找一个值使得似然函数取到最大值。这个使可能性最大的 θ 值即称为 θ 的极大似然估计。由定义，极大似然估计是样本的函数。

极大后验（maximum posterior） 根据经验数据获得对难以观察的量的点估计。与极大似然估计类似，但融入了要估计量的先验分布在其中，故可看作正则化的极大似然估计。依然是根据已知样本，来通过调整模型参数使得模型能够产生该数据样本的概率最大，只不过对于模型参数有了一个先验假设，即模型参数可能满足某种分布，不再一味地依赖数据样例。

经验风险最小化（empirical risk minimization） 使模型关于训练样本集的平均损失最小的策略。认为经验风险最小的模型是最优的模型。当样本容量足够大时，能保证有很好的学习效果，在现实中被广泛采用。例如，极大似然估计就是一个例子。当模型是条件概率分布，损失函数是对数损失函数时，就等于极大似然估计。但当样本容量很小时，学习的效果未必很好，会产生过拟合现象。

不确定性推理（reasoning over uncertainty） 从不确定性初始证据出发，通过运用不确定性的知识，最终推出具有一定程度的不确定性但却是合理或者近乎合理的结论的思维过程。不确定性可理解为在缺少足够信息的情况下做出判断，是智能问题的本质特征。推理是人类的思维过程，它是从已知事实出发，通过运用相关的知识逐步推出某个结论的过程。

贝叶斯推理（Bayesian inference） 推论统计的一种方法。是统计学（特别是数理统计学）中很重要的方法之一。使用贝叶斯定理，在有更多证据及信息时，更新特定假设的概率。是在经典的统计归纳推理——估计和假设检验的基础上发展起来的一种新的推理方法。与经典的统计归纳推理方法相比，在得出结论时不仅要根据当前所观察到的样本信息，还要根据推理者过去有关的经验和知识。

近似推理（approximate inference） 从一组不精确的前提出发，导出一个可能是不精确结论的推理过程。推理大部分是定性的而不是定量的。实质上是通过人为规定的方法计算出结果而不是推理出逻辑结论，具体就是将推理前提约定为一些算子，再借助于一些运算从而计算出结论。虽实用但主观性强，本身的理论基础贫弱。

时序模型推理（inference in temporal model） 对一个可以随时间产生概率性模型的系统试图去预言人们所不能观察到的“隐形”的系统状态的推理过程。可观察到的状态序列和隐藏的状态序列是概率相关的，于是可将这种类型的过程建模为一个隐藏的马尔可夫过程和一个与这个马尔可夫过程概率相关的并且可以观察到的状态集合。

动态贝叶斯网络（dynamic Bayesian networks） 一个随着毗邻时间步骤把不同变量联系起来的贝叶斯网络。基本思想是状态的改变过程可以被视为一系列快照，其中每个快照都描述了世界在某个特定时刻的状态。每个快照（或称“时间片”）都包含了一个随机变量集合，其中一部分是可观察的而另一部分是不可观察的。通过分析这种时间片来联系不同时间变量。

字符识别 即“文字识别”（230页）。

物体识别（object recognition） 对目标物进行的量化识别。是计算机视觉领域中的一项基础研究。

任务是识别出图像中有什么物体,并报告出这个物体在图像表示的场景中的位置和方向。识别方法可归为两类:基于模型的或者基于上下文识别的方法,二维物体识别或者三维物体识别方法。有四个评价标准:健壮性、正确性、效率和范围。

生物特征识别(biometric recognition) 使计算机利用人体所固有的生理特征(指纹、虹膜、面相、DNA 等)或行为特征(步态、击键习惯等)来进行个人身份鉴定的技术。即通过计算机与光学、声学、生物传感器和生物统计学原理等科技手段密切结合,利用人体固有的生理特性和行为特征来进行个人身份鉴定。

虹膜识别(iris recognition) 基于眼睛中的虹膜进行身份识别的技术。虹膜包含有很多相互交错的斑点、细丝、冠状、条纹、隐窝等的细节特征。且虹膜在胎儿发育阶段形成后,在整个生命历程中保持不变,具有唯一性,故可将眼睛的虹膜特征作为每个人的身份识别对象。应用于安防设备(如门禁等),以及有高度保密需求的场所。

指纹识别(fingerprint recognition) 将识别对象的指纹进行分类比对从而进行判别的技术。是一套包括指纹图像获取、处理、特征提取和比对等模块的模式识别系统。常用于需要人员身份确认的场所,如门禁系统、考勤系统、笔记本电脑、银行内部处理、银行支付等。

步态识别(gait recognition) 通过人的走路的姿态进行身份识别的技术。是一种新兴的生物特征识别技术。与其他生物识别技术相比,具有非接触、远距离和不容易伪装的优点。在智能视频监控领域,比图像识别更具优势。

行人重识别 即“身份重确认”(336 页)。

深 度 学 习

深度学习(deep learning) 机器学习下的一个算法种类。以多层人工神经网络为基本结构。通过非线性函数近似,实现对数据的高层语义特征的表征学习。包括深度卷积神经网络、深度置信网络、循环神经网络等多种深度神经网络算法,可用于监督学习、半监督学习、无监督学习、强化学习等学习任务。广泛应用于计算机视觉、自然语言处理、语音识别及数据挖掘等领域。

自编码器(auto-encoder) 一种用于以无监督方式学习有效的数据编码的人工神经网络。目的是通过训练网络忽略信号“噪声”来学习一组数据的表示(编码),通常用于降维。对数据编码进行简化与重构,尝试从简化编码中生成尽可能接近其原始输入的表示形式。

正则自编码器(regularized auto-encoder) 通过在隐藏层增加正则化约束,不需要设定编码维数小于输入维数(欠完备)就可学习数据分布特征的自编码器。可鼓励模型学习重建输入之外的其他特性,而不必限制使用较小的编码维数来限制模型的容量。这些特性包括稀疏表示、对噪声或输入缺失的鲁棒性等。即使模型容量大到足以学习一个无意义的恒等函数,仍然能够从数据中学到一些关于数据分布的有用信息。

变分自编码器(variational auto-encoder) 通过对隐藏层增加正态分布的约束,在解码过程中重新在正态分布中进行采样,以生成连续变化图像的编码器。

误差反传算法(error back-propagation algorithm) 一系列利用链规则的基于梯度的优化算法。能够有效地训练人工神经网络。误差反传的主要特征是能够迭代、递归和有效地计算权重更新以改善网络直到能够执行要对其进行训练的任务为止。与高斯牛顿算法密切相关。

卷积神经网络(convolutional neural network; CNN) 亦称“平移不变人工神经网络”。一类包含卷积计算且具有深度结构的前馈神经网络。是深度学习的代表模型之一。具有表征学习能力,能够按其层次结构对输入信息进行平移不变分类。以时间延迟网络和 LeNet-5 的形式出现于 20 世纪 80—90 年代。后随深度学习理论的提出和数值计算设备的改进,被应用于计算机视觉、自然语言处理等领域。

循环神经网络(recurrent neural network; RNN) 一类以序列数据为输入,在序列的演进方向进行递归且所有节点(循环单元)按链式连接的递归神经网络。具有记忆性、参数共享并且图灵完备,在对序列的非线性特征进行学习时具有一定优势。在自然语言处理,如语音识别、语言建模、机器翻译等领域有应用,也被用于各类时间序列预报。引入了卷积神经网络构筑后可处理包含序列输入的计算机视觉问题。常见的有双向循环神经网络和长短时记忆网络。

长短时记忆网络(long short term memory network; LSTM)　一种时间循环神经网络。是为解决一般的循环神经网络存在的长期依赖问题而专门设计出来的。所有的循环神经网络都具有一种重复神经网络模块的链式形式。在标准循环神经网络中,这个重复的结构模块只有一个非常简单的结构。

Alex 卷积网络(AlexNet)　一种卷积神经网络。包含八层。前五层是卷积层,其中有一些最大值池化层,后三层是全连接层。还使用了线性整流单元作为激活函数。计算成本相较传统方法很高,需要图形处理单元进行训练。

Google 卷积网络(GoogleNet)　一种卷积神经网络。打破了常规的卷积层串联的模式,将 1×1、3×3、5×5 等卷积层和 3×3 的池化层并联组合后,几个并联的输出拼接组装在一起,即初始网络结构。其作为"基础神经元",来搭建一个稀疏连接、高计算性能的网络结构。初始历经了多个版本的发展,不断趋于完善。

VGG 卷积网络(VGGNet)　一个经典的深度卷积神经网络。证明了增加网络的深度能够在一定程度上影响网络最终的性能。特点包括:使用小卷积核(3×3)并组成"卷积组"来代替大卷积核;使用小池化核;层数更深特征图更宽;全连接转卷积。缺点是耗费更多计算资源,并且使用了更多的参数,导致更多的内存占用。

残差卷积网络(ResNet)　一个经典的卷积神经网络。特点是容易优化,且能够通过增加相当的深度来提高准确率。其内部的残差块使用了跳跃连接,缓解了在深度神经网络中增加深度带来的梯度消失问题。

预训练网络(pretrained network)　用作初始化的网络。预训练参数需要按照网络层读取,故新任务的网络结构应该与预训练网络结构一致。若仅抽取预训练网络的一部分参数时,则要保证这部分参数的网络结构与预训练网络一致。深度神经网络的训练需要大量的标注数据和大量的时间来完成网络参数的学习。在任务相近、训练数据量较小时,可采用在其他大型数据集上训练好的网络参数,作为新任务网络参数的初始值,以加快新任务的训练过程。

网络精调(network refinement)　使用预训练网络来初始化网络的参数,一般还需要根据新任务的训练数据,学习新增网络层的参数,或者对预训练网络参数进行微调,以便更好完成新任务目标的训练。训练数据量较小时,增加或者修改的网络层数应较少,保证新的参数得以充分学习,当数据量较大时,可以对所有参数进行全局精调。

数据标注(data labeling)　对不同类型的未标注数字数据(包括文本标注、图像标注、语音标注、视频标注等)设立标签类别的活动。应明确标注任务的目的,根据任务目的设立标签类别和维度,标签的设计应符合独立性,全面性原则。经过标注的数据可用于训练机器学习模型,从而用于预测新的未标注数据的标签类别。

梯度下降法　释文见 33 页。

随机梯度下降法　释文见 33 页。

批量梯度下降法(batch gradient descent)　一种采用批量样本的梯度下降法。会根据小部分训练数据来估算梯度。原型随机梯度下降使用的批量的大小为 1。

网络修剪(network pruning)　一种减小神经网络模型大小的网络压缩手段。是模型压缩中使用最多的方法之一。修剪的对象一般是已经训练完全的模型,通过寻找一种有效的评判手段,来判断参数之间的重要性差异,将不重要的连接或者滤波进行裁剪,并进行继续训练以减少模型的冗余同时保证一定的精度,按修剪的目标,分三种类型:权重参数修剪、滤波修剪和其他类型。

失活(dropout)　一种避免神经网络过拟合的正则化技术。在每一次训练阶段,以一定概率随机删除神经元,只训练剩余网络并更新原网络,随机删除的神经元权值保持不变。通过避免在整个数据集上对所有神经元进行训练,减少了神经元之间复杂的共适应关系,降低了过拟合风险,并提升了训练速度和神经网络泛化能力。

生成对抗网络(generative adversarial network; GAN)　一种训练生成模型的方法。用来学习如何生成接近真实分布的样本。包含两个模型:生成器和判别器。前者的目标是生成令判别器觉得真实的样本。后者的目标是判断样本是真实的样本还是生成器生成的样本。两者相互对抗,交替训练。开始被用在无监督学习任务中,如图像生成任务。后被发现在半监督学习、监督学习和强化学习任务中也是有效果的。

解耦表征(disentangled representation) 通过机器学习表示学习得到解耦的表征。不同于一般的表征,潜在因子之间互不影响,每个潜在因子与数据的生成因子相对应。改变其中一个潜在因子,其对应的数据也只在对应的因子上发生改变,而不会影响数据的其他因子。

零样本学习(zero-shot learning) 一种特殊的迁移学习方式。主要用于计算机视觉领域。旨在解决一类训练集中无相应样本的问题。对于训练集中某一个没有出现的类别,通过内部元特征的分析,自动创造出相应的求解映射,从而模拟一种智能推理关联能力。

少样本学习(few-shot learning) 一种特殊的迁移学习方式。主要用于计算机视觉领域。旨在从一个或少量几个训练样本学习到该类的求解映射,从而模拟人类智能的少量样本学习推理能力。

视频语义分割(video semantic segmentation) 为视频中每一帧图像上的每一个像素赋予带有语义标签的任务。是图像语义分割的拓展。实际场景中,视频数据应用广泛,基于图像的分割开销大、稳定性差。重点研究通过视频帧时序信息提高图像分割精度以及利用帧之间的相似性减少模型计算量,提高模型的运行速度与吞吐量。

图像风格迁移(image style transfer) 一种计算机视觉或数字图像处理的技术。可使一张图片保持本身内容大致不变的情况下呈现出另外一种图片风格。早期主要通过对图像纹理或特定风格进行手动建模来实现,耗时耗力。在神经网络兴起后,大多是通过训练卷积神经网络模型来完成。

图像标题(image captioning) 为图像生成描述性文字的过程。结合了计算机视觉和自然语言处理两大研究领域。最初利用视觉实体识别器和规则系统解决,后利用深度学习。现采用的模型是基于注意力机制的 CNN+RNN 模型,一般采用极大似然法进行训练。评估方法主要有人为评估方法和自动评估方法。前者直接邀请标注者对模型生成的标题进行质量评估。后者只邀请标注者对图像进行标题标注,将模型生成的标题和人为标注的标题进行匹配,把匹配程度高的标题视为质量高的标题。自动评估指标主要有 BLEU、CIDEr 和 SPICE 等。

身份重确认(person re-identification) 亦称"行人重识别"。利用计算机视觉技术判断图像或视频序列中是否存在特定行人的技术。是图像检索的一个子问题。主要采用表征学习、度量学习、局部特征、视频序列等方法实现。一般应用于跨摄像头、人脸质量较差的检索情况。

图像分类(image classification) 根据输入图像的语义信息将不同类别的图像区分开来的技术。是计算机视觉中最重要的一个基础任务。其中经典的子任务包括:通用图像分类、人脸图像分类、场景图像分类、细粒度图像分类等。是目标检测、目标跟踪、图像分割、行为识别等高级视觉识别任务的基础。在智能多媒体、安防、交通等多个领域有广泛的应用。

场景分类(scene classification) 对输入图像中包含的场景环境进行识别分类的技术。是图像分类研究领域的一个经典子任务。一个场景由图像中的物体、背景、空间环境布局和它们之间的关联关系等综合而成,是比较抽象的语义概念。

图像语义分割(image semantic segmentation) 将数字图像分为多个像素集的过程。是计算机视觉和数字图像处理中的一个任务。目的是将被处理的数字图像的表示简化或更改为更有意义且更易于分析的图像。通常用于在图像中定位对象和边界,为图像中的每个像素分配标签,以使具有某些共同特征的像素得到相同标签的过程。

图像实例分割(image instance segmentation) 将数字图像中需要被关注的可数或者可计数的对象分为不同的像素集并进行类别预测的过程。是计算机视觉和数字图像处理中的一个任务。目的是将被处理的数字图像中需要关注的对象的类别和位置作像素级的表示。通常可以看作是一种像素级的目标检测过程。

图像语义(image semantics) 挖掘出图像中的语义成分、文本内容的技术。将图像翻译成文本,不仅要描述出图像中的物体,而且要概括出这些物体的组合所表达的中心思想。主流方法是利用卷积神经网络加循环神经来解决这类问题。图像语义的发掘帮助图像的理解和场景识别。

图像补全(image completion) 根据图像自身或图像库信息来补全待修复图像的缺失区域,使得修复后的图像看起来非常自然,难以和未受损的图像区分开的技术。根据恐怖谷理论,只要填补内容和未受损区域有细微的不协调，就会非常显眼。故不仅要求生成的内容语义合理，还要求生成的图像纹理足够清晰真实。主要方法分为两类：（1）纹理合成方法，核心是从图像的未受损区域采样相似像素块填充待补全区域。（2）基于神经网络的生成模型，将图像编码成高维隐空间的特征，再从这个特征解码成一张修复后的全图。但在保证语义合理和纹理清晰的要求上都有其局限性。

图像理解（image understanding） 研究图像中有什么目标，以及目标的属性和它们之间的关系，进一步在更高的抽象层面理解图像场景的技术。是一个高层的计算机视觉任务。在低层图像处理，如边缘、色彩、纹理等特征检测方法的基础上，完成对图像的语义理解，包括研究图像中目标是什么，它们的空间位置关系，或者基于图像得出一个结论，用于未来决策。

视频自动修复（video inpainting） 用视频中提供的相关合理内容填充视频中的时间或空间上缺失的技术。对于时间序列一致性的要求较高，二维图像修复的方法无法直接用于视频修复。可帮助完成许多视频编辑和还原任务，例如去除某些不感兴趣的物体、划痕或损坏修复。还可与增强现实结合使用，在叠加虚拟元素之前删除现有元素，以获得更好的视觉体验。

视频抠像（video matting） 从一个嵌在自然背景中的动态前景的视频序列中，提取出前景元素的一个遮罩的技术。是商业电视和电影中的关键操作。使创作者可无缝地将新元素插入到场景，或将演员转移到全新的环境中创造出新颖的视觉效果。面临的挑战主要来自：庞大的数据规模，复杂的时间连续性，快速的移动与低分辨率的视频质量。

无语义视频分割（non-semantic video segmentation） 研究视频中图像的每一个像素的无语义的分类问题的技术。是一个视频方向的计算机视觉任务。拥有同类特质的像素被划分为同一类像素，同类像素组成的区域把视频中图像分成很多区域，这些类别不包含事先定义的语义信息，可以是数据集里没出现过的新类别或者未定义类别。

元学习（meta learning） 将自动学习算法应用于机器学习实验的元数据上的方法。是机器学习的子领域。如想使智能体掌握多种技能、适应多种环境，需要智能体通过对以往经验的再利用来学习如何学习多项新任务。是通往可持续学习多项新任务的多面智能体的必经之路。

Mobile 卷积网络（MobileNet） 一种轻量化卷积网络。基本单元是深度可分离卷积。深度可分离卷积又可分解为两个更小的操作：逐深度卷积和逐点卷积。与传统卷积不同，逐深度卷积针对每个输入通道采用不同的卷积核，即一个卷积核对应一个输入通道。而逐点卷积是 1×1 正常卷积。深度可分离卷积首先对不同输入通道分别进行逐深度卷积，然后采用逐点卷积组合之前的输出，达到降低计算量与参数量的目的。

人脸关键点检测（facial landmark detection） 亦称“人脸关键点定位”“人脸对齐”。给定人脸图像，定位出人脸面部的关键区域位置，包括眉毛、眼睛、鼻子、嘴巴、脸部轮廓等的技术。对人脸编辑、识别等任务具有重要的前置辅助作用。关键点的集合称“形状”，包含了关键点的位置信息。方法有三种：基于主动形状模型的传统参数化方法、基于级联形状回归的传统非参数化方法和基于深度学习的非参数化方法。衡量标准是算法所获取的关键点位置与真实关键点位置之间的偏差。

人脸识别（face recognition） 亦称“人像识别”“面部识别”。利用分析比较人脸视觉特征信息进行身份鉴别的技术。广义的包括构建人脸识别系统的一系列相关技术，包括人脸图像采集、人脸定位、人脸识别预处理、身份确认以及身份查找等；狭义的特指通过人脸进行身份确认或者身份查找的技术或系统。是一项热门的计算机研究领域，属于生物特征识别技术，具有自然性和不会被被测个体察觉的优势。

自注意力机制（self-attention） 一种基于自身的注意力机制。利用特征集里所有的特征之间互相计算注意力机制分配的加权系数，每一个新的特征可看作是原来整个特征集的一个加权组合。可替代原有的循环神经网络结构，缓解依赖和不能并行的问题。

超分辨率（super-resolution） 一种提高图片分辨率的技术。主要应用于计算机视觉或计算机图形学领域。目的是将相对较低分辨率的图像重构成相对较高分辨率的图像。是一种随机核下采样作用的逆过程，旨在恢复下采样过程丢失的信息。

数字图像处理

数字图像处理(digital image processing) 用电子计算机对图像进行处理的过程。可从中得到所需要的信息。如对遥感照片、心电图、癌症照片所进行的处理。内容包括:(1)图像信息编码的发送。(2)图像增强,即增强对比度以使图像清晰。(3)图像复原,将降质图像恢复成或接近于完全无退化的原图像的过程;通过利用消除衍射尖峰,减少无序,提高动态范围,提供适当的矢量分解增益来提高图像质量。一般包括把图像退化数学模型化,并运用逆处理恢复原来的图像。(4)图像加工,根据不同目的和用途,对图像进行加工计算。(5)图像识别。(6)图像接收。

图像并行处理(image parallel processing) 研究适合于图像处理的并行算法、并行计算机结构及其实现的技术。对于绝大多数图像处理过程来说,适当的计算支持极其重要,即使简单的图像处理问题,计算的要求也相当高。视频图像的典型分辨率是每帧512×512×24位,而视频速度实时处理意味着每秒需处理25或30帧。如果对整幅图像进行3×3的实时卷积,则要求处理速度高达每秒8 000万次八位的乘法和加法,此外还要加上输入和输出等(而卷积只是图像处理中最基本的运算之一)。但图像处理中的许多算法尤其是低层处理,对图像中的所有像素执行相同的操作,这提供了图像并行处理的可行性。研究适合于图像处理的并行结构和并行算法是十分需要也是可行的。

图像 释文见241页。

成像(imaging) 在显示系统中,以电子、光学等方式在胶片、屏幕、绘图器或其他显示面上产生物体的显示和再现。

照片(picture) 原指用感光纸放在照相底片下曝光后经显影、定影而成的人或物的图片。现泛指所有具有视觉效果的画面。

快照(snapshot) 原指照相馆的一种冲洗过程短的照片,如:证件快照。现常指基于硬件编程技术的一种针对内存进行的快速读取技术。常用于硬件开发。实现快照功能的文件系统基本上都是一些专用系统或者专为某个特定功能实现的文件系统。

静止图像(still image) 内容不随时间变化的图像。

灰度图像(gray level image) 亦称"单色图像"。只有一种采样颜色的图像。通常显示由最深色到最亮的过渡。每个像素用一个字节表示,256级灰度可表示高质量的图像。而且表示方法也比较紧凑。512×512×8位的图像和标准电视分辨率相近,但有更好的灰度层次。有的数字图像特别是医学图像,需要用十六位二进制数表示,而且常常是有正负号的。这种有符号的表示对一些图像处理的中间结果也非常有用,可避免数据的上溢和下溢。

彩色图像(color image) 需要分别测量和采样红、绿、蓝三基色分量的图像。数据量是单色图像的三倍。在实际应用中,几乎总是数字化成各为八位的三个分量。这种形式亦称"24位彩色图像",意即每个像素需24位表示;有时也说这种图像可以表示出$2^{24}\approx16$M(兆)种颜色。

二值图像(binary image) 各个像素值由0(白)或1(黑)表示的数字图像。比灰度图像(即浓淡图像)信息量小,每个像素值只用一位表示。在数字图像中占有非常重要的地位。需把浓淡图像的灰度值,按某一阈值变换成黑、白值的处理,称"图像二值化",亦称"阈值处理"。广泛用于数字图像处理应用中(如文字识别、各种计算机视觉检测等)。

缩略图(thumbnail) 一种把像素值直接作为调色板下标的图像。

位图(bit map) 图像的一种数字表示方法。图像中每一个像元均用一个或多个二进制位来表示,使用多个二进制位表示一个像元时,其值直接或间接地表示该像元的彩色或灰度。

图像平面(image plane) ❶ 包含有一幅输入图像的平面。❷ 在使用多个存储阵列的视频系统中,一个存储阵列对于一幅显示的图像的贡献。❸ 图形学中,称3D图像在二维平面上的投影为一个图像平面。

数字化(digitalization) 将一个模拟对象通过采样生成其数字表示的过程。基本过程是将许多复杂多变的信息转变为可以度量的数字、数据,再以这些数字、数据建立起适当的数字化模型,把它们转变为一系列二进制代码,引入计算机内部,进行统一处理。

图像去噪(image denoising) 减少数字图像中噪

声的过程。数字图像在数字化和传输过程中常受到成像设备与外部环境噪声干扰等影响,称“含噪图像”或“噪声图像”。

图像镶嵌(image mosaicking) 将经过几何校正的多幅遥感图像,按地图图幅和制图要求严格拼接成整幅影像图的技术。方法有切割镶嵌、光学镶嵌、数字镶嵌(即计算机镶嵌)。

图像平滑 释文见 246 页。

图像序列(image sequence) 当观察者与目标有相对运动时,在不同时刻取得的一系列图像。如果取像速度足够快,则可以获得连续图像。是多帧二维图像的有序集合。有空间图像序列和时间图像序列之分。前者可用于重构三维物体。后者可用于研究目标的运动过程,反映出目标随时间变化的状态和位置。两者结合可进一步研究三维物体的运动过程。广泛用于动态目标的识别、检测和跟踪。

数字图像(digital image) 一般指二维图像在空间坐标上和强度值(即亮度值)上都离散化了的图像。可看作是由其值代表某灰度级(整数值)的离散点(即像素)组成。为了把图片、景物等模拟图像变成计算机可处理的数字图像,要经过采样和量化操作处理。把时间上和空间上连续的图像变换成离散点的集合的操作处理,称“采样”,亦称“抽样”。模拟图像经采样操作处理后,分解成为在时间和空间上离散而其亮度值仍是连续的像素,把这些连续的亮度值变换成离散值(即整数值)的操作处理,称“量化”。量化得到的亮度值称“灰度级”或“灰度值”。在计算机图像处理中,一般采用 64~256 个灰度级。

图像分割(image segmentation) 图像处理时,利用软件方法将输入后的图像信号分割成若干部分的过程。把图像中各相同特征(灰度、彩色、纹理等)的区域提取出来以备以后分析、识别之用。要取得对象对背景,或对象对其他对象的分界线的坐标。结果是把原图分成以各区域边界坐标点表达的各个区域。

图像元(image primitive) 亦称“像素点”“像元点”。组成数字化影像的最小单元。数字图像处理中,是对模拟影像进行数字化扫描时的采样点。

图像增强(image enhancement) 将原来不清晰的图像变得清晰或者强调某些关注的特征,抑制非关注的特征,进而改善图像质量、丰富信息量、加强图像判读和识别效果的图像处理方法。是一种计算机图像处理技术。在不确切地了解导致图像质量下降原因的情况下,用于使图像更美观、易于解释判读、某些部位更突出等。在计算机图像处理中通常包括灰度加强和边缘加强。前者可采用如直方图平坦化、灰度分割、对比度扩张或在频域内进行低通滤波,以突出图像的阴影部分或薄云覆盖部分等。后者可利用如在空间域内的拉普拉斯算子或罗伯特梯度算子、或在频域内的高通滤波以加强边沿使图像锐化等。

图像逼真(image fidelity) 描述所处理的图像和原始图像之间的偏离程度。

图像函数(image function) 用函数表示一幅图像的方式。人眼看到的景物所对应的一幅平面图像上的信息首先表现为光的强度。是随位置坐标(x, y),光线的波长 λ,时间 t 而变化的,因此图像函数可以写成:

$$I=f(x,y,\lambda,t)。$$

如果只考虑不同波长光的能量作用,则在视觉效果上只有黑白深浅之分,而无彩色变化。这样的图像称“黑白图像”(灰度图像)。灰度图像模型可表示为:

$$I(x,y,t)=\int f(x,y,\lambda,t)V_s(\lambda)\mathrm{d}\lambda。$$

其中 $V_s(\lambda)$ 为相对视敏函数。当考虑不同波长光的彩色效应时,就得到彩色图像。根据三基色的原理,任何一种彩色都可以分解为红、绿、蓝(RGB)三种基色,所以彩色图像可表示成

$$I=\{R(x,y,t),G(x,y,t),B(x,y,t)\}。$$

式中

$$R(x,y,t)=\int f(x,y,\lambda,t)R_s(\lambda)\mathrm{d}\lambda,$$

$$G(x,y,t)=\int f(x,y,\lambda,t)G_s(\lambda)\mathrm{d}\lambda,$$

$$B(x,y,t)=\int f(x,y,\lambda,t)B_s(\lambda)\mathrm{d}\lambda。$$

其中 $R_s(\lambda)$、$G_s(\lambda)$ 和 $B_s(\lambda)$ 分别是红、绿、蓝三种基色的视敏函数。

图像质量(image quality) 衡量一个像与成像物体近似程度的一种尺度。主要影响特性是透镜或光学系统的分辨率和对比度。

图像几何运算(image geometric operation) 对图像(多指二维图像)进行几何变换,改变图像大小、形状、位置等几何属性的运算。包括图像重新排序、图像缩放、剪贴、平移、旋转和变形等。

图像变换(image transformation) 为了有效和快速地对图像进行处理和分析,需要将原定义在图像空间的图像以某种形式转换到另外的空间,利用空间的特有性质方便地进行一定的加工,最后再转换回图像空间以得到所需的效果的技术。是许多图像处理和分析技术的数学基础。

数学形态学(mathematical morphology) 把图像看成点的集合,用集合论的观点来研究图像性质的学科。

傅里叶描述子(Fourier descriptor) 一个函数(曲线)的傅里叶级数的一系列系数。直接与该曲线的形状相关,可用来描述曲线形状。

加博变换(Gabor transformation) 短时傅里叶变换中当窗函数取为高斯函数时的一种特殊情况。可用来确定信号变化时其正弦波的频率和相位。

卡-洛变换(Karhunen - Loeve transformation) 亦称"霍特林变换"。建立在统计特征基础上,将信号分解为不相关基函数线性组合的一种变换。是均方误差最小意义下的最优变换。

霍夫变换(Hough transformation) 一种特征检测方法。广泛应用在图像分析、计算机视觉以及数字影像处理中,用来辨别找出物件中的特征。由杜达特(Richard Dudat)和哈特(Peter Hart)在 1972 年提出。经典的是侦测图片中的直线,之后,不仅能识别直线,也能够识别任何形状,常见的有圆形、椭圆形。判断线段是否共线时:将 $X-Y$ 平面坐标系中的一条直线变换为 $\rho-\theta$ 平面坐标系中的一条连续曲线,因此,在 $\rho-\theta$ 平面上多条曲线经过的一个公共点,就表示在 $X-Y$ 平面上的一条由线段连接起来的较长直线。可应用于图像的边缘检测。

渐变(morphing) 基本形状逐渐的、有规律性的变化。是一种规律性很强的现象。运用在视觉设计中能产生强烈的透视感和空间感。是用于多媒体和游戏中的一种特殊效果,能使一幅图像有顺序、有节奏地逐渐变为另外一幅。

多尺度分析(multiscale analysis) 把图像同时放在多个尺度上进行归类、分析采样的方法。主要思想是通过可分离分解滤波器组把一幅图像按照 Mallat 金字塔算法分解为相应多种尺度的小波系数矩阵,每种尺度下包含一个近似系数矩阵和 3 个不同方向的细节系数矩阵。

邻域运算(neighborhood operation) 以图像中某一像素为参考基准,利用该像素及其邻域像素的灰度进行的运算。方法有空间域中的线性滤波(卷积)、非线性滤波(选择性平滑、中值滤波等)及图像相关运算等。典型的是图像平滑和图像锐化。

小波变换(wavelet transformation) 一种多分辨率分析工具。用有限长或快速衰减的母小波的振荡波形来表示信号。是信号处理、图像处理、语音处理等非线性领域继傅里叶分析之后的一种时频分析方法。小波函数的定义:给定一个基本函数 $\psi(t)$,令

$$\psi_{a,b}(t)=\frac{1}{\sqrt{a}}\psi\left(\frac{t-b}{a}\right)。\tag{1.1}$$

式中 a、b 均为常数,且 $a>0$。显然,$\psi_{a,b}(t)$ 是基本函数 $\psi(t)$ 先作移位再作伸缩以后得到的。若 a、b 不断地变化,我们可得到一族函数 $\psi_{a,b}(t)$。给定平方可积的信号 $x(t)$,即 $x(t)\in L^2(R)$,则 $x(t)$ 的小波变换定义为:

$$\begin{aligned}WT_x(a,b)&=\frac{1}{\sqrt{a}}\int_{-\infty}^{+\infty}x(t)\psi^*\left(\frac{t-b}{a}\right)\mathrm{d}t\\&=\int_{-\infty}^{+\infty}x(t)\psi_{a,b}^*(t)\mathrm{d}t=\langle x(t),\psi_{a,b}(t)\rangle。\end{aligned}\tag{1.2}$$

式中 a、b 和 t 均是连续变量,因此该式又称"连续小波变换"。信号 $x(t)$ 的小波变换 $WT_x(a,b)$ 是 a 和 b 的函数,b 是时移,a 是尺度因子。$\psi(t)$ 又称"基本小波"或"母小波"。$\psi_{a,b}(t)$ 是母小波经移位和伸缩所产生的一族函数,称"小波基函数",简称"小波基"。(1.2)式的 WT 又可解释为信号 $x(t)$ 和一族小波基的内积。

小波基(wavelet basis) 亦称"小波基函数"。母小波经移位和伸缩所产生的一族函数。常用的有 Haar 小波、Daubechies(bdN)小波、MexicanHat(mexh)小波、Morlet 小波、Meyer 小波等。

小波包基(wavelet packet basis) 小波包库中包含的许多规范正交基。

正交小波变换(orthogonal wavelet transformation) 满足正交性条件的一类小波变换。

离散小波变换(discrete wavelet transformation) 将一个连续变量函数映射为一系列离散的函数的小波变换。

双正交小波变换(bi-orthogonal wavelet transformation) 使用一对彼此对偶的正交小波基实现图像的小波变换。

图像压缩(image compression) 利用各种编码方案和算法,减少图像文件占用的存储空间,节省图像传输时间的技术。分无损压缩和有损压缩两类,前者能完全恢复原图像,后者有较高的压缩比。已有多种图像编码标准。二值图像常采用 JBIG(joint bi-level image coding experts group)编码标准;彩色静止图像常采用 JPEG(joint photographic coding experts group)编码标准;而运动图像则常采用 MPEG(moving picture experts group)编码标准。许多图像压缩算法是不对称的,即压缩过程所需时间远大于解压缩的过程。在要求实时压缩的情况下,通常采用硬件方法实现。

无失真图像压缩(lossless image compression) 将压缩数据还原后,与原图像完全一样的压缩技术。

有失真图像压缩(lossy image compression) 将压缩图像还原后,与原图像相比有一定的失真,但仍在允许的范围内的压缩技术。

图像重建(image reconstruction) 从一系列二维图像(三维图像的投影)重建三维图像的过程。有两种:(1) 通过对离散图像进行线性空间内插或滤波,重新获得连续图像。(2) 由探测数据经计算机按一定算法进行处理后产生图像。是构成 X 射线、CT、超声 CT、核磁共振成像等图像的基本技术。以前采用的算法有代数法、迭代法、傅里叶反投投影法和卷积反投影法等,现在几乎全部都采用卷积反投影法,此法计算量小、速度快。随着图像处理技术的发展,人们能够把二维的 CT 图像合成一个三维 CT 图像,称"三维图像"。方法有线框法、表面法、实体法、彩色分域法等。彩色分域法与前三种不同,无须进行边缘检测及表面法矢量计算,仅是利用深度比较实现隐藏面消失。简单,重建速度快,对任意形状的组织(如弥散体)均可进行重建,使用范围广。

内像素(interior pixel) 全称"边界内像素"。像素值在指定阈值内的像素。计算边界点依据阈值,这些像素被完全包含在感兴趣目标内。

外像素(exterior pixel) 全称"边界外像素"。内像素、边界像素外的其他像素。先依据阈值确定边界内像素,然后找出所有与边界内像素左右或上下相邻而不是边界内像素的像素,作为边界像素。剩余即得。

点运算(point operation) 一种图像处理的运算方法。灰度及色彩值的运算与转换是一个像素、一个像素地进行的,不涉及任何其他像素点。即只对每一个像素点进行运算而与邻近像素无关。处理后的图像中,每个像素都只和处理前的图像之同位置点像素有关。

行程长度(run length) 亦称"游程长度"。一串像素值中,连续出现的相同值的像素的个数。

特征集成(feature integration) 将从图像中提取到的、不同维度或不同层次的特征融合,以实现全面描述图像特征目的的技术。如将图像局部特征与全局特征融合,将图像高层次特征与底层特征融合。

特征选择(feature selection) 从给定的特征集中,按照一定准则选择出具有良好类别区分特性的子集,以提高学习效率或改善学习性能的技术。主要的方法有:(1) 过滤式方法,对每一维的特征赋予权重,然后依据权重排序;(2) 封装式方法,将子集的选择看作是一个搜索寻优问题,生成不同的组合,对组合进行评价,再与其他的组合进行比较;(3) 嵌入式方法,在模型既定的情况下学习出对提高模型准确性最好的特征。

特征空间(feature space) 特征向量所在的空间。每一个特征对应特征空间中的一维坐标。在模式识别中,通过特征抽取可得到 N 个特征值,这 N 个特征值可看成是一个在 N 维空间中的特征向量,所有可能的特征向量构成一个空间。模式识别的任务就是要找了一个映射关系,把特征空间映射到判定空间。

特征抽取(feature extraction) 通过原始特征集中特征间的关系(比如组合不同的特征)得到新的特征集的方法。由于抽取后的新特征集是原来特征集的一个映射,从而改变了原来的特征空间。主要的方法有:(1) 主成分分析,使得抽取后的特征能够精确地表示样本信息,并使得丢失的信息很少;(2) 线性评判分析,使得抽取后的特征分类准确率不能比原来特征分类准确率低。

尺度空间(scale space) 以简单的形式在不同尺度上描述图像(信号)的局部结构。

颜色直方图(color histogram) 反映图像中颜色组成分布的直方图。能反映出现了哪些颜色以及各种颜色出现的概率。

色矩(color moment) 一种简单有效地表示图像中的颜色分布特征的方法。

色集(color set) 某些特定的像素值的集合。如红色,R 值在一定区间内浮动。

清晰(sharp) 图像上各细部影纹及其边界看得清楚、逼真的状态。

锐化(sharpening) 即“边缘增强”。

粒度(granularity) 信息单元的相对大小或粗糙程度。

立体匹配(stereo matching) 计算机视觉中从不同视点图像中找到匹配的对应点的技术。

骨架化(skeletonization) 亦称“细化”,将图像的线条从多像素宽度减少到单位像素宽度的过程。是在保持二值图像前景区域连通性不变的前提下尽可能减少前景像素,最终得到图像“骨架”的一类图像处理算法。用骨架来表示线划图像能够有效地减少数据量,减少图像的存储难度和识别难度。

细化(thinning) 即“骨架化”。

开窗口(windowing) ❶ 计算机制图中,在用户绘图坐标系(完全坐标系)内规定一个区域(称为视见约束体),使仅位于该区域内的图形对象部分可被视见的功能。用户可通过改变区域的范围和位置来观察复杂图形的各部分。在处理二维对象,或虽是处理三维对象但其输出图像实际上是三维对象的二维表示时,视见的约束体一般是由投影平面上规定的一个窗口(一般为一个矩形)和投影类型(透视投影或平等投影)来确定的。当系统配有直接处理三维对象能力的显示设备时,视见约束体也可以规定为三维的长方体,亦称“三维窗口”。❷ 在字符识别或图像处理中,取图像的一部分进行判别或处理的操作。

边框(border) 数字图像处理中,一幅图像的首行、末行、首列、末列构成的图像边。(1) 一个可见的边缘,将显示对象与屏幕上的其他显示内容分离。(2) 在窗口式环境下,指围绕用户工作区域的边缘,窗口的边框是在文本和图形中的一种可见的边框,鼠标器对边框具有特殊的操作。

边界(boundary) 一种计算机图形处理技术。曲面由已知三条或四条空间曲线首尾相接而形成。

边界跟踪(boundary tracking) 一种图像分割技术。通过沿弧从一个像素顺序探索到下一个像素并将弧检测出。

边界像素(boundary pixel) 区域边界中的像素。一个区域的边界是区域中像素的集合,边界内的点存在该区域中一个或者多个不在中邻点。边界只考察其邻点是否属于给定集合,是二值判断。有限区域的边界形成一条闭合通路。

坎尼算子(Canny operator) 一种边缘检测算法中用到的边缘检测模板。与原图像做卷积操作,以实现突出图像边缘的目的。边缘提取的基本问题是解决增强边缘与抗噪能力间的矛盾,由于图像边缘和噪声在频率域中同是高频分量,简单的微分提取运算同样会增加图像中的噪声,故一般在微分运算之前采取适当的平滑滤波,减少噪声的影响。实质是用一个准高斯函数作平滑运算,再以带方向的一阶微分定位导数最大值,是一种比较实用的边缘检测算子,具有很好的边缘检测性能。利用高斯函数的一阶微分,能在噪声抑制和边缘检测之间取得较好的平衡。

链码跟踪(chain code following) 边缘描述算法中的一种。为当前像素点的八个邻域方向标定 1~8 的数值,使用一串数字描述图像边缘。

轮廓跟踪(contour tracing) 一种图像特征抽取技术。模仿蛙眼的视觉处理机理,方法是将图像的轮廓抽取出来予以增强,最后检测增强的轮廓。

膨胀(dilation) 数学形态学中的一种基本运算。用于二值图像时效果相当于把每个前景像素扩展为结构元的值而得到一个新的像素集。是一种放大图像中某个对象的几何尺寸的形态操作。

边缘聚焦(edge focusing) 由粗到细地跟踪边缘特征。将高精度定位与良好的噪声抑制相结合,具有很高的使用价值。

边缘提取(edge extracting) 在数字图像处理中,对于图片轮廓的一种处理技术。对于边界处,灰度值变化比较剧烈的地方,就定义为边缘。

边缘增强(edge enhancement) 亦称“图像锐化”“锐化”。通过光学或计算机设备提高图像边缘、细节信息观察效果的一种处理方法。光学增强方法有多种,例如将同一图像的正负片叠加合并略为错开进行印相或用直、斜光照射、旋转曝光等的“多层底片法”;数字处理方法是通过数字计算机,应用空间域滤波技术提取图像边缘、细节信息并作加权和叠合处理。增强结果使图像边缘清晰、立体感增强。

边缘错觉(edge illusory) 由于明度对比而产生的一种视错觉现象。使原来的色块变得不再单一。是色彩并排而造成的边缘线的色彩知觉变化。可在两色相邻处的边缘地带清楚地看到,故名。色彩中,错觉现象更多地体现在色对比中,包括同时对比、连续对比、边缘对比等。

边缘图像(edge image) 对原始图像进行边缘提取后得到的图像。边缘是图像性区域和另一个属性区域的交界处,是区域属性发生突变的地方,也是图像信息最集中、包含信息丰富和不确定性最大的地方。图像的边缘提取在计算机视觉系统的初级处理中具有关键作用。

边缘连接(edge linking) 在边缘图像中将边缘像素补充成连续边缘的一种图像处理技术。

边缘算子(edge operator) 用来产生图像边缘增强效果的运算单元。取 2×2 或 3×3 的矩阵。当取 2×2 矩阵时,可增强被该运算单元所覆盖区域的左上角像素与周围像素间的灰度差,当取 3×3 矩阵时被增强的像素则位于所覆盖区域的中心。通常使用的边缘算子有离散梯度算子、罗伯茨算子、拉普拉斯算子和索贝尔算子等。

腐蚀(erosion) 膨胀的对偶运算。用于二值图像时效果相当于模板匹配:当一个像素的邻域构成与结构元完全匹配时该像素变为前景像素,否则变为背景像素。在图像处理中,是一种将图像中一个对象的尺寸缩小的操作。

区域(region) ❶ 机器人视觉中,图像光密度保持不变的范围。❷ 屏幕上可显示图形的区域,通常显示区域的边界限定在屏幕尺寸的范围内。❸ 由曲边所围起的平面图的连通部分。

区域分割(region segmentation) 在图像分割中,对不同特性的区域进行分割与提取的方法。是基于图像区域特性的差异对图像进行分割的技术。基本思想是标识图像中各个具有相似特征的区域。相似的特征可以是形状、像素值或纹理等。在模式识别中的聚类技术也可以用于基于区域的图像分割。

区域合并(region merging) 图像处理中,实现区域生长的一种方法。与区域聚类不同,是将符合预定规则的区域进行合并。

区域聚类(region clustering) 将符合预定规则的各点聚集在同一区域的方法,即生长区域的一种方法。聚集的是各点的信息而不是信息所占用的空间。

区域描述(region description) 将一幅图像分割成不同区域后,使用更适合于计算机进一步处理的形式,对得到的被分割的像素集进行的表示和描述。

区域生长 释文见 247 页。

近邻(neighbor) 像素(区域)相邻的像素(区域)。

邻域(neighborhood) 在图像平面上,任一指定像素四周一定范围内的那些像素。是图形或图像处理中与一个像素具有 n-相邻度的所有像素的集合。

特征(feature) 能表达模式本质的功能或结构特点的可度量属性。如大小、纹理、形状等。应能使同类模式聚集、不同类模式分离。

几何校正(geometric correction) 对遥感图像的畸变进行几何上的处理。畸变有两类:(1) 由于传感器自身的结构性能非理想化或其指标偏离标称值所引起,例如摄影机标定主距与实际主距不等,物镜系统的光学畸变差,扫描传感器的扫描运动的非直线性等;(2) 由于传感器的位置、姿态和目标物所引起,例如传感器高度、姿态角的变化、大气折光、地球旋转、地球曲率、地形形状等。原理是把有畸变图像的各像素,变换到所选定投影图像的相应位置上。方法有光学机械法和数学纠正法。

灰度级(gray level) 图像中各点亮度等级的标记法。图像是由连续的灰度变化而构成的,将这些灰度变化数字化时,只能取有限个灰度等级。在图像显示记录中,表现连续的图像通常要 32 个以上灰度级,如果用 16 个以下的灰度级来表示图像,会感觉到图像灰度的非连续变化。计算机处理图像通常采用 VGA 显示器,适配器输出到显示器的图像信号为模拟信号,可提供最高达 256 个灰度级。

灰度(gray scale) 表示可由显示设备显示的、位于黑白色之间的各种灰影的深浅程度。在进行图像传输时,可根据图像是由连续的灰度变化构成的这一特点,将图像的不同灰度赋予不同的值,然后传送这些值。在计算机的图像处理中,一般采用 64 ~ 256 个灰度等级。

灰度变换(gray-scale transformation) 图像处理中采用的一种技术。是图像像素灰度值(亮度值)按照某种关系变换为新值的处理过程。变换通常是为了匹配人眼观察特性或某些成像设备的特性而改变灰度分布形式或动态范围的一种加权处理。常用的变换有线性变换、指数变换、对数变换、直方图调整、直方图均衡化、查表法变换等。

灰度阈值(gray threshold) 将图像中的所有亮度值根据指定的亮度值(即阈值)进行分类的技术指标。一般分成高于阈值和低于阈值的两类。产生的黑白掩膜图像可分开对比度差异较大的物体,如陆地和水体,从而对陆地或水体分别作进一步的处理。

谐波信号(harmonic signal) 在通信系统中,由于传输线的非线性特性所产生的一种谐波。当把正弦激励信号加到输入端时,其输出就有谐波频率出现(谐波频率是基本频率的整数倍,如频率为基本频率数两倍的波称"二次谐波")。频率为基本频率整约数的振荡称"分谐波"。

埃尔米特函数(Hermite function) 一种复变函数。实部为偶函数,虚部为奇函数。傅里叶谱函数为实函数。

高通滤波(high pass filtering) ❶ 载波通信中常用的一种滤波器。允许输入信号的高频部分通过,而对低频部分有很大的抑制。❷ 在图像处理中,保留图像信息中的高频成分,抑制低频成分的算法或硬件。利用高频滤波器对图像信号处理后,能够使图像的轮廓线更突出。

卷积核(convolution kernel) 见"卷积"(350页)。

共生矩阵(co-occurrence matrix) 用两个位置的像素的联合概率密度来定义的矩阵。不仅反映亮度的分布特性,也反映具有同样亮度或接近亮度的像素之间的位置分布特性,是有关图像亮度变化的二阶统计特征。是定义一组纹理特征的基础。

模糊(blur) 由于散焦、低通滤波、摄像机运动、图像的不连续性(如斜线的锯齿效应和运动图像的不连贯动作)等引起的图像清晰度的下降的现象。

去模糊(deblurring) 一种消除图像模糊,使图像边缘、细节锐化的图像操作。

特征编码(feature coding) 包含在数据流中,用于对数据传输起控制作用,但又不是数据正文内容的一类代码。

特征检测(feature detection) 为了识别图形或图像的内容,而对基本图形(像)块的各种特征,如几何特征(结构、尺寸及形状)、投影和变换特征、线性特征以及统计特征等所进行的检测。

边缘匹配(edge matching) 边缘检测的一种方法。利用掩模算子,通过匹配检测边缘。

边缘拟合(edge fitting) 通过改变边缘模型参数使边缘模型与实际图像边缘拟合,从而提取图像边缘特征的算法。

似然方程(likelihood equation) 一种关于统计模型中参数的方程。用于计算模型参数中的似然性,作统计推断。如极大似然方程、对数似然方程等。

似然比(likelihood ratio) 反映真实性的一种指标,属于同时反映灵敏度和特异度的复合指标。是在无冗余组合电路中测试单个良性工作的信号独立间歇故障的模型。采用的方法是预估电路中间歇故障的概率与存在故障活动条件的概率。检测过程中反复施加用于检测永久性故障的内容。测试重复无限次,概率必趋近于1。有两种判定规则来限定重复次数:(1) 后验概率(施加测试后在规定时间内间歇故障出现的概率)低于一定值时终止重复。(2)"似然比"低于某一阈值时终止重复测试。似然比是后验概率的函数。

幅度分割(amplitude segmentation) 亦称"阈值分割"。按图像像素灰度幅度进行分割的方法。将图像的灰度分为不同等级,并设置灰度阈值,确定有意义的图像区域或要分割的物体的边界。

边缘分割(edge segmentation) 通过搜索不同区域之间的边界来完成图像的分割的技术。具体做法是:首先利用合适的边缘检测算子提取出待分割场景不同区域的边界,然后对分割边界内的像素进行连通和标注,从而构成分割区域。

形状分割(shape segmentation) 基于形状的分割。找到若干条分割线,这些分割线将区域分割成若干个子区域。每条分割线的两个端点在区域的边界上,并且分割线在区域内部,分割线与区域边界仅在端点处相交,任意两条分割线也只在端点处相交。

纹理分割(texture segmentation) 利用图像中不同区域的纹理来对图像的区域进行分割。纹理是描述图像中的区域特征,如光滑、质地等参数。

纹理(texture) 在物体表面或者物体内的纹路。使物体表面具有某一种材料的特征,包括颜色纹理、凹凸纹理、体纹理、过程纹理等。在计算机图形学中,物体表面的细节亦称"纹理"或"质地"。主要有两个成分:(1) 图案或花纹,能表现该表面的构造;(2) 粗糙程度,以表现该表面的质地。

人工纹理(artificial texture)　某种符号的有序排列。如线条、点、字母等,通常具有较强的规则性。在计算机图形学中,将数字化的表面纹理映射到一个曲面上,以产生真实感。纹理可以通过扫描器输入到计算机,或者用几何方法求得。通过映射,一张纹理平面图像会被贴到多边形上。在游戏软件中较多采用这种方法。例如,在赛车游戏中,可用这项技术来绘制轮胎面及车体着装。

自然纹理(natural texture)　具有重复排列现象的自然景象。如森林、草地等,规则性较弱。

形状描述(shape description)　在数字图像处理中,用软件方法对图形所作的描述。用一些直线或曲线,如图形轮廓线、交界线、图形相贯线、阴影背景分界线等,描述出图形的关键部位,用户以此即能对所描述图形产生比较完整的了解。描述方法有矩阵描述(通过图形灰度描述矩阵)、拓扑性质描述、几何解析式描述等。

分析属性(analytic attribute)　用数字方式表示物理量(如长度、宽度、密度、质量、曲率等)的过程。从一个或少数几个实例出发,应用领域知识对实例进行分析和学习,以改善智能系统的效率。分析学习采用演绎推理策略,使用过去的问题求解经验指导新问题的求解或产生启发式控制策略,包括解释学习、类比学习、多级组块、实例学习等方法。广泛用于计算机辅助设计中。

拓扑属性(topological attribute)　不考虑度量和方向的空间物体之间的关系,在拓扑变换下两个以上拓扑元素间能够保持不变的几何属性。

松弛法(relaxation)　一种数学处理方法。用于图像处理的过程是:每次迭代时对每一点平行地做出模糊的或概率的分类决策。在下一次迭代时,依据上一次迭代在临近点所做的分类决策,调整迭代。重复上述过程,直到满足给定准则为止。

概率松弛法(probabilistic relaxation)　松弛算法采用的数学模型之一。分线性概率模型和非线性概率模型。用迭代方法计算后续概率时,是基于初始的概率和兼容性的。

视觉(vision)　通过视网膜产生的物体形状、颜色、大小、运动以及距离的感觉。在人工智能领域指机器视觉系统所具有的,识别外部物体及其特征的能力。是对外世界中物体形象的识别能力。生理学和心理学研究发现,视觉中包含着大量信息处理问题,人们曾试图通过感知机用硬件模拟视觉机制,不能为建造视觉处理器提供模型,也不能用计算机来模拟生物视觉的机理。

对比度扩展(contrast stretch)　亦称"正规化""归一化"。通过扩展明暗对比度来增强图像效果的一种技术。通过调整原图像灰度值范围,使图像各部分之间对比度更强。

帧面问题(frame problem)　亦称"框架问题""画面问题"。在采用框架的知识表示中,指出在状态描述中哪些知识、状态或合式公式是变化的(即所谓背景),而哪些是不变化的问题。在人工智能领域,指在场景有变化的情况下如何描述场景中保持原状态的物体或区域。另一方面是如何处理意外的情况,这对于机器人来说是很重要的,因为机器人的工作环境是不断变化的,而且可能遇到意外事故。例如,对一个搬运机器人来说,由于货物太大或太重而提不起来、机械手本身发生故障等意外问题的处理,必须反映出来。

主动视觉(active vision)　为完成给定的视觉任务和要求,主动、有选择地获取视觉信息,并根据环境的变化改变观察角度和位置而获得的视觉。

注意力聚焦(attention focusing)　观察者将目视集中于图形、图像中的某一部分的能力。

摄像机标定(camera calibration)　确定摄像机固有的光电和几何参数(统称为内参数)的过程和方法。是从二维图像恢复三维空间几何结构必不可少的步骤,是三维计算机视觉的重要研究内容。由于摄像机制造厂家提供的内参数一般来说不能满足应用精度的需求,所以需要对摄像机进行标定。可分为传统标定和自标定两大类。一般指对针孔模型下摄像机内参数的确定过程。在精度要求很高的应用场合,需要对摄像机的非线性畸变参数同时进行标定,摄像机最主要的畸变参数是径向畸变参数。

单目视觉(monocular vision)　仅利用一台摄像机而获得的视觉。如定位等的视觉能力。深度感知能力受到限制,但视野会增加。

运动检测(motion detection)　通过对运动信息(如加速度)的测量,获得对物体运动的检测。

运动分析(motion analysis)　亦称"由运动分析物体结构""序列图像分析"。以不同时刻所得到的多幅图像为数据,推导所观察的运动物体的三维形状及运动速度的方法。对人类视觉功能的分析表明，人具有从一系列二维图像估计运动物体的形状与运动速度的能力。利用运动分析方法，并假设各个物体在做不同的刚体运动，就可以较容易地把图像中的物体予以区分。

变化检测（change detection） 从不同时期的遥感数据中定量分析和确定地表变化的特征与过程。是一个确定和评价各种地表现象随时间发生变化的过程。是遥感瞬时视场中地表特征随时间发生的变化引起两个时期影像像元光谱响应的变化。

对应点（corresponding point） 全等图形中，互相重合的点，或相等的边或角对应的点。一般地，指原图形中的点和新图形的点组成的一对点。若两个图形相似，则对应成比例的线段就是对应边（对应线段）。同理，所交的点则为这组图形的对应点。

遮挡（occlusion） 图像处理与计算机视觉中，指前景或目标被其他物体遮挡导致的无法被观察者观察到的现象。

单眼立体测定方法（one eyed stereo） 通过单目观察，实现场景立体估计、重建的过程。

光流（optic flow） 图像点的速度场。可由序列灰度图像的局部瞬时空间变化求得。可用于求解刚体三维运动参数和三维结构。从生理学的角度看，是当人的眼睛与周围环境有相对运动时，产生在眼球视网膜上的一种光的模式。不仅能向人的大脑提供有用的人与景物相对运动的信息，且能提供有关景物三维结构的信息。

光流场（optic flow field） 图像灰度模式的表面运动形成的数据场。既可用于运动目标的检测，也可用于运动目标的跟踪。

光学图像（optic image） 亦称“模拟图像”。灰度和颜色连续变化的图像。通常是采用光学摄影系统获取的以感光胶片为介质的图像。例如，航空遥感获取的可见光黑白全色像片、彩色红外像片、多波段摄影像片和热红外摄影像片等。

位姿定位（pose determination） 在交互式作图的过程中，把某个图元或图段移到指定位置的操作。

散焦测距（range of defocusing） 对采用单目视觉中的散焦图像测距算法来提取目标物体的深度信息，再根据获取的深度信息得到目标物体不同截面的高精度几何尺寸测量的过程。

三角测距（range of triangle） 提前布设一系列连续三角形，采取测角方式测定各三角形顶点水平位置（坐标）的方法。

已配准图像（registered images） 把两幅图像的相同空间位置精确定位的方法。分自动配准和人工配准。用于构成图像的镶嵌图，确定时间差图像的变化或是将多谱段图像合成为一个彩色合成图像等。

选择注意（selective attention） 在视觉注意力机制中，观察者的注意带有倾向性的现象。

自定标（self calibration） 不需要定标块、仅利用多幅图像间几何基元（如点、线等）之间的对应关系进行标定的方法。本质上利用的是射影空间无穷远平面上的绝对二次曲线或绝对二次曲面在图像平面上的像与摄像机的运动无关、仅与摄像机的内参数有关的事实。

运动重建（structure from motion） 从一系列包含视觉运动信息的多幅二维图像序列中估计三维结构的技术。

深度图（depth map） 图像的每一个像素值表示场景中某点与摄像机的距离的图。

初级视觉（early vision; primary vision） 从图像数据中得出有关三维可见表面的物理性质的描述。是光学成像问题的逆问题。

手眼系统（eye on hand system） 广义的是一种机器人视觉系统。在这种系统中，有一台摄像机安装在机器人夹持器上或其附近。利用手眼系统有助于确定或计算物体的位置和姿态，消除使用静态架空或顶部摄像机所形成的盲区。狭义的仅指摄像机与机器人的手部末端。在智能机器人中，手眼系统是最具有代表性的，可用于进行物体识别、测量和控制。

视差梯度（gradient of disparity） 视差指从有一定距离的两个点上观察同一目标所产生的方向差异，视差梯度定义为：如图所示，若 I_1 中的 p 点与 q 点分别对应于 I_2 中 p' 与 q' 点，而且 p 与 q 为相邻点，则视差梯度：

$$G_d = 2\frac{\|(p'-p)-(q'-q)\|}{\|(p'-p)+(q'-q)\|}。$$

式中，p、p'（或 q、q'）为对应点的图像坐标向量；$\|p\|$ 表示向量 p 的模。

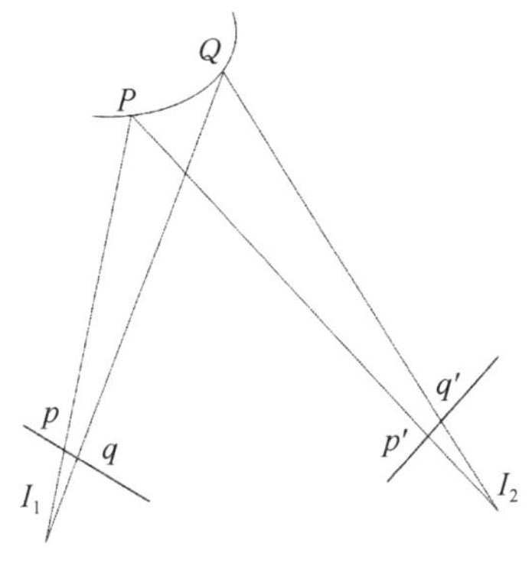

对应点的视差梯度

机器视觉(machine vision) 用计算机来模拟人的视觉功能。是对客观世界进行感知和解释的技术。基础是计算机图像处理和模式识别。对于一个二维景物,用摄像或其他方法变换成电信号后,首先进行预处理,抽取其特征,包括形状、位置、灰度、颜色和纹理等,形成本征图像。然后将本征图像转换成物体图像的描述,并与已知的物体图像进行匹配,得出所识别物体的描述。对于三维物体的识别,其难度在于对物体深度信息的提取。通用的做法是用安置在不同地点的摄像设备,进行相同的聚焦,然后分析物体的深度信息。广泛用于工业检测、车辆导航、自动分类、军事侦察等领域。

立体视觉(stereo vision) 模仿人体双眼视觉原理,利用相隔一定距离的两个(有时可用三个)摄像镜头摄取两幅(或三幅)数字图像,通过对同一物体在两幅图像上相对位置的差异,计算获得所摄空间景物的三维信息,并由此对景物进行定位、自动识别或理解的技术的总称。

中心矩(central moment) 对于一维随机变量 X,其 k 阶中心矩 μ_k 为相对于 X 之期望值的 k 阶矩:

$$\mu_k = E[(X - E[X])^k] = \int_{-\infty}^{+\infty} (x - \mu)^k f(x)\,\mathrm{d}x。$$

前几阶中心矩具有较直观的意义。第 0 阶中心矩 μ_0 恒为 1;第 1 阶中心矩 μ_1 恒为 0;第 2 阶中心矩 μ_2 为 X 的方差,即 $\mathrm{Var}(X)$;第 3 阶中心矩 μ_3 用于定义 X 的偏度;第 4 阶中心矩 μ_4 用于定义 X 的峰度。

一阶矩(first moment) 亦称“期望值”。观测数据的平均数。

景物(scene) 在机器视觉系统中,正进行检查的那部分任务区域。可能是一个简单的图像,也可能是很复杂的图像。

景物分析(scenic analysis) 应用计算机系统或其他装置对物体自然景物进行识别和分析,从而理解其中的基本景物单元及其之间的结构关系的过程。是人工智能、机器视觉和模式识别的重要课题之一。“景物”,可是人眼所能见到的景物,也可是人眼无法见到而由电子仪器摄得的自然景物。例如从卫星上用多谱段摄影方法摄得的大地景物,其中的红外谱段不是可见光。不仅对二维景物进行分析,且可对三维景物进行分析;不仅对静物分析,还对运动物体进行分析。

线性图像传感器(linear image sensor) 通过逐行扫描将光学图像转换成模拟信号的固态器件。分为 CMOS 线性图像传感器和 CCD 线性图像传感器。

面型图像传感器(area image sensor) 由多行多列感光元件构成的图像传感器。

摄像机(video camera) 把光学图像信号转变为电信号,以便于存储或者传输的设备。拍摄时,收集物体上反射的光,使其聚焦在摄像器件的受光面(例如摄像管的靶面)上,再通过摄像器件把光信号转变为电信号,得到“视频信号”。光电信号很微弱,需通过预放电路进行放大,再经过各种电路进行处理和调整,最后得到的标准信号可送到录像机等记录媒介上记录下来,或通过传播系统传播或送到监视器上显示。

超声波传感器(ultrasonic sensor) 能检测超声信号并将其转换成电信号的装置或器件。超声波是振动频率高于 20 kHz 的机械波。具有频率高、波长短、绕射现象小,特别是方向性好、能够成为射线而定向传播等特点。超声波对液体、固体的穿透能力很大,尤其是在不透光的固体中。超声波遇到杂质或分界面会产生显著反射形成反射回波,遇到活动物体能产生多普勒效应。广泛应用于工业、国防、生物医学等方面。

双目成像(binocular imaging) 由两个在空间相隔一定间距的成像装置获取景物图像的技术。具有较好的立体感知能力。利用在不同位置的两个摄像机对同一景物点的两个匹配像点的视差(亦称“像差”)求解景物点深度。与人类利用双眼像差以产生立体观察效果的原理相同,是计算机视觉中获取景物深度信息,进而恢复三维景物形状和识别景物的重要方法。

分类器(classifier) 在模式识别中,用于特征分类并作出判定的装置。能把对象或数据分为不同范畴或类别的一种装置或软件。

多光谱图像(multispectral image) 从可见光到红外光的不同波段同时拍摄同一地区或对象所获得的图像。数据量庞大,因而包含的信息较一般黑白图像丰富得多。广泛用于遥感技术中。

定量图像分析(quantitative image analysis) 用量化的方法对图像中各种结构信息进行分析和描述的过程。

区域标定(region labeling) 在计算机图形学图像处理中,对于图像内容按照一定规则划分区域或进行分块,然后将不同的区域用不同的标记加以区分的过程。

立体映射(stereo mapping) 由双目视觉产生的一种对深度的感觉。用这一原理产生的图像可分离成一对有立体效应的照片,当用两只眼睛同时分别看这一对照片时,照片会产生三维物体的效果。

样本集(sample set) 通过多次取样获得的样本值的集合。

对比灵敏度(contrast sensitivity) 检测人眼对边界对比的一种能力。也是可察觉的最小对比的倒数。

马赫带(Mach band) 一种视觉现象。一个原本是等亮度的区域,视觉上可能倾向于成为亮度是变化的,且特别明显地表现在亮度边界上出现亮度超越边界的效应上。奥地利物理学家马赫(E. March)首先发现,故名。

色适应性(chromatic adaption) 在不同光强的环境中,视觉对同一颜色有不同的感觉的现象。当在某种颜色的强光下经过一段时间后,又进入较暗的环境下去观察同一种颜色,视觉就会向强光下颜色的补色方向靠拢。

侧抑制(lateral inhibition) 相邻的感受器之间能够互相抑制的现象。由哈特林(Hartline)等人在对鲎视觉进行电生理实验时发现并证实。

光度学(photometry) 研究光的度量和测定的光学分支学科。定义了光通量、发光强度、照度、亮度等主要光度学参量,阐明了它们之间的关系,建立了照度叠加性定律、照度余弦定律、距离平方比定律等重要定律。

色度学(colorimetry) 关于彩色计量的学科。研究人眼彩色视觉的定性和定量规律及应用。

色匹配(color matching) 人眼观察者对视场中两种颜色认定完全一致的现象。

滤波器 释文见77页。

重建滤波器(reconstruction filter) 用于从一串模拟采样中重建一个模拟信号的滤波器。

叠加(superposition) 使几个存储的图形、属性特征等被调用并叠合在一个基本图形上的过程。

变换处理(transformation processing) 图像处理技术中各种变换处理算法的总称。以抽取图像的有用特征为目的。主要方式有:(1)正交变换,用于图像的复原、增强、去杂、信息压缩、特征抽取等;(2)几何变换(如放大、缩小、移位或旋转),在保留图像原有的亮度信息的条件下,对图像所进行的几何处理;(3)灰度变换,用于变换图像的亮度。

对比度操纵(contrast manipulation) 显示图像与显示该图像的背景区域间在亮度或颜色上的差别。图像显示时明暗的差别程度,对比度大的图像有强烈的黑白之差,而对比度小的图像只有灰色的浓淡区别。

直方图修正(histogram modification) 一种修正原样级直方图分布的技术。是按照某种关系或函数来进行的。在数字图像处理中,对图像数据中对应不同灰度或不同颜色的像素数进行分类区别,并且调整它们的数目分布。常用修正直方图的方法使图像增强。

中值滤波器(median filter) 一种非线性数字滤波器技术。能对滤波器窗口中的信号进行排序处理。滤波器的输出为有序数的中值。广泛用于数字图像处理和数字信号处理领域。

伪彩色(pseudo-color) 在数字图像处理中,被以人工编码手段赋以彩色的值的非彩色数据。以强调图像的某些特征。通常是利用单色图像中不同像素的灰度来赋色的,即对应某个灰度范围赋以某个规定的颜色。利用人的眼睛对彩色的识别更灵敏,可更好地识别图像中具有某些特征的部分。有彩色密度分割、利用查找表灰度级到彩色的变换等处理技术。广泛用于医学图像、遥感资源探测图像等处理中。

图像编码 释文见243页。

行程编码 释文见246页。

行程长度编码 即“行程编码”。

预测编码 释文见247页。

纹理编码(texture coding) 以图像块为单位对纹理局部特征进行量化描述。

分形编码(fractal encoding) 利用图像的自相似性,通过消除图像几何冗余度的一种图像压缩算法。把一幅数字图像,通过一些图像处理技术将原始图像分成一些子图像,然后在分形集中查找这样的子图像。分形集存储许多迭代函数,通过迭代函数的反复迭代,可以恢复原来的子图像。压缩比高,解码速度快。

图像识别(image recognition) 利用计算机数字处理技术和人工智能的方法,识别图像中指定的图块所代表的文字、物体或人像的行为。即按预处理、特征抽取和识别分类三个步骤进行的一种模式识别。消除噪声、选用阈值等为预处理;抽取像素及子图为特征抽取;识别则可用统计决策法或句法模式识别法等。指纹鉴定就是图像识别的一个例子。

假设验证(hypothesis verification) 在人工智能研究的感知过程中,为了精炼、准确地描述一个景物,对不同层次的描述作出假设,然后通过特定的分景描述检测器对这些假设进行测试,并且利用测试结果提出更好的假设,依此进行下去,逐渐接近实际目标。

匹配滤波(matched filtering) 字符识别中使用的一种用于识别字符的方法。将输入字符垂直投影所产生的模拟波形,与事先存储的一组波形进行比较,从而确定它是否与所需字符一致。

矩描述子(moment descriptor) 用于描述图像形状的全局特征。常见的矩描述子包括几何矩、正交矩、复数矩和旋转矩等。

误分类(misclassification) 机器学习中,由于测量误差、模型误差等原因造成的拒绝正确结果的情况。

模拟退火(simulated annealing) 一种根据固体退火原理,基于蒙特卡罗迭代求解策略的随机寻优算法。模拟高温金属的退火过程,通过扩大搜索范围以获取较优的解来改善局部搜索算法无法跳出局部最优的状况。是局部搜索算法的推广,广泛应用于组合优化问题中。

统计模式识别(statistical pattern recognition) 模式识别中采用的一种主要方式。基本思想为:从模式中抽取一组特征测量值(称"特征值"),并根据特征值指出目标属于哪一类,即对特征空间进行划分。

结构模式识别(structural pattern recognition) 把模式表示为基元及其相互间的结构关系而进行识别的一类模式识别方法。采用一些比较简单的子模式组成多级结构来描述一个复杂模式,先将模式分为子模式,子模式又分为更简单的子模式,依次分解,直至在某个研究水平上不再需要细分,最后一级最简单的子模式称"模式基元",识别模式基元比识别原模式要简单得多。主要突出模式的结构信息,常用于以结构特征为主的目标识别中,例如指纹、染色体和汉字识别等。

句法模式识别(syntactic pattern recognition) 用形式语言理论中的文法表示模式的基元及结构信息,通过句法分析进行识别的一类模式识别方法。构思始于20世纪70年代初。第一本系统地对句法方法加以论述的著作是美国普渡大学傅京孙教授于1974年的《模式识别的句法方法》。该书奠定了句法模式识别方法的基础。

基于内容图像检索(content-based image retrieval) 亦称"基于图像内容的查询""基于内容的视觉信息检索"。利用图像本身的内容(而非图像关联的文本、标签等)从大规模数据集中检索图像的技术。是计算机视觉技术在图像检索问题中的应用。其中,内容是指图像颜色、形状、纹理,或其他可直接从图像本身抽取的信息。

相关匹配(correlation matching) 多媒体检索的一种匹配方法。根据内容特征的多媒体检索系统,用户在进行检索时,只要先将所需信息的大致特征描述出来,就可找出与检索提问具有类似特征的多媒体信息,然后在结果中进一步查询以得到符合要求的结果。

降维(dimension reduction) ❶ 统计学中减少所考虑变量的一种策略,主要包括特征提取和特征选择等。❷ 数据库技术中快速访问高维数据的一种手段。

高维索引(high-dimensional indexing) 一种便于快速访问高维数据空间环境下的数据索引技术。主要手段是降维。

图像匹配(image matching) 通过分析两幅图像的像素或特征的对应关系来判断两幅图像是否相同或计算相似程度的过程。

图像检索(image retrieval) 通过对图像资源进行收集和加工、特征提取、分析标引,建立图像的索引数据库,并计算用户提问与索引数据库中记录的相似度大小,在满足一定条件时,按照相似度降序的方式输出图像的过程。

测量空间(measurement space) 在模式识别中,数据预处理后所获取的原始数据所在空间。

相似性度量(similarity measurement) 量化比较相似性的方式。利用相似性(相关性)原理建立的情报系统中,为了进行相似性比较,需要用数学方法计算所比较的项目之间的相似程度。根据阈值对计算与比较的结果作出判断。如符合法、塔尼莫托表达式法、对称测量法等。

纹理图像(texture image) 图像在较大空间范围内出现的有规律地重复排列现象,或者在局部区域内所具有的细节特征。图像性质不同,纹理所代表的物理含义也不同。对图像的纹理分析是确定图像所属分类的一种重要方法。在真实图形描绘中,用不同的纹理填充图案的表面,以区分不同的材质是获得真实感的手段之一。

计算机层析成像(computerized tomography; CT) 亦称"计算机断层扫描技术"。由低维投影数据重建高维目标的一项技术。根据目标数据立方体的一个投影或者多个投影方向的投影图像,然后由这些投影图像重建目标的光谱信息和空间图像信息。在光谱与图像的快速探测、无视场扫描、高通量、性能稳定等方面具有显著特征。

伪像(artifact) 在视频系统中,某些非自然或意外的图像。例如,由于一种错误、删除或图形软硬件中的局限性而使图像失真以后留在屏幕上的一种不想要的图形。可能会造成像素丢失或组合到一起。当图形文件解压缩出现故障时,就会出现。

反投影算子(backprojection operator) 利用穿过某些像素的所有射线的投影值反过来估算该像素的吸收系数值的算子。

双线性内插(bilinear interpolation) 使用临近4个点的像元值,按照其距内插点的距离赋予不同的权重,进行线性内插。

卷积(convolution) 若有函数 $f(x)$ 和 $g(x)$,则卷积定义:

$$f(x) * g(x) = \int_{-\infty}^{+\infty} f(\alpha) g(x-\alpha) \mathrm{d}\alpha。$$

其中 $g(x-\alpha)$ 是将 $g(\alpha)$ 反折后平移,α 为积分的伪变量。存在如下的卷积定理:

$$f(x) * g(x) \Leftrightarrow F(u)G(u);\ f(x)g(x) \Leftrightarrow F(u) * G(u)。$$

它表明在 x 域中的卷积可以用求乘积 $F(u)G(u)$ 的傅里叶反变换得到,频域中的卷积可归结为 x 域中的乘积。上述定理基本上适用于二维离散卷积的场合,即数字图像处理的场合。图像卷积的基本处理方法是:像素的灰度值等于以该像素为中心的若干个邻近像素的灰度值分别乘以特定的系数后相加的平均值。由这些系数组成的矩阵称"卷积核"。选用不同的卷积核,可以得到不同的处理效果。

卷积投影数据(convolved projection data) 投影数据与一个滤波函数进行卷积运算。

离散卷积(discrete convolution) 在图像处理中,将两个图像使用移动、相乘和相加操作进行结合的过程。通常一个图像比另一个图像小得多,这个小图像称"屏蔽"或"窗口",可完成各种过滤功能。

离散重建问题(discrete reconstruction problem) 离散信号的逆变换过程。从离散信号采样中把原信号恢复出来。

逆拉东变换(inverse Radon transformation) 从拉东变换得到的像中,还原物体形态的过程。

分层检测(layer detection) 结合图像差分法和分区域思想进行改进的检测方法。减少需要检测的像素点数目,达到缩短检测时间的目的。若设定检测的基本标准为 $n \times n$(n 值大小可根据检测精度要求具体确定,n 值越小检测精度越高),即要求不能漏检任何一个 $n \times n$ 像素大小的正方形缺陷点。

调制传递函数(modulation transfer function) 亦称"正弦波响应"。在光学系统中,描述正弦物体图像的调制与频率之间的关系的函数。通常用图表或函数来描述。表示显示屏上黑白线间的亮度对比与线数目的关系的曲线。

奈奎斯特采样频率(Nyquist sampling frequency) 对模拟信号进行抽样时所用的一种抽样速率。等于模拟信号中最高频率分量的频率的二倍。

质子层析成像(proton tomography) 通过质子束进行目标成像的技术。通过测量质子射入和射出位置及穿过目标物体后的残留能量来生成投射图像;与X射线成像相似,质子成像通过不同角度构建一系列图像,达到重建立体像(即层析)的目的。

拉东变换(Radon transform) 一种重要的积分变

换。令密度函数 $f(X)=f(x, y)$ 是一个定义域为 $\mathscr{R}^2$ 的紧致支集。令 R 为 Radon 变换的运算子,则 $Rf(x, y)$ 是一个定义在 $\mathscr{R}^2$ 空间中的直线 L,它的定义如下:$Rf(L)=\int_L f(X)\,|\mathrm{d}X|$。是计算机层析成像的数学基础。

重建(reconstruction)　指将数据恢复到原有或某个确定状态。其中,图像重建主要根据对物体探测的数据,经数字处理来重新建立图像。图像重建技术开始是在放射医疗设备中应用,显示人体各部分的图像,后逐渐在许多领域获得应用。主要有投影重建、明暗恢复形状、立体视觉重建和激光测距重建。

智能机器人

遥操作(teleoperation)　操作人员与机器或者机器人相距一定距离进行的操作。由人类远距离控制机器人的技术构成。一般涉及机器人或移动机器人。其历史可追溯到无线电通信的开端,在 19 世纪末出现了第一批用于远程操作的原理和系统。以第一人称视角设备进入普通人的生活,通过安装在遥控汽车、飞机和直升机上的手持终端向操作员提供信号传输,使得控制范围超过视线视野。

自适应(self-adaption)　系统根据环境的变化或者变化趋势,调整自身使得其行为在已经改变了的或者预测改变的环境中达到最佳的性能。在科学研究领域,具体指处理和分析过程中根据待处理数据的特性自动调整算法、顺序、参数设置、边界条件或约束条件,使系统与所处理数据的统计分布特征、结构特征相适应,以取得最佳的处理效果。是一个不断逼近目标的过程,可通过硬件或软件实施,一般需要根据某个最优准则来设计,如最小均方误差准则、最小二乘准则、最大信噪比准则等。其中最小均方误差算法尤为常用。

可视化　释文见 260 页。

力反馈(force feedback)　一种虚拟现实技术。用于再现人对环境力觉或触觉的感知。力觉或触觉是人体五大感官中唯一具有双向传递信息能力的载体,通过感知人的行为模拟出物体反馈给操作者的力觉感受,包括力的大小、振动、运动和相应的作用区域,依靠反馈帮助操作者更加真实地感受到虚拟环境中的物体状态,更加真实地按照人体肢体语言进行人机自然交互,获得更好的沉浸感。广泛用于军事、游戏、医学等领域,尤其是快速发展的虚拟手术系统,为医生提供一个虚拟的 3D 环境以及可交互操作平台。

自主控制(autonomous control)　在足够长的时间内执行必要的控制功能而无须外部干预的技术。相对于人工控制而言。在没有人的干预下,利用机器自身的传感器感知周围环境,并将感知的信息进行融合、建模和处理,根据一定的控制策略自我决策并持续执行一系列控制功能完成预定目标。一般要求系统能够自主、快速和有效地适应环境,并在环境发生变化时改变控制参数,依然能够顺利完成既定任务。是一种比人工操作、遥控自动化程度更高的控制方式,有利于将人类从复杂、危险、繁琐的劳动环境中解放出来并大大提高控制效率。

协同控制(cooperative control)　指两个或者两个以上的不同控制端,协同一致地完成控制系统的感知、决策、运动等的技术。通过多种方式的融合和优化,产生优于单一控制端的效果。克服了由于单一来源信息的不完备性,往往能在相同的软硬件的基础上显著提高控制效果,是一种提高控制效果的有效手段。

柔顺控制(compliance control)　能有效地响应环境的变化进行控制的技术。首先从传感器中取得控制信号,用此信号去控制机器,依靠控制算法的改进或结构设计使动作能够有效地响应外界的变化。可分为被动柔顺和主动柔顺两类。前者指系统借助一些辅助的柔顺机构,使其在与环境接触时能够响应外部作用力产生自然顺从;后者指系统根据力的反馈信息采用一定的控制策略去主动控制作用力。

集群控制(cluster control)　控制的对象是一组具有相似特性的个体组成的一个群体,通过控制整个群体去执行一个任务的技术。个体之间通过彼此的感知交互、信息传递、协同工作,即使在险恶的环境下仍可以低成本完成多样性的复杂任务。能够借助于简单的个体实现复杂的群体智能,起源于生物集群行为,包括蚁群算法、粒子群算法、羊群算法等。在无人机领域应用较多。

智能控制(intelligent control)　一类无须人的干预就能独立地驱动智能机器实现其目标的自动控制

技术。研究内容主要包括:(1) 研究和模拟人类智能活动及其控制与信息传递过程的规律;(2) 研究具有某些仿人智能的工程控制系统和信息处理系统。是自动控制的最新发展阶段,象征着自动化的未来,广泛应用于工业过程、机械制造、电力电子等领域。

柔性作业(flexible operation) 一种面向用户定制的作业生产方式。作业可随内外条件的变化在时间和成本条件的限制范围内具有灵活适应的能力。与传统的"刚性"自动化作业主要实现单一品种的大批量生产不同,能快速、高效、低成本地改变作业要求,完成特定的作业需求,满足现代化对生产定制的要求。与之对应的车间为柔性生产车间,柔性主要体现在机器柔性、工艺柔性、产品柔性、生产能力柔性等方面。

柔性装配(flexible assembly) 与传统刚性装配的方案固定、基于手工化不同,能不局限于单一规格的零件,对不同的零件具有很强的适应性的装配工艺。是整个机械制造过程中的最后一个阶段,一般不涉及生产。是一种能适应快速、低成本生产要求、模块化可重组的先进装配方式,具有自动化、数字化、集成化的特点。

柔顺关节(compliant joint) 一种零部件连接的关节。利用材料固有的顺应性,而非抑制这种变形来连接零件。可很大程度消除摩擦与变形的影响,同时提高精度、简化工艺与降低成本。在自身内部嵌入了主动或被动弹性、适应性等类型的可变刚度部件,在不依赖外部冗余传感器的情况下,可根据环境的变化自适应改变关节的柔顺性和刚度,以保证操作的安全,减少冲击。按原理,分弹性元件被动柔顺关节、气动主动柔顺关节、磁场力柔顺关节和智能材料柔顺关节。包括主动柔顺和被动柔顺两种方式。与冗余感知和反馈控制的刚度关节相比,减少了传感器和外部环境的依赖,适应性更强。

语义理解(semantic understanding) 人工智能技术对语言所蕴含的意义的理解。是对语言理解的一种扩展。随着智能算法的发展,被越来越多的应用在图像、点云和视频等场景中,按照人类的思维方式提供对数据语义层次的理解。

语义分割(semantic segmentation) 一种典型的计算机视觉问题。将一些原始数据(图像、点云、三维模型等)作为输入并将它们转换为具有突出显示的感兴趣区域的图像掩模。与通过边界框提供目标的内容和位置的常规识别和检测不同,而是能够进一步提供像素级内容理解。

机动目标(maneuvering target) 感兴趣的运动物体。是相对于静止目标而言的。一般通过速度、运动方向、加速度等指标进行表征其状态,常用识别、跟踪方式检测其状态。由于运动具有连续性,增加跟踪后能提高识别的效果。

位姿估计(pose estimation) 在计算机视觉和机器人技术中,确定一个机构(或图像、立体图像、视频等)相对于某个坐标系的位置和方向的任务。在不同领域使用的传感器是不同的,按传感器的配置和方法,分基于模型的方法和基于学习的方法。已在机器人视觉、动作跟踪和手势识别等领域进行应用。

行为识别(behavior recognition) 对一个连续动作的理解。有别于单帧图像或立体图像中的目标识别。其核心在于运动,是对人体行为含义的深层次理解。一个典型应用是交警手势识别。按识别算法,分基于视频帧光流场差异的方法和端到端的学习方法。

模式识别(pattern recognition) 对表征事物或现象的各种形式的信息进行处理和分析,以及进行描述、辨认、分类和解释的过程。是信息科学和人工智能的重要组成部分。方法包括基于统计决策理论的统计模式识别,基于形式语言理论的句法模式识别,以及模糊识别、采用人工神经网络的识别等。识别过程大致为:特征提取和特征选择,分类器训练和对未知类别模式的分类。广泛应用于语音识别、生物特征识别(包括指纹识别等)、文字识别、遥感图像解释和产品检测等方面。

环境感知(environmental perception) 借助于传感器(图像、激光、声、振动等)对周围环境进行采集,然后进行图像处理、三维环境建模、障碍检测等处理,以得到一个机器可理解的环境模型,为后续的决策、规划提供依据的过程。由于人工智能技术的发展,基于图像的环境感知得到飞速发展。实际应用中,为得到更好的效果,往往采用多传感器融合的方法。广泛应用于无人驾驶、机器人等领域。

视觉感知(visual perception) 对于人,指依靠眼睛辨识明暗、颜色的能力,通过双眼视差的拼合对物体建立空间信息,对环境进行辨识和理解的过程;对于机器,指使用图像、视频等数据,计算出物体的位置、外貌和空间信息,辨认外物和对外物作出及时和适当的反应的过程。工作原理是:以信息系统领域为例,通过图像传感器获取周围环境的图像像素,基于这些数据进行滤波、识别、检测、建模、跟踪等处理,获取周围环境的图像抽象化结果。与人类感知世界的途径类似,随着计算机技术的发展,已经应用于机器人、无人机、工业生产和安防等领域。

群智感知(crowd-sensing) 将网络中的每个用户端或者节点作为基本感知单元,通过信息传输形成群智感知网络,从而实现感知任务分发与感知数据收集,完成大规模、复杂的社会感知任务的过程。不需要专门布置大规模的传感器,能大大减少成本,但对数据提取、融合和分析能力提出了很高的要求。一个完整的系统应该包括从节点收集数据以及处理数据并提供服务两个过程。

场景认知(scene cognition) 计算机系统在对环境中的目标和背景进行认知、理解和分析时,利用一些先验性的知识对环境进行理解的过程。能够减少对环境的理解复杂度和计算量,提高环境理解和建模的准确性。在无人驾驶中,高速公路和越野环境就是不同的场景。利用了事物存在的相关性和逻辑关系,是一种高级的环境辨识和理解方式。

人机协作(human-machine cooperation) 打破人与机器的分割,由机器负责劳累重复的繁琐性体力工作,人员控制并监控生产,指导机器工作的技术。发挥了人类的智慧与机器的优点,给未来工厂中的工业生产和制造带来了根本性的变革,是机器人进化的必然选择,其特点是安全、易用、成本低。对机器的安全性提出了很高要求,人与机器之间没有隔离和防护。这种机器人灵活性较高,为保证人员安全,运行速度较慢,主要应用于小型机器人领域。

人机交互 释文见 251 页。

人机耦合(man-machine coupled) 利用人与机器(或计算机)之间存在一种相互作用、相互影响的关系的控制方法。在机械相关应用领域,一般指人与机械的耦合。利用阻尼和刚度特性所带来的高鲁棒性,常被用来作为人体外骨骼对应的控制系统。但也指人与计算机的耦合,通过人控制计算机做一些具有一定智能的行为,如翻译、语音识别等。

硬件在环(hardware in the loop) 亦称"硬件在回路"。实际控制器与虚拟对象搭建的仿真系统。具有仿真的快速特性,同时也与真实系统更加接近,实现硬件与软件的优异结合,是一种半实物仿真方式。与纯实物实验相比能够显著降低开发时间和成本,与完全的仿真相比则更接近于真实系统。主要由三部分组成:硬件平台、实验管理软件和实时软件模型。常用于工业设计中验证算法、系统的性能,加快开发速度。

远程监控(remote monitoring) ❶ 在视频监控领域,指把视频监控设备接入互联网,以实现通过远程终端设备观看视频图像的目的的技术。❷ 在计算机领域,可分为"监"和"控"两部分,"监"指通过网络获得信息为主,监视环境以及计算机和网络本身;"控"指通过网络对远程计算机进行操作的方法,包括对计算机的启动、关机、日常设置等操作,还包括对网络的端口、传输设置。克服了距离对控制和信息获取的影响,依赖网络、电台等信息传输方式,但有一定的传输延迟。

虚拟交互(virtual interaction) 亦称"虚拟现实交互"。通过虚拟现实技术实现人与计算机的交互。原理是利用计算机生成一种模拟环境,通过一种多源信息融合的、交互式的三维动态视景和实体行为的系统仿真使用户沉浸到该环境中,从而实现身临其境的交互效果。其应用改进了人们利用计算机进行工程数据处理的方式,尤其在需要对大量抽象数据进行处理时。应用于通信、购物、游戏等方面。

增强现实 释文见 257 页。

多智能体(multi-agent) 在一个环境中存在交互关系的多个智能体组成的集合。是分布式人工智能的一个重要分支。通过一系列小的、彼此互相通信和协调的、易于管理且成本较低的系统,以解决大而复杂的问题。单一个体之间存在很大的相似性,但个体并不总是基于同一个智能体模型。单个个体一般是遵循简单规则、不需要太多智慧的智能体。已在实际中得到应用,如智能分布式交通信号控制系统提高了通行效率,降低等待时间和减少了尾气排放。

目标检测(target detection) 亦称"目标提取"。一种基于目标的几何和统计特征的图像分割方法。首先判断当前图像中有没有目标,若有,一般通过包围盒的方法标记处在图像中的哪些区域。解决了目标仅仅存在于图像、视频等数据中部分区域的问题,比图像识别提供的结果更准确,是计算机视觉中的基础处理步骤。广泛应用于视频监控、国防科技、医学等领域。

碰撞检测 释文见238页。

姿态测量(attitude measurement) 对于三维空间里某个参考系中的一个对象,使用传感器或者间接方式测量其在空间中的俯仰轴、滚转轴和竖轴的倾斜角度的过程。姿态是描述星载、机载或车载仪器或设备的一种基本参数,一般通过姿态传感器、全球导航系统或空间匹配的方式,可表示为欧拉角、四元数等。是对飞行器、机器人、潜水器等对象状态的一种基本描述,常作为基础数据进行不同坐标之间的转换。

路径规划(path planning) 指定连接起点位置和终点位置的序列点或曲线为路径的策略。在已知先验地图信息条件下进行的规划为全局路径规划,属于静态规划;利用传感器信息进行的规划为局部路径规划,属于动态规划。包括环境建模、路径搜索和路径平滑等几个步骤,其中路径搜索是最核心的一环。常采用A星、可视图、快速扩展随机树、智能算法等解算。常用在机器人运动、巡航导弹飞行、物流派送等多个领域。

跟踪滤波(tracking filter) 在对连续运动的目标进行识别时利用其历史信息进行预测并融合当前测量信息,根据各自的误差调节各种结果的可信度,融合得到更优的识别结果的技术。克服了依靠传感器进行单次测量误差过大的问题,既可以是单一传感器,也是可以是多种传感器。卡尔曼滤波是应用最广泛的计算方法,针对一些非线性问题也有采用扩展卡尔曼滤波和粒子滤波等方法。

粒子滤波(particle filtering) 通过寻找一组在状态空间中传播的随机样本来近似表示概率密度函数,用样本均值代替积分运算,进而获得系统状态的最小方差估计的过程。来源于蒙特卡罗(Monte Carlo)的思想,即以某事件出现的频率来指代该事件的概率,具有非参数化的特点。不局限于随机量必须满足高斯分布的制约,能表达比高斯模型更广泛的分布,可比较精确地表达基于观测量和控制量的后验概率分布。已在跟踪、多传感器融合以及同步定位与地图构建中得到广泛应用。缺点是需要用大量的样本数量才能很好地近似系统的后验概率密度。

自主运动(autonomous movement) 亦称"游动"。黑暗背景中的一个固定的微小光点,看上去似乎在动的视觉效应。是似动知觉的主要形式之一。如当凝视某颗星时,似乎从眼角处看到另一颗星突然动起来。产生原因尚存争议,一般认为,人的眼球在注视物体时会产生一种轻微的自主运动,在背景太黑的情况下,知觉加工系统没有参照点来判断视网膜上的像的运动在多大程度上是由于眼球运动导致的,因而将光点知觉为运动的。被社会心理学家谢里夫(Muzafer Sherif)用来研究从众行为。

运动仿真(motion simulation) 利用计算机技术,创造一种真实运动环境感觉的技术。根据任务需要,忽略外观以及对运动影响很小的因素,对真实物体的运动进行模型简化,仅保留空间结构、相互连接关系以及运动学限制等。能够实现运动学、力学分析,验证系统设计是否合理,并便于改进系统设计,是复杂的系统设计中重要的一步。在运动模拟器中,运动与外部世界场景的视觉显示同步。是一个国家航空、航天、航海、路面运输及战车性能等方面发达程度的标志。

轨迹生成(trajectory generation) 可看作对路径规划的点的离散。是运动的微观描述,是更具体化的运动表示。与路径规划一起组成运动规划,是运动规划的重要研究内容。一般在路径规划后再进行微观描述。主要应用如:对于移动机器人一般指按何种路径轨迹行走,对于工业机器人则表示机械臂末端运动的曲线轨迹。

故障诊断(fault diagnosis) 故障检测与故障隔离两个过程的总称。前者是指利用各种检查和测试方法,发现系统和设备是否存在故障;后者首先要确定故障所在位置,然后进一步把故障定位到实施修理时可更换的产品层次(或模块)。主要方法分:基于数学模型的方法和基于人工智能的方法两类。对于保障系统的正常运行与快速恢复正常状态具有很高的经济和安全意义,广泛应用于重要的大型系统,如核电站、高铁、风机等设备中。

振动抑制(vibration suppression) 使运动更平滑,整定时间更短,定位精度更高的控制技术。现代加工机械,运行速度加快,结构自重变轻,易受位置控制系统中的振动影响。在机器人关节或机械连接运动时检测振动,计算出干扰值,选中产生系统振动的干扰,并将修正后的输出值经阻尼增益参数放大输出,以减少振动使得运动更加精确。

视觉伺服(visual servoing) 强调输入信号和反

馈信号通过光学装置和非接触传感器获得和处理，使控制对象的位置、方位、位移等输出能够跟随输入量(或给定值)的任意变化而自适应变化的控制系统。随着人工智能技术的发展、计算机性能的增强，以及CCD摄像机的成本降低，因其低成本、非接触以及与人感官较接近等优势应用于机器人、自动控制和图像处理等领域。

车路协同(vehicle road coordination) 即“智能车路协同系统”(400页)。

导航(navigation) 监测、控制和指导移动目标从一个地方到另一个地方的运动过程。依赖的技术手段主要有：全球导航系统(GPS、北斗系统等)、惯性导航和雷达等。

组合导航(integrated navigation) 用两种或两种以上的非相似导航方式进行的导航。使用时对同一导航目标作测量并解算以形成量测值，利用计算机计算出各导航系统的误差并校正之。能够克服单一导航系统的局限性，通过多种信息源的信息互补，实现多维度且准确度更高的导航。因为惯性导航能够提供多种导航参数和全姿态信息，通常以惯性导航系统为主。最常用的方式是惯性导航和全球导航系统组合。

定位(location) 通过卫星、周围环境或者运动信息确定目标在环境中的位置。定位为导航提供位置信息，为导航的规划、更新提供支持。

共融机器人(coexisting-cooperative-cognitive robot) 能与人、作业环境和其他机器人自然交互、自主适应复杂动态环境并协同作业的机器人。有三个特点，即共存、协作与认知。分别保证机器人应用的普遍性、机器人交互的协调性和机器人对复杂环境的适应性，增强了与作业环境、人及其他机器人之间的交互能力。可融入人的生活环境，与人合作交互、更好地服务于人。

集群机器人(swarm robots) 通过分布在各处的智能机器人自我组装成一个大型硬件，通过各个机器人之间的相互协作和群智能，能够完成比大型机器人更加复杂任务的机器人组合。人类既可控制全部整体，也可控制部分或者一个，来指挥其他机器人移动或者执行任务。如何能让机器人之间更好地协作，让集群更加灵活以及突破集群机器人在二维运动层面的局限，是有待重点解决的问题。

社会机器人(social robot) 通过给其赋予一定的社会角色以及相应的行为和规则，具有一些人的属性并可以与人类进行交互和通信的机器人。属于一种自主机器人。与其他机器人一样，也有物理上的体现，一些合成的社会机器人设计了一个屏幕来表示头部或“面部”，以便与用户进行动态通信。可执行简单的支持性任务(如将工具传递给工人)以及复杂的表达性沟通和协作(如辅助医疗保健)等。需要与人类一起工作，跟随人类进入个人环境，如家庭、医疗保健和教育等。

多模态交互(multimodal interaction) 通过多种感官的融合，为用户提供与系统交互的多种模式。即通过文字、语音、视觉、动作触觉等多种方式进行人机交互，可模拟与人交互的方式与机器进行交互。比常规交互方式更符合人类的交互方式，不再局限于传统PC式的键盘输入和智能手机的点触式交互模式。定义了下一代智能产品机器人的交互模式，提供了一种高效且以人为核心的交互途径。

机器人编队(robot formation) 两个以上的机器人在行进或者执行某一特定任务时，自适应构建适合环境变化的编队形式。通过机器人之间的信息交互和协作，以提高工作效率和安全性。控制方法主要包括基于领航者-跟随者的方法、基于虚拟结构的方法、基于人工势场的方法和基于路径跟随的方法等。在小型无人设备中有较多应用，应用最多的是无人机编队。

多指灵巧手(dexterous hand) 模仿人手的一种机器。是人手掌和手腕的优异结合方式，具有多个手指，每个手指有多个回转关节，每个关节的自由度都是独立控制的。几乎可完成人手所完成的所有复杂动作，通过在机器手指配置力觉、视觉、振动等多种传感器，实现精确控制。能够在恶劣的环境下完成类似于人手的精细任务，如在核辐射环境中旋转阀门开关。

分布式规划(distributed planning) 亦称“分布式任务规划”。每个个体具有一定的规划能力，通过分布地控制决策完成整体的控制任务的规划。相对于集中式规划，对动态、不可预测环境具有更好的适应性，使得决策中心的负载降低。个体具有更多的自主权，即使单个出现故障也不会导致整体完全瘫痪。

集中式规划(centralized planning) 通常由一个主控单元掌握全部环境和受控机器人信息，运用规划算法对任务进行分解，并分配给各受控机器人，组织它们完成任务的规划。系统协调性较好,能保证任务分配的一致性,可实现全局最优求解。但容错性、灵活性和对环境的适应性较差,与各受控机器人存在通信瓶颈问题。

视听觉交叉(audiovisual crossover) 让计算机模拟人类对环境视觉、听觉的无缝交叉感知策略。是人工智能的基础科学问题。涉及生物医学、脑神经科学、机器人智能技术、信息科学等多个领域,研究内容包括视听觉模型、声源定位系统、目标检测、识别和测距等。视听觉是人类获取信息的主要手段,提高对环境中视觉和听觉的认知能力,可提高计算机对真实世界的丰富表征和理解能力,探索类脑的智能,突破开发人工智能的技术瓶颈。

云端数据库(cloud database) 通过网络连接存放在云端的数据库。本地用户可通过客户端或者网页进行访问。改变本地数据库的传统模式,降低对本地硬件的要求,加快数据库搭建的过程,简化对数据库的添加、删除和更改等操作,提高了数据管理的效率。即使本地数据被删除,也不会影响到云端的数据安全。但也带来被黑客攻击的隐私安全问题。

大数据技术(big data technology) 研究如何系统地从大数据中提取、分析信息,或应用软件以传统处理数据的方式无法处理的太大或太复杂的数据集的技术。研究对象是大数据,大数据是描述海量数据(包括结构化数据和非结构化数据)的术语,一般是无法在短期用常规软件或手段捕捉、管理和处理的数据集合。是人工智能的一个重要研究方向,通过大数据的研究能发现很多潜在的模型、规律和结果,提高预测、推理的能力。其内容包括数据获取、数据存储、数据分析、搜索、共享、传输、可视化、查询、更新、信息隐私和数据源。最初主要关注三个概念:体积、多样性和速度,后来增加准确性(即数据中有多少噪声)和价值。

云计算 释文见308页。

混合云平台(hybrid cloud platform) 将公有云和私有云进行融合的平台。既满足数据存放在私有云中的安全性,也利用公有云的计算资源,实现云计算资源的高效利用。为了真正实现其优势,需要解决好安全性、账户管理与计费以及资源配置。特点是更完善、可扩展、更节省,具有降低成本、增加存储、增加可用性和访问能力等优点。但也有缺少数据冗余、合法性以及风险管理等问题。

多传感器标定(multi-sensor calibration) 依靠专用的标准设备,结合各个传感器之间的空间关系和坐标转换,确定数据在各个传感器之间的输入输出对应关系。分为直接法和间接法,前者能直接获得输入输出对应关系,但不容易测量,后者通过数学模型推算出数据对应关系,实际操作简单,但精度一般没有前者高。可是同类也可是不同类型的传感器,是后续数据融合的基础,其准确性直接影响到数据的分析和处理。

全球导航系统(global navigation system) 能够在地球表面或近地空间的任何地点提供监测或引导对象从一个地方移动到另一个地方服务的系统。是可提供全天候的三维坐标、速度以及时间信息的空基无线电导航系统。包括4个层次:陆地导航、海洋导航、航空导航和空间导航。已经在精细农业、科学研究、环境监测、突发事件、灾害评估、安全保障、无人驾驶等方面提供服务,为人类带来了巨大的社会和经济效益。比较完善的导航系统有中国北斗卫星导航系统、美国全球定位系统、俄罗斯格洛纳斯卫星导航系统和欧盟伽利略卫星导航系统。

北斗导航卫星系统(BeiDou navigation satellite system; BDS) 亦称"北斗卫星定位系统"。简称"北斗系统"。中国自主研制的全球卫星导航定位系统。可为用户提供全天候、全天时、高精度的定位、导航和授时服务,是联合国卫星导航委员会认定的卫星导航核心供应商之一。建设目标是:建立独立自主、开放兼容、技术先进、稳定可靠的覆盖全球的卫星导航系统,促进卫星导航产业链形成,建成完善的国家北斗卫星导航应用产业支撑、推广和保障体系,推动卫星导航在国民经济社会各行业的广泛应用。已在运行的北斗二号系统免费向亚太地区提供服务,至2020年,已完成35颗卫星发射组网,为全球用户提供服务。

全球定位系统(global positioning system; GPS) 美国的中高轨道导航卫星系统。由三部分组成:(1)卫星网,由布设在均匀间隔的6个轨道平面的近圆半同步轨道上的24颗卫星组成;(2)地面控制站网,由设置在美国斯普林斯的主控站、分设在全球的5个监控站和3个注入站组成;(3)用户端,能在全球任何地方、任一时刻均能接收到至少4颗卫星信号,当能有4颗及以上的星可见时,能实现三维定位,有3颗星可见时,能实现二维定位。2018年更新的 L5 波段的 GPS 接收机精度在 30 cm 以内。普通民用 GPS 精度大约在 5~10 m，借助于差分技术，可将误差降低到 10 cm 以内。

格洛纳斯导航卫星系统（global navigation satellite system; GLONASS） 简称“格洛纳斯”。由苏联开发，俄罗斯继续建设的中高轨道导航卫星系统。分两阶段建成：第一阶段由 9~12 颗卫星组成初期导航星座，分布在 3 个轨道平面内，每个轨道平面有 3~4 颗工作卫星；第二阶段由 18~21 颗卫星（另有 3 颗备用）组成实用导航星座，分布在 3 个轨道平面内，每个轨道平面有 6~7 颗工作卫星。轨道高度 20 000 km，运行周期 12 小时，轨道倾角 65°。从 1982 年 10 月 12 日发射，至 1996 年建成。采用中高度近圆轨道和双频时差测距导航体制。定位精度 30~100 m，测速精度 0.15 m/s，授时精度 1 μs。主要为舰船、潜艇、飞机、地面用户，以及近地空间的航天器实行全天候连续实时的三维定位和速度测定，也用于大地测量和卫星授时。是继美国的全球定位系统后第二个投入运行的全球卫星导航系统。

伽利略导航卫星系统（Galileo navigation satellite system; Galileo） 欧洲研制的民用中高轨道多模式全球卫星导航定位系统。以意大利天文学家伽利略名字命名。20 世纪 90 年代由欧盟委员会和欧洲空间局共同发起。由空间部分、地面部分和用户部分组成。空间部分即伽利略卫星星座，由 30 颗卫星组成，其中 6 颗为在轨备份星。这些卫星均布在三个圆形中高度地球轨道上，各轨道面相对于赤道面的倾角为 56°。轨道高度 23 616 km，设计寿命 20 年。卫星绕地球运行的轨道周期为 14 小时。星上载有导航有效载荷和搜救有效载荷，时钟为铷钟和无源氢钟。可为用户提供免费公共服务、商业服务、生命安全服务和公共规范服务。

惯性测量单元（inertial measurement unit） 使用加速度计和陀螺仪（有时也使用磁强计）的组合测量物体的加速度和姿态角（角速度）以及物体周围磁场的电子装置。一般使用三个单轴加速度计测量线性加速度，使用三个单轴陀螺仪测量角速度，三个轴分别对应纵摇、横摇和横摆，有时还包括一个磁强计，用作航向参考。但长时测量会有误差累计，导致误差过大。也有融合惯性测量单元和全球导航系统的设备，在全球导航系统信号不可用时使用惯性测量单元补充。除了导航之外，在智能设备中作为方向传感器。广泛用于飞行器。

行为意图理解（behavioral intention understanding） 原指人与人之间沟通时通过肢体语言或者微表情对对方的想法、意图进行分析的一种行为，在信息科学中一般指研究如何使用计算机理解人类的行为意图。能够在人类不用言语表达的情况下做出预测和分析，提高机器与人之间的交互效率。在无人驾驶中可预测行人的行为，提高安全性；在生活助理机器人中，能及时理解人类需求，提供更好服务。

非结构化环境（unstructured environment） 缺少了结构化环境所具有的一些分布规律、要素之间具有一定的先验性关系的环境。如不具有结构化道路中清晰的车道线、道路标示以及水平度和车道曲率。其场景较复杂性，对算法和机器人的适应性要求更高。在生活中大量存在，是人工智能系统在实际应用中必须要面对的。

分层递阶架构（hierarchical structure） 亦称“分层递阶结构”“分层递阶知识粒度空间结构”。为了在不同的层次实现对问题的分析和处理而建立的一个问题空间的层次架构。在面对一个复杂问题时，很难一次性考虑问题的全部细节。通过将复杂问题分为不同层次，忽略其中部分细节逐渐抽象，将复杂问题不断简化，然后在解决问题的时候逐渐深入细节。其思想已经在信息、控制、人工智能等领域得到应用。为人们解决问题提供了一个新的思路。

传感型机器人（sensing robot） 亦称“外部受控机器人”。只有感应机构和执行机构，没有智能单元的智能机器人。利用传感器（图像、声音、激光、红外、超声等）采集周围环境信息，以及本身的各种姿态、轨迹和位置，通过网络传输给外部的智能计算单元进行处理分析和决策，然后回传给机器人的执行机构做出相应动作。一般将智能计算单元放在外部计算机，计算单元不受机器人本身体积和能耗限制，具有较强的计算能力，可适应复杂的环境、实现更多功能、增加续航时间。如机器人世界杯足球赛的小型组比赛使用的几乎都是传感型机器人。

交互型机器人（interactive robot） 机器人与人之间有交互，能够对人类的指令进行分析和理解并且做出相应的回应，甚至还能够深入语境和人类进行简单对话的智能机器人。一般具备一些类人的外形，可爱温和的形象，在银行导引、情感对话、生活助理等情境中有所应用。相对于其他机器人，因为与人直接接触,需要有效侦测到周围人员以保持安全性。虽然已经在一些场景中通过与人对话就可以实现对机器人的控制和操作,但还是要受到外部人类或计算机的控制。

可重构机器人(reconfigurable robot) 亦称“模块化自重构机器人”。一种具有可变形态的自主运动机器人。除具有常规固定形态机器人的驱动、传感和控制之外,还能重新排列其模块的连接方式来改变自身的形状,以适应新环境、执行新任务或损坏自恢复。具有自适应变形的特性,能够完成普通的固定构形机器人所无法完成的复杂操作,特别适用于工作环境变化大、任务复杂多变的场合,在抗险救灾、反恐侦察、核污染、军事等领域有着广阔的应用前景。如可重构成能够穿越狭小空间的蛇形机器人、能够在不平路面上运动的多足行走机器人、可快速运动的滚动机器人或适于空间应用的柔性操作手等。重构连接方法主要有两种结构:链重构和格重构。现在国内外相关研究还停留在理论探索和物理仿真阶段,距离实际应用还有很大距离。

自主机器人(autonomous robot) 在执行任务的时候,能够在一定的环境中不依赖外部的控制,仅依靠自身的感知、处理、决策、执行等模块,自主地执行一定的任务,对环境的变化具有自适应能力的智能机器人。特点是自主性和适应性,可实时识别和感知周围的物体,根据环境的变化,调节自身的参数,调整动作策略以处理紧急情况。对感知、决策以及控制能力都提出了很高的要求,综合反映了一个国家的制造业和人工智能等方面的水平。

多机器人协作(multi-robot cooperation) 基于多个机器人共同完成任务的技术。既可协作完成单一任务也可完成多个任务。在面对复杂任务的时候,比单一机器人适应性更强,工作效率更高。控制系统、机理以及决策机制都与单一机器人不同,需要重新设计,以提高多机器人之间的协作能力与工作效率。重点研究多机器人合作与协调两类问题:前者针对的是系统层次的组织、管理机制,重点解决合作的有效性,充分发挥个体的职能;后者针对的是工作秩序与运动协调,重点解决个体之间的独立性与避免冲突。

时空信息融合(spatio-temporal information fusion) 同时利用数据的时间和空间信息进行信息融合的技术。解决了时域、空域分辨率相互制约的问题。可得到高时空分辨率数据,与单一采用时域或空域的分割方法相比,在过分割、分辨率方面有显著提升。融合算法有卡尔曼算法、贝叶斯算法以及 Dempster-Shafer 算法等,在导航、遥感、目标识别与跟踪、视频分割等领域有重要应用。

自整步电动机(self stepping motor) 一种具有频率调整能力的电动机。交流电动机的转速受频率控制,尽管中国电压频率为 50 Hz,由于电网的波动,实际频率会在允许范围内波动,通过增加自动频率调整装置,依据设定的参数,控制电动机在设定的频率范围内稳定运行。常用在精密控制或者性能要求较高的系统中。

变刚度驱动器(variable stiffness actuator) 刚度可根据外界的冲击或者力的变化自动调节的驱动器。一般是在传统驱动器增加刚度可以调节的设备来实现。能够有效改善传统刚度驱动器因为刚度不变、不能避免外界冲击,在一些工作恶劣的条件下容易造成驱动器寿命短、运行不平稳的问题。

模块化自重构(modular self-reconfiguration) 根据环境自适应地改变形态或连接方式的一系列标准化模块。能适应新环境、执行新任务或从故障自恢复。模块本身整合了许多部件,而在系统中又只是一个基本单元。

多传感信息融合(multi-sensor information fusion) 亦称“多传感器融合”。利用计算机技术融合来自多传感器或多源的信息和数据,以得到更加准确的估计或更全面的感知的技术。针对各种数据的特点和互补性,进行综合处理和优化,为决策和估计提供鲁棒、全面的信息。能从多种视角对信息进行综合,得到数据之间的内在联系和规律,剔除无用和错误的信息,最终得到优化的结果。可用于多个同类型不同位置或不同类型的信息处理,已经成为一门新兴的学科和技术。常用的方法有卡尔曼滤波、证据理论和神经网络等。按融合层次,分数据层融合、特征层融合和决策层融合三类。

多模态传感信息(multimodal sensing information) 依靠多种不同类型的传感器来感知周围环境,从而获得更加全面的信息。类似于人采用视觉、听觉、嗅觉、触觉等多种模态感知世界。融合可是同一类型的传感器,而其数据来源只能是属于不同类型的。因为涉及不同类型的数据,数据分析和处理方法会更加复杂。解决方法一般是基于决策层,但也出现了一些从数据层对模态信息进行融合处理的方法，往往能取得更好的效果。

无线传感器网络（wireless sensor network） 由处于末梢的大量传感节点组成的网络。这些节点能够感知外部环境，还具有简单的计算能力，同时可利用自身的通信模块将感知和计算后的信息进行传输。是一种分布式自组织网络。传感器节点是其基本单元，具有感知、信息处理模块、无线通信以及能量供应模块组成。具有大规模性、自组织性、路由跳变性、可靠性、低成本等特点，主要应用于军事侦察、智能交通、环境监控、医疗等领域。

主动传感器网络（active sensor network） 引入计算处理模块，由传统网络的"存储-转发"处理模式转变为"存储-计算-判断-转发"处理模式的传感器网络。新增了计算与判断的功能，提高了数据的质量和传输的智能性。应用系统包括节点操作系统、执行环节和主动应用层。

目标检测与跟踪（target detection and tracking） 识别出目标区域并利用其时序规律得到连贯且真实的运动估计数据的多任务操作。首先要对目标（图像、点云等）几何和统计特征进行分割，包括识别与分割两个操作，获得运动目标的运动参数，如速度、加速度、运动轨迹、位置等；然后对目标的运动预测和观测依据置信度进行融合，得到连贯且更接近真实数据的跟踪结果。随着计算机性能的提高和计算机视觉技术的发展，基于图像的算法得到越来越多的关注。已在智能交通、监控、军事、导航等多方面得到应用。

环境建模与重构（environmental modeling and reconstruction） 使用激光、图像等传感器对周围环境感知深度、颜色、亮度等信息，建立包括几何形状（一般为三维）、颜色光线等信息的模型，然后利用数字化技术重构出周围环境的过程。是感知环境的一个基本方法。广泛用于逆向工程、文物保护、移动机器人、测绘等领域。

智能调度与优化（intelligent scheduling and optimization） 利用计算机技术或人工智能，对生产、运营中的安排或计划进行合理优化，以使用最少的资源、最短的时间完成最多的任务。是人工智能和智能控制的研究课题之一。在实际应用中要充分应用有关问题域的知识，尽可能避免组合爆炸，减少可能组合或者序列的数目。已在车间生产、交通运输中得到应用。

智能规划与决策（intelligent planning and decision） 利用计算机智能对一项任务所包含的目的、分阶段目标、资源配置等事项进行合理科学规划并制定决策的过程。以一定的评判标准对制定的规划与决策进行评估，利用专家知识库通过逻辑推理和优化算法逐渐推导出最优的决策。多用于交通运输、军事决策以及智能机器人等领域。

自适应巡航控制（adaptive cruise control; ACC） 亦称"智能巡航控制"。一种辅助驾驶系统。由信息感知单元、控制单元、执行单元和人机交互界面组成，具有自动巡航控制功能和车辆前向撞击报警功能。当主车前面无车辆或车辆距离大于安全距离时，主车处于巡航行驶状态；当主车前面有车辆而且小于安全距离时，控制主车减速，确保两车间的距离为安全距离。进入该模式后，主车进入自动制动模式，如果驾驶员踩下制动踏板，将会根据踏板的位置和制动缸压力等信息退出自动制动模式。能减轻驾驶员的工作量，尤其适用于长时间的高速公路行驶。

可穿戴柔性传感器（wearable flexible sensor） 一种可直接被人体穿戴，柔软舒适、质量轻的传感器。通过将外部刺激转化为电信号，来监测人体的一些参数，包括体温、脉搏、运动、血压等。具有便携性、舒适性、多功能集成等特点，已成为电子产品的一个热点，可制作成许多可穿戴电子设备。但实现高分辨、高灵敏、宽量程、低成本等仍存在很多困难。

地面无人驾驶车辆（unmanned ground vehicle; UGV） 亦称"无人驾驶汽车""自动驾驶汽车"。一种可自主行驶或遥控操作，可提供一定载荷或执行特殊任务的地面车辆载具。在有些领域中不包括遥控操作车辆。一般使用车载传感器（激光雷达、摄像头、超声波雷达、毫米波雷达等）感知周围环境，利用高清地图、全球导航系统、惯性导航等方式进行定位导航，根据任务要求规划行驶路线并控制执行器进行行驶、转向和刹车灯操作。作为一种自动控制的智能化设备，可进入人员不方便进入、危险的区域，完成人类难以完成的任务。根据自动化程度可分为不同的等级。但完全的自动驾驶汽车仍未全面商用化。

同步定位与地图构建（simultaneous localization and mapping; SLAM） 运动物体在未知环境中开始移动，根据自身传感器采集的信息，一边根据位置估计和地图进行定位,同时在定位的基础上估计环境地图的过程。该地图指不受障碍影响可以行进的每个角落。传感器误差和环境噪声会造成误差逐渐积累,如何减少这些误差和降低计算量是需要重点解决的问题。按传感器种类,分基于视觉和基于激光雷达两类,其中激光SLAM精度较高,理论和工程较成熟。研究方向有语义SLAM、广度SLAM、高精度SLAM和在线SLAM等。广泛用于扫地机器人、无人驾驶、地图测绘等领域,可为传感器定位、路径规划以及场景理解提供支撑。

自然语言处理

自然语言(natural language; NL) 人类的语言。与"人工语言"相对。是人类表达和交际的主要工具。自然随文化而演化。如汉语、英语、日语等。

NL 即"自然语言"。

人工语言(artificial language) 为不同使用目的而设计的辅助语言或代码系统。与"自然语言"相对。可指代为:(1)供人类使用的国际辅助语,如世界语;(2)供计算机使用的代码系统,如程序设计语言C++、Python等。

语素(morpheme) 自然语言中具有意义的最小单位。可分为能独立成词的自由语素和不能独立成词的黏着语素。按语法功能,分:(1)构词语素,具有词汇意义,作为构词的基本成分。(2)构形语素,没有词汇意义,只有语法意义,作为辅助成分构成词的不同语法形式。

字(character) 亦称"字符"。记录自然语言的基本书面符号单元。在不同书写系统中有不同含义。在中文系统中一般指汉字,在字母文字系统中一般指字母。

字符(character) 即"字"。

汉字(Chinese character) 记录汉语的书面符号。仰韶文化时期的陶文是世界上最古老的文字之一,现存并被广泛使用的最古老的文字系统,也是母语使用人口最多的文字系统。字体由象形变为线条形,再变为方块形。构造方式由表形、表意到形声等。收在《康熙字典》中的汉字有四万七千多个,收在《汉语大字典》中的有六万多个。常用汉字约在两千至七千之间。

词(word) 自然语言中能够独立运用且语义有所指的最小单位。在一些低发育度的自然语言之中,有可能不存在词的概念。词作为发音单元和书写单元同时具有一定的表达稳定性,发音和书写形式之间也具有相对稳定的对应关系,但是一般来说同时存在着大量的例外情形。

词语(word) 自然语言词和语的合称。其结构分为单纯词和合成词。前者不能拆开,整个词只能表示一个意思;后者拆开后仍有意义,可由几个语素组成。

新词(new word) 为指称新事物、新概念或为了书写简洁而构造出来的自然语言词汇。构造一般遵循已有的规范构词法,但是在特定语境或在线社区之中,也会产生社区成员能互相理解、使用非规范方式构造的新词。对于其他语言经由音译、意译而产生的借词有时也被认为是新词的一个合理来源。

未登录词(unknown word) 计算语言学上定义的新词。指没有被收录在自然语言处理系统分词词汇表或机器词典中的词汇。如人名、地名、机构名、专业术语、缩写词、新增词汇等。

词类(part of speech; POS) 亦称"词性"。自然语言中词的句法或语法角色类型。分类的基本依据是该类词在句子中稳定出现的相对位置,例如,主谓宾语序的语言中,动词相对稳定地出现于名词之后。分类体系的类型命名一定程度上参考相应类别的语义所指的概括情况。如名词定义为表示事物的词。在不同语种中,词类出现的句法位置会有巨大差异,但是通常同样的词类在不同语言之中的语义所指具有类似的性质。

词性 即"词类"。

命名实体(named entity; NE) 自然语言中以具体或专门所指的名称为标识的表示形式。如人名、地名、机构名、数字、日期、货币等。

短语(phrase) 亦称"词组"。满足自然语言语法规定所构造的句子中的一组词。有时也被称为句法成分或语法成分。如名词短语、动词短语、形容词短语、数量短语、方位短语、介词短语等。

词组(word group) 即"短语"。

句子(sentence) 自然语言中能完整表达规则、意图、事物的状态和改变的最小单位。通常由词组成序列而具有表述性。在连贯的话语中,每个句子的末尾有隔离性停顿。如书面语中由句号、问号或感叹号表示。按功能,分陈述句、疑问句、命令句和感叹句。按结构,分简单句、复合句、主谓句、非主谓句等。

段落(paragraph)　自然语言话语的组成部分。在口语中用较长的停顿,书面语中以另行起为标志。一般由若干个句子组成,但也可由一个句子组成。

篇章(text; discourse; article)　一种自然语言书面语的组织形式。由若干段落或句子组成。

话语(utterance; discourse)　长短不等、意义完整的自然语言独立部分。按表现形式,分作为口语组成部分的话段和作为书面语组成部分的文段两种。

结构化文本(structured text)　一种具有元数据并且其内容易被索引或映射到标准数据库字段上的自然语言或非自然语言文本。与“非结构化文本”相对。

非结构化文本(unstructured text)　亦称“自由文本”。一种缺少元数据并且其内容不易被索引或映射到标准数据库字段上的文本。与“结构化文本”相对。通常包含大量的自然语言文本,同时也含有一定比例的非自然语言部分。多是用户生成的信息,如微信、电子邮件、即时消息、文档或社交媒体帖子等。

自由文本(free text)　即“非结构化文本”。

半结构化文本(semi-structured text)　介于结构化文本与非结构化文本之间的文本数据。是内容部分结构化的文本。

语法(grammar)　自然语言中用于遣词造句的构造规则。刻画了不同语法单位(语素、词、短语、句子)之间的关系。由词法和句法两个部分组成。

词法(morphology)　❶ 即“形态”。❷ 在个别文献中,仅指词的构成方式。

形态(morphology)　亦称“词法”。描述自然语言中词的结构、词形变化和词类体系。

句法(syntax)　描述自然语言短语和句子结构内部各个成分之间组合的规则。还说明短语和句子的类型划分。

语义(semantics)　自然语言所蕴含的意义。是各个层次的语言描述单位的具体所指和语言功能的刻画方式。

语境(context)　亦称“情境”“上下文”。运用自然语言表达、交流时所处的主观和客观特定现实环境。前者指语言使用者的心情、情趣以及语句的上下文因素;后者指自然环境、社会环境和时空场合。在计算语言学和自然语言处理中,有时专指句子内部前后词构成的集合。

情境(situation)　即“语境”。

篇章焦点(text focus)　自然语言篇章的意义重心所在。决定了篇章中哪个部分给读者带来新的信息。可分为两种:(1) 全局焦点,指整篇篇章或篇章中一个段落的表述中心;(2) 局部焦点,指一句句子所表述的中心概念或对象。

语用(pragmatics)　自然语言符号和解释与用途之间关系。如影响语言行为(包括招呼、回答、应酬、劝说等)的标准和支配轮流发言的规则。

歧义(ambiguity)　自然语言中所存在的多义单位或结构的意义不能确定的现象。按单位或结构,分词汇歧义、语法歧义、语义关系歧义和语用歧义。

消歧(disambiguation)　即“歧义消解”(374 页)。

互指(coreference)　一个或多个自然语言语句中两个词或短语之间的关系。即两个词或短语都指同一个人(或事物)等,其中一个作为另一个词或短语的语言先行词。

回指(anaphora)　在自然语言书面语中,当前的照应语与上文出现的先行语包括词、短语或句子(句群)存在语义关联关系。

搭配(collocation)　自然语言单位(如词和短语)在上下文中稳定的共现现象。词的搭配能力的强弱与词义的概括程度有关。词义的概括范围大,与之搭配的词就多。一般情况下,指的是词的搭配。词之间的搭配通常受如下两个情形之一或同时约束:(1) 在约定俗成的语言表达之中,尽管语义表达上可以用其他同义词或近义词替换其中一个词,但具体的相应搭配规则不允许更换其中任何一个词;(2) 相应的搭配组合作为一个整体产生了原来的两个成员词都没有或者难以直接推导出的附加含义。

同现(co-occurrence)　亦称“共现”。自然语言成分在话语中相互连接或组合的现象。如语言中名词或代词通常与动词同现以组成句子。

连贯(coherence)　一种将自然语言篇章中的语句连接成文的方法。使之在主题思想、语义结构和逻辑关系各方面形成一个有机的整体,以实现语言交流的目的。篇章的连贯是通过各种衔接手段以及语言结构与叙述顺序的合理安排来实现的。不同的语言表达方式反映了思维方式的不同,其衔接手段和连贯机制也有所不同。

同义(synonymy) 不同自然语言单元具有相同或相近语义的现象。如词语或句子语义。

多义(polysemy) 一个自然语言单元具有两个或两个以上语义的现象。

意图(intention) 在自然语言口语或书面语中,表述者希望达到某种目的时对所做打算的描述。可能是尚未付诸行动的一种设想,也可能是达到最终目的前的一种初步行动。

语料库(corpus) 简称"语料"。语言数据材料的集合。通常是在语言实际使用中真实出现过的,且是以计算机为载体所承载的语言知识资源。通常需要经过一定的加工(分析和处理)才能成为有用的资源。在自然语言研究中起着十分重要的作用:(1) 提供真实和加工语料;(2) 提供统计数据;(3) 验证已存在的语言理论;(4) 构建新型的语言理论。在机器学习的文献中,也会把所有语言处理依赖的语料不加区分地简单统称为"数据"或"数据集"。

标注语料库(annotated corpus) 经过加工后带有语言学信息标签的语言数据的集合。

平行语料库(parallel corpus) 一种由自然语言原文文本及其平行对应的译文文本构成的双语或多语语料库。按对齐程度,分词汇级、句子级、段落级和篇章级几种。按翻译方向,分单向平行语料库、双向平行语料库和多向平行语料库等。

可比语料库(comparable corpus) 具有某些相同属性的文本所构成的语料库。双语可比语料库是由某些具有相似性的两种语言文本所构成。

树库(tree bank) 标注有句法树结构的语料库。按句法描述结构,分两类:(1) 短语结构树库,采用句子结构成分描述句子的结构;(2) 依存结构树库,根据句子的依存结构建立的树库。依存结构描述的是句子中词与词之间直接的句法关系,相应的树结构称为依存树。

知识库(knowledge base) 存放知识信息的数据库。是人工智能与数据库技术相结合的产物,给智能系统(如专家系统)提供关键的知识支撑。特点是:(1) 其知识根据应用领域特征、背景特征、使用特征、属性特征等而被构成便于利用的、有结构的组织形式。(2) 知识可以采用层次结构表示,最低层是"事实知识";中间层是用来控制"事实"的知识(通常用规则、过程等表示);最高层是"策略",对中间层知识进行控制。(3) 可有一种不只属于某一层次的特殊形式的知识——可信度。对某一问题,有关事实、规则和策略都可标以可信度。(4) 还可存在一个通常被称作典型方法库的特殊部分,主要功能:(1) 使信息和知识有序化;(2) 加快知识和信息的流动,有利于知识共享与交流;(3) 有利于实现组织的协作与沟通;(4) 可以帮助企业实现对客户知识的有效管理。

机器词典(mechanical dictionary) 可用于计算机直接处理的机器可读词典。包括自然语言或语言变体的词条、各种冗余规则和构词规则等。词条包括词目、语音、形态、句法和语义等方面的特征。语音特征用形态音位表示;形态特征指词的性、数、格、人称等方面的形态变化;句法特征包括词的范畴属性、语境特征等;语义特征包括词的意义、主题结构等。

类属词典(thesaurus) 亦称"叙词表""类语辞典""同义词辞典"。由包括同义词、反义词以及其他属于同一范畴、代表同一类事物的词分类编排而成的机器词典。不是按词的发音或书写形式进行分类,而是根据词的概念、意义等组成最合适的词语组。主要目的是让使用者找到一个或多个词来最恰当地表达自己的想法。

叙词表 即"类属词典"。

类语辞典 即"类属词典"。

同义词辞典 即"类属词典"。

语义词典(semantic dictionary) 供计算机使用的自然语言词汇以及相应语义信息的集合。基本组成单位是"概念",包括:同义词集合、概念定义、上位和下位概念集合等。概念可能是抽象的概念,也可能是具体的实体。不仅在于提供一个覆盖大量词汇的数据库,还在于提供词汇之间丰富的语义关系和句法信息。语义关系包括:同义关系、反义关系、上下位关系、整体部分关系、优先关系、蕴含关系等。其中同义关系和上下位关系使用最广。作为自然语言处理的基础资源,广泛应用于文本分析、信息检索、机器翻译和问答系统等领域。

多语种数据库(multilingual database) 存放多语言信息的数据库。多语种数据库管理系统的主要功能是:(1) 可以使用熟悉的语言查找和浏览信息,并可以随时切换语言;(2) 可在不同语种的信息之间进行相互参照，并能随时追踪不同语种信息中相对应的部分；(3) 提供方便的信息管理方式，可随时增减不同语种的信息；(4) 与单语种数据库保持兼容；(5) 方便系统的修改、维护和升级。

受限语言(restricted language)　一种对自然语言进行一些人为方面限制后所形成的简化的、易于处理的形式化语言。具有自然语言的普遍特点，但同时又具有某种特殊的性质。在经过一些规则或原则的限制后，更加适合于人们的实际应用需要。例如，在词汇数量、单词意义、短语结构以及语义上受到一定的限制后，所形成的语言子集在多义性、复杂性等方面都比自然语言减少，使计算机处理起来更加有效。设计受限语言时，一般应考虑如下原则：(1) 确定受限语言的服务领域；(2) 选择受限语言的使用对象(如人类还是机器)；(3) 决定受限语言在形态、句法和语义的哪个方面受限；(4) 根据实际应用的需要来控制受限语言的受限程度。

规范化语言(normalized language)　满足规范要求的自然语言。规范指在语言实践中巩固下来并为人们普遍接受的使用各种语言材料(语音、词汇和语法)的准则和典范。可使人们对自己的言语活动加以自觉地控制和调整、改正不正确的发音、不生造词语、尽量避免造出不合语法的句子、避免写错别字等。必须从当下语言中不断汲取营养，把现代的、典型的、富有生命力的东西吸收进来，同时摒弃掉一些陈旧的、不适用的东西。

产生式(production)　亦称"规则"。一种描述前提与结论关系的表示形式。每条产生式分为左部和右部，中间用蕴含符号"→"连接，即"左部→右部"。左部表示情况，说明什么条件满足时产生式应该被激活；右部表示动作，说明此产生式被激活后所做的事情。特点是：(1) 格式固定，形式单一，建立知识库较为容易；(2) 互相较为独立，推理方式简单；(3) 维护知识库方便。已成为人工智能中应用较多的一种知识表示形式，尤其是在专家系统方面。

规则(rule)　即"产生式"。

特征结构(feature structure)　描述语音、句法和语义信息的一种结构。具体表示是特征名-值对的集合。例如，在 HPSG 语法中，特征名 PHON 和 SYNSEM 分别表示句子的语音部分和句法语义部分。为省略起见，仅选择句子"Tom plays ball."中"Tom"单词，把这个特征值与特征名 PHON 和 SYNSEM 结合起来，即 PHON〈Tom〉；SYNSEM〈LOC〈CAT〈HEAD〈Cat: noun; Case: - 〉SUBCAT〈 〉〉CONTENT〈PARA[1]〈INDEX〈PERS: 3rd; NUM: sg〉〉RESTR〈RELN: naming; BEARER: [1]; NAME: Tom〉〉〉〉。上述表示式中，PHON 部分的语音是 Tom，SYNSEM 部分的句法语义在句子中只有实际位置成分，没有远距离关系成分。实际位置成分的 CAT 记录了 HEAD(中心语)的范畴特征(Cat)为 noun(名词)，格特征(Case)为空，SUBCAT(次范畴)特征为空，实际位置成分的 CONTENT 记录了 Tom 的含义，PARA 表示参数，其 INDEX(标引)有 PERS(人称)和 NUM(数)两项，PERS 为第三人称(3rd)，NUM 为单数(sg)；RESTR 表示限制参数，共有 RELN(关系)、BEARER(承担者)、NAME(名字)三项，RELN 为 naming(命名)，BEARER 后注明[1]，表示它的参数与 PARA(1) 相同，NAME 后的 Tom 就是给承担者取的名字。这些特征表达了 Tom 这个词的语音和句法语义之间的关系。

类型特征(type feature)　在自然语言理论中表示类型化的特征。特征值可分为"简单类型"和"复杂类型"两种。前者即原子类型，使用类似 sg 或 pl 的符号来代替在标准特征结构中使用那些简单的原子值。所有的简单类型组成一个具有多层继承关系的类型层级系统，在数学上是一个"偏序"或者"格"的结构。后者包括如下内容：(1) 适合于该类型的若干特征的集合；(2) 用类型来表示对于这些特征的特征值限制；(3) 对于这些特征值相等关系的约束。复杂类型也是类型层级系统中的一个部分，其子类型继承了父类型的全部特征以及对它们值的约束。

特征继承(feature inheritance)　在自然语言基本范畴的层次结构中，下位词的特征可以继承一般性上位词的特征，即把上位词的特征值赋值给下位词对应特征中。

合一约束(unification constraint)　描述自然语言基本范畴之间发生组合关系的条件。

话题(topic)　❶ 在自然语言篇章或口语中说到的一个内容。可分为：(1) 关于性话题，后面跟着其他成分(称"述题")旨在解释话题；(2) 对比性话题，与后文即将出现的内容形成对比；(3) 熟悉性话题，在前文出现过，在这里又被重新提起。❷ 一个核心事件或活动以及与之直接相关的事件或活动。一般情况下，可简单地认为话题就是若干对某事件相关报道的集合。

实体(entity)　自然语言篇章中表示客观存在并可相互区别的人、事、物,也可以是抽象的概念或联系。一般用名词或名词性短语表示。命名实体是它的一种常见类型。

实体关系(entity relation)　自然语言篇章中命名实体之间的关系。如"人"和"地点"形成的"出生"关系或"居住"关系等;"机构"和"机构"形成的"领导"关系或"合作"关系等。

事件(event)　自然语言篇章中描述历史上或现实生活中所发生的具体事件(包括所涉及的人物、时间、地点等)的信息。通常由某些原因或条件引起,发生在特定时间、地点,涉及某些人或物,并可能伴随某些必然的结果。

隐喻(metaphor)　亦称"暗喻""隐比"。一种自然语言比喻的方法。构成比喻的本体和喻体之间为相合关系。在中文的本体和喻体之间通常用"是""也""成"等词语连接。如在句子"北京天安门广场在国庆之夜成了欢乐的海洋!"中,本体是"天安门广场",喻体是"海洋"。

文本蕴涵(textual entailment)　亦称"自然语言推理""文本推断"。一种自然语言文本间具有包含性质的语义推论。当认为一个文本片段真实时,可推断出另一个文本片段的真实性。也就是一个文本片段蕴涵了另一个文本片段的知识。分别称蕴涵的文本为文本,被蕴涵的文本为假设。

编辑距离(edit distance)　由一个字符串转变成另一个字符串所需的最少编辑操作次数。允许的编辑操作包括:(1) 将一个字符替换成另一个字符;(2) 插入一个字符;(3) 删除一个字符。由俄罗斯科学家莱文斯坦(Vladimir Levenshtein)在 1965 年提出,故亦称"莱文斯坦距离"。可运用于拼写检查和纠错、命名实体抽取、实体共指、字符串核函数等。

标注集(tag set)　一种在自然语言句子或篇章中所做的人工或自动标记的标记符集合。包括词性标注集、命名实体标注集、句法标注集、语义标注集和语料标注集等。利用标注集,可完成对自然语言句子、篇章乃至语料库各个语言层次的信息标注,以便使计算机利用标注后的语言数据能够正确、广泛和快速地学习语言知识。

训练集(training set)　用于计算机进行学习并建立训练模型的数据集。以监督学习(分类)任务为例,这种类型的学习类似于人类学习的方式。人类可从过去的经验中获取知识用于提高解决问题的能力。计算机由于没有"经验"可用,只能从所收集的过去的数据中获取知识。训练集的数据质量对建立一个良好的分类模型是十分重要的。

测试集(test set)　用于评测由计算机通过学习所建立的训练模型精准度的数据集。假定训练模型是分类模型,其中的数据是带有类标的,通过检查分类模型预测的类标与测试集中数据的类标是否一致,可评测学习所得到的分类模型的精准度。

困惑度(perplexity)　度量概率分布或概率模型的复杂程度。假设真实情形通常具有最低的复杂性描述,则困惑度值越低则说明所持模型和真实情形契合程度越高。可用于比较不同概率模型之优劣。

音位(phoneme)　自然语言中语音表现方面最小的功能单位(包括音段音位和超音段音位,有时也专指音段音位)。是构成并区分词(包括词形)和语素等意义单位的语音外部形式的最小线性单位。主要功能是对语音的构造功能和辨义功能。

音位范畴(phoneme categorization)　属于同一个音位的不同语音范围。在语音识别中要解决非特定人发音等问题,就需要对音位范畴进行深入研究,找出其特殊性和规律性。

发音变异(pronunciation variation)　人类由于各自口音不同导致偏离正确发音的现象。主要包括协同发音、不完全发音、基本发音单元同化和异化。可分为完全发音变异和部分发音变异。前者是指一个音位完全被另外一个音位替代的变异,对应语音层的变异;后者是指鼻音化、央元音化等音位内的变异,对应声学层的变异。是将语音识别技术用于非特定人口音的实际环境必须解决的问题。

声学似然度(acoustic likelihood)　反映声学模型与真实语音数据之间相似度的指标。

音位规则(phoneme rule)　一种自然语言音位语音可预测规律的知识表示。给出音位语音在何种情况下发生何种变化的可预测规律。如英语中:(1) 清化规则,浊辅音在清辅音后发成清音,即[+voiced+consonant] → [-voiced] /[-voiced+consonant]-;(2) 鼻化规则,元音在鼻音前要鼻化,即[+vocalic-consonantal] → [+nasalized] /-[+nasal];(3) 吐气规则,爆破清音在重读音节的词首发成吐气的音,即[-voiced+stop]→[+aspirated]/#-

[-consonantal+vocalic+stressed]。在上述规则中,有一些常用的描述符号:"→"表示箭头左侧的音位将发生箭头右侧的变化;"/"表示产生变化的条件;方括号外的"-"表示目标音段的位置;"#"表示词首或词尾的界限。

形态规则(morphological rule) 一种自然语言词汇的语法形式(构词方式)的知识表示。如英语的几个常用形态规则:(1) un+adj.→not+adj.;(2) re+v.→v.+again;(3) in/im/il/ir+adj.→not+adj.。可用来自动分析词汇的形态,例如决定词类、获取词根等。

语言学(linguistics) 一门研究自然语言的学科。研究语言的内部结构、功能和历史发展,揭示语言的本质及其存在和发展的规律。按具体研究对象和目的,分:(1) 具体语言学和普通语言学。前者以某种或某些具体语言为对象,后者以所有语言为对象。(2) 共时语言学和历时语言学。前者研究语言在某一历史阶段的状态,后者研究语言在不同历史阶段的演变。(3) 微观语言学和宏观语言学。前者研究语言系统本身的各门学科,后者研究语言学和其他学科结合而产生的交叉学科。

结构语言学(structural linguistics) 亦称"结构主义语言学"。20 世纪 30—50 年代在欧美形成和发展的一种语言学流派。直接或间接地受到索绪尔(Saussure)语言学理论的影响。主要特点:(1) 认为真正实际存在的不是某种个别的语言事实,而是作为系统的语言。(2) 系统的框架或结构是由声音和意义之间的关系、语言单位之间的关系构成的。语言的每一成分只是由于跟系统中其他成分的关系而存在,重视关系而忽略实体。(3) 系统不是成分的机械总和,而是规定成分的。(4) 只研究纯粹的语言形式和关系模式,可以采用形式化或"代数"的方法来研究语言系统。(5) 注重对语言系统的静态描写而忽略历时研究。有布拉格学派、哥本哈根学派、美国描写学派和伦敦学派四个主要学派。

结构主义语言学(structuralistic linguistics) 即"结构语言学"。

统计语言学(statistical linguistics) 亦称"计量语言学"。数理语言学分支之一。应用统计理论和技术,对语言单位在宏观语言材料中的出现频度和分布进行描写和分析。如词的频度、词的上下文、句长分布等的统计。它揭示的语言随机现象中蕴含的统计规律和对语言学理论的某些范畴做出的定量说明,有助于深入研究语言的内部结构。按研究对象,分词汇统计学、风格统计学等。早期的研究主要与通信编码有关,现已在机器翻译、信息检索、言语识别、语言教学等领域得到广泛应用。

计量语言学(quantitative linguistics) 即"统计语言学"。

计算语言学(computational linguistics; CL) 亦称"算法语言学"。数理语言学的分支之一。20 世纪 70 年代兴起。是以计算机为手段来研究自然语言的一门学科,即计算机科学和语言学的交叉学科。通过建立形式化的数学模型,来分析和处理自然语言,并在计算机上实现分析和处理的过程,从而达到使用计算机来模拟人类运用语言能力的目的。语言的形式化是分层进行的:语法的形式化相对比较简单;语义的形式化则较为复杂,需要着重研究。如把深层结构作为形式语义的符号系统,建立相应的算法,探讨形式语义同表层结构的抽象关系,以便有效地解决自然语言中的歧义现象。研究有效的形式化语法和语义的分析方法,以及探讨它们在不同系统中各自使用的范围。对自然语言理解和自然语言生成等技术的发展产生重要影响。在当代的计算机科学与技术中,一般将"自然语言处理"和"计算语言学"视为同义语而不加区分。

算法语言学(algorithmic linguistics) 即"计算语言学"。

声学(phonics) 一门研究声波产生、传播、接收和效应的科学。是物理学中最早深入研究的分支学科之一。随着 19 世纪无线电技术的发明和应用,声波的产生、传输、接收和测量技术都有飞跃的发展。近代与许多其他学科(如物理、化学、材料、生命、地学、环境等)、工程技术(如机械、建筑、电子、通信等)及艺术领域相交叉,在这些领域发挥了重要又独特的作用,从而逐步形成为独立的声学分支,如物理声学、电声学、建筑声学、环境声学、语言声学、生物声学、水声学、生理声学、心理声学、音乐声学等。

韵律学(metrics) 语言学中研究除音段音位外的音调、声调、音节长短、重音、音色、语速、停顿等韵律特征的学科。随着对音位研究的深入,由于韵律特征多具有超音段音位作用,因此又称"超音段音位学"。

音位学(phonemics) 从语言功能角度对语音进行研究的学科。可分为两部分:(1) 研究音段音位的狭义音位学;(2) 亦称“音系学”。研究超音段音位的韵律学。从聚合关系和组合关系研究音位及其系统,包括音位及其变体、音位区别特征、音位对立及其类型和结构、音位及其变体的分布和交替、各种音段音位和超音段音位的配列等。

音系学(phonology) 即广义的“音位学”。区别于不包含韵律学在内的狭义音位学。

词法学(morphology) 亦称“形态学”。自然语言语法学的组成部分。与“句法学”相对。研究词的结构、词形变化和词类体系。可分为:(1) 屈折词法学,研究词在不同语法意义中的形态变化;(2) 派生词法学,研究词的内部结构。

形态学 即“词法学”。

句法学(syntax) 语法学的组成部分。与“词法学”相对。研究自然语言短语和句子结构内部各个成分组合关系的规律,分析词之间、短语之间以及句子之间的相互关系,说明短语和句子的结构模式及类型划分等。

词汇学(lexicology) 语言学中研究自然语言词汇(词和常用固定短语的总称)的分支学科。基本任务在于揭示词汇的系统性和确定词在词汇中的系统关系。分普通词汇学和具体词汇学。前者研究词汇的一般规律,后者研究某种具体语言的词汇。

语法学(grammar) 语言学中研究自然语言语法构造的组成、各种语法单位的功能及其存在和发展规律的分支学科。其研究方法可分为传统语法学、结构主义语法学、转换-生成语法学、系统功能语法学等。

语义学(semantics) 亦称“语意学”。一门研究自然语言的词汇、短语、句子、篇章等内容意义形式化规律的语言学学科。在各个学科中对语义的研究角度不同:(1) 语言学,研究语义表达的规律性、内在解释、不同语言在语义表达方面的个性和共性;(2) 逻辑学,研究对一个逻辑系统进行解释,重点在于真值条件,不直接涉及自然语言;(3) 计算机科学,研究计算机对自然语言的理解;(4) 认知科学,研究人脑对语言单位意义的存储及理解模式。

语意学 即“语义学”。

语用学(pragmatics) 研究自然语言运用及其规律的学科。从听说者的角度,把人们使用语言的行为看作是受各种社会规约支配的社会行为。研究特定语境中的特定话语,着重说明语境可能影响话语解释的各个方面,从而发现和运用语用规律。

知识范畴(knowledge category) 从人类认知的角度所需知识的分类。1956 年由布卢姆(Bloom)等人提出。包括从具体到抽象的四个类别:(1) 事实性知识,单独出现的、存在于过去和当前的、只能通过观察过程而获得的知识;(2) 概念性知识,较为抽象概括、有组织的知识;(3) 程序性知识,关于如何做事的一套程序或步骤的知识;(4) 元认知知识,关于一般认知和自我认知的知识。

有限状态自动机(finite state automata; FSA) 一种有限状态语言的识别器。加上若干条件的图灵机,与形式语言有限状态语法(或称“3 型语法”)等价。有限状态语法生成的语言仅能够被有限状态自动机接受,有限状态自动机接受的语言必为有限状态语言。

FSA 即“有限状态自动机”。

有限状态转录机(finite state transcription machine; FST) 一种既能识别语言,又能产生语言的综合自动机。扩充了有限状态自动机的计算能力。由有限节点构成,节点之间是有向边,边上标了一对输入、输出符号。节点亦称“状态”,边亦称“弧”。沿着弧从初态集到终态集等价于读入遇到的输入符号序列并写出相应的输出符号序列。在语言处理中有四种可能的应用:(1) 识别器(识别一种自然语言);(2) 生成器(生成一种自然语言);(3) 翻译器(把自然语言的源语言转换成目标语言);(4) 关联器(计算两个集合之间的关系,如自然语言中关联词的自动标注)。

形式文法(formal grammar) 描述形式语言的一种语法。定义为四元组:(N, Σ, P, S),其中,N 为非终结符号集合;Σ 为终结符号集合,Σ 与 N 无交集;P 为如下形式的一组产生式规则:$(\Sigma \cup N)^*$ 中的字串→$(\Sigma \cup N)^*$ 中的字串,并且产生式左侧的字串中必须包括至少一个非终结符号;S 为起始符号,属于 N。常见的是乔姆斯基(Chomsky)于 1950 年提出的乔姆斯基谱系。把所有的形式文法分成四种类型:即 0 型、1 型、2 型和 3 型,分别为无限制文法、上下文相关文法、上下文无关文法和正规文法。依次拥有越来越严格的产生式规则,同时所能表达的语言也越来越少。尽管表达能力比无限制文法和上下文相关文法要弱,但由于在实现时能达到高效率,四类文法中最重要的是上下文无关文法和正规文法。

有限状态语法(finite state grammar)　亦称“有限状态模型”。在数理语言学中亦称“3 型文法”。美国语言学家乔姆斯基(Chomsky)在 1957 年提出的一种最简单的生成语法模型。与短语结构语法和转换语法相比,生成能力最弱。用数目有限的递归规则对有限的词汇进行操作,能够生成无限句子的集合。也可看成是一种装置,生成句子时,装置从最初状态经过有限数目的中间状态到达最终状态。由某个状态过渡到另一状态时,仅仅与这个状态有关,而与系统以前的任何状态无关。用这种装置生成出来的语言就是有限状态语言。

有限状态模型　即“有限状态语法”。

系统语法(system grammar)　一种基于阶和范畴语法的语法理论。由英国韩礼德(Halliday)在 20 世纪 60 年代后期建立。把自然语言看作是由许多系统组成的网络。系统就是若干个相互对立的类,如英语中主句和从句的对立,就构成一个系统。把语言分成语义层次、词汇语法层次和音系层次三个层次。语义层次组成一个潜在意义、交际手段、话语构造等庞大网络;词汇语法层次包括三个阶(级别阶、精度阶和标示阶)和四个范畴(单位、类别、结构和系统);音系层次描写语音结构。

转换生成语法(generative grammar)　亦称“转换语法”“生成语法”。以短语结构语法为基础,附加一组能将语句深层结构映射为相应表层结构的转换规则并以此为核心而形成的一种分析自然语言的语法。针对短语结构语法,由美国语言学家乔姆斯基(Chomsky)在 20 世纪 50 年代提出,要点是:(1) 由上下文无关文法和词汇构成语法基;(2) 设置一套转换规则将句子的深层结构映射为表层结构,把语法基和转换规则合并在一起组成语法的句法部分;(3) 语音由语句的表层结构决定,并由语法的语音分析部分解释;(4) 句子的意义由其深层结构决定,并由语法的语义部分解释。先用上下文无关文法生成主动语态陈述句型的词素符号串,并给出相应的推导树,然后再用转换规则得出该句的变异形式。

转换语法(transformational grammar)　即“转换生成语法”。

生成语法　即“转换生成语法”。

短语结构语法(phrase structure grammar; PSG)　亦称“成分结构语法”。一种转换生成语法模式。1957 年美国语言学家乔姆斯基(Chomsky)创立的转换生成语法中句法部分的基本部分。以成分分析为基础,由一套能生成句子并指明句子成分结构的重写规则系统组成。既能显示句子成分的线性序列,又能体现成分之间的层次结构关系。根据重写规则,可将一串语符列联结在一起生成句子。语符列的联结方式可用树形图表示,反映了句子的句法结构。比有限状态语法提供更多的信息,但仅具有弱生成能力,不能简明地表达句子的句法结构,也不能区分某种歧义。

成分结构语法(component structure grammar)　即“短语结构语法”。

广义短语结构语法(generalized phrase structure grammar; GPSG)　一种自然语言形式语法。句法部分以短语结构语法为基础,语义部分以蒙塔古语法为基础。无语言深层和表层之分,也不使用转换概念。由英国语言学家盖兹达(Gazdar)等人于 20 世纪 70 年代末提出。与短语结构语法相比,特点是:(1) 采用直属规则和线性顺序规则分别处理语言层次从属关系和语言词汇先后次序;(2) 采用特征体系对语言词汇范畴进行细分;(3) 各类规则可以进一步被概括并可以用元语法规则把某一类规则转换为另一类规则,各类规则的综合就构成了该语法。

蒙塔古语法(Montague grammar)　一种采用数学方法对自然语言加以研究所形成的语法理论。由美国逻辑学家蒙塔古(Montague)于 20 世纪 70 年代初创立。语法包括句法和语义两个部分,两者的范畴一一对应,每一条句法规则都配有一条相应的语义规则和翻译规则。句法部分由词典和组列规则组成,其作用是把词典中的词语组列成句子。语义部分由一些语义规则组成,作用是确定每一句法规则所生成的句子及各成分语义值的真假。

中心语驱动短语结构语法(head-driven phrase structure grammar; HPSG)　一种由中心语来驱动的自然语言形式语法。所有语言单位都是通过特征结构来表示的。特征结构描述了语音、句法和语义的信息,并引入对应的特征值,用以确定语言单位的语音和意义之间在语法上的关系。语法也是以特征结构的方式来表示的,以确保语言单位的合格性。特别重视词汇的作用,词汇借助于合一的形式化方法,构成一个层次结构,在这个结构中的信息可以相互流通和继承。在全部的句法信息中,词汇信息占了很大比重。由珀兰德（Polland）和沙格（Sag）于1984年在继承广义短语结构语法原则的基础上提出，并根据自然语言处理的实践进行重要改进。特别强调中心语在语法分析中的作用，使整个语法系统由中心语来驱动。借助强大的词汇体系和有限的规则约束来表达复杂的语言现象，具备配套的语法开发工具和应用平台，可操作性很强。已经体现出对英语、汉语、德语、日语等多种语言的适用性，广泛用于自然语言处理的各个领域，如机器翻译、信息抽取、自动问答、数据挖掘等。

树邻接语法（tree adjoining grammar; TAG） 一种基于树图形的自然语言形式语法。在短语结构语法的基础上发展起来，是一个形式化的树重写系统。以句法结构树作为核心操作对象，在树的基础上来组织语言知识。规则也对应树结构，并以一维的线性结构来表达二维的树结构。以生成自然语言中的句子处理过程为例：包括一组有限的初始树和辅助树。从初始符号S对应的初始树开始，不断进行替换和接插操作，直到所有带替换标记的节点和带接插标记的节点都分别被替换和接插。最后，把所得到的树的叶子节点按顺序列出，就可得到所生成句子的集合。由乔希（Joshi）、利维（Levy）和高桥等人于1975年提出。是自然语言处理领域中的一种重要的形式模型，体现了形式语言学、数学及计算机各学科之间的相互作用和完美结合。

扩充文法（augmented grammar） 亦称“增广文法”。一种开始符号只出现在一个产生式中的文法。如某一文法：E→E+T|T，开始符号为E，转化为对应的扩充文法后为：E′→E，E→E+T|T，开始符号变为E′。在自底向上分析中一般都需要使用该文法来单一化开始符号。

增广文法 即“扩充文法”。

二元语法（bigram） 见“N元语法”。

N元语法（N-gram） 建立在$n-1$阶马尔可夫链上的一种概率语言模型。通过对自然语言文本中连续出现的n个字词同时出现概率的统计来推断句子的结构。当n分别为1、2、3时，被分别称为一元语法、二元语法与三元语法。广泛用于概率论、通信理论、计算语言学（如基于统计的自然语言处理）、计算生物学（如序列分析）、数据压缩等领域。

依存语法（dependency grammar） 一种自然语言形式语法。句法结构成分之间存在一些依存关系，是解释语法关系的手段。句法结构用类似树形图的图表表示。每一个图表是由节点组成的一个集合，节点间的关系表示结构关系。图表中包含一个支配成分和若干个隶属成分。成分间依存关系无深层、表层之分，也不用转换规则。与短语结构语法比较，依存语法没有词组这个层次，每一个节点都与句子中的单词相对应，能直接处理句子中词与词之间的关系，而节点数目也可大大减少，便于直接标注词性，具有简明清晰的长处。特别在语料库文本的自动标注中，比使用短语结构语法更方便。

格语法（case grammar） 一种从转换生成语法转变而成的语法理论。由美国语言学家菲尔莫尔（Fillmore）于1968年提出。主要特点是：（1）以语义为主，句法结构为辅。某些重要的语义关系只有通过句法功能才能表达，并可用数理逻辑谓词演算的模式来说明语义关系，以突出句子中动词的表达方式以及涉及的人或事物。（2）区分深层结构和表层结构。在深层结构中，句子有两个成分：情态和命题。情态的具体内容包括与整个句子有关的时、体、语气、否定特征等；动词是命题的中心，句中各个成分可能具有的各种语义作用都根据与动词的关系来确定。（3）格是深层结构上的概念，与表层的形态或句法没有系统的联系。最初提出的六个格为施事格、工具格、承受格、使役格、方位格和客体格。后来又提出了一些格，并重新解释了一些格的概念。

功能合一语法（function unification grammar; FUG） 一种基于复杂特征集和合一运算的语法理论。由于短语结构语法的生成能力太强，产生了许多不符合语法或有歧义的句子。此外，标记十分简单，分析能力有限，难以反映自然语言的复杂特性。主要特点是：（1）采用复杂特征集来描述词、句法规则、语义信息以及句子的结构功能；（2）以单一形式的结构模式来描述特征组合、功能分配、词条和组成成分的顺序，以达到对句子的完全功能描述；（3）采用合一运算对复杂特征集进行运算。由美国计算语言学家凯伊（Kay）于1979年提出。既可用于自然语言的自动分析，又可用于自然语言的自动生成，是一种双向性的语法。

词汇功能语法（lexical functional grammar; LFG） 一种用于自然语言处理的形式语法理论。由美国计算语言学家布列斯南（Bresnan）和卡普兰（Kaplan）于20世纪70年代末提出。主要特点是：（1）突出词汇在语法理论中的作用,其中尤以谓词最为重要,谓词的词义决定了需要哪些主目以及相应的主目结构;(2) 语法功能被作为理论的基本点,把谓词主目结构映射到表层句法的媒介,分别通过句法编码和词汇编码使句法和语义产生联系。主要由词库、句法、语义解释机制三部分组成。三者之间的联系是:(1) 词库里的谓词决定了谓词主目结构,该结构通过词汇编码分配到语法功能;(2) 语法将句子的语义映射到句法之上;(3) 句子在句法层面有成分结构和功能结构两个表达层次;(4) 语法功能通过句法编码进入短语结构规则,然后进入树形结构的相应位置。除运用在世界上各语言语法的描写分析外,还广泛使用在计算语言学研究和应用领域。

概率上下文无关文法(probabilistic context-free grammar; PCFG) 亦称"随机上下文无关文法"。上下文无关文法的扩展。由布思(Booth)于 1969 年提出。是一个五元组(N, Σ, S, R, P),其中:(1) 一个非终结符集 N;(2) 一个终结符集 Σ;(3) 一个开始非终结符 $S \in N$;(4) 一个产生式集 R;(5) 对于任意产生式 $r \in R$,其概率为 $P(r)$。规则表示形式为:$A \rightarrow \alpha\ p$,其中 A 为非终结符,p 为 A 推导出 α 的概率,即 $p = P(A \rightarrow \alpha)$,该概率分布必须满足如下条件:$\sum P(A \rightarrow \alpha) = 1$,即相同左部的产生式概率分布满足归一化条件。其分析树的概率等于所有使用规则概率之积。为了能够使用带有概率的规则进行句法分析,需要做如下假设:(1) 位置不变性,子树的概率不依赖于该子树所管辖的单词在句子中的位置;(2) 上下文无关性,子树的概率不依赖于子树控制范围以外的单词;(3) 祖先无关性,子树的概率不依赖于推导出子树的祖先节点。不仅继承了一般上下文无关文法的上下文无关特性,还使得概率值也具备了上下文无关的特性。在进行句法分析时,首先使用通常的上下文无关文法的分析算法来分析句子,得到其句法分析树;给每一个非终结节点加上一个概率值,在上述三个假设下,每一个非终结节点的概率值也就是对该非终结节点进一步重写所使用的规则后面附带的概率,得到的是带有概率的分析树。如果句子是有歧义的,就会得到不同的带有概率的分析树,比较这些分析树的概率,选择概率最大的分析树作为句法分析的结果,就可以达到对句子进行歧义消解的目的。

随机上下文无关文法(stochastic context-free grammar; SCFG) 即"概率上下文无关文法"。

概念依存(conceptual dependency) 一种用若干语义基元来表示所有行动和状态的语法模型。由香克(Schank)于 20 世纪 70 年代初期提出。目的在于为自然语言的机器处理提供比较全面的手段(包括对输入原文的释意、翻译、推理和回答问题),同时也为研究人员的语言处理提供一种直观理论。基本内容包含:(1) 对于任意两种语言中的任意两个句子,只要它们的意义相同,则此意义在该模型下的表示方式是唯一的;(2) 模型由若干基本语义单元组成,分行动基元和状态基元两类;(3) 将模型中的因果联系归结为五条规则,即行动可以导致状态变化、状态可以促成行动、状态可以制止行动、状态或行动可以引起思想活动和思想活动可成为行动的原因;(4) 在语义的表示形式中必须将原来隐含于句内的信息显式表示出来。

言语行为(speech act) 一种语言哲学的核心概念。由英国奥斯丁(Austen)提出,美国塞尔(Searle)等人予以进一步发展。主要思想是语言是人类的一种特殊的行为方式,人们在实际的交往中离不开对话和写作这类言语行为。有三种类型:(1) 语谓行为,即使用词汇来表达某种思想;(2) 语旨行为,即通过口语来展示某种实力;(3) 语效行为,即利用口语来产生某种实际效果。要完成一个语旨行为必须通过完成一个语谓行为,语旨行为和语谓行为既交织在一起,又存在着界限,许多语谓行为并不同时起着语旨行为的作用。语旨行为和语效行为亦有明显区别,前者产生的效果是劝说性的,后者产生的效果是强制性的。

前向后向算法(forward-backward algorithm) 一种根据输入的观察数据估算隐马尔可夫模型参数的算法。给定一个观察序列样本(没有对应的状态序列),利用 EM 算法(期望值最大化算法)和拉格朗日乘子法求解隐马尔可夫模型的参数,包括:转移矩阵、混淆矩阵和初始概率。

维特比算法(Viterbi algorithm) 亦称"Viterbi 算法"。一种机器学习的动态规划算法。由维特比(Andrew Viterbi)于 1967 年提出。实际上是一种最优路径算法。算法原理是:从开始状态每走一步,就记录下到达该状态的所有路径的概率最大值,然后以此最大值为基准继续向后推进,直到结束状态,就取得了一条最优路径。具体算法是多步骤以及每步多选择处理，其在每一步的所有选择都保存了前续所有步骤到当前步骤当前选择的最小总代价（或者最大概率）以及当前代价情况下前继步骤的选择。依次计算完所有步骤后，通过回溯的方法找到最优选择路径。广泛用于 CDMA 和 GSM 数字蜂窝网络、拨号调制解调器、卫星、深空通信和802.11无线网络中解卷积码。可用于解码使用隐马尔可夫模型描述的问题，包括数字通信、语音识别、机器翻译、自然语言分词等。

Viterbi 算法 即“维特比算法”。

统计机器学习（statistical machine learning; SML） 亦称“数据驱动方法”。根据数据来构建概率统计模型并用该模型对数据进行预测与分析的方法。有三个要素：(1) 模型，在未进行训练前，可能的参数是多个甚至无穷的，故可能的模型也是多个甚至无穷的，这些模型构成的集合就是假设空间。(2) 策略，从假设空间中挑选出参数最优模型的准则。模型的分类或预测结果与实际情况的误差（损失函数）越小，模型就越好。因此策略就是误差最小。(3) 算法，从假设空间中挑选一个优化模型的方法（等同于求解最佳的模型参数）。参数求解通常都会转化为最优化问题。

扩充转移网络（augmented transition network; ATN） 亦称“扩充转移网络文法”。在递归转移网络基础上附加若干控制技术所形成的网络。由美国人工智能专家伍兹（Woods）于 1969 年提出。是对上下文无关文法的扩充来实现上下文相关文法。输入语句的表层结构，经过分解和识别，最后得出语句的深层结构。是自然语言语法的一种多功能表示及语言自动分析的一种方法，曾成功地应用于有限领域的问题应答系统中，如 LUNAR 系统。

扩充转移网络文法（augmented transition network grammar） 即“扩充转移网络”。

互信息（mutual information） 一种计算两个随机变量之间共有信息的度量。满足非负性和对称性。可衡量变量之间的依赖程度，也可作为验证变量是否互不相关的方法。取值具备两个特点：(1) 当两个随机变量无关时，互信息为零；(2) 当变量之间存在依赖关系时，不但与依赖程度相关，而且与变量的熵也相关。广泛应用于统计自然语言处理，如词的聚类、语义消歧等。

最大熵原理（principle of maximum entropy; PME） 简称“最大熵”。一种选择随机变量统计特性最符合客观情况的准则。随机量的概率分布是很难测定的，一般只能测得其各种均值（如数学期望、方差等）或已知某些限定条件下的值（如峰值、取值个数等），符合测得这些值的分布可有多种，甚至无穷多种。其中有一种分布的熵最大，它确保未知部分的估计是无偏的。选用这种具有最大熵的随机变量分布是一种有效的处理方法和目标准则。

最大熵（maximum entropy） 即“最大熵原理”。

马尔可夫模型（Markov model; MM） 一种用概率建立的随机型时序模型。由俄国数学家马尔可夫（Andrei Markov）提出。是一种利用某一变量的现在状态预测该变量未来状态的预测方法。建立步骤为：状态划分、初始概率计算、转移概率矩阵确定和预测与检验。以预测疾病发展、治疗效果和费用为例，将疾病的发病率划分若干状态，把时间按观察间隔分为几个时间段，再计算各状态间的转移次数，确定概率转移矩阵，由矩阵中最大转移概率做出预测；在决策分析中将疾病按其对健康的影响程度划分成多个不同的健康状态，结合各状态在一定时间内相互间的转移概率模拟疾病的发展过程，根据所有状态的健康结果和资源消耗经过反复运算，对疾病发展的结局及医疗费用做出预测；在疾病筛查措施评价中将疾病的自然病程分为若干状态，确定循环周期，分别分析模拟筛查和不筛查人群，据此估计筛查的效果和费用，并进行增量分析。广泛用于语音识别、词性标注、音字转换、概率文法等各个自然语言处理领域以及其他自然科学和工程技术领域。

隐马尔可夫模型（hidden Markov model; HMM） 用于描述一个含有隐含未知参数的马尔可夫过程的数学模型。状态不能直接观察到，但能通过观测向量序列观察到。每个观测向量都是通过某些概率密度分布表现为各种状态，每一个观测向量是由一个具有相应概率密度分布的状态序列产生。自 20 世纪 80 年代以来应用于语音识别。到了 90 年代，引入计算机文字识别和移动通信技术中。还应用于生物信息科学、故障诊断等领域。

对数线性模型（log-linear model; LLM） 一种描述概率与协变量之间关系的数学模型。把列联表资料的网格频数的对数表示为各变量及其交互效应的线性模型，然后运用类似方差分析的基本思想以及逻辑变换来检验各变量及其交互效应的作用大小。

有二维对数线性模型(一阶交互效应模型和完全独立模型)和三维对数线性模型(二阶交互效应模型、无二阶交互效应模型、条件独立模型、联合独立模型和完全独立模型)。统计检验主要有:对于假设模型的整体检验、分层效应的检验、单项效应的检验和单个参数估计的检验四种。不仅可解决卡方分析中常遇到的高维列联表的“压缩”问题,又可解决逻辑回归分析中多个自变量的交互效应问题。定义的概率分布按照对偶定理是最大熵准则的唯一解,和条件最大熵模型等价。

话题模型(topic model) 一种用来发现大量文档集合主题的算法模型。可用于对文档集合进行归类。主要分无监督+无层次结构、无监督+层次结构、有监督+无层次结构和有监督+层次结构四类。代表性的话题模型主要有:LSA(Latent Semantic Analysis)、PLSA(Probabilitistic Latent Semantic Analysis)、LDA(Latent Dirichlet Allocation)、HLDA(Hierarchical LDA)、HDP(Hierarchical Dirichlet Process)、S - LDA(Supervised-LDA)、Labeled LDA(Labeled Latent Dirichlet Allocation)、HLLDA(Hierarchical Labeled Latent Dirichlet Allocation)等。可根据特定的情形设置与主题有关的关注对象的精度,并可研究主题随着时间变化产生的相关变化。如在信息检索时,可从单纯使用关键字的方式优化为结合主题进行整合检索,从而给用户更好的使用体验。适用于大规模数据场景,甚至可分析流数据。广泛用于信息检索、自然语言处理、机器学习、图像处理、社交网络、基因数据分析等领域。

修辞结构理论(rhetorical structure theory; RST) 一种基于文本局部之间关系的文本组织描述理论。由曼(Mann)和汤普森(Thompson)于 1987 年提出。共有 23 个修辞关系,包括详述和对照,可描述各式各样文本的修辞结构。在实际应用中,可从这些修辞关系中选出适合应用领域的子集。大部分的修辞关系将一段文本的中心片段称为核心,将文本的周边片段称为外围。例如:(1) 详述修辞关系,外围给出的是与核心内容有关的一些额外的细节;(2) 对照修辞关系,核心给出的事物尽管在某些方面具有相似性,但是在某些重要方面又是不同的。这种关系具有多个核心,并不对核心和外围进行区分。在揭示文本结构模式和文本自动生成中效果显著。是国际上最流行的篇章分析和文本处理的理论之一。对机器翻译中的语用自动分析产生重要影响。

自然语言处理(natural language processing; NLP) 采用计算机对书面语或口语形式的自然语言信息进行加工和处理的技术。涉及语言学、计算机科学、数学等学科。使计算机既能理解自然语言文本或语音的意义,又能生成自然语言文本来表示意图、思想等。前者即“自然语言理解”,后者即“自然语言生成”。是计算机科学与技术方面的文献更惯用的研究术语,相当多的研究者已经不再区分它和“计算语言学”之间的差异,而认为两者是同义语。

自然语言理解(natural language understanding; NLU) 自然语言处理的一个方面。使计算机能理解和运用自然语言,实现人机之间的自然语言通信,以代替人类的部分脑力工作。主要存在两方面的问题:(1) 迄今为止的语法主要都限于分析一个孤立的句子,对上下文的关联和语境对句子的约束还缺乏系统的研究。分析歧义、词语省略、指代关系、同一句话在不同场合或由不同的人说出来所具有的不同含义等,尚无明确的规律可循;(2) 人类理解语言除凭借语法知识外,还运用了大量的背景知识,而这些知识无法全部都贮存在计算机里。2015 年后,兴起了以机器阅读理解为代表的语言理解类任务,在文献中,也被广泛用来指代“机器阅读理解”和“自然语言推理”等需要对文本某种程度的理解才能有效应答的语言处理任务。

自然语言生成(natural language generation) 一种使计算机像人类一样具有表达和写作能力的技术。能够根据一些关键内容信息及其在机器内部的表达形式,经过一个规划过程(宏观规划、微观规划和表层生成),来自动生成一段高质量的自然语言文本。是人工智能和计算语言学的分支。是基于语言信息处理的计算机模型,工作过程与自然语言理解相反,是从抽象的概念层次开始,通过选择并执行一定的语义、语法和词法规则来生成句子和文本。

字符编码(character encoding) 一种从自然语言字符集合(如字母表或音节表)元素到关联对象集合(如号码或电脉冲)元素进行一一对应的法则。通常用符号集合来表达信息,而计算机信息处理系统则是利用元件的不同状态组合来存储和处理信息的。是将符号转换为计算机可以接受的数字系统中的数字代码。

汉字编码(Chinese character encoding) 一种为汉字设计的便于通过计算机键盘输入的代码。汉字信息处理系统一般包括编码、输入、存储、编辑、输出和传输步骤。编码是输入的第一步。主要编码方案有五种类型:(1) 整字输入法,将三四千个常用汉字排列在一个具有三四百个键位的大键盘上,再将这些汉字按 XY 坐标排列在一张字表上。如 X25 行和 Y90 列交叉的字为“国”,当电笔点到字表上的“国”字时,机器自动输入该字的代码 2590;(2) 字形分解法,将汉字的形体分解成笔画或部件,按一定顺序输进机器;(3) 字形为主、字音为辅的编码法,在字形分解法的基础上利用某些字音信息加以细分;(4) 全拼音输入法,以现行的汉语拼音方案为基础,通过“汉语拼音输入——机内软件变换(即查机器词表)——汉字输出”过程来完成;(5) 拼音为主、字形为辅的编码法,在拼音码前面或后面添加一些字形码加以细分。

词汇获取(word acquisition) 一种通过计算机从大型自然语言文本语料库中自动得到词汇以及相应特性的技术。一般通过对语料库中词汇出现的模式进行分析,然后设计一种基于统计技术等的算法来自动扫描文本并获得其中的词汇。在自然语言处理中,用户所感兴趣的许多词汇以及特性并没有被收录到电子词典中,而且新词汇和旧词汇的新用法也不断出现。通过词汇获取,可填补现有电子词典词汇量方面的不足。

分词(word segmentation) 一种使用计算机自动切分自然语言文本句子中词语的技术。将字串转变成词串是文本预处理的关键环节之一。是处理句法分析、语义分析,文本分类,信息检索和机器翻译等问题的基础。分词效果影响后续的语言处理。以中文文本处理为例,由于存在交集歧义、组合歧义、未登录词等问题,使得中文分词面临很大的挑战。传统的中文分词方法有:(1) 基于字符匹配的分词(基于词典和规则);(2) 基于理解的分词(同时进行句法、语义分析,利用句法和语义信息来处理歧义现象);(3) 基于统计的分词(利用统计模型和语料库)。现今基于标注好的切分语料库上作机器学习的中文分词方法有:(1) 基于字符的分词(根据字所在词的位置,对每个字打上标签);(2) 基于词的分词(利用完整的切分历史,直接对分词结果建模)。

词类标注(part-of-speech tagging; POS tagging) 一种使用计算机自动标记自然语言句子中词类的技术。本质上是一个分类问题,能将语料库内单词按其含义和上下文内容进行分类标记(如名词、动词、形容词、副词等)。算法主要为序列模型,包括隐马尔可夫模型、最大熵马尔可夫模型、条件随机场等概率图模型,以及以循环神经网络为代表的深度学习模型。主要应用于文本挖掘和自然语言处理领域,是各类基于文本的机器学习任务(如语义分析、指代消解等)的预处理步骤。

文本标注(text annotation) 一种使用计算机自动对文本中词、句子、段落和篇章进行标记的技术。是一个监督学习问题,可认为是分类问题的一个推广,又是更复杂的结构预测问题的简单形式。输入是一个观测序列,输出是一个标记序列附带状态序列。目标在于学习一个模型,使它能够对观测序列给出标记序列作为预测。其中可能的标记个数是有限的,但其组合所成的标记序列的个数是依序列长度呈指数级增长的。

命名实体识别(named entity recognition; NER) 自动识别自然语言文本中具有特定意义的实体,如人名、地名、机构名等专有名词的技术。通常包括实体边界识别和确定实体类别两个方面。例如,输入句子“王先生在大通证券公司工作”,该技术会自动识别出“王”是人名,“大通证券公司”是机构名。命名实体是信息抽取、信息检索、问答系统、机器翻译等各种应用系统所需的关键前置信息之一。

未登录词识别(unknown word recognition) 一种使用计算机识别没有被收录在分词词表或机器词典中词语的技术。在无标注文本上基于无监督方法的一般识别过程是:(1) 去掉文本中各种无用的符号。(2) 利用词频选取候选词语,即种子词语:使用如交叉切分算法对语料进行切分,得到词语片段,统计词语片段出现的频数。设定一个阈值,只有当词语片段出现的频数超过这个阈值时,才认为这个词语片段构成一个候选词语。但有时词频统计方法在提取结果中会包含很多不合语法和语义的词语片段,从而引起准确率不高的问题。需要利用其他统计量对候选词语进行筛选。(3) 判别候选词语的内部结合紧密程度和外部边界独立性,具体筛选方法如采用互信息和左右熵统计量来进行计算和阈值的设定。在标注好词切分信息的语料上进行监督学习的机器学习方法中,通常包含在统一词边界预测的结果之中,而非一个单独的处理模块。

实体链接(entity link) 将自然语言文本中的实体指称对应到给定知识库中实体的技术。实体指称包括指定类型实体的所有指称(命名性指称,名词性指称和代词性指称)。如人名是命名性指称,人名前的职务名称是名词性指称,后续指代人名的代词是代词性指称。一般的处理过程是:(1) 候选实体生成,为每个指称在知识库中找到对应的所有实体作为候选实体;(2) 候选实体消歧,利用指称的相关信息从候选实体集合中筛选出最符合语境的实体作为目标实体。主要的实体链接模型有:(1) 局部模型,根据指称的上下文信息来实现实体链接;(2) 全局模型,利用文档中的所有指称和其目标实体具有全局一致性来解决实体链接问题。主要的实体链接方法有基于概率生成模型的方法、基于主题模型的方法、基于图的方法、基于深度学习方法和无监督方法。

词法分析(lexical analysis) 对自然语言文本中的词进行自动词法处理。主要包括两个步骤:(1) 分词,即把一串连续的字符正确地切分成词;(2) 词类标注,即正确地判断每一个词的词性。

句法分析(parsing) 使用计算机对自然语言句子进行自动分析,在句子上标注出符合特定风格和规范的句法结构(通常是一个树结构,称"句法树")。主要有两种模式:(1) 层次分析法,把句子转换成可嵌套的基本成分单位;(2) 把句子分析为词汇之间的依赖关系。

移进归约句法分析(shift-reduction syntactic analysis) 一种高效的自底向上句法分析方法。使用两种数据结构:输入字符的缓冲区和存储上下文无关文法符号的栈。算法处理步骤如下:(1) 以空栈和包含输入字符的缓冲区开始;(2) 如果栈顶元素包含文法的开始符并且缓冲区为空,则返回成功;(3) 选择下面的两个步骤之一(如果选择有歧义,则按照预定义的策略):(a) 把符号从缓冲区移入栈;(b) 如果栈顶的 k 个符号是 $\alpha_1\alpha_2\cdots\alpha_k$,符合上下文无关文法规则 $A\rightarrow\alpha_1\alpha_2\cdots\alpha_k$ 的右边部分,则用非终结符 A(规则左边部分)取代栈顶的 k 个符号 $\alpha_1\alpha_2\cdots\alpha_k$;(4) 如果上一步没有相应动作,则返回失败;(5) 否则,回到步骤(2)。该算法能够推迟决定到底使用哪一条规则,因此它的分析效率较高。

chart 句法分析(chart parsing) 将自然语言中的每个词看作是一个节点,通过在节点间连边的方式进行的句法分析。其总体算法如下,执行下列过程,直到输入为空:(1) 如果待处理列表为空,在词典中查找下一个输入词语的解释,并将它们都加入待处理列表中;(2) 从待处理列表中选择一个成分 C,其跨度从位置 p_1 到 p_2;(3) 对语法中每一条形式为 $X\rightarrow C\ X_1\cdots X_n$ 的规则,增加一条活动边 $X\rightarrow\cdot\ C\ X_1\cdots X_n$(其中圆点"·"表示迄今为止已经匹配过的位置),其跨度为从位置 p_1 到 p_2;(4) 采取下述的边扩展算法将 C 加入 chart 图中。边扩展算法即添加一个从位置 p_1 到 p_2 的成分 C:(1) 将 C 加入 chart 图中位置 p_1 和 p_2 之间;(2) 对任意一条形式为 $X\rightarrow X_1\cdots\cdot C\cdots X_n$ 的活动边,如果该活动边在位置 p_0 和 p_1 之间,则在位置 p_0 和 p_1 之间添加一条活动边 $X\rightarrow X_1\cdots C\cdot\cdots X_n$;(3) 对任意一条形式为 $X\rightarrow X_1\cdots X_n\cdot C$ 的活动边,如果该活动边在位置 p_0 和 p_1 之间,则在待处理列表中添加一个新的成分 X,该成分的位置在 p_0 和 p_2 之间。chart 句法分析算法引入称为 chart 图的数据结构来存储已经部分匹配的结果,这样,已经完成的匹配就不必重复去做。该算法的时间复杂度为 $O(n^3)$,n 为句子中词的个数。

最佳优先句法分析(best-first parsing) 一种能够迅速找到具有高概率(最好的)句法分析结果的方法。以 chart 句法分析方法为例,如果对该方法按上述策略进行改进,可将其概率得分最高的句法成分位于优先队列的首位。在句法分析时,句法分析器总是将队首的句法成分取出,作为活动边加入 chart 图中,最终形成句法分析结果。可大大提高句法分析器的效率。

完全句法分析(full parsing) 通过对自然语言句子一系列句法分析,最终得到句子的完整句法分析树。与"局部句法分析"相对。

局部句法分析(local parsing) 亦称"部分句法分析""浅层句法分析""语块分析"。通过对自然语言句子中的某些结构相对简单的成分(如非递归的名词短语、动词短语等)的识别来完成句法分析。与"完全句法分析"相对。这些识别出来的结构通常亦称"语块"。"语块"和"短语"两个概念通常可换用。在一定程度上使句法分析的任务得到简化,同时也有利于句法分析在大规模真实文本处理系统中得到迅速的运用。

部分句法分析(partial parsing) 即"局部句法

分析”(373 页)。

浅层句法分析(shallow parsing) 即“局部句法分析”(373 页)。

语块分析(chunk parsing) 即“局部句法分析”(373 页)。

基于统计句法分析(statistics-based syntactic analysis) 基于统计模型的句法分析方法。目的是评价若干个可能的句法分析结果(通常表示为语法树形式)是所分析句子的正确语法解释的概率或在其中选择一个最可能的结果。选择一个好的句法分析模型就是选择一种能够合理评价句子句法分析结果的概率评价函数。基本步骤是:确定特征空间、进行特征选择、构造多种统计模型去拟合样本和基于某种评价方式去选择某种统计模型。优点是:(1) 将句法分析器作为语言模型,可确定待分析的句子的词序列符合语言模型的概率;(2) 使句法分析器在不影响分析结果质量的前提下加速语法分析;(3) 可从众多句法分析器分析结果中选择可能性最大的结果。

CKY 句法分析(CKY syntactic analysis) 即“CYK 算法”(52 页)。

CYK 句法分析(CYK syntactic analysis) 即“CYK 算法”(52 页)。

语义分析(semantic analysis) 把给定的自然语言(包括篇章和句子)转化为反映其意义的某种形式化表示。实质是将人类能够理解的自然语言转化为计算机能够理解的形式语言,以实现人与机器的互相沟通。

Earley 句法分析(Earley syntactic analysis) 一种基于规则的句法分析方法。可分析任意上下文无关文法,而不需要把文法转换成乔姆斯基范式。算法的一个状态由三部分组成:(1) 上下文无关文法规则;(2) 圆点“·”,被用在状态语法规则的右侧,表示语法识别工作执行的进展情况,圆点左边的部分是已分析的,右边是待分析的;(3) 状态的起止位置 $[i, j]$,整数 i 表示状态起点(已分析子串的起点),整数 j 表示状态终点(已分析子串的终点),$i \leq j$。与上述规则表示的三种情况相对应有三种操作:(1) 预测,如果圆点右方是一个非终结符,那么以该非终结符为左部的规则都有匹配的希望,也就是说分析器可以预测这些规则都可以建立相应的项目;(2) 扫描,如果圆点右方是一个终结符,就将圆点向右方扫描一个字符间隔,把匹配完的字符移到左方;(3) 完成,如果圆点右方没有符号(即圆点已经在状态的结束位置),那么表示当前状态所做的预测已经实现,因而可以将当前状态 S_i 与已有的包含当前状态的状态 S_j 进行归约合并,从而扩大 S_j 覆盖的子串范围。最终,设输入的句子有 n 个词,如果得到形如 $S \to \alpha \cdot, [0, n]$ 的状态,则输入词串被接受为合法的分析结果,否则分析失败。

语义角色标注(semantic role labeling; SRL) 亦称“谓词-论元结构标注”。一种浅层语义分析技术。理论基础来源于格语法。不对句子所包含的语义信息进行深入分析,而是以句子的谓词为中心,研究句子中各成分与谓词之间的关系,并且用语义角色来描述它们之间的关系。在一个句子中,谓词是对主语的陈述或说明,指出“做什么”“是什么”或“怎么样”,代表了一个事件的核心。跟谓词搭配的名词称“论元”。语义角色是指论元在动词所指事件中担任的角色。主要有:施事者、受事者、客体、经验者、受益者、工具、处所、目标和来源等。标注系统大多建立在句法分析基础之上,处理流程是:(1) 构建一棵句法分析树;(2) 从句法树上识别出给定谓词的候选论元;(3) 候选论元剪除(需要从一个句子的大量候选论元中剪除那些最不可能成为论元的候选论元);(4) 论元识别(从剩余的候选论元中判断哪些是真正的论元);(5) 通过多分类得到论元的语义角色标签。

歧义消解(ambiguity resolution) 简称“消歧”。一种消除自然语言词汇、语法、语义和语用歧义的方法。引起歧义的原因有:(1) 语音,同音、多音多义、语调、重音、停顿;(2) 词汇,兼类词、多义词;(3) 语法,词语组合结构关系和结构层次、短语和句子的结构类型;(4) 语义,语义关系、语义指向和语义特征;(5) 语用,语境、预设、背景知识、社会文化、心理习俗。消解方法有:(1) 句内调整,换用意思明确的同义词、添加词语、改变语序、改变句式、添加标点、加强语气;(2) 句外调整,利用上下文,依照实际情况与思维顺序提供充分的语言环境。

同指消解(coreference resolution) 亦称“共指消解”。一种将自然语言文本中同一实体的不同描述归并为该实体等价描述的技术。是自然语言处理、信息抽取、文本摘要、信息检索、自动问答、机器翻译等应用领域的关键技术之一。主要方法:(1) 基于规则的方法,包括基于句法结构的方法、基于语篇结构的方法、基于突显性计算的方法；(2) 基于机器学习的方法，包括基于监督学习的方法、基于无监督学习的方法。特征选择对于上述方法来说至关重要。特征大体分两类：(1) 优先性特征，字符串匹配优先、近距离优先、句法平行优先；(2) 约束性特征，性别一致性约束、单复数一致性约束、语义类别一致性约束。区分的主要依据是共指特征的指示性强弱。也可从语言学角度，将特征分为词法特征、语法特征、距离和位置特征和语义特征。

共指消解 即"同指消解"。

话语分析(utterance analysis) 亦称"话段分析"。一种借助自然语言上下文环境、社会文化背景以及人的思维方式解读语言交际过程(包括口语与书面语)的方法。将话语看成是一系列的言语行为，试图找出言语行为构成话语序列的规律。具体分析方法包括：(1) 定量分析法，分析人们使用语言时的趋向；(2) 语境替换法，分析在不同的语境中对话语的不同理解；(3) 层次表现法，分析篇章与句子之间的线性或层次关系；(4) 动态描写法，分析主位、述位和信息结构的动态描写，找出组织篇章的规律。可了解以下问题：(1) 句子之间的语义联系；(2) 语篇的衔接与连贯；(3) 会话原则；(4) 话语与语境之间的关系；(5) 话语的语义结构与意识形态之间的关系；(6) 话语的体裁结构与社会文化传统之间的关系；(7) 主题内容即语言的社会属性；(8) 话语活动与思维模式之间的关系等。

话段分析 即"话语分析"。

命名实体关系识别(named entity relation recognition) 一种识别自然语言文本中命名实体间所隐含关系的技术。是信息抽取技术的一个组成部分。主要的识别任务包括：(1) 给定一种二元关系类型，自动识别满足该关系的两个命名实体；(2) 给定某一个命名实体和某种二元关系类型，自动识别具有该关系的另一命名实体；(3) 给定两个命名实体，自动判断两者之间是否存在某种二元关系类型。主要的识别方法包括：(1) 有监督的关系识别；(2) 半监督的关系识别；(3) 无监督的关系识别；(4) 面向开放领域的关系识别；(5) 应用远程监督方法的关系识别；(6) 基于深度学习的关系识别。

文本生成(text generation) 一种接收数据、自然语言文本以及图像作为输入，输出所生成的自然语言文本的技术。方法分四类：(1) 数据到文本的生成，以结构化数据作为输入，以语句或文本作为输出；(2) 意义到文本的生成，以逻辑表达式作为输入，以语句或文本作为输出；(3) 文本到文本的生成，对给定文本进行变换和处理从而获得新文本。具体包括文本摘要、句子压缩、句子融合、文本复述等；(4) 图像到文本的生成，根据给定的图像生成描述该图像内容的文本。主要方法：(1) 基于规则的方法，采用词法、句法和语义的生成规则组织和生成句子和文本；(2) 基于规划的方法，采用内容规划、句子规划和表层生成的流水线模型；(3) 数据驱动的方法，可分为基于语言模型和基于深度学习模型。可用于文本摘要、智能问答与对话、机器翻译、新闻的撰写与发布等方面。

平滑技术(smoothing technique) ❶ 在图像、信号处理领域，指一种压制、弱化或消除图像中的细节、突变、边缘和噪声的技术。空间域图像的平滑方法主要用低通卷积滤波、中值滤波等。频率域图像平滑方法常用的低通滤波器有低通梯形滤波器、低通高斯滤波器、低通指数滤波器、巴特沃思低通滤波器等。❷ 在现代的统计机器学习模型中，指通过特征集优化、损失函数修正等方式防止模型趋于过拟合的各种措施。

情感分析(sentiment analysis) 使用计算机自动分析文本、表情或声音，得出其所表达的正负面情感倾向的一种技术。文本情感分析是其中的一个研究方向。如对在线电影评论、产品评论等的情感分析，可自动计算出大众对某电影、某产品的情感倾向。

搜索意图理解(search intention understanding) 一种基于用户偏好、时空特性、上下文、交互以及文本、手势、图像和视频等多模态信息，在语义上准确理解用户意图，并以支持高效查询的统一模型进行表示的技术。主要分为：(1) 场景感知的意图理解，根据用户信息需求和上下文场景因素来理解用户的意图，从而为用户提供个性化的搜索结果；(2) 时空相关的意图理解，用户在查询表达式中没有给出时间或空间限定词，查询过程会根据执行查询的时间、地理位置的不同，理解此次查询的潜在时间或空间意图；(3) 多模态的意图理解，采用图片、视频、音频等多模态信息辅助理解用户的搜索意图；(4) 多通道交叉验证的意图理解，通过多种途径验证用户的信息需求，从而修正检索的目标与方向；(5) 用户偏好的意图理解，为用户建立个人画像，并以此为基础实现具有针对性的意图理解。主要用于搜索领域,为精准搜索提供技术基础。包括各种垂直搜索领域,如公开情报搜索、健康医疗搜索、司法搜索、物联网搜索和位置服务搜索等。

聊天系统(chat system) 亦称"自由聊天系统"。一种模拟人类闲聊的软件系统。现代对话系统的一种,属于非任务型对话系统。接受用户的自然语言输入,返回可解释、承上启下、顺畅的自然语言句子。不关注如何解决用户的实际问题,仅关注如何能与用户进行聊天。涉及的话题很广,但并不需要有精准的答案,重在互动的有效性和可持续性。主要有三种方法:(1)基于规则的方法,根据一组预定义的规则来对输入进行处理。在评估完输入之后,执行相关的动作。(2)基于信息检索的方法,依赖于信息检索或最近邻技术。直接从历史对话训练集中选择答案,且可以添加自定义规则干预排序函数。(3)基于生成的方法,在给定训练集的情况下,不是复制来自训练集的答案,而是输出一个连贯且有意义的单词序列形成句子。聊天能力可很好地改善人机交互过程中的用户体验,增强人性化和用户黏性。

对话管理(dialogue management) 一种控制人机对话过程的软件。根据对话历史信息,决定此刻对用户的反应。有时用户需求比较复杂,有很多限制条件,可能需要分多轮进行陈述。用户在对话过程中可以不断地修改或完善自己的需求,但当用户陈述的需求不够具体或明确的时候,对话管理软件可以通过询问、澄清或确认来帮助用户找到满意的结果。任务有:(1)对话状态维护,维护和更新对话状态;(2)生成系统决策,根据对话状态,产生系统对话动作,决定下一步做什么;(3)作为接口与后端/任务模型进行交互;(4)提供语义表达的期望值,根据用户输入的内部语义表达,包括语音识别和句法/语义表示结果给出期望值。主要方法有:基于结构的方法、基于原则的方法和基于统计的方法三类。

用户画像(user profile) 一种用计算机来建立目标用户特征模型的技术。通过在互联网上收集用户有关信息,然后根据用户的目标、行为和观点的差异将它们区分为不同的类型,接着从每种类型中抽取出典型特征,赋予各种标签或描述形成用户模型。可为市场分析、商业决策、精准营销等应用领域提供技术支持。

文本对齐(text alignment) 在相同文字内容存在不同语言版本的情况下,确定原文文本和译文文本之间的对应关系的过程。参见"双语对齐"。

双语对齐(bilingual alignment) 确认两种语言不同颗粒度的语料对应关系的过程。对齐单位从大到小分为文本级、段落级、句子级、子句级和词汇级。前一层次是后一层次对齐的前提。实现各个层次的对齐是双语语料库建设的一项重要内容。可通过文件名称对齐,或者对同一目录下的双语文件按源语言和目标语言的长度比例进行判断后自动归类,然后通过句子对齐方法进行确认。句子对齐的方法有:(1)基于长度的方法,依据两种语言译文长度满足一定比例关系;(2)基于双语词典的方法,根据双语单词的分布信息和字典翻译模型;(3)混合方法,将上述两种方法结合起来。词对齐的方法有:(1)基于词典的方法,基于双语词典和语言学知识处理对齐;(2)基于统计的方法,通过对大规模双语语料库进行统计和训练,获得双语对译词的同现概率用于处理对齐;(3)基于字符的方法,根据世界上的语系分类,利用同一语系中两种语言的同源词一般含有相同字符的规律处理对齐;(4)混合方法,使用上述各种方法联合处理对齐。

句子排序(sentence ordering) 一种将计算机用于多文档文摘以确定来自各文档句子次序的技术。由于多文档文摘中的句子来自不同文档,它们是无序的。为了确保多文档文摘的连贯性和可读性,就必须要对句子进行排序。主要方法有时间排序法和扩张排序法。前者一般选定某一个时间为参考点,按照文摘句发生的时间顺序来重新组织文摘;后者试图通过将具有内容相关性主题的文摘句放在一起来重新组织文摘。可用于自然语言生成中的句子排序。

话题检测与跟踪(topic detection and tracking; TDT) 一种在书面和广播新闻等来源的文本中自动发现主题并把主题相关的内容联系在一起的技术。旨在帮助人们应对互联网信息爆炸问题,对新闻媒体信息流进行新话题的自动识别和已知话题的持续跟踪。对象从特定时间和地点发生的事件扩展为具备更多相关性外延的话题,如突发事件及其后续相关报道。主要的检测与跟踪任务包括:(1)报道切分,找出所有的报道内容边界,把输入的源报道数据分割成各个独立的报道;(2)话题检测,发现以前未知的新话题;(3) 首次报道检测,在源报道数据中检测发现首次讨论某个话题的报道;(4) 关联检测,判断两则报道是否属于同一话题;(5) 话题跟踪,首先给出一组样本报道,训练得到话题模型,然后在后续报道中找出所有讨论目标话题的报道。

手写识别(handwriting recognition) 将在书写设备上手写的有序轨迹转化为字符内码的技术。基础是文字和模式识别技术。按识别过程,分脱机识别和联机识别两类。按识别对象,分手写体识别和印刷体识别两类。脱机手写识别的通用步骤是:(1) 手写文档输入,通过扫描仪输入;(2) 图像预处理,采用图像二值化、去噪、骨架化、边缘提取、倾斜矫正等处理;(3) 特征提取,提取统计特征和结构特征;(4) 模式分类,选取相应的分类器及其组合形式;(5) 识别后处理,根据字符的上下文选择最合乎逻辑的字符;(6) 输出或存储分类结果。在线手写识别的通用步骤是:(1) 在线手写有序轨迹输入;(2) 预处理,采用图像二值化、正常化、采样、平滑、去噪等处理;(3) 特征提取,提取结构特征、上下文特征;(4) 分离字符,匹配字符特征、匹配字符库、确定字符范围;(5) 输出或存储字符。手写识别能够使用户按照最自然、最方便的输入方式进行字符输入,易学易用,可取代键盘或鼠标。

语音分析(speech analysis) 通过语音识别等技术将非结构化的语音转换为结构化的索引,实现对海量录音文件、音频文件进行知识挖掘和快速检索的技术。可分为模型分析法和非模型分析法两种。前者指依据语音信号产生的数学模型,来分析和提取表征这些模型的特征参数,如共振峰模型分析法和线性预测分析法;后者指不进行模型化分析的其他方法,如时域分析法、频域分析法及同态分析法。语音合成音质的好坏以及语音识别率的高低都取决于对语音信号分析的准确度和精度。例如,利用线性预测分析法来进行语音合成,其先决条件是要分析语音库,如果分析后获得的语音参数较好,则用此参数合成的语音音质就较好;又如,利用频域分析法来进行语音识别,其先决条件是要弄清楚语音共振峰的幅值、个数、频率范围及其分布情况。

韵律分析(prosodic analysis) 一种分析语音和音位的方法。由弗斯(Furse)提出。主要原则是:(1) 多系统分析,考察一个音位或韵律单位在不同位置是否相同,有时即使它们的语音性质可确定,也会存在变换的可能;(2) 上下文分析,考察一个音位或韵律单位,除了注意其在不同系统中的表现,还要考察其在现行组合中的表现。注重韵律与音节、词、短语乃至句子的联系,把语音分析同语法学联系起来。

音节切分(syllable segmentation) 把口语或书面语自动分割成音节的技术。在书面语中,主要是对音素文字作为书写单位的词的音节切分。在口语中,除了按照音节制语言中音节和音素具有语义标准和划分准则外,其余语言的语流中两个停顿之间是连续的音序,其音节界限没有明确的标志。存在音节划分的多种方式,没有全面有效的划分标准。方法有:(1) 通过求取稳健的音节切分特征来进行切分,如利用时域特征进行语音音节切分;(2) 利用语言学知识进行切分,如根据语言学中音素的先验知识进行划分。

波形合成(waveform synthesis) 产生符合要求的载波信号,完成信号调制,同时对信号进行滤波和放大的技术。主要采用频率合成方法来提供高性能的载波信号。频率合成方法主要分直接合成法和间接合成法两类。前者又可分为模拟直接合成法和数字直接合成法;后者亦称"锁相频率合成法"。其中,数字直接合成法是一种新的频率合成法,具有输出频率超越一个倍频程的频率带宽、连续的相位变换方式、较快的频率切换速度、较高的频率分辨率、较低的相位噪声和良好的波形纯度的特点。

解码(decoding) 亦称"译码"。与编码相逆的过程。将蕴含信息的一组码元恢复或翻译为消息,供接收方提取信息之用。在服务于自然语言处理的结构化机器学习模型中,也指恢复所需要预测的语言结构的处理过程。

译码 即"解码"。

多遍解码(multiple decoding) 一种用于语音识别的优化解码方法。在语音识别的某些场合,如果只使用一遍解码,会造成由于使用比较精细的模型带来计算量过高的问题。可在第一遍解码时只使用简单模型生成初步的解码结果,再在此基础上采用精细模型进行第二遍解码,则可获得更好的效果。

拼音汉字转换(Pinyin-Chinese character conversion) 一种自动将拼音转换为汉字的技术。其主要处理步骤是:(1) 拼音语句输入,输入汉语句子所对应的拼音串;(2) 拼音串切分,通过词典(词条含汉字码、词频、拼音码、词性和词的语义特征)对拼音串进行切分;(3) 词法分析,根据词法规则(如用于相邻词判断的各种词类搭配规则),最大限度地消除同音词或词类;(4) 句法和语义分析,利用句法与语义约束机制对同音词进行分析和确认,使整个汉语句子满足句法结构和语义关系。

文本分类(text classification) 按照一定的自然语言文本分类体系或标准,使用计算机对文本集进行的自动分类。一般包括文本表达、分类器选择与训练、分类结果评价与反馈等过程。其中,文本表达又可细分为文本预处理、索引和统计、特征抽取等步骤。

文本聚类(text clustering) 一种用于文本归类的无监督机器学习方法。基本原理是:同类的文本相似度较大,不同类的文本相似度较小。不需要训练过程以及预先对文本手工标注类别,具有较好的灵活性和较高的自动化处理能力,已成为对文本信息进行有效组织、摘要和导航的重要技术。主要的聚类方法有划分法、层次法、基于密度的方法、基于网格的方法和基于模型的方法。

文本摘要(text summarization) 将文本或文本集合转换为包含关键信息的简短句子或句子序列的技术。按输入类型,分单文档摘要和多文档摘要。前者从给定的一个文档中生成摘要,后者从给定的一组主题相关的文档中生成摘要。按照输出类型,分抽取式摘要和生成式摘要。前者从源文档中抽取关键句和关键词组成摘要,摘要全部来自源文。后者根据源文,允许生成新的词语、短语来组成摘要。抽取式摘要的方法主要有基于单一因素、基于启发式规则、基于图排序、基于整数线性规划、基于次模函数和基于神经网络。生成式摘要的方法主要有基于形式化语义、基于短语选择与构建和基于深度学习的序列转换模型。

信息过滤(information filtering) 一种从动态的信息流中将满足用户兴趣的信息挑选出来的技术。主要方法一般按操作和获取用户知识的不同进行分类:(1) 操作,主动信息过滤和被动信息过滤。前者动态地为用户查找相关的信息,后者从输入信息流和数据中忽略不相关的信息。(2) 获取用户知识,显式和隐含。前者通常要求用户填充一个描述自身兴趣和其他相关参数的表单;后者不需要用户参与知识询问。

信息检索 释文见307页。

机器翻译(machine translation) 亦称"自动翻译""计算机翻译"。利用计算机按一定程序把某种语言自动翻译成另一种语言。是语言学、数学和计算机科学相结合的产物。要求语言学提供适用于计算机处理的词典和语法规则,以及语音学、语义学、语用学等的分析综合方法。然后运用数学和计算机科学的原理,把所得到的语言材料代码化和程序化,并研究相应的计算机装置。始于20世纪40年代,一般应用于科技文献和商贸文件的翻译,所处理文献范围有较大限制,且译前和译后都需要编辑人员进行加工。从20世纪50年代开始,中国科学家陆续开发出多种外汉和汉外机器翻译系统。

自动翻译(automatic translation) 即"机器翻译"。

计算机翻译(computer translation) 即"机器翻译"。

信息抽取(information extraction) 从非结构或半结构的自然语言文本集中抽取结构化信息。主要任务有命名实体识别、实体关系抽取、事件抽取和实体消歧。已初步形成一系列的实现方法,广泛应用于实际系统中。

问答系统(question-answering system; QA) 对话系统的一种类型,一般指单轮对话系统。采用准确、简洁的自然语言自动回答用户的自然语言问题,以使用户能够快速准确地获取所需信息。在这样一个系统中,不考虑更早的问答历史记录,一问一答的上下文仅限于一轮,故称"单轮问答系统"。基于检索的问答系统由问题分析、信息检索和答案抽取三部分组成,并可分为限定域问答系统和开放域问答系统。前者是指系统所能处理的问题只限定于某个特定领域或者某个内容范围;后者可回答不限定于某个特定领域的问题。主要应用于Web形式的问答网站、移动客户端等场合。

对话系统(dialogue system) 一种利用计算机与人类进行语音或书面对话的软件系统。按服务任务,分:(1) 聊天系统;(2) 任务型对话系统,早期常见的基于框架的目标导航系统即属于此类,常用的构造方法是有限状态机。帮助用户完成特定的任务,比如找商品,订旅馆,订餐厅等。更为现代的任务型对话系统支持具有特定客服服务目的的商业或事务性对话,如政务咨询、商业客服等;按对话上下文轮次,分问答系统和多轮对话问答系统(亦称"多轮对话系统")。

文本校对(text spelling check)　一种利用计算机自动检查自然语言文本编辑错误的技术。文本中存在的编辑错误主要有两类:(1)非词错误(字串不是词典中存在的词);(2)真词错误(虽然字串是词典中的词,但它与上下文搭配不当,包括语法、语义错误等)。主要采用基于规则、基于统计和基于机器学习方法。

量子信息与计算

量子信息(quantum information)　以量子力学基本原理为基础,把量子系统的状态带有的物理信息用于计算、编码和信息传输的全新信息处理方式。可指利用量子力学进行信息处理的所有操作方式。包括量子通信、量子计算、量子模拟和量子精密测量等研究领域。产生了许多具有颠覆性的实用的新兴量子技术。2016 年 8 月 16 日,中国“墨子号”量子科学实验卫星发射成功是量子通信领域实用化的标志。

量子纠缠(quantum entanglement)　在量子力学中,相互作用的几个粒子,其中每个粒子的量子态无法独立于其他粒子的状态来描述,只能描述整体系统性质的现象。每个粒子的状态均依赖于其他粒子而所有粒子均处于一种不确定状态。是一种纯粹发生于量子系统的现象。1935 年,奥地利物理学家薛定谔(Erwin Schrödinger)在《量子力学的现状》一文中,率先用“纠缠”来描述“EPR 佯谬”中粒子的特性。20 世纪 90 年代以来,随着量子信息理论和技术的发展,量子纠缠已作为量子信息处理的一种重要资源,广泛应用于量子密码学、量子通信、量子计算机、量子隐形传输等方面。

量子比特(qubit)　量子信息处理中的基本计量单元。可对应于经典系统中的 0 - 1 单元比特。通常由二能级状态的量子系统来实现,量子力学的叠加性原理使得二能级量子系统可以处于任意两种状态(能级)的叠加态。研究中实现量子比特所使用的物理系统包括:电子的自旋向上和自旋向下两个状态,单个光子的水平和竖直极化等。

量子门(quantum gate)　亦称“量子逻辑门”。实现量子计算的一种基本量子线路。用于对少量量子比特进行基本操作。是可逆的,通常用酉矩阵表示。其输入输出所对应的量子比特数必须相同。一个作用于 n 位量子比特的量子门可展开为 $2^n \times 2^n$ 的酉矩阵,对应的基矢量有 2^n 的维度。这些基矢量是测量可能得到的结果,量子态可以表示成为这些基矢量的线性组合。常见的作用于单量子比特的量子门有 Hadamard 门、Pauli - X 门、Pauli - Y 门、Pauli - Z 门和 phase shift 门等;作用于两量子比特的量子门有 swap 门、controlled 门等;作用于三量子比特的量子门有 Toffoli 门。

量子存储(quantum memory)　实现飞行比特(光子)与静止比特(存储器)之间可逆量子态传递的操作。其实现是当前量子信息实验探索的热点问题。起源于 20 世纪 90 年代的慢光速实验,经历了从冷原子存储到热原子存储,从窄带存储到宽带存储,从经典光存储到量子存储的转变。已经在单原子、原子系综、稀土掺杂晶体等众多体系中获得实现。其研究尚无法同时满足高存储效率、低噪音、长寿命和室温运行四个可实用化的标准条件。现有各种体系均有各自的优缺点,综合指标难以达到实用化的要求。

量子存储器(quantum memory)　可以对量子态进行存储和读取的器件。是多光子同步、确定性单光子源、量子中继器中的核心器件。可在量子计算中用于存储量子比特,以实现大量量子比特处理的时间同步;在量子通信中,用于构建量子中继器,以克服传输损耗实现远距离的量子密钥分配。

量子芯片(quantum chip)　将量子线路集成于其上,承载量子信息处理功能的单个基片。量子计算机需要集成化,超导系统、半导体量子点系统、微纳光子学系统、原子和离子系统,都以集成化作为重要的发展方向。基于不同物理系统和机制的量子芯片研究包括:实现近百个超导量子比特全局纠缠的超导量子芯片;结合集成光学布线的离子阱量子计算芯片;基于集成硅基纳米技术的光量子芯片,可实现对高维度光量子纠缠体系的普适化和高精度量子调控及量子测量;基于飞秒激光直写技术的大规模的三维集成光量子芯片,可以演示各种量子算法及专用量子计算任务,如快速到达量子算法、量子随机行走、玻色采样等。

量子纠错(quantum error correction) 在量子信息处理与计算过程中,为排除量子信道中的噪声对所传输的量子信息的干扰进行的纠错处理。未知量子态不可复制为量子纠错理论设置了障碍,可以将单量子比特携带的信息映射到多个量子比特的纠缠态中解决。这种量子纠错码的手段由舒尔(Peter Shor)首先发现。除了舒尔提出的 9 量子比特纠错码外,其他纠错码模型包括斯特恩(Steane)码、拉弗拉姆(Raymond Laflamme)等提出的 5 量子比特纠错码、CSS 纠错码、拓扑量子纠错码以及表面码等。

多伊奇-乔兹萨算法(Deutsch-Jozsa algorithm) 利用量子叠加特性和量子纠缠的优势来实现比经典算法更高效的计算能力的一种量子算法。由多伊奇(David Deutsch)和乔兹萨(Richard Jozsa)于 1992 年提出,并于 1998 年被克利夫(Richard Cleve)等人证明。对于一个 n 比特输入的多伊奇-乔兹萨问题,传统的确定性算法在最糟糕的情况下要进行 $2n+1$ 次验证,传统的随机算法为了保证百分之百正确,也需要进行 $2n+1$ 次验证。但多伊奇-乔兹萨量子算法只需要进行一次验证,从而显示出优越性。

舒尔量子算法(Shor algorithm) 在量子计算机上运行,可在多项式时间内完成"整数质因数分解"的算法。由数学家舒尔(Peter Shor)在 1994 年提出。其解决的"整数质因数分解"问题目前被认为没有经典算法可在多项式时间内完成求解。展示了量子计算机相较于经典计算机的优越性。基于舒尔算法,若量子计算机的比特数足够多且不被噪声和退相干问题干扰,则"整数质因数分解"问题可在量子计算机上高效求解,使得被广泛应用的基于"整数质因数分解"问题复杂度的 RSA 加密算法可被破解,从而不再安全。

格罗弗量子算法(Grover algorithm) 亦称"数据库搜索算法"。对一个未知函数做 $O(\sqrt{N})$ 次测试(N 为此未知函数的定义域大小),即可以很高的概率找到一特定输入值,能使此未知函数输出特定的值的算法。1996 年由计算机科学家格罗弗(Lov Grover)提出。像其他的量子算法一样是概率性的,即以小于 1 的概率给出正确答案。比相应的经典算法具有平方级加速,其给出正确答案期望的计算次数并不随 N 成长。

量子模拟(quantum simulation) 构建一些较为简单可控的量子平台或量子系统,对当前难以实现的、特别是经典计算机难以模拟的问题进行模拟的方法。其思想起源于美国物理学家费曼在 1981 年的报告《用计算机模拟物理》。主要研究系统的量子性质,对操控和测量精度等要求不高。量子相干技术的逐渐成熟使其实现已经成为可能。在物理学及量子化学、生物学等学科中有重要应用。

量子霸权(quantum supremacy) 亦称"量子优越性"。量子计算领域的一个目标。即展示量子计算机具有可以解决经典计算机不能解决,而且未必有实际应用的问题的能力。最初由普雷斯基尔(John Preskill)提出,其概念可以追溯到马宁(Yuri Manin)和费曼(Richard Feynman)提出的量子计算建议。其任务包括建造一个强大的量子计算机和找到一个量子算法比经典算法有超多项式加速的问题。实现量子霸权是量子计算的重要里程碑。常见问题包括玻色采样问题、随机量子电路采样问题等。2019 年,谷歌公司发表了拥有 53 个超导量子比特的 Sycamore 处理器,能在 200 秒内完成当时全球最强超算 Summit 耗时一万年才能完成的计算,成为迈向"量子霸权"的标志性事件。

量子行走(quantum walk) 经典随机行走在量子系统中的对应和推广。经典随机行走的行走者在特定路线或区域无规律移动,等同于布朗运动、扩散等物理现象。量子行走的行走者一般为微观粒子或者准粒子激发,每次按照一定概率移动。行走者的移动规律不能简单地解释为特定方向的移动,需要用波函数的统计规律来诠释。作为专用量子计算的重要工具,已在许多优化算法中被理论预测具有明显量子加速效果,如空间搜索、元素甄别、判定图形同构、分析布尔公式等。一维量子行走已在核磁共振、离子阱、冷原子、超导及光学体系等不同物理体系中实现,但将量子行走应用于专用量子计算实际问题,则需要足够大并且可根据算法需求自由设计的演化空间。2018 年,上海交通大学通过构建超大规模三维光子集成芯片,首次实验演示真正空间二维量子行走。

量子随机行走(quantum stochastic walk) 量子行走与经典随机行走的混合。常用理论模型由惠特菲尔德(J. D. Whitfield)于 2009 年提出。采用基于 Lindblad 主方程的偏微分方程,用一个参数调控量子随机行走中量子行走的比例,可描述一个含特定比例量子行走的量子随机行走的时间连续型演化过程。开放量子系统受到来自环境的经典噪声退相干影响,因此量子随机行走适用于凝聚态、生物系统、神经系统等开放量子系统的量子模拟和量子优化分析。可在光波导物理系统中实现,通过调控波导参数不断引入沿波导方向传输系数的随机改变值,从而在哈密顿矩阵的对角线上引入经典随机扰动。理论方案提出还可模拟分析植物叶绿体光能量传输过程、构建量子网页排序算法、应用于决策网络等广泛的专用量子计算应用场景。

玻色采样(Boson sampling) 对一个 M 个模式输入与输出的线性光学网络(对应一个特定的幺正变换矩阵),注入 N 个不发生相互作用的光子(一般 $N \ll M$),计算出射光子的分布概率的问题。由马萨诸塞理工学院计算科学家阿伦森(Scott Aaronson)和阿尔希波夫(Alex Arkhipov)于 2011 年提出。计算出射光子的概率分布需要计算幺正矩阵子矩阵的积和式,属于 NP 完全问题,无法在多项式时间内有效解决。对于经典计算机,大规模玻色采样问题不可解。玻色采样问题的实验是对广义丘奇-图灵论题的一个检验,能够回答是否存在尚未发现的经典算法可以解决目前认为只有量子计算机才能有效处理的问题。

快速到达量子算法(quantum fast hitting) "快速到达"问题的量子行走算法。快速到达算法由柴尔德(A. Childs)等人在 2002 年提出,将两个树状结构的末端相连,要求粒子从一个树的顶点到达另一个树的顶点。对于经典随机行走,在面对分叉选择的时候,选择左或者右的概率各占 50%,最终到达终点时的最优效率为所有节点概率平均分布的情形,即最优到达效率为节点数的倒数。量子行走在粘合树结构上可选择左和右的叠加态,轻松"快速到达",对优化、搜索等实际问题有潜在的广泛应用前景。不过,常规二叉粘合树的节点数目随着层数增加呈指数级增加,会迅速耗尽几何上的制备空间,因此实验可行性低。上海交通大学提出了一种六方粘合树的可扩展方案,基于三维光波导芯片在实验上首次实现了此方法。最优到达时间相比经典情形展示了平方级加速,并且最优效率提高一个数量级。

量子退火算法(quantum annealing algorithm) 采用一组冷却进度控制进程,以量子系统演化代替模拟退火算法的经典随机演化并不断寻找能量最低值、兼具高效搜索能力和全局优化能力的新型量子优化算法。由日本东京工业大学西森秀稔于 1998 年提出。利用量子波动来构建优化算法。量子波动使得量子具有穿透比它自身能量高的势垒的能力。该算法模型定义如下:将优化的目标函数映射为一个量子系统,映射为施加在该量子系统上的一个势场,决策变量映射为量子系统的自由度,引入一个幅度可控项作为控制量子波动的透射场,在两个场的作用下,量子系统的演化可以用含时薛定谔方程描述。各种量子蒙特卡罗方法产生了不同的模拟量子退火过程的有效随机过程方法。

量子机器学习(quantum machine learning) 一项结合量子物理和机器学习的跨学科技术。即借助量子计算的高并行性,一方面解决机器学习的运算效率问题,另一方面探索使用量子力学的性质,开发更加智能的机器学习方法,进一步实现优化传统机器学习的目的。其研究最早起源于 1995 年,由卡卡(Subhash Kak)最先提出量子神经计算的概念,随后研究人员提出各类量子神经网络模型,并不断将量子力学的特性与不同的数据结构结合,实现神经网络的量子演化。

光量子计算机(photonic quantum computer) 利用光子作为量子比特的载体,通过集成光路实现量子计算的装置。主要由高纯度的单光子源、超低损耗的单光子线路及单光子探测器组成。利用光子之间相互作用弱、退相干时间长且易于操控等特点,在许多专用计算问题(如玻色采样、各种量子算法等)上已经超过经典计算机的计算速度。2000 年,克尼尔(E. Knill)、拉弗拉姆(R. Laflamme)和米尔本(G. J. Milburn)证明了只用线性光学元件(分束器、相移器和反射镜)就可以实现复杂的大规模量子计算,使得光量子计算机的实用化成为可能,这一重大突破被称为"KLM 协议"。

离子阱量子计算机(ion-trap quantum computer) 用离子作为量子比特进行量子计算的装置。在硬件层面上,离子链受到四极射频电场(一组静电场,一组时变电场)的作用,会在特定维度上被囚禁起来,此时离子有电子内态与量子化的简谐运动两个独立的自由度可供操控,也可以通过激光耦合这两种自由度。离子阱量子计算的方案最早由西拉克(Ignacio Cirac)与佐勒(Peter Zoller)在 1995 年提出,随后美国科学家维因兰德(David Wineland)演示了离子阱量子计算的核心部分——受控非门。如何实现更大规模可扩展的离子阱体系，并保持其在小体系中展示出的高保真操控，是该体系走向通用量子计算机亟待解决的技术问题。

超导量子计算机（superconductor quantum computer） 使用超导量子比特进行量子计算的装置。由稀释制冷机、微波电子器件、电路控制模块、量子比特处理器及后台处理系统五部分组成。超导量子比特以约瑟夫森结作为量子比特的核心，由两块超导体通过纳米尺度的绝缘层相连接构成。为减少量子比特的退相干效应，超导量子计算机要求工作在超低温环境。发展迅速，具有较高的量子逻辑门保真度和大规模可调控的量子比特数目，其器件可以结合现有的半导体微加工工艺，是实现量子计算机较有潜力的平台之一。

伊辛机（Ising machine） 通过求解伊辛哈密顿量的基态来对组合最优化问题、最大割问题等 NP 难、NP 完全问题进行求解的模型机。最早由日本山本课题组提出。通过简并光参量振荡的方式，将具有 0 或 π 相位的光场对应为自旋为上、下的伊辛自旋比特，并通过现场可编程逻辑门阵列，对每一次循环的结果进行反馈调制，实现伊辛哈密顿量中不同自旋比特之间的相互作用。可编程、可拓展、低能耗，对外界环境的扰动具有鲁棒性，在求解最大割问题上优于现有的一些算法，具有良好前景。也有通过空间光调制器、电子学二次谐波注入锁定等其他方式构建的伊辛机。

拓扑量子计算机（topological quantum computer） 一种理论上的量子计算机。使用任意子编码，这些准粒子的世界线彼此交叉，在三维时空（一个时间维度加上两个空间维度）中形成扭结，构成了组成计算机的逻辑门。拓扑系统具有天然的免疫退相干并且能准确执行预设算法的性质，基于拓扑系统构建的量子计算机相对更加稳定。拓扑量子计算机方案需要的非阿贝尔任意子若彼此交换可以产生可测量的变化，一个算法就可以被一系列的交换操作实现。这个算法不依赖交换操作的细节，在希尔伯特空间中相似轨迹可以给出相同结果，因此本质上是拓扑的。由于能隙的存在，只要任意子之间相距足够远或者不相互交换位置，量子信息就可以被编码于量子态中并且一直被保护使其免疫退相干。

量子云（quantum cloud） 通过云服务求助于量子仿真器、量子模拟器或者量子处理器，为量子运算提供获取途径的方式。量子计算机通过引入量子物理学来实现强大的计算能力，当允许用户通过互联网访问这些由量子驱动的计算机时，即可实现云中的量子计算。

量子软件（quantum software） 用户与量子计算机硬件交流和控制的接口界面。包括量子编程、量子算法、量子计算模型与复杂性等研究领域。其研发包含三部分：量子计算机操作系统、量子语言及编译器、量子应用软件与算法。

量子密码学（quantum cryptography） 运用量子力学的特性进行信息加密的科学。利用量子密钥分发，提供了一种通信双方分享随机、安全的密钥的方法，具有信息论可证的安全性。不同于基于计算复杂度的传统公开密钥加密和数字签名，优势在于利用量子力学不可克隆原理，任何尝试窃取密钥的操作都会改变量子密钥本身状态，从而暴露窃听者的存在，因此具有理论上的充分安全性。

量子随机数（quantum random number） 利用量子设备产生、可以根据量子理论验证其随机性的随机数。是密码学的重要组成部分，在数值模拟、信息安全等领域起着重要的作用。某些量子物理过程无法被完全模拟，如量子态的坍缩过程，因此可以用于产生真实随机数。其产生包括随机源选择、数字化采样、数据后处理、随机性检验四个步骤。已有利用量子纠缠、单光子发射等量子物理过程制造的量子随机数发生器，用于信息安全领域。

量子密钥分发（quantum key distribution） 利用量子力学特性和一次一密的加密方法实现密钥分享的安全通信方式。通信双方产生并分享一个随机的、安全的密钥，来加密和解密信息，如果第三方试图窃听密钥，则通信双方便会察觉，因为量子态不可克隆原理和任何对量子系统的测量都会对系统产生干扰，而不依赖于某种数学算法的计算复杂度。这种特性使其显著区别于传统密码学，在未来量子计算机的算力足以破解传统加密算法的情况下，量子密钥分发被认为是可以对抗量子计算机破解密码体系的有效手段。常用的量子密钥分发协议有 BB84 协议、E91 协议等。

量子隐形传态（quantum teleportation） 亦称"量子隐形传输""量子隐形传送""量子远距传输"。利用量子纠缠将量子态由发送方传送至任意远距离接收方的技术。其概念最早由物理学家贝内特（Charles

Bennett)等人于 1993 年提出,首次实验在 1997 年由鲍米斯特(Dirk Bouwmeester)等人在光子系统中完成。其实现需要通过经典通信手段将发送方贝尔态投影测量的结果告知接收方,这个过程不会超过光速。并非一种物质转移的手段而是一种新的通信方式。由中国科学家潘建伟领导的“墨子号”科学实验卫星工程所完成的传输距离纪录为 1 400 千米。

量子中继器(quantum repeater) 在量子通信中通过纠缠制备、纠缠分发、纠缠纯化、纠缠交换来实现中继功能的器件。克服了传统量子通信过程中由于量子信道存在损耗、通信距离受到制约的问题。可极大增加量子通信的传播距离,对实现超远距离的无条件安全的量子通信具有重要意义。

量子安全控制(quantum secure control) 运用量子力学中的真随机特性对物联网中的控制指令进行加密传输的方式。真随机数必须来源于不可预测的物理过程,量子力学的不确定性原理提供了可靠性高的随机数源解决方案。加密控制有私钥加密和对称加密两种。量子随机数源通常运用于对称加密协议中,如一次一密算法,可以实现原理上不可破译的密码。作为与量子密钥分发并列的保密通信方案,结合物联网系统特点,解决了物体小型化、能耗低、快速移动等问题,可实现物体与物体、物体与人之间的加密指令传输。已有实验实现。

量子成像(quantum imaging) 利用光场的量子力学性质和其内禀并行特点,在量子水平上发展出新的光学成像和量子信息并行处理技术。通过利用、控制(或模拟)辐射场的量子涨落来得到物体的图像,可获得经典光学手段无法达到的成像分辨率。可以采用准单色场的赝热场、无光子相互作用的定位等方法实现。可应用于量子干涉光刻(超越传统光刻的衍射极限)、量子照明等。

数字化应用场景

传统计算机应用

计算机辅助技术(computer aided technology) 使用计算机辅助人在特定应用领域完成指定任务的各种技术的统称。包括计算机辅助设计、计算机辅助制造、计算机辅助教学、计算机辅助质量控制、计算机辅助测试等。

计算机辅助几何设计(computer aided geometric design) 涉及数学及计算机科学的一门交叉学科。研究在计算机图像系统环境中各种几何体、面的表示和逼近。主要涉及逼近论、微分几何、计算数学、代数几何和交换代数等数学分支,还与计算机图形学有紧密的联系。

计算机辅助概念设计(computer aided conceptual design) 计算机辅助设计的一个分支。涉及设计方法学、人机工程学、人工智能学,以及认知与思维等学科。其服务范畴为从产品的需求分析到进行详细设计之前的设计过程,是对产品进行的原理性、概念性的设计,包括功能设计、原理设计、形状设计、布局设计和初步的结构设计。

计算机辅助工业设计(computer aided industrial design) 在计算机技术和工业设计相结合形成的系统支持下,在工业设计领域进行的各种创造性活动。涉及计算机辅助设计、人工智能、多媒体、虚拟现实、敏捷制造、优化技术、模糊技术、人机工程等领域。

计算机辅助工程(computer aided engineering; CAE) 用计算机模拟或预测工程设计、制造过程结果的技术。其结果可供计算机辅助设计、计算机辅助制造使用。

计算机辅助设计(computer aided design; CAD) 利用计算机及其图形设备帮助设计人员进行设计工作的技术。可减轻设计人员的计算、画图等重复性劳动,使设计人员能够专注于设计本身,对缩短设计周期、提高设计质量和工作效率有重要作用。广泛应用于土木建筑、装饰装潢、城市规划、园林设计、电子电路、机械设计、服装鞋帽、航空航天、轻工、化工等领域。

计算机辅助服装设计(computer aided clothing design) 利用计算机软硬件技术,按照服装设计的基本要求对服装新产品和工艺过程进行输入、设计及输出等操作的技术。涉及计算机图形学、数据库、网络通信等领域。可简化设计过程,提高工作效率。

计算机辅助艺术创作(computer aided art creation) 利用计算机完成形态构成、色彩设计、材料编辑、质感描绘、实时旋转变换、快速真实图像生成输出、复杂光照模型、多媒体动画创作、多种造型方案的评判与决策等艺术创作流程的技术。

计算机辅助制造(computer aided manufacturing; CAM) 用计算机进行制造过程的管理、控制和操作的技术。用计算机控制机器运行,处理产品制造中所需的数据,控制和处理材料流动,对产品进行测试和检验等。能提高产品质量,降低成本,缩短生产周期,改善制造人员工作条件。

计算机辅助工艺设计(computer aided process planning; CAPP) 在产品制造过程中,用计算机设计制定工艺计划(如工艺路线和检验工序)的技术。主要任务是将产品设计信息转换为制造信息。

计算机辅助测试(computer aided testing; CAT) 用计算机对产品和设备进行的测试。是为满足日益复杂、大规模、高速度和高精度的测试要求而发展起来的。涉及微型计算机技术、测试技术、数字信号处理、现代控制理论、软件工程、可靠性理论等领域。利用软件资源提高测试的准确性、可靠性、经济性;在硬件不变的情况下,通过改变软件使测试系统具有不同的测试功能,使测试系统具有通用性。

计算机辅助诊断(computer aided diagnosis; CAD) 通过影像学、医学图像处理技术以及其他生理、生化手段,结合计算机的分析计算,辅助发现病灶,提高诊断准确率的技术。

计算机辅助手术(computer aided surgery; CAS) 使用计算机技术(主要是计算机图形技术)、空间定位技术等模拟医学手术所涉及的各种过程(包括手术规划、手术导航、辅助性治疗规划等),使手术更精确、安全、微创化的技术。涉及医学、机械、材料学、计算机技术、信息管理、网络技术、通信技术等学科。利用计算机完成对病人原始数据的收集和三维重建,用三维模型指导医生的手术思路,使医生可通过对计算机上图像的观察来了解手术的进程并指导手术,甚至可以由计算机进行手术规划,在经过医生的确认后全自动或半自动地完成手术。

计算机辅助教学(computer aided instruction; CAI) 在计算机辅助下进行的各种教学活动。综合应用多媒体、超文本、人工智能和知识库等计算机技术,改变传统教学模式和环境,以有效缩短学习时间,提高教学质量和效率。具有交互性、多样性、个体性和灵活性等特点。

制造业信息化(manufacturing informatization) 将信息技术、自动化技术、现代管理技术与制造技术相结合,实现产品设计制造和企业管理的信息化、生产过程控制的智能化、制造装备的数控化以及咨询服务的网络化,从而全面提升制造业竞争力的过程。

物料需求计划(material requirement planning; MRP) 基于计算机的物料计划与库存控制的系统管理方法。于20世纪60年代提出。根据产品结构各层次物品的从属和数量关系,以每个物品为计划对象,以完工时期为时间基准倒排计划,按提前期长短区别各个物品下达计划时间的先后顺序。

闭环物料需求计划系统(closed loop MRP system) 在物料需求计划基础上,为了及时调整需求和计划而设计的一种具有反馈功能的物料需求计划系统。于20世纪70年代提出。把财务子系统和生产子系统结合为一体,采用计划-执行-反馈的管理逻辑,有效地对各项制造资源进行计划和控制。

制造资源计划(manufacturing resource planning; MRPⅡ) 基于整体最优,运用科学方法对企业的各种制造资源和企业生产经营各环节实行合理有效的计划、组织、控制和协调,达到既能连续均衡生产,又能最大限度地降低各种物品的库存量,进而提高企业经济效益的管理方法。在20世纪70年代末80年代初,由物料需求计划经过进一步发展和扩充得到。

企业资源计划(enterprise resources planning; ERP) 以供应链管理与业务流程再造为基础,运用现代信息技术对企业的资源进行全面整合与优化配置,建立的面向市场、高度集成、快速高效的管理体系规划。在20世纪90年代由于制造资源计划无法在竞争愈发激烈的环境下取得优势而发展起来。是企业实施信息化战略的重要工具。其基本理念是面向过程管理,即管理部门不仅下达指令,而且要关心过程,及时处理业务过程中的动态信息。主要面向制造业,进行物质资源、资金资源和信息资源的集成一体化管理。

工程数据库(engineering database) 应用于工程领域的数据库系统。包括工程数据库管理系统和工程数据库设计两方面内容。将产品从设计到制造的所有环节用信息流联系起来,实现信息的共享与交换。主要特点是数据量大、形式多样、结构繁琐、关系复杂、动态性强、图形数据与非图形数据并存。除了具有数据库的一般功能外,还应具有强大的建模能力,高效的存取机制,良好的事务处理功能、版本管理功能,灵活的查询功能、网络和分布式功能等。

计算机数字控制(computer numerical control; CNC) 简称"计算机数控"。利用专用计算机执行基本数字控制功能的自动化控制方法。将指令和数据输入计算机后由计算机完成数值计算,通过相应的计算机程序控制生产机械(如各种加工机床)或绘图仪等按规定的工作顺序、运动轨迹、运动距离和运动速度等规律自动地完成相关工作。

数控机床(numerical control machine tool) 全称"数字控制机床"。用数字和字母形式表达工件形状与尺寸等技术要求以及加工工艺要求的一类自动化机床。工作时,由控制系统按预先针对加工要求编制的程序,经过运算,发出数字信息指令,通过伺服系统使刀具相对工件作符合要求的各种加工运动。具有柔性(广泛的加工适应性),能加工形状复杂的零件,可简化新品种的试制准备工作。其采用的加工方法称"数控加工"。

数控加工(numerical control machining) 见"数控机床"。

自动编程工具(automatically programmed tool; APT) 对工件、刀具几何形状及刀具相对于工件的运动等进行定义时所用的一种接近于英语的符号语言。由基本符号、词汇和语句组成。用以表达加工的全部内容,广泛应用于数控机床。

自动化系统控制开放系统架构(open system architecture for control with automation system; OSACA)　1990年由欧共体国家的22家控制器开发商、机床生产商、控制系统集成商和科研机构联合发起的自动化系统中开放式体系结构标准规范。于1992年5月正式得到欧盟的认可。是具有代表性和先进性的开放式数控系统。

OSACA　即"自动化系统控制开放系统架构"。

产品模型数据交换标准(Standard for Exchange of Product Model Data; STEP)　一种用于交换和共享数字化产品信息的国际标准(ISO 10303)。提供一种不依赖具体系统的中性机制描述经历整个产品生命周期的产品数据,规定了产品设计、制造以至产品全生命周期内所需的有关产品形状、解析模型、材料、加工方法、装配顺序等方面信息的描述和定义,对产品数据交换进行了描述。

STEP-NC　一个面向对象的新型数控(NC)编程数据接口国际标准(ISO 14649)。是产品模型数据交换标准(STEP)向数控领域的扩展和延伸。其基本原理是基于制造特征进行编程,描述"加工什么",而不是"如何加工"。

分布式数控(distributed numerical control; DNC)　机械加工自动化的一种形式。是实现计算机辅助设计、计算机辅助制造和计算机辅助生产管理系统集成的纽带。能够实现车间数控设备及生产工位的统一联网管理,支持数控设备的在线加工、数控程序的断点续传、在线远程请求和历史追溯等,提高企业数控设备的生产效率。

柔性制造系统(flexible manufacturing system; FMS)　由统一的信息控制系统、物料储运系统和一组数字控制加工设备组成,能适应加工对象和加工顺序实时调整的自动化加工制造系统。将微电子、计算机和系统工程等技术有机地结合起来,解决了加工制造高自动化与高柔性化之间的矛盾,适用于多品种、中小批量零件的自动化加工。

计算机集成制造系统(computer integrated manufacturing system; CIMS)　在信息技术、自动化技术与制造技术集成和综合的基础上,通过计算机技术把分散在产品设计制造过程中各种孤立的自动化子系统有机地集成起来,形成的适用于多品种、小批量生产,实现整体效益的集成化和智能化制造系统。

现代集成制造系统(contemporary integrated manufacturing system; CIMS)　将信息技术、现代管理技术和制造技术相结合,应用于企业全生命周期各个阶段的信息系统。通过信息集成、过程优化及资源优化,实现物流、信息流、价值流的集成和优化运行,达到人(组织及管理)、经营和技术三要素的集成,提高企业的市场应变能力和竞争力。

先进制造技术(advanced manufacturing technology; AMT)　集机械、电子、自动化、信息等多种技术为一体所产生的制造技术的总称。主要包括:计算机辅助设计、计算机辅助制造、计算机辅助工程等。目的是提高制造企业的市场适应能力和竞争力。

敏捷制造(agile manufacturing)　将柔性制造技术、有技术有知识的劳动力、能够促进企业内部和企业之间合作的灵活管理集成在一起,通过所建立的共同基础结构,对迅速改变的市场需求和市场进度做出快速响应的一种生产组织模式。特点是产品可按用户要求设计制造,制造速度可进行动态决策,企业能对各种市场需要做出快速反应等。

虚拟制造(virtual manufacturing; VM)　以计算机仿真技术为前提,对设计、制造等生产过程进行统一建模,在产品设计阶段,实时、并行地模拟出产品未来制造全过程及其对产品设计的影响,预测产品性能、制造成本和可制造性的技术。能有效、经济、灵活地组织制造生产,使资源得到合理配置,以达到产品开发周期和成本最小化,设计质量最优化,生产效率最高化的目的。

并行工程(concurrent engineering; CE)　对产品及其相关过程(包括制造过程和支持过程)进行并行、集成化处理的系统方法和综合技术。要求产品开发人员在设计阶段就考虑产品全生命周期内各阶段的因素(如功能、制造、装配、作业调度、质量、成本、维护与用户需求等),发现、解决后续环节中可能出现的问题,使产品在设计阶段便具有良好的可制造性、可装配性、可维护性及回收再生性等。主要作用有缩短设计周期、提高生产效率、降低生产成本等。

大规模定制(mass customization)　企业利用其生产系统的柔性和快速反应能力,根据客户要求对定制的产品和服务进行个别的大规模生产的方式。能在不牺牲企业经济效益的前提下,了解并满足单个客户的需求。其核心是产品品种的多样化和定制化急剧增加,但不相应大幅增加成本。基本思路是基于产品族零部件和产品结构的相似性、通用性,利用标准化模块化等方法降低产品的内部多样性。增加顾客可感知的外部多样性,通过产品和过程重组将产品定制生产转化或部分转化为零部件的批量生产,从而迅速向客户提供低成本、高质量的定制化产品。

有限元分析(finite element analysis; FEA) 将连续体离散化为若干个有限大小的单元体的集合,并以计算机为工具,对实际物理问题进行模拟求解的一种数值计算方法。广泛应用于机械、航空航天、汽车、船舶、土木、核工程及海洋工程等领域。

企业信息化(enterprise informatization) 企业以业务流程的优化和重构为基础,在一定深度和广度上利用计算机技术、网络技术和数据库技术,控制和集成化管理企业生产经营活动中的各种信息,实现企业内外部信息的共享和有效利用,以提高企业的经济效益和市场竞争力的各类活动。涉及企业管理理念和手段的创新、管理流程的优化、管理团队的重组。

企业信息系统(enterprise information system) 泛指用于企业的各种信息系统。如管理信息系统、决策支持系统、专家系统、企业资源计划系统、客户关系管理系统、人力资源管理系统等。

管理信息系统(management information system; MIS) 利用计算机技术等信息处理手段,对组织中的各种信息资源进行有效管理(包括信息的采集、传递、储存、加工、维护和使用等方面)的系统。具有数据处理、计划、控制、辅助决策等功能。对管理信息系统的理论和应用的研究,已形成一门交叉学科,涉及计算机科学、管理学、应用数学等学科。

信息技术投资回报(return on information technology investment) 信息技术投资对组织和经济的效果。尚无令人满意的数量化模型。衡量信息技术投资价值的因素主要有:(1) 时滞效应。发挥信息系统的优势需要学习、开发和调整,其投资回报会在长期内见效。(2) 投入产出的测度。在投入方面,不仅要重视计算机软硬件等基础设施的投资,也要重视服务、业务流程和管理等方面的无形投资。在产出方面,不仅依赖传统的生产函数、投资回报法来测度信息技术投资效益,还需要衡量客户价值、服务质量、市场竞争力等方面的综合因素。(3) 管理、组织的效力。新型的企业战略、业务流程、组织结构对信息技术投资的实施是至关重要的。技术型信息技术不能为企业带来竞争优势,因为它容易被竞争者复制;而管理型信息技术能为企业带来竞争优势,因为它拥有因果模糊性和社会复杂性的特点,不易被竞争者所复制。(4) 利润的重构与扩散。信息技术投资可能对单个厂商有利,但是从整个行业经济来看是非生产性的。即整个行业经济的规模总量并没有得到扩大。

信息系统采纳(information system adoption) 组织做出投资某种信息系统的决策行为和投资后信息系统的实施、使用行为。其过程包括采纳前和采纳后两个阶段。

信息系统外包(information system outsourcing) 借助外部的信息技术服务商或承包商进行部分或全部信息系统开发的信息系统建设方式。按内容,分软件开发外包、系统运行外包和业务外包。为企业技术部门提供了扩展能力的方式,外包服务商能够提供更高标准和质量的服务,减轻了企业相关的人力资源,企业也能更准确地预测成本并进行预算控制。但从长远看,会使企业增加成本,容易产生依赖并失去对新技术迅速反应的灵活性,供应商的服务质量也可能存在一定风险,故需要根据实际情况谨慎考虑。

信息服务业(information service industry) 利用计算机和通信网络等技术对信息进行生产、收集、处理、加工、存储、传输、检索和利用,并以信息产品的形式为用户提供服务的行业综合体。涉及信息生产、信息传输、信息分发与信息供给等领域;其产业价值链包括用户、运营商、设备制造商、软件开发商和内容提供商等环节。是信息资源开发利用,实现商品化、市场化、社会化和专业化的关键。主要分信息传输服务业、信息技术服务业和信息资源产业三类。

信息管理(information management) 为有效开发、传播和利用信息资源,以现代信息技术为手段,对信息资源进行收集、存储、处理和传输的管理活动的总称。包括信息资源和信息活动的管理。基本对象是信息技术、信息、信息工作者。核心问题包括技术的运用、系统的实现、信息流程的重组、信息价值的创造。

信息资源管理(information resource management; IRM) 狭义上指对信息资源实施的数据管理、文件管理和技术管理的合理化过程。广义上指对信息交流全过程的所有要素实施决策、计划、组织、协调、控制,从而有效地满足社会信息需求的过程。通常包括数据资源管理和信息处理管理。前者强调对数据的控制,后者关心管理人员在一定条件下如何获取和处理信息。

首席信息官(chief information officer; CIO) 负责对组织内部信息系统和信息资源进行规划、整合和运行管理的高级行政管理人员。应具备技术和业务两方面知识,并能够将组织的技术调配战略与业务战略紧密结合在一起,在信息技术利用层面发挥指导性作用,还应具备协调沟通能力。

数据元素(data element) 数据的基本单位。由数据项组成,是用一组属性描述定义、标识、表示和允许值的数据单元。在计算机程序中通常作为一个整体进行考虑和处理。由大小(以字符为单位)和类型(字母数字、仅数字、真/假、日期等)定义,一组特定的值或值的范围也可以是定义的一部分。

信息分类编码(information classifying and coding) 信息分类和信息编码的合称。信息分类是根据信息内容的属性或特征,将信息按照一定的原则和方法进行区分和归类,并建立一定的分类系统和排列顺序。信息编码是在信息分类的基础上,将信息对象(编码对象)映射为具有一定规律性的、易于计算机和人识别与处理的符号对象。信息分类编码便于信息的存储、检索和使用,必须标准化、系统化。

用户视图(user view) 用户所能看到的数据或信息的表现形式。是数据在系统外部的样式,是系统输入输出的媒介或手段,常用的有纸面的(单证、报表等)和电子的(屏幕格式、电子表单等)。

概念数据模型(conceptual data model) 主要用来描述对象世界的概念化结构的模型。反映最终用户综合性的信息需求,以数据类的方式描述企业级的数据需求。内容包括重要的实体及实体之间的关系。目标是统一业务概念,作为业务人员和技术人员之间沟通的桥梁,确定不同实体之间的最高层次的关系。使数据库设计人员在设计的初始阶段,摆脱计算机系统及数据库管理系统的具体技术问题,集中精力分析数据以及数据之间的联系等。

数据字典 释文见291页。

数据管理(data administration; DA) 利用信息技术对数据进行有效的收集、存储、处理和应用的过程。其目的在于充分有效地发挥数据的作用。可通过数据管理员或数据组织实现。

诺兰阶段模型(Nolan stage model) 亦称"诺兰模型"。关于信息系统进化的阶段模型。由美国管理信息系统专家诺兰(Richard L. Nolan)提出。他在1974年首先提出包括开发期、普及期、控制期和成熟期的信息系统发展的四阶段论;之后经过实践进一步验证和完善,于1979年将其调整为包括初始阶段、扩展阶段、控制阶段、集成阶段、数据管理阶段和成熟阶段的六阶段论。诺兰阶段模型是第一个描述信息系统发展阶段的抽象化模型,对指导企业信息化过程具有重要意义。

信息系统顶层设计(top level design of information system) 运用系统论方法,从全局出发,自顶向下,统筹规划的信息系统设计方法。目的是集中有效资源,高效快捷地实现目标。包括需求开发、体系结构设计、信息资源规划、技术体制论证、顶层设计验证等技术。

信息系统建模(information system modeling) 根据信息系统的开发阶段、开发层次等,建立模型,进行分析和设计的过程。建模方法分面向过程建模、面向数据建模、面向信息建模、面向决策建模和面向对象建模五种。

信息资源规划(information resource planning) 以整合资源、优化管理和服务为目标,对信息资源采集、处理、传播等过程的全面规划。其核心是运用先进的信息工程和数据管理理论方法,通过总体数据规划,打好数据管理和资源管理的基础,促进实现集成化的应用开发,为信息系统的一体化提供技术支撑。包括规划需求分析和规划建模两个阶段:前者通过信息系统所需要处理的信息资源及处理需求进行分析,明确信息资源规划的目标;后者通过数据建模和系统建模技术对系统所需要的数据及处理需求进行规范化表示,明确信息资源及其处理过程,将信息资源与体系结构设计中的系统功能挂钩,从而构建系统信息架构。

IDEF(integrated definition) 用于描述企业内部运作的一套建模方法。经改造后用途广泛,适用于一般的软件开发。有16种方法(常用的是IDEF0—

IDEF4)：(1) IDEF0，功能建模，类似数据流图；(2) IDEF1，信息建模；(3) IDEF1X，数据建模，类似实体-关系图；(4) IDEF2，仿真建模设计；(5) IDEF3，过程描述获取，类似业务流程图；(6) IDEF4，面向对象设计；(7) IDEF5，本体论描述获取；(8) IDEF6，设计原理获取；(9) IDEF7，信息系统审定；(10) IDEF8，用户界面建模；(11) IDEF9，场景驱动信息系统设计；(12) IDEF10，实施体系结构建模；(13) IDEF11，信息制品建模；(14) IDEF12，组织建模；(15) IDEF13，三模式映射设计；(16) IDEF14，网络规划。

企业架构(enterprise architecture; EA) 对企业信息管理系统中具有体系的、普遍性的问题提供的通用解决方案。即基于业务导向和驱动的架构来理解、分析、设计、构建、集成、扩展、运行和管理信息系统。主要包括业务架构和信息技术架构：前者包括业务的营运模式、业务流程、组织结构和地域分布等内容；后者是指导信息技术投资和设计决策的信息技术框架，是建设企业信息系统的蓝图，包括数据架构、应用架构、技术架构。主流的企业架构包括扎克曼框架等。

扎克曼框架(Zachman framework) 旨在为信息技术企业提供一种可理解的信息表述的企业架构。由扎克曼(John Zachman)于1987年提出。可对企业信息按照要求分类和从不同角度进行表示。采用六行和六列形式：六行包括范围、商业模式、系统模式、技术模式、组件和工作系统；六列分别为谁、什么、什么时间、什么地点、为什么和如何做。

信息工程方法论(information engineering methodology; IEM) 一整套自顶向下规划和自底向上设计的信息系统建设方法论。由美国管理和信息技术专家马丁(James Martin)在20世纪80年代创立。用于指导建立集成化的企业信息系统，以战略数据规划为核心，把信息系统建设分为若干个阶段，各个阶段有相应的目的、任务和建模工具。

战略数据规划(strategic data-planning) 信息工程方法论的核心。是通过一系列步骤来建造组织的总体数据模型。总体数据模型是按实体集群划分的、针对管理目标的、由若干个主题数据库概念模型构成的统一体，在实施战略上既有集中式又有分布式，分期分批地进行企业数据库构造。战略数据规划是针对整个组织，而并不仅仅是针对组织中特定信息系统建设的。

企业模型(enterprise model) 对企业在经营管理中具有的组织机构和职能的抽象表示。是对企业结构和业务活动本质的、概括的认识。在信息工程方法论自顶向下的规划中，第一步工作就是建立一个企业模型。企业模型可用“职能区域—业务过程—业务活动”的层次结构描述。

主题数据库(subject database) 由与企业经营主题有关的数据，而不是与一般应用项目数据有关的数据组成的数据库。设计目的是加速应用项目的开发。应设计得尽可能稳定，能在较长时间内为企业的信息资源提供稳定的服务，即主题数据库发生变化后不会影响已有的应用项目工作。其逻辑结构应独立于当前的计算机硬件和软件的实现过程，从而在技术不断进步的情况下，保证逻辑结构仍然有效。基本特征有面向业务主题、信息共享、一次一处输入系统、由基本表组成等。

企业系统规划方法(business system planning; BSP) IBM公司在20世纪70年代提出的，旨在帮助企业制定信息系统规划，以满足企业近期和长期的信息需求的结构化方法。通过该方法可以确定未来信息系统的总体结构，明确系统的子系统组成和开发子系统的先后顺序；对数据进行统一规划、管理和控制，明确各子系统之间的数据交换关系，保证信息的一致性。优点在于能保证信息系统独立于企业的组织机构，使信息系统具有对环境变更的适应性。

企业内容管理(enterprise content management) 为客户提供的一种有关企业显性和隐性内容的应用软件。管理、集成和访问文档、音频、视频、扫描图像等各种格式的企业信息，包括结构化、半结构化和非结构化信息。重点解决各种非结构化或半结构化数字资源的采集、管理、利用、传递和增值，并集成到结构化数据的信息系统(如企业资源计划系统)中，从而为这些应用系统提供更广泛的数据来源。

新兴数字化应用

物联网(internet of things; IoT) 通过各种信息传感设备，实时采集任何需要监控、连接、互动的物体或过程等各种信息，与互联网结合形成的一个信息化、智能化、可远程管理控制的巨大网络。自底向上，分感知层、网络层、应用层三层。旨在实现物品与物品、物品与人员、物品与网络的连接，方便人员对物品的识别、定位、管理和控制。其核心和基础仍为互联网，但其用户端延伸到物品与物品之间。集成智能感知、识别、普适计算等技术，是新一代信息技术的重要组成部分。

对象标识符（object identifier；OID） 由国际标准化组织、国际电工委员会、国际电信联盟于20世纪80年代联合提出的标识机制。采用分层树形结构使用全局明确的永久名称对任何类型的对象（包括实体对象、虚拟对象、复合对象等）进行全球无歧义、唯一命名。具有分层灵活、扩展性强、跨异构系统等优势，并可兼容现有标识机制，广泛应用于信息安全、医疗卫生、网络管理等领域。

电子产品编码（electronic product code；EPC） 国际条码组织推出的新一代产品编码体系。载体是电子标签系统，并借助互联网来实现信息的传递。旨在为每一件单品建立全球的、开放的标识，实现全球范围内对单件产品的跟踪与追溯，从而有效提高供应链管理水平，降低物流成本。

Ecode编码（entity code for IOT；Ecode） 由中国物品编码中心主导完成的物联网统一标识规则。2015年作为国家标准正式发布。可实现物品在物联网中的唯一标识，适用于物联网各种物理实体、虚拟实体，通过编码层、标识层、解析层的架构设计可对现有编码系统进行兼容。

物联网组网技术（networking technology of internet of things） 建立、管理、运行和使用物联网的一整套技术。是物联网应用的支撑技术，使数据能够从不同设备通过网络相互传输。根据物联网应用场景以及物联网设备的能耗、性能、成本、可部署性等要求的不同，产生了多种不同的物联网组网技术，如短距离无线网络技术蓝牙、ZigBee，以及长距离无线网络技术Lora、窄带物联网等。

无线多跳网络（wireless multi-hop network） 采用多跳通信的无线网络。多跳通信是为了使节点将数据包发送到其传输范围之外的目的地，依赖一些中间节点来中继数据包的通信方式。无线多跳网络包括移动自组织网络、无线传感器网络、无线网状网络和车载自组织网络等。

移动自组织网络（mobile ad hoc network） 一种由移动设备通过无线链路连接的自我配置的网状网络。每个设备都可在任意方向上独立移动，频繁改变到达其他设备的链路，每个设备还需要具备路由功能，为其他设备提供转发服务。

无线传感器网络 释文见359页。

异构无线传感器网络（heterogeneous wireless sensor network） 由多种不同类型的传感器节点以自组织形式构成的无线网络。在该网络中，传感器节点需要配置不同的初始能量，使得能量的异构特征普遍存在。在原本由同种类型传感器节点构成的网络中，也可在原有节点的基础上布置具有不同能量的新的传感器节点，延长网络的使用寿命。

移动无线传感器网络（mobile wireless sensor network） 由大量移动的传感器以自组织形式构成的无线网络。移动的传感器能通过移动全方位地覆盖目标区域中不同位置的信息，有效地减少了需要部署的传感器数量。

水下无线传感器网络（underwater wireless sensor network） 使用水下传感器节点通过水声无线通信方式形成的一个多跳的自组织的网络系统。将能耗很低、通信距离较短的水下传感器投放至目标水域，能够协作感知、采集和处理覆盖区域中被感知对象的信息，并发送给接收器。可用来监测水中各种动物的游动情况、水中各类杂物、水质成分、水流速度等，为环境保护、海洋业、渔业研究以及海洋安全监控等应用提供有用的信息。

地下无线传感器网络（underground wireless sensor network） 将大部分无线传感器节点放置到地下，通过无线通信形成的一个多跳的自组织的网络系统。可用来监测地面上物体的移动情况、地下各种动物的巢穴、土壤成分、地下建筑物状况等，为环境保护、农业科学研究以及土壤安全监控等应用提供有用的信息。

无线多媒体传感器网络（wireless multimedia sensor network） 使用具有多媒体信息感知功能的无线传感器作为节点的自组织网络系统。能够感知环境条件、动作、视频以及音频等信息。其传感器节点能够自主完成对信息的采集，无须基础设施或人工辅助，能够部署在无人环境中，一般装备有摄像头、麦克风以及其他能够采集环境信息的无线传感器。采集信息精度较高，缺点是能耗较高，故通常需要使用高效的路由算法进行通信。大量应用于目标追踪、环境监测、系统控制、健康状况监控等领域。

有向传感器网络(directed sensor network) 由感知范围是以节点为圆心、感知距离为半径的扇形区域的基于有向感知模型的传感器节点构成的网络。具有节点规模大、自组织性、自适应动态网络拓扑结构、高冗余、高可靠性、与应用相关且以数据为中心等特点。其传感器节点通常配备超声波、红外、摄像头等具有采集方向、视角属性的传感器。由于有向传感器的感知范围只在某个方向,因此存在覆盖问题,通常需要使用覆盖优化算法来覆盖到整个需要采集的区域。

低占空比传感器网络(low duty cycle sensor network) 当节点占空比小于等于10%时运行的一种无线传感器网络。其传感器节点在大部分时间内处于休眠状态,在需要时被唤醒,很大程度上降低了节点的能耗。适用于需要长期使用的应用场景,由于能耗较低,能够有效延长传感器节点的使用时间。在低占空比传感器网络中,当节点需要发送信息时,若接收节点处于休眠状态无法立刻接收信息,需要等待接收节点唤醒后才能接收,由此会带来一些延迟。

群智感知网络(crowd-sensing network) 由去中心化、自组织的节点构成的网络。能够像无线传感器网络一样收集个体节点的信息,还会挖掘群体的信息并反馈给个体节点。通常通过大量简单的个体间及与环境的交互导致出现全局的智能行为。通常包含感知层和挖掘层,前者由个体节点与携带的智能设备组成,后者由后台数据服务器组成。在群智感知网络中,大量个体节点使用移动设备作为基本感知单元采集各类感知数据,并通过网络进行交互协作,最终实现群体智能行为,完成一系列复杂的大规模感知任务。

无源感知网络(passive sensing network) 由不使用电源设备供电的无源感知节点组成的一种无线传感器网络。其传感器节点从外部环境中获取能量(如外部射频能量)来实现感知功能。避免了电池电量耗尽的问题,能够长时间使用,解决了传统无线传感器网络中的系统生命期限制,也更加绿色环保。能在无法供电的环境下广泛应用。面临的主要挑战是如何高效地从外部环境中获取能量。

智能感知(intelligent sensing) 通过智能传感器进行感知的相关理论与技术。智能传感器是在感知到特定的输入(如光、热、声音、动作、触摸等)时,会采取一些预先定义的行动的传感器。智能感知通过智能传感器的硬件设备,借助语音识别、图像识别等技术,将物理世界的信号映射到数字世界,再将这些数字信息进一步提升至可认知的层次,如记忆、理解、规划、决策等。在这个过程中,人机交互至关重要。

普适计算 释文见260页。

边缘计算(edge computing) 将计算和存储资源放得离需要的地方尽可能近,以减少响应时间和节省带宽的计算方式。在具有低时延、高带宽、高可靠、海量连接、异构汇聚和本地安全隐私保护等特点的应用场景,如智能交通、智慧城市和智能家居等行业或领域,存在非常突出的优势。

物联网体系架构(internet of things architecture) 一般指物联网层次结构模型。为物联网中的软硬件、协议、存取控制和拓扑提供标准,是各层协议以及层次之间接口的集合。典型的物联网体系架构自底向上分为感知层、网络层和应用层三层,最上的应用层也可细分为平台服务层和应用服务层。

物联网参考体系结构(IoT reference architecture) 对不同物联网应用系统的共性特征进行抽象的通用结构。为物联网应用系统设计者提供了系统分解参考模式,也为不同物联网应用系统之间的兼容性、互操作性和资源共享提供保障。在开发不同物联网应用系统时,开发者可选择参考体系结构所定义的部分或全部的业务功能域和实体,也可对不同的业务功能域或实体进行组合和拆分,还可根据自身特定的需求,调整参考体系结构中未涉及的相关业务功能域或实体。

物联网参考体系结构标准("IoT Reference Architecture" Standard) 由ISO/IEC JTC 1/SC 41(国际标准化组织/国际电工委员会第一联合技术委员会/物联网及相关技术分技术委员会)于2018年正式发布的国际标准。由中国主导提出并制定。规定了物联网系统特性、概念模型、参考模型、参考体系结构视图(功能视图、系统视图、网络视图、使用视图等),以及物联网可信性。为全球物联网实现提供体系架构、参考模型的总体指导,对促进物联网产业的快速、健康发展具有重要意义。

物联网六域模型(six domain model of IoT reference architecture) 一种物联网架构模型。对物联网行业

应用关联要素进行系统化梳理,以系统级业务功能划分为主要原则,设定了用户域(定义用户和需求)、目标对象域(明确"物"及关联属性)、感知控制域(设定所需感知和控制的方案,即"物"的关联方式)、服务提供域(将原始或半成品数据加工成对应的用户服务)、运维管控域(在技术和制度两个层面保障系统的安全、可靠、稳定和精确的运行)、资源交换域(实现单个物联网应用系统与外部系统之间的信息和市场等资源的共享与交换,建立物联网闭环商业模式)六大域。域和域之间再按业务逻辑建立网络化连接,形成单个物联网行业生态体系,单个物联网行业生态体系再通过各自的资源交换域形成跨行业跨领域之间的协同体系。

云+端架构物联网系统(internet of things system with cloud + end architecture) 物联网产品和应用系统的一种基本体现形式。通常基于云计算平台搭建。抽象了物联网感知系统的硬件,使得针对物联网感知系统的开发、处理和控制变得更加容易,并且可以进一步优化物联网平台在云端的伸缩性,提高物联网服务的性能。主要包含四个组成部分:(1) 设备接入,包含多种设备接入协议。(2) 设备管理,一般以树形结构的方式管理设备,包含设备创建管理以及设备状态管理等。(3) 规则引擎,主要作用是把物联网平台数据通过过滤转发到其他云计算产品上。(4) 安全认证及权限管理,为每个设备颁发唯一的证书,设备只有通过安全认证后才能允许接入。

信息物理系统(cyber-physical system; CPS) 一个综合了计算、网络和物理环境的多维复杂系统。通过3C(computation、communication、control)技术的有机融合与深度协作,实现大型工程系统的实时感知、动态控制和信息服务,以及计算、通信与物理系统的一体化设计,可使系统更加可靠、高效、实时协同。应用于智能电网、自动驾驶汽车系统、医疗监控、工业控制系统、机器人系统等。

机器对机器(machine to machine; M2M) 机器设备之间在无须人为干预的情形下,直接通过网络通信而自行完成任务的一个模式或系统。已逐渐转变为一个将数据发送到个人应用设备的网络系统。

窄带物联网(narrowband internet of things; NB-IoT) 一种聚焦低功耗广覆盖物联网的技术。特别注重在室内的覆盖率、低成本、长电池寿命以及高连接密度。使用长期演进技术标准的一部分,限制带宽在200千赫的单一窄频,使用正交频分复用调变来处理下行通信,用单载波频分多址来处理上行通信。已正式成为5G标准。

物联网通信协议(communication protocol for internet of things) 物联网中双方实体完成通信或服务所必须遵循的规则或约定。主要包括一般负责子网内设备间的组网及通信的传输协议,以及运行在传统互联网TCP/IP协议之上的设备通信协议,负责设备通过互联网进行的数据交换及通信。物联网的每一种通信协议都有一定适用范围。AMQP、XMPP、JMS、REST/HTTP都工作在互联网上,COAP协议是专门为无线传感网等资源受限设备开发的协议,而DDS和MQTT的兼容性则强很多。

EPCglobal 国际物品编码协会和美国统一代码委员会的一个合资企业。旨在实现电子产品编码技术的全球采用和标准化。创建用于在贸易伙伴之间共享产品数据的计算机网络。网络中信息流的基础是电子产品编码。

对象名解析服务(object name service; ONS) 一种利用域名解析服务的基本原理从电子产品编码中发现有关产品和相关服务信息的机制。是一种类似于域名解析服务的自动联网服务。当询问器读取电子标签时,电子产品编码将被传递给中间件,中间件利用本地网络或因特网上的ONS,以查找产品信息的存储位置。ONS将中间件指向存储有关该产品文件的服务器。中间件检索文件(经过正确的身份验证),并将文件中有关产品的信息转发到公司的库存或供应链应用程序。

工业物联网(industrial internet of things; IIoT) 将具有感知、监控能力的各类采集、控制传感器或控制器,以及泛在技术、移动通信、智能分析等技术不断融入工业生产过程各个环节的技术。可大幅提高制造效率,改善产品质量,降低产品成本和资源消耗,从而潜在地促进生产率和效率以及其他经济利益的提高。是分布式控制系统的演进,通过使用云计算来细化和优化过程控制,可实现更高程度的自动化。

云计算 释文见308页。

云制造(cloud manufacturing) 一种面向服务、高效低耗和基于知识的网络化智能制造新模式。对网络化制造与服务技术进行延伸和变革,融合信息化制造技术及云计算、物联网、高性能计算等信息技术，将各类制造资源和制造能力虚拟化、服务化，构成制造资源和制造能力池，并进行统一、集中的智能化管理和经营，实现智能化、多方共赢、普适化和高效的共享和协同，为制造全生命周期过程提供可随时获取、按需使用、安全可靠、优质廉价的智慧服务。

工业大数据（industrial big data） 由工业设备高速生成的大量多样的时间序列数据。可能拥有更大的潜在业务价值。充分利用工业网络技术，可用以支持管理决策，减少维护成本并改善客户服务。

人工智能 释文见313页。

工业区块链（industrial block chain） 区块链技术在工业领域的应用。包括供应链追溯系统、电网系统中的机器对机器通信、分散式物流操作等。

互联网+（internet plus） 以互联网为基础设施和实现工具的经济发展新形态。充分发挥互联网在生产要素配置中的优化和集成作用，将互联网的创新成果深度融合于经济社会各领域之中，重点促进云计算、物联网和大数据等信息技术与现代制造业、生产性服务业等的融合创新，为产业智能化提供支撑，提升实体经济的创新力和生产力。

"互联网+"创业创新（"internet plus" entrepreneurship and innovation） 中国国务院2015年印发的《国务院关于积极推进"互联网+"行动的指导意见》中的十一项重点行动之一。即充分发挥互联网的创新驱动作用，以促进创业创新为重点，推动各类要素资源聚集、开放和共享，大力发展众创空间、开放式创新等，引导和推动全社会形成大众创业、万众创新的浓厚氛围，打造经济发展新引擎。

"互联网+"协同制造（"internet plus" collaborative manufacturing） 中国国务院2015年印发的《国务院关于积极推进"互联网+"行动的指导意见》中的十一项重点行动之一。即推动互联网与制造业融合，提升制造业数字化、网络化、智能化水平，加强产业链协作，发展基于互联网的协同制造新模式。在重点领域推进智能制造、大规模个性化定制、网络化协同制造和服务型制造，打造一批网络化协同制造公共服务平台，加快形成制造业网络化产业生态体系。

"互联网+"现代农业（"internet plus" modern agriculture） 中国国务院2015年印发的《国务院关于积极推进"互联网+"行动的指导意见》中的十一项重点行动之一。即利用互联网提升农业生产、经营、管理和服务水平，培育一批网络化、智能化、精细化的现代"种养加"生态农业新模式，形成示范带动效应，加快完善新型农业生产经营体系，培育多样化农业互联网管理服务模式，逐步建立农副产品、农资质量安全追溯体系，促进农业现代化水平明显提升。

"互联网+"智慧能源（"internet plus" smart energy） 中国国务院2015年印发的《国务院关于积极推进"互联网+"行动的指导意见》中的十一项重点行动之一。通过互联网促进能源系统扁平化，推进能源生产与消费模式革命，提高能源利用效率，推动节能减排。加强分布式能源网络建设，提高可再生能源占比，促进能源利用结构优化。加快发电设施、用电设施和电网智能化改造，提高电力系统的安全性、稳定性和可靠性。

"互联网+"普惠金融（"internet plus" inclusive finance） 中国国务院2015年印发的《国务院关于积极推进"互联网+"行动的指导意见》中的十一项重点行动之一。即促进互联网金融健康发展，全面提升互联网金融服务能力和普惠水平，鼓励互联网与银行、证券、保险、基金的融合创新，为大众提供丰富、安全、便捷的金融产品和服务，更好满足不同层次实体经济的投融资需求，培育一批具有行业影响力的互联网金融创新型企业。

"互联网+"益民服务（"internet plus" benefiting people service） 中国国务院2015年印发的《国务院关于积极推进"互联网+"行动的指导意见》中的十一项重点行动之一。即充分发挥互联网的高效、便捷优势，提高资源利用效率，降低服务消费成本。大力发展以互联网为载体、线上线下互动的新兴消费，加快发展基于互联网的医疗、健康、养老、教育、旅游、社会保障等新兴服务，创新政府服务模式，提升政府科学决策能力和管理水平。

"互联网+"高效物流（"internet plus" efficient logistics） 中国国务院2015年印发的《国务院关于积极推进"互联网+"行动的指导意见》中的十一项重点行动之一。即加快建设跨行业、跨区域的物流信息服务平台，提高物流供需信息对接和使用效率。鼓励大数据、云计算在物流领域的应用，建设智能仓储体系，优化物流运作流程，提升物流仓储的自动化、智能化水平和运转效率，降低物流成本。

“互联网+”电子商务（“internet plus” electronic commerce） 中国国务院2015年印发的《国务院关于积极推进“互联网+”行动的指导意见》中的十一项重点行动之一。即巩固和增强中国电子商务发展领先优势，大力发展农村电商、行业电商和跨境电商，进一步扩大电子商务发展空间。电子商务与其他产业的融合不断深化，网络化生产、流通、消费更加普及，标准规范、公共服务等支撑环境基本完善。

“互联网+”便捷交通（“internet plus” convenient transportation） 中国国务院2015年印发的《国务院关于积极推进“互联网+”行动的指导意见》中的十一项重点行动之一。即加快互联网与交通运输领域的深度融合，通过基础设施、运输工具、运行信息等互联网化，推进基于互联网平台的便捷化交通运输服务发展，显著提高交通运输资源利用效率和管理精细化水平，全面提升交通运输行业服务品质和科学治理能力。

“互联网+”绿色生态（“internet plus” green ecosystem） 中国国务院2015年印发的《国务院关于积极推进“互联网+”行动的指导意见》中的十一项重点行动之一。即推动互联网与生态文明建设深度融合，完善污染物监测及信息发布系统，形成覆盖主要生态要素的资源环境承载能力动态监测网络，实现生态环境数据互联互通和开放共享。充分发挥互联网在逆向物流回收体系中的平台作用，促进再生资源交易利用便捷化、互动化、透明化，促进生产生活方式绿色化。

“互联网+”人工智能（“internet plus” artificial intelligence） 中国国务院2015年印发的《国务院关于积极推进“互联网+”行动的指导意见》中的十一项重点行动之一。即依托互联网平台提供人工智能公共创新服务，加快人工智能核心技术突破，促进人工智能在智能家居、智能终端、智能汽车、机器人等领域的推广应用，培育若干引领全球人工智能发展的骨干企业和创新团队，形成创新活跃、开放合作、协同发展的产业生态。

新基建（new infrastructure） 全称“新型基础设施建设”。智慧经济时代贯彻新发展理念，吸收新科技革命成果，实现国家生态化、数字化、智能化、高速化、新旧动能转换，建立现代化经济体系的国家基本建设与基础设施建设。区别于铁路、公路、机场、水利等传统“基建”，是立足于科技端的基础设施建设，主要包括5G基站建设、特高压、城际高速铁路和城市轨道交通、新能源汽车充电桩、大数据中心、人工智能、工业互联网等七大领域。

智能制造（intelligent manufacturing） 基于新一代信息技术，贯穿设计、生产、管理、服务等制造活动各个环节，具有信息深度自感知、智慧优化自决策、精准控制自执行等功能的先进制造过程、系统与模式的总称。以智能工厂为载体，关键制造环节智能化为核心，端到端数据流为基础，个性化生产为特征，实现制造业质量、效率和效益的全面提升。

智能工厂（intelligent plant） 现代工厂信息化发展的新阶段。利用物联网和设备监控等技术即时正确地采集与生产制造全过程相关的数据，合理地进行生产计划编排与生产调度，清楚掌握产销流程，提高生产制造过程的可控性、减少人工干预并集成绿色智能手段和智能系统等新兴技术于一体。具有高效节能、绿色环保、环境舒适等特点。

智能制造系统架构（architecture of intelligent manufacturing system） 通过生命周期、系统层级和智能功能三个维度构建，主要解决智能制造标准体系结构和框架的建模研究的架构模型。生命周期是由设计、生产、物流、销售、服务等一系列相互联系的价值创造活动组成的链式集合。系统层级包括设备层、控制层、车间层、企业层和协同层，体现了装备的智能化和互联网协议化，以及网络的扁平化趋势。智能功能包括：(1) 资源要素，包括设计施工图纸、产品工艺文件、原材料、制造设备、生产车间和工厂等物理实体，以及电力、燃气等能源。人员也可视为资源的一个组成部分。(2) 系统集成，是指通过二维码、射频识别、软件等信息技术集成原材料、零部件、能源、设备等各种制造资源。由小到大实现从智能装备到智能生产单元、智能生产线、数字化车间、智能工厂乃至智能制造系统的集成。(3) 互联互通，是指通过有线、无线等通信技术，实现机器之间、机器与控制系统之间、企业之间的互联互通。(4) 信息融合，是指在系统集成和通信的基础上，利用云计算、大数据等新一代信息技术，在保障信息安全的前提下，实现信息协同共享。(5) 新兴业态，包括个性化定制、远程运维和工业云等服务型制造模式。

智能制造标准体系（intelligent manufacturing standard system） 按照“共性先立、急用先行”原则

制定的智能制造标准构成的有机整体。包括安全、可靠性、检测、评价等基础共性标准，识别与传感、控制系统、工业机器人等智能装备标准，智能工厂设计、智能工厂交付、智能生产等智能工厂标准，大规模个性化定制、运维服务、网络协同制造等智能服务标准，人工智能应用、边缘计算等智能赋能技术标准，工业无线通信、工业有线通信等工业网络标准，机床制造、航天复杂装备云端协同制造、大型船舶设计工艺仿真与信息集成、轨道交通网络控制系统、新能源汽车智能工厂运行系统等行业应用标准。

工业软件（industrial software） 在工业领域里应用的软件。大体上分为嵌入式软件和非嵌入式软件两类。前者是嵌入在控制器、通信、传感装置中的采集、控制、通信等软件，后者是装在通用计算机或工业控制计算机中的设计、编程、工艺、监控、管理等软件。工业软件除具有软件的性质外，还具有鲜明的行业特色：（1）工业软件离不开工艺的支持。（2）工业软件要有行业数据知识库做支撑。

两化融合（integration of informationization and industrialization） 信息化和工业化的高层次融合。电子信息技术广泛应用到工业生产的各个环节，信息化成为工业企业经营管理的常规手段。信息化进程和工业化进程不再相互独立进行，不再是单方的带动和促进关系，而是两者在技术、产品、管理等各个层面相互交融，彼此不可分割，并催生工业电子、工业软件、工业信息服务业等新产业。

两化深度融合（deep integration of informationization and industrialization） 信息化与工业化在更大的范围、更细的行业、更广的领域、更高的层次、更深的应用、更多的智能方面实现的融合。是两化融合的继承和发展，在两化融合实践的基础上，在一些关键领域进行深化、提升。从范围来看，两化融合将向区县、产业集群、园区等基层单位延伸。从行业来看，两化融合将从大类行业向各自细分行业扩展，并从工业扩展到生产性服务业。从领域来看，两化融合将从单个企业的信息化向产业链信息化延伸，从管理领域向研发设计、生产制造、节能减排、安全生产领域延伸。从层次来看，两化融合不只是停留在技术应用层面，还将引发商业模式创新甚至商业革命，催生更多新兴业态。从应用来看，物联网、云计算等新一代信息技术将在工业领域得到应用，企业信息化从单项应用向局部集成应用、全面集成应用发展。从智能来看，企业生产经营各个环节的智能化水平将更高。

中国制造 2025（Made in China 2025） 中国国务院于 2015 年印发的部署全面推进实施制造强国的战略文件。是中国实施制造强国战略第一个十年的行动纲领。其指导思想是坚持走中国特色新型工业化道路，以促进制造业创新发展为主题，以提质增效为中心，以加快新一代信息技术与制造业深度融合为主线，以推进智能制造为主攻方向，以满足经济社会发展和国防建设对重大技术装备的需求为目标，强化工业基础能力，提高综合集成水平，完善多层次多类型人才培养体系，促进产业转型升级，培育有中国特色的制造文化，实现制造业由大变强的历史跨越。

工业 4.0（industry 4.0） 德国政府于 2013 年提出的一个高科技计划。旨在提升制造业的数字化和智能化水平。其目标着重于将现有的工业相关的技术、销售与产品体验统合起来，通过工业人工智能技术创建具有适应性、资源效率和人因工程学的智能工厂，并在商业流程及价值流程中集成客户以及商业伙伴，提供完善的售后服务。

工业互联网（industrial internet） 全球工业系统与高级计算、分析、感应技术以及互联网高度融合形成的开放、全球化的网络。其本质和核心是通过工业互联网平台把设备、生产线、工厂、供应商、产品和客户紧密地连接融合起来。可帮助制造业拉长产业链，形成跨设备、跨系统、跨厂区、跨地区的互联互通，从而提高效率，推动整个制造服务体系智能化；还有利于推动制造业融通发展，实现制造业和服务业之间的跨越发展，使工业经济各种要素资源能够高效共享。

工业互联网产业联盟（Alliance of Industrial Internet） 2016 年由工业、信息通信业、互联网等领域百余家单位共同发起成立的跨行业、开放性、非营利性的社会组织。挂靠单位是中国信息通信研究院。旨在加快中国工业互联网发展，推进工业互联网产学研用协同发展。分别从工业互联网顶层设计、技术研发、标准研制、测试床、产业实践、国际合作等多方面开展工作，发布了多项研究成果，为政府决策、产业发展提供支撑。

工业互联网标识解析体系（identification and resolution system of industrial internet） 工业互联网

网络体系的重要组成部分。是实现工业全要素、各环节信息互通的关键枢纽。其作用类似于互联网领域的域名解析系统,是全球工业互联网安全运行的核心基础设施之一。由三部分构成:(1) 标识编码,相当于机器、设备的“身份证”;(2) 解析系统,利用标识对机器和物品进行唯一性的定位和信息查询;(3) 标识数据服务,借助标识编码资源和标识解析系统开展工业标识数据管理和跨企业、跨行业、跨地区、跨国家的数据共享共用。

工业互联网标识解析国家顶级节点(national top-level node of identification and resolution for industrial internet) 国家工业互联网核心资源和重要基础设施。是工业互联网标识解析体系的核心环节,具备跨地区、跨行业信息交换能力。中国工业互联网标识解析国家顶级节点落户在北京、上海、广州、武汉、重庆五大城市。

工业互联网平台(industrial internet platform) 工业互联网的核心。为数据汇聚、建模分析、应用开发、资源调度、监测管理等提供支撑,实现生产智能决策、业务模式创新、资源优化配置、产业生态培育。在驱动工业全要素、全产业链、全价值链实现深度互联,推动生产和服务资源优化配置,促进制造体系和服务体系再造与工业数字化转型中发挥核心支撑作用。

工业 App(industrial application) 基于工业互联网平台,承载工业知识和经验,满足特定需求的工业应用软件。涵盖了从设计开发、测试部署到应用改进的软件开发技术,并涉及基础学科、行业知识和专业能力等工业技术。属于新兴领域,产业界尚无相关标准,急需围绕工业 App 架构、开发部署、运维管理、测试验证等关键领域开展标准研制和产业化推广。

数字孪生(digital twins) 亦称“数字映射”。通过集成物理反馈数据,并辅以人工智能、机器学习和软件分析,在信息化平台内建立一个数字化模拟,从而反映对应物理实体状态及变化的技术。理想状态下可根据多重的反馈源数据进行自我学习,从而几乎实时地在数字世界里呈现物理实体的真实状况。其自我学习主要依赖于传感器的反馈信息,也可通过历史数据或集成网络的数据实现,后者常指多个同批次的物理实体同时进行不同的操作,并将数据反馈到同一个信息化平台,从而根据海量的信息反馈,进行迅速的深度学习和精确模拟。主要应用于工业,对核心设备、流程的使用进行优化,并简化维护工作,也有农渔业的应用,可以提升生产效率。

现场总线(field bus) 连接智能现场设备和自动化系统的数字式、双向传输、多分支结构的通信网络。关键技术指标为支持双向、多节点、总线式全数字通信。广泛应用于智能化配电系统、变电站监测监控、基于广域网的综合监控系统、远程抄表系统等领域。

工业以太网(industrial ethernet) 应用于工业控制领域的以太网技术。在普通以太网的基础上进行了通信实时性和工业应用环境适应性的改进。可使用较低成本提升工厂内由不同厂商生产的设备之间的互操作性。使工业通信有标准的硬件接口,但可以存在不同的通信协议。由于工业环境的特性,在振动、温度、湿度和电磁干扰等方面的适应要求要比一般通信设备更加严苛。

OPC(object linking and embedding for process control; OLE for process control) 一种用于实现工业自动化等工业环境下的安全可靠数据交换的交互性标准。以对象链接与嵌入(OLE,由微软制定的一套访问不同类型数据源的统一应用编程接口)为基础,具有平台独立性,可使来自不同供应商的设备之间进行无缝数据通信。由一系列来自工业供应商、终端用户和软件开发者的规约组成,这些规约定义了客户端与服务器、服务器与服务器之间的通信接口,可以实现实时数据的访问、报警和事件监控、历史数据访问等操作。OPC 基金会负责该标准的开发和维护。

时间敏感网络(time sensitive networking; TSN) 由 IEEE 802.1 工作小组主导,基于以太网,支持时间延迟敏感的可靠性网络。其关注点在于采用一个本质上非确定性的以太网网络而使其具备确定的最小时延,确保某些流量可以在特定的时间内发送。具有精准的流量调度能力,可以高质量传输各种业务流量,同时具备技术和成本上的优势,在音视频传输、工业、移动承载、车载网络等领域成为下一代工业网络承载技术的重要演进方向之一。

智慧物流(intelligent logistics) 通过智能硬件、物联网、大数据等技术与手段,提高物流系统分析决策和智能执行的能力,提升整个物流系统的智能化、自动化水平的现代化物流模式。以信息技术为支撑，在物流的运输、仓储、包装、装卸搬运、流通加工、配送、信息服务等各个环节实现智能感知，从而实现物流过程的自动化、网络化、可视化、实时化、跟踪与智能控制，降低物流成本，提高效率，控制风险，节能环保，改善服务。

智慧供应链(smart supply chain)　将新一代信息技术与现代供应链管理的理论、方法和技术进行集成和综合应用，在企业中和企业间构建的，实现供应链的智能化、网络化和自动化的技术与管理综合集成系统。主要具有可视化、可感知和可调节功能。可视化指实物流、信息流和资金流的可视，以及三者互动匹配关系的可视。可感知指有能力快速捕捉到供应链体系中出现的问题，并为下一步行动发出信号和预警。建立在可视化的基础之上，前提是需要有一套健全的考核和监控指标体系。可调节指当客户的需求、市场条件等发生变化时，供应链体系能够快速进行响应和调整。

智慧仓储(smart storage)　一种仓储管理理念。通过信息化、物联网和机电一体化实现智慧物流，从而降低仓储成本、提高运营效率、提升仓储管理能力。可利用射频识别、网络通信、信息系统应用等信息化技术，实现出入库、移库管理信息自动采集、识别和管理。

无人仓库(unmanned warehouse)　依靠智能化物流系统应用集成，实现机器替代人工，全流程无人化的仓库。可降低成本、增加效益。

智慧物流大数据(intelligent logistics big data)　智慧物流过程中的海量数据。对其进行采集、存储和分析是将大数据应用到智慧物流中的关键。可分为商物控制数据、供应链物流和物流业务数据。商物控制数据包括：(1)商物数据，其类型分为产品类型、商品类型和货物类型。(2)物流网络数据，分为物流节点数据和网络数据。(3)流量流向数据，由于智慧物流网络中货物的不断流通而产生，分为分析数据、调控数据、分布数据和优化数据。供应链物流数据包括：(1)采购物流数据，主要指包括原材料等一切生产物资的采购、进货运输、仓储、库存管理、用料管理和供应管理过程中产生的数据，主要包括供应商基本数据、采购计划数据、原料运输数据、原料仓储数据。(2)生产物流数据，是生产工艺中的物流活动中产生的数据，分为生产计划数据、生产监管数据、生产流程数据、企业资源计划数据。(3)销售物流数据，指生产企业、流通企业出售商品时，物品在供方与需方之间的实体流动过程中所产生的数据，主要包括物流数据、供需数据、订单数据、销售网络数据等。(4)客户数据，指产品最终到达的客户所具有或产生的数据，主要包括客户基本数据、客户购买数据、客户喜好数据、客户需求数据。物流业务数据包括：(1)运输数据，分为运输基础数据、运输作业数据、运输协调控制数据和运输决策支持数据等四类。(2)仓储数据，分为仓储基础数据、仓储作业数据、仓储协调控制数据和仓储决策支持数据。(3)配送数据，分为配送基础数据、配送作业数据、配送协调控制数据和配送决策支持数据。(4)其他业务数据，是包装、流通加工和装卸搬运三个辅助业务的数据，分为其他业务基础数据、其他业务作业数据、其他业务协调控制数据和其他业务决策支持数据。

云物流(cloud logistics)　基于云计算应用模式的物流平台服务。在云平台上，所有物流公司、代理服务商、设备制造商、行业协会、管理机构、行业媒体、法律机构等都集中整合成资源池，各个资源相互展示和互动，按需交流，达成意向，从而降低成本，提高效率。

物流网络(logistics network)　物流过程中相互联系的组织与设施的集合。按覆盖范围，分全球物流网络、区域物流网络、城市物流网络等。也可从层次上进行划分，通常分成三个层次，各级节点承担不同功能，促进物流活动有序进行。一级物流节点(物流园区)具备集货、分拨、中转、储存、流通加工、配送、信息服务等功能；二级物流节点(物流中心)具备集货、分拨、中转、储存、流通加工、配送、信息服务等其中4项以上主要功能；三级物流节点(配送中心、货运站)具备配送、中转、信息服务或集货的一项或多项功能。

反向驱动供应链(reverse drive supply chain)　对市场需求进行准确预估，反馈给生产组织者，即以订单和数据驱动按需生产，以骨干物流集中配送的过程。可解决产销信息不对称、生产者卖货难的问题，实现以销定产，提升供应链的生产和流通效率。

采购管理系统(purchase management system; PMS)　对采购过程发生的一系列业务活动，如采购申请、采购订货、进料检验、仓库收料、采购退货、购货发票、供应商、价格及供货信息、订单，以及质量检验等进行管理的信息系统。对采购物流和资金流的全部过程进行有效的双向控制和跟踪，实现完善的企业物资供应信息管理。

供应商关系管理（supplier relationship management; SRM） 用来改善与供应链上游供应商关系，实现与供应商建立和维持长久、紧密伙伴关系的管理理念和方法的总称。目标是通过与供应商建立长期、紧密的业务关系，并通过对双方资源和竞争优势的整合来共同开拓市场，扩大市场需求和份额，降低产品前期的高额成本，实现双赢的企业管理模式。

运输管理系统（transportation management system; TMS） 利用现代信息技术对运输计划、运输工具、运送人员及运输过程的跟踪、调度、指挥等业务活动进行有效管理的一类物流信息系统。一般具备运输调度管理、智能配载管理、作业执行跟踪、路线管理、车辆与司机管理、计费与结算管理、车辆外包与第三方物流管理等功能，可支持零担、整车、甩挂、多式联运、化学品运输等各类运输服务业务。

仓储管理系统（warehouse management system; WMS） 亦称"仓库管理系统"。用来对物流仓库的作业、人员、设备等进行计划、调度、管理的一类物流信息系统。一般具备入库业务、出库业务、库存盘点、质检管理、退货管理、仓库调拨、库存管理优化等功能，并综合批次管理、成本管理等功能，能有效控制和跟踪仓库业务的物流和成本管理的全过程。

客户关系管理系统（customer relationship management system; CRM system） 利用软件、硬件和网络技术，为企业建立的一个收集、管理、分析和利用客户信息的信息系统。记录企业在市场营销和销售过程中和客户发生的各种交互行为，以及各类有关活动的状态，提供各类数据模型，为后期的分析和决策提供支持。

智能家居（smart home） 以居住空间为载体，利用物联网、移动互联网、人工智能、云计算等技术将家庭中的各类设备（如音视频设备、照明系统、安防系统、家电等）连接到一起，提供智能化家庭控制和信息交互服务的高效、舒适、安全、便捷、节能的居住环境。正在从传统的单品智能向全屋智能转变。

智能单品（smart single product） 家庭中实现单体智能化的电子产品。如智能水壶、智能冰箱、智能窗帘等。一般只能单独控制，无法与其他设备联动。

全屋智能（whole house intelligence） 集智能照明、安防、影音、家电控制等于一体的整体家居解决方案。实现家居产品智能化操作，可根据环境及人的需求进行自动化运转。不仅使单个家居产品能够实现智能操作，还使智能单品之间也可以相互连接，从而实现更加智能化、个性化的家居场景。

智能家电（smart home appliance） 将微处理器、传感器技术、网络通信技术和人工智能技术引入家电设备后形成的家电产品。能自动感知住宅空间状态、家电自身状态和家电服务状态，自动接收并执行住宅用户在住宅内或远程的控制命令；在技术允许的情况下还能与住宅内其他家电和设施连接。常见的有智能冰箱、智能空调、智能空气净化器、智能电视等。

智能家庭安防（smart home security） 利用智能锁、智能摄像头、智能猫眼等智能安防设备，对住宅进行实时安全监测的技术。可对非法入侵和火灾等进行检测，并自动报警。

智能照明（intelligent lighting） 利用物联网、有线通信、无线通信、电力载波通信、嵌入式计算机智能化信息处理，以及节能控制等技术组成的分布式照明控制系统，实现对照明设备的智能化控制的方法。可根据环境变化、客观要求、用户预定需求等条件自动调节光线变化，具有安全、节能、舒适、高效的特点。

智能厨房（intelligent kitchen） 将人工智能、物联网等技术引入后形成的能提供各种智能服务的厨房。常见的智能厨电单品有智能微波炉、智能烤箱、智能抽油烟机等。

智能交通系统（intelligent transportation system; ITS） 一种实时、准确、高效的综合运输管理系统。将先进的信息、通信、传感、控制、计算机、人工智能等技术有机地集成起来，运用于整个交通运输管理体系，能在大范围内全方位发挥作用。可实现人、车、路的和谐、密切配合，以提高交通运输效率，缓解交通阻塞，提高路网通过能力，减少交通事故，降低能源消耗，减轻环境污染。

数字交通（digital transportation） 以数据为关键要素和核心驱动，促进物理和虚拟空间的交通运输活动不断融合、交互作用的现代交通运输体系。是数字经济发展的重要领域。可赋能交通运输及关联产业，推动模式、业态、产品、服务等联动创新，提升出行和物流服务品质。

车辆行为分析(vehicle behavior analysis) 利用雷达技术、激光技术、超声波传感技术、红外成像技术和视频技术等对车辆行为进行事后分析,智能检测车辆违章、交通事故等行为事件以及各种交通信息(包括车流量、车速、车型分类、道路空间占有率、时间占有率、车辆排队长度等)的方法。也包括驾驶行为分析,即通过实时监测和智能评估驾驶员的驾驶行为和驾驶状态,及早发现可能的操作失误,避免交通事故的发生,同时提醒驾驶员采取更为合理的驾驶方案,对于大量不同驾驶员的驾驶行为记录进行统计分析,也有助于制定更为合理的交通法规。

城市交通分析(urban traffic analysis) 基于视频图像等信息技术采集的各种城市数据,对城市交通进行立体化诊断,通过大数据客观反映城市交通状况及治理效果的方法。可帮助交通管理部门疏堵、治堵,提升公众的出行效率和出行体验。

智慧灯柱(smart lamp post) 亦称"智慧路灯"。用城市传感器、电力线载波通信技术和无线通信技术,将城市中的路灯连接起来,形成物联网,实现对路灯的远程集中控制与管理的系统。具有根据车流量、时间、天气情况等条件自动调节亮度,远程照明控制,故障主动报警,灯具线缆防盗,远程抄表等功能。可有效控制能源消耗,大幅节省电力资源,提升公共照明管理水平,降低维护和管理成本,还可利用信息处理技术对海量感知信息进行处理和分析。

智能车辆(intelligent vehicle) 集环境感知、规划决策、多等级辅助驾驶等功能于一体的车辆。集中运用了计算机、现代传感、信息融合、通信、人工智能及自动控制等技术。可实现部分或完全的自动驾驶,达到行车安全和充分利用道路通行能力的目的。

无人驾驶汽车(self-driving car) 即"地面无人驾驶车辆"(359 页)。

自动驾驶等级(autopilot level) 按照国际通用标准,根据智能化程度,对自动驾驶划分的等级。包括:(1) L0 -无自动驾驶;(2) L1 -辅助驾驶,驾驶者操作车辆,但个别的装置有时能发挥作用;(3) L2 -部分自动驾驶,驾驶者主要控制车辆,但系统可短暂地自动驾驶,使之明显减轻操作负担;(4) L3 -有条件自动驾驶,驾驶者需随时准备控制车辆,接手系统无力处理的状况;(5) L4 -高度自动驾驶,驾驶者可在条件允许下让车辆完全自动驾驶,启动自动驾驶后,一般不必介入控制;(6) L5 -完全自动驾驶,驾驶者不必在车内,任何时刻都不会控制车辆。通常所说的自动驾驶,主要是指 L3 及以上的高等级自动驾驶。

智能车路协同系统(intelligent vehicle infrastructure cooperative system) 亦称"车路协同"。基于无线通信、传感探测等技术进行车路信息获取,全方位实施车车、车路动态实时信息交互,并在全时空动态交通信息采集与融合的基础上开展车辆主动安全控制和道路协同管理,实现车辆和基础设施之间智能协同与配合的系统。可保证交通安全,提高通行效率,优化利用系统资源,从而形成安全、高效和环保的道路交通系统。

车载自组织网络(vehicular ad hoc network) 由移动设备附着在车辆上形成的无线网络构成的自组织网络。是移动自组织网络原理在车辆领域中的应用。在该网络中,车车、车路通信结构能够同时共存以提供道路安全、车辆导航等道路服务。以短程无线电技术或蜂窝网络、可见光通信等无线网络技术为基础。典型应用有电子刹车灯、车辆编队、交通信息系统、道路交通紧急服务等。

位置服务(location-based service; LBS) 亦称"定位服务"。由移动通信网络和卫星定位系统结合而提供的一种增值业务。通过一组定位技术,获得移动终端的位置信息(如经、纬度坐标数据),提供给移动用户本人或他人以及通信系统,实现各种与位置相关的业务。

车联网(internet of vehicles) 由车辆位置、速度和路线等信息构成的巨大交互网络。通过全球定位系统、射频识别、传感器、摄像头等,车辆可完成自身环境和状态信息的采集。所有车辆的各种信息汇聚到中央处理器进行分析和处理,从而为车辆提供实时监测、行车安全等综合服务。是物联网技术在交通系统领域的典型应用。可分前装车联网和后装车联网。

前装车联网(pre-installed internet of vehicles) 所用车载设备在车辆出厂前就已装好的车联网。其核心构成是车载计算机,通过在其上安装车载系统,植入各类车载软件的安装与使用环境,并实现与个人移动设备和通信网络的连接。一般包括主机、车联网控制单元、手机 App 及后台系统四部分。

后装车联网(post-installed internet of vehicles) 所用车载设备是在车辆出厂后加装的车联网。其构成相对多样,包括个人移动设备、车载智能硬件以及高级车载智能终端,各类设备亦可安装相应的车载系统并接入移动网络,硬件配置与实现的功能与前装车联网基本相同。主要通过车载自动诊断系统接口获取实时车辆数据。

慕课(massive open online course; MOOC) 大规模的网络开放课程。2011 年美国斯坦福大学兴起。每节课由若干个短视频组成,视频之间穿插一些小测验, 用户(即学生)可以随堂检验知识掌握情况。每门课可同时供上万人甚至十几万人学习,不受时间、空间限制。用户可以在课程平台上与教师或其他用户实现在线交流。2013 年起,中国一些高校开始探索开发慕课。

微课(microlecture) 运用信息技术,按照认知规律,呈现碎片化学习内容、过程及扩展素材的结构化数字资源。其核心内容是课堂教学视频,还包含与该教学主题相关的教学设计、素材课件、教学反思、练习测试及学生反馈、教师点评等辅助性教学资源。只讲授一两个知识点,针对特定的目标人群,传递特定的知识内容。

网络教育(online education) 借助计算机网络和多媒体技术提供的教育资源进行的远程教育。具有突破时间空间限制,提升学习效率,使教育资源共享化,降低学习门槛的优势。中国一些大学设立网络学院,通过网络对学生进行学历教育或非学历教育。

远程教育(distance education) 利用现代技术手段进行教学以代替教师课堂面授的各类教育的总称。主要形式是网络、函授教育。广义的还包括利用大众媒体进行的各种社会教育,狭义的则专指由各类远程教学院校、机构进行的各种层次、规格和形式的教育。

家校互动平台(home school interaction platform) 一种应用于教育系统的信息互动平台。集信息技术、网络技术和无线通信技术于一体,实现家庭与学校互动、快速、实时交流。

智慧学习服务平台(smart learning service platform) 为智慧学习提供服务的信息平台。智慧学习指学习者按需获取学习资源,灵活自如地开展学习活动,快速构建知识网络和人际网络的学习过程。智慧学习服务平台能自动、及时地感知学习者的需求、所处的地点及时间甚至当时的情绪,根据学习者所处的物理环境结合学习者的成长记录及时为学习者提供当前需要的或具有潜在需求的个性化学习资源和学习服务。

学习分析系统(learning analysis system) 对学习者及其学习情境的数据进行测量、收集、分析和报告的系统。目的是理解和优化学习及其发生的环境。可帮助教师监控学习、规划课程、管理不同学习能力和学习风格的学生,也可帮助学生了解自己在网络学习环境中的优缺点、偏好和选择。

在线考试系统(online examination system) 基于网络的考试管理系统。涵盖考题设计、组织试卷、发布试卷、导入考生信息、监考、阅卷等整个过程。

网络阅卷系统(network marking system) 以计算机网络技术和电子扫描技术为依托,实现客观题自动阅卷、主观题网上评卷的一种信息系统。其主要工作流程为:(1) 答卷扫描识别,通过高速扫描仪将考生答卷扫描到系统服务器,并同步完成客观题的自动阅卷;(2) 主观题评卷,评卷教师按照系统授权登录系统,并在浏览器上评阅考生的主观题答卷;(3) 成绩统计分析,系统按照用户设定的统计项目、科目及指标进行统计分析,并生成各类统计分析报告。具有确保阅卷质量,减轻教师负担,提高教学水平,实现数据共享的功能。

智慧图书馆(smart library) 将智能技术运用到建设、管理中的图书馆。是智能建筑与高度自动化管理的数字图书馆的有机结合和创新。不受空间限制,但同时能被切实感知。可通过物联网实现智慧化的服务和管理。

智慧教室(smart classroom) 借助物联网技术、云计算技术和智能技术建立的教室。包括有形的物理空间和无形的数字空间。通过各种智能设备辅助教学内容呈现,方便学习资源获取,促进课堂互动交流;通过物理空间与数字空间的结合、本地与远程的结合,改善人与学习环境的关系,实现人与环境在学习空间中的自然互动,促进个性化学习、开放学习和泛在学习。

教育信息化(educational informationization) 将信息作为教育系统的一种基本构成要素,在教育领域广泛运用计算机、网络和多媒体技术,促进教育活动信息化的过程。

在线与移动交互学习环境(interactive online and mobile learning environment) 通过计算机网络、移动设备等实现的能在任何时间、任何地点进行学习的交互学习环境。克服了时间和空间上的资源配置限制,能够有效地呈现学习内容并提供教师与学习者之间的双向交流。

虚拟现实与增强现实学习环境(virtual reality and augmented reality learning environment) 将虚拟现实与增强现实技术应用于教学中,营造出的一种自主学习环境。具有激发学习动机、创设学习情境、增强学习体验、感受心理沉浸、跨越时空界限、动感交互穿越和跨界知识融合等多方面优势。

教育大数据(education big data) 服务教育主体和教育过程,具有强周期性和巨大教育价值的高复杂性数据集合。在教育教学研究与实践中的应用可分为政策科学化、区域教育均衡、学校教育质量提升、课程体系与教学效果最优化、个体的个性化发展等层面。

智能建筑(intelligent building) 具有通信自动化、办公自动化、管理自动化等功能的建筑。建筑中配有计算机网络、信息设施系统、信息化应用系统、智能化集成系统、设备管理系统、公共安全系统、应急响应系统、能源管理系统、综合布线系统等。能进行自动监控,以全面实现通信系统、办公自动化系统和建筑内各种设备系统(如空调、供热、给排水、变配电、照明、电梯、消防、公共安全等)的综合自动管理。具有投资合理、建造高效、居住舒适、管理便捷和环境安全等特点。

建筑信息模型(building information modeling; BIM) 以三维数字技术为基础,集成了建筑工程项目各种相关信息的工程数据模型。是一种应用于工程设计、建造、管理的数据化工具,使工程技术人员对各种建筑信息做出正确理解和高效应对,为设计团队以及包括建筑、运营单位在内的各方建设主体提供协同工作的基础,在提高生产效率、节约成本和缩短工期方面发挥重要作用。

远程医疗(telemedicine) 医院或医师个人遇特殊疑难病例而向遥远异地的同行咨询和商请协助所采用的医疗方式。利用快速、确切的计算机、通信和传真等技术,将病例的病情(症状、体征)、病因、病程等详细文字资料和清晰影像图片提供给协助者,在不会面的情况下会诊,并拟定治疗方案;其后,又向协助者通报施治经过、疗效、成功经验或失败教训。在此基础上,双方共同作相应的展望和进一步协作的设想等。

人工智能辅助诊断(artificial intelligence assisted diagnosis) 在诊断系统中采用人工智能分析技术,使其接近于实际的生物神经网络,通过学习带有病理案例的影像数据,实现对病灶类型辅助诊断的技术。依托于医疗影像大数据,计算机通过学习,可不断提高和矫正辅助诊断精度。

智慧医疗(wise medical treatment) 通过建设健康档案区域医疗信息平台,利用先进的物联网技术,实现患者与医务人员、医疗机构、医疗设备之间的互动,逐步达到信息化的医疗服务体系。特别适用于分级诊疗、诊断、鉴别诊断、预警和疾病管理。

实验室信息管理系统(laboratory information management system) 将以数据库为核心的信息化技术与实验室管理需求相结合的系统。对实验室中试剂、样品、人员、仪器、标准、实验操作、流程管理、数据整合以及其他实验室职能等信息进行管理。

医学影像信息系统(medical imaging information system; MIIS) 以计算机和网络为基础,与各种影像成像设备相连接,利用海量存储和关系型数据库技术,以数字化方式收集、压缩、存储、管理、传输、检索查询、显示浏览、处理、发布、远程会诊医学影像信息;以计算机化的方式预约登记影像学检查,管理影像检查机房、撰写报告,审核签发报告,发放胶片和诊断报告;以利用计算机辅助诊断结果的方式支持临床决策的信息系统。

临床决策支持系统(clinical decision support system; CDSS) 一种协助医护人员进行医疗决策,对临床决策提供支持的交互式专家系统。充分运用计算机技术,针对半结构化或非结构化医学问题,通过人机交互方式改善和提高决策效率和决策准确率。

智慧处方(wisdom prescription) 在诊断系统中采用人工智能分析技术,依托医疗大数据,通过学习带有处方案例的医疗数据,实现针对病例智能化地生成相应处方的技术。可改善和提高生成处方的效率和准确率。

家庭健康系统(family health system) 利用互联网、电子邮件、电话等通信工具,为居家患者远程完成病历分析、病情诊断和健康检测,还具有自动提示用药时间、服用禁忌、剩余药量等功能的健康保障系统。

区域卫生系统(regional health system) 具有电子政务、医保互通、社区服务、双向转诊、居民健康档案、远程医疗、网络健康教育与咨询等功能，实现预防保健、医疗服务和卫生管理一体化的信息化应用系统。实现了规划区域内医疗卫生机构、行政业务管理单位及各相关卫生机构的基本业务信息系统的数据交换和连接，使区域内各信息化医疗系统之间进行有效的信息整合。

医院信息系统(hospital information system; HIS) 利用计算机软硬件技术和网络通信技术等现代化手段，对医院及其所属各部门的人流、物流、资金流进行综合管理，对在医疗活动各阶段产生的数据进行采集、存储、处理、提取、传输、汇总，加工形成各种信息，从而为医院的整体运行提供全面的自动化管理及各种服务的信息系统。

精准医疗(precision medicine) 随基因测序技术快速进步以及生物信息与大数据科学的交叉应用而发展起来的医学概念与医疗模式。考虑个人基因、环境与生活习惯差异，提出医疗保健的个性化要求，并针对每个患者量身定制医疗决策、治疗或产品。

智慧健康(smart health) 基于物联网的环境感知网络和传感基础设施的实时、智能、便捷的医疗保健服务。涉及医疗、计算机、通信、物联网、大数据等领域。典型应用包括远程医疗和远程居家照顾。后者指利用信息与通信技术有效地在用户家中提供并管理健康服务。

健康码(health code) 因新型冠状病毒疫情所开发的一种手机应用程序。作为手机持有者个人的电子通行证使用。经读取后可确认与证明持有人的健康情况。申请人通过填报个人信息、健康状况、旅游史、居住地及是否接触过疑似或确诊新冠肺炎病患等内容自动生成二维码，分红、黄、绿三种颜色，动态显示个人疫情风险等级。

通信大数据行程卡(communication big data travel card) 在新型冠状病毒疫情期间，由中国信息通信研究院联合中国电信、中国移动、中国联通三家基础电信企业，利用手机信令数据，通过用户手机所处的基站位置获取，为中国手机用户免费提供的行程查询服务。手机用户可通过该服务，查询本人前 14 天到过的所有地市信息。该服务有严格的安全隐私保障机制，查询结果实时可得、方便快捷。数据可以全国通用，还可查询到本人国内手机号的国际行程。在确保用户信息安全的前提下，为疫情防控、复工复产、道路通行、出入境等方面提供科学精准的技术支撑。

智慧养老(smart pension) 以物联网为中心，结合互联网、云计算、大数据和空间地理信息管理等技术提供的实时、快捷、高效、智能化的养老服务。

能源互联网(energy internet) 以分布式可再生能源为主要一次能源，以互联网及信息技术为基础，电力、热力、天然气、交通等物理系统紧密耦合而形成的能源网络。是一种互联网技术与能源生产、传输、存储、消费以及能源市场深度融合的能源产业发展形态。利用通信、大数据、云计算等信息技术构建开放信息平台，通过多能源转换技术、先进电力电子技术，实现各能源子系统互通互联及大规模分布式可再生能源友好接入。具有设备智能、多能协同、信息对称、供需分散、系统扁平、交易开放的特点。

智能电网(smart grid) 将传感测量技术、通信技术、网络技术、计算机技术、自动化和智能控制技术与物理电网高度集成而形成的新型电网。可优化资源配置，确保电力供应的安全性、可靠性和经济性，满足环保约束，保证电能质量，适应电力市场化发展，实现对用户可靠、经济、清洁、互动的电力供应和增值服务。

能源大数据(energy big data) 集成多种能源(电、煤、石油、天然气、供冷、供热等)的生产、传输、存储、消费、交易等数据于一体，涵盖能源供给侧和能源消费侧的数据集合。是政府实现能源监管、社会共享能源信息资源、促进能源体制市场化改革的基本载体。各级政府可以全社会用电量作为考察对象，通过对用电量、经济总量、固定资产投资、行业产品价格指数等数据的变动以及数量之间关联关系分析挖掘，充分了解经济运行情况。是应用互联网机制与技术改造传统能源系统的最佳切入点，有助于推进能源系统智慧化转型升级。

电网信息物理融合系统(grid cyber-physical system; GCPS) 通过电网信息空间与物理空间的深度融合和实时交互，以安全、可靠、高效和实时的方式监测或控制电网物理设备或系统的智能系统。使电网物理系统具有更高的灵活性、自治性、可靠性、经济性和安全性。随着电网自动化系统、大容量传输网、泛在传感网的建设，与互联网、能源网等深度融合，智能电网将持续演进形成广域协同、具有自主行为的复杂网络，从而构成电网信息物理融合系统。

能源路由器(energy-router) 基于电网信息物理

融合系统,具有计算、通信、精确控制、远程协调、自治,以及即插即用的接入通用性的智能设备。可实现不同能源载体的输入、输出、转换、存储,是能源互联网的核心装置。基本特点为:采用全柔性架构的固态设备;兼具传统变压器、断路器、潮流控制装置和电能质量控制装置的功能;可实现交直流无缝混合配用电;分布式电源、柔性负荷(分布式储能、电动汽车)装置即插即用接入;具有信息融合的智能控制单元,实现自主分布式控制运行和能量管理;集成坚强的通信网络功能。

虚拟电厂(virtual power plant)　能源互联网的一种运行方式。通过控制计量、通信等技术实现分布式电源、储能系统、可控负荷、电动汽车等不同类型的分布式能源的聚合和协调优化运行,有利于资源的合理优化配置及利用。无须对电网进行改造而能够聚合分布式能源对公网稳定输电,并提供快速响应的辅助服务,成为分布式能源加入电力市场的有效方法,降低其在市场中孤独运行的失衡风险,可获得规模经济的效益,还使配电管理更趋于合理有序,提高系统运行的稳定性。

智慧园区(intelligent park)　在产业园区的基础上,结合物联网、云计算、大数据、人工智能、5G 等新一代信息技术,形成的互联互通、开放共享、协同运作、创新发展的新型园区。具有智能化运营平台,可实现智能感知、泛在连接、智慧物流、节能环保等功能。

数字孪生园区(digital twin park)　通过智能感知和泛在连接,对园区内网络、楼宇、交通、能源、安防等基础设施数据进行收集、处理和分析,构建的与物理园区虚实映射、融合共生的数字化虚拟园区。实现对园区的可视化管理,提升管理效率。

智慧商业(smart business)　互联网、物联网、云计算、大数据、移动终端等技术与传统商业深度融合形成的智能化、高效和便捷的商业模式。以信息技术为支撑,运用数据仓库、数据挖掘和数据展现等技术进行商业数据分析以实现商业价值,创新商业管理手段,提高商业整体效能。

移动支付(mobile payment)　通过手机等移动通信终端进行货币支付或资金转移的过程。将移动通信终端、互联网、金融机构等有效地融合起来,具有便捷、高效、无时间空间限制等优点。

精准营销(precision marketing)　在精准定位的基础上,依托现代信息技术手段建立个性化顾客沟通服务体系,实现企业低成本扩张的市场营销活动。强调精准的潜在目标受众群与定向传播方式手段的统一;传播方式手段与所载内容的统一;所载内容与营销的目的统一。

数据中台(data middle platform)　通过对不同平台、不同域数据的整合、分析、处理,将数据抽象封装成服务,提供给企业前台以实现业务价值的逻辑概念。实现数据的分层与水平解耦,沉淀公共的数据能力,通过数据建模实现跨域数据整合和知识沉淀,通过数据服务实现对于数据的封装和开放,快速、灵活满足上层应用的要求,通过数据开发工具满足个性化数据和应用的需要。

无人便利店(unmanned convenience store)　所有或部分经营流程通过技术手段进行智能化自动化处理,降低或不存在人工干预的便利店。购物过程大为简化,通过不同的技术手段保证购物体验的流畅性和高效率。

电子商务(electronic commerce)　以现代网络技术为手段的物品与服务的交换活动。有狭义与广义之分。狭义指一切有偿的商业活动;广义指包括了无偿的非营利业务和服务的所有交换活动。其内容是提供网上交易和管理全过程的服务,包括信息交换、广告宣传、咨询洽谈、订购、支付、服务传递、业务管理等各种活动。按交易主体,分为 B2B、B2C、C2C、B2G 等类型,其中前两种为主要的电子商务模式。按与互联网的连接方式,还可细分为传统电子商务和移动电子商务两种类型。具有开放性、便捷性和灵活性等特征,突破了传统商业模式在交易时间、空间等方面存在的限制。

客户行为分析(customer behavior analysis)　对客户的各种行为数据(客户的消费行为、客户偏好、客户满意度、客户与企业的联络记录等)进行必要处理和分析后得到信息汇总和提炼的过程。有助于企业了解客户的潜在消费需求。

第三方电子商务交易平台(third party electronic commerce trading platform)　电子商务活动中为交易双方或多方提供交易撮合及相关服务的信息网络系统总和。提供产品和服务的宣传与推广、网上洽谈、在线订单、在线支付、售后服务等功能。

电子支付(electronic payment)　利用电子终端,把支付信息直接或间接地发送给银行等金融机构,实现货币支付与资金转移的过程。是通过网络技术手段完成信息传输的数字化支付方式。主要包括网上支付、电话支付、移动支付、销售点终端交易、自动柜员机交易等形式。具有方便、快捷、高效、经济等优势，已成为电子商务不可或缺的重要组成部分。但安全性要求更高。

B2B（business to business） 商家对商家的电子商务模式。泛指企业与企业之间通过互联网进行的产品、服务及信息的交换活动。通过网络的快速响应，将存在交易机会的企业紧密联系起来，促进交易双方的业务发展，有垂直、自建、综合、关联等模式。

B2C（business to customer; business to consumer） 商家直接面向消费者的电子商务模式。一般以网络零售业为主，商家通过互联网为消费者提供购物环境——网上商店，消费者在网上购物并完成支付。

C2C（customer to customer; consumer to consumer） 消费者对消费者的电子商务模式。通过为买卖双方提供一个在线交易平台，使卖方可以主动提供商品上网拍卖，而买方可以自行选择商品进行竞价。

ABC（agent to business to consumer） 由代理商、商家和消费者共同搭建的集生产、经营、消费为一体的电子商务平台。三者之间可以转化，相互服务，相互支持，形成一个利益共同体。是继 B2B、B2C、C2C 之后的一种新型电子商务模式。有利于企业渠道建设和日常经营，有利于降低消费者对产品的接受壁垒，促进产品的销售。

B2M（business to marketing） 面向市场营销的电子商务模式。针对的客户群主要是产品的销售者，而不是最终消费者。商家根据客户需求建立营销型站点，通过线上和线下多种渠道对站点进行广泛的推广和规范化的导购管理，从而使其成为企业的重要营销渠道。

B2G（business to government） 企业与政府机构之间的电子商务模式。企业通过互联网向政府机构销售产品或提供服务。特点是速度快和信息量大，使得企业可以随时随地了解政府的动向，还能减少中间环节的时间延误和费用，提高政府办公的公开性与透明度。

M2C（manufacturer to consumer） 生产厂家直接面向消费者的电子商务模式。通过网络平台，使流通环节减少至一对一，从而降低销售成本，保障产品品质和售后服务质量。

O2O（online to offline） 互联网线上平台与线下实体店相结合的电子商务模式。消费者在线上挑选产品或服务，并完成支付，在线下实体店提货或获得服务。

C2B（customer to business） 消费者对商家的电子商务模式。消费者通过网站发布需求信息，由商家来报价、竞标，消费者可选择与性价比最佳的商家成交，同时有助于商家减少销售的中间环节。

P2D（provide to demand） 强调供应方和需求方的多重身份的电子商务模式。即在特定的电子商务平台中，每个参与个体的供应面和需求面都能得到充分满足，充分体现特定环境下的供给端报酬递增和需求端报酬递增。

B2B2C（business to business to customer） 把从商品供应商到电子商务服务供应商最后到消费者的各个产业链紧密连接在一起的电子商务模式。大大增强网商的服务能力，也更有利于客户获得增加价值的机会。省去了 B2C 的库存和物流，又拥有 C2C 欠缺的盈利能力。主要劣势是出售商品的各个环节标准无法统一、上架商品的实际库存不可知，以及平台无法提供优质的客服和售后服务。

C2B2S（customer to business-share） 把 C2B 和社会化网络服务结合的电子商务模式。以消费者价值为导向，让消费者以不同形式参与到购物、分享、经营、策划等环节中来进行群体协作和商业活动。让线下商务与互联网结合在一起，实现消费者、商家、加盟商和平台之间的利益共享，达成多方共赢。

社会商务（social commerce） 全称"社会化电子商务"。借助社交网络和社交媒介的传播途径，通过社交互动、用户自生内容等手段来辅助商品购买和销售行为的电子商务衍生模式。

网络团购（business to team; B2T） 借助互联网，集合相同购买意愿的消费者，形成较大数量的购买集体，从而获得最优惠价格的一种消费形式。其特征是价格折扣大，商品毛利润高，支付金额小。存在安全隐患，消费者应谨慎选择团购平台，提高团购安全系数。

移动商务（mobile commerce） 通过手机、笔记本计算机等移动通信终端进行商务活动的电子商务模式。是在无线传输技术高度发达的情况下产生的。

移动互联网（mobile internet） 互联网的技术、平台、商业模式和应用与移动通信技术结合形成的网络体系。将移动通信的便利性和互联网的广覆盖性结合起来。包含终端、软件和应用三个层面：终端包括智能手机、平板电脑、电子阅读器等；软件包括操作系统、数据库和安全软件等；应用包括休闲娱乐类、工具媒体类、商务财经类等。

在线口碑(on-line reputation) 消费者通过互联网发表的对电商平台已购买产品或服务的体验和使用感受的评论信息。其传播具有极强的放大效应，对企业或产品的信誉度有极大影响。借助搜索引擎等工具，消费者可方便地检索到欲购产品或服务的在线口碑，从而使消费者和供应商之间的信息不对称性大幅度下降。

社会网络(social network) 社会个体成员之间因互动而形成的相对稳定的关系体系。关注人们之间的互动，社会互动会影响人们的社会行为。

社会网络分析(social network analysis) 从数学方法、图论等知识发展起来的一种对社会网络的定量分析方法。用于解释一些社会学问题。根据节点(网络中的参与者)以及连接它们的线(关系或交互)来表征网络结构。把个体间关系、“微观”网络与大规模社会系统的“宏观”结构结合起来进行统一的研究和特征挖掘。广泛应用于职业流动、城市化对个体幸福的影响、世界政治和经济体系、国际贸易等领域。

移动社会网络(mobile social network) 通过对移动终端设备的位置和内容信息进行采集并聚类而形成的社会网络。

群体智能 释文见 313 页。

社交媒体(social media) 网络用户用来发表、分享、交流意见、观点及经验的工具和平台。让用户享有更多的选择权和编辑能力，自行集结成某种社群。能以多种不同的形式来呈现，包括文本、图像、音乐和视频。

群组推荐(group recommendation) 一种以群组为单位的推荐系统。需要考虑群组中每个用户的偏好来进行推荐。

跨域推荐(cross-domain recommendation) 为了跳出传统推荐系统所造成的信息茧房效应，为相同用户推荐来自多个不同领域或兴趣点内容的推荐算法。目的是提升推荐结果的多样性、新颖性和平衡性。

信息茧房(information cocoons) 人们关注的信息领域会习惯性地被自己的兴趣所引导，减少对其他信息的接触，从而将自己的生活桎梏于像蚕茧般的“茧房”中的现象。

短序列推荐(session-based recommendation) 基于用户近期所浏览或交互的短序列物品集合，挖掘出用户的潜在兴趣以进行推荐和预测的算法。有助于了解用户当前情况下对商品的偏好，能在用户浏览网页时给出适合用户当前购买的商品。

影响力最大化(influence maximization) 网络图中最大化标的物影响力的一种算法。给定一个图 $G(V, E, P)$，V 是节点集，E 是边集，P 是所有边的概率集。一个用户就是一个节点 v，用户与用户之间的关系就是边 e，每条边都有一个概率 p，信息会在图上按照边的概率进行传播。影响力最大化问题主要分为两种：(1) 给定节点数 k，选择 k 个节点作为种子集使得种子集能影响的节点数最多；(2) 给定所要求产生的影响力，找到满足条件的最小节点集合。其应用场景包括推荐系统、信息扩散、时间探测、专家发现、链接预测等。

金融科技(financial technology; fintech) 由大数据、区块链、云计算、人工智能等前沿技术与传统金融业务和场景叠加融合形成的新兴业务模式、技术应用、产品服务等的总称。主要包括大数据金融、人工智能金融、区块链金融和量化金融四个核心部分。

大数据金融(big data finance) 通过集合海量非结构化数据并对其进行实时分析，为互联网金融机构提供客户全方位信息，掌握客户消费习惯，准确预测客户行为，使金融机构和金融服务平台规避干扰、有效决策的金融模式。广泛应用于电商平台，注重数据的采集范围、数据真伪性的鉴别以及数据分析和个性化服务等方面。

人工智能金融(artificial intelligent finance) 人工智能与金融全面融合形成的金融模式。可提升金融机构的服务效率，拓展金融服务的广度和深度。应用包括身份识别(通过图像识别、声纹识别等技术手段，对用户身份进行验证，大幅降低核验成本)、智能客服(基于自然语言处理能力和语音识别能力，拓展客服领域的深度和广度，大幅降低服务成本，提升服务体验)等。

区块链金融(blockchain finance) 区块链技术应用于金融领域形成的金融模式和业态。可提高交易的安全性及效率、降低经营成本、有效预防故障与攻击、提升自动化水平、满足监管和审计要求,正在重构数字经济发展生态。典型应用场景包括资产证券化、保险业、供应链金融、场外市场、资产托管、大宗商品交易、风险信息共享机制、贸易融资、银团贷款、股权交易交割等。

量化金融(quantitative finance) 以金融工程、金融数学、金融计量和金融统计为手段开展金融业务的金融模式。强调利用数理方法和计量统计知识,定量而非定性地开展工作。其主要金融场景有高频交易、算法交易、金融衍生品定价以及基于数理视角下的金融风险管理等。

金融信息模型(financial information model) 基于在组织和管理货币流通、各种金融证券交易、信用活动以及资金结算过程中产生的信号、指令、数据等金融信息,抽象建立的数字模型。用以表示或预测企业、项目或者其他投资的金融资产或投资组合的绩效。

互联网金融(internet-based financing) 依托支付平台、云计算、社交网络以及搜索引擎等互联网工具,实现资金融通、支付和信息中介等业务的一种新兴金融形态。不是互联网和金融业的简单结合,而是在安全、移动的网络技术被用户熟悉接受后,为适应新的需求自然而然产生的新模式及新业务。发展已经历网上银行、第三方支付、个人贷款、企业融资等阶段,并在融通资金、资金供需双方的匹配等方面日益深入传统金融业务的核心。

第三方支付(third party payment) 具备一定实力和信誉保障并与各大银行签约的第三方独立机构提供的担保账户模式的支付方式。即在通过第三方支付平台的交易中,买方选购商品后,使用第三方平台提供的账户进行货款支付(支付给第三方),并由第三方通知卖家货款到账、要求发货;买方收到货物,检验并确认后,再通知第三方付款;第三方再将款项转至卖家账户。与传统支付方式相比,具有更加快捷和便利等优势,同时对交易双方进行约束和监督并提供交易担保,降低交易风险。

互联网众筹(internet crowdfunding) 通过互联网进行运营资金的募集以使相关项目得以顺利实施的融资模式。是互联网金融的重要模式之一。主要回报是产品本身,但对于金额大的参与者还有其他奖励计划,如更高的股权回报率。主要有股权众筹、债权众筹、奖励众筹和公益众筹四种发展模式。优点是成本低、范围广;缺点是缺乏专业的金融服务,项目可能被抄袭,出资者众多难以管理,缺乏后续资金等。

互联网银行(internet bank) 借助互联网、移动通信及物联网技术,通过云计算、大数据等方式在线为客户提供存款、贷款、支付、结算、汇转、电子票证、电子信用、账户管理、货币互换、投资理财、金融信息等全方位、无缝、快捷、安全和高效的互联网金融服务的机构。

5G+ 以5G为基础和实现工具的经济发展新形态。在5G的基础上,通过连接万物、聚合平台、赋能产业,不断满足人们的信息消费需要,为经济发展打造新动能、拓展新边界,助力产业转型升级和经济高质量发展。是促进经济社会发展的质量变革、效率变革和动力变革的新模式。

网络切片(network slicing) 基于统一的基础设施和网络资源提供多个虚拟的端到端专用网络的技术。把一个网络虚拟成多个不同的网络,实现5G的“多网专用”,满足不同5G应用场景对网络的要求。是5G区别于4G的标志性技术。

生物信息学(bioinformatics) 应用数学、统计学、信息科学和计算机科学的理论与方法来采集、处理、存储、检索和分析生物学信息的交叉学科。随着基因组学的发展而兴起。研究内容包括:(1)新算法和统计学方法研究;(2)各类数据的分析和解释;(3)研制有效利用和管理数据新工具。旨在从海量分子生物学数据中揭示复杂生命系统的动态与规律。已逐渐形成基因组信息学、蛋白质组信息学、结构生物信息学和进化生物信息学等分支学科。

社会计算(social computing) 广义上指面向社会科学的计算理论和方法,狭义上指面向社会活动、社会过程、社会结构、社会组织及其作用和效应的计算理论和方法。是社会科学与计算科学的交叉融合,可从两个方面来认识:一个是计算机或更广义的信息技术在社会活动中的应用,是技术层面的认识;另一个是社会知识或更具体的人文知识在计算机或信息技术中的使用和嵌入,反过来提高社会活动的效益和水平,是社会知识层面的认识。

附录 1：计算机学界国际会议

英　文　名	缩　　写	中　文　名	分级
ACM SIGGRAPH International Conference and Exhibition on Computer Graphics and Interactive Techniques	ACM SIGGRAPH	ACM 计算机图像与交互技术国际会议与展览	顶级
ACM SIGMOD International Conference on Management of Data	ACM SIGMOD	ACM 数据管理国际会议	顶级
ACM SIGPLAN Annual Symposium on Principles and Practice of Parallel Programming	PPOPP	ACM 并行程序设计原理与实践会议	顶级
International Joint Conference on Artificial Intelligence	IJCAI	人工智能国际联合会议	顶级
The Annual International Conference of the ACM Special Interest Group on Data Communication	ACM SIGCOMM	ACM 数据通信国际会议	顶级
ACM/EDAC/IEEE Design Automation Conference	DAC	ACM/EDAC/IEEE 设计自动化会议	A 级
ACM/IEEE International Symposium on Computer Architecture	ISCA	ACM/IEEE 计算机结构国际会议	A 级
ACM International Conference on Multimedia	ACM Multimedia	ACM 多媒体国际会议	A 级
ACM International Conference on Ubiquitous Computing	UbiComp	ACM 普适计算国际会议	A 级
ACM SIGIR Conference on Research and Development in Information Retrieval	ACM SIGIR	ACM 信息检索研究与发展会议	A 级
ACM SIGKDD Conference on Knowledge Discovery and Data Mining	KDD	ACM 知识发现与数据挖掘会议	A 级
IEEE International Conference on Computer Communication	INFOCOM	IEEE 计算机通信国际会议	A 级
IEEE International Conference on Network Protocols	ICNP	IEEE 网络协议国际会议	A 级
International Conference on Computer Vision	ICCV	计算机视觉国际会议	A 级
International Conference on Very Large Data Bases	VLDB	超大数据库国际会议	A 级
International World Wide Web Conference	WWW	万维网国际会议	A 级
Super Computing	SC	超级计算国际会议	A 级
The Annual International Conference on Mobile Computing and Networking	MobiCom	ACM 移动计算与网络国际会议	A 级
The Annual Meeting of the Association for Computational Linguistics	ACL	计算机语言学协会年度会议	A 级
USENIX Conference on File and Storage Technologies	FAST	USENIXW 文件与存储技术会议	A 级

（续表）

英　文　名	缩　写	中　文　名	分级
AAAI Conference on Artificial Intelligence	AAAI	AAAI人工智能会议	B级
ACM Conference on Computer and Communication Security	CCS	ACM计算机与通信安全会议	B级
ACM Conference on Computer Supported Cooperative Work	CSCW	ACM计算机协同工作会议	B级
ACM EUROSYS Conference	EUROSYS	ACM欧洲计算机系统专业协会会议	B级
ACM/IEEE International Conference on Software Engineering	ICSE	ACM/IEEE软件工程国际会议	B级
ACM/IFIP/USENIX International Middleware Conference	Middleware	ACM/IFIP/USENIX中间件国际会议	B级
ACM International Conference on Human Factors in Computing Systems	CHI	ACM计算机人机交互国际会议	B级
ACM International Conference on Information and Knowledge Management	CIKM	ACM信息和知识管理国际会议	B级
ACM International Symposium on High-Performance Parallel and Distributed Computing	HPDC	ACM高性能并行与分布式计算国际会议	B级
ACM International Symposium on Mobile Ad Hoc Networking and Computing	MobiHoc	ACM移动自组织网络与计算国际会议	B级
ACM SIGMETRICS International Conference on Measurement and Modeling of Computer Systems	ACM SIGMETRICS	ACM计算机系统测量与建模国际会议	B级
ACM SIGPLAN Conference on Programming Language Design and Implementation	PLDI	ACM编程语言设计与实现会议	B级
Asia and South Pacific Design Automation Conference	ASPDAC	亚洲和南太平洋地区设计自动化会议	B级
Computer Graphics International	CGI	计算机图像学国际会议	B级
Conference on Innovative Data Systems Research	CIDR	数据库系统创新研究会议	B级
European Conference on Computer Vision	ECCV	计算机视觉欧洲会议	B级
IEEE/ACM International Conference on Computer Aided Design	ICCAD	IEEE/ACM计算机辅助设计国际会议	B级
IEEE Conference on Computer Vision and Pattern Recognition	CVPR	IEEE计算机视觉与模式识别会议	B级
IEEE International Conference on Acoustics, Speech and Signal Processing	ICASSP	IEEE声学、语音与信号处理国际会议	B级
IEEE International Conference on Data Engineering	ICDE	IEEE数据工程国际会议	B级
IEEE International Conference on Data Mining	ICDM	IEEE数据挖掘国际会议	B级
IEEE International Conference on Multimedia & Expo	ICME	IEEE多媒体国际会议暨展览会	B级
IEEE International Conference on Pervasive Computing and Communications	PerCom	IEEE普适计算与通信国际会议	B级
IEEE International Conference on Web Services	ICWS	IEEE Web服务国际会议	B级

（续表）

英 文 名	缩 写	中 文 名	分级
IEEE International Symposium on High-Performance Computer Architecture	HPCA	IEEE 高性能计算机体系结构国际会议	B 级
IEEE Symposium on Foundations of Computer Science	FOCS	IEEE 计算机科学基础会议	B 级
IEEE Symposium on Security and Privacy	IEEE S&P	IEEE 安全与隐私会议	B 级
International Conference on Computational Linguistics	COLING	计算机语言学国际会议	B 级
International Conference on Computer Communication and Networks	ICCCN	计算机通信与网络国际会议	B 级
International Conference on Database Systems for Advanced Applications	DASFAA	数据库系统先进应用国际会议	B 级
International Conference on Distributed Computing Systems	ICDCS	分布式计算系统国际会议	B 级
International Conference on Extending Database Technology	EDBT	扩展数据库技术国际会议	B 级
International Conference on Machine Learning	ICML	机器学习国际会议	B 级
International Conference on Mobile Systems, Applications and Services	MobiSys	移动系统、应用与服务国际会议	B 级
International Conference on Parallel Architectures and Compilation Techniques	PACT	并行体系结构与编译技术国际会议	B 级
International Conference on the Theory and Applications of Cryptographic Techniques	EUROCRYPT	加密技术的理论与应用国际会议	B 级
International Semantic Web Conference	ISWC	语义 WEB 国际会议	B 级
International Workshop on Peer-To-Peer Systems	IPTPS	P2P 系统国际研讨会	B 级
International Workshop on Quality of Service	IWQoS	服务质量国际会议	B 级
Internet Measurement Conference	IMC	因特网度量会议	B 级
The Annual Conference of the European Association for Computer Graphics	Eurographics	计算机图形学欧洲协会年度会议	B 级
The Annual Conference on Neural Information Processing Systems	NIPS	神经信息处理系统国际会议	B 级
The European Conference on Machine Learning and Principles and Practice of Knowledge Discovery in Databases	ECMLPKDD	机器学习、数据库中知识发现的原理与实践欧洲会议	B 级
The Pacific Conference on Computer Graphics and Applications	PG	太平洋地区计算机图像与应用国际会议	B 级
USENIX Symposium on Networked Systems Design and Implementation	NSDI	USENIX 网络系统设计与实现会议	B 级
USENIX Symposium on Operating Systems Design and Implementation	OSDI	USENIX 操作系统设计与实现会议	B 级

附录 2：计算机国内核心期刊

刊　物　名	主　办　单　位	出版地
计算机学报	中国计算机学会等	北京
软件学报	中国科学院软件研究所等	北京
计算机研究与发展	中国科学院计算技术研究所等	北京
自动化学报	中国科学院自动化研究所等	北京
计算机科学	国家科技部西南信息中心	重庆
控制理论与应用	中国科学院系统科学研究所等	广州
计算机辅助设计与图形学学报	中国计算机学会等	北京
计算机工程与应用	华北计算技术研究所	北京
模式识别与人工智能	中国自动化学会等	北京
控制与决策	东北大学	沈阳
小型微型计算机系统	中国科学院沈阳计算机技术研究所	沈阳
计算机工程	上海市计算机协会等	上海
计算机应用	中国科学院成都分院等	成都
信息与控制	中国科学院沈阳自动化研究所等	沈阳
机器人	中国科学院沈阳自动化研究所等	沈阳
中国图象图形学报	中国图象图形学会等	北京
计算机应用研究	四川省计算机应用研究中心	成都
系统仿真学报	中国仿真学会等	北京
计算机集成制造系统	国家 863 计划 CIMS 主题办公室等	北京
遥感学报	中国地理学会环境遥感分会，中国科学院遥感应用研究所	北京
中文信息学报	中国中文信息学会等	北京
微计算机信息	中国计算机用户协会自动控制分会，中国计算机用户协会山西分会	北京
数据采集与处理	中国电子学会等	南京
微型机与应用	信息产业部电子第 6 研究所	北京
传感器技术	信息产业部电子第 49 研究所	哈尔滨
传感技术学报	中国微米纳米技术学会，东南大学	南京
计算机工程与设计	航天工业总公司 706 所	北京
计算机应用与软件	上海计算技术研究所等	上海
微型计算机	科技部西南信息中心	重庆
微电子学与计算机	西安微电子技术研究所	西安

索　引

词目英汉对照索引

1. 词目按英文字母顺序排列，希腊字母、数字排在最后。
2. 凡以连字符"-""/"等连接的词，一律看作一个词。
3. 词目的英文缩写，按一个词排列。
4. 同一英文词目，若有几个不同译名，分开排列。
5. 词目后面的数字表示该词目在辞典正文中的页码。

A

B

C

D

E

F

G

H

I

J

K

L

M

N

O

P

Q

R

S

T

U

V

W

X

Y

Z

其他

词目音序索引

1. 词目按汉语拼音音序排列,同音字按笔画排列。
2. 英文字母、希腊字母、数字排在最后。
3. 字符“-”“/”等不列入排序。
4. 词目后面的数字表示该词目在辞典正文中的页码。

C

D

G

H

K

L

N

O

P

Q

R

S

T

X

Y

Z

其 他

图书在版编目(CIP)数据

计算机科学技术大辞典／盛焕烨主编. —上海：上海辞书出版社，2020（2021重印）
ISBN 978-7-5326-5704-9

Ⅰ.①计… Ⅱ.①盛… Ⅲ.①电子计算机—词典 Ⅳ.①TP3-61

中国版本图书馆 CIP 数据核字(2020)第 237740 号

计算机科学技术大辞典

盛焕烨 主编

责任编辑 周天宏 董 放 静晓英 陈为众
装帧设计 姜 明
责任印制 曹洪玲

出版发行 上海世纪出版集团
上海辞书出版社(www.cishu.com.cn)
地　　址 上海市陕西北路 457 号(邮编 200040)
印　　刷 商务印书馆上海印刷有限公司
开　　本 889×1194 毫米 1/16
印　　张 37
字　　数 1 086 000
版　　次 2020 年 12 月第 1 版 2021 年 9 月第 2 次印刷
书　　号 ISBN 978-7-5326-5704-9/T·197
定　　价 298.00 元